建筑工程
技术资料应用指南

王立信　主编

中国建筑工业出版社

图书在版编目（CIP）数据

建筑工程技术资料应用指南/王立信主编．—北京：中国建筑工业出版社，2003
ISBN 7-112-05976-3

Ⅰ．建...　Ⅱ．王...　Ⅲ．建筑工程-技术资料-指南　Ⅳ．TU-62

中国版本图书馆 CIP 数据核字（2003）第 071894 号

本书主要介绍如何根据最新颁布的国家标准、规范编整建筑工程资料。全书共分 5 章内容，即工程资料分类与归存；工程准备与验收阶段资料；监理资料；施工资料；建筑工程施工技术文件举例。书后还附有附录。该书特点是简明、实用。

本书可供建筑企业各级工程技术人员、管理人员、监理公司人员使用，也可供相关专业师生参考。

*　*　*

责任编辑　余永祯
责任设计　崔兰萍
责任校对　黄　燕

建筑工程技术资料应用指南
王立信　主编
*
中国建筑工业出版社出版、发行(北京西郊百万庄)
新　华　书　店　经　销
北京蓝海印刷有限公司印刷
*
开本:787×1092 毫米　1/16　印张:46¼　插页:2　字数:1119 千字
2003 年 11 月第一版　　2006 年 9 月第三次印刷
印数:8001-9200 册　　定价:**64.00** 元

ISBN 7-112-05976-3
TU·5251 (11615)

本社网址：http：//www．china-abp．com．cn
网上书店：http：//www．china-building．com．cn

主　　编：王立信

编写人员：王立信　郑　彤　王春娟　郭　彦
王恩祥　邢文阁　罗建森　刘海强
孙现峰　张汉君　王常德　张玉瑄
郭晓冰　王常丽　王　薇　王　倩
张魁英　苗风山　任振洪　孙洪波
刘伟石　封会翔　孙晓峰　刘元沛
贺武祥　宋　杰　武树春　齐炳辉
段亚新　马志锋　尹建设　李银祥
张文彬　王国富　王栓明

前　言

《建设工程质量管理条例》、《工程建设标准强制性条文》、《建设工程监理规范》(GB50319—2000) 等有关法律、法规、规范和技术标准，近年来陆续修订发行。尤其是2000年之后，建筑工程各专业工程施工质量验收规范已陆续完成修订与发行。

为了更好贯彻执行好有关标准与规范，根据国家的现行标准与规范，编写了《建筑工程技术资料应用指南》。该书共包括6个部分：1. 工程资料分类与归存；2. 工程准备与验收阶段资料；3. 监理资料；4. 施工资料；5. 建筑工程施工技术资料举例；6. 附录。

该书的发行为新标准与规范的贯彻、应用尽一点微薄之力，我们编写的这本《建筑工程技术资料应用指南》力求以实用、简单、明了为目的。

本书可供建筑业同行们在标准、规范的贯彻、实施等过程中参考与应用。

限于水平，本书的不足和错误之处在所难免，敬请批评指正。

编　者

2003年3月

目　录

1 工程资料分类与归存

1.1 工 程 资 料 分 类

工程建设一般将工程资料分为四个部分：

1. 工程准备及验收阶段资料，包括工程可研、立项、审批、征地、拆迁、勘察、设计、招投标、开工审批、概预算及工程竣工验收等阶段的项目建设文件与资料，由建设单位整理提供。

2. 监理资料，包括监理规划、进度控制、质量控制、投资控制、监理通知、工程总结、合同、勘察、设计、施工等实施过程的监理资料，由监理单位整理提供。

3. 施工资料，包括工程质量验收、工程质量控制、工程安全与功能检验、观感质量检查和竣工图等资料，由施工单位整理提供。

4. 工程档案资料，包括工程档案立卷及移交等，由建设单位整理提供。

1.2 工 程 资 料 分 类 表

工程资料分类见表1-1。

工程资料分类表 **表1-1**

资料报送编目	资料名称	应用表式编号	保存单位和期限			
			施工单位	监理单位	建设单位	城建档案馆
A	**工程准备与验收阶段资料**					
A1	**决策立项阶段文件**					
A1-1	项目建议书				永久	√
A1-2	项目建议书审批文件				永久	√
A1-3	可行性研究报告及附件				永久	√
A1-4	可行性研究报告审批意见				永久	√
A1-5	工程立项的会议纪要及领导批示				永久	√
A1-6	工程立项的专家建议资料				永久	√
A1-7	工程项目的评估研究资料				长期	√
A1-8	计划任务书审批文件				永久	√

续表

资料报送编目	资料名称	应用表式编号	保存单位和期限			
			施工单位	监理单位	建设单位	城建档案馆
A2	**建设用地、征地、拆迁文件**					
A2-1	选址申请及选址规划意见通知书				永久	✓
A2-2	用地申请批准书				永久	✓
A2-3	拆迁安置意见、协议、方案等				长期	✓
A2-4	建设用地规划许可证及附件				长期	✓
A2-5	划拨建设用地文件				永久	✓
A2-6	国有土地使用证				永久	✓
A3	**勘察、测绘、设计文件**					
A3-1	工程地质勘察报告				永久	✓
A3-2	水文地质勘察报告				永久	✓
A3-3	建设用地钉桩通知单				永久	✓
A3-4	地形测量和拨地测量成果报告				永久	✓
A3-5	规划设计条件通知书				永久	✓
A3-6	初步设计图纸和说明				长期	
A3-7	技术设计图纸和说明				长期	
A3-8	审定设计方案通知书及审查意见				长期	✓
A3-9	有关行政主管部门（人防、环保、消防、交通、园林、河湖、市政、文物、通讯、保密、教育批准文件或协议文件				永久	✓
A3-10	施工图设计及其说明				长期	
A3-11	设计计算书				长期	
A3-12	施工图设计审查、审批文件				永久	✓
A4	**招投标文件**					
A4-1	勘察设计招投标文件				长期	
A4-2	勘察设计承包合同				长期	✓
A4-3	施工招投标文件				长期	
A4-4	施工承包合同		长期		长期	✓
A4-5	监理招投标文件				长期	
A4-6	监理委托合同			长期	长期	✓
A5	**开工审批文件**					
A5-1	建设项目年度计划申报文件				永久	✓
A5-2	建设项目年度计划批复文件或年度计划项目表				永久	✓

续表

资料报送编目	资料名称	应用表式编号	保存单位和期限			
			施工单位	监理单位	建设单位	城建档案馆
A5-3	规划审批申请表及报送的文件和图纸	向有关部门领取			永久	
A5-4	建设工程规划许可证及附件				永久	✓
A5-5	建筑工程施工许可申请表				永久	
A5-6	建筑工程施工许可证				长期	✓
A5-7	投资许可证、审查证明及交纳各种建设费用证明				长期	✓
A6	**工程质量监督手续**					
A6-1	建设工程质量监督报监备案登记表	A6-1			长期	✓
A6-2	建设工程质量保证体系审查表	A6-2			长期	✓
A6-3	见证取样送检见证人授权书	A6-3			长期	✓
A6-4	见证取样试验委托单	A6-4	长期	长期	长期	
A6-5	建设工程质量整改通知单	A6-5	长期	长期	长期	✓
A6-6	建设工程质量整改情况报告书		长期	长期	长期	✓
A7	**财务文件**					
A7-1	工程投资估算资料				短期	
A7-2	工程设计概算资料				短期	
A7-3	工程施工图预算资料		短期		短期	
A7-4	工程施工决算资料		长期		永久	✓
A8	**工程竣工验收文件**					
A8-1	工程概况表	A8-1	长期	长期	永久	✓
A8-2	工程竣工总结		长期	长期	永久	✓
A8-3	单位（子单位）工程质量竣工验收记录	A8-3	长期	长期	永久	✓
A8-4	单位（子单位）工程质量控制资料核查记录	A8-4	长期	长期	永久	✓
A8-5	单位（子单位）工程安全和功能检验资料核查及主要功能抽查记录	A8-5	长期	长期	永久	✓
A8-6	单位（子单位）工程观感质量检查记录	A8-6	长期	长期	永久	✓
A8-7	建设工程竣工验收报告	向有关部门领取	长期	长期	永久	✓
A8-8	建设工程竣工验收备案表				永久	✓
A8-9	建设工程竣工验收备案证明书				永久	✓
A8-10	工程竣工专项验收鉴定书				永久	✓
A8-10-1	规划验收认可文件				永久	✓
A8-10-2	公安消防验收意见书				永久	✓
A8-10-3	环保验收合格证				永久	✓

续表

资料报送编目	资料名称	应用表式编号	保存单位和期限			
			施工单位	监理单位	建设单位	城建档案馆
A8-10-4	其他专项验收认可证明				永久	✓
A8-11	工程开工、施工、竣工录音、录像、照片资料					
A8-12	交付使用财产总表和财产明细表		长期		永久	✓
A9	**其他文件**					
A9-1	住宅质量保证书（仅商品住宅提供）、住宅使用说明				长期	✓
A9-2	沉降观测记录（指长期进行的观测资料）	A9-2			长期	✓
B	**监理资料**					
B1	**监理机构工作联系资料**					
B1-1	工程开工报审表	B1-1	长期	长期	长期	✓
B1-2	复工报审表	B1-2	长期	长期	长期	✓
B1-3	施工组织设计（方案）报审表	B1-3	长期	长期	长期	
B1-4	分包单位资格报审表（分包、供货、试验单位资料）	B1-4	长期	长期	长期	
B1-5	主要施工机械设备报审表	B1-5	短期	短期	短期	
B1-6	施工测量放线报验单	B1-6	长期	长期	长期	
B1-7	工程报验单	B1-7	长期	长期	长期	
B1-8	工程款支付申请表	B1-8	短期	短期	短期	
B1-9	监理工程师通知回复单	B1-9	长期	长期	长期	
B1-10	工程临时延期报审表	B1-10	长期	长期	长期	
B1-11	费用索赔报审表	B1-11	长期	长期	长期	
B1-12	工程材料/构配件/设备报审表	B1-12	长期	长期	长期	✓
B1-13	工程竣工预验报验单	B1-13	短期	短期	短期	
B1-14	试验室资格报审表	B1-14		长期	长期	
B1-15	工程计量报审表	B1-15	短期	短期	短期	
B1-16	工程变更费用报审表	B1-16	长期	长期	长期	
B1-17	工程质量事故报告单	B1-17	长期	长期	长期	✓
B1-18	工程质量事故处理方案报审表	B1-18	长期	长期	长期	✓
B1-19	施工进度计划（调整计划）报审表	B1-19	长期	长期	长期	
B1-20	施工单位申请表（通用）	B1-20	短期	短期	短期	
B2	**监理机构管理与控制资料**					
B2-1	监理通知（进度、质量、造价控制、管理通知）	B2-1	长期	长期	长期	
B2-2	工程暂停令	B2-2	长期	长期	长期	✓

续表

资料报送编目	资料名称	应用表式编号	保存单位和期限			
			施工单位	监理单位	建设单位	城建档案馆
B2-3	工程款支付证书	B2-3	短期	短期	短期	
B2-4	工程质量、整改通知	B2-4	长期	长期	长期	
B2-5	工程最终延期审批表	B2-5	长期	长期	永久	√
B2-6	砌体/混凝土检验批验收认可通知	B2-6	长期	长期	长期	
B2-7	监理规划			短期	长期	√
B2-8	监理实施细则			短期	长期	√
B2-9	监理月报			长期	长期	√
B2-10	监理会议纪要	B2-10		长期	长期	√
B2-11	专题报告（总结）			短期	长期	
B2-12	合同争议处理意见		长期	长期	长期	√
B2-13	合同变更资料		长期	长期	长期	√
B2-14	工程质量评价意见报告			长期	长期	√
B2-15	工程竣工结算审核意见书		长期	长期	长期	√
B2-16	监理工作总结（工程认证总结）			长期	长期	√
B2-17	监理日志	B2-17		短期		
B3	**各方通用表**					
B3-1	监理工作联系单	B3-1	短期	短期	短期	
B3-2	工程变更表	B3-2	长期	长期	长期	√
C	**施工资料**					
C1	**工程管理资料**					
	工程管理					
C1-1	工程开工报审表	C1-1	长期	长期	长期	√
C1-2	施工组织设计		长期		长期	
C1-3	技术交底记录	C1-3	长期	长期	长期	
C1-4	施工日志	C1-4	短期		短期	
C1-5	预验工程记录	C1-5	短期	短期	短期	
C1-6	施工现场质量管理检查记录	C1-6	长期	长期	长期	√
C1-7	工程竣工施工总结		长期		长期	
C1-8	工程质量保修书		短期		短期	
	竣工图		长期		永久	√
C1-9	竣工图的编制					
C1-10	竣工图的折叠					

续表

资料报送编目	资料名称	应用表式编号	保存单位和期限			
			施工单位	监理单位	建设单位	城建档案馆
C2	**工程质量控制资料核查记录**					
	建筑与结构					
C2-1	图纸会审、设计变更、洽商记录	C2-1-1～3	长期	长期	永久	✓
C2-2	工程定位测量、放线记录	C2-2-1～2	长期	长期	永久	✓
C2-3	原材料出厂合格证书及进场检（试）验报告	C2-3-1～24	长期	长期	长期	✓
C2-4	施工试验报告及见证检测报告	C2-4-1～20	长期	长期	长期	✓
C2-5	隐蔽工程验收记录（基础、主体、防水、高程控制等）	C2-5	长期	长期	长期	✓
C2-6	施工记录	C2-6-1～13	长期	长期	永久	✓
C2-7	预制构件、预拌混凝土、门窗合格证	C2-3-1～2	长期	长期	长期	✓
C2-8	地基、基础、主体结构检验及抽样检测资料	C2-8-1～2	长期	长期	永久	✓
C2-9	工程质量事故调查处理资料	C2-9-1～2	长期	长期	长期	✓
C2-10	分部（子分部）工程质量验收记录	C2-10	长期	长期	永久	✓
C2-11	分项、检验批工程质量验收记录	C2-11	长期	长期	长期	
C2-12	新材料、新工艺施工记录	C2-6-1	长期	长期	长期	✓
	给排水与采暖					
C2-13	图纸会审、设计变更、洽商记录	C2-1-1～3	长期	长期	永久	✓
C2-14	材料、配件、设备出厂合格及进场检（试）验报告	C2-3-1～2 C2-14-3	长期	长期	长期	✓
C2-15	管道、设备强度试验、严密性试验记录	C2-15	长期	长期	长期	✓
C2-16	隐蔽工程验收记录	C2-5	长期	长期	长期	✓
C2-17	系统清洗、灌水、通水、通球试验记录	C2-17-1～3	长期	长期	长期	✓
C2-18	施工记录	C2-6-1 C2-18-1～4	长期	长期	长期	✓
C2-19	分部（子分部）工程质量验收记录	C2-10	长期	长期	永久	✓
C2-20	分项、检验批工程质量验收记录	C2-11	长期	长期	长期	
	建筑电气					
C2-21	图纸会审、设计变更、洽商记录	C2-1-1～3	长期	长期	永久	✓
C2-22	材料、配件、设备出厂合格证及进场检（试）验报告	C2-3-1～2 C2-14-3	长期	长期	长期	✓
C2-23	设备调试记录	C2-23	长期	长期	长期	✓
C2-24	接地、绝缘电阻测试记录	C2-24-1～2	长期	长期	长期	✓
C2-25	隐蔽工程验收记录	C2-5	长期	长期	长期	✓
C2-26	施工记录	C2-6-1	长期	长期	长期	✓

续表

资料报送编目	资料名称	应用表式编号	保存单位和期限			
			施工单位	监理单位	建设单位	城建档案馆
C2-27	分部（子分部）工程质量验收记录	C2-10	长期	长期	永久	✓
C2-28	分项、检验批工程质量验收记录	C2-11	长期	长期	长期	
	通风与空调					
C2-29	图纸会审、设计变更、洽商记录	C2-1-1～3	长期	长期	永久	✓
C2-30	材料、配件、设备出厂合格证及进场检（试）验报告	C2-14-3 C2-3-1～2	长期	长期	永久	✓
C2-31	制冷、空调、水管道强度试验、严密性试验记录	C2-31-1～2	长期	长期	长期	✓
C2-32	隐蔽工程验收记录	C2-5	长期	长期	长期	✓
C2-33	制冷设备运行调试记录	C2-33-1～2	长期	长期	长期	✓
C2-34	通风、空调系统调试记录	C2-34-1～7	长期	长期	长期	✓
C2-35	施工记录	C2-6-1	长期	长期	长期	✓
C2-36	分部（子分部）工程质量验收记录	C2-10	长期	长期	永久	✓
C2-37	分项、检验批工程质量验收记录	C2-11	长期	长期	长期	
	电梯					
C2-38	图纸会审、设计变更、洽商记录	C2-1-1～3	长期	长期	长期	✓
C2-39	材料、配件、设备配件出厂合格证及进场检（试）验报告	C2-3-1～2 C2-14-3	长期	长期	长期	✓
C2-40	隐蔽工程验收记录	C2-5	长期	长期	长期	✓
C2-41	施工记录	C2-6-1	长期	长期	长期	✓
C2-42	接地、绝缘电阻测试记录	C2-24-1～2	长期	长期	长期	✓
C2-43	负荷试验、安全装置检查记录	C2-43-1～15	长期	长期	长期	✓
C2-44	分部（子分部）工程质量验收记录	C2-10	长期	长期	永久	✓
C2-45	分项、检验批工程质量验收记录	C2-11	长期	长期	长期	
	建筑智能化					
C2-46	图纸会审、设计变更、洽商记录	C2-1-1～3	长期	长期	永久	✓
C2-47	材料、设备、配件出厂合格证及进场检（试）验报告	C2-3-1～2 C2-14-3	长期	长期	长期	✓
C2-48	隐蔽工程验收记录	C2-5	长期	长期	长期	✓
C2-49	系统功能测定及设备调试记录	C2-49-1～2	长期	长期	长期	✓
C2-50	系统检测报告	C2-50-1～3	长期	长期	长期	✓
C2-51	系统技术、操作和维护手册	厂家提供			长期	
C2-52	系统管理、操作人员培训记录	培训单位提供			长期	
C2-53	分部（子分部）工程质量验收记录	C2-10	长期	长期	永久	✓
C2-54	分项、检验批工程质量验收记录	C2-11	长期	长期	长期	

续表

资料报送编目	资料名称	应用表式编号	保存单位和期限			
			施工单位	监理单位	建设单位	城建档案馆
	桩基资料、有支护土方资料					
C2-55	图纸会审、设计变更、洽商记录	C2-1-1～3	长期	长期	长期	✓
C2-56	不同桩位测量放线定位图	C2-2-1	长期	长期	永久	✓
C2-57	材料出厂合格证及进场检（试）试验报告	C2-3-1～19	长期	长期	长期	✓
C2-58	施工试验报告及见证检测报告	C2-4-1～16	长期		长期	✓
C2-59	隐蔽工程验收记录	C2-5	长期	长期	长期	✓
C2-60	施工记录	C2-6-1 C2-60-2～64	长期	长期	长期	✓
C2-61	预制构件、预拌混凝土合格证	C2-3-1～3	长期	长期	长期	✓
C2-62	桩基检测资料	检测单位现行用表	长期	长期	长期	✓
C2-63	工程质量事故调查处理报告	C2-9-1～2	长期	长期	长期	✓
C2-64	子分部工程质量验收记录	C2-10	长期	长期	永久	✓
C2-65	分项、检验批工程质量验收记录	C2-11		长期	长期	长期
	地基处理资料					
C2-66	图纸会审、设计变更、洽商记录	C2-1-1～3	长期	长期	长期	✓
C2-67	工程测量放线定位平面图	C2-2-1	长期	长期	长期	✓
C2-68	材料出厂合格证及进场检（试）验报告	C2-3-1～19	长期	长期	长期	✓
C2-69	隐蔽工程验收记录	C2-5		长期	长期	长期
C2-70	施工记录	C2-6-1 C2-70-1～5	长期	长期	长期	✓
C2-71	试验检测报告	C2-4-1～20	长期	长期	永久	✓
C2-72	工程质量事故调查处理报告	C2-9-1～2	长期	长期	长期	✓
C2-73	子分部工程质量验收记录	C2-10	长期	长期	永久	✓
C2-74	分项、检验批工程质量验收记录	C2-11	长期	长期	长期	
C3	**工程安全和功能检验资料及主要功能抽查记录**					
	建筑与结构					
C3-1	屋面淋水试验记录	C3-1	长期	长期	长期	✓
C3-2	地下室防水效果检查记录	C3-2	长期	长期	长期	✓
C3-3	有防水要求的地面蓄水试验记录	C3-1	长期	长期	长期	✓
C3-4	建筑物垂直度、标高、全高测量记录	C3-4	长期	长期	长期	
C3-5	抽气（风）道、垃圾道检查记录	C3-5	短期	短期	短期	
C3-6	幕墙及外窗气密性、水密性、耐风压检测报告	C3-6	长期	长期	永久	✓
C3-7	沉降观测记录	A9-2	长期	长期	长期	✓
C3-8	节能、保温测试记录	C3-8	长期	长期	长期	✓

续表

资料报送编目	资料名称	应用表式编号	保存单位和期限			
			施工单位	监理单位	建设单位	城建档案馆
C3-9	室内环境检测报告	C3-9	长期	长期	长期	✓
	给排水与采暖					
C3-10	给水管道通水试验记录	C2-17-2	长期	长期	长期	✓
C3-11	暖气管道、散热器压力试验记录	C2-15	长期	长期	长期	✓
C3-12	卫生器具满水试验记录	C3-12	长期	长期	长期	✓
C3-13	消防管道、燃气管道压力试验记录	C3-15	长期	长期	长期	✓
C3-14	排水干管通球试验记录	C3-17-3	长期	长期	长期	✓
	电气					
C3-15	照明全负荷试验记录	C3-15	长期	长期	长期	✓
C3-16	大型灯具牢固性试验记录	C3-16	长期	长期	长期	✓
C3-17	避雷接地电阻测试记录	C3-17	长期	长期	长期	✓
C3-18	线路、插座、开关接地检验记录	C3-18	长期	长期	长期	✓
	通风与空调					
C3-19	通风、空调系统试运行记录	C3-19	长期	长期	长期	✓
C3-20	风量、温度测试记录	C3-34-1	长期	长期	长期	✓
C3-21	洁净室洁净度测试记录	C3-34-6	长期	长期	长期	✓
C3-22	制冷机组试运行调试记录	C3-33-2	长期	长期	长期	✓
	电梯					
C3-23	电梯运行记录	C3-23	长期	长期	长期	✓
C3-24	电梯安全装置检测报告	C2-43-1～12				
	智能建筑					
C3-25	系统试运行记录	C3-25	长期	长期	长期	✓
C3-26	系统电源及接地检测报告	C3-24-1～2	长期	长期	长期	✓
C4	单位（子单位）工程质量竣工验收记录	A8-3	长期	长期	永久	✓
C5	单位（子单位）工程质量控制资料核查记录	A8-4	长期	长期	永久	✓
C6	单位（子单位）工程安全和功能检验资料核查及主要功能抽查记录	A8-5	长期	长期	永久	✓
C7	单位（子单位）工程观感质量检查记录	A8-6	长期	长期	长期	✓
D	**工程资料立项与移交**					
D-1	案卷总目录式样	向城建档案馆领取	长期	长期	长期	✓
D-2	建设工程档案专项验收申请表		长期	长期	长期	✓
D-3	建设工程档案专项验收认可书工程档案封面和目录		长期	长期	长期	✓
D-4	卷内目录式样		长期	长期	长期	✓
D-5	卷内备考式样		长期	长期	长期	✓
D-6	案卷封面式样		长期	长期	长期	✓
D-7	案卷脊背式样		长期	长期	长期	✓

注：1.“✓”表示应向城建档案馆移交。

2. 不同名称的资料归存按各章节中的说明办理。

2 工程准备与验收阶段资料

从事工程建设活动根据法律、法规的规定必须按照工程建设程序办事，按照先后次序完成一个建设项目要依次经过项目可行性研究、立项报批、建设用地和城市规划许可、工程勘察、工程设计、工程施工、竣工验收、交付使用等阶段。工程建设资料也应依序在实施中形成。

2.1 决策立项阶段文件（A1）

2.1.1 项目建议书（A1-1）

资料说明：

(1) 项目建议书是用书面形式把投资机会分析结果给予具体表现，是一项建议性文件，主要由文字组成。

(2) 项目建议书、审批文件由建设单位编制申报，按国家规定划定审批权限的上级部门批复，按上级审批文件直接归存。

(3) 项目建议书的主要内容：

1) 建设项目提出的必要性和依据。引进技术、进口设备需证明因内外的技术差距和概况及进口的理由；

2) 产品方案、拟建规模和建设地点的初步设想；

3) 资源情况、建设条件、协作关系和引进国别、厂房的初步分析；

4) 投资结算和资金等筹措设想。利用外资项目要说明利用外资的可能性，偿还贷款能力的大体测算；

5) 项目的进度安排；

6) 经济效果和社会效益的初步估算。

(4) 项目建议书的审批程序和审批单位：

1) 按照建设总规模和限额的划分：

①大中型和限额以上的项目建议书，由各省市区及计划单列市计委、国务院各部门（总公司）或计划单列企业集团负责提出；

②中央与地方合资建设的重大项目（如石油化工、港口、电站等），其项目建议书由中央有关部门（总公司）与项目所在省市区联合组织编制、审议并提出；

③小型或限额以下项目建议书的编制，由中央各部门（总公司）、省市区及计划单列市的项目提出单位负责编制。

2) 项目建议书按要求编制完成后，应按照建设总规模和限额划分的审批权限报批。项目建议书审批程序、审批内容和审批单位的具体规定如表 A1-1：

2.1.2 项目建议书批准文件（A1-2）

指上级批准的项目建议书批准文件，以此文件直接归存。

2.1.3 可行性研究报告及附件（A1-3）

资料说明：

（1）可行性研究报告由建设单位委托有资质的工程咨询单位编制。

（2）可行性研究报告审批按国家规定的上级审批的文件直接归存。

项目建议书审查批准后，即可开始可行性研究。即对建设项目在技术上是否可行，经济上是否合理，进行科学、全面的分析和论证，应作多方案比较，推荐最佳方案，提出可行性研究报告。

（3）可行性研究报告的内容：

1）根据经济预测、市场预测确定的项目建设规模和产品方案包括：需求预测；国内现有企业的生产能力估计；销售预测、价格分析、产品竞争能力；外销产品需进行国外需求情况预测和进入国际市场前景分析；拟建项目规模、产品方案和发展方向的技术经济比较和分析，扩建项目需说明对原有固定资产的利用情况。

2）资源、原材料、燃料及公用设施落实情况包括：经批准的资源质量、品位、成分及开采利用条件；原料、辅助材料、燃料的种类、来源、数量和供应可能；所需公用设施的数量、供应方式和供应条件。

表 A1-1

<table>
<tr><th colspan="2">项目的性质</th><th>审批程序</th><th>审 批 内 容</th><th>审批单位</th><th>备 注</th></tr>
<tr><td colspan="2" rowspan="2">大中型或限额以上的项目</td><td>初审</td><td>资金来源、建设布局资源合理利用、经济合理性、技术政策</td><td>行业主管部门</td><td rowspan="2">（1）对于重大项目还要委托有资格的工作咨询单位评估后审批
（2）超过2亿元的经国家计委审批后由国务院审批</td></tr>
<tr><td>终审</td><td>建设总规模、生产力布局、资源优化配置、资金供应可能、外部协作条件等，进行综合平衡</td><td>国家计委</td></tr>
<tr><td rowspan="5">小型或限额以下的项目</td><td>一般情况</td><td>终审</td><td></td><td>中央各部门（公司）各省、自治区、市、及计划单列市计经委</td><td rowspan="5">（3）对国家需要加强控制、问题较严重的少数产品的固定资产投资项目除按规模和限额分级审批外，还要按照国家产业政策和建设、改造、规模相结合的审批办法进行管理，凡列入目录的产品，不论其规模大小、投资多少，资金来源，一律由省、自治区、市和计划单列市计委（计经委）、经委，接现行审批基本建设、技术改造项目的分工，报经国家行业归口部门按国家产业政策和国家批准的固定资产投资规模核准后，再按现行审批程序审批</td></tr>
<tr><td>1000万元以上</td><td>审批</td><td></td><td>省计委</td></tr>
<tr><td>1000万元以上</td><td>审批</td><td></td><td>各专区、市计委</td></tr>
<tr><td>300万元以上</td><td>审批</td><td></td><td>市计委</td></tr>
<tr><td>300万元以上</td><td>审批</td><td></td><td>各区、局（公司）</td></tr>
</table>

3）建厂条件和厂址方案：建厂的地理位置，气象、水文、地质、地形条件和社会经济现状；交通、运输及水、电、气现状和发展趋势；厂址比较与选择意见。

4）技术工艺、主要设备选型、建设标准和相应的技术经济指标，成套设备进口项目

(应具有维修材料)、辅料及配件供应的安排；引进技术、设备来源国别、设备的国内外分交或与外商合作制造的设想；对有关部门协作配套供应的要求。

5）主要单项工程，公共辅助设施，全厂布置方案和土建工程量结算。

6）环境保护、城市规划、防裂、防洪、防空、文物保护等要求和采取相应措施方案。

7）企业组织、劳动定员和人员培训设想。

8）建设工期和实施进度。

9）投资结算和资金筹措：

①主体工程和辅助配套工程所需投资（利用外资项目和引进技术项目则包括用汇额)；

②生产流动资金结算；

③资金来源、筹措方式及贷款的偿付方式。

10）经济效果和社会效益。

(4）可行性研究报告的审批：

1）大中型建设项目的可行性研究报告由各主管部、省、市、自治区或全国性工业公司负责预审，报国家计委审批或国家计委责任的有关单位审批；

2）重大项目和特殊项目，报国家计委会同有关部门预审后报国务院审批。

3）小型项目按隶属关系由各主管部门、各省、市、自治区或全国性专业公司审批。

咨询或设计单位提出的可行性研究报告和有关文件，按项目大小应在预审前 1~3 个月提交预审主持单位。预审主持单位组织有关设计、科研机构、企业和有关方面的专家参加，广泛听取意见，对可行性研究报告提出预审意见。

(5）可行性研究报告的修改与复审：

1）发生下列一种情况即应对可行性研究报告进行修改和复审：

①进一步工作后，发现可行性研究报告有原则性错误。

②可行性研究的基础依据或社会环境条件有重大变化。

2）可行性研究报告的修改与复审仍由原编制单位和预审单位按规定进行。

(6）建设项目环境影响报告书的内容及审批：

1）环境影响报告书的内容：

①编制环境影响报告书的目的、依据、采用标准、控制与保护目标；

②建设项目概况；

③建设项目周围地区环境状况调查；

④近期和远期环境影响分析和预测，建设过程投产、服务期间的正常与异常情况；

⑤环境监测制度建议；

⑥环境影响经济效益简要分析；

⑦主要结论：包括：对环境的影响，建设规模、性质、选址是否合理和符合环保要求，防治措施是否可行，经济合理程度；

⑧存在的问题与建议。

2）环境影响报告书审批：

①凡对环境有影响的建设项目，环境影响的报告书或环境影响报告表由建设单位提出；

②大中型、限额以上投资项目由省以上（含省级）的项目主管部门审批，报国家环保

局备案；

③大中型、限额以上投资项目属跨省、自治区、直辖市的建设项目或特殊性质的项目，环境报告书报国家环保局审批，特大型报国务院审批；

④小型基建项目和限额以下的项目按各地规定的审批权限办理；

⑤对环境有争议的建设项目可报上一级环保部门批准；

⑥建设项目的性质、规模、建设地点等发生较大改变时，应适时修改重新报批。

2.1.4 可行性研究报告审批意见（A1-4）

资料说明：

（1）可行性研究报告审批意见是对可行性研究报告的客观性、全面性、准确性进行评估与抉择。以过程形成文件和上级审批文件直接归存。

（2）项目评估研究资料，是对可行性研究报告的客观性、全面性、准确性进行评估，并提出评估报告。经批准后审批立项，下达批准文件。

（3）建设项目评估的基本内容：

1）项目建设的必要性；

2）建设规模和产品方案；

3）工艺、技术和设备的先进性、适用性和可靠性；

4）厂址（地址或线路方案）；

5）建设工程的方案和标准；

6）外部协作配合条件和配套项目；

7）环境保护；

8）投资结算及投资来源；

9）财务评价；

10）国民经济评价；

11）不确定性分析；

12）社会效益评价；

13）项目总评估。

（4）审批立项的有关会议纪要、领导指示、专家评议等由建设单位或上级单位组织，根据过程记录整理形成并归存。

（5）工程建设项目评估研究资料由建设单位组织汇整归存。

（6）计划任务书及其审批文件按上级批复文件归存。

2.1.5 工程立项的会议纪要及领导批示（A1-5）

指工程立项过程中的会议纪要及领导批示等文件资料，按实际形成的文件资料直接归存。

2.1.6 工程立项的专家建议资料（A1-6）

指工程立项过程中的专家建议资料，按实际形成的文件资料直接归存。

2.1.7 工程项目的评估研究资料（A1-7）

资料说明：

（1）项目评估研究资料，是指对可行性研究报告的客观性、全面性、准确性进行评估与抉择，并提出评估报告。经批准后审批立项，下达批准文件。

(2) 建设项目评估的基本内容：

1）项目建设的必要性；

2）建设规模和产品方案；

3）工艺、技术和设备的先进性、适用性和可靠性；

4）厂址（地址或线路方案）；

5）建设工程的方案和标准；

6）外部协作配合条件和配套项目；

7）环境保护；

8）投资结算及投资来源；

9）财务评价；

10）国民经济评价；

11）不确定性分析；

12）社会效益评价；

13）项目总评估。

(3) 工程建设项目评估研究资料由建设单位组织汇整归存。

2.1.8 计划任务书审批文件（A1-8）

指各级政府计划部门审批的计划任务书及其审批文件按上级批复文件直接归存。

2.2 建设用地、征地、拆迁文件（A2）

2.2.1 工程项目选址申请及选址规划意见通知书（A2-1）

资料说明：

(1) 指城市规划行政主管部门最终审批的工程项目选址申请及选址规划意见通知书。以此文件直接归存。按当地城市规划行政主管部门的统一表式执行。

(2) 各级政府计划部门审批项目建议书时，征求同级政府城市规划行政主管部门的意见。即城市规划行政主管部门对确定安排在城市规模区内的建设项目从城市规划方面提出的选址意见书。可行性研究报告请批时，必须附有城市规划行政主管部门的选址意见书。

1）建设项目选址意见书应包括的内容：

①建设项目的基本情况：名称、性质、用地、建设规模、供水、能源、运输、“三废”排放方式与数量等。

②选址依据：经批准的项目建议书应与城市规划、布局、交通、通讯、能源、市政、防灾、配套生活设施、环境污染、环保与风景名胜、文物保护等协调。

③项目选址、用地范围及规划要求。

2）建设项目选址意见书审批权限实行分级管理，审批单位应符合分级管理权限要求的规定。申请建设项目选址意见书的一般程序：

①建设单位向当地市、县人民政府规划行政主管部门提出选址申请；

②城市规划行政主管部门分级核发建设项目选址意见书；

③对应由上级城市规划部门核发选址意见书的建设项目，市、县级的城市规划行政主管部门应对建设单位的选址报告进行审核并提出选址意见，然后上报审批核发建设项目选

址意见书。

3）建设项目选址报告的基本内容：

①选址的依据及选址经过简况。

②选址方案的比较：选址方案优缺点比较；选址方案的投资比较；选址方案的经济费用比较（原料、辅料、费用、三废、给排水、动力等）；选址的推荐方案。

③城市规划行政主管部门核发："建设项目选址意见书"、"建设用地规划许可证"、"建设工程规划许可证"。

④主要附件：各项协议文件。

2.2.2　用地申请及批准书（A2-2）

资料说明：

（1）土地征用申请书

1）以建设单位持批准的可行性研究报告或县以上人民政府批准的有关文件，向县以上人民政府土地管理部门提出的项目建设申请书（城市规划区内需征得城市规划管理部门同意），以此申请书，归存。

2）建设单位持批准的建设项目可行性研究报告或县以上人民政府批准的有关文件，向县以上人民政府土地管理部门提出项目建设用地申请。

（2）政府批准的土地征用文件

1）以政府批准的征用农田文件归存。

2）由当地人民政府有关部门批准文件形成。

2.2.3　拆迁安置意见、协议、方案等（A2-3）

资料说明：

（1）根据《城市房屋拆迁管理条例》按征地、拆迁过程经双方同意，实际形成的并经当地建设行政主管部门签证的协议书归存。

（2）由当地人民政府有关部门批准文件形成。

2.2.4　建设用地规划许可证及附件（A2-4）

资料说明：

按当地城市规划行政主管部门的统一表式执行，以城市规划行政主管部门最终审批的文件归存。

建设用地规划许可证是由建设单位和个人提出建设用地申请、城市规划行政主管部门根据规划和建设项目的用地需要，确定建设用地位置、面积、界限的法定凭证。

（1）建设用地规划许可证的申办

1）申办程序：

①凡在城市规划区内进行建设需要申请用地的，必须按国家批准的建设项目的有关文件，向城市规划行政主管部门提出定点申请；

②城市规划行政主管部门根据用地项目的性质、规模等，按城市规划要求，初步选定用地项目的具体位置和界限；

③根据需要，征求有关行政主管部门对用地位置和界限的具体意见；

④城市规划行政主管部门向用地单位提供规划设计条件；

⑤审核用地单位提供的规划设计总图；

⑥核发“建设用地规划许可证”；

⑦据此，向县以上地方人民政府土地管理部门申请用地。

2）建设用地规划许可证应包括内容：

①标有建设用地具体界限的附图和明确具体规划要求的附件；

②附图和附件是建设用地规划许可证的配套证件，具有同等的法律效力；

③附图和附件由发证单位根据法律、法规的规定和实际情况制定；

④用地规划许可证的发放由市、县规划行政主管部门核发。

（2）建设用地来源及征用土地的审批程序

1）明确建设用地来源：

①集体土地：国家可依法对集体所有土地实行征用；

②国有土地：国家可实行有偿划拨和无偿划拨。

2）申请用地：

①持有按国家基本建设程序批准的可行性研究报告等文件、资料，向当地县以上人民政府土地管理部门申请建设用地。在城市规划区内进行建设，还应先需得城市规划管理部门的同意。申请用地单位应具有法人地位。

②拟定征地方案签订补偿安置协议。土地管理部门会同城建规划部门组织建设单位和被征用、划拨土地单位按国家和地方法律、法规和有关规定，商定补偿费用标准和劳动力安置方案，签订补偿和安置协议。

③审查批准。按照法定的权限呈报县以上人民政府批准。

④划拨土地。在县以上人民政府土地管理部门主持下，由建设单位和被征（拨）用土地单位进行协商，修订征（拨）用地补偿安置协议，结算各项费用，填发建设用地批准书，一次或分期划拨土地。

⑤颁发土地使用证。竣工验收后由用地单位到当地土地管理部门办理土地登记申请，注册登记，颁发土地使用证。

2.2.5　划拨建设用地文件（A2-5）

指县以上人民政府批准用地位置、面积、界线的文件，以批准文件直接归存。

2.2.6　土地使用许可证（A2-6）

资料说明：

（1）按当地土地管理部门统一表式执行，必须是经县以上人民政府依法批准，项目所在地土地管理部门颁发的土地使用证归存。

（2）由县以上人民政府土地管理部门核发土地使用许可证明。

2.2.7　工程建设项目报建资料（A2-7）

资料说明：

（1）按当地建设行政主管部门的统一表式执行，以当地建设行政主管部门最终审批的文件归存。

（2）工程项目报建设由建设单位或其代理机构在工程项目可行性研究报告或其他立项文件审批后向当地建设行政主管部门或其授权机构进行报建。

凡在我国境内投资兴建的工程建设项目，包括外国独资、合资、合作的工程建设项目，都必须实行报建制度，接受当地建设行政主管部门或其授权机构的监督管理。

1）报建内容包括：

工程名称；建设地点；投资规模；资金来源；当年投资额；工程规模；开工、竣工日期；发包方式；工程筹建情况。

2）报建程序：

①建设单位到建设行政主管部门或其授权机构领取“工程建设项目报建表”；

②建设单位按报建表的内容认真填写；

③向建设行政主管部门或其授权机构报送“工程建设项目报建表”，并按要求进行招标准备。

未办理报建的工程建设项目，不得办理招投标手续和发放施工许可证，设计、施工单位不得承接该项工程的设计和施工任务。

2.3 勘察、测绘、设计文件（A3）

勘察、测绘、设计类的文件应具有相应资质的勘察、测绘、设计单位提供的具有满足内容深度、要求的上述单位的责任制单位、人员签章齐全的上述文件。

2.3.1 工程地质勘察报告（A3-1）

指建设单位委托勘察设计单位按批准的建设用地规划界线勘察的工程地质勘察技术文件。

2.3.2 水文地质勘察报告（初勘、详勘）（A3-2）

指建设单位委托勘察设计单位对水文地质勘察后，提出的技术文件。

2.3.3 建设用地钉桩通知单（A3-3）

指建设单位委托测绘设计单位根据划拨用地等文件提供的用地测绘资料。

2.3.4 地形测量和拨地测量成果报告（A3-4）

指建设单位委托测绘设计单位测量结果资料。

2.3.5 规划设计条件通知书（A3-5）

指规划行政主管部门出具的规划设计条件文件，并附建设单位申报的规划设计方案。

2.3.6 初步设计图纸及说明（A3-6）

指建设单位委托设计单位提出的初步设计阶段技术文件资料。

2.3.7 技术设计图纸和说明（A3-7）

指建设单位委托设计单位提出的技术设计阶段技术文件资料。

2.3.8 审定设计方案通知书及审查意见（A3-8）

指有关部门或建设单位组织审查后，形成的文件资料。

2.3.9 有关行政主管部门（人防、环保、消防、交通、园林、河湖、市政、文物、通讯、保密、教育等）的批准文件或协议文件（A3-9）

指上述有关行政主管部门对项目涉及的相关方面审查批准文件或协议文件。

2.3.10 施工图设计及其说明（A3-10）

指建设单位委托的设计单位提供的施工图设计技术文件资料。

2.3.11 设计计算书（A3-11）

指建设单位委托的设计单位提供的设计计算资料。

2.3.12 施工图设计审查、审批文件（A3-12）

指政府有关部门和经审批成立的施工图审查机构对施工图设计文件的审批意见。如消防、防震、节能审查或其他明文规定进行的审查。

2.4 招投标文件（A4）

2.4.1 勘察设计招投标文件（A4-1）

资料说明：

指建设单位选择工程项目勘察设计单位过程中所进行招标、投标活动的文件资料。

工程招投标及承包合同文件包括：勘察、设计招投标文件；建筑安装工程招投标文件；设备招投标文件；监理招投标文件；建筑安装工程监理招投标文件；设备监理招投标文件；勘察、设计合同文件；施工合同文件；监理合同文件；设备制造或供应合同文件。均按当地建设行政主管部门规定的表式及文本执行。

（1）工程勘察招标：

1）实行勘察招标的建设项目应具备的条件：

①具有经过有审批权限的机关批准的设计任务书；

②具有建设规划管理部门同意的用地范围许可文件；

③有符合要求的地形图。

2）工程勘察招投标的工作程序：

①办理招标登记、组织招标工作机构、组织评标小组、编制招标文件；

②报名参加投标，对投标单位进行资格审查、领取招标文件、进行招标文件答疑、编制投标书并送达招标单位；

③开标、评标、决标、选定中标单位、发出中标通知、签订勘察合同。

（2）工程设计招标：

1）建设项目进行项目设计招标应具备的条件：

①建设单位必须是法人或依法成立的组织；

②有与招标的工程项目相适应的技术、经济管理人员；

③具有编制招标文件，审查投标单位资格和组织招标、开标、评标、定标的能力。

不具备上述条件时必须委托具有相应资质和能力的建设监理、咨询服务单位代理。

2）进行设计招标的建设项目应具备的条件

①具有经过审批机关批准的设计任务书，如进行可行性研究招标，必须有批准的项目建议书；

②具有工程设计所需要的可靠基础资料。

3）设计招标程序：

①编制招标文件，发布招标广告或发出招标通知书、领取招标文件、投标单位报送申请书及提供资格预审文件，对投标者进行资格审查；

②组织投标单位现场踏勘、对招标文件进行答疑编制投标书并按规定送达；

③当众开标、组织评标、确定中标单位、与中标单位签订合同。

(3) 勘察、设计招标方式:

1) 勘察招标方式: 招标单位发布通知，以法定方式吸引勘察单位参加竞争，经审查合格的勘察单位按招标文件要求在规定的时间内向招标单位填报标书，择优选择勘察单位;

2) 设计招标方式: 公开招标或邀请招标（必须三家以上）。

2.4.2 勘察设计承包合同（A4-2）

指建设单位同中标或委托的勘察设计单位签订的勘察设计合同。

按建设与勘察、设计单位签订的合同文件直接归存。

2.4.3 施工招投标文件（A4-3）

指建设单位选择工程项目施工单位过程中所进行的招标、投标活动的文件资料。

(1) 建设项目施工招标应具备的条件

①概算已经批准（即建设工程已经批准立项）;

②项目已正式引入国家部门或地方的年度固定投资计划;

③建设用地的征用工作已经完成;

④有能够满足施工需要的施工图纸及技术资料;

⑤建设资金和主要建筑材料、设备来源已经落实;

⑥已经建设项目所在地规划部门批准（施工现场的“三通一平”已经完成或一并列入施工招标范围）。

(2) 建设工程施工招标程序

①建设单位组织招标工作机构;

②向招标投标办事机构提出招标申请书;

③编制招标文件;

④制定标底，报招标、投标办事机构审定;

⑤发布招标公告或招标邀请书;

⑥对投标单位进行资质预审，并将审查结果通知各申请投标者;

⑦分发招标文件等资料;

⑧组织投标单位现场踏勘，并对招标文件答疑;

⑨建立评标组织，制定评标、定标办法;

⑩召开开标会议，审查投标书;

⑪组织评标，决定中标单位;

⑫发出中标通知书;

⑬建设单位与中标单位签订承发包合同。

2.4.4 施工承包合同（A4-4）

指建设单位同中标或委托的施工总承包单位签订的施工合同。

按建设与施工单位签订的合同文件直接归存。

2.4.5 监理招投标文件（A4-5）

指建设单位选择工程项目监理单位过程中所进行的招标、投标活动的文件资料。

2.4.6 监理委托合同（A4-6）

指建设单位同中标或委托的监理单位签订的监理合同。

按建设与监理单位签订的合同文件直接归存。

2.5 开工审批文件（A5）

2.5.1 建设项目年度计划申报文件（A5-1）

指建设单位年度工程项目建设进度计划申请报告。

2.5.2 建设项目年度计划批复文件或年度计划项目表（A5-2）

指有关部门对工程建设项目年度计划的批复文件或批复的年度计划项目表。

2.5.3 规划审批申请表及报送的文件和图纸（A5-3）

指建设单位向规划行政主管部门提出的建设工程规划申请文件及图纸。

资料说明：

(1) 由建设单位向当地建设规划管理部门提出。

(2) 申办程序：

1）凡在城市规划区新建、改建和扩建的工程设施，均需持有关批准文件向城市规划行政主管部门申办；

2）城市规划行政主管部门根据城市规划，提出建设工程规划的设计要求；

3）城市规划行政主管部门征求并综合协调有关行政主管部门对建设工程设计方案的意见，审定建设工程初步设计方案；

4）城市规划行政主管部门审核建设单位或个人提供的工程施工图后，核发建设工程规划许可证；

5）据此，方可申请办理开工手续。

2.5.4 建设工程规划许可证及附件（A5-4）

资料说明：

指建设规划行政主管部门颁发的规划许可证书和批准的文件、附图等。

(1) 以当地建设规划部门颁发并经批准的规划许可证书、附件及附图归存。

(2) 建设工程规划许可证应包括内容：

1）附图和附件按不同工程的不同要求，由发证单位根据法律、法规和实际情况制定；

2）附图和附件是建设工程许可证的配套证件，具有同等法律效力；

3）工程规划许可证由市、县规划行政主管部门核发。

2.5.5 建筑工程施工许可申请表（A5-5）

资料说明：

(1) 以当地建设行政主管部门颁发的施工许可证归存。

(2) 建设工程开工实行许可证制度，建设单位应在工程开工前，按国家有关规定向工程所在地县以上人民政府建设行政主管部门办理施工许可证手续，申请施工许可证应具备以下条件：

1）已经办理该工程的用地批准手续；

2）在城市规划区内的工程，已取得规划许可证；

3）需要拆迁的其拆迁进度符合施工要求；

4）已经确定建筑施工企业；

5）有满足施工需要的施工图纸及技术资料；

6）有保证工程质量和安全的具体措施；

7）建设资金已经落实；

8）法律、行政法规规定的其他条件。

未取得施工许可的建设单位不得擅自组织开工。取得施工证后，应在自批准之日起三个月内组织开工，不按期开工又不申请延期或超过时限的，已批准的施工许可证自行作废。

2.5.6 建筑工程施工许可证（A5-6）

指建设行政主管部门颁发的“中华人民共和国建筑工程施工许可证”。

以当地建设行政主管部门颁发的施工许可证归存。

2.5.7 投资许可证、审查证明及交纳各种建设费用证明（A5-7）

指按现行明文规定有关部门的审计、投资许可、审查证明及建设单位应交纳的各处建设费用。

2.6 工程质量监督手续（A6）

1. 资料说明

（1）工程质量监督手续由建设单位在领取施工许可证前向当地建设行政主管部门委托的工程质量监督部门申报报监备案登记。

（2）建设工程竣工质量验收监督的实施。

1）监督实施范围：凡在省行政区域内，投资额在20万元或建筑面积在500mm^{2}及其以上的土木建筑、建筑工程、设备安装、管线敷设、装饰装修以及市政设施等工程的竣工验收，必须由各级质量监督机构对其实施监督。

2）实施监督过程中，发现有违反国家有关建设工程质量管理规定行为或工程质量达不到合格要求的，质量监督机构有权责令建设单位进行整改。

建设单位接到整改通知书后，必须立即进行整改，并将整改情况书面报工程质量监督机构。

3）建设单位在质量监督机构监督下进行的工程竣工验收通过后，5日内未收到工程质量监督机构签发的重新组织验收通知书，即可进入验收备案程序。

4）工程质量监督机构在工程竣工验收通过后并收到建设单位的竣工报告15个工作日内向负责竣工验收备案部门提交建设工程质量监督报告。

（3）申请实施监督根据质量监督机构管理多年的经验，建议应用下列资料在质量监督过程实施（不包括单位整改阶段）中应用。

2. 资料表式

资料表式见表A6-1～表A6-6。

2.6.1 建设工程质量监督报监备案登记表（A6-1）

建设工程质量监督报监备案登记表 　　　　**表 A6-1**

<table>
<tr><td>工程名称</td><td colspan="5"></td><td rowspan="2">工程
地点</td><td rowspan="2"></td></tr>
<tr><td>结构层数</td><td></td><td>建设规模</td><td></td><td>结构类型</td><td></td></tr>
<tr><td colspan="2">施工承包单位及资质等级</td><td colspan="6"></td></tr>
<tr><td colspan="2">施工承包单位项目经理</td><td colspan="2"></td><td colspan="2">项目经理资质</td><td colspan="2"></td></tr>
<tr><td colspan="2">勘察单位及资质等级</td><td colspan="2"></td><td colspan="2">资格证书编号</td><td colspan="2"></td></tr>
<tr><td colspan="2">项目注册岩土工程师</td><td colspan="2"></td><td colspan="2">资格证书编号</td><td colspan="2"></td></tr>
<tr><td colspan="2">监理单位及资质等级</td><td colspan="6"></td></tr>
<tr><td colspan="2">总监理工程师</td><td colspan="2"></td><td colspan="2">资格证书编号</td><td colspan="2"></td></tr>
<tr><td colspan="2">设计单位及资质等级</td><td colspan="6"></td></tr>
<tr><td colspan="2">项目设计注册建筑师</td><td colspan="2"></td><td colspan="2">注册登记编号</td><td colspan="2"></td></tr>
<tr><td colspan="2">项目设计注册结构师</td><td colspan="2"></td><td colspan="2">注册登记编码</td><td colspan="2"></td></tr>
<tr><td colspan="8">建设单位：
法人代表：
电　话：
项目负责人：
电　话：
盖章
年　月　日</td></tr>
</table>

建设工程质量监督报监备案登记表以本表格式形式归存。

2.6.2 建设工程质量保证体系审查表（A6-2）

建设工程质量保证体系审查表 表 A6-2

工程名称									
施工单位			建设单位			监理单位			
机构人员	施工单位	职　务	姓名	专业职称	证书编号	职　务	姓名	专业职称	证书编号
		项目经理				暖卫项目负责人			
		技术负责人				暖卫技术负责人			
						电气项目负责人			
		专职质检员				电气技术负责人			
		质量责任制							
	监理单位	职　务	姓名	专业职称	证书编号	职　务	姓名	专业职称	证书编号
		项目总监理工程师				暖卫监理			
		监理工程师				电气监理			
						见证取样员			
		质量责任制							
	勘察设计单位	职　务	姓名	专业职称	证书编号	职　务	姓名	专业职称	证书编号
		勘察项目负责				勘察技术负责人			
		设计项目负责				结构设计负责人			
		质量责任制	提供附件						
其他	检测单位名称（合同文号）			检测单位资质证书编号			计量认证证书编号		
审查意见	监督部门：　项目监督工程师：　年　月　日								

建设工程质量保证体系审查表以本表格式形式归存。

2.6.3 见证取样送检见证人授权书（A6-3）

见证取样送检见证人授权书　　　　表 A6-3

<table>
<tr><td colspan="2">____________________（质量监督机构）

经研究决定授权____________同志任____________________工程见证取样和送检见证人。负责对涉及结构安全的试块、试样和材料见证取样和送检，施工单位、试验单位予以认可。</td></tr>
<tr><td>见证取样和送检印章</td><td>见证人签字</td></tr>
<tr><td></td><td></td></tr>
<tr><td colspan="2">（建设监理）单位（章）
年　月　日</td></tr>
</table>

见证取样送检见证人授权书以本表格式形式或当地建设行政主管部门授权部门下发的表式归存。

1. 见证人员应由建设单位或项目监理机构书面通知施工、检测单位和负责该项工程的质量监督机构。

2. 施工过程中，见证人员应按照见证取样和送检计划，对施工现场的取样和送检进行见证，并由见证人、取样人签字。见证人应制作见证记录，并归入工程档案。

3. 下列试块、试件和材料必须实施见证取样和送检：

1）用于承重结构的混凝土试块；

2）用于承重墙体的砌筑砂浆试块；

3）用于承重结构的钢筋及连接接头试件；

4）用于承重墙的砖和混凝土小型砌块；

5）用于拌制混凝土和砌筑砂浆的水泥；

6）用于承重结构的混凝土中使用的掺加剂；

7）地下、屋面、厕浴间使用的防水材料；

8）国家和省规定必须实行见证取样的送检的其他试块、试件和材料。

4. 涉及结构安全的试块、试件和材料见证取样和送检的比例不得低于有关技术标准中规定应取样数量的30%。

注：见证取样及送检的监督管理一般由当地建设行政主管部门委托的质量监督机构办理。

5. 见证取样必须采取相应措施以保证见证取样具有公正性、真实性，应做到：

1）严格按照建设部建建［2000］211号文件确定的见证取样项目及数量执行。项目不超过该文规定，数量按规定取样数量的30%；

2）按规定确定见证人员，见证人员应为建设单位或监理单位具备建筑施工试验知识的专业技术人员担任，并通知施工、检测单位和质量监督机构；

3）见证人员应在试件或包装上做好标识、封样，标明工程名称、取样日期、样品名称、数量及见证人签名；

4）见证人应保证取样具有代表性和真实性并对其负责。见证人应作见证记录并归档；

5）检测单位应保证严格按上述要求对其试件确认无误后进行检测，其报告应科学、真实、准确，应签章齐全。

2.6.4 见证取样试验委托单（A6-4）

1. 见证取样试验委托单

见证取样试验委托单　　表 A6-4

工程名称		使用部位	
委托试验单位		委托日期	
样品名称		样品数量	
产　　地 （生产厂家）		代表数量	
合格证号		样品规格	
试验内容及要求			
备注			
取样人		见证人	

（1）见证取样试验委托单以本表格式形式或当地建设行政主管部门授权部门下发的表式归存。

（2）承担见证取样检测及有关结构安全检测的单位应具有相应资质。

相应资质是指经过管理部门确认其是该项检测任务的单位，具有相应的设备及条件，人员经过培训有上岗证；有相应的管理制度，并通过计量部门认可，不一定是当地的检测中心等检测单位，应考虑就近，以减少交通费用及时间。

2. 见证取样送检记录（参考用表）

见证取样送检记录（参考用表） **表 A6-4-1**

编号：________

工程部位：________________________________

取样部位：________________________________

样品名称：________________ 取样数量：________________

取样地点：________________ 取样日期：________________

见证记录：

有见证取样和送检印章：

取样人签字：________________

见证人签字：________________

记录日期：

表列子项：

（1）编号：指施工单位执行见证取样需送检的材料、成品、半成品、构配件、试块、试件等依序进行的编号。

（2）工程部位：指实际送检的材料、成品、半成品、构配件、试块、试件等代表的用于工程的实际工程部位，照实际填写。

（3）取样部位：指实际送检的材料、成品、半成品、构配件、试块、试件等的取样部位来源，即取自何处。如现浇混凝土在浇筑地点代表某轴、某编号梁、板、柱……、结构实体检验芯样取自某轴、某编号的梁、板、柱等。

（4）样品名称：指送检见证取样的材料、成品、半成品、构配件、试块、试件等的名称。照实际填写。

（5）取样数量：指送检见证取样的材料、成品、半成品、构配件、试块、试件等的取样数量。照实际填写。

（6）取样地点：指送检见证取样的材料、成品、半成品、构配件、试块、试件等的取样地点。照实际填写。

（7）取样日期：指送检见证取样的材料、成品、半成品、构配件、试块、试件等的取样日期。照实际填写。

（8）有见证取样和送检印章：指当地建设行政主管部门委托监督实施见证取样单位批

准的送检印章。

3. 有见证试验汇总表

有见证试验汇总表 表 A6-4-2

工程名称：

施工单位：

建设单位：

监理单位：

见 证 人：

试验室名称：

试验项目	应送试总次数	有见证试验次数	不合格次数	备注

施工单位： 填表人：

注：此表由施工单位汇总填写，报质监总站。

表列子项：

（1）见证人：指已取得见证取样送检资质，并对某一品种实际送试的见证人。照实际填写。

（2）试验项目：指国家规定范围内实行见证取样的某一试验项目。如水泥……。

（3）应送试总次数：指该试验项目，该品种根据标准规定的送检代表批次的应送数量的总次数。

（4）有见证试验次数：指该试验项目，该品种按见证取样要求的实际送检批次数。

（5）不合格次数：指该试验项目，该品种按见证取样送检的批次中，按标准规定测试结果，不符合某标准规定的批次数。

2.6.5 建设工程质量整改通知单（A6-5）

建设工程质量整改通知单　　表 A6-5

质监（　　）改字第　　号

<table>
<tr><td>______________________________________：

你单位______________________________工程，经查存在下列质量问题：</td></tr>
<tr><td>处理意见：

1. 边施工，边整改。

2. 需对发生问题的部位暂缓施工，进行整改。

3. 对上述问题处理后重新组织竣工验收。

4. 以上问题需在______________________________日内整改完毕，报我站复查。

工程质量监督站（章）

签发人：

签收人：　　　　　　　　　　　　　　年　　月　　日</td></tr>
</table>

建设工程质量整改通知单以本表格式形式或当地建设行政主管部门授权部门下发的表式归存。

1. 质量监督机构实施监督过程中，对违反国家和省有关建设工程质量规定进行行为和或工程质量达不到合格要求的，而下达的建设工程质量整改通知单，责令建设单位进行整改。

2. 建设单位接到整改通知后，必须立即进行整改。

3. 表列子项：

(1) 处理意见栏有四种情况，属哪种情况在其序号上划“√”；

(2) 通知单接受人应是主送单位人员。

2.6.6 建设工程质量整改情况报告书（A6-6）

资料说明：

(1) 建设单位就建设工程质量整改通知单的要求，整改后向质量监督机构报送。

(2) 质量监督机构收到整改情况报告后，五个工作日内无回复即视为认可。

指有当地建设行政主管部门委托的质量监督部门在完成工程质量监督后向当地建设行政部门提出的报告书。

2.7 财务文件（A7）

2.7.1 工程投资估算资料（A7-1）

指由建设单位委托工程设计单位、咨询单位或勘察设计单位编制的工程投资估算资料。以此文件直接归存。

2.7.2 工程设计概算书（A7-2）

指由建设单位委托工程设计单位编制的设计概算资料。以此文件直接归存。

2.7.3 工程施工图预算书（A7-3）

由建设单位委托承接工程的施工总包单位编制的预算资料。以此文件直接归存。

2.7.4 工程决算书（A7-4）

以承接工程的施工单位提出的经有资质的造价审查单位核准的工程决算归存。

2.7.5 交付使用固定资产清单（A7-5）

由建设单位根据工程投资经审查核实的实际形成的固定资产编制的清单形成。

2.8 工程竣工验收文件（A8）

2.8.1 工程概况表（A8-1）

工 程 概 况 表 **表 A8-1**

一般情况	工程名称		建设单位	
	建设用途		设计单位	
	建设地点		监理单位	
	总建筑面积		施工单位	
	开工日期	年 月 日	竣工日期	年 月 日
	结构类型		基础类型	
	层数（地上/地下）		建筑檐高	
	地上面积		地下室面积	
	防火等级		抗震等级	

续表

<table>
<tr><td rowspan="8">构造
特征</td><td>地基与基础</td><td></td></tr>
<tr><td>柱、内外墙</td><td></td></tr>
<tr><td>梁板楼盖</td><td></td></tr>
<tr><td>外墙装饰</td><td></td></tr>
<tr><td>楼地面装饰</td><td></td></tr>
<tr><td>屋面防水</td><td></td></tr>
<tr><td>内墙装饰</td><td></td></tr>
<tr><td>防火装备</td><td></td></tr>
<tr><td colspan="2">机电系统简要描述</td><td></td></tr>
<tr><td colspan="2">建设单位：(章)</td><td>制表：</td></tr>
</table>

工程概况表以本表格式形式或当地建设行政主管部门授权部门下发的表式归存。

工程概况表指工程竣工验收合格后由建设单位组织编报的被验收工程的一般情况、工程构造特征及机电系统（即建筑设备安装工程系统）的简要描述。以及各参建单位的记录。

2.8.2 工程竣工总结（A8-2）

工程竣工总结以文字形式归存。

工程竣工总结指工程竣工验收后，由建设单位组织编制的工程竣工总结报告。

2.8.3 单位（子单位）工程的质量验收（C4-1）

单位（子单位）工程的质量验收以本表格式形式归存。

单位（子单位）工程的质量验收表式与说明见 C4-1。

2.8.4 单位（子单位）工程质量控制资料核查记录（C4-2）

单位（子单位）工程质量控制资料核查记录以本表格式形式归存。

单位（子单位）工程质量控制资料核查记录表式与说明见 C4-2。

单位（子单位）工程质量控制资料核查记录是对施工质量控制资料进行汇总，供竣工验收时核查。

2.8.5 单位（子单位）工程安全和功能检验资料核查及主要功能抽查记录（C4-3）

单位（子单位）工程安全和功能检验资料核查及主要功能抽查记录以本表格式形式归存。

单位（子单位）工程安全和功能检验资料核查及主要功能抽查记录表式与说明见 C4-3。

单位（子单位）工程安全和功能检验资料核查及主要功能抽查记录是对工程安全和功能施工记录及核查和抽查的汇总，是对工程质量的综合检验，并供竣工验收时核查和检查。

2.8.6 单位（子单位）工程观感质量检查记录（C4-4）

单位（子单位）工程观感质量检查记录以本表格式形式归存。

单位（子单位）工程观感质量检查记录表式与说明见C4-4。

单位（子单位）工程观感质量检查记录的汇总，供竣工验收时共同确定是否通过验收。由总监理工程师组织验收，施工单位认可。

2.8.7 建设工程竣工验收报告（A8-7）

1. 资料表式

表A8-7

建设工程竣工验收报告 ×××建设厅制

2. 填报说明

（1）竣工验收报告由建设单位负责填写。

（2）竣工验收报告一式四份，一律用钢笔书写，字迹要清晰工整。建设单位、施工单位、城建档案管理部门、建设行政主管部门或其他有关专业工程主管部门各存一份。

（3）报告内容必须真实可靠，如发现虚假情况，不予备案。

（4）报告须经建设、设计、施工图审查机构、施工、工程监理单位法定代表人或其委托代理人签字，并加盖单位公章后方为有效。

竣工项目审查 **表 A8-7-1**

工程名称		工程地址			
建设单位		结构形式			
勘察单位		层　数		栋数	
设计单位		工程规模			
施工图审查机构		开工日期	年　月　日		
监理单位		竣工日期	年　月　日		
施工单位		施工许可证号		总造价	

审查项目及内容	审查情况
一、完成设计项目情况 1. 基础、主体、室内外装饰工程 2. 给排水工程、燃气工程、消防工程 3. 建筑电气安装工程 4. 通风与空调工程 5. 电梯、电扶梯安装工程 6. 室外工程	
二、完成合同约定情况 1. 总包合同约定 2. 分包合同约定 3. 专业承包合同约定	
三、技术档案和施工管理资料 1. 建设前期、施工图设计审查等技术档案 2. 监理技术档案和管理资料 3. 施工技术档案和管理资料	
四、试验报告 1. 主要建筑材料 2. 构配件 3. 设备	
五、质量合格文件 1. 勘察单位 2. 设计单位 3. 施工图审查单位 4. 施工单位 5. 监理单位	
六、工程质量保修书 1. 总、分包单位 2. 专业承包单位	
审查结论 建设单位工程负责人： 年　月　日	

工程质量评定（一）

表 A8-7-2

<table>
<tr><td>分部工程评定</td><td>质量保证资料</td><td>观感质量评定</td></tr>
<tr><td>共　　分部
其中符合要求　　分部
地基与基础分部质量情况
主体分部质量情况
装饰分部质量情况
安装主要分部质量情况</td><td>共核查　　　项
其中符合要求　　项
经鉴定符合要求　　　项</td><td>好
一般
差</td></tr>
<tr><td colspan="3">单位工程评定等级

建设单位负责人：　　　　（公章）

年　　月　　日</td></tr>
<tr><td colspan="3">存在问题：</td></tr>
</table>

工程质量评定（二）　　表 A8-7-3

<table>
<tr><th>各专业工程名称</th><th>评定等级</th><th>质量保证资料</th><th>观感质量评定</th></tr>
<tr><td>道路工程</td><td></td><td rowspan="8">共核查　　项，其中符合要求　　项，经鉴定符合要求　　项</td><td rowspan="8">好
一般
差</td></tr>
<tr><td>桥梁工程</td><td></td></tr>
<tr><td>给、排水工程</td><td></td></tr>
<tr><td>电力工程</td><td></td></tr>
<tr><td>电信工程</td><td></td></tr>
<tr><td>路灯工程</td><td></td></tr>
<tr><td>燃气工程</td><td></td></tr>
<tr><td>灯光工程</td><td></td></tr>
<tr><td colspan="4">单位工程评定等级

（公章）

建设单位负责人：　　　　年　月　日</td></tr>
<tr><td colspan="4">存在问题：</td></tr>
<tr><td rowspan="6">执行标准</td><td>道路工程</td><td colspan="2"></td></tr>
<tr><td>桥梁工程</td><td colspan="2"></td></tr>
<tr><td>给、排水工程</td><td colspan="2"></td></tr>
<tr><td>电力、电信工程</td><td colspan="2"></td></tr>
<tr><td>路灯、灯光工程</td><td colspan="2"></td></tr>
<tr><td>燃气工程</td><td colspan="2"></td></tr>
</table>

竣工验收情况 **表 A8-7-4**

一、验收机构

1. 领导层

主　任	
副主任	
成　员	

2. 各专业组

验收专业组	组　长	组　　员
建　筑　工　程		
给排水、燃气工程		
建筑电气安装工程		
通风与空调工程		
室　外　工　程		

注：建设、监理、设计、施工及施工图审查机构等单位的专业人员均必须参加相应的验收专业组。

二、验收组织程序

1. 建设单位主持验收会议
2. 施工单位介绍施工情况
3. 监理单位介绍监理情况
4. 各验收专业组核查质保资料、并到现场检查
5. 各验收专业组总结发言，建设单位做好记录

竣工验收结论：				
建设单位法人： 项目负责人： （章） 20　年　月　日	设计单位法人： 设计负责人： （章） 20　年　月　日	施工图审查 单位法人： 审查负责人： （章） 20　年　月　日	监理单位 法　　人： 总监理 工程师： （章） 20　年　月　日	施工单位法人： 技术负责人： （章） 20　年　月　日

2.8.8 建设工程竣工验收备案表式（A8-8）

建设工程竣工验收备案表

×××建设厅制

建设工程竣工验收备案表 表 A8-8

编号：

工 程 名 称			
建 设 单 位		申报人	
施 工 单 位			
设 计 单 位			
施工图审查单位			
监 理 单 位			
规 划 许 可 证 号		施工许可证号	
所需文件审核情况（并将资料原件附后）			

文 件 名 称	编 号	核发机关、日期
竣工验收报告		
规划验收认可文件		
消防验收意见书		
环保验收合格证		
工程档案验收许可书		
工程质量保修书		
住宅使用说明书		
以下由建设行政主管部门填写		
验收监督报告		
备 案 情 况	已备案： 经办人（签字）： 负责人（签章）	

建设工程竣工验收备案以本表格式形式或当地建设行政主管部门授权部门下发的表式归存。

2.8.9 建设工程竣工验收备案证明书（A8-9）

1. 资料表式

建设工程竣工验收备案证明书 **表 A8-9**

（正本）

根据国务院《建设工程质量管理条例》和建设部《房屋建筑工程和市政基础设施工程竣工验收备案管理暂行办法》，________________工程，经建设单位__________于____年____月____日组织设计、施工、工程监理和有关专业工程主管部门验收，并于____年____月____日备案。

特此证明。

备案机关：

日　　期：　　　年　　月　　日

建设工程竣工验收备案证明书以本表格式直接归存。

2. 实施目的

建设工程竣工验收报告、竣工验收备案表式、竣工验收备案证明书，是指建设工程按设计要求经施工单位自检质量验收合格并经监理单位复验合格后由建设单位组织的建设工程竣工验收。

3. 实施要点

(1) 县级以上建设行政主管部门负责本行政区域内建设工程工验收的监督及备案工作。

建设工程竣工验收工作由建设单位负责组织实施。

(2) 建设行政主管部门可以委托工程质量监督机构对工程竣工验收实施监督。

(3) 建设工程竣工验收应当具备以下条件：

1) 完成建设工程全部设计和合同约定的各项内容达到使用要求；

2) 有完整的技术档案和施工管理资料；

3) 有工程使用的主要建筑材料、建筑构配件和设备的进场试验报告；

4) 有勘察、设计、施工图审查机构、施工、工程监理等单位分别签署的质量合格文件；

5) 有施工单位签署的工程保修书。

(4) 建设工程竣工验收应当按如下程序进行：

1) 施工单位完成设计图纸和合同约定的全部内容后，应先自行组织验收，并按国家有关技术标准自评质量等级，编制竣工报告，由施工单位法定代表人和技术负责人签字，并加盖单位公章，提交给监理单位，未委托监理的工程直接提交建设单位。

竣工报告应当包括工程情况、技术档案和施工管理资料情况、建筑设备安装调试情况、工程质量评定情况等内容。

2）监理单位核查竣工报告，对工程质量等级作出评价。竣工报告经总监理工程师、监理单位法定代表人签字，并加盖监理单位公章后，由施工单位向建设单位申请竣工验收。

3）建设单位提请规划、公安消防、环保、城建档案等有关部门进行专项验收（专项验收程序按各有关部门的规定执行），按专项验收部门提出的意见整改完毕，取得合格证明文件或准许使用文件。

4）建设单位审查竣工报告，并组织设计、施工、监理和施工图审查机构等单位进行竣工验收。

5）建设单位编制建设工程竣工验收报告。

建设工程竣工验收报告应当包括下列内容：工程概况、施工许可证号、施工图设计文件审查批准书号、工程质量情况以及建设、设计、施工图审查机构、施工、监理等单位签署的质量合格意见。

（5）建设单位组织工程竣工验收前，应提前3个工作日通知工程质量监督机构，并提交有关工程质量文件和质量保证资料，工程质量监督机构应派员对验收工作进行监督。

（6）工程质量监督机构对验收工作中的组织形式、程序、验评标准的执行情况及评定结果进行监督，发现有违反国家有关建设工程质量管理规定的行为或工程质量不合格的，应责令建设单位进行整改，并签发责令整改通知书。建设单位应当立即进行整改，重新组织竣工验收。竣工验收日期以最终通过验收的日期为准。

参加验收各方对工程质量验收结论意见不一致时，建设（监理）单位向负责该建设工程质量监督机构申请仲裁。

（7）建设单位如在竣工验收通过后5个工作日内未收到质量监督机构签发的责令整改书，即可进入验收备案程序。

（8）质量监督机构应在工程竣工验收通过后7个工作日内向主管部门提交建设质量及竣工验收监督报告。

（9）建设单位应当在建设工程竣工验收合格后15日内向建设工程所在地县级以上建设行政主管部门进行备案。省建设行政主管部门对备案机关另有规定的，从其规定。建设单位向建设行政主管部门申请备案应提交下列资料：

1）备案表一份；

2）建设工程竣工验收报告；

3）规划部门出具的工程规划验收认可文件；

4）公安消防部门出具的“建设工程消防验收意见书”；

5）环保部门出具的建设工程环保验收认可文件；

6）城建档案管理部门出具的建设工程档案验收认可文件；

7）施工单位签署的工程质量保修书；

8）法律、法规、规章规定的其他材料。

商品住宅还应提交“住宅质量保证书”和“住宅使用说明书”。

(10) 建设工程竣工验收备案按照下列程序进行：

1) 建设单位向主管部门领取“建设工程竣工验收备案表”；

2) 建设单位持加盖单位公章和法定代表人签名的“建设工程竣工验收备案表”及本说明第9条规定的材料，向建设行政主管部门备案；

3) 建设行政主管部门在收齐、验证备案材料后十五日内出具“河北省建设工程竣工验收备案证明书”。

(11) 建设行政主管部门发现建设单位在竣工验收过程中有违反质量管理规定行为的，应当在收讫竣工验收备案文件15日内，责令建设单位停止使用，重新组织竣工验收，重新办理备案手续，并依法给予行政处罚。

(12) 建设单位将未经验收的工程擅自交付使用，或将不合格的工程作为合格的工程擅自交付使用，或将备案机关责令停止使用，重新组织竣工验收的工程擅自继续使用给他人造成损失的，由建设单位依法承担赔偿责任。

(13) 建设工程竣工验收合格后建设单位应当在6个月之内向城建档案管理部门移交一套完整的工程建设档案。

(14) 竣工验收备案文件齐全，备案机关及其工作人员不办理备案手续的，由有关机关责令改正，对直接责任人员给予行政处分。

(15) 建设工程竣工验收备案应提交的资料，各方应分别签章齐全有效。

2.8.10 工程竣工专项验收鉴定书 (A8-10)

指政府有关部门对规划、公安消防、环保等进行的专项验收认可，表式按有关部门规定用表。

1. 规划验收认可文件 (A8-10-1)；
2. 公安消防验收意见书 (A8-10-2)；
3. 环保验收合格证 (A8-10-3)；
4. 其他专项验收认可证明 (A8-10-4)。

2.8.11 工程开工、施工、竣工、录音、录像、照片资料 (A8-11)

指工程开工、施工、竣工过程中录音、录像、照片等资料。按声像、缩微、电子档案整理归类存档。

2.8.12 交付使用财产总表和财产明细表资料 (A8-12)

指建设单位竣工验收后，经审查核实施工单位交付使用工程项目的财产总表和财产明细表资料。

2.9 其他文件 (A9)

2.9.1 住宅质量保证书 (仅商品住宅提供)、住宅使用说明书 (A9-1)

指建设单位向用户就工程的质量、性能、服务及使用情况等给予保证和说明的资料。

2.9.2 沉降观测记录 (A9-2)

1. 资料表式

沉降观测记录表 **表 A9-2**

工程编号：__________工程名称：__________施工单位：__________

控制水准点编号：__________控制水准点所在位置：__________控制水准点高程：__________

观测日期：自　　年　　月　　日至　　年　　月　　日止

观测点	观测阶段	实测标高（m）	本期沉降量（mm）	总沉降量（mm）	说　　明
观测单位：		计算：		测量：	年　月　日

沉降观测记录以 A9-2 表式形成的沉降观测资料直接归存。

2. 实施目的

为保证建筑物质量满足设计对建筑使用年限的要求而对该建筑物进行的沉降观测，以保证建筑物的正常使用。

3. 资料要求

(1) 设计图纸有要求的按设计要求，无要求的按有关规定办，子项填写齐全。

(2) 沉降观测点按设计要求或有关规定执行。

(3) 要求填写齐全、正确为符合要求，不按要求填写、子项不全、涂改原始测量记录以及后补者均为不符合要求。

(4) 设计或规范规定应进行沉降观测的，没有进行沉降观测资料，为不符合要求。

(5) 沉降观测的各项记录，必须注明观测时的气象情况和荷载变化情况。

(6) 沉降观测资料应绘制：沉降量、地基荷载与连续时间三者关系曲线图及沉降量分布曲线图；计算出建筑物、构筑物的平均沉降量、相对弯曲和相对倾斜；水准点平面布置图和构造图。

4. 实施要点

(1) 水准基点的设置：

1) 水准基点应引自城市固定水准点。基点的设置以保证其稳定、可靠、方便观测为原则。对于安全等级为一级的建筑物，宜设置在基岩上。安全等级为二级的建筑物，可设在压缩性较低的土层上。

2) 水准基点的位置应靠近观测对象，但必须在建筑物的地基变形影响范围以外，并避免交通车辆等因素对水准基点的影响。在一个观测区内，水准基点一般不少于 3 个。水准标石的构造可参照图 A9-2-1、图 A9-2-2。

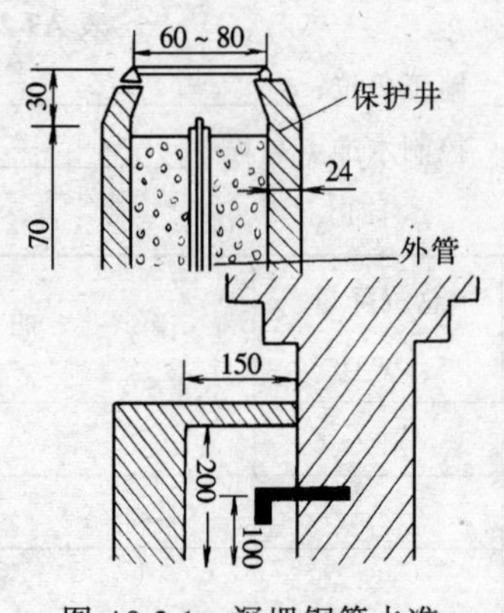

图 A9-2-1 深埋钢管水准基点标石

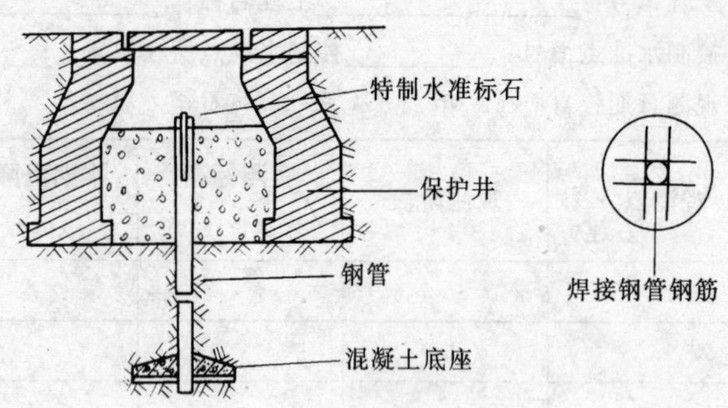

图 A9-2-2 浅埋钢管水准标石

3）确定水准点离观测建筑物的最近距离，可按下列经验公式估算

$$L = 10\sqrt{s_{\infty}}$$

式中 L——水准点离观测建筑物的最近距离（m）；

s_{∞}——观测建筑物最终沉降量的理论计算值（cm）。

4）观测水准点是沉降观测的基本依据，应设置在沉降或振动影响范围之外，并符合工程测量规范的规定。

5）沉降点的布设应根据建筑物的体型、结构、工程地质条件、沉降规律等因素综合考虑，要求便于观测和不易遭到损坏，标志应稳固、明显、结构合理，不影响建筑物和构筑物的美观和使用。沉降点一般可设在下列各处：

①建筑物的角点、中点及沿周边每隔 6 ~ 12m 设一点；建筑物宽度大于 15m 的内部承重墙（柱）上；圆形、多边形的构筑物宜沿纵横轴线对称布点；

②基础类型、埋深和荷载有明显不同处及沉降缝、新老建筑物连接处的两侧，伸缩缝的任一侧；

③工业厂房各轴线的独立柱基上；

④箱形基础底板，除四角外还宜在中部设点；

⑤基础下有暗浜或地基局部加固处；

⑥重型设备基础和动力基础的四角。

注：单座建筑的端部及建筑平面变化处，观测点宜适当加密。

⑦观测点的位置应避开障碍物，便于观测和长期保存。

6）观测点可设置在地面以上或地面以下。对于要求长期观测的建筑物，观测点宜设在室外地面以下，以便于长期观测和保护。观测点的埋设高度应方便观测，也应考虑沉降对观测点的影响。观测点应采取保护措施，避免在施工和使用期间受到破坏。观测点的构造、埋设标示可参照图 A9-2-3 和

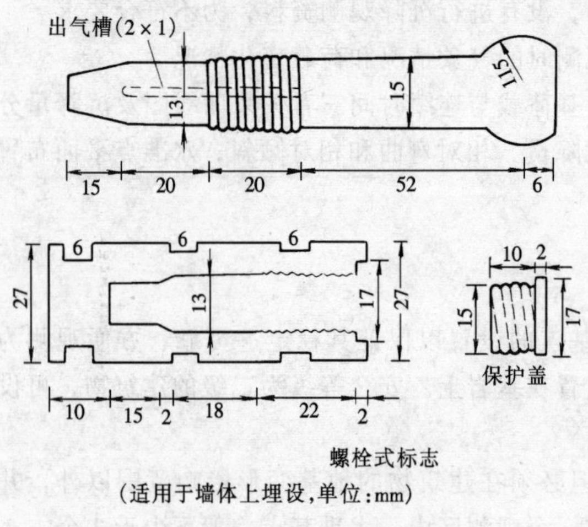

图 A9-2-3 螺栓式标志
（适用于墙体上埋设，单位：mm）

A9-2-4。

（2）观测的时间和次数，应按设计规定并符合下列要求：

1）施工期观测：基槽开挖时，可用临时测点作为起始读数，基础完成后换成永久性测点。

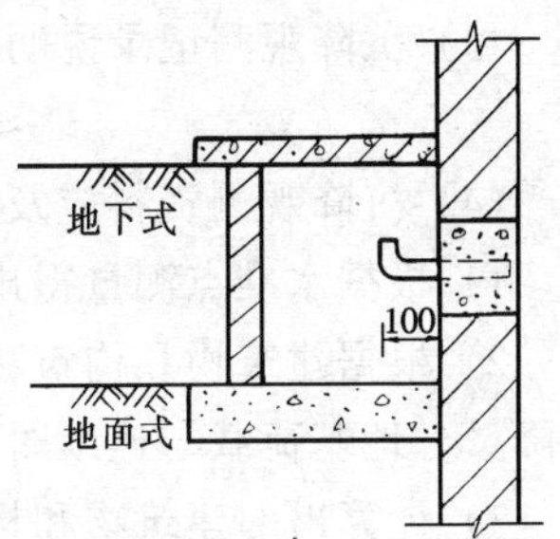

图 A9-2-4　窨井式标志（适用于建筑物内部埋设，单位：mm）

2）荷载变化期间：沉降观测周期应符合下列要求：

①高层建筑施工期间每增加 1～2 层，电视塔、烟囱等每增高 10～15m 应观测 1 次；工业建筑应在不同荷载阶段分别进行观测，整个施工期间的观测不应少于 4 次。

②基础混凝土工浇筑，回填土及结构安装等增加较大荷载前后应进行观测。

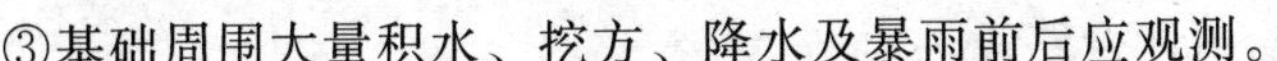

③基础周围大量积水、挖方、降水及暴雨前后应观测。

④出现不均匀沉降时，根据情况应增加观测次数。

⑤施工期间因故暂停施工，超过 3 个月，应在停工时及复工前进行观测。

3）结构封顶至工程竣工，沉降观测周期应符合下列要求：

①均匀沉降且连续 3 个月风平均沉降量不超过 1mm 时，每 3 个月观测一次。

②连续二次每 3 个月平均沉降量不超过 2mm 时，每 6 个月观测一次。

③外界发生剧烈变化应及时观测。

④交工前观测一次。2）使用期一般第一年至少观测 5～6 次，即每 2～3 个月观察一次，第二年起约每季度观测一次，即每隔 4 个月左右观察一次，第四年以后每半年一次，至沉降稳定为止。

观测期限一般为：砂土地基，2 年；粘性土地基，5 年；软土地基，10 年或 10 年以上；

4）当建筑物发生过大沉降或产生裂缝时，应增加观测的次数，必要时应进行裂缝观测。

5）沉降稳定标准可采用半年沉降量不超过 2mm。当工程有特殊要求时，应根据要求进行观测。

（3）一般需进行沉降观测的建（构）筑物：

1）高层建筑物和高耸构筑物；重要的工业与民用建筑物；造型复杂的 14 层以上的高层建筑；

2）湿陷性黄土地基上建筑物、构筑物；对地基变形有特殊要求的建筑物；

3）地下水位较高处的建筑物、构筑物；

4）三类土地基上较重要建筑物、构筑物；

5）不允许沉降的特殊设备基础；

6）在不均匀或软弱地基上的较重要的建筑物；

7）因地基变形或局部失稳使结构产生裂缝或损坏而需要研究处理的建筑物；

8）建设单位要求进行沉降观测的建筑物；

9）采用天然基础的建筑物；

10）单桩承受荷载在 400kN 以上的建筑物；

11）使用灌注桩基础设计与施工人员经验不足的建筑物；

12）因施工、使用或科研要求进行的沉降观测的建筑物；

13）沉降观测记录说明栏可填写：建（构）筑物的荷载变化；气象情况与施工条件变化。

(4) 沉降观测资料应及时整理和妥善保存，并应附有下列各项资料：

1）根据水准点测量得出的每个观测点高程和其逐次沉降量；

2）根据建筑物和构筑物的平面图绘制的观测点的位置图，根据沉降观测结果绘制的沉降量，地基荷载与连续时间三者的关系曲线图及沉降量分布曲线图；

3）计算出的建筑物和构筑物的平均沉降量，对弯曲和相对倾斜值；

4）水准点的平面布置图和构造图，测量沉降的全部原始资料；

5）沉降观测分析报告。

(5) 沉降观测网应布设符合或闭合路线。

3 监理资料(B)

3.1 承包单位与项目监理机构工作联系用表(B1)

3.1.1 工程开工报审表(B1-1)

1. 资料表式

工程开工报审表 **表 B1-1**

工程名称： 编号：

<table>
<tr><td>

致____________________（监理单位）

我方承担的____________准备工作已完成。

一、施工许可证已获政府主管部门批准； □

二、征地拆迁工作能满足工程进度的需要； □

三、施工组织设计已获总监理工程师批准； □

四、现场管理人员已到位，机具、施工人员已进场，主要工程材料已落实； □

五、进场道路及水、电、通讯等已满足开工要求； □

六、质量管理、技术管理和质量保证的组织机构已建立； □

七、质量管理、技术管理制度已制定； □

八、专职管理人员和特种作业人员已取得资格证、上岗证。

特此申请，请核查并签发开工指令。 □

承包单位（章）：____________

项目经理：________ 日期：________

</td></tr>
<tr><td>

审查意见：

项目监理机构（章）：____________

总监理工程师：________ 日期：________

</td></tr>
</table>

工程开工报审表（B1-1）以经项目监理机构审查签章后的本表格式形式归存。

2. 实施目的

工程开工报审表是项目监理机构对承包单位施工的工程经自查已满足开工条件后提出申请开工且已经项目监理机构审核确已具备开工条件后的批复文件。

3. 资料要求

（1）承包单位提请开工报审时，提供的附件：应满足实施要点中（3）条中的1）~7）款的要求，表列内容的证明文件必须齐全真实，对任何形式的不符合开工报审条件的工程项目，承包单位不得提请报申，监理单位不得签发报审表。

（2）承包单位提请开工报审时，应加盖法人承包单位章，项目经理签字不盖章。

（3）工程开工报审除监理合同规定须经建设部门批准外，以总监理工程师最终签发有效，项目监理机构盖章总监理工程师签字。

（4）开工报审必须在开工前完成报审，否则为不符合要求。

（5）表列项目应逐项填写，不得缺项，缺项为不符合开工条件。

4. 实施要点

（1）本表由施工单位填报，满足表列条件后，监督单位填写审查意见并批复；

（2）审查开工报告时，承包单位的施工准备工作必须确已完成且具备开工条件时方可提请报审；

（3）项目监理机构应对以下内容进行审查：

1）施工许可证已获政府主管部门批准，并已签发《建设工程施工许可证》；

2）征地拆迁工作能够满足工程施工进度的需要；

3）施工图纸及有关设计文件已齐备；

4）施工组织设计（施工方案）已经项目监理机构审定，总监理工程师已经批准；

5）施工现场的场地、道路、水、电、通讯和临时设施已满足开工要求，地下障碍物已清除或查明；

6）测量控制桩已经项目监理机构复验合格；

7）施工、管理人员已按计划到位，相应的组织机构和制度已经建立，施工设备、料具已按需要到场，主要材料供应已落实。

（4）对监理单位审查承包单位现场项目管理机构的要求。

1）现场项目管理机构的质量管理体系、技术管理体系和质量保证体系的确认，必须在确能保证工程项目施工质量时，由总监理工程师负责审查完成。

2）现场项目管理机构的质量管理体系、技术管理体系和质量保证体系的确认，必须在确能保证工程项目施工质量时，应在工程项目开工前完成。

3）对承包单位的现场项目管理机构的质量管理体系、技术管理体系和质量保证体系，应审查下列内容：质量管理、技术管理和质量保证的组织机构；质量管理、技术管理和制度；专职管理人员和特种作业人员的资格证、上岗证。

4）应当深刻地认识监理工作必须是在承包单位建立健全质量管理体系、技术管理体系和质量保证体系的基础上才能完成的，如果承包单位不建立质量管理体系、技术管理体系和质量保证体系，是难以保证施工合同履行的。

（5）经专业监理工程师核查，具备开工条件时报项目总监理工程师签发《工程开工报审表》，并报建设单位备案，委托合同规定工程开工报审需经建设单位批准时，项目总监理工程师审核后应报建设单位，由建设单位批准。工期自批准之日起计算。

（6）整个项目一次开工，只填报一次，如工程项目中涉及较多单位工程，且开工时间不同时，则每个单位工程开工都应填报一次。

（7）表列子项：

1）致____×××____监理单位：指建设单位与签订合同的监理单位名称，按全称填写。

2）审查意见：总监理工程师应指定专业监理工程师应对承包单位的准备工作情况，一至八项等内容进行审查，除所报内容外，还应对施工图纸及有关设计文件是否齐备；施工现场的临时设施是满足开工要求；地下障碍物是否清除或查明；测量控制桩是否已经监理机构复验合格等情况进行审查，专业监理工程师根据所报资料及现场检查情况，如资料是否齐全，有无缺项或开工准备工作是否满足开工要求等情况逐一落实，具备开工条件时，向总监理工程师报告并填写“该工程各项开工准备工作符合要求，同意某年某月某日开工”。

3）承包单位按表列内容逐一落实后，自查符合要求可在该项“□”内划“√”。并需将《施工现场质量管理检查记录》及其要求的有关证件；《建筑工程许可证》；现场专职管理人员资格证、上岗证；现场管理人员、机具、施工人员进场情况；工程主要材料落实情况等资料用为复件同时报送。

4）责任制：

①承包单位（章）：指与建设单位签订施工合同的法人单位的项目经理部级，签章有效。

②项目经理：指与建设单位签订施工合同的法人单位的项目经理部级的项目经理，签字有效。项目经理实行持证上岗制度。项目经理资质分为一、二、三、四级：

一级项目经理：已取得国家认可的副高级或中级专业技术职称者；

二级项目经理：已取得国家认可的中级或初级专业技术职称者；

三级项目经理：已取得国家认可的中级或初级专业技术职称者；

四级项目经理：已取得国家认可的初级专业技术职称者。

③项目监理机构（章）：指与建设单位签订监理合同的法人单位指派到施工现场的项目监理机构，签章有效。

④总监理工程师：指与建设单位签订监理合同的法人单位指派到施工现场的项目监理的总监理工程师，签字有效。

3.1.2 复工报审表（B1-2）

1. 资料表式

复 工 报 审 表 表 B1-2

工程名称： 编号：

<table>
<tr><td>

致：________________________________（监理单位）

鉴于__________工程，按第________号工程暂停令已进行整改，并经检查后已具备复工条件，请核查并签发复工指令。

附件：具备复工条件的情况说明

承包单位（章）：____________

项目经理：__________ 日期：__________

</td></tr>
<tr><td>

审查意见：

□ 具备复工条件，同意复工；

□ 不具备复工条件，暂不同意复工。

项目监理机构：____________

总监理工程师：__________ 日期：__________

</td></tr>
</table>

复工报审表（B1-2）以经项目监理机构审查签章后的本表格式形式归存。

2. 实施目的：

复工报审必须是承包单位按项目监理机构下发的监理通知、工程质量整改通知或工程暂停指令等确已认真改正并具备复工条件时提出的文件资料。

3. 资料要求

(1) 承包单位提请复工报审时，提供的附件：应满足具备复工条件的情况和说明，证明文件必须齐全真实，对任何形式的不符合复工报审条件的工程项目，承包单位不得提请报申，监理单位不得签发复工报审表。

(2) 承包单位提请复工报审时，应加盖承包单位章，项目经理签字不盖章。

(3) 工程复工报审，以总监理工程师最终签发有效，项目监理机构盖章总监理工程师签字。

(4) 必须进行复工报审，复工报审必须在复工前完成。

(5) 表列项目应逐项填写，不得缺项，缺项为不符合复工条件。

4. 实施要点

(1) 本表由施工单位填报，监理单位的总监理工程师审批，需经建设单位同意时应经建设单位同意后签发。

(2) 工程暂停原因消失后，承包单位即可向项目监理机构提请复工报审。

(3) 复工指令的签发原则：

1) 工程暂停是由于非承包单位的原因引起的，签发复工报审表时，只需要看引起暂停施工的原因是否还存在，如果不存在即可签发复工指令。

2) 工程暂停是由于承包单位的原因引起时，重点要审查承包单位的管理、或质量、或安全等方面的整改情况和措施，总监理工程师确认：承包单位在采取所报送的措施之后不再会发生类似的问题。否则不应同意复工。对不同意复工的申请应重新按此表再次进行报审。

3) 另外应当注意：根据施工合同范本，总监理工程师应当在48小时内答复承包单位以书面形式提出复工要求。总监理工程师未能在规定时间内提出处理意见，或收到承包人复工要求后48小时内未给答复，承包人可自行复工。

(4) 表列子项：

1) 鉴于……工程，按第……号：是指原监理单位下达的“工程部位暂停指令”的编号，后面填写通知对方恢复施工的时间及工程项目名称。

2) 审查意见：由总监理工程师根据核实结果填写并签字有效。总监理工程师应指定专业监理工程师对复工条件进行复核，在施工合同约定的时间内完成对复工申请的审批，符合复工条件在同意复工项“□”内划“√”，并注明同意复工的时间；不符合复工条件在不同意复工项“□”内划“√”，并注明不同意复工的原因和对承包单位的要求。

3) 责任制：

①承包单位（章）：指与建设单位签订施工合同的法人单位的项目经理部级，签章有效。

②项目经理：指与建设单位签订施工合同的法人单位的项目经理部级的项目经理，签字有效。

③项目监理机构（章）：指与建设单位签订监理合同的法人单位指派到施工现场的项目监理机构，签章有效。

④总监理工程师：指与建设单位签订监理合同的法人单位指派到施工现场的项目监理的总监理工程师，签字有效。

3.1.3 施工组织设计（方案）报审表（B1-3）

1. 资料表式

施工组织设计（方案）报审表 表 B1-3

工程名称： 编号：

<table>
<tr><td>致：________________（监理单位）
我方已根据施工合同的有关规定完成了________________工程施工组织设计（方案）的编制，并经我单位上报技术负责人审查批准，请予以审查。
附件：施工组织设计（方案）

承包单位（章）：________
项目经理：________ 日期：________</td></tr>
<tr><td>专业监理工程师审查意见：

专业监理工程师：________ 日期：________</td></tr>
<tr><td>总监理工程师审核意见：

项目监理机构：________
总监理工程师：________ 日期：________</td></tr>
</table>

施工组织设计（施工方案）报审表（B1-3）以经项目监理机构审查签章后的本表格式形式归存。

2. 实施目的

施工组织设计（施工方案）是施工单位根据承接工程特点编制的实施施工的方法和措施，提请项目监理机构批复的文件资料。

3. 资料要求

(1) 承包单位提送报审的施工组织设计（施工方案），文件内容必须具有全面性、针对性和可操作性，编制人、单位技术负责人必须签字，报送单位必须加盖公章；

报审表承包单位必须加盖公章，项目经理必须签字。

(2) 施工组织设计或施工方案专业监理工程师先行审查后必须填写审查意见，填写审查日期并签字；

(3) 施工组织设计或施工方案经总监理工程师审查同意后，加盖项目监理机构章、总监理工程师签字后返回承包单位；

(4) 施工组织设计或施工方案报审时间必须在工程项目开工前完成；

(5) 对“文不对题”或敷衍抄袭提供的施工组织设计应退回重新编制并报审。

4. 实施要点

(1) 本表由施工单位填报，项目监理机构的专业监理工程师审核，总监理工程师签发。需经建设单位同意时应经建设单位同意后签发。

（2）对施工过程中执行施工组织设计的要求：

1）项目监理机构应要求承包单位必须严格按照批准的（或经过修改后重新批准的）施工组织设计（方案）组织施工。

2）施工过程中，当承包单位对已批准的施工组织设计进行调整，补充或变动时，应先经专业监理工程师审查，并应由总监理工程师签认。

（3）对施工中采用新材料、新工艺、新技术、新设备时的工艺措施要求：

1）当采用新材料、新工艺、新技术、新设备时承包单位应报送相应的施工工艺措施和证明材料，应经专题论证，经审定后确认。

2）专题论证可以根据工作需要邀请专家进行研讨论证。应用"四新"的总原则应是谨慎从事，确保施工中万无一失。

（4）对监理单位审查施工组织设计的有关要求：

1）总监理工程师应组织专业监理工程师对承包单位报审的施工组织设计（方案）进行审核。

2）施工组织设计审查应在工程项目开工前完成。

3）经总监理工程师审查签认后的施工组织设计应报建设单位。

（5）施工组织设计审查的工程程序：

1）承包单位必须完成施工组织设计的编制及自审工作，并填写施工组织设计（方案）报审表，报送项目监理机构审查。

2）总监理工程师应在约定时间内，组织专业监理工程师审查，提出审查意见后，由总监理工程师审定批准。需要承包单位修改时，由总监理工程师签发书面意见，退回承包单位修改后再报审，总监理工程师应重新审定。

3）已审定的施工组织设计由项目监理机构报送建设单位。

4）承包单位应按审定的施工组织设计文件组织施工。如需对其内容做较大变更，应在实施前将变更内容书面报送项目监理机构重新审定。

5）对规模大、结构复杂或属新结构、特种结构的工程，项目监理机构应在审查施工组织设计后，报送监理单位技术负责人审查，组织有关专家会审。

（6）审查施工组织设计的基本要求：

1）施工组织设计应有承包单位负责人签字。

2）施工组织设计应符合施工合同要求。

3）施工组织设计应由专业监理工程师审核后，经总监理工程师签认。

4）发现施工组织设计中存在问题应提出修改意见，由承包单位修改后重新报审。

（7）表列子项：

1）附件：指需要审批的施工组织方针，单位工程施工组织设计或施工方案。

2）审查意见：指对施工组织设计（方案）内容的完整性、符合性、适应性、合理性、可操作性及实现目标的保证措施的审查所得出的结论。

3）责任制：同复工报审表。

3.1.4 分包单位资格报审表（B1-4）

1. 资料表式

分包单位资格报审表

表 B1-4

工程名称：　　　　　　　　　　　　　　　　　　　　　　　　编号：

致：＿＿＿＿＿＿＿＿＿＿＿＿＿＿＿（监理单位）

经考察，我方认为拟选择的＿＿＿＿＿＿＿＿＿＿（分包单位）具有承担下列工程的施工资质和施工能力，可以保证本工程项目按合同的规定进行施工，分包后，我方仍承担总包单位的全部责任。准予审查和批准。

附件：1. 分包单位资质材料；

2. 分包单位业绩材料。

分包工程名称（部位）	工程数量	拟分包工程合同额	分包工程占全部工程
合　计			

承包单位（章）：＿＿＿＿＿＿

项目经理：＿＿＿＿＿＿日期：＿＿＿＿＿＿

专业监理工程师审查意见：

专业监理工程师：＿＿＿＿＿＿日期：＿＿＿＿＿＿

总监理工程师审核意见：

项目监理机构：＿＿＿＿＿＿

总监理工程师：＿＿＿＿＿＿日期：＿＿＿＿＿＿

分包单位资格报审表（B1-4）以经项目监理机构审查签章后的本表格式形式归存。

2. 实施目的

分包单位资格报审是总包施工单位实施分包时，提请项目监理机构对其分包单位资质提请报审的批复。

3. 资料要求

(1) 本表由承包单位填报，加盖公章，项目经理签字，经专业监理工程师初审符合要求后签字，由总监理工程师最终审核加盖项目监理机构章，经总监理工程师签字后作为有效资料。

(2) 对分包单位资格的审核应满足资料说明 (3) 的审查内容要求。

(3) 本表责任制，承包单位和项目监理机构均盖章；项目经理、专业监理工程师、总监理工程师分别签字，不盖章。签章不齐全为不符合要求。

4. 实施要点

(1) 本表由承包单位填报。项目监理机构专业监理工程师审查，总监理工程师签发。

(2) 分包单位资质审查由项目监理机构负责进行。

(3) 对监理单位审查分包资格的要求。

1) 分包单位的资格报审表和报审所附的分包单位有关资料的审查由专业监理工程师负责完成。

2) 分包单位的资格报审表和报审所附的分包单位有关资料的审查必须在分包工程开工前完成。

3) 对符合分包资质的分包单位需经总监理工程师以签认。

4) 以上审查是在施工合同中未指明分包单位时，项目监理机构应对该分包单位的资格进行审查。如在施工合同已说明，则不再重新审查。

(4) 对分包单位资格应审核以下内容：

1) 分包单位的营业执照、企业资质等级证书、特殊行业施工许可证、国外（境外）企业在国内承包工程许可证；

2) 分包单位的业绩（指分包单位近三年所承建的分包工程名称、质量等级证书或经建设单位组织验收后形成的各方签章的单位工程质量验收记录应附后）；

3) 拟分包工程的内容和范围；

4) 专职管理人员和特种作业人员的资格证、上岗证。

(5) 表列子项：

1) 承包单位提送报审的分包单位资格报审的附件内容必须齐全真实，详细填报分包工程名称、数量、工程合同额，报审表承包单位必须加盖公章，项目经理必须签字。

2) 专业监理工程师审查意见：分包单位资质由专业监理工程师先行审查，必须填写审查意见，填写审查日期并签字；

3) 总监理工程师审查意见：总监理工程师认真审核后由项目监理机构签章，总监理工程师签字执行。

4) 拟分包工程的合同额：指分包工程合同中拟签订的合同金额。

5) 责任制：同复工报审。

3.1.5 主要施工机械设备报审表（B1-5）

1. 资料表式

主要施工机械设备报审表 表 B1-5

工程名称： 编号：

<table>
<tr><td colspan="6">致：________________________（监理单位）

下列施工设备已按施工组织设计（方案）要求进场，请核查并准予使用。</td></tr>
<tr><td>设备名称</td><td>规格型号</td><td>数量</td><td>进场日期</td><td>技术状况</td><td>备注</td></tr>
<tr><td></td><td></td><td></td><td></td><td></td><td></td></tr>
<tr><td></td><td></td><td></td><td></td><td></td><td></td></tr>
<tr><td></td><td></td><td></td><td></td><td></td><td></td></tr>
<tr><td></td><td></td><td></td><td></td><td></td><td></td></tr>
<tr><td colspan="6">承包单位（章）：________
项目经理：________日期：________</td></tr>
<tr><td colspan="6">专业监理工程师审查意见：
经查验
1. 性能数量能满足施工需要的设备：________
（准予进场使用的设备）
2. 性能不符合施工需要的设备：________
（需更换后再报的设备）
3. 数量或能力不足的设备：________
（需补充的设备）
请你方尽快按施工进度要求，配足所需设备。

项目监理机构：________
总监理工程师：________日期：________</td></tr>
</table>

主要施工机械设备报审表（B1-5）以经项目监理机构审查签章后的本表格式形式归存。

2. 实施目的

主要施工机械设备报审是项目监理机构对承包单位按施工组织设计（方案）要求配备进场的设备，经自检合格后报审的确认和批复。

3. 资料要求

(1) 凡直接影响工程质量的施工设备，应填写《主要施工机械设备报审表》，并附上有关技术说明、调试结果等资料，报项目监理机构审核。

(2) 检查的计量设备主要是指直接影响工程质量的衡器、量具、计量装置等。

(3) 主要施工机械设备报审表由承包单位填报加盖公章，项目经理签字；经专业监理工程师审查同意报总监理工程师审查同意后签发。

(4) 主要施工机械报审项目监理机构的专业监理工程师复核无误后方可签署审查意见。

(5) 责任制签章齐全为符合要求，否则为不符合要求。

4. 实施要点

(1) 本表由承包单位填报。项目监理机构专业监理工程师审查并提出意见，总监理工程师签发。

(2) 施工设备报验内容与要求。

1) 凡直接影响工程质量的施工设备，应填写《主要施工机械设备报审表》，并附上有关技术说明、调试结果等资料，报项目监理机构审核。

2) 施工用的衡器、量具、计量装置等设备，承包单位还应向项目监理机构报上有关法定检测部门的检定证明。

3) 监理工程师应实地检查进场施工设备安装、调试情况，经审核、检查合格，签认《主要施工机械设备报审表》。

4) 在施工过程中，监理工程师应定期检查上述计量和测量设备的技术状况。

(3) 对计量设备检查的要求。

1) 计量设备是指施工中使用的衡器、量具、计量装置等设备。

2) 监理机构应定期检查承包单位的计量设备，以专业监理工程师和监理员为主进行检查。

3) 检查的计量设备主要是指直接影响工程质量的衡器、量具、计量装置等。

(4) 表列子项：

1) 设备名称、规格型号、数量：指本次所报验的施工机械、计量设备的名称、规格型号、数量。

2) 进场日期：指施工机械、计量设备的实际进场时间（需现场安装调试的施工机械指其安装调试完毕的时间）。

3) 技术状况：指施工机械、计量设备的技术性能、运作状态的完好程度。

4) 备注：需要补充说明的事项，如计量设备的下次鉴定时间。

5) 专业监理工程师审查意见：专业监理工程师对施工机械、计量设备及所附资料进行审查，对其施工机械、计量设备等，是否符合批准的施工组织设计、是否能满足施工需要和保证质量要求签署意见，对性能、数量满足施工要求的设备，应准予进场。对数量或性能不足的设备，将其不符合要求的机械、计量设备名称附上，并提出不准进场。当有性能不符合施工要求、数量或性能不足的设备时，还应对承包单位的下步工作提出要求。

3.1.6 施工测量放线报验单（B1-6）

1. 资料表式

施工测量放线报验单 表 B1-6

工程名称： 编号：

<table>
<tr><td colspan="3">致：________________（监理单位）
我单位已完成________________（工程或部位的名称）的放线工作，经自检合格，清单如下，请予查验。
专职测量人员岗位证书编号：
测量设备鉴定证书编号：
附件：测量放线依据材料及放线成果。</td></tr>
<tr><td>工程或部位名称</td><td>放线内容</td><td>备注</td></tr>
<tr><td></td><td></td><td></td></tr>
<tr><td></td><td></td><td></td></tr>
<tr><td></td><td></td><td></td></tr>
<tr><td colspan="3">承包单位（章）：
项目经理：　　　　日期：</td></tr>
<tr><td colspan="3">专业监理工程师审查意见：
□ 查验合格
□ 纠正差错后再报
项目监理机构（章）：
专业监理工程师：　　　　日期：</td></tr>
</table>

施工测量放线报验单（B1-6）以经项目监理机构审查签章后的本表格式形式归存。

2. 实施目的

施工测量放线报验单是项目监理机构对施工单位的工程或部位的测量放线进行的报验确认和批复。

3. 资料要求

(1) 本表由承包单位填报，加盖公章，项目经理签字，经专业监理工程师初审符合要求后签字，由总监理工程师最终审核加盖项目监理机构章，经总监理工程师签字后执行。

(2) 施工测量报审应提送：专职测量人员岗位证书及测量设备检定证书；测量放线依据材料及放线成果。施工测量报审应认真填写工程或部位名称和放线内容。

(3) 对施工测量审核应满足实施要点（3）条中的 1）~5）的审查要求。

(4) 资料内必须附图时，附图应简单易懂，且能全面反映附图内容的质量。

(5) 本表责任制、承包单位和项目监理机构均盖章，项目经理、专业监理工程师、总监理工程师分别签字，不盖章。

(6) 责任制签章齐全为符合要求，否则为不符合要求。

4. 实施要点

(1) 本表由承包单位填报。专业监理工程师审查无误后签发。

(2) 施工测量报审由承包单位填报，专业工程师审核报总监理工程师签发。

(3) 对施工测量、放线成果进行复验和确认：

1) 对交桩进行检查，交桩不论建设单位交，还是委托设计或监理单位交桩一定要确保承包单位复测无误才可认桩。如有问题须请建设单位处理。确认无误后由承包单位建立施工控制网，并妥善保管。

2) 承包单位在测量放线完毕，应进行自检，合格后填写施工测量放线报验申请表，承建单位填报的《施工测量方案报审表》，应将施工测量方案，专职测量人员的岗位证书及测量设备稳定证书报送项目监理机构审批认可。

3) 承包单位按报送的《施工测量方案》对建设单位交给施工单位的红线桩、水准点进行校核复测，并在施工场地设置平面坐标控制网（或控制导线）及高程控制网后，填写《施工测量放线报验申请表》并应附上相应放线的依据资料及测量放线成果表供项目监理机构审核查验。

4) 当施工单位对交验的桩位通过复测提出质疑时，应通过建设单位邀请当地建设行政主管部门认定的规划勘察部门或勘察设计单位复核红线桩及水准点引测的成果；最终完成交桩过程，并通过会议纪要的方式予以确认。

5) 专业监理工程师应实地查验放线精度是否符合规范及标准要求，施工轴线控制桩的位置、轴线和高程的控制标志是否牢靠、明显等。经审核、查验合格，签认施工测量报验申请表。

(4) 表列子项：

1) 工程或部位的名称：工程定位测量填写工程名称，轴线、标高测量填写被测项目部位名称。

2) 专职测量人员岗位证书编号：指承担这次测量放线工作的专职测量人员岗位证书编号。

3) 测量设备鉴定证书编号：指这次放线工作所用测量设备的法定检测部门的鉴定证书编号。

4) 测量放线依据材料及放线成果：依据材料中指施工测量方案、建设单位提供的红线桩、水准点等材料；放线成果指承包单位测量放线所放出的控制线及其施工测量放记录表（依据材料应是已经项目监理机构确认）。

5) 放线内容：指测量放线工作内容的名称。如：轴线测量、标高测量等。

6) 备注：施工测量放线使用测量仪器的名称、型号、编号。

7) 专业监理工程师审查意见：分包单位资质由专业监理工程师先行审查，必须填写审查意见，填写审查日期并签字。

承包单位提送报审的施工测量报审的附件内容必须齐全真实，详细填报施工测量工程或部位名称、内容，报审表承包单位必须加盖公章，项目经理必须签字。

3.1.7 工程报验单（B1-7）

1. 资料表式

工 程 报 验 单

表 B1-7

工程名称：　　　　　　　　　　　　　　　　　　编号：

致：＿＿＿＿＿＿＿＿＿＿＿＿＿＿＿（监理单位）

我单位已完成了＿＿＿＿＿＿＿＿＿＿工程，按设计文件及有关规范进行了自检，质量合格，请予以审查和验收。

附件：1. 工程质量控制资料

2. 安全和功能检验（检测）报告

3. 观感质量验收记录

4. 隐蔽工程验收记录

5. ＿＿＿＿＿质量验收记录

承包单位（章）：＿＿＿＿＿＿＿＿

项目经理：＿＿＿＿＿＿日期：＿＿＿＿＿

审查意见：

□ 所报隐蔽工程的技术资料齐全/不齐全，且符合/不符合要求，经现场检测、核查合格/不合格，同意/不同意隐蔽。

□ 所报检验批工程的技术资料齐全/不齐全，且符合/不符合要求，经现场检测、核查合格/不合格，同意/不同意进行下道工序。

□ 所报分项工程的技术资料齐全/不齐全，且符合/不符合要求，经现场检测、核查合格/不合格，同意/不同意进行下道工序。

□ 所报分项工程的技术资料基本齐全，且基本符合要求，因砂浆/混凝土试块强度试验报告未出具，暂同意进行下道工序施工，待砂浆/混凝土试块试验报告补报后，予以质量认定。

□ 所报分部工程技术资料齐全/不齐全，且符合/不符合要求，经现场检测、核查合格/不合格。

项目监理机构（章）：＿＿＿＿＿＿＿＿＿＿

总/专业监理工程师：＿＿＿＿＿＿日期：＿＿＿＿＿

工程报验单（B1-7）以经项目监理机构审查签章后的本表格式形式归存。

2. 实施目的

工程报验单是项目监理机构对施工单位自检合格后报验的检验批、分项、分部工作或部位报验的处理确认和批复。

3. 资料要求

(1) 本表由承包单位填报，加盖公章，项目经理签字，经专业监理工程师初审符合要求后签字，由总监理工程师最终审核加盖项目监理机构章，经总监理工程师签字后执行。

(2) 承包单位提请隐蔽/分项/分部工程报验时，提供的附件：应满足对隐蔽工程报验申请的处理与签认；分项、分部工程和单位工程报验的要求，表列附件的材料必须齐全真实，对任何不符合隐蔽/分项/分部工程报验条件的工程项目，承包单位不得提请报申，监理单位不得签发报审表。

(3) 资料内必须附图，附图应简单易懂，且能全面反映附图质量。

(4) 责任制签章齐全为符合要求，否则为不符合要求。

4. 实施要点

(1) 本表由承包单位填报。项目监理机构的专业监理工程师或总监理工程师审查提出意见并签发。

(2) 本表是隐蔽工程、检验批、分项、分部工程的报验通用表式。报验时应按实际完成的工程名称填写。

(3) 对隐蔽工程报验申请的处理与签认：

1）承包单位对隐蔽工程施工完成并自检合格后，应填写隐蔽工程报验申请表，报送项目监理机构。

2）专业监理工程师应对隐蔽工程报验申请表的全部资料进行检查，并组织承包单位有关人员到现场进行检测、核查。

3）对不合格的施工作业，专业监理工程师应签发《监理工程师通知单》，责令承包单位整改，合格后由监理工程师复查。

4）经核查合格，专业监理工程师应签认隐蔽工程报验申请表，承包单位方可进行下一道工序的施工。

5）任何一个验收单元，未经项目监理机构验收确认不得进行下一道工序。

(4) 分项、分部工程和单位工程报验要求：

1）承包单位对已完成的检验批、分项、分部和单位工程均必须进行报验。

2）承包单位完成分项工程施工并自检合格后，填写________________工程报验单，附上相关的质量证明资料如隐蔽工程记录、检验批、分项工程质量验收等资料，报送项目监理机构。

3）专业监理工程师对报验的________________工程报验单的全部资料进行核查，并组织承包单位的有关人员到现场进行抽验、核查。

4）对符合要求的分项工程，专业监理工程师应签认________________工程报验单，并确认质量等级。

5）对不符合要求的分项工程，专业监理工程师应签发监理通知或工程暂停指令，由承包单位整改合格后，专业监理工程师按工程质量验收规范进行再一次验收。

6）建筑采暖、卫生与燃气、电气、通风与空调及其他设备安装工程的分项工程签认，必须在检测、试验或试运转完成，并由承包单位自检合格后进行。

7）承包单位在分部工程完成后，应根据监理工程师签认和验收的分项工程质量验收结果，进行分部工程的质量等级汇总并自评后，填写 ××××分部工程报验单，并附分部工程质量验收资料，报项目监理机构审核。

8）总监理工程师应组织专业监理工程师对分部工程质量验收资料进行审核：该分部工程所包含的全部分项工程是否均得到了监理工程师的签认和质量等级确认；对分项工程质量等级统计汇总的正确性进行审核；各项工程质量主控项目验收的正确性进行审核。

9）在对分部工程质量验收资料进行全面、系统审核后，符合有关工程质量验收规范要求，由总监理工程师签认并初步确认该分部工程的质量等级。

（5）表列子项：

1）工程质量控制资料：指相应质量验收规范中规定工程验收时应检查的工程质量控制资料文件和记录。

2）安全和功能检验（检测）报告：指相应质量验收规范中规定工程验收时应对材料及其性能指标进行检验（检测）或复验的项目的检验（检测）报告。

3）观感质量验收记录：指分部（子分部）观感质量验收记录。

4）隐蔽工程验收记录：指相应质量验收规范中规定工程验收时的隐蔽验收记录。

5）项目监理机构的总监理工程师审查意见对所报工程项目资料齐全时划掉不齐全，符合时划掉不符合，反之，即划掉齐全。

6）隐蔽/检验批/分项/分部工程报验必须及时，提送资料必须齐全，不得不报，如不报应经专题验收，否则应为不符合要求。

7）审查意见：专业监理工程师对所报隐蔽工程、检验批、分项工程进行认真核查，确认资料是否齐全、填报是否符合要求，并根据现场实际检查情况按表式项目签署审查意见，分部工程由总监理工程师组织验收并签署验收意见。

8）责任制：

①承包单位（章）：指与建设单位签订施工合同的法人单位的项目经理部级，签章有效。

②项目经理：指与建设单位签订施工合同的法人单位的项目经理部级的项目经理，签字有效。

③项目监理机构（章）：指与建设单位签订监理合同的法人单位指派到施工现场的项目监理机构，签章有效。

④总监理工程师：指与建设单位签订监理合同的法人单位指派到施工现场的项目监理的总监理工程师，签字有效。

3.1.8 工程款支付申请表（B1-8）

1. 资料表式

工程款支付申请表 表 B1-8

工程名称： 编号：

致____________________（监理单位）

我方已完成了______________________________工作，按施工合同规定，建设单位应在__________年______月______日前支付该项工程款共（大写）____________________（小写：__________________），现报上______工程付款申请表，请予以审查并开具工程款支付证书。

附件：1. 工程量清单（工程计量报审表）

2. 计算方法

承包单位（章）：________________

项目经理：____________日期：________

工程款支付申请（B1-8）以经项目监理机构审查签章后的本表格式形式归存。

2. 实施目的

工程款支付申请是施工单位根据项目监理机构对施工单位自验合格后且经监理机构验收合格的工程量计算应收的工程款的申请。

3. 资料要求

(1) 承包单位提请工程款支付申请时，提供的附件：工程量清单、计算方法必须齐全真实，对任何形式的不符合工程款支付申请的内容，承包单位不得提出申请。

(2) 承包单位应认真填写表列子项，不得缺漏。工程款支付申请承包单位必须盖章，项目经理签字。

(3) 工程款支付申请中包括合同内工作量、工程变更增减费用、批准的索赔费用、应扣除的预付款、保留金及合同中约定的其他费用。

(4) 责任制签章齐全为符合要求，否则为不符合要求。

4. 实施要点

(1) 工程款支付申请由承包单位填报。

(2) 承包单位统计报送的工程量必须是经专业监理工程师质量验收合格的工程，才能按施工合同的约定填报工程量清单和工程款支付申请表。

(3) 承包单位报送的工程量清单和工程款支付申请表，专业监理工程师必须按施工合同的约定进行现场计量复核，并报总监理工程师审定。

(4) 总监理工程师指定专业监理工程师对工程款支付申请中包括合同内工作量、工程变更增减费用、经批准的费用索赔、应扣除的预付款、保留金及施工合同约定的其他支付费用等项目应逐项审核，并填写审查记录，提出审查意见报总监理工程师审核签认。

(5) 表列子项：

1)“我方已完成了 ×××× 工作”：填写经专业监理工程师验收合格的工程；定期支付进度款填写本支付期内经专业监理工程师验收合格工程的工作量。

2) 工程量清单（工程计量报审表）：指本次付款申请中经过专业监理工程师确认已完成合格工程的工程量清单及经专业监理工程师签认的工程计量报审表；

3) 计算方法：指本次付款申请中对经过专业监理工程师确认已完合格工程量按施工合同约定采用的有关定额的工程价款的计算方法。

4) 责任制：

①承包单位（章）：指与建设单位签订施工合同的法人单位的项目经理部级，签章有效。

②项目经理：指与建设单位签订施工合同的法人单位的项目经理部级的项目经理，签字有效。项目经理实行持证上岗制度。项目经理资质分为一、二、三、四级：

一级项目经理：已取得国家证可的助高级或中级专业技术职称者；

二级项目经理：已取得国家证可的中级或初级专业技术职称者；

三级项目经理：已取得国家证可的中级或初级专业技术职称者；

四级项目经理：已取得国家证可的初级专业技术职称者。

3.1.9 监理工程师通知回复单（B1-9）

1. 资料表式

监理工程师通知回复单 表 B1-9

工程名称： 编号：

<table>
<tr><td>

致＿＿＿＿＿＿＿＿＿＿＿＿＿＿＿＿＿＿＿＿＿＿＿＿＿（监理单位）

我方收到编号为＿＿＿＿＿＿＿＿＿的监理通知/工程质量整改通知后，已按要求完成了＿＿＿＿＿＿＿＿＿＿＿＿＿＿＿＿＿＿＿＿＿＿＿＿＿工作，现报上，请予以复查。

详细内容：

承包单位（章）：＿＿＿＿＿＿＿＿＿＿＿＿

项目经理：＿＿＿＿＿＿＿＿日期：＿＿＿＿＿

</td></tr>
<tr><td>

复查意见：

项目监理机构（章）：＿＿＿＿＿＿＿＿＿＿＿＿

总/专业监理工程师：＿＿＿＿＿＿＿＿日期：＿＿＿＿＿

</td></tr>
</table>

监理工程师通知回复单（B1-9）以经项目监理机构审查签章后的本表格式形式归存。

2. 实施目的

监理工程师通知回复单是指监理单位发出监理通知，承包单位对监理通知执行完成后，请求复查回复。

3. 资料要求

（1）承包单位提交的监理工程师通知回复单的附件内容必须齐全真实，填报详细内容，承包单位加盖公章，项目经理必须签字。

（2）复查意见由项目监理机构的专业监理工程师先行审查，必须填写审查意见。总监理工程师认真审核后由项目监理机构签章，总监理工程师、专业工程师签字执行。

（3）本表责任制、承包单位和项目监理机构均盖章，项目经理、专业监理工程师、总监理工程师分别签字，不盖章。

（4）责任制签章齐全为符合要求，否则为不符合要求。

4. 实施要点

（1）本表由承包单位填报。项目监理机构的总监理工程师或专业监理工程师签认。

（2）承包单位填报的监理通知回复单应附详细内容，包括：《监理通知》、《工程质量整改通知》、《工程暂停指令》等提出的整改内容。

（3）监理工程师通知回复单承包单位、项目监理机构应做到技术用语规范，内容有序，字迹清楚。

（4）表列子项：

1）详细内容：是针对《监理通知》、《工程质量整改通知》等的要求，具体写明回复意见或整改的过程、结果及自检等情况。《工程质量整改通知》应提出整改方案。

2）复查意见：专业监理工程师应详细核查承包单位所报的有关资料，符合要求后针对工程质量实体的缺陷整改进行现场检查，符合要求后填写“已按《监理通知》/《工程质量整改通知》整改完毕/经检查符合要求”的意见，如不符合要求，应具体指明不符合要求的项目或部位，签署“不符合要求，要求承包单位继续整改”的意见，直至承包单位整改符合要求。

3）涉及工程质量整改，承包单位的回复，需经总监理工程师审批。

4）责任制：

①项目监理机构（章）：指与建设单位签订监理合同的法人单位指派到施工现场的项目监理机构，签章有效。

②总监理工程师：指与建设单位签订监理合同的法人单位指派到施工现场的项目监理总监理工程师，签字有效。

③专业监理工程师：指与建设单位签订监理合同的法人单位指派到施工现场的项目监理专业监理工程师，签字有效。

3.1.10 工程临时延期报审表（B1-10）

1. 资料表式

工程临时延期报审表 表 B1-10

工程名称： 编号：

<table>
<tr><td>
致________________________（监理单位）
根据施工合同条款__________条的规定，由于______________________的原因，我方申请工程延期，请予以批准。

附件：1. 工程延期的依据及工期计算
合同竣工日期：
申请延长竣工日期：
2. 证明材料

承包单位（章）：____________
项目经理：____________ 日期：________
</td></tr>
<tr><td>
复查意见：
□ 暂时同意工期延长________日历天。使竣工日期（包括已指令延长的工期）从原来的______年______月______日延迟到______年______月______日，请你方执行。
□ 不同意延长工期，请按约定竣工日期组织施工。
说明：

项目监理机构：____________
总监理工程师：____________ 日期：________
</td></tr>
</table>

工程临时延期报审表（B1-10）以经项目监理机构审查签章后的本表格式形式归存。

2. 实施目的

工程临时延期报审表是指项目监理机构依据施工单位提请报审的工程临时延期的确认和批复。

3. 资料要求

（1）本表由承包单位填报，加盖公章，项目经理签字，经专业监理工程师初审符合要求后签字，由总监理工程师最终审核加盖项目监理机构章，经总监理工程师签字后执行。

（2）承包单位提请工程临时延期报审时，提供的附件：工程延期的依据及工期计算；合同竣工日期；申请延长竣工日期；索赔金额的计算；证明材料应齐全真实，对任何不符合附件要求的资料，承包单位不得提请报申，监理单位不得签发报审表。

（3）承包单位必须加盖公章、项目经理签字；项目监理机构必须加盖公章、总监理工程师签字。

（4）责任制签章齐全为符合要求，否则为不符合要求。

4. 实施要点

（1）本表由承包单位填报。项目监理机构的总监理工程师签发。

（2）工程临时延期报审是发生了施工合同约定由建设单位承担的延期工期事件后，承包单位提出的工期索赔，报项目监理机构审核确认。

（3）总监理工程师在签认工程延期前应与建设单位、承包单位协商，宜与费用索赔一并考虑处理。

（4）总监理工程师应在施工合同约定的期限内签发《工程临时延期报审表》，或发出要求承包单位提交有关延期的进一步详细资料的通知。

（5）临时延期批准时间不能长于工程最终延期批准的时间。

（6）关于临时批准。

在实际工作中，监理工程师必须在合理的时间内做出决定，否则承包商可以由于延期迟迟未获准而被迫加快工程进度为由，提出费用索赔。为了避免这种情况发生，使监理工程师有比较充裕的时间评审延期，对于某些较为复杂或持续时间较长的延期申请，监理工程师可以根据初步评审，给予一个临时的延期时间，然后再进行详细的研究评审，书面批准有效延期时间。合同条件规定，临时批准的延期时间不能长于最后的书面批准的延期时间。

临时批准的优点是：一般是一个合适的估计延期情况，以避免并减少承包商提出索赔费用，同时又可再制订详细的批准计划。

（7）关于工期延期批准的协商：

1）项目监理机构在做出临时工程延期或最终工程延期批准之前，均应与建设单位和承包单位协商。

2）项目监理机构审查和批准临时延期或最终工程延期的程序与费用索赔的处理程序相同。

（8）关于工程临时延期报审程序：

1）承包单位在施工合同规定的期限内，向项目监理机构提交对建设单位的延期（工期索赔）意向通知书。

2）总监理工程师指定专业监理工程师收集与延期有关的资料。

3）承包单位在承包合同规定的期限内向项目监理机构提交《工程临时延期报审表》。

4）总监理工程师指定专业监理工程师初步审查《工程临时延期报审表》是否符合有关规定。

5）总监理工程师进行延期核查，并在初步确定延期时间后，与承包单位及建设单位进行协商。

6）总监理工程师应在施工合同规定的期限内签署《工程临时延期报审表》，或在施工合同规定期限内，发出要求承包单位提交有关延期的进一步详细资料后，按上述4）、5）、6）条程序进行。

7）总监理工程师在做出临时延期批准时，不应认为其具有临时性而放松控制。

8）临时批准延期时间不能长于最后的书面批准的延期时间。

(9）关于临时批准的说明：

在实际工作中，监理工程师必须在合理的时间内做出决定，否则承包商可以由于延期迟迟未获准而被迫加快工程进度为由，提出费用索赔。为了避免这种情况发生，使监理工程师有比较充裕的时间评审延期，对于某些较为复杂或持续时间较长的延期申请，监理工程师可以根据初步评审，给予一个临时的延期时间，然后再进行详细的研究评审，书面批准有效延期时间。合同条件规定，临时批准的延期时间不能长于最后的书面批准的延期时间。

临时批准的优点是：一般是一个合适的估计延期情况，以避免并减少承包商提出索赔费用，同时又可再制订详细的批准计划。

（10）表列子项：

1）工程延期的依据及工期计算：工程延期依据是指非承包单位引起的工程延期的原因或理由，以及承包单位提出的延期意向通知，工期计算是指根据工程延期的依据、所列延长时间的计算方式及过程。

2）合同竣工日期：指建设单位与承包单位签订的施工合同中确定的竣工日期。

3）申请延长竣工日期：指包括已指令延长的工期加上本期申请延长工期后的竣工日期。

4）证明材料：指本期申请延长的工期所有能证明非承包单位原因致工程延期的证明材料。

5）确认临时延期的基本条件：工程变更指令导致的工程量增加；合同中涉及的任何可能造成的工程延期的原因；异常恶劣的气候条件；由建设单位造成的任何延误、干扰或障碍等；承包单位自身外的其他原因。

6）责任制：

①承包单位（章）：指与建设单位签订施工合同的法人单位的项目经理部级，签章有效。

②项目经理：指与建设单位签订施工合同的法人单位的项目经理部级的项目经理，签字有效。

③项目监理机构（章）：指与建设单位签订监理合同的法人单位指派到施工现场的项目监理机构，签章有效。

④总监理工程师：指与建设单位签订监理合同的法人单位指派到施工现场的项目监理总监理工程师，签字有效。

3.1.11 费用索赔报审表（B1-11）

1. 资料表式

费用索赔报审表 **表 B1-11**

工程名称： 编号：

<table>
<tr><td>
致________________________（监理单位）
根据施工合同条款________________条的规定，由于____________________
______________________________________的原因，我方要求索赔金额（大写）
________________元，请予批准。

附件：1. 索赔的详细理由及经过
2. 索赔金额的计算
3. 证明材料

承包单位（章）：______________
项目经理：__________日期：________
</td></tr>
<tr><td>
复查意见：
□ 不同意此项索赔。
□ 同意此项索赔，金额为（大写）________________。
同意/不同意索赔的理由：

索赔金额的计算：

项目监理机构（章）：______________
总监理工程师：__________日期：________
</td></tr>
</table>

费用索赔报审表（B1-11）以经项目监理机构审查签章后的本表格式形式归存。

2. 实施目的

费用索赔报审表是承包单位向建设单位提出索赔的报审提请项目监理机构审查、确认和批复。包括工期索赔和费用索赔。

3. 资料要求

(1) 承包单位提请报审费用索赔提供的附件：索赔的详细理由及经过、索赔金额的计算、证明材料必须齐全真实，对任何形式的不符合费用索赔的内容，承包单位不得提出申请。

(2) 项目监理机构必须认真审查承包单位报送的附件资料，填写复查意见，索赔金额的计算应付附页计算依据。

(3) 承包单位必须加盖公章、项目经理签字；项目监理机构必须加盖公章、总监理工程师、专业监理工程师分别签字。

(4) 责任制签章齐全为符合要求，否则为不符合要求。

4. 实施要点

(1) 本表由承包单位填报。项目监理机构的总监理工程师签发。

(2) 监理机构受理索赔的基本条件。

根据合同法关于赔偿损失的规定及建设工程施工合同条件的约定，必须注意分清：业主原因、承包商原因、不可抗力或其他原因。《建设工程监理规范》(GB 50319—2000) 第6.3.2条规定了承包单位向建设单位提出索赔成立的基本条件：

1) 索赔事件造成了承包单位直接经济损失。

2) 索赔事件是由于非承包单位的责任发生的。

3) 承包单位已按照施工合同规定的期限和程序提出费用索赔申请表（附录A8)，并附索赔凭证材料。

4) 当承包单位提出费用索赔的理由同时满足以上三个条件时，承包单位提出的索赔成立，项目监理机构应予受理。但是依法成立的施工合同另有规定时，按施工合同规定办理。

5) 当建设单位向承包单位提出索赔也符合类似的条件时，索赔同样成立。

(3) 承包商向建设单位提出的可能产生的索赔内容：

1) 合同文件内容出错引起的索赔；

2) 由于图纸延迟交出造成索赔，勘察、设计出现错误引起的索赔；

3) 由于不利的实物障碍和不利的自然条件引起索赔；

4) 由于建设单位（或监理单位转提）的水准点、基线等测量资料不准确造成的失误与索赔；

5) 承包商根据监理工程师指示，进行额外钻孔及勘探工作引起索赔；

6) 由建设单位风险所造成的损害的补救和修复所引起的索赔；

7) 施工中承包商开挖到化石、文物、矿产等物品，需要停工处理引起的索赔；

8) 由于需要加强道路与桥梁结构以承受“特殊超重荷载”而索赔；

9) 由于建设单位雇佣其他承包商的影响，并为其他承包商提供服务提出索赔；

10) 由于额外样品与试验而引起索赔；

11）由于对隐蔽工程的揭露或开孔检查引起的索赔；

12）由于工程中断引起的索赔；

13）由于建设单位延迟移交土地引起的索赔；

14）由于非承包商原因造成了工程缺陷需要修复而引起的索赔；

15）由于要求承包商调查和检查缺陷而引起的索赔；

16）由于工程变更引起的索赔；

17）由于变更使合同总价格超过有效合同价的15%而引起索赔；

18）由特殊风险引起的工程被破坏和其他款项支出提出的索赔；

19）因特殊风险使合同终止后的索赔；

20）因合同解除后的索赔；

21）业主违约引起工程终止等的索赔；

22）由于物价变动引起的工程成本的增减的索赔；

23）由于后继法规的变化引起的索赔；

24）由于货币及汇率变化引起的索赔；

25）建设单位指令增、减的工程量引起的索赔。

（4）可能作为索赔的证据主要包括：

1）招标文件、合同文本及附件、其他各种签约（备忘录、修正案）、发包人认可的工程实施计划、各种工程图纸（包括图纸修改指令）、技术规范等；

2）招标文件；

3）来往信件（有关合同双方认可的通知和建设单位的变更指令）；

4）各种会谈纪要（需经各方签署才有法律效率）；

5）各种会议纪要（发包、承包、监理各方会议形成的纪要且经签认的）；

6）施工组织设计；

7）指令和通知（发包、监理方发出的）；

8）施工进度计划与实际施工进度记录；

9）施工现场的工程文件（施工记录、备忘录、施工日志、工长和检查员工作日记；监理工程师填写的监理记录和签证、发包人或监理工程师签认的停水、停电、道路封闭、开通记录和证明，其他可以作证的工程文件等）；

10）工程照片（如表示进度、隐蔽工程、返工等照片，应注明日期）；

11）气象资料（需经监理工程师签证）；

12）工程中各种检查验收报告和各种技术鉴定报告；

13）工程交接记录、图纸和资料交接记录；

14）建筑材料和设备的采购、订货、运输进场、保管和使用方面记录、凭证和报表；

15）政府主管部门、工程造价部门发布的材料价格、信息、调整造价方法和指数等；

16）市场行情资料；

17）各种公开的成本和会计资料，财务核算资料；

18）国家发布的法律、法令和政策文件，特别是涉及工程索赔的各类文件；

19）附加工程（建设单位附加的工程项目）；

20）不可抗力；

21）特殊风险（战事、敌对行动、入侵、核装置污染和冲击波破坏、叛乱、暴动、军事政变……等）；

22）其他。

（5）监理工程师审核和处理索赔准则：

1）依据 FIDIC 合同条款及合同和实事求是对待索赔事件；

2）各项记录、报表、文件、会议纪要等索赔证据等文档资料的准确和齐全；

3）核算数据必须正确无误。

（6）监理机构对费用索赔的审查和处理程序：

1）承包单位在施工合同规定的期限内向项目监理机构提交对建设单位的费用索赔意向通知书；

2）总监理工程师指定专业监理工程师收集与索赔有关的资料；

3）承包单位在承包合同规定的期限内向项目监理机构提交对建设单位的费用索赔申请表；

4）总监理工程师初步审查费用索赔申请，符合《建设工程监理规范》（GB50319—2000）第 6.3.2 所规定的条件时予以受理；

5）总监理工程师进行费用索赔审查，并在初步确定一个额度后，与承包单位和建设单位进行协商；

（7）审查和初步确定索赔批准额时，项目监理机构的审查要点：

1）索赔事件发生的合同责任；

2）由于索赔事件的发生，施工成本及其他费用的变化和分析；

3）索赔事件发生后，承包单位是否采取了减少损失的措施。承包单位报送的索赔额中是否包含了让索赔事件任意发展而造成的损失额。

（8）审核要点：

1）查证索赔原因。监理工程师首先应看到承包商的索赔申请是否有合同依据，然后查看承包商所附的原始记录和账目等，与驻地监理工程师所保存的记录核对，以了解以下情况：工程遇到怎样的情况减慢或停工的；需要另外雇用多少人才能加快进度，或停工已使多少人员闲置；怎样另外引进所需的设备，或停工已使多少设备闲置；监理工程师曾经采取哪些措施。

2）核实索赔费用的数量。

承包商的索赔费用数量计算一般包括：所列明的数量；所采用的费率。在费用索赔中，承包商一般采用的费率为：

①采用工程量清单中有关费率或从工程量清单里有关费率中推算出费率；

②重新计算费率。

原则上，承包商提出的所有费用索赔均可不采用工程量清单中的费率而重新计算。监理工程师在审核承包商提出的费用索赔时应注意：索赔费用只能是承包商实际发生的费用，而且必须符合工程项目所在国或所在地区的有关法律和规定。另外，绝大部分的费用索赔是不包括利润的，只涉及到直接费和管理费。只有遇到工程变更时，才可以索赔到费用和利润。

（9）项目监理机构在确定索赔批准额时，可采用实际费用法。索赔批准额等于承包单位为了某项索赔事件所支付的合理实际开支减去施工合同中的计划开支，再加上应得的管理费和利润。

总监理工程师应在施工合同规定的期限内签署费用索赔审批表。

（10）总监理工程师附送索赔审查报告的内容：

总监理工程师在签署费用索赔审批表时，可附一份索赔审查报告。索赔审查报告可包括以下内容：

1）正文：受理索赔的日期，工作概况，确认的索赔理由及合同依据，经过调查、讨论、协商而确定的计算方法及由此而得出的索赔批准额和结论。

2）附件：总监理工程师对索赔评价，承包单位索赔报告及其有关证据、资料。

（11）费用索赔与工期索赔的互联处理。

费用索赔与工期索赔有时候会相互关联，在这种情况下，建设单位可能不愿给予工程延期批准或只给予部分工程延期批准，此时的费用索赔批准不仅要考虑费用补偿还要给予赶工补偿。所以总监理工程师要综合做出费用索赔和工程延期的批准决定。

（12）建设单位向承包单位的索赔处理原则。

由于承包单位的原因造成建设单位的额外损失，建设单位向承包单位提出费用索赔时，总监理工程师在审查索赔报告后，应公正地与建设单位和承包单位进行协商，并及时作出答复。

（13）承包单位提请报审、项目监理机构复查提出和审查后的索赔金额必须大写。

（14）表列子项：

1）"根据施工合同条款__________条的规定"：填写提出费用索赔所依据的施工合同条目。

2）"由于__________的原因"：填写导致费用索赔的事件。

3）索赔的详细理由及经过：指索赔事件造成承包单位直接经济损失，索赔事件是由于非承包单位的责任发生的等情况的详细理由及事件经过。

4）索赔金额的计算：指索赔金额计算书。

5）证明材料：指上述两项所需的各种凭证。

6）审查意见：专业监理工程师对所报资料审查、与监理同期记录核对、计算，并将审查情况报告总监理工程师。不满足索赔条件，总监理工程师在不同意此索赔前"□"内划"√"。满足索赔条件，总监理工程师应分别与建议单位、承包单位协商，达成一致或总监理工程师公正地自主决定后，在同意此项索赔前"□"内划"√"，并填写商定（或自主决定）的金额。

7）同意/不同意索赔的理由：指总监理工程师同意、部分同意或不同意索赔的理由和依据。

8）索赔金额的计算：指项目监理机构对索赔金额的计算过程及方法。

3.1.12　工程材料/构配件/设备报审表（B1-12）

1. 资料表式

工程材料/构配件/设备报审表　　表 B1-12

工程名称：　　　　　　　　　　　　　　　　　　编号：

<table>
<tr><td>

致＿＿＿＿＿＿＿＿＿＿＿＿＿＿＿＿（监理单位）

我方于＿＿＿＿年＿＿＿＿月＿＿＿＿日进场的工程材料/构配件/设备数量如下（见附件）。现质量证明书文件及自检结果报上，拟用于下述部位：

＿＿＿＿＿＿＿＿＿＿＿＿＿＿＿＿＿＿＿＿请予以审核。

附件：1. 材料/构配件/设备清单（名称、产地、规格、数量）
2. 材料/构配件/设备质量证明资料
3. 自检结果（复试报告等）

承包单位（章）：＿＿＿＿＿＿＿＿
项目经理：＿＿＿＿＿＿日期：＿＿＿＿

</td></tr>
<tr><td>

审查意见：

经检查上述工程材料/构配件/设备，符合/不符合设计文件和规范的要求，准许/不准许进场，同意/不同意使用于拟定部位。

项目监理机构
专业监理工程师＿＿＿＿＿＿日期：＿＿＿＿

</td></tr>
</table>

工程材料/构配件/设备报审表（B1-12）以经项目监理机构审查签章后的本表格式形式归存。

2. 实施目的

费用索赔报审表是承包单位向项目监理机构提请工程项目用材料、构配件、设备的审查、确认和批复。

3. 资料要求

(1) 本表由承包单位填报，加盖公章，项目经理签字，经专业监理工程师审查符合要求后签字有效，加盖项目监理机构章。

(2) 承包单位提请工程材料、构配件、设备报验时提供的附件：数量清单；质量证明文件；自检结果应齐全真实，对任何不符合附件要求的资料，承包单位不得提请报申，监理单位不得签发报审表。

(3) 凡在试验时进行试验的材料有见证取样要求的，质量证明文件必须有见证取样证明。

(4) 承包单位必须加盖公章、项目经理签字；项目监理机构必须加盖公章、专业监理工程师签字。

(5) 责任制签章齐全为符合要求，否则为不符合要求。

4. 实施要点

(1) 本表由承包单位填报，项目监理机构的专业监理工程师审查并签发。

(2) 工程原材料、构配件报验单由施工方提出、监理方审查，未经报验不得用于工程。

(3) 工程原材料报验是指原材料、构配件进场后施工单位向监理单位进行的报验。进场的原材料、构配件等施工单位首先要组织自检自验，并按有关规定进行抽样测试，确认合格后填写工程材料，构配件报验单，连同出厂合格证、质量保证书、复试报告等一并报驻地监理工程师进行质量认证。

有的材料、构配件在进场前，曾同建设单位和监理单位看过样品或调研过，这个过程不能代替进场后使用前的报验。

(4) 本表由施工单位填报，由项目监理机构审查。报审表内的承包单位、项目监理机构均盖章，不盖章无效。以专业监理工程师签字有效、不盖章。监理工程师不签字无效。

(5) 工程材料报验的基本要求：

1) 施工方对所有的原材料、构配件均应报验，工程竣工后，材料报验要和设计的材料、构配件的品种、数量相一致，有遗漏时即为原材料、构配件进场报验数量不足，如有主要原材料、构配件未报验，将直接影响工程质量的验评，并需对总体质量进行评审。

2) 进场原材料、构配件报验应及时，监理单位可以和施工单位、材料供应单位协商确定进场材料、构配件进场后的报验方法。

监理单位认证不合格的原材料、构配件，应和施工单位协商处理办法，如需降级使用或进行技术处理后使用，需征得设计、建设单位同意，总监理工程师批准。监理工程师除明令不得使用外并说明不得进场、退场或其他处理建议。

3) 保证材料、构配件质量必须保证检验和试验机构做到：严格执行国家有关技术标准、规范和设计要求；检验和试验机构和人员均必须按照国家标准进行抽样和试验，保证试验设备良好运行，确保试（检）验工作的质量；对不符合质量要求的材料、半成品和成品应出示报告，也可以提出处理意见和解决办法。

4) 预制构件厂必须对成品、半成品进行严格检查后，签发出厂合格证，不合格的产品不得出厂。

5) 新材料、新产品、新型构配件等，要在对其做出技术鉴定、制定出质量标准及操作规程后，才能在工程上使用。

凡采用无国家或省正式标准规范的新材料、新制品、新设备应有省级以上鉴定部门出具的正式鉴定文件，否则不准用于工程。

6）在现场配制的建筑材料，如防水材料、防腐蚀材料、耐火材料、绝缘材料、保温材料、润滑材料等，均必须按试验室确定的配合比和操作方法进行施工。

（6）对拟进场工程材料、构配件和设备的报审要求：

1）承包单位应对拟进场的工程材料、构配件和设备（包括建设单位采购的工程材料、构配件、设备）填写《工程材料/构配件/设备报审表》并附上相应的准用证明、出厂质量证明等有关资料报项目监理机构审核、签认。对新材料、新产品，承包单位应报送经有关部门鉴定、确认的证明文件。

对进口材料、构配件和设备，承包单位应报送进口商检证明文件。

2）承包单位应对进场的工程材料按工程质量管理规定进行自检和复试，对构配件进行自检；对设备进行开箱检查，并将复试结果和检查结果报送项目监理机构审核、签认。

3）专业监理工程师应对进场的工程材料、构配件和设备，按照委托监理合同的约定和工程质量管理文件的规定，进行平行检测、见证取样。

4）对进口材料、构配件和设备，应按照事先约定，由建设单位、承包单位、供货单位、项目监理机构及其他有关单位进行联合检查。

5）经专业监理工程师审核，检查合格，签认《工程材料/构配件/设备报审表》。对未经监理工程师验收或验收不合格的工程材料、构配件、设备，监理工程师应拒绝签认，并应签发《工程材料/构配件/设备报审表》，书面通知承包单位限期运出现场。

（7）表列子项：

1）拟用于下述部位：指工程材料、构配件、设备拟用于工程的具体部位。

2）材料/构配件/设备清单：按表列括号内容用表格形式填报。

3）材料/构配件/设备质量证明资料：指生产单位提供的证明材料/构配件/设备质量的证明资料。如：合格证、性能检测等。凡无国家或省正式标准的新材料、新产品、新设备就应有省级及以上有关部门的鉴定文件。凡进口的材料、产品、设备应有商检的证明文件。

4）自检结果：指承包单位的进场验收记录、复试报告和项目监理机构见证取样证明。

5）审查意见：专业监理工程师经过所报资料审查，与进场实物核对和观感质量验收，全部符合要求的，将“不符合”、“不准许”、“不同意”用横线划掉；否则将“符合”、“准许”、“同意”用横线划掉，并指出不符合要求之处。

6）原材料、构配件报验附件资料应齐全，如材料出厂合格证、复试报告、构配件出厂合格证明等。附件资料不齐全不予报验。

按施工单位提供的附件资料应写清执行的标准或规范的名称或代号，便于核验对照。

7）工程原材料、构配件报验应由施工单位的工程技术负责人提出。

8）报验应每一材料品种、每一批量填报一表，不得多品种、多批量一表混填。

3.1.13 工程竣工报验单（B1-13）

1.资料表式

工程竣工报验单 **表 B1-13**

<table>
<tr><td colspan="2">工程名称：</td><td>编号：</td></tr>
<tr><td colspan="3">致________________________（监理单位）
根据合同规定，我方已完成了________________工程项目的全部施工内容，经自检符合合同及设计和施工规范要求，且技术资料齐全，现报请竣工验收，请予以检查和验收。

附件：

承包单位（章）：____________
项目经理：__________日期：__________</td></tr>
<tr><td colspan="3">审查意见：
经初步验收，该工程：
1. 符合/不符合我国现行法律、法规要求；
2. 符合/不符合我国现行工程建设标准；
3. 符合/不符合设计文件要求；
4. 符合/不符合施工合同要求。
经核查，该工程初步验收合格/不合格，可以/不可以组织正式验收。
说明：

项目监理机构：____________
总监理工程师：__________日期：__________</td></tr>
</table>

工程竣工预验报验单（B1-13）以经项目监理机构审查签章后的本表格式形式归存。

2. 实施目的

工程竣工预验报验单是承包单位向建设单位和项目监理机构提请，当工程项目确已具备交工条件后对该工程项目进行初验的申请。

3. 资料要求

(1) 检验批、分项、分部工程数量必须齐全，企业技术负责人对单位工程已组织有关人员对工程进行了验收，并达到合格以上标准。据此，承包单位根据初验结果向建设、监理单位提请预验。

(2) 按验收的有关要求进行检查，内容、签章均齐全为正确。

(3) 不办理竣工预验收即填报有关资料上报进行验收的为不正确。

(4) 责任制签章齐全为符合要求，否则为不符合要求。

4. 实施要点

(1) 本表由承包单位填报，项目监理机构的总监理工程师审查并签发。

(2) 承包单位提交的工程竣工预验收报验的附件内容工程技术保证资料必须齐全真实，承包单位加盖公章，项目经理必须签字。

(3) 竣工预验收及资料：

1）竣工预验收必须达到具备交工条件（土建、水、暖、电、通风各专业均已具备），应在施工单位初验合格后进行，不具备交工条件的，任何一方不应对未完工程提请提前交工。

确已具备交工验收条件，建设、监理、施工单位均不能因个别原因拒绝进行竣工预验。

2）交工验收的标准：工程项目按照工程合同规定和设计图纸要求，已全部施工完毕达国家规定的质量标准，能满足使用要求；交工工程达到窗明地净、水通、灯亮、有采暖通风设备的应达到运转正常；设备调试、试运转达到设计要求；建筑物四周两米以内场地整洁；技术资料齐全。

(4) 竣工预验收的资料内容：

单位工程竣工预验收资料内容包括：单位（子单位）工程质量竣工验收记录、单位（子单位）工程质量控制资料核查记录、单位（子单位）工程安全和功能检验资料核查及主要功能抽查记录、单位（子单位）工程观感质量检查记录。

(5) 工程的竣工预验收：

1）单位工程竣工质量的预验收由项目监理机构的总监理工程师组织专业监理工程师进行；建设、施工单位参加。

2）竣工预验收的依据：有关法律、法规、工程建设强制性标准、设计文件及施工合同，对承包单位报送的竣工资料进行预验收；对存在的问题，应及时要求承包单位整改，整改完毕由总监理工程师签署工程竣工报告单，在此基础上提出工程质量评估报告。

工程质量评估报告应经总监理工程师和监理单位的技术负责人审核签字。

(6) 竣工预验收的程序：

1）当单位工程达到竣工验收条件后，承包单位应在自审、自查、自评工作完成后，编制竣工报告，施工单位的法定代表人和技术负责人签章后填写工程竣工预验报验单，并将全部竣工资料报送项目监理机构，申请竣工预验收。

2）总监理工程师应组织各专业监理工程师对竣工资料及各专业工程的质量情况进行全面检查，对检查出的问题，应督促承包单位及时整改。

3）总监理工程师应组织各专业监理工程师对本专业工程的质量情况进行全面检查、检测，对发现影响竣工验收的问题，签发《监理工程师通知单》，要求承包单位整改和完善。

4）对需要进行工程安全和功能检验的工程项目（包括单机试车和无负荷试车），监理工程师应督促承包单位及时进行试验，并对重要项目进行现场监督、检查，必要时请建设单位和设计单位参加；监理工程师应认真审查试验报告单。

5）监理工程师督促承包单位搞好成品保护和现场清理。

6）经项目监理机构对竣工资料及实物全面检查、验收合格后，由总监理工程师签署申请工程竣工报验单，并向建设单位提出质量评估报告。请建设单位组织工程竣工验收。

(7) 表列子项：

1）工程项目：指施工合同签订的已经达到竣工要求的工程名称。

2）附件：指用于证明工程按合同约定完成并符合竣工要求的全部竣工资料。

3）审查意见：由项目监理机构的专业监理工程师先行审查：该工程符合/不符合我国现行法律、法规要求；符合/不符合我国现行工程建设标准；符合/不符合施工合同要求。然后由总监理工程师组织专业监理工程师按现行的单位（子单位）工程竣工验收的有关规定进行复查并对工程质量进行预验收，根据复查和预验收结果，将“未全部”、“不完整”、“不符合”或“全部”、“完整”、“符合”用横线划掉；全部符合要求的将“不合格”、“不可以”用横线划掉；否则将“合格”、“可以”用横线划掉；并向承包单位列出不符合项目的清单和要求。

3.1.14 试验室资格报审表（B1-14）

1. 资料表式

试验室资格报审表 表 B1-14

工程名称： 编号：

<table>
<tr><td>致______________________（监理单位）
经考察，我方认为拟选择的______________________（试验室）具有与______________工程相适应的试验资质及试验能力。现报上有关资料，请予以审查和批准。

附件：1. 试验室的资质等级及试验范围；
2. 法定计量部门对试验室出具的计量检定证明；
3. 试验室管理制度；
4. 试验人员的资格证书；
5. 本工程的试验项目及其要求。

承包单位（章）：______________
项目经理：__________ 日期：__________</td></tr>
<tr><td>专业监理工程师审查意见：

项目监理机构：______________
总监理工程师：__________ 日期：__________</td></tr>
</table>

试验室资格报审表（B1-14）以经项目监理机构审查签章后的本表格式形式归存。

2. 实施目的

试验室资格报审表是承包单位向项目监理机构提请实验室资格报审，以确定承包单位是否具有自有实验室或“外委”实验室进行资质考核、确认和批复。

3. 资料要求

(1) 本表由承包单位填报，加盖公章，项目经理签字，经专业监理工程师审查符合要求后，报总监理工程师批准并签字有效，加盖项目监理机构章。

(2) 承包单位提请试验室资格报审时提供的附件：试验室的资质等级及试验范围；法定计量部门对试验室出具的计量检定证明；试验室管理制度；试验人员的资格证书；本工程的试验项目及其要求应齐全真实，对任何不符合附件要求的资料，承包单位不得提请报申，监理单位不得签发报审表。

(3) 承包单位必须加盖公章、项目经理签字；项目监理机构必须加盖公章、总监理工程师签字有效。

(4) 责任制签章齐全为符合要求，否则为不符合要求。

4. 实施要点

(1) 试验室资格报审表由承包单位填报，项目监理机构的专业监理工程师提出审查意见，总监理工程师签发。

(2) 试验室资格报审是施工单位经考察选定具有与某工程相适应的试验资质及试验能力。而提请项目监理机构审查和批准的文件。并提交如下附件：

1) 试验室的资质等级及其试验范围；

2) 法定计量部门对试验设备出具的计量检定证明；

3) 试验室的管理制度；

4) 试验人员的资格证书；

5) 本工程的试验项目及其要求。

(3) 本表由施工单位填报，由项目监理机构审查。报审表内的承包单位、项目监理机构均盖章，不盖章无效。以专业监理工程师签字有效、不盖章。监理工程师不签字无效。

(4) 对实验室考核内容：

1) 对承包单位的实验室进行考核是指专业监理工程师对承包单位自有试验室或外委实验室的考核。施工企业试验室资质详见附录一。

2) 对承包单位实验室的考核由专业监理工程师进行。

3) 专业监理工程师进行审核的5个方面：试验室的资质等级及其试验范围；法定计量部门对试验设备出具的计量检定证明；试验室的管理制度；试验人员的资格证书；本工程的试验项目及其要求。

4) 当一个承包单位的实验室供本单位承建的几个工程项目共用时，只要经查符合实施要点（4）的考核内容即可视为有工地实验室。当该试验室资质不够、试验项目不全时均应进行外委试验。对外委项目或外委试验，承包单位应填写《分包单位资格报审表》，将拟委托试验室的营业执照、企业资质等级证书、委托试验内容等有关资料报送项目监理机构。专业监理工程师审核合格后，予以签认。

(5) 承包单位利用本企业试验室时，应将试验室的资质、试验内容、试验设备的规格、型号、数量及定期检定证明（法定检测部门）、试验室管理制度、试验员资格证书等有关资料报送项目监理机构。专业监理工程师审核合格，予以确认。

(6) 表列子项：

1) 试验室：指拟定试验室的名称。

2) 工程：指承包单位拟定试验室承担施工试验的单位工程名称。

3) 试验室的资质等级及试验范围：指行政主管部门颁发的试验室的资质等级证书及许可的试验范围。

4）法定计量部门对试验室出具的计量检定证明：指法定计量部门对用于本工程的试验项目的试验设备出具的定期检定证明资料。

5）试验室管理制度：指试验内部用于试验管理方面的管理制度。报审时可把管理制度目录列入附件。

6）试验人员的资格证书：指对本工程进行试验的人员岗位资格证书。

7）本工程的试验项目及其要求：指拟定试验室承担本工程的试验项目及其相应要求的清单。

8）专业监理工程师审查意见：专业监理工程师对承包单位所报资料进行审核，必要时可会同承包单位对试验室进行实地考察，就试验室的试验资质和能力与本工程试验项目及其要求是否相适应签署意见，若为否定意见应指明不具备之处。

3.1.15 工程计量报审表（B1-15）

1. 资料表式

工程计量报审表 表 B1-15

工程名称： 编号：

致____________________（监理单位） 兹申报________年________月完成的工程量统计报表，请予核验审定，核定的结果将作为我方申请该工程付款的依据 附件：1. 完成工程量统计报表； 2. 工程质量合格证明资料。 承包单位（章）：__________ 项目经理：__________日期：__________
专业监理工程师审查意见： 项目监理机构：__________ 总监理工程师：__________日期：__________

工程计量报审表（B1-15）以经项目监理机构审查签章后的本表格式形式归存。

2. 实施目的

工程计量报审表是承包单位向项目监理机构提请检验批、分项工程或分部工程完成数量进行的报审、确认和批复。

3. 资料要求

(1) 本表由承包单位填报，加盖公章，项目经理签字，经专业监理工程师审查符合要求后报总监理工程师批准后签字有效，加盖项目监理机构章。

(2) 承包单位提请工程计量报审，应提供的附件：完成工程量统计报表；隐蔽/分项/分部工程质量合格证明资料应齐全真实，对任何不符合附件要求的资料，承包单位不得提请报申，监理单位不得签发报审表。

(3) 承包单位必须加盖公章、项目经理签字；项目监理机构必须加盖公章、总监理工程师签字有效。

(4) 责任制签章齐全为符合要求，否则为不符合要求。

4. 实施要点

(1) 本表由承包单位填报，由项目监理机构专业监理工程师提出审查意见，总监理工程师签发。报审表内的承包单位、项目监理机构均盖章，不盖章无效。专业监理工程师提出审查意见，总监理工程师签字有效、不盖章。总监理工程师不签字无效。

(2) 工程计量报审：

1) 专业监理工程师进行计量应对验收手续齐全、资料符合验收要求并符合施工合同规定的计量范围内的工程量予以核定。

2) 专业监理工程师应建立月完成工程量和工作量统计制度：专业监理工程师工作应由建立月完成工程量和工作量统计表完成；专业监理工程师应对实际完成量与计划完成量进行比较、分析，通过分析制定调整措施；在监理月报中向建设单位报告月完成工程量与工作量。

3) 拒绝计量要点：未经监理人员质量验收合格的工程量拒绝计量；不符合施工合同规定的工程量拒绝计量和支付。施工单位自身造成的因素而增加的工程量拒绝计量的支付。

4) 对隐蔽工程实行工序报验，工程计量应清楚不留余地。

(3) 工程量报审程序：

1) 承包单位按施工合同约定的时间，并经专业监理工程师验收合格的工程量，填报《工程计量报审表》，向监理机构报审；

2) 专业监理工程师在收到《工程计量报审表》后，对所报资料进行审核，并于7天内会同承包单位进行现场计量（专业监理工程师应在计量前24小时通知单位，承包单位为计量提供便利条件并派人参加）。

(4) 发生工程变更，应经过建设单位、设计单位、承包单位代表签认，并通过项目总监理工程师下达变更指令后，承包单位方可施工。同时承包单位应按照施工合同的有关规定，编制工程变更概（预）算书，填报《工程变更费用报审表》，报监理机构审核确认。经认可后方可进入工程计量，否则不予计量。

(5) 表列子项：

1) 完成工程量统计报表：指承包单位按建设工程施工合同的要求（含工程变更工程量）完成工程量的统计报表。

2) 工程质量合格证明资料：指经专业监理工程师（分部须经总监理工程师）验收合格后签认的工程质量认可文件。

3）专业监理工程师审查意见：签署的工程计量必须是经专业监理工程会同承包单位按施工合同的规定进行现场计量和经审查的工程量清单，验收手续齐全，符合验收要求的符合计量范围的工程量予以核定。

3.1.16 工程变更费用报审表（B1-16）

1. 资料表式

工程变更费用报审表 表 B1-16

工程名称： 编号：

<table>
<tr><td>致________________________________（监理单位）
兹申报__________年__________月__________日第______________号的工程变更，申请费用见附表，请审核。

附件：工程变更概（预）算书

承包单位（章）：________________
项目经理：______________ 日期：__________</td></tr>
<tr><td>审查意见：

项目监理机构：________________
总监理工程师：______________ 日期：__________</td></tr>
</table>

工程变更费用报审表（B1-16）以经项目监理机构审查签章后的本表格式形式归存。

2. 实施目的

工程变更费用报审表是指由于建设、设计、监理、施工任何一方提出的工程变更，经有关方确认工程数量后，计算出的工程价款提请报审、确认和批复。

3. 资料要求

(1) 本表由承包单位填报，加盖公章，项目经理签字，经专业监理工程师审查符合要求后报总监理工程师批准后签字有效，加盖项目监理机构章。

(2) 承包单位提请工程变更费用报审，提供的附件应齐全真实，对任何不符合附件要求的资料，承包单位不得提请报申，监理单位不得签发报审表。

(3) 承包单位必须加盖公章、项目经理签字；项目监理机构必须加盖公章、总监理工程师签字有效。

(4) 责任制签章齐全为符合要求，否则为不符合要求。

4. 实施要点

(1) 发生工程变更，无论是由设计单位或建设单位或承包单位提出的，均应经过建设单位、设计单位、承包单位和监理单位的代表签认，并通过项目总监理工程师下达变更指令后，承包单位方可进行施工和费用报审。

(2) 提请报审的工程变更。

1) 图纸会审时提出的变更并已实施的；

2) 业主提出的工程变更并已实施的；

3) 由于施工环境、施工技术等原因，施工单位已提请审查并已经建设、监理单位批准且已实施的工程变更；

4) 其他原因提出工程变更已经建设、设计、施工、监理各方同意并已实施的工程变更。

(3) 工程变更费用的拒审。

1) 未经监理工程师审查同意，擅自变更设计或修改施工方案进行施工而计量的费用；

2) 工序施工完成后，未经监理工程师验收或验收不合格而计量的费用；

3) 隐蔽工程未经监理工程师验收确认合格而计量和提出费用。

(4) 工程变更时的造价确定方法。

1) 发生工程变更，无论是由设计单位或建设单位或承包单位提出的，均应经过建设单位、设计单位、承包单位和监理单位的代表签认，并通过项目总监理工程师下达变更指令后，承包单位方可进行施工。

2) 承包单位应按照施工合同的有关规定，编制工程变更概算书，报送项目总监理工程师审核、确认，经建设单位、承包单位认可后，方可进入工程计量和工程款支付程序。

(5) 表列子项：

1) 本表由承包单位填报，由项目监理机构审查。报审表内的承包单位、项目监理机构均盖章，不盖章无效。专业监理工程师提出审查意见，总监理工程师签字有效、不盖章。总监理工程师不签字无效。

2) 附件：指工程变更概（预）算书。包括工程设计变更、其他变更的所有变更依据的附件。

3) 审查意见：将审查要点的审查结果一一列出，诸如各项变更手续是否齐全，是否经总监理工程师批准；工程变更确认后，是否在 14 天内向专业监理工程师提出变更价款报告（超过期限应视为该项目不涉及合同价款的变更）；核对的工程变更价款是否准确等。报总监理工程师审核，由总监理工程师签署审查意见和暂定价款数。

3.1.17 工程质量事故报告单（B1-17）

1. 资料表式

工程质量事故报告单 表 B1-17

工程名称： 编号：

<table>
<tr><td>
致________________________________（监理单位）
__________年________月________日________时，在______________________发生
________________________________工程质量事故，报告如下：

经过情况、原因、初步分析及处理意见：

承包单位（章）：________________
项目经理：____________ 日期：________
</td></tr>
</table>

工程质量事故报告单（B1-17）以经项目监理机构审查签章后的本表格式形式归存。

2. 实施目的

凡因工程质量不符合质量标准，影响使用功能或设计要求的质量事故应提请工程质量事故报告单，造成质量事故的原因主要包括：设计错误、施工错误、材料设备不合格、指挥不当等。

3. 资料要求

(1) 事故内容及处理方法应填写具体、清楚。

(2) 注明日期（质量事故日期、处理日期）。

(3) 有当事人及有关领导的签字。

(4) 按规定日期及内容及时上报者为符合要求，否则为不符合要求。

(5) 责任制签章齐全为符合要求，否则为不符合要求。

4. 实施要点

(1) 本表由承包单位填报，项目经理签字。

(2) 事故产生的原因：

分为指导责任事故和操作责任事故。事故按其情节性质分为一般事故、重大事故。

(3) 工程建设重大质量事故包括：

1) 指工程建设过程中发生的重大质量事故；

2) 由于勘察设计、施工等过失造成工程质量低劣、而在交付使用后发生的重大质量事故；

3) 因工程质量达不到合格标准，而需加固补强、返工或报废、且经济损失额达到重大质量事故级别的。

(4) 重大事故发生后，事故发生单位必须及时报告，事故的调查必须坚持实事求是、尊重科学的原则，应当在24h内写出书面报告，逐级上报，书面报告包括以下内容：

1）事故发生的时间、地点、工程项目、企业名称；

2）事故发生的简要经过、伤亡人数和直接经济损失的初步估计；

3）事故发生原因的初步判断；

4）事故发生后采取的措施及事故控制的情况；

5）事故报告单位。

（5）特别重大事故者，其报告、调查程序、执行国务院发布的《特别重大事故调查程序暂行规定》及有关规定。

注：所称重大质量事故，系指在工程建设过程中违反强制性技术标准及合同约定，达不到建设工程安全、寿命、功能等要求，并造成一定的经济损失或人身伤亡的事故。经济损失不足五千元的应列为质量问题。

（6）表列子项：

1）"________时，在________发生________工程质量事故"，分别填写质量事故发生的时间、质量事故发生的工程部位和质量事故的特征。

2）经过情况、原因、初步分析及处理意见：指质量事故发生的经过、现行状况和是否已稳定，事故发生后采取的措施及事故的控制情况，事故发生原因的初步判断及初步处理方案、报告。

工程质量事故分析，一定要注意事故发生的复杂性、严重性和可变性，从而公正进行分析和提出准确的处理建议。

3.1.18 工程质量事故处理方案报审表（B1-18）

1. 资料表式

工程质量事故处理方案报审表 表 B1-18

工程名称： 编号：

<table>
<tr><td colspan="2">致________________________（监理单位）
________年________月________日________时，在________________，发生________________________的工程质量事故，已于________年________月________日提出《工程质量事故报告单》，现报上处理方案，请予审查。

附件：1. 工程质量事故调查报告；
2. 工程质量事故处理方案。

承包单位（章）：________________
项目经理：________日期：________</td></tr>
<tr><td>设计单位意见：

设计单位（章）
设计人：________日期：________</td><td>总监理工程师批复意见：

项目监理机构：________________
总监理工程师：________日期：________</td></tr>
</table>

工程质量事故处理方案报审表（B1-18）以经项目监理机构审查签章后的本表格式形式归存。

2. 实施目的

工程质量事故处理方案报审表是有关方对工程质量事故处理，提出处理方案后报请项目监理机构进行的审查、确认。

3. 资料要求

（1）事故处理方案应稳妥可靠。

（2）事故处理方案必须是原工程设计单位提供，或经原设计单位同意后签署意见的事故处理方案。

（3）事故处理方案必须经建设、监理、施工同意并签章。

4. 实施要点

（1）本表由法人承包单位填报，由设计单位提出意见、项目监理机构的总监理工程师审查同意后签署批复意见。法人承包单位、设计单位、项目监理机构均必须盖章，不盖章无效。

（2）工程质量事故调查报告：报告一般包括以下内容：

1）质量事故的情况：包括发生的时间、地点、事故情况、有关的现场记录、发展变化趋势、是否已趋稳定等等；

2）事故性质：应区分是结构性问题还是一般问题，是内在的实质性的问题还是表面性的问题，是否需要及时处理，是否采取保护性措施；

3）事故原因：阐明造成质量事故的主要原因，并应附有说服力的资料、数据说明；

4）事故评估：应阐明该质量事故对于建筑物功能使用要求、结构承受力性能及施工安全有何影响，并应附有实测、验算数据和试验资料。

5）质量事故涉及的人员与主要责任者的情况等。

（3）工程质量事故处理方案：质量事故处理方案应在正确分析和判断事故原因的基础上进行。处理方案应体现安全可靠、不留隐患、满足建筑物的功能和使用要求、技术可行、经济合理等原则，一般有以下四类性质的处理方案：

1）修补处理；

2）返工处理；

3）限制使用；

4）不做处理。

（4）监理人员发现施工存在重大质量隐患，可能造成质量事故或已经造成质量事故时，应通过总监理工程师及时下达工程暂停令，要求承包单位停工整改。整改完毕并经监理人员复查，符合规定要求后总监理工程师应及时签署工程复工报审表。总监理工程师下达工程暂停令和签署工程复工报审表。总监理工程师下达工程暂停令和签署工程复工报审表，宜事先向建设单位报告。

（5）对需要返工处理或加固补强的质量事故，总监理工程师应签发监理指令，要求承包单位报送《工程质量事故报告》、《工程质量事故处理方案》。质量事故的技术处理方案应由原设计单位提出，或由设计单位书面委托承包单位或其他单位提出，由设计单位签认，经总监理工程师批复承包单位处理。总监理工程师（必要时请建设单位和设计单位参加）应组织监理人员对处理过程和结果进行跟踪检查和验收。

（6）表列子项：

1）附件：包括工程质量事故调查报告；工程质量事故处理方案。

2）设计单位意见：质量事故的技术处理方案应由原设计单位提出，或由设计单位书面委托承包单位或其他单位提出，由设计单位签认，无论设计单位提出或设计单位委托承包单位或其他单位提出的处理方案均应签署是否同意的意见。

3）设计单位：指承担该项工程设计的单位，按设计图注中“设计单位”的名称填写。

4）设计人：指承担该项工程设计的负责人员。

5）总监理工程师批复意见：针对承包单位提交的“工程质量事故调查报告”及“工程质量事故处理方案”，总监理工程师应组织设计、施工、建设单位等各方进行充分的研究论证，以确认报告及方案的正确合理性，如无意见，签署“同意承包单位按此方案处理”的批复意见，如不同意或部分不同意，应责令承包单位另报。

对重大质量事故的处理方案应请专家进行评议和确认。

3.1.19 施工进度计划（调整计划）报审表（B1-19）

1. 资料表式

施工进度计划（调整计划）报审表 **表 B1-19**

工程名称： 编号：

致________________________（监理单位） 兹上报________________________工程施工进度计划（调整计划），请审查批准。 附件：施工进度计划表（包括说明、图表、工程量、机械、劳动力计划等） 承包单位（章）：____________ 项目经理：__________ 日期：__________
审查意见： 1. 同意 2. 不同意 3. 建议按以下内容修改补充 项目监理机构：____________ 总监理工程师：__________ 日期：__________

施工进度计划（调整计划）报审（B1-19）以经项目监理机构审查签章后的本表格式形式归存。

2. 实施目的

施工进度计划（调整计划）报审表是指承包单位根据总进度计划要求，编制的施工进度计划（调整计划），提请项目监理机构审查、确认的批复。

3. 资料要求

(1) 本表由承包单位填报，加盖公章，项目经理签字，经专业监理工程师审查符合要求后报总监理工程师批准后签字有效，加盖项目监理机构章。

(2) 承包单位提请施工进度计划报审，提供的附件应齐全真实，对任何不符合附件要求的资料，承包单位不得提请报申，监理单位不得签发报审表。

(3) 承包单位必须加盖公章、项目经理签字；项目监理机构必须加盖公章、总监理工程师签字有效。

(4) 责任制签章齐全为符合要求，否则为不符合要求。

4. 实施要点

(1) 本表由承包单位填报，由项目监理机构的总监理工程师审查并签发。报审表内的承包单位、项目监理机构均盖章，不盖章无效。专业监理工程师提出审查意见，报总监理工程师签字有效、不盖章。总监理工程师不签字无效。

(2) 施工进度计划（调整计划）报审程序：

1) 承包单位按施工合同要求的时间编制好施工进度计划，并填报《施工进度计划（调整计划）报审表》报监理机构。

2) 总监理工程师指定专业监理工程师对承包单位所报的《施工进度计划（调整计划）报审表》，及有关资料进行审查，并向总监理工程师报告。

3) 总监理工程师按施工合同要求的时间，对承包单位所报《施工进度计划（调整计划）报审表》予以确认或提出修改意见。

(3) 编制和实施施工进度计划是承包单位的责任，因此监理机构对施工进度的审查或批准，并不解除承包单位对施工进度计划的责任和义务。

(4) 进度控制注意事项：

1) 坚持事实求是的态度。一定要确定合理的施工工期，其依据是国家制定的工期定额。确定施工工期不能只按日历天数，应考虑到有效工期。

2) 注意协调解决好建筑资金，保证按时拨付工程款。

3) 落实旬、月计划。应注意资金、机具、材料、劳力等，资源保障体系一定要落实，外部协作条件要衔接。

4) 注意保证检验批、分项工程质量合格。不发生质量事故。

(5) 表列子项：

1) 附件：施工进度计划表（包括说明、图表、工程量、机械、劳动力计划等）：是指承包单位根据经项目监理机构批准的施工组织设计（方案）编制的调整计划。

2) 审查意见：总监理工程师指定专业监理工程师根据所报施工进度计划，主要进行如下审核：进度安排是否符合工程项目建设总进度，计划中总目标和分目标的要求，是否符合施工合同中开、竣工日期的规定；施工总进度计划中的项目是否有遗漏，分期施工是否满足分批动用的需要和配套动用的要求；施工顺序的安排是否符合施工工艺的要求；劳动力、材料、构配件、施工机具及设备、施工水、电等生产要素的供应计划是否能保证进度计划的实现，供应是否均衡，需求高峰期是否有足够能力实现计划供应；由建设单位提供的施工条件（资金、施工图纸、施工场地、采供的物资设备等），承包单位在施工进度计划中所提出的供应时间和数量是否准确、合理，是否有造成建设单位违约而导致工程延期和费用索赔的可能性存在。工期是否进行了优化，进度安排是否合理；总、分包单位分别编制的各单项工程施工进度计划之间是否相协调，专业分工与计划衔接是否明确合理。

3）对于调整计划是在原有计划已不适应实际情况，为确保进度控制目标的实现，需确定新的计划目标时对原有进度计划的调整，进度计划的调整方法一般采用通过压缩关键工作的持续时间来缩短工期及通过组织搭接作业、平行作业来缩短工期两种方法，对于调整计划，不管采取哪种调整方法，都会增加费用或涉及到工期的延长，专业监理工程师应慎重对待，尽量减少变更计划的调整。

4）通过专业监理工程师的审查，提出审查意见报总监理工程师审核后如同意承包单位所报计划，在“1. 同意”项后打“√”，如不同意承包单位所报计划，在“2. 不同意”项后打“√”，并就不同意的原因及理由简要列明，提出建议修改补充的意见后由总监理工程师签发。

3.1.20 施工单位申请表（通用）（B1-20）

1. 资料表式

施工单位申请表（通用）　　表 B1-20

工程名称：　　编号：

致＿＿＿＿＿＿＿＿＿＿（监理单位）   承包单位（章）：＿＿＿＿＿＿ 项目经理：＿＿＿＿日期：＿＿＿＿
审查意见：   项目监理机构：＿＿＿＿＿＿ 总/专业监理工程师：＿＿＿＿日期：＿＿＿＿

施工单位申请表（通用）（B1-20）以经项目监理机构审查签章后的本表格式形式归存。

2. 实施目的

施工单位申请表（通用）是指没有专用表格，根据合同规定和监理要求又必须向监理工程师提出的申请、报审、请示或报告时的用表。

3. 资料要求

(1) 本表由承包单位填报，加盖公章，项目经理签字，经专业监理工程师审查符合要求后报总监理工程师批准后签字有效，加盖项目监理机构章。

(2) 承包单位提请施工进度计划报审，提供的附件应齐全真实，对任何不符合附件要求的资料，承包单位不得提请报申，监理单位不得签发报审表。

(3) 承包单位必须加盖公章、项目经理签字；项目监理机构必须加盖公章、总监理工程师签字有效。

(4) 责任制签章齐全为符合要求，否则为不符合要求。

4. 实施要点

(1) 本表由承包单位填报，项目监理机构的总监理工程师或专业监理工程师审查同意后签署批复意见。项目监理机构均必须盖章、总监理工程师或监理工程师签字，不盖章、签字无效。

(2) 出现下列情况时，承包单位需采用《施工单位申请表（通用）》向监理机构申请：

1）承包单位认为监理工程师的指令不合理时，应在收到指令后 24 小时内向监理机构提出修改申请；

2）承包单位按照“建筑施工合同”中约定的开工日期不能按时开工时，应当不迟于合同中约定的开工日期前 7 天，提出延期开工的理由和要求；

3）承包单位发现由于自身原因之外造成的工期延误的情况时；

4）中间验收项目中，无法按分项、分部工程进行报验的项目，如建筑物的沉降观测；防水工程的闭水、淋水试验；管道、设备、焊口检查和严密性试验；排水管灌水、通水试验；管道系统吹洗（脱脂）检验；锅炉烘煮炉；机械设备试运转；照明系统相零（地）通电安全检查；电机试运转；高压开关试验，绝缘接地电阻测试；避雷装置检测；通风机安装及试运转；通风系统试车；电梯试运转等；

5）可调价格合同中合同价款发生允许价款调整的原因时，应在情况发生后 14 天内，将调整原因、金额以书面形式提出；

6）工程原材料、构配件、设备采购厂家的确定，需监理工程师考察的；

7）费用索赔意向通知，应在索赔事件发生 28 天内向监理工程师提出；

8）发现文物、影响施工的地下障碍物的处置申请；

9）施工测量方案；重要部位、关键工序；砂浆、混凝土强度试验报告及外观检测资料；

10）其他监理规范要求没有专用表格的需申请、报审、请示、申报和报告的事项。

(3) 表列子项：

审查意见：专业监理工程师针对承包单位提出的申请、请示等应进行认真的核查，并按所申请内容及时给予答复，对承包单位的申请如有不同意见时，应简要指明，涉及结构工程质量、进度、费用方面的申请应由总监理工程师批准。

3.2 项目监理机构与建设单位、承包单位工作联系用表及文件资料（B2）

3.2.1 监理通知（B2-1）

1. 资料表式

监 理 通 知 **表 B2-1**

工程名称： 编号：

致：________________
事由：
内容：
项目监理机构：________ 总监理工程师：________ 日期：________

监理通知（B2-1）以经项目监理机构审查签章后的本表格式形式归存。

2. 实施目的

监理通知是指监理单位认为在工程实施过程中需要让建设、设计、勘察、施工、材料供应等各方应知的事项而发出的监理文件。

3. 资料要求

(1) 监理通知的办理必须及时、准确，通知内容完整，技术用语规范，文字简练明了。

(2) 监理通知项目监理机构必须加盖公章和总监理工程师签字，不得代签和加盖手章，不签字无效。

(3) 监理通知需附图时，附图应简单易懂，且能反映附图的内容。

(4) 责任制签章齐全为符合要求，否则为不符合要求。

4. 实施要点

(1) 在监理工作中，项目监理机构应按委托监理合同授予的权限，对承包单位发出指令、提出要求，除另有规定外，均应采用此表。监理工程师现场发出的口头指令及要求，也应采用此表予以确认。

(2) 监理通知，承包单位应认真执行，并将执行结果用《监理工程师通知单》报监理机构复核。

(3) 本表由监理单位填写。填写时内容应齐全、完整、文字简明易懂。

(4) 监理通知一般包括如下内容：

1) 监理通知是监理单位在工程实施过程中对与建设工程有关的施工单位、材料供应单位等，由于施工过程中出现了与设计图纸不符，与设计、规范、规程等与监理工作“三控二管”相违背的问题后，由监理单位向施工单位、材料供应等单位发出的通知，说明违章的内容、程度、建议或改正措施。

2) 建设单位组织协调确定的事项、需要设计、施工、材料等各方实施，且需由监理单位发出通知的事宜。

3) 监理在旁站、巡视过程中发现需要及时纠正的事宜，通知应包括工程部位、地段、发现时间、问题性质、要求处理的程度等。

4) 季节性天气预报的通知。

5) 工程计量的通知。

6) 试验结果需要说明或指正的内容等。

均需监理单位向有关单位发出监理通知。

(5) 表列子项：

1) 致__________：指监理单位发给某单位的单位名称，按全称填写。

2) 事由：指通知事项的主题。

3) 内容：指通知事项的详细说明和对承包单位的工作要求、指令等。照实际通知内容逐条填写，应字迹清楚，技术用语规范、正确，表达清晰、简练。

3.2.2 工程暂停令（B2-2）

1. 资料表式

工程暂停令（B2-2）以经项目监理机构审查签章后的本表格式形式归存。

2. 实施目的

工程暂停令是指施工过程中某一个（或几个）部位工程质量不符合标准要求的质量水平，需要返工或进行其他处理时暂时停止施工的指令性文件，由监理单位下发。

3. 资料要求

(1) 工程暂停指令办理必须及时、准确，通知内容完整，技术用语规范，文字简练明了。

(2) 工程暂停指令项目监理机构必须加盖公章和总监理工程师签字，不得代签和加盖手章，不签字无效。

工 程 暂 停 令 表 B2-2

工程名称： 编号：

<table>
<tr><td>致：________________（承包单位）

由于：

原因，现通知你方必须于______年______月______日______时______分起，对本工程的______________部位（工序）实施暂停施工，并按下述要求做好各项工作：

项目监理机构：
总监理工程师：______ 日期：______</td></tr>
</table>

(3) 因试验报告单不符合要求下达停工指令时，应注意在“指令”中说明实验编号，以备核对。

(4) 责任制签章齐全为符合要求，否则为不符合要求。

4. 实施要点

(1) 本表由监理单位填写、下发。

(2) 监理人员发现施工存在重大质量隐患，可能造成质量事故或已经造成质量事故时，应通过总监理工程师及时下达工程暂停令，要求承包单位停工整改。整改完毕并经监理人员复查，符合规定要求后，总监理工程师应及时签署工程复工报审表。总监理工程师下达工程暂停令和签署工程复工报审表，宜事先向建设单位报告。

(3) 工程暂停令下达后，该部位未经监理单位下达复工指令不准继续施工。

(4) 工程暂停令，由监理工程师提出建议并经总监理工程师批准，经建设单位同意后下发。

(5) 签发工程暂停施工令时相关问题的处理：

1) 当工程暂停是由于非承包单位的原因造成时，也就是业主的原因和应当由业主承担责任的风险或其他事件时，总监理工程师在签发工程暂停令之后，并在签署复工申请之前，要根据实际的工程延期和费用损失，给予承包单位工期和费用方面的补偿，主动就工程暂停引起的工期和费用补偿等与承包单位、建设单位进行协商和处理，以免日后再来处理索赔，并应尽可能达成协议。

项目监理机构应如实记录所发生的实际情况以备查询。

2) 由于承包单位的原因导致工程暂停，承包单位申请复工时，除了填报“工程复工报审表”外，还应报送针对导致停工的原因而进行的整改工作报告等有关材料。

3) 当引起工程暂停的原因不是非常紧急（如由于建设单位的资金问题、拆迁等），同时工程暂停会影响一方（尤其是承包单位）的利益时，总监理工程师应在签发暂停指令之前就工程暂停引起的工期和费用补偿等与承包单位、建设单位进行协商，如果总监理工程师认为暂停施工是妥善解决的较好办法时，也应当签发工程暂停指令。

(6) 施工中出现下列情况之一者，总监理工程师有权下达《工程暂停指令》，要求承包单位停工整改、返工：

1) 未经监理工程师审查同意，擅自变更设计或修改施工方案进行施工者；

2) 未通过监理工程师审查的施工人员或经审查不合格的施工人员进入现场施工者；

3) 擅自使用未经监理工程师审查认可的分包单位进入现场施工者；

4) 使用不合格的或未经监理工程师检查验收的材料、构配件、设备或擅自使用未经审查认可的代用材料者；

5) 工序施工完成后，未经监理工程师验收或验收不合格而擅自进行下一道工序施工者；

6) 隐蔽工程未经监理工程师验收确认合格而擅自隐蔽者；

7) 施工中出现质量异常情况，经监理工程师指出后，承包单位未采取有效改正措施或措施不力、效果不好仍继续作业者；

8) 已发生质量事故迟迟不按监理工程师要求进行处理，或发生质量隐患、质量事故，如不停工则质量隐患、质量事故将继续发展，或已发生质量事故，承包单位隐蔽不报，私自处理者。

(7) 对需要返工处理或加固补强的质量事故，总监理工程师应签发监理指令，要求承包单位报送《质量问题报告》、《质量问题处理意见》。质量问题的技术处理方案应由原设计单位提出，或由设计单位书面委托承包单位或其他单位提出，由设计单位签认，经总监理工程师批复，承包单位处理。总监理工程师（必要时请建设单位和设计单位参加）应组织监理人员对处理过程和结果进行跟踪检查和验收。

施工中发生的质量事故，承包单位应按国家有关规定上报；项目总监理工程师应书面报告监理单位。同时项目监理机构应将完整的质量问题和质量事故处理记录整理归档。

(8) 表列子项：

1) 致__________（承包单位）：填写施工该单位工程的施工单位名称，按全称填写。

2) 由于：……原因，……截止于　　年　　月　　日　　时……工作：

填写引发工程暂停原因和时间、部位，并提出做好暂停施工的各项工作内容。

3）要求做好各项工作：指工程暂停后要求承包单位所做的有关工作，如对停工工程的保护措施，针对工程质量问题的整改、预防措施等。

4）责任制：

①项目监理机构（章）：指与建设单位签订监理合同的法人单位指派到施工现场的项目监理机构，签章有效。

②总监理工程师：指与建设单位签订监理合同的法人单位指派到施工现场的项目监理的总监理工程师，签字有效。

3.2.3 工程款支付证书（B2-3）

1. 资料表式

工程款支付证书 **表 B2-3**

工程名称： 编号：

致：____________________（建设单位） 根据施工合同的规定，经审核承包单位的付款申请和报表，并扣除有关款项，同意本期支付工程款共（大写）____________________（小写：____________）。请按合同规定及时付款。 其中： 1. 承包单位申报款为： 2. 经审核承包单位应得款为： 3. 本期应扣款为： 4. 本期应付款为： 附件： 1. 承包单位的工程付款申请表及附件； 2. 项目监理机构审查记录。 项目监理机构：____________________ 总监理工程师：____________日期：____________

工程款支付证书（B2-3）以经项目监理机构审查签章后的本表格式形式归存。

2. 实施目的

工程款支付证书是承包单位根据合同规定，对已完工程或其他与工程有关的付款事宜，填报的工程款支付申请，经项目监理机构审查确认工程计量和付款额无误后，由项目监理机构向建设单位转呈的支付证明书。

3. 资料要求

(1) 工程款支付证书的办理必须及时、准确，内容填写完整，注文简练明了。

(2) 工程款支付证书项目监理机构必须加盖公章和总监理工程师签字，不得代签和加盖手章，不签字无效。

(3) 责任制签章齐全为符合要求，否则为不符合要求。

4. 实施要点

(1) 本表由项目监理机构根据承包单位提请报审的工程款申请表的审查结果填写的工程款支付证书，由总监理工程师签字后报建设单位。

(2) 承包单位统计报送的工程量必须是经专业监理工程师质量验收合格的工程，才能按施工合同的约定填报工程量清单和工程款支付申请表。

(3) 承包单位报送的工程量清单和工程款支付申请表，专业监理工程师必须按施工合同的约定进行现场计量复核，并报总监理工程师审定。

(4) 总监理工程师签署工程款支付证书后，并报建设单位。

(5) 工程量计量和工程款支付方法：

1) 专业监理工程师对承包单位报送的工程款支付申请表进行审核时，应会同承包单位对现场实际完成情况进行计量，对验收手续齐全、资料符合验收要求并符合施工合同规定的计量范围内的工程量予以核定。

2) 工程款支付申请中包括合同内工作量、工程变更增减费用、经批准的索赔费用，应扣除的预付款、保留金及施工合同约定的其他支付费用。专业监理工程师应逐项审查后，提出审查意见报总监理工程师审核签认。

(6) 表列子项：

1) 承包单位申报款为：指承包单位向监理机构填报《工程款支付申请表》中申报的工程款额。

2) 经审核承包单位应得款为：指经监理机构专业监理工程师对单位向监理机构填报《工程款支付申请表》后，审核核定的工程款额。

3) 本期应扣款为：指施工合同约定应扣除的预付款及其他应扣除的工程款的总和。

4) 本期应付款为：指经审核承包单位应得款额减除本期应扣款额的差额工程款。

5) 附件：

①承包单位的工程付款申请表及附件：指承包单位向监理机构填报的《工程款支付申请表》及其附件。

项目监理机构审查记录：指总监理工程师指定专业监理工程师，对承包单位向监理机构②填报的《工程款支付申请表》及其附件的审查记录。

6) 责任制：

①项目监理机构（章）：指与建设单位签订监理合同的法人单位指派到施工现场的项目监理机构，签章有效。

②总监理工程师：指与建设单位签订监理合同的法人单位指派到施工现场的项目监理的总监理工程师，签字有效（凡质量、技术问题方面的有法律效力的最后签证、只能由项目总监理工程师一个签署）。

3.2.4 工程质量整改通知（B2-4）

1. 资料表式

工程质量整改通知 表 B2-4

工程名称： 编号：

<table>
<tr><td>
致：________________________________（承包单位）

经试验/检验表明________________________________部位，不符合________________________规定，现通知你方，要求：

附：试验/（检验）证明资料

项目监理机构：________________
总/专业监理工程师：__________ 日期：__________
</td></tr>
</table>

工程质量整改通知（B2-4）以经项目监理机构审查签章后的本表格式形式归存。

2. 实施目的

工程质量整改通知是指分项工程未达到分项工程质量检验评定要求，已经检查发现时，在下达《监理通知》两次后，承包单位未按时限要求改正或不按专业监理工程师下达的《监理通知》要求改正时，由项目监理机构下达的文件。

3. 资料要求

(1) 工程质量整改通知必须及时发出，整改内容齐全、问题提出准确，技术用语规范，文字简练明了。

(2) 工程质量整改通知项目监理机构必须加盖公章，经专业监理工程师签字，总监理工程师审核同意签字后发出，不得代签和加盖手章，不签字无效。

(3) 责任制签章齐全为符合要求，否则为不符合要求。

4. 实施要点

(1) 本表由监理单位填写、总监理工程师或专业监理工程师签字后下发。

(2) 当工程出现不符合设计要求、不符合施工技术标准、不符合合同约定时，监理方必须向承建商及时发出“工程质量整改通知”。不能只用口头通知改了就算了事。由于承包商操作人员更换、自检不到位、环境变化、利益驱动等因素，很可能给工程造成隐患。监理方应予注意。监理方发出工程质量整改通知的同时，要注意协调建设单位与承包商之间的关系。

(3) 该表不适用于分部工程，分部工程是不能返修加固的，因为一个分部工程不仅涉及一个分项，而是涉及到若干个分项，分部工程若允许返修质量将难以控制。

对于连续三次检查仍不符合要求的，监理工程师可以采取请求停工（注意征得建设单位同意）、撤换施工人员的措施。

(4) 表列子项：

1) 致__________（承包单位）：指接受工程质量整改的施工单位，一般为施工合同中的施工单位或其分包单位，按全称填写。

2) ……表明________________部位，不符合______________：指专业监理工程师按施工合同文件、设计文件及施工规范、标准进行试验、检验的记录表明某部位工程质量不符合某项规定的程度。填写某分项的某一个部位或几个部位，也可填写“以下部位”，不符合技术规范要求的部位，并应填写技术规范要求条件。当填写以下部位时应在下面分别1、2、3……等逐一列出。

3) 附：试验（检验）证明：指工程质量整改通知中需要整改的工程部位，未达到工程质量验收规范项目的试（检）验证明资料。说明与设计和工程质量验收规定的要求不符合的事实。

4) 责任制：

①项目监理机构（章）：指与建设单位签订监理合同的法人单位指派到施工现场的项目监理机构，签章有效。

②总监理工程师：指与建设单位签订监理合同的法人单位指派到施工现场的项目监理的总监理工程师，签字有效。

③专业监理工程师：指与建设单位签订监理合同的法人单位指派到施工现场的项目监理的专业监理工程师，签字有效。

3.2.5 工程最终延期审报表（B2-5）

1. 资料表式

工程最终延期审报表 表 B2-5

工程名称： 编号：

<table>
<tr><td>
致：________________________________（承包单位）

根据施工合同条款____________条的规定，我方对你方提出的________________________________工程延期申请（第____________号）要求延长工期日历天的要求，经过审核评估：
□ 最终同意工期延长____________日历天。使竣工日期（包括已指令延长的工期）从原来的__________年__________月__________日延迟到__________年__________月__________日。请你方执行。
□ 不同意延长工期，请按约定竣工日期组织施工。
说明：

项目监理机构：____________
总/专业监理工程师：____________ 日期：____________
</td></tr>
</table>

工程最终延期审报表（B2-5）以经项目监理机构审查签章后的本表格式形式归存。

2. 实施目的

最终延期时间是指承包商对一次影响工期事件的终结或最终延期申请批准后的累计时间。但并不是每一项延期时间的累加，如果后面批准的延期内包含有前一个批准延期的内容，则前一项延期的时间搭接不能予以累计。

3. 资料要求

(1) 最终延期的提出应依据真实，审报批复必须严格审查，延时必须发生在关键线路上。

(2) 承包单位提出工程延期和批准延期均必须在规范限定的时间内。

(3) 工程最终延期审报项目监理机构必须加盖公章，经专业监理工程师签字，总监理工程师审核同意签字后发出，不得代签和加盖手章，不签字无效。

(4) 责任制签章齐全为符合要求，否则为不符合要求。

4. 实施要点

(1) 本表由项目监理机构填写、总监理工程师或专业监理工程师签字后下发。

(2) 工程临时延期与最终工程延期的审批及依据：

当影响工期事件具有连续性时，监理机构对承包单位提交的阶段性工程延期申请可按临时延期和最终延期分段进行，目的是保证工作的连续性和正确性。

(3) 最终批准。

工程延期审批的依据：承包商延期申请能够成立并获得监理工程师批准的依据如下：

①工期拖延事件是否属实，强调实事求是；

②是否符合本工程合同规定；

③延期事件是否发生在工期网络计划图的关键线路上，即延期是否有效合理；

④延期天数的计算是否正确，证据资料是否充足。

审批依据的4款中，只有同时满足前3条，延期申请才能成立。至于时间的计算，监理工程师可能根据自己的记录，做出公正合理的计算。

上述前三条中，最关键的一条就是第三条，即：延期事件是否发生在工期网络计划图的关键线路上。因为在承包商所报的延期申请中，有些虽然满足前两个条件，但并不一定是有效和合理的，只有有效和合理的延期申请才能被批准。也就是说，所发生的工期拖延工程部分项目必须是会影响到整个工程项目工期的工程。如果发生工期拖延的工程部分项目并不影响整个工程完工期，那么，批准延期就没有必要了。

项目是否在关键线路上的确定，一般常用方法是：监理工程师根据最新批准的进度计划，可根据进度计划来确定关键线路上的分部工程项目。另外，利用网络图来确定关键线路，是最直观的方法。

(4) 延期审批应注意的问题：

1) 关键线路并不是固定的，随着工程进展，关键线路也在变化，而且是动态变化。随着工程进展的实际情况，有时在计划调整后，原来的非关键线路有可能变为关键线路，驻地监理工程师要随时记录并注意。

2) 关键线路的确定，必须是依据最新批准的工程进度计划。

3) 总监理工程师在做出临时延期批准时，要按正常的工程延期批准审查的同样程序和同样的要求进行审查。

在最终进行工程延期审查与批准时，总监理工程师应复查与工程延期有关的全部情况。因此，总监理工程师在做出临时延期批准时，不应认为其具有临时性而放松控制。

(5) 加强工程进度控制，尽量避免和减少工期拖延。

关于工期拖延问题，应尽量避免和减少，使工程能按期或提早完工，发挥其工程效益。一般地讲，因拆迁工期拖延，工程暂时停工或工程变更过多等容易引起延期。监理工程师应及时提醒和告知业主，做好参谋和顾问。要尽量减少和避免延期，还需业主的协调和大力支持。

(6) 工期延期批准的协商和时间确定。

1) 延期批准的协商：项目监理机构在做出临时工程延期或最终工程延期批准之前，均应与建设单位和承包单位协商；项目监理机构审查和批准临时延期或最终工程延期的程序与费用索赔的处理程序相同。

2) 工程延期时间的确定：计算工程延期批准值的直接方法就是通过网络分析计算，但是对于一些工程变更或明显处于关键线路上的工程延误，也可以通过比例分析法或实测法得出结果。

(7) 确定工程延期批准的时间和步骤：

1) 项目监理机构在审批工程延期时，应依下列情况确定批准工程延期的时间：施工合同中有关工程延期的约定；工期拖延和影响工期事件的事实和程度；影响工期事件对工程影响的量化程度。

2）在确定各影响工期事件对工期或区段工期的综合影响程度时，可按下列步骤进行：以事先批准的详细的施工进度计划为依据，确定假设工程不受影响工期事件影响时应该完成的工作或应该达到的进度；详细核实受该影响工期事件影响后，实际完成的工作或实际达到的进度；查明因受该影响工期事件的影响而受到延误的作业工种；查明实际的进度滞后是否还有其他影响因素，并确定其影响程度；最后确定该影响工期事件对工程竣工时间或区段竣工时间的影响值。

（8）表列子项：

1）"根据施工合同条款__________条的规定，我方对你方提出的__________工程延期申请……"：分别填写处理本次延长工期所依据的施工合同条目和承包单位申请延长工期的原因。

2）"（第________号）"：填写承包单位提出的工程延期申请表编号。

3）若不符合施工合同约定的工程延期条款或经计算不影响最终工期，项目监理机构在不同意延长工期前"口"内划"√"，需延长工期时在同意延长工期前"口"内划"√"。

4）同意工期延长的日历天数为：由影响工期事件原因使最终工期延长的总天数。

5）原竣工日期：指施工合同签订的工程竣工日期或已批准修改的竣工日期。

6）延迟到的竣工日期：原竣工日期加上同意工期延长的日历天数后的日期。

7）说明：真实说明本次影响工期事件和工期拖延的事实和程度，处理本次延长工期所依据的施工合同条款，工期延长计算所采用的方法及计算过程等。

3.2.6 砌体/混凝土分项工程检验认可通知（B2-6）

1. 资料表式

砌体/混凝土分项工程检验认可通知 **表 B2-6**

工程名称： 编号：

致：____________________（承包单位） 你单位补报第__________号__________部位砂浆/混凝土强度试验报告及其原检验批验收资料已于________年________月________日收到，经审查，认为符合/要求，该分项工程质量等级合格/不合格。 附件：1. 砂浆/混凝土强度试验报告 2. 检验批原验收资料 项目监理机构：________________ 专业监理工程师：__________日期：________

砌体/混凝土分项工程检验认可通知（B2-6）以经项目监理机构审查签章后的本表格形式归存。

2. 实施目的

鉴于砌体/混凝土检验批、分项工程系主体工程，直接影响结构安全和使用功能，故砌体/混凝土检验批、分项工程质量验收合格后，项目监理机构根据承包单位报送的砌体/混凝土检验批、分项工程质量验收结果经核实确认质量达到合格及其以上等级后签发的检验认可通知。

3. 资料要求

(1) “认可通知”发出时间必须是经项目监理机构复验达到合格及其以上质量等级，在混凝土、砂浆达到强度并满足设计要求后发出，否则为不符合要求。

(2) “认可通知”发出时，附件资料：砂浆、混凝土强度试验报告、外观检测资料必须齐全，无附件资料不得签发“认可通知”。

(3) “认可通知”项目监理机构必须加盖公章，经专业监理工程师签字后发出，不得代签和加盖手章，不签字无效。

(4) 责任制签章齐全为符合要求，否则为不符合要求。

4. 实施要点

(1) 本表由项目监理机构填写、专业监理工程师签字后发出。

(2) 砌体/混凝土分项工程检验认可通知：按《砌体工程施工质量验收规范》(GB50203—2002)、《混凝土结构工程施工质量验收规范》(GB50204—2002) 进行检查与验收，项目监理机构根据承包单位报送的砌体/混凝土检验批、分项工程质量验收、结果经核查确认质量达到合格等级后签发的检验认可通知。

(3) 表列子项：

1) 致__________（承包单位）：指建设单位与签订合同的施工单位或分包单位的名称，按全称填写。

2) 附件：砂浆/混凝土强度试验报告：指经监理机构审查、认可后的实验室出具的与分项工程报验相对应的砂浆/混凝土强度试验报告。

外观检测证明资料：指对砂浆/混凝土分项工程按验收标准进行实测检查的记录。

3.2.7 监理规划（B2-7）

1. 监理规划编制的总体要求

(1) 编制基础：监理规划编制必须是在监理机构经过充分分析和研究工程项目的目标、技术、管理、环境以及参与工程建设各方等方面情况后，制定真正能够指导工程项目监理工作的具有可操作性的实施方案。有明确具体的符合要求的工作内容、工作方法、监理措施、工作程序和工作制度。

监理规划是使监理工作规范化、标准化的重要部分，可以避免监理工作的随意性，达到“三控二管”的有效控制。

(2) 编制原则：监理规划编制必须是在具有明确具体的、符合项目要求的工作内容、工作方法、监理措施、工作程序和工作制度等，真正能够指导工程项目监理工作的具有可操作性的实施方案。

(3) 监理规划编制的作用，主要包括：

1）是项目监理机构全面开展监理工作的具有可操作性的指导性文件；

2）是监理单位的主管部门对监理单位进行静态分析、管理水平、业绩考核、动态检查和了解、评判时的依据资料之一；

3）是建设单位确认监理单位真正实施工作的第一个深刻信任度的文件；可以间接确认监理单位总监理工程师的水平，监理规划是否完整、清晰、真切、全面，既确认监理工作是为业主服务，又体现公正第三方的立场、观点；

4）可以反映监理工作的活动过程，监理规划是监理资料的重要组成部分；

5）可以使监理工作规范化、标准化，可以避免监理工作的随意性。有序监理可以使“三控二管”达到有效控制。

2. 监理规划的定义、编制程序、依据和编制时间要求

(1) 监理规划的定义。监理规划是监理单位接受委托监理合同后，在总监理工程师组织下，各专业监理工程师参加编制的。经监理单位技术负责人批准，用来指导项目监理工作的全面指导性文件。

(2) 监理规划的编制程序：由总监理工程师主持、专业监理工程师参加，并经监理单位技术负责人批准。监理规划是否要经建设单位批准或认可，由委托监理合同或双方商定。

(3) 监理规划的编制依据：

1）建设工程的相关法律、法规及项目审批文件；

2）与建设工程项目有关的标准、设计文件、技术资料；

3）监理大纲、委托监理合同文件以及与建设工程项目相关的合同文件；

4）工程地质、水文地质、气象资料、材料供应、勘察、设计、施工能力、交通、能源、市政公用设施等方面的资料；

5）工程报建的有关批准文件，招、投标文件及国家、地方政府对建设监理的规定，工程造价管理制度；

6）勘测、设计、施工、质量检验评定等方面的规范、规程、标准等。

(4) 监理规划的编制时间：应在签订委托监理合同及收到设计文件后开始编制。在召开第一次工地会议前报送建设单位。

3. 监理规划的主要内容

监理规划至少应包括的主要内容包括《建设工程监理规范》(GB50319—2000) 规定的12项内容。当工程项目较为特殊时还应增加其他必要的内容。

(1) 工程项目概况：一般应包括：工程名称、工程地址、工程数量、结构类型、层数、建筑面积、开竣工时间、施工总天数以及对工程质量、进度、投资的总体要求等。

(2) 监理工作范围：是指监理单位所承担的建设标段或子项目划分确定的工程项目的建设监理范围。应根据监理合同界定的工作范围（或称为业主委托的工作范围）划定监理工作范围。

(3) 监理工作内容：应根据监理工作界定的范围制定监理工作内容，应按事先控制、事中控制、事后控制分别编制，对工程进行“三控二管、一协调”。三控制（投资控制、质量控制、进度控制）、二管理（信息管理、合同管理）、一协调的措施与方法：

1）投资控制：主要包括对投资的分解，编制投资控制流程图，对影响工程成本、控制工程量的难点暂定金使用等方面可能出现问题的分析、预测与措施，投资控制的措施，预测工程风险及可能发生索赔的防范对策，计量报表、工程进度款支付凭证和工程决算审核等。

2）质量控制：分解质量控制目标，制定出各单位、分部或主要分项工程的质量目标，选好质量控制点，定出具体的控制措施，绘制质量控制流程图，执行两报验认证制度，即材料报验和分项工程质量报验制，对可能出现质量问题的部位、工序进行重点控制或防范，督促施工企业质量保证体系充分发挥作用。

①监理规划中的质量控制采用巡检、旁站和平行检验的方法。监理规划中必须有旁站监理的质量控制点（范围、内容、程序和旁站监理人员制责）。房屋建筑工程施工旁站监理管理办法规定：旁站监理是对工程的关键部位、关键工序的施工质量实施全过程现场跟班的监督活动。该办法所规定的房屋建筑工程的关键部位、关键工序，在基础工程上包括：土方回填、混凝土灌注桩浇筑、地下连续墙、土钉墙、后浇带及其他结构混凝土、防水混凝土浇筑、卷材防水层细部构造处理、钢结构安装；在主体结构工程方面包括：梁柱节点钢筋隐蔽过程、混凝土浇筑、预应力张拉、装配式结构安装、钢结构安装、网架结构安装、索膜安装等。

②做好旁站监理记录和监理日志。旁站监理记录是监理工程师或者总监理工程师依法行使有签字权的重要依据。对于需要进行旁站监理关键部位工序施工，凡没有实施监理或者没有旁站监理记录的，监理工程师或总监理工程师不得在相应文件上签字。在工程竣工验收后，监理企业应当将旁站记录存档被查。

注：1. 重要部位：是指建筑工程公布于所在工程的该部位质量的好坏，直接影响到结构安全或使用功能的部位称为重要部位。

2. 关键工序：是指建筑工程施工该过程段，鉴于工程本身的特点，加上操作过程中人、机、料、环境等因素直接影响工程质量的环节（过程段）称为关键工序。

3）进度控制：主要包括项目实施总进度计划，施工进度计划的审查、进度目标风险分析、制定关键路线上的关键工作的进度控制措施，工程实施过程中定期进行实际进度值与计划目标值对比，分析与找出差异，定期组织现场调度会，督促施工单位采取措施解决实际进度滞后计划目标的问题，保证进度目标实现。

4）合同管理：督促合同双方当事人严格履行合同规定的义务，正确行使各自的权利，分析、控制合同中易产生的分歧点并协调分歧，对合同执行情况定期分析，处理好索赔事宜，协调合同文件的补充与修改。

5）信息管理：主要包括：信息流结构图，各部门、层次、单位间的信息关系与传递过程，信息目录表：包括信息名称、来源、时间、信息提供者、接受者、接受形式、信息类型等，会议制度和会议记录，各种会议的名称、时间、地点、参加者、记录人、记录签字者和发放者、保存方式等，信息的处理系统，收集、整理、保存信息制度的措施等。

6）协调：协调建设项目有关各方的分工与配合的原则问题和施工中的技术、管理、经济等方面的问题。

(4) 监理工作目标：是指监理单位所承担工作项目的投资、工期、质量等的控制目标。应分别按投资、工期、质量控制目标分列。总之，按监理合同确定的监理工作目标为控制目标。

(5) 监理工作依据：

1）建设工程相关的法律法规及项目审批文件；

2）与建设工程项目有关的规范、标准、设计文件、技术资料；

3）监理大纲，委托监理合同文件以及与建设工程项目相关的合同文件，监理工作依据的资料与文件应列出主要名称。

(6) 项目监理机构的组织形式。

按照项目监理机构岗位设置组织设计结果采用的监理组织形式的图或表的形式列出。

(7) 项目监理机构的人员的配备计划。

应根据监理合同规定的服务内容、服务期限、工程类别、规模、技术复杂程度、工程环境等因素确定。由总监、专业监理工程师和监理员组成。总原则应是专业配套、数量满足工程项目监理工作的需要。

总监理工程师要由监理单位的法定代表人书面授权。

总监代表经监理单位法定代表人同意，总监理工程师书面授权具有总监资格的人担任。

(8) 项目监理机构的人员、岗位职责。

(9) 监理工作程序：按《建设工程监理规范》(GB50319—2000) 规定的第5章第5.1节的原则编写。

(10) 监理工作方法及措施：应具有：针对性、可操作性和认真原则。

(11) 监理工作制度。

1）监理交底会议：监理合同签订后工程开工前召开，由建设单位代表和总监理工程师主持，由建设、监理、施工单位、分包单位和设计单位代表参加，主要内容是互相认识，建立联系制度，交代监理工作内容、措施和制度，建设单位明确对监理的授权范围和内容。

2）监理例会的时间和地点（宜每周一次）：

监理例会的参加人员：一般应有总监理工程师、专业监理工程师及其他监理人员，项目经理，建设单位代表，其他应参加的施工人员：

监理例会的主要内容：

①对上次会议提出问题的解决落实和会议纪要进行检查；

②当前工程进展情况通报；

③对下周（或下月）工程进展的预测及计划安排；

④施工单位投入人力、物力及设备情况；

⑤施工质量、加工订货、设备材料的质量与供应情况；

⑥有关技术资料；

⑦工程款支付情况及索赔的说明；

⑧建设单位对施工单位提出的违约问题等。

3）专业性监理会议：指总监理工程师或专业监理工程师主持召开的专业性协调会议。

4）监理机构碰头会，一般宜每周一次，由总监理工程师主持，全体监理人员参加汇报总结一周的监理工作，布置下周监理工作、传达贯彻上级指示精神等。

（12）监理设施：由建设单位提供的监理设施按合同约定应在开工前执行完毕；由监理自备的监理设施应根据工作需要由总监理工程师制定计划经批准后执行。

（13）监理规划编制责任制：

1）监理规划由总监理工程师负责主持编制。必须在签订监理合同一个月内完成；

2）重要和大型工程，总监理工程师应组织专业监理工程师编制各专业监理实施细则；

3）监理规划应经监理单位的技术负责人审定批准后实施，并送建设单位。

3.2.8 监理实施细则（B2-8）

1. 监理实施细则的一般要求：

监理实施细则一定要根据不同工程对象有针对性的编写。

（1）中型及以上或专业性较强的工程项目（是指建设部第16号部令《工程建设监理单位资质管理试行办法》附表中的二等工程项目），项目监理机构应编制监理实施细则。规模较小的，小型的工程不再另行编写监理细则。可将监理规划编制的详细一点。

（2）应符合监理规划的要求，应体现项目监理机构对所监理的工程项目的专业特点，在各专业技术、管理和目标控制方面都有具体要求，即能结合工程项目的专业特点，详细具体，有针对性并具有可操作性。例如：砖混、框架、排架、框剪、框筒等不同结构类型均有其特点，应分别编制。

2. 编制监理实施细则的程序和依据：

（1）编制程序：

1）监理实施细则明确由专业监理工程师编写；

2）监理实施细则可按工程进展情况编写。当某分部或单位工程按专业划分构成一个整体的局部或施工图未出齐就开工等的情况时，可按工程进展情况编写，要求均必须在相应工程开始前编制完成并予实施；

3）监理实施细则实施前必需经总监理工程师批准。

（2）编制依据：

1）已批准的监理规划；

2）与专业工程相关的标准、设计文件和技术资料；

3）施工组织设计。

3. 监理实施细则应包括的主要内容：

（1）应按专业工程特点提出相应的监理方法或措施；

（2）应按监理工作流程提出相应的环节控制要点；

（3）应有明确的监理工作的控制要求及目标值；

（4）应将具体的监理工作的方法及措施阐述明了。

4. 在监理工作实施过程中，监理实施细则应根据实际情况进行补充、修改和完善。

3.2.9 监理月报（B2-9）

1. 监理月报是在工程施工过程中项目监理机构就工程实施情况和监理工作定期向建设单位所作的报告

2. 监理月报内容

施工阶段的监理月报应包括以下内容：

(1) 本月工程概况；

(2) 本月工程形象进度；

(3) 工程进度：

1) 本月实际完成情况与计划进度比较；

2) 对进度完成情况及采取措施效果的分析。

(4) 工程质量：

1) 本月工程质量情况分析；

2) 本月采取的工程质量措施及效果。

(5) 工程计量与工程款支付：

1) 工程量审核情况；

2) 工程款审批情况及月支付情况；

3) 工程款支付情况分析；

4) 本月采取的措施及效果。

(6) 合同其他事项的处理情况：

1) 工程变更；

2) 工程延期；

3) 费用索赔。

(7) 本月监理工作小结：

1) 对本月进度、质量、工程款支付等方面情况的综合评价；

2) 本月监理工作情况；

3) 有关本工程的意见和建议；

4) 下月监理工作的重点。

3. 监理月报的编制与报送

(1) 监理月报由总监理工程师组织编制；

(2) 总监理工程师签认后报建设单位和本监理单位；

(3) 监理月报报送时间由监理单位和建设单位协商确定；

(4) 监理月报的封面由项目总监理工程师签字，并加章项目监理机构公章。

3.2.10 监理会议纪要（B2-10）

1. 资料表式

监理会议纪要（B2-10）以经项目监理机构审查签章后的本表格式形式归存。

2. 资料要求

(1) 会议纪要必须及时记录、整理，记录内容齐全，对会议中提出的问题，记录准确，技术用语规范，文字简练明了。

(2) 责任制签章齐全为符合要求，否则为不符合要求。

3. 实施要点

(1) 按项目监理机构施工监理过程中召开的监理会议内容经整理形成，包括工地例会纪要和专题例会纪要。

监理会议纪要 表B2-10

<table>
<tr><td>时间：
地点：
主持人：
与会单位及人员：</td></tr>
<tr><td>主要议题：</td></tr>
<tr><td>解决或议定事项：

签字： 年 月 日</td></tr>
</table>

（2）监理会议要指由项目监理机构主持的会议纪要，它包括工地例会纪要和专题会议纪要。

（3）工地例会是总监理工程师定期主持召开的工地会议，其内容应符合《建设工程监理规范》（GB50319—2000）第5.3.2条的要求。

（4）专题会议是为解决施工过程中的某一问题而召开的不定期会议，会议应有主要议题。

（5）会议纪要由项目监理机构起草，与会各方代表签字。

（6）会议记录必须有：会议名称、主持人、参加人、会议时间、地点、会议内容、参加人员签章。

（7）表列子项：

1）主要议题：应简明扼要的写清楚会议的主要内容及中心议题（即与会各方提出的主要事项和意见），工地例会还包括检查上次例会议定事项的落实情况。

2）解决或议定事项：应写清楚会议达成的一致意见、下步工作安排和对未解决问题的处理意见。

3.2.11 专题报告（总结）（B2-11）

1. 专题报告是施工过程中，项目监理机构就某项工作、某一问题、某一任务或某一事件向建设单位所做的报告。

2. 专题报告应用标题点明报告的事由和性质，主体内容应详尽的阐述报告事项的事实、问题和建议或处理结果。

3. 专题报告由报告人、总监理工程师签字，并加盖项目监理机构公章。

4. 施工过程中的合同争议、违约处理等可采用专题报告（总结），并附有关记录。

3.2.12 合同争议处理意见（B2－12）

1. 工程实施过程中出现合同争议时，项目监理机构为调解合同争议所达成（提出）的处理意见。

2. 合同争议的调解应符合《建设工程监理规范》（GB50319—2000）6.5 节的规定。

3. 合同争议处理意见由总监理工程师签字盖章，并在施工合同约定的时间内送达建设单位和承包单位。

3.2.13 合同变更资料（B2-13）

1. 合同变更资料包括施工过程中建设单位与承包单位的合同补充协议和合同解除有关资料。

2. 施工合同解除必须符合法律程序，合同解除项目监理机构应依据《建设工程监理规范》（GB50319—2000）6.6 节的规定处理善后工作，并详实记录处理的过程和有关事项等。

3.2.14 工程质量评估报告（B2-14）

1. 工程质量评估报告是项目监理机构对被监理工程的单位（子单位）工程施工质量进行总体评价的技术性文件。监理单位应在工程完成且于验收评定后一周内完成。

2. 工程质量评估报告是在项目监理机构签认单位（子单位）工程预验收后，总监理工程师组织专业监理工程师编写。

3. 工程监理质量评价经项目监理机构对竣工资料及实物全面检查、验收合格后，由总监理工程师签署工程竣工报验单，并向建设单位提出质量评估报告。

4. 工程质量评估报告由总监理工程师和监理单位技术负责人签字，并加盖监理单位公章。

5. 工程质量评估报告编写的主要依据：

（1）坚持独立、公正、科学的准则；

（2）以平时质量验收并经各方签认的质量验收记录；

（3）建设、监理、施工单位竣工预验收汇总整理的：单位（子单位）工程质量竣工验收记录、单位（子单位）工程质量控制资料核查记录、单位（子单位）安全和功能资料核查及主要功能抽查记录、单位（子单位）工程观感质量检查记录。

6. 工程质量评估报告应包括下列主要内容：

（1）工程概况；

（2）单位（子单位）工程所包含的分部（子分部）、分项工程，并逐项说明其施工质量验收情况。主要包括：

1）天然地基施工：地基验槽与地基钎探情况；地基局部处理情况；地基处理中设计参数的满足程度；地基处理中混合料的配合比、材质、夯实等情况；取样检验情况等。

2）复合地基施工：复合地基用材料质量、配比及试验、成孔、分层夯填及夯实情况；复合地基用水泥土、灰土、砂、砂石等的测试结果及评价；复合地基总体检测结果与评价，满足设计及规范要求情况。

3）桩基础施工：灌注桩成孔（孔径、深度、清淤、垂直度等）质量；灌注桩钢筋笼检查；灌注桩混凝土浇筑（计量、坍落度、灌注时间等）；试块取样数量及试验；打入桩桩身质量、贯入锤击数试验、打入等满足设计情况；接桩（电焊或硫磺胶泥）施工情况；静压桩的最终试验结果及满足设计情况。

4）主体工程的总体质量评价。

按相关建筑安装工程施工质量验收规范所列主体分部内的主要检验批、分项工程质量实施评定结果分别进行质量评价。

5）幕墙材料与安装质量实施验收结果总体评价。

6）装饰工程质量实施验收结果总体评价。

7）建筑材料质量实施验收结果总体评价。

8）对建筑设备安装工程中需要进行功能试验的工程项目包括单机试车和无负荷试车等。

7. 质量控制资料验收情况。

8. 工程所含分部工程有关安全和功能的检测验收情况及检测资料的完整性核查情况。

9. 竣工资料核查情况。

10. 观感质量验收情况。

11. 施工过程质量事故及处理结果。

12. 对工程施工质量验收意见的建议。

3.2.15 工程竣工结算审核意见书（B2-15）

1. 工程竣工结算审核意见书指总监理工程师签发的工程竣工结算文件或提出的工程竣工结算合同争议的处理意见。

2. 工程竣工结算审查应在工程竣工报告确认后依据施工合同及有关规定进行。

3. 竣工结算审查程序应符合《建设工程监理规范》（GB50319—2000）第 5.5.2 条的规定。当工程竣工结算的价款总额与建设单位和承包单位无法协商一致时，应按《建设工程监理规范》（GB50319—2000）6.5 节的规定进行处理，提出工程竣工结算合同争议处理意见。

4. 工程竣工结算审核意见书应包括下列内容：

1）合同工程价款、工程变更价款、费用索赔合计金额、依据合同规定承包单位应得的其他款项；

2）工程竣工结算的价款总额；

3）建设单位已支付工程款、建设单位向承包单位的费用索赔合计金额、质量保修金额、依据合同规定应扣承包单位的其他款项；

4）建设单位应支付金额。

3.2.16 监理工作总结（B2-16）

1. 实施目的

监理工作总结是指监理单位对履行委托监理合同情况及监理工作的综合性总结。监理工作总结由总监理工程师组织项目监理机构有关人员编写。

2. 资料要求

（1）应能客观、公正、真实地反映工程监理的全过程；

（2）能对监理效果进行综合描述和正确评价；

（3）能反映工程的主要质量状况、结构安全、投资控制及进度目标实现的情况。

3. 实施要点

（1）监理工作总结的内容应符合《建设工程监理规范》（GB50319—2000）第 7.3.1 条的规定。一般应包括：

1）工程概况：主要包括：工程名称（填写全称）；工程地址（填写详址）；工程项目的单位工程数量；不同单位工程的结构类型；不同单位工程的建筑层数；不同单位工程的建筑面积；开工时间、竣工时间和施工总天数；工程质量、进度、投资的总体状况等。

2）勘察、设计技术文件简况：勘察、设计技术文件简况包括：勘察、设计单位名称、资质等级；勘察、设计技术文件的交收状况（应说明建设方交来多少、收回多少）；

3）施工单位项目组织状况：包括：施工单位的名称、资质等级；施工单位的施工项目组织状况、质保体系的实际配置状况、应填写：姓名、职务、职称、专业。

4）建设监理现场机构设置与实际变化过程。包括不同时间：总监：姓名、职务、职称；各专业监理工程师：姓名、职务、职称、专业；监理员：姓名、职务、职称、专业；监理工作运作过程中实际变化过程概况：姓名、职务、职称、专业、变化时间；

5）投资质量、进度控制与合同管理的措施与方法：

①投资控制：月度工程量计量控制情况，月工程量计量总合应等于其工程量的总计数；月度工程款签收情况。工作量计算结果应符合该段工程量预算结果合计数；工程决算的审查控制：工程决算与工程预算的对比及其原因分析；如何进行投资预控管理；投资控制的成效和存在问题。

②质量控制：对施工单位质保体系控制；质量目标的控制结果；地基处理的质量控制情况；不同结构类型的质量控制要点（砖混、框架、框筋 、框筒等）及监控结果；质量控制的成效及存在问题。

③进度控制：进度控制总目标的控制简况；按合同要求如何强化和细化进度监督与控制，采取何种控制方法细化进度监控；进度控制成效及进度控制存在问题。

④合同管理：建设、监理、施工三方执行合同情况；公正处理各种纠纷情况；协调建设、设计、施工等单位各方关系情况，各方的索赔情况。

6）材料报验和工程报验情况（报验的数量和质量）：

①材料报验（含材料、设备、构配件等）：主要材料设备、构配件报验的名称和数量，主要包括：土建材料的设备、构配件；电气材料与设备；水暖、热力煤气、通风空调材料与设备；电梯材料与设备的名称与数量。

②工程报验：分项工程报验数量、质量等级及存在问题；分部工程报验数量、质量等级及存在问题；单位工程报验情况及存在问题。

③工程报验评定结果：分项工程报验评定结果；分部工程报验评定结果；单位工程报验评定结果。

④混凝土、砂浆试验报告报验与评定：混凝土试验报告的报验数量及评定结果是否满足标准要求。评定按混凝土检验标准（GBJ107—87）进行（分别按标准要求应执行的评定方法：统计方法即标准差已知、标准差未知或非统计方法进行）；砂浆试验报告的报验数量及评定结果是否满足标准要求。评定按砌体工程施工质量验收规范（GB50203—2002）进行。

7）监理工作情况：监理工作制度化、标准化、规范化的开展情况；监理工作是如何开展的；如何提高人员素质（监理、施工单位）；如何取得业主的信任。

8）经验与教训：监理工作成效；监理工作存在问题；对监理工作的建议。

9）工程交付使用后的注意事项：应根据不同工程特点提出。

4．几点说明

(1) 监理工作总结由项目总监理工程师、监理单位负责人签字盖章。施工阶段监理工作结束时，监理单位向建设单位提交。

(2) 监理工作总结可按主体阶段、竣工后分别进行总结和报告。应注意总结应在总监和专业监理工程师在小结的基础上进行归纳和编制，内容应翔实、公正、准确。

3.2.17 监理日志（B2-17）

1. 资料表式

＿＿＿＿＿监 理 日 志　　　　表 B2-17

日期：　　　年　　　月　　　日　　　气象：　　　　　风力：　　　　　温度：

施工记录
主要事项记载： 记录人： （页码）

按项目监理机构施工监理过程中监理人员对实施“三控两管一协调”工作形成的记录归存。

2. 实施目的

监理日志是项目监理机构在被监理工程施工期间每日记录气象、施工记录、监理工作及有关事项的日记。

3. 资料要求

(1) 监理日志必须及时记录、整理，应做到记录内容齐全、详细、准确，真实反映当天的工程具体情况。技术用语规范，文字简练明了。

(2) 责任制签章齐全为符合要求，否则为不符合要求。

4. 实施要点

(1) 监理日志以单位工程为记录对象，从工程开工之日始至工程竣工日止，由专人或相关人逐月记载，记载内容应保持其连续和完整。

(2) 监理日志应使用统一格式的《监理日志》，每册封面应标明工程名称、册号、记录时间段及建设、设计、施工、监理单位名称，并由总监理工程师签字。

(3) 监理人员巡检、专检或工作后应及时填写监理日记并签字。

(4) 监理日记不得补记，不得隔页或扯页以保持其原始记录。

(5) 监理工作工程巡检中监理日志的记录内容：

监理日志是监理资料中重要的组成部分，是监理服务工作量和价值的体现，是工程实施过程中最真实的工作证据，也是监理人员素质和技术水平的体现。

监理日志中应真实、准确、全面的记录工程施工过程中的监理工作巡检应记录的相关内容。不同工程专业记录的内容与要求。

1) 砌体工程应记录：

①明确记录工程巡检的区段与范围；

②对总体砌体质量如：组砌方法、灰缝（十皮砖平均高度、平均灰缝厚度、最大、最小灰缝宽度，是否超规范)、砖的质量及洇水情况、墙面平整度、砌体加筋（钢筋弯钩、伸入长度、钢筋的数量及断面)、砌体留槎（同时砌筑或留置凸槎)、构造柱（马牙槎、斜面割砖、凸凹尺寸)、砂浆（稠度、和易性和砂浆饱满度）等予以记录。

2) 混凝土工程应记录：

①明确记录工程巡检的区段与范围；

②对总体混凝土质量如：混凝土工程用材料（水泥、砂、石子、外加剂、掺合料等的质量及出厂合格证及试验报告单)、混凝土配合比（试配、施工配合比、盘、磅、实际计量等)、模板（清理、浇水湿润、平整度、粘贴缝条、标高、构件断面、模板支撑)、混凝土拌合时间、混凝土稠度（坍落度测验)、混凝土运输、现场浇筑、振捣、混凝土浇筑(部位、数量、厚度、坡度、有无冷缝)、施工缝处理、混凝土养护等。

3) 其他诸如：地基与基础工程、钢筋混凝土工程的钢筋工程、装饰装修工程、屋面工程、地面工程、地下防水工程、木结构工程、钢结构工程、给水排水与采暖、建筑电气、通风与空调工程、电梯工程、智能化工程等均应根据其工程的施工内容，通过旁站、巡检等方式进行监理并按工艺特点、重要环节予以记录。

(6) 表列子项：

1) 施工记录：指承包单位参与施工的：施工人数、作业内容及部位，使用的主要施工设备、材料等；对主要的分部、分项工程开工、完工做出标记。

2) 主要事项记载：指记载当日的下列监理工作内容和有关事项。

①施工过程巡视检查和旁站监理、见证取样；

②施工测量放线、工程报验情况及验收结果；

③材料、设备、构配件和主要施工机械设备进场情况及进场验收结果；

④施工单位资质报审及审查结果；

⑤施工图交接、工程变更的有关事项；

⑥所发监理通知（书面或口头）的主要内容及签发、接收人；

⑦建设单位、施工单位提出的有关事宜及处理意见；

⑧工地会议议定的有关事项及协调确定的有关问题；

⑨工程质量事故（缺陷）及处理方案；

⑩异常事件（可能引发索赔的事件）及对施工的影响情况；

⑪设计人员到工地及处理、交待的有关事宜；

⑫质量监督人员、有关领导来工地检查、指导工作情况及有关指示；

⑬其他重要事项。

3.2.18 旁站监理记录（B2-18）

1. 资料表式

旁站监理记录 **表 B2-18**

工程名称： 编号：

日期及气候：	工程地点：
旁站监理的部位或工序：	
旁站监理开始时间：	旁站监理结束时间：
施工情况：	
监理情况：	
发现问题：	
处理意见：	
备注：	
施工企业： 项目经理部： 质检员（签字）： 年 月 日	监理企业： 项目监理机构： 旁站监理人员（签字）： 年 月 日

旁站监理记录表（B2-18）以经项目监理机构审查签章后以本表格或当地建设行政主管部门授权部门下发的表式归存。

2. 实施目的

旁站监理是监理单位执行法律和规范、规定所应尽的职责。是监理企业为保证工程质量的自身价值体现。

3. 资料要求

(1) 旁站监理必须坚决执行并记录，记录应及时、准确；内容完整、齐全，技术用语规范，文字简练明了。

(2) 旁站监理记录是监理工程师或总监理工程师依法行使有签字权的重要依据。对于需要旁站监理的关键部位，关键工序施工，凡没有实施旁站监理或者没有旁站监理记录的，监理工程师或总监理工程师不得在相应文件上签字。

经工程师验收后，应当将旁站监理记录存档备查。

(3) 责任制签章必须齐全，不得代签和加盖手章，不签字无效。签章不齐全为不符合要求。

4. 实施要点

(1) 旁站监理的范围：

房屋建筑工程施工旁站监理管理办法（试行）规定：施工阶段监理中对房屋建筑工程的关键部位、关键工序的施工质量实施全过程现场跟班监督活动。

关键部位：是指建筑工程中所在工程该部位质量的好或坏，直接影响到结构安全或使用功能的部位称为关键部位。

关键工序：是指建筑工程施工该过程段，鉴于工程本身的特点，加上操作过程中人、机、料、环境等因素直接影响工程质量的环节（过程段）称为关键工序。

重要部位与关键工序的质量控制，不同结构类型，工程其控制内容是不同的。

在地基基础工程方面包括：土方回填、混凝土灌注桩浇筑、地下连续墙、土钉墙、后浇带等其他结构混凝土、防水混凝土浇筑、卷材防水细部构造处理、钢结构安装；

在主体结构方面包括：梁柱节点钢筋隐蔽过程、混凝土浇筑、预应力张拉、装配式结构安装、钢结构安装、网架结构安装、索膜安装。

(2) 监理企业在编制监理规划时，应当制定旁站监理方案，明确旁站监理的范围、内容、程序和旁站监理人员的职责等。

(3) 旁站监理的主要任务：

1) 见证整个单项产品质量的形成过程，必须做到记录齐全，发现问题必须及时解决；

2) 监督施工单位严格按照设计和规范要求施工。

(4) 旁站监理应记录的内容要点：

1) 记录旁站监理的部位或工序名称，说明该部位是关键部位或关键工序；

2) 旁站监理：起讫时间、地点、气候与环境（如冬期、酷夏、特殊天时）；

3) 旁站监理施工中执行规范、设计等的情况。例如混凝土工程：坍落度、和易性、浇筑厚度、施工缝处理等，钢筋位移、保护层厚度、预埋件固定等控制情况等；

4）旁站监理工作中对所监理的关键部位、工序等的质量控制情况，对旁站监理系统的工程质量的总体评价；

5）旁站监理工作中发现的操作、工艺、质量等方面的问题；旁站监理中有无突发性事故发生，如有是什么内容，提出了哪些解决办法；

6）旁站监理是全过程质量控制，对所有影响某一系统工程质量的施工过程均应进行控制。“旁监”的工程质量结果如何等；

7）其他应记录的内容。

（5）旁站监理工作的主要操作程序：

1）检查用于该旁站监理的全部工程的材料、半成品和构配件是否经过检验，该检验是否合格；

2）检查特殊工种的上岗操作证书，无证不准上岗；

3）检查施工机械、设备运行是否正常；

4）检查施工环境是否对工程质量产生不利影响；

5）按批准执行的施工方案、操作工艺，检查操作的人员的技术水平，操作条件是否达到标准要求。是否经过技术交底；

6）检查施工是否按技术标准、规范、规程和批准的设计文件、施工组织设计、“工程建设标准强制性条文”施工；

7）施工方的质量管理人员、质量检查人员，必须在岗并定期进行检查；

8）对已施工的工程进行检查，看其是否存在质量和安全隐患。发现问题及时上报；

9）做好监理的有关资料填报、整理、签审、归档等工作。

（6）旁站监理必须进行考核，其主要内容包括：

1）旁站监理的时间考核，必须保证全过程监理；

2）旁站监理的工程质量考核，必须保证旁站监理的工程质量符合设计和规范规定的质量标准；

3）旁站监理的绩效考核，保证旁站监理的质量效果达到100%。

3.3 各方通用表（B3）

3.3.1 监理工作联系单（B3-1）

1. 资料表式

监理工作联系单（B3-1）以经项目监理机构审查签章后的本表格式形式归存。

2. 实施目的

监理工程联系单是指监理方涉及与参与工程各方需要在监理实施过程中进行联系时，发出的联系文件，是联系单不是指令、通知，联系单涉及各方面的内容，因此，应当及时、准确办理。

3. 资料要求

(1) 监理工作联系单的办理必须及时、准确；联系单内容完整、齐全，技术用语规范，文字简练明了。

监理工作联系单　　表 B3-1

工程名称：　　　　　　　　　　　　　　　　　　编号：

<table>
<tr><td>致：________________

事由：

内容：

单位（章）：________________
负责人：__________ 日期：__________</td></tr>
</table>

（2）监理工作联系单监理机构必须加盖公章和负责人签字，不得代签和加盖手章，不签字无效。

（3）责任制签章齐全为符合要求，否则为不符合要求。

4. 实施要点

（1）监理联系单要及时办理，注意不遗留未了事项。

（2）表列子项：

1）事由：指需要联系事项的主题；

2）内容：指需要联系的详细内容一般包括：

①召开某种会议的时间、地点安排；

②建设单位向监理机构提供的设施、物品及监理机构在监理工作完成后向建设单位移交的设施及剩余物品；

③建设单位、承包单位就本工程及本合同需要向监理机构提出保密的有关事项；

④建设单位向监理机构提供的本工程合作的原材料、构配件、机械设备生产厂家名录以及与本工程有关的协作单位、配合单位的名录；

⑤按《建设单位委托监理合同》监理单位权利中需向委托人书面报告的事项；

⑥监理单位调整总监及监理人员；

⑦建设单位要求监理单位更换监理人员；

⑧监理合同的变更与终止；

⑨监理费用支付通知；

⑩监理机构提出的合理化建议；

⑪建设单位派驻及变更施工场地履行合同的代表姓名、职务、职权；

⑫承包单位认为不合理的指令提出的修改意见；

⑬紧急情况下无法与专业监理工程师联系时，项目经理在采取保证人员生命和财产安

全的紧急措施，并在采取措施后48h内向专业监理工程师提交的报告；

⑭对不能按时开工提出延期开工理由和要求的报告；

⑮实施爆破作业、在放射性毒害环境中施工及使用毒害性、腐蚀性物品施工，承包单位在施工前14天内向专业监理工程师提出的书面通知；

⑯可调价合同发生实体调价的情况时，承包单位向专业监理工程师发出的调整原因、金额的书面通知；

⑰索赔意向通知；

⑱发生不可抗力事件，承包单位专业监理工程师通报受害损失情况，承包单位提出使用专利技术和特殊工艺，向专业监理工程师提出的书面报告及专业监理工程师的认可；

⑲在施工中发现的文物、地下障碍物向专业监理工程师提出的书面汇报等其他各方需要联系的事宜。

3）责任制：

①单位：指提出监理工作联系事项的单位，如建设单位、监理单位、承包单位；

②负责人：建设单位为驻工地代表，监理单位为项目总监理工程师，承包单位为项目经理。

3.3.2 工程变更单（B3-2）

1. 资料表式

工 程 变 更 单 **表 B3-2**

工程名称： 编号：

<table>
<tr><td colspan="4">致：________________________（监理单位）
由于________________________原因，兹提出________________________
工程变更（内容见附件），请予审批。

附件：

提出单位（章）：____________
代表人：__________ 日期：__________</td></tr>
<tr><td colspan="4">一致意见：</td></tr>
<tr><td>建设单位代表
签字：
日期：__________</td><td>设计单位代表
签字：
日期：__________</td><td>项目监理机构
签字：
日期：__________</td><td>承包单位代表
签字：
日期：__________</td></tr>
</table>

工程变更单（B3-2）以经项目监理机构审查签章后的本表格式形式归存。

2. 实施目的

工程变更单是在施工过程中，建设单位、承包单位提出工程变更要求报项目监理机构审核确认的用表。

3. 资料要求

（1）工程变更单、设计变更必须是建设单位同意，由设计单位出具设计变更通知；洽商变更必须经建设、监理、施工三方签章，否则为不符合要求。

（2）工程变更单必须及时办理，必须是先变更后施工。紧急情况下，必须是在标准规定时限内办理完成工程变更手续，否则为不符合要求。

（3）责任制签章齐全为符合要求，否则为不符合要求。

4. 实施要点

（1）本表由提出单位填写，经建设、设计、监理、施工等单位协商同意后并签字后为有效工程变更单。

（2）监理规范关于监理工程师对工程变更处理的程序要求：

1）设计单位对原设计存在的缺陷提出的工程变更，应编制设计变更文件；建设单位或承包单位提出的工程变更，应提交总监理工程师，由总监理工程师组织专业监理工程师审查。审查同意后，应由建设单位转交原设计单位编制设计变更文件。当工程变更涉及安全、环保等内容时，应按规定经有关部门审定。

2）项目监理机构应了解实际情况和收集与工程变更有关的资料。

3）总监理工程师必须根据实际情况、设计变更文件和其他有关资料，按照施工合同的有关条款，在指定专业监理工程师完成下列工作后，对工程变更的费用和工期做出评估：确定工程变更项目与原工程项目之间的类似程度和难易程度；确定工程变更项目的工程量；确定工程变更的单价或总价。

4）总监理工程师应就工程变更费用及工期的评估情况与承包单位和建设单位进行协商。

5）总监理工程师签发工程变更单，应包括工程变更要求、工程变更说明、工程变更费用和工期、必要的附件等内容，有设计变更文件的工程变更应附设计变更文件。

6）项目监理机构应根据工程变更单监督承包单位实施。

（3）项目监理机构在处理工程变更中的权限：

监理规范规定监理机构处理工程变更的权力有：

1）所有工程变更必须经过总监理工程师签发，承包单位方可实施。这是监理机构保证工程项目的实施处于受控状态的一个非常重要的方面。在许多工程项目中，工程变更不通过监理机构，监理人员开展监理工作时非常被动。

2）建设单位或承包单位提出工程变更时要经过总监理工程师审查。总监理工程师要从工程项目建设的大局来审查工程变更的建议或要求。

3）项目监理机构对工程变更的费用和工期做出评估只是作为与建设单位、承包单位进行协商的基础。没有建设单位的充分授权，监理机构无权确定工程变更的最终价格。

4）项目监理机构在工程变更的质量、费用和工期方面取得建设单位授权后，应按施工合同规定与承包单位进行协商，经协商达成一致后，总监理工程师应将协商结果向建设单位通报，并由建设单位与承包单位在变更文件上签字。

5）当建设单位与承包单位就工程变更的价格等未能达成一致时，监理机构有权确定暂定价格来指令承包单位继续施工和便于工程进度款的支付。

6）在项目监理机构未能就工程变更的质量、费用和工期方面取得授权时，总监理工程师应协助建设单位和承包单位进行协商，并达成一致。

7）项目监理机构应按照委托监理合同的约定进行工程变更的处理，不应超越所授权限，并应协助建设单位与承包单位签订工程变更的补充协议。

8）如果建设单位委托监理单位有权处理工程变更时，监理单位一定要谨慎使用这一权利，一切以为建设单位负责为出发点。

9）工程变更审批的原则：首先考虑工程变更对工程进展是否有利；第二要考虑工程变更是否可以节约工程成本；第三应考虑工程变更是兼顾业主、承包商或工程项目之外其他第三方的利益，不能因工程变更而损害任何一方的正当权益；第四必须保证变更工程符合本工程的技术标准；最后一种情况为工程受阻，如遇到特殊风险、人为阻碍、合同一方当事人违约等不得不变更工程。

总之，监理工程师应注意处理好工程变更问题，并对合理的确定工程变更后的估价与费率非常熟悉，以免引起索赔或合同争端。

10）工程变更的实施原则：在总监理工程师签发工程变更单之前，承包单位不得实施工程变更；未经总监理工程师审查同意而实施的工程变更，项目监理机构不得予以计量；工程变更的实施必须经总监理工程师批准并签发工程变更单。

（4）施工合同范本约定的工程变更程序：

1）建设单位提前书面通知承包人有关工程变更，或承包单位提出变更申请经监理工程师和发包人同意变更；

2）由原设计单位出图并在实施前 14 天交承包单位。如超出原设计标准或设计规模时，应由发包人按原程序报审；

3）承包人必须在确定工程变更后 14 天内提出变更价款，提交监理工程师确认；

4）监理工程师在收到变更价款报告后的 14 天内必须审查变更价款报告，并确认变更价款；

5）监理工程师不同意承包人提出的变更价款时，按合同争议的方式解决。

（5）工程变更的内容：

为了有效地解决工程变更问题，一般合同中都有一条专门的变更条款，对有关工程变更的问题做出具体规定。

1）工程设计变更：我国施工合同范本规定承包人可以按照经监理工程师审查批准后发出的变更通知进行下列变更，也就是：更改工程的有关标高、基线、位置和尺寸；增减合同中约定的工程量；改变有关工程的施工时间和顺序；其他有关工程变更需要的附加工作。

2）其他变更：

①其他变更是指发包人要求变更工程质量要求及发生其他实质性变更。如建设单位提出的工程变更并已实施的；

②由于施工环境、施工技术等原因，施工单位已提请审查并已经建设、监理单位批准且已经实施的；

③其他原因提出的工程变更，已经建设、设计、监理各方同意并实施的。

(6) 工程变更的估价。

我国施工合同范本对确定工程变更价款的规定："承包人在工程变更确定后 14 天内，提出变更工程价款的报告，经监理工程师确认后调整合同价款。变更合同价款按下列方法进行：

1) 合同中已有适用于变更工程的价格，按合同已有的价格变更合同价款；

2) 合同中只有类似于变更工程的价格，可以参照类似价格变更合同价款；

3) 合同中没有适用或类似于变更工程的价格，由承包人提出适当的变更价格，经监理工程师确认后执行。

(7) 表列子项：

1) 提出单位：指提出工程变更的单位。

2) 附件：应包括工程变更的详细内容、变更的依据，对工程造价及工期的影响程度，对工程项目功能、安全的影响分析及必要的图示。

3) 一致意见：指各方对所提工程变更达成的一致意见。

4) 建设单位代表：指建设单位派驻施工现场履行合同的代表。

5) 设计单位代表：指负责某变更专业的设计人员或负责人。应具有中级以上职称。

6) 项目监理机构：指监理单位派驻工程项目负责履行监理委托合同的组织机构。由项目总监理工程师签字。

7) 承包单位代表：指负责工程项目的项目经理。设计单位对原设计存在的缺陷提出的工程变更，承包单位无须签认。

3.3.3 监理资料的整理与归存

1. 监理资料表式的分类目录

(1) 承包单位与项目监理机构工作联系用表

B1-1　工程开工报审表

B1-2　复工报审表

B1-3　施工组织设计（方案）报审表

B1-4　分包单位资格报审表

B1-5　主要施工机械设备报审表

B1-6　施工测量放线报验单

B1-7　工程报验单

B1-8　工程款支付申请表

B1-9　监理工程师通知回复单

B1-10　工程临时延期报审表

B1-11　费用索赔报审表

B1-12　工程材料/构配件/设备报审表

B1-13　工程竣工预验报验单

B1-14　试验室资格报审表

B1-15　工程计量报审表

B1-16　工程变更费用报审表

B1-17　工程质量事故报告单
B1-18　工程质量事故处理方案报审表
B1-19　施工进度计划（调整计划）报审表
B1-20　施工单位申请表（通用）
（2）项目监理机构与建设单位、承包单位工作联系用表及文件资料
B2-1　监理通知
B2-2　工程暂停令
B2-3　工程款支付证书
B2-4　工程质量整改通知
B2-5　工程最终延期审批表
B2-6　砌体/混凝土检验批验收认可通知
B2-7　监理规划
B2-8　监理实施细则
B2-9　监理月报
B2-10　监理会议纪要
B2-11　专题报告（总结）
B2-12　合同争议处理意见
B2-13　合同变更资料
B2-14　工程质量评估报告
B2-15　工程竣工结算审核意见书
B2-16　监理工作总结
B2-17　监理日志
（3）各方通用表
B3-1　监理工作联系单
B3-2　工程变更表
2. 监理单位内存入卷资料分类与目录（共9卷）
（1）监理规划卷
B2-7　监理规划
B2-8　监理实施细则
B1-3　施工组织设计（方案）报审表
（2）进度控制卷
B1-1　工程开工报审表
B1-2　复工报审表
B2-2　工程暂停令
B1-19　施工进度计划（调整计划）报审表
（3）质量控制卷
B1-5　主要施工机械设备报审表
B1-6　施工测量放线报验单
B1-7　工程报验单

B1-12　工程材料/构配件/设备报审表
B1-13　工程竣工预验报验单
B1-17　工程质量事故报告单
B1-18　工程质量事故处理方案报审表
B1-20　施工单位申请表（通用）
B2-4　工程质量整改通知
B2-6　砌体/混凝土检验批验收认可通知
B3-2　工程变更表
(4) 造价控制卷
B1-8　工程款支付申请表
B1-15　工程计量报审表
B1-16　工程变更费用报审表
B2-3　工程款支付证书
B2-15　工程竣工结算审核意见书
(5) 分包资质卷
B1-4　分包单位资格报审表
B1-14　试验室资格报审表
(6) 监理通知卷
B2-1　监理通知
B1-9　监理工程师通知回复单
(7) 合同争议、违约报告及处理意见卷
B1-10　工程临时延期报审表
B1-11　费用索赔报审表
B2-5　工程最终延期审批表
B2-12　合同争议处理意见
B2-13　合同变更资料
(8) 监理工作总结卷
B2-9　监理月报
B2-11　专题报告（总结）
B2-14　工程质量评估报告
B2-16　监理工作总结
B2-17　监理日志
(9) 监理会议纪要卷
B2-10　监理会议纪要
B3-1　监理工作联系单
3. 监理单位向城建档案馆移交资料分类与目录
(1) 承包单位与项目监理机构工作联系用表（B1）
B1-1　工程开工报审表
B1-2　复工报审表

B1-6　施工测量放线报验单

B1-10　工程临时延期报审表

B1-12　工程材料/构配件/设备报审表

B1-16　工程变更费用报审表

B1-17　工程质量事故报告单

(2) 项目监理机构与建设单位、承包单位工作联系用表及文件资料（B2）

B2-2　工程暂停令

B2-4　工程质量整改通知

B2-5　工程最终延期审批表

B2-7　监理规划

B2-8　监理实施细则

B2-12　合同争议处理意见

B2-13　合同变更资料

B2-14　工程质量评估报告

B2-15　工程竣工结算审核意见书

B2-16　监理工作总结

(3) 各方通用表（B3）

B3-2　工程变更表

4 施 工 资 料 （C）

4.1 工程管理资料（C1）

4.1.1 工程开工报审表

开工申请报告表式及说明见监理资料（B1-1）。

4.1.2 施工组织设计（施工方案）（C1-2）

1. 实施目的

施工组织设计（施工方案）是指承包单位开工前为工程所做的施工组织、施工工艺、施工计划等方面的设计。是指导拟建工程全过程中各项活动的技术、经济和组织的综合性文件。

2. 资料要求

（1）施工组织设计或施工方案内容应齐全，步骤清楚，层次分明，反映工程特点，有保证工程质量的技术措施。编制及时，必须在工程开工前编制并报审完成。

（2）按要求及时编制单位工程施工组织设计,且先有施工组织设计后施工为符合要求。

（3）没有或不及时编制单位工程施工组织设计，为不符合要求。

（4）参与编制人员应在“会签表”上签字，交项目经理签署意见并在会签表上签字，经报审同意后执行并进行下发交底。

3. 实施要点

（1）施工组织设计的分类

施工组织设计，一般按建设规模的大小、施工工艺的简繁、施工项目的重要性等情况分类：

1）大中型建设项目编制施工组织总设计；

2）施工组织设计在绝大多数情况下按照两阶段设计，即扩大初步设计和施工图设计；当设计复杂或新的工艺过程尚未成熟掌握的工业企业，或者设计特别复杂并对建筑艺术有特殊要求的房屋或构筑物才按三阶段进行设计，即初步设计、技术设计和施工图设计。当按三阶段设计时：

①施工组织条件设计（或称施工组织设计基本概况），以工程的技术可行性与经济合理性进行分析与规划。这是包括在初步设计中的；

②施工组织总设计，以整个建设项目或民用建筑群为对象，对整个工程施工进行通盘考虑，全面规划，用以指导全场性的施工准备和有计划地运用施工力量，开展施工活动。这是包括在技术设计中的；

③单位工程施工组织设计，以单项或单位工程为对象编制，用以具体指导施工的活动，并作为建筑安装企业编制月旬作业计划的基础。

(2) 编制施工组织设计应遵循的基本原则

1) 认真贯彻党和国家的方针、政策，严格执行建设程序和施工程序。

2) 施工单位、建设单位和设计单位密切配合，做好调查研究，掌握编制施工组织设计的依据资料。

3) 保证重点，统筹安排，遵守承包合同的承诺。

4) 合理地安排施工程序。

①及时完成有关准备工作；

②条件具备时先进行全场性工程（指平整场地、铺设管网、修筑道路等）；

③单个房屋和构筑物施工顺序要考虑空间顺序；工种间顺序；

④先建造可供施工期间使用的永久性建筑（如道路、各种管网、仓库、宿舍、土场、办公房、饭厅等）。

5) 坚持“质量第一”，认真制订保证质量和安全的措施，确保工程质量和安全施工。

6) 用流水作业法和网络计划技术安排进度计划。

7) 合理安排冬雨期施工项目，提高施工的连续性和均衡性。

8) 充分利用机械设备提高机械化程度，减轻劳动强度，提高劳动生产率。

9) 采用先进的施工技术，合理地选择施工方案，应用科学的计划方法，确保进度快、成本低、质量好。

10) 减少暂设工程和临时性设施，减少物资运输量，合理布置施工平面图，节约施工用地。

注：土建、水、暖、电、通风、空调、煤气等均应分别编制。

(3) 施工组织总设计的内容与表式

施工组织总设计的内容应具有规模性和控制性，其深度是根据施工中的要素决定的。应视其性质、规模、复杂程度、工期要求、地区的自然和经济条件。一般内容有：工程概况；施工准备工作计划；施工方法与相应的技术组织措施，即施工方案；施工总进度计划；施工现场平面布置图；劳动力、机械设备、材料和构件等供应计划；建筑工地施工业务的组织规划；质量保证措施与安全技术措施；主要技术经济指标。

1) 工程概况相当于一个总说明。主要说明建设地点、工程性质、规模、建筑面积、投资、建设期限、建设地区特征，如工程地质、地形、地下水位及水质情况；工程项目及结构类型与特征；施工的力量与条件；主要机具配备及可能协作的力量和劳动力的情况等。主要表式见表 C1-2-1、表 C1-2-2、表 C1-2-3 所示。

2) 施工准备工作计划。是根据施工部署和施工方案的要求及施工总进度计划的安排编制的。主要内容为：按照建筑总平面图做好现场测量控制网；进行土地征用，居民迁移和障碍物拆除；了解和掌握施工图出图计划、设计意图和拟采用的新结构、新材料、新技术、并组织进行试制和试验工作；编制施工组织设计和研究有关施工技术措施；进行有关大型临时设施工程，施工用水、用电和铁道、道路、码头以及场地平整工作的安排；进行技术培训工作；材料、构件、加工品、半成品和机具的申请和准备工作。

主要施工准备工作计划见表 C1-2-7。

3) 施工方法与相应的技术组织措施。即全局性的施工总设想。主要包括施工任务的组织分工与安排，重点单位工程的施工方案，主要施工方法，现场的“三通一平”规划建设，工地大型临时设施的设置与布置。对全局性的问题应做出原则性的考虑。哪些实行工厂化施工，哪些实行机械化施工，哪些构件现场浇筑，哪些构件预制；构件吊装采用什么机械；采用什么新工艺、新技术等。

编制预制构件加工品分工计划见表 C1-2-4。

建筑安装工程项目一览表 表 C1-2-1

序号	工程名称	建筑面积（m^2）	建安工作量（万元）		吊装和安装工程量（t或件）		建筑结构
			土建	安装	吊装	安装	

注：建筑结构栏填以砖木、混合、钢、钢筋混凝土结构及层数等。

主要建筑物和构筑物一览表 表 C1-2-2

序号	工程名称	建筑结构件特征或其示意图	建筑面积（m^2）	占地面积（m^2）	建筑体积（m^3）	备注

注：建筑结构特征栏说明其基础、柱、墙、屋盖的结构构造，如附示意图应注以主要尺寸。

工 程 量 总 表 表 C1-2-3

序号	工程量名称	单位	合计	生产车间			仓库运输			管网				生活福利		大型暂设		备注
				××车间	……	……	仓库	铁路	公路	供电	供水	供气	供热	宿舍	文化福利	生产	生活	

注：生产车间栏按主要生产车间、辅助生产车间、动力车间次序填列。

预制构件加工品分工计划 表 C1-2-4

序号	工程名称	混凝土构件			大型板材			砌块（m^3）			钢结构（t）			木门窗			钢门窗			铁件（t）		
		合计	××加工厂	现场	合计	××加工厂	现场	合计	××加工厂	现场	合计	××加工厂	现场	合计	××加工厂	现场	合计	××加工厂	现场	合计	××加工厂	现场

施 工 总 进 度 计 划 表 C1-2-5

序号	工程名称	建筑指标		设备安装指标（t）	造价（千元）			进度计划					
		单位	数量		合计	建筑工程	设备安装	第一年				第二年	第三年
								Ⅰ	Ⅱ	Ⅲ	Ⅳ		

注：1. 工程名称的顺序应按生产、辅助、动力车间、生活福利和管网等次序填列。

2. 进度线的表达应按土建工程、设备安装和试运转用不同线条表示。

4）施工总进度计划（总控制网络计划）。是根据施工部署和施工方案合理定出各主要建筑物的施工期限，和各建筑物之间的搭接时间，编制要点为：

①计算所有项目的工程量；

②确定建设总工期和单位工程工期；

③根据使用要求和施工可能明确主要施工项目的开竣工时间；

④做到均衡施工。

注：工业建设项目的施工日期定额，可参照建设部、冶金部、电力部等单位根据各自行业的建设特点制定的施工工期定额。

一般工业与民用建设项目施工工期定额仍应执行原城乡建设环境保护部 1985 年颁布的《建筑安装工程工期定额》，该工期定额按工程类别（厂房、住宅、旅馆、医疗、教学、构筑物等）、结构类型、建筑层数、工程和地区进行分类，分别计算其额定工期。

施工总进度计划、主要分部（项）工程流水施工进度计划见表 C1-2-5、表 C1-2-6。

主要分部（项）工程流水施工进度计划 表 C1-2-6

序号	单位工程和分部分项工程名称	工程量		机 械			劳动力			施工延续天数	施工进度计划											
											19 年											
		单位	数量	机械名称	台班数量	机械数量	工程名称	总工日数	平均人数		月	月	月	月	月	月	月	月	月	月	月	月

注：单位工程按主要工程项目填列，较小项目分类合并。分部分项工程只填主要的，如土方包括竖向布置，并区分挖与填。砌筑包括砌砖砌石。现浇混凝土与钢筋混凝土包括基础、框架、地面垫层混凝土。吊装包括装配式板材、梁、柱、屋架、砌块和钢结构。抹灰包括室内外装修、屋面以及水、电、暖、卫和设备安装。

主要施工准备工作计划 表 C1-2-7

序号	项目	施工准备工作内容	负责单位	涉及单位	要求完成日期	备注

5）各项资源需要量计划（如劳动力、材料、机具需用量计划）。

劳动力需要量计划：根据各工种工程的工程量、概（预）算定额及施工经验列出，应提出解决劳动力不足的有关措施，是组织劳力进场和计算布置临建房屋时的依据，见表 C1-2-8；主要材料、构件和半成品需要量计划：根据工程的工程量及预算定额列出，是材料部门及有关加工单位及时落实货源、组织供应的依据，见表 C1-2-9、表 C1-2-10；主要施工机具、设备需用量计划：根据施工部署和主要建筑物的施工方案和技术措施，考虑施工总进度计划要求所提出的主要施工机具、设备数量、进场日期等的计划，是选择变压器，计算施工用电的依据，见表 C1-2-12；大型临时设施计划；按照施工部署、施工方案和各种物资需用量计划编制，见表 C1-2-13。

运输工具的选用和运输量的计算，可参照《建筑施工手册》建筑工地运输，进行编制主要材料、预制加工品运输量计划（见表 C1-2-11）。

劳 动 力 需 要 量 计 划 表 C1-2-8

序 号	工 种 名 称	施工高峰需用人数	年				年				现有人数	多余（+）或不足（-）
			一季	二季	三季	四季	一季	二季	三季	四季		

注：1. 工种名称除生产工人外，应包括附属辅助用工（如机修、运输、构件加工、材料保管等）以及服务和管理用工。

2. 表下应附以分季度的劳动力动态曲线（以纵轴表示所需人数，横轴表示时间）。

主要材料需要量计划 表 C1-2-9

材料名称 / 单位 / 工程名称	主要材料																		

注：1. 主要材料可按型钢、钢板、钢筋、管材、水泥、木材、砖、石、砂、石灰、油毡等填列。

2. 木材按成材计算。

3. 主要材料、预制加工品按运输量计划。

主要材料、预制加工品需要量计划 表 C1-2-10

序号	材料或预制加工品名称	规格	单位	需用量				需用量进度计划							
				合计	正式工程	大型临时设施	施工措施	年					年	年	年
								合计	一季	二季	三季	四季			

注：材料或预制加工名称应与其他表一致，并应列出详细规格。

主要材料、预制加工品运输量计划 表 C1-2-11

序号	材料或预制加工品名称	单位	数量	折合吨数	运距（km）			运输量（t·km）	分类运输量（t·km）			备注
					装货点	卸货点	距离		公路	铁路	航运	

注：材料和预制加工品所需运输总量应另加入 8% ~ 10% 的不可预见系数，垃圾运输量按实计算，生活日用品运输量按每人年 1.2 ~ 1.5t 计算。

主要施工机具、设备需要量计划 表 C1-2-12

序号	机具设备名称	规格型号	电动机功率	数量				购置价值（千元）	使用时间	备注
				单位	需用	现有	不足			
	土方机械挖土机									

注：机具设备名称可按土石方机械、钢筋混凝土机械、起重设备、金属加工设备、运输设备、木工加工设备、动力设备、测试设备、脚手工具等类分别填列。

劳动力需要量计划：按照施工设备工作计划、施工总进度计划和主要分部（项）工程进度计划套用概算定额，或经验资料计算所需的劳动力人数，并编制劳动力需要量计划；同时要提出解决劳动力不足的有关措施，如开展技术革新，加强技术培训，加强调度管理等。

大型临时设施计划 表 C1-2-13

序号	项目名称	需用量		利用现有建筑	利用拟建永久工程	新建	单位（元/m²）	造价（万元）	占地（m²）	修建时间	备注
		单位	数量								

注：项目名称栏包括一切属于大型临时设施的生产、生活用房，临时道路，临时供水、供电和供热系统等。

6）施工总平面图。

施工总平面图是把建设区域内地下、地上的建筑物、构筑物（准备建和已有的）以及施工时的材料仓库、运输线路、附属生产企业、给水、排水、供电、临时建筑物取其重点及需要的测量基准点、座标网等，分别绘制在建筑总平面图上的规划和布置图。

7）主要技术组织措施。

根据建设工程特点和条件，结合有关规范、规程、施工工期等要求提出：

①保证施工质量、安全、进度措施；

②冬雨季施工措施；

③降低成本、节约措施；

④施工总平面图管理措施。

8）主要技术经济指标：

①施工周期：指从主要项目开工时到全部项目投产使用止，其中：

(a) 施工准备期：从施工准备开始到主要项目开工止；

(b) 部分投产期：从主要项目开工到第一批项目投产使用止。

②全员劳动生产率：

$$全员劳动生产率=\frac{计划期自行完成的建安工作量（万元）}{计划期全部职工平均人数（万人）}（元/每人年）$$

$$劳动力不平衡系数=\frac{施工期高峰人数}{施工期平均人数}$$

③工程质量：

$$单位工程合格品率=\frac{合格品单位工程个数（或面积数）}{验收鉴定的单位工程个数（或面积数）}\times 100\%$$

$$单位工程优良品率=\frac{优良品率单位工程个数（或面积数）}{验收鉴定的单位工程个数（或面积数）}\times 100\%$$

④降低成本：

$$降低成本=\frac{全部成本降低额}{工程预算成本}\times 100\%$$

⑤安全：

$$伤亡事故频率=\frac{一定时期内发生的伤亡事故人数}{一定时期内平均在职人数}\times 100\%$$

⑥施工机械：

$$机械设备完好率=\frac{机械完好台日数}{日历台日数-例假节日台日数}\times 100\%$$

$$机械设备利用率=\frac{机械工作台日数}{日历台日数-例假节日台日数}\times 100\%$$

⑦三材节约率：

$$某种材料节约率=\frac{〔该种材料计划消耗量〕-〔该种材料实际消耗量〕}{该种材料计划消耗量}\times 100\%$$

(4) 单位工程施工组织设计的内容与表式

1）施工组织设计或施工方案由施工单位在施工前编制。当工程项目应用新材料、新结构、新工艺、新技术或有特殊要求时，设计应提出技术要求和注意事项，设计、施工单位密切配合，使之满足设计意图。施工组织设计的编制程序见图 C1-2-1。

2）施工组织设计是进行基本建设和指导建筑施工的必要文件，是实现科学管理的重要环节，切实做好施工组织设计的编制与实施，建立起正常的施工秩序，实现施工管理科学化，是在建筑施工中实现多快好省要求的具体措施。

施工过程是一项十分复杂的生产活动，正确处理好人与物、空间与时间、天时与地利、工艺与设备、使用与维修、专业与协作、供应与消耗、生产与储备等各种矛盾就必须要有严密的组织与计划，以最少的消耗取得最大的效果，要求建筑施工人员必须严肃对待，认真执行。

3）建筑工程在开工之前，施工单位必须在了解工程规模特点和建设时期，调查和分析建设地区的自然经济条件的基础上，编制施工组织设计大、中型建设项目，应根据已批准的初步设计（或扩大初步设计）编制施工组织大纲（或称施工组织总设计）；单位工程应根据施工组织大纲及经过会审的施工图编制施工组织设计；规模较小，结构简单的工业、民用建筑，也应编制单位工程施工方案。

4）施工组织设计的主要内容一般应包括：工程概况和工程特点、全部工程的施工顺序、施工力量部署、关键性工程的施工方法（流水段划分、主要项目施工工艺）；施工技术组织措施和建筑安装施工综合进度计划；场内外交通运输，临时便道、水、电供应、场内排水和降低地下水位等方面的规划；材料、预制加工品，施工机械设备和劳动力需要量计划，以及社会生产力的利用方案；建设单位的已建成工程项目的利用和施工基地，暂设工程的修建计划；施工准备工作计划；施工总平面图；施工管理措施和八大经济技术指标(八大经济技术指标包括：产量、质量、总产量、燃料、动力消耗、劳动生产率、产品成本、流动资金、利润)。

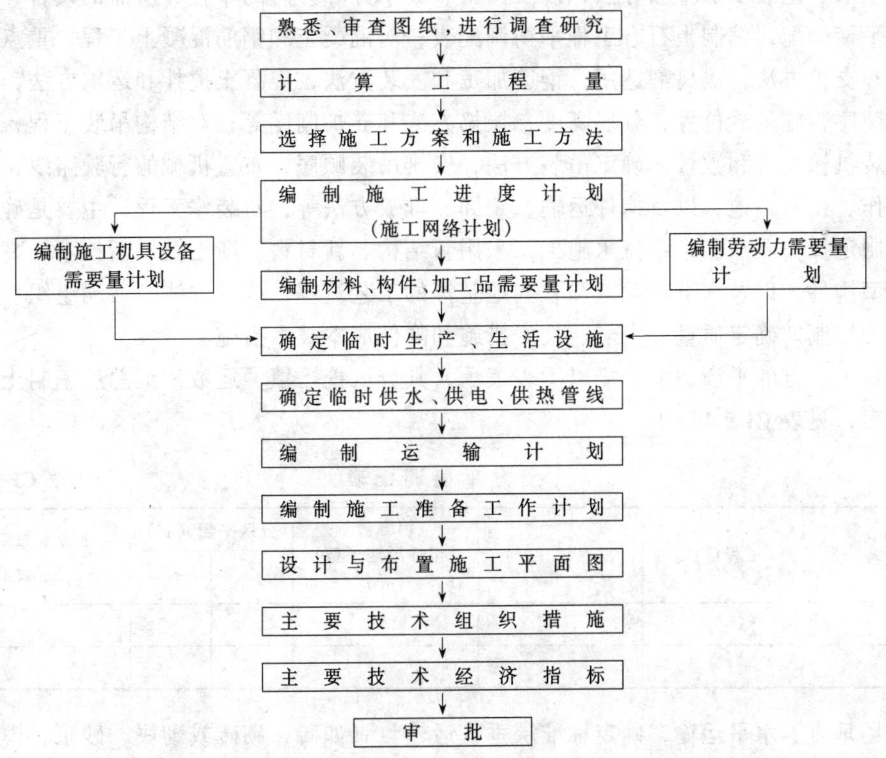

图 C1-2-1　单位工程施工组织设计编制程序

①工程概况和工程特点：例如建筑物的平面组合、建筑面积、结构特征类型、高度、层数、主要分项工程工作量和交付生产、使用的期限等；建设地点的特征：如位置、地形、工程地质、不同深度的土质分析、冻结期与冻层厚度、地下水位、水质、气温、冬雨季时间，主导风向风力和地震烈度等；施工条件，如五通一平情况，材料、预制加工品的供应情况，以及施工单位的机械、运输、劳动力和企业管理情况等。

②施工方案及施工方法。

施工方案和施工方法的拟定，要根据工期要求，材料、构件、机具和劳动力的供应情况，以及协作单位的施工配合条件和其他现场条件进行周密考虑。主要内容与编制要求如下：

a. 确定总的施工程序：按基建程序办事，做好施工准备，完成三通一平以及材料、机具、构件、劳动力的准备才能开工；地基已经处理并经验收合格，才能进行基础施工；一般应遵循“先地下，后地上”，“先土建，后设备”，“先主体，后围护”，“先结构，后装修”的施工原则。

b. 确定施工总流向：就是要解决建筑物在平面上和分层施工上的合理施工顺序。确定时应考虑以下几个方面：生产使用的先后；适应施工组织的分区分段；与材料、构件运输不相冲突；适应主导工程的合理施工顺序及平面上各部分施工的繁简程序等。

c. 确定各主要分部分项工程的施工方法：决定土石方工程挖、填、运是采用机械还是人工进行；确定基槽、基坑开挖的施工方法和放坡要求；石方爆破方法及所需机具与材料；地下水、地表水的排除方法，以及沟渠、集水井和井点的布置和所需的设备；大量土石方的平衡调配，编制土石方工程平衡调配表；对混凝土和钢筋混凝土工程，重点决定模板类型和支模方法，隔离剂选用，钢筋加工和安装方法，混凝土搅拌和运输方法，混凝土的浇筑顺序，施工缝位置，分层高度，振捣方法和养护制度等；对结构吊装工程，应着重选择吊装机械型号和数量，确定吊装方法，安排吊装顺序，布置机械的行驶路线，考虑构件的制作、拼装场地，以及构件运输、装卸、堆放方法等；对装修工程，主要是确定工艺流程、制定操作要点和组织流水施工，采用新结构、新材料、新工程、新技术；高耸、大跨和重型构件，以及水下、深基和软弱地基等的工艺流程、施工方法、劳动组织、施工措施应单独编制。确定质量、安全、技术措施和降低成本技术措施。

大量土石方的平衡调配，需以图表表示，其分区挖、填、运数量汇总后编制土石方平衡调配表，见表 C1-2-14。

土方平衡调配表 **表 C1-2-14**

分区编号	工程项目	挖方量 (m^3)	填方量（包括场地平整）(m^3)	分区平衡 (m^3)		土方来源或去向及数量
				余	缺	

现场垂直、水平运输，确定标准层垂直运输量（如砖、砌砖或砌块、砂浆、模板、钢筋、混凝土、各种预制构件、门窗和各种装修用料、水电材料及工具脚手等），并编制垂直运输量计划表，见表 C1-2-15。

垂直运输量计划　　表 C1-2-15

序号	项目	单位	数量		需要吊量
			工程量	每吊工程量	

③施工总进度计划。

施工总进度计划是在既定施工方案的基础上，根据规定工期要求，对整个建筑物各个工序的施工顺序、开始及结束时间，及其相互衔接或穿插配合情况做出安排。其编制步骤为：确定施工顺序，划分施工项目，划分流水施工段，计算工程量，计算劳动量和机械台班量；确定各施工项目（或工序）的作业时间，组织各施工项目（或工序）间的搭接关系；编制进度指示图表；检查和调整施工进度计划。

④施工准备工作计划。

a. 根据施工具体需要和要求编制施工准备工作计划，其主要内容为：技术准备，如熟悉和会审图纸，编制和审定施工组织设计、编制施工预算、各种加工半成品技术资料的准备和计划，申请新技术项目的试验和试制；现场准备，如测量放线，拆除障碍物，场地平整，临时道路和临时供水、供电、供热消防等管线的敷设，有关生产、生活临时设施的搭设水平和垂直运输设备的搭设等；劳动力、机具、材料、构件和加工半成品的准备，如调整劳动组织，进行计划、技术交底，协调组织施工机具、材料、构件和加工半成品的租赁与进场；以及与专业施工单位的联系和落实工作等。

b. 单位工程施工前，可以根据施工具体需要和要求，编制施工准备工作计划（见表 C1-2-16）。其主要项目内容如下：

施工准备工作计划　　表 C1-2-16

序号	施工准备工作项目	工程量		负责队组或人	进度													
					月							月						
		单位	数量		1	2	3	4	5	6	……	1	2	3	4	5	6	……

⑤各项资源需用量计划。

内容包括：根据工程预算、预算定额和施工进度计划编制材料需用量计划，是备料、供料和确定仓库、堆场面积及组织运输的依据；根据工程预算、劳动定额（或预算定额）和施工进度计划编制的劳动力用量计划，是劳动力平衡、调配和衡量劳动力耗用指标的依据；根据施工图、标准图及施工进度计划进行，编制构件和加工的半成品需用量计划，是落实加工单位、确定需用时间、组织加工和货源进场的依据；根据施工方案、施工方法和施工进度计划编制的施工机具需用量计划，用于落实机具来源，组织机具进场；根据材料、构件、加工半成品、机具计划、货源地点和施工进度计划编制的运输计划，用于组织运输力量，保证货源按时进场。

a. 材料需量计划根据工程预算、预算定额和施工进度计划进行编制，见表 C1-2-17。

××工程材料需要量计划 表 C1-2-17

序号	材料名称	规格	需要量		需要时间												备注
					月			月			月			月			
			单位	数量	上	中	下	上	中	下	上	中	下	上	中	下	

b. 劳动力需要量计划作为安排劳动力的平衡、调配和衡量劳动力耗用指标的依据，内容见表 C1-2-18，可根据工程预算、劳动定额和施工进度计划编制。

×××工程劳动力需要量计划 表 C1-2-18

序号	工程名称	需用总工日数	需要人数及时间												备注
			月			月			月			月			
			上	中	下	上	中	下	上	中	下	上	中	下	

c. 构件和加工半成品需要量计划用于落实加工单位，并按所需规格、数量和需要时间，组织加工和货源进场，其内容见表 C1-2-19，可根据施工图（包括定型图、标准图）及施工进度计划编制。

××工程××构件和加工半成品需要量计划 表 C1-2-19

序号	构件、加工半成品名称	图号和型号	规格尺寸（mm）	单位	数量	要求供应起止日期	备注

d. 施工机具、设备需要量计划包括机具型号、规格，用以落实机具来源、组织机具进场，内容可见表 C1-2-20，根据施工方案、施工方法和进度编制。

××工程施工机具设备需要量计划　　　　表 C1-2-20

序号	机具名称	规格	单位	需要数量	使用起止时间	备　注

e. 运输计划用于组织运输力量，保证货源按时进场，其内容见表 C1-2-21，可根据材料、构件和加工品、半成品、机具计划、货源地点和施工进度计划编制。

××工程运输计划　　　　表 C1-2-21

序号	需运项目	单位	数量	货源	运距（km）	运输量（t·km）	所需运输工具			需用起止时间
							名称	吨位	台班	

f. 绘制施工平面图应首先进行现场踏勘，以获取建设地区或工地各种自然条件和技术经济条件的有关资料。施工平面图是施工组织设计的主要组成部分，是具体解决有关施工机械、搅拌站和加工场、材料半成品及构件、运输道路、水电管线及其他临时设施等的布置问题，是根据建筑总图、施工图、现场地形地物、现有水电源、道路、四周可利用的空地、可利用的房屋等的调研资料，以及施工组织总设计及各项临时设施的计算资料绘制的。工期较长的大型建筑物，可按施工阶段绘制各阶段的施工总图。在各阶段施工平面图中，对整个施工时期一直使用的主要道路、水电管道和临时房屋等，应尽可能不作变动。较小的建筑物，可按主体结构施工阶段的要求绘制施工平面图，应同时考虑到其他施工阶段的施工场地周转、使用问题。绘制施工平面图的一般步骤是：确定起重机的数量及其位置；布置搅拌站、加工场、材料仓库及露天堆场；布置道路；布置其他临时建筑物及水电管线。

g. 主要技术组织措施：内容要求与施工组织设计相同。

h. 技术经济指标。

技术经济指标是编制单位工程施工组织设计的最后结果，应在编制相应的技术组织措施的基础上进行计算，主要有以下几项指标：

①工期指标；

②劳动生产率指标；

③质量、安全指标；

④降低成本率；

⑤主要工程机械化施工程度；

⑥三大材料节约指标。

4.1.2A　施工组织设计（施工方案）实施小结

基本要求：

（1）施工组织设计的实施过程中应按分部工程（如基础、主体分部等）、新工艺、新材料实施情况进行小结，内容包括工程进度、工程质量、材料消耗、机械使用及成本费用等，将施工组织设计与实际执行结合起来，为发现问题及分析原因提供依据。

（2）当发现施工组织设计不能有效地指导施工或某项工艺发生变化时，应及时对施工组织设计的有关部分逐项进行调整，拟定改进措施方案，变更方案，由原编制单位编制，报原审批人签认后方可生效。

4.1.3　技术交底（C1-3）

1. 资料表式

技术交底记录　　表 C1-3

工程名称		交底部位	
工程编号		日　期	
交底内容			
技术负责人：	交底人：	接交人：	

技术交底（C1-3）以经施工企业技术负责人审查签章后的本表格式形式归存。

2. 实施目的

技术交底是施工企业技术负责人把设计要求、施工措施贯彻到基层以至工人的一项技术管理方法。

3. 资料要求

（1）按设计图纸要求，严格执行施工验收规范要求。

（2）结合本工程的实际情况及特点，提出切实可行的新工艺、新方法，交底清楚明确。

（3）签章齐全，责任制明确。没有各级人员签章为无效。

（4）技术交底书符合要求，及时交底为正确。

（5）技术交底资料内容基本齐全、及时交底为基本正确。没有技术交底资料或后补为不正确。

4. 实施要点

(1) 技术交底是施工企业技术管理的一项重要环节和制度，是把设计要求、施工措施贯彻到基层以至工人的有效办法。有关技术人员认真审阅、熟悉施工图纸，在图纸会审中解决存在的问题，全面明确设计意图后进行技术交底。

技术交底应根据工程性质、类别和技术复杂程度分级进行，要结合本单位的实际技术状况采用不同的方法进行。

重点工程、大型工程、技术复杂的工程，应由企业技术负责人组织有关科室、项目经理部有关施工部门进行交底；工程技术负责人负责对项目经理部进行技术交底；项目经理部技术负责人向专业工长交底；工长负责向班组长按工种进行分部、分项工程技术交底。

(2) 技术交底的制定必须符合施工组织设计和施工方案在各个方面的要求，是施工组织设计和施工方案的具体化，具有很强的可操作性。

(3) 施工单位从进场开始交底，包括临建现场布置，水电临时线路敷设及各分项、分部工程。

交底时应注意关键项目、重点部位、新技术、新材料项目，要结合操作要求、技术规定及注意事项，细致、反复交待清楚，以真正了解设计、施工意图为原则。交底的方法宜采用书面交底、也可采用会议交底，样板交底和岗位交底，要交任务、交操作规程、交施工方法、交质量安全、交定额；定人、定时、定质、定量、定责任，做到任务明确、质量到人。

技术交底的主要内容为：

1) 图纸交底：

图纸交底包括工程的设计要求、地基基础、主要结构和建筑上的特点、构造做法与要求、抗震处理、设计图纸的轴线、标高、尺寸、预留孔洞、预埋件等具体细节，以及砂浆、混凝土、砖等材料和强度要求、使用功能等，做到掌握设计关键，认真按图施工。

暖卫安装分项工程技术交底内容包括：施工前的准备；施工工艺要求；质量验收标准；成品保护要求；注意可能出现的问题。

电气安装分项工程技术交底内容包括：施工准备；操作工艺；质量标准；成品保护；应注意的质量问题。

通风空调分项工程技术交底内容包括：通风空调系统的技术要求；图纸关键部位尺寸、轴线、标高、预留孔和支架、预埋件的位置、规格及尺寸；使用的特殊材料品种、规格等涉及质量的要求；施工方法、施工顺序、工种之间与土建之间交叉配合施工注意要点：工程质量和安全操作要求；通风空调设备的吊装、部件装配及试车的注意事项；季节性施工措施；已审批的设计变更情况。

2) 施工组织设计交底：

要将施工组织设计的全部内容向施工人员交待。主要包括：工程特点、施工部署、施工方法、操作规程、施工顺序及进度、任务划分、劳动力安排、平面布置、工序衔接、施工工期、各项管理措施等。

3) 设计变更和洽商交底：

将设计变更的结果向施工人员和管理人员做统一说明，便于统一口径，避免差错。

4) 分项工程技术交底：

是各级技术交底的关键，应在各分项工程开始之前进行。主要包括：施工准备、操作工艺、技术安全措施、质量标准、成品保护、消灭和预防质量通病措施、新工艺、新材料、新技术工程的特殊要求以及应注意的质量问题等，劳动定额、材料消耗定额、机具、工具等。

技术交底工作必须在正式施工之前认真做好。在施工过程中，应反复检查技术交底的落实情况，加强施工监督，确保施工质量。

5）技术交底只有当签字齐全后方可生效，并发至施工班组。

（4）表列子项：

1）工程编号：施工企业按施工顺序编号或按设计图注编号填写。

2）交底部位：照实际填写，如基础砌砖……等。

3）日期：照实际的年、月、日填写，必须是在该部位施工5日之前进行。

4）交底内容：按施工图设计要求，应详尽，并应一一列出。

5）责任制：

①技术负责人：指具有项目经理级或相当于该级别的技术负责人，签字有效。

②专业技术负责人：指具有项目经理级不同专业的技术负责人，签字有效。

③交底人：具有交底资格的一般为施工工长及以上负责人，或相当于施工工长的技术负责人，签字有效。

④接收人：执行施工的工长或班（组）长，签字有效。

注：应按交接时间及时签字，无本人签字时为无效技术交底资料。

4.1.3A 技术交底小结

基本要求：

（1）技术交底接收人应针对每一份交底在实施完成后做出总结，注意实施过程及施工过程中发现的问题，要求改进的建议等。

（2）技术交底小结应反馈至技术交底人，小结日期应及时，不得晚于实施完成后2日。

4.1.4 施工日志（C1-4）

1. 资料表式

施 工 日 志 **表 C1-4**

工程名称：

日 期	年 月 日	气象		风力		温度	
工程部位							
施工队组							
主要施工、生产、质量、安全、技术、管理活动							
审核：				记录：			

施工日志（C1-4）以经施工企业技术负责人审查签章后的本表格式形式归存。

2. 实施目的

施工日志是施工过程中由项目经理部的有关人员对有关技术管理和质量管理活动及其效果逐日做的连续完整的记录。

3. 资料要求

(1) 按资料说明要求对单位工程从开工到竣工的整个施工阶段进行全面记录，要求内容完整、能全面反映工程进展情况。

(2) 施工记录、桩基记录、混凝土浇灌记录、模板拆除等，应单独记录，分别列报。

(3) 按要求及时记录，内容齐全为正确。

(4) 施工日记的记录内容不齐全，没有记录为不正确。

4. 实施要点

施工日志是施工过程中由项目经理部的有关人员对有关技术管理和质量管理活动及其效果逐日做的连续完整的记录，其主要内容如下：

(1) 工程准备工作的记录。包括现场准备、施工组织设计学习、各级技术交底要求、熟悉图纸中的重要问题、关键部位和应抓好的措施，和向班、组长的交底日期、人员及其主要内容，及有关计划安排。

(2) 进入施工以后对班组抽检活动的开展情况及其效果，组织互检和交接检的情况及效果，施工组织设计及技术交底的执行情况及效果的记录和分析。

(3) 分项工程质量评定、质量检查、隐蔽工程验收、预检及上级组织的检查等技术活动的日期、结果、存在问题及处理情况记录。

(4) 原材料检验结果、施工检验结果的记录包括日期、内容、达到的效果及未达到要求等问题和处理情况及结论。

(5) 质量、安全、机械事故的记录包括原因、调查分析、责任者、研究情况、处理结论等，对人事、经济损失等的记录应清楚。

(6) 有关洽商、变更情况，交待的方法、对象、结果的记录。

(7) 有关归档资料的转交时间、对象及主要内容的记录。

(8) 有关新工艺、新材料的推广使用情况，以及小改、小革、小窍门的活动记录，包括项目、数量、效果及有关人员。桩基应单独记录并上报核查。

(9) 工程的开、竣工日期以及主要分部、分项工程的施工起止日期，技术资料提供情况。

(10) 重要工程的特殊质量要求和施工方法。

(11) 有关领导或部门对工程所做的生产、技术方面的决定或建议。

(12) 气候、气温、地质以及其他特殊情况（如停电、停水、停工待料）的记录等。

(13) 在紧急情况下采取特殊措施的施工方法，施工记录由单位工程负责人填写。

(14) 混凝土试块、砂浆试块的留置组数、时间，以及28天的强度试验报告结果。

(15) 表列子项：

1) 施工活动记录：指实施要点中主要内容的施工活动记录。

2) 责任制：

①审核：指施工企业项目经理部的技术负责人。

②记录：指项目经理部的资料员或质检员。

4.1.5　预检工程（技术复核）记录（C1-5）

1. 资料表式

<table>
<tr><td colspan="5">预检工程（技术复核）记录　　　　　　表 C1-5</td></tr>
<tr><td colspan="2">预检编号：</td><td colspan="3">预检日期：　　年　　月　　日</td></tr>
<tr><td colspan="2">工程名称</td><td></td><td>施工队</td><td></td></tr>
<tr><td rowspan="2">预检内容</td><td colspan="2">分部工程部位名称</td><td colspan="2">说　明</td></tr>
<tr><td colspan="2"></td><td colspan="2"></td></tr>
<tr><td>检查意见</td><td colspan="4"></td></tr>
<tr><td>要求检查时间</td><td></td><td>要求复查时间和意见</td><td colspan="2"></td></tr>
<tr><td colspan="2">专业技术负责人：</td><td colspan="2">质检员：</td><td>施工员：</td></tr>
</table>

预检工程（技术复核）记录（C1-5）以经施工企业技术负责人审查签章后的本表格式形式归存。

2. 实施目的

预检工程记录是指该工程项目或分项工程在未施工前对施工准备工作或前道工序进行的预先检查。

3. 资料要求

（1）应提供的预检资料：

1）建筑物位置线：红线、坐标、建筑物控制桩、轴线桩、标高、标准水准控制桩（工业厂房、±0.000 水准桩），并附有平面示意图。重点工程附测量原始记录。

2）基础尺寸线：包括基础轴线，断面尺寸、标高（槽底标高、垫层标高）等。

3）模板：包括几何尺寸、轴线标高、预埋件位置、预留孔洞位置、模板牢固性、模板清理等。

4）墙体：包括各层墙身轴线，门、窗洞口位置线，皮数杆及 50cm 水平线。

5）翻样检查。

6）设备基础：位置、轴线、标高、尺寸、预留孔、预埋件等。

(2) 按要求检查内容进行预检，签章齐全为正确。

(3) 无记录或后补记录为不正确。

4. 实施要点

(1) 预检是该工程项目或分项工程在未施工前进行的预先检查。及时办理预检是保证工程质量，防止重大质量事故的重要环节，预检工作由单位工程负责人组织，专职质检员核定，必要时邀请设计、建设单位的代表参加。未经预检的项目或预检不合格的项目不得进行下道工序施工。

(2) 预检是在自检的基础上由质量检查员、专业工长对分项工程进行把关的检查，把工作中的偏差检查记录下来，并给以认真解决，预检合格后方可进行下道工序，未经预检的项目或预检不合格的项目不得进行下道工序施工。

(3) 需预检的分项工程完成后，班组填写自检表，专业工长核定后填写预检工程检查记录单，项目技术负责人组织，由质量检查员、专业工长及班组长参加验收（其中建筑物位置线、标准水准点、标准轴线桩由上一级单位组织）。预检应邀请监理人员参加。

(4) 预检记录中有关测量放线和构件安装的测量记录及附图作为预检附件归档。

(5) 预检项目包括的内容：

1）建筑物位置线，现场标准水准点（包括标准轴线桩平面示意图）。重点工程应附测量原始记录。

2）基础尺寸线，包括基础轴线、断面尺寸、标高槽底标记、垫层标高。

3）桩基定位：根据龙门板的轴线或控制网的控制点，对桩位点进行复核。

4）模板包括几何尺寸、轴线、标高、预埋件、预留孔位置、模板牢固性和模板清理等。

5）墙体包括各层墙体轴线、门窗洞口位置和皮数杆。

6）放样尺寸检查。

7）楼层 50cm 水平线检查。

8）预制构件吊装包括轴线位置、构件型号、构件支点的搭接长度、标高、垂直偏差以及构件裂缝、操作处理等。

9）设备基础包括设备基础的位置、标高、几可尺寸、预留孔洞、预埋件等。

10）各层间地面基层处理，屋面找平层的坡度，各阴阳角的处理。

11）主要管道、沟的标高和坡度。

12）电梯的预检项目主要有：

①机房的通道应畅通无阻、安全方便；

②机房和通道的门口高度不得小于 1.8m，宽度不小于 1.6m，门扇且应向外开启；

③机房的高度、面积和预留孔洞尺寸应保证电梯设备的安装要求；

④承重梁的规格及预埋位置是否与设备相符；

⑤井道顶层高度、底坑深度、井道尺寸、预埋件位置、各层预留孔洞的尺寸位置是否与设计图纸相符；

⑥机房井道内杂物、积水是否清理干净。

(6) 预检后必须及时办理预检签证手续，列入工程管理技术档案，对预检中提出的不符合质量要求的问题要认真进行处理，处理后进行复检并说明处理情况。

(7) 表列子项：

1) 预检编号：施工单位按预检项目检验的先后依次进行的编号。

2) 施工队：填写施工该单位工程的项目经理部属的队组名称。

3) 预检内容：按实际预检工程所在分部工程的部位名称填写。需要时应填写预检说明。必须将该预检部位的施工依据填写清楚、齐全、简明。

4) 检查意见：按检查后的实际结果提出检查意见。

5) 要求检查时间：指委托单位提出要求检查的实际日期。

6) 要求复查时间和意见：指预检后有问题需要复查时，由委托单位提出。应写明二次复检的检查意见。一次通过可不填此栏。

7) 责任制：

①专业技术负责人：指负责该单位工程项目经理部的专业技术负责人，签字有效。

②质检员：负责该单位工程项目经理部的专职质检员，签字有效。

③施工员：负责该单位工程项目经理部的施工员，签字有效。

4.1.6 自检互检记录 (C1-6)

1. 资料表式

自 检 互 检 记 录 单 　　表 C1-6

编号

工程名称		自、互检部位	
自、互检内容			
检查意见			
填表人	签　名	要求检查时间　　年　　月　　日	
自互检人	签　名	检查时间　　年　　月　　日	
备注			

自检互检记录单（C1-6）以经施工企业技术负责人审查签章后的本表格式的表式归存。

2. 实施目的

自、互检记录是保证质量的重要措施，是企业对操作者进行质量管理的内容之一。

3. 实施要点

自、互检制度是操作自身对质量负责的重要体现，也是工程质量管理的基础工作和重要环节。是建立在充分相信和依靠工人基础上的一种群众性的质量检验方式，是自检、互检、专职检验相结合制度的一个组成部分。

(1) 自检：自检是生产工人在施工过程中，按照质量标准的有关技术文件的要求，对自己生产的产品或完成的生产任务按照规定的时间和数量进行自我检验，可在工序段操作中严格监督、层层把关，保持工序能力一直满足质量要求。能把不合格品自己主动改正，防止流入下道工序。

自检主要适用于工序检验，可利用一般检测工具即可完成的检测过程。

自检应填写自检记录。班组长签字。就是操作者自我把关，来保证操作质量符合质量标准的措施之一，交付符合质量标准的产品。也就是操作者知道干什么，怎么干、照什么标准干、合格标准是什么。自检工作是建立在加强管理、认真交底、真正发动和依靠群众基础上的，应有一套完整的管理办法，建立质量管理小组，实行质量控制，才能真正把好自检关。

(2) 互检：是互相督促、互相检查、共同提高的有利手段，也是保证质量的有效措施。由班组长或单位技术负责人组织，在人与人之间、组与组之间进行。通过互检肯定成绩、交流经验、找出差距、采取措施、改进提高。互检工作的好坏是能否保证质量持续提高的关键。

1）同一班组内相同工序的工人相互之间进行的产品检验；

2）班组质检员对本组工人生产的产品质量进行抽检；

3）下道工序工人对上道工序转来的产品进行检验；

4）班组之间对各自承担的作业进行检验。互检完成后应填写互检记录，责任人签字。

(3) 自检互检的重点：质量报表表明工序不稳定的工作；新工人多、质量问题多的操作者、重要部位或重要环节；新工艺、新材料、新方法、新结构的工序；外部因素变化对工程质量有明显作用的工序。

(4) 表列子项：

1）自、互检部位：指要求进行自互检的某分项工程所在部位，按实际填写。

2）自互检内容：指要求进行自互检的某分项工程工作的名称，按实际填写。

3）检查意见：指实际进行自互检后被检查的分项根据检查结果提出的符合要求或不符合要求的意见。

4）要求检查时间：指班组提出的要求检查的时间。

5）检查时间：指实际进行自检、互检的时间。

4.1.7 工序交接记录单（C1-7）

1. 资料表式

工序交接单 表 C1-7

编号

<table>
<tr><td>单位工程
名　　称</td><td></td><td>交接日期</td><td colspan="5"></td></tr>
<tr><td>交接项目</td><td></td><td>部　　位</td><td colspan="5"></td></tr>
<tr><td colspan="8">自检结果：</td></tr>
<tr><td colspan="8">交接检查意见：</td></tr>
<tr><td>单位工程 技术负责人</td><td></td><td>检查员</td><td></td><td>接班组</td><td></td><td>移交组</td><td></td></tr>
</table>

2. 实施目的

工序交接检查记录是保证质量的重要措施。是企业对操作者进行质量管理的内容之一。

3. 实施要点

(1) 交接检是指前后工序之间进行的交接检查。应由单位工程技术负责人或项目经理组织进行。其基本原则是“既保证本工序质量，又为下道工序创造顺利施工条件”。交接检查工作是促进上道工序自我严格把关的重要手段。

交接检完成后应填写交接检记录并经责任人签字。

(2) 工序交接检查一般分为：施工班组之间的交接检查。如钢筋班组任务完成后交给混凝土班组浇注混凝土时；专业施工队之间的交接检查；专业施工公司之间的交接检查；承包工程企业之间的交接检查等。

(3) 工序交接之间的步骤与方法：

1）交方提供本工序的全部质量保证技术文件及对工程质量的必要说明；

2）接方按提交的文件资料进行必要的检查、量测或观感检查；

3）通过资料、文件及实物检查，对发现的问题按标准要求进行适当处理；

4）办理交接手续，双方签字，如有仲裁方也应签字；

5）如交方交出的实物质量经查不合格，接方可不予接受。

（4）表列子项：

1）部位：指要求进行交接检查的某分项工程所在部位，按实际填写。

2）交接项目：指要求进行交接检查的某分项工程工作的名称，按实际填写。

3）自检结果：指进行交接检查的某分项工程的实际交接检查的结果，按实际填写。

4）交接检查意见：指实际进行交接检后被检查的分项工程，应根据检查结果提出的符合要求或不符合要求的意见。

4.1.8 施工现场质量管理检查记录（C1-8）

1. 资料表式

施工现场质量管理检查记录 **表 C1-8**

开工日期：

<table>
<tr><td>工程名称</td><td colspan="3"></td><td>施工许可证（开工证）</td><td></td></tr>
<tr><td>建设单位</td><td colspan="3"></td><td>建设单位项目负责人</td><td></td></tr>
<tr><td>设计单位</td><td colspan="3"></td><td>设计单位项目负责人</td><td></td></tr>
<tr><td>监理单位</td><td colspan="3"></td><td>总监理工程师</td><td></td></tr>
<tr><td>施工单位</td><td></td><td>项目经理</td><td></td><td>项目技术负责人</td><td></td></tr>
<tr><td>序号</td><td colspan="2">项　　目</td><td colspan="3">内　　容</td></tr>
<tr><td>1</td><td colspan="2">现场质量管理制度</td><td colspan="3"></td></tr>
<tr><td>2</td><td colspan="2">质量责任制</td><td colspan="3"></td></tr>
<tr><td>3</td><td colspan="2">主要专业工种操作上岗证书</td><td colspan="3"></td></tr>
<tr><td>4</td><td colspan="2">分包方资质与对分包单位的管理制度</td><td colspan="3"></td></tr>
<tr><td>5</td><td colspan="2">施工图审查情况</td><td colspan="3"></td></tr>
<tr><td>6</td><td colspan="2">地质勘察资料</td><td colspan="3"></td></tr>
<tr><td>7</td><td colspan="2">施工组织设计、施工方案及审批</td><td colspan="3"></td></tr>
<tr><td>8</td><td colspan="2">施工技术标准</td><td colspan="3"></td></tr>
<tr><td>9</td><td colspan="2">工程质量检验制度</td><td colspan="3"></td></tr>
<tr><td>10</td><td colspan="2">搅拌站及计量设置</td><td colspan="3"></td></tr>
<tr><td>11</td><td colspan="2">现场材料、设备存放与管理</td><td colspan="3"></td></tr>
<tr><td>12</td><td colspan="2"></td><td colspan="3"></td></tr>
<tr><td colspan="6">检查结论：

总监理工程师
（建设单位项目负责人）　　年　月　日</td></tr>
</table>

施工现场质量管理检查记录以经施工企业技术负责人审查签章后的本表格式形式归存。

2. 实施目的

施工现场质量管理检查记录是承包单位工程开工后提请项目监理机构对有关制度、技术组织与管理等进行的检查与确认。

3. 资料要求

(1) 表列项目、内容必须填写完整。

(2) 建设、设计、监理单位的有关负责人必须签字。

(3) 提请施工现场质量管理检查记录时，施工许可证必须办理完毕，应填写施工许可证号。

(4) 总监理工程师（建设单位项目负责人）填写检查结论并签字。

4. 实施要点

(1) 施工现场质量管理检查记录在开工前由施工单位填写。

(2) 项目总监理工程师进行检查并做出检查结论。检查不合格不准开工，检查不合格应改正后重审直至合格。检查资料审完后签字退回施工单位。

(3) 应附表列有关附件资料。表列的内容栏应填写附件资料名称及数量。

(4) 为了控制和保证不断提高施工过程中记录整理资料的完整性，施工单位必须建立必要的质量管理体系和质量责任制度，推行生产控制和合格控制的全过程。质量控制有健全的生产控制和合格控制的质量管理体系，包括材料控制、工艺流程控制、施工操作控制、每道工序质量检查、各道相关工序和它的交接检验、专业工种之间等中间交接环节的质量管理和控制、施工图设计和功能要求的抽检制度则难以保证工程质量符合设计和有关规范要求等。

(5) 工程开工施工单位应填报施工现场质量管理检查记录，经项目监理机构总监理工程师或建设单位项目负责人核查属实签字后填写检查结论，见表 C1-8。

(6) 表列检查项目。

应填写各项检查项目文件的名称或编号，并将文件（复印件或原件）附在表的后面供检查，检查后应将文件归还。

1) 现场质量管理制度。主要是图纸会审、设计交底、技术交底、施工组织设计编制与审批程序、工序交接、质量检查评定制度，质量好的奖励及达不到质量要求处罚办法，以及质量例会制度及质量问题处理制度等。

2) 质量责任制栏，质量负责人的分工，各项质量责任的落实规定，定期检查及有关人员奖罚制度等。

3) 主要专业工种操作上岗证书栏。测量工、起重、塔吊等垂直运输司机、钢筋、混凝土、机械、焊接、瓦工、防水工等建筑结构工种的上岗证。电工、管道等安装工种的上岗证，该条应以当地建设行政主管部门的规定为准。

4) 分包方资质与对分包单位的管理制度栏。专业承包单位的资质应在其承包业务的范围内承建工程，超出范围的应办理特许证书，否则不能承包工程。在有分包的情况下，总承包单位应有管理分包单位的制度，主要是质量、技术的管理制度等。

5) 施工图审查情况栏。重点是检查建设行政主管部门出具的施工图审查批准书及审查机构出具的审查报告。如果图纸是分批交出的话，施工图审查可分段进行。

6) 地质勘察资料栏。应具有勘察资质单位出具的正式地质勘察报告，供地下部分的施工方案制定和施工组织总平面图编制时参考等。

7) 施工组织设计、施工方案及审批栏。施工单位编写的施工组织设计、施工方案，已经项目监理机构审批，应检查编写内容、有针对性的具体措施，编制程序、内容，有编制单位、审核单位、批准单位，并有贯彻执行的措施。

8）施工技术标准栏。是操作的依据和保证工程质量的基础，承建企业应编制不低于国家质量验收规范的操作规程等企业标准。要有批准程序，由企业的总工程师、技术委员会负责人审查批准，有批准日期、执行日期、企业标准编号及标准名称。企业应建立技术标准档案。施工现场应有的施工技术标准都有。可作为培训工人、技术交底和施工操作的主要依据，也是质量检查评定的标准。

9）工程质量检验制度栏。包括三个方面的检验，一是原材料、设备进场检验制度；二是施工过程的试验报告；三是竣工后的抽查检测，应专门制订抽测项目、抽测时间、抽测单位等计划，使监理、建设单位等都做到心中有数。可以单独搞一个计划，也可在施工组织设计中作为一项内容。

10）搅拌站及计量设置栏。主要是说明设置在工地搅拌站的计量设施的精确度、管理制度等内容。当采用预拌混凝土或安装专业就没有这项内容。

11）现场材料、设备存放与管理栏。这是为保持材料、设备质量必须有的措施。要根据材料、设备性能制订管理制度，建立相应的库房等。

（7）表列子项：

1）工程名称：应填写工程名称的全称，应与合同或招投标文件中的工程名称相一致。

2）施工许可证（开工证）：填写当地建设行政主管部门批准发给的施工许可证（开工证）的编号。

建设单位：填写合同文件中的甲方单位名称，应填写全称，应与合同签章上的单位名称相同。

建设单位项目负责人：应填合同书上签字人或签字人以文字形式委托的代表——工程的项目负责人。工程完工后竣工验收备案表中的单位项目负责人应与此一致。

设计单位：填写设计合同中签章的设计单位名称，其全称应与签字盖章上的名称一致。

设计单位项目负责人：应是设计合同书签字人或签字人以文字形式委托的该项目设计负责人，工程完工后竣工验收备案表中的设计单位项目负责人也应与此一致。

监理单位：填写监理单位全称，应与监理合同或协议书中的名称一致。

总监理工程师：应是监理合同或协议书中明确的项目监理负责人，也可以是监理单位以文件形式明确的该项目监理负责人，必须有监理工程师任职资格证书，专业要对口。

施工单位：填写施工合同中签章单位的全称，与签章上的名称一致。

项目经理：与施工合同书中明确的项目经理相一致。项目技术负责人栏与施工合同中明确的项目技术负责人一致。

表头部分可统一填写，不需具体人员签名，只是明确了负责人的地位。

4.1.9 工程竣工施工总结（C1-9）

1. 实施目的

工程竣工施工总结是施工单位在工程竣工验收前就工程的施工情况做出的总结。

2. 施工总结的主要内容

（1）工程概况；

(2) 技术档案和施工管理资料情况;

(3) 建筑设备安装调试情况;

(4) 工程质量验收情况等。

4.1.10 工程质量保修书 (C1-10)

1. 实施目的

建设工程实行质量保修制度。建设工程承包单位在向建设单位提交工程竣工验收报告时，应当向建设单位出具质量保修书。质量保修书中应当明确建设工程的保修范围、保修期限和保修责任等。

2. 实施要点

(1) 建设工程实行质量保修制度。在工程竣工后施工单位应向建设单位出具工程质量保修书。

建筑工程的保修范围应当包括地基基础工程、主体结构工程、屋面防水工程和其他土建工程，以及电气管线、上下水管线的安装工程，供热、供冷系统工程等项目；保修的期限应当按照保证建筑物合理寿命年限内正常使用。建筑物在合理使用寿命内必须保证地基基础和主体工程质量。

建筑工程竣工时，屋顶、墙面不得留有渗漏、开裂等质量缺陷。

(2) 在正常使用条件下，建设工程的最低保修期限为:

1) 地基基础工程和主体结构工程，为设计文件规定的该工程的合理使用年限;

2) 屋面防水工程、有防水要求的卫生间、房间和外墙面的防渗漏，为5年;

3) 供热与供冷系统，为2个采暖期、供冷期;

4) 电气管线、给排水管道、设备安装和装修工程，为2年;

5) 其他项目的保修期限由建设单位和施工单位约定;

6) 建设工程的保修期，自竣工验收合格之日起计算;

保修期的起始日是竣工验收合格之日。是指建设单位收到建设工程竣工报告后，组织设计、施工、工程监理、勘察、设计等有关单位进行竣工验收，验收合格并各方签收竣工验收之文本的日期。

7) 房屋建筑工程在保修范围和保修期限内发生质量缺陷，施工单位应当履行保修义务。

对在保修期限和保修范围内发生质量问题的，一般应先由建设单位组织勘察、设计、施工等单位分析质量问题的原因，确定保修方案，由施工单位负责保修。但当问题严重时和紧急时，不管是什么原因造成的，均先由施工单位履行保修义务，不得推诿和扯皮。对引起质量问题的原因则实事求是，科学分析，分清责任，按责任大小由责任方承担不同比例的经济赔偿。这里的损失，既包括因工程质量问题造成的直接损失，即用于返修的费用，也包括间接损失，如给使用人或第三人造成的财产或非财产损失等。

4.1.11 竣工图 (C1-11)

竣工图是指建筑工程完成后，由建设单位组织设计、施工单位按照建筑工程竣工的实貌编制的工程图纸。

竣工图的编制:

(1) 竣工图的基本要求

1）竣工图均按单位工程进行整理。

2）竣工图由建设单位组织施工、设计、监理单位在施工过程中及时编制。凡竣工图不准确、不完整的不能交工验收。

3）竣工图的编制必须认真负责，一丝不苟。室外管网的竣工图施工中修改较多，一旦隐蔽查找极为困难，因此竣工图必须严格根据修改变更情况认真绘制。

4）竣工图由施工单位在新编制的竣工图上加盖“竣工图”标志。竣工图图签包括有：编制单位名称、编制人、审核人、技术负责人和编制日期等基本内容。

编制单位、编制人、审核人、技术负责人对竣工图负责。竣工图图签如图C1-11-1。

竣　工　图			
施工单位			
编制人		审核人	
技术负责人		编制日期	
监理单位			
总监理工程师		现场监理	

图 C1-11-1　竣工图图签

（2）竣工图的编制方法

1）凡按图施工没有变动的，由施工单位（包括分包施工单位）在原施工图上加盖“竣工图”标志后，即可作为竣工图。

2）虽有一般性设计变更，但能在原施工图上加以修改补充作为施工图的，可不重新绘制竣工图，由施工单位负责在原施工图上注明修改的部分，并附加设计变更或洽商记录的复印本及施工说明，加盖“竣工图”标志后作为竣工图。

3）凡结构形式改变、工艺改变、平面布置改变、项目改变以及其他重大改变，应重新绘制改变后的竣工图。由施工单位负责在新图上加盖“竣工图”标志后作为竣工图。

4）专业竣工图应包括各部位、各专业（二次）设计的相关内容，不得缺漏项、重复。

5）编制竣工图，必须采用不褪色的绘图墨水。

6）编制竣工图的改绘要求：

具体的改绘方法可视图面、改动范围和位置、繁简程度等实际情况而定。

①当需要取消时：可有杠改法或叉改法。即在施工蓝图上将被修改的地方用×或一将其划掉，在其侧注明见×年×月×日洽商×条。

②当需要部分增改、改绘时：

a. 可在原图的空白处，按绘图的要求从新绘制；

b. 原蓝图无空白处时，可把应绘部位按绘图要求绘制在另一张硫酸纸上晒成蓝图。

③当需重新绘制竣工图时：应按国家制图标准规定绘制竣工图，重新绘制时，要求原图内容完整无误，修改的内容也能准确、真实地反映在竣工图上。绘制竣工图要按建筑制图规定和要求进行，必须参照原施工图和该专业的统一图示，并在底图的下角绘制竣工图图签。

④在二底图上修改的要求：

a. 在二底图上修改，要求在图纸上作一修改备考表，以做到修改的内容与洽商变更的内容相对照。可将修改内容简要地注明在此备考表中，应做到不看洽商原件即知修改的部位和基本内容。

b. 修改的部位用语言描述不清楚时，也可用细实线在图上画出修改范围。

c. 以修改后的二底图或蓝图作为竣工图时，要在二底图或蓝图上加盖竣工图章。没有改动的二底图转做竣工图时也要加盖竣工图章。

d. 如果二底图修改次数较多，个别图面可能出现模糊不清等技术问题，必须进行技术处理或重新绘制，以期达到图面整洁、字迹清楚等质量要求。

⑤加写必须的说明。

凡设计变更、洽商的内容应当在竣工图上修改的，均应用绘图方法改绘在蓝图上，一律不再加写说明。如果修改后的图纸有些内容仍然没有表示清楚，可用精炼的语言适当加以说明。

a. 一张图上某一种设备、门窗等型号的改变，涉及到多处，修改时要对所有涉及到的地方全部加以改绘，其修改依据可标注在一个修改处，但需在此处加以简单说明。

b. 钢筋的代换，混凝土强度等级改变，墙、板、内外装修材料的变化，由建设单位自理的部分等，在图上修改难以用作图方法表达清楚时，可加注或用索引的形式加以说明。

c. 凡涉及到说明类型的洽商，应在相应的图纸上使用设计规范用语反映洽商内容。

7）修改时应注意的问题。

①原施工图纸目录必须加盖竣工图章，作为竣工图归档，凡有作废的图纸、补充的图纸、增加的图纸、修改的图纸，均要在原施工图目录上标注清楚。即作废的图纸在目录上扛掉，补充的图纸在目录上列出图页、图号。

②按施工图施工而没有任何变更的图纸，在原施工图上加盖竣工图章，作为竣工图。

③如某一张施工图由于改变大，设计单位重新绘制了修改图的，应以修改图代替原图，原图不再归档。

④凡以洽商图作为竣工图，必须进行必要的制作。

如洽商图是按正规设计图纸要求进行绘制的可直接作为竣工图，但需统一编写图名图号，并加盖竣工图章，作为补图。并在说明中注明此图是哪张图哪个部位的修改图，还要在原图修改部位标注修改范围，并标明见补图的图号。

如洽商图纸未按正规设计要求绘制，均应按制图规定另行绘制竣工图，其余要求同上。

⑤某一条洽商可能涉及到二张或二张以上图纸时，某一局部变化可能引起系统变化等，凡涉及到的图纸和部位均应按规定修改，不能只改其一，不改其二。

⑥不允许将洽商的附图原封不动的贴在或附在竣工图上作为修改，也不允许洽商的内容抄在蓝图上作为修改。凡修改的内容均应改绘在蓝图上或用做补图的办法附在本专业图纸之后。

⑦某一张图纸，根据规定的要求，需要重新绘制竣工图时，应按绘制竣工图的要求制图。

8）竣工图章（签）。

①所有竣工图均应加盖竣工图章，用不易褪色的红印泥加盖。

②竣工图章（签）的位置：

用蓝图改绘的竣工图，竣工图章加盖在原图签右上方，如有内容，找一内容比较少的位置加盖；用二底图修改的竣工图，应将竣工图章盖在原图签右上方；重新绘制的竣工图，应绘制竣工图图签，图签位置在图纸右下角。

③竣工图章（签）是竣工图的标志和依据，要按规定填写图章（签）上各项内容。加盖竣工图章（签）后，原施工图转化为竣工图，编制单位、制图人、审核人、技术负责人要对本竣工图负责。

④原施工兰图的封面、图纸目录也要加盖竣工图章，作为竣工图归档，并置于各专业图纸之前。但重新绘制的竣工图的封面、图纸目录，可不绘制竣工图签。

(3) 竣工图的内容

竣工图应按专业、系统进行整理，包括以下内容：

①工程总体布置图、位置图，地形复杂者应附竖向布置图；

②总图（室外）工程竣工图；

③建筑专业竣工图；

④结构竣工图；

⑤装饰、装修竣工图；

⑥石墙竣工图；

⑦给排水竣工图；

⑧消防竣工图；

⑨燃气竣工图；

⑩电气竣工图；

⑪电竣工图（各电系统，如楼宇自控、保安监控、综合布线、共用电视天线等）；

⑫采暖竣工图；

⑬通风与空调竣工图；

⑭电梯竣工图；

⑮工艺竣工图等。

4.1.12 竣工图的折叠（C1-12）

竣工图的折叠，不同幅面的竣工图纸应按《技术制图复制图的折叠方法》(GB/T10609.3—89),统一折成 A4 幅面（297mm×210mm），图标栏露在外面。

4.1.13 材料（设备）进场验收记录（通用）（C1-13）

材料（设备）进场验收记录（通用） 表 C1-13

<table>
<tr><td>收货日期
年 月 日</td><td>材料（设备）名称</td><td>单位</td><td>数量</td><td>送货单
编 号</td><td>供货单位名称</td></tr>
<tr><td></td><td></td><td></td><td></td><td></td><td></td></tr>
<tr><td></td><td></td><td></td><td></td><td></td><td></td></tr>
<tr><td></td><td></td><td></td><td></td><td></td><td></td></tr>
<tr><td></td><td></td><td></td><td></td><td></td><td></td></tr>
<tr><td></td><td></td><td></td><td></td><td></td><td></td></tr>
<tr><td></td><td></td><td></td><td></td><td></td><td></td></tr>
<tr><td></td><td></td><td></td><td></td><td></td><td></td></tr>
<tr><td>材料(设备)
数量及质量
情况</td><td colspan="5">1. 不同品种的各自应送产品数量；
2. 不同品种的各自实收产品数量；
3. 实收质量状况。</td></tr>
<tr><td>存放地点及
保管状况</td><td colspan="5">1. 露天或仓库；
2. 能否正常保管。</td></tr>
<tr><td>备
注</td><td colspan="5">1. 运输单位名称；
2. 送货人名称；
3. 其他。</td></tr>
<tr><td colspan="6">施工单位： 专业技术负责人： 供货单位： 质检员： 材料员：</td></tr>
</table>

注：1. 每品种、批次填表一次。

2. 进场验收记录为管理资料，不作为归存资料。

4.2 工程质量控制资料核查记录（C2）

1. 资料表式

单位（子单位）工程质量控制资料核查记录序目表　　表 C2

资料报送编目	资料名称	应用表式编号	说明
	建筑与结构		
C2-1	图纸会审、设计变更、洽商记录		
C2-1-1	图纸会审	C2-1-1	
C2-1-2	设计变更	C2-1-2	
C2-1-3	洽商记录	C2-1-3	
C2-2	工程定位测量、放线记录	C2-2	
C2-2-1	工程定位测量及复测记录	C2-2-1	
C2-2-2	基槽及各层放线测量及复测记录	C2-2-2	
C2-3	原材料出厂合格证书及进场试（检）验报告		
C2-3-1	合格证、试（检）验报告汇总表	C2-3-1	
C2-3-2	合格证	C2-3-2	
C2-3-3	材料检验报告	C2-3-3	
C2-3-4	钢材合格证、试验报告汇总表	C2-3-1	
C2-3-5	钢材出厂合格证	C2-3-2	
C2-3-6	钢筋机械性能试验报告	C2-3-6	
C2-3-7	钢材试验报告	C2-3-7	
C2-3-8	焊接试验报告、焊条（剂）合格证汇总表	C2-3-1	
C2-3-9	焊条（剂）合格证	C2-3-2	
C2-3-10	水泥出厂合格证、试验报告汇总表	C2-3-1	
C2-3-11	水泥出厂合格证	C2-3-2	
C2-3-12	水泥试验报告	C2-3-12	
C2-3-13	砖（砌块）出厂合格证、试验报告汇总表	C2-3-1	
C2-3-14	砖出厂合格证	C2-3-2	
C2-3-15	砖（砌块）试验报告	C2-3-15	
C2-3-16	粗细骨料合格证、试验报告汇总表	C2-3-1	
C2-3-17	砂子试验报告	C2-3-17	
C2-3-18	石子试验报告	C2-3-18	
C2-3-19	轻骨料试验报告	C2-3-19	
C2-3-20	防水材料合格证、试验报告汇总表	C2-3-1	
C2-3-21	防水材料合格证	C2-3-2	
C2-3-22	防水卷材试验报告	C2-3-22	
C2-3-23	防水涂料试验报告	C2-3-23	
C2-3-24	防水材料试（检）验报告表（通用）	C2-3-24	
C2-3-25	铝合金、塑钢、幕墙材料出厂质量证书汇总表	C2-3-1	
C2-3-26	铝合金、塑钢、幕墙材料出厂质量证书	C2-3-2	
C2-3-27	硅酮结构胶相容性试验报告		
C2-4	施工试验报告及见证检验报告		
C2-4-1	检验报告（通用）	C2-4-1	
C2-4-2	钢材连接试验报告	C2-4-2	
C2-4-3	钢材焊接接头冲击试验报告	C2-4-3	
C2-4-4	钢材焊接接头硬度试验报告	C2-4-1	
C2-4-5	焊缝射线探伤报告	C2-4-5	

续表

资料报送编　　目	资　料　名　称	应用表式编　　号	说　　明
C2-4-6	焊缝超声波探伤报告	C2-4-6	
C2-4-7	焊缝磁粉探伤报告	C2-4-7	
C2-4-8	金相试验报告	C2-4-8	
C2-4-9	土壤试验报告	C2-4-9	
C2-4-10	土壤击实试验记录	C2-4-10	
C2-4-11	混凝土试块强度试验报告汇总表	C2-4-11	
C2-4-12	混凝土强度试配报告单	C2-4-12	
C2-4-13	外加剂试配报告单	C2-4-12	
C2-4-14	混凝土试块试验报告单	C2-4-14	
C2-4-15	混凝土抗渗性能试验报告单	C2-4-15	
C2-4-16	混凝土抗冻性能试验报告单	C2-4-16	
C2-4-17	预拌混凝土出厂合格证	C2-3-2	
C2-4-18	混凝土强度评定表	C2-4-18	
C2-4-19	混凝土强度非统计方法评定	C2-4-19	
C2-4-20	砂浆抗压强度试验报告汇总表	C2-4-20	
C2-4-21	砂浆试配及报告单	C2-4-21	
C2-4-22	砂浆试块试验报告	C2-4-22	
C2-5	隐蔽工程验收表	C2-5	
C2-6	施工记录		
C2-6-1	施工记录表（通用）	C2-6-1	
C2-6-2	地基钎探记录	C2-6-2	
C2-6-3	地基验槽记录	C2-6-3	
C2-6-4	构件吊装记录	C2-6-4	
C2-6-5	电热法施加预应力记录	C2-6-5	
C2-6-6	现场施加预应力张拉记录	C2-6-6	
C2-6-7	钢筋冷拉记录	C2-6-7	
C2-6-8	混凝土浇灌申请书	C2-6-8	
C2-6-9	混凝土开盘鉴定	C2-6-9	
C2-6-10	混凝土工程施工记录	C2-6-10	
C2-6-11	混凝土坍落度检查记录	C2-6-11	
C2-6-12	冬期施工混凝土日报	C2-6-12	
C2-6-13	混凝土养护测温记录	C2-6-13	
C2-7	预制构件、预拌混凝土合格证		
C2-7-1	预制构件、预拌混凝土、门窗合格证汇总表	C2-3-1	
C2-7-2	预制构件合格证	C2-3-2	
C2-7-3	钢构件合格证	C2-3-2	
C2-7-4	木构件合格证	C2-3-2	
C2-7-5	门窗合格证	C2-3-2	
C2-7-6	预拌混凝土合格证	C2-3-2	
C2-8	地基、基础、主体结构检验及抽样检测资料		
C2-8-1	中间交接检验记录	C2-8-1	
C2-8-2	单项工程竣工验收记录（通用）	C2-8-2	
C2-9	工程质量事故调查处理资料		
C2-9-1	工程质量事故报告	C2-9-1	
C2-9-2	建设工程质量事故调（勘）查处理资料	C2-9-2	
C2-10	分部（子分部）工程质量验收记录	C2-10	
C2-11	分项、检验批工程质量验收记录	C2-11	
C2-12	新材料、新工艺施工记录	C2-6-1	

续表

资料报送编目	资料名称	应用表式编号	说明
	给排水与采暖		
C2-13	给排水与采暖工程图纸会审、设计变更、洽商记录	C2-1-1～3	
C2-14	材料、配件、设备出厂合格证及进场检（试）验报告		
C2-14-1	材料、设备出厂合格证	C2-3-2	
C2-14-2	主要材料、设备出厂合格证、检（试）验报告汇总表	C2-3-1	
C2-14-3	主要设备开箱检验记录（通用）	C2-14-3	
C2-15	管道、设备强度试验、严密性试验记录	C2-15	
C2-16	给排水采暖隐蔽工程验收记录	C2-5	
C2-17	系统清洗、灌水、通水、通球试验记录		
C2-17-1	管道系统吹洗（扫）检验记录	C2-17-1	
C2-17-2	排水管道、灌水、通水试验记录	C2-17-2	
C2-17-3	室内排水管道通球试验记录	C2-17-3	
C2-18	施工记录		
C2-18-1	施工记录（给排水与采暖）	C2-6-1	
C2-18-2	伸缩器安装预拉伸记录	C2-18-2	
C2-18-3	烘炉检查记录	C2-18-3	
C2-18-4	煮炉检查记录	C2-18-4	
C2-19	给排水与采暖分部（子分部）工程质量验收记录	C2-10	
C2-20	给排水与采暖分项、检验批工程质量验收记录	C2-11	
	建筑电气		
C2-21	建筑电气工程图纸会审、设计变更、洽商记录	C2-1-1～3	
C2-22	材料、配件、设备出厂合格证及进场试（检）验报告		
C2-22-1	材料、设备出厂合格证	C2-3-2	
C2-22-2	主要材料、设备出厂合格证、试（检）验报告汇总表	C2-3-1	
C2-22-3	主要设备开箱检验记录	C2-14-3	
C2-23	电气设备调试记录	C2-23	
C2-24	接地、绝缘电阻测试记录		
C2-24-1	接地电阻测验记录	C2-24-1	
C2-24-2	绝缘电阻测试记录	C2-24-2	
C2-25	电气工程隐蔽工程验收记录	C2-5	
C2-26	电气工程施工记录	C2-6-1	
C2-27	电气工程分部（子分部）工程质量验收记录	C2-10	
C2-28	电气工程分项、检验批工程质量验收记录	C2-11	
	通风与空调工程		
C2-29	通风与空调工程图纸会审、设计变更、洽商记录	C2-1-1～3	
C2-30	材料、配件、设备出厂合格证及进场检（试）验报告		
C2-30-1	材料、设备出厂合格证	C2-3-2	
C2-30-2	材料、配件、设备出厂合格证及进场检（试）验报告汇总表	C2-3-1	
C2-30-3	主要设备开箱检验记录	C2-14-3	
C2-31	制冷、空调、水管道强度试验、严密性试验记录		
C2-31-1	制冷系统气密性试验记录	C2-31-1	
C2-31-2	冷冻水管道压力试验记录	C2-31-2	

续表

资料报送编　目	资　料　名　称	应用表式编　号	说　明
C2-32	通风与空调隐蔽工程验收记录	C2-5	
C2-33	制冷设备运行调试记录		
C2-33-1	设备单机试车记录	C2-33-1	
C2-33-2	制冷机组试运行调试记录	C2-33-2	
C2-34	通风、空调系统试运行调试记录		
C2-34-1	风量、温度测试记录	C2-34-1	
C2-34-2	除尘器、空调机漏风检测记录	C2-34-2	
C2-34-3	风管漏风检测记录	C2-34-3	
C2-34-4	各房间室内风量测量记录	C2-34-4	
C2-34-5	管网风量平衡记录	C2-34-5	
C2-35-6	空气净化系统检测记录	C2-34-6	
C2-35	通风与空调工程施工记录	C2-6-1	
C2-36	通风与空调分部（子分部）工程质量验收记录	C2-10	
C2-37	通风与空调分项、检验批工程质量验收记录	C2-11	
	电　梯		
C2-38	电梯工程图纸会审、设计变更、洽商记录	C2-1-1～3	
C2-39	材料、设备、配件出厂合格证及进场试（检）验报告		
C2-39-1	材料、设备出厂合格证	C2-3-2	
C2-39-2	主要材料、设备出厂合格证试（检）验报告汇总表	C2-3-1	
C2-39-3	主要设备开箱检验记录	C2-14-3	
C2-40	电梯隐蔽工程验收	C2-5	
C2-41	电梯安装工程施工记录	C2-6-1	
C2-42	接地、绝缘电阻测试记录	C2-24-1～2	
C2-43	负荷试验、安全装置检查记录		
C2-43-1	电梯安全装置检查记录	C2-43-1	
C2-43-2	电梯负荷运行试验记录	C2-43-2	
C2-43-3	电梯负荷运行试验曲线图	C2-43-3	
C2-43-4	电梯噪声测试记录	C2-43-4	
C2-43-5	电梯加减速和轿厢运行的垂直、水平振动速试验记录	C2-43-5	
C2-43-6	曳引机检查与试验记录	C2-43-6	
C2-43-7	限速机试验记录	C2-43-7	
C2-43-8	安全钳试验记录	C2-43-8	
C2-43-9	缓冲器试验记录	C2-43-9	
C2-43-10	层门和开门机试验记录	C2-43-10	
C2-43-11	门锁试验记录	C2-43-11	
C2-43-12	绳头组合拉力试验记录	C2-43-12	
C2-43-13	选层器钢带试验记录	C2-43-13	
C2-43-14	轿厢试验记录	C2-43-14	
C2-43-15	控制屏试验记录	C2-43-15	
C2-44	电梯分部（子分部）工程质量验收记录	C2-10	
C2-45	电梯分项工程质量验收记录	C2-11	
	建筑智能化		
C2-46	建筑智能化工程图纸会审、设计变更、洽商记录	C2-1-1～3	
C2-47	材料、设备出厂合格证及进场检（试）验报告		
C2-47-1	材料、设备出厂合格证	C2-3-2	
C2-47-2	主要材料、设备出厂合格证、检（试）验报告汇总表	C2-3-1	

续表

资料报送编目	资料名称	应用表式编号	说明
C2-47-3	主要设备开箱检验记录	C2-14-3	
C2-48	隐蔽工程验收记录	C2-5	
C2-49	系统功能测定及设备调试记录		
C2-49-1	系统功能测定记录	C2-49-1	
C2-49-2	设备调试记录	C2-49-2	
C2-50	系统检测报告		
C2-50-1	综合布线测试记录	C2-50-1	
C2-50-2	光纤损耗测试记录	C2-50-2	
C2-50-3	视频系统末端测试记录	C2-50-3	
C2-51	系统技术、操作和维护手册（由供货厂家提供）		
C2-52	系统管理、操作人员培训记录（由供货厂家提供根据培训记录结果提供）	C2-41	
C2-53	建筑智能化分部（子分部）工程质量验收记录	C2-10	
C2-54	建筑智能化分项工程质量验收记录	C2-11	
	桩基、有支护土方资料		
C2-55	桩基、有支护土方工程图纸会审、设计变更、洽谈商记录	C2-1-1 ~ 3	
C2-56	不同桩位测量放线定位图	C2-2-2	
C2-57	材料出厂合格证及进场检（试）验报告	C2-3-1 ~ 19	
C2-58	施工试验报告及见证检测报告	C2-4-1 ~ l6	
C2-59	隐蔽工程验收记录	C2-5	
C2-60	施工记录		
C2-60-1	施工记录（通用）	C2-6-1	
C2-60-2	钢筋混凝土预制桩施工记录	C2-60-2	
C2-60-3	钢管桩施工记录	C2-60-3	
C2-60-4	泥浆护壁成孔灌注桩施工记录	C2-60-4	
C2-60-5	干作业成孔灌注桩施工记录	C2-60-5	
C2-60-6	套管成孔灌注桩施工记录	C2-60-6	
C2-60-7	井点施工记录（通用）	C2-60-7	
C2-60-8	轻型井点降水记录	C2-60-8	
C2-60-9	喷射井点降水记录	C2-60-9	
C2-60-10	电渗井点降水记录	C2-60-10	
C2-60-11	管井井点降水记录	C2-60-11	
C2-60-12	深井井点降水记录	C2-60-12	
C2-60-13	地下连续墙挖槽施工记录	C2-60-13	
C2-60-14	地下连续墙护壁泥浆施工记录	C2-60-14	
C2-60-15	地下连续墙混凝土浇筑记录	C2-60-15	
C2-60-16	锚杆成孔记录	C2-60-16	
C2-60-17	锚杆安装记录	C2-60-17	
C2-60-18	预应力锚杆张拉与锁定施工记录	C2-60-18	
C2-60-19	注浆及护坡混凝土施工记录	C2-60-19	
C2-60-20	土钉墙土钉成孔施工记录	C2-60-20	
C2-60-21	土钉墙土钉钢筋安装记录	C2-60-21	
C2-60-22	沉井下沉施工记录	C2-60-22	
C2-60-23	沉井、沉箱下沉完毕检查记录	C2-60-23	
C2-60-24	试打桩情况记录	C2-60-24	
C2-61	预制构件、预拌混凝土合格证	C2-3-1 ~ 3	
C2-62	桩基检测资料		

续表

资料报送编目	资料名称	应用表式编号	说明
C2-62-1	桩的静载试验报告	检测单位现行用表	
C2-62-2	桩的动测试验报告	检测单位现行用表	
C2-63	工程质量事故调查处理资料	C2-9-1 ~ 2	
C2-64	桩基、有支护土方子分部工程质量验收记录	C2-10	
C2-65	桩基、有支护土分项、检验批工程质量验收记录	C2-11	
	地基处理资料		
C2-66	地基处理工程图纸会审、设计变更、洽商记录	C2-1-1 ~ 3	
C2-67	工程测量放线定位平面图	C2-2-1	
C2-68	材料出厂合格证及进场检（试）验报告	C2-3-1 ~ 15	
C2-69	隐蔽工程验收记录	C2-5	
C2-70	地基处理施工记录	C2-6-1	
C2-70-1	土桩和灰土挤密桩桩孔施工记录	C2-70-1	
C2-70-2	土桩和灰土挤密桩桩孔分填施工记录	C2-70-2	
C2-70-3	重锤夯实施工记录	C2-70-3	
C2-70-4	强夯地基施工记录	C2-70-4	
C2-70-5	深层搅拌桩施工记录	C2-70-5	
C2-71	地基处理工程试验检测报告	C2-4-1 ~ 20	
C2-72	工程质量事故调查处理资料	C2-9-1 ~ 2	
C2-73	地基处理子分部工程质量验收记录	C2-10	
C2-74	地基处理分项工程质量验收记录	C2-11	

2. 表列子项

1）资料名称项下的项目栏：工程质量控制资料核查共6项：建筑与结构、给排水与采暖、建筑电气、通风与空调、电梯、建筑智能化。核查项目不得减少。

2）资料名称：按单位（子单位）工程实际形成的资料逐项核查，合理缺项除外。

3）资料报送编目：指工程质量控制资料按不同专业排序进行的资料报送编目。

4）应用表式编号：指工程质量控制资料按不同专业排序进行的应用表式编号。

4.2A 单位（子单位）工程质量控制资料核查记录（C2）

工程质量控制资料是利用科学的方法测量实际质量的结果与标准对比，对其差异采取措施，以达到规定的质量标准的过程。实施这一过程形成的技术资料即为工程质量控制资料。对该资料进行核查以确保工程质量达标。

建筑与结构

4.2.1 图纸会审、设计变更、洽商记录（C2-1）

4.2.1-1 图纸会审（C2-1）

1. 资料表式

图 纸 会 审 记 录 **表 C2-1-1**

工程编号： 首页

<table>
<tr><td colspan="2">工程名称</td><td></td><td>会审日期及地点</td><td colspan="3"></td></tr>
<tr><td colspan="2">建筑面积</td><td></td><td>结构类型</td><td colspan="3"></td></tr>
<tr><td rowspan="4">参加人员</td><td>设计单位</td><td colspan="5"></td></tr>
<tr><td>施工单位</td><td colspan="5"></td></tr>
<tr><td>监理单位</td><td colspan="5"></td></tr>
<tr><td>建设单位</td><td colspan="5"></td></tr>
<tr><td colspan="2">主 持 人</td><td colspan="5"></td></tr>
<tr><td colspan="2">记录内容</td><td colspan="5">记录人：</td></tr>
<tr><td colspan="2">建设单位签章
代表：</td><td>设计单位签章
代表：</td><td colspan="2">监理单位盖章
代表：</td><td colspan="2">施工单位签章
代表：</td></tr>
</table>

<table>
<tr><td>图纸会审记录</td></tr>
<tr><td>记录内容：

记录人：</td></tr>
</table>

图纸会审记录是以经建设、设计、监理、施工企业技术负责人审查签章后的本表格式形式归存。

2. 实施目的

图纸会审记录是对已正式签署的设计文件进行交底、审查和会审，对提出的问题予以记录的技术文件。

3. 资料要求

（1）应按要求组织图纸会审。重点工程，应有设计单位对工程质量的技术交底记录，应有对重要部位的技术要求和施工程序要求等技术交底资料。

（2）要求参加人员签字齐全，日期、地点填写清楚。

（3）有关专业均应有专人参加会审，会审记录整理完整成文，签字盖章齐全为正确。

（4）会审记录内容基本符合要求，签章齐全为基本正确。

（5）会审记录内容不符合要求，与设计、施工规范有矛盾，且记录中没有说明原因；签章不全者均为不正确。

4. 实施要点

（1）正式施工前，施工图设计由建设单位组织，设计单位、监理单位、施工单位参加共同进行的图纸会审，将施工图设计中将要遇到的问题提前予以解决。

（2）设计图纸和有关设计技术文件资料，是施工单位赖以施工的、最重要的技术文件，必须认真地组织学习和会审。会审的目的：

1）通过事先认真的熟悉图纸和说明书，以达到了解设计意图、工程质量标准，及新结构、新技术、新材料、新工艺的技术要求，了解图纸间的尺寸关系、相互要求与配合等内存的联系，更要采取正确的施工方法去实现设计意图；

2）在熟悉图纸、说明书的基础上，通过有设计、建设、监理施工单位土建、安装等专业人员参加的会审，将有关问题解决在施工之前，给施工创造良好的条件。

凡参加该工程的建设、施工、监理各单位均应参加图纸会审，在施工前均应对施工图设计进行学习（熟悉）；各工种间对施工图初审；各专业间对施工图设计进行会审；总分包单位之间按施工图要求进行专业间的协作、配合事项的会商。

（3）会审方法：

1）图纸会审应由建设单位组织，设计单位交底，施工监理单位参加。

2）会审分二个阶段进行，一是内部预审，由施工单位的有关人员负责在一定期限内完成。提出施工图纸中的问题，并进行整理归类，会审时一并提出；监理单位同时也应进行类似的工作，为正确开展监理工作奠定基础。二是会审，由建设单位组织，设计单位交底，施工监理单位参加，对预审及会审中提出的问题要逐一解决。

3）图纸会审是对已正式签署的设计文件进行交底和审查，对提出的问题应会签图纸、会审纪要。加盖各参加单位的公章，存档备查。

4）对提出问题的处理，一般问题设计单位同意的，可在图纸会审记录中注释进行修改，并办理手续；较大的问题必须由建设（或监理）、设计和施工单位洽商，由设计单位修改，经监理单位同意后向施工单位签发设计变更图或设计变更通知单方为有效；如果设计变更影响了建设规模和投资方向，要报请原批准初步设计的单位同意方准修改。

(4) 图纸的会审内容：

1) 建筑、结构、设备安装等设计图纸是否齐全，手续是否完备；设计是否符合国家有关的经济和技术政策、规范规定，图纸总的做法说明（包括分项工程做法说明）是否齐全、清楚、明确，与建筑、结构、安装图、装饰和节点大样图之间有无矛盾；设计图纸（平、立、剖、构件布置，节点大样）之间相互配合的尺寸是否符合，分尺寸与总尺寸、大、小样图、建筑图与结构图、土建图与水电安装图之间互相配合的尺寸是否一致，有无错误和遗漏；设计图纸本身、建筑构造与结构构造、结构各构件之间，在立体空间上有无矛盾，预留孔洞、预埋件、大样图或采用标准构配件图的型号、尺寸有无错误与矛盾。

2) 总图的建筑物坐标位置与单位工程建筑平面图是否一致；建筑物的设计标高是否可行；地基与基础的设计与实际情况是否相符，结构性能如何；建筑物与地下构筑物及管线之间有无矛盾。

3) 主要结构的设计在承载力、刚度、稳定性等方面有无问题，主要部位的建筑构造是否合理，设计能否保证工程质量和安全施工。

4) 设计图纸的结构方案、建筑装饰，与施工单位的施工能力、技术水平、技术装备有无矛盾；采用新工艺、新技术，施工单位有无困难，所需特殊建筑材料的品种、规格、数量能否解决，专用机械设备能否保证。

5) 安装专业的设备、管架、钢结构立柱、金属结构平台、电缆、电线支架以及设备、基础是否与工艺图、电气图、设备安装图和到货的设备相一致；传动设备、随机到货图纸和出厂资料是否齐全，技术要求是否合理，是否与设计图纸及设计技术文件相一致，底座同土建基础是否一致，管口相对位置、接管规格、材质、坐标、标高是否与设计图纸一致；管道、设备及管件需防腐衬里、脱脂及特殊清洗时，设计结构是否合理，技术要求是否切实可行。

(5) 表列子项：

1) 工程编号：指施工企业按施工顺序组排或按设计图纸编号。

2) 结构类型：按设计文件确定的结构类型填写。

3) 参加人员：指表列单位参加会审的人员，应分别签记参加人姓名。

4) 建设单位、施工单位、监理单位、设计单位：以上单位参加图纸会审，单位盖章有效。

5) 会审日期：注明年、月、日。

6) 主持人：一般由建设单位主持或建设、设计单位共同主持，有几个人主持时可以分别签记姓名。

7) 记录内容：记录会审中发现所有需要记录的内容。已解决的注明解决办法，未解决的注明解决时间及方式。记录由设计、施工的任一方整理，可在会审时协商确定。

8) 建设、设计、施工、监理单位：应分别盖章有效，不盖章无效。

4.2.1-2　设计变更（C2-1-2）

1. 资料表式

(1) 设计变更的表式以设计单位签发的设计变更文件为准。

(2) 设计变更是以经建设、设计、监理、施工企业技术负责人审查签章后的设计部门下发的“变更通知单”归存。

2. 实施目的

设计变更，洽商记录是设计施工过程中，由于设计图纸本身差错，设计图纸与实际情况不符，施工条件变化，原材料的规格、品种、质量不符合设计要求，及职工提出合理化建议等原因，需要对设计、图纸部分内容进行修改而办理的变更设计文件。

3. 资料要求

(1) 工程设计变更图纸内容明确、具体，办理及时。

(2) 洽商记录按签订日期先后顺序编号，要求责任制明确签字齐全。

(3) 应先有变更然后施工。特殊情况需先施工后变更者，必须先征得设计单位同意，设计变更在一周内补上。

(4) 设计变更（包括土建、水、暖、电、文件等），无设计部门盖章者无效。

(5) 先有设计变更后施工的为符合要求。

(6) 先施工一周内后补设计变更的可为基本符合要求。

(7) 无变更不按图纸施工的为不符合要求，该分项、分部工程应评为不合格工程。并需专题研究处理。

(8) 影响结构和使用功能的洽商记录，应及时办理，否则应为不符合要求。

(9) 建设单位对主体结构和电气安装等有损使用功能和人身安全的自行变更者，应为不符合要求。

4. 实施要点

(1) 设计变更是施工图的补充和修改的记载，应及时办理，内容要求明确具体，必要时附图，不得任意涂改和后补。

(2) 工程设计变更由施工单位提出：例如钢筋代换，细部尺寸修改等施工单位提出的重大技术问题，必须取得设计单位和建设、监理单位的同意。

(3) 工程设计变更由设计单位提出：如设计计算错误，做法改变，尺寸矛盾，结构变更等问题，必须由设计单位提出变更设计联系单或设计变更图纸，由施工单位根据施工准备和工程进展情况，做出能否变更的决定。

(4) 遇有下列情况之一时，必须由设计单位签发设计变更通知单（施工变更图纸）：

1) 当决定对图纸进行较大修改时；

2) 施工前及施工过程中发现图纸有差错，做法或尺寸有矛盾、结构变更或与实际情况不符时；

3) 由建设单位提出，对建筑构造、细部做法、使用功能等方面提出的修改意见，必须经过设计单位同意，并提出设计通知书或设计变更图纸。

由设计单位或建设单位提出的设计图纸修改，应由设计部门提出设计变更联系单；由施工单位提出的属于设计错误时，应由设计部门提供设计变更联系单；由施工单位的技术、材料等原因造成的设计变更，由施工单位提出洽商，请求设计变更，并经设计部门同意，以洽商记录作为变更设计的依据。

4.2.1-3　工程洽商记录（C2-1-3）

1. 资料表式

工程洽商记录是以经建设、设计、监理、施工企业技术负责人审查签章后的设计部门下发的“变更通知单”归存。

工程洽商记录 表 C2-1-3

<table>
<tr><td colspan="4">工程名称：</td></tr>
<tr><td colspan="4">洽商事项：</td></tr>
<tr><td>建设单位：
代表：</td><td>监理单位：
代表：</td><td>设计单位：
代表：</td><td>施工单位：
代表：
年 月 日</td></tr>
</table>

2. 实施目的

洽商记录是设计施工过程中，由于设计图纸本身差错，设计图纸与实际情况不符，施工条件变化，原材料的规格、品种、质量不符合设计要求，及职工提出合理化建议等原因，需要对设计，图纸部分内容进行修改而办理的工程洽商记录文件。

3. 资料要求

(1) 洽商记录按签订日期先后顺序编号，要求责任制明确签字齐全。

(2) 应先有变更然后施工。特殊情况需先施工后变更者，必须先征得设计单位同意，洽商记录需在一周内补上。

(3) 设计变更（包括土建、水、暖、电、文件等)，无设计部门盖章者无效。

(4) 先有洽商记录后施工者为符合要求。

(5) 无洽商不按图纸施工者为不符合要求，该分项、分部工程应评为不合格工程，需专题研究处理。

(6) 影响结构和使用功能的洽商记录，应及时办理，否则应为不符合要求。

(7) 建设单位对主体结构和电气安装等影响使用功能和人身安全的自行变更者，应为不符合要求。

4. 实施要点

(1) 洽商记录是施工图的补充和修改的记载，应及时办理，内容要求明确具体，必要时附图，不得任意涂改和后补。

(2) 洽商记录由施工单位提出：例如钢筋代换，细部尺寸修改等施工单位提出的重大技术问题，必须取得设计单位和建设、监理单位的同意。

(3) 遇有下列情况之一时，必须由设计单位签发设计变更通知单，不得以洽商记录办理。

1) 当决定对图纸进行较大修改时；

2）施工前及施工过程中发现图纸有差错、做法或尺寸有矛盾、结构变更或与实际情况不符时；

3）由建设单位提出，对建筑构造、细部做法、使用功能等方面提出的修改意见，必须经过设计单位同意，并提出设计变更通知书或设计变更图纸。

由设计单位或建设单位提出的设计图纸修改，应由设计部门提出设计变更联系单；由施工单位提出的属于设计错误时，应由设计部门提供设计变更联系单；由施工单位的技术、材料等原因造成的设计变更，由施工单位提出洽商，请求设计变更，并经设计部门同意，以洽商记录作为变更设计的依据。

（4）表列子项：

1）洽商事项：按提请洽商变更的事项逐一填写。

2）责任制：

①建设单位：指建设与施工单位合同书中的建设单位及其代表，签字有效。

②监理单位：指建设与监理单位合同书中的监理单位及其代表，签字有效。

③施工单位：指建设与施工单位合同书中的施工单位及其代表，签字有效。

④设计单位：按建设与设计单位合同书中的设计单位及其代表，签字有效。

注：施工单位在施工过程中遇到问题，请求设计单位进行设计变更或其他事宜需洽商时，均需经过项目经理以上技术负责人核定后方准提出。

4.2.2 测量放线记录

4.2.2-1 工程定位测量、复测记录（C2-2-1）

1. 资料表式

工程定位测量及复测记录表 **表 C2-2-1**

日期： 年 月 日 施测单位：

工程名称：			附图：
工程编号：			
施测部位：			
使用仪器：			
室外温度：			
施测日期：			
施测人：			
测量依据	坐　标		
	标　高		
实测情况	坐　标		
	标　高		
复测意见			
项目技术负责人：	质检员：	初、复测人：	

工程定位测量、复测记录是以经建设、设计、监理、施工企业技术负责人审查签章后的本表格式形式归存。

2. 实施目的

工程定位测量与复测是指建设工程根据当地建设行政主管部门给定总图范围内的建筑物、构筑物及其他建筑物的位置、标高进行的测量与复测，以保证建筑物等的标高、位置正确。

3. 资料要求

(1) 建设单位应提供测量定位近点的依据点、位置、数据，并应现场交底，如导线点、三角点、水准点和水准点的级别。

(2) 测量定位、闭合差符合工程测量规范要求。

(3) 定向应取两个以上后视点（避免算错、测错）。

(4) 定位量距离时，量往返距离误差一般在万分之一内，或符合设计要求。

(5) 应符合设计对坐标、标高等精度的要求。

(6) 重点工程或大型工业厂房应有测量原始记录。

(7) 甲方定的相对标高应和城市绝对标高相一致，由甲方认证盖章。

(8) 无甲方提供的定位放线依据、手续证明的为不符合要求。

(9) 无城建部门核准的验线、定位、±0.000 标高签字的文件资料为不符合要求。

4. 实施要点

(1) 内容要求：

工程测量与复测记录包括平面位置定位、标高定位、测设点位和提供竣工技术资料。

1) 工程平面位置定位：根据场地上建筑物主轴线控制点或其他控制点，将房屋外墙轴线的交点，用经纬仪投测至地面木桩顶面为标志的小钉上。

2) 工程的标高定位：根据施工现场水准控制点标高（或从附近引测的大地水准点标高），推算 ±0.000 标高，或根据 ±0.000 标高与某建筑物、某处标高的相对关系，用水准仪和水准尺（或刨光的直木杆）在供放线用的龙门桩上标出标高的定位工作。

3) 测设点位：是将已经设计好的各种不同的建（构）筑物的几何尺寸和位置，按照设计要求，运用测量仪器和工具标定到地面及楼层上，并设置相应的标志，作为施工的依据。

4) 提供竣工资料：是在工程竣工后，将施工中各项测量数据及建筑物的实际位置、尺寸和地下设施位置等资料，按规定格式，整理或编绘技术资料。

5) 工程施工测量贯穿于施工各个阶段，场地平整、土方开挖、基础及墙体砌筑、构件安装、烟囱、水塔、道路铺设、管道敷设、沉降观测等，并做好记录，鉴于工程测量的重要性，规定凡工程测量均必须进行复测，以确保工程测量正确无误。

(2) 不论民用、工业建筑与构筑物，烟囱、水塔、道路、管道安装等均应提供由城建部门提供的永久水准点的位置与高度，以此测设单位工程的远控桩、引桩。

(3) 复测施工测量控制网。

在工程总平面图上，房屋等的平面位置系用施工坐标系统的坐标来表示。施工控制网起始坐标和起始方向，一般根据测量控制点来测定的，当测定好建筑物的长方向主轴线后，作为施工平面控制网的起始方向，在控制网加密或建筑物定位时，不再利用控制点来定向，否则将会使建筑物产生不同位移和偏转，影响工程质量。在复测施工质量坐标控制网时，应抽测建筑方格网；高程控制水准网点；标桩埋设位置。

(4) 民用建筑施工测量的复核。

复核要点：房屋定位测量、基础施工测量、对墙体皮数杆检测、楼层轴线投测、楼层之间高程传递检测。

(5) 工业建筑施工测量的复核。

复核要点：厂房控制网测量，柱基施工测量、柱网立模轴线与高程检测、厂房结构安装原位检测、动力设备基础与预埋地脚螺栓抽测。

(6) 高层建筑施工测量的复核。

复核要点：建筑场地控制测量、基础以上的平面和高程控制、高耸建（构）筑物中垂直检测、高层建筑施工中沉降变形观测。

(7) 管线工程施工测量的复核。

复核要点：场区管网与输配电线路定位测量、地下管线施工检测、架空管线施工检测、多种管线交汇点高程抽测。

工程测量既是施工准备阶段重要内容，又是贯彻在设计、施工、竣工交付使用的全过程，监理工程师必须把它当作保证质量一种重要的监控手段。

(8) 表列子项：

1) 工程编号：施工企业按顺序编号或按设计图注的编号填写。

2) 施测部位：照实际施测部位填写。

3) 使用仪器：如经纬仪、水平仪等。

4) 室外温度：无测温记录时可按当日天气预报填写，有测温记录时照实测温度填写。

5) 施测日期：填写实际施测日期的年、月、日。

6) 施测人：填写施测人姓名，签字不盖章。

7) 测量依据：

位置与标高按城建或建设单位提供的水准点位置与标高、高程或桩号。不准简单的填写以马路牙或散水为准等。

8) 实测情况：位置与标高按实测位置与实际测定的标高值填写。

9) 复测意见：当复测与初测相同或偏差较小可以不必改正时，填“初测无误同意施工”；当复测与初测偏差较大需要纠正时，注明偏差方向、数据后，填“按复测后有关数据施工”。

10) 附图：注明原水准点的方向、距离、标高；注明建筑物的位置和邻界关系。

11) 责任制：

①项目技术负责人：指施工单位的项目经理部的项目技术负责人，签字有效。

②质检员：指施工单位的工程项目经理部的专职质量检查员，签字有效。

③初测人：一般为工长以上技术人员，签字有效。

④复测人：一般为工程项目经理部的技术人员，签字有效。

4.2.2-2 基槽及各层放线、测量与复测记录（C2-2-2）

1. 资料表式

基槽及各层放线测量与复测记录　　　　　　　表 C2-2-2

日期：　　　年　　月　　日

<table>
<tr><td colspan="2">工程名称及部位</td><td colspan="3"></td></tr>
<tr><td colspan="2">轴线定位方法说明</td><td colspan="3"></td></tr>
<tr><td colspan="2">标高确定方法说明</td><td colspan="3"></td></tr>
<tr><td colspan="2">测量仪器名称及编号</td><td colspan="3"></td></tr>
<tr><td colspan="2">测量或复测结果</td><td colspan="3"></td></tr>
<tr><td colspan="2">检查人员签字</td><td colspan="3"></td></tr>
<tr><td colspan="2">轴线简图</td><td colspan="3"></td></tr>
<tr><td rowspan="3">参加人员</td><td>监理（建设）单位</td><td colspan="3">施　工　单　位</td></tr>
<tr><td rowspan="2"></td><td>项目技术负责人</td><td>质检员</td><td>初、复测人</td></tr>
<tr><td></td><td></td><td></td></tr>
</table>

基槽及各层放线、测量与复测记录是以经监理、施工企业技术负责人审查签章后的本表格式形式归存。

2. 实施目的

基槽及各层放线测量与复测记录是指建筑工程根据施工图设计给定的位置、轴线、标高进行的测量与复测，以保证建筑物的位置、轴线、标高正确。

3. 资料要求

(1) 基槽及各层放线测量与复测记录应符合设计要求。轴线、坐标、标高等精度应符合测量规范的要求。

(2) 重点工程或大型工业厂房应有测量原始记录。

(3) 作为原点的甲方定的相对标高应和城市绝对标高相联系，由甲方认证盖章。

(4) 无甲方的依据手续证明的不符合要求。

(5) 无城建部门或甲方验线、定位、±0.000标高签字的为不符合要求。

4. 实施要点

(1) 基槽验线主要包括：轴线、外廓线、断面尺寸、基底高程、坡度等的检测与检查。

(2) 楼层放线主要包括：各层墙柱轴线、边线、门窗洞口位置线和皮数杆等；楼层0.5m（或1m）水平控制线、轴线竖向投侧控制线。

(3) 不同类别的工程应分别提供基槽及各层放线测量与复测记录。

1) 各类民用建筑：

①基础工程测量：轴线投测、标高控制。

②各层间墙体测量：轴线投测、标高控制。

2) 工业建筑：

①基础工程测量：轴线投测、标高控制。

②柱子安装测量：定位投测，标高控制，中心线。

③吊车梁安装测量：定位投测，标高控制，中心线。

④吊车轨道测量：中心线、轨距、轨顶标高。

⑤屋架测量：柱顶标高、跨距、屋架定位。

⑥屋架垂直控制。

3) 烟囱：

①资料附图应有定位与轴线控制桩的位置。

②中心线投测（含基础、筒身二部分）。

③筒径施工标高控制与传递（一般每步架测量一次数据、每步架测4个点）。

④锥度收坡控制（以锥度靠尺板贴靠烟囱外壁，每量一次记录一次，一般每步架测一次，一般检查4个点）。

⑤总标高投测控制（用水准仪在烟囱外壁上测设出+0.5m或任一整分米数的标高线，以该标高线向上量取垂直高度）。

4) 管道（单项工程中各类管道的施工指给水、排水、热力、煤气、天然气、电缆等管道的施工）：

①管道中心线测设（管道的起点、终点、转折点等尺寸数据，及中心线与邻近原有或

现有建筑物、公路主管干线等关系数据)。

②管道高程与坡度的测设与控制数据。

5)设备基础:

①轴线位置测设。

②标高控制测设。

注:1. 建筑施工的标高概念有两种:绝对标高与相对标高,绝对标高是国家测绘部门在全国统一测定的海拔标高(青岛黄海平均海平面定为绝对标高零点),并在适当地点设置标准水准点,城建部门提供的即此标高;相对标高一般以首层地面上皮为±0.000,施工单位定位放线应根据城建部门提供的绝对标高引出远控桩(即保险桩),一般设置在距建筑物1.5倍高度的距离处,以此为基准测设引桩。中心桩宜与引桩一起测设。远控桩、引桩、中心桩必须妥善保护。

2. 基础、砖墙必须设置皮数杆,以此控制标高,用水准仪校核(容许误差为±3mm)。

3. 测量标记就是在地面上标定测量控制点位置的标石、觇标和其他标记的总称。测量标志以标石中心为基准,分永久性(天文点、三角点、导线点、军控点、水准点以及其他标石点等)和临时性两种。各城市根据需要均设有国家、军队和专业系统需要的永久性测量标志。基本建设施工单位根据工程需要可向当地城建主管部门申请建设项目的测量标志。

(4)表列子项:

1)工程名称及部位:指被测基槽及各层放线测量与复测的项目。如基槽、一层、二层等,是测量还是复测应在此栏予以注明。

2)轴线定位方法说明:指轴线定位的依据、使用工具等。

3)标高确定方法说明:指标高确定的依据、使用工具等。

4)轴线简图:由测量人员绘制轴线简图。

5)放线人员:指初测时的放线人员,签字有效。

6)测量或复测结果:分别按测量或复测的平面位置、标高及合格点数和合格率填写。

7)责任制:

①项目技术负责人:指施工单位的项目经理部的项目技术负责人,签字有效。

②质检员:指施工单位的工程项目经理部的专职质量检查员,签字有效。

③初测人:一般为工长及其以上技术人员,签字有效。

④复测人:一般为工程项目经理部的技术人员,签字有效。

4.2.3 原材料出厂合格证书及进场检(试)验报告(C2-3)

(1)材料质量检验的目的:是通过一系列的检测手段,将所取的材料试验数据与材料质量标准相比较,借以判断材料质量的可靠性,能否使用于工程。

材料质量的抽样和检验方法,要能反映该批材料质量的性能。重要材料或非匀质材料应酌情增加取样数量。

(2)材料质量标准是用于衡量材料质量的尺度,也是作为验收、检验材料的依据。不同材料应用不同的质量标准,应分别对照执行。

(3)材料质量控制的内容主要有:材料的质量标准、材料的性能、材料的取样、试验方法、材料的适用范围和施工要求。

(4)进口材料、设备应会同商检局检验,如核对凭证中发现问题,应取得供方商检人员签署的商物记录。

4.2.3-1 合格证、试验报告汇总表(C2-3-1)

1. 资料表式

__________合格证、试验报告汇总表　　　　表 C2-3-1

工程名称：

序　号	名称规格品种	生　产　厂　家	进　场		合格证编　号	复试报告日　　期	试验结论	主要使用部位及有关说明
			数量	时间				
填表单位：			审核：				制表：	

合格证、试验报告汇总表是以经施工企业技术负责人审查签章后的本表格式形式归存。

2. 实施目的

合格证、试验报告汇总表是指核查用于工程的各种材料的品种、规格、数量，通过汇总达到便于检查的目的。

3. 资料要求

合格证、试验报告汇总表应按施工过程中依序形成的以上表式经核查后全部汇总不得缺漏。

4. 实施要点

(1) 砂、石、砖、水泥、钢筋、防水材料、隔热保温材料、防腐材料、轻集料等均应进行整理汇总。

(2) 合格证、试验报告的整理按工程进度为序进行，如地基基础、主体工程等。

(3) 品种、规格，应满足设计要求的品种、规格，否则为合格证、试验报告不全。由核查人判定是否符合该要求。

(4) 表列子项：

1) 名称、规格、品种：照合格证、试验报告单上名称、规格、品种的实际填写。

2) 生产厂家：指该进厂批材料的生产厂家，照原合格证上的生产厂家名称填写。

3) 进场数量：指该进厂批材料的数量，照原合格证上的进场数量填写。

4) 合格证编号：指进厂批材料出厂合格证上的编号，照原合格证上的合格证编号填写。

5) 复试报告日期：指进厂批抽样复试材料的复试报告的发出时间，照原复试报告单上日期填写。

6) 试验结论：指进厂材料抽样复试材料的复试报告的结论，符合某标准要求还是不符合。试验结论必须填写。

7) 主要使用部位及有关说明：指进厂批材料主要使用在何处及需要说明的事宜。

8）责任制：

①审核：指施工单位的项目经理部的项目技术负责人，签字有效。

②制表：指施工单位的工程项目经理部的专职质量检查员，签字有效。

4.2.3-2　合格证粘贴表（C2-3-2）

1. 资料表式

合格证粘贴表　　　　**表 C2-3-2**

审核：　　　　整理：　　　　年　月　日

合格证粘贴表是以经施工企业技术负责人审查签章后的本表格式形式归存。

2. 实施目的

合格证粘贴表是为整理不同厂家提供的出厂合格证，因规格不一，为统一规格而规定的表式。

3. 资料要求

（1）××××合格证应按施工过程中依序形成的以上表式，经核查符合要求后全部粘贴表内，不得缺漏。

（2）审核人、整理人分别签字。

4. 实施要点

（1）砂、石、砖、水泥、钢筋、防水材料、隔热保温材料、防腐材料、轻集料等的出厂合格证均应进行整理粘贴。

（2）合格证的整理应按工程进度为序，如地基基础、主体工程。

（3）材料品种、规格，应满足设计要求的品种、规格。

4.2.3-3　材料检验报告表（C2-3-3）

1. 资料表式

材料检验报告表　　　　**表 C2-3-3**

委托单位：　　　　　　　　　　　　　　　　　　试验编号：

<table>
<tr><td colspan="2">工程名称</td><td></td><td>委托日期</td><td></td></tr>
<tr><td colspan="2">使用部位</td><td></td><td>报告日期</td><td></td></tr>
<tr><td colspan="2">试样名称及规格型号</td><td></td><td>检验类别</td><td></td></tr>
<tr><td colspan="2">生产厂家</td><td></td><td>批号</td><td></td></tr>
<tr><td>序　号</td><td>检　验　项　目</td><td>标　准　要　求</td><td>实测结果</td><td>单项结论</td></tr>
<tr><td></td><td></td><td></td><td></td><td></td></tr>
<tr><td></td><td></td><td></td><td></td><td></td></tr>
<tr><td></td><td></td><td></td><td></td><td></td></tr>
<tr><td></td><td></td><td></td><td></td><td></td></tr>
<tr><td colspan="5">依据标准：</td></tr>
<tr><td colspan="5">检验结论：</td></tr>
<tr><td colspan="5">备　注：</td></tr>
<tr><td colspan="5">试验单位：　　　技术负责人：　　　审核：　　　试（检）验：</td></tr>
</table>

材料检验报告表是以经施工企业技术负责人审查签章后的本表格式形式归存。

2. 实施目的

材料检验报告表是指为保证建筑工程质量对用于工程的材料进行有关指标测试，由试验单位出具的试验证明文件。

3. 资料要求

(1) 材料检验必须按相关标准要求进行。

(2) 材料检验的试验单位必须具有相应的资质，不具备相应资质的试验室出具的报告无效。

(3) 材料试验报告责任制签章必须齐全。

(4) 有见证取样试验要求的必须进行见证取样试验。

4. 实施要点

(1) 粉煤灰、外加剂、砌块等材料的检验报告均可用此表式。

(2) 粉煤灰、外加剂、砌块等材料应有出厂合格证、试验报告。

(3) 检验项目：检验项目应按标准进行，质量标准与试验结果应一并填写清楚，使其一目了然。

(4) 标准要求：指标准对测试有关项目质量指标的要求，由试验部门填写。

(5) 实测结果：指试验室测定的实际结果，由试验部门填写。

(6) 单项结论：指材料的单项试验结论，由试验室填写能否使用的结论。

(7) 依据标准：由试验室按实际使用标准填写。

(8) 检验结论：应全面、准确，重点为是否符合标准规定，可用性如何及使用中应注意的问题。

(9) 责任制：

1) 试验单位：指承接某项试验的具有相应资质的试验单位。按实际签字盖章有效。

2) 技术负责人：指承接某项试验的具有相应资质的试验单位的技术负责人。签字有效。

3) 审核：指承接某项试验的具有相应资质的试验单位的专业技术负责人。签字有效。

4) 试验：指试验单位的参与试验的人员。签字有效。

4.2.3-4　钢材合格证、试验报告汇总表（C2-3-1）

钢材合格证、试验报告汇总表是指对用于工程的钢材（钢筋）的合格证、试验报告及品种、规格数量等进行整理汇总。

应用 C2-3-1 表式。

合格证、试验报告汇总表是以经施工企业技术负责人审查签章后的本表格式形式归存。

4.2.3-5　钢材合格证（C2-3-2）

1. 资料表式

钢材出厂合格证表式见 C2-3-2。

钢材合格证是以经施工企业技术负责人审查签章后的本表格式形式归存。

2. 实施目的

钢材合格证是指对用于工程的钢材（筋）的合格证及品种、规格数量等进行整理粘贴。

应用 C2-3-2 表式。

3. 实施要点

(1) 钢材合格证，可按工程进度依次进行整理贴入表内。

(2) 钢材的品种、规格，主要受力钢筋（钢材）应满足设计要求的品种、规格，否则为合格证、试验报告不全。由核查人判定是否符合要求。

(3) 责任制：

1) 审核：指施工单位的项目经理部的项目技术负责人，签字有效。

2) 整理：指施工单位的工程项目经理部的专职质量检查员，签字有效。

4.2.3-6　钢筋机械性能试验报告（C2-3-6）

1. 资料表式

钢筋机械性能检验报告　　**表 C2-3-6**

委托单位：　　　　试验编号：

<table>
<tr><td>工程名称</td><td colspan="6"></td><td>委托日期</td><td></td></tr>
<tr><td>使用部位</td><td colspan="6"></td><td>报告日期</td><td></td></tr>
<tr><td>试样名称</td><td colspan="6"></td><td>检验类别</td><td></td></tr>
<tr><td>产　地</td><td colspan="2"></td><td colspan="2">代表数量</td><td colspan="2"></td><td>炉批号</td><td></td></tr>
<tr><td rowspan="2">规　格
（mm）</td><td colspan="2">屈服点
（MPa）</td><td colspan="2">抗拉强度
（MPa）</td><td colspan="2">伸长率
（%）</td><td rowspan="2">弯曲条件</td><td rowspan="2">弯曲结果</td></tr>
<tr><td>标准要求</td><td>实测值</td><td>标准要求</td><td>实测值</td><td>标准要求</td><td>实测值</td></tr>
<tr><td></td><td></td><td></td><td></td><td></td><td></td><td></td><td></td><td></td></tr>
<tr><td></td><td></td><td></td><td></td><td></td><td></td><td></td><td></td><td></td></tr>
<tr><td></td><td></td><td></td><td></td><td></td><td></td><td></td><td></td><td></td></tr>
<tr><td></td><td></td><td></td><td></td><td></td><td></td><td></td><td></td><td></td></tr>
<tr><td>依据标准：</td><td colspan="8"></td></tr>
<tr><td>检验结论：</td><td colspan="8"></td></tr>
<tr><td>备　注：</td><td colspan="8"></td></tr>
<tr><td colspan="9">试验单位：　　　　技术负责人：　　　　审核：　　　　试（检）验：</td></tr>
</table>

钢筋机械性能试验报告是以经施工企业技术负责人审查后的本表格式形式归存。

2. 实施目的

钢筋机械性能试验报告是指为保证用于建筑工程的钢筋机械性能（屈服强度、抗拉强度、伸长率、弯曲条件等）满足设计或标准要求而进行的试验项目。

3. 资料要求

(1) 结构中所用受力钢筋及钢材应有出厂合格证和复试报告。凡用于工程的钢材，第一次复试不符合标准要求的，应采用双倍试件数量。对加工中出现的异常现象，应进行化学成分检验，或依据设计要求进行其他专项检验；

(2) 无出厂合格证时，应做机械性能试验和化学成分检验；

(3) 凡使用进口钢筋，均应做机械性能试验及化学成分检验，如需焊接应做焊接性能试验；

(4) 出厂合格证采用抄件或影印件时应加盖抄件（注明原件存放单位及钢材批量）或影印件单位章，经手人签字；

(5) 必须实行见证取样，试验室应在见证取样人名单上加盖公章和经手人签字；

(6) 钢材试验内容不符合要求（如钢筋未作冷弯试验或弯心距不对等），为不符合要求；钢材无合格证、未试验，为不符合要求；

(7) 钢材合格证经检查不符合有关规定的，为不符合要求。抄（影）件不加盖公章和经手人不签字为不符合要求。出厂质量证明书上批量不清的视为基本符合要求；

(8) 应当试验的项目，如主要受力钢筋未进行试验，不符合质量标准又无处理结论者，本项应定为不符合要求。试验不符合要求，经处理（降级使用、有鉴定结论等）能满足设计和使用要求者，如其结论准确、处理时间在使用之前，可定为符合要求项目。

4. 实施要点

(1) 钢材标准应用：

1) 标准应用应和出厂合格证上钢材生产厂家提供的应用标准相一致。对合格证上没有应用标准说明时，应根据提供试件的钢种，分别按实际使用的钢材执行《碳素结构钢》(GB700)、《优质碳素结构钢技术条件》(GB699)、《低合金结构钢》(GB1591) 和《合金结构钢》(GB3077) 标准。

2) 应检查标准应用是否符合规定的使用范围，如果钢材试件应用标准的使用范围不符合使用要求时，该批钢材应予查明，否则该批钢材不能用于工程。

3)《低碳钢热轧圆盘条》(GB701) 标准，适用于普通质量的低碳热轧圆盘条（ϕ5.5～ϕ14）的钢筋，建筑工程中用钢筋强度均在 Q235 以上，其力学性能及化学成分与 GB700—88 标准相一致。主要应用于需要二次加工的小断面（ϕ14 以下）的钢材，经冷加工（冷拉、冷拔或冷轧）后提高强度而使用的钢材。这类产品在有关的结构设计、施工规范中规定了技术条件，验收规则和设计、施工要求。

4)《钢筋混凝土用热轧带肋钢筋》(GB1499) ……等标准中规定本标准不适用于由成品钢再次轧制成的再生钢筋。再生钢筋的材质成分比较复杂。必须严格控制。可按以下办法处理：对于用成品钢再次轧制的 ϕ12 以上的圆钢，不论出厂合格证上有无化学成分分析指标，均应进行化学成分检验，当化学成分符合钢材有关标准规定时可以用于工程，否则不能用于工程；对于用成品钢再次轧制的 ϕ12 以下的圆钢，当物理性能试验的拉伸、延伸率、冷弯均符合相应标准规定时，可以不进行化学成分试验，可以用于工程；对于 $\phi16$ 以上螺纹钢，一般为Ⅱ级钢以上的钢种，大都用于主要构件的主要部位，用成品钢再次轧制的再生钢筋，不应执行（GB1499）标准，由技术负责人专项处理。

5）混凝土结构工程施工质量验收规范（GB50204—2002）规定：对有抗震要求的框架结构纵向受力钢筋应满足设计要求，检验所得的强度实测值应符合：钢筋的抗拉强度实测值与屈服强度实测值的比值不应小于 1.25；钢筋的屈服强度实测值与钢筋的强度标准的比值，不应大于 1.30。

（2）钢材的检验项目规定：

1）优质碳素结构钢（GB/T 699）：包括：化学成分、低倍组织、断口、硬度、拉伸试验、冲击试验、脱碳、晶粒度、非金属夹杂物、显微组织、顶锻试验、尺寸检验、表面质量；

2）碳素结构钢（GB/T 700）：包括：化学成分、拉伸、冷弯、常温冲击、低温冲击；

3）低合金高强度结构钢（GB/T 1591）：包括：化学成分、拉伸、冷弯、常温冲击、低温冲击；

4）钢筋混凝土用热轧带肋钢筋（GB1499）：包括：化学成分、拉伸、弯曲、反向弯曲、尺寸检验、表面质量、重量偏差；

5）余热处理钢筋（GB13014）包括：化学成分、拉伸、冷弯、尺寸检验、表面质量、重量偏差；

6）钢筋混凝土用热轧光圆钢筋（GB13013）包括：化学成分、拉伸、冷弯、尺寸检验、表面质量、重量偏差。

（3）冷拉钢筋检验要点：

1）冷拉钢筋应分批验收，当直径在 12mm 或小于 12mm 时，每批数量不得大于 10 吨，直径在 14mm 或大于 14mm 时，不得大于 20 吨；每批钢筋的直径和钢筋级别均应相同。

2）每批冷拉钢筋均应分别取样作拉力试验和冷弯性能。试样应从 3 根钢筋上各取一套。试样形状、尺寸以及试验方法均与热轧钢筋相同。

3）作拉力试验和冷弯试验的三套试样中，如有一个指标不符合相应标准合格的规定时，则另取双倍数量的试样重做试验，如仍有一根试样不合格，则该批钢筋不合格品。

注：1. 计算冷拉钢筋的屈服点和抗压强度时应采用冷拉前的公称截面面积。

2. 试样可不进行人工时效处理；可在试验机上以图解法算出应力与应变（P-ΔL）曲线；取值线后的拐点为屈服点（σ_s）。

（4）冷拔低碳钢丝的检验要点：

冷拔低碳钢丝分为甲、乙两级。甲级钢丝适用于作预应力筋；乙级钢丝适用作焊接网、焊接骨架、箍筋和构造钢筋。

1）冷拔低碳钢丝以 5 吨为一批进行验收（每批是指用相同材料的钢筋冷拔成相同直径的钢丝）；

2）先从每批冷拔低碳钢丝中选取 5%（但不少于 5 盘），作外观检查，合格后，任选 3 盘，在每盘上一处（至少距端部 50cm）截取一套试样，以一根作拉力试验，一根作弯曲试验；

3）试验结果如有一根试样不合格时，允许在未经截取试样的钢丝盘中另取双倍数量的试件作全部各项试验；如再有一根试样不合格，则该批冷拔低碳钢丝需逐盘截取试样，每盘作拉力和弯曲试验，合格者方可使用；否则，该盘冷拔低碳钢丝为不合格品。

（5）标准中规定的力学性能指标为该品种钢材强度的最低值，当钢筋试样强度试验结果不满足标准规定的强度值时，应为不合格品（即使是相差 0.1N/mm^2）；化学成分分析时，钢材化学元素含量允许有（GB222）标准规定的允许偏差值，超过规定允许偏差值即为化学成分不符合标准要求。出现这类问题时应由企业技术负责人做出专题处理。

（6）钢筋试（检）验报告核查要点：

1）钢筋进场时应有包括炉号、型号、规格、机械性能、化学成分、数量（指每批的代表数量）、生产厂家名称、出厂日期等内容的出厂合格证，又要在施工现场取样进行复试，提供机械性能试验报告。合格证必须包括机械性能、化学成分，二者缺一不可。无出厂合格证时，使用国产钢材均应增加化学成分试验，主要受力钢筋若只有物理性能试验即为不符合要求。国产钢筋在加工中发现脆断、焊接性能不良或机械性能显著不正常现象，应进行化学成分检验或其他专项性能检验。使用进口钢筋应复试机械性能及化学成分，有焊接要求的应做可焊接试验。冷拉钢筋通过试验确定冷拉率，符合国产Ⅱ级钢筋要求的日本 SD35 和荷兰、西班牙、德国 BST42/50RU（35/50RU、35/50RU）钢筋，作非预应力筋时，可代替国产Ⅱ级钢筋使用，经冷拉加工后可作预应力钢筋使用。

注：质量证明文件的抄件（复印件）应保留原件的所有内容，并注明原件存放处。

钢材进场后，应根据国家标准和订货协议进行检查，对要求不很严格的产品可用抽查的方法进行，对重要的产品应进行普查。对任何一种钢材都应用卡尺、千分尺、塞尺和各种形状的极限样板进行表面缺陷、几何形状和尺寸公差检查。应经工地技术负责人，确认检查合格后，明确使用该批钢材的单位工程名称和部位后方可使用。

2）钢材复试的品种、规格必须齐全，钢材试验报告单的品种、规格是否和图纸上的品种、规格相一致，并应满足批量要求；钢材试验报告单上的试验项目，子目应齐全，应将试验结果与标准数据相对比，检查其是否符合要求。

3）钢材必须先试验后使用，对复试不合格的钢材，在使用前企业技术负责人应签署处理意见，并注明使用部位，必要时应征得设计单位同意。

4）钢筋集中加工，应将钢筋复验单及钢筋加工出厂证明抄送施工单位（钢筋出厂证明及复验单原件由钢筋加工厂保存）。

直接发到现场或构件厂的钢筋，复验由使用单位负责；

5）当钢材出厂合格证为抄件时，抄件应注明原件存放单位、抄件人（应有技术职称）和抄件单位，签字盖公章后方为有效。

6）检查试验编号是否填写。检查钢材试验单的试验数据是否准确无误，各项签字和报告日期是否齐全。这是防止弄虚作假，备查试验室台账、核实报告试验数据的正确性的重要依据。

7）钢筋的强度变异主要影响因素是：钢筋直径；试验时的加速度；钢筋截面面积的正负公差。检查钢筋的出厂合格证和试验报告、现场外观检查时均应注意验查这些内容。

注：没有出厂合格证又无现场抽样试验报告时，钢材不得盲目使用；钢材出厂合格证本身不符合要

求，填写混乱，该批钢材不得用于工程。

(7) 钢材试（检）验报告核查要点：

1）连接材料（焊条、焊丝、焊剂、高强度螺栓、普通螺栓及铆钉等）和涂料（底漆及面漆等）均应附有出厂合格证，并符合设计文件的要求和国家规定的标准。

2）钢结构的连接采用高强度螺栓时必须对构件摩擦面进行加工处理，处理后的摩擦系数应符合设计要求，有摩擦系数要求的构件，出厂时必须附有3组同材质、同处理方法的试件，以供复验摩擦系数。抗滑移系数检验的最小值必须等于或大于设计值，否则即为构件摩擦面没有处理好，即不符合设计要求。

3）钢结构构件不论在加工厂或在施工现场制作，制作单位应提交出厂合格证和下列技术文件：钢结构施工图有设计变更时，要提交设计更改文件，并在图中注明修改部位；制作中对问题处理的协议文件；所用钢材和其他材料的质量证明书和试验报告（如高强度螺栓拉力试验、材料机械性能试验）；高强度螺栓连接摩擦系数实测资料；外观几何尺寸设计有要求时的结构性能检验资料。

(8) 表列子项：

1）使用部位：按委托单上的使用部位填写。

2）报告日期：按报告的实际发出时间填写。

3）试样名称：照实际。

4）检验类别：分别为委托、仲裁、抽样、监督、对比，按实际检验类别填写。

5）产地：照实际。应写明产地的县、乡、村的地名。

6）代表数量：指“试件”所能代表的用于某工程或部位的钢材数量。

7）炉批号：照钢材出厂合格证或质量证明书上的炉批号填写。

8）规格：指复试钢材的规格，照实际填写。

9）屈服点：必检项目之一，试验室按实测的屈服点强度填写。

10）抗拉强度：必检项目之一，试验室按实测的抗拉强度填写。

11）伸长率：必检项目之一，试验室按实测的伸长率填写。

12）弯曲条件：必检项目之一，试验室按反复弯曲试验的结果填写。

13）弯曲结果：指弯曲试验结果合格还是不合格。试验室按实际弯曲试验的结果填写。

14）依据标准：由试验室根据试验实际应用标准的名称填写。

15）检验结论：由试验部门填写，按实际试验结果填写结论意见，结论应明确。

16）备注：指需要说明的其他事宜。

(9) 责任制：

1）试验单位：指承接某项试验的具有相应资质的试验单位，按实际签字盖章有效。

2）技术负责人：指承接某项试验的具有相应资质的试验单位的技术负责人，签字有效。

3）审核：指承接某项试验的具有相应资质的试验单位的专业技术负责人，签字有效。

4）试验：指试验单位的参与试验的人员，签字有效。

4.2.3-7 钢材试验报告（C2-3-7）

1. 资料表式

钢材试验报告表 **表 C2-3-7**

委托单位： 试验编号：

工程名称		使用部位	
委托日期		报告日期	
试样名称		检验类别	
产　地		代表数量	

试件规格	机　械　性　能						化学成分（%）					
	屈服点（MPa）	抗拉强度（MPa）	伸长率 δ_5（%）	冷弯 $d=a$	硬度（ ）	冲击韧性 MPa	碳 C	硫 S	锰 Mn	磷 P	硅 Si	

依据标准和结论	
备注	

试验单位： 技术负责人： 审核： 试（检）验：

注：当需要进行化学分析时应用此表。

钢材试验报告是以经施工企业技术负责人审查后的本表格式形式归存。

2. 实施目的

钢材试验报告是指为保证用于建筑工程的钢材性能（屈服强度、抗拉强度、伸长率、弯曲条件及化学成分）满足设计或标准要求而进行的试验。

3. 资料要求

（1）结构中所用受力钢筋及钢材应有出厂合格证和复试报告。试验报告中必须有力学性能、化学成分和使用的结论（合格证中有化学成分时，可以不进行化学成分检验）；凡用于工程的钢材，第一次复试不符合标准要求的，应为双倍试件数量。对加工中出现的异常现象，应进行化学成分检验，或依据设计要求进行其他专项检验；

（2）用于结构工程的钢材无出厂合格证时，应同时做机械性能试验和化学成分检验；

（3）钢结构钢材的连接材料和涂料应附有出厂合格证并应进行复试；

（4）凡使用进口钢筋，均应做机械性能试验及化学成分检验，如需焊接、应做焊接性能试验；

（5）出厂合格证采用抄件或影印件时应加盖抄件（注明原件存放单位及钢材批量）或影印件单位章，经手人签字；

（6）必须实行见证取样，试验室应在见证取样人名单上加盖公章和经手人签字；

(7) 钢材试验结果不符合要求（如钢筋未作冷弯试验或弯心距不对等），为不符合要求；钢材无合格证、未试验，为不符合要求；

(8) 钢材合格证经检查不符合有关规定的，为不符合要求。抄（影）件不加盖公章和经手人不签字为不符合要求；

(9) 钢结构用钢材的试验报告没有使用结论者，需有企业技术部门确定的使用结论，否则为不符合要求。钢结构用高强度螺栓连接副必须有机械性能检验、扭剪型高强度螺栓必须有紧固轴力检验，且应检验合格，不进行上述检验或检验不合格为不符合要求；

(10) 应当试验的项目，如主要受力钢筋未进行试验，不符合质量标准又无处理结论者为不符合要求。试验不符合要求，经处理（降级使用、有鉴定结论等）能满足设计和使用要求者，如其结论准确、处理时间在使用之前，可定为符合要求项目；如处理时间在使用之后，复试取样钢材确为用于工程的钢材可定为经鉴定符合要求。

4. 实施要点

(1) 表列子项：

1）使用部位：按委托单上提供的使用部位填写。

2）报告日期：按报告的实际发出日期填写。

3）试样名称：照实际。

4）检验类别：分别为委托、仲裁、抽样、监督、对比，按实际检验类别填写。

5）产地：照实际。应写明产地的县、乡、村的地名。

6）代表数量：指“试件”所能代表的用于某工程或部位的钢材数量。

7）试件规格：指“受试”钢材或钢筋的规格。如光圆钢筋：ϕ18 等。

8）机械性能：指钢材机械性能的试验值。包括：屈服点；抗拉强度；伸长率；冷弯试检验结果，均为必试项目。

9）硬度：指材料抵抗外物体对它的压入能力，是材料一种机械性能指标，必要时复试。

10）冲击韧性：指材料抵抗冲击的能力，是材料的一种机械性能指标，必要时复试。

11）化学成分：指“受试”钢材或钢筋的主要化学成分含量值。如：碳；硫；锰；磷；硅，按试验结果填写。

12）依据标准：由试验室根据试验实际应用的标准名称填写。

13）结论：分别按机械性能、化学成分的试验结果，确定符合要求或不符合要求，必要时加注说明。

14）备注：指需要说明的其他事宜。

15）责任制：

①试验单位：指承接某项试验的具有相应资质的试验单位，按实际签字盖章有效。

②技术负责人：指承接某项试验的具有相应资质的试验单位的技术负责人，签字有效。

③审核：指试验单位的专业技术负责人，签字有效。

④试验：指试验单位的参与试验的人员，签字有效。

4.2.3-8 钢材焊接试（检）验报告焊条剂合格证汇总表（C2-3-1）

钢材焊接试（检）验报告焊条剂合格证汇总表是指对用于工程的钢材（筋）焊接试验

的报告及品种、规格、数量等进行汇总整理用表。

钢材焊接试（检）验报告焊条剂合格证汇总表见表式 C2-3-1。

4.2.3-9 焊条、焊剂合格证（C2-3-2）

(1) 焊条（剂）合格证表均分类按序贴于此表上。

(2) 工程上使用的电焊条、焊丝和焊剂，必须有出厂合格证。

(3) 焊条、焊剂合格证表见表式 C2-3-2。

4.2.3-10 水泥出厂合格证、试验报告汇总表（C2-3-1）

水泥出厂合格证、试验报告汇总表是指对用于工程的水泥合格证、试验报告及品种、规格、数量等进行汇总整理用表。

水泥出厂合格证、试验报告汇总表见表式 C2-3-1。

4.2.3-11 水泥出厂合格证表（C2-3-2）

(1) 水泥出厂合格证表均分类按序贴于此表上。

水泥出厂合格证表见表式 C2-3-2。

4.2.3-12 水泥试验报告（C2-3-12）

1. 资料表式

水泥试验报告 **表 C2-3-12**

委托单位： 试验编号：

工程名称				使用说明	
水泥品种		强度等级		委托日期	
批　号				检验类别	
生 产 厂		代表批量		报告日期	
检验项目	标准要求	实测结果	检验项目	标准要求	实测结果
细　度			初　凝		
标稠用水量			终　凝		
胶砂流动度			安 定 性		
强　度 检　验	抗折强度（MPa）		抗压强度（MPa）		快测强度 （MPa）
	d	28d	d	28d	
标准要求					
测 定 值					
实测结果					
依据标准：					
检验结论：					
备　注：					
试验单位：	技术负责人：		审核：	试（检）验：	

水泥试验报告是以经施工企业技术负责人审查后的本表格式形式归存。

2. 实施目的

水泥试验报告是为保证建筑工程质量，对用于工程中的水泥的强度、安定性和凝结时间等指标进行测试后由试验单位出具的质量证明文件。

3. 资料要求

(1) 所有牌号、强度等级、品种的水泥应有合格证和试验报告。水泥使用以复试报告为准。试验内容必须齐全且均应在使用前取得。

水泥出厂合格证内容应包括：水泥牌号、厂标、水泥品种、强度等级、出厂日期、批号、合格证编号、抗压强度、抗折强度、安定性、凝结时间。

(2) 从出厂日期起3个月内为有效期，超过3个月（快硬硅酸盐水泥超过一个月）另做试验。

(3) 提供水泥的合格试验单应满足工程使用水泥的数量、品种、强度等级等要求，且水泥的必试项目不得缺漏。

(4) 进口水泥使用前必须复试，按国产水泥做一般试验，同时应对其水泥的有害成分含量根据要求另做试验。

(5) 重点工程和设计有要求的水泥品种必须符合设计要求。

(6) 合格证中应有3天、7天、28天抗压、抗折强度和安定性试验结果。水泥复试可以提出7天强度以适应施工需要，但必须在28天后补充28天水泥强度报告。应注意出厂编号、出厂日期应一致。

(7) 试验报告单的试验编号必须填写。这是防止弄虚作假、备查试验室、核实报告试验数据正确性的重要依据。

(8) 水泥试验报告单必须和配合比通知单，试块强度试验报告单上的水泥品种、强度等级、厂牌相一致。如不符合即为水泥试验报告单不全；水泥复试单和混凝土、砂浆试验报告上的时间进行对比可鉴别水泥是否有先用后试现象（水泥严禁先用后试）。

(9) 核实出厂合格证是否齐全，核实水泥复试日期与实际使用日期确认是否有超期漏检。

(10) 单位工程的水泥复试批量与实际使用数量的批量构成应基本一致。

(11) 必须实行见证取样，试验室应在见证取样人名单上加盖公章和经手人签字。

(12) 水泥出厂合格证或试验报告不齐，为不符合要求。

(13) 水泥先用后试或不做试验，为不符合要求。

(14) 水泥进场日期超3个月没复试，为不符合要求。

4. 实施要点

(1) 所有进场水泥均必须有出厂合格证。水泥出厂合格证应具有标准规定天数的抗压、抗折强度和安定性试验结果。抗折、抗压强度、安定性试验均必须满足该强度等级之标准要求。

(2) 水泥进场时应对其品种、级别、包装或散装仓号、出厂日期等进行检查，并应对其强度、安定性及其他必要的性能指标进行复验，其质量必须符合现行国家标准《硅酸盐水泥、普通硅酸盐水泥》GB175等的规定；按同一生产厂家、同一等级、同一品种、同一批号且连续进场的水泥，袋装不超过200t为一批，散装不超过500t为一批，每批抽样不少于一次。

(3) 水泥的品种、数量、强度等级、立窑还是回转窑生产应核查清楚（由于立窑水泥的生产工艺上的某种缺陷，水泥安定性容易出现问题），水泥进场日期不应超期，超期应复试，出厂合格证试验项目必须齐全，并符合标准要求等。

(4) 无出厂合格证的水泥、有合格证但已过期水泥、进口水泥、立窑水泥或对材质有怀疑的，应按规定取样做二次试验，其试验结果必须符合标准规定。

(5) 核查是否有主要结构部位所使用水泥无合格证明（或试验报告），或品种、强度等级不符，或过期而未进行复试，或试验内容少“必试”项目之一或进口或立窑水泥未做试验等。

(6) 重点工程或设计有要求必须使用某品种、强度等级水泥时，应核查实际使用是否保证设计要求。

(7) 水泥应入库堆放，水泥库底部应架空，保证通风防潮，并应分品种、按进厂批量设置标牌分垛堆放。贮存时间一般不应超过3个月（按出厂日期算起，在正常干燥环境中，存放3个月，强度约降低10%～20%，存放6个月，强度约降低15%～30%，存放一年强度约降低20%～40%）。为此，水泥出厂时间在超过3个月以上时，必须进行检验，重新确定强度等级，按实际强度使用。对于水泥品种的贮存期规定如表C1-2-12-1所示。

(8) 出厂合格证与试验报告核查注意事项：

1) 凡氧化镁、三氧化硫、初凝时间、安定性中的任一项不符合标准规定或强度低于该品种水泥最低强度等级规定的指标者均为废品，废品不得在工程中使用。

水泥的贮存期规定 表C1-2-12-1

水泥品种	贮存期规定	过期水泥处理
快硬硅酸盐水泥	1个月	必须复试，按复试强度等级使用
高铝水泥	2个月	必须复试，按复试强度等级使用
硫铝酸盐早强水泥	2个月	必须复试，按复试强度等级使用

2) 凡细度、终凝时间、烧失量和混合材料掺加量中的任一项不符合标准规定或强度低于商品强度等级规定的指标者称为不合格品，不合格品可以企业技术负责人签章确定是否使用。

3) 水泥进场必须按品种、强度等级、出厂日期分别堆放挂牌，并对照出厂合格证进行核查检验。

4) 水泥试验内容：必须试验项目为抗压强度、抗析强度、安定性、凝结时间（初凝和终凝），必要时做密度、细度、标准稠度（含相应用水量说明）、等项目的试验。

5) 水泥试验单的子目应填写齐全，要有品种、强度等级、结论等。水泥质量有问题时，在可使用条件下，由工程处或相当于工程处一级的技术负责人签注使用意见，并在报告单上注明使用工程项目的部位。安定性不合格时，不准在工程上使用。

6) 混凝土、砂浆试块试验报告单上注明的水泥品种、强度等级应与水泥出厂证明或复验单上的一致。

(9) 当核查出厂合格证或试验报告时，除强度指标应符合标准规定外，应特别注意水泥中有害物质含量是否超标。如氧化镁（MgO）、三氧化硫（SO_3）、碱含量等。

水泥中含有氧化镁会增加水泥在凝结硬化后期的体积膨胀，可能使水泥石产生有害的内应力而引起破坏。水化过程中含有氧化镁的水泥，颗粒表面会产生 Mg（OH)$_2$，它的溶解度较小，阻碍水浸透入颗粒内部，减慢了水硬化过程。在水泥的其他成分已经水化硬化之后，Mg（OH)$_2$ 还会在有水的条件下长期进行水化，并使体积膨胀，容易引起水泥石的破坏。标准规定水泥中氧化镁含量不得超过5.00%，水泥经压、蒸安定性合格允许放宽到6.0%。

粉岩水泥时，加入一定量的石膏，当加入的石膏超过一定量之后，水泥的一系列性能尤其是强度和抗冻性就会显著变坏，严重时会使水泥石开裂，混凝土结构破坏。因此，水泥标准中，都对水泥中的最大石膏含量有所限制，如标准规定，硅酸盐、普通硅酸盐、火山灰、粉煤灰、水泥三氧化硫含量不超过3.5%，矿渣水泥三氧化硫含量不超过4.0%。水泥中的碱含量，标准规定按 $Na_2O + 0.658K_2O$ 计算值来表示，若使用活性骨料（目前已被确定的有蛋白石、玉髓、鳞石英和方石英等，一般规定含量不超过1%），用户要求提供低碱水泥时，水泥中碱含量不得大于0.60%或由供需双方商定。

（10）水泥煅烧是水泥生产过程的中心环节，煅烧水泥熟料的窑有立窑和回转窑两种，大中型水泥厂一般都采用回转窑，回转窑煅烧水泥熟料物料的运动条件较好，在高温下受热较均匀，有助于形成颗粒均匀的熟料；立窑煅烧水泥熟料也是在高温下进行的，窑内整个空间充满物料，物料自上而下的运动，气流则自下而上的通过物料层，立窑煅烧的水泥熟料，物料的运动条件不如回转窑好，熟料的质量也不如回转窑煅烧的好。熟料中的游离氧化钙含量较高，容易引起安定性不良或强度偏低。立窑水泥配制混凝土的抗冻性一般较低，对立窑生产的水泥（统称为小窑水泥）使用前应加强检验。

（11）水泥标准规定：出厂水泥应保证出厂强度等级，其余品质应符合相应标准技术要求条目中的有关要求。同时规定了不合格品和废品的条件，通用水泥的废品和不合格品条件如表 C1-2-12-2。

通用水泥废品、不合格品条件表 **表 C1-2-12-2**

水泥名称	废 品	不 合 格 品
硅酸盐水泥、普通硅酸盐水泥（GB175—1999)	凡氧化镁、三氧化硫、初凝时间、安定性中的任一项不符合相应标准规定均为废品。	凡细度、终凝时间、不溶物和烧失量中的任一项不符合相应标准规定或混合材料掺加量超过最大限量和强度低于商品强度等级规定的指标时称为不合格。水泥包装标志中水泥品种、强度等级、工厂名称和出厂编号不全的也属于不合格品。
火山灰硅酸盐水泥、矿渣硅酸盐水泥、粉煤灰硅酸盐水泥（GB1344—1999)	凡氧化镁、三氧化硫、初凝时间、安定性中的任一项不符合相应标准规定，均称为废品。	凡细度、终凝时间中的任一项不符合相应标准规定或混合材料掺量超过最大限量和强度低于商品称号规定的指标时称为不合格品。水泥包装标志中水泥品种、强度等级、工厂名称和出厂编号不全的也属于不合格品。
复合硅酸盐水泥（GB12958—1999)	凡氧化镁、三氧化硫、初凝时间、安定性中的任一项不符相允标准规定时，均为废品。	凡细度、终凝时间和混合材料掺量中的任一项不符合相应标准规定或强度低于商品强度等级规定的指标时，均为不合格品。

值得注意的是废品不得用于工程，不合格品可由企业技术负责人签注处理意见，可用

于工程的某些部位。

(12) 通用水泥的强度不得低于GB175—92、GB1324—92标准规定的数值。标准规定硅酸盐水泥、普通硅酸盐水泥的抗压和抗折强度只进行3d和28d的强度试验，而矿渣硅酸盐水泥、火山灰硅酸盐水泥、粉煤灰硅酸盐水泥、复合硅酸盐水泥需进行3d、7d、28d的强度试验。不应超越标准规定，要求施工企业进行标准要求以外的强度试验，如硅酸盐水泥、普通硅酸盐水泥要求进行7d的强度试验等。

(13) 对于安定性不合格的水泥，不得用于工程。经验证明，有的水泥安定性不合格，可以采取“存放一段时间”的办法，使游离氧化钙继续消解，再经试验如果安定性合格，其他指标均符合标准规定时，仍可用于工程，但应有企业技术负责人签认。

(14) 表列子项：

1) 使用部位：按委托单上的使用部位填写。

2) 报告日期：按水泥试验报告的实际发出时间填写。

3) 水泥品种：如普通水泥、矿渣水泥、火山灰水泥等，照实际的水泥品种填写。

4) 强度等级：如32.5、32.5R、42.5、42.5R等。照实际送试的水泥强度等级填写。

5) 生产厂：水泥生产厂的厂名，如：邯郸水泥厂等。

6) 检验类别：分别为委托、仲裁、抽样、监督、对比，按实际检验类别填写。

7) 代表批量：指试件所能代表的用于某一工程的水泥数量，照实际的代表批量填写。

8) 检验项目：

①细度：水泥经标准筛的筛余量的百分数，或者水泥的比表面积来表示，照试验的实际结果填写。

②标稠用水量：即标准稠度用水量，照标稠用水量的试验结果填写。

③胶砂流动度：是为了确定水泥胶砂的适宜水量而需要测定的一项内容，按水泥胶砂强度检验方法执行，照胶砂流动度的实际试验结果填写。

④初凝：从水泥加水拌和起到围卡仪试针沉入净浆中，距底板0.5~1mm的时间，为初凝时间，照实际试验的初凝时间填写。

⑤终凝：试针深入净浆不超过1mm时的时间为终凝时间，照实际试验的终凝时间填写。

⑥安定性：是反应水泥浆硬化后，体积膨胀不均匀产生变形的重要质量指标，用试饼法及压蒸法测定。照实际试验安定性的结果填写。安定性不合格水泥为废品。

(15) 标准要求：指标准对水泥测试有关项目质量指标的要求，由试验室填写。

(16) 实测结果：试验室水泥测定的实际结果，由试验室填写。

(17) 强度检验：即水泥强度的检查与试验，分为抗折强度和抗压强度，由试验室填写。

(18) 抗折强度：指水泥抵抗折断的强度，照实际试验结果填写。

(19) 抗压强度：指水泥抵抗压力的强度，照实际试验结果填写。

(20) 快测强度：快速推定水泥强度的一种测试方法，照实际快测强度填写。

(21) 依据标准：由试验室根据试验实际应用标准名称填写。

(22) 检验结果：必须全部试验。强度以28d“标准强度”为准。3d、7d强度作为测定水泥早期强度或拆模使用。结论应填写清楚、具体，不同结构用的不同水泥的要求应予说明。

(23) 备注：需要说明的其他事宜。

(24) 责任制：

1) 试验单位：指承接某项试验的具有相应资质的试验单位，按实际签字盖章有效。

2) 技术负责人：指承接某项试验的具有相应资质的试验单位的技术负责人，签字有效。

3) 审核：指试验单位的专业技术负责人，签字有效。

4) 试验：指试验单位的参与试验的人员，签字有效。

4.2.3-13　砖（砌块）出厂合格证、试验报告汇总表（C2-3-1）

砖（砌块）出厂合格证、试验报告汇总表见表式 C2-3-1。

4.2.3-14　砖（砌块）出厂合格证（C2-3-2）

砖（砌块）出厂合格证见表式 C2-3-2。

4.2.3-15　砖出厂合格证、试验报告（C2-3-15）

1. 资料表式

砖试验报告　　　　**表 C2-3-15**

委托单位：　　　　　　　　　　　　　试验编号：

工程名称				委托日期		
使用部位				报告日期		
强度级别		代表批量		检验类别		
生　产　厂			规格尺寸			
抗　压 检　验 结　果	强度平均值（MPa）		强度标准值/最小值（MPa）		强度标准差（MPa）	变异系数
	标准要求	实测结果	标准要求	实测结果		
外观质量						
尺寸偏差						
检验项目	泛　霜	石灰爆裂	冻　融	吸水率	饱和系数	
实测结果						
依据标准：						
检验结论：						
备　注：						
试验单位：		技术负责人：		审核：	试（检）验：	

砖试验报告是以经施工企业技术负责人审查后的本表格式形式归存。

2. 实施目的

砖（砌块）试验报告是对用于工程中的砖（砌块）强度等指标进行复试后由试验单位出具的质量证明文件。

3. 资料要求

（1）核实出厂合格证数量是否齐全，核实砖（或砌块）复试日期与实际使用日期确认是否有漏检。

（2）单位工程的砖（或砌块）复试批量与实际使用数量的批量构成应基本一致。

（3）必须实行见证取样，试验室应在见证取样人名单上加盖公章和经手人签字，随同试验报告单一并返送委托单位，并入技术资料内。

（4）砖（或砌块）试验报告不全，为不符合要求。

（5）砖（或砌块）不作试验为不符合要求。

（6）试验报告单后面必须有返送回的见证取样人名单，无返送人员的名单该试验报告单为无效试报单。

4. 实施要点

（1）砖、砌块的标准应用。

1）《烧结普通砖》（GB/T5101—1998）标准适用于以黏土为主要原料，经焙烧而成的普通砖。其中规定了砖材的技术要求和质量验收规则。烧结普通砖以页岩、煤矸石、粉煤灰等为主要原料经过焙烧而成的实心和孔隙率不大于25%的都称为烧结普通砖。

烧结普通砖的强度等级、耐久性、分等均执行《烧结普通砖》GB/T5101—1998标准。

2）《蒸压灰砂砖》（GB11945—1999）标准，适用于以石灰、砂子为主要原料，经坯料制备、压制成型、饱和蒸汽蒸压、养护而成的砌体材料，为实心砖，统一规格尺寸为长240mm、宽115mm、厚53mm。

3）《粉煤灰砖》（JC239—2001）属蒸压实心砖，适用于以粉煤灰、石灰为主要原料，掺加适量石膏和骨料，经坯料制备、压制成型，常压或高压蒸汽养护而成的墙体材料。统一的规格尺寸为长240mm、宽115mm、厚53mm。

4）《承重粘土空心砖》（JC196）标准适用于以粘土为主要原料、经焙烧而成的承重竖孔空心砖，其孔洞率占所在面面积的15%以上。尺寸规格分为KM_1（190mm×190mm×90mm），KP_1（240mm×115mm×90mm），KP_2（240mm×180mm×115mm）。标准规定了空心砖的技术要求、检验方法及质量验收规则。

5）《粉煤灰砌块》（JC238—2001）标准适用于以粉煤灰、石灰、石膏和集料等原料，经加水搅拌、振动成型、蒸汽养护制成的砌块墙体材料，可用于工业与民用建筑的墙体和基础。主要规格为：长880，1180mm；高380mm；厚180，190，200，240mm。标准规定了砌块的技术要求、检验方法和质量验收规则，并对经人工碳化后的强度试验和抗冻试验方法做了规定。

6）《普通混凝土小型空心砌块》（GB8239—1997）标准适用于工业与民用建筑用普通混凝土小型空心砌块。规格尺寸为：长390mm，宽190mm，高190mm。

7）《中型砌块建筑设计与施工规程》（JGJ5—80）适用于以块高为380~940mm的粉煤灰硅酸盐密实中型砌块和混凝土空心砌块为主要墙体材料的一般建筑，规程中规定了砌块材料和砂浆的常用强度等级及其计算指标，规定了砌块的质量标准和试验方法。

8）《蒸压加气混凝土砌块》（GB11968—1997）适用于作民用与工业建筑物墙体和绝热使用的蒸压加气混凝土砌块。规格尺寸为：长600mm，高200、250、300mm，厚75、100、125、150、175、200、250mm。

9）《砌墙砖（外观质量，抗压、抗折强度，抗冻性能）检验方法》GB2542—81标准，《普通粘土砖的取样、检查及试验方法》JC150—73标准。

10）常用饰面砖材料标准：《白色陶釉面砖》（GB4100）；《玻璃马赛克》（GB/T7697—1996）；《耐酸砖》（GB8488）；《彩色釉面陶瓷墙地砖》（GB11947—89）；《陶瓷锦砖》（JC201）；《天然花岗石荒料》（JC204—1996）；《水泥荒砖》（JC410）；《建筑水磨石制品》（ZBQ21001）。

（2）砖出厂合格证、试验报告核查要点。

1）用于工程各种品种、强度等级的砖（指普通实心砖），进场后不论有无出厂合格证均必须按（在工地取样）规定批量（一批砖约为3.5～15万块）进行复试。“必试”项目为抗压，设计有要求时进行抗折强度。合格证应注明砖的分等（特等、一等、二等）指标和砖的强度等级和耐久性能试验、砖的代表数量。有冻融要求时，冬期施工正温条件下均应浇水或洒水并进行浸水试验，合格证不包括上述内容时，复试时应加试。

2）外墙釉面砖应复试，并应符合《彩色釉面陶瓷墙地砖》（GB11947）标准的规定（吸水率不大于10%；经急冷急热循环不出现炸裂或裂纹，经20次冻融循环不出现破裂、剥落或裂纹；弯曲强度平均值不低于24.5MPa。

（3）砖进场的外观检查：检查砖的规格、尺寸、长、宽、厚；检查缺棱掉角程度、数量；砖的花纹检查；检查棱边弯曲和大面翘曲程度；检查有无石灰爆裂现象；检查砖的煅烧程度。

（4）进入施工现场的砖应按品种、规格堆放整齐，堆置高度不易超过2m。

（5）表列子项：

1）使用部位：按委托单上的使用部位填写。

2）报告日期：按报告的实际发出日期填写。

3）代表批量：指试样所能代表用于工程的砖的数量。

4）生产厂：填写砖生产厂的厂名，应填写全称。

5）强度级别：例如（GB/T5101—98）标准规定烧结普通砖强度等级为5级，即MU10～MU30，按设计要求的强度等级填写。

6）检验类别：分别为委托、仲裁、抽样、监督、对比，按实际检验类别填写。

7）规格尺寸：指烧结普通砖的规格尺寸，照实际规格尺寸填写。

8）抗压强度试验：是砖的“必试”项目之一。每组试验5块，按每块砖的实际长度、宽度计算得出承压面积、破坏荷载、极限强度和平均值，并分别填写。

9）外观质量、尺寸偏差：试验室按砖的检查结果填写。

10）物理性能试验结果：按不同标准要求进行试验和评定，填写其结果。

11）责任制：

①试验单位：指承接某项试验的具有相应资质的试验单位，按实际签字盖章有效。

②技术负责人：指承接某项试验的具有相应资质的试验单位的技术负责人，签字有效。

③审核：指试验单位的专业技术负责人，签字有效。

④试验：指试验单位的参与试验的人员，签字有效。

4.2.3-16　粗细骨料、轻骨料等合格证、试验报告汇总表（C2-3-1）

粗细骨料合格证、试验报告汇总表式见表 C2-3-1。

4.2.3-16A　粗细骨料、轻骨料等出厂合格证粘贴表（C2-3-2）

粗细骨料出厂合格证见表式 C2-3-2。

4.2.3-17　砂子试验报告表（C2-3-17）

1. 资料表式

砂 子 试 验 报 告　　　　**表 C2-3-17**

委托单位：　　　　　　　　　　　　　　　　试验编号：

工程名称				委托日期	
砂种类				报告日期	
产　地		代表批量		检验类别	
检验项目	标准要求	实测结果	检验项目	标准要求	实测结果
表观密度（kg/m^3）			石粉含量（%）		
堆积密度（kg/m^3）			氯盐含量（%）		
紧密密度（kg/m^3）			含水率（%）		
含泥量（%）			吸水率（%）		
泥块含量（%）			云母含量（%）		
硫酸盐 硫化物（%）			空隙率（%）		
轻物质含量（%）			坚固性		
			碱活性		

筛孔尺寸（mm）	9.50	4.75	2.36	1.18	0.600	0.300	0.150	筛分结果	细度模数
标准下限（%）									
标准上限（%）									级配区属
实测结果（%）									

依据标准：
检验结论：
备注：
试验单位：　　　　技术负责人：　　　　审核：　　　　试（检）验：

砂子试验报告是以经施工企业技术负责人审查后的本表格式形式归存。

2. 实施目的

砂子试验报告是对用于工程中的砂子筛分以及含泥量、泥块含量等指标进行复试后由试验单位出具的质量证明文件。

3. 资料要求

(1) 粗细骨料试验报告必须是经项目监理机构审核同意的试验室出具的试验报告单。

(2) 按工程需要的品种、规格，先试后用且符合标准的质量要求为正确。

(3) 不试为不符合要求。

4. 实施要点

(1) 对重要工程混凝土使用的砂，应进行集料的碱活性检验。

(2) 表列子项：

1) 砂子产地：注明产地省、市、县、乡、村的地名。

2) 砂种类：指河砂、海砂还是其他，照实际填写。

3) 报告日期：指报告实际发出的日期，按年、月、日填写。

4) 实测结果：

①按其不同筛孔尺寸的筛余量进行颗粒级配分析，经计算得出。砂子颗粒级配应合理，颗粒级配不合理时应由技术负责人签注技术处理意见后方准使用。

②由试验室按筛分结果填写应试项目。一般砂子试验项目为：颗粒级配、细度模数、含水率、泥块含量、含泥量。

5) 检验项目：按表列试验内容，按工程实际和委托检测内容，按实际试验项目填写，但必检项目不得缺漏。

6) 代表批量：指“试件”所能代表的用于某工程或部位的砂子数量。

7) 检验类别：分别为委托、仲裁、抽样、监督、对比，按实际。

8) 标准要求：按国家颁发的有关砂子检验的标准要求填写。

9) 筛分结果：指砂子试验时实际筛分的结果，照实际填写。

10) 细度模数：指砂子试验结果，经计算得出的细度模数。是判别粗、中、细、特细砂的标准。

11) 级配区属：指砂子试验时，进行级配分析时的分区，照实际，由试验单位填写。

12) 依据标准：指砂子试验需要依据的标准，由试验单位填写。

13) 检验结论：应全面、准确，核心是可用性及注意事项。

14) 备注：指需要说明的其他事宜。

15) 责任制：

①试验单位：指承接某项试验的具有相应资质的试验单位，按实际签字盖章有效。

②技术负责人：指承接某项试验的具有相应资质的试验单位的技术负责人，签字有效。

③审核：指试验单位的专业技术负责人，签字有效。

④试验：指试验单位的参与试验的人员，签字有效。

4.2.3-18 石子试验报告（C2-3-18）

1. 资料表式

石子检验报告表 表 C2-3-18

委托单位： 试验编号：

工程名称			委托日期		
石子种类			报告日期		
产　地		代表批量		检验类别	
检验项目	标准要求	实测结果	检验项目	标准要求	实测结果
表观密度（kg/m^3）			有机物含量		
堆积密度（kg/m^3）			坚　固　性		
紧密密度（kg/m^3）			岩石强度（MPa）		
含泥量（%）			压碎指标（%）		
泥块含量（%）			SO_3含 量（%）		
吸水量（%）			碱　活　性		
针片状含量（%）			空隙率（%）		

筛孔尺寸（mm）	90	75.0	63.0	53.0	37.5	31.5	26.5	19.0	16.0	9.50	4.75	2.36
标准下限（%）												
标准上限（%）												
实测结果（%）												

依据标准：
检验结论：
备　　注：
试验单位：　　技术负责人：　　审核：　　试（检）验：

石子试验报告是以经施工企业技术负责人审查后的本表格式形式归存。

2. 实施目的

石子试验报告是对用于工程中的石子筛分以及含泥量、泥块含量、针片状含量、压碎指标等进行复试后由试验单位出具的质量证明文件。

3. 资料要求

(1) 粗细骨料试验报告必须是经项目监理机构审核同意，由试验室出具的试验报告单。

(2) 按工程需要的品种、规格，先试后用且符合标准的质量要求为正确。

(3) 不试为不符合要求。

4. 实施要点

(1) 砂、石及其他骨料应有工地取样的试验报告单，应试项目齐全，试验编号必须填写，并应符合有关规范要求。

对重要工程混凝土使用的碎石或卵石应进行碱活性检验。

(2) 必须是经批准的试验室出具的试验报告方为有效报告。

(3) 当怀疑石子中因含有活性二氧化硅而可能引起碱—骨料反映时，应根据混凝土结构构件的使用条件进行专门试验，以确定其是否可用。

(4) 混凝土工程所使用的砂、石按产地不同和批量要求进行试验，一般混凝土工程的砂、石必须试验项目为颗粒级配、含水率、相对密度、密度、含泥量，对超过规定但仍可在某些部位使用的应由技术负责人签注，注明使用部位及处理方法。

对C30及C30以上的混凝土、防水混凝土、特殊部位混凝土，设计提出要求的或无可信质量证明依据的应加试有害杂质含量等。

混凝土强度等级为C40及其以上混凝土或设计有要求时应对所用石子硬度进行试验。

(5) 表列子项：

1) 石子产地：注明产地省、市、县、乡、村的地名。

2) 石子种类：一般分为碎石、卵石等，照实际填写。

3) 实测结果：

①按其不同筛孔尺寸的筛余量进行石子级配分析，经计算得出。石子级配应合理，石子级配不合理时应由技术负责人签注技术处理意见后方准使用。

②由试验室按试验分析结果填写应试项目。一般石子试验项目为：石子级配、含水率、泥块含量、含泥量。

4) 报告日期：按报告的实际发出日期填写。

5) 代表数量：指“试件”所能代表的用于某工程或部位的石子数量。

6) 检验类别：分别为委托、仲裁、抽样、监督、对比，按实际。

7) 检验项目：按委托单上的要求，但必检项目不得缺漏。

8) 标准要求：按国家颁发的有关石子检验的标准要求填写。

9) 筛分结果：指石子试验时实际筛分的结果，照实际填写。

10) 依据标准：指石子试验需要依据的标准，由试验室填写。

11) 检验结论：应全面、准确，核心是可用性及注意事项。

12) 备注：指需要说明的其他事宜。

13) 责任制：

①试验单位：指承接某项试验的具有相应资质的试验单位，按实际签字盖章有效。

②技术负责人：指承接某项试验的具有相应资质的试验单位的技术负责人，签字

有效。

③审核：指试验单位的专业技术负责人，签字有效。

④试验：指试验单位的参与试验的人员，签字有效。

4.2.3-19　轻骨料试验报告（C2-3-19）

1. 资料表式

轻骨料试验报告　　　　**表 C2-3-19**

委托单位：　　　　　　　　　　　　　　　　　　　　试验编号：

<table>
<tr><td colspan="2">工程名称</td><td colspan="4"></td><td>委托日期</td><td></td></tr>
<tr><td colspan="2">轻骨料种类</td><td colspan="2"></td><td>密度等级</td><td></td><td>报告日期</td><td></td></tr>
<tr><td colspan="2">产　地</td><td colspan="2"></td><td>代表批量</td><td></td><td>检验类别</td><td></td></tr>
<tr><td colspan="5">检验项目</td><td colspan="3">实测结果</td></tr>
<tr><td rowspan="8">试验结果</td><td colspan="2" rowspan="3">一、筛分析</td><td colspan="2">1. 细度模数（细骨料）</td><td colspan="3"></td></tr>
<tr><td colspan="2">2. 最大粒径（粗骨料）</td><td colspan="3"></td></tr>
<tr><td colspan="2">3. 级配情况</td><td colspan="3"></td></tr>
<tr><td colspan="2">二、表观密度</td><td colspan="5"></td></tr>
<tr><td colspan="2">三、堆积密度</td><td colspan="5"></td></tr>
<tr><td colspan="2">四、筒压强度</td><td colspan="5"></td></tr>
<tr><td colspan="2">五、吸水率（1h）</td><td colspan="5"></td></tr>
<tr><td colspan="2">六、其他</td><td colspan="5"></td></tr>
<tr><td colspan="8">结论：</td></tr>
<tr><td colspan="8">试验单位：　　　技术负责人：　　　审核：　　　计算：　　　试（检）验：</td></tr>
</table>

轻骨料试验报告是以经施工企业技术负责人审查后的本表格式形式归存。

2. 实施目的

轻骨料试验报告是对用于工程中的轻骨料的筛分指标等进行复试后，由试验单位出具的质量证明文件。

3. 资料要求

(1) 粗细骨料试验报告必须是经项目监理机构审核同意的试验室出具的试验报告单。

(2) 按工程需要的品种、规格，先试后用且符合标准的质量要求为正确。

(3) 不试为不符合要求。

4. 实施要点

(1) 轻骨料：凡骨料粒径在5mm以上，松散密度小于1000kg/m^{3}者，称为轻粗骨料；粒径小于5mm，松散密度小于1200kg/m^{3}者，称为轻细骨料。

轻骨料一般用于结构或结构保温用混凝土或保温用轻混凝土。

(2) 轻骨料的性能包括：筛分析、表观密度、筒压强度、堆积密度、吸水率等。

(3) 表列子项：

1) 产地：指轻骨料的生产地。当移地中转时，轻骨料也应填写原生产地。

2) 代表数量：指轻骨料所能代表的用于某工程或部位的轻骨料的数量。

3) 检验项目：指表列一~六项中的几项，可只填"号码"。

4) 试验结果：

①筛分析：筛分析是测定粒状材料颗粒级配的一种方法，常应用于砂子、石子、轻骨料等的试验。按实际试验结果填写。

②表观密度：是指包括集料内部封闭孔在内的单位体积烘干重量。照测试验结果填写。

③堆积密度：是测定轻骨料在自然状态下单位体积重量，评定轻骨料质量，计算空隙率和配合比设计。按实验室的试验结果填写。

④筒压强度：是测定轻骨料颗粒的平均相对强度指标，评定粗骨料质量的试验内容之一，按试验结果填写。

⑤吸水率：是测定干燥状态粗骨料的吸水率，评定粗骨料质量和确定混凝土拌合物附加水量，按实验室的试验结果填写。

5) 责任制：

①试验单位：指承接某项试验的具有相应资质的试验单位，按实际签字盖章有效。

②技术负责人：指承接某项试验的具有相应资质的试验单位的技术负责人，签字有效。

③审核：指试验单位的专业技术负责人，签字有效。

④试验：指试验单位的参与试验的人员，签字有效。

4.2.3-20　防水材料合格证、试验报告汇总表（C2-3-1）

防水材料合格证、试验报告汇总表是指对用于工程的防水材料的合格证、试验报告及品种、规格、数量等进行分类整理、汇总使用表（C2-3-1）。

4.2.3-21　防水材料合格证粘贴表（C2-3-2）

1. 防水材料的出厂合格证（包括商标上有技术指标），内容应包括品种、强度等级等各项技术指标。使用单位应在出厂合格证上注明设计要求的品种、强度等级。

2. 防水材料合格证粘贴于 C2-3-2 表上。

4.2.3-22　防水卷材试验报告表（C2-3-22）

1. 资料表式

防水卷材试验报告　　　　**表 C2-3-22**

试验编号：

<table>
<tr><td colspan="2">工程名称</td><td colspan="2"></td><td colspan="2">委托日期</td><td colspan="3"></td></tr>
<tr><td colspan="2">生产厂家</td><td colspan="2"></td><td colspan="2">报告日期</td><td colspan="3"></td></tr>
<tr><td colspan="2">使用部位</td><td colspan="2"></td><td colspan="2">检验类别</td><td colspan="3"></td></tr>
<tr><td colspan="2">代表数量</td><td></td><td colspan="2">规格型号</td><td></td><td>批号</td><td colspan="2"></td></tr>
<tr><td rowspan="10">试
验
结
果</td><td rowspan="2">一、拉力试验</td><td colspan="2">1. 拉力（N）</td><td>纵</td><td colspan="2"></td><td>横</td><td></td></tr>
<tr><td colspan="2">2. 拉伸强度</td><td>纵</td><td colspan="2">MPa</td><td>横</td><td>MPa</td></tr>
<tr><td>二、断裂伸长率（延伸率）</td><td colspan="2"></td><td>纵</td><td colspan="2">%</td><td>横</td><td>%</td></tr>
<tr><td>三、剥离强度（屋面）</td><td colspan="7">MPa</td></tr>
<tr><td>四、粘合性（地下）</td><td colspan="7">MPa</td></tr>
<tr><td>五、耐热度</td><td colspan="2">温度（℃）</td><td colspan="2"></td><td colspan="2">评定</td><td></td></tr>
<tr><td>六、不透水性（抗渗透性）</td><td colspan="7"></td></tr>
<tr><td>七、柔韧性（低温柔性、低温弯折性）</td><td colspan="2">温度（℃）</td><td colspan="2"></td><td colspan="2">评定</td><td></td></tr>
<tr><td>八、其他</td><td colspan="7"></td></tr>
<tr><td colspan="9">依据标准：</td></tr>
<tr><td colspan="9">结论</td></tr>
<tr><td colspan="9">备注：</td></tr>
<tr><td colspan="9">试验单位：　　技术负责人：　　审核：　　试（检）验：</td></tr>
</table>

防水卷材试验报告是以经施工企业技术负责人审查后的本表格式形式归存。

2. 实施目的

防水卷材试验报告是对用于工程中的防水卷材的耐热度、不透水性、拉力、柔度等指标进行复试后由试验单位出具的质量证明文件。

3. 资料要求

(1) 防水材料必须有出厂合格证和在工地取样的试验报告，试验单子项填写齐全，不得漏填或错填，复试单试验编号必须填写，以防弄虚作假，防水材料的试验单中的各试验项目、数据应和检验标准对照，必须符合专项规定或标准要求，不合格的防水材料不得用于工程并必须通过技术负责人专项处理，签署退场处理意见。

防水卷材必须在使用前进行检验，并符合设计及有关规范、标准的质量要求。试样来源及名称应填写清楚。

(2) 试验结论要明确，责任制签字要齐全，不得漏签或代签。

(3) 委托单上的工程名称、部位、品种、强度等级等与试验报告单上应对应一致。

(4) 要填写报告日期，以检查是否为先试验后施工，先用后试应视为不符合要求。

(5) 试验的代表批量和使用数量的代表批量应相一致。

(6) 防水卷材必试项目：不透水性、吸水性、耐热度、纵向拉力和柔度。

(7) 必须实行见证取样，试验室应在见证取样人名单上加盖公章和经手人签字。

(8) 有合格证无复试报告为不符合要求。

(9) 无合格证有试验报告，必试项目齐全且满足标准要求，为经鉴定符合要求。主要的防水材料试验缺项、漏项或品种强度等级、技术性能不符合设计要求及规范、标准的规定为不符合要求。

(10) 使用材料与规范及设计要求不符为不符合要求。

(11) 各种拌合物如玛𤥂脂、聚氯乙烯胶泥、细石混凝土防水层，拌合物不经试验室试配，在熬制和使用过程中无现场取样复试为不符合要求。

(12) 试验结论与使用品种、强度等级不符为不符合要求。

4. 实施要点

(1) 屋面防水用卷材厚度应按表 6.2.3-22A 选用。

卷材厚度选用表 **表 6.2.3-22A**

层面防水等级	设防道数	合成高分子防水卷材	高聚物改性沥青防水卷材	沥青防水卷材
Ⅰ级	三道或三道以上设防	不应小于 1.5mm	不应小于 3mm	—
Ⅱ级	二道设防	不应小于 1.2mm	不应小于 3mm	—
Ⅲ级	一道设防	不应小于 1.2mm	不应小于 4mm	三毡四油
Ⅳ级	一道设防	—	—	二毡三油

(2) 新型防水材料性能必须符合设计要求并应有合格证和有效鉴定材料，进场后必须复试。

(3) 防水材料的进场检查：

1) 防水材料品种繁多，性能各异，应按各自标准要求进行外观检查，并应符合相应标准的规定。

2) 检查出厂合格证，与进场材料分别对照检查商标品种、强度等级、各项技术指标。

3) 检查不合格的防水材料应由专业技术负责人签发不合格防水材料处理使用意见书，提出降级使用或作他用退货等技术措施，确认必须退换的材料不得用于工程。

4) 按规定在现场进行抽样复检，对试件进行编号后按见证取样规定送试验室复试。

(4) 卷材防水层应采用高聚物改性沥青防水卷材、合成高分子防水卷材或沥青防水卷材。所选用的基层处理剂、接缝胶粘剂、密封材料等配套材料应与铺贴的卷材材性相容，使之粘结良好。

(5) 表列子项：

1) 试验委托人：指委托试验单位的具体办理委托试验的人，一般应为建设、施工或监理单位委托试验的人，填写委托试验人姓名。

2) 代表数量：指试样所代表的可用于工程的卷材数量。

3) 拉力试验：试件以被拉断时的应力 (N) 为测定值。分别进行拉力 (N)、拉伸强度试验，按实际试验结果填写。

4) 断裂伸长率（延伸率）：指卷材在一定温度和外力作用下的变形能力，照实际试验结果填写。

5) 剥离强度（层面）：卷材的测试项目之一，照实际试验结果填写。

6) 粘合性：卷材的测试项目之一，照实际试验结果填写。

7) 耐热度：卷材的测试项目之一，在 (80±2)℃温度下，恒温 2h 时，不流淌，无集中性气泡，照实际试验结果填写。

8) 不透水性：卷材的测试项目之一，在 (20±2)℃动水压法，0.1MPa 保持 30min 不透水。照实际试验结果填写。

9) 柔韧性：卷材的测试项目之一，在 0℃、(18±2)℃、(25±2)℃和 -20℃情况下试验，无裂纹为合格，照实际试验结果填写。

10) 结论：由试验室按试验结果填写，结论应明确：合格或不合格。

11) 责任制：

①试验单位：指承接某项试验的具有相应资质的试验单位，按实际签字盖章有效。

②技术负责人：指承接某项试验的具有相应资质的试验单位的技术负责人，签字有效。

③审核：指试验单位的专业技术负责人，签字有效。

④试验：指试验单位的参与试验的人员，签字有效。

4.2.3-23　防水涂料试验报告表 (C2-3-23)

1. 资料表式

防水涂料试验报告　表 C2-3-23

委托单位：　　　　　　　　　　　　　　　　　试验编号：

<table>
<tr><td colspan="3">工程名称及使用部位</td><td colspan="2"></td><td>委托日期</td><td></td></tr>
<tr><td colspan="3">试样名称及规格型号</td><td colspan="2"></td><td>报告日期</td><td></td></tr>
<tr><td colspan="3">生　产　厂　家</td><td colspan="2"></td><td>检验类别</td><td></td></tr>
<tr><td colspan="3">代　表　数　量</td><td colspan="2"></td><td>批　　号</td><td></td></tr>
<tr><td rowspan="9">试验结果</td><td>一、延伸性</td><td colspan="5">mm</td></tr>
<tr><td>二、拉伸强度</td><td colspan="5">MPa</td></tr>
<tr><td>三、断裂伸长率</td><td colspan="5">%</td></tr>
<tr><td>四、粘结性</td><td colspan="5">MPa</td></tr>
<tr><td>五、耐热度</td><td>温度（℃）</td><td colspan="2"></td><td>评定</td><td></td></tr>
<tr><td>六、不透水性</td><td colspan="5"></td></tr>
<tr><td>七、柔韧性（低温）</td><td>温度（℃）</td><td colspan="2"></td><td>评定</td><td></td></tr>
<tr><td>八、固体含量</td><td colspan="5"></td></tr>
<tr><td>九、其他</td><td colspan="5"></td></tr>
<tr><td colspan="7">依据标准：</td></tr>
<tr><td colspan="7">检验结论：</td></tr>
<tr><td colspan="7">备　注：</td></tr>
<tr><td colspan="7">试验单位：　　　技术负责人：　　　审核：　　　试（检）验：</td></tr>
</table>

防水涂料试验报告是以经施工企业技术负责人审查后的本表格式形式归存。

2. 实施目的

防水涂料试验报告是对用于工程中的防水涂料的耐热度、不透水性、拉伸强度、柔度等指标进行复试后，由试验单位出具的质量证明文件。

3. 资料要求

(1) 防水涂料必须有出厂合格证和在工地取样的试验报告，试验单子项填写齐全，不得漏填或错填，复试单试验编号必须填写。不合格的防水涂料不得用于工程并必须通过技术负责人专项处理，签署退场处理意见。

(2) 试验结论要明确，责任制签字要齐全，不得漏签或代签。

(3) 委托单上的工程名称、部位、品种、强度等级等与试验报告单上应对应一致。

(4) 要填写报告日期，以检查是否为先试验后施工，先用后试应视为不符合要求。

(5) 试验的代表批量和使用数量的代表批量应相一致。

(6) 防水涂料必试项目：针入度、软化点和延伸度；玛琋脂由试验室确定配合比，必试项目：耐热度、柔韧性和粘结力。

(7) 必须实行见证取样，试验室应在见证取样人名单上加盖公章和经手人签字。

(8) 有合格证无复试报告为不符合要求。

(9) 无合格证有试验报告，必试项目齐全且满足标准要求，可视为符合要求。主要的防水材料试验缺项、漏项或品种强度等级、技术性能不符合设计要求及规范、标准的规定为不符合要求。

(10) 使用材料与规范及设计要求不符为不符合要求。

(11) 各种拌合物如玛琋脂、聚氯乙烯胶泥、拌合物不经试验室试配，在熬制和使用过程中无现场取样复试为不符合要求。

(12) 试验结论与使用品种、强度等级不符为不符合要求。

4. 实施要点

(1) 检验类别：按原防水涂料出厂检验类别中委托方试验若干项数。在委托时确定或按规范要求确定，照实际委托填写。

(2) 断裂伸长率（延伸率）：指涂料在一定温度和外力作用下的变形能力，照实际试验结果填写。

(3) 拉伸强度：涂料的测试项目之一，涂料作拉伸试验时的拉断时的强度值，以 MPa 表示，照实际试验结果填写。

(4) 粘接性：涂料的测试项目之一，在 (20 ± 2)℃温度下，用 8 字模法测抗拉强度不小于 0.2MPa，照实际试验结果填写。

(5) 耐热度：涂料的测试项目之一，在 (80 ± 2)℃温度下，恒温 2h 时，不流淌，无集中性气泡现象，照实际试验结果填写。

(6) 不透水性：涂料的测试项目之一，在 (20 ± 2)℃动水压法，0.1MPa 保持 30min 不透水。照实际试验结果填写。

(7) 柔韧性：涂料的测试项目之一，在 -10℃温度下通过 $\phi10$mm 圆棒，无裂纹、裂缝、剥落现象为合格，照实际试验结果填写。

(8) 检验结论：由试验室按试验结果填写，结论应明确：合格或不合格。

(9) 责任制：

1) 试验单位：指承接某项试验的具有相应资质的试验单位，按实际签字盖章有效。

2) 技术负责人：指承接某项试验的具有相应资质的试验单位的技术负责人，签字有效。

3) 审核：指试验单位的专业技术负责人，签字有效。

4) 试验：指试验单位的参与试验的人员，签字有效。

4.2.3-24 防水材料试（检）验报告（通用）(C2-3-24)

1. 资料表式

防水材料试（检）验报告（通用） 表 C2-3-24

试验编号：

<table>
<tr><td colspan="2">工程名称及使用部位</td><td colspan="2"></td><td>委托日期</td><td colspan="2"></td></tr>
<tr><td colspan="2">试样名称及规格型号</td><td colspan="2"></td><td>报告日期</td><td colspan="2"></td></tr>
<tr><td colspan="2">生 产 厂 家</td><td></td><td>批号</td><td></td><td>检验类别</td><td></td></tr>
<tr><td>序 号</td><td>检 验 项 目</td><td colspan="2">标 准 要 求</td><td>实测结果</td><td colspan="2">单项结论</td></tr>
<tr><td></td><td></td><td colspan="2"></td><td></td><td colspan="2"></td></tr>
<tr><td></td><td></td><td colspan="2"></td><td></td><td colspan="2"></td></tr>
<tr><td></td><td></td><td colspan="2"></td><td></td><td colspan="2"></td></tr>
<tr><td></td><td></td><td colspan="2"></td><td></td><td colspan="2"></td></tr>
<tr><td></td><td></td><td colspan="2"></td><td></td><td colspan="2"></td></tr>
<tr><td></td><td></td><td colspan="2"></td><td></td><td colspan="2"></td></tr>
<tr><td colspan="7">依据标准：</td></tr>
<tr><td colspan="7">检验结论：</td></tr>
<tr><td colspan="7">备 注：</td></tr>
<tr><td colspan="2">试验单位：</td><td colspan="2">技术负责人：</td><td colspan="2">审核：</td><td>试（检）验：</td></tr>
</table>

材料检验报告表是以经施工企业技术负责人审查签章后的本表格式形式归存。

2. 实施目的

防水材料试（检）验报告表是指为保证建筑工程质量，对用于工程的防水材料进行有关指标测试，由试验单位出具的试验证明文件。

3. 资料要求

(1) 防水材料必须有出厂合格证和在工地取样的试验报告，试验单子项填写齐全，不得漏填或错填，复试单试验编号必须填写。不合格的防水材料不得用于工程并必须通过技术负责人专项处理，签署退场处理意见。

防水卷材必须在使用前进行检验，并符合设计及有关规范、标准的质量要求。试样来源及名称应填写清楚。

现场熬制沥青时，试验室应提出沥青的施工控制温度要求。

(2) 试验结论要明确，责任制签字要齐全，不得漏签或代签。

(3) 委托单上的工程名称、部位、品种、强度等级等与试验报告单上应对应一致。

(4) 必须填写报告日期，以检查是否为先试验后施工，先用后试应视为不符合要求。

(5) 试验的代表批量和使用数量的代表批量应相一致。

(6) 新型防水材料的性能必须符合设计要求并应有材料合格证及可靠的、有权威单位的鉴定资料。

(7) 必须实行见证取样，试验室应在见证取样人名单上加盖公章和经手人签字。

(8) 有合格证无复试报告为不符合要求。

(9) 无合格证有试验报告，必试项目齐全且满足标准要求，可视为符合要求。主要的防水材料试验缺项、漏项或品种强度等级、技术性能不符合设计要求及规范、标准的规定为不符合要求。

(10) 使用材料与规范及设计要求不符时为不符合要求。

(11) 试验结论与使用品种、强度等级不符时为不符合要求。

(12) 新型防水材料无可靠资料为不符合要求。

4. 实施要点

(1) 试样名称及规格型号：指产品品种类的名称、规格及型号，如：石油沥青油毡（粉毡、片毡）及油纸、煤沥青油毡、玻璃丝布油毡、麻布油毡等。型号：指出厂合格证标定的型号，如：石油沥青油毡标号为200号、350号或500号3种；石油沥青油纸为200号、350号两种等。

(2) 检验项目：卷材的必检项目为：不透水性、纵向拉力、吸水性、耐热度和柔度，设计要求进行其他项目试验时应补试。质量标准与试验结果应一并填写清楚，使其一目了然。

(3) 标准要求：指标准对测试有关项目质量指标的要求，由试验部门填写。

(4) 实测结果：指试验室测定的实际结果，由试验部门填写。

(5) 单项结论：指单项材料试验，由试验室签认能否使用的结论。

(6) 依据标准：如GB326、GB328等，由试验部门填写。

(7) 检验结论：应全面、准确，核心是否符合标准规定，可用性如何及使用中应注意的问题。

(8) 备注：需要说明的其他事宜。

(9) 责任制：

1) 试验单位：指承接某项试验的具有相应资质的试验单位。按实际签字盖章有效。

2) 技术负责人：指承接某项试验的具有相应资质的试验单位的技术负责人。签字有效。

3) 审核：指试验单位的专业技术负责人。签字有效。

4) 试验：指试验单位参与试验的人员。签字有效。

4.2.3-25　铝合金、塑钢、幕墙材料出厂质量证书汇总表（C2-3-1）

铝合金、塑钢、幕墙材料出厂质量证书汇总表按 C2-3-1 执行。

4.2.3-26　铝合金、塑钢、幕墙材料出厂质量证书粘贴表（C2-3-2）

铝合金、塑钢、幕墙材料出厂质量证书按 C2-3-2 执行。

4.2.3-27　硅酮结构胶相容性试验报告

1. 实施目的

硅酮结构胶相容性试验报告是指为保证幕墙工程质量对工程用硅酮结构密封胶进行有关的相容性测试后，由有资质试验单位出具的质量证明文件。

2. 实施要点

(1) 幕墙工程所用硅酮结构胶应有认定证书和抽查合格证明，进口硅酮结构胶应有商检证明。

(2) 硅酮结构胶相容性试验报告应由有资质的检测单位测检。

(3) 表式按测试单位现行用表或 C2-4-1。

注：幕墙资料包括：设计图纸、文件、设计修改和材料代用文件；材料出厂质量证书，结构硅酮密封胶相容性试验报告及幕墙物理性能检验报告；构件出厂合格证书；隐蔽工程验收文件；施工安装自检记录。以上资料不得缺漏。

4.2.4　施工试验报告及见证检测报告

4.2.4-1　检验报告（通用）（C2-4-1）

1. 资料表式

检验报告（通用）　　　　**表 C2-4-1**

委托单位：　　　　　　　　　　试验编号：

工程名称及使用部位			委托日期		
试样名称及规格型号			报告日期		
生　产　厂　家		批号		检验类别	
报告内容：					
依据标准：					
检验结论：					
备　　注：					
试验单位：	技术负责人：		审核：	试（检）验：	

检验报告表（通用）是以经施工企业技术负责人审查签章后的本表格式形式归存。

2. 实施目的

检验报告表是指为保证建筑工程质量对用于工程的无特定表式的材料，进行有关指标测试，由试验单位出具的试验证明文件。

3. 资料要求

(1) 无特定的表式的材料必须有出厂合格证和在工地取样的试验报告，试验单子项填写齐全，不得漏填或错填，复试单试验编号必须填写。

(2) 试验结论要明确，责任制签字要齐全，不得漏签或代签。

(3) 委托单上的工程名称、部位、品种、强度等级等与试验报告单上应对应一致。

(4) 必须填写报告日期，以检查是否为先试验后施工，先用后试为不符合要求。

(5) 试验的代表批量和使用数量的代表批量应相一致。

(6) 必须实行见证取样时，试验室应在见证取样人名单上加盖公章和经手人签字。

(7) 使用材料与规范及设计要求不符为不符合要求。

(8) 试验结论与使用品种、强度等级不符为不符合要求。

(9) 试验、审核、技术负责人签字齐全，并加盖试验单位章。

4. 实施要点

(1) 检测报告是由试验单位出具的试验证明文件，没有相应资质试验单位出具的检测报告无效。

(2) 表列子项：

1) 试样名称及规格型号：指无特定表式受试材料的名称及规格型号。

2) 检验类别：指无特定表式受试材料的检验类别，由试验部门按实际填写。

3) 依据标准：指无特定表式受试材料检验的依据标准，由试验部门填写。

4) 检验结论：应全面、准确，核心是否符合标准规定，可用性如何及使用中应注意的问题。

5) 备注：需要说明的其他事宜。

6) 责任制：

①试验单位：指承接某项试验的具有相应资质的试验单位，按实际签字盖章有效。

②技术负责人：指承接某项试验的具有相应资质的试验单位的技术负责人，签字有效。

③审核：指试验单位的专业技术负责人，签字有效。

④试验：指试验单位的参与试验的人员，签字有效。

4.2.4-2　钢材连接试验报告（C2-4-2）

1. 资料表式

钢材连接试验报告是以经施工企业技术负责人审查签章后的本表格式形式归存。

2. 实施目的

钢材连接试验报告是指为保证建筑工程质量，对用于工程的不同形式的钢材连接进行的有关指标的测试，由试验单位出具的试验证明文件。

3. 资料要求

(1) 钢筋或钢材闪光对焊、电弧焊、电渣压力焊均按有关规定执行。试验子项齐全，试验数据必须符合要求。

钢材连接试验报告　　表 C2-4-2

委托单位：　　　　　　　　　　　　　　　　　　试验编号：

工程名称				委托日期	
使用部位				报告日期	
钢材类别		原材料号		检验类别	
接头类型		代表数量		焊接人	
公称直径（mm）	屈服点（MPa）	抗拉强度（MPa）	断口特征及位置	冷弯条件	冷弯结果
依据标准：					
检验结论：					
备　注：					
试验单位：	技术负责人：		审核：	试（检）验：	

(2) 钢筋焊接接头、按规定每批各取3件分别进行抗剪（点焊）、拉伸及弯曲试验，试验报告单的子项应填写齐全。对不合格焊接件应重新抽样复试，并对焊件进行补焊。

(3) 钢结构构件按设计要求应分别按要求进行Ⅰ、Ⅱ、Ⅲ级焊接质量检验。一、二级焊缝，即承受拉力或压力要求与母材有同等强度的焊缝，必须有超声波检验报告，一级焊缝还应有X射线伤检验报告。

注：超声波探伤是一种利用超声波不能穿透任何固体、气体界面而被全部反射的特性来进行探伤

4.2.4-3　钢材焊接接头冲击试验报告（C2-4-3）

1. 资料表式

钢材焊接接头冲击试验报告　　　　**表 C2-4-3**

委托单位：　　　　　　　　　　　　　　　　试验编号：

<table>
<tr><td colspan="2">钢筋级别及直径</td><td colspan="3"></td><td colspan="4">焊接方法及接头型式</td><td colspan="5"></td></tr>
<tr><td rowspan="2">试件编号</td><td rowspan="2">试验温度（℃）</td><td rowspan="2">试件尺寸（mm）</td><td rowspan="2">缺口型式</td><td rowspan="2">缺口底部截面积（cm²）</td><td colspan="4">冲击吸收功 A_{kv}（J）</td><td colspan="4">冲击韧性值 a_{kv}（J/cm²）</td><td rowspan="2">备注</td></tr>
<tr><td>焊缝区</td><td>熔合区</td><td>过热区</td><td>母材</td><td>焊缝区</td><td>熔合区</td><td>过热区</td><td>母材</td></tr>
<tr><td></td><td></td><td></td><td></td><td></td><td></td><td></td><td></td><td></td><td></td><td></td><td></td><td></td><td></td></tr>
<tr><td></td><td></td><td></td><td></td><td></td><td></td><td></td><td></td><td></td><td></td><td></td><td></td><td></td><td></td></tr>
<tr><td></td><td></td><td></td><td></td><td></td><td></td><td></td><td></td><td></td><td></td><td></td><td></td><td></td><td></td></tr>
<tr><td></td><td></td><td></td><td></td><td></td><td></td><td></td><td></td><td></td><td></td><td></td><td></td><td></td><td></td></tr>
<tr><td></td><td></td><td></td><td></td><td></td><td></td><td></td><td></td><td></td><td></td><td></td><td></td><td></td><td></td></tr>
<tr><td></td><td></td><td></td><td></td><td></td><td></td><td></td><td></td><td></td><td></td><td></td><td></td><td></td><td></td></tr>
<tr><td colspan="2">结果分析</td><td colspan="12"></td></tr>
<tr><td colspan="2">备注</td><td colspan="12"></td></tr>
<tr><td colspan="14">试验单位：　　　　技术负责人：　　　　审核：　　　　试（检）验：</td></tr>
</table>

钢材焊接接头冲击试验报告是以经施工企业技术负责人审查签章后的本表格式形式归存。

2. 实施目的

钢材焊接接头冲击试验报告是指为保证建筑工程质量，对用于工程的钢材焊接接头进行冲击试验的有关指标测试，由试验单位出具的试验证明文件。

3. 资料要求

(1) 钢筋或钢材冲击试验，试验报告子项填写齐全，试验数据必须符合要求。

(2) 试验编号必须填写，以此作为查询试验室及试验台账，核实焊接试验数据的重要依据。

(3) 必须实行见证取样，试验室应在见证取样人名单上加盖公章和经手人签字。

(4) 凡必试项中有未试项者均为不符合要求。

(5) 试验、审核、技术负责人签字齐全，并加盖试验单位章。

4. 实施要点

(1) 钢材焊接冲击试验是测试焊缝质量的方法之一，为设计有要求时的试验内容。

(2) 表列子项：

1) 钢筋级别及直径：指钢筋焊接接头使用的钢筋级别和直径，按实际填写。

2) 焊接方法及接头型式：指焊接接头的焊接方法及接头型式，如对焊、电弧焊……等。

3) 试件编号：指试验室对收做的焊接件进行的编号。

4) 试验温度：指按金属常温冲击韧性试验或低温冲击韧性试验条件要求的试验温度，照实际试验条件的试验温度填写。

5) 试件尺寸：试件尺寸分为标准试件尺寸和非标准试件尺寸，试件尺寸应符合标准要求的规定，按实际的试件尺寸填写。

6) 缺口型式：冲击试验缺口型式分为：试件缺口开在焊缝金属或开在近缝区，由试验要求确定。

7) 缺口底部截面积：按实际填写。

8) 冲击吸收功：即破断吸收能：缺口试样在冲击试验机上，受冲击弯曲载荷折断时，所消耗的功，应分别按焊缝区、熔合区、过热区、母材分别填写。

9) 冲击韧性值：即缺口处单位横截面积所消耗的功，应分别按焊缝区、熔合区、过热区、母材分别填写。

10) 责任制：

①试验单位：指承接某项试验的具有相应资质的试验单位，按实际签字盖章有效。

②技术负责人：指承接某项试验的具有相应资质的试验单位的技术负责人，签字有效。

③审核：指试验单位的专业技术负责人，签字有效。

④试验：指试验单位的参与试验的人员，签字有效。

4.2.4-4 钢材焊接接头硬度试验报告（C2-4-4）

1. 资料表式

钢材焊接接头硬度试验报告 **表 C2-4-4**

委托单位： 试验编号：

钢筋级别及直径	焊接方法及接头型式	焊接工艺参数	试验机型号及荷载
测点位置简图		硬度测定结果	
备　　注			
试验单位：	技术负责人：	审核：	试（检）验：

钢材焊接接头硬度试验报告是以经施工企业技术负责人审查签章后的本表格式形式归存。

2. 实施目的

钢材焊接接头硬度试验报告是指为保证焊接工程质量，对用于工程的钢材焊接接头，进行硬度的有关指标测试，由试验单位出具的试验证明文件。

3. 资料要求

(1) 钢筋或钢材硬度试验，试验报告子项填写齐全，试验数据必须符合要求。

(2) 试验编号必须填写，以此作为查询试验室及试验台账、核实焊接试验数据的重要依据。

(3) 必须实行见证取样，试验室应在见证取样人名单上加盖公章和经手人签字。

(4) 凡必试项中有未试项者均为不符合要求。

(5) 试验、审核、技术负责人签字齐全，并加盖试验单位章。

4. 实施要点

(1) 钢材焊接接头硬度试验是测试焊缝质量的方法之一，为设计有要求时的试验内容。

(2) 表列子项：

1) 钢筋级别及直径：指焊接接头疲劳强度试验的钢筋级别及直径，按实际填写。

2) 焊接方法及接头型式：指焊接接头的焊接方法及接头形式，如对焊、电弧焊等。

3) 焊接工艺参数：按该焊接试件的焊接方法及工艺参数填写。

4) 试验机型号及荷载：硬度测试分为维氏硬度、显微维氏硬度，试验机型号及荷载应根据不同的硬度测试要求确定其试验机型号及荷载，按实际填写。

5）测点位置简图：应在钢筋焊接接头硬度试验报告表上绘制测点位置简图。

6）硬度测定结果：以实测的硬度值和测点位置写出的报告，判定硬度测试结果，按实际填写。

7）责任制：

①试验单位：指承接某项试验的具有相应资质的试验单位，按实际签字盖章有效。

②技术负责人：指承接某项试验的具有相应资质的试验单位的技术负责人，签字有效。

③审核：指试验单位的专业技术负责人，签字有效。

④试验：指试验单位的参与试验的人员，签字有效。

4.2.4-5　焊缝射线探伤报告表（C2-4-5）

1. 资料表式

焊缝射线探伤报告　　　　**表 C2-4-5**

委托单位：　　　　　　　　　　　　试验编号：

<table>
<tr><td>工程名称</td><td></td><td colspan="3">焊接类型</td><td></td><td colspan="2">报告日期</td><td></td></tr>
<tr><td>工程编号</td><td></td><td colspan="3">规　　格</td><td></td><td colspan="2">母材试验单编号</td><td></td></tr>
<tr><td>设备型号</td><td></td><td colspan="2">焦距</td><td></td><td>管电压</td><td colspan="3"></td></tr>
<tr><td>曝光时间</td><td colspan="4"></td><td>管电流</td><td colspan="3"></td></tr>
<tr><td>透度计型号</td><td colspan="2"></td><td>胶片型号</td><td></td><td>胶片尺寸</td><td></td><td>有效长度</td><td></td></tr>
<tr><td>增感方式</td><td colspan="4"></td><td>冲洗方式</td><td colspan="3"></td></tr>
<tr><td colspan="9">焊缝全长：　　m；　　探伤比例：　　%；　　长度：　　m
探伤部位：
射线拍片共　　张；其中纵缝：　　张，环缝：　　张，其他部位　　张
Ⅰ级片　　张，占总片数　　%
Ⅱ级片　　张，占总片数　　%
Ⅲ级片　　张，占总片数　　%
附：探伤位置图和探伤记录</td></tr>
<tr><td colspan="9">试验单位：　　技术负责人：　　审核：　　试（检）验：</td></tr>
</table>

焊缝射线探伤报告表是以经施工企业技术负责人审查签章后的本表格式形式归存。

2. 实施目的

焊缝射线探伤报告是指为保证建筑工程质量，对用于工程的焊接试件进行的焊缝射线探伤的有关指标测试，由试验单位出具的试验证明文件。

3. 资料要求

（1）钢筋或钢材焊缝射线探伤的试验，试验报告子项填写齐全，试验数据必须符合要求。

（2）试验编号必须填写，此为备查试验室及试验台账，核实焊接试验数据的重要依据。

（3）必须实行见证取样，试验室应在见证取样人名单上加盖公章和经手人签字。

（4）凡必试项中有未试项者均为不符合要求。

4. 实施要点

（1）焊缝射线探伤报告是无损探伤焊缝试（检）验的项目之一，应按相应标准规定执行。

（2）表列子项：

1）焊接类型：指受试焊缝射线探伤焊接件的焊接类别，如：对焊、电弧焊…等，按实际填写。

2）工程编号：指受试焊缝射线探伤焊接件用于该工程的工程编号。

3）规格：指原焊接件的试件规格，按实际填写。

4）母材试验单编号：指原焊接件母材试验报告单的编号，按实际填写。

5）设备型号：按实际用作射线探伤的设备型号填写。

6）焦距：指射线探伤选定的焦距，焦距选定应合理，一般不用短焦距，按实际填写。

7）管电压：按实际填写，管电压应不超过不同透照厚度所允许的最高管电压。

8）管电流：按实际管电流强度填写。

9）曝光时间：应根据设备、胶片和增感屏按具体条件制作和选用的合适的曝光曲线。曝光量推荐选用不低于15mA·min。以防止用短焦距和高管电压所引起的不良影响，按实际选用的曝光时间填写。

10）透度计型号：是进行X射线探伤的应用仪器之一，透度计的型式和规格选用、透度计的灵敏度与焊缝厚度等，均应符合规范的要求。按实际透度计的型号填写。

11）胶片型号：指射线探伤应用的胶片型号，按实际填写。

12）胶片尺寸：指射线探伤应用胶片的尺寸，按实际填写。

13）有效长度：指射线探伤应用胶片的实际长度，按实际填写。

14）增感方式：一般用增感屏（金属增感屏或下用增感屏），个别情况射线照拍方法为A级时也可用荧光增感屏或金属荧光增感屏，按实际填写。

15）冲洗方式：按实际填写。

16）焊缝全长：指被焊件的焊缝的全部长度。

17）探伤比例：指被焊件的焊缝全长与射线探伤长度之比，按检查时的实际结果填写。

18）探伤部位：按实际的探伤部位填写。

注：1. 底片存档应至少保存5年。

2. 探伤报告应包括：

（1）被检管线情况：管线名称、编号、材质及规格、坡口形式、焊接方法、焊条牌号。

（2）探伤条件：仪器型号、增感方式、管电压、管电流、曝光时间、透照方法。

(3) 探伤要求：①探伤比例；②执行标准；③合格级别。

(4) 探伤结果：①探伤数量；②通修扩探情况。

(5) 探伤人员姓名、资格日期、探伤时间。

19）责任制：

①试验单位：指承接某项试验的具有相应资质的试验单位，按实际签字盖章有效。

②技术负责人：指承接某项试验的具有相应资质的试验单位的技术负责人，签字有效。

③审核：指试验单位的专业技术负责人，签字有效。

④试验：指试验单位的参与试验的人员，签字有效。

4.2.4-6 焊缝超声波探伤报告（C2-4-6）

1. 资料表式

焊缝超声波探伤报告 **表 C2-4-6**

委托单位：

<table>
<tr><td colspan="2">工程名称</td><td colspan="2"></td><td colspan="2">焊接类型</td><td colspan="2"></td><td>试验编号</td><td></td></tr>
<tr><td colspan="2">工程编号</td><td colspan="2"></td><td colspan="2">规　格</td><td colspan="2"></td><td>报告日期</td><td></td></tr>
<tr><td colspan="2">仪器型号</td><td colspan="2"></td><td colspan="2">探伤方法</td><td colspan="2"></td><td>探测频率</td><td></td></tr>
<tr><td colspan="2">探头直径</td><td colspan="2"></td><td colspan="2">探头 K 值</td><td colspan="2"></td><td>探头移动方式</td><td></td></tr>
<tr><td colspan="2">耦合剂</td><td colspan="2"></td><td colspan="2">检验标准</td><td colspan="2"></td><td>试块</td><td></td></tr>
<tr><td>探测灵敏度</td><td></td><td>增益</td><td></td><td>抑制</td><td></td><td>输出</td><td></td><td>粗调</td><td></td></tr>
<tr><td colspan="10">焊缝全长：　　m；探伤比例：　　%；长度：　　m
探伤部位：
缺陷记录：
(附探伤位置图)</td></tr>
<tr><td colspan="10">试验单位：　　技术负责人：　　审核：　　试（检）验：</td></tr>
</table>

焊缝超声波探伤报告是以经施工企业技术负责人审查签章后的本表格式形式归存。

2. 实施目的

焊缝超声波探伤报告是指为保证建筑工程质量对用于工程的焊接试件进行的焊缝超声波探伤报告的有关指标测试，由试验单位出具的试验证明文件。

3. 资料要求

(1) 钢筋或钢材焊缝超声波探伤报告的试验，试验报告子项填写齐全，试验数据必须符合要求。

(2) 试验编号必须填写，此为备查试验室及试验台账，核实焊接试验数据的重要依据。

(3) 必须实行见证取样，试验室应在见证取样人名单上加盖公章和经手人签字。

(4) 凡必试项中有未试项者均为不符合要求。

(5) 试验、审核、技术负责人签字齐全，并加盖试验单位章。

4. 实施要点

(1) 焊缝超声波探伤报告是无损探伤焊缝试（检）验项目的内容之一，应按相应标准规定执行。

(2) 表列子项：

1) 焊接类型：指受试焊缝射线探伤焊接件的焊接类别，如：对焊、电弧焊等，按实际填写。

2) 工程编号：指受试焊缝超声探伤焊接件用于该工程的工程编号。

3) 规格：指原焊接件的试件规格，按实际填写。

4) 仪器型号：指超声探伤仪的型号。超声探伤仪的探头系统性能（灵敏度余量、远场分辨力）应符合《钢焊缝和超声波探伤方法和探伤记录分级》（GB11345—89）规范规定，斜探头及系统性能应符合该规范定期检查周期的要求。

5) 探伤方法：指超声波探伤时应用的探伤方法，按实际填写。

6) 探测频率：指超声波探伤时应用的探测频率，按实际填写。

7) 探头直径：按实际选用探头直径填写。

8) 探头 K 值：K 值的选择与探头的型号、角度、测试方法等有关，K 值选择应符合有关规范的要求，按实际选用的 K 值填写。

9) 探头移动方式：探头移动方式（垂直、平行、前后 10°~15°转动等）和范围应保证扫查到全部焊缝截面及热影响区，按实际填写。

10) 耦合剂：应选用适当的液体和糊状物作为耦合剂（典型的耦合剂为水、机油、甘油和浆糊及适量的润湿剂）。

11) 检验标准：按实际，由试验单位按实际选用标准填写。

12) 探测灵敏度：按实测时的灵敏度填写。探伤灵敏度应不低于评定线的灵敏度，灵敏度应定期检查。增益、抑制、输出、按实际操作记录填写。

13) 焊缝全长：指被焊件的焊缝全长，按实际填写。

14) 探伤比例：指被焊件的焊缝全长与射线探伤长度之比，检查的结果按实际填写。

15) 探伤部位：实际的探伤部位填写。

16) 缺陷记录：按实际测试发现的缺陷填写。

17）责任制：

①试验单位：指承接某项试验的具有相应资质的试验单位。按实际签字盖章有效。

②技术负责人：指承接某项试验的具有相应资质的试验单位的技术负责人，签字有效。

③审核：指试验单位的专业技术负责人，签字有效。

④试验：指试验单位的参与试验的人员，签字有效。

4.2.4-7　焊缝磁粉探伤报告（C2-4-7）

1. 资料表式

焊缝磁粉探伤报告　　表 C2-4-7

委托单位：　　试验编号：

工程名称		主品名称		日　期	
工程编号		产品编号		规　格	
设备型号		材　质		壁　厚	
仪器型号		激磁方式		灵敏度	
磁粉和磁悬液体配制					
焊缝全长：　m；　探伤比例：　%；　长度，　m 探伤部位： 探伤结果： （附探伤位置图）					
试验单位：　技术负责人：　审核：　试（检）验：					

焊缝磁粉探伤报告是以经施工企业技术负责人审查签章后的本表格式形式归存。

2. 实施目的

焊缝磁粉探伤报告是指为保证建筑工程质量对用于工程的焊接试件进行的焊缝磁粉探伤报告的有关指标测试，由试验单位出具的试验证明文件。

3. 资料要求

（1）钢筋或钢材焊缝磁粉探伤报告的试验，试验报告子项填写齐全，试验数据必须符合要求。

（2）试验编号必须填写，此为备查试验室及试验台账，核实焊接试验数据的重要依据。

（3）必须实行见证取样，试验室应在见证取样人名单上加盖公章和经手人签字。

（4）凡必试项中有未试项者均为不符合要求。

（5）试验、审核、技术负责人签字齐全，并加盖试验单位章。

4. 实施要点

（1）焊缝磁粉探伤报告是无损探伤焊缝试（检）验项目的内容之一，应按相应标准规定执行。

（2）表列子项：

1）主品名称：按实际选用的主品名称填写。

2）工程编号：指受试焊缝磁粉探伤焊接件用于该工程的工程编号。

3）产品编号：指主品的产品编号，按实际填写。

4）规格：指原焊接件的规格，按实际填写。

5）设备型号：按实际选用磁粉探伤设备填写。该设备必须满足 GB372—83《磁粉探伤机》的要求。

6）材质：指主品的材料质量，按实际填写。

7）壁厚：指被试焊接件的壁厚，按实际填写。

8）仪器型号：指磁场指示器的型号，按实际填写。

9）激磁方式：有直接通电磁化和间接磁化。整体磁化（全波或半波整流电流）、中心导体磁化（磁场与工件同轴、工件内表面磁场强度最大）、局部磁化（如触头法），按实际填写。

10）灵敏度：如磁粉材料组成，磁粉探伤设备，操作技术和磁场值等应定期检验（注意保留校验结果），整个系统的灵敏度均应进行评价，按实际填写。

11）磁粉和磁悬液体配制：应注意磁粉质量、磁粉颜色与被检工件具有最大对比度、湿磁粉的应用、磁悬液必须保证探伤效果，对载液的性能要求（如油剂、含添加剂水性能），按实际填写。

12）焊缝全长：指被试焊件的焊缝总长度。

13）探伤比例：指被试焊件的焊缝总长度与探伤面积的比例。

14）探伤部位：指实际探伤部位，按实际填写。

15）探伤结果：指实际探伤结果，按实际填写。

16）责任制：

①试验单位：指承接某项试验的具有相应资质的试验单位，按实际签字盖章有效。

②技术负责人：指承接某项试验的具有相应资质的试验单位的技术负责人，签字有效。

③审核：指试验单位的专业技术负责人，签字有效。

④试验：指试验单位的参与试验的人员，签字有效。

4.2.4-8　金相试验报告（C2-4-8）

1. 资料表式

金 相 试 验 报 告　　　　**表 C2-4-8**

委托编号：　　　　　　　　　　试验编号：

<table>
<tr><td>工 程 名 称</td><td colspan="3"></td><td>试 样 编 号</td><td colspan="2"></td></tr>
<tr><td>委 托 单 位</td><td colspan="3"></td><td>试 验 委 托 人</td><td colspan="2"></td></tr>
<tr><td>材质及规格</td><td colspan="3"></td><td>试 件 名 称</td><td colspan="2"></td></tr>
<tr><td>代 表 数 量</td><td></td><td>来 样 日 期</td><td>年　月　日</td><td>试 验 日 期</td><td colspan="2">年　月　日</td></tr>
<tr><td colspan="7">试验情况与结果：</td></tr>
<tr><td colspan="7">结论：</td></tr>
<tr><td colspan="7">试验单位：　　　技术负责人：　　　审核：　　　试（检）验：</td></tr>
</table>

金相试验报告是以经施工企业技术负责人审查签章后的本表格式形式归存。

2. 实施目的

金相试验报告是指为保证建筑工程质量对用于工程的钢材根据设计要求进行的金相试验有关指标测试，由试验单位出具的试验证明文件。

3. 资料要求

(1) 钢筋或钢材的金相试验，试验报告子项填写齐全，试验数据必须符合要求。

(2) 试验编号必须填写，此为备查试验室及试验台账，核实焊接试验数据的重要依据。

(3) 必须实行见证取样，试验室应在见证取样人名单上加盖公章和经手人签字。

(4) 凡必试项中有未试项者均为不符合要求。

(5) 试验、审核、技术负责人签字齐全，并加盖试验单位章。

4. 实施要点

(1) 金相试验报告是无损探伤焊缝试（检）验项目的内容之一，应按相应标准规定行。

(2) 金相检验：是通过金相显微镜，在放大 100～2000 倍下，观察和研究金属的组织和缺陷。它可以测定金属晶粒大小，显示金属的组织特征，鉴定金属夹杂物和缺陷等。

金相检验所需的试样要经过特殊制备。试样的制备过程是：先选择具有代表性的试样，经磨削、抛光后，进行腐蚀，显露出金属的显微组织，然后将试样放在金相显微镜下观察组织。一般应先用低倍来观察，了解组织的全貌后，逐渐提高放大倍数。

(3) 表列子项：

1) 试验结果：由试验室按实际试验过程和结果描述填写。

2) 结论：由试验室按实际试验过程和结果描述填写。

3) 责任制：

①试验单位：指承接某项试验的具有相应资质的试验单位，按实际签字盖章有效。

②技术负责人：指承接某项试验的具有相应资质的试验单位的技术负责人，签字有效。

③审核：指试验单位的专业技术负责人，签字有效。

④试验：指试验单位的参与试验的人员，签字有效。

注：关于材料、成品、半成品、构配件和设备进场与检验：

(1) 凡相关专业施工质量验收规范中主控项目或一般项目的检查方法中要求对材料、成品、半成品、构配件或设备等检查进场验收记录的，均应在施工中按资料要求对该项工程的材料、成品、半成品、构配件或设备进行进场检验，并填报进场验收记录。经检验以上材料、成品、半成品、构配件或设备不合格时，对设备、设计结构安全的混凝土构件、钢构件等由单位技术负责人做出处理建议。其他不合格品时由单位工程技术负责人做出处理，并提出处理建议。不合格品不进行报验。

(2) 凡相关专业施工质量验收规范中主控项目或一般项目的检查方法中要求对材料、成品、半成品、构配件或设备等既提供出厂质量合格证明文件又要求使用前在现场取样复试的材料、成品、半成品、构配件或设备，建设、监理、施工各方均应严格执行上述规定，并对有关资料进行汇整、存留。

4.2.4-9 土壤试验报告（C2-4-9）

1. 资料表式

<table>
<tr><td colspan="6">**土 壤 试 验 报 告** 表 C2-4-9</td></tr>
<tr><td colspan="4">委托单位：</td><td colspan="2">试验编号：</td></tr>
<tr><td>工程名称</td><td colspan="3"></td><td>委托日期</td><td></td></tr>
<tr><td>取样部位</td><td></td><td>试样种类</td><td></td><td>报告日期</td><td></td></tr>
<tr><td>试样数量</td><td></td><td>最小干密度</td><td></td><td>检验类别</td><td></td></tr>
<tr><td>取样编号</td><td>取样步次</td><td>湿密度 g/cm^3</td><td>含水率%</td><td>干密度 g/cm^3</td><td>单个结论</td></tr>
<tr><td></td><td></td><td></td><td></td><td></td><td></td></tr>
<tr><td></td><td></td><td></td><td></td><td></td><td></td></tr>
<tr><td></td><td></td><td></td><td></td><td></td><td></td></tr>
<tr><td colspan="6">取样位置示意图：</td></tr>
<tr><td colspan="6">依据标准：</td></tr>
<tr><td colspan="6">检验结论：</td></tr>
<tr><td colspan="2">试验单位：</td><td colspan="2">技术负责人：</td><td>审核：</td><td>检验：</td></tr>
</table>

土壤试验报告是以经施工企业技术负责人审查签章后的本表格式形式归存。

2. 实施目的

土壤试验报告是为保证工程质量，由试验单位对工程中进行的回填夯实类土的干质量密度指标进行测试后出具的质量证明文件。

3. 资料要求

(1) 素土、灰土及级配砂石、砂石地基的干密度试验，应有取样位置图，取点分布应符合图像评标准规定。

(2) 土壤试验记录填写齐全。

(3) 土体试验报告单的子目应齐全，计算数据准确，签证手续完备，鉴定结论明确。

(4) 单位工程的素土、砂、砂石等回填必须按每层取样，检验的数量、部位、范围和测试结果是否符合设计要求及规范规定。如干质量密度低于质量标准时，必须有补夯措施和重新进行测定的报告。

(5) 大型和重要的填方工程，其填料的最大干土质量密度、最佳含水量等技术参数必须通过击实试验确定。

(6) 试验项目齐全，有取样位置图，试验结果符合规范规定为符合要求。

(7) 没有试验为不符合要求；虽经试验，但没有取样位置图或无结论，且试验结果不符合规范规定应为不符合要求。当试验结果符合要求时，可视具体情况定为基本符合要求或不符合要求。

（8）评定时，如出现下列情况之一者，该项目应定为不符合要求：

大型土方或重要的填方工程以及素土、灰土、砂石等地基处理，无干土质量密度试验报告单或报告单中的实测数据不符合质量标准；土壤试验有“缺、漏、无”现象及不符合有关规定的内容和要求。

4. 实施要点

（1）取样数量规定

1）填土的取样数量可参见表 C2-4-9A。

填土取样数量规定　　表 C2-4-9A

序号	项目	取样规定	备注
1	基坑回填	每 20～50m³ 取一组（每基坑不少于一组）	取样应在每层压实后的下半部
2	基槽或管沟回填	每层 20～50m 长度一组	
3	基坑、室内填土	每层 100～500m² 一组	
4	场地平整填方	每层 400～900m² 一组	

注：填土压实后的干密度，应有 90% 以上符合设计要求，其余 10% 的最低值与设计值的差，不得大于 0.08g/cm³，且应分散不得集中。

2）灰土的取样数量参见表 C2-4-9B。

灰土质量取样组数　　表 C2-4-9B

项次	项目	单位	取点范围	备注
1	基坑	m²	30～100 取一点	每层不少于 1 点
2	基槽	m	20～50 取一点	
3	房心回填	m²	30～100 取一点	
4	其他回填	m²	30～100 取一点	

（2）回填土、灰土、级配砂石试验的取样方法

1）环刀法：用容积不小于 200cm³ 的环刀，每段每层进行检验，取样部位应在每层夯实后下半部（至每层表面以下 2/3 处）用环刀取样。

2）环刀取土方法：取土点处先用平口铲挖一个约 20cm × 20cm 的小坑，挖至每（步）压实部，再用环刀（见图 C2-4-9-1，图 C2-4-9-2），使环刀口向下，加环盖，用落锤打环盖，使环盖深入土中 1～2cm，用平口铲把环刀及环盖取出，轻取环盖，用削土刀修平环刀余土，擦净环刀外壁土。把环刀内土直接取出称其重量（g/cm³）。

环刀容积：

$V = \pi \cdot r^2 \cdot h = 3.14 \times 3.5^2 \times 5.2 = 200\text{cm}^3$

取土环刀包括环刀（200cm³）、环盖及落锤

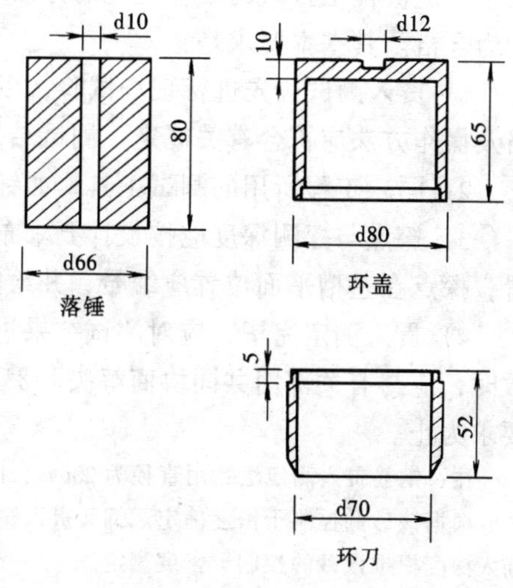

图 C2-4-9-1　取土环刀

（重 1kg）；天平（称量 1kg，感量 1g）；平口铲；削土刀等。

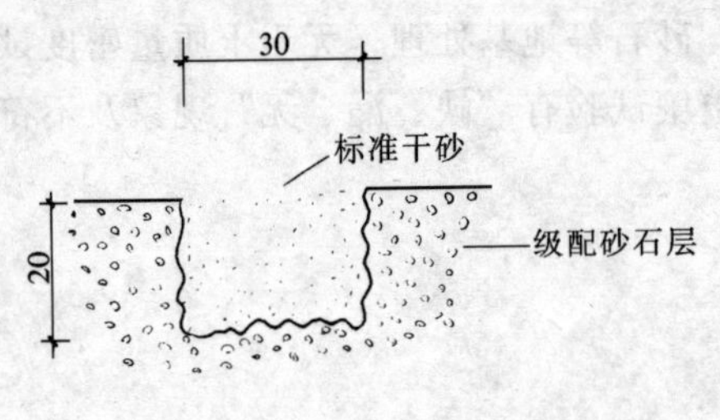

图 C2-4-9-1A 级配砂石干密度测试取点处示意图

湿质量密度计算：

$$\gamma_{湿}=\frac{G}{V}$$

式中 $\gamma_{湿}$——土的湿密度，g/cm^3；

G——湿土重量，g；

V——环刀容积，200cm^3。

素土、灰土干密度计算：

$$\gamma_{干}=\frac{\gamma_{湿}}{1+W}$$

式中 $\gamma_{干}$——土干密度，g/cm^3；

γ——土的湿密度，g/cm^3；

W——土的含水率。

（3）干密度试验

回填土、灰土均应做干密度试验。按平面位置图分层取样，注明施工段、层次、标高、取样点。编号清楚，取样数量要符合质量验评标准要求，试验报告要注明种类、试验日期。试验结果未达到要求的部位应有处理及复试结果。回填土、砂土的质量检查宜采用环刀取样，测定干密度，砂石垫层，可在垫层中设置纯砂检查点，在同样施工条件下取样鉴定。分层厚度可用标桩控制，每层密实度经检验合格后方可进行上层的施工。素土实际测定的合格率应不少于测定数量 90%，其不合格的干密度测定结果与设计要求之差不大于 0.08g/cm^3，灰土、砂、砂石实际测定的密度不应低于最小干密度；不符合要求者，应经处理后进行复试，前后测定结果并列于试验单中，不允许存在不符合要求的试验结果。

（4）贯入测试

用钢筋、钢钎、钢叉、动力触探（轻型 N_{10}；中型 N_{28}；重型 $N_{63.5}$）、静力触探等方法，用动力或人力，利用一定的下落能量，将一定尺寸、一定形状的探头打入土中，以贯入度大小测定被检土打入的难易程度的方法通称为贯入测试。以不小于通过试验所确定的贯入度为合格。其基本要求是：

1）贯入测试应先进行现场试验，以确定贯入度的具体要求。所使用的器具品种、规格及操作方法应符合有关规定。测试结果应满足试验确定的贯入度要求；

2）同一工程所用的测试工具，如钎、锤等必须一致；

3）探点与探测深度应按设计要求布置，如设计无要求时，可按附录 X 的要求进行布置；探点在基槽平面位置应编号，并绘图标明。

4）贯入测定完毕，应对测试结果进行分析比较，如发现与设计要求、地质情况不一致时，应与有关部门共同协商解决。贯入测试不符合要求时，应处理后重新复测，到符合要求为止。

注：钢筋贯入测定法：用直径为 20mm、长 1250mm 的平头钢筋距离砂层面 700mm 自由下落，插入深度应根据该砂的控制干密度确定。钢叉贯入测定法：用水撼法使用的钢叉距离砂层面 500mm 自由下落，插入深度根据该砂的控制干密度测定。

（5）灌砂法试验

用于级配砂石回填或不宜用环刀法取样的土质。采用灌砂（或灌水）法取样时，取样数量可较环刀法适当减少，取样部位应为每层压实后的全步深度。取样应由施工单位按规定在现场取样，将样品包好、编号（编号要与取样平面图上各点的标示一一对应），送试验室试验。如取样器具或标准砂不具备，应请试验室在现场取样进行试验。施工单位取样时，宜请建设单位参加，并签认。

（6）级配砂石干密度取样测定方法与计算实例

用灌砂法，在级配砂石层面挖一小坑约 30（l）×30（b）×20（h）cm（图 C2-4-9-1A）并烘干（烘箱温度为 105～110℃）坑中取出的砂石。用计算体积器逐次将标准干砂灌入坑内，灌平为止，求得小坑体积。

$$干密度=\frac{烘干砂石重量（g）}{标准干砂体积（cm^3）}$$

最低值与设计值之差不得大于 0.03g/cm^3。

【例】 级配砂石试样经烘干干重为 45kg，用标准干砂灌入小坑体积为 17000cm^3，求其干密度？

【解】

$$干密度=\frac{45000}{17000}=2.65g/cm^3$$

注：级配砂石干密度应按设计规定。无设计规定时，一般以 2.1～2.2g/cm^3 来控制。

灰土、填土、砂、砂石地基质量标准 **表 C2-4-9-C**

序号	项目	最小干密度（g/cm^3）	资料来源
1	灰土	轻亚粘土 1.55 亚粘土 1.50 粘　土 1.45	《地基与基础工程施工及验收规范》（GBJ202—83）
2	砂	不小于在中密状态时的干密度 中　　砂 1.55～1.60	
3	填土	一般情况下 1.65 粘　　土 1.49	
4	砂石	按设计规定，无设计规定时 2.1～2.2	

注：灰土可按压实系数 dy 鉴定，一般为 0.93～0.95。

级配砂、石采用密实度控制，应按设计规定执行。

（7）试验结果评定

试验结果评定按设计图纸要求进行；设计图纸无要求的，应可参见表 C2-4-9-C 的规定。

（8）核查注意事项

1）填写工程包括大型土方、室内填方及柱基、基坑、基槽和管沟的回填土等。填方工程应按设计要求和施工规范规定，对土壤分层取样试验，提供分层取点平面示意图，编号及试验报告单。试验记录编号应与平面图对应。

2）各层填土压实后，应及时测定干土质量密度，应有 90%以上符合设计要求，其余 10%的最低值与设计值的差，不得大于 0.08g/cm^3，且应分散，不得集中。

3）重要的、大型的或设计有要求的填方工程，在施工前应对填料作击实试验，求出

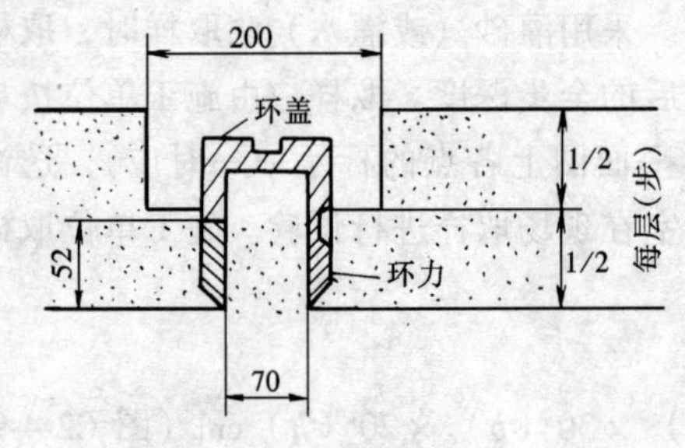

图 C2-4-9-2　素土环刀取点处示意图

填料的干土质量密度—含水量关系曲线，并确定其最大干土质量密度 γ_{dmax} 和最优含水量，并根据设计压实系数，分别计算出各种填料的施工控制干土质量密度。对于一般的小型工程又无击实试验条件的单位，最大干土质量密度可按施工规范计算。

4）填方工程环刀取样数量应符合以下要求：柱基回填，抽查柱基总数的10%，但不少5个；基槽和管沟回填，每层按长度20～50m取样1组，但不少于1组；基坑和室内回填每层按100～500m^{2}取样1组，但不少于1组；场地平整填方，每层按400～900m^{2}取样1组，但不少于1组。

5）砂、砂石、灰土、三合土地基用环刀取样实测，其干土质量密度不应低于设计要求的最小干土质量密度；用贯入仪、钢筋或钢叉等实测贯入度大小不应低于通过试验所确定的贯入度数值。抽查数量；柱坑按总数抽查10%，但不少于5个：基坑、槽沟每10m^{2}抽查1处，但不少于5处。

(9) 表列子项：

1）取样部位：按委托单的取样部位或本次试验所取试件的实际部位填写。

2）试样种类：按实际试样种类填写。

3）试样数量：按实际抽取的试样数量填写。

4）最小干密度：即设计干密度，按建筑地基基础工程施工质量验收规范（GB50202—2002）的有关标准测试。

5）检验类别：分别为委托、仲裁、抽样、监督、对比，按实际填写。

6）取样编号：按试点布置示意图的编号依次排列。

7）取样步次：指分层夯实时应分层取样，取样步次按实际填写。

8）湿密度：指试件未烘干时的密度，按实测值填写。

9）含水率：指试件单位体积内的含水率，按实测值填写。

10）干密度：指试件烘干后的密度，按不同步次的实测干密度值填写。

11）单个结论：指单个试件强度的测试结果，按实测值填写。

12）取样位置示意图：按建筑地基基础工程施工质量验收规范（GB50202—2002）的要求布点，并绘制简图。

13）依据标准：由试验室根据试验实际应用标准的名称填写。

14）检验结论：由试验单位或施工单位项目经理及其以上技术负责人按检测结果核定其符合要求或不符合要求，并填检验绪论记。

15）责任制：

①试验单位：指承接某项试验的具有相应资质的试验单位，按实际填写。

②技术负责人：指承接某项试验的具有相应资质的试验单位的技术负责人，签字有效。

③审核：指试验单位的专业技术负责人，签字有效。

④试验：指试验单位的参与试验的人员，签字有效。

4.2.4-10 土壤击实试验报告（C2-4-10）

1. 资料表式

土壤击实试验报告 **表 C2-4-10**

委托单位： 试验编号：

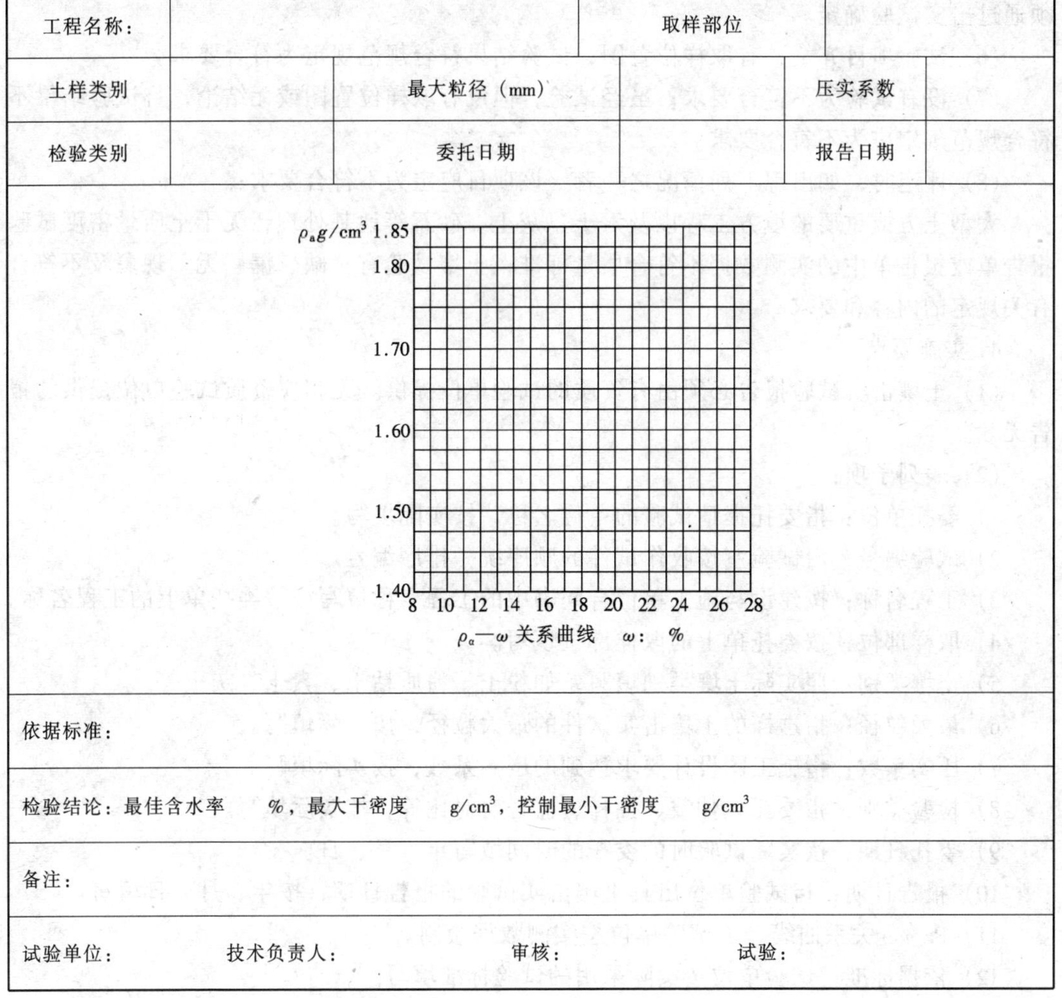

工程名称：			取样部位	
土样类别		最大粒径（mm）	压实系数	
检验类别		委托日期		报告日期

依据标准：
检验结论：最佳含水率 %，最大干密度 g/cm^3，控制最小干密度 g/cm^3
备注：
试验单位： 技术负责人： 审核： 试验：

土壤击实试验报告是以经施工企业技术负责人审查签章后的本表格式形式归存。

2. 实施目的

土壤击实试验报告是为保证工程质量，确定回填土的控制最小干密度，由试验单位对工程中的回填土（或其他夯实类土）的干密度指标进行击实试验后出具的质量证明文件。

3. 资料要求

（1）素土、灰土及级配砂石、砂石地基的干密度试验，应有取样位置图，取点分布应符合规范取样数量规定。

（2）土壤试验记录填写齐全。

（3）土体试验报告单的子目应齐全，计算数据准确，签证手续完备，鉴定结论明确。

(4) 单位工程的素土、砂、砂石等回填必须按每层取样，检验的数量、部位、范围和测试结果必须符合设计要求及规范规定。如干质量密度低于质量标准时，必须有补夯措施和重新进行测定的报告。

(5) 大型和重要的填方工程，其填料的最大干土质量密度、最佳含水量等技术参数必须通过击实试验确定。

(6) 试验项目齐全，有取样位置图，试验结果符合规范规定为符合要求。

(7) 没有试验为不符合要求；虽经试验，但没有取样位置图或无结论，且试验结果不符合规范规定应为不符合要求。

(8) 评定时，如出现下列情况之一者，该项目应定为不符合要求：

大型土方或重要的填方工程以及素土、灰土、砂石等地基处理，无干土质量密度试验报告单或报告单中的实测数据不符合质量标准；土壤试验有“缺、漏、无”现象及不符合有关规定的内容和要求。

4. 实施要点

(1) 土壤击实试验报告必须由有资质的试验单位提供。无相应资质试验单位提供的报告无效。

(2) 表列子项：

1) 委托单位：指委托提请试验的单位名称，按实际填写。

2) 试验编号：由试验室按收作试件的顺序统一排序编号。

3) 工程名称：按建设与施工单位合同书中的工程名称填写或按委托单上的工程名称。

4) 取样部位：按委托单上的取样部位填写。

5) 土壤类别：照实际土壤类别填写，如粉土、粉质粘土、素土、灰土等。

6) 最大粒径：指送样的土壤击实试件的最大粒径，按实际填写。

7) 压实系数：指施工图设计要求达到的压实系数，按实际填写。

8) 检验类别：指委托、仲裁、抽样、监督、对比等，按实际填写。

9) 委托日期：按实际试验时的委托的时间填写年、月、日。

10) 报告日期：指试验单位出具土壤击实试验的报告日期，按年、月、日填写。

11) Pa ~ ω关系曲线：由试验单位按实测数据绘制。

12) 依据标准：试验单位按实际采用的试验标准填写。

13) 检验结论：分别按测试结果填写最佳含水率 %；最大干密度 g/cm^3；控制最小干密度 g/cm^3。

14) 备注：需要说明的事项，如土壤试验结果是否符合要求等。

15) 责任制：

①试验单位：指承接某项试验的具有相应资质的试验单位。按实际填写。

②技术负责人：指承接某项试验的具有相应资质的试验单位的技术负责人。签字有效。

③审核：指试验单位的专业技术负责人。签字有效。

④试验：指试验单位的参与试验的人员。签字有效。

4.2.4-11 混凝土试块强度试验报告汇总表（C2-4-11）

1. 资料表式

混凝土试块试验报告汇总表　　表 C2-4-11

工程名称　　　　　　　　　　　　年　　月　　日

序号	试验编号	施工部位	留置组数	设计要求强度等级	试块成型日期	龄期	混凝土试块强度等级	备注
填表单位：　　　　　　审核：　　　　　　制表：								

混凝土试块强度试验报告汇总表是以经施工企业技术负责人审查签章后的本表格式形式归存。

2. 实施目的

混凝土试块强度试验报告汇总表是指为核查用于工程的各种品种、强度等级、数量的混凝土试块，通过汇总达到便于检查的目的。

3. 资料要求

混凝土试块强度试验报告汇总表应按施工过程中依序形成的混凝土试块试验报告表式，经核查后全部汇总不得缺漏。

4. 实施要点

(1) 混凝土试块强度试验报告汇总表的整理按工程进度为序进行，如地基基础、主体工程等。

(2) 各种品种、强度等级、数量的混凝土试件应满足设计要求，否则为合格证、试验报告不全。由核查人判定是否符合该要求。

(3) 混凝土强度按单位工程设计强度等级、龄期相同及生产工艺条件、配合比基本相同的混凝土为同一验收批，当验收批仅有1组试块时，其强度等级不应低于$1.15_{f\mathrm{cu.k}}$。

(4) 用于检查结构构件混凝土强度的试件，应在混凝土的浇筑地点随机抽取。取样与试件留置应符合下列规定：

1) 每拌制100盘且不超过$100m^3$的同配合比的混凝土，取样不得少于1次；

2) 每工作班拌制的同一配合比的混凝土不足100盘时，取样不得少于1次；

3) 当一次连续浇筑超过$1000m^3$时，同一配合比的混凝土每$200m^3$取样不得少于1次；

4) 每一楼层、同一配合比的混凝土，取样不得少于1次；

5) 每次取样应至少留置1组标准养护试件，同条件养护试件的留置组数应根据实际需要确定。

(5) 对有抗渗要求的混凝土结构，应在浇筑地点随机取样。同一工程、同一配合比的混凝土，取样不应少于1次，留置组数可根据实际需要确定。

(6) 商品混凝土，除在厂内按上述规定取样外，其混凝土运到现场后尚应按上述规定留置。

(7) 混凝土每组为3个试块，且应在同一盘混凝土中取样制作。

(8) 表列子项：

1) 试块成型日期：指试块在浇筑地点制作的时日，按年、月、日填写；

2) 混凝土试块强度等级：指实验室试压后出具试验报告上的混凝土抗压强度等级；

3) 试验编号：指实验室收作试块时，实验室进行的试验编号。

(9) 施工企业送交的各种试件，试验结果不符合标准要求时，建议试验单位应发送不合格试件通知单，分别送交建设、设计、施工和质监部门，以便及时采取措施。

(10) 责任制：

1) 填表单位：指施工单位的项目经理部级的单位。

2) 审核：指施工单位的工程项目经理部级的技术负责人，签字有效。

3) 制表：一般为项目经理部级的技术人员，签字有效。

4.2.4-12　混凝土强度试配报告单（C2-4-12）

1. 资料表式

混凝土强度试配报告单　　　　表 C2-4-12

委托单位：　　　　　　　　　　　　　　　　　　试验编号：

工程名称					委托日期	
使用部位					报告日期	
混凝土种类		设计等级			要求坍落度	
水泥品种强度等级		生产厂家			试验编号	
砂　规　格					试验编号	
石子规格					试验编号	
外加剂种类及掺量					试验编号	
掺合料种类及掺量					试验编号	
配　合　比						
材料名称	水泥	砂子	石子	水	外加剂	掺合料
用量（kg/m³）						
质量配合比						
搅拌方法		振捣方法			养护条件	
砂　率（%）		水灰比			实测坍落度	
依据标准：						
备　　注：						
试验单位：	技术负责人：		审核：		试（检）验：	

混凝土强度试配报告单是以经施工企业技术负责人审查签章后的本表格式形式或当地建设行政主管部门授权部门下发的表式归存。资料内容应予满足。

2. 实施目的

混凝土强度试配报告单是指施工单位根据设计要求的混凝土强度等级提请试验单位进行混凝土试配，根据试配结果出具的混凝土试配报告单。

3. 资料要求

(1) 不论混凝土工程量大小、强度等级高低，均应进行试配，并按试配单拌制混凝土，严禁使用经验配合比；不做试配为不正确。

（2）申请试配应提供混凝土的技术要求，原材料的有关性能，混凝土的搅拌，施工方法和养护方法，设计有特殊要求的混凝土应特别予以详细说明。

（3）非省级以上行业主管部门批准的实验室出具试配报告为不符合要求。

（4）混凝土试配应在原材料试配试验合格后进行。

（5）试验、审核、技术负责人签字齐全，并加盖试验单位公章。

4.实施要点

（1）凡现浇框架结构、剪力墙结构、现场预制大型构件、重要混凝土基础以及构筑物、大体积混凝土及其他不同品种、不同强度等级、不同级配的混凝土均应事先送样申请试配，以保证满足设计要求。由试验室根据试配结果签发通知单，施工中如材料与送样有变化时应另行送样，申请修改配合比。承接试配的试验室应由省级以上行业主管部门批准。

（2）混凝土、砂浆试配应注意以下几个问题：

①申请试配应提供混凝土、砂浆的技术要求、原材料的有关性能。试配应采用工程中实际使用的材料。

②应提供混凝土、砂浆施工的搅拌、生产使用方法，如振捣、养护等。

③设计有特殊要求的混凝土、砂浆应特别予以详尽说明。

通常情况下，当建筑材料的供应渠道与材质相对稳定时，施工企业可根据本单位常用的材料，由试验室试配出各种混凝土、砂浆配合比备用，作为一般工程的施工实际配合。在使用过程中根据材料情况及混凝土质量检验结果适当予以调整。遇有下列情况时，应比单独提供混凝土、砂浆试配申请：重要工程或对混凝土性能有特殊要求时；所有原材料的产地、品种的质量有显著变化时；外加剂和掺和料的品种有变化时。混凝土、砂浆配合比严禁采用经验配合比。

（3）表列子项：

1）使用部位：按委托单上的使用部位填写。

2）要求坍落度：根据施工条件与工程特征，由施工单位根据施工需要提出。

3）水泥品种、强度等级、试验编号：指送交试验单位的“送样”批的水泥品种、强度等级及试验编号。

4）石子规格、试验编号：指送交试验单位的“送样”批的石子的规格及试验编号。

5）外加剂种类、试验编号：指送交试验单位的“送样”批的外加剂的种类和名称及试验编号。

6）砂率：指试验单位混凝土试配时根据试配实际使用的含砂率。

7）水灰比：指试验单位混凝土试配时根据委托要求的水灰比（水和水泥之比）。

8）实测坍落度：指试验单位试配时混凝土的实测坍落度。

9）依据标准：由试验室根据试验实际应用标准名称填写。

10）责任制：同 C2-4-9 土壤试验报告。

4.2.4-13　外加剂试配报告单（C2-4-13）

（1）混凝土外加剂试配通知单是以经施工企业技术负责人审查签章后的本表格式形式或当地建设行政主管部门授权部门下发的表式归存。

(2) 外加剂试配报告单是指承包单位根据设计要求的混凝土强度等级需掺加外加剂，提请试验单位进行试配后出具的质量证明文件。

(3) 抗冻融性要求高的混凝土，必须掺用引气剂或引气减水剂，其掺量应根据混凝土的含气量要求，通过试验确定。

(4) 含有六价铬盐、亚硝酸盐等的有毒防冻剂，严禁用于饮水工程及与食品接触的部位。

(5) 试配外加剂应注意外加剂的相容性，对试配结果有怀疑时应进行复试或提请上一级试验单位进行复试。

(6) 试配报告必须由其有相应资质的试验单位提出。

(7) 外加剂试配报告单应用表式 C2-4-12。

4.2.4-14　混凝土试块试验报告单表（C2-4-14）

1. 资料表式

混凝土试块试验报告　　**表 C2-4-14**

委托单位：　　　　　　　　　　　　试验编号：

工程名称					委托日期	
结构部位					报告日期	
强度等级		试块边长（mm）			检验类别	
配合比编号					养护方法	
试样编号	成型日期	破型日期	龄期（d）	强度值（MPa）	强度代表值（MPa）	达设计强度（%）
依据标准：						
备　注：						
试验单位：	技术负责人：		审核：		试（检）验：	

混凝土试块试验报告单是以经施工企业技术负责人审查签章后的本表格式形式归存。

2. 实施目的

混凝土试块试验报告是为保证工程质量，由试验单位对工程中留置的混凝土试块的强度指标进行测试后出具的质量证明文件。

3. 资料要求

(1) 凡现浇框架结构、剪力墙结构、现场预制大型构件、重要混凝土基础以及构筑物、大体积混凝土及其他混凝土等的不同品种、不同强度等级、不同级配的混凝土均应在混凝土的浇筑地点随机抽取留置试块。

(2) 混凝土试块由施工单位提供。

(3) 混凝土强度以标准养护龄期 28 天的试块抗压试验结果为准，在冬施条件下养护时应增加同条件养护的试块，并有测温记录。

(4) 试验报告单子项填写齐全。

(5) 非标养试块应有测温记录，超龄期试块按有关规定换算为 28 天强度进行评定。

(6) 混凝土强度以单位工程按混凝土结构工程施工质量验收规范（GB50204—2002）进行质量验收。

注：GBJ107—87 标准第 2.0.3 条：混凝土强度应分批进行检验评定。一个验收批应由强度等级相同、龄期相同以及生产工艺条件和配合比相同的混凝土组成。对施工现场的现浇混凝土应按单位工程验收划分的检验批构成的混凝土量、台班留置试件，按强度等级相同、龄期相同以及生产工艺条件和配合比相同原则构成检验批每个验收项目应按现行国家标准确定，国家现行标准为《混凝土结构工程施工质量验收规范》(GB50204—2002)。

(7) 必须实行见证取样，试验室应在见证取样人名单上加盖公章，经手人签字。

(8) 有特殊性能要求的混凝土，应符合相应标准并满足施工规范要求。

(9) 混凝土试块留置数量不符合要求，代表性不足，为不符合要求。

(10) 部位不清、子项填写不全，应为不符合要求。

(11) 混凝土试块用料与设计不符的，虽强度达到设计强度等级要求仍应经企业技术负责人批准否则为不符合要求。

(12) 混凝土强度等级不按单位工程进行验收或验收不符合标准要求者，为不符合要求。

(13) 非省级以上行业主管部门批准的实验室出具试配报告，为不符合要求。

4. 实施要点

(1) 混凝土试块的试验内容：

混凝土试块试验或称混凝土物理力学性能试验，内容有：抗压强度试验；抗拉强度试验；抗折强度试验；抗冻性试验；抗渗性能试验；干缩试验等。对混凝土的质量检验，一般只进行抗压强度试验，对设计有抗冻、抗渗等要求的混凝土尚应分别按设计有关要求进行试验。

(2) 混凝土试块取样规定：

1) 用于检查结构构件混凝土强度的试件，应在混凝土的浇筑地点随机抽取。取样与试件留置应符合下列规定：

①每拌制100盘且不超过$100m^3$的同配合比的混凝土，取样不得少于1次；

②每工作班拌制的同一配合比的混凝土不足100盘时，取样不得少于1次；

③当一次连续浇筑超过$1000m^3$时，同一配合比的混凝土每$200m^3$取样不得少于1次；

④每一楼层、同一配合比的混凝土，取样不得少于2次（主要构件不少于1组）；

⑤每次取样应至少留置1组标准养护试件，同条件养护试件的留置组数应根据实际需要确定。

2）对有抗渗要求的混凝土结构，应在浇筑地点随机取样。同一工程、同一配合比的混凝土，取样不应少于2次，留置组数可根据实际需要确定。

3）每次取样应至少留置1组标准试件（每组3个试件）；为确定结构构件的拆模、出池、出厂、吊装、张拉、放张及施工期间的临时负荷时的混凝土强度，应留置同条件养护试件。

注：预拌混凝土除应在预拌混凝土厂内按规定留置试件外，混凝土运到施工现场后，尚应按本条的规定留置试件。

4）结构混凝土强度等级必须符合设计要求。

5）不按规定留置标准试块和同条件养护试块的，均应视为存在质量问题，必须依据经法定单位出具的检测报告进行技术判定。属于结构的处理应有设计单位提出处理方案。

6）混凝土试件的取样应注意其随机性。

7）当混凝土试件的留置数量大于其要求提供的数量时，在提供试验时不得只挑目测认为好的试件送试。

(3) 混凝土试块的制作。

混凝土抗压试块的留置数量：以同一龄期者为1组，每组至少有3个属于同盘混凝土、在浇筑地点同时制作的混凝土试块。抗压强度试验用的试块为立方体，其尺寸按骨料的最大颗粒直径规定如表C2-4-14-1所示。

应注意，混凝土中粗骨料的最大粒径选择试件尺寸，立方体试件边长应不小于骨料最大粒径的3倍。如大型构件的混凝土中骨料直径很大而使用边长为100mm的立方体试块，试验结果很难有代表性。

1）在混凝土拌和前，应将试模擦拭干净，并在模内涂一薄层机油。

2）用振动法捣实混凝土时，将混凝土拌和物一次装满试模，并用捣棒初步捣实，使混凝土拌和物略高出试模，放在振动台上，一手扶住试模，一手用铁抹子在混凝土表面施压，并不断来回擦抹。按混凝土稠度（工作度或坍落度）的大小确定振动时间，所确定的振动时间必须保证混凝土能振捣密实，待振捣时间即将结束时，用铁抹子刮去表面多余的混凝土，并将表面抹平。同一组的试块，每块振动时间必须完全相同，以免密度不均匀影响强度的均匀性。

注：在施工现场制作试块时，也可用平板式振捣器，振动至混凝土表面水泥浆呈现光亮状态时止。

3）用插捣法人工捣实试块时，按下述方法进行：

①对于100mm×100mm×100mm、150mm×150mm×150mm或200mm×200mm×200mm的立方体试块，混凝土拌和物分两层装入，其厚度约相等，每层插捣次数如表C2-4-14-2所示。

②插捣时应在混凝土全面积上均匀地进行，由边缘逐渐向中心。

混凝土抗压强度棱柱体试件尺寸选择表　表 C2-4-14-1

骨料最大颗粒直径（mm）	试块尺寸（mm）
≤30	100×100×100
≤40	150×150×150
≤50	200×200×200

混凝土抗压强度试件制作插捣次数表　表 C2-4-14-2

试块尺寸（mm）	每层插捣次数
100×100×100	12
150×150×150	25
200×200×200	50

③插捣底层时，捣棒应达到试模底面，捣上层时捣棒应插入该层底面以下 2~3cm 处。

④面层插捣完毕后，再用抹子沿四边模壁插捣数下，以消除混凝土与试模接触面的气泡，并可避免蜂窝、麻面现象，然后用抹子刮去表面多余的混凝土，将表面抹光，使混凝土稍高于试模。

⑤静置半小时后，对试块进行第二次抹面，将试块仔细抹光抹平，以使试块与标准尺寸的误差不超过±1mm。

（4）试块的养护：

1）试块成型后，用湿布覆盖表面，在室温为 16~20℃下至少静放一昼夜，但不得超过二昼夜，然后进行编号及拆模工作；混凝土拆模后，要在试块上写清混凝土强度等级代表的工程部位和制作日期。

2）拆去试模后，随即将试块放在标准养护室（温度 20±3℃，相对湿度大于 90%，应避免直接浇水）养护至试压龄期为止。

注：1. 现场施工作为检验拆模强度或吊装强度的试块，其养护条件应与构件的养护条件相同。

2. 现场作为检验依据的标准强度试块，允许埋在湿砂内进行养护，但养护温度应控制在 16~20℃范围内。

3. 在标准养护室内，试块宜放在铁架或木架上养护，彼此之间的距离至少为 3~5cm。

4. 试块从标准养护室内取出，经擦干后即进行抗压试验。

5. 无标准养护室时可以养护池代替，池中水温 20±3℃，水的 pH 值不小于 7，养护时间自成型时算起 28 天。

（5）表列子项：

1）结构部位：按试块所在分项工程或分部工程的实际部位填写。

2）配合比编号：按试配通知单建议的施工配合比或试配单配合比编号填写，如经调整，配合比不得低于试配单的建议值。

3）养护方法：指自然、蒸汽，还是其他养护方法，按实际养护方法填写。

4）成型日期：指混凝土构件的实际制模成型日期。按实际成型日期填写。

5）破型日期：即实际试压日期。按实际试压日期填写。

6）龄期：按需要分为 3 天、7 天、28 天，以 28 天“强度”为准，按实际龄期填写。

7）强度值：破坏荷载除以截面面积后的值为标准强度。当试件尺寸为 20cm×20cm×20cm 和 10cm×10cm×10cm 时，应按标准规定换算为 15cm×15cm×15cm 的强度值。

8）强度代表值：即按标准规定的取值方法，计算得出的强度值。

9）达到设计等级（%）：实测强度与设计强度之比。

10）依据标准：由试验室按实际应用标准填写。

注：凡试块试验不合格者（指小于规定的最低值或平均强度达不到规定值者），应有处理措施及

结论（如后备试块达到要求强度等级并经设计签认；经设计验算签证不需要进行处理；经法定检测单位鉴定达到要求的强度等级，出具证明，并经设计同意；按设计要求进行加固处理者以及返工重做等）。出现类似情况，应按国标《建筑工程施工质量验收统一标准》第5.0.6条确定该项目的结论。

4.2.4-15　混凝土抗渗性能试验报告单（C2-4-15）

1. 资料表式

混凝土抗渗性能报告单　　　　**表 C2-4-15**

委托单位：　　　　　　　　　　　　　　　　　　　　试验编号：

工程名称			使用部门		
混凝土强度等级	C		设计抗渗等级	P	
混凝土配合比编号		成型日期		委托日期	
养护方法		龄期		报告日期	
试件上表渗水部位及剖开渗水高度（cm）：　　实际达到压力（MPa）					
依据标准：					
检验结论：					
备注：					
试验单位：	技术负责人：		审核	试（检）验：	

混凝土抗渗性能试验报告单是以经施工企业技术负责人审查签章后的本表格式形式归存。

2. 实施目的

混凝土抗渗性能试验报告是为保证防水工程质量，由试验单位对工程中留置的抗渗混凝土试块的强度指标进行测试后出具的质量证明文件。

3. 资料要求

（1）不同品种、不同强度等级、不同级配的抗掺混凝土均应在混凝土浇筑地点随机留置试块，且至少有1组在标准条件下养护，试件的留置数量应符合相应标准的规定。

（2）抗掺混凝土强度以标准养护龄期28天的试块抗压试验结果为准，在冬施条件下养护时应增加同条件养护的试块，并有测温记录。

（3）抗掺混凝土试验报告单子项填写齐全。

（4）抗掺混凝土强度等级按混凝土结构工程施工质量验收规范（GB50204—2002）进行质量验收。

（5）必须实行见证取样，试验室应在见证取样人名单上加盖公章，经手人签字。

（6）抗掺混凝土试块留置数量应符合规范要求，试块留置数量不足，应为不符合要求。

(7) 抗掺混凝土试块用料与设计不符的，虽强度达到设计强度等级仍为不符合要求。

(8) 非省级以上行业主管部门批准的实验室出具试配报告为不符合要求。

4. 实施要点

(1) 抗掺混凝土试块由施工单位提供。抗渗混凝土不仅需要满足强度要求，而且需要符合抗渗要求，均应根据需要留置试块。

(2) 防水混凝土的抗压强度和抗渗压力必须符合设计要求。

(3) 防水混凝土的变形缝、施工缝、后浇带、穿墙套管、埋设件等的设置和构造均应符合设计要求，严禁渗漏。

(4) 抗渗性能试验基本要求：

1) 抗渗试块的尺寸顶面直径为175mm，底面直径为185mm，高为150mm的圆台体。

2) 抗渗试块的组数，按每单位工程不得少于2组。同一混凝土强度等级、同一抗渗等级、同一配合比、同一原材料每单位工程不少于两组，每6块为一组。

3) 试块应在浇筑地点制作（应注意试件取样具有随机性），其中至少一组试块应在标准条件下养护，其余试块应在与构件相同条件下养护。

4) 试样要有代表性，应在搅拌后第三盘至搅拌结束前30min之间取样。

5) 每组试样包括同条件养护试块、抗渗试块、强度试块的试样，必须取同一次拌制的混凝土拌和物。

6) 试件成型后24h拆模。用钢丝刷刷去两端面水泥浆膜，然后送入标养室。

7) 试件一般养护至28天龄期进行试验，如有特殊要求，可在其他龄期进行。

(5) 混凝土抗渗性能试验结果评定：

1) 混凝土的抗渗标号以每组6个试件中4个未出现渗水时的最大水压力表示。

其计算式为：

$$S = 10H - 1$$

式中 S——抗渗等级；

H——6个试件中第三个渗水时的水压力，MPa。

2) 若按委托抗渗标号（S）评定：（6个试件均无渗水现象）应试压至 $S+1$ 时的水压，方可评为 $> S$。

3) 如压力到1.2MPa，经过8h，渗水仍不超过2h，混凝土的抗渗等级应等于或大于 S_{12}。

(6) 表列子项：

1) 使用部位：指该抗渗混凝土试块所在的分部（分项）工程的实际部位，按实际填写。

2) 混凝土强度等级：按委托单提供的混凝土强度等级，不应低于设计的混凝土强度等级。

3) 设计抗渗等级：一般为施工图设计提出的抗渗等级，按实际填写。

4) 混凝土配合比编号：指原试验室提供的混凝土配合比编号。

5) 水泥品种：指施工实际使用的水泥品种。

6) 养护方法：指自然、蒸汽以及其他养护方法，按实际养护方法填写。

7) 水泥用量：指实际施工中用于每立方米混凝土的水泥用量。

8) 成型日期：指制作抗渗试块的日期。

9）龄期：指该组混凝土抗渗试块进行试验时的天数。

10）外加剂名称、用量：指实际施工中用于混凝土的外加剂名称、用量，按实际填写。

11）送样日期：指试样送到试验室日期。

12）试件上表渗水部位及剖开渗水高度：试验室按实际试验结果填写。

13）检验结论：由试验部门按实际试验结果填写结论意见。

14）责任制：

①试验单位：指承接某项试验的具有相应资质的试验单位，按实际填写，签字盖章有效。

②技术负责人：指承接某项试验的具有相应资质的试验单位的技术负责人，签字有效。

③审核：指试验单位的专业技术负责人，签字有效。

④试验：指试验单位的参与试验的人员，签字有效。

4.2.4-16 混凝土抗冻性试验报告单（C2-4-16）

1. 资料表式

混凝土抗冻性能试验报告单 **表 C2-4-16**

委托单位：　　　　试验编号：

工程名称			施工部位	
混凝土强度等级			抗冻性能	
成型日期			配合比编号	
委托日期			报告日期	
冻融循环次数				
抗　冻　试　验　结　果				
试　件 编　号	抗压强度（MPa）		试块单块重量（kg）	
	对比试件	冻融循环次数	冻融循环以前	冻融循环以后
1				
2				
3				
3块平均值				
结　果	强度损失率	%	重量损失率	%
依据标准及检验结论：				
备注：				
试验单位：	技术负责人：	审核	试（检）验：	

混凝土抗冻性能试验报告单是以经施工企业技术负责人审查签章后的本表格式形式归存。

2. 实施目的

混凝土抗冻性能试验报告是为保证工程质量，由试验单位对工程中留置的抗冻混凝土试块的强度指标进行测试后出具的质量证明文件。

3. 资料要求

(1) 抗冻混凝土试块由施工单位提供。

(2) 抗冻混凝土强度以标准养护龄期28天的试块抗压试验结果为准，在冬施条件下养护时应增加同条件养护的试块，并有测温记录。

(3) 抗冻混凝土试验报告单子项填写齐全。

(4) 抗冻混凝土强度等级按混凝土结构工程施工质量验收规范（GB50204—2002）进行质量验收。

(5) 必须实行见证取样，试验室应在见证取样人名单上加盖公章和经手人签字。

(6) 抗冻混凝土试块留置数量应符合规范要求，试块留置数量不足，应为不符合要求。

(7) 抗冻混凝土试块用料与设计不符的，虽强度达到设计强度等级仍应为不符合要求。

(8) 非省级以上行业主管部门批准的实验室出具试验报告单为不符合要求。

4. 实施要点

(1) 不同品种、不同强度等级、不同级配的抗冻混凝土均应在混凝土浇筑地点随机留置试块，并在标准条件下养护，试件的留置数量应符合相应标准的规定。

(2) 混凝土抗冻性试验（抗冻强度等级）说明：

1) 以试块所能承受的最大反复冻融循环次数表示。如 M_{150} 表示混凝土能够承受反复冻融循环150次。试块抗冻后抗压强度的下降不得超过25%。

2) 受冻融与检验用的（不受冻融的）试块数量块选择如表C2-4-16-2所示。

3) 抗冻混凝土的试块留置组数，可视结构的规模和要求确定。抗冻试块的尺寸见表2-4-16-1。

不同立方体混凝土抗冻强度试件尺寸表 **表 C2-4-16-1**

骨料最大颗粒直径（mm）	试块尺寸（mm）
≤30	100×100×100
≤40	150×150×150
≤50	200×200×200

4) 试块制作、养护方法和步骤，均与混凝土抗压强度试验中之规定相同，试块的养护龄期（包括试块在水中浸泡时间）为28天。

5) 冻融时间规定：对于100mm×100mm×100mm及150mm×150mm×150mm的立方体试块，每次冻结时间为4h；200mm×200mm×200mm的立方体试块，每次冻结时间为6h。不同尺寸的试块在水中融化时间均不得少于4h，水池水温应保持在15~20℃，池中注水深度应超过试块高度至少2cm，在冻结过程中不得中断。

受冻融与检验用试块数量选择表　　表 C2-4-16-2

抗冻等级	M_{25}	M_{50}	M_{100}	M_{150}	M_{200}
做压力试验之前			50	100	100
冻融循环次数	25	50	100	150	200
受冻融的试块数目	3	3	6	6	6
检验用的试块数目	3	3	9	9	9
共计试块数目	6	6	15	15	15

注：如果在同一冷藏（或冻）箱内，有各种不同尺寸的试块同时进行冻结试验，以其最大试块尺寸之冻结时间进行。

6）抗冻混凝土强度试验结果合格条件的评定：

①冻融试块在规定冻融循环次数之后的抗压极限强度，与检验用的相当龄期的试块抗压极限强度相比较，其降低值不超过25%时，则认为混凝土抗冻性合格。

②如果在试验过程中（未达到规定冻融循环次数以前），受冻融的试块的抗压极限强度，与检验用的相当龄期的试块的抗压极限强度相比较，其降低值已超过25%时，则认为混凝土抗冻性不合格。

（3）表列子项：

1）施工部位：按委托单上的施工部位填写。

2）报告日期：按报告的实际发出日期填写。

3）抗冻性能：指设计要求的冻融循环性能值。

4）混凝土强度等级：按施工图设计的混凝土强度等级。

5）成型日期：按混凝土抗冻性能试块制作的实际日期填写。

6）委托日期：指抗冻混凝土试块送达试验室的日期。

7）混凝土配合比编号：指试验单位提供的抗冻混凝土配合比的编号。

8）试件编号：由实验室按照收作的抗冻混凝土试件的实际顺序编号。

9）抗冻试验结果：

①抗压强度：分别按对比试件和冻融循环次数测试的抗冻混凝土的抗压强度值填写。

②试块单块重量：分别按冻融循环以前和冻融循环以后测试的抗冻混凝土的抗压强度值填写。

10）结果：指抗冻混凝土的测试结果，由试验室按实际测试结果填写。

11）结论：抗冻混凝土的测试结论，由试验室填写。

12）责任制：

①试验单位：指承接某项试验的具有相应资质的试验单位，按实际填写。签字盖章有效。

②技术负责人：指承接某项试验的具有相应资质的试验单位的技术负责人，签字有效。

③审核：指试验单位的专业技术负责人，签字有效。

④试验：指试验单位的参与试验的人员，签字有效。

4.2.4-17 混凝土试块强度评定（C2-4-17）

1. 资料表式

混凝土强度统计方法评定 **表 C2-4-17**

单位工程： 施工单位： 编号：

<table>
<tr><td colspan="2">结构部位</td><td colspan="2"></td><td>混凝土强度等级</td><td></td></tr>
<tr><td colspan="2">配合比编号</td><td colspan="2"></td><td>养护条件</td><td></td></tr>
<tr><td colspan="2">验收组数 $n=$</td><td colspan="2">合格判定系数</td><td colspan="2">$\lambda_1=$
$\lambda_2=$</td></tr>
<tr><td colspan="6">同一验收批强度平均值 $mf_{cu}=$ $f_{cu,min}=$</td></tr>
<tr><td colspan="6">前一检验期强度标准差 $\sigma_0=$</td></tr>
<tr><td colspan="6">同一验收批强度标准差 $s_{f_{cu}}=$</td></tr>
<tr><td colspan="6">验收批各组试件强度（MPa）</td></tr>
<tr><td colspan="6"></td></tr>
<tr><td colspan="5">统 计 方 法</td><td>非统计方法</td></tr>
<tr><td>标准差已知统计法</td><td>$mf_{cu}\geqslant f_{cu,k}\pm 7\sigma0$
$f_{cu,min}\geqslant f_{cu,k}-0.7\sigma0$
当强度等级$\leqslant C$ 20时
$f_{cu,min}\geqslant 0.85f_{cu,k}$
当强度等级$>C$ 20时
$f_{cu,min}\geqslant 0.9f_{cu,k}$</td><td>标准差未知统计法</td><td colspan="2">$mf_{cu}-\lambda_1 S_{f_{cu}}\geqslant 0.9f_{cu,k}$
$f_{cu,min}\geqslant \lambda_2 f_{cu,k}$</td><td>$f_{cu}\geqslant 1.15f_{cu,k}$
$f_{cu}\geqslant 0.95f_{cu,k}$</td></tr>
<tr><td colspan="6">依据标准：</td></tr>
<tr><td rowspan="3">参加人员</td><td rowspan="3" colspan="2">监理（建设）单位

年 月 日</td><td colspan="3">施 工 单 位</td></tr>
<tr><td>专业技术负责人</td><td>质检员</td><td>统计</td></tr>
<tr><td></td><td></td><td></td></tr>
</table>

混凝土强度评定表是以经施工企业技术负责人审查签章后的本表格式形式归存。

2. 实施目的

混凝土强度评定是指单位混凝土强度进行综合核查评定用表。主要核查水泥等原材料使用是否与实际相符，混凝土强度等级、试压龄期、养护方法、试块留置的部位及组数等是否符合设计要求和有关标准规范的规定。

3. 资料要求

(1) 工业与民用建筑结构的混凝土试块留置必须符合相应专业规范的要求。

(2) 混凝土试块标养为28天强度，标养试块要有测试温度、湿度记录。非标养试块应有测温记录，超龄期混凝土应按有关规定换算为28天强度，以判定混凝土强度等级。

(3) 对于蒸汽养护的混凝土结构和构件，其试块应随同结构和构件养护，再转入标准条件下养护，共计28天。

(4) 抗渗、抗冻混凝土单位工程试块的留置数量应符合相应专业规范的要求。

(5) 必须实行见证取样，试验室应在见证取样人名单上加盖公章和经手人签字。

(6) 当发现有下列情况之一者，应核定为“不符合要求”：

1) 无试验室确定的混凝土配合比试配报告单和混凝土试块试验报告单；

2) 混凝土留置的试块不足，试压强度普遍超龄期，原材料状况与配合比要求不符；

3) 出现不合格的混凝土试块，又无科学鉴定和采取相应的技术措施进行处理；

4) 有抗渗设计要求的混凝土，未提供混凝土抗渗试验报告单或抗渗报告单中的部位、组数、抗渗等级达不到设计要求及有关规定；

5) 混凝土试块取样、制作、养护、试压等方法不符合规范要求，试块强度不能真正反映和代表结构或构件混凝土的真实强度；

6) 不按规定留置混凝土试块；

7) 试验报告单子项填写不全，无结论为不符合要求。

(7) 混凝土试块测试应同时具有“标养”试块、同条件养护试块，以保证混凝土强度的真实性。非“标养”度块必须提供28天日养护温度记录，作为分析测试结果时参考。

4. 实施要点

(1) 评定结构构件的混凝土强度应采用标准试件和同条件养护试块共同判定混凝土强度的方法。标准养护：即按标准方法制作的边长为150mm的标准尺寸的立方体试件，在温度为20±3℃、相对湿度为90%以上的环境或水中的标准条件下，养护到28天龄期时按标准试验方法测得的混凝土立方体抗压强度。

确定结构构件的拆模、出池、出厂、吊装、张拉、放张、施工期间临时负荷时和结构实体检验用同条件养护试件进行强度检验。试件采用标准尺寸试件测试混凝土强度。

试件强度试验的方法应符合现行国家标准《普通混凝土力学性能试验方法》的规定。

注：1. 试件应采用钢模制作。

2. 对采用蒸汽法养护的混凝土结构构件，其标准试件应先随同结构构件同条件蒸汽养护，再转入标准条件下养护共28天。

(2)《混凝土强度检验评定标准》(GBJ107—87) 规定，混凝土的强度评定根据混凝土生产条件的稳定程度，按统计方法和非统计方法分别进行。

混凝土强度检验评定，不同评定方法的采用条件、验收批构成、标准差计算、验收界限、验收函数和合格条件见表C2-4-17。

(3) 混凝土试件强度检验评定方法要求。

1) 混凝土试块强度检验评定方法一般采用统计方法评定或非统计方法评定；

混凝土强度检验评定总表　　　　表 C2-4-17A

<table>
<tr><td rowspan="2">评定方法</td><td rowspan="2">采用条件</td><td rowspan="2">验收批的样本容量</td><td rowspan="2">标准差</td><td colspan="7">验　收　界　限</td></tr>
<tr><td colspan="4">平均值界限</td><td colspan="3">最小值界限</td></tr>
<tr><td>标准差已知统计法</td><td>生产条件长期一致、强度变异性保持稳定</td><td>连续 3 组</td><td>$\sigma_0=\frac{0.59}{m}\sum_{i=1}^{m}\Delta f_{cu,k}$
$(m\geqslant15)$</td><td colspan="4">$[mf_{cu}]=f_{cu,k}+0.7\sigma_0$</td><td colspan="3">$[f_{cu,min}]=\begin{cases}f_{cu,k}-0.7\sigma_0\\0.85f_{cu,k} & (\leqslant C20)\\0.90f_{cu,k} & (C20)\end{cases}$</td></tr>
<tr><td rowspan="3">标准差未知统计法</td><td rowspan="3">生产条件和强度变异性有变化或无前期强度标准差</td><td rowspan="3">不少于 10 组</td><td rowspan="3">$S_{f_{cu}}=\sqrt{\frac{\sum_{i=1}^{m}f_{cu,i}^2-nm^2f_{cu}}{n-1}}$
$\geqslant0.06f_{cu,k}$</td><td colspan="4">$[mf_{ca}]=0.9f_{cu,k}+\lambda_1S_{f_{cu}}$</td><td colspan="3">$[f_{cu,min}]=\lambda_2S_{f_{cu,k}}$</td></tr>
<tr><td>n</td><td>10.14</td><td>15.24</td><td>≥25</td><td>n</td><td>10.14</td><td>≥15</td></tr>
<tr><td>λ_1</td><td>1.70</td><td>1.65</td><td>1.60</td><td>λ_2</td><td>0.90</td><td>0.85</td></tr>
<tr><td>非统计法</td><td>零星个别生产</td><td>少于 10 组</td><td>—</td><td colspan="4">$[mf_{cu}]=1.15f_{cu,k}$</td><td colspan="3">$[f_{cu,min}]=0.95f_{cu,k}$</td></tr>
<tr><td colspan="3">合格条件</td><td colspan="8">$mf_{cu}\geqslant[mf_{cu}]$
$f_{cu,min}\geqslant[f_{cu,min}]$</td></tr>
<tr><td rowspan="2">验收函数</td><td colspan="2">平均值</td><td colspan="8">$mf_{cu}=\frac{\sum_{i=1}^{m}f_{cu,i}}{n}$</td></tr>
<tr><td colspan="2">最小值</td><td colspan="8">$f_{cu,min}$</td></tr>
</table>

2）填表步骤：

①确定单位工程中需要统计评定的混凝土验收批，找出所有同一强度等级的各种试件强度值；

②填写所有已知项目；

③分别计算出该批混凝土试块批的强度平均值、标准差、找出合理判定合格系数和混凝土强度试块最小值填入表内；

④计算出各评定数据并对混凝土试件强度进行判定，结论填入表内。

3）C2-4-17　统计方法评定

①标准差已知的统计方法。

a. 评定程序如图 C2-4-17A 所示。

b. 混凝土强度应分批进行验收。同一验收批的混凝土应由强度等级相同、生产工艺和配合比基本相同的混凝土组成，对现浇混凝土结构构件，尚应按单位工程的验收项目划分验收批，每个验收项目应按现行国家标准《建筑工程施工质量验收统一标准》GB 50300—2001 确定。对同一验收批的混凝土强度，应以同批内标准试件的全部强度代表值来评定。

c. 当混凝土的生产条件在较长时间内能保持一致，且同一品种混凝土的强度变异性能保持稳定时，应由连续的 3 组试件代表一个验收批，其强度应同时符合下列要求：

$$mf_{cu}\geqslant f_{cu,k}+0.7\sigma_0 \qquad f_{cu,min}\geqslant f_{cu,k}-0.7\sigma$$

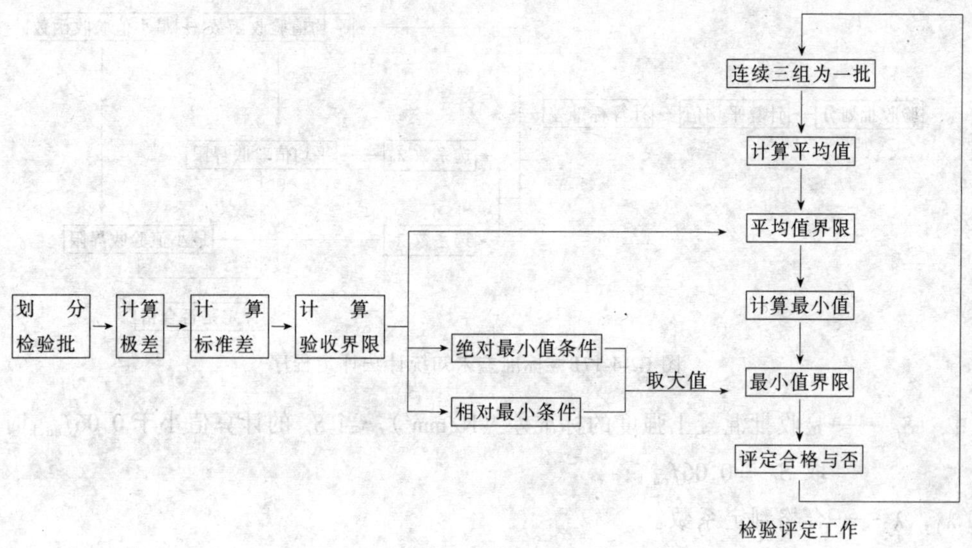

图 C2-4-17A 标准差已知统计法评定程序

d. 当混凝土强度等级不高于 C20 时，尚应符合下式要求：

$$f_{cu,min} \geqslant 0.85 f_{cu,k}$$

e. 当混凝土强度等级高于 C20 时，尚应符合下式要求：

$$f_{cu,min} \geqslant 0.90 f_{cu,k}$$

式中 m_{fcu}——同一验收批混凝土强度的平均值，N/mm²；

$f_{cu,k}$——设计的混凝土强度标准值，N/mm²；

σ_0——验收批混凝土强度的标准差，N/mm²；

$f_{cu,min}$——同一验收批混凝土强度的最小值，N/mm²；

f. 验收批混凝土强度的标准差，应根据前一检验期内同一品种混凝土试件的强度数据，按下列公式确定：

$$\sigma_0 = \frac{0.59}{m}\sum_{i=1}^{m} \Delta f_{cu,k}$$

式中 $\Delta f_{cu,k}$——前一检验期内第 i 验收批混凝土试件中强度的最大值与最小值之差；

m——前一检验期内验收批总数。

注：每个检验期不应超过 3 个月，且在该期间内验收批总批数不得少于 15 组。批数不足 15 批或时间过长的情况下，用标准差书籍统计法检验评定混凝土强 度是不正确的。

②标准差未知的统计方法。

评定程序如图 C2-4-17B 所示。

当混凝土的生产条件不能满足“在较长时间内保持一致，且同一品种混凝土的强度变异性能保持稳定”的规定，或在前一检验期内同一品种混凝土没有足够的强度数据用以确定验收批混凝土强度标准差时，应由不少于 10 组的试件代表一个验收批，其强度应同时符合下列要求：

$$mf_{cu} - \lambda_1 S_{fcu} \geqslant 0.9 f_{cu,k}$$

$$f_{cu,min} \geqslant \lambda_2 f_{cu,k}$$

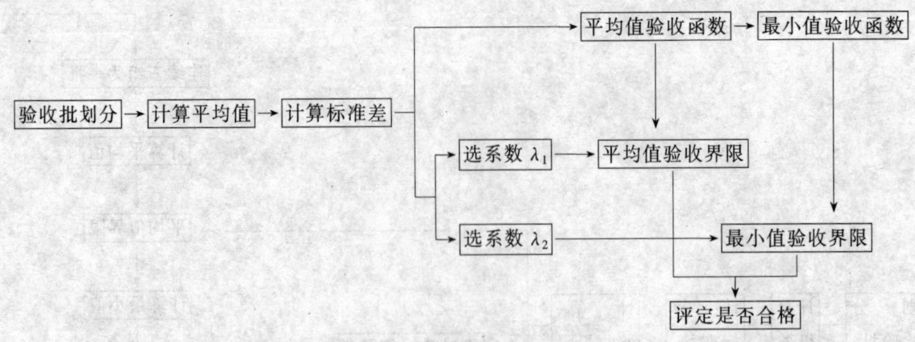

图 C2-4-17B 标准差未知统计法评定程序

式中 $S_{f_{cu}}$——验收批混凝土强度的标准差（N/mm^2），当 $S_{f_{cu}}$ 的计算值小于 $0.06f_{cu,k}$时，取 $S_{f_{cu}}=0.06f_{cu,k}$；

λ_1，λ_2——合格判定系数。

验收批混凝土强度的标准差 S_{fcu}应按下式计算：

$$S_{fcu}=\sqrt{\sum_{i=1}^{n}\frac{f_{cu,i}^2-nm^2f_{cu}}{n-1}}$$

式中 $f_{cu,i}$——验收批内第 i 组混凝土试件的强度值（N/mm^2）；

n——验收批内混凝土试件的总组数。

合格判定系数，应按表 C2-4-17B 取用。

合 格 判 定 系 数　　表 C2-4-17B

试 件 组 数	10 ~ 14	15 ~ 24	≥25
λ_1	1.70	1.65	1.60
λ_2	0.90	0.85	

注：试件组数不足 10 组时采用标准差未知统计法检验评定混凝土强度是不正确的。

4）C2-4-17C 非统计方法评定

①非统计方法的评定程序。

非统计方法的评定程序框图如图 C2-4-17 所示。

②对零星生产的预制构件的混凝土或现场搅拌批量不大的混凝土（指一个验收批的试件不足 10 组时），可采用非统计法评定。

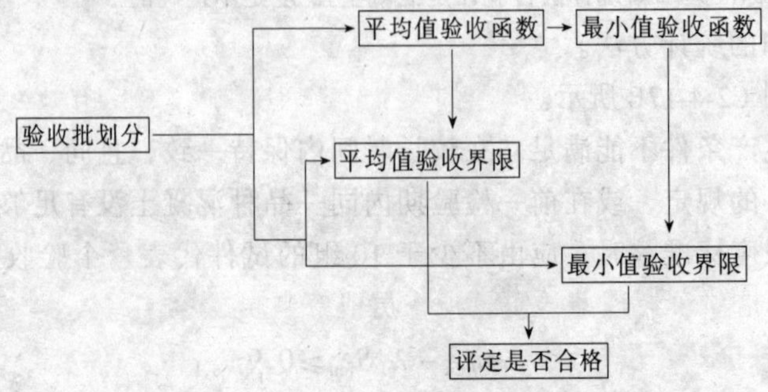

图 C2-4-17 非统计法的评定程序

$$m_{fcu} \geqslant 1.15 f_{cu,k}$$

$$f_{cu,min} \geqslant 0.95 f_{cu,k}$$

5. 混凝土试块强度评定资料核查注意事项

（1）凡钢筋混凝土工程均应事先选样进行混凝土强度试配。

（2）采用商品混凝土应有出厂合格证，由搅拌站试验室按要求进行试验，试块强度以现场制作试块作为检验结构强度质量的依据。如对进场混凝土有怀疑，应会同搅拌站有关负责人到现场共同取样进行试验，并应进行外观鉴定，决定能否使用，并做好记录反映在资料中。

搅拌站试验的有关数据（原始试验单或单位工程有关试验汇总报表）应交施工单位归入技术档案，留置数量应具有代表性，能正确反映各部位不同混凝土的试块强度。

（3）现场所用材料应和试配通知单相符，单位工程全部混凝土试块强度应按工程部位的施工顺序列表，内容包括各组试块强度及达到设计标号的百分比，并注明试验报告的编号。

（4）混凝土试件评定中应注意当试件尺寸为骨料粒径的3倍时，试件的试验结果不具有代表性。

（5）核查要点：

1）按照施工图设计要求，核查混凝土配合比及试块强度报告单中混凝土强度等级、试压龄期、养护方法、试块的留置部位及组数、试块抗压强度是否符合设计要求及有关规范、标准的规定。

2）核查混凝土试块试验报告单中的水泥是否和水泥出厂合格证或水泥试验报告单中的水泥品种、强度等级、厂牌相一致。对超龄期的水泥或质量有疑义的水泥应经检验重新鉴定其强度等级，并按实际强度设计和试配混凝土配合比。

3）核查混凝土试块试验报告单中，是否以混凝土强度等级取代混凝土标号；是否以《混凝土强度检验评定标准》（GBJ107—87）来检评混凝土的强度质量。

4）当混凝土验收批抗压强度不合格时，是否及时进行鉴定，并采取相应的技术措施和处理办法，处理记录是否齐全，设计单位是否签认。

5）核验每张混凝土试块试验报告单中的试验子目是否齐全，试验编号是否填写，计算是否正确，检验结果是否明确。

6）有抗渗设计要求的混凝土，应核查混凝土抗渗试验报告单中的部位、组数、抗渗等级是否符合要求，是否有缺漏部位或组数不全以及抗渗等级达不到设计要求等情况。

7）责任制：

①监理（建设）单位：指监理单位的专业监理工程师，签字有效。当不委托监理时由建设单位的项目负责人签字。

②专业技术负责人：指项目经理部的专业技术负责人，签字有效。

③质检员：指项目经理部的专职质量检查员，签字有效。

④统计：一般指项目经理部的质量检查员或资料员，签字有效。

4.2.4-18　砂浆抗压强度试验报告汇总表（C2-4-18）

1. 资料表式

砂浆抗压强度试验报告汇总表 表 C2-4-18

工程名称：

<table>
<tr><td>序号</td><td>试验编号</td><td>施工部位</td><td>设计强度等级</td><td>试块成型日期</td><td>龄期</td><td>砂浆试块平均强度</td><td colspan="2">备注</td></tr>
<tr><td></td><td></td><td></td><td></td><td></td><td></td><td></td><td colspan="2"></td></tr>
<tr><td></td><td></td><td></td><td></td><td></td><td></td><td></td><td colspan="2"></td></tr>
<tr><td></td><td></td><td></td><td></td><td></td><td></td><td></td><td colspan="2"></td></tr>
<tr><td></td><td></td><td></td><td></td><td></td><td></td><td></td><td colspan="2"></td></tr>
<tr><td rowspan="2">强度评定</td><td colspan="8">砂浆品种符合设计要求，强度必须符合下列规定：
一、砂浆强度评定以同一验收批砂浆试块抗压强度计算。
二、同品种、同强度等级的砂浆各组试块平均强度必须大于或等于设计强度等级所对应的立方体抗压强度。
三、同一验收批任意最小一组试块强度平均值必须大于或等于设计强度等级所对应的立方体抗压强度的 0.75 倍。</td></tr>
<tr><td colspan="6">计算：</td><td colspan="2">结论：</td></tr>
<tr><td colspan="9">填表单位： 审核： 制表： 年 月 日</td></tr>
</table>

2. 实施目的

砂浆抗压强度试验报告汇总表是指单位工程中砂浆试块试验报告的整理汇总表，以便于核查砂浆强度是否符合设计要求

3. 资料要求

砂浆试块强度试验报告汇总表按施工过程中依序形成的砂浆试块强度试验报告表式经核查后全部汇总，不得缺漏。

4. 实施要点

(1) 合格证、试验报告的整理顺序按工程进度为序进行整理，如地基基础、主体工程等。

(2) 砂浆的品种、强度等级、规格应满足设计要求的品种，否则为合格证、试验报告不全。由核查人判定是否符合要求。

(3) 施工部位：按原试验报告单上的施工部位填写。

(4) 设计要求强度等级：指施工图设计要求的砂浆强度等级，按原砂浆试块试验报告单上设计要求强度等级填写。

(5) 试块成型日期：按原试验报告单上的试块成型日期。

(6) 龄期：照原试验报告单上的试块的龄期填写。

(7) 砂浆试块平均强度：指每组砂浆试块的平均强度，照原砂浆试块试验报告单上的

砂浆试块的平均强度填写，应对砂浆试块平均强度进行汇总合计填写。

(8) 强度评定：

1) 计算：按砂浆抗压强度试验报告以单位工程为单元的合计组数计算。

2) 结论：砂浆抗压强度计算结果以同品种、同强度等级砂浆各组试块平均强度不小于设计砂浆强度等级为合格；任意一组试块的强度不小于0.75倍的设计砂浆强度等级为合格，否则为不合格。

(9) 责任制：

1) 填表单位：一般为工程的施工单位名称，按实际填写，盖章有效。

2) 审核：指项目经理部的技术负责人，签字有效。

3) 制表：一般指项目经理部的质量检查员或资料员，签字有效。

4.2.4-19 砂浆试配报告单（C2-4-19）

1. 资料表式

砂浆试配报告单 **表 C2-4-19**

委托单位： 试验编号：

工程名称				委托日期	
使用部位				报告日期	
砂浆种类		设计等级		要求稠度	
水泥品种强度等级		生产厂家		试验编号	
砂 规 格				试验编号	
掺合料种类				试验编号	
外加剂种类				试验编号	
配 合 比					
材料名称	水泥	砂子	掺合料	水	外加剂
用量 kg/m^3					
质量配合比					
实测稠度		分层度		养护条件	
依据标准：					
检验结论					
试验单位：		技术负责人：	审核：	试验：	

砂浆试配报告单是以经施工企业技术负责人审查签章后的本表格式形式归存。

2. 实施目的

砂浆试配报告单是指承包单位根据设计要求的砂浆强度等级，提请实验单位进行试配后出具的报告单。

3. 资料要求

（1）申请试配应提供砂浆的技术要求，原材料的有关性能，砂浆的搅拌、施工方法和养护方法等，设计有特殊要求的砂浆应特别予以详细说明。

（2）试验、审核、技术负责人签字齐全，并加盖试验单位公章。

4. 实施要点

（1）不论砂浆的工程量大小、强度等级高低，均应进行试配，并按试配单拌制砂浆，严禁使用经验配合比。

（2）关于稠度、分层度的检查。

1）《砌体砂浆配合比设计规程》（JGJ98—2000）第4.0.3条条文说明指出：所谓合格砂浆即是砌筑砂浆的稠度、分层度、强度必须都合格，砂浆配合比设计此三项均为必检项目。即是说试验室在进行砂浆试配中应进行此三项试验。

现场拌制砂浆的质量验收应按《砌体工程施工质量验收规范》（GB50203—2002）。

①稠度：是直接影响砂浆流动性和可操作性的测试指标。稠度小流动性大，稠度过小会降低砂浆强度。

②分层度：是影响砂浆保水性的测试指标。分层度在10～30mm时，砂浆保水性好。分层度大于30mm砂浆的保水性差，分层度接近于零时砂浆易产生裂缝，不宜作抹面用。

现场施工过程中为确保砌筑砂浆质量应适当进行稠度和分层度检查。

（3）表列子项：

1）使用部位：按委托单上的使用部位填写。

2）砂浆种类：按委托单上的设计要求的砂浆种类填写。

3）要求稠度：指施工规范或设计要求的砂浆稠度，按实际采用值填写。

4）水泥品种、强度等级：指用于砂浆的水泥品种及强度等级，按实际采用值填写。

5）试验编号：指用于砂浆的水泥品种及强度等级的原试验报告编号。

6）砂规格：指设计或规范要求的砂浆用砂的规格，按实际采用值填写。

7）试验编号：指用于砂浆的砂的品种的原试验报告编号。

8）掺合料种类：指用于砂浆的掺合料种类，按实际采用值填写。

9）试验编号：指用于砂浆的掺合料不同种类的原试验报告编号。

10）外加剂种类：指用于砂浆的外加剂种类，按实际采用值填写。

11）试验编号：指用于砂浆的外加剂不同种类的试验报告编号。

12）配合比：

①质量配合比：指砂浆的实际施工配合比。

②实测稠度：指实验室根据设计或委托要求配制的不同强度的砂浆的实测稠度。

③分层度：实验室根据设计要求配制的不同强度的砂浆的分层度。

④养护条件：指砂浆的在试验室试配时的养护条件。

13）依据标准：由试验室根据试验实际应用标准名称填写。

14）备注：需要说明的其他事宜。

15）责任制：同混凝土试验报告单。

4.2.4-20 砂浆试块试验报告（C2-4-20）

1. 资料表式

砂浆试块试验报告 表 C2-4-14

委托单位： 试验编号：

工程名称					委托日期	
结构部位					报告日期	
强度等级		砂浆种类			检验类别	
配合比号					养护方法	
试样编号	成型日期	破型日期	龄期 d	强度值 MPa	强度代表值 MPa	达设计强度 %
依据标准：						
备注：						
试验单位：		技术负责人：		审核：		检验：

砂浆试块试验报告是以经施工企业技术负责人审查签章后的本表格式形式归存。

2. 实施目的

砂浆试块试验报告单是指承包单位根据设计要求的砂浆强度等级，由施工单位在施工现场按标准要求留置砂浆试块，由试验单位进行的强度测试后出具的报告单。

3. 资料要求

(1) 砂浆强度以标准养护龄期 28 天的试块抗压试验结果为准，在冬施条件下养护时应增加同条件养护的试块，并有测温记录。

(2) 非标养试块应有测温记录，超龄期试块按有关规定换算为 28 天强度进行评定。

(3) 砌筑砂浆试块强度验收时其强度合格标准必须符合以下规定：

同一验收批砂浆试块抗压强度平均值必须大于或等于设计强度等级所对应的立方体抗压强度；同一验收批砂浆试块抗压强度的最小 1 组平均值必须大于或等于设计强度等级所对应的立方体抗压强度的 0.75 倍。

注：①砌筑砂浆的验收批，同一类型、强度等级的砂浆试块应不少于 3 组。当同一验收批只有一组试块时，该组试块抗压强度的平均值必须大于或等于设计强度等级所对应的立方体抗压强度。

②砂浆强度应以标准养护，龄期为 28d 的试块抗压试验结果为准。

(4) 每一检验批且不超过 $250m^3$ 砌体的各种类型及强度等级的砌筑砂浆，每台搅拌机应至少抽检一次；在砂浆搅拌机出料口随机取样制作砂浆试块（同盘砂浆只应制作一组试块），最后检查试块强度试验报告单。

（5）当施工中或验收时出现下列情况，可采用现场检验方法对砂浆和砌体强度进行原位检测或取样检测，并判定其强度：

1）砂浆试块缺乏代表性或试块数量不足；

2）对砂浆试块的试验结果有怀疑或有争议；

3）砂浆试块的试验结果，不能满足设计要求。

（6）有特殊性能要求的砂浆，应符合相应标准并满足施工规范要求。

（7）砂浆试块留置数量不符合要求，代表性不足，为不符合要求，但经设计部门认定合格者，可按基本符合要求评定。

（8）部位不清、子项填写不全，应为不符合要求。

（9）砂浆试块用料与设计不符的，如设计为混合砂浆，而实际用水泥砂浆，虽强度达到设计强度等级仍应为不符合要求。

4. 实施要点

（1）砂浆的配合比：

1）砂浆的配合比应采用经试验室确定的重量比，配合比应事先通过试配确定。

水泥、有机塑化剂和冬期施工中掺用的氯盐等的配料准确度应控制在±2%以内；砂、水及石灰膏、电石膏、粘土膏、粉煤灰、磨细生石灰粉等组分的配料精确度应控制在±5%范围内。砂应计入其含水量对配料的影响。

2）为使砂浆具有良好的保水性，应掺入无机或有机塑化剂，不应采取增加水泥用量的方法。

3）水泥砂浆的最小水泥用量不宜小于 200kg/m^3。

4）砌浆砂浆的分层度不应大于 30mm。

5）石灰膏、粘土膏和电石膏的用量，宜按稠度 120±5mm 计量。现场施工时当石灰膏稠度与试配时不一致时，可参考表 C2-4-12 换算。

石灰膏不同稠度时的换算系数　　表 C2-4-12

石灰膏稠度（mm）	120	110	100	90	80	70	60	50	40	30
换算系数	1.00	0.99	0.97	0.95	0.93	0.92	0.90	0.88	0.87	0.86

（2）当砂浆的组成材料有变更时，其配合比应重新确定。

（3）砌筑砂浆采用重量配合比，如砂浆组成材料有变更，应重新选定砂浆配合比。砂浆所有材料需符合质量检验标准，不同品种的水泥不得混合使用。砂浆的种类、强度等级、稠度、分层度均应符合设计要求和施工规范规定。

（4）核查要点：

1）按照设计施工图要求，核查砂浆配合比及试块强度报告单中砂浆品种、强度等级、试块制作日期、试压龄期、养护方法、试块组数、试块强度是否符合设计要求及施工规范的规定；

2）核验每张砂浆试块抗压强度试验报告中的试验子目是否齐全，试验编号是否填写，试验数据计算是否正确；

3）核查砂浆试块抗压强度试验报告单是否和水泥出厂质量合格证或水泥试验报告单的水泥品种、强度等级、厂牌相一致；

4）主要承重砌体砂浆出现下列情况之一者，本项目应核定为不符合要求：

①无试验室确定的砂浆配合比报告单和砂浆试块试验报告。

②砂浆留置的试块组数不足，试压龄期普遍超龄期，原材料状况与配合比要求有明显差异。

③砂浆试块抗压强度不符合施工质量验收规范规定，又未提供鉴定和处理结论。

5）所用材料应与配合比通知单相符，单位工程全部砂浆试块强度应按工程部位的施工顺序列表，内容包括各组试块强度及达到设计强度等级的百分比，应注明试验的编号。凡强度达不到设计要求的，应有鉴定处理方案和实施记录，并经设计部门签认。否则应为不符合要求项目。

（5）试块制作：

1）将内壁事先涂刷薄层机油的7.07cm×7.07cm×7.07cm的无底金属或塑料试模，放在预先铺有吸水性较好的湿纸的普通砖上，砖的含水率不应小于10%。砖的含水率不大于2%。试模内壁先涂刷机油或脱模剂。

2）砂浆拌和后一次注满试模内，用直径10mm、长350mm的钢筋捣棒（其中一端呈半球形）均匀由外向里螺旋方向插捣25次，然后在四侧用油漆刮刀沿试模壁插捣数次，砂浆应高出试模顶面6~8mm。

3）当砂浆表面开始出现麻斑状态时（约15~30min），将高出部分的砂浆沿试模顶面削去抹平。

（6）试块养护：

1）试块制作后，一般应在正温度环境中养护一昼夜（24±2h），当气温较低时，可适当延长时间，但不应超过两昼夜，然后对试块进行编号并拆模。

2）试块拆模后，应在标准养护条件或自然养护条件下继续养护至28天，然后进行试压。

3）标准养护：

①水泥混合砂浆应在温度为20±3℃，相对湿度为60%~80%的条件下养护。

②水泥砂浆和微沫砂浆应在温度为20±3℃，相对湿度为90%以上的潮湿条件下养护。

4）自然养护：

①水泥混合砂浆应在正温度，相对湿度为60%~80%的条件下（如养护箱中或不通风的室内）养护。

②水泥砂浆和微沫砂浆应在正温度并保持试块表面湿润的状态下（如湿砂堆中）养护。

③养护期间必须做好温度记录。在有争议时，以标准养护条件为准。

（7）砌筑砂浆测试结果为低强度值时，《规范》已划定界限，单组值小于设计强度0.75倍时为不合格试块，需采用非破损或微破损方法对现形砂浆进行原位法检测，依据检测结果做出判定和处理。

（8）表列子项：

1）使用部位：按委托单上的使用部位填写。

2）报告日期：按报告的实际发出日期填写。

3）强度等级：指设计要求的砂浆强度等级，按实际填写。

4）砂浆种类：指设计要求的砂浆种类，按实际填写。

5）检验类别：分别为委托、仲裁、抽样、监督、对比，按实际填写。

6）配合比：按试验通知单建议的施工配合比，或按调整后的配合比填写，调整后的配合比不得低于试配单的建议值。

7）成型日期：指砂浆试块的制模成型日期按委托单诚型日期填写。

8）破型日期：指实际试压的日期，按实际破型日期填写。

9）龄期：指 3 天、7 天、28 天龄期强度，以 28 天“标养”为准。

10）强度值：指每一试块单位面积上的荷载值。

11）强度代表值：即按标准规定的取值方法，计算得出的强度值。

12）达到设计等级的百分比：强度代表值与设计等级的百分比。

注：试块试验不合格时，可按混凝土的有关技术要求进行处理。

4.2.5 隐蔽工程验收记录（C2-5）

1. 资料表式

隐蔽工程验收记录（通用） **表 C2-5-1**

施工单位：

工程编号			分项工程名称
施工图名称及编号			项目经理
施工标准名称及代号			专业技术负责人
隐蔽工程部位	质量要求	施工单位自查情况	监理（建设）单位验收情况
施工单位自查结论	施工单位项目技术负责人： 年 月 日		
监理（建设）单位验收结论	监理工程师（建设单位项目负责人）： 年 月 日		
备 注			

钢筋隐蔽工程验收记录表 表 C2-5-2

<table>
<tr><td colspan="2">单位工程名称</td><td></td><td colspan="2">施工单位</td><td colspan="2"></td></tr>
<tr><td colspan="2">隐蔽项目部位</td><td></td><td colspan="2">要求隐蔽日期</td><td colspan="2">年 月 日</td></tr>
<tr><td colspan="2">图 号</td><td></td><td colspan="2">检验日期</td><td colspan="2">年 月 日</td></tr>
<tr><td rowspan="8">隐
检
内
容</td><td>钢筋品种、规格、数量</td><td colspan="3"></td><td colspan="3" rowspan="8">图示：</td></tr>
<tr><td>钢筋接头位置和形式</td><td colspan="3"></td></tr>
<tr><td>除锈和油污</td><td colspan="3"></td></tr>
<tr><td>钢筋代用</td><td colspan="3"></td></tr>
<tr><td>胡子筋</td><td colspan="3"></td></tr>
<tr><td></td><td colspan="3"></td></tr>
<tr><td></td><td colspan="3"></td></tr>
<tr><td>其 他</td><td colspan="3"></td></tr>
<tr><td>施工单位
检查意见</td><td colspan="2"></td><td rowspan="3">钢材试验单或焊件编号</td><td colspan="3"></td></tr>
<tr><td>监理单位
复查意见</td><td colspan="2"></td><td colspan="3"></td></tr>
<tr><td>建设单位
的意见</td><td colspan="2"></td><td colspan="3"></td></tr>
<tr><td rowspan="3">备
注</td><td colspan="2" rowspan="3"></td><td rowspan="3">施工单位</td><td colspan="2">工程技术负责人</td><td></td></tr>
<tr><td colspan="2">工 长</td><td></td></tr>
<tr><td colspan="2">质量检查员</td><td></td></tr>
</table>

注：重要的隐蔽工程验收，设计单位应参加并签章。一般工程的验收设计单位应审查施工单位提供的隐蔽验收记录，核定其可否隐蔽。

隐蔽工程验收记录是以经施工企业技术负责人审查签章后的本表格式形式归存。

2. 实施目的

隐蔽验收项目是指为下道工序所隐蔽的工程项目，关系到结构性能和使用功能的重要部位或项目的隐蔽检查；凡本工序操作完毕，将被下道工序所掩盖、包裹而再无从检查的工程项目均称为隐蔽工程项目。在隐蔽前必须进行隐蔽工程验收。

3. 资料要求

(1) 隐蔽工程验收项目：土建、水暖、电气、通风与空调、电梯、建筑智能化等专业均需进行隐蔽工程验收，并按表列内容填写隐蔽工程验收记录。

(2) 隐蔽工程验收需按相应专业规范规定执行，隐蔽内容应符合设计图纸及规范要求。

(3) 隐蔽验收单内容填写齐全，问题记录清楚、具体，结论准确，为符合要求。

(4) 按部位不同，分别由有关部门及时验收、签证，并签字加盖公章，为符合要求，隐蔽日期和其他资料有矛盾与实际不符为不符合要求。

(5) 有关测试资料填写齐全为符合要求，测试资料不全为不符合要求。

4. 实施要点

(1) 隐蔽验收项目是指为下道工序所隐蔽的工程项目，关系到结构性能和使用功能的重要部位或项目的隐蔽检查，在隐蔽前必须进行隐蔽工程验收。隐蔽工程验收由项目经理部的技术负责人提出，向项目监理机构提请报验，报验手续应及时办理，不得后补。需要进行处理的隐蔽工程项目必须进行复验，提出复验日期，复验后应做出结论。隐蔽验收的部位要复查材质化验单编号、设计变更、材料代用的文件编号等。隐蔽工程检查验收的报验应在隐验前两天，向项目监理机构提出隐蔽工程的名称、部位和数量。

(2) 隐蔽验收项目包括：

土建工程需进行隐蔽工程验收记录的部位及内容：

1) 定位抄测放线记录：一般应包括建筑物定位检测记录，要注明建筑物与建筑红线及原有相邻建筑物的关系，并标量 ±0.00 的绝对标高值；土方开挖检测记录；基础施工检测记录；预制柱杯口底标高检测记录；每层平口检测放线记录（砖平口或混凝土板安装完）；地面标高检测记录；柱子检测放线记录；牛腿标高检测记录等。

2) 土方工程：基坑（槽）或管沟开挖竣工图；排水盲沟设置情况；填方土料、冻土块含量及填土压实试验记录。

3) 地基基础：基坑（槽）底的土质情况；基槽几何尺寸、标高；钎探、地基容许承载力复查及对不良地基的处理情况；检查地基夯实施工记录；预制桩基础的混凝土试块制作、编号及强度报告；预制桩的出厂合格证。打桩施工记录及桩位竣工图；基础钢筋的品种、规格、数量、接头位置及除锈、代用情况；防潮层做法、标高；砖石基础的组砌方法、砌体强度。

4) 砖石工程：主体结构砌体的组砌方法、砌体强度、砌体配筋情况；沉降缝、伸缩缝、防震缝的构造做法。

5) 钢筋混凝土工程：纵向、横向及箍筋钢筋的品种、规格、形状尺寸、数量及位置；钢筋连接方式的数量、接头百分率情况；钢筋除锈情况；预埋件数量及其位置；材料代用情况；绑扎及保护层情况；墙板销子铁、阳台尾部处理等；板缝灌注及胡子筋处理。

预应力筋的品种、规格、数量、位置等；预应力的锚具和连接器的品种、规格、数量、位置等；预留孔道的规格、数量、位置、形状和灌浆孔、排气管、泌水管等；锚固区局部加强构造等。

6）焊接工程：焊接强度试验报告，焊条型号、规格，焊缝长度、厚度，外观清渣按“级别”进行外观检查；超声波、X 光射线检查的主要部位是墙板、梁柱、阳台、楼板、屋面板、楼梯、钢结构等结构的焊接部位。

7）屋面工程：保温隔热层、找平层、防水层的施工记录。

8）防水工程：卷材防水层及沥青胶结材料防水层的基层、防水材料配比、防水构造情况、防水细部等；防水层被土、水、砌体等掩盖的部位；管道设备穿过防水层的封固处；外墙板空腔立缝、平缝、十字缝接头、阳台雨篷接缝等。

9）地面工程：地面下的基土；各种防护层以及经过防腐处理的结构或连接件。

10）装饰工程：各类装饰工程基层、暗龙骨吊顶与防腐、吊顶内填充吸声材料及铺设厚度、轻质隔墙的材料防腐、预埋拉结、玻璃砖隔墙的埋设与拉结等。

11）其他工程：预埋件（木砖、固定片、脚胀螺栓等）数量、位置、埋设方式；门窗框与墙体之间缝隙；饱满度填嵌；门窗框、副框和扇的固定点、间距和固定点距窗角、中横框、中竖框的距离（150～200mm）等。

12）幕墙工程：幕墙与主体结构连接的预埋件、后置埋件（拉拔力）、连接件、紧固件、吊夹具、吊挂、连接件或紧固件螺栓防松、墙角连接点等的数量、位置、焊接、各种变形缝、防火保温材料填充、防腐处理、防雷装置等。

13）其他：完工后无法进行检查的工程；重要结构部位和有特殊要求隐蔽的工程。

（3）对隐蔽工程验收除规范规定确需设计部门参加外，如还有请设计部门参加检验时应由建设单位向设计部门提出邀请。

（4）表列子项：

1）工程编号：企业根据自己施工工程的先后顺序编号或按设计图纸编号填写。

2）分项工程名称：被检查隐蔽的分项工程所在部位的名称。

3）隐蔽工程部位：指被隐蔽工程的部位名称。

4）施工标准名称及代号：指该施工图所依据的标准名称及代号。

5）施工单位自查情况：指施工单位自检后填写的自查意见及结论，由施工单位项目技术负责人签署。

6）施工单位自查结论：指施工单位自检后填写的结论意见，由施工单位项目技术负责人签署。

7）监理（建设）单位验收结论：指监理工程师（或建设单位项目负责人）根据现场的实际检查结果签署意见。

注：凡相关专业施工质量验收规范中，主控项目或一般项目的检查方法中要求进行检查隐蔽工程验收的项目，均应按资料的要求对该项施工过程中的隐蔽工程部分进行隐蔽工程验收。并填报隐蔽工程验收记录。对隐蔽工程验收不合格的部位，修复后应重新进行隐蔽工程验收。

4.2.6 施工记录（C2-6）

4.2.6-1 施工记录（通用）（C2-6-1）

1. 资料表式

＿＿＿＿＿施工记录表（通用）　　　　表 C2-6-1

工程名称		验收日期	
施工内容			
施工依据与材质			
问题与处理意见			
鉴定意见与建议			
参加验收单位及人员			
项目技术负责人：	质检员：	记录人：	

施工记录是以经施工企业技术负责人审查签章后的本表格式形式归存。

2. 实施目的

施工记录（通用）表式是为未定专项施工记录表式而又需在施工过程中进行必要记录的施工项目时采用。

3. 资料要求

（1）凡相关专业技术施工质量验收规范中，主控项目或一般项目的检查方法中要求进行检查施工记录的项目，均应按资料的要求对该项施工过程或成品质量进行检查并填写施工记录。存在问题时应有处理建议。

（2）施工记录应按表式内容填写：施工依据与材质、发现的问题及处理意见、对问题处理的鉴定意见与建议。

（3）按要求的内容填写齐全的为符合要求。应填写而没有填写施工记录的为不符合要求。

4. 实施要点

（1）施工记录（通用）表式由项目经理部的专职质量检查员或工长实施记录由项目技术负责人审定。

（2）以砌体工程为例，在现场对施工中用砖、砂浆、组砌方式、砌体加强、构造柱砌筑先进后退、尺寸等施工检查，都应进行记录，如有误也应如实记录并提出建议，绝对不应放松这方面的工作。例如对砌体用砖含水率的检查，这是一项非常重要的检查，在“砖混”中砖的含水率直接影响砌体质量。关于砌体用砖含水率的检查，试验表明：

砖的含水率将直接影响砖与砂浆的粘结力。适宜的含水率对保证砂浆强度、砖与砂浆的粘结力及整体砌体质量都是十分重要的，试验研究发现：

①当砖的含水率 < 8%时，开始对砌体强度产生不利影响；

②当砖的含水率≥8%时，砌体强度随含水率的增大而提高；

③当砖的含水率为零时，砌体抗压强度最多可降低的幅度高达36.3%；

④当砖的含水率 > 15%时，开始带来相应的质量问题，主要表现为：坠灰、砖块容易滑动、墙面不洁、灰逢不平直、墙面不平整等。

因此，规范规定：粘土砖、空心砖应提前1～2d浇水湿润，其相应的含水率为10%～15%，现场检测的简易办法为砖截面四周融水深度为15～20mm为符合要求。

对砖的淋水应作为一道重要工序看待。应注意淋匀、淋透。且应对砖堆采取适当的防晒措施。严禁干砖上墙

砌体用砖应认真做好施工记录。

（3）表列子项：

1）施工依据与材质：指该施工子项或部位的施工工艺的依据标准和施工子项或部位用材料的质量。

2）问题与处理意见：指该施工子项或部位施工中存在某种问题及该问题的处理意见。

3）鉴定意见与建议：指该施工子项或部位施工中存在某种问题需进行特殊验算或处理后提出的鉴定意见或建议。

4）责任制：

①项目技术负责人：指项目经理部的技术负责人，签字有效。

②质检员：指项目经理部的专职质量检查员，签字有效。

③记录人：一般指项目经理部的质量检查员或资料员，签字有效。

4.2.6-2 地基钎探记录（C2-6-2）

1. 资料表式

地 基 钎 探 记 录 **表 C2-6-2**

施工单位： 施工单位：

钎探方式		直径：			钎探日期：				
探点编号	锤击数								探点布置及处理部位示意图
	合计	0～30 (cm)	30～60 (cm)	60～90 (cm)	90～120 (cm)	120～150 (cm)	150～180 (cm)	180～210 (cm)	
									结论
工程技术负责人：				质检员：			钎探人：		

地基钎探记录是以经施工企业技术负责人审查签章后的本表格式形式归存。

2. 实施目的

地基钎探是为了探明基底下对沉降影响最大的一定深度内的土层情况而进行的记录，因此，基槽完成后，一般均应按照设计和规范要求进行钎探。

3. 资料要求

(1) 钎探布点，钎探深度、方法等应按有关要求执行。

(2) 钎探应有结论分析，如发现软弱层、土质不均、墓穴、古井或其他异常情况等，应有设计提出处理意见并在钎探图中标明位置。

(3) 除设计有规定外，均应进行地基钎探。

(4) 没有钎探记录为不符合要求（设计有规定时除外）。

(5) 钎探记录无结论的为不符合要求。

(6) 需经处理的地基，处理方案必须经设计同意并经监理单位认可，否则为不符合要求。

4. 实施要点

(1) 钎探点布置

1）基槽完成后，一般均应按照设计要求进行钎探，设计无要求时可按下列规则布置。

2）槽宽小于 800mm 时，在槽中心布置探点一排，间距一般为：1～1.5m，应视地层复杂情况而定。

3）槽宽 800～2000mm 时，在距基槽两边 200～500mm 处，各布置探点一排，间距一般为：1～1.5m，应视地层复杂情况而定。

4）槽宽 2000mm 以上者，应在槽中心及两槽边 200～500mm 处，各布置探点一排，每排探点间距一般为：1～1.5m，应视地层复杂情况而定。

5）矩形基础：按梅花形布置，纵向和横向探点间距均为 1～2m，一般为 1.5m，较小基础至少应在四角及中心各布置一个探点。

注：基槽转角处应再补加一个点。

（2）钎探记录分析

1）钎探应绘图编号，并按编号顺序进行击打，应固定打钎人员，锤击高度离钎顶 500～700mm 为宜，用力均匀，垂直打入土中，记录每贯入 300mm 钎段的锤击次数，钎探完成后应对记录进行分析比较，锤击数过多、过少的探点应标明与检查，发现地质条件不符合设计要求时应会同设计、勘察人员确定处理方案。

2）钎探结果，往往出现开挖后持力层的基土 60cm 范围内钎探击数偏低的现象，可能与土的卸载、含水量或灵敏度有关，应做全面分析。

注：土的灵敏度是指原状土在无侧限条件下的抗压强度与该土结构完全破坏后的重塑土在无侧限条件下的抗压强度的比值。灵敏度高低反映了土的结构性的强弱，灵敏度越高的土，其结构性愈弱，即土在受扰动后强度降低得愈多。根据灵敏度的高低，土可分为三类，当土的灵敏度大于 4 时为高灵敏度土；当土的灵敏度小于或等于 4 但大于 2 时为中灵敏度土；当土的灵敏度小于或等于 2 时为低灵敏度土。对于高灵敏度的土在施工中应特别注意保护，以免使其结构受到扰动而使强度大大降低。

3）基础验槽时，持力层基土钎探击数偏低，与地质勘察报告给定的地基容许承载力有差异。综合其原因大概为：基土卸荷、含水量高、搅动或是土的灵敏度偏高。

4）钎探孔应用砂土罐实，钎探记录应存档。同一工程使用的钎锤规格、型号必须一致。

（3）表列子项：

1）锤重：10kg。

2）落距：50cm。

3）钎探杆直径：钢钎直径为：$\phi25$，钎头 $\phi40$，成 60 度锥体。

4）钎探日期：按打钎时的年、月、日填写。

5）探点编号：按探点平面布置图上的编号依次填写。

6）锤击数：记录钢钎垂直打入每 30cm 厚土层的锤击数，并进行合计，此数据极其重要，应认真记数并记录。

7）探点布置及处理部位示意图：

探孔布置与钎探深度应根据地基土质的复杂情况和基槽宽度、形状而定。按本标准附录要求布置，也可分区布置，由施工单位绘制。

处理部位：指用打钎、洛阳铲、轻便触探或其他器具探查地基土，发现问题需处理的部位，应有队一级技术负责人提出，待验槽时一并处理。

8）结论：结论填写应慎重，应由队一级技术负责人填写。

9）地基钎探记录表原则上应用原始记录表，手损严重的可以重新抄写，但原始记录仍要原样保存，重新抄写好的记录数据、文字应与原件一致，要注明原件的保存处及有抄写人签字。

地基钎探记录表作为一项重要技术资料，必须保存完整，不得遗失。

10）钎探记录结果，应在平面上进行锤击数比较，将垂直、水平方向锤击数的比较结果予以记录。如无问题可以填写“地基土未发现异常，可以继续施工”，如果发现问题，应将分析结果报建设、勘察、设计等单位研究处理。如周围环境可能存在古墓、洞穴时，可用洛阳铲探检查并报告铲探结果，为地基处理提供较完整的资料。

11）遇下列情况之一时，可不进行轻型动力触探：

①基坑不深处有承压水层，触探可造成冒水涌砂时；

②持力层为砾石或卵石层且其厚度满足设计要求时。

12）责任制：

①项目技术负责人：指项目经理部的技术负责人，签字有效。

②质检员：指项目经理部的专职质量检查员，签字有效。

③钎探人：指直接打钎人员，签字有效。

4.2.6-3 地基验槽记录（C2-6-3）

1. 资料表式

地基验槽记录 **表 C2-6-3**

工程名称： 施工单位：

<table>
<tr><td>建筑面积</td><td colspan="2"></td><td>项目经理</td><td></td></tr>
<tr><td>开挖时间</td><td colspan="2"></td><td>项目技术负责人</td><td></td></tr>
<tr><td>完成时间</td><td colspan="2"></td><td>质检员</td><td></td></tr>
<tr><td>验收时间</td><td colspan="2"></td><td>记录人</td><td></td></tr>
<tr><td>项次</td><td colspan="2">项目</td><td>查验情况</td><td>附图或说明</td></tr>
<tr><td>1</td><td colspan="2">土壤类别</td><td></td><td rowspan="6"></td></tr>
<tr><td>2</td><td colspan="2">基底是否为老土层</td><td></td></tr>
<tr><td>3</td><td colspan="2">地基土的均匀、致密程度</td><td></td></tr>
<tr><td>4</td><td colspan="2">地下水情况</td><td></td></tr>
<tr><td>5</td><td colspan="2">有无坑、穴、洞、窑、墓</td><td></td></tr>
<tr><td>6</td><td colspan="2">其他</td><td></td></tr>
<tr><td>初验结论</td><td colspan="3"></td><td></td></tr>
<tr><td>复验结论</td><td colspan="3"></td><td></td></tr>
<tr><td>建设单位</td><td>监理单位</td><td>设计单位</td><td>勘察单位</td><td>施工单位</td></tr>
<tr><td></td><td></td><td></td><td></td><td></td></tr>
</table>

地基验槽记录是以经施工企业技术负责人审查签章后的本表格式形式归存。

2. 实施目的

地基土是建筑物的基石，认真细致地进行地基验槽，及时发现并慎重处理好地基施工中出现的有关问题，是保证地基土符合设计要求的一项重要措施。同时可以丰富和提高工程勘察报告的准确程度。

3. 资料要求

(1) 填写内容齐全，例如：土壤类别、基槽几何尺寸、标高、基底是否为老土、基土的均匀程度和地基土密度，以及有无坑、穴、洞、古墓等，签字盖章齐全。

(2) 地基需处理时，须有设计部门的处理方案。处理后应经复验并注明复验意见。

(3) 对有地基处理或设计要求处理及注明的地段、处理的方案、要求、实施记录及实施后的验收结果，应作为专门问题进行处理，归档编号。

(4) 地基验槽除设计有规定外，均应提供地基钎探记录资料，没有地基钎探时应补探。

(5) 地基验收必须由当地质量监督部门监督的情况下进行地基验槽，由建设、设计、施工、监理各方签证为符合要求，否则为不符合要求。

(6) 按要求填写齐全，不漏项，签字盖章齐全为符合要求，否则为不符合要求。

(7) 地基处理，有设计部门处理方案的为符合要求，无处理方案的为不符合要求。

(8) 验槽记录无设计单位代表参加和签证为不符合要求。

(9) 基底持力层、地基容许承载力不满足设计要求为不符合要求。

(10) 地基处理无记录，处理后未进行验收和复验的为不符合要求。

4. 实施要点

(1) 所有建（构）筑物均应进行施工验槽。遇到下列情况之一时，应进行专门的施工勘察。

1) 工程地质条件复杂，详勘阶段难以查清时；

2) 开挖基槽发现土质、土层结构与勘察资料不符时；

3) 施工中边坡失稳，需查明原因，进行观察处理时；

4) 施工中，地基土受扰动，需查明其性状及工程性质时；

5) 为地基处理，需进一步提供勘察资料时；

6) 建（构）筑物有特殊要求，或在施工时出现新的岩土工程地质问题时。

(2) 施工勘察应针对需要解决的岩土工程问题布置工作量，勘察方法可根据具体条件情况选用施工验槽、钻探取样和原位测试等。

(3) 天然地基基础基槽检验要点：

1) 基槽开挖后，应检验下列内容：

①核对基坑的位置、平面尺寸、坑底标高；

②核对基坑土质和地下水情况；

③空穴、古墓，古井、防空掩体及地下埋设物的位置、深度、特征。

2) 在进行直接观察时，可用袖珍式贯人仪作为辅助手段。

3) 遇到下列情况之一时，应在基坑底普遍进行轻型动力触探：

①持力层明显不均匀；

②浅部有软弱下卧层；

③有浅埋的坑穴、古墓、古井等，直接观察难以发现时；

④勘查报告或设计文件规定应进行轻型动力触探时。

(4) 地基验槽的基本要求：

1) 地基验槽记录必须能反映验槽的主要程序，地基的主要质量特征。且必须经土方工程质量验收合格后，方准提请有关单位进行验槽。必须应提交地基质量验收资料供验槽时参考。

2) 地基土的钎探已经完成并对钎探结果做出分析。钎孔必须用砂灌实。验槽时对分析结果做出判定。核查内容包括下面三点：

①按基础平面设计的钎探点平面图，检查是否满足钎探布孔和孔深的要求，孔深范围内基土坚硬程度是否一致。

②打钎记录单上，锤重、落距、钎径是否符合规范要求，钎探日期应填写清楚、真实并有项目经理部的工程技术负责人、打钎人签字。

③根据打钎记录分析，地基需要处理时要有处理意见，并在打钎点平面布置图上标明部位、区段、标高及处理方法（锤击数一定要描述在平面上以后再进行分析，才能从总体上发现有无问题）。

3) 参加验槽的人员，必须对已开挖的基槽按顺序详细的、严肃认真的、全部的进行踏勘与分析，不可带有丝毫的随意性。观察基土的土质概况；槽壁走向、分布、基土特征；检查地基持力层是否与勘察设计资料相符，地基土的颜色是否均匀一致，是否为老土，属何种土壤类别，表层土的坚硬程度、有无局部软硬不均；检查基槽的几何尺寸、标高、挖土深度（是否满足最小埋置深度）、机械开挖施工预留高度、基土是否被扰动等。

注：机械开挖施工应注意槽底标高（基土预留厚度）。

4) 如发现有文物、古迹遗址、化石等，应及时报告文物管理部门处理。对旧基础、管道、旧检查井、人防工事、古墓、坑、穴、菜窖、电缆沟道等，应在有关人员指挥下挖露出原始形状，以便及时研究处理。

5) 雨季施工，开挖基槽被雨水浸后，应配合设计、勘察、质监部门专题研究，决定是否需要进行处理。

6) 验槽。

①初验结论：由项目经理部的专业技术负责人会同施工人员初验后，经分析作出。

②复验结论：由参加验槽的单位和人员分析后做出，若有异常尚应另附有关资料。

7) 验槽须有设计、建设、施工、监理部门各方有关人员参加并签字，并有结论意见，质监部门监督实施。不请求质量监督部门监督地基验槽为不符合要求。需重新进行地基验槽。必要时勘察部门要参加并签字（勘察部门的地质勘察报告要求参加验槽的），无验槽手续视基础工程为不合格，后补无效。

高层建筑地基验槽应请勘察单位参加，对场地工程地质条件复杂地区，除应参与施工验槽外，必要时还应进行施工勘察。

(5) 地基验槽完成后采取地基处理时：

1) 地基验收时经参加验收的有关方认为确需地基处理时，地基处理方案应由设计、勘察部门提出，经监理单位同意后由施工单位实施。或由施工单位根据参加人员提出的方案，整理成书面地基处理方案，经设计方签字后实施。

2）地基处理方案中原有工程名称、验收时间、钎探记录分析、实际地基与地质勘察报告是否符合，需处理的部位及地基实际情况，处理的具体方法和质量要求，

3）建设、设计、勘察、施工、监理等部门参加验收人员必须签字。

（6）当需要进行施工勘察时，施工勘察报告的主要内容：

1）工程概况；

2）目的和要求；

3）原因分析；

4）工程安全性评价；

5）处理措施及建议。

（7）表列子项：

1）工程编号：施工企业按施工顺序编排或按图注的编号填写。

2）建筑面积：按施工企业计算的实际面积填写。

3）开挖完成时间：指地基土开挖的时日及土方已经完成并经验评后的时间，分别按年、月、日填写。

4）验槽内容：

①土壤类别：与地质报告对照后按实际填写。如粉土、亚粘土、粘土等。

②基底是否为老土层：基底必须是老土层，由参加验槽人员根据验槽实际确定。不是老土层时应继续开挖或进行其他处理。

③地基土的均匀密实程度：检查钎探记录，核查地质报告经分析得出，按实际填写。

④地下水情况：说明槽底在地下水位的什么位置。

⑤有无坑、穴、洞、窑：根据钎探、洛阳铲探或其他方法判定。

⑥定位检查：一般指 1～5m 以内下卧层的土质变化的定位检查情况。

5）初验结论：由项目经理部技术负责人会同施工人员初验后，经分析后做出。

6）复验结论：由参加验槽的单位和人员分析后做出。若有异常尚应另附有关资料。

7）参加单位及人员：

①建设单位：指代表建设单位参加地基验槽的人员姓名，按实际填写。

②监理单位：指代表监理单位参加地基验槽的人员姓名，按实际填写。

③勘察单位：指代表勘察单位参加地基验槽的人员姓名，按实际填写。

④设计单位：指代表设计单位参加地基验槽的人员姓名，按实际填写。

⑤施工单位：指代表施工单位参加地基验槽的人员姓名，按实际填写。

8）责任制：

①项目经理：指直接参与该工程的项目经理部的项目经理，签字有效。

②项目技术负责人：指直接参与该工程的项目经理部的技术负责人，签字有效。

③质量检查员：指项目经理部的专职质量检查人员，签字有效。

④记录人：实际记录人员姓名。

基槽土方工程必须经过质量验收后，方准提请有关单位进行基槽检验。验槽前，施工单位应核对持力层基土与“地质报告”提供的土质是否一致，不论是否一致均应在初验结论栏内予以说明。

4.2.6-4 构件吊装记录（C2-6-4）

1. 资料表式

构 件 吊 装 记 录 **表 C2-6-4**

施工单位：

工程名称					构件名称			
使用部位					吊装日期			
位 置			安 装 检 查				焊、卯、栓接检查	
跨	轴线	柱号	搁置与搭接尺寸	接头（点）处 理	固定方法	标 高 复 测	尺寸检查	外观检查
吊装结论								
项目技术负责人：				质检员：			记录人：	

构件吊装记录是以经施工企业技术负责人审查签章后的本表格式形式归存。

2. 实施目的

构件吊装记录是指应用起重机械、吊具（吊钩、吊索、吊环、横吊架等）或人力将构件直接安装在图纸规定的位置，该记录是对结构进行吊装实施过程的记录。

3. 资料要求

(1) 结构吊装记录：工业与民用建筑工程均应分层填报，数量及子项填报清楚、齐全、准确、真实，签字要齐全。

(2) 无结构吊装记录（应提供而未提供）为不符合要求。

(3) 子项填写不全不能反映吊装工程内在质量时为不符合要求。

(4) 结构吊装记录如出现下列情况之一者，该项目应核定为不符合要求：

1) 无结构吊装记录（应提供而未提供）。

2) 吊装记录内容不齐全，重点不突出，不能反映吊装工程的内在质量，吊装的主要质量特征不能满足设计要求和施工规范的规定。

4. 实施要点

工程所用的吊装构件，必须有吊装施工记录。

(1) 吊装前的检查：

1）对照设计施工图，核对结构吊装的检查内容及技术复核是否真实、齐全，构件的型号、部位、搁置长度、固定方法、节点处理是否符合设计要求和有关规定。复杂的、特殊的装配式结构吊装，其专门的吊装记录是否能反映吊装的主要质量特性。

2）钢结构的安装焊缝质量检验资料，高强螺栓的检查记录是否符合设计要求和质量标准。

3）结构吊装是否存在质量问题，对存在的隐患是否进行鉴定和处理，处理后是否复验，复验意见是否明确，设计单位是否签认。

（2）构件运输应符合下列规定：

1）构件运输时的混凝土强度，当设计无规定时，不应小于设计混凝土强度标准值的75%；

2）构件支承的位置和方法，应根据其受力情况确定，不得引起混凝土的超应力或损伤构件；

3）构件装运时应绑扎牢固，防止移动或倾倒；对构件边部或与链索接触处的混凝土，应采用衬垫加以保护；

4）在运输细长构件时，行车应平稳，并可根据需要对构件设置临时水平支撑。

（3）构件堆放应符合下列规定：

1）堆放构件的场地应平整坚实，并具有排水措施，堆放构件时应使构件与地面之间留有一定空隙；

2）应根据构件的刚度及受力情况，确定构件平放或立放，并应保持其稳定；

3）重叠堆放的构件，吊环应向上，标志应向外；其堆垛高度应根据构件与垫木的承载能力及堆垛的稳定性确定；各层垫木的位置应在一条垂直线上；

4）采用靠放、架立放的构件，必须对称靠放和吊运，其倾斜角度应保持大于80°，构件上部宜用木块隔开。

（4）构件安装基本要求：

1）构件安装时的混凝土强度，当设计无具体要求时，不应小于设计的混凝土强度标准值的75%；预应力混凝土构件孔道灌浆的强度，不应小于15.0N/mm^2。

2）构件安装前，应在构件上标注中心线。

支承结构的尺寸、标高、平面位置和承载能力均应符合设计要求；应用仪器校核支承结构和预埋件的标高及平面位置，并在支承结构上划出中心线和标高，根据需要尚应标出轴线位置，并作好记录。

3）构件起吊应符合下列规定：

①当设计无具体要求时，起吊点应根据计算确定；

②在起吊大型空间构件或薄壁构件前，应采取避免构件变形或损伤的临时加固措施；

当起吊方法与设计要求不同时，应验算构件在起吊过程中所产生的内力能否符合要求；

③构件在起吊时，绳索与构件水平面所成夹角不宜小于45°，应经过验算或采用吊架起吊。

4）构件安装就位后，应采取保证构件稳定性的临时固定措施。

5）安装就位的构件，必须经过校正后方准焊接或浇筑混凝土，根据需要焊接后可再进行一次复查。

6）结构构件的校正工作，应符合下列规定：

①应根据水准点和主轴线进行校正，并作好记录；

②吊车梁的校正，应在房屋结构校正和固定后进行。

7）构件接头的焊接，应符合国家现行标准《钢结构工程施工质量验收规范》（GB 50205—2001）和《建筑钢结构焊接技术规程》（JGJ81—91）的规定，并经检查合格后，填写记录单。

当混凝土在高温作用下易受损伤时，可采用间隔流水焊接或分层流水焊接的方法。

8）装配式结构中承受内力的接头和接缝，应采用混凝土或砂浆浇筑，其强度等级宜比构件混凝土强度等级提高一级；对不承受内力的接缝，应采用混凝土或水泥砂浆浇筑，其强度不应低于15.0N/mm^2。

对接头或接缝的混凝土或砂浆宜采取微膨胀的快硬措施，在浇筑过程中，必须捣实。

9）承受内力的接头和接缝，当其混凝土强度未达到设计要求时，不得吊装上一层结构构件；当设计无具体要求时，应在混凝土强度不小于10.0N/mm^{2}或具有足够的支承时，方可吊装上一层结构构件。

10）已安装完毕的装配式结构，应在混凝土强度达到设计要求后，方可承受全部设计荷载。

（5）表列子项：

1）构件名称：指被吊装构件的名称，如吊车梁、柱等。

2）使用部位：指被吊装构件设置于所在工程的位置。

3）吊装日期：按实际吊装日期填写。

4）位置：指被吊装区构件所在施工图设计的跨、轴线、柱号的位置。

5）跨、轴线、柱号：分别按被检构件所在跨、轴线与柱号填写。

6）安装检查：

①搁置与搭接尺寸：指构件伸入支承点的实际尺寸。

②接头（点）处理：指构件接头的处理方法，无修改时照图注方法填写，圆孔板堵孔、对头缝处理填入此栏内。

③固定方法：指构件支承节点的固定方法，如焊接固定、栓接固定等。

④标高复测：按被安装构件实际复测结果填写。

7）焊、铆、栓接检查：尺寸检查按被检查的实际尺寸填写；外观检查：按“标准”规定的构件结构的外观质量检查结果填写。

8）吊装结论：结构吊装的构件、联结部位等，安装完毕后的质量状况，由项目技术负责人填写。

9）责任制：

①项目技术负责人：指项目经理部的技术负责人，签字有效。

②质检员：指项目经理部的专职质检员，签字有效。

③记录：填写实际记录人的姓名，签字有效。

4.2.6-5　电热法施加预应力记录（C2-6-5）

1. 资料表式

电热法施加预应力记录表 **表 C2-6-5**

工程名称： 构件名称、型号：

张拉日期	张拉顺序	钢筋长度（mm）	钢筋直径（mm）	通电时间（s）	伸长（mm）	一次电压（V_1）	一次电流（A_1）	二次电压（V_2）	二次电流（A_2）	孔道温度（℃）	用电量（度）	校核应力			备注
												计算应力（N/mm^2）	实际应力（N/mm^2）	误差（%）	
1	2	3	4	5	6	7	8	9	10	11	12	13	14	15	16
钢筋张拉顺序编号草图															
项目技术负责人：							质检员：						记录：		

电热法施加预应力记录是以经施工企业技术负责人审查签章后的本表格式形式归存。

2. 实施目的

电热法施加预应力记录是利用钢筋热胀冷缩原理，以强大的低压电流使预应力钢筋在短时间内发热、伸长至设计伸长值时锚固，然后停电，钢筋冷却，使混凝土构件获得预压应力实施过程的记录。

3. 资料要求

(1) 电热法施加预应力记录填报内容及子项应齐全。

(2) 电热法施加预应力记录子项填写不全不能反映焊接工程内在质量时为不符合要求。

(3) 无电热法施加预应力记录（应提供而未提供）为不符合要求。

(4) 钢筋张拉顺序编号草图应明了清晰，便于施工。

4. 实施要点

(1) 采用电热法张拉时，预应力筋的电热温度，不应超过 350℃，反复电热次数不宜超过 3 次。

成批生产前应检查所建立的预应力值，其偏差不应大于相应阶段预应力值的 10% 或小于 5%。

(2) 采用冷拉钢筋作预应力筋的结构，可采用电热法张拉，但对严格要求不出现裂缝的结构，不宜采用电热法张拉。

采用波纹管或其他金属管作预留孔道的结构，不得采用电热法张拉。

(3) 表列子项：

1) 型号：指构件的实际型号填写。

2) 张拉日期：照实际的张拉日期。

3) 张拉顺序：按施工组织设计安排的张拉顺序进行。

4) 钢筋长度：照实际，钢筋长度应与设计要求的钢筋长度相一致。

5) 钢筋直径：照实际，钢筋直径应与设计要求的钢筋直径相一致。

6) 通电时间：照实际的通电时间填写。

7) 伸长：指电热法施加预应力的伸长值，照实际填写。

8) 一次电压：第一次通电的电压，照实际填写。

9) 一次电流：第一次通电的电流，照实际填写。

10) 二次电压：第二次通电的电压，照实际填写。

11) 二次电流：第二次通电的电流，照实际填写。

12) 孔道温度：指后张法预应力钢筋孔道的温度，照实际测量的孔道温度填写。

13) 用电量（度）：照实际用电量填写。

14) 校核应力：

①计算应力：照施工图设计提供的计算应力填写。

②实际应力：照实际，最大张拉控制应力，应符合设计和施工规范的要求。

③误差：照实际校核测得的误差值，预应力张拉校核误差，不应超过施工规范的要求。

15) 责任制：

①项目技术负责人：指项目经理部的技术负责人，签字有效。

②质检员：指项目经理部的专职质量检查员，签字有效。

③记录人：指项目经理部的质量检查员或资料员，签字有效。

4.2.6-6 现场施加预应力筋张拉记录（C2-6-6）

1. 资料要求

现场施加预应力筋张拉记录 **表 C2-6-6**

工程名称： 构件名称、型号：

施加预应力日期	构件编号	钢筋张拉顺序编号	钢筋规格	设计		张拉时						张拉时弹性伸长(N/mm^2)		锚具内缩量(N/mm^2)	张拉时强度(N/mm^2)	张拉时立缝处混凝土砂浆强度(N/mm^2)	放张时						备注
				控制应力(N/mm^2)	张拉力(kN)	千斤顶编号	压力表编号	第一次		第二次		计算	实际				钢筋放松顺序编号	千斤顶编号	压力表编号	放松螺帽时		混凝土强度(N/mm^2)	
								压力表读数(N/mm^2)	拉力(N/mm^2)	压力表读数(N/mm^2)	拉力(N/mm^2)									压力表读数(N/mm^2)	张拉力(kN)		
1	2	3	4	5	6	7	8	9	10	11	12	13	14	15	16	17	18	19	20	21	22	23	24
钢筋张拉程序及顺序编号草图																							
项目技术负责人：									质检员：								记录人：						

现场施加预应力筋张拉记录是以经施工企业技术负责人审查签章后的本表格式形式归存。

2. 实施目的

现场施加预应力筋张拉记录是利用千斤顶、锚、夹具等张拉设备按施工工艺要求施加预应力的施工记录。

3. 资料要求

(1) 预应力筋锚具、夹具和连接器应有出厂合格证，并在进场时按下列规定进行验收：

1) 外观检查：应从每批中抽取10%但不少于10套的锚具，检查其外观和尺寸。当有一套表面有裂纹或超过产品标准及设计图纸规定尺寸的允许偏差时，应另取双倍数量的锚具重做检查，如仍有一套不符合要求，则不得使用或逐套检查，合格者方可使用；

2) 硬度检查：应从每批中抽取5%但不少于5件的锚具，对其中有硬度要求的零件做硬度试验，对多孔夹片式锚具的夹片，每套至少抽5片。每个零件测试3点，其硬度应在设计要求范围内，当有一个零件不合格时，应另取双倍数量的零件重做试验，如仍有一个零件不合格，则不得使用或逐个检查，合格者方可使用；

3）静载锚固性能试验；经上述两项试验合格后，应从同批中抽取6套锚具（夹具或连接器）组成3个预应力筋锚具（夹具、连接器）组装件，进行静载锚固性能试验，当有一个试件不符合要求时，应另取双倍数量的锚具（夹具或连接器）重做试验，如仍有一套不合格，则该批锚具（夹具或连接器）为不合格品。

注：对一般工程的锚具（夹具或连接器）进场验收，其静载锚固性能，也可由锚具生产厂提供试验报告。

（2）现场施加预应力筋张拉记录表应逐项填写，内容齐全，为符合要求。

4.实施要点

（1）预应力筋进场时，应按现行国家标准《预应力混凝土用钢绞线》GB/T5224—1995等的规定抽取试件作力学性能检验，其质量必须符合有关标准的规定。按进场的批次和产品的抽样检验方案确定。

（2）无粘结预应力筋的涂包质量应符合国家现行标准《钢绞线、钢丝束无粘结预应力筋》JG3006等的规定。检验内容主要包括：涂包层、油脂用量、护套厚度及外观。每60t为一批，每批抽取一组试件。

（3）预应力筋用锚具、夹具和连接器应按设计要求采用，其性能应符合现行国家标准《预应力筋用锚具、夹具和连接器》GB/ 14370等的规定。按进场批次和产品的抽样检验方案确定。

（4）预应力筋张拉及放张时，混凝土强度应符合设计要求；当设计无具体要求时，不应低于设计的混凝土立方体抗压强度标准值的75%。

（5）预应力筋的张拉顺序、张拉力应符合设计及施工技术方案的要求。

当采用应力控制方法张拉时，应校核预应力筋的伸长值。实际伸长值与设计计算伸长值的相对允许偏差为±6%。

（6）预应力筋张拉锚固后实际建立的预应力值与工程设计规定检验值的相对允许偏差为±5%。对先张法施工，每工作班抽查预应力筋总数的1%，且不少于3根；对后张法施工，在同一检验批内，抽查预应筋总数的3%，且不少于5束。

（7）锚固阶段张拉端预应力筋的内缩量应符合设计要求。每工作班抽查预应力筋总数的3%，且不应少于3束。

（8）先张法预应力筋张拉后与设计位置的偏差不得大于5mm，且不得大于构件截面短边边长的4%。每工作班抽查预应力筋总数的3%，且不应少于3束。

（9）施加预应力所用的机具设备及仪表，应定期维护和校验。

张拉设备应配套校验，以确定张拉力与仪表读数的关系曲线。压力表的精度不宜低于1.5级，校验张拉设备用的试验机或测力计精度不得低于±2%。校验时千斤顶活塞的运行方向，应与实际张拉工作状态一致。

（10）张拉过程中应避免预应力筋断裂或滑脱；当发生断裂或滑脱时，必须符合下列规定：

1）对后张法预应力结构构件，断裂或滑脱的数量严禁超过同一截面预应力筋总根数的3%，且每束钢丝不得超过一根；对多跨双向连续板，其同一截面应按每跨计算；

2）对先张法预应力构件，在浇筑混凝土前发生断裂或滑脱的预应力筋必须予以更换。

（11）安装张拉设备时，直线预应力筋，应使张拉力的作用线与孔道中心线重合：曲线预应力筋，应使张拉力的作用线与孔道中心线末端的切线重合。

（12）当采用应力控制方法张拉时，应校核预应力筋的伸长值。如实际伸长值比计算伸长值大于10%或小于5%，应暂停张拉，在采取措施予以调整后，方可继续张拉。

（13）预应力筋的计算伸长值 Δl（mm），可按下式计算：

$$\Delta l=\frac{F_p\cdot l}{A_p\cdot E_s}$$

式中 F_p——预应力筋的平均张拉力（kN），直线筋取张拉端的拉力；两端张拉的曲线筋，取张拉端的拉力与跨中扣除孔道摩阻损失后拉力的平均值；

A_p——预应力筋的截面面积（mm^2）；

l——预应力筋的长度（mm）；

E_s——预应力筋的弹性模量（kN/mm^2）。

预应力筋的实际伸长值，宜在初应力为张拉控制应力10%左右时开始量测，但必须加上初应力以下的推算伸长值；对后张法，尚应扣除混凝土构件在张拉过程中的弹性压缩值。

（14）锚固阶段张拉端预应力筋的内缩量，不宜大于表C2-6-6A的规定。

锚固阶段张拉端预应力筋的内缩量允许值（mm）　　**表 C2-6-6A**

锚　具　类　别	内缩量允许值
支承式锚具（镦头锚、带有螺丝端杆的锚具等）	1
锥　塞　式　锚　具	5
夹　片　式　锚　具	5
每块后加的锚具垫板	1
夹片式锚具无顶压	6~8

注：①内缩量值系数指陨应力筋锚固过程中，由于锚具零件之间和锚具与预应力筋之间的相对移动和局部塑性变形造成的回缩量。

②当设计对锚具内缩量允许值有专门规定时，可按设计规定确定。

（15）先张法预应力施工。

1）先张法墩式台座的承力台墩，其承载能力和刚度必须满足要求，且不得倾覆和滑移，其抗倾覆和抗滑移安全系数，应符合现行国家标准《建筑地基基础设计规范》GB 5007—2002的规定。台座的构造，应适合构件生产工艺的需要；台座的台面，宜采用预应力混凝土。

2）在铺放预应力筋时，应采取防止隔离剂沾污预应力筋的措施。

3）当同时张拉多根预应力筋时，应预先调整初应力，使其相互之间的应力一致。

4）张拉后的预应力筋与设计位置的偏差不得大于5mm，且不得大于构件截面最短边长的4%。

5）放张预应力筋时，混凝土强度必须符合设计要求；当设计无具体要求时，不得低于设计的混凝土强度标准值的75%。

6）预应力筋的放张顺序，应符合设计要求；当设计无具体要求时，应符合下列规定：对承受轴心预压力的构件（如压杆、桩等），所有预应力筋应同时放张；对承受偏心预压力的构件，应先同时放张预压力较小区域的预应力筋，再同时放张预压力较大区域的预应力筋；当不能按上述规定放张时，应分阶段、对称、相互交错地放张。

7）放张后预应力筋的切断顺序，宜由放张端开始，逐次切向另一端。

（16）后张法预应力施工。

1）预留孔道的尺寸与位置应正确，孔道应平顺。端部的预埋钢板应垂直于孔道中心线。

2）孔道可采用预埋波纹管、钢管抽芯、胶管抽芯等方法成形。钢管应平直光滑，胶管宜充压力水或其他措施以增强刚度，波纹管应密封良好并有一定的轴向刚度，接头应严密，不得漏浆。

因定各种成孔管道用的钢筋井字架间距：钢管不宜大于1m；波纹管不宜大于0.8mm；胶管不宜大于0.5mm，曲线孔道宜加密。

灌浆孔间距：预埋波纹管不宜大于30m；轴芯成形孔道不宜大于12m；曲线孔道的曲线波峰部位，宜设置泌水管。

3）当铺设已穿有预应力筋的波纹管或其他金属管道时，严禁电火花损伤管道内的钢丝或钢绞线。

4）孔道成形后，应立即逐孔检查，发现堵塞，应及时疏通。

5）预应力筋张拉时，结构的混凝土强度应符合设计要求，当设计无具体要求时，不应低于设计强度标准值的75%。

6）预应力筋的张拉顺序应符合设计要求，当设计无具体要求时，可采用分批、分阶段对称张拉。

采用分批张拉时，应计算分批张拉的预应力损失值，分别加到先张拉预应力筋的张拉控制应力值内，或采用同一张拉值逐根复拉补足。

7）预应力筋张拉端的设置，应符合设计要求；当设计无具体要求时，应符合下列规定：抽芯成形孔道：对曲线预应力筋和长度大于24m的直线预应力筋，应在两端张拉；对长度不大于24m的直线预应力筋，可在一端张拉；预埋波纹管孔道：对曲线预应力筋和长度大于30m的直线预应力筋，宜在两端张拉；对长度不大于30m的直线预应力筋可在一端张拉。

当同一截面中有多根一端张拉的预应力筋时，张拉端宜分别设置在结构的两端。

当两端同时拉同一根预应力筋时，宜先在一端锚固，再在另一端补足张拉力后进行锚固。

8）平卧重叠浇筑的构件，宜先上后下逐层进行张拉。为了减少上下层之间因摩阻引起的预应力损失。可逐层加大张拉力。底层张拉力，对钢丝、钢绞线、热处理钢筋，不宜比顶层张拉力大5%；对冷拉Ⅱ、Ⅲ、Ⅳ级钢筋，不宜比顶层张拉力大9%，且不得超过最大张拉控制应力允许值的规定。当隔离层效果较好时，可采用同一张拉值。

9）预应力筋锚固后的外露长度，不宜小于30mm锚具应用封端混凝土保护，当需长期外露时，应采取防止锈蚀的措施。

10）预应力筋张拉后，孔道应及时灌浆；当采用电热法时，孔道灌浆应在钢筋冷却后进行。

11）用连接器连接的多跨连续预应力筋的孔道灌浆，应张拉完一跨随即灌注一跨，不得在各跨全部张拉完毕后，一次连续灌浆。

12）孔道灌浆应采用砂浆强度等级不低于32.5普通硅酸盐水泥配制的水泥浆；对空隙大的孔道，可采用砂浆灌浆。水泥浆及砂浆强度，均不应小于20N/mm²。

13）灌浆用水泥浆的水灰比宜为0.4左右，搅拌后3h泌水率宜控制在2%，最大不得超过3%，当需要增加孔道灌浆的密实性时，水泥浆中可掺入对预应力筋无腐蚀作用的外加剂。

注：矿渣硅酸盐水泥：按上述要求试验合格后，也可使用。

14）灌浆前孔道应湿润、洁净：灌浆顺序宜先灌注下层孔道；灌浆应缓慢均匀地进行，不得中断，并应排气通顺；在灌满孔道并封闭排气孔后，宜再继续加压至0.5~0.6MPa，稍后再封闭灌浆孔。

不掺外加剂的水泥浆，可采用二次灌浆法。

（17）表列子项：

1）构件名称和型号：照实际填写。如24m折线形桁架等。

2）钢筋张拉程序：按施工组织设计程序进行，应符合设计和规范的有关要求。

3）构件编号：一般照施工图设计的构件编号填写。

4）钢筋张拉顺序编号：按冷拉顺序草图上的编号，应依次填写。

5）钢筋规格：指张拉钢筋的某一根（束）的规格，照实际填写。

6）设计：控制应力照施工图设计说明填写，张拉力照施工图设计说明填写。

7）张拉时：千斤顶编号照实际选用。

8）压力表编号：照实际选用压力表的编号填写。

9）第一次：压力表读数，照第一次测得的压力表实际数值填写。

10）拉力：照第一次测得的拉力实际数值填写。

11）第二次：压力表读数，照第二次测得的压力表实际数值填写。

12）拉力：照第二次测得的拉力数值填写。

13）张拉时弹性伸长：

①计算：指张拉时弹性伸长的计算值，按实际结果填写。

②实际：指实际测得张拉时的弹性伸长。

14）锚具内缩量：按实际检测的内缩量值填写。锚具内缩量值见表C2-6-6A。

15）张拉时混凝土强度：指张拉钢筋时混凝土已达到的实际强度值。

16）张拉时立缝处混凝土砂浆强度：指张拉钢筋时混凝土立缝处强度值。

17）钢筋放张顺序编号：按冷拉顺序草图上的编号，分别按放松顺序依次填写。

18）放张时：千斤顶编号照实际使用的千斤顶的编号填写；压力表编号照实际使用的压力表的编号填写。

19）放松螺帽时：压力表读数照实际放松螺帽时测得的压力表读数填写；张拉力照实际放松螺帽时测得的压力表读数填写。

20）混凝土强度：指放张时混凝土已达到的实际强度值。

21）责任制：同电热法施加预应力记录。

4.2.6-7　钢筋冷拉记录（C2-6-7）

1.资料表式

钢筋冷拉记录 表 C2-6-7

工程名称： 施工单位：

<table>
<tr><td colspan="3">构件名称和编号：</td><td colspan="3">试验报告编号：</td><td colspan="3">控制冷拉率、应力：</td></tr>
<tr><td rowspan="2">冷拉日期</td><td rowspan="2">钢筋编号</td><td rowspan="2">钢筋规格</td><td colspan="3">钢筋长度
(不包括螺丝端杆长)</td><td rowspan="2">冷拉控制
拉力
(kN)</td><td rowspan="2">冷拉时温度
(℃)</td><td rowspan="2">备注</td></tr>
<tr><td>冷拉前</td><td>冷拉后</td><td>弹性回缩后</td></tr>
<tr><td>1</td><td>2</td><td>3</td><td>4</td><td>5</td><td>6</td><td>7</td><td>8</td><td>9</td></tr>
<tr><td></td><td></td><td></td><td></td><td></td><td></td><td></td><td></td><td></td></tr>
<tr><td></td><td></td><td></td><td></td><td></td><td></td><td></td><td></td><td></td></tr>
<tr><td></td><td></td><td></td><td></td><td></td><td></td><td></td><td></td><td></td></tr>
<tr><td></td><td></td><td></td><td></td><td></td><td></td><td></td><td></td><td></td></tr>
<tr><td></td><td></td><td></td><td></td><td></td><td></td><td></td><td></td><td></td></tr>
<tr><td></td><td></td><td></td><td></td><td></td><td></td><td></td><td></td><td></td></tr>
<tr><td></td><td></td><td></td><td></td><td></td><td></td><td></td><td></td><td></td></tr>
<tr><td></td><td></td><td></td><td></td><td></td><td></td><td></td><td></td><td></td></tr>
<tr><td></td><td></td><td></td><td></td><td></td><td></td><td></td><td></td><td></td></tr>
<tr><td></td><td></td><td></td><td></td><td></td><td></td><td></td><td></td><td></td></tr>
<tr><td></td><td></td><td></td><td></td><td></td><td></td><td></td><td></td><td></td></tr>
<tr><td></td><td></td><td></td><td></td><td></td><td></td><td></td><td></td><td></td></tr>
<tr><td></td><td></td><td></td><td></td><td></td><td></td><td></td><td></td><td></td></tr>
<tr><td colspan="3">技术负责人：</td><td colspan="3">质检员：</td><td colspan="3">记录：</td></tr>
</table>

钢筋冷拉记录是以经施工企业技术负责人审查签章后的本表格式形式归存。

2. 实施目的

钢筋冷拉记录是采用控制应力或控制冷拉率的方法进行钢筋冷拉时的记录。

3. 资料要求

(1) 钢筋冷拉表应逐项填写，内容齐全，为符合要求。

(2) 对于用做预应力的冷拉Ⅱ、Ⅲ、Ⅳ级钢，宜采用控制应力的方法。

4. 实施要点

(1) 冷拉钢筋进场时应按规范要求进行检查验收。

(2) 冷拉钢筋的机械性能见表 C2-6-7-1。

冷拉钢筋的机械性能　　　　表 C2-6-7-1

项 次	钢筋级别	直 径 (mm)	屈服点 (MPa)	抗拉强度 (MPa)	伸长率 δ_{10} (%)	冷 弯	
			不	小	于	弯曲角度	弯曲直径
1	冷拉Ⅰ级	6～12	280	380	11	180°	$3d_0$
2	冷拉Ⅱ级	8～25 28～40	420	520 500	10 10	90° 90°	$3d_0$ $4d_0$
3	冷拉Ⅲ级	8～40	500	580	8	90°	$5d_0$
4	冷拉Ⅳ级	10～28	700	850	6	90°	$5d_0$

冷弯后不得有裂纹、裂断或起层等现象。

(3) 控制应力及最大冷拉率：

用作预应力混凝土结构的预应力筋的冷拉Ⅱ、Ⅲ、Ⅳ级钢筋，宜采用控制应力的方法。冷拉的控制应力值应取表 C2-6-7-2 规定数值。

冷拉钢筋的冷拉控制应力及最大冷拉率　　　　表 C2-6-7-2

项 次	钢筋类别	冷拉控制应力 (MPa)	最大冷拉率 (%)	项 次	钢筋类别	冷拉控制应力 (MPa)	最大冷拉率 (%)
1	Ⅰ级钢筋	280	10	3	Ⅲ级钢筋	500	5
2	Ⅱ级钢筋	420	5.5	4	Ⅳ级钢筋	700	4

冷拉时应检查钢筋的冷拉率，如超过上表的规定，应进行机械性能试验。

(4) 测定冷拉率时钢筋的冷拉应力：

采用控制冷拉率方法冷拉钢筋时，冷拉率必须由试验确定。测定同炉批钢筋冷拉率的冷拉应力，应符合表 C2-6-7-3 的规定，其试样不应少于 4 个，并取其平均值作为该批钢筋实际采用的冷拉率。

测定冷拉率时钢筋的冷拉应力　　　　表 C2-6-7-3

项 次	1	2	3	4
钢 筋 级 别	Ⅰ 级 钢 筋	Ⅱ 级 钢 筋	Ⅲ 级 钢 筋	Ⅳ 级 钢 筋
冷拉应力 (MPa)	320	450	530	750

(5) 进口热轧变形钢筋的钢筋冷拉参数见表 C2-6-7-4。

钢 筋 冷 拉 参 数　　　　表 C2-6-7-4

同时控制应力和冷拉率		控制冷拉率
控制应力 (MPa)	冷拉率 (%)	冷拉率 (%)
450	≤5.0	1.0～5.0

(6) 表列子项：

1) 试验报告编号：按该“冷拉”钢筋未冷拉前的原复试单上的编号填写。

2) 构件名称和编号：指该冷拉钢筋用于构件的名称及编号，如××梁，××板等。

3) 控制应力：指控制冷拉应力。由施工企业的技术负责人按要求提出。

4）控制冷拉率：指冷拉的拉伸长度，单控时的控制值：Ⅰ级钢冷拉伸长约5%，Ⅱ级钢冷拉伸长率2%，由技术负责人按要求提出。

5）钢筋编号：按施工单位钢筋冷拉的实际钢筋编号填写。

6）钢筋规格：照实际钢筋规格填写。

7）钢筋长度：

①冷拉前：指未冷拉时的钢筋长度。

②冷拉后：指冷拉后的钢筋长度。

③弹性回缩后：指经时效后的冷拉钢筋长度。

8）冷拉控制拉力：指钢筋冷拉时设备上的实际冷拉控制力。

9）冷拉时温度：指钢筋冷拉时的大气温度，照实际测温记录填写。

10）备注：需要说明的其他事宜。

11）责任制：

①项目技术负责人：指项目经理部的技术负责人，签字有效。

②质检员：指项目经理部的专职质量检查员，签字有效。

③记录：指项目经理部的质量检查员或资料员，签字有效。

4.2.6-8　混凝土浇灌申请书（C2-6-8）

1.资料表式

混凝土浇灌申请书　　　　**表C2-6-8**

工程名称：　　　　施工单位：

<table>
<tr><td colspan="3">申请浇灌时间：</td><td colspan="3">申请浇灌混凝土的部位：</td></tr>
<tr><td colspan="3">混凝土强度等级：</td><td colspan="3">混凝土配比单编号：</td></tr>
<tr><td>材料用量</td><td>水泥</td><td>水</td><td>砂</td><td>石</td><td>掺加剂</td></tr>
<tr><td>干料用量/m³</td><td>kg</td><td>kg</td><td>kg</td><td>kg</td><td></td></tr>
<tr><td>每盘用量</td><td>kg</td><td>kg</td><td>kg</td><td>kg</td><td></td></tr>
<tr><td>准备工作情况</td><td colspan="5"></td></tr>
<tr><td>批准意见</td><td colspan="5">施工单位（章）
批准人：</td></tr>
<tr><td>监理（建设）单位意见</td><td colspan="5">批准人：</td></tr>
<tr><td colspan="6">申请单位：　　　　年　月　日</td></tr>
</table>

混凝土浇灌申请书是以经施工企业技术负责人审查签章后的本表格式形式归存。

2. 实施目的

混凝土浇灌申请书是指为保证工程质量，对承重结构混凝土、防水混凝土和的特殊要求的混凝土，施工前进行的检查与批准。

3. 资料要求

(1) 混凝土浇灌前必须填写混凝土浇灌申请书，详细真实地填写表内有关实际应用参数，并对准备工作情况均已复验完成后，请求批准。

(2) 不进行混凝土浇灌申请，不经批准而开始浇灌混凝土为不符合要求。

4. 实施要点

(1) 凡进行混凝土施工，不论工程量大小均必须填报混凝土浇灌申请。

(2) 混凝土浇灌申请由施工班组填写、申报。由监理（建设）单位批准。应按表列内容准备完毕并经批准后，方可浇灌混凝土。

(3) 混凝土浇灌申请填报之前，混凝土施工的各项准备工作均应齐备。并已经施工单位的技术负责人签章批准，方可提出申请。

(4) 表列子项：

1) 申请浇灌混凝土的部位：按实际填写。

2) 申请浇灌时间：填写混凝土浇灌的开始时间。

3) 混凝土配合比通知单编号：按试验室试配单的混凝土配合比通知单编号填写。

4) 混凝土强度等级：按实际试配的混凝土强度等级填写，不得低于设计的混凝土强度等级。

5) 材料用量：

①水泥：应按每立方米干料用量、每盘用量分别填写水泥的用量。

②水：应按每立方米干料用量、每盘用量分别填写水的用量。

③砂：应按每立方米干料用量、每盘用量分别填写砂的用量。

④石：应按每立方米干料用量、每盘用量分别填写石的用量。

⑤掺加剂：应按每立方米干料用量、每盘用量分别填写掺加剂的使用量。

6) 准备工作情况：应按表列6项详细检查后填写，存在问题必须处理。

7) 批准意见：指施工单位的技术负责人经核实混凝土浇灌申请书后，同意施工时签署的批准意见。批准人应为项目经理部的专业技术负责人。

8) 监理（建设）单位意见：指项目监理机构核查混凝土浇灌申请书后，同意施工时签署的意见。批准人应为专业监理工程师。

4.2.6-9 混凝土开盘鉴定（C2-6-9）

1. 资料表式

混凝土开盘鉴定是以经施工企业技术负责人审查签章后的本表格式形式归存。

2. 实施目的

混凝土开盘鉴定是指对于首次使用的混凝土配合比，不论混凝土灌筑工程量大小，浇筑前均必须对混凝土配合比、拌合物和易性及原材料度量准确度进行鉴定。

3. 资料要求

(1)混凝土开盘鉴定资料应按不同混凝土配合比分别进行鉴定。必须在施工现场进

混凝土开盘鉴定 表 C2-6-9

工程名称： 施工单位：

混凝土施工部位					混凝土配合比编号					
混凝土设计强度					鉴定日期					
混凝土配合比	水灰比	砂率	水泥（kg）	水（kg）	砂（kg）	石（kg）				坍落度（工作度）
试配配合比										
实际使用施工配合比	砂子含水率： %				石子含水率： %					
鉴定结果：										

鉴定项目	混凝土拌和物				原材料检验				
	坍落度	保水性			水泥	砂	石	掺合料	外加剂
设计									
实际									
鉴定意见：									
参加开盘鉴定各单位代表签字或盖章									

监理（建设）单位代表	施工单位项目负责人	混凝土试配单位代表	施工单位技术负责人

行，并详细记录混凝土开盘鉴定的有关内容。

（2）开盘鉴定应进行如下工作：

1）实际施工配合比不得小于试配配合比；

2）认真进行开盘鉴定并填写鉴定结果；

3）进行拌合物和易性试拌，检查坍落度，并制作试块，按龄期试压；

4）参加鉴定人员应签章齐全，不得代签。

（3）不进行混凝土开盘鉴定为不符合要求。

4. 实施要点

(1) 混凝土开盘鉴定的基本要求：

1) 混凝土施工应做开盘鉴定，不同配合比的混凝土都要有开盘鉴定。

混凝土开盘鉴定要有施工单位、监理单位、搅拌单位的主管技术部门和质量检查部门参加，做试配的试验室也应派人参加鉴定，混凝土开盘鉴定一般在施工现场浇筑点进行。

2) 混凝土开盘鉴定内容：

①混凝土所用原材料检验，包括水泥、砂、石、外加剂等，应与试配所用的原材料相符合。

②试配配合比换算为施工配合比。根据现场砂、石材料的实际含水率，换算出实际单方混凝土加水量，计算每罐和实际用料的称重。

实际加水量 = 配合比中用水量 - 砂用量 × 砂含水率 - 石子用量 × 石子含水率

砂、石实际用量 = 配合比中砂、石用量 × (1 + 砂、石含水率)

每罐混凝土用料量 = 单方混凝土用料量 × 每罐混凝土的方量值

实际用料的称重值 = 每罐混凝土用料量 + 配料容器或车辆自重 + 磅秤盖重。

③混凝土拌合物的检验，即鉴定拌和物的和易性。应用坍落度法或维勃稠度试验。

④混凝土计量、搅拌和运输的检验。水泥、砂、石、水、外加剂等的用量必须进行严格控制，每盘均必须严格计量，否则混凝土的强度波动是很大的。

3) 搅拌设备应按一机二磅设置计量器具，计量器具应标注计量材料的品种，运料车辆应做好配备，并注明用量、品种，必须盘盘过磅。

(2) 原材料计量允许偏差的规定。

《混凝土结构工程施工质量验收规范》(GBJ50204—2002) 第 7.4.3 条规定：混凝土原材料每盘称量偏差不得超过下列规定：水泥、掺合材料 ±2%；粗、细骨料 ±3%；水、外加剂溶液 ±2%。

注：1. 各种衡器应定期校验，保持准确。

2. 骨料含水率应经常测定，雨天施工应增加测定次数。

3. 原材料、施工管理过程中的失误都会对混凝土强度造成不良影响。例如：

(1) 用水量增大即水灰比变大，会带来混凝土强度的降低，如表 C2-6-6A 所示。

(2) 施工中砂石集料称量误差也会影响混凝土强度，例如砂石总用量为 1910kg，砂骨料称量出现负误差 5%，将少称砂石 1910 × 5% = 95.5kg，以砂石表面密度均为 $2.65g/cm^3$ 计，折合绝对体积 $V = 95.5/2650 = 0.036m^3$，从而多用水泥 0.036 (按第一例的水泥用量) × 300 = 10.8kg。砂石重量如出现正偏差 5%，则多称 95.5kg，由于砂吸水率将降低混凝土和易性，不易操作，工人也会增加用水量，从而降低混凝土强度。

保证混凝土质量，严格计量，对混凝土搅拌、运输严加控制，做好混凝土开盘鉴定，是保证混凝土质量的一项有效措施，对分析混凝土标准差好差会有一定的作用。

用水量增加 5% 时混凝土强度降低值 **表 C2-6-6A**

配合比	水泥标号	水泥用量 (kg)	用水量 (kg)	水灰比	实测强度 (MPa)	混凝土强度 (MPa)	强度降低值 (%)
原配合比	525	300	190	1.58	55	26.82	
变更后的配合比	525	300	199.5	1.46	66	23.78	11.3%

注：1. 表内混凝土强度值为碎石集料的计算值。

2. 强度计算公式：$R_{28} = 0.46Rc\ (C/W - 0.52)$ …… (碎石集料) $R_{28} = 0.48Rc\ (C/W - 0.6)$ …… (卵石集料)。

(3) 混凝土中掺用外加剂的质量及应用技术应符合现行国家标准《混凝土外加剂》GB8076、《混凝土外加剂应用技术规范》GB50119 等和有关环境保护的规定。

(4) 预应力混凝土结构中，严禁使用含氯化物的外加剂。钢筋混凝土结构中。当使用含氯化物的外加剂时，混凝土中氯化物的总含量应符合现行国家标准《混凝土质量控制标准》GB50164—92 的规定。

(5) 混凝土中氯化物和碱的总含量应符合现行国家标准《混凝土结构设计规范》GB50010—2002 和设计的要求。

(6) 混凝土中掺用矿物掺合料的质量应符合现行国家标准《用于水泥和混凝土中的粉煤灰》GB 1596 等的规定。矿物掺合料的掺量应通过试验确定。

(7) 混凝土搅拌的最短时间。

混凝土搅拌的最短时间可按表 C2-6-6B 采用。

混凝土搅拌的最短时间（s） **表 C2-6-6B**

混凝土坍落度（mm）	搅拌机机型	搅拌机出料量（l）		
		<250	250~500	>500
≤30	强制式	60	90	120
	自落式	90	120	150
>30	强制式	60	60	90
	自落式	90	90	120

注：①混凝土搅拌的最短时间系指自全部材料装入搅拌筒中起，到开始卸料止的时间；

②当掺有外加剂时，搅拌时间应适当延长；

③轻混凝土宜采用强制式搅拌机搅拌，一般混凝土可采用自落式搅拌机搅拌，但搅拌时间应延长 60~90s；

④采用强制式搅拌机搅拌轻骨料混凝土的加料顺序是：当轻骨料在搅拌前预湿时，先加粗、细骨料和水泥搅拌 30s，再加水继续搅拌；当轻骨料在搅拌前未预湿时，先加 1/2 的总用水量和粗、细骨料搅拌 60s，再加水泥和剩余用水量继续搅拌；

⑤当采用其他形式的搅拌设备时，搅拌的最短时间应按设备说明书的规定或经试验确定。

(8) 表列子项：

1）混凝土搅拌单位：一般为承接该工程的施工单位或按实际的混凝土搅拌单位填写。

2）混凝土施工地点和部位：混凝土施工地点和部位均按实际的地点和部位填写。

3）混凝土设计强度：指施工图设计的混凝土强度等级。

4）要求坍落度或工作度：指经试验室试配要求的坍落度和工作度，施工方不得随意变更。

5）其他要求：应按照实际情况而定。

6）混凝土配合比编号：按经试验室试配的混凝土配合比编号填写。

7）混凝土试配的单位：指实际测试混凝土配合比的试验单位。

8）混凝土配合比：

①水灰比：水泥浆、混凝土混合料中拌和水与水泥重量的比值。实际水灰比不得大于试配的建议值。

②砂率：指砂在单位体积混凝土中所占砂石总量的百分率，按试配通知单建议的砂率或按实际砂率填写，实际砂率不得大于试配的建议值。

③水泥：指施工实际使用的水泥品种。

④水：指混凝土施工用水，一般为生活用水。

⑤砂：指混凝土施工用砂，一般应为中砂以上的细度模数。

⑥石：指混凝土施工用石子，石子应用连续级配。

9）鉴定结果：指混凝土开盘鉴定对混凝土配比、砂率、水泥、水、砂、石用量的实际鉴定结果。

10）鉴定项目：

①拌和物和易性：应分别检查混凝土的坍落度、工作度、保水性。

②混凝土试块抗压强度：应分别按同条件养护试块的7天、标养28天分别填写。

③原材料与配合比是否符合：照实际检查结果。

11）鉴定意见：根据上述检查结果判定的是否符合混凝土设计强度等级。

12）责任制：

① 监理（建设）单位代表：指项目监理机构参加开盘鉴定的人员；不委托监理时为建设单位项目技术负责人。

②施工单位项目负责人：指施工单位参加开盘鉴定的项目负责人。

③混凝土试配单位代表：指混凝土试配单位参加开盘鉴定的代表。

④施工单位技术负责人：指施工单位参加开盘鉴定的技术负责人。

4.2.6-10　混凝土工程施工记录（C2-6-10）

1. 资料表式

混凝土工程施工记录　　　　表 C2-6-10

工程名称：　　　　　　　　施工单位：

混凝土强度等级			操作人员				天气情况		
混凝土配比单编号			浇注部位				振捣方法		
材料 混凝土配合比	水泥	砂	石	水	外加剂名称及用量				外掺混合材料名称及用量
配合比									
每 m^3 数量									
每盘用料数量									
开始浇筑时间	年　月　日　时								
终止浇筑时间	年　月　日　时								
当班完成混凝土数量（立方米）									
备　注									
参加人员	监理（建设）单位		施　工　单　位						
			专业技术负责人			质检员		材料员	

混凝土工程施工记录是以经施工企业技术负责人审查签章后的本表格式形式归存。

2. 实施目的

混凝土工程施工记录是指不论混凝土浇筑工程量大小，对环境条件、混凝土配合比、浇筑部位、坍落度、试块留置结果等对混凝土施工进行全面的真实记录。

3. 资料要求

(1) 混凝土施工必须填写混凝土施工记录。按表列要求记录混凝土的施工过程。

(2) 记录混凝土施工应做好以下工作：

1) 检查混凝土配合比，如有调整应填报调整配合比；

2) 认真记录填写表内有关内容；

3) 按标准规定留置好试块，分别进行同条件和标准养护。

(3) 不填写混凝土施工记录为不符合要求。

4. 实施要点

(1) 混凝土运输和浇筑。

1) 混凝土运至浇筑地点，应符合浇筑时规定的坍落度，当有离析现象时，必须在浇筑前进行二次搅拌。

2) 混凝土应以最少的转载次数和最短的时间，从搅拌地点运至浇筑地点。

混凝土从搅拌机中卸出到浇筑完毕的延续时间不宜超过表 C2-6-10A 的规定。

混凝土从搅拌机中卸出到浇筑完毕的延续时间（min）　　表 C2-6-10A

混凝土强度等级	气　温	
	不高于 25℃	高于 25℃
不高于 C30	120	90
高　于 C30	90	60

注：①对掺用外加剂或采用快硬水泥拌制的混凝土，其延续时间应按试验确定。

②对轻骨料混凝土，其延续时间应适当缩短。

(2) 采用泵送混凝土应符合下列规定：

1) 混凝土的供应，必须保证输送混凝土的泵能连续工作；

2) 输送管线宜直，转弯宜缓，接头应严密，如管道向下倾斜，应防止混入空气产生阻塞；

3) 泵送前应先用适量的与混凝土内成分相同的水泥浆或水泥砂浆润滑输送管内壁；预计泵送间歇时间超过 45min 或当混凝土出现离析现象时，应立即用压力水或其他方法冲洗管内残留的混凝土；

4) 在泵送过程中，受料斗内应具有足够的混凝土，以防止吸入空气产生阻塞。

(3) 在地基或基土上浇筑混凝土时，应清除淤泥和杂物，并应有排水和防水措施。

对于干燥的非粘性土，应用水湿润；对未风化的岩石，应用水清洗，但其表面不得留有积水。

(4) 对模板及其支架、钢筋和预埋件必须进行检查，并作好记录，符合设计要求后方能浇筑混凝土。

(5) 在浇筑混凝土前，对模板内的杂物和钢筋上的油污等应清理干净；对模板的缝隙和孔洞应予堵严；对木模板应浇水湿润，但不得有积水。

(6) 混凝土自高处倾落的自由高度，不应超过 2m。

(7）在浇筑竖向结构混凝土前，应先在底部填以50～100mm厚与混凝土内砂浆成分相同的水泥砂浆；浇筑中不得发生离析现象；当浇筑高度超过3m时，应采用串筒、溜管或振动溜管使混凝土下落。

(8）混凝土浇筑层的厚度，应符合表C2-6-10B的规定。

(9）浇筑混凝土应连续进行。当必须间歇时，其间歇时间宜缩短，并应在前层混凝土凝结之前，将次层混凝土浇筑完毕。

混凝土运输、浇筑及间歇的全部时间不得超过表C2-6-10C的规定，当超过时应留置施工缝。

(10）采用振捣器捣实混凝土应符合下列规定：

1）每一振点的振捣延续时间，应使混凝土表面呈现浮浆和不再沉落；

2）当采用插入式振捣器时，捣实普通混凝土的移动间距，不宜大于振捣器作用半径的1.5倍；捣实轻骨料混凝土的移动间距，不宜大于其作用半径；振捣器与模板的距离，不应大于其作用半径的0.5倍，并应避免碰撞钢筋、模板、芯管、吊环、预埋件或空心胶囊等；振捣器插入下层混凝土内的深度应不小于50mm；

混凝土浇筑层厚度（mm） **表C2-6-10B**

捣实混凝土的方法		浇筑层的厚度
插入式振捣		振捣器作用部分长度的1.35倍
表面振动		200
人工捣固	在基础、无筋混凝土或配筋稀疏的结构中	250
	在梁、墙板、柱结构中	200
	在配筋密列的结构中	150
轻骨料混凝土	插入式振捣	300
	表面振动（振动时需加荷）	200

混凝土运输、浇筑和间歇的允许时间（min） **表C2-6-10C**

混凝土强度等级	气温	
	不高于25℃	高于25℃
不高于C30	210	180
高　于C30	180	150

注：当混凝土中掺有促凝或缓凝型外加剂时，其允许时间应根据试验结果确定。

3）当采用表面振动器时，其移动间距应保证振动器的平板能覆盖已振实部分的边缘；

4）当采用附着式振动器时，其设置间距应通过试验确定，并应与模板紧密连接；

5）当采用振动台振实干硬性混凝土和轻骨料混凝土时，宜采用加压振动的方法，压力为1～3kN/m^2。

(11）在混凝土浇筑过程中，应经常观察模板，支架、钢筋、预埋件和预留孔洞的情况，当发现有变形、移位时，应及时采取措施进行处理。

(12）在浇筑与柱和墙连成整体的梁和板时，应在柱和墙浇筑完毕后停歇1～1.5h，再继续浇筑。

(13）梁和板宜同时浇筑混凝土；拱和高度大于1m的梁等结构，可单独浇筑混凝土。

(14) 浇筑混凝土叠合构件应符合下列规定：

1) 在主要承受静力荷载的梁中，预制构件的叠合面应有凹凸差不小于 6mm 的自然粗糙面，并不得疏松和有浮浆；

2) 当浇筑叠合式板时，预制板的表面应有凹凸差不小于 4mm 的人工粗糙面；

3) 当浇筑叠合式受弯构件时，应按设计要求确定是否设置支撑。

大体积混凝土的浇筑应合理分段分层进行，使混凝土沿高度均匀上升；浇筑应在室外气温较低时进行，混凝土浇筑温度不宜超过 28℃。

注：混凝土浇筑温度系指混凝土振捣后，在混凝土 50mm～100mm 深处的温度。

4) 严格控制现浇板的截面尺寸，偏差为 +8mm、-5mm，并有保护质量的可靠措施。

(15) 施工缝的位置应在混凝土浇筑之前确定，并宜留置在结构受剪力较小且便于施工的部位。施工缝的留置位置应符合下列规定：

1) 柱，宜留置在基础的顶面、梁或吊车梁牛腿的下面、吊车梁的上面、无梁楼板柱帽的下面；

2) 与板连成整体的大截面梁，留置在板底面以下 20～30mm 处。当板下有梁托时，留置在梁托下部；

3) 单向板，留置在平行于板的短边的任何位置；

4) 有主次梁的楼板宜顺着次梁方向浇筑，施工缝应留置在次梁跨度的中间 1/3 范围内。

垂直方向、水平方向施工缝的留置位置见图 C2-6-1～C2-6-2；

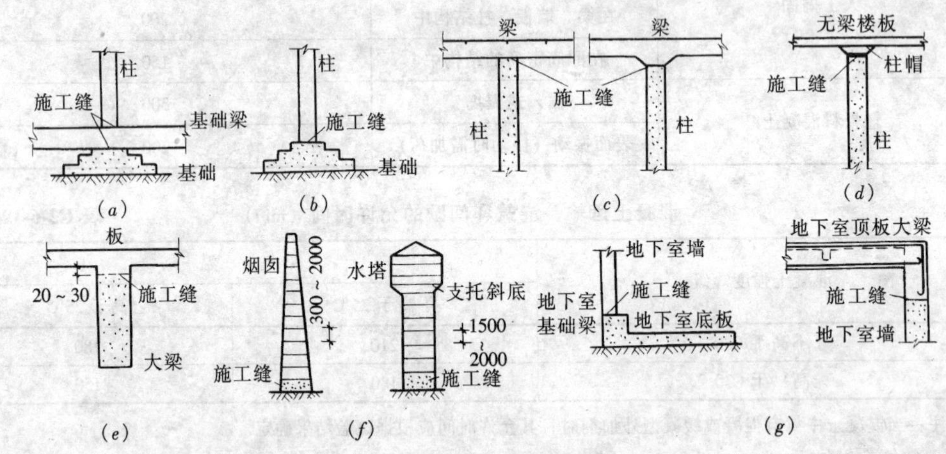

图 C2-6-1 水平方向的施工缝位置

5) 墙，留置在门洞口过梁跨中 1/3 范围内，也可留在纵横墙的交接处；

6) 双向受力楼板、大体积混凝土结构、拱、穹拱、薄壳、蓄水池、斗仓、多层刚架及其他结构复杂的工程，施工缝的位置应按设计要求留置。

(16) 在施工缝处继续浇筑混凝土时，应符合下列规定：

1) 已浇筑的混凝土，其抗压强度不应小于 $1.2N/mm^2$；

2) 在已硬化的混凝土表面上，应清除水泥薄膜和松动石子以及软弱混凝土层，并加以充分湿润和冲洗干净，且不得积水；

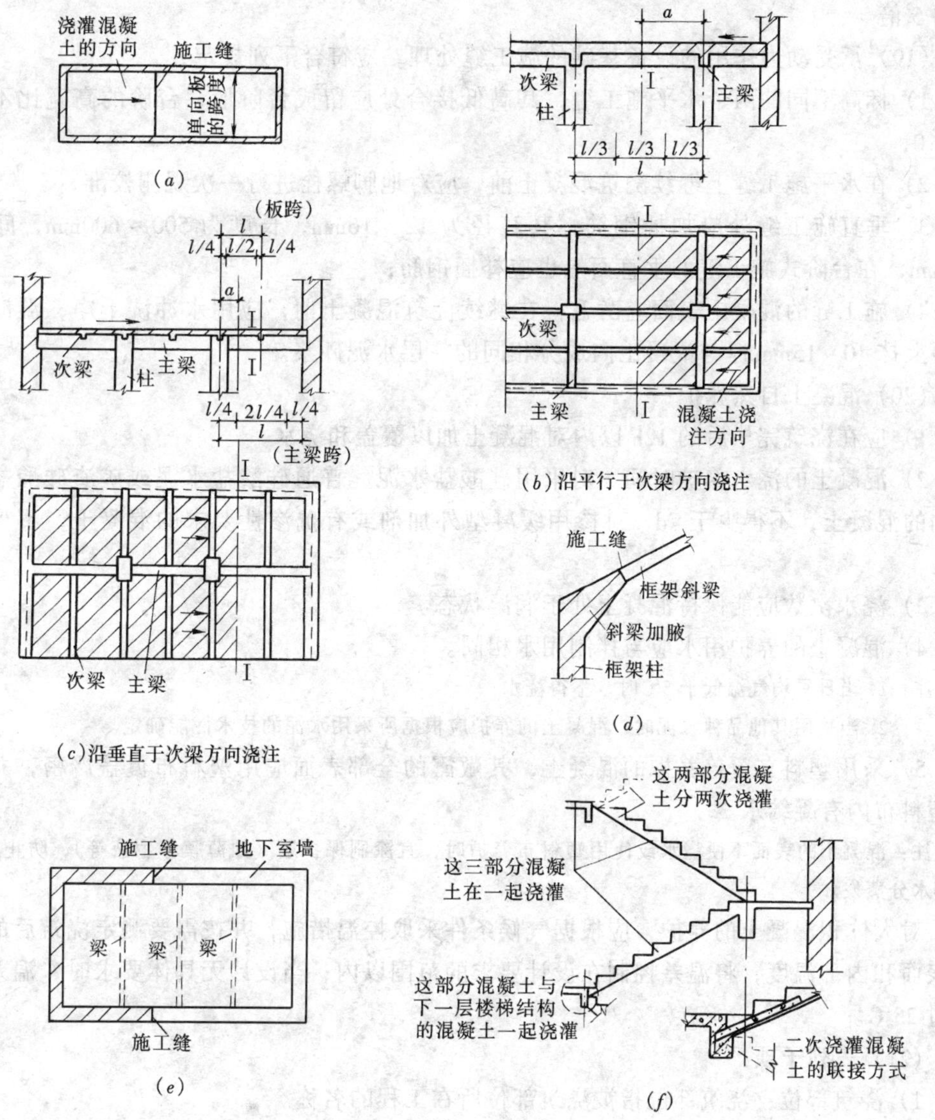

图 C2-6-2 垂直方向的施工缝位置

3）在浇筑混凝土前，宜先在施工缝处铺一层水泥浆或与混凝土内成分相同的水泥砂浆；

4）混凝土应细致捣实，使新旧混凝土紧密结合。

（17）承受动力作用的设备基础，不应留置施工缝；当必须留置时，应征得设计单位同意。

（18）在设备基础的地脚螺栓范围内施工缝的留置位置，应符合下列要求：

1）水平施工缝，必须低于地脚螺栓底端，其与地脚螺栓底端的距离应大于150mm；当地脚螺栓直径小于30mm时，水平施工缝可留置在不小于地脚螺栓埋入混凝土部分总长度的四分之三处；

2）垂直施工缝，其与地脚螺栓中心线间的距离不得小于250mm，且不得小于螺栓直径的 5 倍。

(19) 承受动力作用的设备基础的施工缝处理，应符合下列规定：

1) 标高不同的两个水平施工缝，其高低接合处应留成台阶形，台阶的高宽比不得大于 1.0；

2) 在水平施工缝上继续浇筑混凝土前，应对地脚螺栓进行一次观测校准；

3) 垂直施工缝处应加插钢筋，其直径为 12 ~ 16mm，长度为 500 ~ 600mm，间距为 500mm，在台阶式施工缝的垂直面上也应补插钢筋；

4) 施工缝的混凝土表面应凿毛，在继续浇筑混凝土前，应用水冲洗干净，湿润后在表面上抹 10 ~ 15mm 厚与混凝土内成分相同的一层水泥砂浆。

(20) 混凝土自然养护：

1) 应在浇筑完毕后的 12h 以内对混凝土加以覆盖和浇水。

2) 混凝土的浇水养护时间，对采用硅酸盐水泥、普通硅酸盐水泥或矿渣硅酸盐水泥拌制的混凝土，不得少于 7d，对掺用缓凝型外加剂或有抗渗性要求的混凝土，不得少于 14d。

3) 浇水次数应能保持混凝土处于润湿状态。

4) 混凝土的养护用水应与拌制用水相同。

注：1. 当日平均气温低于 5℃时，不得浇水；

2. 当采用其他品种水泥时，混凝土的养护应根据所采用水泥的技术性能确定。

5) 采用塑料布覆盖养护的混凝土，其敞露的全部表面应用塑料布覆盖严密，并应保持塑料布内有凝结水。

注：混凝土的表面不便浇水或使用塑料布养护时，宜涂刷保护层（如薄膜养生液等），防止混凝土内部水分蒸发。

对大体积混凝土的养护，应根据气候条件采取控温措施，并按需要测定浇筑后的混凝土表面和内部温度，将温差控制在设计要求的范围以内；当设计无具体要求时，温差不宜超过 25℃。

(21) 表列子项：

1) 浇筑部位：浇筑部位指被浇筑部位所在工程的名称。

2) 当班完成的混凝土数量：按当日班的混凝土实际完成量填写。

3) 混凝土强度等级：按设计要求的混凝土强度等级填写。

4) 混凝土捣实方法：指人工捣实或机械振捣，照实际填写，一般不准用人工捣实方法。

5) 天气情况：按混凝土浇筑日的最高和最低气温、混凝土浇筑施工时日的气候如晴、阴、雨、雪、雾、风及温度等。

6) 配合比：

①下达配合比：指试验室试配下达的配合比，按照实际确定。

②调整配合比：指施工单位根据施工需要调整的配合比，按照实际确定。

7) 责任制：

①监理（建设）单位：指监理单位的专业监理工程师，签字有效。当不委托监理时由建设单位的项目负责人签字。

②施工单位：指与该工程签订施工合同的法人施工单位。

③专业技术负责人：指施工单位的项目经理部的专业技术负责人，签字有效。

④质检员：负责该单位工程项目经理部的专职质检员，签字有效。

⑤材料员：负责该单位工程项目经理部的材料员，签字有效。

注：1. 混凝土施工记录每台班记录一张，注明开始及终止浇注时间。

2. 拆模日期及试块试压结果应记录在施工日志中。

4.2.6-11 混凝土坍落度检查记录（C2-6-11）

1. 资料表式

混凝土坍落度检查记录 **表 C2-6-11**

<table>
<tr><td colspan="2">混凝土强度等级</td><td colspan="3"></td><td colspan="2">搅拌方式</td><td></td></tr>
<tr><td colspan="2">时　　间
（年　月　日　时）</td><td colspan="2">施工部位</td><td>要求坍落度</td><td colspan="2">坍落度</td><td>备　注</td></tr>
<tr><td colspan="2"></td><td colspan="2"></td><td></td><td colspan="2"></td><td></td></tr>
<tr><td colspan="2"></td><td colspan="2"></td><td></td><td colspan="2"></td><td></td></tr>
<tr><td rowspan="3">参加人员</td><td colspan="2">监理（建设）单位</td><td colspan="5">施　　工　　单　　位</td></tr>
<tr><td colspan="2" rowspan="2"></td><td colspan="2">专业技术负责人</td><td colspan="2">质检员</td><td>工长</td></tr>
<tr><td colspan="2"></td><td colspan="2"></td><td></td></tr>
</table>

混凝土坍落度检查记录是以经施工企业技术负责人审查签章后的本表格式形式归存。

2. 实施目的

为保证混凝土工程质量，对混凝土施工过程：诸如原材料计量、拌制、运输、浇筑等环节实施过程的记录，以保证和评价混凝土质量。

3. 资料要求

（1）混凝土施工必须填写混凝土坍落度检查记录。按表列要求记录混凝土坍落度的施工过程。

（2）不填写混凝土坍落度检查记录为不符合要求。

4. 实施要点

（1）记录混凝土坍落度施工应检查以下内容：

1）检查混凝土配合比，如有调整应填报调整配合比；

2）认真记录填写表内有关内容；

3）按标准规定留置试块，分别进行同条件和标准养护。

（2）浇筑混凝土应连续进行。并应定时连续根据规范要求检查坍落度（每工作班检查不少于 2 次）。

（3）混凝土实测坍落度与要求坍落度的允许偏差见表 C2-7-1。

（4）表列子项：

1）要求坍落度：指混凝土试配确定的坍落度。

2）坍落度：指混凝土施工时，现场检查实际测得的坍落度。

3）责任制：

①项目技术负责人：指项目经理部的技术负责人，签字有效。

②质检员：指项目经理部的专职质量检查员，签字有效。

③记录：指项目经理部的质量检查员或资料员，签字有效。

4.2.6-12　冬期施工混凝土日报表（C2-6-12）

1. 资料表式

冬期施工混凝土日报　　　　**表 C2-6-12**

工程名称：　　　　　　　　　　　　　　　　年　月　日

时：分	天气情况	积雪	风向	风速	气温（℃）			
					最高	最低	干球	湿球

时：分	原材料温度（℃）				混凝土坍落度	混凝土温度℃养护条件					
	水泥	水	砂	石		出机	入模	结构部位	混凝土数量（m^3）	养护方法	备注
项目技术负责人：						质检员：			记录人		

冬期施工混凝土日报表是以经施工企业技术负责人审查签章后的本表格式形式归存。

2. 实施目的

冬期施工混凝土日报是指为保证冬季施工条件下的混凝土质量而对混凝土施工、气候条件进行的测试记录。

3. 资料要求

(1) 混凝土冬期施工必须填写混凝土冬期施工日报。认真做好冬施温度记录及天气情况记录。

(2) 不认真进行混凝土冬期施工混凝土日报的为不符合要求。

(3) 冬期施工混凝土日报项目技术负责人、质检员、记录人必须签字，不签字或代签为不符合要求。

4. 实施要点

冬施测温必须由专人负责进行。并通过培训方可上岗。

(1) 冬施期初始日与终止日。

当日平均气温连续稳定降低到5℃或5℃以下，或者最低气温降低到0℃或0℃以下时，即认为进入冬期施工阶段。通常按连续5天稳定低于5℃的第一天为冬期施工的初始日，取连续5天稳定低于5℃时的末日为冬期施工的终止日。

(2) 冬期混凝土的配制和搅拌。

配制冬期施工的混凝土，应优先用硅酸盐水泥或普通硅酸盐水泥。水泥强度等级不应低于425，最小水泥用量不宜少于300kg/m³，水灰比不应大于0.6。

使用矿渣硅酸盐水泥，宜采用蒸汽养护；使用其他品种水泥，应注意其中掺合材料对混凝土抗冻、抗渗等性能的影响。

掺用防冻剂的混凝土，严禁使用高铝水泥。

原材料出入罐温度及室外温度每工作班不少于4次测温。

(3) 在钢筋混凝土中掺用氯盐类防冻剂时，氯盐掺量按无水状态计算不得超过水泥重量的1%。掺用氯盐的混凝土必须振捣密实，且不宜采用蒸汽养护。在下列钢筋混凝土结构中不得掺用氯盐：

1) 在高湿度空气环境中使用的结构；

2) 处于水位升降部位的结构；

3) 露天结构或经常受水淋的结构；

4) 与镀锌钢材或与铝铁相接触部位的结构，以及有外露钢筋预埋件而无防护措施的结构；

5) 与含有酸、碱或硫酸盐等侵蚀性介质相接触的结构；

6) 使用过程中经常处于环境温度为60℃以上的结构；

7) 使用冷拉钢筋或冷拔低碳钢丝的结构；

8) 薄壁结构、中级或重级工作制吊车梁、屋架、落锤或锻锤基础等结构；

9) 电解车间和直接靠近直流电源的结构；

10) 直接靠近高压电源（发电站、变电所）的结构；

11) 预应力混凝土结构。

(4) 当采用素混凝土时，氯盐掺量不得大于水泥重量的3%。

(5) 冬期拌制混凝土时应优先采用加热水的方法。水及骨料的加热温度应根据热工计算确定，但不得超过表C2-6-12A的规定。

水泥不得直接加热，并宜在使用前运入暖棚内存放。

(6) 混凝土所用骨料必须清洁、不得含有冰、雪等冻结物及易冻裂的矿物质。在掺用含有钾、钠离子防冻剂的混凝土中，不得混有活性骨料。

(7) 拌制掺用防冻剂的混凝土应符合下列规定：

1) 防冻剂溶液的配制及防冻剂的掺量应符合现行国家标准的有关规定；

2) 严格控制混凝土水灰比，由骨料带入的水分及防冻剂溶液中的水分均应从拌合水中扣除；

3）搅拌前，应用热水或蒸汽冲洗搅拌机，搅拌时间应取常温搅拌时间的1.5倍；

4）混凝土拌合物的出机温度不宜低于10℃，入模温度不得低于5℃。

注：1.冬期施工前后，应密切注意天气预报，以防气温突然下降遭受寒流和霜冻袭击。

2.试验资料表明，当温度在4～0℃时，混凝土凝结时间要比15℃时延长三倍；当温度低于0℃，特别是温度下降到混凝土冰点温度（新浇混凝土的冰点为-0.3～0.5℃）以下时，混凝土的水开始结冰，体积膨胀约9%，混凝土将有冻害可能。

拌合水及骨料最高温度（℃） **表 C2-6-12A**

项目	拌合水	骨料
强度等级小于42.5的普通硅酸盐水泥、矿渣硅酸盐水泥	80	60
强度等级等于及大于42.5的硅酸盐水泥、普通硅酸盐水泥	60	40

注：当骨料不加热时，水可加热到100℃，但水泥不应与80℃以上的水直接接触，投料顺序为先投入骨料和已加热的水，然后再投入水泥。

（8）掺防冻剂混凝土施工的注意事项：

1）防冻剂、低温早强剂的质量和拌制成溶液后的质量（有无沉淀和杂质）及浓度；

2）拌和物的和易性借以检查配合比是否正确；

3）原材料温度、拌和物的出机温度以及终凝前和浇灌后3天的温度情况；

4）浇灌振捣对混凝土保护层厚度的控制情况；

5）保温覆盖情况。

（9）冬期不得在强冻胀性地基土上浇筑混凝土；当混凝土受冻前其抗压强度不得低于：

1）硅酸盐水泥或普通硅酸盐水泥配制的混凝土，为设计混凝土强度标准值的30%；

2）矿渣硅酸盐水泥配制的混凝土，为设计混凝土强度标准值的40%，但不大于C 10的混凝土，不得小于5.0N/mm^2。在弱冻胀性地基土上浇筑混凝土时，基土不得遭冻。当在非冻胀性地基土上浇筑混凝土时。

（10）对加热养护的现浇混凝土结构，混凝土的浇筑程序和施工缝的位置，应能防止在加热养护时产生较大的温度应力，当加热温度在40℃以上时，应征得设计单位同意。

（11）当分层浇筑大体积结构时，已浇筑层的混凝土温度，在被上一层混凝土覆盖前，不得低于按热工计算的温度，且不得低于2℃。

（12）预应力混凝土的孔道灌浆，应在正温下进行，并应符合：且应养护到强度不小于15.0N/mm^2。

（13）混凝土养护室外最低温度不低于-15℃时，地面以下的工程或表面系数不大于5的结构，应优先采用蓄热法养护。蓄热法养护热工计算可按冬期施工热工计算的有关规定进行。

混凝土蓄热法养护可掺用早强型外加剂、外部早期短时加热、采用快硬早强水泥、采用棚罩加强围护或利用未冻土热量等延长正温养护龄期和加快混凝土强度的增长措施。

对结构容易受冻的部位，应采取防止混凝土过早冷却的保温措施。

注：表面系数系指结构冷却的表面积（m^2）与其全部体积（m^3）的比值。

（14）整体浇筑的结构，当采用蒸汽法或电热法养护时，混凝土的升、降温速度，不得超过表 C2-6-12B 的规定。

（15）蒸汽养护的混凝土，当采用普通硅酸盐水泥时，养护温度不宜超过 80℃；当采用矿渣硅酸盐水泥时，养护温度可提高到 85℃～95℃。

电热法养护混凝土的温度，应符合表 C2-6-12C 的规定。

当采用蒸汽养护混凝土时，应使用低压饱和蒸汽，加热应均匀，并须排除冷凝水和防止结冰。

加热养护混凝土的升、降温速度（℃/h）　表 C2-6-12B

表面系数（m^{-1}）	升温速度	降温速度
≥6	15	10
<6	10	5

注：大体积混凝土应根据实际情况确定。

电热法养护混凝土的温度（℃）　表 C2-6-12C

水泥强度等级	结构表面系数（m^{-1}）		
	<10	10～15	>15
425	40		35

（16）当采用电热法养护混凝土时，电极的布置，应保证混凝土温度均匀，且混凝土仅应加热到设计的混凝土强度标准值的 50%。并尚应符合下列规定：

1）应在混凝土的外露表面覆盖后进行；

2）宜采用工作电压为 50～110V，在素混凝土和每立方米混凝土含钢量不大于 50kg 的结构中，可采用 120～200V；

3）在养护过程中，应观察混凝土外露表面的湿度，当表面开始干燥时，应先停电，并浇温水湿润混凝土表面。

（17）当采用暖棚法养护混凝土时，棚内温度不得低于 5℃，并应保持混凝土表面湿润。

（18）模板和保温层，应在混凝土冷却到 5℃后方可拆除。当混凝土与外界温差大于 20℃时，拆模后的混凝土表面，应采取使其缓慢冷却的临时覆盖措施。

（19）掺用防冻剂混凝土的养护应符合下列规定：

1）在负温条件下养护，严禁浇水且外露表面必须覆盖；

2）混凝土的初期养护温度，不得低于防冻剂的规定温度，达不到规定温度时，应立即采取保温措施；

3）掺用防冻剂的混凝土，当温度降低到防冻剂的规定温度以下时，其强度不应小于 3.5N/mm^2；

4）当拆模后混凝土的表面温度与环境温度差大于 15℃时，应对混凝土采用保温材料覆盖养护。

（20）混凝土养护温度的测量应符合下列规定：

1）当采用蓄热法养护时，在养护期间至少每 6h 一次；

2）对掺用防冻剂的混凝土，在强度未达到 3.5N/mm^2 以前每 2h 测定一次，以后每 6h 测定一次；

3）当采用蒸汽法或电流加热法时，在升温、降温期间每 1h 一次，在恒温期间每 2h

一次。

室外气温及周围环境温度在每昼夜内至少应定时定点测量四次。

(21) 混凝土养护温度的测量方法应符合下列规定:

1) 全部测温孔均应编号,并绘制测温孔布置图;

2) 测量混凝土温度时,测温表应采取措施与外界气温隔离;测温表留置在测温孔内的时间应不少于3min;

3) 测温孔的设置,当采用蓄热法养护时,应在易于散热的部位设置;当采用加热养护法时,应在离热源不同的位置分别设置;大体积结构应在表面及内部分别设置。

(22) 所有各项测量及检验结果,均应填写"混凝土工程施工记录"和"混凝土冬期施工日报"。

(23) 冬期施工混凝土受冻前临界强度不低于下列值:

1) 硅酸盐或普通硅酸盐水泥的临界强度为设计强度的30%;

2) 矿渣硅酸盐水泥的临界强度为设计强度的40%;

3) C10或C10以下的混凝土的临界强度为5MPa;掺外加剂的混凝土的临界强度为3.5MPa。(该临界强度是在混凝土的水灰比不大于0.6的前提下制定的,水灰比必须大于0.6时,需重新试验)。

(24) 冬施掺用外加剂的品种应由技术部门选定,产品必须经省级以上部门审定。

注:平均气温测定以室外每天6时、14时、21时的温度为准。

(25) 在冬期浇筑的混凝土,宜使用无氯盐类防冻剂、对抗冻性要求高的混凝土,宜使用引气剂或引气减水剂。

掺用防冻剂、引气剂或引气减水剂的混凝土的施工,应符合现行国家标准《混凝土外加剂应用技术规范》的规定。

(26) 测温要求:

1) 现浇混凝土在测温时,应按测温孔的编号顺序进行,温度计插入测温孔后,堵塞住孔口,留置在测温孔内3~5min后进行读数,读数前应先用指甲按住酒精柱上端所指度数,然后从测温孔口取出温度计,并使与视线成水平,仔细读出所测温度值,并将所测温度记录在记录表上,然后将测温孔封闭。

2) 测温时要按项目要求按时进行,测温次数:

①大气温度、环境温度:气温测量每昼夜8、12、20、4点共测4次。其他每昼夜测2~4次。

②对材料和防冻剂温度每工作班不少于3次。

③拌合物出机温度每两小时测一次。

④混凝土入模温度每工作班不少2~4次。

⑤养护期间的温度测定:终凝前、低温变化混凝土每4小时测一次,负温混凝土前3天每2小时测一次,以后每昼夜测两次。

⑥温度变化时应加强抽测次数。

(27) 表列子项:

1) 天气情况、积雪、风向、风速、气温均照测温时、分的实际测得值填写。

2) 原材料温度按照不同时、分对原材料的实测温度填写。

3）混凝土温度℃养护条件如下：

①出机：即混凝土出搅拌机时的温度。

②入模：即混凝土入模时的温度。

③结构部位：指实际浇注混凝土的结构部位。

④混凝土数量：指实际混凝土浇注量。

⑤养护方法：按实际填写，如加盖草袋，白灰锯末、蒸养、暖棚等。

4）责任制：

①项目技术负责人：指项目经理部的技术负责人，签字有效。

②质检员：指项目经理部的专职质量检查员，签字有效。

③记录：指项目经理部的质量检查员或资料员，签字有效。

注：1. 大体积混凝土测温应单独记录。新浇筑的大体积混凝土应进行表面保护，减少表面温度的频繁变化，防止或减少因内外温差导致混凝土开裂。

2. 备注栏须注明“现场搅拌混凝土”或“商品混凝土”

4.2.6-13　混凝土养护测温记录（C2-6-13）

4.2.6-13-1　混凝土养护测温记录

1. 资料表式

______混凝土养护测温记录　　　　表 C2-6-13

工程名称：　　　　　　　　　　施工单位：

部　位			养护方法								测试方法		
测温时间	大气温度	浇筑温度	各测孔温度（℃）								平均温度（℃）	间隔时间（s）	温差（℃）

项目技术负责人：　　　　　　　　施工员：　　　　　　　　试验员：

混凝土养护测温记录是以经施工企业技术负责人审查签章后的本表格式形式归存。

2. 实施目的

混凝土养护测温记录是指为保证冬季施工条件下的混凝土质量，对冬季施工条件下的混凝土进行的测温、大气温度、浇筑温度等的检测记录。

3. 资料要求

(1) 混凝土冬期养护测温必须填写混凝土养护测温记录。认真做好冬施条件下的测温时间、大气温度、浇筑温度、测温间隔时间等的记录。

(2) 不认真进行混凝土冬期养护测温记录的为不符合要求。

(3) 冬施测温记录项目技术负责人、质检员、记录人必须签字，不签字或代签为不符合要求。

4. 实施要点

(1) 基本要求：

1) 室外日平均气温连续5d低于5℃时起，至室外日平均气温连续5d高于5℃冬施结束这期间浇筑养护的混凝土均需测温观察。

2) 对于采用大模板工艺施工和滑模工艺施工的结构工程，由于施工工艺对拆模的要求，当大气平均温度低于15℃时即转入低温施工时就应开始测温。

3) 采用综合蓄热法，未掺抗冻剂的一般间隔6h测一次，若掺加抗冻剂的混凝土达到受冻临界强度之前，每隔2h测一次，达到受冻临界强度以后每隔6h测一次，若采用蒸汽养护法、干热养护则在升温、降温阶段每隔1h测一次，恒温阶段每隔2h测一次。

4) 全部测温均应在现场技术部门编号，并绘制布置图（包括位置和深度）。测温时，测温仪表应采取与外界气温隔离措施，并留置在测温孔内不少于3mm。

(2) 大体积混凝土浇筑后应测试混凝土表面和内部温度，将温差控制在设计要求的范围之内，当设计无要求时，温差应符合规范规定。新浇筑的大体积混凝土应进行表面保护，减少表面温度的频繁变化，防止或减少因内外温差过大导致混凝土开裂。

(3) 冬期施工混凝土和大体积混凝土在浇筑时，根据规范规定设置温孔。测温应编号，并绘制测温孔布置图。大体积混凝土的测温孔应在表面及内部分别设置。

(4) 测温的时间、点数以及日次数根据不同的保温方式而不同，但均需符合规范要求。

(5) 采用热电偶测温时按表C2-6-13-1要求记录。

热电偶测温记录 表C2-6-13-1

测点号	测点位置	恒温点温度（℃）	工作点		校核点			备注
			热电势（μV）	换算温度（℃）	实测温度（℃）	热电势（μV）	换算温度	

（6）表列子项：

1）平均温度：不同测温点温度的平均值；

2）各测孔温度：每测温一次均应按不同时、分，不同测温孔的温度分别记录；

3）浇筑温度：系指混凝土振捣后，在混凝土 50mm ~ 100mm 深处的温度；

4）间隔时间：系指本次测温和上次测温的时间间隔；

5）温差：指混凝土浇筑后内部和表面温度之差，不宜超过 25℃度。冬期混凝土施工养护测温记录可不填此项；

6）养护方法：如蓄热养护法、蒸汽养护法等，按实际。

7）责任制：

①项目技术负责人：指项目经理部的技术负责人，签字有效。

②质检员：指项目经理部的专职质量检查员，签字有效。

③记录：指项目经理部的质量检查员或资料员，签字有效。

4-2-6-13-2 同条件混凝土试件养护测温记录（C2-6-13-2）

1. 资料表式

同条件混凝土试件养护测温记录 **表 C2-6-13-2**

工程名称： 施工单位：

部　位		养护方法		测试方法	

测温时间	大气温度（℃）				平均温度（℃）	间隔时间（s）	温差（℃）
	2 点	8 点	14 点	20 点			
专业技术负责人：			工长：			试验员：	

2. 应用指导

(1) 混凝土同条件养护测温记录是指为保证结构实体检验或因混凝土施工需要留置的同条件养护试件进行的测温记录。

(2) 大体积混凝土浇筑后应测试混凝土表面和内部温度，将温差控制在设计要求的范围之内，当设计无要求时，温差应符合规范规定。新浇筑的大体积混凝土应进行表面保护，减少表面温度的频繁变化，防止或减少因内外温差过大导致混凝土开裂。

(3) 测温的时间、点数以及日次数根据不同的保温方式而不同，但均需符合规范要求。常规测温，日测温次数应为 4 次：晨：2 点；早：8 点；午：14 点；晚：20 点。

(4) 同条件养护混凝土试件评定。

同条件养护试件评定，通常情况下应按统计方法标准差未知进行评定

同条件养护试件评定举例：

按某住宅楼工程的同条件养护试件为例：该工程结构实体检验共留置同条件养护见证取样试件 14 组，混凝土强度等级为 C20，按规定养护天数不少于 14d，不多于 60d，以控制试件累计 600℃养护为界的条件向试验室提供试件，进行试压，按施工组织设计规定用统计方法评定，14 组试件的试验强度值如下：

14 组试件的实测值：16.55、18.18、19.64、17.73、19.09、20.73、19.35、20.45、22.00、20.00、19.81、17.45、20.64、19.35。

系数乘 1.1 后的强度值：18.2、20.0、21.6、19.5、21.0、22.8、21.29、22.5、24.2、22、21.8、19.2、22.7、21.29。

平均值 $m_{\mathrm{fcu}} = \Sigma f_{\mathrm{cu},i}/n = 255.5/14 = 21.29$

标准差 $S_{\mathrm{fcu}} = \sqrt{\dfrac{\Sigma f_{\mathrm{cu},i} - nm^2 f_{\mathrm{cu}}}{n-1}} = 1.78$ （其中 $i = 1,2,...,n$）

注：尽管该标准差的计算结果已属优良等级，混凝土生产质量水平，实际上在混凝土施工管理上仍存在一些问题，仍按标准差未知进行评定。

合格判定系数 $\lambda_1 = 1.7$ $\lambda_2 = 0.90$

$$m_{\mathrm{fcu}} - \lambda_1 S_{\mathrm{fcu}} = 21.29 - 1.7 \times 1.78 = 21.29 - 3.02 = 18.27\mathrm{MPa}$$

$$0.9 f_{\mathrm{cu,k}} = 0.9 \times 20 = 18\mathrm{MPa}$$

$$m_{\mathrm{fcu}} - \lambda_1 \geqslant S_{\mathrm{fcu}} 0.9 f_{\mathrm{cu,k}}$$

$$18.27 \geqslant 18\mathrm{MPa}$$

$$\lambda_2 f_{\mathrm{cu,k}} = 0.9 \times 20 = 18\mathrm{MPa}$$

最小一组试件强度 $f_{\mathrm{cu,min}} = 18.2 > 18\mathrm{MPa}$

通过计算混凝土强度符合要求。

4.2.7 预制构件、预拌混凝土、门窗合格证（C2-7）

4.2.7-1～5 预制构件、预拌混凝土、门窗合格证（C2-7-1～5）

预制构件、预拌混凝土、门窗合格证汇总表按（C2-3-1）执行。

预制构件、预拌混凝土、门窗合格证按出厂时间排序贴于 C2-3-2)。

1. 预制构件、预拌混凝土、门窗合格证实施要点

(1) 预制构件合格证 (C2-7-1)

预制混凝土构件合格证 **表 C2-7-1**

工程名称:

委托单位: 合格证编号: 许可证编号:

构、配件名称及型号	数量	生产日期	混凝土强度等级			主筋		质量等级	结构试验		备注
			设计	实际	出厂	种类及规格	钢材试验单编号		钢筋	构件	
使用及运输注意事项											

生产单位: 技术负责人: 质检员: 年 月 日

1) 预制混凝土构件必须具有出厂合格证。要求填写齐全，不得缺漏或填错。作为技术鉴定质量合格原件的依据。“构件”必须是合格产品且必须有合格标志。应按预制混凝土构件的质量验收规范对模板、钢筋、构件的外观、几何尺寸、结构性能进行检验，并作好实测记录。检验结果必须符合预制混凝土构件质量验收规范和设计文件的要求。构件出厂合格证必须填写近期结构性能试验结果（不超过三个月)。施工现场制作的混凝土预制构件，按预制混凝土构件质量验收规范的检验的有关要求进行，安装前应进行外观、几何尺寸复查，并做好实测记录。构件生产不论是预制构件厂或自产自销施工企业都必须取得生产资质证书，并应提供出厂合格证。

2) 任何预制混凝土构件，只有在取得生产厂家提供的合格证，并经核对有关指标符合规定后，方可在工程上使用。

3) 不合格的材料及构件，没有取得资质证书厂家生产的构件不得用于工程，应由施工单位主管技术负责人会同有关单位及时进行处理，并在合格证备注栏内注明处理意见(应注意：不符合标准要求并不一定是废品，可据实际情况有些可以降级，有的作为非承重构件，有的经过返修后再用等)。

4) 预制构件应在明显部位标志生产单位、构件型号、生产日期和质量验收标志。构件上的预埋件、插筋和预留孔洞的规格、位置和数量应符合标准图或设计的要求。

(2) 钢构件合格证 (C2-7-2)

1) 钢构件合格证是指钢构件生产厂家提供的质量合格证明文件。

2) 钢构件合格证应包括生产厂家、工程名称、合格证编号、合同编号、设计图纸的种类、构件类别和名称、型号、代表数量、生产日期、结构试验评定、承载力、拱度。

钢构件合格证 表 C2-7-2

委托单位：

工程名称：　　　　　　　　　　　　合格证编号：

名称（型号）	构件规格	数量	生产日期	采用图集	钢材质量			钢材规格			重要构件探伤报告编号	质量评定等级	出厂日期	备注
					屈服强度 N/mm²	抗拉强度 N/mm²	延伸率 %	设计	实际	合格证或复试单编号				
使用及运输注意事项														

生产单位　　　　　　技术负责人：　　　　　　质检员：　　　　年　月　日

3）构件合格证必须物、证相符，表列各项填写齐全。

4）成品、半成品的合格证必须齐全，符合设计要求。

5）重要构件应填写实际测试的探伤报告单编号。

6）物证不符和子项填写不全的为不符合要求。

7）重要构件无实测的探伤报告单编号者为不符合要求。

8）构件出厂合格证的数量，应与该工程的使用数量相符，不符的为不符合要求。

9）构件合格证，需有产品生产许可证编号及许可证批准日期，否则为不符合要求。

10）构件进场应抽检，必要时可全数检查，先外观检察后检查合格证的有关指标，必须符合要求，否则为不合格。

（3）木构件合格证（C2-7-3）

木构件合格证 表 C2-7-3

委托单位：

工程名称：　　　　　　　　　　合格证编号：

名称（型号）	规格 宽×高	数量	生产日期	采用图集	材质等级		含水率（%）		质量评定等级	出厂日期	备注
					规定	实际	规定	实际			
使用及运输注意事项											

生产单位（盖章）：　　　　技术负责人：　　　　质检员：　　　　年　月　日

1）木构件合格证是指木构件生产厂家提供的质量合格证明文件。

2）木构件出厂合格证应包括生产厂家、工程名称、合格证编号、合同编号、设计图纸的种类、构件类别和名称、型号、代表数量、生产日期、结构试验评定、承载力、拱度。

3）构件合格证必须物、证相符，表列各项填写齐全。

4）成品、半成品的合格证必须齐全，符合设计要求。

5）重要构件应填写实际测试的探伤报告单编号。

6）物证不符和子项填写不全的为不符合要求。

7）重要构件无实测的探伤报告单编号者为不符合要求。

8）构件出厂合格证的数量，应与该工程的使用数量相符，不相符的为不符合要求。

9）构件合格证，需有产品生产许可证编号及许可证批准日期，否则为不符合要求。

10）构件进场应抽检，必要时可全数检查，先外观检察后检查合格证的有关指标，必须符合要求，否则为不合格。

（4）门窗合格证（C2-7-4）

木门窗合格证 **表 C2-7-4**

委托单位：

工程名称： 合格证编号：

名称 （型号）	规格 宽×高	数 量	生产日期	采用图集	材质等级		含水率 （%）		质量评定 等级	出厂 日期	备注
					规定	实际	规定	实际			
使用及运输 注意事项											

生产单位（盖章）： 技术负责人： 质检员： 年 月 日

1）门窗合格证是指由生产厂家提供的质量合格证明文件。

2）包括木门窗、铝合金、塑料门窗。

3）门窗合格证中应包括生产厂家、工程名称、合格证编号、生产许可证编号、委托单位、质量验收、构件类别和名称、型号、代表数量、生产日期、采用的图集号、出厂日期、材质等级、木材含水率等子项，并有生产单位技术负责人、质检员签字，加盖生产公章。

4）门窗出厂必须有出厂合格证、材料合格证及物理性能试验报告，且合格证中的数量必须与构件进场数量相符，特种门还应有生产许可证复印件。取得生产厂家提供的合格证及相应附件，并经核实符合规定后，方可在工程上使用。

5）门窗生产厂家必须是取得资质证书的厂家。

6）门窗进场时应进行抽查检验，必要时可进行全数检查。对不符合质量要求者应经施工单位技术负责人会同有关人员及时进行处理。

(5) 预拌（商品）混凝土合格证（C2-7-5）

预拌（商品）混凝土出厂合格证 表 C2-7-5

委托单位：＿＿＿＿＿＿＿＿ 工程名称：＿＿＿＿＿＿＿＿

使用单位：＿＿＿＿＿＿＿＿ 供应数量：＿＿＿＿＿＿＿＿ m^3

混凝土强度等级：＿＿＿＿＿＿＿＿ 供应日期：＿＿＿年＿＿＿月＿＿＿日至

＿＿＿年＿＿＿月＿＿＿日止

使用原材料情况：

材料名称	水泥	砂	石		
品种与规格					
试验编号					

混凝土标养试验结果

制模日期	试件编号	配合比编号	抗压强度	抗渗试验结果		

技术负责人： 审核： 搅拌站盖章： 年 月 日

1）预拌（商品）混凝土出厂合格证是指预拌（商品）混凝土生产厂家提供的质量合格证明文件。

2）当采用预拌混凝土时，预拌厂应提供下列资料：

①水泥品种、强度等级及每立方米混凝土中的水泥用量；

②骨料的种类和最大粒径；

③外加剂、掺合料的品种及掺量；

④混凝土强度等级和坍落度；

⑤混凝土配合比和标准试件强度；

⑥对轻骨料混凝土尚应提供其密度等级。

3）预拌混凝土生产厂家必须向施工单位提供质量合格的混凝土并随车提供预拌混凝土运输单位，于45天内提供预拌混凝土出厂合格证。

当采用预拌混凝土时，应在商定的交货地点进行坍落度检查，并应填写检查记录，实测的混凝土坍落度与要求坍落度之间的允许偏差应符合表 C2-7-6 的要求。

混凝土坍落度与要求坍落度之间的允许偏差（mm） 表 C2-7-6

要求坍落度	允许偏差	要求坍落度	允许偏差	要求坍落度	允许偏差
< 50	± 10	50 ~ 90	± 20	> 90	± 30

4.2.8 地基基础、主体结构检验及抽样检测资料（C2-8）

地基基础、主体结构检验属施工过程中的中间验收。抽样检测属施工过程中的抽检，应由具有相应资质的单位进行检测，并提供报告。

4.2.8-1 地基基础检查验收记录（C2-8-1）

1. 资料表式

地基基础检查验收记录 表 C2-8-1

施工单位：

<table>
<tr><td>工程名称</td><td colspan="3"></td><td>施工日期</td><td></td></tr>
<tr><td>建筑面积</td><td colspan="3"></td><td>验收日期</td><td></td></tr>
<tr><td>验收内容</td><td colspan="5">1. 核查地基基础分部验收资料
2. 地基基础分部工程质量：主要包括：砌体组砌方法及交接部位、混凝土板、梁的外观及尺寸及位置，标高、质量状况等
3. 内业资料：质量控制资料，工程安全与功能抽检资料
4. 隐蔽验收资料；施工记录
5. 观感质量验收状况
6. 建筑物沉降状况</td></tr>
<tr><td>验收资料</td><td colspan="5">1. 工程质量控制资料
2. 隐蔽验收资料；施工记录
3. 工程安全与功能抽检资料
4. 观感质量验收记录</td></tr>
<tr><td>验收意见</td><td colspan="5">按上述验收内容、验收资料全数检查后评定：</td></tr>
<tr><td rowspan="3">参加人员</td><td>建设单位代表</td><td>监理单位代表</td><td>勘察、设计单位代表</td><td colspan="2">施工单位</td></tr>
<tr><td rowspan="2"></td><td rowspan="2"></td><td rowspan="2"></td><td>企业技术负责人</td><td>专业技术负责人</td></tr>
<tr><td>质检员</td><td>工长</td></tr>
</table>

地基基础检查验收记录以经施工企业技术负责人审查签章后的本表格式归存。

2. 实施目的

地基基础检查验收记录是指施工单位已施工完成的单位工程的地基基础的检查和验收，并对可否继续施工做出确认活动的记录。

3. 资料要求

(1) 凡进行地基基础检查和验收，必须填写地基基础检查和验收记录。如有验收意见不一致时，凡涉及结构安全和使用功能的均应提请试验部门予以检测确定，对其他不一致意见可由当地建设行政主管部门协调解决。

(2) 地基基础检查和验收中的遗留问题和验收意见，其交接方的技术负责人必须签字。

(3) 责任制填写齐全为符合要求。责任制必须本人签字不得代签。

4. 实施要点

(1) 地基基础验收记录是指对地基基础进行的全面验收，做出可否继续施工的确认记录。

(2) 凡进行地基基础验收均必须分别填写地基基础验收记录。

(3) 地基基础验收中，如有验收意见不一致，凡涉及结构安全和使用功能均应提请试验部门予以检测确定，对其他不一致意见可由当地建设行政主管部门协调解决。

(4) 交接检验应核查提交方提供的所有资料，对工程质量进行验收认可，签署验收意见，办理移交手续。

(5) 地基基础验收检验要点：

1) 内业资料的检查主要是原材料、防水材料等的出厂合格及试验报告的检查；砂浆、混凝土强度的试（检）验报告，应符合设计和标准（强度和数量）要求；工业与民用建筑项目的混凝土应有同条件养护试块。

2) 地基基础验收是对地基基础分部工程质量进行综合的技术鉴定与评价。未经验收的地基基础结构不得进行回填；当需要提前插入回填时，应分段进行验收。

3) 地基基础验收应对地基基础施工质量进行全面的观感检查与分析，提出质量评价意见，核查施工有关技术资料，包括原材料、构件出厂合格证及试验报告；混凝土、砂浆试块试验报告；土壤、桩基试验报告、地基验槽、隐蔽工程验收记录（包括建筑设备安装专业工程的预埋隐蔽部分）、技术复核记录以及分项工程的检验批质量评定记录和分部工程质量等级的统计汇总等。分项工程检验批质量的评定应核查应参加分部工程的分项工程检验批数量是否满足要求。

4) 地基基础工程检查发现存在的质量问题应确切地进行记载，必要时应有附图，结构质量缺陷须有技术鉴定、处理方法、处理结论及复验签证，无遗留未了事项。

5) 地基基础验收后，应对地基基础的观感、技术资料及基础分部工程的质量等级等进行评价，并将其结论记入验收意见栏中由监理单位签发分部工程质量认可通知。

6) 核查地基基础验收的内容是否齐全，结论是否明确，签证是否齐全。验收意见中是否包含有对观感、质量控制资料的评价，是否有对基础分部工程质量等级的评定意见。

(6) 单位工程的深基础、地下室及人防工程，基础和地下部分应单独验收，未经验收的工程不得进行下一道工序施工。验收要核查主要技术资料并对地基基础进行全部的系统检查。

地基与基础验收单的结论应填写处理方法，并附上复查验收签证。

(7) 地基基础验收应进行内业资料检查和现场观察检查两项内容，应分别检查并分别记录。

(8) 现场观察检查：应先对地基基础施工质量进行全面观察检查，提出质量评价。重点检查地基基础施工质量是否符合质量标准和设计要求。

(9) 地基基础验收记录须经建设、监理、设计、施工单位四方代表签证后。地基基础验收记录由结构设计负责人、建设单位、施工单位和监理单位的主管人员进行联合验收签证；验收中所需处理的问题，处理中应做好记录。需隐验者应按有关手续办理。加固补强者，应有附图说明及试块试验记录，处理后应有复验签证。

(10) 地基基础验收记录应提交的主要资料：

1) 原材料试（检）验报告；

2) 标养试块的试验报告及其评定结果；

3) 砂浆强度试验报告及其评定结果；

4) 地基基础分部施工质量验收记录（砌体：检验批、分项工程、子分部工程；混凝土：检验批、分项工程、子分部工程）；

5) 地基验槽记录；

6) 隐蔽工程验收记录；

7) 土壤试验报告；

8) 同条件养护试块的试验报告及其评定结果；

9) 混凝土保护层测定资料；

10) 回弹法或钻芯法的测试报告、砂浆回弹测试报告（设计有要求或施工质量须按上述方法进行检测时提供）；

11) 混凝土同条件养护测温记录。

(11) 表列子项：

1) 工程名称：按合同书中提供或图注的工程名称填写。

2) 施工日期：指地基基础工程的开始施工至完成之日的一段时间，或者叫地基基础的施工时间。

3) 验收内容：按实施要点中有关地基基础中的应验项目进行。

4) 验收资料：指地基基础中的应提供的主要资料。

5) 验收意见：指地基基础检查验收中对工程质量的评价意见。如同意可填写："同意验收，可以进行下道工序"。

6) 责任制：

①建设单位代表：指建设单位派驻施工现场的建设单位代表人，签字有效。

②监理单位代表：指项目监理机构参加地基基础检查和验收的代表人；不委托监理时为建设单位项目技术负责人。

③勘察、设计单位代表：指设计单位派往参加地基基础检查和验收的代表人，应是参与主体工程设计的专业技术负责人以上的人员。

④企业技术负责人：指施工企业的技术负责人，签字有效。

⑤专业技术负责人：指施工企业的专业技术负责人，签字有效。

⑥质检员：指项目经理部的专职质量检查员，签字有效。

⑦工　长：指项目经理部的工长或技术员，签字有效。

4.2.8-2　主体结构验收记录（C2-8-2）

1. 资料表式

主体结构验收记录　　　　　　　　　　**表 C2-8-2**

施工单位：

<table>
<tr><td colspan="2">工程名称</td><td colspan="3"></td><td colspan="2">施工日期</td><td colspan="2"></td></tr>
<tr><td colspan="2">建筑面积</td><td colspan="3"></td><td colspan="2">验收日期</td><td colspan="2"></td></tr>
<tr><td>验
收
内
容</td><td colspan="8">1. 核查主体分部验收资料
2. 主体分部工程质量：主要包括：砌体组砌方法及交接部位、混凝土板、梁、柱的外观及尺寸、安装预留孔洞的正确性、门窗洞口尺寸及位置，标高、墙面平整垂直度、建筑物有无裂缝、样板间的质量状况等
3. 内业资料：质量控制资料
4. 隐蔽验收资料；施工记录
5. 观感质量验收状况
6. 建筑物沉降状况</td></tr>
<tr><td>验收
资料</td><td colspan="8">1. 工程质量控制资料
2. 隐蔽验收资料；施工记录
3. 工程安全与功能抽检资料
4. 观感质量验收记录
施工人员：</td></tr>
<tr><td>验收
意见</td><td colspan="8">按上述验收内容、验收资料全数检查后评定：</td></tr>
<tr><td rowspan="3">参加
人员</td><td>建设单位代表</td><td>监理单位代表</td><td>勘察
单位</td><td>设计
单位</td><td colspan="4">施　工　单　位</td></tr>
<tr><td rowspan="2"></td><td rowspan="2"></td><td rowspan="2"></td><td rowspan="2"></td><td>企业技术负责人</td><td></td><td>专业技术负责人</td><td></td></tr>
<tr><td>质检员</td><td></td><td>工　长</td><td></td></tr>
</table>

主体结构验收记录以经施工企业技术负责人审查签章后的本表格式归存。

2. 实施目的

主体结构验收记录是指施工单位已施工完成的单位工程的主体结构的检查和验收，并对可否继续施工做出确认活动的记录。

3. 资料要求

(1) 凡进行主体结构验收，必须填写主体结构验收记录。如有验收意见不一致时，凡涉及结构安全和使用功能的均应提请试验部门予以检测确定，对其他不一致意见可由当地建设行政主管部门协调解决。

(2) 主体结构验收中的遗留问题和验收意见其交接方的技术负责人必须签字。

(3) 责任制填写齐全为符合要求。责任制必须本人签字不得代签。

4. 实施要点

(1) 主体结构验收记录是指由主体施工转入装饰装修施工前对主体结构进行的全面验收，做出可否继续施工的确认记录。

(2) 凡进行主体结构验收必须分别填写主体结构验收记录。

(3) 主体结构验收中，如有验收意见不一致，凡涉及结构安全和使用功能均应提请试验部门予以检测确定，对其他不一致意见可由当地建设行政主管部门协调解决。

(4) 交接检验应核查提交方提供的所有资料，对工程质量进行验收认可，签署验收意见，办理移交手续。

(5) 主体结构检验要点：

1) 内业资料的检查主要是原材料、防水材料等的出厂合格及试验报告的检查；砂浆、混凝土强度的试（检）验报告，应符合设计和标准（强度和数量）要求；工业与民用建筑项目的混凝土应有同条件养护试块；大型吊装工程应符合国家规范的规定。

2) 主体结构验收是对主体分部工程质量进行综合的技术鉴定与评价。未经主体结构验收的工程，不得进行装饰装修工程施工。当需要提前插入装修时，应分段进行验收，例如主体可按段进行结构验收；高层建筑可根据施工条件几层验收一次，多层建筑物一般不宜多于2次。

3) 主体结构验收应对结构施工质量进行全面的观感检查与分析，提出质量评价意见，核查施工有关技术资料，包括原材料、构件出厂合格证及试验报告；混凝土、砂浆试块试验报告、隐蔽工程验收记录（包括建筑设备安装专业工程的预埋隐蔽部分）、技术复核记录以及分项工程的检验批质量评定记录和分部工程质量等级的统计汇总等。分项工程检验批质量的评定应核查应参加分部工程的分项工程检验批数量是否满足要求。

4) 主体结构工程检查发现存在的质量问题应确切地进行记载，必要时应有附图，结构质量缺陷须有技术鉴定、处理方法、处理结论及复验签证，无遗留未了事项。

5) 主体工程结构验收后，应对结构观感、技术资料及主体分部工程的质量等级等进行评价，并将其结论载入验收意见栏中由监理单位签发分部工程质量认可通知。

6) 核查主体工程结构验收的内容是否齐全，结论是否明确，签证是否齐全。验收意见中是否包含有对结构观感、结构质量控制资料和安全与功能的评价，是否有对主体分部工程质量等级的评定意见。

(6) 单位工程进入地上主体结构施工或装饰前必须进行主体结构工程质量验收，未经验收的工程不得进行下一道工序施工。主体结构验收要核查主要技术资料并对主体工程进行全部的系统检查，结构工程根据需要也可分阶段进行验收。

主体结构验收单的结论应填写处理方法，并附上复查验收签证。

(7) 主体结构验收应进行内业资料检查和现场观察检查两项内容，应分别检查并分别记录。

(8) 现场观察检查：应先对结构施工质量进行全面观察检查，提出质量评价。重点检查主体结构系统的施工质量是否符合质量标准和设计要求。不同结构类型的重点部位，除其共性的重点部位外，不同结构类型要求也不一致。一般检查以下部位：

1）砖混结构：

①砌体的组砌方法，尤其是砌体的交接部位；

②各种混凝土梁、板、柱构件的外观尺寸，挠度是否过大，有无裂缝、露筋和严重损坏等现象；

③空心板板缝的间距尺寸和混凝土灌缝情况；

注：预制混凝土楼面必须妥善处理好板的接缝及细石混凝土面层，灌缝材料有两种，一种是水泥砂浆，另一种是细石混凝土，灌缝材料中加入膨胀剂质量会更好。板缝用 1:2 水泥砂浆封底，然后再灌 C20 的细石混凝土，砂浆封底可以防止漏浆，细石混凝土灌筑上层，可以减少灌缝材料的干缩。板缝底部宽度不宜小于 20mm。

④安装预留孔洞或凿打洞，楼板的损坏程序以及打洞的修补情况（以不影响结构和不渗漏为原则）；

⑤门窗过梁的型号选定是否正确及支座处的垫灰饱满程度；

⑥圈梁的断面尺寸及平整度；

⑦预制楼梯的构件联结、预制阳台扶手的安装、焊接件与墙体的联结情况；

⑧现浇钢筋混凝土雨篷、阳台根部有无裂缝等异常现象；

⑨土建与安装有无相互干扰之处；

⑩建筑物沉降是否均匀，有无墙体开裂现象，建筑物的安全度总体评价如何。

2）大模板结构：

除检查含有与砖混结构共性的应检内容外，主要应检查墙体厚度、门窗洞口处及墙体有无裂缝、混凝土的总体质量等。

3）框架结构：

除检查含有与砖混结构共性的应检内容外，主要应检查节点作法与质量、框架轴线位移和垂直度、围护墙体的组砌与质量等。

4）排架结构：

除检查含有与砖混结构共性的应检内容外，主要应检查柱、屋面系统、支撑系统，吊车梁等的构造连接和混凝土质量，轴线位移、吊车梁标高等。

(9) 对主体（分部）结构工程质量验收中提出的问题，应逐条落实，认真进行处理。

(10) 主体（分部）结构验收以观察为主，必要时采取其他相应的检测手段进行质量鉴定。

(11) 主体（分部）结构验收的基本要求：

1) 单位工程进入装饰前必须进行主体结构工程质量验收，未经主体结构验收的工程不得进行下一道工序施工，如需提前装饰的工程，可分层进行结构验收且分层记录。多层建筑物结构验收一般不宜多于2次。

2）结构验收单经建设、监理、勘察、设计、施工单位五方代表签证后。结构验收记录由结构设计负责人、建设单位和施工单位监理单位的主管人员进行联合验收签证；验收中所需处理的问题，处理中应做好记录。需隐验者应按有关手续办理。加固补强者，应有附图说明及试块试验记录，处理后应有复验签证。

3）主体结构竣工后，检查是否及时进行结构工程验收，对照结构验收日期与施工日志。检查施工过程中是否存在质量隐患，是否对隐患已进行处理，记录是否齐全。

（12）主体结构验收记录应提交的主要资料：

1）原材料试（检）验报告；

2）标养试块的试验报告及其评定结果；

3）砂浆强度试验报告及其评定结果；

4）主体分部施工质量验收记录（砌体：检验批、分项工程、子分部工程；混凝土：检验批、分项工程、子分部工程）；

5）地基验槽记录；

6）隐蔽工程验收记录；

7）土壤试验报告；

8）同条件养护试块的试验报告及其评定结果；

9）混凝土保护层测定资料；

10）回弹法或钻芯法的测试报告、砂浆回弹测试报告（设计有要求或施工质量须按上述方法进行检测时提供）；

11）混凝土同条件养护测温记录。

（13）表列子项：

1）工程名称：按合同书中提供或图注的工程名称填写。

2）施工日期：指主体结构工程开始施工至完成之日的一段时间，或者叫主体结构的施工时间。

3）验收内容：按实施要点中有关主体结构中的应验项目进行。

4）验收资料：指主体结构中的应提供的主要资料。

5）验收意见：指主体结构检查验收中对工程质量的评价意见。如同意可填写："同意验收，可以进行下道工序。

6）责任制：

①建设单位代表：指建设单位派驻施工现场的建设单位代表人，签字有效。

②监理单位代表：指项目监理机构参加主体结构检查和验收的代表人；不委托监理时为建设单位项目技术负责人。

③设计单位代表：指设计单位派往参加主体结构检查和验收的代表人，应是参与主体工程设计的专业技术负责人以上的人员。

④企业技术负责人：指施工企业的技术负责人，签字有效。

⑤专业技术负责人：指施工企业的专业技术负责人，签字有效。

⑥质检员：指项目经理部的专职质量检查员，签字有效。

⑦工　长：指项目经理部的工长或技术员，签字有效。

4.2.8-3　钢（网架）结构验收记录（C2-8-3）

1. 资料表式

钢（网架）结构验收记录　　　　**表 C2-8-3**

施工单位：

<table>
<tr><td>工程名称</td><td colspan="3"></td><td colspan="2">施工日期</td><td colspan="2"></td></tr>
<tr><td>建筑面积</td><td colspan="3"></td><td>验收日期</td><td colspan="3">年　　月　　日</td></tr>
<tr><td>验收内容</td><td colspan="7">1. 焊接质量：全数目测焊缝质量、检查材料质量证明、复试报告、焊工合格证
2. 高强螺栓连接：全数目测高强螺栓连接质量、检查材料质量证明、复试报告、操作上岗证
3. 钢（网架）结构制作：结构制作验收记录复查。目测构件变形、扭曲情况、构件起拱、焊接变形、轴线尺寸等
4. 钢（网架）结构安装：结构安装验收记录复查。目测构件变形、扭曲情况、构件起拱、焊接变形、轴线尺寸等
5. 安全、功能检测资料复查：GB50205—2001 附录 G 的有关内容
6. 其他应检项目或复检</td></tr>
<tr><td>验收资料</td><td colspan="7">1. 工程质量控制资料
2. 隐蔽验收资料；施工记录
3. 工程安全与功能抽检资料
4. 观感质量验收记录
施工人员：</td></tr>
<tr><td>验收意见</td><td colspan="7">按上述验收内容、验收资料全数检查后评定：</td></tr>
<tr><td rowspan="3">参加人员</td><td>建设单位代表</td><td>监理单位代表</td><td>设计单位代表</td><td colspan="4">施　工　单　位</td></tr>
<tr><td rowspan="2"></td><td rowspan="2"></td><td rowspan="2"></td><td>企业技术负责人</td><td></td><td>专业技术负责人</td><td></td></tr>
<tr><td>质检员</td><td></td><td>工长</td><td></td></tr>
</table>

钢（网架）结构验收记录以经施工企业技术负责人审查签章后的本表格式归存。

2. 实施目的

钢（网架）结构验收记录是指施工单位已施工完成的单位工程的钢（网架）结构的检

查和验收，并对可否继续施工做出确认活动的记录。

3. 资料要求

(1) 凡进行钢（网架）结构验收，必须填写钢（网架）结构验收记录。如有验收意见不一致时，凡涉及结构安全和使用功能的均应提请试验部门予以检测确定，对其他不一致意见可由当地建设行政主管部门协调解决。

(2) 钢（网架）结构验收中的遗留问题和验收意见其交接方的技术负责人必须签字。

(3) 责任制填写齐全为符合要求。责任制必须本人签字不得代签。

4. 实施要点

(1) 资料检验要点

内业资料的检查主要是分部、分项工程质量验收，核查应参加钢（网架）结构评定的分项、检验批是否齐全、验收是否正确、是否符合验评程序与组织；原材料出厂合格及试验报告的检查；钢（网架）结构用的砂浆、混凝土强度的试（检）验报告，应符合设计和标准（强度和数量）要求；大型吊装工程应符合国家规范规定。各种构件的损伤、更换处理记录、冬施测试记录等；隐蔽工程验收记录、预检记录、设计变更记录；核查施工有关技术资料，其他有关文件和资料等。

(2) 钢（网架）结构工程质量评价

1）钢（网架）结构工程质量应进行综合技术鉴定与评价、观感质量评定。未经综合技术鉴定与评价的钢（网架）结构不得进行下道工序施工。

2）钢（网架）结构验收应在施工现场对其质量进行全面的观感检查与分析，提出质量评价意见。

3）钢（网架）结构工程检查发现存在的质量问题应确切地进行记载，必要时并有附图，结构质量缺陷须有技术鉴定、处理方法、处理结论及复验签证，无遗留未了事项。

4）核查钢（网架）结构验收的内容是否齐全，结论是否明确，签证是否齐全。验收意见中是否包含有对结构观感、结构质量控制资料的评价。

5）钢（网架）结构，建设、施工、监理、设计任何一方对施工结果提出异疑时需要进行抽样检测以判定其是否满足设计和施工规范规定均应进行抽样检测并提供检测资料。

(3) 表列子项

1）工程名称：按合同书中提供或图注的工程名称填写。

2）施工日期：指钢（网架）结构的开始施工至完成之日的一段时间，或者叫主体结构的施工时间。

3）验收内容：按实施要点中有关钢（网架）结构中的应验项目进行。

4）验收资料：指钢（网架）结构中的应提供的主要资料。

5）验收意见：指钢（网架）结构检查验收中对工程质量的评价意见。如同意可填写："同意验收，可以进行下道工序。

6）责任制：

①建设单位代表：指建设单位派驻施工现场的建设单位代表人，签字有效。

②监理单位代表：指项目监理机构参加钢（网架）结构检查和验收的代表人；不委托监理时为建设单位项目技术负责人。

③设计单位代表：指设计单位派往参加钢（网架）结构检查和验收的代表人，应是参

与主体工程设计的专业技术负责人以上的人员。

④企业技术负责人：指施工企业的技术负责人，签字有效。

⑤专业技术负责人：指施工企业的专业技术负责人，签字有效。

⑥质检员：指项目经理部的专职质量检查员，签字有效。

⑦工　长：指项目经理部的工长或技术员，签字有效。

4.2.8-4　中间交接检验记录（C2-8-4）

1. 资料表式

中间交接检验记录　　　　**表 C2-8-4**

工程名称：　　　　　　　　　　施工单位

<table>
<tr><td colspan="2">工程名称</td><td></td><td colspan="2">分部（子单位）工程</td><td colspan="2"></td></tr>
<tr><td colspan="2">交验项目</td><td></td><td colspan="2">开工日期</td><td colspan="2">年　月　日</td></tr>
<tr><td colspan="2">完成日期</td><td>年　月　日</td><td colspan="2">交验日期</td><td colspan="2">年　月　日</td></tr>
<tr><td>交验简要说明</td><td colspan="6"></td></tr>
<tr><td>遗留问题</td><td colspan="6">施工人员：</td></tr>
<tr><td>验收评定意见</td><td colspan="6"></td></tr>
<tr><td rowspan="3">参加人员</td><td colspan="2">监理（建设）单位代表</td><td colspan="4">施　工　单　位</td></tr>
<tr><td colspan="2" rowspan="2"></td><td>技术负责人</td><td></td><td>质检员</td><td></td></tr>
<tr><td>交验人</td><td></td><td>接收人</td><td></td></tr>
</table>

中间交接检验记录以经施工企业技术负责人审查签章后的本表格式归存。

2. 实施目的

中间交接检验记录是指施工单位已施工完成的单位工程，需要进行中间交接时的检查和验收，并对可否继续施工做出确认过程的记录。

3. 资料要求

(1) 凡进行中间交接检验，必须填写中间交接检验记录。交接时如对质量验收意见不一致时，凡涉及结构安全和使用功能的均应提请试验部门予以检测确定，对其他不一致意见可由当地建设行政主管部门协调解决。

(2) 中间交接检验中的遗留问题和验收意见其交接方的技术负责人必须签字。

(3) 责任制填写齐全为符合要求。责任制必须本人签字不得代签。

4. 实施要点

(1) 中间交接检验记录是指工程进行中根据施工需要进行中间交接时填报的记录资料，同时对其做出的确认记录。

(2) 中间交接检验一般包括：专业施工队之间的交接检验；专业施工公司之间的交接检验；承包工程企业之间的交接检验等。

(3) 中间交接之间的步骤与方法：

1) 交方提供本工程的全部质量保证技术文件及对工程质量的必要说明；

2) 接方按提交的文件资料进行必要的检查、量测或观感检查；

3) 通过资料、文件及实物检查，对发现的问题按标准要求进行适当处理；

4) 办理交接手续，双方签字，如有仲裁方也应签字；

5) 如交方交出的实物质量经查不合格，接方可不予接受。

(4) 表列子项：

1) 工程名称：按合同书中提供或图注的工程名称填写。

2) 分部子单位工程：指中间交接检验的分部（子单位）工程，照实际填写。

3) 交验项目：指中间交接检验的项目，按实际填写。

4) 交验简要说明：指中间交接检验项目需要说明的子项，按实际填写。

5) 遗留问题：指中间交接检验项目中双方有争议或工程质量存在问题，按实际填写。

6) 验收评定意见：指中间交接检验中，双方对工程质量验收评定的意见，按实际填写。

7) 责任制：

①监理（建设）单位代表：指项目监理机构（或建设单位）参加中间交接检验的代表人；不委托监理时为建设单位项目技术负责人。

②技术负责人：指施工企业的技术负责人或施工企业指派的技术负责人，签字有效。

③质检员：指项目经理部的专职质量检查员，签字有效。

④交验人：指参加中间交接检验的交方代表人，签字有效。

⑤接受人：指参加中间交接检验的接方代表人，签字有效。

4.2.8-5　单项工程竣工验收记录（通用）(C2-8-5)

1. 资料表式

单项工程竣工验收记录表（通用） 　　　　　　　　　　**表 C2-8-5**

工程名称：　　　　　　　　　　　　　　　　　　　　　　　　施工单位：

<table>
<tr><td colspan="2">工程名称</td><td colspan="2"></td><td colspan="3">分部（或单位）工程</td><td></td></tr>
<tr><td colspan="2">专项工程名称</td><td colspan="2"></td><td>开工日期</td><td colspan="3">年　月　日</td></tr>
<tr><td colspan="2">完成日期</td><td colspan="2">年　月　日</td><td>交验日期</td><td colspan="3">年　月　日</td></tr>
<tr><td>工程内容</td><td colspan="7"></td></tr>
<tr><td>验收资料</td><td colspan="7">施工人员：</td></tr>
<tr><td>验收意见</td><td colspan="7"></td></tr>
<tr><td rowspan="3">参加人员</td><td>建设单位代表</td><td>监理单位代表</td><td>设计单位代表</td><td colspan="4">施　工　单　位</td></tr>
<tr><td rowspan="2"></td><td rowspan="2"></td><td rowspan="2"></td><td>技术负责人</td><td></td><td>质检员</td><td></td></tr>
<tr><td>交验人</td><td></td><td>接收人</td><td></td></tr>
</table>

单项工程竣工验收记录表（通用）是以经施工企业技术负责人审查签章后的本表格式形式归存。

2. 实施目的

单项工程竣工验收记录表（通用）是指施工单位对已经施工完成的单项工程进行检查和验收的记录。

3. 资料要求

单项工程竣工验收，应参加的分项工程数量必须齐全，评定质量等级达到合格以上时为符合要求，签章齐全正确。应参加评定的分项工程缺项或质量等级达不到合格等级为不符合要求。工程保证资料和管理资料报送不齐全为不符合要求。

4. 实施要点

(1) 专项工程竣工验收如幕墙、电梯、通风与空调、消防等工程的专项验收均用此表。

(2) 专项工程施工应按有关要求进行抽样测试和检验，专项竣工验收前应将有关资料汇总整理。

(3) 表列子项：

1) 工程名称：按合同书中提供或图注的工程名称填写。

2) 单项验收名称：指实际验收的单项验收名称，按实际填写。

3) 分部（子单位）工程：指专项工程验收所在分部（子单位）工程的名称。

4) 开工日期：照实际的开工日期，按年、月、日、填写。

5）交验日期：按实际的交验日期，按年、月、日填写。

6）工程内容：填写专项工程竣工验收的工程内容。

7）验收资料：填写专项工程竣工验收使应报送的资料目录。

8）验收意见：指对专项工程竣工验收的评定意见，由参加验收的人员做出，验收必须符合设计要求。

9）责任制：

①建设单位代表：指建设单位驻工地的代表，签字有效；

②监理单位代表：指监理单位的专业监理工程师，签字有效；

③设计单位代表：指设计单位参加专项工程竣工验收部分的设计代表，应是该工程的参与该项设计的专业技术负责人，签字有效；

④施工单位：指承接专项工程竣工验收的施工单位；

⑤技术负责人：指专项工程竣工验收的企业专业技术负责人，签字有效；

⑥质检员：负责该单位工程的专职质检员，签字有效；

⑦交验、接收人：指直接参加专项工程竣工验收的交验和接收人，签字有效。

4.2.8-6 结构实体检验记录（4.2.8-6）

1. 资料表式

结构实体检验记录 **表 C2-8-6**

施工单位：

<table>
<tr><td colspan="2">工程名称</td><td colspan="2"></td><td>施工日期</td><td colspan="2"></td></tr>
<tr><td colspan="2">测试单位</td><td colspan="2"></td><td>验收日期</td><td colspan="2"></td></tr>
<tr><td>混凝土强度等级评定</td><td colspan="6">1. 同条件养护试件的数量
2. 同条件养护试件统计评定结果
3. 最小一组试件的强度
同条件养护试件强度的检验结果符合现行国家标准《混凝土强度检验评定标准》GBJ107 的有关规定。混凝土强度：</td></tr>
<tr><td>钢筋保护层厚度测试</td><td colspan="6">钢筋保护层厚度测定单位名称

施工人员：</td></tr>
<tr><td>备注</td><td colspan="6">附件资料应包括：
1. 同条件养护混凝土试件的试验结果与评定结论
2. 钢筋保护层测定资料（由试验部门测试提供）</td></tr>
<tr><td rowspan="3">参加人员</td><td>建设单位代表</td><td>监理单位代表</td><td colspan="4">施 工 单 位</td></tr>
<tr><td rowspan="2"></td><td rowspan="2"></td><td>企业技术负责人</td><td></td><td>专业技术负责人</td><td></td></tr>
<tr><td>质检员</td><td></td><td>工长</td><td></td></tr>
</table>

结构实体检验记录以经施工企业技术负责人审查签章后的本表格式归存。

2. 实施目的

结构实体检验记录是指施工单位已施工完成的单位工程的结构实体检验的检查和验收，并对可否继续施工做出确认活动的记录。

3. 资料要求

(1) 凡进行结构实体检验，必须填写结构实体检验记录。如有验收意见不一致时，凡涉及结构安全和使用功能的均应提请试验部门予以检测确定，对其他不一致意见可由当地建设行政主管部门协调解决。

(2) 结构实体检验中的遗留问题和验收意见其交接方的技术负责人必须签字。

(3) 责任制填写齐全为符合要求。责任制必须本人签字不得代签。

4. 实施要点

(1) 结构实体检验仅对重要结构构件的混凝土强度、钢筋保护层厚度两件项目进行检验。如果合同有约可以增加其他项目的检测。

(2) 当未留置同条件养护试件或强度不合格、钢筋保护层厚度测试不合格时，则应委托具有相应资质的仲裁检测机构进行检测。

(3) 表列子项：

1) 工程名称：按合同书中提供或图注的工程名称填写。

2) 施工日期：按实际的施工日期，按年、月、日填写。

3) 测试单位：一般为建设行政主管部门委托的测试单位，按实际填写。

4) 验收日期：指结构实体检验的日期，按实际填写。

5) 混凝土强度等级评定：按（GB50204—2002）规范的规定执行。

6) 钢筋保护层测试：按（GB50204—2002）规范的规定执行。

7) 责任制：

①建设单位代表：指建设单位驻工地的代表，签字有效；

②监理单位代表：指监理单位的专业监理工程师，签字有效；

③施工单位：指承接该项工程的施工单位，照实际填写；

④企业技术负责人：指签订合同法人单位的技术负责人，签字有效；

⑤专业技术负责人：指项目经理部的专业技术负责人，签字有效；

⑥质检员：负责该单位工程的专职质检员，签字有效；

⑦工长：指项目经理部的工长或技术员，签字有效。

4.2.9 工程质量事故及事故调查处理资料

4.2.9-1 工程质量事故报告（C2-9-1）

1. 资料表式

工程质量事故报告是以经施工企业技术负责人审查签章后的本表格式形式归存。

2. 实施目的

凡因工程质量不符合规定的质量标准、影响使用功能或设计要求的质量事故在初步调查的基础上所填写的事故报告。

3. 资料要求

(1) 工程质量事故的内容及处理建议应填写具体、清楚。注明日期（质量事故日期、

工程质量事故报告 **表 C2-9-1**

工程名称：

事 故 部 位			报 告 日 期		
事 故 性 质	设 计 错 误		交 底 不 清	违反操作规程	
事故发生日期					
事 故 等 级					
直接责任者		职 务		损失金额	
故事经过和原因分析：					
事故处理意见：					
企业负责人：		企业技术负责人：		项目经理：	

处理日期）。

(2) 有当事人及有关领导的签字及附件资料。

(3) 事故经过及原因分析应实事求是、尊重科学。

(4) 按规定日期及内容及时上报者为符合要求，否则为不符合要求。

4. 实施要点

凡因工程质量不符合规定的质量标准、影响使用功能或设计要求的，都叫质量事故。造成质量事故的原因主要包括：设计错误、施工错误、材料设备不合格、指挥不当等。

(1) 事故产生的原因可分为指导责任事故和操作责任事故。事故按其情节性质分为一般事故、重大事故。

(2) 质量事故的技术处理必须遵守的原则：

1）工程（产品）质量事故的部位，原因必须查清，必要时应委托法定工程质量检测单位进行质量鉴定或请专家论证；

2）技术处理方案，依据必须充分、可靠、可行，确保结构安全和使用功能；技术处理方案应委托原设计单位提出，由其他单位提供技术方案的，需经原设计单位同意并签认。设计单位在提供处理方案时应征求建筑施工单位意见；

3）施工单位必须依据技术处理方案的要求，制定可行的技术处理施工措施，做好原始记录；

4）技术处理过程中的关键部位工序，应会同建设单位（设计单位）进行检查认可，技术处理完工，应组织验收，并将有关单位的签证、处理过程中的各项施工记录、试验报告、原材料试验单等相关资料应完整配套归档。

(3) 关于《工程建设重大事故报告和调查程序规定》有关问题说明：

1）系指工程建设过程中发生的重大质量事故；

2）由于勘察设计、施工等过失造成工程质量低劣、而在交付使用后发生的重大质量事故；

3）因工程质量达不到合格标准，而需加固补强、返工或报废、且经济损失额达到重大质量事故级别的。

(4) 事故发生后，事故发生单位应当在24h内写出书面报告，逐级上报，书面报告包括以下内容：

1）事故发生的时间、地点、工程项目、企业名称；

2）事故发生的简要经过、伤亡人数和直接经济损失的初步估计；

3）事故发生原因的初步判断；

4）事故发生后采取的措施及事故控制的情况；

5）事故报告单位。

(5) 属于特别重大事故者，其报告、调查程序、执行国务院发布的《特别重大事故调查程序暂行规定》及有关规定。

(6) 工程质量事故处理方案应由设计单位出具或签认，并经建设、监理单位审查同意后方可实施。

(7) 工程质量事故报告及事故处理方案及记录，要妥善保存，任何人不得随意抽撤或毁掉。

(8) 一般事故每月集中汇总上报一次。

(9) 表列子项：

1）事故部位：按实际事故发生在某分项工程的部位填写，例如××轴的基础砌砖等。

2）事故性质：按实际填报，如设计原因、交底不清、违反操作规程等。

3）事故等级：按国家规定不同的损失金额确定的等级和实际填写。

4）直接责任者：填写事故当事人的姓名、职务。

5）事故经过和原因分析：简述事故分析原因，应经项目经理部以上主管技术负责人主持会议讨论定论后的原因分析。

凡需要修补或做技术处理的事故，均需填写事故经过及原因分析。

6）事故处理意见：处理措施和复查意见等内容，均需有单位工程技术负责人和质检员签字，对于重要部位的质量事故，此项内容需经施工企业和设计单位同意（附有关手续）。

4.2.9-2　建设工程质量事故调（勘）查处理记录（C2-9-2）

1. 资料表式

建设工程质量事故调（勘）查处理记录　　　　表 C2-9-2

施工单位：

<table>
<tr><td>工程名称</td><td colspan="4"></td></tr>
<tr><td>调（勘）查时间</td><td colspan="4"></td></tr>
<tr><td>调（勘）地点</td><td colspan="4"></td></tr>
<tr><td rowspan="4">参加人员</td><td>单位</td><td>姓名</td><td>职务</td><td>电话</td></tr>
<tr><td></td><td></td><td></td><td></td></tr>
<tr><td></td><td></td><td></td><td></td></tr>
<tr><td></td><td></td><td></td><td></td></tr>
<tr><td>陪同调（勘）人员</td><td colspan="4"></td></tr>
<tr><td>调（勘）记录</td><td colspan="4"></td></tr>
<tr><td>现场证物照片</td><td colspan="4"></td></tr>
<tr><td>事故证据资料</td><td colspan="4"></td></tr>
<tr><td>被调查人签字</td><td colspan="4"></td></tr>
<tr><td>处理意见</td><td colspan="4"></td></tr>
</table>

建设工程质量事故调（勘）查处理记录是以经施工企业技术负责人审查签章后的本表格式形式归存。

2. 实施目的

建设工程质量事故调（勘）查处理记录是指因工程质量不符合规定的质量标准、影响使用功能或设计要求的质量事故发生后，对其事故范围、缺陷程度、性质、影响和产生原因进行的联合调查时的记录。

3. 资料要求

（1）工程质量事故调（勘）查处理记录内容及处理方法应填写具体、清楚。注明日期（质量事故日期、处理日期）。

（2）参加调查人员、陪同调（勘）查人员必须逐一填写清楚。

（3）调（勘）查记录应真实、科学、详细，实事求是，物证、照片、事故证据资料。

（4）被调查人员必须签字。

4．实施要点

（1）调查记录应详细、实事求是。记录内容包括调查：事故的时间、地点、部位、性质、人证、物证、照片及有关的数据资料。

（2）调查方式可视事故的轻重由施工企业自行进行调查或组织有关部门联合调查，做出处理方案。

（3）工程质量事故调查资料、事故处理资料应在事故处理完毕后随同工程质量事故报告一并存档。

（4）设计单位应当参与建设工程质量事故的分析，并对因设计造成的质量事故，提出技术处理方案。

（5）建设行政企管部门及有关行政企管部门在处理重大工程质量事故时，应当有工程建设方面的专家参加，工程事故报告应当包括是否符合工程建设强制性标准的意见。

（6）表列子项：

1）参加人员：分别按参加人员的单位、姓名、职务、电话填写逐一填写。

2）调（勘）查记录：指事故调（勘）查的过程、内容记录。

3）现场证物照片：按实际填写。

4）事故证据资料：按实际填写。

5）处理意见：按参加调（勘）查人员的调（勘）查结果，根据事故性质提出的处理意见。

质量事故处理一般有以下几种：

①事故已经排除，可以继续施工；

②隐患已经消除，结构安全可靠；

③经修补处理后，安全满足使用要求；

④基本满足使用要求，但附有限制条件；

⑤虽经修补但对耐久性有一定影响，并提出影响程度的结论；

⑥虽经修补但对外观质量有一定影响，并提出外观质量影响程度的结论。

4.2.10　分部（子分部）工程质量验收记录（C2-10）

分部(子分部)工程质量验收记录按 C4 单位(子单位)工程验收记录项下 C4-1 执行。

4.2.11　分项、检验批工程质量验收记录

4.2.11-1　分项工程质量验收记录（C2-11）

分项工程质量验收记录按 C4 单位（子单位）工程验收记录项下 C4-2 执行。

4.2.11-2　检验批工程质量验收记录。（C2-12）

检验批工程质量验收记录按 C4 单位（子单位）工程验收记录项下 C4-3 执行。

4.2.12　新材料、新工艺施工记录

新材料、新工艺施工记录采用通用施工记录表式，即按 C2-6-1 执行。

实施要点：

(1) 新材料、新工艺施工记录是建设工程应用新材料、新工艺进行施工记录。

(2) 新材料、新工艺由建设、监理和施工单位根据相关资料予以确认。

(3) 凡属新材料、新工艺的施工均必须由施工单位或专项施工单位按新材料、新工艺提供的专项施工图或施工资料进行施工，并填报新材料、新工艺施工记录。

给排水与采暖

4.2.13 图纸会审、设计变更、洽商记录（C2-13）

图纸会审、设计变更、洽商记录按 C2-1-1～3 执行。有关说明分别见 4.2.1 各自的实施要点。

4.2.14 材料、配件、设备出厂合格证书及进场检验（试）验报告（C2-3-1～3）

4.2.14-1 材料、设备合格证、试（检）验资料汇总表

材料、设备合格证、试（检）验资料汇总表按 C2-3-1 执行。

4.2.14-2 材料、设备合格证

材料、设备合格证按表 C2-3-2 执行。

1. 实施目的

各种原材料、成品、半成品、器具、设备等合格证分类按序贴于合格证粘贴表内。

2. 资料要求

(1) 材料、设备主要包括：管材、管件、法兰衬垫等原材料的出厂合格证，及焊接、防腐、保温、隔热等材料合格证；采暖设备（散热器、集气罐等）、卫生陶瓷及配件、膨胀水箱、辐射板、热水器、锅炉及附属设备（水泵风机等）出厂合格证；煤气系统有关设备、各种相应仪表阀门等的出厂合格证（管材、设备与配件）。

(2) 应提供设计或规范有规定的、对材质有怀疑的以及其他必需的抽样检查记录。

(3) 出厂合格证所证明的材质和性能符合设计和规范的为符合要求。建筑给水、排水及采暖工程所使用的主要材料、成品。半成品、配件、器具和设备必须具有中文质量合格证明文件，规格、型号及性能检测报告应符合国家技术标准或设计要求。进场时应做检查验收，并经监理工程师核查确认。

(4) 仅有合格证明无材质技术数据，经建设单位认可签章者为基本符合要求，否则，为不符合要求。

(5) 建筑排水用硬聚氯乙烯管材，其产品必须有生产厂名、商标、批号及生产日期。

3. 实施要点

(1) 材料、设备与配件。

产品应有出厂合格证，并符合国家或部级现行标准的技术质量鉴定文件及设计要求，产品到场后主要设备必须进行开箱检验，使用前应做必要的试（检）验，并做好记录。抽检应有抽检时间，抽检人及抽检结果的证明。

(2) 主要材料、设备出厂合格证明及资料目录，一般包括：

①管材及型钢出厂合格证；

②锅炉及锅炉数，引风机、除尘器出厂合格证；

③散热器、暖风机等散热设备出厂合格证；

④离心式水泵和汽泵出厂合格证；

⑤各种阀类的出厂合格证及强度、严密性试验单；

⑥水位计、压力计、温度计和煤气表等热工仪表的出厂合格证；

⑦减压器、疏器、调压器和分汽缸等管道附件、构件出厂合格证；

⑧焊条、焊剂出厂合格证；

⑨防腐工程粘结力试验单（有特殊要求的工程用）；

⑩保温结构热耗试验单（有特殊要求的工程用）。

(3) 硬聚氯乙烯管材线胀系数较大堆放材料的库房或场地与管道安装施工现场温差较大时应放置一定时间后，使其表面温度与施工现场环境温度接近时再施工，以确保安装质量。

4.2.14-3　主要设备开箱检查记录（C2-14-3）

1. 资料表式

主要设备开箱检验记录（通用）　　　　**表 C2-14-3**

<table>
<tr><td colspan="2">工程名称</td><td colspan="2"></td><td colspan="2">分部（或单位）工程</td><td></td></tr>
<tr><td colspan="2">设备名称</td><td colspan="2"></td><td colspan="2">型号、规格</td><td></td></tr>
<tr><td colspan="2">系统编号</td><td colspan="2"></td><td colspan="2">装箱单号</td><td></td></tr>
<tr><td>设备检查</td><td colspan="3">1. 包装
2. 设备外观
3. 设备零部件
4. 其他</td><td>检查结果</td><td colspan="2"></td></tr>
<tr><td>技术文件检查</td><td colspan="3">1. 装箱单　　份　　张
2. 合格证　　份　　张
3. 说明书　　份　　张
4. 设备图　　份　　张
5. 其他</td><td>检查结果</td><td colspan="2"></td></tr>
<tr><td>存在问题及处理意见</td><td colspan="6">

检查人员：　　　　年　　月　　日</td></tr>
<tr><td rowspan="3">参加人员</td><td colspan="2">监理（建设）单位</td><td colspan="4">施　工　单　位</td></tr>
<tr><td colspan="2" rowspan="2"></td><td colspan="2">专业技术负责人</td><td>质检员</td><td>材料员</td></tr>
<tr><td colspan="2"></td><td></td><td></td></tr>
</table>

主要设备开箱检验记录（通用）是以经施工企业技术负责人审查签章后的本表格式形式归存。

2. 实施目的

主要设备开箱检验记录是工程重要设备进场后，按设计和施工质量验收规范的要求进行检验的记录。

3. 资料要求

（1）主要材料、设备进场时应进行开箱检验（主要材料、设备）并有检验记录。

（2）出厂合格证所证明的材质和性能符合设计和规范的为符合要求。

（3）建筑给水、排水及采暖工程所使用的主要材料、成品。半成品、配件、器具和设备必须有中文质量合格证明文件，规格、型号及性能检测报告应符合国家技术标准或设计要求。进场时应做检查验收，并经监理工程师核查确认。

4. 实施要点

（1）建筑给水、排水及采暖工程的施工单位应当具有相应的资质。工程质量验收人员应具备相应的专业技术资格。

（2）建筑给水、排水及采暖工程所使用的主要材料、成品。半成品、配件、器具和设备必须有中文质量合格证明文件，规格、型号及性能检测报告应符合国家技术标准或设计要求。进场时应做检查验收，并经监理工程师核查确认。

（3）主要器具和设备必须有完整的安装使用说明书。在运输、保管和施工过程中，应采取有效措施防止损坏或腐蚀。

（4）主要材料、设备的开箱检验、风机的开箱检验；

1）设备开箱检查由安装单位、供货单位或建设单位共同进行，并做好检查记录；应按照设备清单、施工图纸及设备技术资料，核对设备本体及附件、备件的规格、型号是否符合设计图纸要求；附件、备件、产品合格证件、技术文件资料、说明书是否齐全；设备本体外观检查应无损伤及变形，油漆完整无损；设备内部检查：电器装置及元件、绝缘瓷件应齐全，无损伤、裂纹等缺陷；对检查出现的问题应由参加方共同研究解决。

2）根据设备装箱清单，核对叶轮、机壳和其他部位（如地脚孔中心距，进、排气口法兰直径和方位及中心距、轴的中心标高等）的主要安装尺寸是否与设计相符。

3）叶轮旋转方向应符合设备技术文件的规定。

4）进、排气口应有盖板严密遮盖，防止尘土和杂物进入。

5）检查风机外露部分各加工面的防锈情况，和转子是否发生明显的变形或严重锈蚀、碰伤等，如有上述情况应会同有关单位研究处理。

（5）表列子项：

1）系统编号：指该设备用于某系统的系统编号。

2）分部（或单位）工程：指开箱检验所在分部（或单位）的工程，按实际填写。

3）装箱单号：按实际填写。

4）设备检查：分别检查包装、设备外观、设备零部件、其他等项。

5）技术文件检查：指开箱检验时的技术文件，应检查装箱单、合格证、说明书、设备图、其他等分别填写份数和张数。

6）检查结果及处理意见：分别指设备检查和技术文件检查结果及处理意见，按实际填写。

7）存在问题及处理意见：指开箱检验中材料、设备存在的问题及处理建议，按实际填写。

8）责任制：

①监理（建设）单位：指监理单位的专业监理工程师，签字有效。当不委托监理时由建设单位的项目负责人签字；

②施工单位：指与该工程签订施工合同的法人施工单位；

③专业技术负责人：指施工单位的专业技术负责人，签字有效；

④质检员：负责该单位工程项目经理部的专职质检员，签字有效；

⑤材料员：负责该单位工程项目经理部的材料员，签字有效。

4.2.15 管道、设备强度试验、严密性试验记录（C2-15）

1. 资料表式

________管道、设备强度试验、严密性试验记录 **表 C2-15**

<table>
<tr><td>工程名称</td><td colspan="3"></td><td>被试系统</td><td></td></tr>
<tr><td>接口做法</td><td colspan="3"></td><td>试验时间</td><td>年 月 日 时起
年 月 日 时止</td></tr>
<tr><td>部 位</td><td>材 质</td><td>规 格</td><td>单 位</td><td>数 量</td><td>备 注</td></tr>
<tr><td></td><td></td><td></td><td></td><td></td><td></td></tr>
<tr><td>试验标准及规定</td><td colspan="5"></td></tr>
<tr><td>试压方式</td><td colspan="5"></td></tr>
<tr><td>试压标准</td><td colspan="2">工作压力 MPa</td><td colspan="3">试验压力 MPa</td></tr>
<tr><td>实测数值</td><td colspan="5"></td></tr>
<tr><td colspan="6">试压经过及问题处理

试验人：</td></tr>
<tr><td>评定意见</td><td colspan="5"></td></tr>
<tr><td rowspan="3">参加人员</td><td>监理（建设）单位</td><td colspan="4">施 工 单 位</td></tr>
<tr><td rowspan="2"></td><td>专业技术负责人</td><td colspan="2">质检员</td><td>试验员</td></tr>
<tr><td></td><td colspan="2"></td><td></td></tr>
</table>

管道、设备强度试验、严密性试验记录是以经施工企业技术负责人审查签章后的本表格式形式归存。

2. 实施目的

管道、设备强度试验、严密性试验是建筑工程管道、设备安装完成后，必须进行的测试项目。

3. 资料要求

(1) 强度和严密性试验包括采暖、给水、热水、消防等，包括系统项目的单项和系统两个方面试验。给水、采暖、热水系统主干管起切断作用的阀门及设计要求报送项目的资料应齐全。

(2) 凡未达到设计和规范要求者不应验收，对存在问题应有详细记载，处理后有隐验记录及签证，达不到上述要求为不符合要求。

(3) 记录必须详尽、准确，检查人员和单位技术负责人签章齐全的为符合要求。

(4) 各种记录中应以数据、部位和内容为重点。试验不全、部位不全、结果不符合要求等情况，又无复试，应为不符合要求。

4. 实施要点

给水、热力等的严密性试验：

1) 管道、设备、强度、严密性试验应报送以下资料：

①给水、采暖和热水供应系统的试压记录；

②煤气管道及调压站系统的强度和严密性试验记录；

③锅炉、分气缸、分水器、热交换器和散热器的试压记录；

④敞口和密闭箱罐灌水和试压记录；

⑤阀门安装前的强度和严密性试验记录；

⑥设备基础验收及混凝土强度测试记录（抄件）。

2) 给水工程中配水管网的工作压力大于 0.1MPa 的压力管道工程均应进行管道水压试验。工作压力小于 0.1MPa 的管道应按无压力管道进行试验（一般为闭水法试验）。

3) 给水、采暖、热水系统隐蔽前，阀门、散热器及设备在安装前必须进行管道、设备强度和严密性试验（有焊接管道时应进行焊口检查），填写检查和试压记录，试验结果应满足设计规范的有关规定。经建设单位代表验证签名后才能隐蔽和安装（水压试验的室内温度应高于 5℃，低于 5℃时应采取防冻措施）。

4) 室内给水管道的水压试验必须符合设计要求。当设计未注明时，各种材质的给水管道系统试验压力均为工作压力的 1.5 倍，但不得小于 0.6MPa。

金属及复合管给水管道系统在试验压力下观测 10min，压力降不应大于 0.02MPa，然后降到工作压力进行检查，应不渗不漏；塑料管给水系统应在试验压力下稳压 lh，压力降不得超过 0.05MPa，然后在工作压力的 1.15 倍状态下稳压 2h，压力降不得超过 0.03MPa，同时检查各连接处不得渗漏。

5) 采暖、热力严密性试验。

①热水供应系统安装完毕，管道保温之前应进行水压试验。试验压力应符合设计要求。当设计未注明时，热水供应系统水压试验压力应为系统顶点的工作压力加 0.1MPa，同时在系统顶点的试验压力不小于 0.3MPa。

钢管或复合管道系统试验压力下 10min 内压力降不大于 0.02MPa，然后降至工作压力检查，压力应不降，且不渗不漏；塑料管道系统在试验压力下稳压 1h，压力降不得超过 0.05MPa，然后在工作压力 1.15 倍状态下稳压 2h，压力降不得超过 0.03MPa，连接处不得渗漏。

②在安装太阳能集热器玻璃前，应对集热排管和上、下集管作水压试验，试验压力为工作压力的 1.5 倍。

试验压力下 10min 内压力不降，不渗不漏。

③热交换器应以工作压力的 1.5 倍作水压试验。蒸汽部分应不低于蒸汽供汽压力加 0.3MPa；热水部分应不低于 0.4MPa。试验压力下 10min 内压力不降，不渗不漏。

④散热器组对后，以及整组出厂的散热器在安装之前应作水压试验。试验压力如设计无要来时应为工作压力的 1.5 倍，但不小于 0.6MPa。

试验时间为 2～3min，压力不降且不渗不漏。

⑤水泵、水箱、热交换器等辅助设备安装的质量检验与验收应按（GB50242—2002）规范第 4.4 节和第 13.6 节的相关规定执行。

⑥辐射板在安装前应作水压试验，如设计无要求时试验压力应为工作压力 1.5 倍，但不得小于 0.6MPa。

试验压力下 2～3min 压力不降且不渗不漏。

⑦地面下敷设的盘管埋地部分不应有接头。隐蔽前应在现场查看。

盘管隐蔽前必须进行水压试验试验压力为工作压力的 1.5 倍，但不小于 0.6MPa。稳压 1h 内压力降不大于 0.05MPa 且不渗不漏。

⑧采暖系统安装完毕，管道保温之前应进行水压试验。试验压力应符合设计要求。当设计未注明时，应符合下列规定：

a．蒸汽、热水采暖系统，应以系统顶点工作压力加 0.1MPa 作水压试验，同时在系统顶点的试验压力不小于 0.3MPa。

b．高温热水采暖系统，试验压力应为系统顶点工作压力加 0.4MPa。

c．使用塑料管及复合管的热水采暖系统，应以系统顶点工作压力加 0.2MPa，作水压试验，同时在系统顶点的试验压力不小于 0.4MPa。

d．使用钢管及复合管的采暖系统应在试验压力下 10min 内压力降不大于 0.02MPa，降至工作压力后检查，不渗、不漏；

e．使用塑料管的采暖系统应在试验压力下 1h 内压力降不大于 0.05MPa，然后降压至工作压力的 1.15 倍，稳压 2h，压力降不大于 0.03MPa，同时各连接处不渗、不漏。

⑨供热管道的水压试验压力应为工作压力的 1.5 倍，但不得小于 0.6MPa。在试验压力下 10min 内压力降不大于 0.05MPa，然后降至工作压力下检查，不渗不漏。

⑩锅炉的汽、水系统安装完毕后，必须进行水压试验。水压试验的压力应符合表 C2-15-1 的规定。

a. 在试验压力下 10min 内压力降不超过 0.02MPa；然后降至工作压力进行检查，压力不降，不渗、不漏；

b. 观察检查，不得有残余变形，受压元件金属壁和焊缝上不得有水珠和水雾。

⑪分汽缸（分水器、集水器）安装前应进行水压试验，试验压力为工作压力的 1.5

倍，但不得小于0.6MPa。试验压力下10min内无压降、无渗漏。

水压试验压力规定　　表 C2-15-1

项　次	设备名称	工作压力 P（MPa）	试验压力（MPa）
1	锅炉本体	$P<0.59$	$1.5P$ 但不小于0.2
		$0.59\leqslant P\leqslant1.18$	$P+0.3$
		$P>1.18$	$1.25P$
2	可分式省煤器	P	$1.25P+0.5$
3	非承压锅炉	大气压力	0.2

注：①工作压力 P 对蒸汽锅炉指锅筒工作压力，对热水锅炉指锅炉额定出水压力；

②铸铁锅炉水压试验同热水锅炉；

③非承压锅炉水压试验压力为0.2MPa，试验期间压力应保持不变。

⑫连接锅炉及辅助设备的工艺管道安装完毕后，必须进行系统的水压试验，试验压力为系统中最大工作压力的1.5倍。在试验压力10min内压力降不超过0.05MPa，然后降至工作压力进行检查，不渗不漏。

⑬燃气管道的试验压力标准见表C2-15-2。

燃气管道试验压力标准　　表 C2-15-2

序　号	燃　气　管　道	试验压力（MPa）	
		强度试验	严密性试验
1	低压管道（<5kPa），分配管	0.3	0.1
2	与分配管（$D_q<100$）连接的单独建筑物引入管	0.1	0.01
3	中压（5kPa $<P\leqslant$ 0.3MPa）管道	0.45	0.3
4	高压（0.3MPa $<P\leqslant$ 0.8MPa）管道	1.0	0.8
5	超高压（0.8MPa $<P\leqslant$ 0.3MPa）管道	1.5	1.2

6）管道压力试验几点说明：

①管道试压一般分单项试压和系统试压两种。单项试压是在干管敷设完成，隐蔽部位的管道安装完毕后按设计和规范要求进行水压试验。

②试压前应将预留口堵严，关闭入口总阀门和所有泄水阀门及低处放风阀门，打开各分路及主管阀门和系统最高处的放风阀门。

③检查全部系统，发现有漏水处应做好标记，并进行修理，修好后再充满水进行加压，而后复查，如管道不渗、漏，并持续到规定时间，压降在允许范围内，应通知有关单位验收办理验收记录。

④冬季竣工而又不能及时供暖的工程进行系统试压时，必须采取可靠措施把水泄净，以防冻坏管道和设备。

7）表列子项：

①被试系统：指实际管道、设备的系统进行的试验。

②接口做法：指管道系统的连接方式，按实际填写。

③试验时间：照实际的试验时间填写，分别按年、月、日、时填写。

④部位：指管道系统内的某部位的使用部位。

⑤材质：指被试系统的材料质量，按实际材质填写。

⑥规格：指被试系统的规格。

⑦单位：指被试系统的计量单位。

⑧数量：指被试系统的数量，试验数量应满足抽样测试数量的规定。

⑨试验标准及规定：

a. 试压方式：指被试系统试压采用介质的方式，按实际试压方式填写；

b. 试压标准：指被试系统试压采用的标准，由测试人按实际填写；

c. 实测数据：指被试系统试压时的实测数据，按实际填写。

⑩试压经过及问题处理：按实际试压中发现问题的过程及对发现问题的处理方法，按实际填写。

4.2.16 给排水、采暖隐蔽工程验收记录（C2-5）

1. 资料表式

给排水、采暖隐蔽工程验收记录资料表式按 C2-5（土建工程隐蔽验收表式）执行。

2. 实施目的

实施目的详见 C2-5。

3. 资料要求

(1) 采暖卫生与煤气工程必须实行隐蔽工程验收，隐蔽工程验收应符合施工规范规定，按表列内容认真填报为符合要求，不进行隐蔽工程验收或不填报隐蔽工程验收记录为不符合要求。

4. 实施要点

(1) 污、雨水部分。

1) 污水铺设用水试验后需隐蔽部分应进行隐蔽验收。

2) 污水、雨水隐蔽部分隐蔽前应检查试验记录。

(2) 冷、热水部分。

1) 冷水铺设水压试验后需隐蔽部分应进行隐蔽验收。

2) 冷、热水地沟干管水压试验后需隐蔽部分应进行隐蔽验收。

3) 冷、热水暗装干、支管水压试验后需隐蔽部分应进行隐蔽验收。

4) 隐蔽前检查有关冷、热水的试验记录。

(3) 暖气部分。

1) 暖气地沟干管水压试验后需隐蔽部分应进行隐蔽验收。

2) 暖气暗装干立支管水压试验后需隐蔽部分应进行隐蔽验收。

3) 暖气系统试压后需隐蔽部分应进行系统隐蔽给收。

4) 隐蔽前检查有关暖气工程和试验记录。

(4) 燃气部分。

1) 燃气强度试验试压后需隐蔽部分应进行隐蔽验收。

2) 燃气严密性试验试验后需隐蔽部分应进行隐蔽验收。

3) 隐蔽前检查有关燃气工程的试验记录。

(5) 其他部分。

1）消防部分试压，包括喷洒部分试验后需隐蔽部分应进行隐蔽验收。

2）外线上水、暖气、煤气试压后需隐蔽部分应进行隐蔽验收。

3）各种工业管道试压后需隐蔽部分应进行隐蔽验收。

4）锅炉房各项记录，应按锅炉安装工艺标准要求执行试验需进行隐蔽验收的项目。

注：(1) 给水、采暖、热水、煤气等需隐蔽的项目在隐蔽前进行隐蔽和严密性试验。

(2) 凡直埋、暗敷的及需保温的各类管道、阀门、设备等均应进行隐蔽验收。

4.2.17 管道系统清洗、灌水、通水、通球试验记录（C2-17）

4.2.17-1 管道系统吹洗（脱脂）检验记录（C2-17-1）

1. 资料表式

管道系统吹洗（脱脂）检验记录 **表 C2-17-1**

工程名称			部位				日期			
管线编号	材质	工作介质	吹洗					脱脂		备注
			介质	压力	流速	吹洗次数	鉴定	介质	鉴定	

依据标准及要求	试验情况	试验结论

核定意见	

参加人员	监理（建设）单位	施工单位		
		专业技术负责人	质检员	试验员

管道系统吹洗（脱脂）检验记录是以经施工企业技术负责人审查签章后的本表格式形式归存。

2. 实施目的

管道系统吹洗（脱脂）检验记录是建筑安装工程的管道、设备压力试验完成后，必须进行的测试项目。

3. 资料要求

(1) 管道设备在安装后应按设计要求进行除污、清洗，并分别填报记录。

(2) 给水和采暖系统使用前应进行除污、清洗，并分别填报记录。

(3) 煤气系统安装完毕后必须进行除污、吹洗，并分别填报记录。

(4) 设计与规范有要求的必须有清洗、吹洗、脱脂记录。按要求施工为符合要求，有要求未做为不符合要求。

(5) 记录部位准确，内容齐全，签章手续齐全的为符合要求。

4. 实施要点

(1) 一般规定

1) 管道在压力试验合格后，建设单位应负责组织吹扫或清洗（简称吹洗）工作，并应在吹洗前编制吹洗方案。

2) 吹洗方法应根据对管道的使用要求、工作介质及管道内表面的脏污程度确定。公称直径大于或等于600mm的液体或气体管道，宜采用人工清理；公称直径小于600mm的液体管道宜采用水冲洗；公称直径小于600mm的气体管道宜采用空气吹扫；蒸汽管道应以蒸汽吹扫；非热力管道不得用蒸汽吹扫。

对有特殊要求的管道，应按设计文件规定采用相应的吹洗方法。

3) 不允许吹洗的设备及管道应与吹洗系统隔离。

4) 管道吹洗前，不应安装孔板、法兰连接的调节阀、重要阀门、节流阀、安全阀、仪表等，对于焊接的上述阀门和仪表，应采取流经旁路或卸掉阀门及阀座加保护套等保护措施。

5) 吹洗的顺序应按主管、支管、疏排管依次进行，吹洗出的脏物，不得进入已合格的管道。

6) 吹洗前应检验管道支、吊架的牢固程度，必要时应予以加固。

7) 清洗排放的脏液不得污染环境，严禁随地排放。

8) 吹扫时应设置禁区。

9) 蒸汽吹扫时，管道上及其附近不得放置易燃物。

10) 管道吹洗合格并复位后，不得再进行影响管内清洁的其他作业。

11) 管道复位时，应由施工单位会同建设单位共同检查，并应按规定的格式填写“管道系统吹扫及清洗记录”及“隐蔽工程（封闭）记录”。

(2) 水冲洗

1) 冲洗管道应使用洁净水，冲洗奥氏体不锈钢管道时，水中氯离子含量不得超过25×10^{-6}(25ppm)。

2) 冲洗时，宜采用最大流量，流速不得低于1.5m/s。

3) 排放水应引入可靠的排水井或沟中，排放管的截面积不得小于被冲洗管截面积的

60%。排水时，不得形成负压。

4）管道的排水支管应全部冲洗。

5）水冲洗应连续进行，以排出口的水色和透明度与入口水目测一致为合格。

6）管道经水冲洗合格后暂不运行时，应将水排净，并应及时吹干。

（3）空气吹扫

1）空气吹扫利用生产装置的大型压缩机，也可利用装置中的大型容器蓄气，进行间断性的吹扫。吹扫压力不得超过容器和管道的设计压力，流速不宜小于20m/s。

2）吹扫忌油管道时，气体中不得含油。

3）空气吹扫过程中，当目测排气无烟尘时，应在排气口设置贴白布或涂白漆的木制靶板检验，5min内靶板上无铁锈、尘土、水分及其他杂物，应为合格。

（4）蒸汽吹扫

1）为蒸汽吹扫安设的临时管道应按蒸汽管道的技术要求安装，安装质量应符合GB50235－97规范的规定。

2）蒸汽管道应以大流量蒸汽进行吹扫，流速不应低于30m/s。

3）蒸汽吹扫前，应先行暖管、及时排水，并应检查管道热位移。

4）蒸汽吹扫应按加热—冷却—再加热的顺序，循环进行。吹扫时宜采取每次吹扫一根，轮流吹扫的方法。

5）通往汽轮机或设计文件有规定的蒸汽管道，经蒸汽吹扫后应检验靶片。当设计文件无规定时，其质量应符合表C2-17-1A的规定。

吹扫质量标准 **表C2-17-1A**

项目	质量标准	项目	质量标准
靶片上痕迹大小	Φ0.6mm以下	粒数	1个/cm^2
痕深	<0.5mm	时间	15min（两次皆合格）

注：靶片宜采用厚度5mm，宽度不小于排汽管道内径的8%，长度略大于管道内径的铝板制成。

6）蒸汽管道检验还可用刨光木板检验，吹扫后，木板上无铁锈、脏物时，应为合格。

（5）化学清洗

1）需要化学清洗的管道，其范围和质量要求应符合设计文件的规定。

2）管道进行化学清洗时，必须与无关设备隔离。

3）化学清洗液的配方必须经过鉴定，并曾在生产装置中使用过，经实践证明是有效和可靠的。

4）化学清洗时，操作人员应着专用防护服装，并应根据不同清洗液对人体的危害佩带护目镜、防毒面具等防护用具。

5）化学清洗合格的管道，当不能及时投入运行时，应进行封闭或充氮保护。

6）化学清洗后的废液处理和排放应符合环境保护的规定。

（6）油清洗

1）润滑、密封及控制油管道，应在机械及管道酸洗合格后、系统试运转前进行油清洗。不锈钢管道，宜用蒸汽吹净后进行油清洗。

2）油清洗应以油循环的方式进行，循环过程中每8h应在40~70℃的范围内反复升降油温 2～3 次，并应及时清洗或更换滤芯。

3）当设计文件或制造厂无要求时，管道油清洗后应采用滤网检验，合格标准应符合表 C2-17-1B 的规定。

4）油清洗应采用适合于被清洗机械的合格油，清洗合格的管道，就采取有效的保护措施。试运转前应采用具有合格证的工作用油。

油清洗合格标准 **表 C2-17-1B**

机械转速（r/min）	滤网规格（目）	合格标准
≥6000	200	目测滤网，无硬颗粒及粘稠物；每平方厘米范围内，软杂物不多于 3 个
<6000	100	

（7）表列子项

1）管道编号：按管道系统被清洗的管道类别的编号。

2）工作介质：指吹洗所用的介质如水、空气等，分别按原系统清洗吹扫应用的介质填写。

3）吹洗：项下包括介质、压力、流速、吹洗次数、鉴定项下逐一照实际检验结果填写。

4）评定意见：按管道系统清洗完成后的质量检验结果的评定意见。

5）责任制：

①监理（建设）单位：指监理单位的专业监理工程师，签字有效。当不委托监理时由建设单位的项目负责人签字；

②施工单位：指与该工程签订施工合同的法人施工单位；

③专业技术负责人：指施工单位的专业技术负责人，签字有效；

④质检员：负责该单位工程项目经理部的专职质检员，签字有效；

⑤实验员：负责该单位工程项目经理部的实验员，签字有效。

4.2.17-2 给排水管道灌水（通水）试验记录（C2-17-2）

1. 资料表式

给排水管道灌水（通水）试验记录是以经施工企业技术负责人审查签章后的本表格式形式归存。

2. 实施目的

给排水管道灌水（通水）试验记录是建筑安装工程的管道、设备安装完成后或压力试验完成后，必须进行的测试项目。通水试验的目的，在于检查各排水点是否畅通，接口处有无渗漏。高层建筑物根据管道布置，分区段进行通水试验。

3. 资料要求

（1）排水管道灌水试验记录：凡暗装或直接埋于地下、结构内、沟井管道间、吊顶内、夹皮墙内的隐蔽排水管道和建筑物内及地下的金属雨水管道，必须按系统或分区做灌水试验。

（2）通水试验：室内给水系统同时开放最大数量配水点的额定流量，消防栓组数的最大消防能力，室内排水系统的排放效果等的试验记录。

（3）试验范围必须齐全，无漏试，试验结果必须符合设计和施工规范要求，记录手续齐全，为符合要求，否则为不符合要求。

给排水管道灌水（通水）试验记录　　表 C2-17-2

<table>
<tr><td colspan="2">工程名称</td><td colspan="3"></td><td colspan="2">试验日期</td><td colspan="2">年　月　日</td></tr>
<tr><td colspan="2">试验部位</td><td colspan="3"></td><td colspan="2">依据标准</td><td colspan="2"></td></tr>
<tr><td colspan="2" rowspan="2">编号</td><td colspan="4">规范或设计要求</td><td colspan="3">试　验</td><td rowspan="2">备 注</td></tr>
<tr><td>规 格</td><td>材 质</td><td>允许渗水量</td><td>计量时间</td><td>实际渗水量</td><td>试验时间</td><td>通水情况</td></tr>
<tr><td colspan="2"></td><td></td><td></td><td></td><td></td><td></td><td></td><td></td><td></td></tr>
<tr><td colspan="2"></td><td></td><td></td><td></td><td></td><td></td><td></td><td></td><td></td></tr>
<tr><td colspan="2"></td><td></td><td></td><td></td><td></td><td></td><td></td><td></td><td></td></tr>
<tr><td colspan="2"></td><td></td><td></td><td></td><td></td><td></td><td></td><td></td><td></td></tr>
<tr><td colspan="2"></td><td></td><td></td><td></td><td></td><td></td><td></td><td></td><td></td></tr>
<tr><td colspan="2"></td><td></td><td></td><td></td><td></td><td></td><td></td><td></td><td></td></tr>
<tr><td colspan="2"></td><td></td><td></td><td></td><td></td><td></td><td></td><td></td><td></td></tr>
<tr><td colspan="2"></td><td></td><td></td><td></td><td></td><td></td><td></td><td></td><td></td></tr>
<tr><td colspan="10">评定意见：

年　月　日</td></tr>
<tr><td rowspan="3">参加人员</td><td colspan="2">监理（建设）单位</td><td colspan="7">施　工　单　位</td></tr>
<tr><td colspan="2" rowspan="2"></td><td colspan="2">专业技术负责人</td><td colspan="3">质检员</td><td colspan="2">试验员</td></tr>
<tr><td colspan="2"></td><td colspan="3"></td><td colspan="2"></td></tr>
</table>

（4）按系统试验记录齐全、准确为符合要求，否则为不符合要求。

4. 实施要点

（1）暗装或埋地的排水管道，在隐蔽前必须做灌水试验，其灌水高度不应低于底层地面高度（满水 15 分钟后，再灌满延续 5 分钟，液面不下降为合格）。

试验方法：堵室外排水口，从一层检查口或地漏向管道内注水，满水停 15 分钟后，水面有下降，再注满水，延续 5 分钟，液面不下降即为合格。

雨水管道安装后，应做灌水试验，灌水高度必须到每根立管最上部的雨水漏斗。

（2）生活污水管道的坡度应符合表 C2-17-2A 规定。悬吊式雨水管道的敷设坡度不得小于 0.005，埋地雨水管道的最小坡度应符合表 C2-17-2B 规定。

生活污水管道的坡度 **表 C2-17-2A**

项　次	管　径（mm）	标准坡度	最小坡度
1	50	0.035	0.025
2	75	0.025	0.015
3	100	0.020	0.012
4	125	0.015	0.010
5	150	0.010	0.007
6	200	0.008	0.005

地下埋设雨水排水管道的最小坡度 **表 C2-17-2B**

项　次	管　径（mm）	最小坡度	项　次	管　径（mm）	最小坡度
1	50	0.020	4	125	0.006
2	75	0.015	5	150	0.005
3	100	0.008	6	200～400	0.004

(3) 其他规定：承插管道的接口，应以麻丝填充，用水泥或石棉水泥打口（捻口），不得用一般水泥砂浆抹口。

(4) 隐蔽的排水和雨水管道的灌水试验结果；排水系统竣工后的通水试验结果必须符合设计要求和施工规范规定。按给水系统的 1/3 配水点同时开放，检查各排水点是否畅通，连接处必须严密不渗不漏为合格。

非金属污水管道，应做渗水量试验。如设计无要求，应符合下列规定：

①在潮湿土壤中，检查地下水渗入管中的水量，可根据地下水的水平线而定：地下水位超过管顶 2～4m，渗入管道内水量不超过表 C2-17-2C 的规定；地下水位超过管顶 4m 以上，则每增加水头 1 米允许增加渗水量 10%；

②在干燥土壤中，检查管道的渗出水量，其充水高度，应高出上游检查井内管顶 4m。渗出的水量不应大于表 C2-17-2C 的规定；

1000m 长的管道一昼夜内允许渗出或渗入水量　单位：m^3　**表 2-17-2C**

管径（mm）	小于 150	200	250	300	350	400	450	500	600
钢筋混凝土管、混凝土或石棉水泥管	7.0	20	24	28	30	32	34	36	40
缸瓦管	7.0	12	15	18	20	21	22	23	23

③在潮湿土壤中，当地下水位不高出管顶 2m 时，可按②项规定做渗出水量试验。

注：(1) 雨水和与其性质相似的管道，除湿陷性黄土及水源地区外，可不做渗出水量试验。

(2) 渗水量试验时间，不应少于 30 分钟。

(3) 排出腐蚀性的污水管道不允许渗漏。

必须按系统或分区（段）做灌水及渗漏试验，试验数量和范围必须齐全、无漏试。试验必须在隐蔽前进行，未经试验或试验不符合要求的，不得进行隐蔽。

(5) 测试注意事项：

①室内排水管道的埋地铺设及吊顶，管井内隐蔽工程在封顶、回填土前都应行闭水试验，内排水雨水管道安装完毕亦要进行闭水试验。

②闭水试验前应将各预留口采取措施堵严，在系统最高点留出灌水口。

③由灌水口将水灌满后，按设计或规范要求的规定时间对管道系统的管材、管件及捻口进行检查，如有渗漏现象应及时修理，修好后再进行一次灌水试验，直到无渗漏现象后，请有关单位验收并办理验收记录。

④楼层吊顶内管道的闭水试验应在下一层立管检查口处用橡皮气胆堵严，由本层预留口处灌水试验。

(6) 表列子项：

1）试验部位：指被试给排水管道试验的实际部位。按实际填写。

2）编号：指给排水管道试验灌水（通水）的系统编号。

3）规范与设计要求：按规格、材质、允许渗水量、计量时间的规范与设计要求值分别填写。

4）试验：按实际渗水量、试验时间、通水情况的实际试验情况分别填写。

5）评定意见：主要应说明试验是否符合设计和施工规范要求。

4.2.17-3　室内排水管道通球试验记录（C2-17-3）

1. 资料表式

室内排水管道通球试验记录　　　　**表 C2-17-3**

<table>
<tr><td>工程名称</td><td colspan="3"></td><td>管径、球径</td><td></td></tr>
<tr><td>试验部位</td><td></td><td>管道编号</td><td></td><td>试验日期</td><td>年　月　日</td></tr>
<tr><td colspan="6">试验要求：</td></tr>
<tr><td colspan="6">试验情况：</td></tr>
<tr><td colspan="6">试验结论：</td></tr>
<tr><td rowspan="3">参加人员</td><td colspan="2">监理（建设）单位</td><td colspan="3">施　工　单　位</td></tr>
<tr><td colspan="2" rowspan="2"></td><td>专业技术负责人</td><td>质检员</td><td>工　长</td></tr>
<tr><td></td><td></td><td></td></tr>
</table>

室内排水管道通球试验记录是以经施工企业技术负责人审查签章后的本表格式形式归存。

2. 实施目的

室内排水管道通球试验记录是在室内排水系统和卫生器具全部安装完成后，通水试验合格后进行的试验项目。

3. 资料要求

(1) 通球试验后必须填写“通球试验记录”。凡需进行通球试验而未进行试验的，该分项工程为不合格。

(2) 通球试验表式的内容应详细填写，必须详细填写试验要求和试验结论。

(3) 通球试验抽检必须全部畅通。如试验过程中发现堵塞，应有详细记录，并应对返工重做情况加以记录与说明。

4. 实施要点

为了防止室内排水管道和室内雨水管道堵塞，确保使用功能，对室内排水管道和室内雨水管道必须作通球试验。室内排水干、立管，应根据有关规定进行100%通球试验。

(1) 通球前必须做通水试验，试验程序由上至下进行，以不漏、不堵为合格；

(2) 通球用的皮球（也可以用木球）直径为排水管道管径的3/4；

(3) 通球试验时，皮球（木球）应从排水管道顶端投下，并注入一定水量于管内，使球顺利流入与该排水管道相应的检查井内为合格；

(4) 通球试验时，如遇堵塞，应查明位置进行疏通，无效时应返工重做；

(5) 通球试验完毕应做好试验记录，并归入工程技术资料内以备查；

(6) 单位工程竣工检验时，对室内排水管道进行通球试验抽查，若有一处堵塞，则该分项工程质量为不合格，并应改正至疏通为止。

(7) 表列子项：

1) 管径、球径：管径指排水管道，管径，球径指作通球试验用球的直径，按实际填写。

2) 试验要求：指对通球试验的要求。如：对通球球径的要求、通球试验的方法要求、遇有堵塞的要求，通球试验：施工记录要求等。

3) 试验情况：指通球试验过程中所遇的情况如选用球径、操作情况，是否堵塞、堵塞部位和数量等。

4) 评定意见：按实际试验结果，经与参试人员评议后填写。

5) 责任制：

①监理（建设）单位：指监理单位的专业监理工程师，签字有效。当不委托监理时由建设单位的项目负责人签字；

②施工单位：指与该工程签订施工合同的法人施工单位；

③专业技术负责人：指施工单位的专业技术负责人，签字有效；

④质检员：负责该单位工程项目经理部的专职质检员，签字有效；

⑤实验员：负责该单位工程项目经理部的实验员，签字有效。

4.2.18 施工记录（给排水、采暖）(C2-6)

4.2.18-1 施工记录（给排水、采暖）

施工记录（给排水、采暖）按 C2-6-1 执行。

4.2.18-2　伸缩器预拉伸施工记录（C2-18-2）

1. 资料表式

伸缩器预拉伸记录　　　　**表 C2-18-2**

工程名称		施工单位		
管道材质		伸缩器部位		
伸缩器规格型号		环境温度		
固定支架间距（m）		管内介质温度		
计算预拉值（mm）		实际预拉值（mm）		
伸缩器安装及预拉示意图说明				
评定意见： 年　月　日				
参加人员	监理（建设）单位	施　工　单　位		
		专业技术负责人	质检员	实验员

伸缩器预拉伸记录是以经施工企业技术负责人审查签章后的本表格式形式归存。

2. 实施目的

伸缩器预拉伸记录是指采暖供热和生活热水供应管道，设计或规范有要求必须实行预拉伸时采用。

3. 资料要求

采暖供热和生活热水供应管道伸缩器设计或规范有要求时必须实行预拉伸，预拉伸应符合设计的有关标准规定为符合要求，不进行预拉伸或不进行预拉伸记录为不符合要求。

4. 实施要点

(1) 伸缩器预拉伸记录是指采暖供热和生活热水供应管道，规范有规定要求实际实行预拉伸时采用。

(2) 采暖供热和生活热水供应管道伸缩器设计有要求时必须实行预拉伸，预拉伸应符合设计的有关标准规定为符合要求，不进行预拉伸或不进预拉伸记录为不符合要求。

(3) 伸缩器安装预拉伸应对照设计图纸，全数检查预拉伸记录，记录必须符合设计要求和施工规范规定，如设计无要求，套管伸缩器预拉长度，见表 C2-18-2A；方型伸缩器预拉长度等于 1/2 管热伸长 (mm)。

管道热伸长 $\Delta X = 0.012 (t_1 - t_2) L$ (mm)

式中 ΔX——管道热伸长 (mm)；

t_1——热煤温度 (℃)；

t_2——安装时环境温度 (℃)；

L——管道长度。

套管伸缩器预拉伸长度表 **表 C2-18-2A**

规格 (mm)	15	20	25	32	40	50	65	75	80	100	125	150
拉出长度 (mm)	20	20	30	30	40	40	56	56	59	59	59	63

(4) 弯制方形钢管伸缩器，宜用整根管弯成。如需要接口，其焊口位置应设在垂直臂的中间。

(5) 方形伸缩器水平安装，应与管道坡度一致，垂直安装应有排气装置。

(6) 管道预拉伸 (或压缩) 前应具备下列条件：

1) 预拉伸区域内固定支架间所有焊缝 (预接口除外) 已焊接完毕，需热处理的焊缝以作热处理，并经检验合格。

2) 预拉伸区域支、吊架已安装完毕，管子与固定架已固定。预拉口附近的支、吊架已预留足够的调整裕量，支、吊架弹簧已按设计值压缩，并临时固定，不使弹簧承受管道荷载。

3) 预拉伸区域内的所有连接螺栓已拧紧。

(7) 当预拉伸管道的焊缝需热处理时，应在热处理完毕后，方可拆除在预拉伸时安装的临时卡具。

(8) 表列子项：

1) 工程名称：按合同书中提供的工程名称填写。

2) 施工单位：指建设单位与施工合同中施工单位名称，按全称填写。

3) 环境温度：指伸缩器安装时所处的环境温度，按实际填写。

4) 计算预拉值：指规范要求进行的预拉伸计算值。

5) 实际预拉值：指实际预拉伸的结果，按实际填写。

6) 评定意见：按实际检查结果填写。

7) 责任制：

①监理 (建设) 单位：指监理单位的专业监理工程师，签字有效。当不委托监理时由建设单位的项目负责人签字；

②施工单位：指与该工程签订施工合同的法人施工单位；

③专业技术负责人：指施工单位的专业技术负责人，签字有效；

④质检员：负责该单位工程项目经理部的专职质检员，签字有效；

⑤实验员：负责该单位工程项目经理部的实验员，签字有效。

4.2.18-3　烘炉检查记录（C2-18-3）

1. 资料表式

烘炉检查记录　　　　**表 C2-18-3**

<table>
<tr><td>工程名称</td><td colspan="2"></td><td>施工单位</td><td colspan="3"></td></tr>
<tr><td>锅炉名称</td><td></td><td>烘炉方法</td><td colspan="2"></td><td>工作压力</td><td></td></tr>
<tr><td>型号规格</td><td></td><td>测温方法</td><td colspan="2"></td><td>介质温度</td><td></td></tr>
<tr><td>烘炉时间</td><td colspan="6">年　　月　　日　　时至　　　年　　月　　日　　时</td></tr>
<tr><td colspan="5" rowspan="6">烘炉情况记录</td><td>时　间</td><td>火焰实测温度</td></tr>
<tr><td></td><td></td></tr>
<tr><td></td><td></td></tr>
<tr><td></td><td></td></tr>
<tr><td></td><td></td></tr>
<tr><td></td><td></td></tr>
<tr><td colspan="7">评定意见</td></tr>
<tr><td rowspan="3">参加人员</td><td>监理（建设）单位</td><td colspan="5">施　工　单　位</td></tr>
<tr><td rowspan="2"></td><td>专业技术负责人</td><td colspan="2">质检员</td><td colspan="2">试验员</td></tr>
<tr><td></td><td colspan="2"></td><td colspan="2"></td></tr>
</table>

烘炉检查记录是以经施工企业技术负责人审查签章后的本表格式形式归存。

2. 实施目的

烘炉检查是建筑锅炉安装工程完成且水压试验合格后，必须进行的测试项目。

3. 资料要求

（1）烘炉试验后必须填写烘炉检查记录。凡需进行烘炉检查而未进行的，该分项工程为不合格。

（2）烘炉检查表式的内容应详细填写，必须详细填写烘炉情况记录和评定意见。

4. 实施要点

（1）烘炉前应具备下列条件：

1）锅炉及附属装置全部组装完毕且水压试验合格。

2）烘炉所需辅助设备试运转合格，热工仪表校验合格。

3）保温及准备工作结束。

（2）锅炉火焰烘炉应符合下列规定：

1）火焰应在炉膛中央燃烧，不应直接烧烤炉墙及炉拱。

2）烘炉时间一般不少于4d，升温应缓慢，后期烟温不应高于160℃，且持续时间不应少于24h。

3）链条炉排在烘炉过程中应定期转动。

4）烘炉的中、后期应根据锅炉水水质情况排污。

（3）烘炉结束后应符合下列规定：

1）炉墙经烘烤后没有变形、裂纹及塌落现象。

2）炉墙砌筑砂浆含水率达到7%以下。

（4）锅炉在烘炉、煮炉合格后，应进行48h的带负荷连续试运行，同时应进行安全阀的热状态定压检验和调整。

（5）表列子项：

1）工作压力：指锅炉的额定工作压力。

2）烘炉方法：应参考《工业锅炉验收规范》相关规定执行。按实际填写。

3）烘炉情况记录:照实际烘炉过程的情况记录。分别按不同时间的火焰实测温度记录。

4）责任制：

①监理（建设）单位：指监理单位的专业监理工程师，签字有效。当不委托监理时由建设单位的项目负责人签字；

②施工单位：指与该工程签订施工合同的法人施工单位；

③专业技术负责人：指施工单位的专业技术负责人，签字有效；

④质检员：负责该单位工程项目经理部的专职质检员，签字有效；

⑤实验员：负责该单位工程项目经理部的实验员，签字有效。

注：烘煮炉：

烘煮炉应按当地劳动局对锅炉烘煮炉的有关要求进行操作，劳动局验收合格后可从劳动局验收合格资料中摘出烘煮炉记录。

4.2.18-4　煮炉检查记录（C2-18-4）

1. 资料表式

煮 炉 检 查 记 录 表 C2-18-4

<table>
<tr><td colspan="2">工程名称</td><td colspan="5"></td><td>施工单位</td><td colspan="2"></td></tr>
<tr><td colspan="2">锅炉名称</td><td colspan="4"></td><td>炉水容量</td><td></td><td>工作压力</td><td></td></tr>
<tr><td colspan="2">型号规格</td><td colspan="4"></td><td>炉水碱度</td><td></td><td>介质温度</td><td></td></tr>
<tr><td rowspan="9">煮
炉</td><td colspan="4">时间</td><td colspan="5">年 月 日 时至 年 月 日 时</td></tr>
<tr><td colspan="4">压力</td><td colspan="5">MPa 至 MPa</td></tr>
<tr><td>年</td><td>月</td><td>日</td><td>时</td><td colspan="5"></td></tr>
<tr><td></td><td></td><td></td><td></td><td colspan="5"></td></tr>
<tr><td></td><td></td><td></td><td></td><td colspan="5"></td></tr>
<tr><td></td><td></td><td></td><td></td><td colspan="5"></td></tr>
<tr><td></td><td></td><td></td><td></td><td colspan="5"></td></tr>
<tr><td></td><td></td><td></td><td></td><td colspan="5"></td></tr>
<tr><td></td><td></td><td></td><td></td><td colspan="5"></td></tr>
<tr><td colspan="10">煮炉效果情况记录</td></tr>
<tr><td colspan="10">评定意见

年 月 日</td></tr>
<tr><td rowspan="3">参加人员</td><td colspan="3">监理（建设）单位</td><td colspan="6">施 工 单 位</td></tr>
<tr><td colspan="3" rowspan="2"></td><td colspan="2">专业技术负责人</td><td colspan="2">质检员</td><td colspan="2">工长</td></tr>
<tr><td colspan="2"></td><td colspan="2"></td><td colspan="2"></td></tr>
</table>

煮炉检查记录是以经施工企业技术负责人审查签章后的本表格式形式归存。

2. 实施目的

煮炉检查记录是建筑锅炉安装工程完成且水压试验合格，烘炉试验完成后必须进行的测试项目。

3. 资料要求

(1) 煮炉试验后必须填写煮炉检查记录。凡需进行煮炉检查而未进行的，该分项工程为不合格。

(2) 煮炉检查表式的内容应详细填写，必须详细填写煮炉的时间、压力、煮炉效果情况记录和评定意见。

4. 实施要点

(1) 烘炉试验完成后即可进行煮炉。

(2) 煮炉检查包括煮炉的药品成分和用量、加药程序、蒸煮压力、温度升降控制。需要写明煮炉时间、效果和情况、清洗除垢的情况。

(3) 煮炉时间一般应为 2～3d，如蒸汽压力较低，可适当延长煮炉时间。非砌筑或浇注保温材料保温的锅炉，安装后可直接进行煮炉。煮炉结束后，锅筒和集箱内壁应无油垢，擦去附着物后金属表面应无锈斑。

(4) 锅炉在烘炉、煮炉合格后，应进行 48h 的带负荷连续试运行。同时应进行安全阀的热状态定压检验和调整。检查烘炉、煮炉及试运行全过程。

(5) 表列子项：

1) 工作压力：指锅炉的额定工作压力。

2) 煮炉方法：应参考《工业锅炉验收规范》相关规定执行。按实际填写。

3) 煮炉情况记录：照实际煮炉过程的情况记录。分别按不同时间、压力填写记录。

4) 责任制：

①监理（建设）单位：指监理单位的专业监理工程师，签字有效。当不委托监理时由建设单位的项目负责人签字；

②施工单位：指与该工程签订施工合同的法人施工单位；

③专业技术负责人：指施工单位的专业技术负责人，签字有效；

④质检员：负责该单位工程项目经理部的专职质检员，签字有效；

⑤实验员：负责该单位工程项目经理部的实验员，签字有效。

4.2.19 给排水与采暖分部（子分部）工程质量验收记录（C2-10）

给排水与采暖分部（子分部）工程质量验收记录按 C2-10 执行。

4.2.20 给排水与采暖分项、检验批工程质量验收记录（C2-11、C2-12）

给排水与采暖分项、检验批工程质量验收记录按 C2-11、C2-12 执行。

建 筑 电 气

4.2.21 图纸会审、设计变更、洽商记录（C2-13）

图纸会审、设计变更、洽商记录按 C2-1-1～3 执行。

4.2.22 材料、构配件出厂合格证及进场检（试）验报告

1. 材料、构配件表式

材料、构配件出厂合格证及进场检（试）验报告按 C2-3-1～3 执行。

2. 实施目的

合格证试验报告是指各种原材料、成品、半成品、器具、设备等合格证均分类按序贴于合格证粘贴表上。

3. 资料要求

(1) 主要材料包括硬母线、铝合金管形母线、封闭母线、软母线、电线、电缆及大型灯具、各种钢材和阻燃型 PVC 塑料管、金属线槽、阻燃型 PVC 塑料线槽、水泥电杆、变压器油、蓄电池用硫酸、低压设备及附件等。

主要设备高低压开关柜、电力变压器、照明及动力配电箱、高压开关、低压大型开关、插接母线、电机、蓄电池应急电源等。

(2) 应提供设计或规范有规定的，对材质有怀疑的以及认为必需的抽样检查记录。

(3) 进场时进行开箱检验（主要材料、设备）并有检验记录。

(4) 出厂合格证所证明的材质和性能符合设计和规范的为符合要求。

(5) 仅有合格证明无材质技术数据，经建设单位认可签章者为基本符合要求，否则，为不符合要求。

4. 实施要点

(1) 合格证的收集范围

1) 原则上在工程中使用的所有电气设备和材料均应具有合格证。其主要材料包括硬母线、铝合金管形母线、封闭母线、软母线、电线、电缆及大型灯具、开关、插座、各种钢材和阻燃型 PVC 塑料管、金属线槽、阻燃型 PVC 塑料线槽、水泥电杆、变压器油、蓄电池用硫酸、低压设备及附件等。

2) 主要设备高低压开关柜、电力变压器、照明及动力配电箱（盘、板、柜、屏）、高压开关、低压大型开关、插接母线、电机、蓄电池应急电源、继电器、接触器、漏电保安器、电表、配电箱等。

(2) 材料设备进现场后（或使用前）的验收

1) 主要设备、材料、成品和半成品进场检验结论应有记录，确认符合规定，才能在施工中应用。

2) 因有异议送有资质试验室进行抽样检测，试验室内出具检测报告，确认符合有关规定和相关技术标准划定，才能在施工中应用。

3) 依法定程序批准进入市场的新电气设备、器具和材料进场验收，除符合《建筑电气工程施工质量验收规范》GB50303—2002 规定外，尚应提供安装、使用、维修和试验要求等技术文件。

4) 进口电气设备、器具和材料进场验收，除符合《建筑电气工程施工质量验收规范》GB50303—2002 规定外，尚应提供商检证明和中文的质量合格证明文件、规格、型号、性能检测报告以及中文的安装、使用、维修和试验要求等技术文件。

5) 经批准的免检产品或认定的名牌产品，当进场验收时，可不做抽样检测。

6) 核查步骤：

①电气材料与产品检验：电气材料与产品不论有无出厂合格证明，使用前均应做必要的试验和检验，注明日期，由检查人签证。

②对原材料、半成品、产品的检验：检查原材料、半成品、产品出厂质量证明和质量试检验报告。原材料、半成品、产品的质量必须合格，并应有出厂质量合格证明或试验单。需采取的技术处理措施应满足技术要求并应经有关技术负责人的批准后方可使用。

③合格证、试（检）验单或记录的抄件（复印件）应注明原件存放单位，并有抄件人、抄件（复印）单位的签字和盖章。

④凡使用新材料、新产品、新工艺、新技术的，应附有有关证明，要有产品质量标准，使用说明和工艺要求。使用前，应按其质量标准进行检验。

⑤对设备检验的要求：设备在安装前必须开箱检验及试验。如各种仪表的检验，各种断路器的外观检验，调整及操作试验，各种避雷器、电容器、变压器及附件、互感器、各种电机、盘柜、高低压电器型号、规格外观检验，并做好记录。

⑥主要检查项目：规格、型号、质量是否符合国家规范和设计要求。

a. 外包装检查：检查标记，箱体外包装是否牢固，起吊位置、表面保护层等外观有无损伤；b. 内包装和外观检查：检查购货卡的情况，防雨防潮措施，防震措施，层间的隔离情况，主要部件、设备主体及材料的外观情况，密封有无损坏现象；c. 数量检查：主要清点设备、附机附件、备品备件、随机工具、图纸及有关技术资料。

材料设备进场后，应对产品的规格、型号、外观及产品性能进行抽检、检查一般为各品种的10%，重要设备、材料，应全数检查；d. 品质检查：电气设备的品质检查应根据出厂品质试验标准，并参考国家标准《电气装置安装工程电气设备交接试验标准》进行绝缘试验，耐压试验，理化试验，直流电阻测定，型式尺寸测定，机械转动试验，特性测试及程序模拟试验等。e. 对于所用钢管、扁钢、铜、铅母线等均需检查其品质证明；f. 对于各类电气材料、元件均应检查其产品合格证，并检验材料与合格证是否一致，元器件应做相应的电气测试检验。对设计规范有规定或材质有怀疑的材料和设备必须按规定进行试验；g. 检验人员要做好检验记录签证及检验报告，对不合格产品绝对不得安装使用。

（3）主要材料、设备进场的检验要求

1）变压器、箱式变电所、高压电器及电瓷制品应符合下列规定：

①查验合格证和随带技术文件，变压器出厂试验记录；

②外观检查：有铭牌，附件齐全、绝缘件无缺损、裂纹，充油部分不渗漏，充气高压设备气压指示正常，涂层完整。

2）高、低压成套配电柜、蓄电池柜、不间断电源柜、控制柜（屏、台）反动力、照明配电箱（盘）应符合下列规定：

①查验合格证和随带技术文件，实行生产许可证和安全认证制度的产品，有许可证编号和安全认证标志。不间断电源柜有出厂试验记录；

②外观检查：有铭牌，柜内元器件无损坏丢失、接线无脱落脱焊，蓄电池柜内电池壳体无碎裂、漏液，充油、充气设备无泄漏，涂层完整，无明显碰撞凹陷。

3）柴油发电机组应符合下列规定：

①依据装箱单，核对主机、附件、专用工具、备品备件和随带技术文件，查验合格证和出厂运行记录，发电机及其控制柜有出厂试验记录；

②外观检查：有铭牌，机身无缺件、涂层完整。

4）电动机、电加热器、电动执行机构和低压开关设备等应符合下列规定：

①查验合格证和随带技术文件，实行生产许可证和安全认证制度的产品，有许可证编号和安全认证标志；

②外观检查：有铭牌、附件齐全、电气接线端子完好，设备器件无缺损，涂层完整。

5）照明灯具及附件应符合下列规定：

①查验合格证，新型气体放电灯具有随带技术文件；

②外观检查：灯具涂层完整，无损伤，附件齐全。防爆灯具铭牌上有防爆标志和防爆合格证号，普通灯具有安全认证标志；

③对成套灯具的绝缘电阻、内部接线等性能进行现场抽样检测。灯具的绝缘电阻值不小于2MΩ，内部接线为铜芯绝缘导线，芯线截面积不小于0.5mm²，橡胶或聚氯乙烯（PVC）绝缘的组缘层厚度不小于0.6mm。对游泳池和类似场所灯具（水下灯及防水灯具）的密闭和绝缘性能有异议时，按批抽样送有资质的试验室检测。

6）开关、插座、接线盒和风扇及其附件应符合下列规定：

①查验合格证，防爆产品有防爆标志和防爆合格证号，实行安全认证制度的产品有安全认证标志；

②外观检查：开关、插座的面板及接线盒盒体完整、无碎裂、零件齐全；风扇无损坏、涂层完整、调速器等附件试配；

③对开关、插座的电气和机械性能现场抽样检测。检测规定如下：

a. 不同极性带电部件间的电气间隙和爬电距离不小于3mm；b. 绝缘电阻值不小于5MΩ；c. 用自攻锁紧螺钉或自动螺钉安装的，螺钉与软塑固定件旋合长度不小于8mm，软塑固定件在经受10次拧紧退出试验后，太松动或排渣；螺钉及螺纹无损坏现象；d. 金属间相旋合的螺钉螺母，拧紧后完全退出，反复5次能正常使用。

④对开关、插座、接线盒及其面板等塑料绝缘材料阻燃性能有异议时，按批抽样送有资质的试验室检测。

7）电线、电缆应符合下列规定：

①按批查验合格证，合格证有生产许可证编号，按《额定电压450/750V及以下聚氯乙烯绝缘电缆》GB5023.1—5023.7标准生产的产品有安全认证标志；

②外观检查；包装完好，抽检的电线绝缘层完整无损，厚度均匀。电缆无压扁、扭曲，铠装不松卷。耐热、阻燃的电线、电缆外护层有明显标识和制造厂标；

③按制造标准，现场抽样检测绝缘层厚度和圆形线芯的直径；线芯直径误差不大于标称直径的1%。常用的BV型绝缘电线的绝缘层厚度不小于表C2-3-4的规定；

BV型绝缘电线的绝缘层厚度 表C2-3-4

序 号	1	2	3	4	5	6	7	8	9	10	11	12	13	14	15	16	17
电线芯线标称截面积（mm²）	1.5	2.5	4	6	10	16	25	35	50	70	95	120	150	185	240	300	400
绝缘层度规定值（mm）	0.7	0.8	0.8	0.8	1.0	1.0	1.2	1.2	1.4	1.4	1.6	1.6	1.8	2.0	2.2	2.4	2.6

④对电线、电缆绝缘性能、导电性能和阻燃性能有异议时，按批抽样送有资质的试验室检测。

8）导管应符合下列规定：

①按批查验合格证；

②外观检查：钢导管无压扁、内壁光滑。非镀锌钢导管无严重锈蚀，控制造标准油漆出厂的油漆完整；镀锌钢导管镀层覆盖完整、表面无锈斑；绝缘导管及配件不碎裂、表面有阻燃标记和制造厂标；

③按制造标准现场抽样检测导管的管径、壁厚及均匀度。对绝缘导管及配件的阻燃性能有异议时，按批抽样送有资质的试验室检测。

9）型钢和电焊条应符合下列规定：

①按批查验合格证和材质证明书；有异议时，按批抽样送有资质的试验室检测；

②外观检查：型钢表面无严重锈蚀，无过度扭曲、弯折变形；电焊条包装完整，拆包抽检，焊条尾部无锈斑。

10）镀锌制品（支架、横担、接地极、避雷用型钢等）和外线金属应符合下列规定：

①按批查验合格证或镀锌厂出具的镀锌质量证明书；

②外观检查：镀锌层复覆完整、表面无锈斑，金具配件齐全，无砂眼；

③对镀锌质量有异议时，按批抽样送有资质的试验室检测。

11）电缆桥架、线槽应符合下列规定：

①查验合格证；

②外观检查：部件齐全，表面光滑、不变形：钢制桥架涂层完整，无锈蚀；玻璃钢制桥架色泽均匀，无破损碎裂；铝合金桥架涂层完整、无扭曲变形，不压扁、表面不划伤。

12）封闭母线、插接母线应符合下列规定：

①查验合格证和随带安装技术文件：

②外观检查：防潮密封良好，各段编号标志清晰，附件齐全，外壳不变形，母线、螺栓搭接面平整、镀层覆盖完整、无起皮和麻面；插接母线上的静触头无缺损、表面光滑、镀层完整。

13）裸母线、裸导线应符合下列规定：

①查验合格证；

②外观检查：包装完好，裸母线平直，表面无明显划痕，测量厚度和宽度符合制造标准；裸导线表面无明显损伤，不松股、扭折和断股（线），测量线径符合制造标准。

14）电缆头部件及接线端子应符合下列规定：

①查验合格证；

②外观检查：部件齐全，表面无裂纹和气孔，随带的袋装涂料或填料不泄漏。

15）钢制灯柱应符合下列规定：

①按批查验合格证；

②外观检查：涂层完整、根部接线盒盒盖紧固件和内置熔断器、开关等器件齐全，盒盖密封垫片完整。钢柱内设有专用接地螺栓，地脚螺孔位置按提供的附图尺寸，允许偏差不大于±2mm。

16）钢筋混凝土电杆和其他混凝土制品应符合下列规定：

①按批查验合格证；

②外观检查：表面平整，无缺角露筋，每个制品表面有合格印记；钢筋混凝土电杆表面光滑，无纵向、横向裂纹，杆身平直，弯曲不大于杆长的1/1000。

4.2.22-1～3　电气工程合格证汇总表、合格证粘贴表、材料进场检验

电气工程合格证汇总表、合格证粘贴表、材料进场检验按C2-3-1～3执行。

4.2.22-4　电气工程主要设备开箱检验记录（C2-14-3）

电气工程主要设备开箱检验记录按C2-14-3执行。

4.2.23　电气设备调试记录（C2-23）、（C2-23A）

1.资料表式

电气设备调试记录　　　　表 C2-23

工程名称						记录日期	
分项名称						装设地点	
型号及规格		容量		电压	V	电流	A
制造厂		出厂编号		出厂日期		室温	℃
外观检查							
试验记录							
评定意见	年　月　日						

参加人员	监理（建设）单位	施　工　单　位		
		专业技术负责人	质检员	材料员

电气设备检查试运行记录　　　　表 C2-23A

工程名称：

设备名称		施工图设备编号		设备型号	
设备功率		设备进场合格证号		运行日期	
设备检查情况（如定子、转子、元件、抽芯、轴承、外观、完好情况等）					
空试运情况（如启动电流、空载电流、轴承温度、定子温度、环境温度、试运行结果等）					
负荷试运行情况（如启动电流、试运电流、负荷运行、轴承温升、定子温度、环境温度、试运结果等）					
备　注					
监理（建设）单位		技术负责人		试验人员	
		工　长		质检员	

电气设备调试记录、电气设备检查试运行记录是以经施工企业技术负责人审查签章后的本表格式形式归存。

2. 实施目的

电气设备调试记录、电气设备检查试运行记录是指建筑安装工程的电气设备安装完成后，按规范要求必须进行的测试项目。

3. 资料要求

(1) 试调项目和内容应符合有关标准规定，内容真实、准确为符合要求。

(2) 有试运转检验、调整要求的项目，有齐全的过程记录者为符合要求。

可针对设计及系统情况符合以上 2 条时为符合要求。试调内容基本齐全，设备已能正常运转评为基本符合要求。发现试调记录不真实或缺主要试调项目，试验试调单位资质不符合要求的，为不符合要求。

4. 实施要点

(1) 一般规定：

1) 电气设备的试验、调整一般执行（GB50150）标准。

2) 继电保护、自动、远动、通讯、测量、整流装置以及电气设备的机械部分等的交接试验，应分别按有关标准或规范的规定进行。

3) 电气设备应按照（GB50150）标准进行耐压试验，但对 110kV 及以上的电气设备，当（GB50150）标准条款没有规定时，可不进行交流耐压试验。

①交流耐压试验时加至试验标准电压后的持续时间，无特殊说明时，应为 1min。

②耐压试验电压值以额定电压倍数计算时，发电机和电动机应按铭牌额定电压计算，电缆可按电缆额定电压计算。

③非标准电压等级的电气设备，其交流耐压试验电压值，当没有规定时，可根据（GB50150）标准规定的相邻电压等级按比例采用插入法计算。

④进行绝缘试验时，除制造厂装配的成套设备外，宜将连接在一起的各种设备分离开来单独试验。同一试验标准的设备可以连在一起试验。为便于现场试验工作，已有出厂试验记录的同一电压等级不同试验标准的电气设备，在单独试验有困难时，也可以连在一起进行试验。试验标准应采用连接的各种设备中的最低标准。

⑤油浸式变压器、电抗器及消弧线圈的绝缘试验应在充满合格油静置一定时间，待气泡消除后方可进行。静置时间按产品要求，当制造厂无规定时，对电压等级为 500kV 的，须静置 72h 以上；220 ~ 330kV 的为 48h 以上；110kV 及以下的为 24h 以上。

4) 进行电气绝缘的测量和试验时，当只有个别项目达不到（GB50150）标准的规定时，则应根据全面的试验记录进行综合判断，经综合判断认为可以投入运行者，可以投入运行。

5) 当电气设备的额定电压与实际使用的额定工作电压不同时，应按下列规定确定试验电压的标准：

①采用额定电压较高的电气设备在加强绝缘时，应按照设备的额定电压的试验标准进行；

②采用较高电压等级的电气设备在满足产品通用性及机械强度的要求时，可以按照设备实际使用的额定工作电压的试验标准进行；

③采用较高电压等级的电气设备在满足高海拔地区要求时，应在安装地点按实际使用的额定工作电压的试验标准进行。

6）在进行与温度及湿度有关的各种试验时，应同时测量被试物温度和周围的温度及湿度。绝缘试验应在良好天气且被试物温度及仪器周围温度不宜低于5℃，空气相对湿度不宜高于80%的条件下进行。

试验时，应注意环境温度的影响，对油浸式变压器、电抗器及消弧线圈，应以变压器、电抗器及消弧线圈的上层油温作为测试温度。

7）（GB50150）标准中所列的绝缘电阻测量，应使用60s的绝缘电阻值；吸收比的测量应使用60s与15s绝缘电阻值的比值；极化指数应为10min与lmin的绝缘电阻值的比值。

8）多绕组设备进行绝缘试验时，非被试绕组应予短路接地。

9）测量绝缘电阻时，采用兆欧表的电压等级，在（GB50150）标准未作特殊规定时，应按下列规定执行：

①100V以下的电气设备或回路，采用250V兆欧表；

②500V以下至100V的电气设备或回路，采用500V兆欧表；

③3000V以下至500V的电气设备或回路，采用1000V兆欧表；

④10000V以下至3000V的电气设备或回路，采用2500V兆欧表；

⑤10000V及以上的电气设备或回路，采用2500V或5000V兆欧表。

（2）低压电气动力设备试验和试运行。

1）设备的可接近裸露导体接地（PE）或接零（PEN）连接完成，检查应合格，才能试验；

2）动力成套配电（控制）柜、屏、台、箱、盘的交流工频耐压试验、保护装置的动作试验应合格，才能通电；

3）控制回路模拟动作试验应合格，盘车或手动操作，电气部分与机械部分的转动或动作协调一致，应检查确认后，才能空载试运行。

（3）高低压试验应由当地供电部门许可的试验单位进行。试验标准应符合国家规范、当地供电部门的规定及产品技术资料的要求。

（4）试验内容：高压柜框架、母线、避雷器、高压瓷瓶、电压互感器、电流互感器、高压开关等。

（5）调整内容：过流继电器调整，时间继电器、信号继电器调整以及机械连锁调整。

（6）表列子项：

1）记录日期：按实际试验时记录的日期填写。

2）装设地点：指高低压设备的装设地点。按实际填写。

3）型号及规格：指被试高低压齐关的型号与规格，测试结果应与出厂合格证对照，并应满足设计要求。

4）容量：按实测高低压设备的容量填写，应与出厂合格证对照，并应满足设计要求。

5）电压：按实测高低压设备的电压填写，应与出厂合格证对照，并应满足设计要求。

6）电流：按实测高低压设备电流填写，应与出厂合格证对照，并应满足设计要求。

7）制造厂：按生产该高低压设备的厂家名称填写。

8）出厂编号：按生产厂家出厂合格证或厂家出示证明的出厂编号填写。

9）出厂日期：按生产厂家出厂合格证或厂家出示证明的出厂日期填写。

10）室温：指高低压设备试调时室内的温度。

11）外观检查：填写外观检查结果，外表应完好，没有影响其性能的机构损伤等。

12）试验记录：指高低压设备试验过程的记录，主要是高低压设备的基本参数是否满足设计要求。

13）评定意见：应说明高低压设备试验结果是否满足设计和规范的有关要求，能否使用等。

注：额定电压 1 千伏以下的称为低压；额定电压 1 千伏以上称为高压。

14）责任制：同绝缘电阻测试记录。

4.2.24 绝缘、接地电阻测试记录（C2-24）

4.2.24-1 接地电阻测试记录（C2-24-1）

1. 资料表式

接地电阻测试记录 表 C2-24-1

<table>
<tr><td colspan="2">工程名称</td><td colspan="2"></td><td>工程编号</td><td colspan="3"></td></tr>
<tr><td colspan="2">仪表型号</td><td colspan="2"></td><td>测试日期</td><td colspan="3">年 月 日</td></tr>
<tr><td colspan="2">计量单位</td><td colspan="2">Ω（欧姆）</td><td>天气情况</td><td></td><td>气温</td><td>℃</td></tr>
<tr><td colspan="2">接地名称与类型</td><td>防雷接地</td><td>保护接地</td><td>重复接地</td><td colspan="2">接地</td><td>接地</td></tr>
<tr><td rowspan="10">组别及实测数据</td><td>1</td><td></td><td></td><td></td><td colspan="2"></td><td></td></tr>
<tr><td>2</td><td></td><td></td><td></td><td colspan="2"></td><td></td></tr>
<tr><td>3</td><td></td><td></td><td></td><td colspan="2"></td><td></td></tr>
<tr><td>4</td><td></td><td></td><td></td><td colspan="2"></td><td></td></tr>
<tr><td>5</td><td></td><td></td><td></td><td colspan="2"></td><td></td></tr>
<tr><td>6</td><td></td><td></td><td></td><td colspan="2"></td><td></td></tr>
<tr><td>7</td><td></td><td></td><td></td><td colspan="2"></td><td></td></tr>
<tr><td>8</td><td></td><td></td><td></td><td colspan="2"></td><td></td></tr>
<tr><td>9</td><td></td><td></td><td></td><td colspan="2"></td><td></td></tr>
<tr><td>10</td><td></td><td></td><td></td><td colspan="2"></td><td></td></tr>
<tr><td colspan="2">设计要求</td><td>≤ Ω</td><td>≤ Ω</td><td>≤ Ω</td><td colspan="2">≤ Ω</td><td>≤ Ω</td></tr>
<tr><td>评定意见</td><td colspan="3">年 月 日</td><td>季节系数</td><td colspan="3"></td></tr>
<tr><td rowspan="3">参加人员</td><td colspan="2">监理（建设）单位</td><td colspan="5">施工单位</td></tr>
<tr><td colspan="2" rowspan="2"></td><td colspan="2">专业技术负责人</td><td colspan="2">质检员</td><td>试验员</td></tr>
<tr><td colspan="2"></td><td colspan="2"></td><td></td></tr>
</table>

线路、插座、开关接地检验记录 表 4.2.24-1A

工程名称		检查日期	年 月 日
楼门单元		施工单位	

层别	户别	线路								开关								插座								电度表	保险	检查内容
		1	2	3	4	5	6	7	8	1	2	3	4	5	6	7	8	1	2	3	4	5	6	7	8			
																												1. 开关 开关断相线上合、下分 2. 灯具 灯头中心相线 3. 插座 右相，左零，上地 4. 电度表 相：1进2出 零；3进4出 5. 保险 右相，左零 检查合格打“✓”，不合格打“×”。

检查结果						
监理（建设）单位		技术负责人		试验人员		
		工长		质检员		

注：1. 每户的照明器具全数检查，开关断相线，罗丝灯口中心接相线，插座右相左零，地线在上。

2. 在相序检查完成后进行接地检验。

接地电阻测试记录表是以经施工企业技术负责人审查签章后的本表格式形式归存。

2. 实施目的

接地电阻测试记录是指建筑电气工程安装完成后，按规范要求必须进行的测试项目。

3. 资料要求

（1）接地电阻测试记录主要包括：设备系统的保护接地装置（分类、分系统进行的）测试记录、避雷系统及其他地极的测试记录。

(2) 试验项目和内容符合有关标准规定，内容真实、准确为符合要求。

(3) 接地电阻测试的项目，有齐全的过程记录者为符合要求。

(4) 测试记录不缺项、不缺部位，符合有关标准的规定，测试项目和手续齐全，内容具体、真实、有结论意见为符合要求。缺项，缺部位、测试项目不全、测试电阻超值为不符合要求。

4. 实施要点

(1) 接地装置的接地电阻值必须符合设计要求。

接地电阻值测试主要内容包括设备、系统的保护接地装置（分类、分系统进行）的测试记录，变压器工作接地装置的接地电阻，以及其他专用设备接地装置的接地电阻测试记录，避雷系统及其他装置的接地电阻的测试记录。接地装置应逐条进行测试，并认真记录。

接地电阻标准：

1) 系统防雷接地电阻一般 $R \leqslant 10\Omega$；

2) 一、二类建筑物冲击接地电阻 $R \leqslant 10\Omega$，当建筑物为高层或处于雷电活动强烈地区时，$R < 5\Omega$；

3) 三类建筑物冲击接地电阻 $R \leqslant 30\Omega$；

4) 保护接地和工作接地电阻 $R \leqslant 4\Omega$；

5) 防静电接地电阻 $R = 0.5 \sim 2\Omega$；

6) 低压电气（1000 伏以下）设备接地装置的接地电阻应符合表 C2-24-1B 的要求。

低压电器设备接地装置接地电阻 **表 C2-24-1B**

序号	装置的特性	任何季节、接地装置的接地电阻不大于下列数值（Ω）
1	中性点直接接地的电气设备 (1) 发电机和变压器	4
	(2) 容量为 100kVA 及以下的发电机和变压器	10
	(3) 发电机或变压器并联运行时，其容量不超过 100kVA	10
	(4) 零线的每一重复接地装置	10
	(5) 在变压器和发电机的接地电阻允许达到 10Ω 的电网中，零线的每一重复接地装置（不少于 3 处）	30
2	中性点不接地的电气设备 (1) 接地装置	4
	(2) 发电机和变压器容量为 100kVA 及以下的接地装置	10
	(3) 发电机或变压器并联运行时，其容量不超过 100kVA 时的接地装置	10

(2) 几点说明：

1) 仪表应放在水平位置；

2) 接地线路要与被保护设备断开，以保证测量结果的准确性。

4.2.24-2　绝缘电阻测试记录（C2-24-2）

1. 资料表式

绝缘电阻测试记录　　**表 C2-24-2**

<table>
<tr><td colspan="2">工程名称</td><td colspan="3"></td><td colspan="3">分部（项）名称</td><td colspan="2"></td></tr>
<tr><td colspan="2">施工单位</td><td colspan="3"></td><td colspan="3">仪表型号</td><td colspan="2"></td></tr>
<tr><td colspan="2">工作电压</td><td colspan="3"></td><td colspan="3">电压等级</td><td colspan="2"></td></tr>
<tr><td colspan="2">测试日期</td><td colspan="3"></td><td colspan="3"></td><td colspan="2"></td></tr>
<tr><td colspan="2">层段、设备、线路、名称</td><td></td><td></td><td></td><td></td><td></td><td></td><td></td><td></td></tr>
<tr><td rowspan="10">绝缘电阻（MΩ）</td><td>A—B</td><td></td><td></td><td></td><td></td><td></td><td></td><td></td><td></td></tr>
<tr><td>B—C</td><td></td><td></td><td></td><td></td><td></td><td></td><td></td><td></td></tr>
<tr><td>C—A</td><td></td><td></td><td></td><td></td><td></td><td></td><td></td><td></td></tr>
<tr><td>A—N</td><td></td><td></td><td></td><td></td><td></td><td></td><td></td><td></td></tr>
<tr><td>B—N</td><td></td><td></td><td></td><td></td><td></td><td></td><td></td><td></td></tr>
<tr><td>C—N</td><td></td><td></td><td></td><td></td><td></td><td></td><td></td><td></td></tr>
<tr><td>A—E</td><td></td><td></td><td></td><td></td><td></td><td></td><td></td><td></td></tr>
<tr><td>B—E</td><td></td><td></td><td></td><td></td><td></td><td></td><td></td><td></td></tr>
<tr><td>C—E</td><td></td><td></td><td></td><td></td><td></td><td></td><td></td><td></td></tr>
<tr><td>O—E</td><td></td><td></td><td></td><td></td><td></td><td></td><td></td><td></td></tr>
<tr><td colspan="10">结论：</td></tr>
</table>

<table>
<tr><td rowspan="3">参加人员</td><td>监理（建设）单位</td><td colspan="3">施　工　单　位</td></tr>
<tr><td rowspan="2"></td><td>专业技术负责人</td><td>质检员</td><td>试验员</td></tr>
<tr><td></td><td></td><td></td></tr>
</table>

绝缘电阻测试记录表是以经施工企业技术负责人审查签章后的本表格式形式归存。

2. 实施目的

绝缘电阻测试记录是指建筑电气工程安装完成后，按规范要求必须进行的测试项目。

3. 资料要求

(1) 绝缘电阻测试记录。主要包括：设备绝缘电阻测试、线路导线对地间的测试记录；焊接或搭接接头的电阻测定及系统绝缘的电阻测试要求；测试后按图纸、按系统、按回路进行逐项测试，测试结果应填入表内。

(2) 试调项目和内容符合有关标准规定，内容真实、准确为符合要求。

(3) 有试运转检验、调整要求的项目，有齐全的过程记录者为符合要求。

可针对设计及系统情况符合以上3条时为符合要求。试调内容基本齐全，设备已能正常运转评为基本符合要求。发现试调记录不真实或缺主要试调项目，实验试调单位资质不符合要求的，为不符合要求。

(4) 测试记录不缺项、不缺部位，符合有关标准的规定，测试项目和手续齐全，内容具体、真实、有结论意见为符合要求。缺项、缺部位、测试项目不全、测试电阻超值为不符合要求。

4. 实施要点

(1) 绝缘摇测。

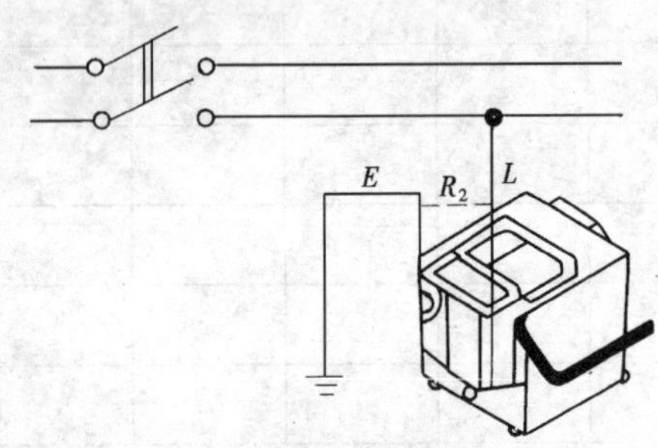

图 C2-20-1 绝缘测量与兆欧表接线示意图

照明线路的绝缘摇测一般选用500V，量程为0～500MΩ的兆欧表。测量线路绝缘电阻时：兆欧表上有三个分别标有“接地”（E）、“线路”（L）、“保护环”（G）的端钮。可将被测两端分别接于E和L两个端钮上（见图C2-20-1）。

一般照明绝缘线路绝缘摇测有以下两种情况：

①电气器具未安装前进行线路绝缘摇测时，首先将灯头盒内导线分开，开关盒内导线连通。摇测应将干线和支线分开，一人摇测，一人应及时读数并记录。摇动速度应保持在120r/min左右，读数应采用一分钟后的读数为宜。

②电气器具全部安装完，在送电前进行摇测时，应先将线路上的开关、刀闸、仪表、设备等用电开关全部置于断开位置，摇测方法同上所述，确认绝缘摇测无误后再进行送电试运行。

(2) 柜（盘）试验绝缘摇测：用500V摇表在端子板处测试每条回路的电阻，电阻必须大于0.5MΩ。

(3) 配电箱（盘）绝缘摇测：配电箱（盘）全部电器安装完毕后，用500V兆欧表对线路进行绝缘摇测。摇测项目包括相线与相线，相线与零线，相线与地线，零线与地线，零线与地线。两人进行摇测，同时做好记录，作为技术资料存档。

(4) 绝缘、接地电阻值规定

《建筑电气工程施工质量验收规范》(GB 50303—2002）对绝缘、接地电阻的测试规定：

1）柜、屏、台、箱、盘间线路的线间和线对地间绝缘电阻值，馈电线路必须大于0.5MΩ；二次回路必须大于1MΩ。低压电器和电缆，线间和线对地间的绝缘电阻值必须大于0.5MΩ。

2）电动机、电加热器及电动执行机构绝缘电阻值应大于0.5MΩ。

3）接地（PE）或接零（PEN）支线必须单独与接地（PE）或接零（PEN）干线相连接，不得串联连接。

4）变压器中性点应与接地装置引出干线直接连接，其接地电阻值必须符合设计要求。

5）金属电缆桥架及其支架和引入或引出的金属电缆导管的接地（PE）或接零（PEN）规定：金属电缆桥架及其支架全长应不少于2处与接地（PE）或接零（PEN）干线相连接；非镀锌电缆桥架间连接板的两端跨接铜芯接地线，接地线最小允许截面积不小于

$4mm^2$；镀锌电缆桥架间连接板两端不跨接接地线，但连接板两端不少于2个有防松螺帽或防松垫圈的连接固定螺栓。

6）金属的导管和线槽必须接地（PE）或接零（PEN）可靠，并符合下列规定：镀锌的钢导管、可挠性导管和金属线槽不得熔焊跨接接地线，以专用接地卡跨接的两卡间连线为铜芯软导线，截面积不小于$4mm^2$；当非镀锌钢导管采用螺纹连接时，连接处的两端焊跨接接地线；当镀锌钢导管采用螺纹连接时，连接处的两端用专用接地卡固定跨接接地线；金属线槽不作设备的接地导体，当设计无要求时，金属线槽全长不少于2处与接地（PE）或接零（PEN）干线连接；非镀锌金属线槽间连接板的两端跨接铜芯接地线，镀锌线槽间连接板的两端不跨接接地线，但连接板两端不少于2个有防松螺帽或防松垫圈的连接固定螺栓。

7）插座接线的接地（PE）或接零（PEN）线在插座间不串联连接。

（5）表列子项：

①工程名称：按合同书中提供或图注的工程名称填写。

②分部（项）名称：指测试项所在的该分部（项）工程的名称。

③仪表型号：指测试使用的仪表的型号。

④工作电压：指实际测试时的电压值。

⑤相别及电阻：

a.AB相电阻值及各回路相间的电阻值。

b.BC相电阻值及各回路相间的电阻值。

c.CA相电阻值及各回路相间的电阻值。

d.AO相阻值及各回路的对零值。

e.BO相阻值及各回路的对零值。

f.CO相阻值及各回路的对零值。

g.A地的电阻值及各回路的对地值。

h.B地的电阻值及各回路的对地值。

i.C地的电阻值及各回路的对地值。

⑥责任制：

a.监理（建设）单位：指监理单位的专业监理工程师，签字有效。当不委托监理时由建设单位的项目负责人签字；

b.施工单位：指与该工程签订施工合同的法人施工单位；

c.专业技术负责人：指施工单位的专业技术负责人，签字有效；

d.质检员：负责该单位工程项目经理部的专职质检员，签字有效；

e.实验员：负责该单位工程项目经理部的实验员，签字有效。

4.2.25 电气工程隐蔽工程验收记录表（C2-5）

1.电气工程隐蔽工程验收记录按C2-5执行。

2.资料要求。

电气安装工程必须实行隐蔽工程验收，隐蔽工程验收应符合设计和有关标准规定为符合要求，不进行隐蔽工程验收或不填报隐蔽工程验收记录为不符合要求。

3.实施要点：

一般要求。

①电气工程暗配线应进行分层分段分部位隐蔽检查验收，包括埋地、墙内、板孔内、密封桥架内、板缝内及混凝土内等。其内容包括：隐蔽内部线路走向与位置，规格、标高、弯度接头及焊接地线，防腐，管盒固定，管口处理。

②利用结构钢筋做避雷引下线、暗敷避雷引下线及屋面暗设接闪器。应办理隐检手续，还应附图（平、剖面）及文字说明。内容包括：材质、规格、型号、焊接情况及相对位置。

③接地体的埋设与焊接。应检查搭接长度、焊面、焊接质量、防腐及其材料种类、遍数以及埋设位置、埋深、材质、规格、土壤处理等，还应附图说明。

④不能进入吊顶内的管路敷设，在封顶前做好隐检，应检查位置、标高、材质、规格、固定方法及上、下层保护情况等。

⑤地基基础阶段隐检主要包括：暗引电缆的钢管埋设、地线引入、利用基础钢筋接地极的钢筋与引线焊接等。

4.2.26　建筑电气施工记录

建筑电气施工记录按 C2-6-1 执行。

4.2.27　建筑电气分部（子分部）工程质量验收记录（C2-10）

建筑电气分部（子分部）工程质量验收记录按 C2-10 执行。

4.2.28　建筑电气分项、检验批工程质量验收记录（C2-11、C2-12）

建筑电气分项、检验批工程质量验收记录按 C2-11、C2-12 执行。

通风与空调

4.2.29　图纸会审、设计变更、洽商记录（C2-13）

图纸会审、设计变更、洽商记录按 C2-1-1～3。

4.2.30　材料、设备合格证、试（检）验资料（C2-30）

材料、设备合格证、试（检）验资料汇总按 C2-30-1 执行。

材料、设备出厂合格证按 C2-30-2 执行。

主要设备开箱检验记录按给排水与采暖 C2-30-3 执行。

1. 资料要求

(1) 主要材料、设备包括：

1) 管材、(管件金属如钢板、型钢、不锈钢、铝板等，非金属如硬聚乙烯板、玻璃钢、复合材料、砖、混凝土等）油漆、防腐材料、保温材料等的出厂合格证。

2) 通风机、制冷机、水塔、冷却塔、空调机组等出厂合格证。

3) 除尘器、消声器、空气过滤器、风机盘管、空调器、洁净设备、其他设备等出厂合格证。

4) 各种风口类（风口、罩类、风帽、其他部件等)、阀门类（包括防火阀、排烟阀在内）的出厂合格证。

(2) 应提供设计或规范有规定的、对材质有怀疑的以及认为必需的抽样检查记录。

(3) 进场时进行开箱检验（主要材料、设备）并有检验记录。

(4) 出厂合格证所证明的材质和性能符合设计和规范的为符合要求。

(5) 仅有合格证明无材质技术数据，经建设、设计单位认可签章者为基本符合要求，否则，为不符合要求。

2. 实施要点

材料、设备出厂合格证：

《通风与空调工程施工及验收规范》(GBJ 50243—97) 规定：通风与空调工程所使用的主要材料、设备、成品与半成品应按标准生产的产品，应有出厂检验合格证明文件。为工程加工的非标准产品，亦应具有质量检验合格的鉴定文件，并应符合国家有关强制性标准的规定。通风与空调工程在施工中或竣工后，应按标准规定提供以下材料、设备出厂合格证：

1) 管材、(管件金属如钢板、型钢、不锈钢、铝板等，非金属如硬聚乙烯板、玻璃钢、复合材料、砖、混凝土等) 油漆、防腐材料、保温材料等的出厂合格证。

2) 通风机、制冷机、水塔、冷却塔、空调机组等出厂合格证。

3) 除尘器、消声器、空气过滤器、风机盘管、空调器、洁净设备、其他设备等出厂合格证。

4) 各种风口类（风口、罩类、风帽、其他部件等)、阀门类（包括防火阀、排烟阀在内）的出厂合格证。

4.2.31 制冷、空调、水管道强度试验、严密性试验记录

4.2.31-1 制冷系统气密性试验记录（C2-31-1）

1. 资料表式

制冷系统气密性试验记录 **表 C2-31-1**

<table>
<tr><td>工程名称</td><td></td><td>试验部位</td><td></td><td>日期</td></tr>
<tr><td rowspan="2">管道编号</td><td colspan="4">气密性试验</td></tr>
<tr><td>试验介质</td><td>试验压力（MPa）</td><td>定压时间（h）</td><td>试验结果</td></tr>
<tr><td></td><td></td><td></td><td></td><td></td></tr>
<tr><td></td><td></td><td></td><td></td><td></td></tr>
<tr><td rowspan="2">管道编号</td><td colspan="4">真空试验</td></tr>
<tr><td>设计真空度（kPa）</td><td>试验真空度（kPa）</td><td>定压时间（h）</td><td>试验结果</td></tr>
<tr><td></td><td></td><td></td><td></td><td></td></tr>
<tr><td></td><td></td><td></td><td></td><td></td></tr>
<tr><td rowspan="2">管道编号</td><td colspan="4">充制冷剂试验</td></tr>
<tr><td>充制冷剂压力（kPa）</td><td>检漏仪器</td><td>补漏位置</td><td>试验结果</td></tr>
<tr><td></td><td></td><td></td><td></td><td></td></tr>
<tr><td></td><td></td><td></td><td></td><td></td></tr>
<tr><td>评定意见</td><td colspan="4"></td></tr>
<tr><td rowspan="3">参加人员</td><td rowspan="3">监理（建设）单位</td><td colspan="3">施工单位</td></tr>
<tr><td>专业技术负责人</td><td>质检员</td><td>试验员</td></tr>
<tr><td></td><td></td><td></td></tr>
</table>

制冷系统气密性试验记录是以经施工企业技术负责人审查签章后的本表格式形式归存。

2. 实施目的

制冷系统气密性试验记录是指通风与空调工程制冷系统完成后，按规范要求必须进行的测试项目。

3. 资料要求

(1) 气密性试验的项目和内容应符合有关的标准规定，测试结果真实、准确为符合要求。

(2) 气密性试验有齐全的过程记录者为符合要求。发现气密性试验记录不真实或缺主要项目为不符合要求。

(3) 气密性试验记录不缺项，符合有关标准的规定，气密性试验项目和手续齐全，内容具体、真实、有结论意见为符合要求。缺项、缺部位、气密性试验为不符合要求。

4. 实施要点

(1) 气密性试验要求：

1) 对泄漏有较严格要求的管道、设备、系统（子系统）均应按要求进行气密性试验。

2) 建筑安装工程的设备，开箱检验时厂家提供的出厂合格证或随机文件中要求进行气密性试验时必须进行气密性试验。

3) 专业规范对管道、设备、系统（子系统）要求进行气密性试验时必须进行气密性试验。

4) 气密性试验应在压力（强度）试验完成后进行。

5) 风管系统安装完毕后，应按系统类别进行严密性检验，漏风量应符合设计与（GB 50243—2002）规范第 4.2.25 条的规定。风管系统的严密性检验，应符合下列规定：

①低压系统风管的严密性检验应采用抽检，抽检率为 5%，且不得少于一个系统。在加工工艺得到保证的前提下，采用漏光法检测。检测不合格时，应按规定的抽检率，作漏风量测试。

中压系统风管的严密性检验，应在漏光法检测合格后，对系统漏风量测试进行抽检，抽检率为 20%，且不得少于一个系统。

高压系统风管的严密性检验，为全数进行漏风量测试。

系统风管严密性检验的被抽检系统，应全数合格，则视为通过；如有不合格时，则应再加倍抽检，直至全数合格。

②净化空调系统风管的严密性检验，1~5 级的系统按高压系统风管的规定执行；6~9 级的系统按（GB50243—2002）规范第 4.2.5 条的规定执行。

6) 制冷系统阀门的安装应符合下列规定：

制冷剂阀门安装前应进行强度和严密性试验。强度试验压力为阀门公称压力的 1.5 倍，时间不得少于 5min；严密性试验压力为阀门公称压力的 1.1 倍，不漏为合格。合格后应保持阀体内干燥。如阀门进、出口封闭破损或阀体锈蚀的还应进行解体清洗；

7) 管道系统安装完毕，外观检查合格后，应按设计要求进行水压试验。当设计无规定时，应符合下列规定：

①冷热水、冷却水系统的试验压力，当工作压力小于等于 1.0MPa 时，为 1.5 倍工作

压力，但最低不小于0.6MPa；当工作压力大于1.0MPa时，为工作压力加0.5MPa。

②对于大型或高层建筑垂直位差较大的冷（热）媒水、冷却水管道系统宜采用分区、分层试压和系统试压相结合的方法。一般建筑可采用系统试压方法。

分区、分层试压：对相对独立的局部区域的管道进行试压。在试验压力下，稳压10min。压力不得下降，再将系统压力降至工作压力，在60分钟内压力不得下降、外观检查无渗漏为合格。系统试压：在各分区管道与系统主、干管全部连通后，对整个系统的管道进行系统的试压。试验压力以最低点的压力为准，但最低点的压力不得超过管道与组成件的承受压力。压力试验升至试验压力后，稳压10min，压力下降不得大于0.02MPa，再将系统压力降至工作压力，外观检查无渗漏为合格。

③各类耐压塑料管的强度试验压力为1.5倍工作压力，严密性工作压力为1.15倍的设计工作压力。

④凝结水系统采用充水试验，应以不渗漏为合格。

8）阀门的强度试验时，试验压力为公称压力的1.5倍，持续时间不少于5min，阀门的壳体、填料应无渗漏。

严密性试验时，试验压力为公称压力的1.1倍：试验压力在试验持续的时间内应保持不变，时间应符合表C2-31-1A的规定，以阀瓣密封面无渗漏为合格。

阀门压力持续时间 **表 C2-31-1A**

公称直径 *DN*（mm）	最短试验持续时间（s）		公称直径 *DN*（mm）	最短试验持续时间（s）	
	严密性试验			严密性试验	
	金属密封	非金属密封		金属密封	非金属密封
≤50	15	15	250～450	60	30
65～200	30	15	≥500	120	60

阀门安装的位置、高度、进出口方向、手动阀门、手柄等抽查5%，不少于一个。水压试验以每批（同牌号、同规格、同型号）数量中抽查20%，且不少于一个。对于安装在主干管上起切断作用的闭路阀门，全数检查。

9）水箱、集水缸、分水缸、储冷罐均应进行满水或水压试验。

10）表列子项：

①试验部位：照实际的试验部位填写。

②分部（或单位）工程：指制冷系统所在的分部（或单位）工程名称。

③管道编号：按施工图设计或按施工组织设计的管道编号。

④气密性试验：

a. 试验介质：按实际使用的介质名称填写；b. 试验压力：应按设计系统压力是低压还是高压系统确定，按实际试验压力填写；c. 定压时间：按制冷系统试验的标准规定的定压时间执行；d. 试验结果：按实际填写。

⑤真空试验：

a. 设计真空度：按施工图设计的真空度填写；b. 试验真空度：按制冷系统气密性试验的试验真空度填写；c. 定压时间：按制冷系统试验的标准规定的定压时间执行；d. 试验结果：按实际试验结果填写。

⑥充制冷剂试验：

a. 充制冷剂压力：按实际，应满足规范对充制冷剂压力的规定；b. 检漏仪器：按实际检漏仪器的名称填写；c. 补漏位置：按实际补漏位置填写；d. 试验结果：按实际的试验结果填写。充制冷剂试验应满足规范的有关要求。

⑦评定意见：指制冷系统气密性试验的验收结论意见，由参加验收的试验人员做出，结论必须说明制冷系统气密性试验是否合格。

4.2.31-2 冷冻水管道压力试验记录（C2-31-2）

1. 资料表式

冷冻水管道压力试验记录 表 C2-31-2

<table>
<tr><td>工程名称</td><td colspan="3"></td><td colspan="2">试验部位</td><td colspan="3"></td></tr>
<tr><td>分部名称</td><td colspan="3"></td><td colspan="2">试验时间</td><td colspan="3"></td></tr>
<tr><td>管道编号</td><td>试验介质</td><td>工作压力（MPa）</td><td>试验压力（MPa）</td><td>定压时间（min）</td><td>压降（MPa）</td><td>试验结果</td><td>备注</td></tr>
<tr><td></td><td></td><td></td><td></td><td></td><td></td><td></td><td></td></tr>
<tr><td></td><td></td><td></td><td></td><td></td><td></td><td></td><td></td></tr>
<tr><td></td><td></td><td></td><td></td><td></td><td></td><td></td><td></td></tr>
<tr><td></td><td></td><td></td><td></td><td></td><td></td><td></td><td></td></tr>
<tr><td></td><td></td><td></td><td></td><td></td><td></td><td></td><td></td></tr>
<tr><td></td><td></td><td></td><td></td><td></td><td></td><td></td><td></td></tr>
<tr><td></td><td></td><td></td><td></td><td></td><td></td><td></td><td></td></tr>
<tr><td>试验意见</td><td colspan="7"></td></tr>
<tr><td rowspan="3">参加人员</td><td>监理（建设）单位</td><td colspan="6">施 工 单 位</td></tr>
<tr><td rowspan="2"></td><td colspan="2">专业技术负责人</td><td colspan="2">质检员</td><td colspan="2">试验员</td></tr>
<tr><td colspan="2"></td><td colspan="2"></td><td colspan="2"></td></tr>
</table>

冷冻水管道压力试验记录是以经施工企业技术负责人审查签章后的本表格式形式归存。

2. 实施目的

冷冻水管道压力试验记录是指通风与空调工程制冷系统完成后，按规范要求必须进行的测试项目。

3. 资料要求、实施要点。

资料要求、实施要点见 C2-31-1。

4.2.32 通风与空调隐蔽工程验收（C2-5）

1. 资料表式

隐蔽工程验收记录按 C2-5 执行。

2. 资料要求

通风与空调工程必须实行隐蔽工程验收，隐蔽工程验收应符合设计和有关标准规定为符合要求，不进行隐蔽验收或不填报隐蔽工程验收记录不符合要求。

3. 实施要点

(1) 通风与空调工程的凡敷设于暗井道及不通行吊顶内或其他工程（如设备、外砌墙、管道及附件外保温隔热等）所掩盖的项目，如空气洁净系统、制冷管道系统及其他部件等均需隐蔽工程验收。暗配管路（吊顶、埋地、管井内等）均应进行分层（或分段）的隐蔽工程检查验收。内容包括：管路走向、规格、标高、坡度、坡向、弯度接头、软接头、节点处理、保温及结露处理、防渗漏功能、支托吊架的位置及固定焊接质量、防腐情况等。应在隐蔽前进行标准规定的有关调整、试验。

需要绝热的管道与设备除进行标准规定的有关调整、试验外，必须在绝热工程完成后方可隐蔽。

未经试验或试验不符合要求的不得进行隐蔽。

(2) 需要进行吹扫的管道，应在隐蔽前进行吹扫，需要吹扫且需要做保温绝热的工程，应在吹扫后进行保温绝热施工。

(3) 制冷系统的附属设备如冷凝器、贮液器、油分离器、中间冷却器、集油器、空气分离器、蒸发器和制冷剂泵等就位前，应检查管路的方向和位置、地脚螺旋也和基础位置并应符合设计要求。

(4) 制冷系统管道安装前，应将管子内的氧化皮、污杂物和锈蚀除去，使内壁出现金属光泽面后，管子两端方可封闭。

(5) 当基础施工完毕交接验收时或验收单位基础移交给安装单位时，应对基础进行检查。内容包括：基础位置、几何尺寸、预留孔、预埋装置的位置，混凝土强度等级、工程设计对设备基础的消声、防震装置等是否符合工程设计与基础设计施工图。

4.2.33 制冷设备运行调试记录（C2-33-1）

1. 资料表式

制冷设备运行调试记录是以经施工企业技术负责人审查签章后的本表格式形式归存。

2. 实施目的

设备单机试车记录是指通风与空调工程的某设备安装完成后，按规范要求必须进行的测试项目。

设备单机试车记录 表 C2-33-1

工程名称				分部（或单位）工程					
系统名称									
序号	系统编号	设备名称	设备转速（r/min）		功率（kW）		电流（A）		轴承温升℃
			额定值	实测值	铭牌	实测	额定值	实测值	实测值
评定意见	年　月　日								
参加人员	监理（建设）单位		施工单位						
			专业技术负责人		质检员		工长		

3．资料要求

（1）机械设备试车应按标准规定进行，并按标准要求做好记录。

（2）机械设备试车前按设计或“规范”要求进行设备试运行准备，且满足设计和规范要求的为符合要求，有要求未做的为不符合要求。

4．实施要点。

（1）风机试运转（TJ231（五）—78）。

适用于离心通风机、离心鼓风机、轴流通风机、罗茨鼓风机和叶氏鼓风机的安装。

1）风机试运转应分两步：第一步机械性能试运转；第二步设计负荷试运转。一般均应以空气为压缩介质，风机设计工作介质的比重小于空气时，应计算以空气进行试运转时所需的功率和压缩后的温升是否影响正常运转，如有影响，必须用规定的介质进行设计负荷试运转。

2）风机试运转前，应符合下列要求：润滑油的名称、型号、主要性能和加注的数量应符合设备技术文件的规定；按设备技术文件的规定将润滑系统、密封系统进行彻底冲洗；鼓风机和压缩机的循环供油系统的连锁装置、防飞动装置、轴位移警报装置、密封系统连锁装置、水路系统调节装置、阀件和仪表等均应灵敏可靠，并符合设备技术文件的规定；电动机或汽轮机、燃气轮机的转向应与风机的转向相符；盘动风机转子时，应无卡住和摩擦现象；阀件和附属装置应处于同机运转时负荷最小的位置；机组中各单元设备均应按设备技术文件的规定进行单机试运转；检查各项安全措施。

3）风机在额定转速下试运转时，应根据风机在使用上的特点和使用地点的海拔高度，依据设备技术文件确定所需的时间。无文件规定时，在一般情况下可按下列规定：离心、轴流通风机，不应少于 2 小时；罗茨、叶氏式鼓风机在实际工作压力下，不应少于 4 小时；离心鼓风机、压缩机，最小负荷下（即机械运转）不应少于 8 小时，设计负荷下连续运转不应少于 24 小时；风机不得在喘振区域内运转（喘振流量范围由设备技术文件注明）。

4）风机运转时，应符合下列要求：风机运转时，以电动机带动的负机均应经一次启动立即停止运转的试验，并检查转子与机壳等确无摩擦和不正常声响后，方得继续运转（汽轮机、燃气轮机带动的风机的启动应按设备技术文件的规定执行）；风机启动后，不得在临界转速附近停留（临界转速由设备技术文件注明）；风机启动时，润滑油的温度一般不应低于 25℃，运转中轴承的进油温度一般不应高于 40℃；风机启动前，应先检查循环供油是否正常，风机停止转动后，应待轴承回油温度降到小于 45℃后，再停止油泵工作；有启动油泵的机组，应在风机启动前开动起动油泵，待主油泵供油正常后才能停止启动油泵；风机停止运转前，应先开动启动油泵，风机停止转动后应待轴承回油温度降到 45℃后再停止启动油泵；风机运转达到额定转速后，应将风机调整到最小负荷（罗茨、叶氏式鼓风机除外）进行机构运转至的时间；然后逐步调整到设计负荷下检查原动机是否超过额定负额，如无异常现象则继续运转至所规定的时间为止；高位油箱的安装高度，以轴承中分面为基准面，距此向上不应低于 5m；风机的润滑油冷却系统中的冷却水压力必须低于油压；风机运转时，轴承润滑油进口处油压应符合设备技术文件的规定，无文件规定时，一般进油压力应为 0.08～0.15MPa（0.8～1.5kgf/cm^2），高速轻载轴承压低于 0.07MPa（0.7kgf/cm^2）时应报警，低于 0.05MPa（0.5kgf/cm^2）时应停车；低速运转的轴承油压低于 0.05MPa（0.5kgf/cm^2）时应报警，低于 0.03MPa（0.3kgf/cm^2）时应停车。当油压下降到上述数值的上限时，应立即开动启动油泵或备用油泵，同时查明油压不足的原因，并设法消除；风机运转中轴承的径向振幅应符合设备技术文件的规定，无规定时应符合表 C2-33-1A、C2-33-1B 的规定；风机运转时，轴承温度应符合设备技术文件的规定；冷却水温度和水量、轴承的径向振幅、排气管路上和各段间气体的温度和压力、无规定时，一般应符合表 C2-33-1C 的规定。风机运转时，应间隔一定的时间检查润滑油温度和压力、保定装置、电动机的电流、电压和功率因数，以及汽轮机、燃气轮机的设备技术文件中规定要测量的参数值等，是否符合设备技术文件的规定，并做好记录；风机试运转完毕，应将有关装置调整到准备起动状态。

离心、轴流通风机、罗茨、叶氏式鼓风机轴承的径向振幅（双向）　表 C2-33-1A

转速（转/分）	≤375	>375 ～550	>550 ～750	>750 ～1000	>1000 ～1450	>1450 ～3000	>3000
振幅不应超过（mm）	0.18	0.15	0.12	0.10	0.08	0.06	0.04

离心鼓风机、压缩机和增速器轴承的径向振幅（双向）　　表 C2-33-1B

转速（转/分）		≤3000	>3000~6500	>6500~10000	>10000~18000
主机轴承振幅不应超过（mm）	滚动	0.06			
	滑动	0.05	0.04	0.03	0.02
增速器轴承振幅不应超过（mm）			0.04	0.04	0.03

注：上两表所列振幅系指测振器的触头沿铅垂直方向安放于轴承压盖上所测得的数值。

轴　承　温　度　　表 C2-33-1C

轴　承　形　式	滚动轴承	滑动轴承
温度不宜高于（℃）	80	60

（2）泵类试运转（TJ231—（五）—78)。

1）泵试运转前，应做下列检查：电动机的转向应符合泵的转向要求；各紧固连接部位不应松动；润滑油脂的规格、质量、数量应符合设备技术文件的规定；有预润要求的部位应按设备技术文件的规定进行预润；润滑、水封、轴封、密封冲洗、冷却、加热、液压、气动等附属系统的管路应冲洗干净，保持通畅；安全、保护装置应灵敏、可靠；盘车应灵活、正常；泵起动前，泵的出入口阀门应处于下列开启位置：入口阀门：全开；出口阀门：离心泵全闭，其余泵全开（混流泵真空引水时，出口阀全闭）。

2）泵的试运转应在各独立的附属系统试运转正常后进行。

3）泵的启动和停止应按设备技术文件的规定进行。

4）泵在设计负荷下连续运转不应少于 2 小时，并应符合下列要求：

①附属系统运转应正常，压力、流量、温度和其他要求应符合设备技术文件的规定；

②运转中不应有不正常的声音；

③各静密封部位不应泄漏；

④各紧固连接部位不应松动；

⑤滚动轴承的温度不应高于 75℃；滑动轴承的温度不应高于 70℃；特殊轴承的温度应符合设备技术文件的规定；

⑥填料的温升应正常；在无特殊要求的情况下，普通软填料宜有少量的泄漏（每分钟不超过 10~20 滴）；机械密封的泄漏量不宜大于 10ml/h（每分钟约 3 滴）；

⑦电动机的功率或电动机的电流不应超过额定值；

⑧泵的安全、保护装置应灵敏、可靠；

⑨振动应符合设备技术文件的规定；如设备技术文件无规定而又需测振动时，可参照表 C2-33-1D 的规定执行；

泵的径向振幅（双向）　　表 C2-33-1D

转速（转/分）	≤375	>375~600	>600~750	>750~1000	>1000~1500	>1500~3000	>3000~6000	>6000~12000	12000
振幅不应超过（mm）	0.18	0.15	0.12	0.10	0.08	0.06	0.04	0.03	0.02

注：振动应用手提式振动仪在轴承座或机壳外表面测量。

⑩其他特殊要求应符合设备技术文件的规定。

5）试运转结束后，应做好下列工作：

①关闭泵内积存的液库，防止锈蚀和冻裂；

②输送易结晶、凝固、沉淀等介质的泵，停泵后，应及时用清水或其他介质冲洗泵和管路，防止堵塞；

③放净泵内积存的液体，防止锈蚀和冻裂；

④如长时间停泵放置，就采取必要的措施，防止设备玷污、锈蚀和损坏。

（3）离心泵试运转。

1）起动前，平衡盘冷却水管路应畅通，泵和吸入管路必须充满输送液体情况下启动；自吸泵的吸入管路不需充满液体。

2）输送高、低温液体的泵，启动前必须按设备技术文件的规定进行预热或预冷。

3）离心泵不应在出口阀门全闭的情况下长时间运转；也不应在性能曲线中驼峰处运转。

（4）深井泵试运转（长轴深井水泵和湿式潜水电泵）。

泵试运转前应做好下列工作：

1）长轴深井泵：按设备技术文件的规定调整叶轮与导流壳之间的轴向间隙；检查止退机构是否灵活、可靠；启动前，应按设备技术文件的规定用水预润橡胶轴承。

2）潜水电泵：计算电缆的电压降，应保证潜水电机引出电缆接头处电压不低于潜水电机的规定值；每次启动前，均应使井下部分扬水管内充满空气；潜水电泵应在规定的范围内使用。

3）长轴深井泵起动后20分钟，应停泵再次调整叶轮与导流壳之间的轴向间隙。

4）对未能在入井前检查电机转向的潜水电泵，应根据起动电流的变化情况确定电机的正确转向。

（5）中、小型轴流泵的试运转。

泵试运转前应做好下列工作：检查叶片的安装角是否与使用需要相对应，否则，应按设备技术文件规定调整叶片的安装角；起动前，应用清水或肥皂水预润橡胶轴承，直至泵正常运转。

（6）往复泵的试运转。

1）泵试运转时应按下述要求升压：无负荷（出口阀门全开）运转不应少于15分钟，正常后，按工作压力的1/4、1/2、3/4各运转不应少于半小时，最后在工作压力下连续运转不应少于8小时。在前一压力级未合格前，不应进行后一压力级的运转。

2）试运转尚应符合下列要求：不应在出口阀全闭的情况下起动；吸入和排出阀的工作应正常；安全阀、溢流阀的工作应灵敏、可靠；隔膜泵的三阀的工作应灵敏、可靠；蒸汽泵不得产生“撞缸”现象；计量泵的调节机构应灵活；在条件许可的情况下，应按设备技术文件规定的“流量——行程曲线”进行复校；计量泵和其他对泄漏有特殊要求的泵，填料的泄漏量应符合设备技术文件的规定；超高压泵应按设备技术文件的规定执行。

（7）表列子项：

1）工程名称：指合同书中提供或图注的单位工程名称，按全称填写。

2）分部或单位工程名称：指被试机械、设备所在分部的工程名称。

3）设备名称、规格、型号：照实际设备的名称、规格、型号填写。

4）系统编号：按施工图设计上划分的系统的编号。

5）设备转速：指被试设备每分钟的转速，分别填写铭牌和实际转速。

6）功率：指被试设备的功率，分别填写名牌和实际功率。

7）电流：指被试设备的电流，分别填写名牌和实际电流。

8）轴承温升：指被试设备的轴承轴承温升，分别填写名牌和实际轴承温升。

9）评定意见：指设备单车试车过程基本状况。

10）责任制：

①监理（建设）单位：指监理单位的专业监理工程师，签字有效。当不委托监理时由建设单位的项目负责人签字；

②施工单位：指与该工程签订施工合同的法人施工单位；

③专业技术负责人：指施工单位的专业技术负责人，签字有效；

④质检员：负责该单位工程项目经理部的专职质检员，签字有效；

⑤实验员：负责该单位工程项目经理部的实验员，签字有效。

4.2.33A 制冷设备运行调试记录（C2-33-2）

1. 资料表式

制冷机组试运行调试记录 表 C2-33-2

工程名称					分部（或单位）工程				
系统名称					日期				
序号	系统编号	设备名称	设备转速（r/min）		功率（kW）		电流（A）		轴承温升℃
			额定值	实测值	铭牌	实测	额定值	实测值	实测值
评定意见	年 月 日								
参加人员	监理（建设）单位		施工单位						
			专业技术负责人		质检员		工长		

制冷机组试运行调试记录是以经施工企业技术负责人审查签章后的本表格式形式归存。

2. 实施目的

制冷机组试运行调试记录是指通风与空调工程的某设备安装完成后，按规范要求必须进行的测试项目。

3. 资料要求

（1）机械设备试运行应按标准规定进行，并按标准要求做好记录。

（2）机械设备试运行前，应按设计或规范要求进行设备试运行准备，且满足设计和规范要求的为符合要求，有要求未做的为不符合要求。

4. 实施要点

（1）参加空分设备试运转的人员，应经培训，并应熟悉成套空分设备的工艺流程，熟练掌握本岗位操作规程，合格后方可上岗操作。

（2）成套空分设备试运转前，应具备下列条件：

1）分馏塔应经整体探冷试验合格；

2）空压机应经试运转，其排气量、压力和温度应符合分馏塔的要求；

3）各配套的机组、仪表控制系统、电气控制系统和安全保护装置等应符合试运转的要求。

（3）成套空分设备的负荷试运转应符合下列要求：

1）在规定的介质、状态下进行；

2）无明显的漏气和漏液；

3）各机组运转正常；

4）安装单位应配合建设单位进行成套空分设备的负荷试运转，直到系统工况稳定后连续测定4h。

（4）活塞式制冷压缩机和压缩机组的试运转：开启式压缩机出厂试验记录中的无空负荷试运转、空气负荷试运转和抽真空试验，均应在试运转时进行。

（5）压缩机和压缩机组试运转前应符合下列要求：

1）气缸盖、吸排气阀及曲轴箱盖等应拆下检查，其内部的清洁及固定情况应良好；气缸内壁面应加少量冷冻机油，再装上气缸盖等；盘动压缩机数转，各运动部件应转动灵活，无过紧及卡阻现象；

2）加入曲轴箱冷冻机油的规格及油面高度，应符合设备技术文件的规定；

3）冷却水系统供水应畅通；

4）安全阀应经校验、整定，其动作应灵敏可靠；

5）压力、温度、压差等继电器的整定值应符合设备技术文件的规定；

6）点动电动机的检查，其转向应正确，但半封闭压缩机可不检查此项。

（6）压缩机和压缩机组的空负荷试运转应符合下列要求：

1）应先拆去气缸盖和吸、排气阀组并固定气缸套；

2）启动压缩机并应运转10min，停车后检查各部位的润滑和温升，应无异常。而后应继续运转1h；

3）运转应平稳，无异常声响和剧烈振动；

4）主轴承外侧面和轴封外侧面的温度应正常；

5）油泵供油应正常；

6）油封处不应有油的滴漏现象；

7）停车后，检查气缸内壁面应无异常的磨损。

（7）压缩机的空气负荷试运转应符合下列要求：

1）吸、排气阀组安装固定后，应调整活塞的止点间隙，并应符合设备技术文件的规定；

2）压缩机的吸气口应加装空气滤清器；

3）启动压缩机，当吸气压力为大气压力时，其排气压力，对于有水冷却的应为0.3MPa（绝对压力），对于无水冷却的应为0.2MPa（绝对压力），并应连续运转且不得少于1h；

4）油压调节阀的操作应灵活，调节的油压宜比吸气压力高0.15～0.3MPa；

5）能量调节装置的操作应灵活、正确；

6）压缩机各部位的允许温升应符合表C2-31-2A的规定；

压缩机各部位的允许温升值 **表C2-31-2A**

检查部位	有水冷却（℃）	无水冷却（℃）	检查部位	有水冷却（℃）	无水冷却（℃）
主轴承外侧面	≤40	≤60	润滑油	≤40	≤50
轴封外侧面					

7）气缸套的冷却水进口水温不应大于35℃，出口温度不应大于45℃；

8）运转应平稳，无异常声响和振动；

9）吸、排气阀的阀片跳动声响应正常；

10）各连接部位、轴封、填料、气缸盖和阀件应无漏气、漏油、漏水现象；

11）空气负荷试转后，应拆洗空气滤清器和油过滤器，并更换润滑油。

（8）压缩机和压缩机组的抽真空试验应符合下列要求：

1）应关闭吸、排气截止阀，并开启放气通孔，开动压缩机进行抽真空；

2）曲轴箱压力应迅速抽至0.015MPa（绝对压力）；

3）油压不应低于0.1MPa（绝对压力）。

（9）压缩机和压缩机组的负荷试运转应在系统充灌制冷剂后进行。试运转中除应符合《通风与空调工程施工及验收规范》（GBJ50243—97）第3.49.9.1（7）条中第④至第⑩款的规定外（油温除外），尚应符合下列要求：

1）对使用氟利昂制冷剂的压缩机，启动前应按设备技术文件的要求将热曲轴箱中的润滑油加热；

2）运转中润滑油的油温，开启式机组不应大于70℃；半封闭机组不应大于80℃；

3）最高排气温度应按表C2-31-2B的规定；

压缩机的最高排气温度 **表C2-31-2B**

制　冷　剂	最高排气温度（℃）	制　冷　剂	最高排气温度（℃）
R717	150	R22	145
R12	125	R502	145

4）开启式压缩机轴封处的渗油量不应大于0.5mL/h。

(10) 螺杆式制冷压缩机组的试运转。

1）压缩机组的纵向和横向安装水平偏差均不应大于1/1000，并应在底座或与底座平行的加工面上测量。

2）压缩机组试运转前应符合下列要求：

①脱开联轴器，单独检查电动机的转向应符合压缩机要求；连接联轴器，其找正允许偏差应符合设备技术文件的规定；

②盘动压缩机应无阻滞、卡阻等现象；

③应向油分离器、贮油器或油冷动器中加注冷冻机油，油的规格及油面高度应符合设备技术文件的规定；

④油泵的转向应正确；油压宜调节至0.15~0.3MPa（表压）；调节四通阀至增、减负荷位置；滑阀的移动应正确、灵敏，并应将滑阀调至最小负荷位置；

⑤各保护继电器、安全装置的整定值应符合技术文件的规定，其动作应灵敏、可靠。

3）压缩机组的负荷试运转应符合下列要求：

①应按要求供给冷却水；

②制冷剂为R12、R22的机组，启动前应接通电加热器，其油温不应低于25℃；

③启动运转的油泵及调节润滑系统，其供油应正常；

④调节油压宜大于排气压力0.15~0.3MPa；精滤油器前后压差不应高于0.1MPa；

⑤冷却水温度不应大于32℃，压缩机的排气温度和冷却后的油温应符合表C2-31-2C的规定；

压缩机的排气温度和冷却后的油温　　表 C2-31-2C

制　冷　剂	排气温度（℃）	油温（℃）	制　冷　剂	排气温度（℃）	油温（℃）
R12	≤90	30~55	R22、R717	≤105	30~65

⑥吸气压力不宜低于0.05MPa（表压）；排气压力不应高于1.6MPa（表压）；

⑦运转中应无异常声响和振动，并检查压缩机轴承体处的温升应正常；

⑧轴封处的渗油量不应大于3mL/h。

(11) 离心式制冷机组的试运转。

1）机组试运转前应符合下列要求：

①应按设备技术文件的规定冲洗润滑系统；

②加入油箱的冷冻机油的规格及油面高度应符合技术文件的要求；

③抽气回收装置中压缩机的油位应正常，转向应正确，运转应无异常现象；

④各保护继电器安全装置的整定值应整定正确；

⑤导叶实际开度和仪表指示值，应按设备技术文件的要求调整一致。

2）机组的空气负荷试运转应符合下列要求：

①应关闭压缩机吸气口的导向叶片，拆除浮球室盖板和蒸发器上的视孔法兰，吸排气口应与大气相通；

②应按要求供给冷却水；

③启动油泵及调节润滑系统，供油应正常；

④电动机的检查，转向应正确，其转动应无阻滞现象；

⑤启动压缩机，当机组的电机为通水冷动时，其连续运转时间不应小于 0.5h；当机组的电机为通氟冷却时，其连续运转时间不应大于 10min；同时检查油温、油压，轴承部位的温升，机器的声响和振动均应正确；

⑥导向叶片的开度应进行调节试验；导叶的启闭应灵活、可靠；当导叶开度大于 40%时，试验运转时间宜缩短。

3）应按《制冷设备、空气分离设备施工及验收规范》（JBJ 30—96）压缩机制冷系统试运转时应按充灌制冷剂的有关规定充灌制冷剂。

机组的负荷试运转应符合下列要求：

①接通油箱电加热器，将油加热至 50～55℃；

②按要求供给冷却水和载冷剂；

③启动油泵、调节润滑系统，其供油应正常；

④按设备技术文件的规定启动抽气回收装置，排除系统中的空气；

⑤启动压缩机应逐步开启导向叶片，并应快速通过喘振区，使压缩机正常工作；

⑥检查机组的声响、振动，轴承部位的温升应正常；当机器发生喘振时，应立即采取措施予以消除故障或停机；

⑦油箱的油温宜为 50～65℃，油冷动器出口的油温宜为 35～55℃。滤油器和油箱内的油压差，制冷剂为 R11 的机组应大于 0.1MPa，R12 机组应大于 0.2MPa；

⑧能量调节机构的工作应正常；

⑨机组载冷剂出口处的温度及流量应符合设备技术文件的规定。

气密性试验压力（绝对压力）　　**表 C2-31-2D**

制冷剂	高压系统试验压力（MPa）	低压系统试验压力（MPa）
R717、R502	2.0	1.8
R22	2.5（高冷凝压力） 2.0（低冷凝压力）	1.8
R12	1.6（高冷凝压力） 1.2（低冷凝压力）	1.2
R11	0.3	0.3

（12）机组载冷剂出口处的温度及流量应符合设备技术文件的规定。

（13）活塞式、螺杆式离心式压缩机为主机的压缩式制冷系统中附属设备及管道的安装。

1）制冷系统的附属设备如冷凝器、贮液器、油分离器、中间冷却器、集油器、空气分离器、蒸发器和制冷剂泵等的安装除应符合设计和设备技术文件的规定外，尚应进行气密性试验及单体吹扫；气密性试验压力，当设计和设备技术文件无规定时，应符合表 C2-31-2D 的规定。

2）吸、排气管道敷设时，其管道外壁之间的间距应大于 200mm；在同一支架敷设时，吸气管宜装在排气管下方。

3）设备之间制冷剂管道连接的坡向及坡度当设计或设备技术文件无规定时，应符合表 C2-31-2E 的规定。

制冷设备管道敷设坡向及坡度 **表 C2-31-2E**

管道名称	坡向	坡度
压缩机进气水平管（氨）	蒸发器	≥3/1000
压缩机进气水平管（氟利昂）	压缩机	≥10/1000
压缩机排气水平管	油分离器	≥10/1000
冷凝器至贮液器的水平管	贮液器	1/1000～3/1000
油分离器至冷凝器的水平管	油分离器	3/1000～5/1000
机器间调节站的供液管	调节站	1/1000～3/1000
调节机器间的加气管	调节站	1/1000～3/1000

（14）压缩式制冷系统试运转。

1）制冷系统的设备及管道组装完毕后，应按下列程序充灌制冷剂：

①系统的吹扫排污；

②气密性试验；

③抽真空试验；

④氨系统保温前的充氨检漏；

⑤系统保温后充灌制冷剂。

2）制冷系统的吹扫排污应符合下列要求：

①应采用压力为0.5～0.6MPa（表压）的干燥压缩空气或氮气按系统顺序反复多次吹扫，并应在排污口处设靶检查，直至无污物为止；

②系统吹扫洁净后，应拆卸可能积存污物的阀门，并应清洗洁净，重新组装。

3）制冷系统的气密性试验应符合下列要求：

①气密性试验应采用干燥压缩空气或氮气进行；试验压力，当设计和设备技术文件无规定时，应符合表C2-31-2D的规定。

②当高、低压系统区分有困难时，在检漏阶段，高压部分应按高压系统的试验压力进行；保压时，可按低压系统的试验压力进行。

③系统检漏时，应在规定的试验压力下，用肥皂水或其他发泡剂刷抹在焊缝、法兰等连接处检查，并应无泄漏；系统保压时，应充气至规定的试验压力，在6h以后开始记录压力表读数，经24h以后再检查压力表读数，其压力降应按下式计算，并不应大于试验压力的1%；当压力降超过以上规定时，应查明原因消除泄漏，并应重新试验，直至合格。

$$\Delta P = P_1 - P_2 = P_1\left(1 - \frac{273 + t_2}{273 + t_1}\right)$$

式中 ΔP——压力降（Pa）；

P_1——开始时系统中气体的绝对压力（MPa）；

P_2——结束时系统中气体的绝对压力（MPa）；

t_1——开始时系统中气体的温度（℃）；

t_2——结束时系统中气体的温度（℃）。

4）氨系统的充氨检漏应符合下列要求：

①抽真空试验后，对氨制冷系统，应利用系统的真空度向系统充灌少量的氨；当系统

内的压力升至0.1～0.2MPa（表压）时，应停止充氨，对系统进行全面检查并应无泄漏。

②当发现有泄漏需要补焊修复时，必须将修复段的氨气放净，通大气后方可进行。

5）充灌制冷剂，应遵守下列规定：

①制冷剂应符合设计的要求；

②应先将系统抽真空，其真空度应符合设备技术文件的规定，然后将装制冷剂的钢瓶与系统的注液阀接通，氟利昂系统的注液阀接通前应加干燥过滤器，使制冷剂注入系统，在充灌过程中按规定向冷凝器供冷却水或蒸发器供载冷剂；

③当系统内的压力升至0.1～0.2MPa（表压）时，应进行全面检查，无异常情况后，再继续充制冷剂，R11制冷剂除外；

④当系统压力与钢瓶压力相同时，方可开动压缩机，加快制冷剂充入速度；

⑤制冷剂入的总量应符合设计或设备技术文件的规定。

6）制冷系统负荷试运转前的准备工作应符合下列要求：

①系统中各安全保护继电器、安全装置应经整定，其整定值应符合设备技术文件的规定，其动作灵敏、可靠；

②油箱的油面高度应符合规定；

③按设备技术文件的规定开启或关闭系统中相应的阀门；

④冷却水供给应正常；

⑤蒸发器中载冷剂液体的供给应正常；

⑥压缩机能量调节装置应调到最小负荷位置或打开旁通阀。

7）制冷系统的负荷试运转应符合下列要求：

①制冷压缩机的启动和运转，应符合规定；

②对双级制冷系统应先启动高压级的制冷压缩机；

③压缩机启动后应缓缓开启吸气截止阀，调节系统的节流装置，其系统工作应正常；

④系统经过试运转，系统温度应能够在最小的外加热负荷下，降低至设计或设备技术文件规定的温度；

⑤运转中应按要求检查下列项目，并做记录：

a. 油箱的油面高度和各部位供油情况；

b. 润滑油的压力和温度；

c. 吸、排气压力的温度；

d. 进、排水温度和冷却水供给情况；

e. 制冷剂的温度；

f. 贮液器、中间冷却器等附属设备的液位；

g. 各运动部件有无异常声响，各连接和密封部位有无松动、漏气、漏油、漏水等现象；

h. 电动机的电流、电压和温升；

i. 能量调节装置的动作应灵敏，浮球阀及其他液位计的工作应稳定；

j. 各安全保护继电器的动作应灵敏、准确；

k. 机器的噪声和振动。

⑥停止运转应符合下列要求：

a. 应按设备技术文件规定的顺序停止压缩机的运转；

b. 压缩机停机后，应关闭水泵或风机以及系统中相应的阀门，并应放空积水。

⑦试运转结束后，应拆洗系统中的过滤器并应更换或再生干燥过滤器的干燥剂。

（15）溴化锂吸收式制冷机组。

1）机组就位后，其安装水平应在设备技术文件规定的基准面上测量，其纵向和横向安装水平偏差不应大于1/1000。

2）系统的气密性试验应符合下列要求：

①当采用氮气或干燥压缩空气进行试验时，试验压力应为0.2MPa（表压）；检查设备及管道有无泄漏时，应保持压力24h；压力降不应大于0.0665kPa；

②采用氟利昂进行试验时，应先将系统抽真空至0.265kPa并充入氟利昂气体至0.05MPa（表压）。然后，再充入氟气或干燥压缩空气至0.15MPa（表压）并用电子卤素检漏仪进行检查，其泄漏率不应大于2.03amL/s。

3）系统抽真空试验应在气密性试验合格后进行；试验时，应将系统内绝对压力抽至0.0665kPa，关闭真空泵上的抽气阀门，保持压力24h；压力的上升不应大于0.0266kPa。

4）系统气密性试验和抽真空试验后，应按设备技术文件规定进行系统内部的冲洗。

5）机组和管道绝热保温的材料、保温范围及绝热层的厚度应符合设计或设备技术文件的规定。

6）制冷系统的加液应符合下列要求：

①按设备技术文件规定配制溴化锂溶液；配制后，溶液应在容器中进行沉淀，并应保持洁净，不得有油类物质或其他杂物混入；

②开动真空泵，应将系统抽真空至0.0665kPa以下绝对压力，当系统内部冲洗后有残留水分时，可将系统抽至环境温度相对应的水的饱和蒸汽压力，其压力可采用本规范附录一；

③加液连接管应采用真空胶管，连接管的一端应与规定的阀门连接，接头密封应良好；管的另一端插入加液桶与桶底的距离不应小于100mm，且应浸没在溶液中；

④开启加液阀门，应将溶液注入系统；溴化理溶液的加入量应符合设备技术文件的规定，加液过程中，应防止将空气带入系统。

7）制冷系统的试运转应符合下列要求：

①启动运转应按下列要求进行：

a. 应向冷却水系统供水和蒸发器供冷媒水。当冷却水低于20℃时，应调节阀门减少冷却水供水量；b. 启动发生器泵、吸收器泵，应使溶液循环；c. 应慢慢开启蒸汽或热水阀门，向发生器供水，对以蒸汽为热源的机组，应使机组先在较低的蒸汽压力状态下运转，无异常现象后，再逐渐提高蒸汽压力至设备技术文件的规定值；d. 当蒸发器冷剂水液囊具有足够的积水后，应启动蒸发器泵，并调节制冷机，应使其正常运转；

②运转中检查的项目和要求应符合下列规定：

a. 稀溶液、浓溶液和混合溶液的浓度、温度应符合设备技术文件的规定；b. 冷却水、冷媒水的水量和进、出口温度差应符合设备技术文件的规定；c. 加热蒸汽的压力、温度和凝结水的温度、流量或热水的温度及流量应符合设备技术文件的规定；d. 混有溴化锂的冷剂水比重不应超过1.04；e. 系统应保持规定的真空；f. 屏蔽泵的工作应稳定，并无阻塞、过热、异常声响等现象；g. 各安全保护继电器的动作应灵敏、正确，仪表的指示应准确。

(16) 表列子项：

1) 工程名称：指合同书中提供或图注的单位工程名称，按全称填写。

2) 分部或单位工程名称：指被试机械、设备所在分部的工程名称。

3) 设备名称、规格、型号：按实际设备的名称、规格、型号填写。

4) 系统编号：按施工图设计上划分的系统的编号。

5) 设备转速：指被试设备每分钟的转速，分别填写铭牌和实际转速。

6) 功率：指被试设备的功率，分别填写名牌和实际功率。

7) 电流：指被试设备的电流，分别填写名牌和实际电流。

8) 轴承温升：指被试设备的轴承温升，分别填写名牌和实际轴承温升。

9) 评定意见：指设备单车试车过程基本状况。

10) 责任制：

①监理（建设）单位：指监理单位的专业监理工程师，签字有效。当不委托监理时由建设单位的项目负责人签字；

②施工单位：指与该工程签订施工合同的法人施工单位；

③专业技术负责人：指施工单位的专业技术负责人，签字有效；

④质检员：负责该单位工程项目经理部的专职质检员，签字有效；

⑤实验员：负责该单位工程项目经理部的实验员，签字有效。

4.2.34 通风、空调系统运行调试记录

4.2.34-1 通风、空调系统运行调试记录（C2-34-1）

1. 资料表式

通风、空调系统运行调试记录 **表 C2-34-1**

<table>
<tr><td colspan="2">工程名称</td><td colspan="2"></td><td>分部（或单位）工程</td><td colspan="2"></td></tr>
<tr><td colspan="2">系统编号</td><td colspan="2"></td><td>试验日期</td><td colspan="2">年　　月　　日</td></tr>
<tr><td colspan="2">设计总风量</td><td colspan="2">(m³/h)</td><td>实测总风量</td><td colspan="2">(m³/h)</td></tr>
<tr><td colspan="2">风机全压</td><td colspan="2"></td><td>实测风机全压</td><td colspan="2"></td></tr>
<tr><td colspan="7">运行调试内容：</td></tr>
<tr><td colspan="7">评定意见：</td></tr>
<tr><td rowspan="3">参加人员</td><td colspan="2">监理（建设）单位</td><td colspan="4">施　工　单　位</td></tr>
<tr><td colspan="2" rowspan="2"></td><td colspan="2">专业技术负责人</td><td>质检员</td><td>试验员</td></tr>
<tr><td colspan="2"></td><td></td><td></td></tr>
</table>

通风、空调系统运行调试记录是以经施工企业技术负责人审查签章后的本表格式形式归存。

2. 实施目的

通风、空调系统运行调试记录是指通风与空调工程的系统安装完成后，按规范要求必须进行的测试项目。

3. 资料要求

（1）通风、空调系统运行调试应按标准规定进行，并按标准要求做好记录。

（2）通风、空调系统运行调试前按设计或“规范”要求进行预试运行准备，且满足设计和规范要求的为符合要求，有要求未做的为不符合要求。

4. 实施要点

（1）系统调试所使用的测试仪器和仪表，性能应稳定可靠，其精度等级及最小分度值应能满足测定的要求，并应符合国家有关计量法规及检定规程的规定。

（2）通风与空调工程的系统调试，应由施工单位负责、监理单位监督，设计单位、与建设单位参与和配合。系统调试的实施可以是施工企业本身或委托给具有调试能力的其他单位。

（3）系统调试前，承包单位应编制调试方案，报送专业监理工程师审核批准；调试结束后，必须提供完整的调试资料和报告。

（4）通风与空调工程系统无生产负荷的联合试运转及调试，应在制冷设备和通风与空气调节设备单机试运转合格后进行。空调系统带冷（热）源的正常联合试运转不应少于8h，当竣工季节与设计条件相差较大时，仅做不带冷（热）源试运转。通风、除尘系统的连续试运转不应少于2h。

（5）净化空调系统运行前应在回风、新风的吸入口处和粗、中效过滤器前设置临时用过滤器（如无纺布等），实行对系统的保护。净化空调系统的检测和调整，应在系统进行全面清扫，且已运行24h及以上达到稳定后进行。

洁净室洁净度的检测，应在全压或静态下进行或按合约规定。室内洁净度检测时，人员不宜多于3人，均必须穿与洁净室洁净度等级相适应的洁净工作服。

（6）系统无生产负荷的联合试运转及调试应符合下列规定：

1）系统总风量调试结果与设计风量的偏差不应大于10%；

2）空调冷热水、冷却水总流量测试结果与设计流量的偏差不应大于10%；

3）舒适空调的温度、相对湿度应符合设计的要求。恒温、恒温房间内空气温度、相对湿度及波动范围应符合设计规定。

系统总风量测试按风管系统数量抽查10%，不少于1个系统。

（7）防排烟系统联合试运行与调试的结果，（风量及正压）必须符合设计与消防的规定。

检查数量：抽查10%，不少于2个楼层。

（8）净化空调系统还应符合下列规定：

1）单向流洁净室系统的系统总风量调试结果与设计风量的允许偏差为0%～20%，室内各风口风量与设计风量的允许偏差为15%；新风量与设计新风量的允许偏差为10%。

2）单向流洁净室系统的室内截面平均风速的允许偏差为（0～20）%，且截面风速不均匀度不应大于0.25。新风量和设计新风量的允许偏差为10%。

3）相邻不同级别洁净室之间和洁净室与非洁净室之间的静压差不应小于5Pa，洁净室与室外的静压差不应小于10Pa。

4）室内空气洁净度等级必须符合设计规定的等级或在商定验收状态下的等级要求。

高于等于5级的单向流洁净室，在门开启的状态下，测定距离门0.6m室内侧工作高度处空气含尘浓度，亦不应超过室内洁净度等级上限的规定。

调试记录全数检查，测点抽查5%，不少于一点。

(9) 通风工程系统无生产负荷联动试运转及调试应符合下列规定：

1）系统联动试运转中，设备及主要部件的联动必须符合设计要求，动作协调、正确，无异常现象；

2）系统经过平衡调整，各风口或吸风罩的风量与设计风量的允许偏差不应大于15%；

3）湿式除尘器的供水与排水系统运行应正常。

(10) 空调工程系统无生产负荷联动试运转及调试还应符合下列规定：

1）空气调节工程水系统应冲洗干净、不含杂物，并排除管道系统中的空气；系统连续运行应达到正常、平稳；水泵的压力与水泵电机的电流不出现大幅波动。系统平衡调整后，各空气调节机组的水流量与设计的规定，允许误差不大于20%；

2）各种自动计量检测元件和执行机构的工作应正常，满足建筑设备自动化（BA、FA等）系统对被测定参数进行检测和控制的要求；

3）多台冷却塔并联运行时，各冷却塔的进、出水量应达到均衡一致；

4）空调室内噪声应符合设计规定要求；

5）有压差要求的房间、厅堂与其他相连房间之间的压差，舒适性空调正压为0～25Pa；工艺性的空调应符合设计的规定；

6）有环境噪声要求的场所，制冷、空调机组应按《采暖通风与空气调节设备噪声功率级的测定—工程法》GB9068的规定进行测定。洁净室内的噪声应符合设计的规定。

按系统数量抽查10%，不少于1个系统或1间。

(11) 通风与空调工程的控制和监测设备，应能与系统的检测元件和执行机构正常沟通，系统的状态参数应能正确显示，设备联锁、自动调节、自动保护应能正确运作。

按系统或监测系统总数抽查30%，不少于一个系统。

(12) 表列子项：

1）运行调试内容：按（GB 50243—2002）规范的有关内容进行测试。

2）评定意见：按参加验收人员根据验收实际提出的评定意见。

3）责任制：

①监理（建设）单位：指监理单位的专业监理工程师，签字有效。当不委托监理时由建设单位的项目负责人签字；

②施工单位：指与该工程签订施工合同的法人施工单位；

③专业技术负责人：指施工单位的专业技术负责人，签字有效；

④质检员：负责该单位工程项目经理部的专职质检员，签字有效；

⑤实验员：负责该单位工程项目经理部的实验员，签字有效。

4.2.34-2　风量、温度测试记录（C2-34-2）

1. 资料表式

风量、温度测试记录　　**表 C2-34-2**

<table>
<tr><td colspan="2">工程名称</td><td colspan="2"></td><td>部　位</td><td></td></tr>
<tr><td colspan="2">试验要求</td><td colspan="2"></td><td>测试部位或区段</td><td></td></tr>
<tr><td colspan="2">试验日期</td><td colspan="2"></td><td>大气温度</td><td></td></tr>
<tr><td colspan="2">风量测试</td><td colspan="4"></td></tr>
<tr><td colspan="2">温度测试</td><td colspan="4"></td></tr>
<tr><td colspan="2">检验情况</td><td colspan="4"></td></tr>
<tr><td colspan="2">评定意见</td><td colspan="4"></td></tr>
<tr><td rowspan="3">参加人员</td><td>监理（建设）单位</td><td colspan="4">施　工　单　位</td></tr>
<tr><td rowspan="2"></td><td>专业技术负责人</td><td>质检员</td><td colspan="2">工　长</td></tr>
<tr><td></td><td></td><td colspan="2"></td></tr>
</table>

风量、温度测试记录是以经施工企业技术负责人审查签章后的本表格式形式归存。

2. 实施目的

风量、温度测试记录是指通风与空调工程的系统安装完成后，按规范要求必须进行的测试项目。

3. 资料要求

风量、温度调试前按设计或规范要求进行预试运行准备，且满足设计和规范要求的为符合要求，有要求未做的为不符合要求。

4. 实施要点

风量、温度的测试应按标准规定进行，并按标准要求做好记录。

4.2.34-3　除尘器、空调机漏风检测记录（C2-34-3）

1. 资料表式

除尘器、空调机漏风检测记录　　　　**表 C2-34-3**

<table>
<tr><td colspan="2">工程名称</td><td></td><td>分部（或单位）工程</td><td colspan="2"></td></tr>
<tr><td colspan="2">分项工程</td><td></td><td>检测日期</td><td colspan="2"></td></tr>
<tr><td colspan="2">设备名称</td><td></td><td>型号、规格</td><td colspan="2"></td></tr>
<tr><td colspan="2">额定风量（m³/h）</td><td></td><td>允许漏风率（%）</td><td colspan="2"></td></tr>
<tr><td colspan="2">工作压力（Pa）</td><td></td><td>测试压力（Pa）</td><td colspan="2"></td></tr>
<tr><td colspan="2">允许漏风量（m³/h）</td><td></td><td>实测漏风量（m³/h）</td><td colspan="2"></td></tr>
<tr><td colspan="2">评定意见</td><td colspan="4"></td></tr>
<tr><td rowspan="3">参加人员</td><td>监理（建设）单位</td><td colspan="4">施　工　单　位</td></tr>
<tr><td rowspan="2"></td><td>专业技术负责人</td><td>质检员</td><td colspan="2">试验员</td></tr>
<tr><td></td><td></td><td colspan="2"></td></tr>
</table>

除尘器、空调机漏风检测记录是以经施工企业技术负责人审查签章后的本表格式形式归存。

2. 实施目的

除尘器、空调机漏风检测记录是指通风与空调工程的除尘器、空调机等安装完成后，按规范要求必须进行的测试项目。

3. 资料要求

（1）除尘器、空调机漏风检测记录应按标准规定进行，并按标准要求做好记录。

（2）除尘器、空调机漏风检测记录调试前按设计或规范要求进行预试运行准备，且满足设计和规范要求的为符合要求，有要求未做的为不符合要求。

4. 实施要点

现场组装的除尘器壳体应做漏风量检测，在设计工作压力下允许漏风率为5%，其中离心式除尘器为3%。按总数量抽查20%，不得少于1台；接地全数检查。

4.2.34-4　风管漏风检测记录（C2-34-4）

1. 资料表式

风管漏风检测记录 **表 C2-34-4**

<table>
<tr><td colspan="2">工程名称</td><td colspan="2"></td><td colspan="2">分部（或单位）工程</td><td colspan="2"></td></tr>
<tr><td colspan="2">分项工程</td><td colspan="2"></td><td colspan="2">系统名称</td><td colspan="2"></td></tr>
<tr><td colspan="2">风管级别</td><td colspan="2"></td><td colspan="2">试验压力（Pa）</td><td colspan="2"></td></tr>
<tr><td colspan="2">系统总面积（m^2）</td><td colspan="2"></td><td colspan="2">试验总面积（m^2）</td><td colspan="2"></td></tr>
<tr><td colspan="2">允许单位面积漏风量（$m^3/m^2 \cdot h$）</td><td colspan="2"></td><td colspan="2">实测单位面积漏风量（$m^3/m^2 \cdot h$）</td><td colspan="2"></td></tr>
<tr><td colspan="2">系统测定分段数</td><td colspan="2"></td><td colspan="2">试验日期</td><td colspan="2"></td></tr>
<tr><td colspan="4" rowspan="7">检测区段图示</td><td colspan="4">分段实测数值</td></tr>
<tr><td>序　号</td><td>分段表面积（m^2）</td><td>试验压力（Pa）</td><td>实际漏风量（m^3/h）</td></tr>
<tr><td>Ⅰ</td><td></td><td></td><td></td></tr>
<tr><td>Ⅱ</td><td></td><td></td><td></td></tr>
<tr><td>Ⅲ</td><td></td><td></td><td></td></tr>
<tr><td>Ⅳ</td><td></td><td></td><td></td></tr>
<tr><td>Ⅴ</td><td></td><td></td><td></td></tr>
<tr><td>评定意见</td><td colspan="7"></td></tr>
<tr><td rowspan="3">参加人员</td><td colspan="2">监理（建设）单位</td><td colspan="5">施　　工　　单　　位</td></tr>
<tr><td colspan="2" rowspan="2"></td><td>专业技术负责人</td><td colspan="2">质检员</td><td colspan="2">试验员</td></tr>
<tr><td></td><td colspan="2"></td><td colspan="2"></td></tr>
</table>

风管漏风检测记录是以经施工企业技术负责人审查签章后的本表格式形式归存。

2. 实施目的

风管漏风检测记录是指通风与空调工程的除尘器、空调机等安装完成后，按规范要求必须进行的测试项目。

3. 资料要求

(1) 风管漏风检测记录应按标准规定进行，并按标准要求做好记录。

(2) 风管漏风检测记录调试前按设计或“规范”要求进行预试运行准备，且满足设计和规范要求的为符合要求，有要求未做的为不符合要求。

4. 实施要点

(1) 漏风量测试。

1) 漏风量测试应采用经检验合格的专用测量仪器，或采用符合现行国家标准《流量测量节流装置》规定的计量元件搭设的测量装置。

2) 漏风量测试装置可采用风管式或风室式。风管式测试装置采用孔板作计量元件；风室式测试装置采用喷嘴作计量元件。

3) 漏风量测试装置的风机，其风压和风量应选择大于被测定系统或设备的规定试验压力及最大允许漏风量的 1.2 倍。

4）漏风量测试装置试验压力的调节，可采用调整风机转达的方法，也可采用控制节流装置开度的方法。漏风量值必须在系统经调整后，保持稳压的条件下测得。

5）漏风量测试装置的压差测定应采用微压计，其最小读数分格不应大于2.0Pa。

6）风管式漏风量测试装置按（GB50243—2002）执行。

7）正压或负压系统风管与设备的漏风量测试，分正压试验和负压试验两类。一般可采用正压条件下的测试来检验。

8）系统漏风量测试可以整体或分段进行。测试时，被测系统的所有开口均应封闭，不应漏风。

9）被测系统的漏风量超过设计和本规范的规定时，应查出漏风部位（可用听、摸、观察水或烟检漏），做好标记。修补、完工后，重新测试，直至合格。

10）漏风量测定值一般应为规定测试压力下的实测数值。

（2）风管系统安装完毕后，应按系统类别进行严密性检验，漏风量应符合设计与（GB50243—2002）规范第4.2.5条的规定。风管系统的严密性检验，应符合下列规定：

1）低压系统风管的严密性检验应采用抽检，抽检率为5%，且不得少于一个系统。在加工工艺得到保证的前提下，采用漏光法检测。检测不合格时，应按规定的抽检率，作漏风量测试。

2）中压系统风管的严密性检验，应在漏光法检测合格后，对系统漏风量测试进行抽检，抽检率为20%，且不得少于一个系统。

3）高压系统风管的严密性检验，为全数进行漏风量测试。

4）系统风管严密性检验的被抽检系统，应全数合格，则视为通过；如有不合格时，则应再加倍抽检，直至全数合格。

5）净化空调系统风管的严密性检验，1～5级的系统按高压系统风管的规定执行；6～9级的系统第（3）款执行。

（3）风管必须通过工艺性的检测或验证，其强度和严密性要求应符合设计或下列规定：

1）风管的强度应能满足在1.5倍工作压力下接缝处无开裂；

2）矩形风管的允许漏风量应符合以下规定：

低压系统风管　　$Q_L \leq 0.1056P^{0.65}$

中压系统风管　　$Q_M \leq 0.0352P^{0.65}$

高压系统风管　　$Q_H \leq 0.0117P^{0.65}$

式中　Q_L、Q_M、Q_H——系统风管在相应工作压力下，单位面积风管单位时间内的允许漏风量［$m^3/(h \cdot m^2)$］；

P——指风管系统的工作压力（Pa）。

3）低压、中压圆形金属风管、复合材料风管以及采用非法兰形式的非金属风管的允许漏风量，应为矩形风管规定值的50%；

4）排烟、除尘、低温送风系统按中压，1～5净化系统按高压系统风管的规定。

按风管系统的类别和材质分别抽查，不得少于3件及15m^2。

（4）漏风测试方法按GB50243—2002规范附录A漏光法检测与漏风量测试。

（5）表列子项：

1）风管级别：指施工图设计标注的风管级别。

2）试验压力：指规范规定的额定试验压力（Pa）。

3）系统总面积：指漏风检测设定的系统总面积。

4）试验总面积：指漏风检测实际测定的总面积。

5）允许单位面积漏风量：指规范规定的允许单位面积漏风量。

6）实测单位面积漏风量：指实际测定单位面积漏风量。

7）检测区段图示：指绘制被测区段的检测图，应简单、清晰。

8）评定意见：指按实测结果提出的评定意见。

9）责任制：

①监理（建设）单位：指监理单位的专业监理工程师，签字有效。当不委托监理时由建设单位的项目负责人签字；

②施工单位：指与该工程签订施工合同的法人施工单位；

③专业技术负责人：指施工单位的专业技术负责人，签字有效；

④质检员：负责该单位工程项目经理部的专职质检员，签字有效；

⑤实验员：负责该单位工程项目经理部的实验员，签字有效。

4.2.34-5 各房间室内风量测量记录（C2-34-5）

1. 资料表式

各房间室内风量测量记录 表 C2-34-5

<table>
<tr><td>工程名称</td><td colspan="5"></td><td colspan="3">分部（或单位）工程</td><td>日期</td><td colspan="2"></td></tr>
<tr><td rowspan="2">项 目
位部</td><td colspan="2">风量（m^3/h）</td><td colspan="3" rowspan="2">相对差
$\Delta=\frac{L_{实}-L_{设}}{L_{设}}100\%$</td><td rowspan="2">项目
位部</td><td colspan="2">风量（m^3/h）</td><td colspan="3" rowspan="2">相对差
$\Delta=\frac{L_{实}-L_{设}}{L_{设}}100\%$</td></tr>
<tr><td>实际</td><td>设计</td><td>实际</td><td>设计</td></tr>
<tr><td></td><td></td><td></td><td></td><td></td><td></td><td></td><td></td><td></td><td></td><td></td><td></td></tr>
<tr><td></td><td></td><td></td><td></td><td></td><td></td><td></td><td></td><td></td><td></td><td></td><td></td></tr>
<tr><td></td><td></td><td></td><td></td><td></td><td></td><td></td><td></td><td></td><td></td><td></td><td></td></tr>
<tr><td></td><td></td><td></td><td></td><td></td><td></td><td></td><td></td><td></td><td></td><td></td><td></td></tr>
<tr><td></td><td></td><td></td><td></td><td></td><td></td><td></td><td></td><td></td><td></td><td></td><td></td></tr>
<tr><td></td><td></td><td></td><td></td><td></td><td></td><td></td><td></td><td></td><td></td><td></td><td></td></tr>
<tr><td></td><td></td><td></td><td></td><td></td><td></td><td></td><td></td><td></td><td></td><td></td><td></td></tr>
<tr><td></td><td></td><td></td><td></td><td></td><td></td><td></td><td></td><td></td><td></td><td></td><td></td></tr>
<tr><td></td><td></td><td></td><td></td><td></td><td></td><td></td><td></td><td></td><td></td><td></td><td></td></tr>
<tr><td></td><td></td><td></td><td></td><td></td><td></td><td></td><td></td><td></td><td></td><td></td><td></td></tr>
<tr><td colspan="2">评定意见</td><td colspan="10"></td></tr>
<tr><td rowspan="3">参加人员</td><td colspan="2">监理（建设）单位</td><td colspan="9">施 工 单 位</td></tr>
<tr><td colspan="2" rowspan="2"></td><td colspan="3">专业技术负责人</td><td colspan="3">质检员</td><td colspan="3">工 长</td></tr>
<tr><td colspan="3"></td><td colspan="3"></td><td colspan="3"></td></tr>
</table>

各房间室内风量测量记录是以经施工企业技术负责人审查签章后的本表格式形式归存。

2. 实施目的

各房间室内风量测量记录是指通风与空调工程安装完成后，按规范要求必须进行的测试项目。

3. 资料要求

（1）各房间室内风量测量记录应按标准规定进行，并按标准要求做好记录。

（2）各房间室内风量测量记录的调试，均满足设计和规范要求的为符合要求，不进行各房间室内风量测量为不符合要求。

4. 实施要点

（1）各房间室内风量测量按（GB 50243—2002）规范规定的方法、数量进行。

（2）各房间室内风量的测量，应测量设计值和实际值以及相对差。

（3）净化空调系统：

1）单向流洁净室系统的系统总风量调试结果与设计风量的允许偏差为 0% ~ 20%，室内各风口风量与设计风量的允许偏差为 15%；新风量与设计新风量的允许偏差为 10%；

2）单向流洁净室系统的室内截面平均风速的允许偏差为 0 ~ 20%，且截面风速不均匀度不应大于 0.25；新风量和设计新风量的允许偏差为 10%；

3）相邻不同级别洁净室之间和洁净室与非洁净室之间的静压差不应小于 5Pa，洁净室与室外的静压差不应小于 10Pa；

4）室内空气洁净度等级必须符合设计规定的等级或在商定验收状态下的等级要求；

高于等于 5 级的单向流洁净室，在门开启的状态下，测定距离门 0.6m 室内侧工作高度处空气含尘浓度，亦不应超过室内洁净度等级上限的规定。

（4）表列子项：

1）风量：指室内风量的设计值和实际值，以 m^3/h 表示。

2）相对差：指风量实测值减去设计值除以设计值所得的风量。

3）责任制：

①监理（建设）单位：指监理单位的专业监理工程师，签字有效。当不委托监理时由建设单位的项目负责人签字；

②施工单位：指与该工程签订施工合同的法人施工单位；

③专业技术负责人：指施工单位的专业技术负责人，签字有效；

④质检员：负责该单位工程项目经理部的专职质检员，签字有效；

⑤实验员：负责该单位工程项目经理部的实验员，签字有效。

4.2.34-6　管网风量平衡记录（C2-34-6）

1. 资料表式

管网风量平衡记录是以经施工企业技术负责人审查签章后的本表格式形式归存。

2. 实施目的

管网风量平衡是指通风与空调工程安装完成后，对管网风量进行测试以保证系统送风量并满足设计对管网风量平衡的要求。

管网风量平衡记录　　　　表 C2-34-6

<table>
<tr><td>工程名称</td><td colspan="6"></td><td colspan="3">分部（或单位）工程</td><td colspan="2"></td></tr>
<tr><td>分项工程</td><td colspan="6"></td><td colspan="2">系统名称</td><td></td><td>日期</td><td></td></tr>
<tr><td rowspan="2">测点编号</td><td rowspan="2">风管尺寸（m）</td><td rowspan="2">断面积（m^2）</td><td colspan="3">平均风压（Pa）</td><td rowspan="2">风速（m/s）</td><td colspan="2">风量（m^3/h）</td><td rowspan="2" colspan="2">相对差
$\Delta = \frac{L_{实} - L_{设}}{L_{设}} 100\%$</td><td rowspan="2">使用仪器编号</td></tr>
<tr><td>动压</td><td>静压</td><td>全压</td><td>实际（$L_{实}$）</td><td>设计（$L_{设}$）</td></tr>
<tr><td></td><td></td><td></td><td></td><td></td><td></td><td></td><td></td><td></td><td colspan="2"></td><td></td></tr>
<tr><td></td><td></td><td></td><td></td><td></td><td></td><td></td><td></td><td></td><td colspan="2"></td><td></td></tr>
<tr><td></td><td></td><td></td><td></td><td></td><td></td><td></td><td></td><td></td><td colspan="2"></td><td></td></tr>
<tr><td></td><td></td><td></td><td></td><td></td><td></td><td></td><td></td><td></td><td colspan="2"></td><td></td></tr>
<tr><td></td><td></td><td></td><td></td><td></td><td></td><td></td><td></td><td></td><td colspan="2"></td><td></td></tr>
<tr><td></td><td></td><td></td><td></td><td></td><td></td><td></td><td></td><td></td><td colspan="2"></td><td></td></tr>
<tr><td></td><td></td><td></td><td></td><td></td><td></td><td></td><td></td><td></td><td colspan="2"></td><td></td></tr>
<tr><td></td><td></td><td></td><td></td><td></td><td></td><td></td><td></td><td></td><td colspan="2"></td><td></td></tr>
<tr><td></td><td></td><td></td><td></td><td></td><td></td><td></td><td></td><td></td><td colspan="2"></td><td></td></tr>
<tr><td></td><td></td><td></td><td></td><td></td><td></td><td></td><td></td><td></td><td colspan="2"></td><td></td></tr>
<tr><td colspan="2">评定意见</td><td colspan="10"></td></tr>
<tr><td rowspan="3">参加人员</td><td colspan="2">监理（建设）单位</td><td colspan="9">施　工　单　位</td></tr>
<tr><td colspan="2" rowspan="2"></td><td colspan="3">专业技术负责人</td><td colspan="3">质检员</td><td colspan="3">试验员</td></tr>
<tr><td colspan="3"></td><td colspan="3"></td><td colspan="3"></td></tr>
</table>

3. 资料要求

（1）管网风量平衡记录的调试，均应满足设计和规范要求的为符合要求，不进行管网风量平衡并记录的为不符合要求。

（2）表列项目应填报齐全为符合要求，主要项目缺项为不符合要求。

4. 实施要点

（1）管网风量平衡记录应按标准规定进行，并按标准要求做好记录。

（2）表列子项：

1）系统名称：指被测管网的系统名称。

2）测点编号：按规范规定抽取的测点以序进行的测点编号。

3）风管尺寸：指被测管网系统的风管尺寸。

4）断面积：指被测管网系统的风管的断面积。

5）平均风压：指被测管网系统的实测的平均风压。分别按动压、静压、全压记录。

6）风速：指被测管网系统的风管断面内通过风量的风速。

7）风量：指被测管网系统的风管断面内通过风量。分别按实际值和设计值填写。

8）相对差：指风量实测值减去设计值除以设计值所得的风量。

9）责任制：

①监理（建设）单位：指监理单位的专业监理工程师，签字有效。当不委托监理时由建设单位的项目负责人签字；

②施工单位：指与该工程签订施工合同的法人施工单位；

③专业技术负责人：指施工单位的专业技术负责人，签字有效；

④质检员：负责该单位工程项目经理部的专职质检员，签字有效；

⑤实验员：负责该单位工程项目经理部的实验员，签字有效。

4.2.34-7　空气净化系统检测记录（C2-34-7）

1. 资料表式

空气净化系统检测记录　　　　表 C2-34-7

<table>
<tr><td colspan="2">工程名称</td><td></td><td>分部（或单位）工程</td><td colspan="3"></td></tr>
<tr><td colspan="2">系统编号</td><td></td><td>洁净室级别</td><td></td><td rowspan="2">日期</td><td rowspan="2"></td></tr>
<tr><td colspan="2">仪器型号</td><td></td><td>仪器编号</td><td></td></tr>
<tr><td rowspan="5">高效过滤器</td><td>型　号</td><td></td><td>数　量</td><td colspan="3"></td></tr>
<tr><td rowspan="4">实
测
值</td><td colspan="5"></td></tr>
<tr><td colspan="5"></td></tr>
<tr><td colspan="5"></td></tr>
<tr><td colspan="5"></td></tr>
<tr><td rowspan="3">室内洁净度</td><td>室内洁净
面积（m²）</td><td colspan="5">实测洁净室等级</td></tr>
<tr><td></td><td colspan="5"></td></tr>
<tr><td></td><td colspan="5"></td></tr>
<tr><td>评定意见</td><td colspan="6"></td></tr>
<tr><td rowspan="3">参
加
人
员</td><td colspan="2">监理（建设）单位</td><td colspan="4">施　工　单　位</td></tr>
<tr><td colspan="2" rowspan="2"></td><td>专业技术负责人</td><td colspan="2">质检员</td><td>试验员</td></tr>
<tr><td></td><td colspan="2"></td><td></td></tr>
</table>

空气净化系统检测记录是以经施工企业技术负责人审查签章后的本表格式形式归存。

2. 实施目的

空气净化系统检测是指通风与空调工程安装完成后，对空气净化系统进行测试以保证空气净化系统满足设计和规范要求。

3. 资料要求

(1) 空气净化系统检测记录应按标准规定进行，并按标准要求做好记录。

(2) 空气净化系统检测记录的调试，均应满足设计和规范要求的为符合要求，不进行空气净化系统检测为不符合要求。

(3) 表列项目应填报齐全为符合要求，主要项目缺项为不符合要求。

4. 实施要点

(1) 净化空调系统运行前应在回风、新风的吸入口处和粗、中效过滤器前设置临时用过滤器（如无纺布等），实行对系统的保护。净化空调系统的检测和调整，应在系统进行全面清扫，且已运行24h及以上达到稳定后进行。

洁净室洁净度的检测，应在全压或静态下进行或按合约规定。室内洁净度检测时，人员不宜多于3人，均必须穿与洁净室洁净度等级相适应的洁净工作服。

(2) 净化空调系统还应符合下列规定：

1) 单向流洁净室系统的系统总风量调试结果与设计风量的允许偏差为0%~20%，室内各风口风量与设计风量的允许偏差为15%；新风量与设计新风量的允许偏差为10%；

2) 单向流洁净室系统的室内截面平均风速的允许偏差为0~20%，且截面风速不均匀度不应大于0.25；新风量和设计新风量的允许偏差为10%；

3) 相邻不同级别洁净室之间和洁净室与非洁净室之间的静压差不应小于5Pa，洁净室与室外的静压差不应小于10Pa；

4) 室内空气洁净度等级必须符合设计规定的等级或在商定验收状态下的等级要求；

高于等于5级的单向流洁净室，在门开启的状态下，测定距离门0.6m室内侧工作高度处空气含尘浓度，亦不应超过室内洁净度等级上限的规定。

调试记录全数检查，测点抽查5%，不少于一点。

(3) 净化空调系统的外观检查还应包括下列项目：

1) 空气调节机组、风机、净化空气调节机组、风机过滤器单元和空气吹淋室等的安装位置应正确、固定牢固、连接严密，其偏差应符合（GB 50243—2002）规范有关条文的规定；

2) 高效过滤器与风管、风管与设备的连接处应有可靠密封；

3) 净化空气调节机组、静压箱、风管及送、回风口清洁无积尘；

4) 装配式洁净室的内墙面、吊顶和地面，应光滑、平整，色泽均匀，不起灰尘，地板静电值应低于设计规定；

5) 送回风口、各类末端装置以及各类管道等与洁净室内表面的连接处，密封处理应可靠、严密。

(4) 风管系统安装完毕后，应按系统类别进行严密性检验，漏风量应符合设计与

(GB50243—2002) 规范第 4.2.5 条的规定。风管系统的严密性检验，应符合下列规定：

1）低压系统风管的严密性检验应采用抽检，抽检率为 5%，且不得少于一个系统。在加工工艺得到保证的前提下，采用漏光法检测。检测不合格时，应按规定的抽检率，作漏风量测试。

中压系统风管的严密性检验，应在漏光法检测合格后，对系统漏风量测试进行抽检，抽检率为 20%，且不得少于一个系统。

高压系统风管的严密性检验，为全数进行漏风量测试。

系统风管严密性检验的被抽检系统，应全数合格，则视为通过；如有不合格时，则应再加倍抽检，直至全数合格。

2）净化空调系统风管的严密性检验，1～5 级的系统按高压系统风管的规定执行；6～9 级的系统按（GB50243—2002）规范第 4.2.5 条的规定执行。

(5) 表列子项：

1）洁净室级别：按设计规定的洁净室级别。

2）高效过滤器：应填写高效过滤器的型号、数量及测试结果。

3）室内洁净度：应填写室内洁净面积和实测洁净室等级。

4.2.35 施工记录（C2-35）

通风与空调工程施工记录按 C2-6-1 执行。

4.2.36 分部（子分部）工程质量验收记录（C2-10）

通风与空调工程分部（子分部）工程质量验收记录按 C4 项下分部（子分部）工程质量验收记录执行。

4.2.37 分项、检验批工程质量验收记录（C2-11、C2-12）

通风与空调工程分项、检验批工程质量验收记录按 C4 项下分项、检验批工程质量验收记录执行。

电　梯

4.2.38 电梯工程图纸会审、设计变更、洽商记录

电梯工程图纸会审、设计变更、洽商记录按 C2-1-1～3 执行。

4.2.39-1～3 电梯工程设备出厂合格证书、汇总表及开箱检验记录

电梯工程设备出厂合格证书及开箱检验记录按 C2-3-1～3 执行。

主要电梯设备、材料合格证几点说明：

(1) 电梯的材料与设备检验：电梯材料与设备不论有无出厂合格证明，使用前均应做必要的试验和检验，注明日期，由检查人签证。

(2) 对材料、半成品、产品的检验：检查原材料、半成品、产品出厂质量证明和质量试检验报告。材料、半成品、产品的质量必须合格，并应有出厂质量合格证明或试验单。需采取的技术处理措施应满足技术要求并应经有关技术负责人的批准后方可使用。

(3) 检查合格证、试（检）验单或记录的抄件（复印件），应注明原件存放单位，并

有抄件人、抄件（复印）单位的签字和盖章。

(4) 凡使用新材料、新产品、新工艺、新技术的，应附有关证明，要有产品质量标准，使用说明和工艺要求。使用前，应按其质量标准进行检验。

(5) 对电梯设备检验的要求：电梯设备在安装前必须开箱检验、外观检验及试验并做好记录。

(6) 主要检查项目：规格、型号、质量是否符合国家规范和设计要求。

1) 外包装检查：检查标记，箱体外包装是否牢固，起吊位置、表面保护层等外观有无损伤。

2) 内包装和外观检查：检查购货卡的情况，防雨防潮措施，防震措施，层间的隔离情况，主要部件、设备主体及材料的外观情况，密封有无损坏现象。

3) 数量检查：主要清点电梯设备、附机附件、备品备件、随机工具、图纸有关技术资料。

4) 品质检查：电梯设备的品质检查应根据出厂品质试验标准，并参考国家标准进行。

5) 对于电梯电气材料、元件均应检查其产品合格证，并检验材料与合格证是否一致，元器件应做相应的电气测试检验。对设计规范有规定或材质有怀疑的材料和设备必须按规定进行试验。

6) 电梯试运行：

①电梯加、减速度和垂直、水平振动加速度试验应采用专用的试验仪器，具体操作应按其相应说明书要求进行。

②货梯不需要做振动加速度测试。

(7) 电梯随机技术文件主要包括：

1) 装箱单；

2) 产品合格证书；

3) 电梯机房井道图；

4) 安装说明书；

5) 电梯使用维修说明书；

6) 电梯电气接线图；

7) 安装试验说明书；

8) 电梯电气原理图及其符号说明书；

9) 备品备件目录。

4.2.40 电梯隐蔽工程验收记录

1. 资料表式

电梯隐蔽工程验收记录表式按 C2-5 执行。

2. 资料要求

电梯安装工程必须实行隐蔽工程验收，隐蔽验收应符合设计和有关标准规定，不进行隐蔽工程验收或不填报隐蔽工程验收记录为不符合要求。

电梯承重梁、起重吊环埋设隐蔽工程验收记录　　表 C2-5A

工程名称		隐检项目	承重梁、起重吊环埋设	
检查部位	电梯机房承重梁	填写日期	年　月　日	
施工日期	年　月　日	天气情况	气温	℃

隐 检 内 容 及 示 意 图　　　单位：mm

>20
承重梁
钢筋
混凝土梁
墙中心线
≥75
墙中心线
曳引机
$\delta > 18$ 钢板

承重梁规格		数　量		承重墙类型	厚度
埋设长度		过墙中心		梁垫规格	
焊接情况		防腐措施		梁端封固	型钢焊接、混凝土灌注

起重吊环设计荷载	kg	起重吊环材料规格	Ⅰ级钢 Φ
混凝土承重梁位置规格		吊环与钢筋锚固尺寸	

A_3 圆钢吊环荷载	Φ16,1.5t	Φ20,2.1t	Φ22,7t	Φ24,3.3t	Φ27,4.1t

检查意见	年　月　日	复查意见	年　月　日

参加人员签字	建设（监理）单位	安装单位		
		技术负责人	质检员	工长

电梯钢丝绳头灌注隐蔽检查记录 表 C2-5B

<table>
<tr><td>工程名称</td><td colspan="2"></td><td>隐检项目</td><td colspan="3">钢丝绳头灌注</td></tr>
<tr><td>操作场地</td><td colspan="2"></td><td>填写日期</td><td colspan="3">年 月 日</td></tr>
<tr><td>操作日期</td><td colspan="2">年 月 日</td><td>天气情况</td><td></td><td>气温</td><td>℃</td></tr>
<tr><td>用火手续</td><td></td><td>看火人</td><td></td><td>操作人</td><td colspan="2"></td></tr>
<tr><td>钢绳用途</td><td>曳引、限速、补偿</td><td>钢绳规格</td><td>Φ mm</td><td>锥套数</td><td colspan="2">共 个</td></tr>
<tr><td>隐检内容</td><td colspan="6">单位：mm
将钢绳清洗干净，绳头分股后，每股端部绑扎防止散丝；去掉麻芯，各绳股向中心弯曲后，拉入锥套内；将锥套加热 40～50℃，熔化合金温度 270～400℃；必须一次与锥套浇平，严禁一个锥套二次浇灌。
尖端绑扎点
R5－7
45
60
周围用纱布包裹
防止合金漏出
浇灌合金口
80
20
10</td></tr>
<tr><td>检查意见</td><td colspan="2">年 月 日</td><td>复查意见</td><td colspan="3">年 月 日</td></tr>
<tr><td rowspan="3">参加人员签字</td><td rowspan="3">建设（监理）单位</td><td colspan="5">安装单位</td></tr>
<tr><td colspan="2">技术负责人</td><td>质检员</td><td colspan="2">工长</td></tr>
<tr><td colspan="2"></td><td></td><td colspan="2"></td></tr>
</table>

3. 实施要点

(1) 电梯隐蔽项目包括：承重梁及其起重吊钩的埋设，检查应注意埋入承重墙内的长度、梁垫的规格尺寸、焊接、防腐情况等内容，必要时绘制示意图表示；钢丝绳绳头巴氏合金的制做浇注情况；暗设的电气管线的规格、位置、弯度、接头、焊接、跨接地线、防腐、管口处理等情况；地极制作与安装导轨支架的埋设情况；厅门地坎及钢牛腿的埋设、焊接、防腐情况等。

(2) 电气接地装置隐检说明。

1) 接地：电气设备的任何部分与土壤间作良好的连接，称为接地。

2) 接地体：与土壤直接接触的金属体或金属体组，称为接地体或接地极。

3) 接地线：连接于接地体与电气设备之间，正常情况下不载流的金属导体，称为接地线。

4) 接地装置：接地体和接地线合称为接地装置。

5) 接地电阻：电气设备接地部分的对地电压与接地电流之比，称为接地电阻。即等于接地线的电阻与流散电阻之和。

6) 零线：与变压器直接接地的中点连接的中性线或直流回路中的接地中性线，称为零线。

7) 保护接地：电气设备的金属外壳或构架同接地体之间作良好的连接，称为保护接地，简称接地。

8) 接零保护：在中性点直接接地的电力系统中，电气设备的金属外壳或构架与零线连接，称接零保护，简称接零。

9) 重复接地：将零线上的一点或多点与地再次作金属的连接，称为重复接地。

10) 工作接地：在正常或事故情况下，为了保证电气设备可靠地运行，而必须在电力系统中某一点进行接地，称为工作接地。

11) 防雷接地：以防止雷击为目的而作的接地，称为防雷接地。

12) 静电接地：把可能产生或积聚静电荷的设备、管道和容器等进行接地，称为防静电接地。

13) 屏蔽接地：为了使接收设备或导体不受外界干扰源的影响，也可使干扰源不去影响外界的接收设备或导体，而把金属屏蔽体与大地或机壳之间作良好的电气连接，称屏蔽接地。

(3) 在同一配电系中，不允许一部分电气设备采用接地保护，而另一部分电气设备采用接零保护。在民用建筑中均采用接零保护。

(4) 三相五线和单相线：从变压器出线开始，工作零线和保护零线始终分开。对于三相线路即是五根线，对于单相线路即是三根线，简称五线制和三线制。用于保护零线的导线应采用与工作回路相同规格的绝缘导线，并按相同的路径和方法敷设，且易于识别；从变压器的接地的零点开始，经干线、支干线、支线直至末端均不许中断，中间不得装接熔断器，也不得装接任何开关。在每个建筑物的入户处应做重复接地。导线应采用黄绿双色的绝缘导线。

4.2.41 电梯安装工程施工记录

电梯安装工程施工记录按 C2-6-1 执行。

4.2.42 接地、绝缘电阻测试记录

1. 绝缘电阻测试记录表式按 C2-24-2 执行。

2. 接地电阻测试记录按 C2-24-1 执行。

4.2.43 负荷试验、安全装置检查记录（C2-43）

4.2.43-1 电梯安全装置检查记录（C2-43-1）

1. 资料表式

电梯安全装置检查记录 **表 C2-43-1**

工程名称			日　期	
序号	检验项目	检验内容及其规范标准要求	检查结果	备注
1	电源主开关	位置合理、容量适中、标志易识别		
2	断相、错相保护装置	断任一相电或错相，电梯停止，不能启动		
3	上、下限位开关	轿厢越程＞500mm 时起作用		
4	上、下限极限开关	轿厢或对重撞缓冲器之前起作用		
5	上、下强迫缓速装置	位置符合产品设计要求，动作可靠		
6	停止装置（安全、急停开关）	轿箱、轿内、底坑进入位置≯lm，红色、停止		
7	检修运行开关	轿顶优先、易接近、双稳态、防误操作		
8	紧急电动运行开关（机房内）	防误操作按钮、标明方向、直观主机		
9	开、关门和运行方向接触器	机械或电气联锁动作可靠		
10	限速器电气安全装置	动作速度、额定速度与铭牌相符		
11	安全钳电气安全装置	在安全钳动作以前或同时，使电动机停转		
12	限速绳断裂、松弛保护	运行可靠		
13	轿厢位置传递装置的张紧度	钢带（钢绳、链条）断裂或松弛时运行可靠		
14	耗能型缓冲器复位保护	缓冲器被压缩时，安全触点强迫断开		
15	轿厢安全窗安全门锁闭状况	如锁紧失效，应使电梯停止		
16	轿厢自动门撞击保护装置	安全触板、光电保护、阻止关门力严禁超过150N		
17	轿门的锁闭状况及关闭位置	安全触点、位置正确，无论是正常、检修或紧急电动操作均不能造成开门运行		
18	层门的锁闭状况及关闭位置			
19	绳索的张紧度及防跳装置	安全触点检查，动作时电梯停止运行		
20	检修门、井道安全门	均不得朝井道内开启，关闭时，电梯才能运行		
21	欠电压、过电流、弱磁、速度	按产品要求调整检验		
22	程序转速及消防专用开关	返基站、开门、解除应答、运行、动作可靠		
23				
24				

参加人员	监理（建设）单位	施　工　单　位		
		专业技术负责人	质检员	试验员

电梯安全装置检查记录表以经施工安装企业技术负责人审查签章后的本表格式形式归存。

2. 实施目的

电梯安全装置检查记录是指电梯安装工程为保证安全运行按规范要求必须进行的测试项目。

3. 实施要点

(1) 电力驱动安全保护验收必须符合下列规定：

1) 必须检查以下安全装置或功能：

①断相、错相保护装置或功能：

当控制柜三相电源中任何一相断开或任何二相错接时，断相、错相保护装置或功能应使电梯不发生危险故障。

注：当错相不影响电梯正常运行时可没有错相保护装置或功能。

②短路、过载保护装置：

动力电路、控制电路、安全电路必须有与负载匹配的短路保护装置；动力电路必须有过载保护装置。

③限速器：

限速器上的轿厢（对重、平衡重）下行标志必须与轿厢（对重、平衡重）的实际下行方向相符。限速器铭牌上的额定速度、动作速度必须与被检电梯相符。

④安全钳：

安全钳必须与其型式试验证书相符。

⑤缓冲器：

缓冲器必须与其型式试验证书相符。

⑥门锁装置：

门锁装置必须与其型式试验证书相符。

⑦上、下极限开、关：

上、下极限开关必须是安全触点，在端站位置进行动作试验时必须动作正常。在轿厢或对重（如果有）接触缓冲器之前必须动作，且缓冲器完全压缩时，保持动作状态。

⑧轿顶、机房（如果有）、滑轮间（如果有）、底坑停止装置：

位于轿顶、机房（如果有）、滑轮间（如果有）、底坑的停止装置的动作必须正常。

2) 下列安全开关，必须动作可靠：

①限速器绳张紧开关；

②液压缓冲器复位开关；

③有补偿张紧轮时，补偿绳张紧开关；

④当额定速度大于3.5m/s时，补偿绳轮防跳开关；

⑤轿厢安全窗（如果有）开关；

⑥安全门、底坑门、检修活板门（如果有）的开关；

⑦对可拆卸式紧急操作装置所需要的安全开关；

⑧悬挂钢丝绳（链条）为两根时，防松动安全开关。

(2) 液压电梯安全保护验收必须符合下列规定：

1) 必须检查以下安全装置或功能：

①断相、错相保护装置或功能：

当控制柜三相电源中任何一相断开或任何二相错接时，断相、错相保护装置或功能应使电梯不发生危险故障。

注：当错相不影响电梯正常运行时可没有错相保护装置或功能。

②短路、过载保护装置：

动力电路、控制电路、安全电路必须有与负载匹配的短路保护装置；动力电路必须有过载保护装置。

③防止轿厢坠落、超速下降的装置：

液压电梯必须装有防止轿厢坠落、超速下降的装置，且各装置必须与其型式试验证书相符。

④门锁装置：

门锁装置必须与其型式试验证书相符。

⑤上极限开关：

上极限开关必须是安全触点，在端站位置进行动作试验时必须动作正常。它必须在柱塞接触到其缓冲制停装置之前动作，且柱塞处于缓冲制停区时保持动作状态。

⑥机房、滑轮间（如果有）、轿顶、底坑停止装置：

位于轿顶、机房、滑轮间（如果有）、底坑的停止装置的动作必须正常。

⑦液压油温升保护装置：

当液压油达到产品设计温度时，温升保护装置必须动作，使液压电梯停止运行。

⑧移动轿厢的装置：

在停电或电气系统发生故障时，移动轿厢的装置必须能移动轿厢上行或下行，且下行时还必须装设防止顶升机构与轿厢运动相脱离的装置。

2) 下列安全开关，必须动作可靠：

①限速器（如果有）张紧开关；

②液压缓冲器（如果有）复位开关；

③轿厢安全窗（如果有）开关；

④安全门、底坑门、检修活板门（如果有）的开关；

⑤悬挂钢丝绳（链条）为两根时，防松动安全开关。

3) 责任制：

①监理（建设）单位：指监理单位的专业监理工程师，签字有效。当不委托监理时由建设单位的项目负责人签字；

②施工单位：指与该工程签订施工合同的法人施工单位；

③专业技术负责人：指施工单位的专业技术负责人，签字有效；

④质检员：负责该单位工程项目经理部的专职质检员，签字有效；

⑤实验员：负责该单位工程项目经理部的实验员，签字有效。

4.2.43-2　电梯负荷运行试验记录（C2-43-2）

1. 资料表式

电梯负荷运行试验记录

表 C2-43-2

工程名称				安装单位			
电梯类型				制造厂家			
电梯编号		速度	m/s	额定载荷	kg	层站	
电机功率	KW	电压	V	额定转速	r/min	电流	A
仪表型号	电流表： 电压表： 转速表：						

工况荷重		方向	电压 (V)	电流 (A)	轿厢速度 m/s	电机转速 r/min
(%)	(kg)					
0		上				
		下				
25		上				
		下				
50		上				
		下				
75		上				
		下				
100		上				
		下				
110		上				
		下				
评定意见						

参加人员	监理（建设）单位	施工单位		
		专业技术负责人	质检员	试验员

电梯负荷运行试验记录以经施工企业技术负责人审查签章后的本表格式形式归存。

2. 实施目的

电梯负荷运行试验记录是指电梯安装工程为保证安全运行按规范要求必须进行的测试项目。

3. 实施要点

(1) 电力驱动电梯安装后应进行运行试验；轿厢分别在空载、额定载荷工况下，按产品设计规定的每小时启动次数和负载持续率各运行1000次（每天不少于8h），电梯应运行平稳、制动可靠、连续运行无故障。

(2) 电力驱动运行速度检验应符合下列规定：

当电源为额定频率和额定电压、轿厢载有50%额定载荷时，向下运行至行程中段（除去加速加减速段）时的速度，不应大于额定速度的105%，且不应小于额定速度的92%。

(3) 液压电梯超载试验必须符合下列规定：

当轿厢载有120%额定载荷时液压电梯严禁启动。

(4) 液压电梯安装后应进行运行试验；轿厢在额定载重量工况下，按产品设计规定的每小时启动次数运行1000次（每天不少于8h），液压电梯应平稳、制动可靠、连续运行无故障。

(5) 液压电梯运行速度检验应符合下列规定：

空载轿厢上行速度与上行额定速度的差值不应大于上行额定速度的8%；载有额定载重量的轿厢下行速度与下行额定速度的差值不应大于下行额定速度的8%。

(6) 液压电梯超压静载试验应符合下列规定：

将截止阀关闭，在轿内施加200%的额定载荷，持续5min后，液压系统应完好无损。

(7) 表列子项：

1) 电机功率：指电梯用电机的铭牌额定功率。

2) 工况荷重：分别按0、25%、50%、75%、100%、110%荷重按上下行方向记录电压、电流、轿厢速度和电机速度。

3) 责任制：

①监理（建设）单位：指监理单位的专业监理工程师，签字有效。当不委托监理时由建设单位的项目负责人签字；

②施工单位：指与该工程签订施工合同的法人施工单位；

③专业技术负责人：指施工单位的专业技术负责人，签字有效；

④质检员：负责该单位工程项目经理部的专职质检员，签字有效；

⑤实验员：负责该单位工程项目经理部的实验员，签字有效。

4.2.43-3 电梯负荷运行试验曲线图（确定平衡系数）(C2-43-3)

1. 资料表式

电梯负荷运行试验曲线图（确定平衡系数）　　表 C2-43-3

工程名称			电梯编号		日　期	
额定载荷	kg	平衡系数	%	平衡载荷	kg	
电流（A）·或转速（r/min）·速度（m/s）·电压（V） 负荷（%）	0　25　50　75　100　110					
评定意见	年　月　日					
参加人员	监理（建设）单位	施　工　单　位				
		专业技术负责人	质检员	试验员		

电梯负荷运行试验曲线图（确定平衡系数）以经施工企业技术负责人审查签章后的本表格式形式归存。

2. 实施目的

电梯负荷运行试验曲线图（确定平衡系数）是指电梯安装工程为保证安全运行按规范要求必须进行的测试项目。

3. 实施要点

(1) 电梯负荷运行试验曲线图表是为了确定电梯的平衡系数，国家规定各类电梯的平衡系数应为 40～50%。

绘制坐标图时应注意数据点要与表 C2-43-3 中的测试数据对应一致；形成两条曲线应分别标注上、下行的名称；如采用电流法测试时应把表格中的“电流”旁边划“√”，或把“转速、速度、电压”用竖线划掉；当实际测试工况与横坐标的负荷不相符时，应修改并在相应的格线下重新注明清楚；测试数据在纵坐标上分格时要注意比例，有效数据规范应占纵坐标全高的2/3左右为佳，以便分析观察；各测点应用曲线板、黑墨水细心清晰地描绘出上、下行两条曲线，两条曲线的交叉点向下引一条垂直线至横坐标线上并标注实际的%数据即为该电梯的平衡系数，平衡荷载等于额定荷载乘平衡系数。

（2）电梯负荷运行试验曲线图（确定平衡系数）由电梯安装的试验单位根据负荷运行试验结果进行绘制。

（3）表列子项：

1）评定意见：指对电梯负荷运行试验曲线图的绘制进行评定，应指出该图正确与否。

2）责任制：

①监理（建设）单位：指监理单位的专业监理工程师，签字有效。当不委托监理时由建设单位的项目负责人签字；

②施工单位：指与该工程签订施工合同的法人施工单位；

③专业技术负责人：指施工单位的专业技术负责人，签字有效；

④质检员：负责该单位工程项目经理部的专职质检员，签字有效；

⑤实验员：负责该单位工程项目经理部的实验员，签字有效。

4.2.43-4　电梯噪声测试记录表（C2-43-4）

1.资料表式

噪声测试记录表　　　　**表2-43-4**

<table>
<tr><td>工程名称</td><td colspan="2"></td><td>测试</td><td colspan="2"></td><td>日期</td><td></td></tr>
<tr><td>电梯类型</td><td colspan="2"></td><td>额定载荷</td><td colspan="2">kg</td><td>运行速度</td><td>m/s</td></tr>
<tr><td>声级计型号</td><td colspan="2"></td><td>计量单位</td><td colspan="2">dB</td><td>电梯编号</td><td></td></tr>
<tr><td rowspan="2">机房
驱动主机</td><td>前</td><td>后</td><td>左</td><td>右</td><td>上</td><td>平均</td><td>背景</td></tr>
<tr><td></td><td></td><td></td><td></td><td></td><td></td><td></td></tr>
</table>

<table>
<tr><td rowspan="3">层站</td><td colspan="3">轿厢门</td><td colspan="3">层站门</td><td colspan="6">轿　厢　门</td></tr>
<tr><td rowspan="2">开门</td><td rowspan="2">关门</td><td rowspan="2">背景</td><td rowspan="2">开门</td><td rowspan="2">关门</td><td rowspan="2">背景</td><td rowspan="2">层站</td><td rowspan="2">行驶方向</td><td colspan="2">空载</td><td colspan="2">额定载荷</td></tr>
<tr><td>单层</td><td>直驶</td><td>单层</td><td>直驶</td></tr>
<tr><td></td><td></td><td></td><td></td><td></td><td></td><td></td><td></td><td>上行</td><td></td><td></td><td></td><td></td></tr>
<tr><td></td><td></td><td></td><td></td><td></td><td></td><td></td><td></td><td>下行</td><td></td><td></td><td></td><td></td></tr>
<tr><td></td><td></td><td></td><td></td><td></td><td></td><td></td><td></td><td>上行</td><td></td><td></td><td></td><td></td></tr>
<tr><td></td><td></td><td></td><td></td><td></td><td></td><td></td><td></td><td>下行</td><td></td><td></td><td></td><td></td></tr>
<tr><td></td><td></td><td></td><td></td><td></td><td></td><td></td><td></td><td>上行</td><td></td><td></td><td></td><td></td></tr>
<tr><td></td><td></td><td></td><td></td><td></td><td></td><td></td><td></td><td>下行</td><td></td><td></td><td></td><td></td></tr>
<tr><td></td><td></td><td></td><td></td><td></td><td></td><td></td><td></td><td>上行</td><td></td><td></td><td></td><td></td></tr>
<tr><td></td><td></td><td></td><td></td><td></td><td></td><td></td><td></td><td>下行</td><td></td><td></td><td></td><td></td></tr>
<tr><td></td><td></td><td></td><td></td><td></td><td></td><td></td><td></td><td>上行</td><td></td><td></td><td></td><td></td></tr>
<tr><td></td><td></td><td></td><td></td><td></td><td></td><td></td><td></td><td>下行</td><td></td><td></td><td></td><td></td></tr>
<tr><td colspan="3">评定意见</td><td colspan="10">年　月　日</td></tr>
</table>

<table>
<tr><td rowspan="3">参加人员</td><td rowspan="3">监理（建设）单位</td><td colspan="3">施　工　单　位</td></tr>
<tr><td>专业技术负责人</td><td>质检员</td><td>试验员</td></tr>
<tr><td></td><td></td><td></td></tr>
</table>

电梯噪声测试记录表以经施工企业技术负责人审查签章后的本表格式形式归存。

2. 实施目的

电梯噪声测试记录表是指电梯安装工程按规范要求必须进行的测试项目。

3. 实施要点

电梯噪声测试包括：轿厢运行噪声测试、开关门噪声测试、机房噪声测试、背景噪声测试等。

(1) 电力驱动噪声检验应符合下列规定：

1) 机房噪声：对额定速度小于等于 4m/s 的电梯，不应大于 80dB (A)；对额定速度大于 4m/s 的电梯，不应大于 85dB (A)；

2) 乘客电梯和病床电梯运行中轿内噪声：对额定速度小于等于 4m/s 的电梯，不应大于 55dB (A)；对额定速度大于 4m/s 的电梯，不应大于 60dB (A)；

3) 乘客电梯和病床电梯的开关门过程噪声不应大于 65dB (A)。

(2) 液压电梯噪声检验应符合下列规定：

1) 液压电梯的机房噪声不应大于 85dB (A)；

2) 乘客液压电梯和病床液压电梯运行中轿内噪声不应大于 55dB (A)；

3) 乘客液压电梯和病床液压电梯的开关门过程噪声不应大于 65dB (A)。

(3) 表列子项：

1) 声级计型号：指电梯噪声测试采用的声级计型号。

2) 机房驱动主机：分别按前、后、左、右、上、平均、背景测试并记录。

3) 层站：分别记录每层站：轿厢门、层站门、轿厢内的有关实际测试噪声数据。

4) 责任制：

①监理（建设）单位：指监理单位的专业监理工程师，签字有效。当不委托监理时由建设单位的项目负责人签字；

②施工单位：指与该工程签订施工合同的法人施工单位；

③专业技术负责人：指施工单位的专业技术负责人，签字有效；

④质检员：负责该单位工程项目经理部的专职质检员，签字有效；

⑤实验员：负责该单位工程项目经理部的实验员，签字有效。

4.2.43-5 电梯加、减速度和轿厢运行的垂直、水平振动速度试验记录表 (C2-43-5)

1. 资料表式

曳引机检查与试验记录表以经施工企业技术负责人审查签章后的本表格式形式归存。

2. 实施目的

曳引机检查与试验记录表是指电梯安装工程为保证安全运行按规范要求必须进行的测试项目。

3. 实施要点

(1) 电力驱动电梯的运行速度检验应符合下列规定：

当电源为额定频率和额定电压、轿厢载有 50% 额定载荷时，向下运行至行程中段（除去加速加减速段）时的速度，不应大于额定速度的 105%，且不应小于额定速度的 92%。

电梯加、减速度和轿厢运行的垂直、水平振动速度试验记录表

（额定速度大于1m/s）　　　　**表 C2-43-5**

<table>
<tr><td colspan="2">工程名称</td><td colspan="4"></td><td>部位</td><td colspan="3"></td></tr>
<tr><td colspan="2">试验日期</td><td colspan="4"></td><td></td><td colspan="3"></td></tr>
<tr><td colspan="2">序　号</td><td>1</td><td>2</td><td>3</td><td>4</td><td>5</td><td>6</td><td>7</td><td>8</td></tr>
<tr><td colspan="2">工　况</td><td colspan="4">空　载</td><td colspan="4">额定载荷</td></tr>
<tr><td colspan="2">项　目</td><td>起动加速度（m/s²）</td><td>起动平均加速度（m/s²）</td><td>制动减速度（m/s²）</td><td>制动平均减速度（m/s²）</td><td>起动加速度（m/s²）</td><td>起动平均加速度（m/s²）</td><td>制动减速度（m/s²）</td><td>制动平均减速度（m/s²）</td></tr>
<tr><td rowspan="6">单　层</td><td rowspan="3">上行</td><td></td><td></td><td></td><td></td><td></td><td></td><td></td><td></td></tr>
<tr><td></td><td></td><td></td><td></td><td></td><td></td><td></td><td></td></tr>
<tr><td></td><td></td><td></td><td></td><td></td><td></td><td></td><td></td></tr>
<tr><td rowspan="3">下行</td><td></td><td></td><td></td><td></td><td></td><td></td><td></td><td></td></tr>
<tr><td></td><td></td><td></td><td></td><td></td><td></td><td></td><td></td></tr>
<tr><td></td><td></td><td></td><td></td><td></td><td></td><td></td><td></td></tr>
<tr><td rowspan="6">多　层</td><td rowspan="3">上行</td><td></td><td></td><td></td><td></td><td></td><td></td><td></td><td></td></tr>
<tr><td></td><td></td><td></td><td></td><td></td><td></td><td></td><td></td></tr>
<tr><td></td><td></td><td></td><td></td><td></td><td></td><td></td><td></td></tr>
<tr><td rowspan="3">下行</td><td></td><td></td><td></td><td></td><td></td><td></td><td></td><td></td></tr>
<tr><td></td><td></td><td></td><td></td><td></td><td></td><td></td><td></td></tr>
<tr><td></td><td></td><td></td><td></td><td></td><td></td><td></td><td></td></tr>
</table>

<table>
<tr><td colspan="2">工　况</td><td colspan="3">空　载</td><td colspan="3">额定载荷</td></tr>
<tr><td colspan="2" rowspan="2">项　目</td><td colspan="3">振动加速度（cm/s²）</td><td colspan="3">振动加速度（cm/s²）</td></tr>
<tr><td>运行方向</td><td>平行轿厢门方向</td><td>垂直轿厢门方向</td><td>运行方向</td><td>平行轿厢门方向</td><td>垂直轿厢门方向</td></tr>
<tr><td colspan="2">全程上行</td><td></td><td></td><td></td><td></td><td></td><td></td></tr>
<tr><td colspan="2">全程下行</td><td></td><td></td><td></td><td></td><td></td><td></td></tr>
</table>

<table>
<tr><td>评定意见</td><td rowspan="3">参加人员</td><td rowspan="2">监理（建设）单位</td><td colspan="3">施　工　单　位</td></tr>
<tr><td rowspan="2"></td><td>专业技术负责人</td><td>质检员</td><td>试验员</td></tr>
<tr><td></td><td></td><td></td><td></td></tr>
</table>

（2）液压电梯安装后应进行运行试验；轿厢在额定载重量工况下，按产品设计规定的每小时启动次数运行1000次（每天不少于8h），液压电梯应平稳、制动可靠、连续运行无故障。

（3）液压电梯的运行速度检验应符合下列规定：

空载轿厢上行速度与上行额定速度的差值不应大于上行额定速度的8%；载有额定载重量的轿厢下行速度与下行额定速度的差值不应大于下行额定速度的8%。

（4）电梯额定速度一般分为：电梯额定速度>1m/s和≤1m/s。

（5）电梯起、制动过程的加、减速度值和乘客、病床电梯的振动加速度值是衡量电梯舒适感的重要指标和依据。

（6）试验结果与评定：电梯的加、减速度取其在该过程的最大值；加、减速度的平均值是对其加、减速度过程的数值；轿厢运行的振动加速度取轿厢在额定速度时的最大值，以其单峰值作计算与评定的依据。

(7) 电梯加、减速度和垂直、水平振动加速度试验应采用专用的试验仪器，具体操作按其说明书进行。

(8) 表列子项：

1) 空载：指在空载作用下分别按单层、多层和上行、下行，分别记录起动加速度、起动平均加速度、制动减速度和制动平均减速度。

2) 额定载荷：指在额定载荷作用下分别按单层、多层和上行、下行，分别记录起动加速度、起动平均加速度、制动减速度和制动平均减速度。

3) 责任制：

①监理（建设）单位：指监理单位的专业监理工程师，签字有效。当不委托监理时由建设单位的项目负责人签字；

②施工单位：指与该工程签订施工合同的法人施工单位；

③专业技术负责人：指施工单位的专业技术负责人，签字有效；

④质检员：负责该单位工程项目经理部的专职质检员，签字有效；

⑤实验员：负责该单位工程项目经理部的实验员，签字有效。

4.2.43-6 曳引机检查与试验记录表（C2-43-6）

1. 资料表式

曳引机检查与试验记录 表 C2-43-6

<table>
<tr><td>工程名称</td><td colspan="3"></td><td colspan="2">部　位</td><td colspan="2"></td></tr>
<tr><td>试验仪器</td><td colspan="3"></td><td colspan="2">日　期</td><td colspan="2"></td></tr>
<tr><td colspan="8">(1) 技术参数</td></tr>
<tr><td>曳引机型号</td><td>电机型号</td><td>速比</td><td>电压（V）</td><td>模数</td><td>电流（A）</td><td>功率（kW）</td><td>绳轮直径（mm）</td></tr>
<tr><td></td><td></td><td></td><td></td><td></td><td></td><td></td><td></td></tr>
<tr><td colspan="8">中心距________mm　转速________r/min
________</td></tr>
<tr><td colspan="8">(2) 检查项目
制动轮的径向跳动________
曳引轮绳槽工作面跳动________
制动器闸瓦松闸时的间隙________
负荷运行检查；油温________℃；电机定子温升________K；
其他________
蜗杆轴伸出端渗漏油，油迹面积________cm^2/h
空载噪声________dB（A）</td></tr>
<tr><td>评定意见</td><td colspan="7"></td></tr>
<tr><td rowspan="3">参加人员</td><td rowspan="2">监理（建设）单位</td><td colspan="6">施　工　单　位</td></tr>
<tr><td colspan="2">专业技术负责人</td><td colspan="2">质检员</td><td colspan="2">试验员</td></tr>
<tr><td></td><td colspan="2"></td><td colspan="2"></td><td colspan="2"></td></tr>
</table>

曳引机检查与试验记录表以经施工企业技术负责人审查签章后的本表格式形式归存。

2. 实施目的

曳引机检查与试验记录是指电梯安装工程为保证安全运行按规范要求且必须进行的测试项目。

3. 实施要点

(1) 曳引式电梯的曳引能力试验必须符合下列规定:

1) 轿厢在行程上部范围空载上行及行程下部范围载有125%额定载重量下行,分别停层3次以上,轿厢必须可靠地制停(空载上行工况应平层)。轿厢载有125%额定载重量以正常运行速度下行时,切断电动机与制动器供电,电梯必须可靠制动。

2) 当对重完全压在缓冲器上,且驱动主机按轿厢上行方向连续运转时,空载轿厢严禁向上提升。

(2) 曳引式电梯的平衡系数应为0.4~0.5。

(3) 表列子项:

1) 技术参数:指曳引机试验的有关技术参数,按规范或出厂质量证书上的有关参数执行。

2) 检查项目包括:制动轮的径向跳动、曳引轮绳槽工作面跳动、制动器闸瓦松闸时的间隙等。

注:1. 径向跳动:用百分表测量制动轮轮宽的两端及中间三个部位取其最大值。
2. 绳槽工作面跳动:用百分表测量各绳槽的两个侧面,取其最大值。
3. 闸瓦松闸时的间隙:用塞尺测量制动轮的松闸时,闸瓦和制动轮全长上的最大间隙。

3) 负荷运行检查:当在额定电压时,空载工况连续运行2h(正反各转1h)。额定载荷工况时,按通电持续率40%(正转2min,停机3min,再反转2min),运行30min,用温度计直接测量油温,用微欧计测量电机定子温升。

4) 责任制:

①监理(建设)单位:指监理单位的专业监理工程师,签字有效。当不委托监理时由建设单位的项目负责人签字;

②施工单位:指与该工程签订施工合同的法人施工单位;

③专业技术负责人:指施工单位的专业技术负责人,签字有效;

④质检员:负责该单位工程项目经理部的专职质检员,签字有效;

⑤试验员:负责该单位工程项目经理部的试验员,签字有效。

4.2.43-7 限速器试验记录表(C2-43-7)

1. 资料表式

限速器试验记录 表 C2-43-7

<table>
<tr><td colspan="2">工程名称</td><td colspan="2"></td><td>部 位</td><td></td></tr>
<tr><td colspan="2">试验单位</td><td colspan="2"></td><td>日 期</td><td></td></tr>
<tr><td colspan="2">限速器编号</td><td colspan="2"></td><td>试验仪器</td><td></td></tr>
<tr><td colspan="6">额定速度______________m/s
动作速度______________m/s
实测动作速度 m/s
限速器绳的张紧力 N</td></tr>
<tr><td>评定
意见</td><td colspan="5">

年 月 日</td></tr>
<tr><td rowspan="3">参加
人员</td><td rowspan="2">监理(建设)单位</td><td colspan="4">施 工 单 位</td></tr>
<tr><td colspan="2">专业技术负责人</td><td>质检员</td><td>试验员</td></tr>
<tr><td></td><td colspan="2"></td><td></td><td></td></tr>
</table>

限速器试验记录表以经施工企业技术负责人审查签章后的本表格式形式归存。

2. 实施目的

限速器试验记录表是指电梯安装工程为保证安全运行按规范要求必须进行的测试项目。

3. 实施要点

(1) 限速器动作速度整定封记必须完好，且无拆动痕迹。

(2) 限速器张紧装置与其限位开关相对位置安装应正确。

(3) 限速器上的轿厢（对重、平衡重）下行标志必须与轿厢（对重、平衡重）的实际下行方向相符。限速器铭牌上的额定速度、动作速度必须与被检电梯相符。

(4) 限速器绳张紧开关、液压缓冲器复位开关必须动作可靠。

4.2.43-8 安全钳试验记录表（C2-43-8）

1. 资料表式

安全钳试验记录 **表 C2-43-8**

工程名称		部 位		日 期	
额定速度	m/s	动作速度	m/s	导轨厚度	mm
限 时 式				试验仪器	
项 目		实测数据		备 注	
弹性极限	制动距离（mm）				
	制动阻力（T）				
	吸收能量（T·m）				
永久变形或断裂	制动距离（mm）				
	制动阻力（T）				
	吸收能量（T·m）				
钳体，楔块、导轨变形情况					
自由降落距离计算 m					
总允许质量计算 kg					

渐进式——主要数据记录表				试验仪器	
项目 次数	平均减速度 （m/s^2）	轿厢倾斜度 （%）	平均制动力 （N）	平均制动力 平均值（N）	总允许质量 的极限值（kg）
1					
2					
3					
4					

渐进式——其他数据记录表

项目 次数	降落总高度（mm）	限速器绳滑动距离（mm）	减速度最小值（m/s^2）	减速度最大值（m/s^2）	最小瞬时制动力（N）	最大瞬时制动力（N）	安全钳弹性元件总行程		制动距离		平均制动距离（mm）
							左（mm）	右（mm）	左（mm）	右（mm）	
1											
2											
3											
4											

评定意见		年 月 日	
参加人员	监理（建设）单位	施 工 单 位		
		专业技术负责人	质检员	试验员

安全钳试验记录表以经施工企业技术负责人审查签章后的本表格式形式归存。

2. 实施目的

安全钳试验记录表是指电梯安装工程为保证电梯安全运行按规范要求必须进行的测试项目。

3. 实施要点

(1) 安全钳必须与其型式试验证书相符。

(2) 当安全钳可调节时，整定封记应完好，且无拆动痕迹。

(3) 安全钳与导轨的间隙应符合产品设计要求。

(4) 限时式安全钳试验，轿厢有均匀分布的额定荷载，以额定速度下行时，可人为地使限速器运行，此时安全钳应将轿厢停于轨道上，曳引绳应在绳槽内打滑。

渐进式安全钳试验，在轿厢有均匀分布的125%额定荷载，以平层速度或检修速度下行的条件进行，试验目的是检查其安装是否正确，调整是否合理，以及轿厢、安全钳、轿厢架、导轨与建筑物连接件的牢固程度。

(5) 表列子项：

1) 弹性极限：限时式安全钳试验时采用，分别记录实测的：制动距离、制动阻力、吸收能量。

2) 永久变形或断裂：限时式安全钳试验时采用，分别记录实测的：制动距离、制动阻力、吸收能量。

3) 渐进式主要数据记录：分别按规范规定的试验次数记录：平均减速度、轿厢倾斜度、平均制动力、平均制动力平均值、总允许质量的极限值。

4) 渐进式其他数据记录：分别按规范规定的试验次数记录：降落总高度、限速绳滑动距离、减速度最小值及最大值、最小值及最大瞬时制动力等。

5) 责任制：

①监理（建设）单位：指监理单位的专业监理工程师，签字有效。当不委托监理时由建设单位的项目负责人签字；

②施工单位：指与该工程签订施工合同的法人施工单位；

③专业技术负责人：指施工单位的专业技术负责人，签字有效；

④质检员：负责该单位工程项目经理部的专职质检员，签字有效；

⑤实验员：负责该单位工程项目经理部的实验员，签字有效。

4.2.43-9 缓冲器试验记录表（C2-43-9）

1. 资料表式

缓冲器试验记录表以经施工企业技术负责人审查签章后的本表格式形式归存。

2. 实施目的

缓冲器试验记录表是指电梯安装工程按规范要求必须进行的测试项目。

3. 实施要点

(1) 缓冲器是电梯最后一道安全装置。缓冲器是一种吸收、消耗冲击能量减轻事故危害安全装置。

1) 蓄能性（弹簧）缓冲器试验：轿箱以额定荷载和检修速度、对重及轿箱空载和检修速度下分别碰撞缓冲器，致使曳引绳松弛。

缓冲器试验记录 表 C2-43-9

工程名称		部　位			
缓冲器型号		试验仪器		日　期	
最大冲击速度	m/s	液压缓冲器		试验期间温度	℃
最大总质量	kg	最小总质量	kg	液体规格	

蓄能型缓冲器记录表

项目 次数	静压试验		撞击试验			
	加压质量（kg）	压缩量（mm）	重块质量（kg）	提起高度（mm）	撞击时减速度（m/s^2）	重块复位速度（m/s）
1						
2						
3						
4						

耗能型缓冲器记录表

项目 次数	减速度峰值（m/s^2）	平均减速度（m/s^2）	减速度大于 2.5g 的时间（s）	复位时间（s）	液面位置检查	永久变形或损坏
1						
2						
3						
评定意见			年　月　日			

参加人员	监理（建设）单位	施　工　单　位		
		专业技术负责人	质检员	试验员

2）耗能性（液压）缓冲器试验：额定荷载的轿箱或对重应以额定速度与缓冲器接触并压缩 5min 后，以轿箱或对重开始离开缓冲器直到缓冲器回复到原状止，所需时间应少于 120s。

3）试验后，还应检查确认其零部件应无损伤或明显变形。

（2）缓冲器必须与其型式试验证书相符。

（3）上、下极限开关必须是安全触点，在端站位置进行动作试验时必须动作正常。在轿厢或对重（如果有）接触缓冲器之前必须动作，且缓冲器完全压缩时，保持动作状态。

（4）表列子项：

1）蓄能型缓冲器。

①静压试验：分别按加压质量和压缩量进行试验。加压质量按规范规定进行。

②撞击试验：分别记录重块质量、提起高度、撞击时减速度、重块复位速度。

2）耗能型缓冲器。

分别按规范规定的试验次数记录减速度峰值、平均减速度、减速度大于 2.5g 的时间

(S)、复位时间（S)、液面位置检查、永久变形或损坏。

3）责任制：

①监理（建设）单位：指监理单位的专业监理工程师，签字有效。当不委托监理时由建设单位的项目负责人签字；

②施工单位：指与该工程签订施工合同的法人施工单位；

③专业技术负责人：指施工单位的专业技术负责人，签字有效；

④质检员：负责该单位工程项目经理部的专职质检员，签字有效；

⑤实验员：负责该单位工程项目经理部的实验员，签字有效。

4.2.43-10　层门和开门机械试验记录（C2-43-10）

1.资料表式

层门和开门机械试验记录　　　　**表 C2-43-10**

<table>
<tr><td colspan="2">工程名称</td><td></td><td>日　期</td><td></td></tr>
<tr><td colspan="2">序　　号</td><td colspan="2">项　　　　目</td><td>结　　果</td></tr>
<tr><td colspan="2" rowspan="2">1</td><td rowspan="2">机械强度试验</td><td></td><td rowspan="2"></td></tr>
<tr><td></td></tr>
<tr><td colspan="2" rowspan="2">2</td><td rowspan="2">门运行试验</td><td>阻止关门力 N</td><td></td></tr>
<tr><td>门运行动能 J</td><td></td></tr>
<tr><td colspan="2" rowspan="2">3</td><td rowspan="2">滑动门保护装置试验</td><td>性能检查</td><td></td></tr>
<tr><td>门运行动能 J</td><td></td></tr>
<tr><td>说明</td><td colspan="4"></td></tr>
<tr><td>评定意见：</td><td colspan="4"></td></tr>
<tr><td rowspan="3">参加人员</td><td>监理（建设）单位</td><td colspan="3">施　　工　　单　　位</td></tr>
<tr><td rowspan="2"></td><td>专业技术负责人</td><td>质检员</td><td>试验员</td></tr>
<tr><td></td><td></td><td></td></tr>
</table>

层门和开门机械试验记录以经施工企业技术负责人审查签章后的本表格式形式归存。

2.实施目的

层门和开门机械试验记录是指电梯安装工程为保证安全运行按规范要求必须进行的测试项目。

3.实施要点

(1）层门地坎至轿厢地坎之间的水平距离偏差为 0～+3mm，且最大距离严禁超过35mm。

(2）层门强迫关门装置必须动作正常。

(3）动力操纵的水平滑动门在关门开始的 1/3 行程之后，阻止关门的力严禁超过150N。

(4）层门锁钩必须动作灵活，在证实锁紧的电气安全装置动作之前，锁紧元件的最小啮合长度为7mm。

(5）门刀与层门地坎、门锁滚轮与轿厢地坎间隙不应小于5mm。

（6）层门地坎水平度不得大于2/1000，地坎应高出装修地面2～5mm。

（7）层门指示灯盒、召唤盒和消防开关盒应安装正确，其面板与墙面贴实，横竖端正。

（8）门扇与门扇、门扇与门套、门扇与门楣、门扇与门口处轿壁、门扇下端与地坎的间隙，乘客电梯不应大于6mm，载货电梯不应大于8mm。

（9）表列子项：

1）机械强度试验：指层门和开门机械按规范规定进行的机械强度试验。

2）门运行试验：指层门和开门机械按规范规定进行的门的运行试验。包括阻止关门力、和门的运行功能。

3）滑动门保护装置试验：指层门和开门机械按规范规定进行的滑动门保护装置试验。包括性能检查和门的运行功能试验。

4）说明：指层门和开门机械试验过程中需要说明的问题及处理意见。

5）评定意见：指层门和开门机械试验完成后，提出试验结果的评定意见及建议。

6）责任制：

①监理（建设）单位：指监理单位的专业监理工程师，签字有效。当不委托监理时由建设单位的项目负责人签字；

②施工单位：指与该工程签订施工合同的法人施工单位；

③专业技术负责人：指施工单位的专业技术负责人，签字有效；

④质检员：负责该单位工程项目经理部的专职质检员，签字有效；

⑤实验员：负责该单位工程项目经理部的实验员，签字有效。

4.2.43-11　门锁试验记录表（C2-43-11）

1. 资料表式

门锁试验记录　　**表 C2-43-11**

<table>
<tr><td colspan="2">工程名称</td><td colspan="2"></td><td>门锁型号</td><td></td><td>日　期</td><td></td></tr>
<tr><td colspan="5">项　　目</td><td colspan="3">实　测　量　数　据</td></tr>
<tr><td colspan="3" rowspan="2">静　态　力</td><td colspan="2">滑　动　门　(N)</td><td colspan="3"></td></tr>
<tr><td colspan="2">铰　链　门　(N)</td><td colspan="3"></td></tr>
<tr><td colspan="5">动　态　冲　击　力</td><td colspan="3"></td></tr>
<tr><td rowspan="10">耐久试验</td><td colspan="3" rowspan="2">循　环　操　作</td><td>承受（次）</td><td colspan="3"></td></tr>
<tr><td>频率（次/min）</td><td colspan="3"></td></tr>
<tr><td colspan="2" rowspan="8">断路能力</td><td rowspan="2">断开闭合</td><td>交流（次）</td><td colspan="3"></td></tr>
<tr><td>直流（次）</td><td colspan="3"></td></tr>
<tr><td rowspan="2">触点保持闭　　合</td><td>交流（次）</td><td colspan="3"></td></tr>
<tr><td>直流（次）</td><td colspan="3"></td></tr>
<tr><td rowspan="2">试验电流</td><td>交流（倍）</td><td colspan="3"></td></tr>
<tr><td>直流（%）</td><td colspan="3"></td></tr>
<tr><td colspan="2">功率因数</td><td colspan="3"></td></tr>
<tr><td colspan="2">电流稳定值（%）</td><td colspan="3"></td></tr>
<tr><td colspan="3">评定意见</td><td colspan="5">年　　月　　日</td></tr>
<tr><td rowspan="3">参加人员</td><td colspan="2">监理（建设）单位</td><td colspan="5">施　　工　　单　　位</td></tr>
<tr><td colspan="2" rowspan="2"></td><td colspan="2">专业技术负责人</td><td colspan="2">质检员</td><td>试验员</td></tr>
<tr><td colspan="2"></td><td colspan="2"></td><td></td></tr>
</table>

门锁试验记录表是以经施工企业技术负责人审查签章后的本表格式形式归存。

2. 实施目的

门锁试验记录表是指电梯安装工程为保证电梯安全运行按规范要求必须进行的测试项目。

3. 实施要点

层门强迫关门装置必须动作正常；层门锁钩必须动作灵活，在证实锁紧的电气安全装置动作之前，锁紧元件的最小啮合长度为7mm。

4.2.43-12　绳头组合拉力试验记录表（C2-43-12）

1. 资料表式

绳头组合拉力试验记录　　　　**表 C2-43-12**

<table>
<tr><td colspan="2">工程名称</td><td colspan="2"></td><td>试验时间</td><td></td></tr>
<tr><td colspan="2">控制仪器设备</td><td colspan="2"></td><td>试验单位</td><td></td></tr>
<tr><td colspan="2">绳头组合型号、规格</td><td colspan="4"></td></tr>
<tr><td colspan="2">序　号</td><td colspan="2">拉　力　值　N</td><td colspan="2">结　果</td></tr>
<tr><td colspan="2">1</td><td colspan="2"></td><td colspan="2"></td></tr>
<tr><td colspan="2">2</td><td colspan="2"></td><td colspan="2"></td></tr>
<tr><td colspan="2">3</td><td colspan="2"></td><td colspan="2"></td></tr>
<tr><td colspan="2"></td><td colspan="2"></td><td colspan="2"></td></tr>
<tr><td colspan="2">评定意见</td><td colspan="4">年　月　日</td></tr>
<tr><td rowspan="3">参加人员</td><td rowspan="2">监理（建设）单位</td><td colspan="4">施　工　单　位</td></tr>
<tr><td>专业技术负责人</td><td colspan="2">质检员</td><td>试验员</td></tr>
<tr><td></td><td></td><td colspan="2"></td><td></td></tr>
</table>

绳头组合拉力试验记录表是以经施工企业技术负责人审查签章后的本表格式形式归存。

2. 实施目的

绳头组合拉力试验记录表是指电梯安装工程为保证电梯安全运行按规范要求必须进行的测试项目。

3. 实施要点

（1）绳头组合必须安全可靠．且每个绳头组合必须安装防螺母松动和脱落的装置。

（2）钢丝绳严禁有死弯。

（3）当轿厢悬挂在两根钢丝绳或链条上，且其中一根钢丝绳或链条发生异常相对伸长时，为此装设的电气安全开关应动作可靠。

（4）随行电缆严禁有打结和波浪扭曲现象。

(5) 每根钢丝绳张力与平均值偏差不应大于5%。

(6) 随行电缆的安装应符合下列规定：

随行电缆端部应固定可靠；随行电缆在运行中应避免与井道内其他部件干涉。当轿厢完全压在缓冲器上时，随行电缆不得与底坑地面接触。

(7) 补偿绳、链、缆等补偿装置的端部应固定可靠。

(8) 对补偿绳的张紧轮，验证补偿绳张紧的电气安全开关应动作可靠。张紧轮应安装防护装置。

4.2.43-13 选层器钢带试验记录表（C2-43-13）

1. 资料表式

选层器钢带试验记录 **表 C2-43-13**

<table>
<tr><td colspan="2">控制屏信号</td><td colspan="2"></td><td>被试验单位</td><td></td></tr>
<tr><td colspan="2">控制功能名称</td><td colspan="2"></td><td>试验人员</td><td></td></tr>
<tr><td colspan="2">试验设备</td><td colspan="2"></td><td>试验日期</td><td></td></tr>
<tr><td colspan="2">试验条件</td><td colspan="4">钢带在试验台上，张紧力调至 90.8N
轮子转速调至 225r/min
运转 30min。检查试验后钢带情况</td></tr>
<tr><td colspan="2">结　果</td><td colspan="4"></td></tr>
<tr><td rowspan="3">参加人员</td><td>监理（建设）单位</td><td colspan="4">施　工　单　位</td></tr>
<tr><td rowspan="2"></td><td colspan="2">专业技术负责人</td><td>质检员</td><td>试验员</td></tr>
<tr><td colspan="2"></td><td></td><td></td></tr>
</table>

选层器钢带试验记录表是以经施工企业技术负责人审查签章后的本表格式形式归存。

2. 实施目的

选层器钢带试验记录表是指电梯安装工程为保证电梯安全运行按规范要求必须进行的测试项目。

3. 实施要点

(1) 选层器动、静触头的位置，应与电梯运行、停层的位置一致。

(2) 选层器触头组的排列应横平竖直，触头组的水平偏差应符合规范要求。

(3) 选层器快、慢车（单、多层）换速触头的提前量，应按减速时间平层距离调节适宜。

(4) 触头动作，接触应可靠，接触后应略有压缩余量。

(5) 选层器安装：

1) 选层器钢带轮不铅垂度应符合规范要求。

2) 钢带在轿厢上固定的不平行度应符合规范要求。

(6) 表列子项：

试验条件：指钢带在试验台上，张紧力、轮子转速等的试验情况。详表内说明。

4.2.43-14　轿厢试验记录表（C2-43-14）

1. 资料表式

轿厢试验记录　　　　**表 C2-43-14**

<table>
<tr><td colspan="2">工程名称</td><td colspan="2"></td><td>试验单位</td><td></td></tr>
<tr><td colspan="2">规格、型号</td><td colspan="2"></td><td>试验日期</td><td></td></tr>
<tr><td colspan="6">(1) 轿厢顶刚度试验（记录变形情况和数据）：</td></tr>
<tr><td colspan="6">(2) 轿厢过载装置试验（记录过载信号在轿厢内加多少载荷时产生）：</td></tr>
<tr><td>评定意见</td><td colspan="5">年　月　日</td></tr>
<tr><td rowspan="3">参加人员</td><td>监理（建设）单位</td><td colspan="4">施　工　单　位</td></tr>
<tr><td rowspan="2"></td><td colspan="2">专业技术负责人</td><td>质检员</td><td>试验员</td></tr>
<tr><td colspan="2"></td><td></td><td></td></tr>
</table>

轿厢试验记录表是以经施工企业技术负责人审查签章后的本表格式形式归存。

2. 实施目的

轿厢试验记录表是指电梯安装工程安装完成后，为保证电梯安全运行按规范要求必须进行的测试项目。

3. 实施要点

(1) 当轿顶边缘和相邻电梯运动部件（轿厢、对重或平衡重）之间的水平距离小于0.5m时，隔障应延长贯穿整个井道的高度。隔障的宽度不得小于被保护的运动部件（或其部分）的宽度每边再各加0.1m。

(2) 轿厢在行程上部范围空载上行及行程下部范围载有125%额定载重量下行，分别停层3次以上，轿厢必须可靠地制停（空载上行工况应平层）。轿厢载有125%额定载重量以正常运行速度下行时，切断电动机与制动器供电，电梯必须可靠制动。

4.2.43-15 控制屏试验记录表（C2-43-15）

1. 资料表式

控制屏试验记录 **表 C2-43-15**

<table>
<tr><td>控制屏信号</td><td colspan="2"></td><td>被试验单位</td><td colspan="2"></td></tr>
<tr><td>控制功能名称</td><td colspan="2"></td><td>试验人员</td><td colspan="2"></td></tr>
<tr><td>试验设备</td><td colspan="2"></td><td>试验日期</td><td colspan="2"></td></tr>
<tr><td colspan="2">序　号</td><td>项　目</td><td colspan="2">试验条件与要求</td><td>结　果</td></tr>
<tr><td colspan="2">1</td><td>绝缘试验</td><td colspan="2">用500V兆欧表检查</td><td></td></tr>
<tr><td colspan="2">2</td><td>耐压试验</td><td colspan="2">1000V/50Hz</td><td></td></tr>
<tr><td colspan="2">3</td><td>控制功能试验</td><td colspan="2">按不同的控制功能的要求，检查其全部功能在模拟试验台上进行</td><td></td></tr>
<tr><td>说明</td><td colspan="5"></td></tr>
<tr><td>评定意见</td><td colspan="5"></td></tr>
<tr><td rowspan="3">参加人员</td><td rowspan="2">监理（建设）单位</td><td colspan="4">施　工　单　位</td></tr>
<tr><td colspan="2">专业技术负责人</td><td>质检员</td><td>试验员</td></tr>
<tr><td></td><td colspan="2"></td><td></td><td></td></tr>
</table>

控制屏试验记录是以经施工企业技术负责人审查签章后的本表格式形式归存。

2. 实施目的

控制屏试验记录是指电梯安装工程安装完成后，为保证电梯安全运行按规范要求必须进行的测试项目。

3. 实施要点

(1) 控制柜（屏）的安装位置应符合电梯土建布置图中的要求。

(2) 表列子项：

1) 绝缘试验：指控制柜（屏）试验进行的绝缘试验。详表内说明。

2) 耐压试验：指控制柜（屏）试验进行的耐压试验。详表内说明。

3) 控制功能试验：指控制柜（屏）试验进行的控制功能试验。详表内说明。

4) 责任制：

①监理（建设）单位：指监理单位的专业监理工程师，签字有效。当不委托监理时由建设单位的项目负责人签字；

②施工单位：指与该工程签订施工合同的法人施工单位；

③专业技术负责人：指施工单位的专业技术负责人，签字有效；

④质检员：负责该单位工程项目经理部的专职质检员，签字有效；

⑤实验员：负责该单位工程项目经理部的实验员，签字有效。

4.2.44 电梯分部（子分部）工程质量验收记录（C2-10）

电梯分部（子分部）工程质量验收记录按 C4 项下分部（子分部）工程质量验收记录执行。

4.2.45 电梯分项工程质量验收记录（C2-11、C2-12）

电梯分项工程质量验收记录按 C4 项下分项工程质量验收记录执行。

建 筑 智 能 化

4.2.46 图纸会审、设计变更、洽商记录（C2-13）

建筑智能化图纸会审、设计变更、洽商记录按 C2-1-1 ~ 3 执行。

4.2.47 材料、设备、配件出厂合格证及进场检（试）验报告（C2-3-1 ~ C2-3-3）

1. 材料、设备、配件出厂合格证及进场检（试）验

材料、设备、配件出厂合格证及进场检（试）验报告按 C2-3-1 ~ 3 执行。

2. 器材检验

(1) 器材检验一般要求如下：

1) 工程所用缆线器材型式、规格、数量、质量在施工前应进行检查，无出厂检验证明材料或与设计不符者不得在工程中使用。

2) 经检验的器材应做好记录，对不合格的器材应单独存放，以备核查与处理。

3) 工程中使用的缆线、器材应与订货合同或封存的产品在规格、型号、等级上相符。

4) 备品、备件及各类资料应齐全。

(2) 型材、管材与铁件的检验要求如下：

1) 各种型材的材质、规格、型号应符合设计文件的规定，表面应光滑、平整，不得变形、断裂。预埋金属线槽、过线盒、接线盒及桥架表面涂覆或镀层均匀、完整，不得变形、损坏。

2) 管材采用钢管、硬质聚氯乙烯管时，其管身应光滑、无伤痕，管孔无变形，孔径、壁厚应符合设计要求。

3）管道采用水泥管块时，应按通信管道工程施工及验收中相关规定进行检验。

4）各种铁件的材质、规格均应符合质量标准，不得有歪斜、扭曲、飞刺、断裂或破损。

5）铁件的表面处理和镀层应均匀、完整，表面光洁，无脱落、气泡等缺陷。

（3）缆线的检验要求如下：

1）工程使用的对绞电缆和光缆型式、规格应符合设计的规定和合同要求。

2）电缆所附标志、标签内容应齐全、清晰。

3）电缆外护套应完整无损，电缆应附有出厂质量检验合格证。如用户要求，应附有本批量电缆的技术指标。

4）电缆的电气性能抽验应从本批量电缆中的任意3盘中各截出100m长度，加上工程中所选用的接插件进行抽样测试，并作测试记录。

5）光缆开盘后应先检查光缆外表有无损伤，光缆端头封装是否良好。

6）综合布线系统工程采用光缆时，应检查光缆合格证及检验测试数据，在必要时，可测试光纤衰减和光纤长度，测试要求如下：

①衰减测试：宜采用光纤测试仪进行测试。测试结果如超出标准或与出厂测试数值相差太大，应用光功率计测试，并加以比较，断定是测试误差还是光纤本身衰减过大。

②长度测试：要求对每根光纤进行测试，测试结果应一致，如果在同一盘光缆中，光纤长度差异较大，则应从另一端进行测试或做通光检查以判定是否有断纤现象存在。

7）光纤接插软线（光跳线）检验应符合下列规定：

①光纤接插软线，两端的活动连接器（活接头）端面应装配有合适的保护盖帽。

②每根光纤接插软线中光纤的类型应有明显的标记，选用应符合设计要求。

（4）接插件的检验要求如下：

1）配线模块和信息插座及其他接插件的部件应完整，检查塑料材质是否满足设计要求。

2）保安单元过压、过流保护各项指标应符合有关规定。

3）光纤插座的连接器使用型式和数量、位置应与设计相符。

（5）配线设备的使用应符合下列规定：

1）光、电缆交接设备的型式、规格应符合设计要求。

2）光、电缆交接设备的编排及标志名称应与设计相符。各类标志名称应统一，标志位置正确、清晰。

（6）有关对绞电缆电气性能、机械特性、光缆传输性能及接插件的具体技术指标和要求，应符合设计要求。

3. 主要设备开箱检验记录

主要设备开箱检验记录按C2-1-3执行。

4.2.48　隐蔽工程验收记录（C2-5）

建筑智能化隐蔽验收项目按C2-5执行。

4.2.49　系统功能测定及设备调试记录（C2-49）

4.2.49-1　系统功能测定记录（C2-49-1）

1. 资料表式

系统功能测定记录 表 C2-49-1

工程名称		施工单位		
设备名称		分部（子分部）		
测试日期	年 月 日	测试部位		
测定内容				
调定结果				
鉴定结论				
复查结果				
参加人员	监理（建设）单位	施工单位		
		专业技术负责人	质检员	试验员

系统功能测定记录是以经施工企业技术负责人审查签章后的本表格式形式归存。

2. 实施目的

系统功能测定记录是指智能化系统工程安装完成后，按规范要求必须进行的测试项目。

3. 资料要求

(1) 现场测试项目必须是在测试现场进行。由施工单位的专业技术负责人牵头，专职质量检查员详细记录，建设单位代表和项目监理机构的专业监理工程师参加。

现场原始记录须经施工单位的技术负责人和专职质量检查员签字、建设、监理单位的参加人员签字后方有效并归存，作为整理资料的依据以备查。

(2) 资料内必须附图，附图应简单易懂，且能全面反映附图质量。

(3) 鉴定意见或分析结论的技术资料，必须填写清楚是符合设计和标准要求还是不符合设计或标准要求。

(4) 试验报告单内的主要试验项目应齐全，不齐全时应重新进行复试。

(5) 表内的内容必须填写齐全，不得缺项，主要的试验项目缺项为不符合要求。

4. 实施要点

系统功能测定包括：通信网络、办公自动化、建筑设备监控、火灾报警、消防联动、安全防范、综合布线、智能化系统、电源与接地、环境、住宅（小区）智能化等功能测试分别使用系统功能测定表（通用）、设备调试记录表（通用）。

标准（GB 50304—2001）条文说明：将原建筑电气安装分部工程中的强电和弱电部分独立出来各为一个分部工程，称其为建筑电气分部和建筑智能化（弱电）分部。

智能建筑分部的弱电工程分部，包括：通信网络系统、办公自动化系统、建筑设备监控系统、火灾报警及消防联动系统、安全防范系统、综合布线系统、智能化集成系统、电源与接地、环境、住宅（小区）智能化系统等。

系统功能测试系指子分部工程中的子系统的每一个单独系统的测试。如：通信网络系统中的通信系统、卫星及有线电视系统、公共广播系统；办公自动化系统中的计算机网络系统、信息平台及办公自动化应用软件、网络安全系统……等。

形成这些信息系统均应分别按照设计要求进行测试。

通信网络系统、建筑设备自动化系统、办公自动化系统、广播音响系统、有线电视系统及自动化的说明。

(1) 通信网络系统（CNS） Communication Network System

它是楼内的语音、数据、图像传输的基础，同时与外部通信网络（如公用电话网、综合业务数字网、计算机互联网、数据通信网及卫星通信网等）相联，确保信息畅通。

通信网络子分部工程系统包括通信系统、卫星及有线电视系统、公共广播系统三个分项工程。

通信网络系统基本结构的控制中心是程控数字用户交换机系统，是一个高压模块化的全分散控制系统。产品选择必须具有适用性、可靠性和经济性，并具有维修比较简单的特点。

通信网络的类别：

程控数字用户交换机系统（建筑物内部进行电话交换的专用交换机）、语言信息服务系统（建筑物内用户专用语音信息、图文传真服务系统）、数据信息处理系统（包括：电子邮件、文件传递、电子数据交换、传真存储转发、图像和数字话音等）、可视图文系统（利用公用电话交换网和公用数据分组交换网，以交互型图像通信的方式向建筑物内用户提供公用数据库和专用数据库中的各类信息）、可视电话系统（双方通话能同时见到对方，图像在电话中）、微波通信系统（微波是指在300MHz至300GHz范围的电磁波。微波通信是指用户利用微波（射频）携带数字信息，通过微波天线发送，经过空间微波通道传输电波，到达另一端微波天线接受（发送）设备进行再生用户数字信号的通信方式）、光缆通信系统（数字光通信方式，即光缆时分数字传输链路方式进行多媒体信息传输）、卫星通信系统（利用人造地球卫星中继站转发或反射无线电信号，在两个或多个地球站之间进行通信）。

通令技术设备如：交换机系统接口设备、数据终端接口设备（数字话机、异步数据通信适配器、同步数据通信适配器、主计算机规约转换器、调制解调器）等均应有出厂合格证及标准规定了测（试）验报告及开箱数据资料）。

(2) 建筑设备自动化系统（BAS） Building Automation System

将建筑物或建筑群内的电力、照明、空调、给排水、防灾、保安、车库管理等设备或系统，以集中监视、控制和管理为目的，构成综合系统。

建筑设备临近子分部系统包括：空调与通风系统、变配电系统、照明系统、给排水系统、热源与热交换系统、冷冻和冷却系统、电梯和自动扶梯系统、中央管理工作站与操作分站、子系统通令接口 9 个分项工程。

(3) 办公自动化系统（OAS） Office Automation System

办公自动化系统是应用计算机技术、通信技术、多媒体技术和行为科学等先进技术，使人们的部分办公业务借助于各种办公设备，并由这些办公设备与办公人员构成服务于某种办公目标的人机信息系统。

办公自动化子分部工程系统包括：计算机网络系统、信息平台及办公自动化应用软件、网络安全系统 3 个分项工程。

办公自动化是一个以计算机技术为基础的人—机信息处理系统，是以提高办公效率、保证工作质量和舒适性为目标的综合性、多学科的实用技术，其内容包括语音、数据、图像、文字信息等的一体化信息处理系统。

办公自动化初期应用的设备主要是单项设备应用。如：传统的电话、各种打字机、复印机、传真机、收录机、文字缩微装置等。近年来由于电子数据处理技术的发展，智能化的数据终端、文字图形处理终端、个人计算机、多用户工作站等也相继出现。数据处理和通信技术形成了一体化技术体系，为实现综合办公自动化系统创造了条件。

办公自动化系统分为：事务型办公自动化系统、管理型办公自动化系统、决策型办公自动化系统、一体化办公自动化系统。

办公自动化施工必须严格按照设计文件施工质量和验收规范执行。

(4) 广播音响系统

广播音响系统包括：一般广播、特殊广播和紧急广播等系统，一般应设置广播室。

1) 音量评价标准

听音质量可以从以下几个方面加以评判：

①响度：按相关标准规定执行。

②声场均匀度：根据音场空间和平面，正确布置相声设备；控制扬声设备的位置、悬点、俯角和它们的功率分配。

根据声场各点的声压级差值不大于 6～10dB。

③清晰度的混响时间：以语言为主的听音场所，清晰度应为 85%以上。

④信噪比：一般要求信噪比为 10～15dB。

⑤系统失真度：应力求其特性平滑、谐波失真要小。

⑥视听一致性。

⑦传声增闪：传声增闪应稳定且不低于 -14dB。

⑧功率储备和调音手段。

2) 音响设备

主要包括：传声器、电唱机、录音机、扬声器、功率放大（扩音机）器、前级增音机、转播接收机、声频处理设备（人工混响器、延时器、压缩器、限幅器以及噪声增益自动控制器等）。

单响设备及材料应具有出厂合格证以及标准规定的检（试）验报告或开箱检验报告等。

(5) 有线电视系统（闭路电视简称（CATV）

1）是在一座建筑物或一个建筑群中，选一个最佳的天线安装位置，根据所接受的电视频道的具体情况，选用一组优质天线，将接受到的电视信号进行混合放大，并通过传输和分配网络送至各用户的电视接收机。它可以同时传送调频广播、转播卫星电视节目，还可以配备电视摄像机，经过视影信号调制器进入系统，构成保安闭路电视；配上电视放像机还可以自办节目等。

2）有线电视系统在安装天线时，在一座建筑物或一个建筑群中，应选择一个最佳的天线安装位置，选用一组优质天线经混合放大送至各用户的电视接收机。

3）电视图像质量主观评价标准定为5级：

5级：良好的图像，觉察不到噪声和干扰。

4级：较好的图像，噪声干扰可觉察到但不讨厌。

3级：噪声和干扰，有点讨厌。

2级：干扰和噪声使人讨厌。

1级：严重干扰，很讨厌，图像不能成形，甚至无法接受。

（6）自动化：自动控制是自动化的基础

自动控制是系统中按人为规定的目标，在没有人直接参与的情况下，系统能自动完成所规定的所有动作，而且能够自动克服各种干扰，这种控制叫做自动控制。简言之，自动控制即应用自动化检测仪表或控制装置代替人工，自动地对机器设备或工艺过程进行控制，使之达到预期的状态或性能要求。

（7）智能建筑的供配电

1）智能建筑的用电设备种类多、耗电量大，按其功能分有：电力、照明、电梯、给排水、制冷、供热、空调、消防、通信、计算机等，智能化设备由于连续不间断工作的重要负荷，供电可靠性和电源质量是保证智能化设备及其网络稳定工作的重要因素。

2）智能建筑供电应满足电源质量的要求，减少电压损失；防止电压偏移，一般规定电压值偏移应控制在±5%；抑制高次谐波；减少电能损耗，配电电压一般应采用10kV～35kV配电电压，注意三相系统中相电压的不平衡。

3）变压器选择应根据使用的环境、功能、变压器装机容量，按照计算的最佳负荷选取时应略高于最佳保证率，选择应用的变压器。

4）有功能要求的应设置自备应急电源装置。柴油发电机的容量通常按变压器容量的10%～20%（应由设计选定）。

5）智能化设备的供电方式通常有集中供电和分散供电两种，两者各有优缺点，而分散供电是今后发展的方向。

6）智能建筑供配电导线和电缆选择的一般方法为：

①按使用环境和敷设方法选择导线和电缆的类型。

②按机械强度和敷设方法选择导线和电缆的最小允许截面。

③按允许升温和敷设方法选择导线和电缆的截面。

④按电压损失和敷设方法校验导线和电缆的截面。

上述选择的导线和电缆具有几种不同规格的截面时，应选取其中截面较大的一种。

7）计算机机房的供电必须从技术措施中保证系统的稳定和可靠。增加电源进线滤波器，调压器的功率一般应大于计算机系统总容量的1.5～2倍才较为可靠。

8）保证计算机系统工作稳定、可靠，除保证供电方式外，还必须保证接地装置的设计、安装质量。如设备的安全保护接地、计算机系统的直流接地（必须按计算机说明要求做）等。施工安装中应注意的事项主要有：

①在计算机系统中，建议单独设置设备保护接地，将其设置在距离墙外1m远的地方为好。

②交流设备保护接地与直流接地不能在室内混用，更不能共用接地装置。

③直流接地采用一点式接地。即在室内将计算机机柜的直流接地安装在悬浮的地线网上。

9）表列子项：

①测定内容：按相关标准规定的测定内容填写，按实际填写。

②测定结果：按实际测定结果填写，按实际填写。

③复查结果：按相关标准与实际测定结果对照得出了结论，按实际填写。

④评定意见：指测试完成后的评定意见，按实际填写。

⑤责任制：

a. 监理（建设）单位：指监理单位的专业监理工程师，签字有效。当不委托监理时由建设单位的项目负责人签字；b. 施工单位：指与该工程签订施工合同的法人施工单位；c. 专业技术负责人：指施工单位的专业技术负责人，签字有效；d. 质检员：负责该单位工程项目经理部的专职质检员，签字有效；e. 试验员：负责该单位工程项目经理部的试验员，签字有效。

4.2.49-2　设备调试记录（C2-49-2）

1. 资料表式

设 备 调 试 记 录　　　　**表 C2-49-2**

<table>
<tr><td colspan="2">工程名称</td><td colspan="2"></td><td colspan="2">设备所在部位</td><td></td></tr>
<tr><td colspan="2">施工单位</td><td colspan="2"></td><td>调试日期</td><td colspan="2">年　月　日</td></tr>
<tr><td>设备名称及标准测试要点规定</td><td colspan="6"></td></tr>
<tr><td>测试过程情况</td><td colspan="6"></td></tr>
<tr><td>测试结论</td><td colspan="6"></td></tr>
<tr><td rowspan="3">参加人员</td><td colspan="2" rowspan="2">监理（建设）单位</td><td colspan="4">施　工　单　位</td></tr>
<tr><td>专业技术负责人</td><td colspan="2">质检员</td><td>试验员</td></tr>
<tr><td colspan="2"></td><td></td><td colspan="2"></td><td></td></tr>
</table>

设备调试记录是以经施工企业技术负责人审查签章后的本表格式形式归存。

2. 实施目的

设备调试记录是指建筑智能化工程安装完成后，按规范要求必须进行的测试项目。

3. 实施要点

设备调试记录实施要点见 4.2.49-1。

4.2.50 系统检测报告（C2-50）

4.2.50-1 综合布线测试记录（C2-50-1）

1. 资料表式

综合布线测试记录 **表 C2-50-1**

工程名称				测试时间	年　月　日	仪表型号	
序号	点编号	房间号	设备房号	长度（m）	接线正确	衰减（dB）	近端串扰（dB）
测试结果：							

参加人员	监理（建设）单位	施工单位		
		专业技术负责人	质检员	试验员

系统检测报告是以经施工企业技术负责人审查签章后的本表格式形式归存。

2. 实施目的

综合布线测试记录是指建筑智能化的综合布线系统工程安装完成后，按规范要求必须进行的测试项目。

3. 资料要求

(1) 现场测试项目必须在测试现场进行。由施工单位的专业技术负责人牵头，专职质量检查员详细记录，建设单位代表和项目监理机构的专业监理工程师参加。

现场原始记录须经施工单位的技术负责人和专职质量检查员签字、建设监理单位的参加人员签字后方有效并归存，作为整理资料的依据以备查。

(2) 资料内必须附图的，附图应简单易懂，且能全面反映附图质量。

(3) 鉴定意见或分析结论的技术资料，必须填写清楚是符合设计和标准要求还是不符合设计或标准要求。

(4) 试验报告单内的主要试验项目应齐全，不齐全时应重新进行复试。

(5) 表内的内容必须填写齐全，不得缺项，主要的试验项目缺项为不符合要求。

4. 实施要点

(1) 综合布线系统是建筑物或建筑群内部之间的传输网络，是现代化大厦与外界联系的信息通道。它能使建筑物或建筑群内部的语音、数据通信设备、信息交换设备、建筑物物业管理及建筑物自动化设备等系统之间彼此相联，也能使建筑物内通信网络设备与外部的通信网络相联。

(2) 综合布线系统由6个独立的子系统组成，互不影响，6个子系统依次为：

①水平子系统：由每个工作区的信息插座开始，经水平布置一直到管理区的内侧配线架的线缆所组成。

②干线子系统：由建筑物内所有的（垂直）干线多对段线缆所组成。

③工作区子系统：由工作区内的终端设备及其连接到水平子系统信息插座的接插线或软线所组成。

④管理区子系统：由定义连接、直接连接配线的（配线架）连接硬件等设备所组成。

⑤设备间子系统：由设备中间的线缆，连接器和相关支撑硬件所组成。

⑥建筑群子系统：是将多个建筑物的数据通信信号连接为一体的布线系统。

(3) 综合布线系统产品。

①系统产品包括：传输电缆、信息插座、插头、转换器（适配器）、连接器、线路配线及跳线硬件、传输电子信号和光信号线缆的检测器、电气保护设备，各种相关硬件的工具等。

②系统产品还包括：建筑物内到电话局线缆进楼的交接点（汇接点）上这一段的布线线缆和相关器件。不包括交接点外的电话局网络上的线缆和相关器件以及不包括连接到布线系统上的各个交换设备，如程控数字用户交换机，数据交换设备，工作站中的终端设备和建筑物内自动控制设备。

(4) 综合布线系统产品的单级应符合产品标准和设计要求，综合布线单位产品应提供材料，设备出厂合格证明及技术文件及进场检（试）验报告。

(5) 综合布线测试包括以下两类：

①电缆传输链路验证测试：是在施工过程中由施工人员边施工边测试，以提高施工的质量和速度，保证所完成的每一个连接的正确性。

②电缆传输通道认证测试：由工程的建筑单位（甲方）或建设单位的委托方对综合布线工程质量依据某一个标准进行逐项的比较，以确定综合布线是否全部达到设计要求。

以上两种测试包括连接性能测试和电气性能测试。

(6) 综合布线认证的测试参数。

1) 接线图：是用来检验每根电缆末端的8条芯线与接线端子实际连接是否正确，并对安装连通性进行检查。

2) 长度：保证长度测量的精度可在此项测试前对被测线缆的NVP值进行校核。

3) 衰减：对信号能量基本链路或通道损耗的量度。随频率和线缆长度的增加而增大。

4) 近端串扰损耗：串扰是高速信号在双绞线上传输时，由于分布互感和电容的存在，在邻近传输线中感应的信号。它是决定链路传输能力的最重要的参数。施工质量问题会产生近端串扰。

测试一条双绞电缆的链路的近端串扰，需要在每一对线之间测试。

5) 直流环路电阻：任何导线都存在电阻，直流环路电阻是指一对双绞线电阻之和。100Ω非屏蔽双绞电缆直流环路电阻不大于19.2Ω/100m，150Ω屏蔽双绞电缆直流环路电阻不大于12Ω/100m。常温环境下的最大值不超过30Ω。直流环路电阻的测量应在每对双绞线远端短路，在近端测量直流环路电阻，其值应与电缆中导体的长度和直径相吻合。

6) 特性阻抗：特性阻抗是衡量由电缆及相关连接件组成的传输通道的主要特性之一。一般说来，双绞电缆特性阻抗是一个常数。常说的100ΩUTP（非屏双绞电缆）、120ΩFTP（金属箔双绞电缆）、150ΩSTP（屏蔽双绞电缆）；其中100Ω、120Ω、150Ω就是双绞电缆的特性阻抗。一个选定的平衡电缆通道的特性阻抗极限不能超过标称阻抗的15%。

7) 衰减与近端串扰比：此值是以dB表示的近端串扰与以dB表示的衰减的差值，它表示了信号强度与串扰产生的噪声强度的相对大小，它不是一个独立的测量值而是衰减与近端串扰（NEXT-AtteNuation）的计算结果，$ACR = NEXT - \alpha$，其值越大越好。

8) 综合近端串扰：近端串扰是当发送与接受信号同时进行时，在这根电缆所产生的电磁干扰。在一根电缆中使用多对双绞线进行传送和接受信息会增加这根电缆中某对线的串扰。

9) 等效近端串扰：一个线对从近端发送信号，其他线对接受串扰信号，在链路远端测量到径线路衰减了的串扰，称为远端串扰（FEXT）。测量得到的远端串扰值在减去线中衰减值（与线长有关）后，得到的就是所谓的等效远端串扰。

10) 传输延迟：这一参数代表了信号从链路的起点到终点的延迟时间。它的正式定义是一个10MHz的正弦波的相位漂移。两个线对间的传输延迟的偏差对于某些高速局域网来说是十分重要的参数。

11) 回波损耗：它是表征100Ω双绞电缆终接100Ω阻抗时，输入阻抗的波动。它是衡量通道特性阻抗一致的。通道的特性阻抗随着信号频率的变化而变化。

双绞线的特性阻抗、传输速度和长度，各段双绞线的接续方式和均匀性都直接影响到结构回波损耗。

(7) 缆线的敷设。

1) 缆线一般应按下列要求敷设：

①缆线的型式、规格应与设计规定相符。

②缆线的布放应自然平直，不得产生扭绞、打圈接头等现象，不应受到外力的挤压和损伤。

③缆线两端应贴有标签，应标明编号，标签书写应清晰、端正和正确。标签应选用不易损坏的材料。

④缆线终接后，应有余量。交接间、设备间对绞电缆预留长度宜为 0.5～1.0m，工作区为 10～30mm；光缆布放宜盘留，预留长度宜为 3～5m，有特殊要求的应按设计要求预留长度。

⑤缆线的弯曲半径应符合下列规定：

a. 非屏蔽 4 对对绞电缆的弯曲半径应至少为电缆外径的 4 倍；

b. 屏蔽 4 对对统电缆的弯曲半径应至少为电缆外径的 6～10 倍；

c. 主干对绞电缆的弯曲半径应至少为电缆外径的 10 倍；

d. 光缆的弯曲半径应至少为光缆外径的 15 倍。

⑥电源线、综合布线系统缆线应分隔布放。缆线间的最小净距应符合设计要求，并应符合表 C2-50-2 的规定。

对绞电缆与电力线最小净距　　表 C2-50-2

条件 ＼ 单位 范围	最小净距（mm）		
	380V <2kV·A	380V 2.5～5kV·A	380V >5kV·A
对绞电缆与电力电缆平行敷设	130	300	600
有一方在接地的金属槽道或钢管中	70	150	300
双方均接地的金属槽道或钢管中	注	80	150

注：双方都在接地的金属槽道或钢管中，且平行长度小于 10m 时，最小间距可为 10mm。表中对绞电缆如采用屏蔽电缆时，最小净距可适当减小，并符合设计要求。

⑦建筑物内电、光缆暗管敷设与其他管线最小净距见表 C2-50-3 的规定。

电、光缆暗管敷设与其他管线最小净距　　表 C2-50-3

管线种类	平行净距（mm）	垂直交叉净距（mm）	管线种类	平行净距（mm）	垂直交叉净距（mm）
避雷引下线	1000	300	给水管	150	20
保护地线	50	20	煤气管	300	20
热力管（不包封）	500	500			
热力管（包封）	300	300	压缩空气管	150	20

⑧在暗管或线槽中缆线敷设完毕后，宜在通道两端出口处用填充材料进行封堵。

2）预埋线槽和暗管敷设缆线应符合下列规定：

①敷设线槽的两端宜用标志表示出编号和长度等内容。

②敷设暗管宜采用钢管或阻燃硬质 PVC 管。布放多层屏蔽电缆、扁平缆线和大对数主干电缆或主干光缆时，直线管道的管径利用率应为 50%～60%，弯管道应为 40%～50%。暗管布放 4 对对绞电缆或 4 芯以下光缆时，管道的截面利用率应为 25%～30%。

预埋线槽宜采用金属线槽，线槽的截面利用率不应超过 50%。

3）设置电缆桥架和线槽敷设缆线应符合下列规定：

①电缆线槽、桥架宜高出地面 2.2m 以上。线槽和桥架顶部距楼板不宜小于 300mm；

在过梁或其他障碍物处，不宜小于50mm。

②槽内缆线布放应顺直，尽量不交叉，在缆线进出线槽部位、转弯处应绑扎固定，其水平部分缆线可以不绑扎。垂直线槽布放缆线应每间隔1.5m固定在缆线支架上。

③电缆桥架内缆线垂直敷设时，在缆线的上端和每间隔1.5m处应固定在桥架的支架上；水平敷设时，在缆线的首、尾、转弯及每间隔5~10m处进行固定。

④在水平、垂直桥架和垂直线槽中敷设缆线时，应对缆线进行绑扎。对绞电缆、光缆及其他信号电缆应根据缆线的类别、数量、缆径、缆线芯数分束绑扎。绑扎间距不宜大于1.5m，间距应均匀，松紧适度。

⑤楼内光缆宜在金属线槽中敷设，在桥架敷设时应在绑扎固定段加装垫套。

4）采用吊顶支撑柱作为线槽在顶棚内敷设缆线时，每根支撑柱所辖范围内的缆线可以不设置线槽进行布放，但应分束绑扎。缆线护套应阻燃，缆线选用应符合设计要求。

5）建筑群子系统采用架空、管道、直埋、墙壁及暗管敷设电、光缆的施工技术要求应按照本地网通信线路工程验收的相关规定执行。

（8）保护措施：

1）水平子系统缆线敷设保护应符合下列要求。

①预埋金属线槽保护要求如下：

a. 在建筑物中预埋线槽，宜按单层设置，每一路由预埋线槽不应超过3根，线槽截面高度不宜超过25mm，总宽度不宜超过300mm。

b. 线槽直埋长度超过30m或在线槽路有交叉、转弯时，宜设置过线盒，以便于布放缆线和维修。

c. 过线盒盖应能开启，并与地面齐平，盒盖处应具有防水功能。

d. 过线盒和接线盒盒盖应能抗压。

e. 从金属线槽至信息插座接线盒间的缆线宜采用金属软管敷设。

②预埋暗管保护要求如下：

a. 预埋在墙体中间暗管的最大管径不宜超过50mm，楼板中暗管的最大管径不宜超过25mm。

b. 直线布管每30m处应设置过线盒装置。

c. 暗管的转弯角度应大于90°，在路径上每根暗管的转弯角不得多于2个，并不应有S弯出现，有弯头的管段长度超过20m时，应设置管线过线盒装置；在有2个弯时，不超过15m应设置过线盒。

d. 暗管转弯的曲率半径不应小于该管外径的6倍，如暗管外径大于50mm时，不应小于10倍。

e. 暗管管口应光滑，并加有护口保护，管口伸出部位宜为25~50mm。

③网络地板缆线敷设保护要求如下：

a. 线槽之间应沟通。

b. 线槽盖板应可开启，并采用金属材料。

c. 主线槽的宽度由网络地板盖板的宽度而定，一般宜在200mm左右，支线槽宽度不宜小于70mm。

d. 地板块应抗压、抗冲击和阻燃。

④设置缆线桥架和缆线线槽保护要求如下：

a. 桥架水平敷设时，支撑间距一般为 1.5～3m，垂直敷设时固定在建筑物结构体上的间距宜小于 2m，距地 1.5m 以下部分应加金属盖板保护。

b. 金属线槽敷设时，在下列情况下设置支架或吊架。

——线槽接头处；

——每间距 3m 处；

——离开线槽两端出口 0.5m 处；

——转弯处。

c. 塑料线槽槽底固定点间距一般宜为 lm。

⑤铺设活动地板敷设缆线时，活动地板内净空应为 150～300mm。

⑥采用公用立柱作为顶棚支撑柱时，可在立柱中布放缆线。立柱支撑点宜避开沟槽和线槽位置，支撑应牢固。立柱中电力线和综合布线缆线合一布放时，中间应有金属板隔开，间距应符合设计要求。

⑦金属线槽接地应符合设计要求。

⑧金属线槽、缆线桥架穿过墙体或楼板时，应有防火措施。

2）干线子系统缆线敷设保护方式应符合下列要求：

①三缆线不得布放在电梯或供水、供汽、供暖管道竖井中，亦不应布放在强电竖井中。

②干线通道间应沟通。

3）建筑群子系统缆线敷设保护方式应符合设计要求。

（9）缆线终接。

1）缆线终接的一般要求如下：

①缆线在终接前，必须核对缆线标识内容是否正确；

②缆线中间不允许有接头；

③缆线终接处必须牢固，接触良好；

④缆线终接应符合设计和施工操作规程；

⑤对绞电缆与插接件连接应认准线号、线位色标，不得颠倒和错接。

2）对绞电缆芯线终接应符合下列要求：

①终接时，每对对绞线应保持扭绞状态，扭绞松开长度对于 5 类线不应大于 13mm。

②对绞线在与 8 位模块式通用插座相连时，必须按色标和线对顺序进行卡接。插座类型、色标和编号应符合图 C2-50-1 的规定。在两种连接图中，首推 A 类连接方式，但在同一布线工程中两种连接方式不应混合使用。

③屏蔽对绞电缆的屏蔽层与接插件终接处屏蔽罩必须可靠接触，缆线屏蔽层应与接插件屏蔽罩 360°圆周接触，接触长度不宜小于 10mm。

3）各类跳线的终接应符合下列规定：

①各类跳线缆线和接插件间接处应良好，接线无误，标志齐全。跳线选用类型应符合系统设计要求。

②各类跳线长度应符合设计要求，一般对续电缆跳线不应超过 5m，光缆跳线不应超过 10m。

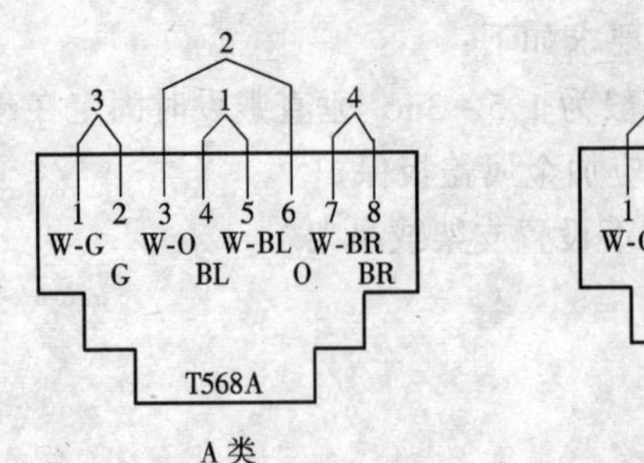

A 类

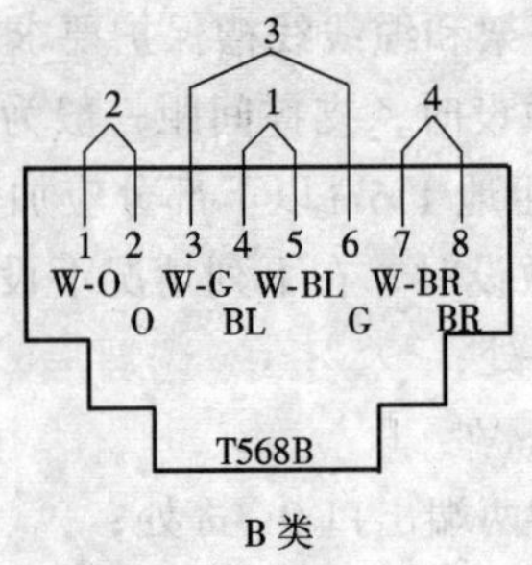

B 类

图 C2-50-1 8 位模块式通用插座连接图

G（Green）—绿；BL（Blue）—蓝；BR（Brown）—棕；
W（White）—白；O（Orange）—橙

(10) 工程电气测试。

1）综合布线系统工程的电缆系统电气性能测试及光纤系统性能测试，其中电缆系统测试内容分为基本测试项目和任选项目测试。各项测试应有详细记录，以作为竣工资料的一部分，测试记录格式如表 C2-50-1 所示。

2）电气性能测试仪按二级精度，应达到表 C2-50-4 规定的要求。

测试仪精度最低性能要求 **表 C2-50-4**

序号	性能参数	1~100 兆赫（MHz）	序号	性能参数	1~100 兆赫（MHz）
1	随机噪声最低值	65—15log（f/100）dB	5	动态精确度	±0.75dB
2	剩余近端串音（NEXT）	55—15log（f/100）dB	6	长度精确度	±1m±4%
3	平衡输出信号	37—15log（f/100）dB	7	回损	15dB
4	共模抑制	37—15log（f/100）dB			

注：动态精确度适用于从 0dB 基准值至优于 NEXT 极限值 10dB 的一个带宽，按 60dB 限制。

3）现场测试仪应能测试 3、5 类对绞电缆布线系统及光纤链路。

4）测试仪表应有输出端口，以将所有存贮的测试数据输出至计算机和打印机，进行维护和文档管理。

5）电、光缆测试仪表应具有合格证及计量证书。

(11) 综合布线的工程验收。

综合布线工程验收，按工程进度可分为：工程验收准备、工程验收检查、工程竣工验收三个阶段。工程验收准备由施工单位会同建设单位进行。工程验收检查和工程竣工验收由行业技术主管单位会同有关部门进行。

1）工程验收准备

工程竣工后，施工单位提交技术监督部门计量认证以前，将工程竣工技术资料一式三份提交给建设单位。

①综合布线工程竣工技术资料应包括以下内容：

a. 竣工图纸：包括系统图和施工图。系统图和施工图分别包括施工中变更的部分。施工图包括各楼层布局图、路径图和信息端口分布图、配线图。

b. 原材料出厂质量合格证明和抽查记录；设备、器材明细表：它包括施工变更的部分。

c. 安装技术记录：它包括随施工进程的验收记录和隐蔽工程签证。

d. 施工变更记录：它包括工程变更设计或采取相关措施，以及由设计、施工、建设或监理等部门共同洽商的记录。

e. 测试报告：电缆传输通道测试报告内容：电缆测试仪类型、精度及校准性；电缆通道的电缆及相关连接件类型；电缆通道测试参数：包括接线图、长度、误差和近端串扰等，每条通道都要测试；配线架（柜）接地电阻，每个配线架都要测试，或者设计时特殊规定的测试内容。

光纤传输通道测试报告内容：光纤测试仪型号及其精度；光纤类型及光纤连接器类型：光纤是单模还是多模；光纤连接器是 ST 型还是 SC 型，是单工还是双工的；光纤通道测试参数；光纤连续性和光纤通道衰减，每条通道都要测试。

f. 隐蔽工程验收记录。

g. 工程决算。

2）工程验收检查

在施工单位自检的基础上，工程验收检查一般应按施工前检查、隐蔽工程检查、工程验收检查程序进行。具体步骤如下：

①施工前检查：

a. 环境要求：

——工作区、配线间、设备间土建工程已竣工；预留孔洞的位置、数量、尺寸均符合设计要求；预埋金属管，电气接线盒符合设计要求。

——配线间、设备间的电源插座及接地装置符合设计要求。

b. 器材检验：

——规格、类型、数量应与设计相符；

——外观检查；

——性能抽样测试应符合设计（或厂商产品说明书）要求。

c. 安全消防要求：

——配线间、设备间预留孔洞应采取防火措施。

——施工前检查应由施工单位与建设单位共同完成。

②工程验收检查：

a. 配线架（柜）：

——规格、型号应符合设计要求；

——安装垂直度、水平度不得大于设计要求；

——外观油漆不得脱落，标志完整齐全；

——各种螺丝必须拧紧；

——防震加固牢靠；

——接地装置连接牢固。

b. 信息插座：

——规格、型号应符合设计要求；

——各种螺丝必须拧紧；

——外观标志齐全；

——线缆端接符合工艺要求；

——屏蔽层，接地可靠。

c. 金属管及线槽安装：

——安装路径及起止位置符合设计要求；

——安装工艺符合设计要求；

——接地可靠。

d. 楼内线缆布放：

——线缆规格、型号符合设计要求；

——线缆布放符合工艺要求；

——金属管或线槽内线缆数量符合设计要求。

e. 楼间线缆布放：

——架空线缆：吊线规格、架设位置、装设规格；吊线垂度；线缆规格；线缆引入室内符合工艺要求。

——管道线缆：管径、人孔位置；线缆规格；线缆的防护设施。

——直埋线缆：敷设路径、起止位置及深度；线缆规格；线缆的防护设施；埋设后的地面质量及标志。

f. 线缆端接：信息插座符合工艺要求；配线模块符合工艺要求；各类跳线符合工艺要求；光纤插座符合工艺要求。

③隐蔽工程检查：应随工程进展在施工单位完成一个或几个部分项目后进行。

隐蔽工程检查可以由设计单位与建设单位共同完成。若设计单位也是施工单位，应由监理单位会同建设单位完成。

隐蔽工程验收应做好签证。

3）工程竣工验收

工程竣工验收包括整个工程质量和传输性能。工程质量以现场检查方式进行；传输性能必须用测试仪器进行测试。双绞电缆测试仪器，应分别满足 ANSI/TIA/EIA TSB-67 基本链路和通道二级精确度测试仪器的要求，测试链路或通道应符合 ANSI/TIA/EIA TSB-67 要求。光纤链路：水平子系统部分，可选一个工作波长，从一个方向测试光衰减；干线子系统部分，应选两个工作波长，从一个方向测试光衰减。

①竣工验收测试：

a. 电缆传输通道性能测试：

用二级精度的测试仪器按 10% 的比例进行抽查测试，所测数据应符合电缆传输通道的性能要求。被抽样的信息点及干线线对数量应不少于 100 个（对）。

b. 光纤传输通道性能测试：

用已校准的光纤测试仪器对光纤布线通道，进行全部测试。所测数据应符合光纤传输通道的性能要求。

c. 接地电阻测量：

接地电阻值应符合设计要求。

②竣工技术文件：

竣工技术文件要做到内容齐全、数据准确、外观整洁。

在验收过程中发现不合格的项目，应由验收部门查明原因，分清责任，提出解决办法。

③综合布线工程的竣工验收必须经过严格的传输通道参数测试。测试资料应作为验收文件存档。

(12) 综合布线系统工程检验项目及内容见表 C2-50-3。

检验项目及内容 **表 C2-50-3**

阶　段	验收项目	验　收　内　容	验收方式
一、施工前检查	1. 环境要求	(1) 土建施工情况：地面、墙面、门、电源插座及接地装置； (2) 土建工艺：机房面积、预留孔洞； (3) 施工电源； (4) 地板铺设	施工前检查
	2. 器材检验	(1) 外观检查； (2) 型式、规格、数量； (3) 电缆电气性能测试； (4) 光纤特性测试	施工前检查
	3. 安全、防火要求	(1) 消防器材； (2) 危险物的堆放； (3) 预留孔洞防火措施	施工前检查
二、设备安装	1. 交接间、设备间、设备机距、机架	(1) 规格、外观； (2) 安装垂直、水平度； (3) 油漆不得脱落，标志完整齐全； (4) 各种螺丝必须紧固； (5) 抗震加固措施； (6) 接地措施	随工检验
	2. 配线部件及 8 位模块及通用插座	(1) 规格、位置、质量； (2) 各种螺丝必须拧紧； (3) 标志齐全； (4) 安装符合工艺要求； (5) 屏蔽层可靠连接	随工检验
三、电、光缆布放（楼内）	1. 电缆桥架及线槽布放	(1) 安装位置正确； (2) 安装符合工艺要求； (3) 符合布放缆线工艺要求； (4) 接地	随工检验
	2. 缆线暗敷(包括暗管、线槽、地板等方式)	(1) 缆线规格、路由、位置； (2) 符合布放缆线工艺； (3) 接地	隐蔽工程签证

续表

阶段	验收项目	验收内容	验收方式
四、电、光缆布放（楼间）	1. 架空缆线	（1）吊线规格、架设位置、装设规格； （2）吊线垂度； （3）缆线规格； （4）卡、挂间隔； （5）缆线的引入符合工艺要求；	随工检验
	2. 管道缆线	（1）使用管孔孔位； （2）缆线规格； （3）缆线走向； （4）缆线的防护设施的设置质量	隐蔽工程签证
	3. 埋式缆线	（1）缆线规格； （2）敷设位置、深度； （3）缆线的防护设施的设置质量； （4）回土夯实质量	隐蔽工程签证
	4. 隧道缆线	（1）缆线规格； （2）安装位置、路由； （3）土建设计符合工艺要求；	隐蔽工程签证
	5. 其他	（1）通信线路与其他设施的间距； （2）进线室安装、施工质量	随工检验或隐蔽工程签证
五、缆线终接	1.8位模块式通用插座	符合工艺要求	随工检验
	2. 配线部件	符合工艺要求	
	3. 光纤插座	符合工艺要求	
	4. 各类跳线	符合工艺要求	
六、系统测试	1. 工程电气性能测试	（1）连接图； （2）长度； （3）衰减； （4）近端串音（两端都应测试）； （5）设计中特殊规定的测试内容；	竣工检验
	2. 光纤特性测试	（1）衰减； （2）长度；	竣工检验
七、工程总验收	1. 竣工技术文件	清点、交接技术文件	竣工检验
	2. 工程验收评价	考核工程质量，确认验收结果	

注：系统测试内容的验收亦可在随工中进行检验。

（13）表列子项

1）仪表型号：指综合布线测试用仪表的型号，验证测试仪可以完全认证综合布线链路性能能否通过综合布线标准的各项测试。

在施中可使用单端电缆测试仪对电缆进行“随装随测”。照实际使用的仪表型号填写。

2）点编号：综合布线很多，每条布线为一个点，应分别填写其编号，按接点进行测试。

3）房间号：指综合布线点编号所在的房间号，按该房间所在建筑平面，图注的轴线编号，并加写房间名称（图注有名称时）。

4）设备房号：指设置综合布线设备房间的编号，按实际编号。

5）长度（m）指测试的某一布线的实际长度，按实际填写。

6）接线正确：测试某一布线时拟查接线是否正确，如正确可打√或填写接线正确，接线不正确应进行返修。正确后再填写。

7）衰减（dB）：衰减是信号能量沿基本链路或通道损耗的量度，它取决于双链线的分布电阻、分布电容、分布电感的分布参数的信号频率，并随频率和线缆长度的增加而增大。

8）近端串扰（dB）：近端串扰是当发送与接收信号同时进行时，在这根电缆所产生的电磁干扰。是决定链路传输能力的最重要的参数。施工质量问题会产生近端串扰。综合布线的近端串扰用认证测试仪进行测试。按实际测试结果填写。

9）测试结果：由施工单位照实际测试结果填写。应有对测试结果进行符合或不符合要求的判定。

10）责任制：

①监理（建设）单位：指监理单位的专业监理工程师，签字有效。当不委托监理时由建设单位的项目负责人签字；

②施工单位：指与该工程签订施工合同的法人施工单位；

③专业技术负责人：指施工单位的专业技术负责人，签字有效；

④质检员：负责该单位工程项目经理部的专职质检员，签字有效；

⑤实验员：负责该单位工程项目经理部的实验员，签字有效。

4.2.50-2　光纤损耗测试记录（C2-50-2）

1. 资料表式

光纤损耗测试记录　　　　**表 C2-50-2**

工程名称			测试时间	年　月　日
仪表型号			光缆标识	
区域：地点 X（起端）			X 端的操作员：	
地点 Y（起端）			Y 端的操作员：	
测试要求：MAX 期望损耗小于　　dB			光缆损耗　　dB	
光纤号	波长（nm）	在 X 位置的损耗读数 Lx（dB）	在 Y 位置的损耗读数 Ly（dB）	总损耗为（Lx + Ly）/2dB
测试结果：				
参加人员	监理（建设）单位	施工单位		
		专业技术负责人	质检员	试验员

光纤损耗测试报告是以经施工企业技术负责人审查签章后的本表格式形式归存。

2.实施目的

光纤损耗测试报告是指建筑智能化的光纤系统工程安装完成后，按规范要求必须进行的测试项目。

3.资料要求

（1）现场测试项目必须在测试现场进行。由施工单位的专业技术负责人牵头，专职质量检查员详细记录，建设单位代表和项目监理机构的专业监理工程师参加。

现场原始记录须经施工单位的技术负责人和专职质量检查员签字、建设监理单位的参加人员签字后方有效并归存，作为整理资料的依据以备查。

（2）资料内必须附图的，附图应简单易懂，且能全面反映附图质量。

（3）鉴定意见或分析结论的技术资料，必须填写清楚是符合设计和标准要求还是不符合设计或标准要求。

（4）试验报告单内的主要试验项目应齐全，不齐全时应重新进行复试。

（5）表内的内容必须填写齐全，不得缺项，主要的试验项目缺项为不符合要求。

4.实施要点

（1）光纤是光导纤维的简称。是用高纯度石英玻璃材料或特别塑料拉成的软纤维制成的新型传导材料。分为多膜光纤和单膜光纤两种。综合布线系统多采用多膜光纤外径为62.5μm，加上光纤包层外径为125μm，标称波长850μm或1300μm。

（2）光纤的测量参数。

1）光纤的连续性：是对光纤的基本要求，是基本的测量之一。如果在光纤中有断聚或其他的不连续点，在光纤输出端的光功率就会减少或者根本没有光输出。

2）光纤的衰减：也是光纤传输通道经常要测量的参数之一。光纤衰减主要是由光纤本身的固有吸收和散射造成的，通常光纤的衰减用折射率指数 α 表示。单位是 dB/Km。

3）光纤的带宽：是光纤传输单位重要参数之一，带宽越宽，信息传输率就越高。

（3）光纤测试。

1）光纤损耗测试仪：是测试光纤传输通道衰减性能，常用光损耗测试仪/光动率计（OLTS/OPM）测试仪。

2）光时域反射计：是测试整个系统的特性的最简单的办法是采用光时域反射计。

（4）光缆芯线终接应符合下列要求：

1）采用光纤连接盒对光纤进行连接、保护，在连接盒中光纤的弯曲半径应符合安装工艺要求。

2）光纤熔接处应加以保护和固定，使用连接器以便于光纤的跳接。

3）光纤连接盒面板应有标志。

4）光纤连接损耗值，应符合相关标准的规定。

（5）表列子项：

1）区域：地点 X（起端），照实际填写；地点 Y（起端），按实际填写。

2）X 端的操作员：填写末端 X 测试操作员的姓名。

3）Y 端的操作员：填写末端 Y 测试操作员的姓名。

4）测试要求：按标准或设计要求的最大期望损耗（dB）值填写。

5）光缆损耗 dB：按实测的光缆损耗值（dB）填写。

6）光纤号：指依序排列的光纤号。可按 1、2、3、4……填写。

7）波长（nm）：是光纤测量的应用参数。用发光二级管波长在 400 ~ 1000nm 的范围内较灵活，适合在 650 ~ 850nm 上进行光纤传输性的测量。按实际采用的波长值填写。

8）在 X 位置的损耗读数 Lx（dB）：按光纤损耗测试仪在 X 位置的实际参数损耗填写。

9）在 Y 位置的损耗读数 Ly（dB）：按光纤损耗测试仪在 y 位置的实际参数损耗填写。

10）总损耗为（Lx + Ly）/2dB：按 X 位置，Y 位置损耗读数和除 2 的计算结果填写。

11）测试结果：由施工单位照实际测试结果填写。应有对测试结果进行符合或不符合要求的判定。

4.2.50-3　视频系统末端测试记录（C2-50-3）

1. 资料表式

视频系统末端测试记录　　**表 C2-50-3**

工程名称		仪表型号		日期	
序号	房间号	出线口编号	末端电平		
测试结果					
参加人员	监理（建设）单位	施　工　单　位			
		专业技术负责人	质检员	记录人	

视频系统末端测试记录是以经施工企业技术负责人审查签章后的本表格式形式归存。

2. 实施目的

视频系统末端测试记录是指建筑智能化的视频系统工程安装完成后，按规范要求必须进行的测试项目。

3. 资料要求

(1) 凡属视频系统末端测试均应在系统完成后按房间逐一进行测试，不得缺漏。并填写视频单位末端测试记录。

(2) 视频系统测试应在施工中自检验收完成后进行。

(3) 视频系统测试结果必须符合设计要求和施工质量验收规范的要求。测试数据必须真实可靠，填报无误。

(4) 参加单位和人员均签字有效，不盖章，不得代签，代签的不符合要求。

4. 实施要点

(1) 关于电平的概念：在 CATV 系统里，由于信号传输过程中有增益量、衰减量。在计算时，要给出一个参考电平，在 CATV 系统内参考电平规定：

①对电场的表示，定为 0dB = 1uV/m，俗称 dBu/m。

②对输入、输出电平的表示，定为 0dB = 1uV，欲称 dBu。

③对增益和衰减的表示，$dB = 20\lg\frac{E_2}{E_1}$，$E_2 > E_1$，dB 为正数，则为增益；若 $E_2 < E_1$，则 dB 为负值，故为衰减，对增益和衰减而言，它是一个比值，故只能用 dB，而不能用 dBu。

电平是 CATV 系统计算中增益或衰减的一个技术指标。

(2) 视频应用的范围很广，诸如通信网络系统，建筑设备监控系统、安全防范、住宅智能化等均含视频的内容，凡属视频类检查均用表 C2-50-3。

(3) 表列子项：

1) 仪表型号：指视频系统末端测试所用仪表型号，按实际填写。

2) 房间号：指被视频系统末端测试的房间号或设置综合布线设备的房间号。该房间建筑按平面图注的轴线编号并加写房间名称（图注有名称时）。

3) 出口线编号：指视频系统末端测试内的出口线编号，一个房间号内有若干条出线口，应分别填写，不得缺漏。

4) 末端电平：视频系统末端测试的技术指标之一，用认证测试仪对末端电平进行测试，照实际。

5) 测试结果：由施工单位照实际测试结果填写。应对测试结果就地测定。符合要求或不符合要求。

6) 责任制：

①监理（建设）单位：指监理单位的专业监理工程师，签字有效。当不委托监理时由建设单位的项目负责人签字；

②施工单位：指与该工程签订施工合同的法人施工单位；

③专业技术负责人：指施工单位的专业技术负责人，签字有效；

④质检员：负责该单位工程项目经理部的专职质检员，签字有效；

⑤实验员：负责该单位工程项目经理部的实验员，签字有效。

4.2.51　系统技术、操作和维护手册（C2-51）

由供货厂家提供系统技术操作与维修手册并归存。

4.2.52　系统管理、操作人员培训记录（C2-52）

由供货厂家或经批准的专业技术部门培训并提供培训记录。

4.2.53　分部（子分部）工程质量验收记录（C2-10）

分部（子分部）工程质量验收记录按C4项下分部（子分部）工程质量验收记录执行。

4.2.54　分项、检验批工程质量验收记录（C2-11、C2-12）

分项、检验批工程质量验收记录按C4项下分项、检验批工程质量验收记录执行。

桩基资料、有支护土方资料

支护土方部分说明：

(1) 基坑开挖根据支护结构设计、降排水要求，确定开挖方案。

(2) 基坑边界周围地面应设排水沟，且应避免漏水、渗水进入坑内；放坡开挖时，应对坡顶、坡面、坡脚采取降排水措施。

(3) 基坑周边严禁超堆荷载。

(4) 软土基坑必须分层均衡开挖。

(5) 基坑开挖过程中，应采取措施防止碰撞支护结构、工程桩或扰动基底原状土。

(6) 发生异常情况时，应立即停止挖土，并应立即查清原因和采取措施，方能继续挖土。

4.2.55　桩基、有支护土方工程图纸会审、设计变更、洽商记录（C2-55）

桩基、有支护土方工程图纸会审、设计变更、洽商记录按C2-1-1～3执行。

4.2.56　不同桩位测量放线定位图（C2-56）

不同桩位测量放线定位图按C2-2-1执行。

4.2.57　材料出厂合格证、进厂材料检（试）验报告（C2-57）

材料出厂合格证、进厂材料检（试）验报告按C2-3-1～19执行。

4.2.58　施工试验报告及见证检验报告（C2-58）

施工试验报告及见证检验报告按C2-4-1～16执行。

4.2.59　隐蔽工程验收记录（C2-59）

隐蔽工程验收记录按C2-5执行。

4.2.60　施工记录

4.2.60-1　施工记录（通用）（**C2-60-1**）

施工记录（通用）按C2-60-1（即土建通用表式）执行。

4.2.60-2　钢筋混凝土预制桩施工记录（**C2-60-2**）

1. 资料表式

钢筋混凝土预制桩施工记录 表 C2-60-2

施工单位＿＿＿＿＿＿＿＿＿＿＿＿＿工程名称＿＿＿＿＿＿＿＿＿＿＿＿＿

施工班组＿＿＿＿＿＿＿＿＿＿＿＿＿桩的规格＿＿＿＿＿＿＿＿＿＿＿＿＿

桩锤类型及冲击部分重量＿＿＿＿＿＿＿自然地面标高＿＿＿＿＿＿＿＿＿＿

桩帽重量＿＿＿＿＿＿＿气候＿＿＿＿＿＿＿桩顶设计标高＿＿＿＿＿＿＿＿

编号	打桩日期	桩入土每米锤击次数																								落距（mm）	桩顶高出或低于设计标高（m）	最后贯入度（mm/10击）
		1	2	3	4	5	6	7	8	9	10	11	12	13	14	15	16	17	18	19	20	21	22	23	24			

备注				
参加人员	监理（建设）单位	施　工　单　位		
		专业技术负责人	质检员	记录人

钢筋混凝土预制桩施工记录是以经施工企业技术负责人审查签章后的本表格式形式归存。

2. 实施目的

钢筋混凝土预制桩施工记录是指钢筋混凝土预制桩工程施工过程中，按规范要求进行的施工过程记录。

3. 资料要求

(1) 预制桩施工应提供的施工技术资料：预制桩出厂合格证、材料出厂合格证和试验报告、不同桩位的测量放线定位图、施工组织设计、不同桩位的竣工平面图、预制桩检查记录、桩的施工记录、桩的动静载试验报告等资料，提供齐全的为符合要求。

现场记录的原件由施工单位保存，以备查。

(2) 按要求填写齐全正确为符合要求，不按要求填写子项不全、涂改原始记录以及后补者为不符合要求。

(3) 责任制签章齐全为符合要求，否则为不符合要求。

4. 实施要点

(1) 预制桩的制作：

1) 混凝土预制桩的截面边长不应小于 200mm；预应力混凝土预制桩的截面边长不宜小于 350mm；预应力混凝土离心管桩的外径不宜小于 300mm。

2) 预制桩的桩身配筋，主筋直径不宜小于 ϕ14，打入桩桩顶 2～3d 长度范围内箍筋应加密并设置钢筋网片；预应力混凝土预制桩宜优先采用后张法施加预应力。预应力钢筋宜选用冷拉Ⅲ级、Ⅳ级或Ⅴ级钢。

3) 预制桩的混凝土强度等级不宜低于 C30，采用静压法沉桩时，可适当降低，但不宜低于 C20，预应力混凝土桩的混凝土强度等级不宜低于 C40，预制桩纵向钢筋的混凝土保护层厚度不宜小于 30mm。

4) 预制桩的接头不宜超过两个，预应力管桩接头数量不宜超过四个。

5) 混凝土预制桩可以在工厂或施工现场预制，但预制场地必须平整、坚实。

6) 制桩模板可用木模板或钢模，必须保证平整牢靠，尺寸准确。

7) 钢筋骨架的主筋连接宜采用对焊或电弧焊，主筋接头配置在同一截面内的数量，应符合下列规定：

①当采用闪光对焊和电弧焊时，对于受拉钢筋，不得超过 50%。

②相邻两根主筋接头截面的距离应大于 35d_R（主筋直径），并不小于 500mm。

③必须符合钢筋焊接及验收规程的要求。

8) 确定桩的单节长度时应符合下列规定：

①满足桩架的有效高度、制作场地条件、运输与装卸能力；

②应避免桩尖接近硬持力层或桩尖处于硬持力层中接桩。

9) 为防止桩顶击碎，浇注预制桩的混凝土时，宜从桩顶开始浇筑，并应防止另一端的砂浆积聚过多。

10) 锤击预制桩，其粗骨料粒径宜为 5～40mm。

11) 锤击预制桩，应在强度与龄期均达到要求后，方可锤击。

12) 重叠法制作预制桩时，应符合下列规定：

①桩与邻桩及底模之间的接触面不得粘连；

②上层桩或邻桩的浇注，必须在下层桩或邻桩的混凝土达到设计强度的 30%以后，方可进行；

③桩的重叠层数，视具体情况而定，不宜超过 4 层。

(2) 混凝土预制桩的起吊、运输和堆存。

1) 混凝土预制桩达到设计强度的 70%方可起吊，达到 100%才能运输。

2）桩起吊时应采取相应措施，保持平稳，保护桩身质量。

3）水平运输时，应做到桩身平稳放置，无大的振动，严禁在场地上以直接拖拉桩体方式代替装车运输。

4）桩的堆存应符合下列规定：

①地面状况应满足平整、坚实的要求；

②垫木与吊点应保持在同一横断平面上，且各层垫木应上下对齐；

③堆放层数不宜超过四层。

(3）混凝土预制桩的接桩。

1）桩的连接方法有焊接、法兰接及硫磺胶泥锚接三种，前二种可用于各类土层；硫磺胶泥锚接适用于软土层，且对一级建筑桩基或承受拔力的桩宜慎重选用。

2）接桩材料应符合下列规定：

①焊接接桩：钢板宜用低碳钢，焊条宜用 E43；

②法兰接桩：钢板和螺栓宜用低碳钢；

③硫磺胶泥锚接桩：硫磺胶泥配合比应通过试验确定，其物理力学性能应符合表C2-60-2A的规定。

硫磺胶泥的主要物理力学性能指标　　表 C2-60-2A

物理性能	1. 热变性：60℃以内强度无明显变化；120℃变液态；140～145℃密度最大且和易性最好；170℃开始沸腾；超过180℃开始焦化，且遇明火即燃烧。 2. 重度：2.28～2.32g/cm^3 3. 吸水率：0.12～0.24% 4. 弹性模量：5×10^5kPa 5. 耐酸性：常温下能耐盐酸、硫酸、磷酸、40%以下的硝酸、25%以下铬酸、中等浓度乳酸和醋酸
力学性能	1. 抗拉强度：4×10^3kPa 2. 抗压强度：4×10^4kPa 3. 握裹强度：与螺纹钢筋为 1.1×10^4kPa；与螺纹孔混凝土为 4×10^3kPa 4. 疲劳强度：对照混凝土的试验方法，当疲劳应力比值 P 为 0.38 时，疲劳修正系数 $r>0.8$

3）采用焊接接桩时，应先将四角点焊固定，然后对称焊接，并确保焊缝质量和设计尺寸。

4）为保证硫磺胶泥锚接桩质量，应做到：

①锚筋应刷清洁并调直；

②锚筋孔内应有完好螺纹，无积水、杂物和油污；

③接桩时接点的平面和锚筋孔内应灌满胶泥；

④灌注时间不得超过两分钟；

⑤灌注后停歇时间应符合表 C2-60-2B 的规定；

⑥胶泥试块每班不得少于一组。

(4）混凝土预制桩的沉桩。

1）沉桩前必须处理架空（高压线）和地下障碍物，场地应平整，排水应畅通，并满足打桩所需的地面承载力。

硫磺胶泥灌注后的停歇时间 **表 C2-60-2B**

项次	桩断面（mm）	不同气温下的停歇时间（min）									
		0～10℃		11～20℃		21～30℃		31～40℃		41～50℃	
		打桩	压桩	打桩	压桩	打桩	压桩	打桩	压桩	打桩	压桩
1	400×400	6	4	8	5	10	7	13	9	17	12
2	450×450	10	6	12	7	14	9	17	11	21	14
3	500×500	13	—	15	—	18	—	21	—	24	—

2）桩锤的选用应根据地质条件、桩型、桩的密集程度、单桩竖向承载力及现有施工条件等决定，也可按表 C2-60-2C 执行。

锤 重 选 择 表 **表 C2-60-2C**

锤 型			柴 油 锤 （t）					
			20	25	35	45	60	72
锤的动力性能		冲击部分重（t）	2.0	2.5	3.5	4.5	6.0	7.2
		总重（t）	4.5	6.5	7.2	9.6	15.0	18.0
		冲击力（kN）	2000	2000～2500	2500～4000	4000～5000	5000～7000	7000～10000
		常用冲程（m）	1.8～2.3					
桩的截面尺寸		预制方桩、预应力管桩的边长或直径（cm）	25～35	35～40	40～45	45～50	50～55	55～60
		钢管桩直径（cm）		ϕ40		ϕ60	ϕ90	ϕ90～100
持力层	粘性土 粉 土	一般进入深度（m）	1～2	1.5～2.5	2～3	2.5～3.5	3～4	3～5
		静力触探比贯入阻力 P 平均值（MPa）	3	4	5	>5	>5	>5
持力层	砂 土	一般进入深度（m）	0.5～1	0.5～1.5	1～2	1.5～2.5	2～3	2.5～3.5
		标准贯入击数 N（未修正）	15～25	20～30	30～40	40～45	40～50	50
锤的常用控制贯入度（cm/10 击）				2～3		3～5	4～8	
设计单桩极限承载力（kN）			400～1200	800～1600	2500～4000	3000～5000	5000～7000	7000～10000

注：1. 本表仅供选锤用；

2. 本表适用于 20～60m 长预制钢筋混凝土桩及 40～60m 长钢管桩，且桩尖进入硬土层有一定深度。

3）桩打入时应符合下列规定：

①桩帽或送桩帽与桩周围的间隙应为 5～10mm；

②锤与桩帽，桩帽与桩之间应加设弹性衬垫，如硬木、麻袋、草垫等；

③桩锤、桩帽或送桩应和桩身在同一中心线上；

④桩插入时的垂直度偏差不得超过0.5%。

4）打桩顺序应按下列规定执行：

①对于密集桩群，自中间向两个方向或向四周对称施打；

②当一侧毗邻建筑物时，由毗邻建筑物处向另一方面施打；

③根据基础的设计标高，宜先深后浅；

④根据桩的规格，宜先大后小，先长后短。

5）桩停止锤击的控制原则如下：

①桩端（指桩的全断面）位于一般土层时，以控制桩端设计标高为主，贯入度可作参考；

②桩端达到坚硬、硬塑的粘性土、中密以上粉土、砂土、碎石类土、风化岩时，以贯入度控制为主，桩端标高可作参考；

③贯入度已达到而桩端标高未达到时，应继续锤击3阵，按每阵10击的贯入度不大于设计规定的数值加以确认，必要时施工控制贯入度应通过试验与有关单位会商确定。

6）当遇到贯入度剧变，桩身突然发生倾斜、移位或有严重回弹，桩顶或桩身出现严重裂缝、破碎等情况时，应暂停打桩，并分析原因，采取相应措施。

7）当采用内（外）射水法沉桩时，应符合下列规定：

①水冲法打桩适用于砂土和碎石土；

②水冲至最后1~2m时，应停止射水，并用锤击至规定标高，停锤控制标准可按有关规定执行。

8）为避免或减小沉桩挤土效应和对邻近建筑物、地下管线等的影响，施打大面积密集桩群时，可采取下列辅助措施：

①预钻孔沉桩，孔径约比桩径（或方桩对角线）小50~100mm，深度视桩距和土的密实度、渗透性而定，深度宜为桩长的1/3~1/2，施工时应随钻随打；桩架宜具备钻孔锤击双重性能；

②设置袋装砂井或塑料排水板，以消除部分超孔隙水压力，减少挤土现象。袋装砂井直径一般为70~80mm，间距1~1.5m，深度10~12m；塑料排水板，深度、间距与袋装砂井相同；

③设置隔离板桩或地下连续墙；

④开挖地面防震沟可消除部分地面震动，可与其他措施结合使用，沟宽0.5~0.8m，深度按土质情况以边坡能自立为准；

⑤限制打桩速率；

⑥沉桩过程应加强邻近建筑物，地下管线等的观测、监护。

9）静力压桩适用于软弱土层，当存在厚度大于2m的中密以上砂夹层时，不宜采用静力压桩。静力压桩应符合下列规定：

①压桩机应根据土质情况配足额定重量；

②桩帽、桩身和送桩的中心线应重合；

③节点处理应符合桩基规范确定桩的单节长度时的有关规定及混凝土预制桩接桩的规定；

④压同一根（节）桩应缩短停顿时间。

10）为减小静力压桩的挤土效应，可按《地基基础工程施工质量验收规范》（GB50202—2002）中选择适当措施。

11）桩位允许偏差，应符合表 C5-2-5 规定。

12）按标高控制的桩，桩顶标高的允许偏差为 - 50 ~ + 100mm。

13）斜桩倾斜度的偏差，不得大于倾斜角正切值的 15%。

注：倾斜角系指桩纵向中心线与铅垂线的夹角。

预制桩（钢桩）位置的允许偏差 **表 C5-2-5**

序号	项目	允许偏差（mm）
1	单排或双排桩条形桩基	
	（1）垂直于条形桩基纵轴方向	100
	（2）平行于条形桩基纵轴方向	150
2	桩数为 1 ~ 3 根桩基中的桩	100
3	桩数为 4 ~ 16 根桩基中的桩	1/3 桩径或 1/3 边长
4	桩数大于 16 根桩基中的桩	
	（1）最外边的桩	1/3 桩径或 1/3 边长
	（2）中间桩	1/2 桩径或 1/2 边长

注：由于降水、基坑开挖和送桩深度超过 2m 等原因产生的位移偏差不在此表内。

（5）预制桩施工必须严格按操作工艺执行。诸如桩机就位、预制桩体起吊、稳桩、桩侧或桩架标尺设置、执行打桩原则（如落距、锤重选择、打桩顺序、标高、贯入度控制等）、接桩原则（如焊接接桩、预埋件表面清理、上下节之间逢隙用铁片垫实焊牢；接桩距地面的位置、外露铁件防腐；硫磺胶泥接桩等）、送桩、中间检验、移动桩机等，应认真做好记录。具此完成施工资料的编制。

（6）表列子项：

1）桩入土每米锤击次数：指预制桩施打过程中每米入土的锤击次数记录。

2）落距：按施工方案规定的实际落距。

3）桩顶高出或低于设计标高：指预制桩施打完成后实际桩顶标高高出或低于设计标高。

4）最后贯入度：一般指贯入度已达到，而桩尖标高尚未达到时，应继续锤击 3 阵，其每阵实际的平均贯入度为最后贯入度。振动沉桩时，按最后 3 次振动（加压）每次 10 分钟或 5 分钟，测出每分钟的平均贯入度为最后贯入度。

5）责任制：

①监理（建设）单位：指监理单位的专业监理工程师，签字有效。当不委托监理时由建设单位的项目负责人签字；

②施工单位：指与该工程签订施工合同的法人施工单位；

③专业技术负责人：指施工单位的专业技术负责人，签字有效；

④质检员：负责该单位工程项目经理部的专职质检员，签字有效；

⑤实验员：负责该单位工程项目经理部的实验员，签字有效。

4.2.60-3 钢管桩施工记录（C2-60-3）

1. 资料表式

钢管桩施工记录 **表 C2-60-3**

日期	桩号	分节顺序	打桩起讫时间	焊接讫起时间	锤击下沉情况																			累计入土深度（m）	累计土芯高度	最后贯入度（cm/击）	回弹量（cm）	平面偏差（cm）	倾斜（%）
					入土深度（m）	1	2	3	4	5	6	7	8	9	10	11	12	13	14	15	16	17	18						
					锤击次数 落距高度 （cm）																								
					锤击次数 落距高度 （cm）																								
					锤击次数 落距高度 （cm）																								
					锤击次数 落距高度 （cm）																								
					锤击次数 落距高度 （cm）																								
					锤击次数 落距高度 （cm）																								
					锤击次数 落距高度 （cm）																								
备注																													

参加人员	监理（建设）单位	施工单位		
		专业技术负责人	质检员	记录人

注：打桩过程中如有异常情况记录在备注栏内。

钢管桩施工记录表是以经施工企业技术负责人审查签章后的本表格式形式归存。

2. 实施目的

钢管桩施工记录是指钢管桩工程施工过程中，按规范要求进行的施工过程的记录。

3. 资料要求

(1) 钢管桩施工应提供的施工技术资料：钢管桩出厂合格证、材料出厂合格证和试验报告、不同桩位的测量放线定位图、施工组织设计、不同桩位的竣工平面图、钢管桩检查记录、桩的施工记录、桩的动静载试验报告等资料，提供齐全的为符合要求。

现场记录的原件由施工单位保存，以备查。

(2) 按要求填写齐全、正确为符合要求，不按要求填写、子项不全、涂改原始记录以及后补者为不符合要求。

(3) 责任制签章齐全为符合要求，否则为不符合要求。

4. 实施要点

(1) 钢桩（钢管桩、H型桩及其他异型钢桩）的制作

1) 制作钢桩的材料应符合设计要求，并有出厂合格证和试验报告。

2) 现场制作钢桩应有平整的场地及挡风防雨设施。

3) 钢桩制作的容许偏差应符合表C2-60-3A的规定。

钢桩制作的容许偏差 **表C2-60-3A**

序号	项目		容许偏差（mm）
1	外径或断面尺寸	桩端部	±0.5%外径或边长
		桩身	±1%外径或边长
2	长度		>0
3	矢高		≤1%桩长
4	端部平整度		≤2（H型桩≤1）
5	端部平面与桩身中心线的倾斜值		≤2

4) 钢桩的分段长度应满足设计规定，且不宜大于15m。

5) 用于地下水有侵蚀性的地区或腐蚀性土层的钢桩，应按设计要求作防腐处理。

(2) 钢桩的焊接

1) 钢桩的焊接应符合下列规定：

①端部的浮锈、油污等脏物必须清除，保持干燥；下节桩顶经锤击后的变形部分应割除；

②上下节桩焊接时应校正垂直度，对口的间隙为2~3mm；

③焊丝（自动焊）或焊条应烘干；

④焊接应对称进行；

⑤焊接应用多层焊，钢管桩各层焊缝的接头应错开，焊渣应清除；

⑥气温低于0℃或雨雪天，无可靠措施确保焊接质量时，不得焊接；

⑦每个接头焊接完毕，应冷却1min后再锤击；

⑧焊接质量应符合国家钢结构施工与验收规范和建筑钢结构焊接规程，每个接头除应按规定进行外观检查外，还应按接头总数的5%做超声或2%做X射线拍片检查，在同一工程内，探伤检查不得少于3个接头。接桩焊缝外观允许偏差见表C2-60-3B。

2) H型钢桩或其他异型薄壁钢桩，接头处应加连接板，其型式如无规定，可按等强度设置。

(3) 钢桩的运输和堆存

钢桩的运输与堆存应注意下列几点：

1）堆存场地应平整、坚实、排水畅通；

2）桩的两端应有适当保护措施，钢管桩应设保护圈；

3）搬运时应防止桩体撞击而造成桩端、桩体损坏或弯曲；

4）钢桩应按规格、材质分别堆放，堆放层数不宜太高，对钢管桩，ϕ900 直径放置 3 层；ϕ600 直径放置 4 层；ϕ400 直径放置 5 层；对 H 型钢桩最多 6 层；支点设置应合理，钢管桩的两侧应用木楔塞住，防止滚动。

（4）钢桩的沉桩

1）钢管桩如锤击沉桩有困难，可在管内取土以助沉。

2）H 型钢桩断面刚度较小，锤重不宜大于 4.5t 级（柴油锤），且在锤击过程中桩架前应有横向约束装置，防止横向失稳。

3）持力层较硬时，H 型钢桩不宜送桩。

4）地表层如有大块石、混凝土块等回填物，则应在插入 H 型钢桩前进行触探并清除位上的障碍物，保证沉桩质量。

接桩焊缝外观允许偏差 **表 C2-60-3B**

序号	项目	允许偏差（mm）	序号	项目	允许偏差（mm）
1	上下节桩错口：		2	咬边深度（焊缝）	0.5
	①钢管桩外径≥700mm	3			
	②钢管桩外径＜700mm	2	3	加强层高度（焊缝）	0～+2
	H 型钢桩	1		加强层宽度（焊缝）	0～+3

（5）表列子项

1）桩锤类型及重量：桩锤类型分为蒸气锤和柴油锤两大类，重量指锤总重，详见桩基基本说明，打桩“选择锤重参考表”，按实际选用。

2）分节顺序：钢管桩需分别由一根上节桩、一根下节桩和若干根中节桩组成。根据每根钢管桩长度及分节情况，由施工单位进行分节排序。

3）打桩起讫时间：指打桩开始和结束完成至设计标高的时间。

4）焊接起讫时间：指焊接每节桩开始和结束的时间。

5）锤击下沉情况：分别填记桩每米入土深度所需的锤击数和落距高度。

6）累计入土深度：即桩的入土总深度，按实际填写。

7）累计土芯高度：指钢管桩施打完成后管孔内土芯的实际高度，按实际填写。

8）最后贯入度：一般以最后 3 阵 10 击的平均贯入度为最后贯入度，以不大于设计规定的数据为合格。

9）回弹量：按实际回弹量填写。

10）平面偏差：指两个方向（纵、横向）桩距的偏差，按实际填写。

11）倾斜：指被击打桩完成后，桩垂直度偏差。

12）责任制：

①监理（建设）单位：指监理单位的专业监理工程师，签字有效。当不委托监理时由建设单位的项目负责人签字；

②施工单位：指与该工程签订施工合同的法人施工单位；

③专业技术负责人：指施工单位的项目经理部的专业技术负责人，签字有效；

④质检员：负责该单位工程项目经理部的专职质检员，签字有效；

⑤记录人：负责该单位工程项目经理部的记录人，签字有效。

4.2.60-4　泥浆护壁成孔的灌注桩施工记录（C2-60-4）

1. 资料表式

泥浆护壁成孔的灌注桩施工记录　　　　**表 C2-60-4**

施工单位＿＿＿＿＿＿＿＿＿＿ 工程名称＿＿＿＿＿＿＿＿＿＿

施工班组＿＿＿＿＿＿＿＿＿＿ 气　候＿＿＿＿＿＿＿＿＿＿

钻机类型＿＿＿＿＿＿＿＿＿＿ 设计桩顶标高＿＿＿＿＿＿＿＿＿＿

设计桩径＿＿＿＿＿＿＿＿＿＿ 自然地面标高＿＿＿＿＿＿＿＿＿＿

日期	班次	桩位	钻孔时间（min）	钻孔直径（cm）		钻孔深度（m）		护筒埋深（m）	孔底沉渣厚度（cm）	孔底标高（m）	泥浆种类	泥浆指标			备注
				设计	实测	设计	实测					相对密度	胶体率（%）	含砂量（%）	

参加人员	监理（建设）单位	施工单位		
		专业技术负责人	质检员	记录人

泥浆护壁成孔的灌注桩施工记录是以经施工企业技术负责人审查签章后的本表格式形式归存。

2. 实施目的

泥浆护壁成孔的灌注桩施工记录是指泥浆护壁成孔灌注桩工程施工过程中，按规范要求进行的施工过程记录。

3. 资料要求

(1) 灌注桩施工应提供的施工技术资料：灌注桩出厂合格证、材料出厂合格证和试验报告、不同桩位的测量放线定位图、施工组织设计、不同桩位的竣工平面图、混凝土试配及试块试验报告、泥浆护壁成孔灌注桩施工记录、干作业灌注桩施工记录、套管成孔灌注桩施工记录、灌注桩检查记录、桩的施工记录、桩的动静载试验报告等资料，提供齐全的为符合要求（合理缺项除外）。

现场记录的原件由施工单位保存，以备查。

(2) 按要求填写齐全正确为符合要求，不按要求填写子项不全、涂改原始记录以及后补者为不符合要求。

(3) 责任制签章齐全为符合要求，否则为不符合要求。

4. 实施要点

(1) 灌注桩施工

1）灌注桩施工应具备下列资料：

①建筑物场地工程地质资料和必要的水文地质资料；

②桩基工程施工图（包括同一单位工程中所有的桩基础）及图纸会审纪要；

③建筑场地和邻近区域内的地下管线（管道、电缆）、地下构筑物、危房、精密仪器车间等的调查资料；

④主要施工机械及其配套设备的技术性能资料；

⑤桩基工程的施工组织设计或施工方案；

⑥水泥、砂、石、钢筋等原材料及其制品的质检报告；

⑦有关荷载、施工工艺的试验参考资料。

2）施工组织设计的质量管理措施与内容：

①施工平面图：标明桩位、编号、施工顺序、水电线路和临时设施的位置；采用泥浆护壁成孔时，应标明泥浆制备设施及其循环系统；

②确定成孔机械、配套设备以及合理施工工艺的有关资料，泥浆护壁灌注桩必须有泥浆处理措施；

③施工作业计划和劳动力组织计划；

④机械设备、备（配）件、工具（包括质量检查工具）、材料供应计划；

⑤桩基施工时，对安全、劳动保护、防火、防雨、防台风、爆破作业、文物和环境保护等方面应按有关规定执行；

⑥保证工程质量、安全生产和季节性（冬、雨季）施工的技术措施。

3）成桩机械必须经鉴定合格，不合格机械不得使用。

4）施工前应组织图纸会审，会审纪要连同施工图等作为施工依据并列入工程档案。

5）桩基施工用的临时设施，如供水、供电、道路、排水、临设房屋等，必须在开工前准备就绪，施工场地应进行平整处理，以保证施工机械正常作业。

6）基桩轴线的控制点和水准基点应设在不受施工影响的地方。开工前，经复核后应妥善保护，施工中应经常复测。

7）成孔设备就位后，必须平正、稳固，确保在施工中不发生倾斜、移动。为准确控制成孔深度，在桩架或桩管上应设置控制深度的标尺，以便在施工中进行观测记录。

8）成孔的控制深度应符合下列要求：

①摩擦型桩：摩擦桩以设计桩长控制成孔深度；端承摩擦桩必须保证设计桩长及桩端进入持力层深度；当采用锤击沉管法成孔时，桩管入土深度控制以标高为主，以贯入度控制为辅；

②端承型桩：当采用钻（冲）、挖掘成孔时，必须保证桩孔进入设计持力层的深度；当采用锤击沉管法成孔时，沉管深度控制以贯入度为主，设计持力层标高对照为辅。

9）灌注桩成孔施工的允许偏差应满足表 C2-60-4A 的要求。

灌注桩施工允许偏差 **表 C2-60-4A**

<table>
<tr><th rowspan="2">序号</th><th rowspan="2" colspan="2">成孔方法</th><th rowspan="2">桩径偏差（mm）</th><th rowspan="2">垂直度允许偏差（%）</th><th colspan="2">桩位允许偏差（mm）</th></tr>
<tr><th>单桩、条形桩基沿垂直轴线方向和群桩基础中的边桩</th><th>条形桩基沿轴线方向和群桩基础中间桩</th></tr>
<tr><td rowspan="2">1</td><td rowspan="2">泥浆护壁冲（钻）孔桩</td><td>$d \leqslant 1000$mm</td><td>$-0.1d$ 且 $\leqslant -50$</td><td rowspan="2">1</td><td>$d/6$ 且不大于 100</td><td>$d/4$ 且不大于 150</td></tr>
<tr><td>$d > 1000$mm</td><td>−50</td><td>100＋0.01H</td><td>150＋0.01H</td></tr>
<tr><td rowspan="2">2</td><td rowspan="2">锤击（振动）沉管、振动冲击沉管成孔</td><td>$d \leqslant 500$mm</td><td rowspan="2">−20</td><td rowspan="2">1</td><td>70</td><td>150</td></tr>
<tr><td>$d > 500$mm</td><td>100</td><td>150</td></tr>
<tr><td>3</td><td colspan="2">螺旋钻、机动洛阳铲钻孔扩底</td><td>−20</td><td>1</td><td>70</td><td>150</td></tr>
<tr><td rowspan="2">4</td><td rowspan="2">人工挖孔桩</td><td>现浇混凝土护壁</td><td>±50</td><td>0.5</td><td>50</td><td>150</td></tr>
<tr><td>长钢套管护壁</td><td>±20</td><td>1</td><td>100</td><td>200</td></tr>
</table>

注：①桩径允许偏差的负值是指个别断面；

②采用复打、反插法施工的桩径允许偏差不受本表限制；

③H 为施工现场地面标高与桩顶设计标高的距离；d 为设计桩径。

10）钢筋笼除符合设计要求外，尚应符合下列规定：

①钢筋笼的制作允许偏差见表 C2-60-4B。

钢筋笼制作允许偏差 **表 C2-60-4B**

项　次	项　目	允许偏差（mm）
1	主筋间距	±10
2	箍筋间距或螺旋筋螺距	±20
3	钢筋笼直径	±10
4	钢筋笼长度	±50

②分段制作的钢筋笼，其接头宜采用焊接并应遵守《混凝土结构工程施工及验收规

范》GB50204—2002规定。

③主筋净距必须大于混凝土粗骨料粒径3倍以上。

④加劲箍宜设在主筋外侧，主筋一般不设弯钩，根据施工工艺要求所设弯钩不得向内圆伸露，以免妨碍导管工作。

⑤钢筋笼的内径应比导管接头处外径大100mm以上。

⑥搬运和吊装时，应防止变形，安放要对准孔位，避免碰撞孔壁，就位后应立即固定。

11）粗骨料可选用卵石或碎石，其最大粒径对于沉管灌注桩不宜大于50mm，并不得大于钢筋间最小净距的1/3；对于素混凝土桩，不得大于桩径的1/4，并不宜大于70mm。

12）检查成孔质量合格后应尽快浇注混凝土。桩身混凝土必须留有试件，直径大于1m的桩，每根桩应有1组试块，且每个浇注台班不得少于1组，每组3件。

13）为核对地质资料、检验设备、工艺以及技术要求是否适宜，桩在施工前，宜进行"试成孔"。

14）人工挖孔桩的孔径（不含护壁）不得小于0.8m，当桩净距小于2倍桩径且小于2.5m时，应采用间隔开挖。排桩跳挖的最小施工净距不得小于4.5m，孔深不宜大于40m。

15）人工挖孔桩混凝土护壁的厚度不宜小于100mm，混凝土强度等级不得低于桩身混凝土强度等级，采用多节护壁时，上下节护壁间宜用钢筋拉结。

（2）泥浆护壁成孔灌注桩

1）泥浆的制备和处理

①除能自行造浆的土层外，均应制备泥浆。泥浆制备应选用高塑性粘土或膨润土。拌制泥浆应根据施工机械、工艺及穿越土层进行配合比设计。膨润土泥浆可按表C2-60-4C的性能指标制备。

制备泥浆的性能指标 **表C2-60-4C**

项次	项目	性能指标	检验方法
1	相对密度	1.1～1.15	泥浆比重计
2	粘度	10～25s	50000/70000漏斗法
3	含砂率	<6%	
4	胶体率	>95%	量杯法
5	失水量	<30mL/30min	失水量仪
6	泥皮厚度	1～3mm/30min	失水量仪
7	静切力	1min20～30mg/cm^2 10min50～100mg/cm^2	静切力计
8	稳定性	<0.03g/cm^2	
9	pH值	7～9	pH试纸

②泥浆护壁应符合下列规定：施工期间护筒内的泥浆面应高出地下水位1.0m以上，在受水位涨落影响时，泥浆面应高出最高水位1.5m以上；在清孔过程中，应不断置换泥浆，直至浇注水下混凝土；浇注混凝土前，孔底500mm以内的泥浆相对密度应小于1.25；含砂率≤8%；粘度≤28s；在容易产生泥浆渗漏的土层中应采取维持孔壁稳定的措施。

2）正反循环钻孔灌注桩的施工

①钻孔机具及工艺的选择，应根据桩型、钻孔深度、土层情况、泥浆排放及处理等条件综合确定。对孔深大于30m的端承型桩，宜采用反循环工艺成孔或清孔。

②泥浆护壁成孔时，宜采用孔口护筒，护筒应按下列规定设置：

a. 护筒有定位、保护孔口和维持液（水）位高差等重要作用，可以采用打埋或抗埋等设置方法。护筒埋设应准确、稳定，护筒中心与桩位中心的偏差不得大于50mm；

b. 护筒一般用4～8mm钢板制作，其内径应大于钻头直径100mm，其上部宜开设1～2溢浆孔；

c. 护筒的埋设深度：在粘性土中不宜小于1.0m；砂土中不宜小于1.5m；其高度尚应满足孔内泥浆面高度的要求；

d. 受水位涨落影响或水下施工的钻孔灌注桩，护筒应加高加深，必要时应打入不透水层。

③在松软土层中钻进，应根据泥浆补给情况控制钻进速度；在硬层或岩层中的钻进速度以钻机不发生跳动为准。

④为了保证钻孔的垂直度，钻机设置的导向装置应符合下列规定：

a. 潜水钻的钻头上应有不小于3倍直径长度的导向装置；

b. 利用钻杆加压的正循环回转钻机，在钻具中应加设扶正器。

⑤钻进过程中如发生斜孔、塌孔和护筒周围冒浆时，应停钻。待采取相应措施后再行钻进。

⑥钻孔达到设计深度，清孔应符合下列规定：

a. 泥浆指标参照表C2-60-4C执行。

b. 灌注混凝土之前，孔底沉碴厚度指标应等于小于：端承桩≤50mm；摩擦端承、端承摩擦桩≤100mm；摩擦桩≤300mm。

3）冲击成孔灌注桩的施工

①在钻头锥顶和提升钢丝绳之间应设置保证钻头自转向的装置，以防产生梅花孔。

②冲孔桩的孔口应设置护筒，其内径应大于钻头直径200mm，护筒应按泥浆护壁灌注桩有关规定设置。

③泥浆应按表C2-60-4C的有关规定执行。

④冲击成孔应符合下列规定：

a. 开孔时，应低锤密击，如表土为淤泥、细砂等软弱土层，可加粘土块夹小片石反复冲击造壁，孔内泥浆面应保持稳定；

b. 在各种不同的土层、岩层中钻进时，可按照表C2-60-4D进行。

c. 进入基岩后，应低锤冲击或间断冲击，如发现偏孔应回填片石至偏孔上方300mm～500mm处，然后重新冲孔；

d. 遇到孤石时，可预爆或用高低冲程交替冲击，将大孤石击碎或挤入孔壁；

e. 必须采取有效的技术措施，以防扰动孔壁造成塌孔、扩孔、卡钻和掉钻；

f. 每钻进4～5m深度验孔一次，在更换钻头前或容易缩孔处，均应验孔；

g. 进入基岩后，每钻进100～500mm应清孔取样一次（非桩端持力层为300～500mm；桩端持力层为100～300mm）以备终孔验收。

冲击成孔操作要点 **表 C2-60-4D**

项 目	操 作 要 点	备 注
在护筒刃脚以下2m以内	小冲程1m左右，泥浆相对密度1.2~1.5，软弱层投入粘土块夹小片石	土层不好时提高泥浆相对密度或加粘土块
粘性土层	中、小冲程1~2m，泵入清水或稀泥浆，经常清除钻头上的泥块	防粘钻可投入碎砖石
粉砂或中粗砂层	中冲程2~3m，泥浆相对密度1.2~1.5，投入粘土块，勤冲勤掏碴	
砂卵石层	中、高冲程2~4m，泥浆相对密度1.3左右，勤掏碴	
软弱土层或塌孔回填重钻	小冲程反复冲击，加粘土块夹小片石，泥浆相对密度1.3~1.5	

⑤排碴可采用泥浆循环或抽碴筒等方法，如用抽碴筒排碴应及时补给泥浆。

⑥冲孔中遇到斜孔、弯孔、梅花孔、塌孔，护筒周围冒浆等情况时，应停止施工，采取措施后再行施工。

⑦大直径桩孔可分级成孔，第一级成孔直径为设计桩径的0.6~0.8倍。

⑧清孔应按下列规定进行：

a.不易坍孔的桩孔，可用空气吸泥清孔；

b.稳定性差的孔壁应用泥浆循环或抽碴筒排碴，清孔后浇注混凝土之前的泥浆指标按C2-60-4C执行；

c.清孔时，孔内泥浆面应符合规定；

d.浇注混凝土前，孔底沉碴允许厚度应按规定执行。

4）水下混凝土的浇注

①钢筋笼吊装完毕，应进行隐蔽工程验收，合格后应立即浇注水下混凝土。

②水下混凝土的配合比应符合下列规定：

a.水下混凝土必须具备良好的和易性，配合比应通过试验确定；坍落度宜为180~200mm；水泥用量不少于360kg/m^3；

b.水下混凝土的含砂率宜为40%~45%，并宜选用中粗砂；粗骨料的最大粒径应<40mm,有条件时可采用二级配；

c.为改善和易性和缓凝，水下混凝土宜掺外加剂。

③导管的构造和使用应符合下列规定；

a.导管壁厚不宜小于3mm，直径宜为200~250mm直径制作偏差不应超过2mm，导管的分节长度视工艺要求确定，底管长度不宜小于4m，接头宜用法兰或双螺纹方扣快速接头；

b.导管提升时，不得挂住钢筋笼，为此可设置防护三角形加劲板或设置锥形法兰护罩；

c.导管使用前应试拼装、试压，试水压力为0.6~1.0MPa。

④使用的隔水栓应有良好的隔水性能，保证顺利排出。

⑤浇注水下混凝土应遵守下列规定；

a.开始灌注混凝土时，为使隔水栓能顺利排出，导管底部至孔底的距离宜为300~500mm，桩直径小于600mm时可适当加大导管底部至孔底距离；

b. 应有足够的混凝土储备量，使导管一次埋入混凝土面以下 0.8m 以上；

c. 导管埋深宜为 2 ~ 6m 严禁导管提出混凝土面，应有专人测量导管埋深及管内外混凝土面的高差，填写水下混凝土浇注记录；

d. 水下混凝土必须连续施工，每根桩的浇注时间按初盘混凝土的初凝时间控制，对浇注过程中的一切故障均应记录备案；

e. 控制最后一次灌注量，桩顶不得偏低，应凿除的泛浆高度必须保证暴露的桩顶混凝土达到强度设计值。

(3) 沉管灌注桩

1) 锤击沉管灌注桩的施工

①锤击沉管灌注桩的施工应该根据土质情况和荷载要求，分别选用单打法、复打法、反插法。

②锤击沉管灌注桩的施工应遵守下列规定：

a. 群桩基础和桩中心距小于 4 倍桩径的桩基，应提出保证相邻桩桩身质量的技术措施；

b. 混凝土预制桩尖或钢桩尖的加工质量和埋设位置应与设计相符，桩管与桩尖的接触应有良好的密封性；

c. 沉管全过程必须有专职记录员做好施工记录；每根桩的施工记录均应包括每米的锤击数和最后一米的锤击数；必须准确测量最后 3 阵，每阵 10 锤的贯入度及落锤高度。

③拔管和灌注混凝土应遵守下列规定：

a. 沉管至设计标高后，应立即灌注混凝土，尽量减少间隔时间；灌注混凝土之前，必须检查桩管内有无吞桩尖或进泥、进水；

b. 当桩身配钢筋笼时，第一次混凝土应先灌至笼底标高，然后放置钢筋笼，再灌混凝土至桩顶标高。第一次拔管高度应控制在能容纳第二次所需灌入的混凝土量为限，不宜拔得过高。在拔管过程中应有专用测锤或浮标检查混凝土面的下降情况；

c. 拔管速度要均匀，对一般土层以 1m/min 为宜，在软弱土层和软硬土层交界处宜控制在 0.3 ~ 0.8m/min；

d. 采用倒打拔管的打击次数，单动汽锤不得少于 50 次/min，自由落锤轻击（小落距锤击）不得少于 40 次/min；在管底未拔至桩顶设计标高之前，倒打和轻击不得中断。

④混凝土的充盈系数不得小于 1.0；对于混凝土充盈系数小于 1.0 的桩，宜全长复打，对可能有断桩和缩颈桩，应采用局部复打。成桩后的桩身混凝土顶面标高应不低于设计标高 500mm。全长复打桩的入土深度宜接近原桩长，局部复打应超过断桩或缩颈区 1m 以上。

⑤全长复打桩施工时应遵守下列规定：

a. 第一次灌注混凝土应达到自然地面；

b. 应随拔管随清除粘在管壁上和散落在地面上的泥土；

c. 前后二次沉管的轴线应重合；

d. 复打施工必须在第一次灌注的混凝土初凝之前完成。

⑥当桩身配有钢筋时，混凝土的坍落度宜采用 80 ~ 100mm；素混凝土桩宜采用 60 ~ 80m。

2）振动、振动冲击沉管灌注桩的施工

①应根据土质情况和荷载要求，分别选用单打法、反插法、复打法等。单打法适用于含水量较小的土层，且宜采用预制桩尖；反插法及复打法适用于饱和土层。

②单打法施工应遵守下列规定：

a. 必须严格控制最后30s的电流、电压值，其值按设计要求或根据试桩和当地经验确定；

b. 桩管内灌满混凝土后，先振动5~10s，再开始拔管，应边振边拔，每拔0.5~1.0m停拔振动5~10s；如此反复，直至桩管全部拔出；

c. 在一般土层内，拔管速度宜为1.2~1.5m/min，用活瓣桩尖时宜慢，用预制桩尖时可适当加快；在软弱土层中，宜控制在0.6~0.8m/min。

③反插法施工应符合下列规定：

a. 桩管灌满混凝土之后，先振动再拔管，每次拔管高度0.5~1.0m，反插深度0.3~0.5m；在拔管过程中，应分段添加混凝土，保持管内混凝土面始终不低于地表面或高于地下水位1.0~1.5m以上，拔管速度应小于0.5m/min；

b. 在桩尖处的1.5m范围内，宜多次反插以扩大桩的端部断面；

c. 穿过淤泥夹层时，应当放慢拔管速度，并减少拔管的高度和反插深度，在流动性淤泥中不宜使用反插法。

（4）灌注桩施工注意事项

1）灌注桩施工中，应采取有效措施，防止断桩、缩颈、离析、桩斜、偏位、桩不到位或出现混凝土强度等级不足等情况发生。布桩密集时应采取措施，预防挤土效应的不利影响。

2）灌注桩各工序应连续施工。钢筋笼放入泥浆后4h内必须灌注混凝土。

3）灌注桩的实际浇注混凝土量不得小于计算体积。

4）人工挖孔灌注桩必须做好开挖支护、排水和施工安全工作。扩底桩应实地检查底土情况，验证土质和开挖尺寸。当需要进行爆破时，应严格遵守安全爆破作业规定。

5）沉管灌注桩的预制桩尖的轴线应与桩管中心重合。在测得混凝土确已流出桩管后，方能继续拔管；管内应保持不少于2m高的混凝土。

6）灌注桩凿去浮浆后的桩顶混凝土强度等级必须符合设计要求。

7）灌注桩成桩后，应按混凝土及钢筋混凝土灌注桩分项工程质量检验评定表要求进行验评，并应符合有关标准要求。

（5）桩基工程质量检查及验收

1）灌注桩的成桩质量检查主要包括成孔及清孔、钢筋笼制作及安放、混凝土搅制及灌注等三个工序过程的质量检查。

①混凝土搅制应对原材料质量与计量、混凝土配合比、坍落度、混凝土强度等级等进行检查；

②钢筋笼制作应对钢筋规格、焊条规格、品种、焊口规格、焊缝长度、焊缝外观和质量、主筋和箍筋的制作偏差等进行检查；

③在灌注混凝土前，应严格按照灌注桩施工的有关质量要求对已成孔的中心位置、孔深、孔径、垂直度、孔底沉渣厚度、钢筋笼安放的实际位置等进行认真检查，并填写相应

质量检查记录。

2）预制桩和钢桩成桩质量检查主要包括制桩、打入（静压）深度、停锤标准、桩位及垂直度检查：

①预制桩应按选定的标准图或设计图制作，其偏差应符合桩基施工规范的有关要求；

②沉桩过程中的检查项目应包括每米进尺锤击数、最后1m锤击数、最后3阵贯入度及桩尖标高、桩身（架）垂直度等。

3）对于一级建筑桩基和地质条件复杂或成桩质量可靠性较低的桩基工程，应进行成桩质量检测。检测方法可采用可靠的动测法，对于大直径桩还可采取钻取岩芯、预埋管超声检测法；检测数量根据具体情况由设计确定。

（6）单桩承载力检测

1）为确保实际单桩竖向极限承载力标准值达到设计要求，应根据工程重要性、地质条件、设计要求及工程施工情况进行单桩静载荷试验或可靠的动力试验。

2）下列情况之一的桩基工程，应采用静载试验对工程桩单桩竖向承载力进行检测，检测桩数"采用现场荷载试验测桩数量"的规定执行。

①工程桩施工前未进行单桩静载试验的一级建筑桩基；

②工程桩施工前未进行单桩静载试验，且有下列情况之一者：地质条件复杂、桩的施工质量可靠性低、确定单桩竖向承载力的可靠性低、桩数多的二级建筑桩基。

3）下列情况之一的桩基工程，可采用可靠的动测法对工程桩单桩竖向承载力进行检测。

①工程桩施工前已进行单桩静载试验的一级建筑桩基；

②属于（6）单桩承载力检测2）中的②规定范围外的二级建筑桩基；

③三级建筑桩基；

④一、二级建筑桩基静载试验检测的辅助检测。

（7）基桩及承台工程验收资料

1）当桩顶设计标高与施工场地标高相近时，桩基工程的验收应待成桩完毕后验收；当桩顶设计标高低于施工场地标高时，应待开挖到设计标高后进行验收。

2）基桩验收应包括下列资料：

①工程地质勘察报告、桩基施工图、图纸会审纪要、设计变更单及材料代用通知单等；

②经审定的施工组织设计、施工方案及执行中的变更情况；

③桩位测量放线图，包括工程桩位线复核签证单；

④成桩质量检查报告；

⑤单桩承载力检测报告；

⑥基坑挖至设计标高的基桩竣工平面图及桩顶标高图。

3）承台工程验收时应包括下列资料：

①承台钢筋、混凝土的施工与检查记录；

②桩头与承台的锚筋、边桩离承台边缘距离、承台钢筋保护层记录；

③承台厚度、长宽记录及外观情况描述等。

（8）核查要点

打（试）桩记录包括各种预制桩、灌注桩和砂桩、挤密桩……等。

1）记录应采用“施工规范”附表格式，要求子目填写齐全，数据准确真实，其数据应符合设计要求和规范规定，并附桩位竣工平面图。

2）打桩记录应与试桩记录对照检查，同时应与分项工程质量检验评定结果相符。

3）打（压）桩的标高或贯入度的停锤标准，必须符合设计要求和施工规范规定，贯入度控制值应通过试桩或会同设计单位在现场做打试桩试验确定，并做好记录。

4）灌注桩的成孔深度必须符合设计要求，沉渣厚度应视是以摩擦力为主或是以端承力为主的桩。分别严禁大于300mm或100mm，实际浇注混凝土量严禁小于计算体积。套管成孔桩任意一段平均直径与设计直径之比严禁小于1。

5）打（压）桩的接头节点应做隐蔽工程验收记录，且符合设计要求和规范规定。

6）桩基施工完，必须提供按设计要求或规范规定的单桩静力试验或动力测试及其他检测记录。对于一级建筑物，应查验现场静荷载试验记录，在同一条件下的试桩数量不宜少于总桩数1%且不少于3根。

7）经测试单桩承载力和施工质量达不到设计要求，或是在打桩过程中发现贯入度剧变、桩身突然发生倾斜位移、严重回弹、桩身严重裂缝、桩击碎或泥浆护壁成孔时发生斜孔、弯孔、缩孔和塌孔、沿护筒周围冒浆、地面沉陷等异常情况者，应有技术鉴定和采取的技术措施和补桩等处理记录，并经设计、建设、监理、施工四方复验签证。

（9）表列子项

1）施工班组：指施工单位辖属的施工班组，一般指项目部以下的班组。

2）气候：指施工时日的气候，如晴雨、风等。

3）钻机类型：成孔机械的类型有冲抓型、冲击型、回转钻、潜水钻等，按实际选用填写。

4）设计桩顶标高：按施工图设计的桩预标高。

5）设计桩径：按施工图设计桩的直径填写。

6）自然地面标高：按室外的设计绝对标高填写。

7）班次：指施工泥浆护壁成孔灌注桩的时日的班次，按实际填写。

8）桩位编号：按施工图设计的桩位编号填写。

9）钻孔直径：按实际成孔的桩孔直径填写。

10）钻孔深度：指实际施工时的桩的钻孔深度，按实际填写。

11）钻机类型：成孔机械的类型有冲抓型、冲击型、回转钻、潜水钻等，按实际选用。

12）钻孔时间：指每个桩孔钻孔所需的时间。

13）护筒埋深：护筒埋深按泥浆护壁成孔护筒要求办理，按实际护筒埋深填写。

14）孔底沉渣厚度：详见泥浆护壁成孔对孔底沉渣厚度的要求，按实际沉渣厚度填写。

15）孔底标高：指桩孔成孔后的孔底标高，按实际孔底标高填写。

16）泥浆种类：泥浆选择由塑性指数IP≥17的粘土调制，度量指标详见地下连续墙，泥浆的性能指标，泥浆参数配合比表，按实际选用。

17）泥浆指标：详见“地下连续墙泥浆的性能指标”，胶体率不小于90%，含砂率不大于4～8%，按实际选用填写。

4.2.60-5　干作业成孔灌注桩施工记录表（C2-60-5）

1. 资料表式

干作业成孔的灌注桩施工记录　　　　表 C2-60-5

施工单位＿＿＿＿＿＿＿＿＿＿工程名称＿＿＿＿＿＿＿＿＿＿

施工班组＿＿＿＿＿＿＿＿＿＿气　　候＿＿＿＿＿＿＿＿＿＿

钻机类型＿＿＿＿＿＿＿＿＿＿设计桩顶标高＿＿＿＿＿＿＿＿

设计桩径＿＿＿＿＿＿＿＿＿＿自然地面标高＿＿＿＿＿＿＿＿

日期	桩位	持力层标高（m）	钻孔深度（m）	进入持力层深（cm）	第一次测孔			第二次测孔			混凝土灌注		钻孔总用时间（s）	出现情况			备注
					孔深（m）	虚土（cm）	进水（cm）	孔深（m）	虚土（cm）	进水（cm）	实际（m^3）	计算（m^3）		坍孔	缩径	进水	

参加人员	监理（建设）单位	施工单位		
		专业技术负责人	质检员	记录人

干作业成孔灌注桩施工记录表是以经施工企业技术负责人审查签章后的本表格式形式归存。

2. 实施目的

干作业成孔的灌注桩施工记录是指干作业成孔灌注桩工程施工过程中，按规范要求进行的施工过程记录。

3. 资料要求

(1) 灌注桩施工应提供的施工技术资料：灌注桩出厂合格证、材料出厂合格证和试验报告、不同桩位的测量放线定位图、施工组织设计、不同桩位的竣工平面图、混凝土试配及试块试验报告、泥浆护壁成孔灌注桩施工记录、干作业灌注桩施工记录、套管成孔灌注桩施工记录、灌注桩检查记录、桩的施工记录、桩的动静载试验报告等资料，提供齐全的为符合要求（合理缺项除外）。

现场记录的原件由施工单位保存，以备查。

(2) 按要求填写齐全正确为符合要求，不按要求填写子项不全、涂改原始记录以及后补者为不符合要求。

(3) 责任制签章齐全为符合要求，否则为不符合要求。

4. 实施要点

(1) 干作业成孔灌注桩

1) 钻孔（扩底）灌注桩的施工

①钻孔时应符合下列规定：

a. 钻杆应保持垂直稳固，位置正确，防止因钻杆晃动引起扩大孔径；

b. 钻进速度应根据电流值变化，及时调整；

c. 钻进过程中，应随时清理孔口积土，遇到地下水塌孔、缩孔等异常情况时，应及时处理。

②钻孔扩底桩的施工直孔部分应按相关标准规定执行，扩底部位尚应符合下列规定：

a. 根据电流值或油压值，调节扩孔刀片切削土量，防止出现超负荷现象；

b. 扩底直径应符合设计要求，经清底扫膛，孔底的虚土厚度应符合规定。

③成孔达到设计深度后，孔口应予保护，按灌注桩成孔施工允许偏差规定验收，并做好记录。

④浇注混凝土前，应先放置孔口护孔漏斗，随后放置钢筋笼并再次测量孔内虚土厚度，扩底桩灌注混凝土时，第一次应灌到扩底部位的顶面，随即振捣密实；浇注桩顶以下5m范围内混凝土时，应随浇随振动，每次浇注高度不得大于1.5m。

2) 人工挖孔灌注桩的施工

①开孔前，桩位应定位放样准确，在桩位外设置定位龙门桩，安装护壁模板必须用桩心点校正模板位置，并由专人负责。

②第一节井圈护壁应符合下列规定：

a. 井圈中心线与设计轴线的偏差不得大于20mm；

b. 井圈顶面应比场地高出150~200mm，壁厚比下面井壁厚度增加100~150mm。

③修筑井圈护壁应遵守下列规定：

a. 护壁的厚度、拉结钢筋、配筋、混凝土强度均应符合设计要求；

b. 上下节护壁的搭接长度不得小于50mm；

c. 每节护壁均应在当日连续施工完毕；

d. 护壁混凝土必须保证密实，根据土层渗水情况使用速凝剂；

e. 护壁模板的拆除宜在24h之后进行；

f. 发现护壁有蜂窝、漏水现象时，应及时补强以防造成事故；

g. 同一水平面上的井圈任意直径的极差不得大于50mm。

④遇有局部或厚度不大于1.5m的流动性淤泥和可能出现涌土涌砂时，护壁施工宜按下列方法处理：

a. 每节护壁的高度可减小到300～500mm，并随挖、随验、随浇注混凝土；

b. 采用钢护筒或有效的降水措施。

⑤挖至设计标高时，孔底不应积水，终孔后应清理好护壁上的淤泥和孔底残碴、积水，然后进行隐蔽工程验收。验收合格后，应立即封底和浇注桩身混凝土。

⑥浇注桩身混凝土时，混凝土必须通过溜槽，当高度超过3m时，应用串筒，串筒末端离孔底高度不宜大于2m，混凝土宜采用插入式振捣器振实。

⑦当渗水量过大（影响混凝土浇注质量时），应采取有效措施保证混凝土的浇注质量。

（2）表列子项

1）施工班组：指施工单位辖属的施工班组，一般指项目部以下的班组。

2）气候：指施工时日的气候，如晴雨、风等。

3）钻机类型及编号：钻机类型主要为螺旋钻机，编号指选用钻机类型的相应编号，照实际钻机类型及填写。

4）设计桩顶标高：按施工图设计的桩要求办理。

5）设计桩径：按施工图设计的桩的设计直径填写。

6）自然地面标高：按室外的绝对标高填写。

7）桩位编号：按施工图设计的桩位编号填写。

8）持力层标高：一般指施工图设计基础垫层以下一定深度范围的土层为下卧层，垫层标高即为持力层一定的标高，照图注实际标高填写。

9）钻孔深度：照实际钻孔深度填写，钻孔深度不应小于设计的钻孔深度。

10）进入持力层深度：指灌注桩实际进入持力层的深度，按实际填写。

11）第一次测孔：在第一节钻杆钻入后停机时进行测孔为第一次测孔，应填写测孔的深度、虚土厚度、孔内进水高度。

①孔深：第一次钻孔时测量的深度，按实际填写。

②进水：第一次钻孔孔内的进水的尺寸，按实际填写。

12）第二次测孔：接上第二节钻杆到钻至要求深度时测孔，应填写测孔的深度、虚土厚度、孔内进水高度。

①孔深：第二次钻孔时测量的深度，按实际（虚土）填写。

②进水：第二次钻孔孔内进水的尺寸，按实际填写。

13）混凝土灌注：分别按计算灌注量和实际灌注量填写。

14）钻孔总用时间：指某桩位施工从钻机开始进尺到完成桩孔成型的总用时间，按实际填写。

15）出现情况：指坍孔、缩径、进水等，均按实际填写。

16）责任制：

①专业技术负责人：指施工单位的项目经理部的技术负责人，签字有效。

②质检员：指施工单位的项目经理部的专职质量检查员，签字有效。

③记录：一般指施工单位项目经理部的质检员或资料员，签字有效。

4.2.60-6　套管成孔灌注桩施工记录表（C2-60-6）

1. 资料表式

套管成孔的灌桩施工记录 表 C2-60-6

施工单位__________工程名称__________ 气候__________施工班组__________

打桩顺序__________跳打后中心距__________ 桩管规格及重量__________

打桩机类型及编号__________ 桩锤类型__________

桩锤冲击部分重量__________ 桩帽类型及重量__________

桩管上弹性垫的材料及厚度__________ 桩尖类型__________

施工日期	班次	班号	钻孔深度	灌注次数	沉管锤击次数（击/m）						最后10击贯入度（cm）	最后10击平均落距（cm）	沉管时间										实际消耗时间
													开始		结束		停歇时间						
					总计	1	2	3	4	5			时	分	时	分	原因	开始		结束			时　分
																		时	分	时	分		

序号	第一次加混凝土时间				第一次拔管时间				第一次拔管高度	第二次加混凝土时间				第二次拔管时间				拔管总时间 min	钢筋长度（m）	桩顶离地面深度（cm）	灌注混凝土数量（m^3）		
	开始		结束		开始		结束			开始		结束		开始		结束					第一次	第二次	总计
	时	分	时	分	时	分	时	分		时	分	时	分	时	分	时	分						

参加人员	监理（建设）单位	施工单位		
		专业技术负责人	质检员	记录人

注：沉管扩大灌注桩施工记录可参照该表格式填写。

干作业成孔灌注桩施工记录表是以经施工企业技术负责人审查签章后的本表格式形式归存。

2. 实施目的

干作业成孔的灌注桩施工记录是指干作业成孔灌注桩工程施工过程中，按规范要求进行的施工过程记录。

3. 资料要求

(1) 按要求填写齐全正确为符合要求，不按要求填写、子项不全、涂改原始记录以及后补者为不符合要求。

(2) 责任制签章齐全为符合要求，否则为不符合要求。

4. 实施要点

(1) 灌注桩施工应提供的施工技术资料：灌注桩出厂合格证、材料出厂合格证和试验报告、不同桩位的测量放线定位图、施工组织设计、不同桩位的竣工平面图、混凝土试配及试块试验报告、泥浆护壁成孔灌注桩施工记录、干作业灌注桩施工记录、套管成孔灌注桩施工记录、灌注桩检查记录、桩的施工记录、桩的动静载试验报告等资料，提供齐全的为符合要求（合理缺项除外）。

现场记录的原件由施工单位保存，以备查。

(2) 表列子项：

1) 工程名称：按建设单位与施工单位签订施工合同的工程名称或按图注工程名称填写。

2) 气候：指施工时日的气候，如晴雨、风等。

3) 施工班组：指建设单位与施工单位签订施工合同中施工单位名称，按全称填写。

4) 打桩顺序：按施工图设计的桩孔编号顺序成桩或按施工组织设计桩孔布置施工，照实际。

5) 跳打后的中心距：套管成孔灌注桩一般应连打，也可依照顺序间隔施打，打桩完成后，测量桩的中心距，按实际测量结果填写。

6) 打桩机类型及编号：打桩机械分振动沉桩机和锤击打桩机类型及编号均按实际选用填写。

7) 桩锤冲击部分重量：按实际选用桩锤类型的相应的冲击部分重量填写。

8) 桩帽类型及重量：应用适合桩头尺寸的桩帽，按实际选用的桩帽类型和重量填写。

9) 桩管上弹性衬垫的材料及厚度：应用适合桩头尺寸的弹性衬垫，可缓和打入桩时的冲击，使打桩应力均匀分布，延长撞击的持续时间以利桩的贯入，按实际选用的弹性衬垫的材料和厚度填写。

10) 桩尖类型：一般有活瓣桩尖、混凝土桩尖（混凝土强度等级不低于 C30 等），按实际选用桩尖类型填写。

11) 施工日期：指某桩孔编号的施工时日，按实际施工日样填写。

12) 钻孔深度：按实际钻孔深度填写，钻孔深度不应小于设计的钻孔深度。

13) 沉管锤击次数：分别按每米沉管的锤击数填写，并就此进行汇总，填入总记栏内。

14) 最后 10 击贯入度：指最后 3 阵中最后 1 阵的贯入度，按实际填写。

15) 最后 10 击平均落距：指最后阵中的最后 3 阵的桩锤平均落距，按实际填写。

16) 沉管时间：分别按实际填写开始、结束时间，停歇时间除填写开始、结束时间以外，尚应填写停歇的原因简述。

17) 实际消耗时间时分：指套管成孔方法完成一个管孔所需要的实际时间。

18）第一次加混凝土时间：第一次用上料斗灌满桩管（或略高于地面）的时间，按实际填写。

19）第一次拔管时间：混凝土灌满桩管即可开始第一次拔管，按实际填写。

20）第一次拔管高度：第一次拔管高度控制在能容纳第二次所需混凝土灌注量为限，按实际填写。

21）第二次加混凝土时间：第二次用上料斗灌满桩管（或略高于地面）的时间，按实际填写。

22）第二次拔管时间：混凝土灌满桩管即可开始第二次拔管时间，按实际填写。

23）拔管总时间：按第一次和第二次拔管时间的总和。

24）钢筋长度：按施工图设计的钢筋长度量测，按实际填写。

25）桩顶离地面深度：按实际量测的桩顶离地面的距离填写。

26）灌注混凝土数量：分别按第一次、第二次灌注的混凝土实际数量，并进行汇总，填入总计栏内。

27）责任制：

①监理（建设）单位：指监理单位的专业监理工程师，签字有效。当不委托监理时由建设单位的项目负责人签字。

②施工单位：指与该工程签订施工合同的法人施工单位。

③专业技术负责人：指施工单位的项目经理部的专业技术负责人，签字有效。

④质检员：负责该单位工程项目经理部的专职质检员，签字有效。

⑤记录人：负责该单位工程项目经理部的记录人，签字有效。

降 低 地 下 水

4.2.60-7 井点施工记录（通用）（C2-60-7）

1. 资料表式

井 点 施 工 记 录（通用） **表 C2-60-7**

工程名称： 施工单位：

<table>
<tr><td colspan="2">井点类别</td><td colspan="4"></td><td colspan="3">井点孔施工机具规格</td><td colspan="2"></td></tr>
<tr><td colspan="2">施工日期</td><td colspan="4"></td><td colspan="3">天气情况</td><td colspan="2"></td></tr>
<tr><td rowspan="2">井点编号</td><td rowspan="2">冲孔起讫时间</td><td colspan="2">井点孔</td><td colspan="2">井点管</td><td rowspan="2">灌砂量（kg）</td><td rowspan="2">滤管长度（m）</td><td rowspan="2">滤管底端标高</td><td rowspan="2">沉淀管长度（m）</td><td rowspan="2">备注</td></tr>
<tr><td>直径（mm）</td><td>深度（m）</td><td>直径（mm）</td><td>全长（m）</td></tr>
<tr><td></td><td></td><td></td><td></td><td></td><td></td><td></td><td></td><td></td><td></td><td></td></tr>
<tr><td></td><td></td><td></td><td></td><td></td><td></td><td></td><td></td><td></td><td></td><td></td></tr>
<tr><td></td><td></td><td></td><td></td><td></td><td></td><td></td><td></td><td></td><td></td><td></td></tr>
<tr><td rowspan="3">参加人员</td><td colspan="3" rowspan="2">监理（建设）单位</td><td colspan="7">施 工 单 位</td></tr>
<tr><td colspan="3">专业技术负责人</td><td colspan="2">质检员</td><td colspan="2">记录人</td></tr>
<tr><td colspan="3"></td><td colspan="3"></td><td colspan="2"></td><td colspan="2"></td></tr>
</table>

井点施工记录（通用）是以经施工企业技术负责人审查签章后的本表格式形式归存。

2. 实施目的

井点施工记录（通用）是指井点施工过程中，按规范要求进行的施工过程记录。

3. 资料要求

(1) 降低地下水应有专项设计，并按设计要求办理。

(2) 降低地下水施工应认真填写有关降水记录，表式齐全、正确为符合要求，不按要求填写、子项不全以及后补者均为不符合要求。

(3) 设计或规范规定应进行地下降水处理的，而不进行降低地下水处理的为不符合要求。

4. 实施要点

(1) 为了保证施工的正常进行，防止边坡塌方和地基承载能力下降，必须做好基坑的降水工作，使坑底保持干燥。降水的方法有集水井降水和井点降水两类。

集水井降水，是在开挖基坑时沿坑底周围开挖排水沟，再于坑底设集水井，使基坑内的水经排水沟流向集水井，然后用水泵抽出坑外。

井点降水法有轻型井点、喷射井点和电渗井点几种。它属于人工降低地下水位的方法，除上述三种属于井点降水法之外，还有管井井点和深井泵降水法。

(2) 管井井点是沿开挖的基坑，每隔一定距离（20～50m）设置一个管井，每个管井单独用一台水泵（潜水泵、离心泵）进行抽水，以降低地下水位。用此法可降低地下水位5～10m。

(3) 深井泵是在当降水深度超过10m以上时，在管井内用一般的水泵降水满足不了要求时、改用特制的深井泵，即称深井泵降水法。

(4) 各类井点：适用范围见表C2-60-7-1。

各类井点的适用范围　　表C2-60-7-1

项　次	井点类别	土层渗透系数（m/昼夜）	降低水位深度（m）
1	单层轻型井点	0.1～50	3～6
2	多层轻型井点	0.1～50	6～12（由井点层数而定）
3	喷射井点	0.1～2	8～20
4	电渗井点	<0.1	根据选用的井点确定
5	管井井点	20～200	3～5
6	深井井点	10～250	>15

(5) 表列子项：

1) 气候：按井点实际施工时日的气候填写，如晴、阴、雨、雪、雾、风及温度等。

2) 井点孔施工机具规格：填写井点施工实际使用的机具规格，如套管冲枪等。

3) 班组别：指实际参加该井点施工的班组，一般指项目部以下的班组。

4) 井点类别：按实际采用的井点种类填写，如轻型井点（单层或多层）、喷射井点、电渗井点、管井井点、深井泵等。

5) 施工日期：按实际施工日期填写。

6）井点编号：按某“井点系统”设计的井点编号填写，如“轻型”1号、2号等。

7）冲孔起止时间：按冲孔的实际时间填写，如某日某时至某时。

8）井点孔：

①直径：指实际的成孔直径，按量测结果填写。

②深度：指实际的成孔深度，按量测结果填写。

9）井点管：

①直径：按实际埋入井点管的直径填写。

②全长：按实际埋入井点管的总长度填写。

10）灌砂量：指单孔的灌砂量，不应小于设计灌砂量的95%。

11）滤管长度：不同井点系统滤管长度不同，按实际选用的井点系统的滤管长度填写。

12）滤管底端标高：按滤管底端标高填写。

13）沉淀管长度：按施工图设计沉淀管长度填写。

14）备注：填写需单独说明的事宜。

4.2.60-8 轻型井点降水记录（C2-60-8）

1. 资料表式

轻型井点降水记录 表 C2-60-8

工程名称： 施工单位：

<table>
<tr><td colspan="2">观测时间</td><td colspan="2">降 水 机 组</td><td rowspan="2">地下水流量
(m^3/h)</td><td colspan="4">观测孔
水位读数
(m)</td><td rowspan="3">记
事</td><td rowspan="3">观测记录者</td></tr>
<tr><td rowspan="2">时</td><td rowspan="2">分</td><td rowspan="2">真空表读数
(mm 汞柱)</td><td rowspan="2">压力表读数
(N/mm^2)</td><td rowspan="2">1</td><td rowspan="2">2</td><td rowspan="2">3</td><td rowspan="2">…</td></tr>
<tr><td></td></tr>
<tr><td></td><td></td><td></td><td></td><td></td><td></td><td></td><td></td><td></td><td></td><td></td></tr>
<tr><td></td><td></td><td></td><td></td><td></td><td></td><td></td><td></td><td></td><td></td><td></td></tr>
<tr><td></td><td></td><td></td><td></td><td></td><td></td><td></td><td></td><td></td><td></td><td></td></tr>
<tr><td></td><td></td><td></td><td></td><td></td><td></td><td></td><td></td><td></td><td></td><td></td></tr>
<tr><td></td><td></td><td></td><td></td><td></td><td></td><td></td><td></td><td></td><td></td><td></td></tr>
<tr><td>备注</td><td colspan="10">降水泵房编号： 机组类别： 气象：
实际使用机组数量： 井点数量：开 根，停 根
观测日期：</td></tr>
<tr><td colspan="11">项目技术负责人： 质检员： 记录人：</td></tr>
</table>

轻型井点降水记录是以经施工企业技术负责人审查签章后的本表格式形式归存。

2. 实施目的

轻型井点降水记录是指轻型井点施工过程中，按规范要求进行的施工过程记录。

3. 资料要求

（1）降低地下水应有专项设计，并按设计要求办理。

（2）降低地下水施工应认真填写有关降水记录，表式齐全、正确为符合要求，不按要求填写、子项不全以及后补者均为不符合要求。

（3）设计或规范规定应进行地下降水处理的，而不进行降低地下水处理的为不符合要求。

4. 实施要点

（1）轻型井点降低地下水，是沿基础周围以一定的间距埋入井管（下端为滤管），在地面上用水平铺设的集水总管将各井管连接起来，再于一定位置设置真空泵或离心水泵，开动真空泵和离心水泵后，地下水在真空吸力作用下，经滤管进入井管、集水总管排出，达到降水目的。

1）轻型井点布置可根据一个地区、单位的实践规律，或经计算确定间距。

2）一层井点降水时降低地下水的深度，约 3 ~ 6m，地下水位较高需两层或多层井点降水时，一般不用轻型井点，因设备数量多，挖土量大，不经济。

3）轻型井点施工记录包括井点施工记录和轻型井点降水记录。

井点为小直径的井，井点施工记录是轻型井点、喷射井点、管井井点、深井井点的“井孔”施工全过程中的有关记录。不同井点采用的不同的施工机械设备、施工方法与措施，应符合施工组织设计的要求，井孔的深度、直径应满足降水设计的要求。垂直孔径宜上下一致，滤管位置应按要求的位置埋设并应居中，应设在透水性较好的含水土层中，井孔淤塞严禁将滤管插入土中，灌砂滤料前应将孔内泥浆适当稀释，灌填高度应符合要求，灌填数量不少于计算值的 95%，井孔口应有保护措施。

（2）表列子项：

1）观测时间：指某日的某一时间进行了观测，如 × × 点 × × 分。

2）降水机组：

①真空表读数：按轻型井点抽水设备系统装设的真空表运转时的指针读数填写。

②压力表读数：按轻型井点抽水设备系统装设的压力表运转时的指针读数填写。

3）地下水流量：按轻型井点若干机组每小时的排水总数量填写。

4）观测孔水位读数：轻型井点降水设若干观测孔，每一观测孔均应定时观测，并按水位表的读数分别记录。

5）记事：包括换工作水时间、抽出地下水含泥量、边坡稳定简要描述及井点系统运转情况等。

①换工作水的时间：工作水应保持清洁，不清洁会使喷嘴混合室等部位很快磨损，一般第一次换水应在两天后进行，正常抽水时如发现工作水不清洁，应随时予以更换并应记录。

②抽出地下水的含泥量：应定期取样测试，按实际测试结果填写。

③边坡稳定情况描述包括：

a. 基坑概况，如基坑几何尺寸、土壤类别、固结情况；b. 有无流砂现象；c. 附近建筑物有无相互影响等。

④井点系统运转情况：按每一个机组的井点系统的实际运转情况简述，主要包括井点管畅阻情况，水泵运转是否有故障，是否检修过，原因是什么？排水效果如何？

6）责任制：

①项目技术负责人：指施工单位项目经理部的项目技术负责人，签字有效。

②质检员：负责该单位工程项目经理部的专职质检员，签字有效。

③记录人：负责该单位工程项目经理部的记录人，签字有效。

4.2.60-9　喷射井点降水记录（C2-60-9）

1. 资料表式

喷射井点降水记录　　**表 C2-60-9**

工程名称：　　　　施工单位：

<table>
<tr><td colspan="2">观测时间</td><td rowspan="2">工作水压力
(N/mm²)</td><td rowspan="2">地下水流量
(m³/h)</td><td colspan="4">观测孔
水位读数
(m)</td><td rowspan="2">实际抽
水的井
点编号</td><td rowspan="2">记
事</td><td rowspan="2">观　测
记录者</td></tr>
<tr><td>时</td><td>分</td><td>1</td><td>2</td><td>3</td><td>…</td></tr>
<tr><td></td><td></td><td></td><td></td><td></td><td></td><td></td><td></td><td></td><td></td><td></td></tr>
<tr><td></td><td></td><td></td><td></td><td></td><td></td><td></td><td></td><td></td><td></td><td></td></tr>
<tr><td></td><td></td><td></td><td></td><td></td><td></td><td></td><td></td><td></td><td></td><td></td></tr>
<tr><td></td><td></td><td></td><td></td><td></td><td></td><td></td><td></td><td></td><td></td><td></td></tr>
<tr><td colspan="2">备注</td><td colspan="9">降水泵房编号：　　　　　　　　　　　　　　气候：
机组编号：在运转　　在停止　　在修理　　井点数量：开　　根，停　　根。
观测日期：</td></tr>
<tr><td colspan="11">项目技术负责人：　　　　　　　　质检员：　　　　　　记录人：</td></tr>
</table>

喷射井点降水记录是以经施工企业技术负责人审查签章后的本表格式形式归存。

2. 实施目的

喷射井点降水记录是指喷射井点施工过程中，按规范要求进行的施工过程记录。

3. 资料要求

(1) 降低地下水应有专项设计，并按设计要求办理。

(2) 降低地下水施工应认真填写有关降水记录，表式齐全、正确为符合要求，不按要求填写、子项不全以及后补者均为不符合要求。

(3) 设计或规范规定应进行地下降水处理的，而不进行降低地下水处理的为不符合要求。

4. 实施要点

(1) 喷射井点有喷水井点和喷气井点之分，其工作原理相同，只是工作流体不同，喷水井点以压力水作为工作流体，喷气井点以压缩空气工作为工作流体。

(2) 喷射井点用于深层降水，一般降水深度大于6m时采用，降水深度可达8～20m及其以下，在渗透参数为3～50m/天的砂土中应用最为有效。渗透系数为0.1～3 m/d的粉砂的淤泥质土中效果显著。

(3) 喷射井点的主要工作部件是喷射井点内管底端的抽水装置—喷嘴和混合室，当喷射井点工作时，由地面高压离心泵供应的高压工作水（压力 0.7～0.8 MPa），经过内外管之间的环形空间直达底端，高压工作水由特制内管的两侧进入到喷嘴喷出，喷嘴处由于过水断面突然收缩变小，使工作水具有极高的流速（30～60m/s），在喷口附近造成负压（形成真空），而将地下水经滤管吸入，吸入的地下水在混合室与工作水混合，进入扩散室，水流流速相对变小，水流压力相对增大，将地下水与工作水一起扬升出地面，经排水管道系统排至某水池或水箱，其中一部分水全部用高压水泵压入井点管作为高压工作水，余下部分水利用低压水泵排走。

(4) 喷射井管的间距一般为 2～3m。冲孔直径为 400～600mm，深度比滤管底深 1m 以上。喷射井点用的高压工作水应经常保持清洁，不得含泥砂或杂物。试抽两天后应更换清水。

成孔与填砂：应用套管冲扩成孔，然后用压缩空气排泥，再插入井点管，最后仔细填砂。

(5) 表列子项：

1) 观测时间：指某日的某一时间进行的观测，如××点××分。

2) 工作水压力：按计算求得：$P=\dfrac{P_0}{d}$

式中 P——水泵工作水压力；

P_0——水高度（m），水箱至井管底部的总高度；

d——水高度与喷嘴前面工作水头的比。

3) 地下水流量：按喷射井点每小时的排水总数量填写。

4) 观测孔：喷射井点降水设若干观测孔，每一观测孔均应定时进行观测，并按编号分别记录。

5) 实际抽水的井点编号：指“运行抽水”井点的编号，按实际抽水的井点编号填写。

6) 记事：包括换工作水时间、工作水含泥量、真空度、基坑边坡稳定简要描述及井点系统运转情况等。

①换工作水时间：工作水应保持清洁，不清洁会使喷嘴、混合室等部位很快磨损，一般第一次换水应在两天后进行，正常抽水时如发现工作水不清洁，应予更换并应记录。

②工作水含泥量：按工作水抽样检验结果填写。

③真空度：地面测定真空度不宜小于 93300Pa，按真空表测定的数据填写。

④基坑边坡稳定情况：包括基坑概况，如基坑几何尺寸、土壤类别、固结情况；有无流砂现象；附近建筑物有无相互影响等。

⑤井点系统运转情况：指单元井点系统内高压水泵、进回水总管、井点管、水池、水箱、电源系统等运转是否正常，有无需要检修之处等。

7) 责任制：

①项目技术负责人：指施工单位的项目经理部的项目技术负责人，签字有效。

②质检员：负责该单位工程项目经理部的专职质检员，签字有效。

③记录人：负责该单位工程项目经理部的记录人，签字有效。

4.2.60-10 电渗井点降水记录（C2-60-10）

1. 资料表式

电渗井点降水记录 **表 C2-60-10**

工程名称： 施工单位：

观测时间		连续通电时间	电气设备		井点设备		地下水流量	观测孔水位读数（m）			记事	观测记录者
时	分		电流（A）	电压（V）	真空表读数（mm汞柱）	压力表读数（N/mm^2）	（m^3/h）	1	2	…		
备注	降水泵房编号： 井点类别： 机组数量： 气候： 通电方式：（连续、间歇） 井点根数： 直流电机（或电焊机）数量： 观测日期：											
项目技术负责人：						质检员：			记录人：			

电渗井点降水记录是以经施工企业技术负责人审查签章后的本表格式形式归存。

2. 实施目的

电渗井点降水记录是指电渗井点施工过程中，按规范要求进行的施工过程记录。

3. 资料要求

(1) 降低地下水应有专项设计，并按设计要求办理。

(2) 降低地下水施工应认真填写有关降水记录，表式齐全、正确为符合要求，不按要求填写、子项不全以及后补者均为不符合要求。

(3) 设计或规范规定应进行地下降水处理的，而不进行降低地下水处理的为不符合要求。

4. 实施要点

(1) 电渗井点：适用于渗透性差的（渗透系数小于 0.1m/d）淤泥和淤泥状粘土中，一般与轻型井点和喷射井点结合使用，效果较好。

(2) 电渗排水是利用井点管（轻型井点或喷射井点）本身作阴极，沿基坑外围布置，以套管冲枪成孔埋设钢管（$\phi50\sim\phi75$）或钢筋（$\phi25$ 以上）作阳极，钢管或钢筋垂直埋设于井点管内侧，严禁与相邻阴极相碰，阳极露出地面高度约 20～40cm，埋入地下的深度比井点管深 50cm。阳极间距为 0.8～1.0m（采用轻型井点）或 1.2～1.5m（采用喷射井点），平行交错排列阴阳极，数量宜相等，或阳极数量多于阴极数量，阴阳极分别用电线或扁钢、钢筋连接通路，接至直流发电机（常用 9.6～55kw 直流电焊机代用）的相应电极上，通电后应用电压比降使带负电荷的土粒向阳极移动（电泳作用），带正电荷的孔隙水向阴极方向集中，产生电渗现象，在电渗和真空的双重作用下，强制粘土中的水在井点附近积集，由井点管迅速排出。井点管连续抽水，达到降水目的。通电电压不宜大于 60V，土中电流密度宜为 0.5～1.0A/m^2。

(3) 表列子项：

1) 观测时间：指某日的某一时间进行观测，如××点××分。

2) 连续通电时间：照实际通电时间（一般采用间歇通电，即通电 24 小时后，停电 2～3 个小时再通电）填写。

3) 电气设备电流、电压：指实际使用设备的电流和电压。

4) 井点设备：

①真空表读数：按轻型或喷射井点真空表的实际读数填写。

②压力表读数：按轻型或喷射井点压力表的实际读数填写。

5) 地下水流量：按施工组织设计核定的地下水流量，或按电渗井点每小时的排水总量填写。

6) 观测孔水位读数：电渗井点设若干个观测孔，每个观测孔应定时观测并按编号分别记录。

7) 记事：包括换工作水时间、通电停电时间、通电井点根数、基坑边坡稳定情况简要描述等。

①换工作水时间：工作水保持清洁，不清洁会使喷嘴、混合室等部位很快磨损，一般第一次换水应在两天后进行，正常抽水时如发现工作水不清洁，应予更换并应记录。

②通电停电时间：指通电停电的实际时间。

③通电井点根数：指实际运行时通电井点管的根数。

④基坑边坡稳定情况描述：包括基坑概况，如基坑几何尺寸、土壤类别、固结情况；有无流沙现象；附近建筑物有无相互影响等。

8) 责任制：

①项目技术负责人：指施工单位项目经理部的项目技术负责人，签字有效。

②质检员：负责该单位工程项目经理部的专职质检员，签字有效。

③记录人：负责该单位工程项目经理部的记录人，签字有效。

4.2.60-11　管井井点降水记录（C2-60-11）

1. 资料表式

管井井点降水记录 表 C2-60-11

工程名称： 施工单位：

观测时间		地下水流量 (m³/h)	各井点内水位读数 (m)			电压 (V)	各泵电流读数				记事	观测记录者
时	分		1	2	…		1	2	3	…		
备注	实际抽水进点数量：				气候：		观测日期：					
项目技术负责人：						质检员：				记录人：		

管井井点降水记录是以经施工企业技术负责人审查签章后的本表格式形式归存。

2. 实施目的

管井井点降水记录是指管井井点施工过程中，按规范要求进行的施工过程记录。

3. 资料要求

(1) 降低地下水应有专项设计，并按设计要求办理。

(2) 降低地下水施工应认真填写有关降水记录，表式齐全、正确为符合要求，不按要求填写、子项不全以及后补者均为不符合要求。

(3) 设计或规范规定应进行地下降水处理的，而不进行降低地下水处理的为不符合要求。

4. 实施要点

(1) 管井井点适用于渗透系数大、地下水位丰富的土层、砂层或轻型井点不易解决的地方。管井井点系统由滤水井管、吸水管、水泵（采用离心水泵、一般每个管井装一台）组成，沿基坑外围每隔一定距离设置一个管井，其深度和距离根据降水面积和深度以及含水层的渗透系数而定。最大埋深 10m，间距 10～15m。

(2) 表列子项：

1) 观测时间：指某日的某一时间进行了观测，如××点××分。

2) 地下水流量：按施工组织设计核定的地下水流量，或按管井井点若干机组每小时排水总数量填写。

3）各井点内水位读数：应按时对各个井管内的水位进行测定，并分别予以记录。

4）电压：离心泵电机的电压值。

5）各泵电流读数：不同管井内离心泵电机的电流读数。

6）记事：包括水泵运转、抽出水的含泥量及基坑边坡稳定情况简要描述等。

①水泵运转：按实际运转情况简述。

②抽出水的含泥量：应定期取样测试，按实际测试结果填写。

③基坑边坡稳定情况：包括基坑概况，如基坑几何尺寸、土壤类别、固结情况；有无流沙现象；附近建筑物有无相互影响等。

7）观测记录者：填写观测人的姓名。

8）责任制：

①项目技术负责人：指施工单位项目经理部的项目技术负责人，签字有效。

②质检员：负责该单位工程项目经理部的专职质检员，签字有效。

③记录人：负责该单位工程项目经理部的记录人，签字有效。

4.2.60-12　深井井点降水记录（C2-60-12）

1. 资料表式

深井井点降水记录　　　　**表 C2-60-12**

工程名称：　　　　　　　　　　施工单位：

井点和观测孔编号	井点类别	水泵功率（kW）	电流（A）	电压（V）	水位读数（孔口起算）（m）	流量（m^3/h）	含泥量（%）	记事	观测记录者
井 1									
井 2									
井 3									
井 4									
井 5									
…									
观 1	观测孔口标高（m）					孔深（m）			
观 2	观测孔口标高（m）					孔深（m）			
观 3	观测孔口标高（m）					孔深（m）			
观 4	观测孔口标高（m）					孔深（m）			
观 5	观测孔口标高（m）					孔深（m）			
…	观测孔口标高（m）					孔深（m）			
备注	观测日期：　　　　气候：								
项目技术负责人：					质检员：		记录人：		

深井井点降水记录是以经施工企业技术负责人审查签章后的本表格式形式归存。

2. 实施目的

深井井点降水记录是指深井井点施工过程中，按规范要求进行的施工过程记录。

3. 资料要求

(1) 降低地下水应有专项设计，并按设计要求办理。

(2) 降低地下水施工应认真填写有关降水记录，表式齐全、正确为符合要求，不按要求填写、子项不全以及后补者均为不符合要求。

(3) 设计或规范规定应进行地下降水处理的，而不进行降低地下水处理的为不符合要求。

4. 实施要点

(1) 深井井点系统由井管、油浸式潜水电泵或深井泵组成。一般每隔 15 ~ 30m 设一个深井井点，深井成孔方法根据土质条件和孔深要求，采用冲击钻孔、回转钻孔、潜水电钻钻孔或水冲法，钻孔时孔位附近不得大量抽水。泥浆或自成泥浆护壁，孔口应及时设套筒，一侧设排泥沟（坑），防止泥浆漫流。孔径应较井管直径大 300mm 以上，孔深可根据抽水期内沉淀物的可能高度适当加深。

(2) 深井井点施工程序：井位放样→做井口、安护筒→钻机就位、钻孔→回填井底砂垫层→吊放井管→回填管壁与孔壁间的过滤层→安装抽水控制电路→试抽→降水井正常工作。

(3) 表列子项：

1) 井点或观测孔编号：按“井点系统”设计的编号依次填写。

2) 井点类别：实际采用的井点类别，如轻型（单层或多层）井点、喷射井点、电渗井点、管井井点、深井井点等。

3) 水泵功率：指某一井点内抽水泵的电功功率。

4) 电流：指某一井点内抽水水泵所用电的电流。

5) 电压：指某一井点内抽水水泵所用电的电压。

6) 水位读数：指不同井点内的水位数值，按量测的结果（从孔口算起）填写。

7) 流量：指深井井点系统某一井点管的每一小时水的排出总量。

8) 含泥量：指深井井点系统某一井点排出水的含泥量，按实际抽检测试结果填写。

9) 记事：

①水泵运转情况：包括运转是否正常、水泵功率是否满足抽水要求，是否检修过，检修的原因是什么？

②基坑边坡的稳定情况：包括基坑概况，如基坑几何尺寸、土壤类别、固结情况、有无流沙现象、附近建筑物有无相互影响。

10) 观测记录者：填写实际观测记录人的姓名。

11) 责任制：

①项目技术负责人：指施工单位项目经理部的项目技术负责人，签字有效。

②质检员：负责该单位工程项目经理部的专职质检员，签字有效。

③记录人：负责该单位工程项目经理部的记录人，签字有效。

4.2.60-13　地下连续墙挖槽施工记录表（C2-60-13）

1. 资料表式

地下连续墙挖槽施工记录　　　　　　　　**表 C2-60-13**

施工单位＿＿＿＿＿＿＿＿＿＿＿＿＿＿＿＿挖土设备＿＿＿＿＿＿＿＿＿＿＿＿＿＿＿＿

工程名称＿＿＿＿＿＿＿＿＿＿＿＿＿＿＿＿挖槽设计深度、宽度＿＿＿＿＿＿＿＿＿＿＿＿＿＿＿＿

日期班次	单元槽段编号	单元槽段深度		本班挖槽深度（m³）	本班挖土数量（m）	挖槽宽度（m）	槽壁垂直度	槽位偏差情况	备注
		本　班 开始时 （m）	本　班 结束时 （m）						

参加人员	监理（建设）单位	施　工　单　位		
		专业技术负责人	质检员	记录人

地下连续墙挖槽施工记录表是以经施工企业技术负责人审查签章后的本表格式形式归存。

2. 实施目的

地下连续墙挖槽施工记录表是指地下连续墙挖槽施工过程中，按规范要求进行的施工过程记录。

3. 资料要求

（1）地下连续墙挖槽施工应有专项设计，并按设计要求办理。

（2）地下连续墙挖槽施工应认真填写地下连续墙挖槽施工记录，表式齐全、正确为符合要求，不按要求填写、子项不全以及后补者均为不符合要求。

（3）设计或规范规定应进行地下降水处理的，而不进行降低地下水处理的为不符合要求。

4. 实施要点

（1）地下连续墙施工工艺即在地面上沿着开挖工程（如地下结构的边墙或挡土墙等）的周边用特制的挖槽机械，在泥浆（又称稳定液、触变泥浆、安定液等）护壁情况下开挖一定长度（一个单元槽段）的沟槽，然后将钢筋笼吊放入沟槽，最后用导管在充满泥浆的沟槽中浇筑混凝土。由于混凝土是由沟槽底部开始逐渐向上浇筑，所以随着混凝土的浇筑即将泥浆置换出来。各个单元槽段由特制的接头连接，这样就形成连续的地下墙。

（2）采用地下连续墙的基本要求。

1）除岩溶地区和承压水头很高的砂砾层，不用其他辅助措施不能施工外，其他各种土质皆可采用地下连续墙。

2）单元槽段是地下连续墙在延长方向上一次混凝土浇筑长度。槽段的最小长度不得小于挖槽机械的长度。槽段的长度应综合考虑下述因素来确定：

①地质条件：当地层不稳定时，为防止槽壁倒塌，应减少槽段尺寸，以缩短槽壁暴露的时间；

②地面荷载：附近如有高大建筑物、构筑物或有较大地面荷载时，为保证槽壁的稳定，应缩短槽段长度以缩短槽壁暴露的时间；

③起重机的起重能力：由于钢筋笼为整体吊装，所以要根据工地现有起重机起重能力估算钢筋笼的重量和尺寸，以此推算槽段的长度；

④单位时间内混凝土的供应能力：一般每个单元槽段长度内的全部混凝土量，宜在4h内浇筑完毕，所以槽段长度应按下式计算；

$$\text{槽段长度（m）}=\frac{\text{4 小时内混凝土的最大供应量（m}^3\text{）}}{\text{墙宽（m）}\times\text{墙深（m）}}$$

⑤工地上具备的泥浆槽的容积。一般情况下泥浆槽的容积应不小于每一单元段槽壁容积的2倍。

3）单元槽段还应考虑槽段之间的接头位置，以保证地下连续墙的整体性。一般情况下接头避免设在转角处，以及地下连续墙与内部结构的连接处。一般单元槽段长度取4～6m。

4）地下连续墙成槽过程中，为保持开挖沟槽土壁的稳定，要不间断的向槽中供给优质稳定液—泥浆。泥浆选用和管理好坏，将直接影响到连续墙的工程质量。常用泥浆是由膨润土（或粘土）、水和一些化学稳定剂（如火碱 CMC、碳酸钠）等组成的。见表 C2-60-14A、C2-60-14B。

5）泥浆应存放24小时以上或加分散剂，使膨润土或粘土充分水化后方可使用。

6）混凝土的配合比应按设计要求，通过试配确定，混凝土强度一般比设计强度提高5MPa。水灰比不应大于0.6；水泥用量不宜少于370kg/m^3；用碎石并掺优良减水剂时水泥用量应为400kg/m^3，坍落度宜为18～20cm，扩散度宜为34～38cm。骨料选用中、粗砂及粒径不大于40mm、导管内径1/6和钢筋最小间距的1/4的卵石或碎石，宜为0.5～20mm，宜用425～525等级普通硅酸盐水泥或矿渣硅酸盐水泥，并可根据需要掺入外加剂。混凝土的初凝时间应满足浇灌和接头施工工艺的要求。

7）地下连续墙应按 GB50204—2002 进行分项工程质量验收，应满足设计并符合标准的有关规定要求。

（3）表列子项：

1）施工单位：指建设单位与施工单位签订施工合同中施工单位名称，按全称填写。

2）挖土设备：详见本标准“地下连续墙主要施工机具表”，按实际选用填写。

3）工程名称：按建设单位提供或图注的工程名称填写。

4）挖槽设计深度：按施工图设计的挖槽深度填写。

5）挖槽设计宽度：按施工图设计的挖槽宽度填写。

6）单元槽段编号：按施工组织设计或按施工图设计的单元槽段编号填写。

7）单元槽段深度：分别填记单元槽段深度内本班开始时已挖至的某一深度及本班结束时挖至的深度。

8）本班挖槽深度：按本班实际挖槽进尺填记。

9）本班挖土数量：按本班实际挖槽进尺计算得出（长度×宽度×挖土深度）的数量填写。

10）挖槽宽度：指实际的挖槽宽度，不应小于设计的挖槽宽度。

11）槽壁垂直度：墙面垂直度应符合设计要求，一般为 $h/200$（h 为墙深），照实际量测的垂直度填写。

12）槽位偏差情况：按地下连续墙分项工程质量检验评定标准允许偏差项目的要求检查，偏差值不应超过标准规定的限值，照实测允许偏差情况填写。

13）责任制：

①监理（建设）单位：指监理单位的专业监理工程师，签字有效。当不委托监理时由建设单位的项目负责人签字。

②施工单位：指与该工程签订施工合同的法人施工单位。

③专业技术负责人：指施工单位的项目经理部的专业技术负责人，签字有效。

④质检员：负责该单位工程项目经理部的专职质检员，签字有效。

⑤记录人：负责该单位工程项目经理部的记录人，签字有效。

4.2.60-14 地下连续墙泥浆护壁质量检查记录表（C2-60-14）

1.资料表式

地下连续墙护壁泥浆质量检查记录 **表 C2-60-14**

施工单位＿＿＿＿＿＿＿＿ 泥浆搅拌机类型＿＿＿＿＿＿＿＿

工程名称＿＿＿＿＿＿＿＿ 膨润土种类和特性＿＿＿＿＿＿＿＿

泥浆配合比（每立方米）：土：水：化学掺合剂＝＿＿＿＿；＿＿＿＿；＿＿＿＿（kg）

泥浆配合比（每　　盘）：土：水：化学掺合剂＝＿＿＿＿；＿＿＿＿；＿＿＿＿（kg）

班次	日期	泥浆取样位置	泥浆质量指标									备注
			相对密度	粘度(s)	含砂量(%)	胶体率(%)	失水量(mm/30min)	泥皮厚度(mm)	静切力(mg/cm^2)	稳定性(g/cm^2)	pH	
参加人员	监理（建设）单位		施工单位									
			专业技术负责人			质检员			记录人			

地下连续墙护壁泥浆检查记录表是以经施工企业技术负责人审查签章后的本表格式形式归存。

2. 实施目的

地下连续墙护壁泥浆检查记录表是指地下连续墙护壁泥浆施工过程中，按规范要求进行的施工过程记录。

3. 资料要求

(1) 地下连续墙护壁泥浆施工应有专项设计，并按设计要求办理。

(2) 地下连续墙护壁泥浆施工应认真填写地下连续墙护壁泥浆施工记录，表式齐全、正确为符合要求，不按要求填写、子项不全以及后补者均为不符合要求。

(3) 设计或规范规定应进行地下降水处理的，而不进行降低地下水处理的为不符合要求。

(4) 按要求填写齐全正确为符合要求，不按要求填写子项不全、涂改原始记录以及后补者为不符合要求。

(5) 责任制签章齐全为符合要求，否则为不符合要求。

4. 实施要点

(1) 泥浆性能指标、泥浆参考配合比见表 C2-60-14A 和 C2-60-14B。

泥浆的性能指标 **表 C2-60-14A**

项次	项　目	性 能 指 标		检验方法
		一般土层	软土层	
1	相对密度	1.04～1.25	1.05～1.25	泥浆比重秤
2	粘度	18～22s	18～25s	500ml/700ml 漏斗法
3	含砂率	<4～8%	<4%	含砂仪
4	胶体率	≥95%	>98%	100ml 量杯法
5	失水量	<30mL/30min	<30mL/30min	失水量仪
6	泥皮厚度	1.5～3.0mm/30min	1～3mm/30min	失水量仪
7	静切力 1min 10min	10～25mg/cm²	20～30mg/cm² 50～100mg/cm²	静切力测量仪
8	稳定性	<0.05 g/cm³	≤0.02 g/cm³	500ml 量筒或稳定计
9	pH 值	<10	7～9	pH 试纸

注：表中上限为新制泥浆，下限为循环泥浆。

(2) 地下连续墙主要施工机具见表 C2-60-14C。

(3) 表列子项：

1) 泥浆搅拌机类型：参见“地下连续墙主要施工机具”。

2) 膨润土种类和特性：参见本表有关膨润土种类和特性的释文按实际填写。

3) 泥浆配合比：

①土：指膨润土在泥浆配比中的数量，分别按每立方米、每盘填写。

②水：指水在泥浆配比中数量，分别按每立方米、每盘填写。

③化学掺合剂：指化学掺合剂在泥浆配比中数量，分别按每立方米、每盘填写。

泥浆参考配合比（以重量%计） **表 C2-60-14B**

土质	膨润土	酸性陶土	纯粘土	CMC	纯碱	分散剂	水	备注
粘性土	6~8	—	—	0~0.02	—		100	
砂	6~8	—	—	0~0.05	—		100	
砂砾	8~12	—	—	0.05~0.1	—	0~0.5	100	掺防漏剂
软土		8~10	—	0.05	4	0~0.5	100	上海基础公司用
粉质粘土	6~8	—	—	—	0.5~0.7	0~0.5	100	
粉质粘土	1.65	—	8~20	—	0.3		100	半自成泥浆
粉质粘土	—	—	12	0.15	0.3		100	半自成泥浆

注：1.CMC（即钠羧甲基纤维素）配成1.5%的溶液使用。

2.分散剂常用的有碳酸钠或三（聚）磷酸钠。

地下连续墙主要施工机具 **表 C2-60-14C**

工序	序号	名称	规格	单位	数量	备注
多头钻成槽机	1	多头钻机	SF6080 或	台	1	挖槽用
	2	多头钻机架	DZ800×4	台	1	附配套设备装置
	3	卷扬机	组合件	台	1	升降机头用
	4	卷扬机	50kN·慢	台	1	吊排泥管、检修用
钻抓成槽	5	潜水电钻	22kW	台	1	钻导孔用
	6	导板抓斗	60cm	台	1	挖槽及清除障碍物
	7	钻抓机架	组合件	台	1	附配套设备装置
冲击成槽	8	冲击式钻机	20 或 22 型	台	1	冲击成槽用，带冲击锥、掏渣筒
	9	卷扬机		台	1	升降冲击锥用
泥浆制备及处理设备	10	泥浆搅拌机	800L	台	1	制配泥浆用
	11	振动筛	SZ—2	台	1	泥渣处理分离用
	12	旋流器	筒径 250	台	1	泥渣处理分离用，带旋流泵
	13	水泵	2BA—6	台	1	供水用
	14	泥浆泵	3LN	台	3	输送泥浆
	15	灰渣泵	4PH	台	1	供旋流器出泥
	16	抓斗挖土机	0.25m³	台	1	沉淀池清渣用
	17	储浆槽		套	1	储泥浆循环用，带管子阀门
吸泥渣设备	18	潜水砂石泵	Q4PS—1	台	1	多头钻泵举式反循环排泥渣用
	19	砂石泵	4PS	台	1	多头钻泵吸式反循环排泥渣用
	20	真空泵	SZ—4	台	1	多头钻吸渣用
	21	空气压缩机	10m³/min	台	1	多头钻空气吸泥渣用
混凝土浇灌机具设备	22	混凝土浇灌架	组合件	台	1	支承导管
	23	混凝土料斗	1.05m³	个	2	装运混凝土
	24	混凝土导管	Φ 200~300mm	套	2	带漏斗，浇灌水下混凝土用
	25	卷扬机		台	1	提升混凝土料斗及导管

4）泥浆质量指标：

①相对密度：泥浆相对密度是一项极为重要的指标，必须严加控制。相对密度用比重计测定，一般每2小时测定一次。新制备泥浆的相对密度应小于1.05；在成槽以后由于土

砂的污染，相对密度上升，为了保证能顺利地浇筑混凝土，在成槽结束后，槽内泥浆的相对密度应不大于1.15，底部的泥浆相对密度不得大于1.20。否则，因为泥浆相对密度太大，不但影响混凝土的浇筑，而且因泥浆流动性差而多消耗泥浆循环设备的功率。

②粘度：粘度是液体内部阻止其相对流动的一种特性。泥浆的粘度由漏斗法量测，即将泥浆经过过滤网注入漏斗内，然后使其从漏斗口流出，泥浆流满500ml量杯所需的时间(s)，即为泥浆粘度指标。新拌制泥浆粘度指标为：19～20s。

③含砂量：护壁泥浆中含砂的数量，以百分比计。

④胶体率：将100ml的泥浆注入100ml的量筒中用玻璃片盖上静置24h，然后观察筒上部澄清液的体积，如澄清液为5ml，则该泥浆的胶体率为95%。泥浆的胶体率一般应大于95%。

⑤失水量：泥浆在槽壁内受压力差的作用，部分的水会渗入土层，这种现象叫泥浆失水，渗失水的多少叫失水量。一般用30min内在一个大气压压差作用下渗过一定面积的水量来表示，单位为ml/30min。新拌制泥浆的失水量小于10ml/30min。

⑥泥皮厚度：在泥浆失水时，于槽壁上形成一层固体颗粒的胶结物叫泥皮。泥浆失水量小泥皮薄而致密，有利于槽壁稳定。泥皮通常与泥浆失水量一起进行量测，即利用失水量仪进行量测，在失水量仪下部加设滤纸，30min后取出滤纸，量其泥皮厚度即可；新拌制泥浆指标为1mm以下。

⑦静切力：泥浆中的粘土颗粒，由于形状不规则、表面带电和亲水性不匀，常形成网状结构。破坏泥浆中单位面积上网状结构所需的力，称为泥浆的静切力，泥浆的静切力，用静切力计量测。

⑧稳定性：泥浆稳定性分沉降稳定性和絮凝稳定性两种。新拌制泥浆的稳定性指标为100%。沉降稳定性是衡量泥浆在地心引力作用下是否容易产生下沉的指标。如下沉速度很小，甚至可忽略不计，则泥浆具有沉降稳定性。测定方法是将泥浆注满稳定计（或量筒），静置24h，分别量测上部和下部的泥浆相对密度，其相对密度的差值作为衡量泥浆的稳定性。絮凝稳定性是衡量泥浆中的颗粒是否容易粘结变大的指标，如粘结速度极小，则泥浆具有絮凝稳定性。

对于软土地基，新拌制泥浆，其性能应符合规范的有关规定。

⑨PH值：泥浆PH值（酸碱值）表示泥浆酸碱性程度。PH<7时，泥浆为酸性，PH值越小，酸性越强；PH=7时，泥浆为中性；PH>7时，泥浆为碱性，PH值越大，碱性越强。PH值如大于1.1，则泥浆会产生分层现象，失去固壁作用。

5）责任制：

①监理（建设）单位：指监理单位的专业监理工程师，签字有效。当不委托监理时由建设单位的项目负责人签字。

②施工单位：指与该工程签订施工合同的法人施工单位。

③专业技术负责人：指施工单位的项目经理部的专业技术负责人，签字有效。

④质检员：负责该单位工程项目经理部的专职质检员，签字有效。

⑤记录人：负责该单位工程项目经理部的记录人，签字有效。

4.2.60-15　地下连续墙混凝土浇筑记录表（C2-60-15）

1. 资料表式

地下连续墙混凝土浇筑记录 **表 C2-60-15**

施工单位________________ 混凝土设计强度等级________________

工程名称________________ 混凝土坍落度________________

混凝土导管直径________________ 混凝土扩散度________________

日期	班次	单元槽段编号	本单元槽段混凝土计算浇灌数量（m^3）	本单元槽段混凝土实际浇灌数量（m^3）	混凝土浇灌平均速度（m^3/h）	混凝土实测的坍落度（cm）	导管埋入混凝土深度（m）	备注

参加人员	监理（建设）单位	施工单位		
		专业技术负责人	质检员	记录人

地下连续墙混凝土浇筑记录表是以经施工企业技术负责人审查签章后的本表格式形式归存。

2. 实施目的

地下连续墙混凝土浇筑记录表是指地下连续墙混凝土浇筑过程中，按规范要求进行的施工过程记录。

3. 资料要求

（1）地下连续墙混凝土浇筑应有专项设计，并按设计要求办理。

（2）地下连续墙混凝土浇筑应认真填写地下连续墙混凝土浇筑记录，表式齐全、正确为符合要求，不按要求填写、子项不全以及后补者均为不符合要求。

（3）设计或规范规定应进行地下降水处理的，而不进行降低地下水处理的为不符合要求。

（4）按要求填写齐全正确为符合要求，不按要求填写子项不全、涂改原始记录以及后补者为不符合要求。

（5）责任制签章齐全为符合要求，否则为不符合要求。

4. 实施要点

（1）施工单位：指建设单位与施工单位签订施工合同中施工单位名称，按全称填写。

（2）混凝土设计强度等级：照施工图设计的混凝土强度等级填写。

（3）工程名称：建设单位提供或按图注的工程名称填写。

（4）混凝土坍落度：指混凝土试配设计中要求达到的混凝土坍落度，照混凝土试配单坍落度填写。

（5）混凝土导管直径：指直接向"连续墙"输送混凝土的导管直径，导管内径一般为150~200mm，间距一般为3~4m，最大4.5m。由2~3mm厚度钢板卷焊制成，每节2~2.5m并配数节1~1.5mm调节长度的短管。按实际选用填写。

（6）混凝土扩散度：宜为34~38cm，照实际扩散度填记。

（7）单元槽段编号：按施工图设计或施工组织设计的单元槽段编号填写。

(8) 本单元槽段混凝土计算浇灌数量：一般按施工设计图注的混凝土浇灌量，也可按施工单位复核计算的混凝土浇灌量填写。

(9) 本单元槽段混凝土实际浇灌数量：照实际浇灌数量填写。

(10) 混凝土浇灌平均速度：应满足规范要求。采用导管法，槽内混凝土上升速度不应小于 2m/h。

(11) 混凝土实测的坍落度：指混凝土施工在浇筑地点测试的混凝土坍落度，照实际填写。

(12) 导管埋入混凝土的深度：导管埋入混凝土 2～4m，最小埋深不得小于 1.5m。照实际导管埋入混凝土的深度填写。

(13) 责任制：

1) 监理（建设）单位：指监理单位的专业监理工程师，签字有效。当不委托监理时由建设单位的项目负责人签字。

2) 施工单位：指与该工程签订施工合同的法人施工单位。

3) 专业技术负责人：指施工单位的项目经理部的专业技术负责人，签字有效。

④质检员：负责该单位工程项目经理部的专职质检员，签字有效。

⑤记录人：负责该单位工程项目经理部的记录人，签字有效。

4.2.60-16 锚杆成孔记录（C2-60-16）

1. 资料表式

锚杆成孔记录 **表 C2-60-16**

工程名称： 施工单位：

成孔日期	锚孔编号	锚孔层号	土层类型	孔体检查				备注
				孔直径	孔深度	孔倾角	孔间距	

参加人员	监理（建设）单位	施工单位		
		专业技术负责人	质检员	记录人

锚杆成孔记录是以经施工企业技术负责人审查签章后的本表格式形式归存。

2. 实施目的

锚杆成孔记录是指锚杆成孔记录施工过程中，按规范要求进行的施工过程记录。

3. 资料要求

(1) 锚杆成孔记录施工应有专项设计，并按设计要求办理。

(2) 锚杆成孔记录施工应认真填写锚杆成孔记录，表式齐全、正确为符合要求，不按要求填写、子项不全以及后补者均为不符合要求。

(3) 按要求填写齐全正确为符合要求，不按要求填写子项不全、涂改原始记录以及后补者为不符合要求。

(4) 责任制签章齐全为符合要求，否则为不符合要求。

4. 实施要点

(1) 锚杆成孔记录是指为保证基坑边坡的稳定，对基坑边坡锚杆成孔记录。

(2) 锚杆支护应有专项设计，施工时必须符合设计及规范规定。

(3) 表列子项：

1) 锚孔编号：指实际的锚孔编号。锚孔编号由施工单位按施工实际编号或按施工图设计的锚孔编号；

2) 锚孔层号：指整个护坡面深度范围内从上而下排列的某一层的层号；

3) 孔体检查：分别按孔深度、孔直径、孔倾角、孔间距进行检查。

4) 责任制：

①监理（建设）单位：指监理单位的专业监理工程师，签字有效。当不委托监理时由建设单位的项目负责人签字。

②施工单位：指与该工程签订施工合同的法人施工单位。

③专业技术负责人：指施工单位的项目经理部的专业技术负责人，签字有效。

④质检员：负责该单位工程项目经理部的专职质检员，签字有效。

⑤记录人：负责该单位工程项目经理部的记录人，签字有效。

4.2.60-17 锚杆安装记录（C2-60-17）

1. 资料表式

锚杆安装记录 **表 C2-60-16**

工程名称： 施工单位：

序号	施工日期	锚孔编号	锚孔层号	锚杆检查				备注
				锚杆直径	锚杆长度	锚杆间距	锚杆水平度	
附图								
参加人员	监理（建设）单位	施工单位						
		专业技术负责人		质检员		记录人		

锚杆安装记录是以经施工企业技术负责人审查签章后的本表格式形式归存。

2. 实施目的

锚杆安装记录是指锚杆安装记录施工过程中，按规范要求进行的施工过程记录。

3. 资料要求

(1) 锚杆安装记录施工应有专项设计，并按设计要求办理。

(2) 锚杆安装记录施工应认真填写锚杆安装记录，表式齐全、正确为符合要求，不按要求填写、子项不全以及后补者均为不符合要求。

(3) 按要求填写齐全正确为符合要求，不按要求填写子项不全、涂改原始记录以及后补者为不符合要求。

(4) 责任制签章齐全为符合要求，否则为不符合要求。

4. 实施要点

(1) 锚杆安装记录是为保证基坑边坡的稳定，对基坑边坡铺杆安装记录。

(2) 表列子项：

1) 锚孔编号：指实际的锚孔编号。铺孔编号由施工单位按施工实际编号或按施工图设计的锚孔编号。

2) 锚孔层号：指整个护坡面深度范围内从上而下排列的某一层的层号。

3) 锚杆检查：分另按锚杆直径、水平度、锚杆长度、锚杆间距进行检查。

4) 责任制：

①监理（建设）单位：指监理单位的专业监理工程师，签字有效。当不委托监理时由建设单位的项目负责人签字。

②施工单位：指与该工程签订施工合同的法人施工单位。

③专业技术负责人：指施工单位的项目经理部的专业技术负责人，签字有效。

④质检员：负责该单位工程项目经理部的专职质检员，签字有效。

⑤记录人：负责该单位工程项目经理部的记录人，签字有效。

4.2.60-18 预应力锚杆张拉与锁定施工记录（C2-60-18）

1. 资料表式

预应力锚杆张拉与锁定施工记录 表 C2-60-18

工程名称： 施工单位：

锚孔编号	施工日期	张拉荷载（kN）	油压表读数（MPa）	测定时间（min）	锚头位移（mm）			锚头位移增量（mm）	锁定荷载（kN）
					1	2	3		

参加人员	监理（建设）单位	施　工　单　位		
		专业技术负责人	质检员	记录人

预应力锚杆张拉与锁定施工记录是以经施工企业技术负责人审查签章后的本表格式形式归存。

2. 实施目的

预应力锚杆张拉与锁定施工记录施工过程中，按规范要求进行的施工过程记录。

3. 资料要求

(1) 预应力锚杆张拉与锁定施工记录应有专项设计，并按设计要求办理。

(2) 预应力锚杆张拉与锁定施工记录应认真填写预应力锚杆张拉与锁定施工记录，表式齐全、正确为符合要求，不按要求填写、子项不全以及后补者均为不符合要求。

(3) 按要求填写齐全正确为符合要求，不按要求填写子项不全、涂改原始记录以及后补者为不符合要求。

(4) 责任制签章齐全为符合要求，否则为不符合要求。

4. 实施要点

(1) 预应力锚杆张拉与锁定施工记录是采用预应力锚杆支护时，当浆液达到设计强度后，对锚杆的张拉与锁定过程的记录。

(2) 表列子项：

1) 张拉荷载：指张拉时实际荷载。

2) 锁定荷载：指锁定时实际荷载。

3) 责任制：

①监理（建设）单位：指监理单位的专业监理工程师，签字有效。当不委托监理时由建设单位的项目负责人签字。

②施工单位：指与该工程签订施工合同的法人施工单位。

③专业技术负责人：指施工单位的项目经理部的专业技术负责人，签字有效。

④质检员：负责该单位工程项目经理部的专职质检员，签字有效。

⑤记录人：负责该单位工程项目经理部的记录人，签字有效。

4.2.60-19　注浆及护坡混凝土施工记录（C2-60-19）

1. 资料表式

________注浆及护坡混凝土施工记录　　　　**表 C2-60-19**

工程名称：　　　　　　　　　　　　　　　　　　　　施工单位：

<table>
<tr><td rowspan="2">序号</td><td rowspan="2">施工日期</td><td rowspan="2">孔编号</td><td rowspan="2">孔层号</td><td colspan="3">孔体注浆</td><td colspan="4">护坡面混凝土</td><td rowspan="2">备　注</td></tr>
<tr><td>材料及配合比</td><td>注浆压力（MPa）</td><td>注浆量（m^3）</td><td>强度等级（MPa）</td><td>坍落度（cm）</td><td>混凝土量（m^3）</td><td>浇筑时间</td></tr>
<tr><td></td><td></td><td></td><td></td><td></td><td></td><td></td><td></td><td></td><td></td><td></td><td></td></tr>
<tr><td></td><td></td><td></td><td></td><td></td><td></td><td></td><td></td><td></td><td></td><td></td><td></td></tr>
<tr><td></td><td></td><td></td><td></td><td></td><td></td><td></td><td></td><td></td><td></td><td></td><td></td></tr>
<tr><td></td><td></td><td></td><td></td><td></td><td></td><td></td><td></td><td></td><td></td><td></td><td></td></tr>
<tr><td></td><td></td><td></td><td></td><td></td><td></td><td></td><td></td><td></td><td></td><td></td><td></td></tr>
<tr><td></td><td></td><td></td><td></td><td></td><td></td><td></td><td></td><td></td><td></td><td></td><td></td></tr>
<tr><td></td><td></td><td></td><td></td><td></td><td></td><td></td><td></td><td></td><td></td><td></td><td></td></tr>
<tr><td></td><td></td><td></td><td></td><td></td><td></td><td></td><td></td><td></td><td></td><td></td><td></td></tr>
<tr><td></td><td></td><td></td><td></td><td></td><td></td><td></td><td></td><td></td><td></td><td></td><td></td></tr>
<tr><td>附图</td><td colspan="11"></td></tr>
<tr><td rowspan="3">参加人员</td><td colspan="4" rowspan="2">监理（建设）单位</td><td colspan="7">施　工　单　位</td></tr>
<tr><td colspan="2">专业技术负责人</td><td colspan="3">质检员</td><td colspan="2">记录人</td></tr>
<tr><td colspan="4"></td><td colspan="2"></td><td colspan="3"></td><td colspan="2"></td></tr>
</table>

注浆及护坡混凝土施工记录是以经施工企业技术负责人审查签章后的本表格式形式归存。

2. 实施目的

注浆及护坡混凝土施工过程中，按规范要求进行的施工过程记录。

3. 资料要求

(1) 注浆及护坡混凝土施工记录应有专项设计，并按设计要求办理。

(2) 注浆及护坡混凝土施工记录应认真填写注浆及护坡混凝土施工记录，表式齐全、正确为符合要求，不按要求填写、子项不全以及后补者均为不符合要求。

(3) 按要求填写齐全正确为符合要求，不按要求填写子项不全、涂改原始记录以及后补者为不符合要求。

(4) 责任制签章齐全为符合要求，否则为不符合要求。

4. 实施要点

(1) 注浆及护坡混凝土施工记录是为保证基坑边坡的稳定，对基坑边坡采用土钉墙或锚杆注浆及混凝土护坡支护施工时所作的施工记录。

(2) 表列子项：

1) 孔体注浆：

①材料及配合比：设计配制的浆体及使用的原材料；

②注浆压力：施工时的注浆压力；

③注浆量：单个孔体注浆量。

2) 护坡面混凝土：

①混凝土强度等级：指设计选定的混凝土强度等级；

②坍落度：指施工试配坍落度；

③厚度：指坡面混凝土设计厚度。

3) 责任制：

①监理（建设）单位：指监理单位的专业监理工程师，签字有效。当不委托监理时由建设单位的项目负责人签字。

②施工单位：指与该工程签订施工合同的法人施工单位。

③专业技术负责人：指施工单位的项目经理部的专业技术负责人，签字有效。

④质检员：负责该单位工程项目经理部的专职质检员，签字有效。

⑤记录人：负责该单位工程项目经理部的记录人，签字有效。

4.2.60-20　土钉墙土钉成孔施工记录（C2-60-20）

1. 资料表式

土钉墙土钉成孔施工记录是以经施工企业技术负责人审查签章后的本表格式形式归存。

2. 实施目的

土钉墙土钉成孔施工过程中，按规范要求进行的施工过程记录。

3. 资料要求

(1) 土钉墙土钉成孔施工应有专项设计，并按设计要求办理。

(2) 土钉墙土钉成孔施工应认真填写土钉墙土钉成孔施工记录，表式齐全、正确为符合要求，不按要求填写、子项不全以及后补者均为不符合要求。

土钉墙土钉成孔施工记录 表 C2-60-20

施工单位：

序号	施工日期	土钉孔编号	土钉孔层号	土钉孔检查				护坡面坡度	成孔时间	备注
				土钉孔直径（mm）	孔体水平度（cm）	土钉孔长度（mm）	土钉孔间距（mm）			
附图										
参加人员	监理（建设）单位	施工单位								
		专业技术负责人		质检员			记录人			

(3) 按要求填写齐全正确为符合要求，不按要求填写、子项不全、涂改原始记录以及后补者为不符合要求。

(4) 责任制签章齐全为符合要求，否则为不符合要求。

4. 实施要点

(1) 土钉墙法

采用土钉墙法进行深基坑支护需进行土钉抗拉承载力计算，土钉墙整体稳定性验算等。

1）土钉墙法的构造要求：

①土钉墙设计及构造应符合下列规定：土钉墙墙面坡度不宜大于1:0.1；土钉必须和面层有效连接，应设置承压板或加强钢筋等构造措施，承压板或加强钢筋应与土钉螺栓连接或钢筋焊接连接；土钉的长度宜为开挖深度的0.5～1.2倍，间距宜为1～2m，与水平面夹角宜为5°～20°；土钉钢筋宜采用Ⅱ、Ⅲ级钢筋，钢筋直径宜为16～32mm，钻孔直径宜为70～120mm；注浆材料宜采用水泥浆或水泥砂浆，其强度等级不宜小于M10；喷射混凝土面层宜配置钢筋网，钢筋直径宜为6～10mm，间距宜为150～300mm；喷射混凝土强

度等级不宜低于 C20，面层厚度不宜小于 80mm；坡面上下段钢筋网搭接长度应大于300mm。

②当地下水位高于基坑底面时，应采取降水或截水措施；土钉墙墙顶应采用砂浆或混凝土护面，坡顶和坡脚应设排水措施，坡面上可根据具体情况设置泄水孔。

2）施工与检测。

①上层土钉注浆体及喷射混凝土面层达到设计强度的 70%后方可开挖下层土方及下层土钉施工。

②基坑开挖和土钉墙施工应按设计要求自上而下分段分层进行。在机械开挖后，应辅以人工修整坡面，坡面开整度的允许偏差宜为 ± 20mm，在坡面喷射混凝土支护前，应清除坡面虚土。

③土钉墙施工可按下列顺序进行：应按设计要求开挖工作面，修整边坡，埋设喷射混凝土厚度控制标志；喷射第一层混凝土；钻孔安设土钉、注浆，安设连接件；绑扎钢筋网，喷射第二层混凝土；设置坡顶、坡面和坡脚的排水系统。

土钉成孔施工宜符合下列规定：孔深允许偏差 ± 50mm；孔径允许偏差 ± 5mm；孔距允许偏差 ± 100mm；成孔倾角偏差 ± 5%。

喷射混凝土作业应符合下列规定：喷射作业应分段进行，同一分段内喷射顺序应自下而上，一次喷射厚度不宜小于 40mm；喷射混凝土时，喷头与受喷面应保持垂直，距离宜为 0.6 ~ 1.0m；喷射混凝土终凝 2h 后，应喷水养护，养护时间根据气温确定，宜为3 ~ 7h；

喷射混凝土面层中的钢筋网铺设应符合下列规定：钢筋网应在喷射一层混凝土后铺设，钢筋保护层厚度不宜小于 20mm；采用双层钢筋网时，第二层钢筋网应在第一层钢筋网被混凝土覆盖后铺设；钢筋网与土钉应连接牢固。

土钉注浆材料应符合下列规定：注浆材料宜选用水泥浆或水泥砂浆；水泥浆的水灰比宜为 0.5，水泥砂浆配合比宜为 1:1 ~ 1:2（重量比），水灰比宜为 0.38 ~ 0.45；水泥浆、水泥砂浆应拌合均匀，随拌随用，一次拌合的水泥浆、水泥砂浆应在初凝前用完。

注浆作业应符合以下规定：注浆前应将孔内残留或松动的杂土清除干净；注浆开始或中途停止超过 30min 时，应用水或稀水泥浆润滑注浆泵及其管路；注浆时，注浆管应插至距孔底 250 ~ 500mm 处，孔口部位宜设置止浆塞及排气管；土钉钢筋应设定位支架。

土钉墙应按下列规定进行质量检测：土钉采用抗拉试验检测承载力，同一条件下，试验数量不宜少于土钉总数的 1%，且不应少于 3 根；墙面喷射混凝土厚度应采用钻孔检测，钻孔数宜每 100m^2 墙面积一组，每组不应少于 3 点。

（2）表列子项

1）土钉孔编号：照实际的土钉孔编号填写。土钉孔编号由施工单位按施工实际编号或按施工图设计的土钉孔编号。

2）土钉孔层号：指整个护坡面深度范围内从上而下排列的某一层的层号，按实际填写。

3）土钉孔检查：

①土钉孔直径：指实际钻成的土钉孔直径，按实际测检的结果填写。

②孔体水平度：指实际钻成的土钉孔的水平度，按实际测检的结果填写。

③土钉孔长度：指实际钻成的土钉孔的长度，按实际测检的结果填写。

④土钉孔间距：指实际钻成土钉孔与孔之间的间距，按实际测检的结果填写。

4）护坡面坡度：指土钉墙护坡面的坡度，按实际测检的结果填写。

5）成孔时间：按实际成孔时间填写。

6）附图：由施单位按需要绘制。

7）责任制：

①监理（建设）单位：指监理单位的专业监理工程师，签字有效。当不委托监理时由建设单位的项目负责人签字。

②施工单位：指与该工程签订施工合同的法人施工单位。

③专业技术负责人：指施工单位的项目经理部的专业技术负责人，签字有效。

④质检员：负责该单位工程项目经理部的专职质检员，签字有效。

⑤记录人：负责该单位工程项目经理部的记录人，签字有效。

4.2.60-21　土钉墙土钉钢筋安装施工记录（C2-60-21）

1.资料表式

土钉墙土钉钢筋安装施工记录　　　　**表 C2-60-21**

工程名称：　　　　　　　　　　　　　　　　施工单位：

序号	施工日期	土钉孔层号	土钉孔编号	土钉孔钢筋检查					坡面钢筋			备　注
				直径（mm）	根数	箍筋间距（mm）	钢筋长度（mm）	保护层厚度（mm）	上段钢筋	下段钢筋	搭接长度（mm）	
附图												

参加人员	监理（建设）单位	施　工　单　位		
		专业技术负责人	质检员	记录人

土钉墙土钉钢筋安装施工记录是以经施工企业技术负责人审查签章后的本表格式形式归存。

2. 实施目的

土钉墙土钉钢筋安装施工过程中，按规范要求进行的施工过程记录。

3. 资料要求

(1) 土钉墙土钉钢筋安装施工应认真填写土钉墙土钉钢筋安装施工记录，表式齐全、正确为符合要求，不按要求填写、子项不全以及后补者均为不符合要求。

(2) 按要求填写齐全正确为符合要求，不按要求填写子项不全、涂改原始记录以及后补者为不符合要求。

(3) 责任制签章齐全为符合要求，否则为不符合要求。

4. 实施要点

(1) 土钉墙土钉钢筋安装施工应有专项设计，并按设计要求办理。

(2) 表列子项：

1) 土钉孔层号：指整个护坡面深度范围内从上而下排列的某一层的层号，按实际。

2) 土钉孔编号：按实际的土钉孔编号填写。土钉孔编号由施工单位按施工实际编号或按施工图设计的土钉孔编号。

3) 土钉孔钢筋的检查：

①直径：指土钉孔钢筋直径，按实际钢筋的直径填写。

②根数：指土钉孔钢筋根数，按实际的根数填写。

③箍筋间距：指土钉孔钢筋的箍筋间距，按实际的箍筋间距填写。

④钢筋长度：指土钉孔钢筋长度，按实际钢筋的长度填写。

⑤保护层厚度：指土钉孔的保护层厚度，按实际的保护层厚度填写。

4) 坡面钢筋：指护坡面用的钢筋，按实际填写：

①上段钢筋：指护坡面上段用的钢筋，按实际填写；

②下段钢筋：指护坡面下段用的钢筋，按实际填写；

③钢筋搭长：指护坡面上下的搭接长度，按实际填写。

5) 附图：由施工单位按需要绘制。

6) 责任制：

①监理（建设）单位：指监理单位的专业监理工程师，签字有效。当不委托监理时由建设单位的项目负责人签字。

②施工单位：指与该工程签订施工合同的法人施工单位。

③专业技术负责人：指施工单位的项目经理部的专业技术负责人，签字有效。

④质检员：负责该单位工程项目经理部的专职质检员，签字有效。

⑤记录人：负责该单位工程项目经理部的记录人，签字有效。

4.2.60-21-1 土钉墙土钉注浆及护坡混凝土施工记录（C2-60-21-1）

1. 资料表式

土钉墙土钉注浆及护坡混凝土施工记录是以经施工企业技术负责人审查签章后的本表格式形式归存。

2. 实施目的

土钉墙土钉注浆及护坡混凝土施工记录记录 表 C2-60-21-1

工程名称： 施工单位：

<table>
<tr><td rowspan="2">序号</td><td rowspan="2">施工
日期</td><td rowspan="2">土钉孔
编号</td><td rowspan="2">土钉孔
层号</td><td colspan="3">土 钉 孔 注 浆</td><td rowspan="2">护坡面
混凝土量
（m^3）</td><td rowspan="2">浇筑
时间
（min）</td><td rowspan="2">备 注</td></tr>
<tr><td>土钉孔直径
（mm）</td><td>孔体混凝
土量（m^3）</td><td>土钉孔长度
（mm）</td></tr>
<tr><td></td><td></td><td></td><td></td><td></td><td></td><td></td><td></td><td></td><td></td></tr>
<tr><td></td><td></td><td></td><td></td><td></td><td></td><td></td><td></td><td></td><td></td></tr>
<tr><td></td><td></td><td></td><td></td><td></td><td></td><td></td><td></td><td></td><td></td></tr>
<tr><td></td><td></td><td></td><td></td><td></td><td></td><td></td><td></td><td></td><td></td></tr>
<tr><td></td><td></td><td></td><td></td><td></td><td></td><td></td><td></td><td></td><td></td></tr>
<tr><td></td><td></td><td></td><td></td><td></td><td></td><td></td><td></td><td></td><td></td></tr>
<tr><td></td><td></td><td></td><td></td><td></td><td></td><td></td><td></td><td></td><td></td></tr>
<tr><td></td><td></td><td></td><td></td><td></td><td></td><td></td><td></td><td></td><td></td></tr>
<tr><td></td><td></td><td></td><td></td><td></td><td></td><td></td><td></td><td></td><td></td></tr>
<tr><td></td><td></td><td></td><td></td><td></td><td></td><td></td><td></td><td></td><td></td></tr>
<tr><td></td><td></td><td></td><td></td><td></td><td></td><td></td><td></td><td></td><td></td></tr>
<tr><td>附图</td><td colspan="9"></td></tr>
<tr><td rowspan="3">参加
人员</td><td colspan="3">监理（建设）单位</td><td colspan="6">施 工 单 位</td></tr>
<tr><td colspan="3" rowspan="2"></td><td colspan="3">专业技术负责人</td><td colspan="2">质检员</td><td>记录人</td></tr>
<tr><td colspan="3"></td><td colspan="2"></td><td></td></tr>
</table>

土钉墙土钉注浆及护坡混凝土施工过程中，按规范要求进行的施工过程记录。

3. 资料要求

（1）土钉墙土钉注浆及护坡混凝土施工应认真填写土钉墙土钉注浆及护坡混凝土施工记录，表式齐全、正确为符合要求，不按要求填写、子项不全以及后补者均为不符合要求。

（2）按要求填写齐全正确为符合要求，不按要求填写、子项不全、涂改原始记录以及后补者为不符合要求。

（3）责任制签章齐全为符合要求，否则为不符合要求。

4. 实施要点

（1）土钉墙土钉注浆及护坡混凝土施工应有专项设计，并按设计要求办理。

（2）表列子项：

1）土钉孔编号：照实际的土钉孔编号填写。土钉孔编号由施工单位按施工实际编号或按施工图设计的土钉孔编号。

2）土钉孔层号：指整个护坡面深度范围内从上而下排列的某一层的层号，按实际。

3）桩孔注浆：

①砂浆配合比：水泥砂浆的配合比宜为 1:1～1:2 重量比，按实际填写；

②水灰比：水泥浆的水灰比宜为 0.5，水泥砂浆的水灰比宜为 0.38～0.45，按实际填写。

4）坡面混凝土检查：

①混凝土强度等级：按设计选定的混凝土强度等级填写；

②坍落度：按施工试配坍落度执行，按实际填写；

③坡面平整度：按实际检查结果填定。坡面坡度与平整度应符合设计要求；

④坡面混凝土厚度：指设计的混凝土厚度。按实际施工的坡面混凝土厚度填写。

5）施工时间：按实际填写，从××年×月×日至××年×月×日。

6）附图：由施工单位按需要绘制。

7）责任制：

①监理（建设）单位：指监理单位的专业监理工程师，签字有效。当不委托监理时由建设单位的项目负责人签字。

②施工单位：指与该工程签订施工合同的法人施工单位。

③专业技术负责人：指施工单位的项目经理部的专业技术负责人，签字有效。

④质检员：负责该单位工程项目经理部的专职质检员，签字有效。

⑤记录人：负责该单位工程项目经理部的记录人，签字有效。

8）土钉墙土钉注浆及护坡混凝土施工用表也可采用注浆及护坡混凝土施工记录（表C2-60-19）。

4.2.60-22　沉井下沉施工记录表（C2-60-22）

1. 资料表式

沉井下沉施工记录

表 C2-60-22

工程名称________________施工单位________________　班次________________

出土量（m³）			出勤人数（工日）			
含泥量（%）			气候		温度（℃）	
刃脚编号	1	2	3	4		
刃脚标高（m）					平均标高（m）	
下沉量（mm）					平均值（mm）	
土的类别			该层土开始标高（m）			
机械设备管路等情况						
刃脚掏空情况						
井内各孔土面标高及锅底情况						
倾斜和水平位移的情况						
备　注						
参加人员	监理（建设）单位	施　工　单　位				
		专业技术负责人		质检员		记录人

沉井下沉施工记录表是以经施工企业技术负责人审查签章后的本表格式形式归存。

2. 实施目的

沉井下沉施工记录表是沉井下沉施工过程中，按规范要求进行的施工过程记录。

3. 资料要求

(1) 沉井、沉箱施工应提供的施工技术资料：材料出厂合格证和试验报告、施工组织设计，沉井下沉施工记录、沉井、沉箱下沉完毕检查记录、工程质量检验评定、质量事故处理报告等，提供齐全的为符合要求（合理缺项除外）。

现场记录的原件由施工单位保存，以备查。

(2) 沉井下沉施工记录表施工应有专项设计，并按设计要求办理。

(3) 沉井下沉施工应认真填写沉井下沉施工记录表施工记录，表式齐全、正确为符合要求，不按要求填写、子项不全以及后补者均为不符合要求。

(4) 按要求填写齐全正确为符合要求，不按要求填写子项不全、涂改原始记录以及后补者为不符合要求。

(5) 责任制签章齐全为符合要求，否则为不符合要求。

4. 实施要点

(1) 沉井工程的地质勘察资料，是制定施工方案，编制施工组织设计的依据。因此除应有完整的工程地质报告及施工图设计之外，尚应符合下列规定：

①面积在 $200m^2$ 以下的沉井，不得少于一个钻孔；

②面积在 200^2 以上的沉井，应在四角（圆形为相互垂直两直径与圆周的交点）附近各取一个钻孔；

③沉井面积较大或地质条件复杂时，应根据具体情况增加钻孔数。

(2) 每座沉井至少应有一个钻孔提供土的各项物理力学指标，其余钻孔应能鉴别土层变化情况。

(3) 沉井刃脚的形状和构造，应与下沉处的土质条件相适应。在软土层下沉的沉井，为防止突然下沉或减少突然下沉的幅度，其底部结构应符合下列规定：

①沉井平面布置应分孔（格）、圆形沉井亦应设置底梁予以分格。每孔（格）的净空面积可根据地质和施工条件确定；

②隔墙及底梁应具有足够的强度和刚度；

③隔墙及底梁的底面，宜高于刃脚踏面 0.5~1.0m；

④刃脚踏面宜适当加宽，斜面水平倾角不宜大于60°。

(4) 沉井制作应在场地和中轴线验收以后进行。刃脚支设可视沉井重量、施工荷载和地基承载力情况，采用垫架、半垫架、砖垫座或土底模。沉井接高的各节竖向中心线应与前一节的中心线重合或平行。沉井外壁应平滑，如用砖砌筑，应在外壁表面抹一层水泥砂浆。

沉井分节制作的高度，应保证其稳定性并能使其顺利下沉。如采用分节制作一次下沉的方法时，制作总高度不宜超过沉井短边或直径的长度，亦不应超过12m；总高度超过时，必须有可靠的计算依据和采取确保稳定的措施。

分节制作的沉井，在第一节混凝土达到设计强度的70%后，方可浇筑其上一节混凝土。冬期制作沉井时，第一节混凝土或砌筑砂浆未达到设计强度，其余各节未达到设计强度的70%前，不应受冻。

(5) 沉井若需浮运时，应在混凝土达到设计规定的强度后下（入）水。沉井浮运前，应与航运、气象和水文等部门联系，确定浮运和沉放时间，沉放时应在沉放地点的上游和周围设立明显标志，或用驳船及其公共漂浮设备防护、并应有能满足承载和稳定要求的水下基床。当基床坡度大于3%时，应预先整平，其范围应较沉井外壁尺寸放宽2m。

(6) 沉井下沉有排水下沉和不排水下沉两种方法。排水下沉常用明沟集水井排水、井点排水或井点与明沟排水相结合的方法。不排水下沉的方法有：抓斗在水中取土；水力冲刷器冲刷土；空气吸泥机或水力吸泥机吸水中的泥土。沉井工程施工应编制沉井工程施工组织设计，并进行分阶段下沉系数的计算，作为确定下沉施工方法和采取技术措施的依据。沉井第一节的混凝土或砌筑砂浆，达到设计强度以后，其余各节达到设计强度的70%后，方可下沉。挖土下沉时，应分层、均匀、对称地进行，使其能均匀竖直下沉，不得有过大的倾斜。由数个井孔组成的沉井，为使其下沉均匀，挖土时各井孔土面高差不应超过1m。采用泥浆润滑套减阻下沉的沉井，应设置套井，顶面宜高出地面300~500mm，其外围应回填粘土并分层夯实。沉井外壁设置台阶形泥浆槽，宽度宜为100~200mm，距刃脚踏面的高度宜大于3m。

沉井下沉时，槽内应充满泥浆，其液面应接近自然地面，并储备一定数量泥浆，以供下沉时及时补浆。泥浆的性能指标可按地下连续墙泥浆性能指标选用。

沉井下沉过程中，每班至少测量两次，如有倾斜、位移应及时纠正，并应做好记录。

沉井下沉至设计标高，应进行沉降观测，在8h内下沉量不大于10mm时，方可封底。

(7) 干封底时，应符合下列规定：

①沉井基底土面应全部挖至设计标高；

②井内积水应尽量排干；

③混凝土凿毛处应洗刷干净；

④浇筑时，应防止沉井不均匀下沉，在软土层中封底宜分格对称进行；

⑤在封底和底板混凝土未达到设计强度以前，应从封底以下的集水井中不间断地抽水。停止抽水时，应考虑沉井的抗浮稳定性，并采取相应的措施。

(8) 采用导管法进行水下混凝土封底，应符合下列规定：

①基底为软土层时，应尽可能将井底浮泥清除干净，并铺碎石垫层；

②基底为岩基时，岩面处沉积物及风化岩碎块等应尽量清除干净；

③混凝土凿毛处应洗刷干净；

④水下封底混凝土应在沉井全部底面积上连续浇筑。当井内有间隔墙、底梁或混凝土供应量受到限制时，应预先隔断分格浇筑；

⑤导管应采用直径为200~300mm的钢管制作，内避表面应光滑并有足够的强度和刚度，管段的接头应密封良好和便于装拆。每根导管上端应装有数节1m的短管；

⑥导管的数量由计算确定，布置时应使各导管的浇筑面积相互覆盖，导管的有效作用半径一般可取3~4m；

⑦水下混凝土面平均上升速度不应小于0.25m/h，坡度不应大于1:5；

⑧浇筑前，导管中应设置球、塞等以隔水；浇筑时，导管插入混凝土的深度不宜小于1m；

⑨水下混凝土达到设计强度后，方可从井内抽水，如提前抽水，必须采取确保质量和安全的措施。

(9) 配制水下封底用的混凝土，应符合下列规定：

①配合比应根据试验确定，在选择施工配合比时，混凝土的试配强度提高10~15%；

②水灰比不宜大于0.6；

③有良好的和易性，在规定的浇筑期间内，坍落度应为16~22cm；在灌筑初期，为使导管下端形成混凝土堆，坍落度宜为14~16cm；

④水泥用量一般为350～400kg/m^3；

⑤粗骨料可选用卵石或碎石粒径，以5～40mm为宜；

⑥细骨料宜采用中、粗砂，砂率一般为45～50%；

⑦可根据需要掺用外加剂。

（10）对下列各分项工程，应进行中间验收并填写隐蔽工程验收记录：

①沉井的制作场地和筑岛；

②浮运的沉井水下基床；

③沉井（每节）应在下沉或浮运前进行中间验收；

④沉井下沉完毕后位置、偏差和基底的验收应在封底前进行。用不排水法施工的沉井基底，可用触探及潜水检查，必要时可用钻孔方法检查。沉井、沉箱下沉完毕后应做好记录。

（11）表列子项：

1）出土量：指沉井下沉时挖出的土量。

2）含泥量：指不排水下沉挖土时，应用水力吸泥机或空气吸泥机等取土时泥浆中的含泥量，按实测结果填写。

3）刃脚标高：指沉井下沉完成后，测量刃脚底面对称的四个点，从而检查沉井下沉偏移情况。还应指出，沉井下沉时，每班至少检测1次。一般下沉一节均应测量1～2次刃脚标高，以便及时调整沉井下沉的偏移。照实测结果填写。

4）平均标高：指测量刃脚底面对称的四个点的算术平均值。

5）下沉量：指测量对应于刃脚底面对称的四个点的下沉量。

6）平均值：指测量对应于刃脚底面对称的四个点的算术平均值。

7）土的类别：指沉井下沉阶段不同深度范围内实际取样土的类别。

8）机械设备管路等情况：指挖土机械、供排水管路、井点系统，空压机、高压水泵等运转情况，可据实记录。

9）刃脚掏空情况：指刃脚处1～1.5m的范围内，一般每隔2～3m向刃脚方向逐层全面、对称、均匀的削落土层，每次削5～10cm的情况，可据实记录。

10）井内各孔土面标高及锅底情况：井内各孔的土面标高指沉井由多个井孔组成对、各井孔内的土面高差宜不大于0.5m；锅底情况指井底中间的除挖部分，一般锅底应比刃脚底低1～1.5m，按实际测量结果填写。

11）倾斜及水平位移情况：指沉井下沉完成后的倾斜及水平位移情况，按上述实测结果评定后简记。

12）责任制：

①监理（建设）单位：指监理单位的专业监理工程师，签字有效。当不委托监理时由建设单位的项目负责人签字。

②施工单位：指与该工程签订施工合同的法人施工单位。

③专业技术负责人：指施工单位的项目经理部的专业技术负责人，签字有效。

④质检员：负责该单位工程项目经理部的专职质检员，签字有效。

⑤记录人：负责该单位工程项目经理部的记录人，签字有效。

4.2.60-23　沉井、沉箱下沉完毕检查记录表（C2-60-23）

1. 资料表式

沉井、沉箱下沉完毕　　　　表 C2-60-23

施工单位＿＿＿＿＿＿＿＿工程名称＿＿＿＿＿＿＿＿＿年＿＿＿月＿＿＿日

<table>
<tr><td colspan="3">沉井、沉箱开始下沉日期</td><td colspan="2"></td><td colspan="2">开始下沉时刃脚标高（m）</td><td></td></tr>
<tr><td colspan="3">沉井、沉箱下沉完毕日期</td><td colspan="2"></td><td colspan="2">下沉完毕时刃脚标高（m）</td><td></td></tr>
<tr><td colspan="3" rowspan="2">基础平整后高于（低于）刃脚下（mm）</td><td colspan="2" rowspan="2"></td><td colspan="2">刃脚下的土质</td><td></td></tr>
<tr><td colspan="2">挖土方法</td><td></td></tr>
<tr><td colspan="7">为核对预先勘察的地质资料，曾在沉井、沉箱中挖深井（钻孔），挖掘深度达刃脚下（m）</td><td></td></tr>
<tr><td colspan="3">有无异常情况</td><td colspan="5"></td></tr>
<tr><td colspan="3" rowspan="2">沉井、沉箱平面位置（在刃脚平面上）与设计位置的偏差</td><td colspan="2">水平纵轴线偏移（mm）</td><td colspan="3"></td></tr>
<tr><td colspan="2">水平横轴线偏移（mm）</td><td colspan="3"></td></tr>
<tr><td colspan="2" rowspan="3">沉井、沉箱刃脚高差测量结果（m）</td><td>编号</td><td>1</td><td>2</td><td>3</td><td colspan="2">4</td></tr>
<tr><td>设计（m）</td><td></td><td></td><td></td><td colspan="2"></td></tr>
<tr><td>实测（m）</td><td></td><td></td><td></td><td colspan="2"></td></tr>
<tr><td colspan="8">检查结论：</td></tr>
<tr><td rowspan="3">参加人员</td><td colspan="2">监理（建设）单位</td><td colspan="5">施　工　单　位</td></tr>
<tr><td colspan="2" rowspan="2"></td><td colspan="2">专业技术负责人</td><td colspan="2">质检员</td><td>记录人</td></tr>
<tr><td colspan="2"></td><td colspan="2"></td><td></td></tr>
</table>

沉井、沉箱下沉完毕记录表是以经施工企业技术负责人审查签章后的本表格式形式归存。

2. 实施目的

沉井、沉箱下沉完毕记录表是沉井、沉箱施工过程中，按规范要求进行的施工过程记录。

3. 资料要求

(1) 沉井、沉箱下沉完毕记录应认真填写沉井沉井、沉箱下沉完毕记录，表式齐全、正确为符合要求，不按要求填写、子项不全以及后补者均为不符合要求。

(2) 按要求填写齐全正确为符合要求，不按要求填写子项不全、涂改原始记录以及后补者为不符合要求。

(3) 责任制签章齐全为符合要求，否则为不符合要求。

4. 实施要点

(1) 沉井、沉箱下沉完毕记录表施工应有专项设计，并按设计要求办理。

(2) 表列子项：

1) 施工单位：指建设单位与施工单位签订施工合同中施工单位名称，按全称填写。

2) 工程名称：按委托单填写的工程名称。

3）沉井、沉箱下沉完毕后应按表列内容进行检查，并按检查结果填记结论。

4）刃脚标高：是沉井沉箱下沉时及下沉完毕后必须检测的主要数据。刃脚标高是否符合标准规定直接影响沉井沉箱的工程质量，应检查：开始下沉时的刃脚标高，下沉完毕后的刃脚标高；下沉前基底平整后高于或低于刃脚的数值；刃脚下为何种土质，采用什么方法挖除；应核对工程地质条件是否符合实际，曾在沉井、沉箱中挖探井或钻孔，挖掘深度达到刃脚多少米，是否发现什么；沉井、沉箱的平面位置偏差；沉井、沉箱刃脚高差的测量结果，根据这些对已经完成的沉井、沉箱工程质量做出结论。

5）检查结论：由参加检查人员做出，按实际检查结果填写结论意见。

6）责任制：

①监理（建设）单位：指监理单位的专业监理工程师，签字有效。当不委托监理时由建设单位的项目负责人签字。

②施工单位：指与该工程签订施工合同的法人施工单位。

③专业技术负责人：指施工单位的项目经理部的专业技术负责人，签字有效。

④质检员：负责该单位工程项目经理部的专职质检员，签字有效。

⑤记录人：负责该单位工程项目经理部的记录人，签字有效。

4.2.60-24　试打桩情况记录（C2-60-24）

1. 资料表式

试打桩情况记录　　　　**表 C2-60-24**

工程名称：　　　　　　　　　　　试打日期：　　年　　月　　日

<table>
<tr><td>建设单位</td><td></td><td>设　计　单　位</td><td></td><td>总包单位</td><td></td><td>打桩单位</td><td></td></tr>
<tr><td>设计桩型</td><td></td><td>混凝土强度等级</td><td></td><td>配筋情况</td><td></td><td>施工机械</td><td></td></tr>
<tr><td colspan="8">工程桩控制标准：</td></tr>
<tr><td colspan="8">试打桩桩号及情况：</td></tr>
<tr><td colspan="8">评定意见：</td></tr>
<tr><td rowspan="3">参加人员</td><td rowspan="2">监理（建设）单位</td><td colspan="6">施　工　单　位</td></tr>
<tr><td colspan="2">专业技术负责人</td><td colspan="2">质检员</td><td colspan="2">记录人</td></tr>
<tr><td></td><td colspan="2"></td><td colspan="2"></td><td colspan="2"></td></tr>
</table>

试打桩情况记录是以经施工企业技术负责人审查签章后的本表格式形式归存。

2. 实施目的

试打桩情况记录是对桩的贯入度、持力层强度、桩的承载力，以及施工过程中遇到的各种问题及反常情况的过程记录。

3. 资料要求

(1) 试打桩情况记录施工应有专项设计，并按设计要求办理。

(2) 试打桩情况记录应认真填写试打桩情况记录，表式齐全、正确为符合要求，不按要求填写、子项不全以及后补者均为不符合要求。

(3) 按要求填写齐全、正确为符合要求，不按要求填写、子项不全、涂改原始记录以及后补者为不符合要求。

(4) 责任制签章齐全为符合要求，否则为不符合要求。

4. 实施要点

(1) 试打桩应按照设计要求选择沉桩方法、选择桩锤重。

(2) 试打桩应认真记录试打过程的有关沉桩情况，按设计要求确定有关沉桩的技术参数及有关注意事项。

(3) 成桩工艺选择见表 C2-60-24-1。

(4) 表列子项：

1) 工程桩控制标准：根据设计提供的有关参数确定。

2) 试打桩桩号及情况：用于工程桩时，按桩位布置图编号，画出各土层的深度，记录打桩时每米的锤击数，最后贯入度以及各种异常情况。用于非工程桩时，按试桩编号填写，并做好试打桩记录。

3) 试打桩时，建设、设计、监理单位必须参加，并对结果签字盖章。

4) 责任制：

①监理（建设）单位：指监理单位的专业监理工程师，签字有效。当不委托监理时由建设单位的项目负责人签字。

②施工单位：指与该工程签订施工合同的法人施工单位。

③专业技术负责人：指施工单位的项目经理部的专业技术负责人，签字有效。

④质检员：负责该单位工程项目经理部的专职质检员，签字有效。

⑤记录人：负责该单位工程项目经理部的记录人，签字有效。

4.2.61 预制构件、预拌混凝土合格证

工程用预制构件进厂后，需经施工单位，监理单位或建设单位一起进行构件进场验收，验收合格后方可使用。

1. 钢筋混凝土预制桩合格证

钢筋混凝土预制桩合格证按 C2-3-1-2 执行。

2. 预拌混凝土合格证

预拌混凝土合格证按 C2-3-1～2。

4.2.62 桩基检测资料（C2-62）

桩的静荷载试验、动测试验报告，是桩施工过程中的必试项目，桩的检测单位应有相应资质。应用表式可按检测单位现行用表。

成桩工艺选择参考表 **表 C2-60-24-1**

桩类			桩径：桩身（mm）	桩径：扩大端（mm）	桩长（m）	穿越土层：一般粘性土及其填土	穿越土层：淤泥和淤泥质土	穿越土层：粉土	穿越土层：砂土	穿越土层：碎石土	穿越土层：季节性冻土膨胀土	穿越土层：黄土 非自重湿陷性黄土	穿越土层：黄土 自重湿陷性黄土	穿越土层：中间有硬夹层	穿越土层：中间有砂夹层	穿越土层：中间有砾石夹层	桩端进入持力层：硬粘性土	桩端进入持力层：密实砂土	桩端进入持力层：碎石土	桩端进入持力层：软质岩石和风化岩石	地下水位：以上	地下水位：以下	对环境影响：振动和噪音	对环境影响：排浆	孔底有无挤密
非挤土成桩法	干作业法	长螺旋钻孔灌注桩	300～600	—	≤12	○	×	○	△	×	○	○	△	×	△	×	○	○	×	×	⊙	×	无	无	无
		短螺旋钻孔灌注桩	300～800	—	≤30	○	×	○	△	×	○	○	×	×	△	×	○	○	×	×	○	×	无	无	无
		钻孔扩底灌注桩	300～600	800～1200	≤30	○	×	○	×	×	○	○	×	×	△	×	○	○	×	×	○	×	无	无	无
		机动洛阳铲成孔灌注桩	300～500	—	≤20	○	×	△	×	×	○	○	△	△	×	△	○	○	×	×	○	×	无	无	无
		人工挖孔扩底灌注桩	1000～2000	1600～4000	≤40	○	△	△	×	×	○	○	○	○	△	△	○	×	×	○	○	△	无	无	无
非挤土成桩法	泥浆护壁法	潜水钻成孔灌注桩	500～800	—	≤50	○	○	○	△	×	△	△	×	×	△	×	○	○	△	×	○	○	无	有	无
		反循环钻成孔灌注桩	600～1200	—	≤80	○	○	○	△	×	△	○	×	○	○	×	○	○	△	○	○	○	无	有	无
		迴旋钻成孔灌注桩	600～1200	—	≤80	○	○	○	△	×	△	○	×	○	○	×	○	○	△	○	○	○	无	有	无
		机挖异型灌注桩	400～600	—	≤20	○	△	○	×	×	△	○	×	△	△	×	○	○	△	△	△	○	无	有	无
		钻孔扩底灌注桩	600～1200	1000～1600	≤20	○	○	○	×	×	△	○	×	○	○	×	○	×	×	△	○	○	无	有	无
	套管护壁法	贝诺托灌注桩	800～1600	—	≤50	○	○	○	○	○	△	○	×	○	○	○	○	○	○	○	○	○	无	无	无
		短螺旋钻孔灌注桩	300～800	—	≤20	○	○	○	○	×	△	○	×	△	△	△	○	○	△	×	○	○	无	无	无
部分挤土成桩法		冲击成孔灌注桩	600～1200	—	≤50	○	△	△	△	○	△	×	×	○	○	○	○	○	○	○	○	○	有	有	无
		钻孔压注成型灌注桩	300～1000	—	≤30	○	△	△	△	×	○	○	○	△	△	×	○	○	×	△	○	△	无	有	无
部分挤土成桩法		组合桩	≤600	—	≤30	○	○	○	○	×	○	○	△	○	○	△	○	○	○	△	○	○	有	无	无
		预钻孔打入式预制桩	≤500	—	≤60	○	○	○	△	×	○	○	○	○	○	△	○	○	△	△	○	○	有	无	有
		混凝土（预应力混凝土）管桩	≤600	—	≤60	○	○	○	△	×	△	○	△	△	△	△	○	○	○	△	○	○	有	无	有
		H 型钢桩	规格	—	≤50	○	○	○	○	○	△	×	×	○	○	○	△	△	○	○	○	○	有	无	无
		敞口钢管桩	600～900	—	≤50	○	○	○	○	△	△	○	○	○	○	○	○	○	○	○	○	○	有	无	有
挤土成桩法	挤土灌柱桩	振动沉管灌注桩	270～400	—	≤24	○	○	○	△	×	○	○	○	×	△	×	○	○	×	×	○	○	有	无	有
		锤击沉管灌注桩	300～500	—	≤24	○	○	○	△	×	○	○	○	△	△	△	○	○	△	×	○	○	有	无	有
		锤击振动沉管灌注桩	270～400	—	≤20	○	○	△	△	×	△	○	○	○	○	△	○	○	○	○	○	○	有	无	有
挤土成桩法	挤土灌柱桩	平底大头灌注桩	350～400	450×450～500×500	≤15	○	○	△	×	×	△	△	△	×	△	×	○	△	×	×	○	○	有	无	有
		沉管灌注同步桩	≤400	—	≤20	○	○	○	△	×	○	○	○	×	△	×	○	△	×	×	○	○	有	无	有
		夯压成型灌注桩	325、377	460～700	≤24	○	○	○	△	△	○	○	○	×	△	×	○	△	△	×	○	○	有	无	有
		干振灌注桩	350	—	≤10	○	○	○	△	△	△	○	△	×	△	△	△	△	×	×	○	×	有	无	无
		夯扩灌注桩	≤350	≤1000	≤12	○	×	×	×	×	△	○	○	×	△	×	○	×	×	×	○	×	有	无	有
		弗兰克桩	≤600	≤1000	≤20	○	○	○	△	△	○	○	○	△	○	△	○	○	△	×	○	○	有	无	有
	挤土预制桩	打入实心混凝土预制桩 闭口钢管桩、混凝土管桩	≤500×500 ≤600	—	≤50	○	○	○	△	△	△	○	○	○	○	○	○	○	△	△	○	○	有	无	有
		静压桩	400×400	—	≤40	○	○	△	△	×	×	○	△	△	△	×	○	○	×	×	○	○	无	无	有

注：表中符号○表示比较合适；△表示有可能采用；×表示不宜采用。

4.2.63　工程质量事故调查处理资料（C2-63）

工程质量事故调查处理资料按 C2-9-1～2 执行。

4.2.64　桩基、有支护土方子分部工程质量验收记录（C2-64）

桩基、有支护土方子分部工程质量验收记录按 C4 项下分部（子分部）工程质量验收记录执行。

4.2.65　桩基、有支护土方分项、检验批工程质量验收记录（C2-65）

桩基、有支护土方分项、检验批工程质量验收记录按 C4 项下分项工程质量验收记录执行。

地　基　处　理

4.2.66　地基处理、图纸会审、设计变更、洽商记录（C2-66）

地基处理、图纸会审、设计变更、洽商记录按 C2－1－1～3 执行。

4.2.67　工程测量放线定位平面图（C2-67）

工程测量放线定位平面图按 C2-2-1 执行。

4.2.68　原材料出厂合格证及进场检（试）验报告（C2-68）

原材料出厂合格证及进场检（试）验报告按（C2-3-1～2）（C2-3-12）执行。

4.2.69　隐蔽工程验收记录（C2-69）

隐蔽工程验收记录按 C2-5 执行。

4.2.70　地基处理施工记录（C2-70）

4.2.70-1　土桩和灰土挤密桩孔施工记录（C2-70-1）

1. 资料表式

土桩和灰土挤密桩孔施工记录　　　　**表 C2-70-1**

施工单位＿＿＿＿＿＿＿＿＿＿　工程名称＿＿＿＿＿＿＿＿＿＿

施工班组＿＿＿＿＿＿＿＿＿＿　地面标高＿＿＿＿＿＿＿＿＿＿

机械型号＿＿＿＿＿＿＿＿＿＿　设计孔径＿＿＿＿＿＿孔深＿＿＿＿＿＿

序号	施工日期	基础编号	桩孔编号	桩孔深度（m）	锤击次数		成孔时间（分）		成孔质量检查	备注
					总数	最后1米内	总计	最后1米内		
参加人员	监理（建设）单位		施工单位							
			专业技术负责人			质检员			记录人	

注：1. 采用锤击沉管时，记录“锤击次数”一栏；采用振动沉管成孔时，记录“成孔时间”一栏。

2. 成孔质量检查内容：桩径、垂直度、孔深、缩颈、塌孔和回淤等。

3. 为了随时掌握土层变化情况，“锤击次数”也可详细分段记录。

土桩和灰土挤密桩孔施工记录是以经施工企业技术负责人审查签章后的本表格式形式归存。

2. 实施目的

土桩和灰土挤密桩孔施工记录是施工过程中，按规范要求进行的施工过程记录。

3. 资料要求

(1) 土桩和灰土挤密桩施工应提供的施工技术资料：材料出厂合格证和试验报告、施工组织设计，土桩和灰土挤密桩试验报告、土桩和灰土挤密桩实现场记录、土桩和灰土挤密桩地基施工记录、工程质量检验评定、质量事故处理报告等，提供齐全的为符合要求(合理缺项除外)。

现场记录的原件由施工单位保存，以备查。

(2) 土桩和灰土挤密桩孔施工记录施工应有专项设计，并按设计要求办理。

(3) 土桩和灰土挤密桩孔施工记录应认真填写土桩和灰土挤密桩孔施工记录，表式齐全、正确为符合要求，不按要求填写、子项不全以及后补者均为不符合要求。

(4) 按要求填写齐全、正确为符合要求，不按要求填写、子项不全、涂改原始记录以及后补者为不符合要求。

(5) 责任制签章齐全为符合要求，否则为不符合要求。

4. 实施要点

(1) 适用范围：一般适用于地下水位以上深度为5~10m的湿陷性黄土、素填土或杂填土的挤密加固地基（土桩主要用于消除黄土湿陷性、灰土桩主要用于提高承载力）。

1) 施工前应在现场进行成孔、夯填工艺和挤密效果试验，并确定分层夯实填料的厚度、夯击次数和夯击后的干密度要求等。土的含水量超过25%时成孔挤密难以保证，不宜采用挤密桩。

2) 灰土的土料宜采用就地基槽中挖出的土，但不得含有有机杂质，使用前应过筛，其粒径不得大于15mm；熟石灰应过筛，其粒径不得大于5mm，且不得夹有未熟化的生石灰块，也不得含有过多的水分，体积配合比一般为3:7或2:8。

3) 土和灰土挤密桩施工应按下列顺序进行：

①平整场地、准确的定出桩孔位置并编号；

②成孔应先外排后里排，同排内应间隔1~2个孔；

③成孔达到深度要求后，应及时分层回填夯实。

4) 桩孔成孔后，应立即检查，其质量应符合表C2-70-1A的规定，并应做好记录。填孔前应先清底夯实，夯击次数不少于8次。

土和灰土挤密桩孔的允许偏差 **表 C2-70-1A**

成孔方法	允许偏差			
	孔位（mm）	垂直度（%）	桩径（mm）	深度（mm）
沉管法	50	1.5	-20	≤100
爆扩法	50	1.5	±50	≤300
冲击法	50	1.5	±100 ±50	≤300

5) 填料含水量如超出最佳值的±3%时，宜予晾干或洒水湿润。暑期或雨天施工宜有

防晒、防雨设施。

6）回填夯实可用人工或简易机械进行。

①人工夯实：使用重25kg带长杆的预制混凝土锤，用三人夯击；

②机械夯实：可用简易夯实机或链条传动摩擦轮提升的连续夯击机，锤采用倒抛物线型锥体或尖锥体，用铸钢制成，锤不宜小于100kg，最大直径比桩孔直径小50~120mm，一般落锤高度不小于2m，每层夯击不少10锤，每层回填厚度350~400mm。

（2）质量检验。

1）施工结束后，对土或灰土挤密桩处理地基的质量，应及时进行抽样检验。

2）对一般工程，主要应检查桩和桩间土的干密度、承载力和施工记录。对重要或大型工程，除应检测上述内容外，尚应进行载荷试验或其他原位测试。也可在地基处理的全部深度内取土样测定桩间土的压缩性和湿陷性。土或灰土挤密桩复合地基的载荷试验应符合《建筑地基处理技术规范》JGJ 79-2002规范附录一的有关规定。

3）夯填质量采用随机抽样检查，检查数量应不小于桩孔数的2%，不合格处应采取加桩或其他补救措施，同时每台班至少应抽查一根。检查方法：

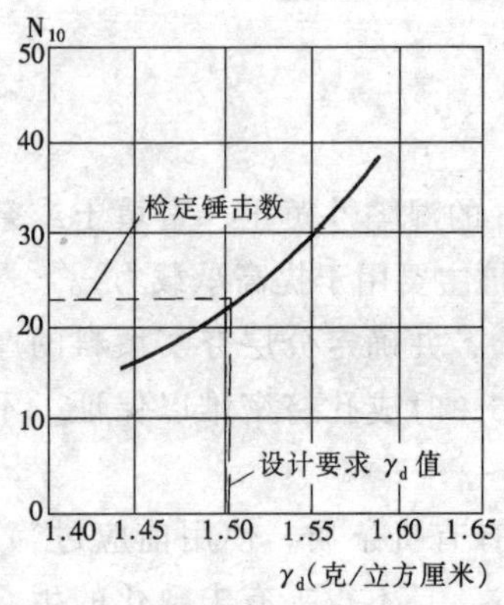

图 C3-3-4　$N_{10} \sim \gamma_d$ 关系曲线

①用轻便触探检查“检定锤击数”，以不小于试夯时达到的数值为合格。轻便触探“检定锤击数”，试验方法如下：打试验桩孔，孔深不宜小于2.4m从孔底起每60~90cm为一层，以三种不同的下料速度，逐层回填夯实；当夯实机的夯击频率和功能固定时，各层土的密实度随下料速度的不同而各异；通过桩孔内夯填土轻便触探试验，求得每30cm的锤击数N_{10}，一般同一层内的2~3个N_{10}值应相互接近，它们的平均值即为每层土的平均N_{10}值；开剖试验桩孔时，沿夯填桩孔深度每隔10~15cm取3~6个原状夯实土样，测定其干重度，并计算各层填土的平均干重度；绘制夯填土的$N_{10} \sim \gamma_d$关系曲线，其中夯填土设计要求干密度所对应的锤击数，即为施工中用于检验夯填土质量的最少锤击数－“检定锤击数”（见图C3-3-4）；夯填所用的填料、施工机械和工艺，应与施工时采用的相同。

②用洛阳铲在桩孔中心挖土，然后用环刀取出夯击土样，测定其干重度。必须时可通过开剖桩身，从基底开始沿桩身（桩孔深度）每米取夯击土样，测定其干重度。质量标准可按压实系数鉴定一般为0.93~0.95。

用贯入仪检查灰土质量时，应先进行现场试验以确定贯入度的具体要求。

注：1. d_y 为土在施工时实际达到的干重度 V_d 与其最大干重度 V_{dmax} 之比即

$$d_y = \frac{V_d}{V_{dmax}}$$

当设计用压实系数作为测定压实土标准时，应注意先应在现场对被测试土取样，在试验时进行土的最大干密度测定，取得最大干密度参数才能和实际压实土的测定结果进行比较，看其是否满足设计要求。

4）质量检验数量按《建筑地基基础工程施工质量验收规范》（GB 50202—2002）中的

有关规定执行。

灰土质量标准见表 C2-70-1B。

灰 土 质 量 标 准　　表 C2-70-1B

项　次	土 料 种 类	灰土最小干重度 g/cm²
1	粉　土	1.55
2	粉质粘土	1.50
3	粘　土	1.45

(3) 表列子项：

1) 施工单位：指建设单位与施工单位签订的施工合同中的施工单位名称，按全称填写。

2) 工程名称：指建设单位与施工单位签订施工合同中的工程名称，按全称填写。

3) 施工班组：指合同施工单位下属的施工班组，按实际填写。

4) 设计孔径、孔深：指施工图设计桩的孔径、孔深，按实际填写。

5) 施工日期：按进行该项工程施工的年、月、日填写。

6) 基础编号：按施工图设计的基础编号填写。

7) 桩孔编号：按施工图设计的桩孔编号填写。

8) 桩孔深度：按实际施工的桩孔深度填写，如××m，底标高××m。

9) 锤击次数：按锤击总数和最后 1m 内的实际锤击次数填写。

10) 成孔时间：按成孔的总计时间和最后 1m 内的实际成孔时间分别填写。

11) 成孔质量检查：按每个桩孔质量的实际检查结果填写。

12) 责任制：

①监理（建设）单位：指监理单位的专业监理工程师，签字有效。当不委托监理时由建设单位的项目负责人签字。

②施工单位：指与该工程签订施工合同的法人施工单位。

③专业技术负责人：指施工单位的项目经理部的专业技术负责人，签字有效。

④质检员：负责该单位工程项目经理部的专职质检员，签字有效。

⑤记录人：负责该单位工程项目经理部的记录人，签字有效。

4.2.70-2　土桩和灰土挤密桩孔分填施工记录（C2-70-2）

1. 资料表式

土桩和灰土挤密桩孔分填施工记录是以经施工企业技术负责人审查签章后的本表格式形式归存。

2. 实施目的

土桩和灰土挤密桩孔分填施工记录是施工过程中，按规范要求进行的施工过程记录。

3. 资料要求

(1) 土桩和灰土挤密桩孔分填施工记录应提供的施工技术资料：材料出厂合格证和试验报告、施工组织设计，土桩和灰土挤密桩试验报告、土桩和灰土挤密桩实现场记录、土桩和灰土挤密桩地基施工记录、工程质量检验评定、质量事故处理报告等，提供齐全的为符合要求（合理缺项除外）。

现场记录的原件由施工单位保存，以备查。

(2) 土桩和灰土挤密桩孔分填施工记录应有专项设计，并按设计要求办理。

(3) 土桩和灰土挤密桩孔分填施工记录应认真填写土桩和灰土挤密桩孔分填施工记录，表式齐全、正确为符合要求，不按要求填写、子项不全以及后补者均为不符合要求。

(4) 按要求填写齐全正确为符合要求，不按要求填写子项不全、涂改原始记录以及后补者为不符合要求。

土桩和灰土挤密桩孔分填施工记录 **表 C2-70-2**

施工单位＿＿＿＿＿＿＿＿ 工程名称＿＿＿＿＿＿＿＿

施工班组＿＿＿＿＿＿＿＿ 地面标高＿＿＿＿＿＿＿＿

夯填机械＿＿＿＿＿＿＿＿ 填料类别＿＿＿＿＿＿＿＿

序号	施工日期	基础编号	桩孔编号	桩孔深度 (m)	桩孔直径 (m)	设计填料量 (m^3)	实际填料量 (m^3)	夯填时间 (分)	质量检查	备注

参加人员	监理（建设）单位	施工单位		
		专业技术负责人	质检员	记录人

(5) 责任制签章齐全为符合要求，否则为不符合要求。

4. 实施要点

(1) 土桩和灰土挤密桩动、静测试验检测资料：由桩基检测单位按检测结果编制并提供。

(2) 表列子项：

1) 施工单位：指建设单位与施工单位签订施工合同中施工单位名称，按全称填写。

2) 工程名称：指建设单位与施工单位签订施工合同中的工程名称，按全称填写。

3) 施工班组：指合同施工单位下属的施工班组，按实际填写。

4) 夯填机械：指施工土桩或灰土挤密桩桩孔分填施工应用的夯填机械。

5) 施工日期：按进行该项工程施工的年月日填写。

6）基础编号：按施工图设计的基础编号填写。

7）桩孔编号：按施工图设计的桩孔编号填写。

8）填料类别：填入桩孔的土、灰土或其他（如粉煤灰等）的填料类别及名称。

9）桩孔深度：实际施工的桩孔深度，如××m，底标高××m。

10）桩孔直径：实际成孔的桩孔直径，一般不小于设计直径。

11）设计填料量：指施工图设计给定的填料数量，按施工图注的填料量。

12）实际填料量：指实际填入桩孔的填料数量。

13）夯填时间：指某挤密桩孔的分层夯填所需时间，按实际夯填需要的时间填写。

14）质量检查：按每个桩孔质量的实际检查结果填写。

15）责任制：

①监理（建设）单位：指监理单位的专业监理工程师，签字有效。当不委托监理时由建设单位的项目负责人签字。

②施工单位：指与该工程签订施工合同的法人施工单位。

③专业技术负责人：指施工单位的项目经理部的专业技术负责人，签字有效。

④质检员：负责该单位工程项目经理部的专职质检员，签字有效。

⑤记录人：负责该单位工程项目经理部的记录人，签字有效。

4.2.70-3　重锤夯实施工记录表（C2-70-3）

1. 资料表式

重锤夯实施工记录　　　　表 C2-70-3

施工单位＿＿＿＿＿＿＿＿　地基土质＿＿＿＿＿＿＿＿

工程名称＿＿＿＿＿＿＿＿＿＿＿＿＿＿＿＿

夯锤重量＿＿＿＿吨　锤底直径＿＿＿＿m 落距＿＿＿＿m 落锤方法＿＿＿＿

施工地段及面积	夯打日期		气候条件	含水量（%）		实际加水量（L/m²）	夯击遍数		最后下沉量（cm）	预留土层厚度（m）	底面标高		总下沉量（cm）	备注
	开始	完成		天然	最佳		规定	实际			夯前	夯后		

参加人员	监理（建设）单位	施工单位		
		专业技术负责人	质检员	记录人

重锤夯实施工记录表是以经施工企业技术负责人审查签章后的本表格式形式归存。

2. 实施目的

重锤夯实施工记录表是施工过程中，按规范要求进行的施工过程记录。

3. 资料要求

(1) 重锤夯实施工记录表应提供的施工技术资料：材料出厂合格证和试验报告、施工组织设计，重锤夯实施工记录试验报告，重锤夯实施工记录应现场记录、重锤夯实施工记录、工程质量验收、质量事故处理报告等，提供齐全的为符合要求（合理缺项除外）。

现场记录的原件由施工单位保存，以备查。

(2) 重锤夯实施工应有专项设计，并按设计要求办理。

(3) 重锤夯实施工记录应认真填写重锤夯实施工记录，表式齐全、正确为符合要求，不按要求填写、子项不全以及后补者均为不符合要求。

(4) 按要求填写齐全、正确为符合要求，不按要求填写、子项不全、涂改原始记录以及后补者为不符合要求。

(5) 责任制签章齐全为符合要求，否则为不符合要求。

4. 实施要点

(1) 重锤夯实施工

1) 施工时的夯击遍数，应按试夯确定的最少遍数增加 1 ~ 2 遍，一般夯击总遍数为 8 ~ 12;施工时，第一遍宜一夯挨一夯依次进行，第二遍应在前一遍的间隙点夯击，如此反复进行，最后两遍宜一夯套半夯。完成全部夯击遍数后，应用重锤轻击满夯，将表层松土夯实，并测量夯后场地高程。

2) 落锤方式根据重锤夯实所用的设备可直接用钢索悬吊夯锤，也可用脱钩夯锤。

3) 重锤夯实施工应根据试夯结果编制的施工组织设计进行，其主要内容包括：夯实面积，场地布置和施工顺序；夯实设备的选定；锤的落距，夯击遍数和夯击路线；使土达到最佳含水率的措施；地基夯实的最后下沉量和总下沉量；设计要求的地基夯实深度和密实度。

(2) 重锤夯实质量检验

1) 重锤夯实地基的验收，应检查施工记录，除应符合试夯最后下沉量的规定外，并应检查基坑（槽）表面的总下沉量，以不小于试夯总下沉量的 90% 为合格。也可采用在地基上选点检查最后下沉量。

2) 夯击检查点数，每一单独基础至少应有 1 点；基槽每 30m^2 应有 1 点，整片地基每 100m^2 不得少于 2 点。检验后如质量不合格，应进行补夯，直至合格为止。

(3) 表列子项

1) 地基土质：指原状土的密度、含水量、干密度参数等。

2) 夯锤重量、锤底直径、落距、落锤方法：按试夯后满足设计要求并已实际使用的夯锤重量、锤底直径、落距、落锤方法填写。

3) 施工地面及面积：指某地基土地面的面积，可以是独立的分段，也可以是总的面积，如某独立基础基坑为粉质粘土地面 × × × m^2。

4) 夯打日期：分别填写开始和完成的夯打日期。

5) 气候条件：夯打当日的气候条件如风、雨、雾等。

6) 含水量（%）：分别填写天然和最佳二个含水量，以夯击前的测试数据为准。

7）实际加水量：指天然含水量加水到最佳含水量的加水量，以夯击前的测试数据为准。

8）夯击遍数：按规定和实际分别填写。“规定”遍数为设计遍数，“实际”遍数为达到设计要求时记录得的实际夯击遍数。

9）最后下沉量：指重锤最后2击平均每击土面的沉落值。

10）预留土层厚度：按设计要求的预留土层厚度（冬施条件进行夯击时增留土层应挖除）。

11）底面标高：按夯前和夯后实测结果分别填写。

12）总下沉量：夯实后的标高减去夯前的标高即为总下沉量。

4.2.70-3A　重锤夯实试夯记录表（C2-70-3A）

1. 资料表式

重锤夯实试夯记录　　　　**表 C2-70-3A**

施工单位________________

工程名称________________试夯日期________________

试夯地点及试坑编号________________试坑土质________________

夯锤重量________吨　锤底直径________m　落距________m　落锤方法________

地基天然含水量________%为达到最佳含水量________%而加的水量________L/m²

1. 观测点下沉观测结果________________

夯击遍数		1	2	4	6	7	8	9	10	11	12	13	14	15	16
观测点1	水准读数 下沉量（mm） 累计下沉量（mm）														
观测点2	水准读数 下沉量（mm） 累计下沉量（mm）														
观测点3	水准读数 下沉量（mm） 累计下沉量（mm）														

2. 土样试验结果________________

		0.25	0.50	0.75	1.00	1.25	1.50	1.75	2.00	2.25	2.50
原状土	重度 （g/cm³） 含水量（%） 干重度 （g/cm³）										
夯实土	重度 （g/cm³） 含水量（%） 干重度 （g/cm³）										

参加人员	监理（建设）单位	施工单位		
		专业技术负责人	质检员	记录人

注：当设计要求试夯时可按此表执行。

重锤夯实试夯记录表是以经施工企业技术负责人审查签章后的本表格式形式归存。

2. 实施目的

重锤夯实试夯记录表是施工过程中，按规范要求进行的施工过程记录。

3. 资料要求

(1) 重锤夯实试夯记录表应提供的施工技术资料：材料出厂合格证和试验报告、施工组织设计，重锤夯实试夯记录试验报告，重锤夯实试夯记录应现场记录、重锤夯实试夯施工记录、工程质量验收、质量事故处理报告等，提供齐全的为符合要求（合理缺项除外）。

现场记录的原件由施工单位保存，以备查。

(2) 重锤夯实试夯记录施工应有专项设计，并按设计要求办理。

(3) 重锤夯实试夯记录应认真填写重锤夯实试夯记录，表式齐全、正确为符合要求，不按要求填写、子项不全以及后补者均为不符合要求。

(4) 按要求填写齐全正确为符合要求，不按要求填写子项不全、涂改原始记录以及后补者为不符合要求。

(5) 责任制签章齐全为符合要求，否则为不符合要求。

4. 实施要点

(1) 适用范围

重锤表面夯实（重锤夯实）法仅适用于地下水位 0.8m 以上稍湿的粘性土、砂类土、粉土、湿陷性黄土、杂填土和分层填土地基。不适用于含水量高的粘性土。有效夯实深度，与土的性质、夯击能等有关，一般为 1.2～1.5m。

(2) 试夯

1)“重夯”施工前应在现场进行试夯，选定夯锤重量、底面直径及落距，以确定最后下沉量及相应的最少夯击遍数和总下沉量。土质均匀时试夯可在一处进行；土质不同时，应分别在各个不同地段进行。试夯面积不宜少于 10m×10m。重锤最后 2 击，平均每击土面的沉落值一般可采取下列数值：粘性土及湿陷性黄土：10～20mm；砂土：5～10mm。

2) 夯锤重一般为 15～30kN，落距 2.5～4.5m，锤重与底面积的关系应符合锤重在底面上的单位静压力为 15～20kPa。

3) 试夯前应测定需加固土的含水量，当低于最佳含水量 2% 以上时，应在天然湿度上加水至最佳含水量的基土上分别进行试夯。试夯后应挖探井检查试坑内的夯实效果，测定坑底以下 2.5m 深度内，每隔 0.25m 深度处夯实土的密实度，与试坑外天然密实度相比较。对于分层填土，应测定每层填土试夯后最大、最小及平均密实度。

4) 重夯前应对场地的地下管线、旧基础、洞穴、废井、废地坪等进行处理，并平整场地。在夯击层顶面宜铺一层碎石，其厚度一般为 100mm，粒径为 13～38mm；在场地四周应做好排水设施防止地表水流入场内；土的最佳含水量可通过试验确定。

5) 试夯后，如达不到设计的夯实深度和土的密实度要求时，应适当提高重锤距、增加夯击遍数，必要时可增加锤重，再行选点试夯。

(3) 试夯后地基承载力的测试

1) 试夯后的地基承载力标准值，宜通过载荷试验确定，并宜作重夯前、后的动力触探等对比试验。重夯后的地基承载力标准值一般为 100～150kPa。

2) 试夯结束后应提出试夯报告，并附试夯记录，试夯记录表详见表 C2-70-3A，根据试夯结果进行全面施工。

(4) 表列子项

1) 施工单位：指建设单位与施工单位签订施工合同中施工单位名称，按全称填写。

2) 工程名称：按建设单位提供或图注的工程名称填写。

3) 试夯日期：按实际的试夯日期按年、月、日填写。

4) 试夯地点及试坑编号：按施工组织设计的试夯地点及试坑编号填写。

5) 试坑土质：按工程地质勘察报告或按经鉴别的试坑实际土质填写。

6) 夯锤重量、锤底直径、落距、落锤方式：按施工组织设计确定的并经实际试夯用过的夯锤的夯锤重量、锤底直径、落距、落锤方式填写。

7) 地基天然含水量、最佳含水量、达到最佳含水量而增加的水量：按施工组织设计并实际实施经测试满足设计要求的地基天然含水量、最佳含水量、达到最佳含水量而增加的水量填写。

8) 夯击遍数：按实际夯击遍数填写，可在夯击遍数上打。

9) 观测点下沉观测结果：按不同的夯击遍数分别记录的不同观测点的水准读数、下沉量和累计下沉量填写。

10) 土样试验结果：挖探井检查分别记录原状土和夯实土每 0.25m 夯实土试样和天然土试样的密实度。

11) 责任制：

①监理（建设）单位：指监理单位的专业监理工程师，签字有效。当不委托监理时由建设单位的项目负责人签字。

②施工单位：指与该工程签订施工合同的法人施工单位。

③专业技术负责人：指施工单位的项目经理部的专业技术负责人，签字有效。

④质检员：负责该单位工程项目经理部的专职质检员，签字有效。

⑤记录人：负责该单位工程项目经理部的记录人，签字有效。

4.2.70-4　强夯地基（C2-70-4）

1. 资料表式

强夯地基施工记录是以经施工企业技术负责人审查签章后的本表格式形式归存。

2. 实施目的

强夯地基施工记录是施工过程中，按规范要求进行的施工过程记录。

3. 资料要求

(1) 强夯地基施工记录应提供的施工技术资料：材料出厂合格证和试验报告、施工组织设计，强夯地基施工记录试验报告，强夯地基施工记录应现场记录、强夯地基施工记录、工程质量验收、质量事故处理报告等，提供齐全的为符合要求（合理缺项除外）。

现场记录的原件由施工单位保存，以备查。

(2) 强夯地基施工记录应有专项设计，并按设计要求办理。

(3) 强夯地基施工记录应认真填写重锤夯实施工记录，表式齐全、正确为符合要求，不按要求填写、子项不全以及后补者均为不符合要求。

(4) 按要求填写齐全正确为符合要求，不按要求填写、子项不全、涂改原始记录以及后补者为不符合要求。

强夯地基施工记录 表 C2-70-4

施工单位____________施工日期__________至__________

工程名称______________________________

建筑物名称____________占地面积____________m^2

场地标高____________m 地下水位标高____________m

地层土质______________________________

起重设备____________夯锤规格__________重量__________吨

夯击遍数：第__________遍 本遍每个夯击坑击数__________击

本遍夯击数__________个 本遍总夯击击数__________击

本遍夯击坑遍数__________遍 总夯击坑数__________击

平均夯击能__________$t·m/m^2$ 总夯击击数__________个

场地平均沉降量__________cm 累计__________cm

建筑物基础夯击坑布置简图				
参加人员	监理（建设）单位	施工单位		
		专业技术负责人	质检员	记录人

（5）责任制签章齐全为符合要求，否则为不符合要求。

4. 实施要点

（1）强夯地基施工应在试夯完成后进行，并应提供强夯施工技术资料。

（2）表列子项：

1）场地标高：指强夯施工区内未夯击前的场地标高，按经实际复测的场地标高填写。

2）地下水位标高：指强夯施工区内未夯击前的地下水位标高，按工程地质报告或实际复测的地下水位标高填写。

3）地层土质：一般按工程地质报告测得的地层土质填写，并应填写强夯设计影响深度以下 5～8m 的实际地层土质。

4）起重设备：按实际选定的起重设备填写、一般多使用起重能力为 15、30t 和 50t 的履带式起重机或其他起重设备。也可采用专用三脚架或龙门架作为起重设备。

5）夯锤规格：按夯锤的实际直径和高度填写。

6）重量：指夯锤重量，一般不宜小于 8 吨。

7）夯击遍数，第________遍：按实际施工的夯击遍数填写。

8）本遍每个夯击坑的夯击数：按本遍实际施工的每个夯击坑的夯击数量填写。

9）本遍的夯击坑数________个：按本遍实际施工的夯击坑个数填写。

10）本遍总夯击击数：指若干夯击坑击数的总和。

11）总夯击遍数：指若干夯击坑的夯击遍数的总和。

12）总夯击坑数：按实际夯击的夯击坑总数填写。

13）平均夯击能：夯击能的总和（由锤重、落距、夯击坑数和每一夯击点的夯击次数算得）除以施工面积称之为平均夯击能。每一击的夯击能等于锤重乘落距。

14）总夯击击数：强夯施工面积夯击击数的总和。

15）场地平均沉降量：强夯施工场地内总沉降量除以夯击遍数。

16）累计：强夯施工场地内的总沉降量值。

17）责任制：

①监理（建设）单位：指监理单位的专业监理工程师，签字有效。当不委托监理时由建设单位的项目负责人签字。

②施工单位：指与该工程签订施工合同的法人施工单位。

③专业技术负责人：指施工单位的项目经理部的专业技术负责人，签字有效。

④质检员：负责该单位工程项目经理部的专职质检员，签字有效。

⑤记录人：负责该单位工程项目经理部的记录人，签字有效。

4.2.70-4A　强夯施工现场（试夯）记录表（C2-70-4A）

1. 资料表式

强夯施工现场记录　　　　**表 C2-70-4A**

施工单位＿＿＿＿＿＿＿＿＿＿＿＿＿＿＿＿＿＿＿＿

工程名称＿＿＿＿＿＿＿＿　施工日期＿＿＿＿年＿＿＿＿月＿＿＿＿日

建筑物名称＿＿＿＿＿＿＿＿　夯击遍数＿＿＿＿第＿＿＿＿遍

<table>
<tr><td rowspan="2">夯击坑
编　号</td><td rowspan="2">夯　击
次　数</td><td rowspan="2">落　距
（m）</td><td colspan="5">锤顶面距地面高（cm）</td><td rowspan="2">时　　间</td></tr>
<tr><td>一</td><td>二</td><td>三</td><td>四</td><td>平均</td></tr>
<tr><td></td><td></td><td></td><td></td><td></td><td></td><td></td><td></td><td></td></tr>
<tr><td></td><td></td><td></td><td></td><td></td><td></td><td></td><td></td><td></td></tr>
<tr><td></td><td></td><td></td><td></td><td></td><td></td><td></td><td></td><td></td></tr>
<tr><td></td><td></td><td></td><td></td><td></td><td></td><td></td><td></td><td></td></tr>
<tr><td>备　注</td><td colspan="8">锤体高度：　　　　（cm）</td></tr>
<tr><td rowspan="3">参加人员</td><td rowspan="3">监理（建设）单位</td><td colspan="7">施　工　单　位</td></tr>
<tr><td colspan="2">专业技术负责人</td><td colspan="3">质检员</td><td colspan="2">记录人</td></tr>
<tr><td colspan="2"></td><td colspan="3"></td><td colspan="2"></td></tr>
</table>

注：当设计要求试夯时可按此表执行。

强夯施工现场（试夯）记录表是以经施工企业技术负责人审查签章后的本表格式形式归存。

2. 实施目的

强夯施工现场（试夯）记录是施工过程中，按规范要求进行的施工过程记录。

3. 资料要求

(1) 强夯施工现场（试夯）记录应提供的施工技术资料：材料出厂合格证和试验报告、施工组织设计，强夯施工现场记录（试夯）试验报告，强夯施工现场记录应现场记录、强夯施工现场记录、工程质量验收、质量事故处理报告等，提供齐全的为符合要求

(合理缺项除外)。

现场记录的原件由施工单位保存，以备查。

(2) 强夯施工现场（试夯）记录应有专项设计，并按设计要求办理。

(3) 强夯施工现场（试夯）记录应认真填写强夯施工现场记录，表式齐全、正确为符合要求，不按要求填写、子项不全以及后补者均为不符合要求。

(4) 按要求填写齐全正确为符合要求，不按要求填写、子项不全、涂改原始记录以及后补者为不符合要求。

(5) 责任制签章齐全为符合要求，否则为不符合要求。

4. 实施要点

(1) 强夯施工前的试夯

1) 根据工程地质勘察报告，在施工现场选取一个地质条件具有代表性的试验区，平面尺寸不小于20m×20m;

2) 在试验区内进行详细的原位测试，取原状土样，确定有关数据；

3) 选取合适的一组或多组强夯试验参数，并在试验区内进行试验性施工；

4) 施工中应做好现场测试和记录。测试内容和方法应根据地质条件和设计要求确定；

5) 检验强夯效果，一般在最后一遍夯击完成1~4周以后进行。对于碎石土和砂石地基其间隔时间可取1~2周，低饱和度的粘土和粘性土地基可取2~4周。将检验结果与试验区内做的原位测试、原状土试验等的数据进行对比检查；

6) 当强夯效果不能满足要求时，可补夯或调整参数，再进行试验；

7) 做好强夯前后试验结果的对比分析，确定正式施工时采用的技术参数。

强夯施工必须严格按试验确定的技术参数进行控制，以各个夯击点夯击数为施工控制数值，也可采用试夯后确定的沉降量控制。

(2) 表列子项

1) 施工单位：指建设单位与施工单位签订施工合同中施工单位名称，按全称填写。

2) 工程名称：指建设单位与施工单位签订施工合同中的工程名称，按全称填写。

3) 施工日期：按实际强夯施工的日期填写。

4) 建筑物名称：按施工图设计的建筑物名称填写。

5) 夯击遍数：按正方形或梅花形网格排列，根据夯击坑形状、孔隙水压力及建筑基础特点确定的间距，布置的夯击点依次夯击完成为第×遍，以下各遍均在中间补点，最后一遍锤印彼此搭接使表面平整。夯击遍数由设计确定，第一遍按实际填写。

6) 夯击坑编号：按强夯施工图设计的坑位编号填写。

7) 夯击次数：指每个夯击坑点的夯击数，按每个夯击坑点的实际夯击数填写。

8) 落距：按施工时的实际落距填写，规范规定落距不宜小于6m。

9) 锤顶面距地面高：指夯锤每次夯击落地后锤顶面距实际地面高度，照每次实测数填写。

10) 锤体高度：指实际使用夯锤的高度。

11) 责任制：

①监理（建设）单位：指监理单位的专业监理工程师，签字有效。当不委托监理时由建设单位的项目负责人签字。

②施工单位：指与该工程签订施工合同的法人施工单位。

③专业技术负责人：指施工单位的项目经理部的专业技术负责人，签字有效。

④质检员：负责该单位工程项目经理部的专职质检员，签字有效。

⑤记录人：负责该单位工程项目经理部的记录人，签字有效。

4.2.70-5　深层搅拌法（C2-70-5）

1. 资料表式

深层搅拌桩施工记录　　　　**表 C2-70-5**

第　　页　　共　　页

工程名称：　　　　　　水泥品种强度等级：　　　　　　水灰比：　　　　年　　月　　日

日期	序号	施工工序	每米下沉或提升时间															开始时间	终止时间	工艺时间	来浆时间	停浆时间	总喷浆时间	总施工时间	材料用量	备注
			1	2	3	4	5	6	7	8	9	10	11	12	13	14	15									
		预搅下沉																								
		喷浆提升																								
		重复下沉																								
		重复提升																								
		预搅下沉																								
		喷浆提升																								
		重复下沉																								
		重复提升																								
		预搅下沉																								
		喷浆提升																								
		重复下沉																								
		重复提升																								

参加人员	监理（建设）单位	施　工　单　位		
		专业技术负责人	质检员	记录人

深层搅拌桩施工记录表是以经施工企业技术负责人审查签章后的本表格式形式归存。

2. 实施目的

深层搅拌桩施工记录表是在施工前进行的水泥土试块抗压强度试验。

3. 资料要求

(1) 深层搅拌法施工应提供的施工技术资料：材料出厂合格证和试验报告、施工组织设计，深层搅拌法试验报告、深层搅拌法实现场记录、深层搅拌法地基施工记录、工程质量检验评定、质量事故处理报告等，提供齐全的为符合要求（合理缺项除外）。

现场记录的原件由施工单位保存，以备查。

(2) 按要求填写齐全正确为符合要求，不按要求填写、子项不全、涂改原始记录以及后补者为不符合要求。

(3) 责任制签章齐全为符合要求，否则为不符合要求。

4. 实施要点

(1) 深层搅拌加固是旋喷方式处理地基土的一种方法。利用水泥、石灰等材料作为固化剂（也称硬化剂）为主剂，通过特制的深层搅拌机械，在地基深处就地将软土和固化剂强制拌合，利用固化剂和软土之间所产生的一系列物理、化学反应，使软土硬结成具有整体性、水稳定性和一定强度的优质地基或地下档土构筑物，形成的桩柱是一种介于刚性桩和柔性桩之间具有一定压缩性的桩。水泥搅拌桩法适用于淤泥质土、淤泥、粘性土、粉土、杂填土等地基的加固。

(2) 经验证明：水泥搅拌桩与柱列桩联用以封闭坑壁是有效的支护及防水的措施。

用水泥搅拌桩以解决坑壁稳定问题就必须有足够的宽度，以保证每一深度处的土压力小于抗滑桩的摩擦力。否则就难免出现坑壁坍塌或滑坡。

(3) 质量检验与测试。

1）深层搅拌桩的施工质量检查与检验，重点是水泥用量、水泥浆拌制的罐数、压浆过程有无断浆现象和喷浆搅拌提升时间以及复搅次数。

2）对于不合格桩的补救措施应征得设计单位的同意。

3）桩体质量和复合地基加固效果检验可采用下列方法：

①抽样检验不同龄期制作的桩体水泥土试块，测定其单轴抗压强度，抽样桩的数量不应少于全部桩数的2%，并不少于6根；

②抽样试验用轻型触探（N_{10}），进行桩与天然地基在相同标高处的对比测定，抽样桩的数量与①款相同；

③当每根桩（包括所有试桩和工程桩）到达7天龄期时，应采用轻型触探（N_{10}）对桩顶区段的强度进行连续检测，检测深度不少于1m，若发现 N_{10} 每击大于10mm的区段时，应对该桩顶部予以补强。

4）成桩7天内应用轻便触探器中附带的钻头，在搅拌桩身中钻孔，取出水泥土桩芯，观察其颜色是否一致，是否存在水泥浆富集的结核或未被搅匀的土团。根据现行轻便触探击数（N_{10}）与水泥强度对比资料，可近似有如表C6-5的关系。

5）在下列情况下应进行桩身取样、单桩载荷试验或开挖检查：

①以触探检验对桩身强度有怀疑的桩应钻取桩身芯样，制成试块并测定桩身强度；

②场地复杂或施工有问题的桩应进行单桩载荷试验，检验其承载力；

③对相邻桩搭接要求严格的工程，应在桩养护到一定龄期时选取数根桩体进行开挖，检查桩顶部分外观质量。

6）开挖检验：用做止水挡土的壁状深层搅拌桩体，必要时可挖开桩顶 3～4m 深度，检查其外观搭接状态。也可沿壁状加固体轴线，斜向钻孔，使钻杆通过 3～4 根桩身即可检查其深部相邻桩的搭接状态。

表 C6-5

N_{10}（击）	15	20～25	30～35	＞40
q_u（kPa）	200	300	400	＞500

注：轻便触探检验深度一般不超过 4m。

7）深层搅拌成桩质量特殊检验方法有：

①桩身取样强度检验：试块尺寸不大于 50mm × 50mm × 50mm，钻孔直径不宜小于 108mm，可在轻便触探后对有怀疑的区段取芯制成试块进行强度测定。

②静载试验：一般仅进行单桩载荷试验，最大加载为设计荷载的两倍。单桩的现场载荷试验，压板直径和桩径相等，试桩数量不应少于总桩数的 1%，并不宜少于 3 根。

复合地基载荷试验，包括单桩和多桩复合地基载荷试验。

（4）施工注意事项：

1）在成桩过程中，如发生意外事故（如提升过快、搅拌不均匀、输浆管路堵塞、断浆或断电），影响桩身质量时，应在 24h 内采取重新搅拌或补浆等处理措施，同时，搅拌桩施工间隔时间也不得超过 24 小时。

2）搅拌头直径尺寸的负误差不得超过 40mm。

3）搅拌桩的施工属隐蔽验收工程，因此应有完整“隐验”记录。

4）施工过程中应随时检查施工记录，并对每根桩进行质量评定。对于不合格的桩应根据其位置和数量等具体情况，分别采取补桩或加强邻桩等措施。

（5）表列子项：

1）水灰比：按实际水灰比填写，应与水泥土试块配方的水灰比相一致。

2）施工工序：指涂层搅拌桩施工，预搅下沉、喷浆提升、重复下沉、重复提升的操作程序。

3）每米下沉或提升时间：指深层搅拌施工设备施工时下沉、提升的时间，应按预搅下沉、喷浆提升、重复下沉、重复提升分别记录。

4）开始时间：按预搅下沉、喷浆提升、重复下沉、重复提升各环节开始时间分别记录。

5）终止时间：按预搅下沉、喷浆提升、重复下沉、重复提升各环节的终止时间分别记录。

6）工艺时间：指预搅下沉、喷浆提升、重复下沉、重复提升各环节实际供浆的时间。

7）来浆时间：指喷浆提升和重复提升环节的来浆时间，按实际填写。

8）停浆时间：指喷浆提升和重复提升环节的停浆时间，按实际填写。

9）总喷浆时间：指喷浆提升和重复提升喷浆的总喷浆时间。

10）总施工时间：指预搅下沉、喷浆提升、重复下沉、重复提升的施工的总施工时间。

注：1. 深层搅拌法施工属于水泥土试块试验部分应由企业试验室负责进行，应用表式　执行试验室现行表式。

2. 深层搅拌法：供灰记录、轻便触探检验记录、可参照表 C2-70-5A、C2-70-5B 进行。

4.2.70-5A　深层搅拌桩供灰记录表（C2-70-5A）

1. 资料表式

深层搅拌桩供灰记录　　　　**表 C2-70-5A**

工程名称：　　　　　　　　　　　　　　　　第　　页　共　　页

日期	桩号	输浆管道走浆时间	水泥品种及强度等级	拌灰罐数	每罐用量	水泥总用量（t）	外掺剂总用量（t）	开泵时间	停泵时间	总喷浆时间	泵前管内状态	泵后管内状态	备注

<table>
<tr><td rowspan="3">参加人员</td><td rowspan="3">监理（建设）单位</td><td colspan="3">施　工　单　位</td></tr>
<tr><td>专业技术负责人</td><td>质检员</td><td>记录人</td></tr>
<tr><td></td><td></td><td></td></tr>
</table>

深层搅拌桩供灰记录表是以经施工企业技术负责人审查签章后的本表格式形式归存。

2. 实施目的

深层搅拌桩供灰记录表是在施工中按照供灰仪表记录的供灰数量实施的记录。

3. 资料要求

(1) 深层搅拌法施工应提供的施工技术资料：材料出厂合格证和试验报告、施工组织设计，深层搅拌法试验报告、深层搅拌法现场记录、深层搅拌法地基施工记录、工程质量检验评定、质量事故处理报告等，提供齐全的为符合要求（合理缺项除外）。

现场记录的原件由施工单位保存，以备查。

(2) 按要求填写齐全正确为符合要求，不按要求填写、子项不全、涂改原始记录以及后补者为不符合要求。

(3) 责任制签章齐全为符合要求，否则为不符合要求。

4. 实施要点

(1) 深层搅拌桩供灰记录是为按照供灰仪表记录的供灰数量实施的记录。

(2) 表列子项：

1) 工程名称：按合同书中建设单位提供或设计图注的工程名称填写。

2) 日期：指深层搅拌的施工日期。

3) 桩号：按施工图设计的桩号排列依序填写。

4) 输浆管道走浆时间：按输浆管道走浆的供浆表的走浆时间填写。

5) 水泥品种及强度等级：按实际使用的品种、强度等级填写，应与水泥土试块用水泥的配方相一致。

6) 拌灰罐数：按实际的拌灰罐数填写。

7) 每罐用量：按实际量填写，核算后应和设计的供灰数量相一致。

8) 水泥总用量：按实际量填写，应和设计的水泥总数量相一致。

9) 外加剂总用量：按实际量填写，应和设计的外加剂总用量相一致。

10) 开泵时间：按实际开泵时间填写。

11) 停泵时间：按实际停泵时间填写。

12) 总喷浆时间：指喷浆提升和重复提升喷浆的总喷浆时间。

13) 泵前管内状态：指供灰泵前输浆管的畅通情况，按实际填写。

14) 泵后管内状态：指供灰泵后输浆管的畅通情况，按实际填写。

15) 责任制：

①监理（建设）单位：指监理单位的专业监理工程师，签字有效。当不委托监理时由建设单位的项目负责人签字。

②施工单位：指与该工程签订施工合同的法人施工单位。

③专业技术负责人：指施工单位的项目经理部的专业技术负责人，签字有效。

④质检员：负责该单位工程项目经理部的专职质检员，签字有效。

⑤记录人：负责该单位工程项目经理部的记录人，签字有效。

4.2.70-5B 深层搅拌轻便触探检验记录表（C2-70-5B）

1. 资料表式

轻便触探检验记录　　　　**表 C2-70-5B**

工程名称：　　　　　　　　　　　　　　　　　第　　页 共　　页

序号	成桩日期	触探日期	桩身龄期	轻便触探击数 N_{10}								加固土土样描述
				0.0～0.3 m	0.5～0.8 m	1.0～1.3 m	1.5～1.8 m	2.0～2.3 m	2.5～2.8 m	3.0～3.3 m	3.5～3.8 m	

参加人员	监理（建设）单位	施工单位		
		专业技术负责人	质检员	记录人

深层搅拌轻便触探验测记录表是以经施工企业技术负责人审查签章后的本表格式形式归存。

2. 实施目的

深层搅拌轻便触探验测记录表是在施工前进行的水泥土试块抗压强度试验。

3. 资料要求

(1) 按要求填写齐全正确为符合要求，不按要求填写、子项不全、涂改原始记录以及后补者为不符合要求。

(2) 责任制签章齐全为符合要求，否则为不符合要求。

4. 实施要点

(1) 深层搅拌桩轻便触探验测记录是为检测深层搅拌桩质量而进行的检测方法之一。

(2) 表列子项：

1) 工程名称：按合同书中建设单位提供或设计图注的工程名称填写。

2）成桩日期：指施工图设计的某桩号的成桩日期，按实际填写。

3）触探日期：指施工图设计的某桩号的触探日期，按实际填写。

4）桩身龄期：指施工图设计的某桩号的桩身龄期，按实际填写。

5）轻便触探击数：指施工图设计的某桩号进行轻便触探试验时轻便触探击数，用 N_{10} 的轻便触探器触探，分别照 0.0～0.3、0.5～0.8、1.0～1.3、1.5～1.8、2.0～2.3、2.5～2.8、3.0～3.3、3.5～3.8 填写。

6）加固土土样描述：按轻便触探取出的加固土土样进行描述，照实际加固土土样进行描述。

7）责任制：

①监理（建设）单位：指监理单位的专业监理工程师，签字有效。当不委托监理时由建设单位的项目负责人签字。

②施工单位：指与该工程签订施工合同的法人施工单位。

③专业技术负责人：指施工单位的项目经理部的专业技术负责人，签字有效。

④质检员：负责该单位工程项目经理部的专职质检员，签字有效。

⑤记录人：负责该单位工程项目经理部的记录人，签字有效。

4.3 单位（子单位）工程安全和功能检验资料核查及主要功能抽查记录（C3）

4.3.1 安全与功能项目应在施工过程中进行检验并在竣工验收时进行核查及抽查

对涉及安全和使用功能的地基与基础、主体结构和设备安装等分部工程应在施工过程中进行抽样检测。

工程安全和功能检验资料及主要功能抽查记录均为在施工过程中的应检项目。

单位（子单位）工程安全和功能检验资料核查及主要功能抽查记录序目　　表 C3

资料报送编目	资料名称	应用表式编号	说明
C3	**单位（子单位）工程安全和功能检验资料核查及主要功能抽查记录**		
	建筑与结构		
C3-1	屋面淋水试验记录	C3-1	
C3-2	地下室防水效果检查记录	C3-2	
C3-3	有防水要求的地面蓄水试验记录	C3-3	
C3-4	建筑物垂直度、标高、全高测量记录	C3-4	
C3-5	抽气（风）道检查记录	C3-5	
C3-6	幕墙及外窗气密性、水密性、耐风压检测报告	C3-6	
C3-7	建筑物沉降观测记录	C3-7	
C3-8	节能、保温测试记录	C3-8	
C3-9	室内环境检测报告	C3-9	

续表

资料报送编　目	资　料　名　称	应用表式编　号	说　明
	给排水与采暖		
C3-10	给水管道通水试验记录	C3-10	
C3-11	暖气管道、散热器压力试验记录	C3-11	
C3-12	卫生器具满水试验记录	C3-12	
C3-13	消防管道、燃气管道压力试验记录	C3-13	
C3-14	排水干管通球试验记录	C3-14	
	电　气		
C3-15	照明全负荷试验记录	C3-15	
C3-16	大型灯具牢固性试验记录	C3-16	
C3-17	避雷接地电阻测试记录	C3-17	
C3-18	线路、插座、开关接地检验记录	C3-18	
	通风与空调		
C3-19	通风、空调系统试运行记录	C3-19	
C3-20	风量、温度测试记录	C3-20	
C3-21	洁净室洁净度测试记录	C3-21	
C3-22	制冷机组试运行调试记录	C3-22	
	电　梯		
C3-23	电梯运行记录	C3-23	
C3-24	电梯安全装置检测报告	C3-24	
	智能建筑		
C3-25	智能建筑系统试运行记录	C3-25	
C3-26	系统电源及接地检测报告	C3-26	

建筑与结构

4.3.2　淋（防）水试验记录（通用）（C3-1）

1. 资料表式

__________淋（防）水试验记录（通用）　　　　表 C3-1

<table>
<tr><td colspan="2">工程名称</td><td colspan="2"></td><td>施工单位</td><td></td></tr>
<tr><td colspan="2">建筑面积</td><td colspan="2"></td><td>结构形式</td><td></td></tr>
<tr><td colspan="2">试水日期</td><td colspan="2">年　月　日　时起
年　月　日　时止</td><td>试水部位</td><td></td></tr>
<tr><td colspan="6">试水简况：</td></tr>
<tr><td colspan="6">检查结果：</td></tr>
<tr><td colspan="6">复查结果：</td></tr>
<tr><td colspan="6">评定意见：　　　　　　　　　　　　　　　　年　月　日</td></tr>
<tr><td rowspan="3">参加人员</td><td rowspan="2">监理（建设）单位</td><td colspan="4">施　工　单　位</td></tr>
<tr><td>专业技术负责人</td><td colspan="2">质检员</td><td>试验员</td></tr>
<tr><td></td><td></td><td colspan="2"></td><td></td></tr>
</table>

__________淋（防）水防水试验记录是以经施工企业技术负责人审查签章后的本表格式形式归存。

2. 实施目的

__________淋（防）水防水试验记录是在施工过程中对屋面及有防水要求的地面蓄水防水试验等进行的过程记录。

3. 资料要求

（1）浴室、厕所等凡有防水要求的房间必须做蓄水试验，并有详细记录。

（2）屋面防水工程均应进行浇水试验，对凸出屋面部分（管道根部、烟囱根部等）应重点进行检查并做好记录。

（3）防水工程验收记录应有检查结果，写明有无渗漏。

（4）设计对混凝土有抗渗要求时，应提供混凝土抗渗试验报告单。

（5）按要求检查，内容、签章齐全为正确。

（6）无记录或后补记录为不正确。

4. 实施要点

防水工程验收记录即防水工程试水记录。防水工程必须严格选择、认真认证检测，使用性能、质量可靠的防水材料，特别是新型防水材料应采取相应的施工技术。凡有防水要求的建筑工程，工程完成后均应有蓄水、淋水或浇水试验。

（1）蓄水试验

凡浴室、厕所等有防水要求的房间必须进行蓄水检验。同一房间应做两次蓄水试验，分别在室内防水完成后及单位工程竣工后100%做蓄水试验。

在有防水要求的房间做蓄水试验，蓄水时最浅水位不得低于20mm，浸泡24小时后撤水，检查无渗漏为合格。检查数量应为全部此类房间。检查时，应邀请建设单位参加并签章认可。

有女儿墙的屋面防水工程，能做蓄水试验的宜做蓄水试验。

（2）浇水试验

屋面工程一般均应有全部屋面的浇水试验，浇水试验应全面地同时浇水，可在屋脊处设干管向两边喷淋至少2小时，浇水试验后检验屋面有否渗漏。检查的重点是管子根部、烟囱根部、女儿墙根等凸出屋面部分的泛水及下口等细部节点。浇水试验的方法和试验后的检验都必须做详细的记录，并应邀请建设单位检查、签字。最好坚持二次浇水试验。浇水试验记录要存入施工技术资料施工记录中。

（3）淋水试验

空腔防水外墙板竣工后都应做淋水试验。淋水试验是用花管在所有外墙上喷淋，淋水时间不得小于2小时，淋水后检查外墙壁有无渗漏现象，应请建设单位参加并签认。

无条件做浇水试验的屋面工程，应做好雨季观察记录。每次较大降雨时施工单位应邀请建设单位对屋面进行检查（重点查管道根部、烟囱根部、女儿墙根等凸出屋面部分的泛水及下口等细部节点处），检查有无渗漏，并做好记录，双方签认。经过一个雨季，如屋面无渗漏现象视为合格。

（4）防水工程试水前应检查的施工技术资料

1）原材料、半成品和成品的质量证明文件、分项工程质量验收资料以及试验报告和现场检验记录；

2）应用沥青、卷材等防水材料、保温材料的防水工程的现场检查记录；

3）混凝土自防水工程应检查混凝土试配、实际配合比、防水等级、试验结果等；

4）施工过程中重大技术问题的处理记录和工程变更记录。

在检查以上资料的基础上，对防水工程进行蓄水或浇水试验，以检验防水工程的实际防水效果，并按上表填写防水工程验收记录，作为防水工程质量检查验收的依据。

（5）表列子项：

1）结构形式：按实际结构形式填写，如砖混、框架结构等。

2）试水部位：按实际试水部位填写，如浴室、厕所、屋面等。

3）试水简况：指淋（防）水试验过程的简单情况，应说明有无渗漏。

4）检查结果：按初检时的检查结果填写，应写明有无漏、渗等问题。

5）复查结果：指初检后有问题需要复查的工程。如初检后没有问题，可不进行复查，如工程验收时对防水工程验收有异疑时，可进行复查。

4.3.3 地下室防水效果检查记录（C3-2）

1. 资料表式

地下室防水效果检查记录　　表 C3-2

工程名称			检查日期		
工程编号			部　位		
检查内容					
检查结论					
评定结果	年　月　日				
参加人员	监理（建设）单位	施　工　单　位			
		专业技术负责人	质检员	试验员	

地下室防水效果检查记录是以经施工企业技术负责人审查签章后的本表格式形式归存。

2. 实施目的

地下室防水效果检查记录是在施工过程中对屋面及有防水要求的地面蓄水防水试验的记录。

3. 资料要求

（1）凡有防水要求的地下室必须做蓄水试验，并有详细记录。

（2）地下室的防水工程验收应有检查结果，写明有无渗漏。

（3）设计对混凝土有抗渗要求时，应提供混凝土抗渗试验报告单。

（4）按要求检查，内容、签章齐全为正确。

（5）无记录或后补记录为不正确。

4. 实施要点

按 4.3.2 节执行。

4.3.4 有防水要求的地面蓄水试验记录（C3-3）

有防水要求的地面蓄水试验记录按 C3-1 执行。

4.3.5 建筑物垂直度、标高、全高测量记录（C3-4）

1. 资料表式

建筑物垂直度、标高、全高测量记录（测量） **表 C3-4-1**

检测工程名称		施工阶段				检测日期		年 月 日		
垂直度测量	检测部位									累计偏差
	允许偏差（mm）									
	实测值（mm）									
	说 明									
标高测量	允许偏差（mm）									
	实测值（mm）									
	说 明									
全高测量	允许偏差（mm）									
	实测值（mm）									
	说 明									
评 价 与建议										

参加人员	监理（建设）单位	施 工 单 位		
		专业技术负责人	质检员	记录人

建筑物垂直度、标高、全高测量记录是以经施工企业技术负责人审查签章后的本表格式形式归存。

2. 实施目的

建筑物垂直度、标高、全高测量记录是对建筑物垂直度、标高、全高在施工过程中和竣工后进行的测量记录。

3. 资料要求

(1) 现场测量项目必须是在测量现场进行。由施工单位的专业技术负责人牵头，专职质量检查员详细记录，建设单位代表和项目监理机构的专业监理工程师参加。

现场原始记录须经施工单位的技术负责人和专职质量检查员签字、建设监理单位的参加人员签字后方有效并归存，作为整理资料的依据以备查。

(2) 评价与建议必须填写清楚是符合设计和标准要求还是不符合设计或标准要求及改进意见。

(3) 测量单内的主要项目应齐全，不齐全时应重新进行复测。

(4) 表内的内容必须填写齐全，不得缺项，主要的试验项目缺项为不符合要求。

4. 实施要点

(1) 施工过程中的垂直度测量：

1) 测量次数，原则上每加高 1 层测量 1 次，整个施工过程不得少于 4 次。

2) 轴线测量按基数及各层放线、测量与复测执行。

(2) 竣工后的测量：

1) 建筑物垂直度、标高、全高测量选定应在建筑物四周转角处和建筑物的凹凸部位。单位工程每项选定不应少于 10 点，其中前沿、背沿各 4 点，两个侧的面各 1 点。

2) 标高测量应按层进行，高层建筑可两层为一测定，多层建筑可一层为一测点，可按测点的平均差值填写。

3) 建筑物垂直度、标高、全高测量必须由施工单位、专职测量人员进行，测量应在监理单位参加下共同进行。

4) 建筑物的垂直度、标高、全高测量是建筑物已竣工，观感质量检查完成后对建筑物进行的测量工作，由施工单位测量，量测时项目监理机构派专业监理工程师参加监督量测。

(3) 表列子项：

1) 垂直度测量：应分别填写标准规定的垂直度测量允许偏差值和实际测量值，并应说明垂直度测量值平均值是否满足设计要求。

2) 标高测量：应分别填写标准规定标高允许偏差值，并应说明标高测量值平均值是否满足设计要求。

3) 全高测量：应分别填写标准规定的全高测量的允许偏差值，并应说明全高测量值平均值是否满足设计要求。

4) 评价与建议：按实际测量结果，由施工、监理单位对测量结果与标准对照后做出评价，对测量结果不满足设计要求时，应由施工、监理单位提出处理建议，报建设单位后转设计部门处理。

4.3.6 抽气（风）道检查记录（C3-5）

1. 资料表式

建筑抽气（风）道、垃圾道检查记录 **表 C3-5**

<table>
<tr><td>工程名称</td><td colspan="7"></td></tr>
<tr><td>施工单位</td><td colspan="5"></td><td colspan="2">年 月 日</td></tr>
<tr><td colspan="6">检查部位和检查结果</td><td rowspan="3">检查人</td><td rowspan="3">复检人</td></tr>
<tr><td rowspan="2">检查部位</td><td colspan="2">主抽气（风）道</td><td colspan="2">负抽气（风）道</td><td rowspan="2">垃圾道</td></tr>
<tr><td>抽气道</td><td>风道</td><td>抽气道</td><td>风道</td></tr>
<tr><td></td><td></td><td></td><td></td><td></td><td></td><td></td><td></td></tr>
<tr><td></td><td></td><td></td><td></td><td></td><td></td><td></td><td></td></tr>
<tr><td></td><td></td><td></td><td></td><td></td><td></td><td></td><td></td></tr>
<tr><td></td><td></td><td></td><td></td><td></td><td></td><td></td><td></td></tr>
<tr><td></td><td></td><td></td><td></td><td></td><td></td><td></td><td></td></tr>
<tr><td></td><td></td><td></td><td></td><td></td><td></td><td></td><td></td></tr>
<tr><td></td><td></td><td></td><td></td><td></td><td></td><td></td><td></td></tr>
<tr><td></td><td></td><td></td><td></td><td></td><td></td><td></td><td></td></tr>
<tr><td></td><td></td><td></td><td></td><td></td><td></td><td></td><td></td></tr>
<tr><td></td><td></td><td></td><td></td><td></td><td></td><td></td><td></td></tr>
<tr><td></td><td></td><td></td><td></td><td></td><td></td><td></td><td></td></tr>
<tr><td></td><td></td><td></td><td></td><td></td><td></td><td></td><td></td></tr>
<tr><td></td><td></td><td></td><td></td><td></td><td></td><td></td><td></td></tr>
<tr><td></td><td></td><td></td><td></td><td></td><td></td><td></td><td></td></tr>
<tr><td></td><td></td><td></td><td></td><td></td><td></td><td></td><td></td></tr>
<tr><td rowspan="3">参加人员</td><td>监理（建设）单位</td><td colspan="6">施 工 单 位</td></tr>
<tr><td rowspan="2"></td><td colspan="2">专业技术负责人</td><td colspan="2">质检员</td><td colspan="2">记录人</td></tr>
<tr><td colspan="2"></td><td colspan="2"></td><td colspan="2"></td></tr>
</table>

注：1. 主抽气（风）道可先检查，检查部位按轴线记录；副抽气（风）道可按户门编号记录。

2. 检查合格记（√），不合格记（×）。

抽气（风）道检查记录是以经施工企业技术负责人审查签章后的本表格式形式归存。

2. 实施目的

抽气（风）道检查记录是在施工过程中对抽气道、垃圾道的检查记录。

3. 资料要求

（1）抽气道、风道、垃圾道必须100%检查，检查数量不足为不符合要求。

（2）按要求检查，内容完整，签章齐全为正确，无记录或后补记录的不正确。

4. 实施要点

（1）抽气道、风道都应100%做通风检查，并做好自检记录，试验可在抽气道、风道进口处划根火柴，观察火苗的转向和烟的去向，即可判别是否通风。也可用其他适宜的方法进行。主抽气道、风道、垃圾道除应进行通风试验外，还应进行观感检查，两项检验均合格后，才可验收。

垃圾道进行100%检查，看其是否畅通，并做好记录。

(2) 表列子项：

1) 检查部位：指检查抽气或垃圾道的检查点，按实际填写。

2) 主抽气（风）道：按施工图设计确定的主抽气（风）道确定，按实际填写。

3) 副抽气（风）道：按施工图设计确定的副抽气（风）道确定，按实际填写。

4) 责任制：

①监理（建设）单位：指监理单位的专业监理工程师，签字有效。当不委托监理时由建设单位的项目负责人签字。

②施工单位：指与该工程签订施工合同的法人施工单位。

③专业技术负责人：指施工单位的项目经理部的专业技术负责人，签字有效。

④质检员：负责该单位工程项目经理部的专职质检员，签字有效。

⑤记录人：负责该单位工程项目经理部的记录人，签字有效。

4.3.7 幕墙及外窗气密性、水密性、耐风压检测报告（C3-6）

1. 资料表式

幕墙及外窗气密性、水密性、耐风压检测报告 表 C3-6

<table>
<tr><td>工程名称</td><td colspan="2"></td><td>试验时间</td><td colspan="2">年　　月　　日</td></tr>
<tr><td>幕墙类别</td><td colspan="2"></td><td>试验编号</td><td colspan="2"></td></tr>
<tr><td colspan="3">风压变形性能</td><td colspan="3">雨水渗漏性能</td></tr>
<tr><td colspan="3"></td><td colspan="3"></td></tr>
<tr><td colspan="3">空气渗透性能</td><td colspan="3">平面内变形性能</td></tr>
<tr><td colspan="3"></td><td colspan="3"></td></tr>
<tr><td>性能结果评定</td><td colspan="5">依据标准：</td></tr>
<tr><td rowspan="3">参加人员</td><td>监理（建设）单位</td><td colspan="4">施　工　单　位</td></tr>
<tr><td rowspan="2"></td><td colspan="2">专业技术负责人</td><td>质检员</td><td>记录人</td></tr>
<tr><td colspan="2"></td><td></td><td></td></tr>
</table>

注：风压变形、雨水渗漏、空气渗透、平面内变形性能均应附试验单位的试验报告单。

幕墙及外窗气密性、水密性、耐风压检测报告是以经施工企业技术负责人审查签章后的本表格式形式归存。

2. 实施目的

幕墙及外窗气密性、水密性、耐风压检测报告是为确保装饰工程使用功能质量在幕墙施工完成后和窗在施工前经试验单位对幕墙及外窗气密性、水密性、耐风压检测提供的报告。

3. 资料要求

(1) 各被检项目的记录必须填写齐全，不得漏填。

(2) 测试应办的手续应及时办理不得后补，后补资料须经建设、监理单位批准，确认其真实性后签注说明并签字有效。

(3) 应检项目内容应全部检查，不得漏检。

(4) 必须实行见证送样，试验室应在送样单上加盖公章和经手人签字、送样人签字、不执行见证送样为不符合要求。

(5) 检查意见与结果要具体明确。

(6) 责任制中的所有人员签字应齐全，不得漏签或代签。

4. 实施要点

(1) 玻璃幕墙的安装施工要求

1) 一般规定

①安装玻璃幕墙的钢结构、钢筋混凝土结构及砖混结构的主体工程，应符合设计和有关结构施工及验收规范的要求。

②安装玻璃幕墙的构件及零附件的材料品种、规格、色泽和性能，应符合设计要求。

③玻璃幕墙的安装施工应单独编制施工方案。

2) 玻璃幕墙的安装施工

①玻璃幕墙的施工测量应符合下列要求：

a. 玻璃幕墙分格轴线的测量应与主体结构的测量配合，其误差应及时调整不得积累；b. 对高层建筑的测量应在风力不大于 4 级情况下进行，每天应定时对玻璃幕墙的垂直及立柱位置进行校核。

②玻璃幕墙立柱的安装应符合下列要求：

a. 应将立柱先与连接件连接，然后连接件再与主体预埋件相连接，并应调整和固定。立柱安装标高偏差不应大于 3mm，轴线前后偏差不应大于 2mm，左右偏差不应大于 3mm；b. 相邻两根立柱的距离偏差不应大于 2mm。

③玻璃幕墙横梁安装应符合下列要求：

a. 应将横梁两端的连接件及弹性橡胶垫安装在立柱的预定位置，并应安装牢固，其接缝应严密；b. 相邻两根横梁的水平标高偏差不应大于 1mm。同层标高偏差：当一幅幕墙宽度小于或等于 3.5m 时，不应大于 5mm；当一幅幕墙宽度大于 3.5m，不应大于 7mm；c. 同一层的横梁安装应由下向上。当安装完一层高度时，应检查、调整、校正固定，使其符合质量要求。

④玻璃幕墙其他主要附件安装应符合下列要求：

a. 有热工要求的幕墙，保温部分宜从内向外安装。当采用内衬板时，四周应套装弹性橡胶密封条，内衬板与构件接缝应严密；内衬板就位后，应密封处理 b. 固定防火保温材料应锚钉牢固，防火保温层应平整，拼接处不应留缝隙；c. 冷凝水排出管及附件应与水平构件预留孔连接严密，与内衬板出水连接处应设橡胶密封条；d. 其他通气留横孔及雨水排出口等应按设计施工，不得遗漏；e. 玻璃幕墙立柱安装就位、调整并及时紧固。玻璃幕墙安装的临时螺栓等在构件安装、就位调整、紧固后应及时拆除；f. 现场焊接或高强螺栓紧固的构件固定后，应及时进行防锈处理，玻璃幕墙中与铝合金接触的螺栓及金属配件应采用不锈钢或轻金属制品；g. 不同金属的接触面应采用垫片作隔离处理。

⑤玻璃幕墙的玻璃安装应按下列要求进行：

a. 玻璃安装前应将表面尘土和污物擦拭干净。热反射玻璃安装应将镀膜面朝向室内，非镀膜面朝向室外；b. 玻璃与构件不得直接接触。玻璃四周与构件凹槽底应保持一定空隙，每块玻璃下部应设不少于二块弹性定位垫块；垫块的宽度与槽口宽度应相同，长度不应小于 100mm；玻璃两边嵌入量及空隙应符合设计要求；c. 玻璃四周橡胶条应按规定型号选用，镶嵌应平整，橡胶条长度宜比边框内槽口长 1.5%～2%，其断口应留在四角；斜面断开并拼成预定的设计角度，并应用粘结剂粘结牢固后嵌入槽内。

⑥玻璃幕墙四周与主体结构之间的缝隙，应采用防火的保温材料填塞；内外表面应用密封胶连续封闭，接缝应严密不漏水。

⑦玻璃幕墙施工过程中应分层进行抗雨水渗漏性能检查。

a. 耐候硅酮密封胶的施工厚度应大于 3.5mm，施工宽度不应小于施工厚度的 2 倍；较深的密封槽口底部应用聚乙烯发泡材料填塞；b. 耐候硅酮密封胶在接缝内应形成相对两面粘结，并不得三面粘结。

⑧玻璃幕墙安装施工应对下列项目进行隐蔽验收：

a. 构件与主体结构的连接节点的安装；b. 幕墙四周、幕墙内表面与主体结构之间间隙节点的安装；c. 幕墙伸缩缝、沉降缝、防震缝及墙面转角节点的安装；d. 幕墙防雷接地节点的安装。

3）玻璃幕墙的安全要求

①明框玻璃幕墙、半隐框玻璃幕墙和隐框玻璃幕墙，宜采用半钢化玻璃、钢化玻璃或夹层玻璃。

②玻璃幕墙下部宜设置绿化带，入口处宜设置遮阳棚或雨罩。

③当楼面外缘无实体窗下墙时，应设防撞栏杆。

④玻璃幕墙与每层楼板、隔墙处的缝隙应采用不燃烧材料填充。

4）玻璃幕墙的性能要求

①玻璃幕墙的性能一般包括下列项目：

a. 风压变形性能；b. 雨水渗漏性能；c. 空气渗透性能；d. 平面内变形性能；e. 保温性能；f. 隔声性能；g. 耐撞击性能。

幕墙应进行风压变形，抗空气渗透，抗雨水渗漏三项基本性能检验，根据功能要求还可进行其他性能检验。抗风压变形按 50 年一遇时风值计算。在瞬时风压作用下主要受力构件的相对挠度不应超过 $L/180$（L 为主要受力构件长度），绝对挠度值不超过 20mm。

5）玻璃幕墙工程验收

①玻璃幕墙工程验收前应将其表面擦洗干净。

②玻璃幕墙验收时应提交下列资料：

a. 设计图纸、文件、设计修改和材料代用文件；b. 材料出厂质量证书，结构硅酮密封胶相容性试验报告及幕墙物理性能检验报告；c. 预制构件出厂质量证书；d. 隐蔽工程验收文件；e. 施工安装自检记录。

③玻璃幕墙工程验收时应按要求进行隐蔽工程验收。

④玻璃幕墙工程质量验收应进行观感检验和抽样检验。并应以一幅玻璃幕墙为检验单元，每幅玻璃幕墙均应检验。

⑤玻璃幕墙观感检验应符合下列要求：

a. 明框幕墙框料应竖直横平；单元式幕墙的单元拼缝或隐框幕墙分格玻璃拼缝应竖直横平，缝宽应均匀，并符合设计要求；b. 玻璃的品种、规格与色彩应与设计相符，整幅幕墙玻璃的色泽应均匀，不应有析碱、发霉和膜脱落等现象；c. 玻璃的安装应正确；d. 幕墙材料的色彩应与设计相符，并应均匀，铝合金料不应有脱膜现象；e. 装饰压板表面平整，不应有肉眼可察觉的变形、波纹或局部压砸等缺陷；f. 幕墙的上下边及侧边封口、沉降缝、伸缩缝、防震缝的处理及防雷体系应符合设计要求；g. 幕墙隐蔽节点的遮封装修应整齐美观；h. 幕墙不得渗漏。

⑥玻璃幕墙工程抽样检验应符合下列要求：

a. 铝合金料及玻璃表面不应有铝屑、毛刺、油斑和其他污垢；b. 玻璃应安装或粘结牢固，橡胶条和密封胶应嵌固密实，填充平整；c. 钢化玻璃表面不得有伤痕；

6）表列子项

①幕墙类别：指幕墙的实际类别，如隐框、明框等。

②试验编号：指试验室的风压变形性能、雨水渗漏性能、空气渗透性能、平面内变形性能的试验编号。

③风压变形性能：指玻璃幕墙风压变形性能试验的结果，即玻璃幕墙在风荷载标准值作用下，其立柱和横梁的相对挠度不应大于 L/180（L 为立柱和横梁两支点间的跨度)，绝对挠度不得大于 20mm。

④雨水渗漏性能：指玻璃幕墙雨水渗漏性能试验的结果，即玻璃幕墙在风荷载标准值除以 2.25 的风荷载作用下不应发生雨水渗漏。在任何情况下，玻璃幕墙开启部分的雨水渗漏压力应大于 250MPa。

⑤空气渗透性能：指玻璃幕墙空气渗透性能试验的结果，即玻璃幕墙在有空调和采暖要求时，玻璃幕墙的空气渗透性能应在 10Pa 的内外压力差下，其固定部分的空气渗透不应大于 $0.10m^2/m \cdot h$，开启部分的空气渗透量不应大于 $2.5m^2/m.h$。

⑥平面内变形性能：指玻璃幕墙平面内变形性能试验的结果，即玻璃幕墙在平面内变形性能应符合下列要求：

a. 平面内变形性能以建筑物的层间相对位移值表示。在设计允许的相对位移范围内，玻璃幕墙不应损坏；

b. 平面内变形性能应按不同结构类型弹性计算的位移控制的 3 倍设计。

⑦性能评定结果：按现行幕墙验收规范进行评定。

4.3.8 建筑物沉降观测记录（C3-7）

建筑物沉降观测记录按（A9-2）执行。

4.3.9 节能、保温测试记录（C3-8）

1. 资料表式

节能、保温测试记录　　　　表 C3-8

<table>
<tr><td colspan="2">工程名称</td><td colspan="2"></td><td>试验日期</td><td>年　月　日</td></tr>
<tr><td colspan="2">测试单位</td><td colspan="2"></td><td>测试面材质</td><td></td></tr>
<tr><td colspan="6">试验要求：
1、墙体的保温性能：
2、门窗的气密性：
3、管道保温层厚度：
4、供回水温度计、压力表、热表检测：</td></tr>
<tr><td colspan="6">试验情况记录：</td></tr>
<tr><td colspan="6">评定意见：</td></tr>
<tr><td rowspan="3">参加人员</td><td>监理（建设）单位</td><td colspan="4">施　工　单　位</td></tr>
<tr><td rowspan="2"></td><td>专业技术负责人</td><td colspan="2">质检员</td><td>记录人</td></tr>
<tr><td></td><td colspan="2"></td><td></td></tr>
</table>

注：保温性能、气密性应附检验单位的检测报告。

节能、保温测试记录是以经施工企业技术负责人审查签章后的本表格式形式归存。

2. 实施目的

节能、保温测试记录是按《民用建筑热工设计规范》（GB50176—93）和《民用建筑节能设计标准》（JGJ26—95）或省有关标准要求进行的测试，以满足节能、保温的设计要求。

3. 资料要求

（1）现场测试项目必须是在测试现场进行。由施工单位的专业技术负责人牵头，专职质量检查员详细记录，建设单位代表和项目监理机构的专业监理工程师参加。

现场原始记录须经施工单位的技术负责人和专职质量检查员签字、建设监理单位的参加人员签字后方有效并归存，作为整理资料的依据以备查。

（2）资料内必须附图，附图应简单易懂，且能全面反映附图质量。

（3）各被检项目的记录必须填写齐全，不得漏填，检查意见与结果要具体明确。

（4）测试应办的手续应及时办理不得后补，后补资料须经建设、监理单位批准，确认其真实性后签注说明并签字有效。

（5）试验结论必须填写清楚是符合设计和标准要求还是不符合设计或标准要求。

（6）试验报告单内的主要试验项目应齐全，不齐全时应重新进行复试。

（7）表内的内容必须填写齐全，不得缺项，主要的试验项目缺项为不符合要求。

4. 实施要点

（1）节能、保温测试按《民用建筑热工设计规范》（GB50176—93）和《民用建筑节能设计标准》（JGJ26—95）执行。

（2）按照工程建设标准强制性条文规定，节能、保温测试主要内容为：居住建筑和公共建筑围护结构的保温性能；居住建筑和公共建筑窗的气密性；采取供热管道最小保温层厚度测定；新建锅炉房、热力站和每个独立建筑物入口供回水温度计、压力表和热力表检测、补水系统设置的水表的检测等。

（3）表列子项：

1）测试单位：指进行节能、保温试验的有相应资质的试验单位。

2）测试面材质：指进行节能、保温试验部位的材质情况。

3）试验要求：规范规定应试验的项目为：住户的保温性能、住户的气密性、管道保温厚度、供回水温度计、压力表、热表检测。应分别填写设计对测试项的试验要求，照实际。

4）试验情况记录：分别填写实际试验过程的情况，按实际填写。

5）评定意见：按试验结果与设计或规范对照，判定是否符合要求，按实际填写。

6）责任制：

①监理（建设）单位：指监理单位的专业监理工程师，签字有效。当不委托监理时由建设单位的项目负责人签字。

②施工单位：指与该工程签订施工合同的法人施工单位。

③专业技术负责人：指施工单位的项目经理部的专业技术负责人，签字有效。

④质检员：负责该单位工程项目经理部的专职质检员，签字有效。

⑤记录人：负责该单位工程项目经理部的记录人，签字有效。

4.3.10　室内环境检测报告（C3-9）

1. 资料表式

室内环境检测报告　　表 C3-9

（　）

工程名称			测试时间	年　月　日
监测部位或区段				
被测面材料质量				
（　）测试内容				
（　）测试结果				
评定意见				
参加人员	监理（建设）单位	施　工　单　位		
		专业技术负责人	质检员	记录人

注：热工与节能测试、照明照度、隔声与噪声测试应附试验单位的检测报告。

室内环境检测报告是以经施工企业技术负责人审查签章后的本表格式形式归存。

2. 实施目的

室内环境检测报告是根据“工程建设标准强制性条文”按不同建筑物规定的有关内容进行检测，以满足设计要求。主要包括热工与节能、照明、隔声与噪声限制等。

3. 资料要求

(1) 现场测试项目必须是在测试现场进行。由施工单位的专业技术负责人牵头，专职质量检查员详细记录，建设单位代表和项目监理机构的专业监理工程师参加。

现场原始记录须经施工单位的技术负责人和专职质量检查员签字、建设监理单位的参加人员签字后方有效并归存，作为整理资料的依据以备查。

(2) 资料内必须附图，附图应简单易懂，且能全面反映附图质量。

(3) 各被检项目的记录必须填写齐全，不得漏填，检查意见与结果要具体明确。

(4) 测试应办的手续应及时办理不得后补，后补资料须经建设、监理单位批准，确认其真实性后签注说明并签字有效。

(5) 试验结论必须填写清楚是符合设计和标准要求还是不符合设计或标准要求。

(6) 试验报告单内的主要试验项目应齐全，不齐全时应重新进行复试。

(7) 表内的内容必须填写齐全，不得缺项，主要的试验项目缺项为不符合要求。

4. 实施要点

(1) 室内环境检测报告应根据“工程建设标准强制性条文”按不同建筑物规定的有关内容进行检测。主要包括热工与节能、环境照明、隔声与噪声限制等。

(2) 热工与节能：《民用建筑节能设计标准》(JGJ26—95) 规定：“……和每个独立建筑物入口应设置供回水温度计、压力表和热表（或热水流量计）。补水系统应设置水表。”对供热系统实行设置计量化表的量化管理方法。还规定了采暖供热管道最小保温层厚度等。

(3) 电气照明：

1)《民用建筑照明设计标准》(GBJ133—90) 对不同建筑物规定了照明的照度标准；

2) 照明灯具有功能为主和装饰为主之分，主要包括：吸顶灯、镶嵌灯、节灯、荧光灯、壁灯、台灯、主灯、轨道灯等。

照明灯具应满足不同类型建筑标准规定照度标准值。

艺术照明如歌舞厅照明、公园照明、广场照明、雕塑和纪念碑照明、喷泉照明、水中照明等均应严格按设计要求施工和质量验收规范执行。

3) 智能照明控制系统，通常可以由调光模块、控制面板、液晶显示、触摸屏、智能传感器、偏抢插口、时针管理器、手持式编程器和 PC 监控机等部件组成。

(4) 照明质量检查的注意事项：

1) 照明质量的评价：应全面考虑和正确处理下列几项主要内容：

①合适的照度：应不低于《建筑电气设计技术规范》推荐的照度值。

②照明均匀度：应力求工作面与周围照度均匀。

③适宜亮度分布。

④限制眩光。

⑤源的显色性：采用显色指数高的光源。

⑥光照度的稳定性：灯具应设置在没有气流冲击的地方或采取牢固的吊装方式。

⑦影闪效应的消除：应采取措施，降低影闪效应。

2) 照明的光度测量。

①照度的测量：一般采用光检测器和微安表构成的照度计。室内照明的中等照度计高照度的测量，多采用简易或精密型的光电池式照度计，道路、广场的由低计高照度测量采用光电管式照度计，极微照度的测量应采用光电倍增管式照度计。

②光通量的测量：通常用球形积分光度计。

③亮度的测量。

④光强的测量：主要应用直尺光度计进行。

(5) 隔声与噪声限制：《民用建筑隔声设计规范》(GBJ118—88) 规划了不同建筑物的允许噪声级标准。

建筑工程施工完成后均应对室内环境的热工与节能、照明、隔声与噪声限制进行测试，并应符合设计要求和规范规定，并出具检测报告。

(6) 环境质量控制

1) 民用建筑工程及室内装修工程的室内环境质量验收，应在工程完工至少 7d、工程交付使用前进行。

2）民用建筑工程及其室内装修工程验收时，应检查下列资料：

①工程地质勘察报告、工程地点土壤中氡浓度检测报告、工程地点土壤天然放射性核素镭-226、钍-232、钾-40含量检测报告；

②涉及室内环境污染控制的施工图设计文件及工程设计变更文件；

③建筑材料和装修材料的污染物含量检测报告、材料进场检验记录、复验报告；

④与室内环境污染控制有关的隐蔽工程验收记录、施工记录；

⑤样板间室内环境污染物浓度检测记录（不做样板间的除外）。

3）民用建筑工程所用建筑材料和装修材料的类别、数量和施工工艺等，应符合设计要求和规范的有关规定。

4）民用建筑工程验收时，必须对室内环境污染物浓度检测。检测结果应符合表C3-9-1的规定。

民用建筑工程室内环境污染物浓度限量　　表 C3-9-1

污染物	Ⅰ类民用建筑工程	Ⅱ类民用建筑工程	污染物	Ⅰ类民用建筑工程	Ⅱ类民用建筑工程
氡（Bq/m^3）	≤200	≤400	氨（mg/m^3）	≤0.2	≤0.5
游离甲醛（mg/m^3）	≤0.08	≤0.12	TVOC（mg/m^3）	≤0.5	≤0.6
苯（mg/m^3）	≤0.09	≤0.09			

注：1. 表中污染物浓度限量，除氡外均应以同步测定的室外室气相应值为空白值。

2. 本表摘自《民用建筑工程室内的环境污染控制规范》GB50325—2001。

5）民用建筑工程室内空气中氡的检测，所选用方法的测量结果不确定度不应大于25%（置信度95%），方法的探测下限不应大于$10Bq/m^3$。

6）民用建筑工程室内空气中甲醛的检测方法，应符合国家标准《公共场所空气中甲醛测定方法》GB/T18204.26—2000）的规定。

7）民用建筑工程室内空气中甲醛检测，也可采用现场检测方法，所使用的仪器在$0\sim0.60mg/m^3$测定范围内的不确定度应小于5%。

8）民用建筑工程室内空气中苯的检测方法，应符合国家标准《居住区大气中苯、甲苯和二甲苯卫生检验标准方法——气相色谱法》（GB11737—89）的规定。

9）民用建筑工程室内空气中氨的检测，可采用国家标准《公共场所空气中氨测定方法》(GB/T18204.25—2000）或国家标准《空气质量氨的测定离子选择电极法》（GB/T14669—93）进行测定。当发生争议时应以国家标准《公共场所空气中氨测定方法——靛酚蓝分光光度法》(GB/T18204.25—2000）的测定结果为准。

10）民用建筑工程室内空气中总挥发性有机化合物（TVOC）的检测方法，应符合《民用建筑工程室内环境污染控制规范》(GB50325—2001）附录E的规定。

11）民用建筑工程验收时，应检查有代表性的房间室内环境污染物浓度，检查数量不得少于5%，并不得少于3间；房间总数少于3间时，应全数检测。

12）民用建筑工程验收时，凡进行了样板间室内环境污染物浓度检测且检测结果合格的，检查数量减半，并不得少于3间。

13）民用建筑工程验收时，室内环境污染物浓度测点应按房间面积设置：

①房间使用面积小于$50m^2$时，设1个检测点；

②房间使用面积$50\sim100m^2$时，设2个检测点；

③房间使用面积大于$100m^2$时，设3~5个检测点。

14）当房间内有2个及以上检测点时，应取各点检测结果的平均值作为该房间的检测值。

15）民用建筑工程验收时，环境污染物浓度现场检测点应距内墙面不小于0.5m，距楼地面高度0.8～1.5m。检测点应均匀分布，避开通风道和通风口。

16）民用建筑工程室内环境中游离甲醛、苯、氨、总挥发性有机物（TVOC）浓度检测时，对采用集中空调的民用建筑工程，应在空调正常运转的条件下进行；对采用自然通风的民用建筑工程，检测应在对外门窗关闭6h后进行。

17）民用建筑工程室内环境中氡浓度检测时，对采用集中空调的民用建筑工程，应在空调正常运转的条件下进行；对采用自然通风的民用建筑工程，应在房间的对外门窗关闭24h以后进行。

18）当室内环境污染物浓度的全部检测结果符合规范的规定时，可判定该工程室内环境质量合格。

19）当室内环境污染浓度检测结果不符合规范的规定时，应查找原因并采取措施进行处理，并可进行再次检测。再次检测时，检查数量应增加1倍。室内环境污染物浓度再次检测结果全部符合规范的规定时，可判定为室内环境质量合格。

20）室内环境质量验收不合格的民用建筑工程，严禁投入使用。

21）建筑装饰装修工程需复验的材料

《建筑装饰装修工程质量验收规范》（GB50210—2001）、《建筑地面工程施工质量验收规范》（GB50209—2002）规定现场使用材料需进行复验的项目见表C3-9-2。

建筑装饰装修工程需复验的材料 **表C3-9-2**

序号	子分部工程名称	需复验的项目
1	抹灰工程	水泥的凝结时间和安定性
2	门窗工程	1. 人造木板的甲醛含量 2. 建筑外墙金属窗、塑料窗的抗风压性能、空气渗透性能和雨水渗漏性能
3	吊顶工程	人造木板的甲醛含量
4	轻质隔墙工程	人造木板的甲醛含量
5	饰面板（砖）工程	1. 室内用花岗石的放射性 2. 粘贴用水泥的凝结时间、安定性和抗压强度 3. 外墙陶瓷面砖的吸水率 4. 寒冷地区外墙陶瓷面砖的抗冻性
6	幕墙工程	1. 铝塑复合板的剥离强度 2. 石材的弯曲强度；寒冷地区石材的耐冻融性；室内用花岗石的放射性 3. 玻璃幕墙用结构胶的邵氏硬度、标准条件拉伸粘结强度、相容性试验；石材用结构胶的粘结强度；石材用密封胶的污染性
7	涂饰工程	无
8	裱糊与软包工程	无
9	细部工程	人造板的甲醛含量
10	建筑地面工程	1. 基土土质、压实系数 2. 碎石、碎砖、粒径、密实度、含泥量 3. 混凝土强度 4. 水泥安定性、强度 5. 木材含水率

(7) 室内环境检测由施工单位在工程竣工并经初检合格后根据设计要求、执行标准的要求对其进行检测或由施工单位委托专门测试单位对室内环境进行检测，并出具检测报告，费用由建设单位承担。

(8) 室内环境检测必须在建设单位组织单位工程竣工验收与备案之前测试完成，并已出具室内环境检测报告。

(9) 表列子项：

1) 括号内应分别填写下列测试之一的：

①照明设计与实际：指设计实际照度与施工完成后的实际照度值，按实际填写。

②隔声与噪声限制设计：照施工图设计隔声与噪声限制值填写。应规定是否满足设计要求，应填写实测数据。

③热工与节能设计与实际：指设计要求的热工与节能工作法和实际施工结果的做法是否满足设计要求。

④以上测试结果：按实际测试结果填写，应规定是否满足设计要求，应填写实测数据。

⑤照明测试结果：指实际施工结果的照度测定值，按实际填写。

2) 责任制：

①监理（建设）单位：指监理单位的专业监理工程师，签字有效。当不委托监理时由建设单位的项目负责人签字。

②施工单位：指与该工程签订施工合同的法人施工单位。

③专业技术负责人：指施工单位的项目经理部的专业技术负责人，签字有效。

④质检员：负责该单位工程项目经理部的专职质检员，签字有效。

⑤记录人：负责该单位工程项目经理部的记录人，签字有效。

给排水与采暖

4.3.11 给水管道通水试验记录（C3-10）

给水管道通水试验记录按 C2-17-2 执行。

4.3.12 暖气管道、散热器压力试验记录（C3-11）

试验说明：

1) 散热器组对后．以及整组出厂的散热器在安装之前应作水压试验。试验压力如设计无要来时应为工作压力的 1.5 倍，但不小于 0.6MPa。试验时间为 2～3min，压力不降且不渗不漏。

2) 辐射板在安装前应作水压试验，如设计无要求时试验压力应为工作压力 1.5 倍，但不得小于 0.6MPa。试验压力下 2～3min 压力不降且不渗不漏。

3) 地面下敷设的盘管埋地部分不应有接头。隐蔽前现场查看。

4) 盘管隐蔽前必须进行水压试验．试验压力为工作压力的 1.5 倍，但不小于 0.6MPa。稳压 lh 内压力降不大于 0.05MPa 且不渗不漏。

5) 采暖系统安装完毕，管道保温之前应进行水压试验。试验压力应符合设计要求。当设计未注明时，应符合下列规定：

①蒸汽、热水采暖系统，应以系统顶点工作压力加 0.1MPa 作水压试验，同时在系统顶点的试验压力不小于 0.3MPa。

②高温热水采暖系统，试验压力应为系统顶点工作压力加 0.4MPa。

③使用塑料管及复合管的热水采暖系统，应以系统顶点工作压力加 0.2MPa 作水压试验，同时在系统顶点的试验压力不小于 0.4MPa。

使用钢管及复合管的采暖系统应在试验压力下 10min 内压力降不大于 0.02MPa，降至工作压力后检查，不渗、不漏；

使用塑料管的采暖系统应在试验压力下 1h 内压力降不大于 0.05MPa，然后降压至工作压力的 1.15 倍，稳压 2h，压力降不大于 0.03MPa，同时各连接处不渗、不漏。

6）暖卫工程的管道压力试验要点。

①管道试压一般分单项试压和系统试压两种。单项试压是在干管敷设完成，隐蔽部位的管道安装完毕后按设计和规范要求进行水压试验。

②连接试压泵一般设在首层，或室外管道入口处。

③试压前应将预留口堵严，关闭入口总阀门和所有泄水阀门及低处放风阀门，打开各分路及主管阀门和系统最高处的放风阀门。

④打开水源阀门，往系统内充水，满水后放净冷风并将阀门关闭。

⑤检查全部系统，发现有漏水处应做好标记，并进行修理，修好后再充满水进行加压，而后复查，如管道不渗、漏，并持续到规定时间，压降在允许范围内，应通知有关单位验收办理验收记录。

⑥拆除试压水压和水源，把管道系统内水泄净。

⑦冬季竣工而又不能及时供暖的工程进行系统试压时，必须采取可靠措施把水泄净，以防冻坏管道和设备。

7）暖风机、散热器、辐射板、太阳能热水器试验。

①暖风机的水压试验按采暖管道的水压试验进行。

②散热器组成后，应做水压试验。

③散热器水压试验方法：

a. 将散热器抬到试压台上，用管钳子上好临时炉堵和临时补心，上好放气嘴，连接试压泵；各种成组散热器可直接连接试压泵。

b. 试压时打开进水截门，往散热器内充水，同时打开放气嘴，排净空气，待水满后关闭放气嘴。

c. 加压到规定的压力值时，关闭进水阀门，持续 5 分钟，观察每个接口是否有渗漏，不渗漏为合格。如有渗漏用铅笔做出记号，将水放尽，卸下炉堵或炉补心，用长杆钥匙从散热器外部比试，量到漏水接口的长度，在钥匙杆上做标记，将钥匙从散热器对丝孔中伸入至标记处，接丝扣旋紧的方向拧动钥匙，使接口继续上紧或卸下换垫，如有坏片需换好片。钢制散热器如有砂眼渗漏可补焊，返修好后再进行水压试验。直到合格。不能用的坏片要做明显标记（或用手锤将坏片砸一个明显的孔洞单独存放），防止再次混入好片中误组对。

④打开泄水阀门，拆掉临时丝堵和临时补心，泄净水后将散热器运到集中地点，补焊处要补刷二道防锈漆。

⑤辐射板在安装前，应做水压试验。试验压力等于工作压力加 0.2MPa（$2kgf/cm^2$），但不得低于 0.4MPa（$4kgf/cm^2$）。

⑥在安装太阳能集热器玻璃前，应对集热排管和上、下集热管做水压试验，试验压力为工作压力的 1.5 倍。

⑦太阳能热水器的管路系统试压：

a. 应在未做保温前进行水压试验，其压力值应为管道系统工作压力的 1.5 倍，最小不低于 0.5MPa。

b. 系统试压完毕后应做冲洗或吹洗工作，直至将污物冲净为止。

c. 热水器系统安装完毕，在交工前按设计要求安装温控仪表。

d. 按设计要求做好防腐和保温工作。

e. 太阳能热水器系统交工前进行调试运行，系统上满水，排除空气，检查循环管路有无气阻和滞流，机械循环检查水泵运行情况及回路温升是否均衡，做好温升记录，水通过集热器一般应温升 3～5℃，符合要求后办理交工验收手续。

⑧低温热水地板辐射采暖系统试压。

盘管隐蔽前必须进行水压试验，试验压力为工作的 1.5 倍，但不小于 0.6MPa。稳压 1h 内压力降不大于 0.05MPa 且不渗不漏。

4.3.13 卫生器具满水试验记录（C3-12）

1. 资料表式

卫生器具满水试验记录　　　　**表 C3-12**

<table>
<tr><td colspan="3">工 程 名 称</td><td colspan="2"></td><td>施工单位</td><td></td></tr>
<tr><td colspan="3">试验项目</td><td colspan="4"></td></tr>
<tr><td colspan="3">试验时间</td><td colspan="4">由　　日　　时　　分开始，至　　日　　时　　分结束</td></tr>
<tr><td>依据标准及要求</td><td colspan="6"></td></tr>
<tr><td>过程情况简述</td><td colspan="6"></td></tr>
<tr><td>评定意见</td><td colspan="6"></td></tr>
<tr><td rowspan="3">参加人员</td><td colspan="2" rowspan="1">监理（建设）单位</td><td colspan="4">施 工 单 位</td></tr>
<tr><td colspan="2" rowspan="2"></td><td colspan="2">专业技术负责人</td><td>质检员</td><td>试验员</td></tr>
<tr><td colspan="2"></td><td></td><td></td></tr>
</table>

卫生器具满水试验记录是以经施工企业技术负责人审查签章后的本表格式形式归存。

2. 实施目的

卫生器具满水试验记录是根据《工程建设标准强制性条文》按不同建筑物规定的进行卫生器具满水试验的记录检测，以满足设计要求。

3. 资料要求

(1) 资料内必须附图，附图应简单易懂，且能全面反映附图质量。

(2) 各被检项目的记录必须填写齐全，不得漏填，检查意见与结果要具体明确。

(3) 测试应办的手续应及时办理不得后补，后补资料须经建设、监理单位批准，确认其真实性后签注说明并签字有效。

(4) 试验结论必须填写清楚是符合设计和标准要求还是不符合设计或标准要求。

(5) 试验报告单内的主要试验项目应齐全，不齐全时应重新进行复试。

(6) 表内的内容必须填写齐全，不得缺项，主要的试验项目缺项为不符合要求。

4. 实施要点

(1) 现场测试项目必须是在测试现场进行。由施工单位的专业技术负责人牵头，专职质量检查员详细记录，建设单位代表和项目监理机构的专业监理工程师参加。

现场原始记录须经施工单位的技术负责人和专职质量检查员签字、建设监理单位的参加人员签字后方有效并归存，作为整理资料的依据以备查。

(2) 表列子项：

1) 依据标准与要求，应分别填写依据标准名称及标准要求。

2) 过程情况简述：按实际试验过程予以简述。应说明是否满足设计要求和规范规定。

3) 评定意见：按实际结果与标准对照后提出结论意见。

4) 责任制：

①监理（建设）单位：指监理单位的专业监理工程师，签字有效。当不委托监理时由建设单位的项目负责人签字。

②施工单位：指与该工程签订施工合同的法人施工单位。

③专业技术负责人：指施工单位的项目经理部的专业技术负责人，签字有效。

④质检员：负责该单位工程项目经理部的专职质检员，签字有效。

⑤记录人：负责该单位工程项目经理部的记录人，签字有效。

4.3.14 消防管道、燃气管道压力试验记录（C2-13）

消防管道、燃气管道压力试验记录按 C2-15 执行。

4.3.15 排水干管通球试验记录（C3-14）

排水干管通球试验记录按 C2-17-3 执行。

电　　气

4.3.16 照明全负荷试验记录（C3-15）

1. 资料表式

照明全负荷试验记录 表 C3-15

<table>
<tr><td colspan="2">工程名称</td><td colspan="2"></td><td>部位</td><td></td></tr>
<tr><td colspan="2">被测系统</td><td colspan="2"></td><td>采用标准</td><td></td></tr>
<tr><td colspan="2">试验要求</td><td colspan="2"></td><td>试验日期</td><td></td></tr>
<tr><td>测试、检验情况</td><td colspan="5"></td></tr>
<tr><td>测试、检验结果</td><td colspan="5"></td></tr>
<tr><td>评定意见</td><td colspan="5"></td></tr>
<tr><td rowspan="3">参加人员</td><td rowspan="1">监理（建设）单位</td><td colspan="4">施　工　单　位</td></tr>
<tr><td rowspan="2"></td><td colspan="2">专业技术负责人</td><td>质检员</td><td>试验员</td></tr>
<tr><td colspan="2"></td><td></td><td></td></tr>
</table>

照明全负荷试验记录是以经施工企业技术负责人审查签章后的本表格式形式归存。

2. 实施目的

照明全负荷试验记录是根据《工程建设标准强制性条文》按不同建筑物规定进行的照明全负荷试验记录的检测，以满足设计要求。

3. 资料要求

(1) 试调项目和内容符合有关标准规定，内容真实、准确为符合要求。

(2) 现场测试项目必须是在测试现场进行。由施工单位的专业技术负责人牵头，专职质量检查员详细记录，建设单位代表和项目监理机构的专业监理工程师参加。

现场原始记录须经施工单位的技术负责人和专职质量检查员签字、建设监理单位的参加人员签字后方有效并归存，作为整理资料的依据以备查。

(3) 资料内必须附图，附图应简单易懂，且能全面反映附图质量。

(4) 各被检项目的记录必须填写齐全，不得漏填，检查意见与结果要具体明确。

(5) 测试应办的手续应及时办理不得后补，后补资料须经建设、监理单位批准，确认其真实性后签注说明并签字有效。

(6) 试验结论必须填写清楚是符合设计和标准要求还是不符合设计或标准要求。

(7) 试验报告单内的主要试验项目应齐全，不齐全时应重新进行复试。

(8) 表内的内容必须填写齐全，不得缺项，主要的试验项目缺项为不符合要求。

4. 实施要点

(1) 灯具、吊扇、配电箱（盘）安装完毕，且各条支路的绝缘电阻摇测合格后，方允许通电全负荷试验。通电后应仔细检查和巡视，检查灯具的控制是否灵活，准确；开关与灯具控制顺序相对应，吊扇的转向及调速开关是否正常，如果发现问题必须先断电，然后查找原因进行修复。

(2) 表列子项：

1) 工程名称：按合同书中提供或图注的工程名称填写。

2) 被测系统：指照明全负荷试验被试的某系统。

3) 测试、检验情况：应分别填写测试依据、检验的实际情况。试运内容应根据规范标准、设计要求，如负荷系数、开关整定值、熔断器规格，导线电缆、低压电器（闸刀、继电器、接触器等)、电动机的温升，噪音、运转方向，继电保护、自控装置运作程序是否正常，线路、负荷通电的持续时间等情况认真填写。

4) 测试检测结果：按实际试验结果填写。应说明是否满足设计要求和规范规定。

5) 评定意见：按实际结果与标准对照后提出结论意见。

6) 责任制：

①监理（建设）单位：指监理单位的专业监理工程师，签字有效。当不委托监理时由建设单位的项目负责人签字。

②施工单位：指与该工程签订施工合同的法人施工单位。

③专业技术负责人：指施工单位的项目经理部的专业技术负责人，签字有效。

④质检员：负责该单位工程项目经理部的专职质检员，签字有效。

⑤试验员：负责该单位工程项目经理部的试验，签字有效。

4.3.17 大型灯具牢固性试验记录（C3-16)

1. 资料表式

大型灯具牢固性试验记录 **表 C3-16**

<table>
<tr><td colspan="2">工程名称</td><td colspan="2"></td><td>部　位</td><td></td></tr>
<tr><td colspan="2">被试灯具名称</td><td colspan="2"></td><td>采用标准</td><td></td></tr>
<tr><td colspan="2">试验要求</td><td colspan="2"></td><td>试验日期</td><td></td></tr>
<tr><td colspan="2">测试、检验情况</td><td colspan="4"></td></tr>
<tr><td colspan="2">测试、检验结果</td><td colspan="4"></td></tr>
<tr><td colspan="2">评定意见</td><td colspan="4"></td></tr>
<tr><td rowspan="3">参加人员</td><td rowspan="3">监理（建设）单位</td><td colspan="4">施　工　单　位</td></tr>
<tr><td colspan="2">专业技术负责人</td><td>质检员</td><td>试验员</td></tr>
<tr><td colspan="2"></td><td></td><td></td></tr>
</table>

大型灯具牢固性试验记录表是以经施工企业技术负责人审查签章后的本表格式形式归存。

2. 实施目的

大型灯具牢固性试验记录表是根据标准要求按不同建筑物规定其进行大型灯具牢固性检测的记录，以满足设计要求。

3. 资料要求

(1) 大型灯具试验的有关数据必须按设计要求办理。试验方法按施工图或规范要求执行。

(2) 按设计或规范要求进行大型灯具试验并符合要求，资料齐全的符合要求，不按设计或规范要求进行大型灯具试验，无资料的为不合格，判定不合格的不得交工验收。

(3) 大型灯具牢固性试验记录的测试项目必须是在测试现场进行。由施工单位的专业技术负责人牵头，专职质量检查员详细记录，建设单位代表和项目监理机构的专业监理工程师参加。

现场原始记录须经施工单位的技术负责人和专职质量检查员签字、建设监理单位的参加人员签字后方有效并归存，作为整理资料的依据以备查。

(4) 资料内必须附图，附图应简单易懂，且能全面反映附图质量。

(5) 各被检项目的记录必须填写齐全，不得漏填，检查意见与结果要具体明确。

(6) 试验结论必须填写清楚是符合设计和标准要求还是不符合设计或标准要求。

4. 实施要点

(1) 大型灯具系指单独建筑物或其中设有大型厅、堂、会议等用房需设有专用灯具；为装饰或专门用途而设置的重量或体量较大的大型花、吊灯具，其安装的牢固程度直接影响到使用功能及人身安全，安装前需对固定件、灯具连接部位按图纸要求进行复核，安装后对其牢固性进行试验，以保证满足使用功能及安全。

(2) 凡是灯具需加设专用吊杆或灯具重量在30kg以上的花灯、吊灯、手术无影灯等的大型灯具均需进行牢固性试验。

大型灯具的牢固性试验由施工单位负责进行并填写“大型灯具牢固性试验记录”。

(3)《常用灯具安装》(965D469) 国标图集编制说明第五条第6~7款规定：

1) 灯具重量超过3kg时，应预埋铁件，吊钩或螺丝进行固定。

2) 软线吊灯限1kg以下，超过者应加吊链，固定灯具用的螺栓或螺钉应不少于2个。特殊重量的灯具应考虑起吊或安装的预埋铁件以固定灯具。

在砖或混凝土结构上安装灯具时，应预埋吊钩或螺栓，也可采用膨胀螺栓，其承装负载由设计确定允许承受拉（重）力。

(4) 表列子项：

1) 测试检验情况：指大型灯具牢固性试验过程情况，应说明是否有违规范规定。

2) 测试检验结果：指大型灯具牢固性试验的检测结果，应说明是否满足设计要求。

3) 责任制：

①监理（建设）单位：指监理单位的专业监理工程师，签字有效。当不委托监理时由建设单位的项目负责人签字。

②施工单位：指与该工程签订施工合同的法人施工单位。

③专业技术负责人：指施工单位的项目经理部的专业技术负责人，签字有效。

④质检员：负责该单位工程项目经理部的专职质检员，签字有效。

⑤试验员：负责该单位工程项目经理部的试验，签字有效。

4.3.18 避雷接地装置检测（C3-17）

1. 资料表式

避雷接地电阻测试记录 表 C3-17

<table>
<tr><td colspan="2">工程名称</td><td colspan="3"></td><td colspan="2">施工单位</td><td></td></tr>
<tr><td colspan="2">施工图号：</td><td colspan="3"></td><td colspan="2">检验日期：</td><td></td></tr>
<tr><td></td><td>编 号（部位）</td><td>材质</td><td>规格</td><td>长度（m）</td><td>埋深（m）</td><td>连 接 方 式</td><td>防 腐 处 理</td></tr>
<tr><td rowspan="3">避雷装置</td><td></td><td></td><td></td><td></td><td></td><td></td><td></td></tr>
<tr><td></td><td></td><td></td><td></td><td></td><td></td><td></td></tr>
<tr><td></td><td></td><td></td><td></td><td></td><td></td><td></td></tr>
<tr><td rowspan="3">接地及引线</td><td></td><td></td><td></td><td></td><td></td><td></td><td></td></tr>
<tr><td></td><td></td><td></td><td></td><td></td><td></td><td></td></tr>
<tr><td></td><td></td><td></td><td></td><td></td><td></td><td></td></tr>
<tr><td rowspan="2">接地干线</td><td></td><td></td><td></td><td></td><td></td><td></td><td></td></tr>
<tr><td></td><td></td><td></td><td></td><td></td><td></td><td></td></tr>
<tr><td rowspan="3">简图</td><td rowspan="3" colspan="2"></td><td colspan="3">设计电阻：　　Ω</td><td rowspan="3" colspan="2">评定意见：

年　月　日</td></tr>
<tr><td colspan="3">测验电阻：　　Ω</td></tr>
<tr><td colspan="3">仪表编号：</td></tr>
<tr><td rowspan="3">参加人员</td><td colspan="2">监理（建设）单位</td><td colspan="5">施　工　单　位</td></tr>
<tr><td colspan="2" rowspan="2"></td><td colspan="2">专业技术负责人</td><td colspan="2">质检员</td><td>试验员</td></tr>
<tr><td colspan="2"></td><td colspan="2"></td><td></td></tr>
</table>

避雷装置检测是以经施工企业技术负责人审查签章后的本表格式形式归存。

2. 实施目的

避雷装置检测是根据标准要求对避雷装置进行的必须的检测项目。

3. 资料要求

(1) 按设计或规范要求进行避雷装置检测并符合要求，资料齐全的符合要求，不按设计或规范要求进行避雷装置检测，无资料的为不合格，判定不合格的不得交工验收。

(2) 避雷装置检测记录的测试项目必须是在测试现场进行。由施工单位的专业技术负责人牵头，专职质量检查员详细记录，建设单位代表和项目监理机构的专业监理工程师参加。

现场原始记录须经施工单位的技术负责人和专职质量检查员签字、建设监理单位的参加人员签字后方有效并归存，作为整理资料的依据以备查。

(3) 资料内必须附图时，附图应简单易懂，且能全面反映附图质量。

(4) 各被检项目的记录必须填写齐全，不得漏填，检查意见与结果要具体明确。

(5) 试验结论必须填写清楚是符合设计和标准要求还是不符合设计或标准要求。

4. 实施要点

(1) 避雷装置检测的有关数据必须按设计要求办理。试验方法按施工图或规范要求执行。

(2) 表列子项：

1) 工程名称：按合同书中提供的工程名称或按图注的工程名称填写。

2) 施工单位：按合同书中提供的施工单位填写。

3) 施工图号：按施工图设计的图纸编号填写。

4) 检测日期：按实际检测日期填写。

5) 避雷装置。

①编号（部位）：指避雷装置的编号或部位，如屋顶避雷带等；

②材质：避雷装置所用材料品种及其质量，按实际填写。

③规格：避雷装置所用材料规格，如利用柱内钢筋作引下线 ϕ20 等。

④长度：避雷装置被测段的长度。

⑤埋深：避雷装置接地的埋深，应满足设计要求。

⑥连接方式：指避雷装置的连接方式，如焊接等。

⑦防腐处理：指避雷装置采用何种防腐方法，如镀锌等。

6) 接地及引线。

①编号（部位）：指避雷装置的接地编号，按实际填写。

②其他同上 6 项中②③④⑤⑥⑦。

7) 接地干线：同 6 项说明。

8) 设计电阻、测验电阻：分别按设计给定电阻值和测验结果填写。

9) 仪表编号：指测试避雷装置所用的仪表编号，如 ZX—10，02851 等。

10) 简图：避雷装置简图由施工单位绘制。

4.3.19 线路、插座、开关接地检验记录（C3-18）

1. 资料表式

线路、插座、开关接地检验记录 表 C3-18

工程名称					日期						
线 路 接 地	检验数量										
	符合要求										
	不符合要求										
插 座 接 地	检验数量										
	符合要求										
	不符合要求										
开 关 接 地	检验数量										
	符合要求										
	不符合要求										
评 定 意 见	线路										
	插座										
	开关										

参加人员	监理（建设）单位	施工单位		
		专业技术负责人	质检员	记录人

线路、插座、开关接地检验记录是以经施工企业技术负责人审查签章后的本表格式形式归存。

2. 实施目的

线路、插座、开关接地检验记录是根据《工程建设标准强制性条文》按不同建筑物规定的进行线路、插座、开关接地检验记录，以满足设计要求。

3. 资料要求

（1）线路、插座、开关接地检验记录的有关数据必须按设计要求办理。试验方法按施工图或规范要求执行。

（2）按设计或规范要求进行线路、插座、开关接地检验记录并符合要求，资料齐全的符合要求，不按设计或规范要求进行线路、插座、开关接地检验记录，无资料的为不合格，判定不合格的不得交工验收。

（3）线路、插座、开关接地检验记录的测试项目必须是在测试现场进行。由施工单位的专业技术负责人牵头，专职质量检查员详细记录，建设单位代表和项目监理机构的专业监理工程师参加。

现场原始记录须经施工单位的技术负责人和专职质量检查员签字、建设监理单位的参加人员签字后方有效并归存，作为整理资料的依据以备查。

（4）资料内必须附图时，附图应简单易懂，且能全面反映附图质量。

（5）各被检项目的记录必须填写齐全，不得漏填，检查意见与结果要具体明确。

（6）试验结论必须填写清楚是符合设计和标准要求还是不符合设计或标准要求。

4. 实施要点

（1）线路、插座、开关接地均必须进行检验 。

（2）表列子项：

1）线路接地、插座接地、开关接地：均指被试的线路接地、插座接地和开关接地。

2）评定意见：应分别填写线路、插座、开关根据测试结果的评定意见。

3）责任制：

①监理（建设）单位：指监理单位的专业监理工程师，签字有效。当不委托监理时由建设单位的项目负责人签字。

②施工单位：指与该工程签订施工合同的法人施工单位。

③专业技术负责人：指施工单位的项目经理部的专业技术负责人，签字有效。

④质检员：负责该单位工程项目经理部的专职质检员，签字有效。

⑤记录人：负责该单位工程项目经理部的专职记录人，签字有效。

通 风 与 空 调

4.3.20　通风、空调系统试运行记录（C3-19）

资料表式：

通风、空调系统试运行记录　　　　表 C3-19

<table>
<tr><td colspan="2">工程名称</td><td colspan="4"></td><td colspan="2">分部（或单位）工程</td><td colspan="4"></td></tr>
<tr><td colspan="2">时间</td><td rowspan="2">测检次数</td><td rowspan="2">测检时间</td><td colspan="2">风机转数</td><td colspan="2">轴承温升（℃）</td><td colspan="4">人工观察项目</td></tr>
<tr><td>开车</td><td>停车</td><td>要求</td><td>实测</td><td>环境温度</td><td>实测</td><td>声音及震动情况</td><td>淋水室工作情况</td><td>送排风口情况</td><td>其他情况</td></tr>
<tr><td></td><td></td><td></td><td></td><td></td><td></td><td></td><td></td><td></td><td></td><td></td><td></td></tr>
<tr><td></td><td></td><td></td><td></td><td></td><td></td><td></td><td></td><td></td><td></td><td></td><td></td></tr>
<tr><td></td><td></td><td></td><td></td><td></td><td></td><td></td><td></td><td></td><td></td><td></td><td></td></tr>
<tr><td></td><td></td><td></td><td></td><td></td><td></td><td></td><td></td><td></td><td></td><td></td><td></td></tr>
<tr><td></td><td></td><td></td><td></td><td></td><td></td><td></td><td></td><td></td><td></td><td></td><td></td></tr>
<tr><td colspan="3">评定意见</td><td colspan="9"></td></tr>
<tr><td rowspan="3">参加人员</td><td colspan="3">监理（建设）单位</td><td colspan="8">施　工　单　位</td></tr>
<tr><td colspan="3" rowspan="2"></td><td colspan="3">专业技术负责人</td><td colspan="3">质检员</td><td colspan="2">试验员</td></tr>
<tr><td colspan="3"></td><td colspan="3"></td><td colspan="2"></td></tr>
</table>

通风、空调系统试运行记录是以经施工企业技术负责人审查签章后的本表格式形式归存。

4.3.21 风量、温度测试记录（C3-20）

1. 执行表式：

风量、温度测试记录按 C2-34-1 执行。

2. 测试说明

(1) 风管系统按其系统的工作压力（总风管静压）划分为三个类别，其要求应符合表 C3-20-1 的规定。

风 管 系 统 **表 C3-20-1**

系统类别	系统工作压力（Pa）	强度要求	密 封 要 求	使 用 范 围
低压系统	$P \leqslant 500$	一般	接缝和接管连接处严密	一般空调及排气等系统
中压系统	$500 < P \leqslant 1500$	局部增强	连接面、四角咬缝处和接管连接处增加密封措施	1000 级及以下空气净化、排烟、除尘等系统
高压系统	$P > 1500$	特殊加固不得用按扣式咬缝	所有咬缝连接面及固定件四周采取密封措施	1000 级以上空气净化、气力输送、生物工程等系统

(2) 系统风量测定应符合下列规定：

1) 风管的风量一般可用毕托管和微压计测量。测量截面的位置应选择在气流均匀处，按气流方向，应选择在局部阻力之后，大于或等于 4 倍及局部阻力之前，大于或等于 1.5 倍圆形风管直径或矩形风管长边尺寸的直管段上。当测量截面上的气流不均匀时，应增加测量截面上的测点数量。

2) 风管内的压力测量应采用液柱式压力计，如倾斜式、补偿式微压计。

3) 通风机出口的测定截面位置应按本条 1) 款的规定选取。通风机测定截面位置应靠近风机。通风机的风压为风机进出口处的全压差。

风机的风量为吸入端风量和压出端风量的平均值，且风机前后的风量之差不应大于5%。

(3) 风口的风量可在风口或风管内测量。在风口测风量可用风速仪直接测量或用辅助风管法求取风口断面的平均风速，再乘以风口净面积得到风口风量值。

当风口与较长的支管段相连时，可在风管内测量风口的风量。

(4) 风口处的风速如用风速仪测量时，应贴近格栅或网格，平均风速测定可采用匀速移动法或定点测量法等，匀速移动法不应少于 3 次，定点测量法的测点不应少于 5 个。

(5) 系统风量调整宜采用“流量等比分配法”或“基准风口法”，从系统最不利环路的末端开始，最后进行总风量的调整。

4.3.22 洁净室洁净度测试记录（C3-21）

洁净室洁净度测试记录按 C2-34-7 执行。

4.3.23 制冷机组试运行调试记录（C3-22）

制冷机组试运行调试记录按 C2-33-2 执行（应在设计负荷下进行试运行）。

4.3.24　电梯运行记录（C3-23）

1. 资料表式

电 梯 运 行 记 录　　　　表 C3-23

<table>
<tr><td colspan="2">工程名称</td><td></td><td>分项工程名称</td><td></td></tr>
<tr><td colspan="2">电梯型号</td><td></td><td>日　期</td><td></td></tr>
<tr><td>序号</td><td>种类</td><td colspan="2">检　查　项　目</td><td>评定意见</td></tr>
<tr><td>1</td><td>平衡系数</td><td colspan="2">按设备文件规定检查（一般取 0.4～0.5）</td><td></td></tr>
<tr><td>2</td><td>运行速度</td><td colspan="2">交流双速电梯在额定起重量时，实际升、降速度平均值对额定速度平均值的差值不应超过 ±3%</td><td></td></tr>
<tr><td>3</td><td></td><td colspan="2">直流快速、高速电梯在额定起重量时的实际升降速度的平均值对额定速度的差值不应超过 ±2%</td><td></td></tr>
<tr><td>4</td><td>称量装置</td><td colspan="2">按设备技术文件规定载重量限值检查，安全开关可靠</td><td></td></tr>
<tr><td>5</td><td>预负载</td><td>轿厢位于底层，陆续平稳地载以额定起重量 150%（200%），历时 10 分钟</td><td>试验中各承重构件应无损坏，曳引绳在槽内应无滑移，制动器应可靠地刹紧</td><td></td></tr>
<tr><td rowspan="3">参加人员</td><td rowspan="1">监理（建设）单位</td><td colspan="3">施　工　单　位</td></tr>
<tr><td rowspan="2"></td><td>专业技术负责人</td><td>质检员</td><td>试验员</td></tr>
<tr><td></td><td></td><td></td></tr>
</table>

电梯运行记录是以经施工企业技术负责人审查签章后的本表格式形式归存。

2. 实施目的

电梯运行记录是根据《工程建设标准强制性条文》按不同建筑物规定进行电梯运行的记录，以满足设计要求。

3. 资料要求

(1) 电梯运行记录的有关数据必须按设计要求办理。试验方法按施工图或规范要求执行。

(2) 按设计或规范要求进行电梯运行记录并符合要求，资料齐全的符合要求，不按设计或规范要求进行电梯运行记录，无资料的为不合格，判定不合格的不得交工验收。

(3) 电梯运行记录的测试项目必须是在测试现场进行。由施工单位的专业技术负责人牵头，专职质量检查员详细记录，建设单位代表和项目监理机构的专业监理工程师参加。

现场原始记录须经施工单位的技术负责人和专职质量检查员签字、建设监理单位的参加人员签字后方有效并归存，作为整理资料的依据以备查。

(4) 试调项目和内容应符合有关标准规定，内容真实、准确为符合要求。

(5) 有试运转检验、调整要求的项目，有齐全的过程记录者为符合要求。试调内容基本齐全，设备已能正常运转评为基本符合要求。发现试调记录不真实或缺主要试调项目，试验试调单位资质不符合要求的，为不符合要求。

(6) 资料内必须附图时，附图应简单易懂，且能全面反映附图质量。

(7) 各被检项目的记录必须填写齐全，不得漏填，检查意见与结果要具体明确。

(8) 试验结论必须填写清楚是符合设计和标准要求还是不符合设计或标准要求。

4. 实施要点

电梯运行记录是施工单位根据平衡、运行速度、称重装置、预负载等试验调整结果由施工单位提供的一份电梯试检验的综合调整试验报告。由施工方按调整试验结果根据综合分析结果提出。

(1) 机房

1) 每台电梯应单设有一个切断该电梯的主电源开关，该开关位置应能从机房入口处方便迅速地接近，如几台电梯共用同一机房，各台电梯主电源开关应易于识别，其容量应能切断电梯正常使用情况下的最大电流，切断下列供电电路：

①轿厢照明和通风；

②机房和滑轮间照明；

③机房内电源插座；

④轿顶与底坑的电源插座；

⑤电梯井道照明；

⑥报警装置。

2) 每台电梯应配备供电系统断相、错相保护装置，该装置在电梯运行中断相也应起保护作用。

3) 电梯动力与控制线路应分离敷设，从进机房电源起零线和接地线应始终分开，接地线的颜色为黄绿双色绝缘电线，除 36V 以下安全电压外的电气设备金属罩壳均应设有易于识别的接地端，且应有良好的接地。接地线应分别直接接至接地线柱上，不得互相串接后再接地。

4) 线管、线槽的敷设应平直、整齐、牢固。线槽内导线总面积不大于槽净面积 60%；线管内导线总面积不大于管内净面积 40%；软管固定间距不大于 1m，端头固定间距不大于 0.1m。

5) 控制柜、屏的安装位置应符合：

①控制柜、屏正面距门、窗不小于 600mm；

②控制柜、屏的维修侧距墙不小于 600mm；

③控制柜、屏距机械设备不小于 500mm。

6) 机房内钢丝绳与楼板孔洞每边间隙均应为 20~40mm，通向井道的孔洞四周应筑一高 50mm 以上的台阶。

7) 曳引机承重梁如需埋入承重墙内，则支承长度应超过墙厚中心 20mm，且不应小于

75mm。

8）在电动机或飞轮上应有与轿厢升降方向相对应的标志。曳引轮、飞轮、限速器轮外侧面应漆成黄色。制动器手动松闸板手漆成红色，并挂在易接近的墙上。

9）曳引机应有适量润滑油。油标应齐全，油位显示应清晰，限速器各活动润滑部位也应在可靠润滑。

10）制动器动作灵活，制动时两侧闸瓦应紧密，均匀地贴合在制动轮的工作面上，松闸时应同步离开，其四角处间隙平均值两侧各不大于0.7mm。

11）限速器绳轮、选层器钢带轮对铅重线的偏差均不大于0.5mm，曳引轮、导向轮对铅垂线的偏差在空载或满载情况下均不大于2mm。

12）限速器运转应平稳、出厂时动作速度整定封记应完好无拆运痕迹，限速器安装位置正确、底座牢固，当与安全钳联动时无颤动现象。

13）停电或电气系统发生故障时应有轿厢慢速移动措施，如用手动紧急操作装置，应能用松闸扳手松开制动器，并需用一个持续力去保持其松开状态。

（2）井道

1）每根导轨至少应有2个导轨支架，其间距不大于2.5m，特殊情况，应有措施保证导轨安装满足GB7588规定的弯曲强度要求。导轨支架水平度不大于1.5%，导轨支架的地脚螺栓或支架直接埋入墙的埋入深度不应小于120mm，如果用焊接支架其焊缝应是连续的，并应双面焊牢。

2）当电梯冲顶时，导靴不应越出导轨。

3）每列导轨工作面（包括侧面与顶面）对安装基准线每5m的偏差均应不大于下列数值：轿厢导轨和设有安全钳的对重导轨为0.6mm；不设安全钳的T型对重导轨为1.0mm。

在有安装基准线时，每列导轨应相对基准线检测，取最大偏差值。电梯安装完成后检验导轨时，可对每5m铅垂线分段连续检测（至少测3次），取测量值间的相对最大偏差应不大于上述规定值的2倍。

4）轿厢导轨和设有安全钳的对重导轨工作面接头处不应有连续缝隙，且局部缝隙不大于0.5mm。导轨接头处台阶用直线度为0.01/300的平直尺或其他工具测量，应不大于0.05mm，如超过应修平，修光长度为150mm以上，不设安全钳的对重导轨接头处缝隙不得大于1mm，导轨工作面接头处台阶应不大于0.15mm，如超差亦应校正。

5）两列导轨顶面间的距离偏差：轿厢导轨为$_{0}^{+2}$mm，对重导轨为$_{0}^{+3}$mm。

6）导轨应用压板固定在导轨架上，不应采用焊接或螺栓直接连接。

7）轿厢导轨与设有安全钳的对重导轨的下端应支承在地面坚固的导轨座上。

8）对重块应可靠紧固，对重架若有反轮时其反绳轮应润滑良好，并应设有挡绳装置。

9）限速器钢丝绳至导轨导向面与顶面二个方向的偏差均不得超过10mm。

10）轿厢与对重间的最小距离为50mm，限速器钢丝绳和选层器钢带应张紧，在运行中不得与轿厢或对重相碰触。

11）当对重完全压缩缓冲器时的轿顶空间应满足：

①井道的最低部件与固定在轿顶上设备的最高部件间的距离（不包括导靴或滚轮，钢

丝绳附件和垂直滑动门的横梁或部件最高部分）与电梯的额定速度 V（单位：m/s）有关，其值不应小于（$0.3+0.3V^2$）m。

②轿顶上方应有一个不小于 0.5m×0.6m×0.8m 的矩形空间（可以任何面朝下放置），钢丝绳中心线距矩形体至少一个铅垂面距离不超过 0.15m，包括钢丝绳的连接装置可包括在这个空间里。

12）封闭式井道内应设置照明，井道最高与最低 0.5m 以内各装设一灯外，中间灯距不超过 7m。

13）电缆支架的安装应满足：

①避免随行电缆与限速器钢丝绳、选层器钢带、限位极限等开关、井道传感器及对重装置等交叉；

②保证随行电缆在运动中不得与电线槽、管发生卡阻；

③轿底电缆支架应与井道电缆支架平行，并使电梯电缆处于井道底部时能避开缓冲器，并保持一定距离。

14）电缆安装应满足：

①随行电缆两端应可靠固定；

②轿厢压缩缓冲器后，电缆不得与底坑地面和轿厢底边框接触；

③随行电缆不应有打结和波浪扭曲现象。

(3) 轿厢

1）轿厢顶有反绳轮时，反绳轮应有保护罩和挡绳装置，且润滑良好，反绳轮铅垂度不大于 1mm。

2）轿厢底盘平面的水平度应不超过 3/1000。

3）曳引绳头组合应安全可靠，并使每根曳引绳受力相近，其张力与平均值偏差均不大于 5%，且每个绳头锁紧螺母均应安装有锁紧销。

4）曳引绳应符合 GB8903 规定，曳引绳表面应清洁不粘有杂质，并宜涂有薄而均匀的 ET 极压稀释型钢丝绳脂。

5）轿内操纵按钮动作应灵活，信号应显示清晰，轿厢超载装置或称量装置应动作可靠。

6）轿顶应有停止电梯运行的非自动复位的红色停止开关，且动作可靠，在轿顶检修接后，轿内检修开关就失效。

7）轿厢架上若安装有限位开关碰铁时，相对铅垂线最大偏差不超过 3mm。

8）各种安全保护开关应可靠固定，但不得使用焊接固定，安装后不得因电梯正常运行的碰撞或因钢丝绳、钢带、皮带的正常摆动使开关产生位移、损坏或误动作。

(4) 层站

1）层站指示信号及按钮安装应符合图纸规定，位置正确，指示信号清晰明亮，按钮动作准确无误，消防开关工作可靠。

2）层门地坎应具有足够的强度，水平度不大于 2/1000，地坎应高出装修地面 2～5mm。

3）层门地坎至轿门地坎水平距离偏差为 $_0^{+3}$mm。

4）层门门扇与门扇，门扇与门套，门扇下端与地坎的间隙，乘客电梯应为 1～6mm，载货电梯应为1～8mm。

5）门刀与门地坎，门锁滚轮与轿厢地坎间隙应为5～10mm。

6）在关门行程1/3之后，阻止关门的力不超过150N。

7）层门锁钩、锁臂及动接点动作灵活，在电气安全装置动作之前，锁紧元件的最小啮合长度为7mm。

8）层门外观应平整、光洁、无划伤或碰伤痕迹。

9）由轿门自动驱动层门情况下，当轿厢在开锁区域以外时，无论层门由于任何原因而被开启，都应有一种装置能确保层门自动关闭。

（5）底坑

1）轿厢在两端站平层位置时，轿厢、对重装置的撞板与缓冲器顶面间的距离，耗能型缓冲器应为150～400mm，蓄能型缓冲器应为200～350mm，轿厢、对重装置的撞板中心与缓冲器中心的偏差不大于20mm。

2）同一基础上的两个缓冲器顶部与轿底对应距离差不大于2mm。

3）液压缓冲器柱塞铅垂度不大于0.5%，充液量正确。且应设有在缓冲器动作后未恢复到正常位置时使电梯不能正常运行的电气安全开关。

4）底坑应设有停止电梯运行的非自动复位的红色停止开关。

5）当轿相完全压缩在缓冲器上时，轿厢最低部分与底坑底之间的净空间距离不小于0.5m，且底部应有一个不小于0.5m×0.6m×1.0m的矩形空间（可以任何面朝下放置）。

（6）整机功能检验

1）曳引检查

①在电源电压波动不大于2%情况下，用逐渐加载测定轿厢上、下行至与对重同一水平位置时的电流或电压测量法，检验电梯平衡系数应为40%～50%，测量表必须符合电动机供电的频率、电流、电压范围。

②电梯在行程上部范围内空载上行及行程下部范围125%额定载荷下行，分别停层3次以上，轿厢应被可靠地制停（下行不考核平层要求），在125%额定载荷以正常运行速度下行时，切断电动机与制动器供电，轿厢应被可靠制动。

③当对重支承在被其压缩的缓冲器上时，空载轿厢不能被曳引绳提升起。

④当轿相面积不能限制载荷超过额定值时，再需用150%额定载荷做曳引静载检查，历时10min，曳引绳无打滑现象。

2）限速器安全钳联动试验

①额定速度大于0.63m/s及轿厢装有数套安全钳在采用渐进式安全钳，其余可采用瞬时式安全钳。

②限速器与安全钳电气开关在联动试验中动作应可靠，且使曳引机立即制动。

③对瞬时式安全钳，轿应载有均匀分布的额定载荷，短接限速器与安全钳电气开关，轿内无人，并在机房操作下行检修速度时，人为让限速器动作。复验或定期检验时，各种安全钳均采用空轿厢在平层或检修速度下试验。

对渐进式安全钳，轿应载有均匀分布125%的额定载荷，短接限速器与安全钳电气开关，轿内无人。并在机房操作平层或检修速度下行，人为让限速器动作。

以上试验轿厢应可靠制动，且在载荷试验后相对于原正常位置轿厢底倾斜度不超过

5%。

3）缓冲试验

①蓄能型缓冲器仅适用于额定速度小于 1m/s 的电梯，耗能型缓冲器可适用于各种速度的电梯。

②对耗能型缓冲器需进行复位试验，即轿厢在空载的情况下以检修速度下降将缓冲器全压缩，从轿厢开始离开缓冲器一瞬间起，直到缓冲器回复到原状，所需时间应不大于 120s。

4）层门与轿门联锁试验

①在正常运行和轿厢未停止在开锁区域内，层门应不能打开。

②如果一个层门和轿门（在多扇门中任何一扇门）打开，电梯应不能正常启动或继续正常运行。

5）上下极限动作试验

设在井道上下两端的极限位置保护开关。它应在轿厢或交通规则重接触缓冲器前起作用，并在缓冲器被压缩期间保护其动作状态。

6）安全开关动作试验

电梯以检修速度上下运行时，人为动作下列安全开关 2 次，电梯均应立即停止运行。

①安全窗开关，用打开安全窗试验（如设有安全窗）；

②轿顶、底坑的紧急停止开关；

③限速器松绳开关。

7）运行试验

①轿厢分别以空载、50%额定载荷和额定载荷三种情况，并在通电持续率 40%情况下，到达全行程范围，按 120 次/h，每天不少于 8h，各起、制动运行 1000 次，电梯应运行平衡、制动可靠、连续运行无故障。

②制动器温升不应超过 60K，曳引机减速器油温升不超过 60K，其温度不应超过 85℃，电动机温升不超过 GB12974 的规定。

③曳引机减速器，除蜗杆轴伸出一端渗漏油面积平均每小时不超过 150cm^2 外，其余各处不得有渗漏油。

8）超载运行试验

断开超载控制电路，电梯在 110%的额定载荷，通电持续率 40%情况下，到达全行程范围。起、制动运行 30 次，电梯应能可靠地起动、运行和停止（平层不计），曳引机工作正常。

（7）整机性能试验

1）乘客与病床电梯的机房噪声、轿厢内运行噪声与层、轿门开关过程的噪声应符合 GB10058 规定要求。

2）平层准确度应符合 GB10058 规定要求。

3）整机其他性能宜符合 GB10058 有关规定要求。

（8）表列子项

1）施工单位：指建设单位与施工单位签订施工合同中施工单位名称，按全称填写。

2）日期：按实际的施工日期填写。

3）工程名称：按合同书中提供或图注的工程名称填写。

4）分项工程名称：指电梯调整、试验所在的分项工程名称。

5）电梯型号：按实际填写。

6）检查项目：按以下的检查项目进行。

①平衡系数；

②运行速度；

③称量装置；

④预负载。

7）责任制：

①监理（建设）单位：指监理单位的专业监理工程师，签字有效。当不委托监理时由建设单位的项目负责人签字。

②施工单位：指与该工程签订施工合同的法人施工单位。

③专业技术负责人：指施工单位的项目经理部的专业技术负责人，签字有效。

④质检员：负责该单位工程项目经理部的专职质检员，签字有效。

⑤实验员：负责该单位工程项目经理部的专职实验员，签字有效。

注：调整试验包括：平衡系数、运行速度、称量装置、预负等项。

4.3.25 电梯安全装置检测报告（C3-24）

电梯安全装置检测报告按 C2-43-1 ~ C2-43-15 执行。

智 能 建 筑

4.3.26 智能建筑系统试运行记录（C3-25）

1. 资料表式

智能建筑系统试运行记录　　表 C3-25

<table>
<tr><td colspan="2">工程名称</td><td colspan="2"></td><td>工程编号</td><td></td></tr>
<tr><td colspan="2">系统名称</td><td colspan="2"></td><td>检查日期</td><td>年　月　日</td></tr>
<tr><td>试运行内容</td><td colspan="5"></td></tr>
<tr><td>存在问题</td><td colspan="5"></td></tr>
<tr><td>试运行结论</td><td colspan="5"></td></tr>
<tr><td rowspan="3">参加人员</td><td>监理（建设）单位</td><td colspan="4">施　工　单　位</td></tr>
<tr><td rowspan="2"></td><td>专业技术负责人</td><td colspan="2">质检员</td><td>试验员</td></tr>
<tr><td></td><td colspan="2"></td><td></td></tr>
</table>

智能建筑系统试运行记录是以经施工企业技术负责人审查签章后的本表格式形式归存。

2. 实施目的

智能建筑系统试运行记录是根据《工程建设标准强制性条文》按不同建筑物规定的进行智能建筑系统试运行记录，以满足设计要求。

3. 资料要求

（1）智能建筑系统试运行记录的有关数据必须按设计要求办理。试验方法按施工图或规范要求执行。

（2）按设计或规范要求进行智能建筑系统试运行记录并符合要求，资料齐全的符合要求，不按设计或规范要求进行智能建筑系统试运行记录，无资料的为不合格，判定不合格的不得交工验收。

（3）智能建筑系统试运行记录的测试项目必须是在测试现场进行。由施工单位的专业技术负责人牵头，专职质量检查员详细记录，建设单位代表和项目监理机构的专业监理工程师参加。

现场原始记录须经施工单位的技术负责人和专职质量检查员签字、建设监理单位的参加人员签字后方有效并归存，作为整理资料的依据以备查。

（4）试调项目和内容应符合有关标准规定，内容真实、准确为符合要求。

（5）有试运转检验、调整要求的项目，有齐全的过程记录者为符合要求。试调内容基本齐全，设备已能正常运转评为基本符合要求。发现试调记录不真实或缺主要试调项目，实验试调单位资质不符合要求的，为不符合要求。

（6）资料内必须附图时，附图应简单易懂，且能全面反映附图质量。

（7）各被检项目的记录必须填写齐全，不得漏填，检查意见与结果要具体明确。

（8）试验结论必须填写清楚是符合设计和标准要求还是不符合设计或标准要求。

4. 实施要点

（1）智能建筑是以建筑为平台，兼备建筑设备、办公自动化及通信网络系统，集结构、系统、服务、管理及它们之间的最优化组合，向人们提供一个安全、高效、舒适、便利的建筑环境。具有建筑的自动化功能、远程通信功能、办公自动化功能及其支持系统。所谓支持系统是保证上述功能的设备、线路、系统有机可靠的能够有效运作。使建筑物内的电力、空调、照明、防火、防盗、运输设备等，实现建筑物综合管理自动化、远程通讯和办公自动化，以达到提供良好的信息服务、提高工作效率和管理水平、提高人们生活质量的目的。

智能建筑的基本内涵是：以综合布线系统为基础，以计算机网络为桥梁，综合配置建筑内的各功能子系统，全面实现对通信系统、办公自动化系统、大楼内各种设备（空调、供热、给排水、变配电、照明、电梯、消防、公共安全）等的综合管理。

（2）智能建筑中各智能化系统根据各类建筑的使用功能管理要求以及投资标准等对智能建筑的各个智能化系统划分为甲、乙、丙三级，并对构成系统的配置和应用场合分别具体予以划档分级。各级均可有可扩性、开放性和灵活性。通知建筑的系统按有关评定标准确定。

我国民用建筑智能化只是智能建筑的一部分，建筑智能化才刚刚起步，功能尚不完备，需逐步加以完善。

(3) 智能建筑的系统试运行应由施工单位的专业人员在建设单位、监理单位的共同参加下进行。

(4) 与智能建筑相关的国家工程建设标准目录：

1)《民用建筑电气设计规范》JGJ/T16—92；

2)《电子计算机房设计规范》GB50174—93；

3)《CATV行业标准》GY/T121—95；

4)《有线电视广播技术规范》GY/T106—92；

5)《工业企业共用天线电视系统设计规范》GBJ120—88；

6)《工业企业通信接地设计规范》GBJ79—85；

7)《30MHz～1GHz声音和电视信号电缆分项系统》GB1498—94；

8)《民用闭路电视系统工程技术规范》GB5019—94；

9)《有线电视系统工程技术规范》GB50200—94；

10)《高层民用建筑设计防火规范》GB50045—95；

11)《火灾自动报警系统施工及验收规范》GB50166—92；

12)《火灾自动报警系统设计规范》GBJ50116—98；

13)《大楼通信综合布线系统》YD/T926.1—97；

14)《建筑与建筑群综合布线系统工程设计规范》GB50311—2000；

15)《建筑与建筑群综合布线系统工程验收规范》GB50312—2000；

16)《银行营业场所风险等级和安全防护级别的规定》GB38—1992；

17)《文物系统博物馆风险等级和安全防护级别的规定》GB27—1992；

18)《安全防范工程程序和要求》GB/T75—1994；

19)《安全防范系统通用图形符号》GA/T74—1994；

20)《文物系统博物馆安全防范工程设计规范》GB/T16571—1996；

21)《银行营业场所安全防范工程设计规范》GB/T16676—1996；

22)《用户交换机标准》YD344—90；

23)《会议系统电视及音频的性能要求》GB/T15381—94；

24)《64—1920kbit/s会议电视系统进网技术要求》GB/T15839—95。

(5) 资料要求和实施要点详见单位（子单位）工程质量控制资料核查记录建筑智能化设备调试记录。

4.3.27 系统电源及接地检测报告（C3-26）

系统电源及接地检测报告按C2-24-1～C2-24-2执行。

检测说明：

(1) 智能建筑的供配电系统。

智能建筑的供配电系统用电设备种类多、耗电量大，按其功能分有：电力、照明、电梯、给排水、制冷、供热、空调、消防、通信、计算机等，智能化设备处于连续不间断工作的负荷要求，供电可靠性和电源质量是保证智能化设备及其网络稳定工作的重要因素。

智能建筑供电应满足电源质量的要求，减少电压损失；防止电压偏移，一般规定电压值偏移应控制在±5%；抑制高次谐波；减少电能损耗，配电电压一般应采用10kV～35kV

配电电压，注意三相系统中相电压的不平衡。

变压器选择应根据使用地方的环境、功能、变压器装机容量，按照计算的最佳负荷审选取时应略高于最佳编率，选择下用的变压器。

有功能要求的应设置自备应急电源装置。柴油发电机的容量通常按变压器容量的10%~20（应由设计选定）。

智能化设备的供电方式通常有集中供电和分散供电两种，两者各有优缺点，而分散供电是今后发展的方向。

智能建筑供配电导线和电缆选择的一般区别为：

①按使用环境和敷设方法选择导线和电缆的类型。

②按机械强度和敷设方法选择导线和电缆的最小允许截面。

③按允许升温和敷设方法选择导线和电缆的截面。

④按电压损失和敷设方法校验导线和电缆的截面。

上述选择的导线和电缆具有几种不同规格的截面时，应选取其中截面较大的一种。

（2）计算机房的供电必须保证系统工作的稳定和可靠。增加电源进线滤波器，调压器的功率一般应大于计算机系统总容量的1.5~2倍才较为可靠。

保证计算机系统工作稳定、可靠，除保证供电方式外，还必须将接地装置设计、安装生产。如设备的安全保护接地、计算机系统的直流接地（必须按计算机说明要求做）等。施工安装中应注意的事项主要有：

①在计算机系统中，建议单独设置设备保护接地，将其设置离机房墙外1m远的地方为好。

②交流设备保护接地与直流接地不能室内混用，更不能共用接地装置。

③直流接地采用一点式接地。即在室内将计算机机柜的直流接地按计悬浮的地线网上。

（3）接地检测详单位（子单位）工程质量控制资料核查记录建筑智能化接地检测部分。

4.4 单位（子单位）工程质量竣工验收记录（C4）

4.4.1 单位（子单位）工程的质量验收记录（C4-1）

1. 资料表式

单位（子单位）工程的质量验收以经施工企业技术负责人审查签章后的本表格式形式归存。

2. 实施目的

单位（子单位）工程的质量竣工验收记录是指单位工程完成后，施工单位经自行组织人员进行检查验收，质量等级达到合格标准，并经项目监理机构复查认定质量等级合格后，向建设单位提交工程竣工验收报告及相关资料，由建设单位组织单位工程验收的记录。

3. 资料要求

（1）应参加分部（子分部）工程的数量必须齐全（合理缺项除外），工程质量符合相应专业施工规范的要求。

(2) 质量控制资料核查、工程安全和主要使用功能核查及抽查结果必须符合要求、数量齐全，且符合相应规范的要求。

单位（子单位）工程质量竣工验收 表 C4-1

<table>
<tr><td colspan="2">工程名称</td><td></td><td>结构类型</td><td></td><td>层数/建筑面积</td><td>/</td></tr>
<tr><td colspan="2">施工单位</td><td></td><td>技术负责人</td><td></td><td>开工日期</td><td></td></tr>
<tr><td colspan="2">项目经理</td><td></td><td>项目技术负责人</td><td></td><td>竣工日期</td><td></td></tr>
<tr><td>序号</td><td>项　目</td><td colspan="3">验　收　记　录</td><td colspan="2">验　收　结　论</td></tr>
<tr><td>1</td><td>分部工程</td><td colspan="3">共　　分部，经查　分部
符合标准及设计要求　分部</td><td colspan="2"></td></tr>
<tr><td>2</td><td>质量控制资料核查</td><td colspan="3">共　项，经审查符合要求　项，
经核定符合规范要求　　项</td><td colspan="2"></td></tr>
<tr><td>3</td><td>安全和主要使用功能核查及抽查结果</td><td colspan="3">共核查　　项，符合要求　　项，
共抽查　　项，符合要求　　项，
经返工处理符合要求　　　项</td><td colspan="2"></td></tr>
<tr><td>4</td><td>观感质量验收</td><td colspan="3">共抽查　　项，符合要求　　项，
不符合要求　　项</td><td colspan="2"></td></tr>
<tr><td>5</td><td>综合验收结论</td><td colspan="5"></td></tr>
<tr><td rowspan="2">参加验收单位</td><td>建设单位</td><td>监理单位</td><td colspan="2">施工单位</td><td colspan="2">设计单位</td></tr>
<tr><td>（公章）

单位（项目）负责人
年　月　日</td><td>（公章）

总监理工程师
年　月　日</td><td colspan="2">（公章）

单位负责人
年　月　日</td><td colspan="2">（公章）

单位（项目）负责人
年　月　日</td></tr>
</table>

(3) 观感质量验收的抽查数量、工程质量必须符合相应专业规范的要求。

(4) 参加验收单位必须加盖公章，建设单位（项目）负责人、总监理工程师、施工单位技术负责人、设计单位（项目）负责人分别签字。

4. 实施要点

(1)《建筑工程施工质量验收统一标准》(GB50300—2001) 标准是结合《中华人民共和国建筑法》、《建筑工程质量管理条例》对工程质量管理提出的要求，以及建设部定额司提出的“关于对建筑工程质量验收规范编制指导意见”以及“验评分离、强化验收、完善手段、过程控制”的指导思想，以及技术标准中适当增加质量管理内容的要求等，与2001年4月完成报审，经国家建设部和国家质量监督检验检疫总局联合发布2002年元月1

日实施。该标准适用于建筑工程施工质量的验收，并作为建筑工程各专业工程施工质量验收规范编制的统一标准。建筑工程各专业工程施工质量的规范必须与该标准配合使用。

(2) 为了控制和保证不断提高，工程质量和施工过程中记录整理资料的完整性，施工单位必须建立必要的质量管理体系和质量责任制度，推行生产控制和合格控制的全过程，质量控制应有健全的生产控制和合格控制的质量管理体系。包括材料控制、工艺流程控制、施工操作控制、每道工序质量检查、各道相关工序，它的交接检验、专业工种之间等中间交接环节的质量管理和控制、施工图设计和功能要求的抽检制度等。

(3) 建筑工程应按下列规定进行施工质量控制：

1) 建筑工程采用的主要材料、半成品、成品、建筑构配件、器具和设备应进行现场验收。凡涉及安全、功能的有关产品，应按各专业工程质量验收规范规定进行复验，并应经监理工程师（建设单位技术负责人）检查认可。

2) 各工序应按施工技术标准进行质量控制，每道工序完成后，应进行检查。

3) 每道工序完成后班组应进行自检、专职质量检查员复检，并应进行工序交接检查（上道工序应满足下道工序的施工条件要求），相关工序间的中间交接检验，使各工序间和专业间形成一个有机的整体，并形成记录。未经监理工程师（建设单位技术负责人）检查认可，不得进行下道工序施工。

(4) 建筑工程施工质量应按下列要求进行验收：

1) 建筑工程施工质量应符合（GB50300—2001）标准和相关专业验收规范的规定。

2) 建筑工程施工应符合工程勘察、设计文件的要求。

3) 参加工程施工质量验收的各方人员应具备规定的资格。

4) 工程质量的验收均应在施工单位自行检查评定的基础上进行。

5) 隐蔽工程在隐蔽前应由施工单位通知有关单位进行验收，并应形成验收文件。

6) 涉及结构安全的试块、试件以及有关材料，应按规定进行见证取样检测。

7) 检验批的质量应按主控项目和一般项目验收。

8) 对涉及结构安全和使用功能的重要部分工程应进行抽样检测。

9) 承担见证取样检测及有关结构安全检测的单位应具有相应资质。

10) 工程的观感质量应由验收人员通过现场检查，并应由检查人员共同评议确认。

(5) 单位（子单位）工程质量验收合格应符合下列规定：

1) 单位（子单位）工程所含分部（子分部）工程的质量均应验收合格。

2) 质量控制资料应完整。试验及检验资料符合相应标准的规定。

3) 单位（子单位）工程所含分部工程有关安全和功能的检测资料应完整。

4) 主要功能项目的抽查结果应符合相关专业质量验收规范的规定。

5) 观感质量验收应符合要求。

(6) 当建筑工程质量不符合要求时，应按下列规定进行处理：

1) 经返工重做或更换器具、设备的检验批，应重新进行验收。

2) 经有资质的检测单位检测鉴定能够达到设计要求的检验批，应予以验收。

3) 经有资质的检测单位检测鉴定达不到设计要求、但经原设计单位核算认可能够满足结构安全和使用功能的检验批，可予以验收。

4) 经返修或加固处理的分项、分部工程，虽然改变外形尺寸但仍能满足安全使用要求，可按技术处理方案和协商文件进行验收。

注：1. 第一种情况是指在检验批验收时，主控项目不满足验收规范或一般项目超过偏差限值要求时，应及时进行处理的方法，重新验收合格也应认为检验批合格。

2. 第四种情况是指严重的缺陷，检测鉴定也未达到规范标准的相应要求时，采取的处理方法。但不能作为轻视质量而回避责任的一种出路，应特别注意。

(7) 通过返修或加固处理仍不能满足安全使用要求的分部工程、单位（子单位）工程，严禁验收。

(8) 建筑工程质量验收程序和组织。

1) 检验批及分项工程应由监理工程师（建设单位项目技术负责人）组织施工单位项目专业质量（技术）负责人等进行验收。

2) 分部工程应由总监理工程师（建设单位项目负责人）组织施工单位项目负责人和技术、质量负责人等进行验收；地基与基础、主体结构分部工程的验收，勘察、设计单位工程项目负责人和施工单位技术、质量部门负责人也应参加相关分部工程验收。

3) 单位工程完工后，施工单位应自行组织有关人员进行检查评定，并向建设单位提交工程验收报告。

4) 建设单位收到工程验收报告后，应由建设单位（项目）负责人组织施工（含分包单位)、设计、监理等单位（项目）负责人进行单位（子单位）工程验收。

5) 单位工程有分包单位施工时，分包单位对所承包的工程项目应按本标准规定的程序检查评定，总包单位应派人参加。分包工程完成后，应将工程有关资料交总包单位。

6) 当参加验收各方对工程质量验收意见不一致时，可请当地建设行政主管部门或工程质量监督机构协调处理。

7) 单位工程质量验收合格后，建设单位应在规定时间内将工程竣工验收报告和有关文件，报建设行政管理部门备案。

(9) 建筑工程质量验收的划分。

1) 建筑工程质量验收应划分为单位（子单位）工程、分部（子分部）工程、分项工程和检验批。

一套完整的建筑工程施工质量验收资料应由单位（子单位）工程质量验收记录、分部（子分部）工程质量验收记录、分项工程质量验收记录和检验批质量验收记录组成，缺一不可。

2) 单位工程的划分应按下列原则确定：

①具备独立施工条件并能形成独立使用功能的建筑物及构筑物为一个单位工程。

②建筑规模较大的单位工程，可将其形成独立使用功能的部分为一个子单位工程。

3) 分部工程的划分应按下列原则确定：

①分部工程的划分应按专业性质、建筑部位确定。

②当分部工程较大或较复杂时，可按材料种类、施工特点、施工程序、专业系统及类别等划分为若干子分部工程。

4) 室外工程可根据专业类别和工程规模划分单位（子单位）工程。

室外单位（子单位）工程、分部工程可按（GB50300—2001）标准规定执行。

(10) 表列子项：

1）结构类型：指单位（子单位）工程的结构类型。如砖混或框架结构等。

2）技术负责人：指法人施工单位的技术负责人。按实际填写。

3）项目技术负责人：指项目经理部属施工该单位工程的技术负责人。按实际填写。

4）分部工程：指按专业性质、建筑部位划分的工程，分部工程较大或复杂时可按材料种类、施工特点、施工程序、专业系统及类别划分为若干子分部工程。按实际划分的分部数量填写。

5）质量控制资料核查：指直接影响结构安全和使用功能项目在施工过程中形成的资料之核查，按 4.5（C5）内容的核查结果填写。按照实际填写。

6）安全和主要使用功能核查及抽查结果：指直接影响结构安全使用功能的检验资料；核查及主要功能抽查的检查结果，按表 4.6（C6）内容；核查结果填写。

7）观感质量验收：指对分部工程观感质量和单位（子单位）工程观感质量检查的结果，按实际检查结果填写。

8）综合验收结论：指建设、监理、施工、设计等单位参加竣工初验结果的结论意见。由参加方共议确认后填写。

9）参加验收单位：参加单位盖章，参加人员签字有效。

4.4.2 分部（子分部）**工程质量验收记录（C4-2）**

1. 资料表式

分部（子分部）工程质量验收记录 **表 C4-2**

工程名称		结构类型		层数	
施工单位		技术部门负责人		质量部门负责人	
分包单位		分包单位负责人		分包技术负责人	
序号	分项工程名称	检验批数	施工单位检查评定	验收意见	
1					
2					
3					
4					
5					
6					
质量控制资料					
安全和功能检验（检测）报告					
观感质量验收					
验收单位	分包单位	项目经理 年 月 日			
	施工单位	项目经理 年 月 日			
	勘察单位	项目负责人 年 月 日			
	设计单位	项目负责人 年 月 日			
	监理（建设）单位	总监理工程师 （建设单位项目专业负责人） 年 月 日			

分部（子分部）工程质量验收记录以经施工企业技术负责人审查签章后的本表格式形式归存。

2. 实施目的

分部（子分部）工程质量验收记录是指按照专业性质、建筑部位或按材料种类、施工特点、施工程序、专业系统及类别（分部工程较大或较复杂时）进行划分的施工子项，并以此进行工程质量验收的记录资料。

3. 资料要求

(1) 检验批、分项工程数量计算正确，应参加验收的检验批、分项工程数量齐全，质量符合相应专业规范的要求。

(2) 地基与基础、主体分部工程，勘察、设计单位必须参加验收并由项目负责人签字。其他分部勘察、设计单位不参加验收签字。

(3) 质量控制资料、安全与功能检验（检测）报告必须齐全且符合相应标准要求。

(4) 施工单位、分包单位只填写单位名称，不盖章；项目经理，项目技术负责人、分包单位负责人、分包项目经理本人签字，不盖章，只盖章无效。

(5) 参加验收的单位只填写单位名称，项目经理、项目负责人分别签字。

(6) 验收意见的填写，要求文字简练、技术用语规范。

4. 实施要点

(1) 分部工程的划分应按下列原则确定：

1) 分部工程的划分应按专业性质、建筑部位确定。

2) 当分部工程较大或较复杂时，可按材料种类、施工特点、施工程序、专业系统及类别等划分为若干子分部工程。

注：1. 由于新型材料大量涌现、施工工艺和技术的发展，使分项工程越来越多，故将相近工作内容和系统划分若干子分部工程，有利于正确评价工程质量，有利于进行验收。

2. 将原建筑电气分部工程中的强电和弱电部分独立出来各为一个分部，称其为建筑电气分部和建筑智能化（弱电）分部。

3) 建筑工程分部（子分部）、分项工程验收应计列的内容，应按《建筑工程施工质量验收统一标准》（GB50300—2001）附录 B 表 B.0.1 划分子目执行。除新的规范内未列的子项在施工中需要增加时应补充新的子项内容外，表 B.0.1 划分后所列的子目及当前应用的分部（子分部）、分项工程的内容，一般不应增加或减少。增加或减少均需通过有权部门批准。

(2) 分部（子分部）工程质量应由总监理工程师（建设单位项目专业负责人）组织施工项目经理和有关勘察、设计单位项目负责人进行验收。

(3) 分部（子分部）工程质量验收合格应符合下列规定：

1) 分部（子分部）工程所含分项工程的质量均应验收合格。

2) 质量控制资料应完整。

3) 地基与基础、主体结构和设备安装等分部工程有关安全及功能的检验和抽样检测结果应符合有关规定。

4) 观感质量验收应符合要求。

注：1. 分部工程的验收在其所含各分项工程验收的基础上进行。

2. 观感质量验收分部工程必须进行。观感质量验收往往难以定量，可以人的主观印象判断，不评合格或不合格，只综合验出质量评价。检查方法、内容、结论应在相应分部工程的相应部分中阐述。

3. 单位工程的划分目的应当有利于充分发挥投资效益和保证工程质量。

4. 一旦划分确定，应按已定的划分实际组织施工，工程技术资料的汇总也应按划分确定的实际进行。

(4) 表列子项：

1) 结构类型：指被检单位工程的结构类型，如砖混、或框架等。按实际填写。

2) 分项工程名称：应填写所在该分部的分项工程名称，分项工程名称应按表 C4-2-1 建筑工程分部（子分部）工程，分项工程划分的分项工程名称填写。

3) 检验批数：指该分项工程中汇集的有关检验批数量，按照实际填写。

4) 施工单位检查评定：按施工单位检查的分项工程的质量检查验收结果填写。按照实际填写。

5) 质量控制资料：指该分部（子分部）内与分项工程：所含检验批名称有关的质量控制资料填报。质量控制资料内容见表 C2，按照实际填写。

6) 安全功能检验（检测）报告：指该分部（子分部）内有关的涉及安全和功能检验资料，安全和功能检验资料内容见表 C3，按照实际填写。

7) 观感质量验收：由参加验收的各方人员共同进行观感质量检查。按照实际填写。

8) 验收单位：按实际参加验收单位，照实际填写。表列参加验收人员签字有效，不盖章。

4.4.2-1 建筑工程的分部（子分部）工程、分项工程划分（见表 C4-2-1）

建筑工程分部工程、分项工程划分 **表 C4-2-1**

序号	分部工程	子分部工程	分 项 工 程
1	地基与基础	无支护土方	土方开挖、土方回填
		有支护土方	排桩、降水、排水、地下连续墙、锚杆、土钉墙、水泥土桩、沉井与沉箱，钢及混凝土支撑
		地基及基础处理	灰土地基、砂和砂石地基、碎砖三合土地基，土工合成材料地基，粉煤灰地基，重锤夯实地基，强夯地基，振冲地基，砂桩地基，预压地基，高压喷射注浆地基，土和灰土挤密桩地基，注浆地基，水泥粉煤灰碎石桩地基，夯实水泥土桩地基
		桩基	锚杆静压桩及静力压桩，预应力离心管桩，钢筋混凝土预制桩，钢桩，混凝土灌注桩（成孔、钢筋笼、清孔、水下混凝土灌注）
		地下防水	防水混凝土，水泥砂浆防水层，卷材防水层，涂料防水层，金属板防水层，塑料板防水层，细部构造，喷锚支护，复合式衬砌，地下连续墙，盾构法隧道；渗排水、盲沟排水，隧道、坑道排水；预注浆、后注浆，衬砌裂缝注浆
		混凝土基础	模板、钢筋、混凝土，后浇带混凝土，混凝土结构缝处理
		砌体基础	砖砌体，混凝土砌块砌体，配筋砌体，石砌体
		劲钢(管)混凝土	劲钢（管）焊接、劲钢（管）与钢筋的连接，混凝土
		钢结构	焊接钢结构、栓接钢结构，钢结构制作，钢结构安装，钢结构涂装

续表

序号	分部工程	子分部工程	分项工程
2	主体结构	混凝土结构	模板，钢筋，混凝土，预应力、现浇结构，装配式结构
		劲钢（管）混凝土结构	劲钢（管）焊接、螺栓连接、劲钢（管）与钢筋的连接，劲钢（管）制作、安装，混凝土
		砌体结构	砖砌体，混凝土小型空心砌块砌体，石砌体，填充墙砌体，配筋砖砌体
		钢结构	钢结构焊接，紧固件连接，钢零部件加工，单层钢结构安装，多层及高层钢结构安装，钢结构涂装、钢构件组装，钢构件预拼装，钢网架结构安装，压型金属板
		木结构	方木和原木结构、胶合木结构、轻型木结构，木构件防护
		网架和索膜结构	网架制作、网架安装、索膜安装、网架防火、防腐涂料
3	建筑装饰装修	地面	整体面层：基层、水泥混凝土面层、水泥砂浆面层、水磨石面层、防油渗面层、水泥钢（铁）屑面层、不发火（防爆的）面层；板块面层：基层、砖面层（陶瓷锦砖、缸砖、陶瓷地砖和水泥花砖面层）、大理石面层和花岗岩面层，预制板块面层（预制水泥混凝土、水磨石板块面层）、料石面层（条石、块石面层）、塑料板面层、活动地板面层、地毯面层；木竹面层：基层、实木地板面层（条材、块材面层）、实木复合地板面层（条材、块材面层）、中密度（强化）复合地板面层（条材面层）、竹地板面层
		抹灰	一般抹灰，装饰抹灰，清水砌体勾缝
		门窗	木门窗制作与安装、金属门窗安装、塑料门窗安装、特种门安装、门窗玻璃安装
		吊顶	暗龙骨吊顶、明龙骨吊顶
		轻质隔墙	板材隔墙、骨架隔墙、活动隔墙、玻璃隔墙
		饰面板（砖）	饰面板安装、饰面砖粘贴
		幕墙	玻璃幕墙、金属幕墙、石材幕墙
		涂饰	水性涂料涂饰、溶剂型涂料涂饰、美术涂饰
		裱糊与软包	裱糊、软包
		细部	橱柜制作与安装，窗帘盒、窗台板和暖气罩制作与安装，门窗套制作与安装，护栏和扶手制作与安装，花饰制作与安装
4	建筑屋面	卷材防水屋面	保温层，找平层，卷材防水层，细部构造
		涂膜防水屋面	保温层，找平层，涂膜防水层，细部构造
		刚性防水屋面	细石混凝土防水层，密封材料嵌缝，细部构造
		瓦屋面	平瓦屋面，油毡瓦屋面，金属板屋面，细部构造
		隔热屋面	架空屋面，蓄水屋面，种植屋面
5	建筑给水、排水及采暖	室内给水系统	给排水管道及配件安装、室内消火栓系统安装、给水设备安装、管道防腐、绝热
		室内排水系统	排水管道及配件安装、雨水管道及配件安装
		室内热水供应系统	管道及配件安装、辅助设备安装、防腐、绝热
		卫生器具安装	卫生器具安装、卫生器具给水配件安装、卫生器具排水管道安装
		室内采暖系统	管道及配件安装、辅助设备及散热器安装、金属辐射板安装、系统水压试验及调试、防腐、绝热
		室外给水管网	给水管道安装、消防水泵接合器及室外消火栓安装、管沟及井室
		室外排水管网	排水管道安装、排水管沟与井池
		室外供热管网	管道及配件安装、系统水压试验及调试、防腐、绝热
		建筑中水系统及游泳池系统	建筑中水系统管道及辅助设备安装、游泳池水系统安装
		供热锅炉及辅助设备安装	锅炉安装、辅助设备及管道安装、安全附件安装、烘炉、煮炉和试运行、换热站安装、防腐、绝热

续表

序号	分部工程	子分部工程	分项工程
6	建筑电气	室外电气	架空线路及杆上电气设备安装，变压器、箱式变电所安装，成套配电柜、控制柜（屏、台）和动力、照明配电箱（盘）及控制柜安装，电线、电缆导管和线槽敷设，电线、电缆穿管和线槽设，电缆头制作、导线连接和线路电气试验，建筑物外部装饰灯具、航空障碍标志灯和庭院路灯安装，建筑照明通电试运行，接地装置安装。
		变配电室	变压器、箱式变电所安装，成套配电柜、控制柜（屏、台）和动力、照明配电箱（盘）安装，裸母线、封闭母线、插接式母线安装，电缆沟内和电缆竖井内电缆敷设，电缆头制作、导线连接和线路电气试验，接地装置安装，避雷引下线和变配电室接地干线敷设
		供电干线	裸母线、封闭母线、插接式母线安装，桥架安装和桥架内电缆敷设，电缆沟内和电缆竖井内电缆敷设，电线、电缆导管和线槽敷设，电线、电缆穿管和线槽敷线，电缆头制作、导线连接和线路电气试验
		电气动力	成套配电柜、控制柜（屏、台）和动力、照明配电箱（盘）及安装，低压电动机、电加热器及电动执行机构检查、接线，低压电气动力设备检测、试验和空载试运行，桥架安装和桥架内电缆敷设，电线、电缆导管和线槽敷设，电线、电缆穿管和线槽敷线，电缆头制作、导线连接和线路电气试验，插座、开关、风扇安装
		电气照明安装	成套配电柜、控制柜（屏、台）和动力、照明配电箱（盘）安装，电线、电缆导管和线槽敷设，电线、电缆导管和线槽敷线，槽板配线，钢索配线，电缆头制作、导线连接和线路电气试验，普通灯具安装，专用灯具安装，插座、开关、风扇安装，建筑照明通电试运行
		备用和不间断电源安装	成套配电柜、控制柜（屏、台）和动力、照明配电箱（盘）安装，柴油发电机组安装，不间断电源的其他功能单元安装，裸母线、封闭母线、插接式母线安装，电线、电缆导管和线槽敷设，电线、电缆导管和线槽敷线，电缆头制作、导线连接和线路电气试验，接地装置安装
		防雷及接地安装	接地装置安装，避雷引下线和变配电室接地干线敷设，建筑物等电位连接，接闪器安装
7	智能建筑	通信网络系统	通信系统、卫星及有线电视系统、公共广播系统
		办公自动化系统	计算机网络系统、信息平台及办公自动化应用软件、网络安全系统
		建筑设备监控系统	空调与通风系统、变配电系统、照明系统、给排水系统、热源和热交换系统、冷冻和冷却系统、电梯和自动扶梯系统、中央管理工作站与操作分站、子系统通信接口
		火灾报警及消防联动系统	火灾和可燃气体探测系统、火灾报警控制系统、消防联动系统
		安全防范系统	电视监控系统、入侵报警系统、巡更系统、出入口控制（门禁）系统、停车管理系统
		综合布线系统	缆线敷设和终接、机柜、机架、配线架的安装、信息插座和光缆芯线终端的安装
		智能化集成系统	集成系统网络、实时数据库、信息安全、功能接口
		电源与接地	智能建筑电源、防雷及接地
		环境	空间环境、室内空调环境、视觉照明环境、电磁环境
		住宅（小区）智能化系统	火灾自动报警及消防联动系统、安全防范系统（含电视监控系统、入侵报警系统、巡更系统、门禁系统、楼宇对讲系统、住户对讲呼救系统、停车管理系统）、物业管理系统（多表现场计量及与远程传输系统、建筑设备监控系统、公共广播系统、小区网络及信息服务系统、物业办公自动化系统）、智能家庭信息平台

续表

序号	分部工程	子分部工程	分 项 工 程
8	通风与空调	送排风系统	风管与配件制作；部件制作；风管系统安装；空气处理设备安装；消声设备制作与安装，风管与设备防腐；风机安装；系统调试
		防排烟系统	风管与配件制作；部件制作；风管系统安装；防排烟风口、常闭正压风口与设备安装；风管与设备防腐；风机安装；系统调试
		除尘系统	风管与配件制作；部件制作；风管系统安装；除尘器与排污设备安装；风管与设备防腐；风机安装；系统调试
		空调风系统	风管与配件制作；部件制作；风管系统安装；空气处理设备安装；消声设备制作与安装；风管与设备防腐；风机安装；风管与设备绝热；系统调试
		净化空调系统	风管与配件制作；部件制作；风管系统安装；空气处理设备安装；消声设备制作与安装；风管与设备防腐；风机安装；风管与设备绝热；高效过滤器安装；系统调试
		制冷设备系统	制冷机组安装；制冷剂管道及配件安装；制冷附属设备安装；管道及设备的防腐与绝热；系统调试
		空调水系统	管道冷热（媒）水系统安装；冷却水系统安装；冷凝水系统安装；阀门及部件安装；冷却塔安装；水泵及附属设备安装；管道与设备的防腐与绝热；系统调试
9	电梯	电力驱动的曳引式或强制式电梯安装工程	设备进场验收，土建交接检验，驱动主机，导轨，门系统，轿厢，对重（平衡重）、安全部件，悬挂装置，随行电缆，补偿装置，电气装置，整机安装验收
		液压电梯安装工程	设备进场验收，土建交接检验，液压系统，导轨，门系统，轿厢，平衡重，安全部件，悬挂装置，随行电缆，电气装置，整机安装验收
		自动扶梯、自动人行道安装工程	设备进场验收，土建交接检验，整机安装验收

4.4.2-2　室外单位（子单位）工程和分部工程划分（见表 C4-2-2）

室 外 工 程 划 分　　**表 C4-2-2**

单位工程	子单位工程	分部（子分部）工程
室外建筑环境	附属建筑	车棚、围墙、大门、挡土墙、垃圾收集站
	室外环境	建筑小品、道路、亭台、连廊、花坛、场坪绿化
室外安装	给排水与采暖	室外给水系统、室外排水系统、室外供热系统
	电　气	室外供电系统、室外照明系统

注：1. 一个单位工程可以根据（GB503000—2001）第 4.0.2 条的原则划分成若干个子单位工程，也可以划分为一个单位工程进行工程质量验收。

2. 单位工程的划分必须有建设、监理、施工单位三方参加共议，在协商一致的条件下确认。

4.4.3　分项工程质量验收记录（C4-3）

1. 资料表式

分项工程质量验收记录 **表 C4-3**

工程名称		结构类型		检验批数	
施工单位		项目经理		项目技术负责人	
分包单位		分包单位负责人		分包项目经理	

序号	检验批部位、区段	施工单位检查评定结果	监理（建设）单位验收结论
1			
2			
3			
4			
5			
6			
7			
8			
9			
10			
11			
12			
13			
14			
15			
16			
17			

检查结论	项目专业 技术负责人： 年　月　日	验收结论	监理工程师 （建设单位项目专业技术负责人） 年　月　日

分项工程质量验收记录以经施工企业技术负责人审查签章后的本表格式形式归存。

2. 实施目的

分项工程质量验收记录是指按照主要工种、材料、施工工艺、设备类别等原则进行划分的施工子项，并以此进行工程质量验收的记录资料，称为分项工程质量验收记录。

3. 资料要求

(1) 分项工程质量按检验批部位、区段进行验收，施工单位先行填写自检评定结果，监理（建设）单位复验后填写结论。

(2) 施工单位、分包单位只填写单位名称，不盖章；项目经理，项目技术负责人、分包单位责任人、分包项目经理本人签字，不盖章，只盖章无效。

(3) 施工单位项目专业技术负责人填写检查结论、监理工程师（建设单位项目专业技术负责人）填写验收结论，检查结论应文字简练，技术用语规范，应用数据说明的均应用数据说明。

4. 实施要点

(1) 分项工程应按主要工种、材料、施工工艺、设备类别等进行划分。建筑工程的分部（子分部）、分项工程可按 C4-2-1 划分。

(2) 分项工程质量应由监理工程师（建设单位项目专业技术负责人）组织项目专业技术负责人等进行验收，并按表 C4-3 记录。

(3) 分项工程质量验收合格应符合下列规定：

1) 分项工程所含的检验批均应符合合格质量的规定。

2) 分项工程所含的检验批的质量验收记录应完整。

注：分项工程质量的验收应在检验批验收合格的基础上进行。

(4) 表列子项：

1) 检验批数：分项工程质量验收是在检验批验收合格的基础上进行的，有关的检验批汇集成一个分项工程。检验批的划分按"统一标准"、"相关专业规范"的规定进行。

2) 检验批部位、区段：按拟检的检验批部位所在施工图设计实际部位填写。

3) 施工单位的检查评定结果：是指由项目专业质量检查员根据执行标准检查评定的结果，照实际检查结果填写。

4) 监理（建设）单位验收结论：分项工程质量由专业监理工程师（建设单位项目专业技术负责人）组织施工方项目专业技术负责人等进行验收。故检验批质量验收结论由监理工程师根据双方检查结果填写。

5) 检查结论：按实际汇集的检验批组成的分项工程验收结果，由施工单位的项目专业技术负责人填写。

6) 验收结论：按实际汇集的检验批组成的分项工程验收结果，由监理单位的项目专业监理工程师或建设单位的项目专业技术负责人填写。

4.4.4 检验批质量验收记录（C4-4）

1. 资料表式

检验批质量验收记录以经施工企业技术负责人审查签章后的本表格式形式归存。

2. 实施目的

检验批质量验收记录 表 C4-4

<table>
<tr><td>工程名称</td><td></td><td>分项工程名称</td><td></td><td>验收部位</td><td></td></tr>
<tr><td>施工单位</td><td></td><td>专业工长</td><td></td><td>项目经理</td><td></td></tr>
<tr><td>施工执行标准名称及编号</td><td colspan="5"></td></tr>
<tr><td>分包单位</td><td></td><td>分包项目经理</td><td></td><td>施工班组长</td><td></td></tr>
<tr><td rowspan="10">主控项目</td><td colspan="2">质量验收规范的规定</td><td colspan="2">施工单位检查评定记录</td><td>监理（建设）单位验收记录</td></tr>
<tr><td>1</td><td></td><td colspan="2"></td><td rowspan="9"></td></tr>
<tr><td>2</td><td></td><td colspan="2"></td></tr>
<tr><td>3</td><td></td><td colspan="2"></td></tr>
<tr><td>4</td><td></td><td colspan="2"></td></tr>
<tr><td>5</td><td></td><td colspan="2"></td></tr>
<tr><td>6</td><td></td><td colspan="2"></td></tr>
<tr><td>7</td><td></td><td colspan="2"></td></tr>
<tr><td>8</td><td></td><td colspan="2"></td></tr>
<tr><td>9</td><td></td><td colspan="2"></td></tr>
<tr><td rowspan="4">一般项目</td><td>1</td><td></td><td colspan="2"></td><td rowspan="4"></td></tr>
<tr><td>2</td><td></td><td colspan="2"></td></tr>
<tr><td>3</td><td></td><td colspan="2"></td></tr>
<tr><td>4</td><td></td><td colspan="2"></td></tr>
<tr><td>施工单位检查结果评定</td><td colspan="5">项目专业质量检查员： 年 月 日</td></tr>
<tr><td>监理（建设）单位验收结论</td><td colspan="5">监理工程师
（建设单位项目专业技术负责人） 年 月 日</td></tr>
</table>

检验批验收记录是在分项工程划分确定的原则下，根据施工及质量控制和专业验收需要，按楼层、施工段、变形缝等进行划分施工的子项，并以此进行工程质量验收记录的资料。

3. 资料要求

(1) 应参加检验批的工程数量齐全，检验批应报试（检）验资料齐全。

(2) 检验批质量验收记录下主控制项目、一般项目内容按实际检查结果填写齐全，不得漏。

(3) 施工单位专职质量检查员检查评定、监理（建设）单位按验收结论填写，应文字简练，技术用语规范、应用数据说明的均用数字说明。

(4) 只填写符合要求而无实质内容的为不符合要求。

4. 实施要点

(1) 分项工程可由一个或若干检验批组成，检验批可根据施工及质量控制和专业验收需要按楼层、施工段、变形缝等进行划分。分项工程划分检验批：

1）多层及高层建筑工程中主体分部的分项工程可按楼层或施工段划分检验批，单层建筑工程中的分项工程可按变形缝等划分检验批；

2）地基基础分部工程中的分项工程一般划分为一个检验批，有地下室的基础工程可按不同地下室划分检验批；

3）屋面分部工程中的分项工程按不同楼层屋面可划分为不同的检验批；

4）其他分部工程中的分项工程，一般按楼层划分检验批；

5）对于工程量较少的分项工程可统一划为一个检验批；

6）安装工程一般按一个设计系统或设备组别划分为一个检验批；

7）室外工程统一划分为一个检验批；

8）散水、台阶、明沟等含在地面检验批中。

检验批的质量验收，是建筑工程质量验收的最小单位，检验批的划分应按《建筑工程施工质量验收统一标准》（GB50300—2001）附录B表B.0.1划分的分项工程内容的基础上，按"统一标准"第4.0.5条和各专业规范的有关要求进行再划分。其基本原则是：

①各专业规范对检验批划分没有具体要求的，检验批的划分按"统一标准"第4.0.5执行（即实施要点（1）条）；

②各专业规范对检验批划分提出具体要求的，检验批的划分按各专业规范的要求执行。

（2）检验批合格质量应符合下列规定：

1）主控项目和一般项目的质量经抽样检验合格(主控项目计数检查合格点率100%)。

2）具有完整的施工操作依据、质量检查记录。

注：1.检验批是工程验收的最小单位，检验批是施工过程中条件相同并有一定数量材料、构配件或安装项目，质量基本均匀一致，故可作为检验的基本单位，并按批验收。

2.检验批质量合格的条件，共两个方面：资料检查、主控项目和一般项目检验。检验批的合格质量主要取决于对主控项目和一般项目的检验结果。主控项目的检验项目必须全部符合有关专业工程验收规范的规定。主控项目的检查结果具有否决权。

（3）检验批的质量验收记录由施工项目专业质量检查员填写，监理工程师（建设单位项目专业技术负责人）组织项目专业质量检查员等进行验收，并按表记录。

检验批的质量检验，应根据检验项目的特点在下列抽样方案中进行选择：

1）计量、计数或计量、计数等抽样方案。

2）一次、二次或多次抽样方案。

3）根据生产连续性和生产控制稳定性情况，尚可采用调整型抽样方案。

4）对重要的检验项目当采用简易快速的检验方法时，可选用全数检验方案。

5）经实践检验有效的抽样方案。

注：1.对于检验项目的质量、计数检验，可分为全数检验的抽样检验，重要的检验项目可采取简易快速的非破损检验方法时宜选用全数检验。构件截面尺寸和外观质量的检验项目，宜选用考虑合格质量水平的生产方风险和使用方风险的一次或二次抽样方案或经实际经验有效的抽样方案。

2.合格质量水平的生产方风险，是指合格批被判为不合格的概率，即合格批被拒收的概率。风险控制范围 $\alpha=1\%\sim5\%$；使用方风险乃为不合格批被判为合格批的概率，即不合格批被误收的概率，风险控制范围 $\beta=5\%\sim10\%$。主控项目的 α、β 值均不宜超过 5%；一般项目 α 值不宜超过 5%；β 值不宜超过 10%。

（4）表列子项：

1）验收部位：指验收的检验批所处该工程的部位，按实际部位（如一层①～⑤轴等）。

2）施工执行标准名称及编号：指该工程施工执行的专业标准名称，如《混凝土结构工程质量验收规范》（GB50204—2002）；编号指应用该标准的节、条的编号。

3）主控项目：指该工程执行的专业施工验收规范指明的主控项目，有几条充分别填入表内，并按实际检查结果填在“检查评定记录”栏下。

4）一般项目：指该工程执行的专业施工验收规范指明的一般项目，有几条分别填入表内，并按实际检查结果填在“检查评定记录”栏下。

5）施工单位检查结果评定：是指由项目专业质量检查员，根据执行标准检查的结果，按实际检查结果填写。

6）监理建设单位验收结论：指项目监理机构的专业监理工程师或建设单位的专业技术负责人复查验收后填写的工程质量的结论意见，按实际填写。

（5）检验批质量验收表式的填写程序：

1）检验批验收应分别按“统一标准”或专业规范要求对已界定的分项工程进行检验批划分，施工单位应根据检验批划分结果确定检验批数量。该项工作应在施工组织设计或施工方案阶段完成。

2）建筑工程质量验收的最小检验单位为检验批，有的分项工程按专业规范规定就是一个检验批，这样的工程也应用检验批表式进行验收，将验收后的检验批质量逐一加以汇总，成为分项工程质量的验收结果。

3）检验批表式验收前，施工单位应先行自验，并填好“检验批质量验收记录”（有关监理记录和结论不填），并由项目专业质量检查员和项目技术负责人分别在检验批验收记录上签字。然后报送项目监理机构请其验收。

4）监理工程师按报来的检验批质量验收记录，即应组织专职质量检查员对其进行质量验收，必须严格按规定程序进行验收。

5. 不同专业规范检验批的划分规定

（1）地基基础按一个分项工程为一个检验批进行验收（指地基基础质量验收规范 GB50202—2002 一个分项工程为一个检验批）。

（2）地下防水工程按一个分项工程为一个检验批进行验收（指地下防水工程质量验收规范 GB50208—2002 一个分项工程为一个检验批）。

（3）砌体工程：（GB50203—2002）规范规定共设 7 个检验批质量验收记录表。其中一般砌体工程 5 个；配筋砌体工程除执行一般砌体工程的 4 个表外，还配合采用 2 个表。

（4）混凝土结构工程：分别按模板、钢筋、预应力、混凝土、现浇结构、装配式结构等分项按工作班、楼层、结构缝或施工段划分检验批进行验收。

（5）钢结构工程：

1）进场验收的检验批原则上应与各分项工程检验批一致，也可以根据工程规模及进料实际情况划分检验批。

2）钢结构焊接工程可按相应的钢结构制作或安装工程检验批的划分原则划分为一个或若干个检验批。

3）紧固件连接工程可按相应的钢结构制作或安装工程检验批的划分原则划分为一个或若干个检验批。

4）钢零件及钢部件加工工程，可按相应的钢结构制作工程或钢结构安装工程检验批的划分原则划分为一个或若干个检验批。

5）钢构件预拼装工程可按钢结构制作工程检验批的划分原则划分为一个或若干个检验批。

6）单层钢结构安装工程可按变形缝或空间刚度单元等划分成一个或若干个检验批。地下钢结构可按不同地下层划分检验批。

7）多层及高层钢结构安装工程可按楼层或施工段等划分为一个或若干个检验批。地下钢结构可按不同地下层划分检验批。

8）钢网架结构安装工程可按变形缝、施工段或空间刚度单元划分成一个或若干检验批。

9）压型金属板的制作和安装工程可按变形缝、楼层、施工段或屋面、墙面、楼面等划分为一个或若干个检验批。

10）钢结构涂装工程可按钢结构制作或钢结构安装工程检验批的划分原则划分成一个或若干个检验批。

（6）木结构工程：

检验批应根据结构类型、构件受力特征、连接件种类、截面形状和尺寸及所采用的树种和加工量划分。

（7）装饰装修工程：

1）抹工程各分项工程的检验批应按下列规定划分：

①相同材料、工艺和施工条件的室外抹灰工程每 500 ~ 1000m^2 应划分为一个检验批，不足 500m^2 也应划分为一个检验批。

②相同材料、工艺和施工条件的室内抹灰工程每 50 个自然间（大面积房间和走廊按抹灰面积 30m^2 为一间）应划分为一个检验批，不足 50 间也应划分为一个检验批。

2）门窗工程各分项工程的检验批应按下列规定划分：

①同一品种、类型和规格的木门窗、金属门窗、塑料门窗及门窗玻璃每 100 樘应划分为一个检验批，不足 100 樘也应划分为一个检验批。

②同一品种、类型和规格的特种门每 50 樘应划分为一个检验批，不足 50 樘也应划分为一个检验批。

3）吊顶工程各分项工程的检验批应按下列规定划分：

同一品种的吊顶工程每 50 间（大面积房间和走廊按吊顶面积 30m^2 为一间）应划分为一个检验批，不足 50 间也应划分为一个检验批。

4）轻质隔墙各分项工程的检验批应按下列规定划分：同一品种的轻质隔墙工程每 50 间（大面积房间和走廊按轻质隔墙的墙面 30m^2 为一间）应划分为一个检验批，不足 50 间也应划分为一个检验批。

5）饰面板（砖）各分项工程的检验批应按下列规定划分：

①相同材料、工艺和施工条件的室内饰面板（砖）工程每50间（大面积房间和走廊按施工面积30m^{2}为一间）应划分为一个检验批，不足50间也应划分为一个检验批。

②相同材料、工艺和施工条件的室外饰面板（砖）工程每500～1000m^{2}应划分为一个检验批，不足500m^{2}也应划分为一个检验批。

6）幕墙各分项工程的检验批应按下列规定划分：

①相同设计、材料、工艺和施工条件的幕墙工程每500～1000m^{2}应划分为一个检验批，不足500m^{2}也应划分为一个检验批。

②同一单位工程的不连续的幕墙工程应单独划分检验批。

③对于异型或有特殊要求的幕墙，检验批的划分应根据幕墙的结构、工艺特点及幕墙工程规模，由监理单位（或建设单位）和施工单位协商确定。

7）涂饰工程各分项工程的检验批应按下列规定划分：

①室外涂饰工程每一栋楼的同类涂料涂饰的墙面每500～1000m^{2}应划分为一个检验批，不足500m^{2}也应划分为一个检验批。

②室内涂饰工程同类涂料涂饰的墙面每50间（大面积房间和走廊按涂饰面积30m^{2}为一间）应划分为一个检验批，不足50间也应划分为一个检验批。

8）裱糊与软包各分项工程的检验批应按下列规定划分：

同一品种的裱糊或软包工程每50间（大面积房间和走廊按施工面积30m^{2}为一间）应划分为一个检验批，不足50间也应划分为一个检验批。

9）细部工程各分项工程的检验批应按下列规定划分：

①同类制品每50间（处）应划分为一个检验批，不足50间（处）也应划分为一个检验批。

②每部楼梯应划分为一个检验批。

（8）地面工程：

1）建筑地面工程施工质量的检验，应符合下列规定：

①基层（各构造层）和各类面层的分项工程的施工质量验收应按每一层或每层施工段（或变形缝）作为检验批，高层建筑的标准层可按每三层（不足三层按三层计）作为检验批；

②每检验批应以各子分部工程的基层（各构造层）和各类面层所划分的分项工程按自然间（或标准间）检验，抽查数量应随机检验不少于3间；不足3间，按全数检查；其中走廊（过道）以10延长米为1间，工业厂房（按单跨计）、礼堂、门厅应以两个轴线为1间计算；

③有防水要求的建筑地面子分部工程的分项工程施工质量每检验批抽查数量应按其房间总数随机检验不少于4间，不足4间按全数检查。

2）建筑地面工程的分项工程施工质量验收的主控项目必须达到（GB50309）规范规定的质量标准，认定为合格；一般项目80%以上的检查点符合（GB50309）规范规定的质量要求，其他检查点（处）不得有明显影响装饰效果，并不得大于允许偏差值的50%为合格。凡达不到质量标准时，应按国家标准《建筑工程施工质量验收统一标准》的规定处理。

（9）屋面工程：

1）屋面工程中各分项工程的施工质量检验批量应符合下列规定：

①卷材防水屋面、涂膜防水屋面、刚性防水屋面、瓦屋面和隔热屋面工程，应按屋面面积每 $100m^2$ 抽查一处，每处 $10m^2$，但不少于3处。

②接缝密封防水，应按每50m应抽查一处，每处5m，但不得少于3处。

③细部构造应根据分项工程的内容，全部进行检查。

(10) 给排水及采暖工程：

1）建筑给水、排水及采暖工程的分项工程，应按系统、区域、施工段或楼层等划分。分项工程应划分成若干个检验批进行验收。

(11) 电气工程：

1）当建筑电气分部工程施工质量检验时，检验批的划分应符合下列规定：

①室外电气安装工程中分项工程的检验批，依据庭院大小、投运时间先后、功能区块不同划分；

②变配电室安装工程中分项工程的检验批，主变配电室为一个检验批；有数个分变配电室，且不属于子单位工程的子分部工程，各为一个检验批，其验收记录汇入所有变配电室有关分项工程的验收记录中；如各分变配电室属于各子单位工程的子分部工程，所属分项工程各为一个检验批，其验收记录应为一个分项工程验收记录，经子分部工程验收记录汇入分部工程验收记录中；

③供电干线安装工程分项工程的检验批，依据供电区段和电气线缆竖井的编号划分；

④电气动力和电气照明安装工程中分项工程及建筑物等电位联结分项工程的检验批，其划分的界区，应与建筑土建工程一致；

⑤备用和不间断电源安装工程中分项工程各自成为一个检验批；

⑥防雷及接地装置安装工程中分项工程检验批，人工接地装置和利用建筑物基础钢筋的接地体各为一个检验批，大型基础可按区块划分成几个检验批；避雷引下线安装6层以下的建筑为一个检验批，高层建筑依均压环设置间隔的层数为一个检验批；接闪器安装同一屋面为一个检验批。

(12) 通风与空调工程（规范中共列9个检验批表式）：

C.2.1 风管与配件制作检验批验收质量验收记录见附表C.2.1-1与C.2.1-2。

C.2.2 风管部件与消声器制作检验批验收质量验收记录见附表C.2.2。

C.2.3 风管系统安装检验批验收质量验收记录见附表C.2.3-1、C.2.3-2与C.2.3-3。

C.2.4 通风机安装检验批验收质量验收记录见附表C.2.4。

C.2.5 通风与空调设备安装检验批验收质量验收记录见附表C.2.5-1、C.2.5-2与C.2.5-3。

C.2.6 空调制冷系统安装检验批验收质量验收记录见附表C.2.6。

C.2.7 空调水系统安装检验批验收质量验收记录见附表C.2.7-1、C.2.7-2与C.2.7-3。

C.2.8 防腐与绝热施工检验批验收质量验收记录见附表C.2.8-1、C.2.8-2。

C.2.9 工程系统调试检验批验收质量验收记录见附表C.2.9。

(13) 电梯工程：

电梯工程按一个分项工程为一个检验批进行验收。

4.5 单位（子单位）工程质量控制资料核查记录（C5）

1. 资料表式

单位（子单位）工程质量控制资料核查记录表式与子项见 C5 及表列内容。

2. 表列子项：

（1）施工单位：填写合同法人的施工单位名称。照实际。

（2）工程名称项目栏：工程质量控制资料核查共 6 项：建筑与结构、给排水与采暖、建筑电气、通风与空调、电梯、建筑智能化。核查项目不得增加或减少。

（3）资料名称：6 个项目共 49 项核查内容，按单位（子单位）工程实际形成的资料逐项核查，合理缺项除外。

（4）核查意见：由核查人按实际核查结果填写。

（5）结论：结论意见由核查人填写。施工单位的项目经理签字，监理工程师核查后签字有效。

4.6 单位（子单位）工程安全和功能检验资料核查及主要功能抽查记录（C6）

1. 资料表式

单位（子单位）工程安全和功能检验资料核查及主要功能抽查记录表式及子项见 C6 及表列内容。

2. 表列子项

（1）施工单位：填写合同法人的施工单位名称，照实际。

（2）工程名称项目栏：工程安全和功能检验资料核查及主要功能抽查共 6 项：建筑与结构、给排水与采暖、电气、通风与空调、电梯、智能建筑。抽查项目不得增加或减少。

（3）安全功能检查项目：6 个项目共 26 项核抽查内容，按 C1-4-3 表列内容项核、抽查，合理缺项除外。

（4）核查意见：由抽查人按实际抽查结果填写。

（5）抽查结果：由核查人按实际抽查结果填写。

（6）结论：结论意见由核抽查人员根据核、抽查人员填写。施工单位项目经理签字、总监理工程师核查后签字生效。

3. 几点说明

（1）主要材料、半成品、成品、建筑构配件、器具和设备等，均应进行现场验收，现场验收责任方：施工单位应将验收情况记入施工日志，监理单位应将验收情况记入监理日志，以证明上述材料设备确已通过进场质量验收。

（2）凡涉及安全、功能的有关产品，应按各专业工程质量验收规范的规定进行复验，复验应出具试验报告单或合格的复验记录，并应经监理工程师（建设单位技术负责人）核查认可。

（3）对涉及混凝土结构安全的重要部位（限于柱、墙、梁）应进行结构实体检验。对结构实体进行检验，并不是在子分部工程验收前的重新检验，而是在相应的分项工程验收合格、过程控制使质量得到保证的基础上，对重要部位进行的验证性检验，其目的是为了加强混凝土施工质量的验收，真实的反映混凝土强度及受力钢筋位置等质量指标，确保结构安全。

4.7 单位（子单位）工程观感质量检查记录（C7）

1. 资料表式

单位（子单位）工程观感质量检查记录　　　　**表 C7**

<table>
<tr><td colspan="3">工程名称</td><td colspan="6"></td><td colspan="3">施工单位</td><td colspan="4"></td></tr>
<tr><td rowspan="2">序号</td><td colspan="2" rowspan="2">项　目</td><td colspan="10" rowspan="2">抽查质量状况</td><td colspan="3">质量评价</td></tr>
<tr><td>好</td><td>一般</td><td>差</td></tr>
<tr><td>1</td><td rowspan="8">建筑与结构</td><td>室外墙面</td><td></td><td></td><td></td><td></td><td></td><td></td><td></td><td></td><td></td><td></td><td></td><td></td><td></td></tr>
<tr><td>2</td><td>变形缝</td><td></td><td></td><td></td><td></td><td></td><td></td><td></td><td></td><td></td><td></td><td></td><td></td><td></td></tr>
<tr><td>3</td><td>水落管，屋面</td><td></td><td></td><td></td><td></td><td></td><td></td><td></td><td></td><td></td><td></td><td></td><td></td><td></td></tr>
<tr><td>4</td><td>室内墙面</td><td></td><td></td><td></td><td></td><td></td><td></td><td></td><td></td><td></td><td></td><td></td><td></td><td></td></tr>
<tr><td>5</td><td>室内顶棚</td><td></td><td></td><td></td><td></td><td></td><td></td><td></td><td></td><td></td><td></td><td></td><td></td><td></td></tr>
<tr><td>6</td><td>室内地面</td><td></td><td></td><td></td><td></td><td></td><td></td><td></td><td></td><td></td><td></td><td></td><td></td><td></td></tr>
<tr><td>7</td><td>楼梯、踏步、护栏</td><td></td><td></td><td></td><td></td><td></td><td></td><td></td><td></td><td></td><td></td><td></td><td></td><td></td></tr>
<tr><td>8</td><td>门窗</td><td></td><td></td><td></td><td></td><td></td><td></td><td></td><td></td><td></td><td></td><td></td><td></td><td></td></tr>
<tr><td>1</td><td rowspan="4">给排水与采暖</td><td>管道接口、坡度、支架</td><td></td><td></td><td></td><td></td><td></td><td></td><td></td><td></td><td></td><td></td><td></td><td></td><td></td></tr>
<tr><td>2</td><td>卫生器具、支架、阀门</td><td></td><td></td><td></td><td></td><td></td><td></td><td></td><td></td><td></td><td></td><td></td><td></td><td></td></tr>
<tr><td>3</td><td>检查口、扫除口、地漏</td><td></td><td></td><td></td><td></td><td></td><td></td><td></td><td></td><td></td><td></td><td></td><td></td><td></td></tr>
<tr><td>4</td><td>散热器、支架</td><td></td><td></td><td></td><td></td><td></td><td></td><td></td><td></td><td></td><td></td><td></td><td></td><td></td></tr>
<tr><td>1</td><td rowspan="4">建筑电气</td><td>配电箱、盘、板</td><td></td><td></td><td></td><td></td><td></td><td></td><td></td><td></td><td></td><td></td><td></td><td></td><td></td></tr>
<tr><td>2</td><td>接线盒</td><td></td><td></td><td></td><td></td><td></td><td></td><td></td><td></td><td></td><td></td><td></td><td></td><td></td></tr>
<tr><td>3</td><td>设备器具、开关、插座</td><td></td><td></td><td></td><td></td><td></td><td></td><td></td><td></td><td></td><td></td><td></td><td></td><td></td></tr>
<tr><td>1</td><td>防雷、接地</td><td></td><td></td><td></td><td></td><td></td><td></td><td></td><td></td><td></td><td></td><td></td><td></td><td></td></tr>
<tr><td>2</td><td rowspan="6">通风与空调</td><td>风管、支架</td><td></td><td></td><td></td><td></td><td></td><td></td><td></td><td></td><td></td><td></td><td></td><td></td><td></td></tr>
<tr><td>3</td><td>风口、风阀</td><td></td><td></td><td></td><td></td><td></td><td></td><td></td><td></td><td></td><td></td><td></td><td></td><td></td></tr>
<tr><td>4</td><td>风机、空调设备</td><td></td><td></td><td></td><td></td><td></td><td></td><td></td><td></td><td></td><td></td><td></td><td></td><td></td></tr>
<tr><td>5</td><td>阀门、支架</td><td></td><td></td><td></td><td></td><td></td><td></td><td></td><td></td><td></td><td></td><td></td><td></td><td></td></tr>
<tr><td>6</td><td>水泵、冷却塔</td><td></td><td></td><td></td><td></td><td></td><td></td><td></td><td></td><td></td><td></td><td></td><td></td><td></td></tr>
<tr><td>1</td><td>绝热</td><td></td><td></td><td></td><td></td><td></td><td></td><td></td><td></td><td></td><td></td><td></td><td></td><td></td></tr>
<tr><td>2</td><td rowspan="2">电梯</td><td>运行、平层、开关门</td><td></td><td></td><td></td><td></td><td></td><td></td><td></td><td></td><td></td><td></td><td></td><td></td><td></td></tr>
<tr><td>3</td><td>层门、信号系统</td><td></td><td></td><td></td><td></td><td></td><td></td><td></td><td></td><td></td><td></td><td></td><td></td><td></td></tr>
<tr><td>1</td><td rowspan="3">智能建筑</td><td>机房</td><td></td><td></td><td></td><td></td><td></td><td></td><td></td><td></td><td></td><td></td><td></td><td></td><td></td></tr>
<tr><td>2</td><td>机房设备安装及布局</td><td></td><td></td><td></td><td></td><td></td><td></td><td></td><td></td><td></td><td></td><td></td><td></td><td></td></tr>
<tr><td>3</td><td>现场设备安装</td><td></td><td></td><td></td><td></td><td></td><td></td><td></td><td></td><td></td><td></td><td></td><td></td><td></td></tr>
<tr><td colspan="3">观感质量综合评价</td><td colspan="13"></td></tr>
<tr><td colspan="2">检查结论</td><td colspan="14">施工单位项目经理　　年　月　日　　总监理工程师
（建设单位项目负责人）
年　月　日</td></tr>
</table>

注：质量评价为差的项目，应进行返修。

单位（子单位）工程观感质量检查记录以经施工企业技术负责人审查签章后的本表格式形式归存。

2. 实施目的

单位（子单位）工程观感质量检查记录是在分部工程验收合格的基础上进行的观感质量检查的记录。

3. 资料要求

(1) 应检查的内容齐全，无应检未检的项目，各专业质量等级评定结论正确。

(2) 责任制签字齐全。

(3) 填写内齐全，评定正确为符合要求；应检项目不全，为不符合要求。

4. 实施要点

表列子项：

1) 施工单位：填写合同法人的施工单位名称，按实际填写。

2) 工程名称项目栏：工程观感质量检查共6项：建筑与结构、给排水与采暖、建筑电气、建筑与空调、电梯、智能建筑。检查项目不得增加或减少。合理缺项除外。

3) 抽查质量状况：一般每个子项目抽查10个点，可以自行设定一个代号，如：好：打✓、一般：打○、差：打×。

4) 质量评价：按抽查质量状况的数理统计结果，权衡给出好、一般或差的评价。

5) 观感质量综合评价：可由参加观感质量检查的人员根据子项目质量情况进行评价结果权衡得出，并填写。

6) 检查结论：结论意见由检查记录人根据参加人评价的结果填写。施工单位的项目经理，项目监理机构，总监理工程师等经核查同意后签字有效。

4.8 关于工程技术资料的总体要求

1. 资料的收集、整理必须及时，资料来源必须真实、可信，资料填报必须子项齐全，应填子项不得缺漏。

2. 检查验收资料是在按要求内容进行自检的基础上，根据法定程序经有权单位核审签章后为有效资料。

3. 标准规定的检查项目，应逐一进行检查，记录应真实齐全，原始记录检查人应签字，并作为原始资料保存、备查。

4. 材料、半成品、构配件等以及工程实体的检验。材料必须先试后用，工程实体必须先检后交或先检后用，违背此规定须对已用材料、已交（用）工程实行重新检测，确定是否满足设计要求，否则应为资料不符合要求。

5. 国家标准或地方法规规定，实行见证取样的材料、构配件、工程实体检验等均必须实行见证取样、送样并签字及盖章。

6. 专业标准或规范对某项试验提出的试验要求，其试验方法必须按专业标准或规范提出的试验方法进行，否则该项检（试）验应为无效试（检）验。

7. 资料表式中规定的责任制度，必须按规定要求该加盖公章的加盖公章，该本人签字的本人签字。签字一律不准代签，否则为虚假资料、无效资料。

8. 对工程资料进行涂改、伪造、随意抽撤或损毁、丢失的，应按有关法规予以处罚，情节严重的，依法追究法律责任。

4.9 参建单位责任制名录

根据《建设工程质量管理条例》对违反条例行为实行责任追溯、《建设工程文件归档整理规范》(GB/T50328—2001)，对从工程实施过程的参建人员实施名册入档制度的规定，分别制定了建设、监理、施工单位各方参建人员名录表。勘察设计单位的参建人员的责任制名录由建设单位按此表格式请勘察设计单位填报（表4.9-1、表4.9-2、表4.9-3），填报后交建设单位与施工资料一并编序归存。

建设单位建筑工程施工实施参建人员责任制名录 **表4.9-1**

工程名称				建设单位名称			
序号	姓名	职务	职称	专业	参加时间	变更时间	所在时段
1							
2							
3							
4							
5							
6							
7							
8							
说明							

注：1. 本表序号从1开始，第一人为建设单位法人或委托法人代表。依序为建设单位技术负责人、专业技术负责人。专业技术人员以部门所设以专业技术人员排序填报。

2. 本表填写完成后，需由建设单位加盖公章。

3. 本表在工程竣工前由建设单位完成汇总监理、施工单位的参建单位责任制名录后，随同施工资料一起报送当地建设行政主管部门辖属的城建档案部门归存。

监理单位建筑工程施工实施参建人员责任制名录　　表 4.9-2

工程名称				监理单位名称			
序号	姓名	职务	职称	专业	参加时间	变更时间	所在时段
1							
2							
3							
4							
5							
6							
7							
8							
9							
10							
11							
12							
13							
14							
15							
16							
17							
说明							

注：1. 本表序号从1开始第一人为监理企业的法人或委托法人代表。依序为企业技术负责人、总监理工程师。以下按部门所设专业监理工程师、监理员、试验员、信息员等。

2. 本表填写完成后，需由监理单位加盖公章。

3. 本表在工程竣工前由合同监理单位根据实际与施工资料同期完成后，报建设单位。

施工单位建筑工程施工实施参建人员责任制名录 表 4.9-3

工程名称				施工单位名称			
序号	姓名	职务	职称	专业	参加时间	变更时间	所在时段
1							
2							
3							
4							
5							
6							
7							
8							
9							
10							
11							
12							
13							
14							
15							
16							
说明							

注：1. 本表序号从1开始第一人为施工企业的法人或委托法人代表。依序为企业技术负责人、项目经理、子项目负责人、子项目技术负责人。第6序号以下为管理或专业技术人员，按部门主要包括：专业工程师（土建、水、暖、通、电、机械等）、经济师、专职质量检查员、试验员、材料员、信息管理员、作业队长及主要班组长。

2. 本表填写完成后，需由施工单位加盖公章。

3. 本表在工程竣工前，由合同施工单位根据工程实际与施工资料同期完成随从施工资料一起报送建设单位。

5 建筑工程施工技术文件举例

5.1 举 例 说 明

5.1.1 建筑工程施工质量验收程序与有关说明

1. 单位工程施工质量验收的程序

(1) 检验批质量验收;

(2) 分项工程质量验收;

(3) 分部(子分部)工程质量验收;

(4) 单位(子单位)工程质量验收。

单位工程施工质量验收必须按以上顺序依序进行,报送资料逆向依序编制。

2. 验收的汇整与有关说明

(1) 检验批验收合格完成后,应将有关的检验批汇集构成分项工程。

(2) 分项工程验收合格完成后,应将有关分项工程汇集构成分部(子分部)工程;分部工程和子分部工程的验收的内容是相同的,都应进行分项工程质量验收、质量控制资料核查、安全和功能检验(检测)报告核查和观感质量验收。

(3) 子分部工程验收合格完成后,为了明确该单位工程的分部工程包含多少子分部工程,故应将有关子分部工程分别列于相关分部工程项下,以示完整。

分部(子分部)工程均不能简单地加以组合即认为已经进行验收,尚需增加进行以下两类检查:

1) 涉及安全和使用功能的地基基础、主体结构、有关安全及重要使用功能的安装分部工程应进行有关见证取样、送样试验或抽样检验(详统一标准 GB 50300—2001 表 G.0.1-2 及表 G.0.1-3)。

2) 分部(子分部)观感质量验收。验收时只给出好、一般、差,不评合格与不合格。对差的应进行返修处理。由施工、监理单位的项目经理和总监理工程师主持验收。检查的内容、方法、结论均应在分部工程的相应部分中予以阐述。

(4) 单位工程质量验收(竣工验收)。施工单位将已经验收合格的分部(子分部)工程以及在分部(子分部)工程验收合格的经审查无误的技术资料编制完整的基础上,按单位(子单位)工程质量竣工验收表式所列的分部工程、质量控制资料核查、安全和主要使用功能核查及抽查结果、观感质量验收结果,经整理将其验收结果分别填写在“验收记录”项下。将填写完成的该表报监理(建设)单位审查同意,监理单位填写验收结论后,由施工单位向建设单位提交工程验收报告和完整的工程技术资料,请建设单位组织勘察、设计、设计审查,施工、监理等各方参加竣工验收。经各方验收同意质量等级达到合格后由建设单位填写“综合验收结论”并对工程质量是否符合设计和规范要求及总体质量水平作出评价。

5.1.2 工程做法举例说明

以华龙房地产公司鑫园小区2号住宅楼的主体结构分部为例。

1. 工程概况

(1) 该工程为华龙房地产开发公司鑫园小区2号住宅楼，建筑面积4558.66m^2，六层，砖混结构，层高2.9m，建筑物共3个单元，基本构造作法为：

1) 本工程设有地下室，梁式混凝土满堂基础，混凝土强度等级为C25、地下室内、外墙身砌筑砂浆为M10；

2) 楼面板、梁混凝土为全部现浇结构，混凝土强度等级为C20；

砌体除基础为普通粘土砖外均为多孔砖砌体，砖的强度等级均为MU10，砌体砂浆为水泥石灰砂浆M5.0；

3) 屋面为卷材防水屋面；

4) 楼地面为混凝土垫层（C15）随打随抹，厚30mm，基层3:7灰土，厚为300mm；

5) 室内中级抹灰（普通)，室外1:2.5水泥砂浆抹面；

6) 木制门窗，入户为特种防盗门；

7) 给水、排水与采暖：给水系统为铝塑复合管、排水系统为承插铸铁排水管、采暖为柱式暖气片，普通卫生器具；

8) 建筑电气：敷管为阻燃塑料管及配线，设普通灯具、插座、电话、开关等。

(2) 建筑物为三个单元，本例按《建筑工程施工质量验收统一标准》（GB 50300—2001）规定，检验批划分可按楼层、缝、段划分，本例按段划分，每层①~⑯轴段为一检验批，每层⑯~㊼轴段为另一个检验批。该单位工程按施工图设计，工程验收包括的分部工程有地基基础分部、主体结构分部、建筑装饰与装修分部、建筑屋面分部、建筑给水排水与采暖分部、建筑电气等六个分部工程。(作为例题，该单位工程举例的工程质量验收部分只将主体分部的工程质量验收一一列出，并加以说明。工程质量控制资料、工程安全和功能资料核查及主要功能抽查按工程质量验收涉及内容列出)。

(3) 主体结构分部施工质量验收包括两个子分部，一是混凝土结构子分部，另一个是砌体结构子分部。

混凝土结构子分部在本例中涉及需要进行施工质量验收的分项工程包括：模板、钢筋、混凝土和现浇结构分项工程；

砌体结构子分部在本例中涉及需要进行施工质量验收的分项工程是砖砌体分项。

2. 资料附图

标准层平面见图5-1、北立面见图5-2、剖面、侧立面见图5-3。

据此，分别将该例的单位（子单位）工程质量验收资料、工程质量检测资料、工程安全和功能资料核查及主要功能抽查资料的质量检查列后，供参考。

注：后面本例与说明中所附表式不论工程质量验收资料、工程质量记录资料中的工程质量控制资料和工程安全和功能资料及主要功能抽查资料等均填写一张表式，说明其填写内容及方法。不是所有应检查项目一一列出。

3. 单位工程、分部（子分部)、分项、检验批工程质量验收填表统一说明。

《建筑工程施工质量验收统一标准》（GB 50300—2001）中检验批、分项工程、分部（子分部）工程、单位（子单位）工程中的有关施工检查、验收用表中参加有关工程检查、

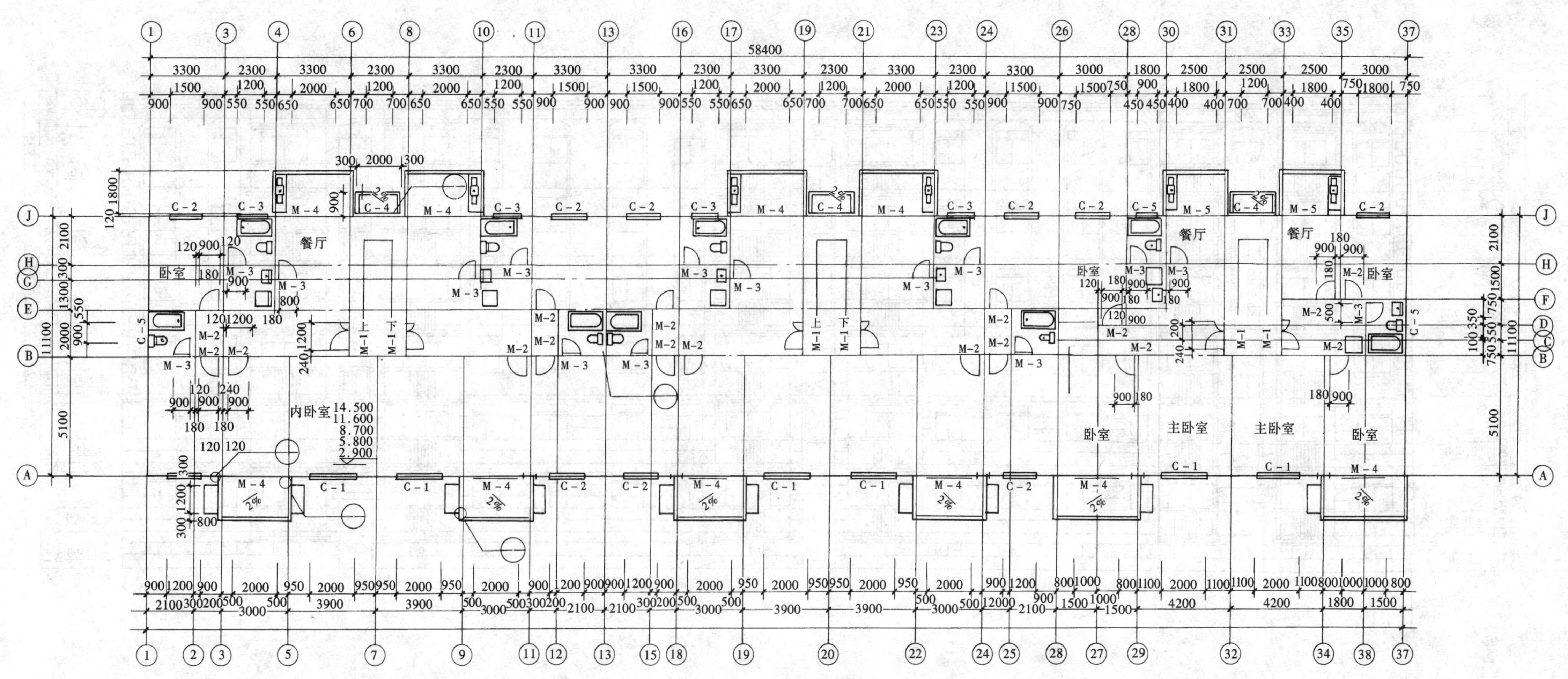

图 5-1　标准层平面 1:100

图 5-2　北立面 1∶100

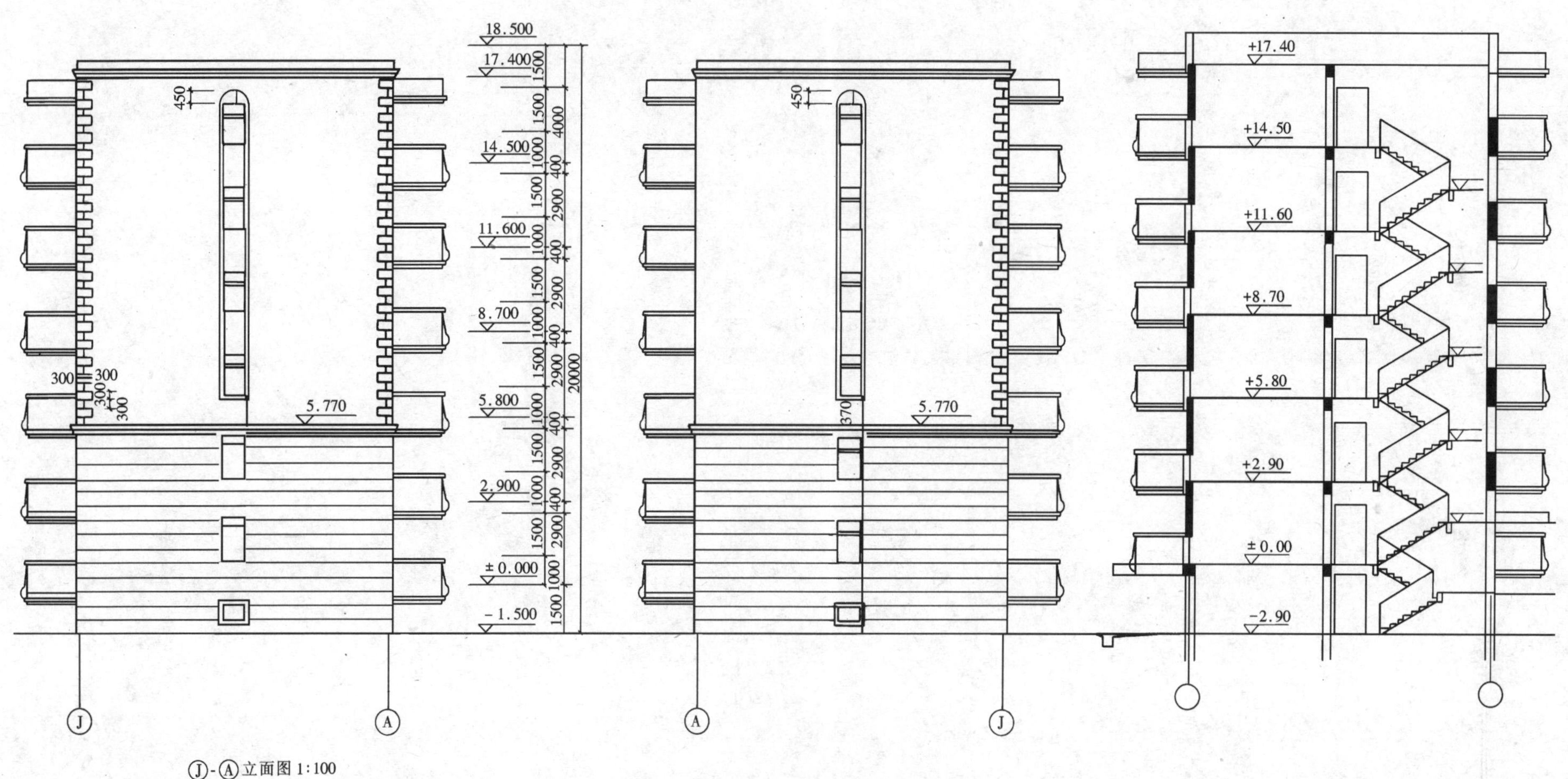

Ⓙ-Ⓐ立面图 1:100

图 5-3　剖面、侧立面图 1:100

验收、处理某项工程事宜的人员需签字以执行其有关责任制度，为便于统一执行，分别说明如下：

表列子项：

(1) 单位（子单位）工程名称：指建设单位与施工单位合同书中的工程名称或施工图设计图注的单位工程名称，按全称填写。

(2) 分部（子分部）工程名称：指该被验收的单位工程内的分部（子分部）的工程名称。如主体结构分部或主体结构分部中的混凝土结构子分部……。

(3) 验收部位：指实际验收的该单位工程内的某分部、子分部、分项或检验批的部位，照实际填写。

(4) 施工单位：指建设单位与施工单位签订的施工合同中的施工单位（乙方）的名称，按全称填写。

(5) 建设单位：指建设单位与施工单位签订的施工合同中的建议单位（甲方）的名称。按全称填写。

(6) 监理单位：指建设单位与监理单位签订的监理合同中的监理单位（乙方）的名称，按全称填写。

(7) 设计单位：指建设单位与设计单位签订的设计合同中的设计单位（乙方）的名称，按全称填写。

(8) 建设单位项目负责人：指建设单位派驻施工现场代表建设单位（甲方）行使建设项目实施中的工程负责人。签字有效。

(9) 设计单位项目负责人：指设计单位派往施工现场代表设计单位（乙方）行使建设项目工程的负责人。签字有效。

(10) 勘察单位项目负责人：指勘察单位派驻施工现场代表勘察单位（乙方）行使建设项目工程的负责人。签字有效。

(11) 监理单位的总监工程师：由监理单位法定代表人授权，全面负责委托监理合同的履行、主持项目监理机构工作的监理工程师。签字有效。

(12) 专业监理工程师：根据项目监理岗位职责分工和总监理工程师的指令，负责实施某一专业或某一方面的监理工作，具有相应监理文件签发权的监理工程师。签字有效。

(13) 分包单位：指与总包施工单位签订分包合同的分包单位，按名称的全称填写。

(14) 项目经理：指企业法人代表在承包的建设工程施工项目上的委托代理人。签字有效。

(15) 建设单位代表：指建设单位派遣参加工程建设某项事宜、工程检查或验收等代表建设单位行使授权范围内事宜的代表人。签字有效。

(16) 监理单位代表：指监理单位派遣参加工程建设某项事宜、工程检查或验收等代表监理单位行使授权范围内事宜的代表人。签字有效。

(17) 设计单位代表：指设计单位派遣参加工程建设某项事宜、工程检查或验收等代表设计单位行使授权范围内事宜的代表人。签字有效。

(18) 施工单位代表：指施工单位派遣参加工程建设某项事宜、工程检查或验收等代表施工单位行使授权范围内事宜的代表人。签字有效。

(19) 专业工长：通常指施工单位的单位工程专业技术负责人。签字有效。

（20）专职质检员：指负责该单位工程的某一专业的专职质检员。签字有效。

（21）施工班组长：指施工单位直接参加该项工程施工操作的班组长，签字有效。

（22）施工执行标准名称及编号：指施工企业根据行业标准、协会标准、施工指南、手册等技术资料进行转化为施工企业的专项技术工艺标准。如砌砖工艺标准、钢筋工艺标准、混凝土工艺标准等（不是施工质量验收规范，这一点请注意）。

（23）施工单位检查评定结果：指被检检验批、分项、子分部、分部工程，按相应专业工程质量验收规范标准验收，将主控项目、一般项目的检查结果或按分项、子分部、分部工程标准规定的合格质量等级评定后的该检验批、分项、子分部、分部工程的质量评定等级。按实际验收评定结果填写。

应达到合格及其以上等级，不符合合格等级时应按"统一标准"第5.0.6条执行。

（24）检验批部位、区段：指分项工程质量验收汇集构成分项工程的检验批所在分部（子分部）工程的部位或区段。例如一层：①～⑯轴等，按实际填写。

5.2 工程质量验收资料

5.2.1 封页

建筑工程施工技术资料

单位（子单位）
工程质量验收资料

工程名称　华龙房地产公司鑫园小区2号住宅楼

建设单位　华龙房地产开发公司

设计单位　天宇设计事务所

监理单位　诚信监理公司

施工单位　建筑安装总公司直属第二项目部

二〇〇二年十一月十五日

5.2.2 单位（子单位）工程质量验收资料

目　录

1. 施工现场质量管理检查记录（表 5-1）

施工现场质量管理检查记录 **表 5-1**

开工日期：

<table>
<tr><td>工程名称</td><td colspan="3">华龙房地产鑫园小区 2 号住宅楼</td><td>施工许可证（开工证）</td><td>冀邯 0200128</td></tr>
<tr><td>建设单位</td><td colspan="3">华龙房地产开发公司</td><td>建设单位项目负责人</td><td>田利民</td></tr>
<tr><td>设计单位</td><td colspan="3">天宇设计事务所</td><td>设计单位项目负责人</td><td>于克</td></tr>
<tr><td>监理单位</td><td colspan="3">诚信监理公司</td><td>总监理工程师</td><td>袁行键</td></tr>
<tr><td>施工单位</td><td>建安总公司第二项目部</td><td>项目经理</td><td>王家义</td><td>项目技术负责人</td><td>梁光</td></tr>
<tr><td>序号</td><td colspan="2">项　　目</td><td colspan="3">内　　容</td></tr>
<tr><td>1</td><td colspan="2">现场质量管理制度</td><td colspan="3">有图纸会审、质量例会、自检互检交接检、质量检评、质量事故处理、月评比和奖励等制度</td></tr>
<tr><td>2</td><td colspan="2">质量责任制</td><td colspan="3">有岗位责任制、设计交底、技术交底、定期质量检查</td></tr>
<tr><td>3</td><td colspan="2">主要专业工种操作上岗证书</td><td colspan="3">有测量工、钢筋工、起重工、电焊工、架子工等</td></tr>
<tr><td>4</td><td colspan="2">分包方资质与对分包单位的管理制度</td><td colspan="3"></td></tr>
<tr><td>5</td><td colspan="2">施工图审查情况</td><td colspan="3">有审查报告及审查批准书（邯冀 02006）</td></tr>
<tr><td>6</td><td colspan="2">地质勘察资料</td><td colspan="3">有工程地质勘察报告</td></tr>
<tr><td>7</td><td colspan="2">施工组织设计、施工方案及审批</td><td colspan="3">有施工组织设计编制、审查、批准责任制齐全</td></tr>
<tr><td>8</td><td colspan="2">施工技术标准</td><td colspan="3">有模板、钢筋、混凝土浇筑、瓦工、焊接等工艺标准 20 多种</td></tr>
<tr><td>9</td><td colspan="2">工程质量检验制度</td><td colspan="3">有原材料、构配件试（检）验制度、施工试验制度等</td></tr>
<tr><td>10</td><td colspan="2">搅拌站及计量设置</td><td colspan="3">有管理制度和计量设施精确度及控制措施</td></tr>
<tr><td>11</td><td colspan="2">现场材料、设备存放与管理</td><td colspan="3">有钢材、砂、石、水泥、砖、玻璃、饰面板、地板砖等管理办法</td></tr>
<tr><td>12</td><td colspan="2"></td><td colspan="3"></td></tr>
<tr><td colspan="6">检查结论：

现场质量管理制度基本完整。

总监理工程师
（建设单位项目负责人）　袁行键　2002 年 3 月 13 日</td></tr>
</table>

说明：

1. 该表应在开工之前由施工单位技术负责人填报完成。

2. 一个工程的一个标段或一个单位工程只查一次。如分段施工，人员更换或管理不到位时，可再次检查报审。

3. 本表是施工进场后必须向项目监理机构报审的资料。

4. 如总监理工程师或建设单位项目负责人审查不合格，施工单位必须限期改正，否则不准开工。

5. 表列内容栏内的有关文件的原件或复印件应附在表的后页作为附件资料。

6. 施工现场质量管理必须做到有标准、有体系、有制度。

2. 单位工程、分部工程、子分部工程、分项工程和检验批划分的名称与数量

华龙房地产开发公司鑫园小区 2 号住宅楼单位工程施工质量验收中单位工程、分部工程、子分部工程、分项工程和检验批名称数量汇整结果见表 5-2。

华龙房地产开发公司鑫园小区 2 号住宅楼

单位工程、分部工程、子分部工程、分项工程和检验批名称数量一览表　　表 5-2

<table>
<tr><th>序　号</th><th colspan="2">名　　称</th><th>数量</th><th>备　　注</th></tr>
<tr><td>1</td><td colspan="2">单位工程</td><td>1</td><td>无子单位工程</td></tr>
<tr><td>2</td><td colspan="2">分部工程</td><td>6</td><td rowspan="7"></td></tr>
<tr><td>(1)</td><td colspan="2">地基与基础</td><td>1</td></tr>
<tr><td>(2)</td><td colspan="2">主体结构</td><td>1</td></tr>
<tr><td>(3)</td><td colspan="2">建筑装饰装修</td><td>1</td></tr>
<tr><td>(4)</td><td colspan="2">建筑屋面</td><td>1</td></tr>
<tr><td>(5)</td><td colspan="2">建筑给水、排水及采暖</td><td>1</td></tr>
<tr><td>(6)</td><td colspan="2">建筑电气</td><td>1</td></tr>
<tr><td>3</td><td colspan="2">子分部工程</td><td>21</td><td>共 21 个子分部工程</td></tr>
<tr><td rowspan="4">(1)</td><td rowspan="4">地基与基础分部</td><td>地基处理，无支护土方</td><td rowspan="4">5</td><td rowspan="4">无支护土方 1 个；地基处理 1 个；地下防水 1 个；混凝土基础 1 个；砖砌体 1 个。</td></tr>
<tr><td>地下防水</td></tr>
<tr><td>混凝土基础</td></tr>
<tr><td>砌体基础</td></tr>
<tr><td rowspan="2">(2)</td><td rowspan="2">主体分部结构</td><td>混凝土结构</td><td rowspan="2">2</td><td rowspan="2">子分部工程划分按 GB 50300—2001 标准划分结果取用</td></tr>
<tr><td>砌体结构</td></tr>
<tr><td rowspan="5">(3)</td><td rowspan="5">建筑装饰装修分部</td><td>地面</td><td rowspan="5">6</td><td rowspan="5">子分部工程划分按 GB 50300—2001 标准划分结果取用</td></tr>
<tr><td>抹灰、饰面砖（板）共 2 个</td></tr>
<tr><td>门窗</td></tr>
<tr><td>涂饰</td></tr>
<tr><td>细部</td></tr>
<tr><td rowspan="4">(4)</td><td rowspan="4">建筑屋面分部</td><td>防水卷材屋面</td><td rowspan="4">1</td><td rowspan="4">子分部工程划分按 GB 50300—2001 标准划分结果取用</td></tr>
<tr><td></td></tr>
<tr><td></td></tr>
<tr><td></td></tr>
<tr><td rowspan="5">(5)</td><td rowspan="5">建筑给水、排水及采暖分部</td><td>室内给水系统</td><td rowspan="5">4</td><td rowspan="5">子分部工程划分按 GB 50300—2001 标准划分结果取用</td></tr>
<tr><td>室内排水系统</td></tr>
<tr><td>卫生器具安装</td></tr>
<tr><td>室内采暖系统</td></tr>
<tr><td></td></tr>
</table>

续表

序号	名称		数量	备注
(6)	建筑电气分部	电气动力	3	子分部工程划分按 GB 50300—2001 标准划分结果取用
		电气照明安装		
		防雷及接地安装		
4		分项工程计有	51	
(1)	地基处理子分部	砂和砂石地基	3	分项工程划分按 GB 50300—2001 标准划分结果取用
		土方开挖、土方回填		
(2)	地下防水子分部	水泥砂浆防水层	2	分项工程划分按 GB 50300—2001 标准划分结果取用
		卷材防水层		
(3)	基础混凝土子分部	模板	4	分项工程划分按 GB 50300—2001 标准划分结果取用
		钢筋		
		混凝土		
		现浇结构		
(4)	砌体基础子分部	砖砌体	1	分项工程划分按 GB 50300—2001 标准划分结果取用
(5)	混凝土结构子分部	模板	4	分项工程划分按 GB 50300—2001 标准划分结果取用
		钢筋		
		混凝土施工		
		现浇结构		
(6)	砖砌体子分部	砖基础	2	分项工程划分按 GB 50300—2001 标准划分结果取用
		砖砌体（主体）		
(7)	地面子分部	基土分项	4	分项工程划分按 GB 50300—2001 标准划分结果取用
		灰土垫层		
		水泥混凝土垫层		
		陶瓷地砖面层		
(8)	抹灰、饰面砖（板）子分部	一般抹灰分项工程	2	分项工程划分按 GB 50300—2001 标准划分结果取用
		饰面砖粘贴		
(9)	门窗子分部	木门窗制作与安装	4	分项工程划分按 GB 50300—2001 标准划分结果取用
		塑料门窗安装		
		门窗玻璃安装		
		特种门窗安装		
(10)	涂饰子分部	水性涂料涂饰分项	2	
		溶剂型涂料涂饰分项		

续表

序　号	名　称		数量	备　注
(11)	细部子分部	护栏扶手制作与安装	1	分项工程划分按 GB 50300—2001 标准划分结果取用
(12)	卷材防水屋面	保温层分项工程 找平层分项工程 卷材防水分项工程 细部构造分项工程	4	分项工程划分按 GB 50300—2001 标准划分结果取用
(13)	室内给水系统子分部	给水管道及配件安装	1	分项工程划分按 GB 50300—2001 标准划分结果取用
(14)	室内排水系统子分部	排水管道及配件安装 雨水管道及配件	2	分项工程划分按 GB 50300—2001 标准划分结果取用
(15)	卫生器具安装子分部	卫生器具安装 卫生器具给水及配件安装 卫生器具排水及配件安装	3	分项工程划分按 GB 50300—2001 标准划分结果取用
(16)	室内采暖系统	管道及配件安装 辅助设备及散热器安装 系统水压试验及调试 防腐绝热	4	分项工程划分按 GB 50300—2001 标准划分结果取用
(17)	电气照明安装	照明配电箱（盘）安装 电线、电缆导管和线槽敷设 普通灯具安装 插座、开关、风扇安装 照明通电试运行	5	分项工程划分按 GB 50300—2001 标准划分结果取用
(18)	防雷及接地安装	接地装置安装 避雷引下线和变配电室接地干线敷设 建筑物等电位连接	3	分项工程划分按 GB 50300—2001 标准划分结果取用
5		检验批　　（合计）	395	
(1) A	砂石垫层	砂及砂石地基检验批	1	1 个分项工程为 1 个检验批
(2) A	土方工程	土方开挖 土方回填	2	1 个分项工程为一个检验批
(3) B	砖砌体	地下室基础砌砖 主体结构砌砖	14	地下室砌砖 2 个检验批主体砌砖每层 2 个，计 12 个检验批

续表

序　号	名　　称		数量	备　　注
(4) C	模板	垫层模板安装与拆除 基础模板安装与拆除 主体模板安装与拆除	32	垫层、基础模板安装各1个、拆除各1个检验批；地下室：模板安装2个，拆除2个；主体模板安装与拆除24个
(5) C	钢筋	基础钢筋原材料、加工；连接、安装 地下室钢筋原材料、加工；连接、安装 主体钢筋原材料、加工；连接、安装	60	基础钢筋原材料1个检验批，钢筋加工1个检验批，钢筋连接1个检验批，钢筋安装1个检验批，计4个检验批； 地下室钢筋原材料2个检验批，钢筋加工2个检验批，钢筋连接2个检验批，钢筋安装2个检验批。计8个检验批； 主体结构钢筋原材料2个×6层=12检验批，钢筋加工2个×6层=12检验批，钢筋连接2个×6层=12检验批，钢筋安装2个×6层=12检验批。计48个检验批；共计60个
(6) C	混凝土	基础垫层混凝土原材料配合比 基础垫层混凝土施工 主体结构混凝土原材料、配合比 主体混凝土施工	48	垫层混凝土原材料1个检验批，配合比1个检验批；基础混凝土施工原材料1个检验批，配合比1个检验批； 垫层混凝土施工1个检验批，基础混凝土施工1个检验批； 地下室混凝土原材料2个检验批，配合比2个检验批，混凝土施工2个检验批； 主体结构混凝土原材料2个×6层=12个检验批，配合比2个×6层=12检验批；混凝土施工2个×6层=12检验批
(7) C	现浇结构	基础垫层、基础混凝土外观、尺寸 地下室现浇结构外观、尺寸 主体结构混凝土外观、尺寸	32	基础垫层外观1个检验批，尺寸1个检验批；基础混凝土外观1个检验批，尺寸1个检验批； 地下室现浇结构外观2个检验批，尺寸2个检验批； 主体结构的现浇结构外观2个×6层=12个检验批，尺寸2个×6层=12个检验批
(8) D	地下防水	水泥砂浆防水层 卷材防水层	2	水泥砂浆防水层1个卷材防水层1个
(9) E	基层敷设	基土 灰土垫层 水泥混凝土垫层	18	地下室：基土、灰土、混凝土垫层各2个检验批；楼层：混凝土垫层每层2个×6=12个检验批
(10) E	整体面层	水泥混凝土面层	14	地下室：面层2个检验批 楼层：12个检验批
(11) F	卷材防水屋面	保温层检验批 找平层检验批 卷材防水层检验批 雨水管道安装检验批 细部构造检验批	5	其中保温层、找平层、卷材防水、雨水管道、细部构造各一个检验批

续表

序号	名称		数量	备注
(12) G	抹灰	一般抹灰工程检验批	10	普通抹灰：6个 室外抹灰：4个
(13) G	饰面砖粘贴	外铺饰面板粘贴	2	
(14) G1	木门窗制作与安装	木门窗制作与安装	4	不同规格、型号木门窗每100樘为一个检验批
(14) G2	塑料门窗制作与安装	塑料门制作与安装	3	不同规格、型号木门窗每100樘为一个检验批
(14) G3	特种门安装	特种门安装	1	不同规格、型号的特种门每50樘为一个检验批
(14) G4	门窗玻璃安装	门窗玻璃安装	6	不同规格、型号的门窗每100樘为一个检验批（共计539樘）
(15) H	水性涂料涂饰	水性涂料涂饰	8	室内每50个自然间为一个检验批，室外每500～1000m² 为一个检验批。室内5个、室外3个
(16) H	溶剂型涂料涂饰	溶剂型涂料涂饰	8	室内每50个自然间为一个检验批，室外每500～10000m² 为一个检验批。室内5个、室外3个
(17) I	护栏及扶手制作与安装	护栏及扶手制作与安装	3	一个单元的楼梯间为一个检验批，3个单元为3个检验批
(18) J	给水管道及配件安装	给水管道及配件安装	3	一个单元为一个系统共3个单元，计3个检验批
(19) J	排水管道及配件安装	排水管道及配件安装	3	一个单元为一个系统共3个单元，计3个检验批
(20) J	卫生器具安装	卫生器具安装	3	一个单元为一个系统共3个单元，计3个检验批
(21) J	卫生器具给水配件安装	卫生器具给水配件安装	3	一个单元为一个系统共3个单元，计3个检验批

续表

序号	名称		数量	备注
(22) J	卫生器具排水管道安装	卫生器具排水管道安装	3	一个单元为一个系统共3个单元，计3个检验批
(23) K	采暖管道及配件安装	采暖管道及配件安装	3	一个单元为一个系统共3个单元，计3个检验批
(24) K	辅助设备及散热器安装	辅助设备及散热器安装	3	一个单元为一个系统共3个单元，计3个检验批
(25) K	系统水压试验及调试	系统水压试验及调试	3	一个单元为一个系统共3个单元，计3个检验批
(26) L	成套配电柜控制柜（屏、台）和动力、照明配电箱（盘）安装	成套配电柜、控制柜（屏、台）和动力照明配电箱安装	14	建筑电气检验批划分同土建工程 地下室为2个检验批，主体工程每层为2个检验批，6层计12个检验批，合计14个检验批
(27) L	电线导管、电缆导管和线路敷设	电线导管、电缆导管和线路敷设	14	建筑电气检验批划分同土建工程 地下室为2个检验批，主体工程每层为2个检验批，6层计12个检验批，合计14个检验批
(28) L	电线、电缆穿管和线槽敷设	电线、电缆穿管和线槽敷设	14	建筑电气检验批划分同土建工程 地下室为2个检验批，主体工程每层为2个检验批，6层计12个检验批，合计14个检验批
(29) L	普通灯具安装	普通灯具安装	14	建筑电气检验批划分同土建工程 地下室为2个检验批，主体工程每层为2个检验批，6层计12个检验批，合计14个检验批
(30) L	开关、插座安装	开关、插座安装	14	建筑电气检验批划分同土建工程 地下室为2个检验批，主体工程每层为2个检验批，6层计12个检验批，合计14个检验批
(31) L	建筑物照明通电试运行	建筑物照明通电试运行	14	建筑电气检验批划分同土建工程 地下室为2个检验批，主体工程每层为2个检验批，6层计12个检验批，合计14个检验批
(32) L	接地装置安装	接地装置安装	1	防雷和接地装置的人工接地装置为一个检验批
(33) L	避雷引下线和变配电室接地干线敷设	避雷引下线和变配电室接地干线敷设	1	利用建筑物基础钢筋接地为一个检验批
(34) L	建筑物等电位连接	建筑物等电位连接	14	建筑电气检验批划分同土建工程 地下室为2个检验批，主体工程每层为2个检验批，6层计12个检验批，合计14个检验批

3. 单位（子单位）工程质量竣工验收记录（表 5-3）

单位（子单位）工程质量竣工验收记录表 **表 5-3**

工程名称	华龙房地产鑫园 2 号楼	结构类型	砖混	层数/建筑面积	6 层/3792.68m²
施工单位	建安总公司第二项目部	技术负责人	刘赞中	开工日期	2002 年 3 月 15 日
项目经理	王家义	项目技术负责人	梁光	竣工日期	2002 年 11 月 20 日

序号	项目	验收记录	验收结论
1	分部工程	共 6 分部，经查 6 分部符合标准及设计要求	同意验收
2	质量控制资料核查	共 47 项，经审查符合要求 47 项，经核定符合规范要求 47 项	同意验收
3	安全和主要使用功能核查及抽查结果	共核查 9 项，符合要求 9 项，共抽查 2 项，符合要求 2 项，经返工处理符合要求 0 项	同意验收
4	观感质量验收	共抽查 10 项，符合要求 10 项，不符合要求 0 项	好
5	综合验收结论	合格	

	建设单位	监理单位	施工单位	设计单位
参加验收单位	（公章） 田利民 单位（项目）负责人 2002 年 11 月 28 日	（公章） 袁行键 总监理工程师 2002 年 11 月 28 日	（公章） 王家义 单位负责人 2002 年 11 月 28 日	（公章） 于克 单位（项目）负责人 2002 年 11 月 28 日

说明：

(1) 综合验收结论：由建设单位组织验收后填写。

(2) 参加验收单位：均需加盖单位公章，相应的责任人签字。

(3) 该表填写全部完成后，由建设单位向当地建设行政主管部门或其授权机构备案。

4. 砌体结构（子分部）工程质量验收记录（主体分部）（表5-4）

砌体结构（子分部）工程质量验收记录 **表5-4**

<table>
<tr><td colspan="2">单位（子单位）工程名称</td><td colspan="3">华龙房地产鑫园小区2号住宅楼</td><td colspan="2">结构类型及层数</td><td>砖混6层</td></tr>
<tr><td>施工单位</td><td colspan="2">建筑安装总公司
直属第二项目部</td><td>技术部门负责人</td><td>刘赞中</td><td colspan="2">质量部门负责人</td><td>任中华</td></tr>
<tr><td>分包单位</td><td colspan="2"></td><td>分包单位负责人</td><td></td><td colspan="2">分包技术负责人</td><td></td></tr>
<tr><td>序号</td><td>分项工程名称</td><td>检验批数</td><td>施工单位检查评定</td><td colspan="4">验收意见</td></tr>
<tr><td>1</td><td>砖砌体分项工程</td><td>12</td><td>合格</td><td></td><td colspan="3" rowspan="7">初验合格
同意验收</td></tr>
<tr><td>2</td><td></td><td></td><td></td><td></td></tr>
<tr><td>3</td><td></td><td></td><td></td><td></td></tr>
<tr><td>4</td><td></td><td></td><td></td><td></td></tr>
<tr><td>5</td><td></td><td></td><td></td><td></td></tr>
<tr><td>6</td><td></td><td></td><td></td><td></td></tr>
<tr><td></td><td></td><td></td><td></td><td></td></tr>
<tr><td colspan="2">质量控制资料</td><td colspan="5">按GB 50300—2001标准G.0.1-2内容检查符合要求</td><td>同意验收</td></tr>
<tr><td colspan="2">安全和功能检验（检测）报告</td><td colspan="5">按GB 50300—2001标准G.0.1-3内容检查符合要求</td><td>同意验收</td></tr>
<tr><td colspan="2">观感质量验收</td><td colspan="5">按GB 50300—2001标准内容检查符合要求</td><td>同意验收</td></tr>
<tr><td rowspan="5">验收单位</td><td>分包单位</td><td colspan="6">项目经理 2002年7月20日</td></tr>
<tr><td>施工单位</td><td colspan="6">建筑安装总公司直属第二项目部 项目经理 王家义 2002年7月20日</td></tr>
<tr><td>勘察单位</td><td colspan="6">金大地勘察公司 项目负责人 陈洁仁 2002年7月20日</td></tr>
<tr><td>设计单位</td><td colspan="6">天宇设计事务所 项目负责人 于克 2002年7月20日</td></tr>
<tr><td>监理（建设）单位</td><td colspan="6">总监理工程师 袁行键
（建设单位项目专业负责人） 2002年7月20日</td></tr>
</table>

5. 混凝土结构（子分部）工程质量验收记录（主体分部）（表 5-5）

混凝土结构（子分部）工程质量验收记录 **表 5-5**

<table>
<tr><td colspan="2">单位（子单位）工程名称</td><td colspan="3">华龙房地产鑫园小区 2 号住宅楼</td><td>结构类型及层数</td><td colspan="2">砖混 6 层</td></tr>
<tr><td>施工单位</td><td colspan="2">建筑安装总公司
直属第二项目部</td><td>技术部门负责人</td><td>刘赞中</td><td>质量部门负责人</td><td colspan="2">任华彬</td></tr>
<tr><td>分包单位</td><td colspan="2"></td><td>分包单位负责人</td><td></td><td>分包技术负责人</td><td colspan="2"></td></tr>
<tr><td>序号</td><td>分项工程名称</td><td>检验批数</td><td colspan="2">施工单位检查评定</td><td colspan="3">验 收 意 见</td></tr>
<tr><td>1</td><td>模板分项工程</td><td>24</td><td>合 格</td><td></td><td colspan="3" rowspan="7">初验合格
同意验收</td></tr>
<tr><td>2</td><td>钢筋分项工程</td><td>48</td><td>合 格</td><td></td></tr>
<tr><td>3</td><td>混凝土分项工程</td><td>12</td><td>合 格</td><td></td></tr>
<tr><td>4</td><td>混凝土现浇结构分项工程</td><td>12（24）</td><td>合 格</td><td></td></tr>
<tr><td>5</td><td></td><td></td><td></td><td></td></tr>
<tr><td>6</td><td></td><td></td><td></td><td></td></tr>
<tr><td></td><td></td><td></td><td></td><td></td></tr>
<tr><td colspan="2">质量控制资料</td><td colspan="4">按 GB 50300—2001 标准 G.0.1-2 内容检查符合要求</td><td colspan="2">同意验收</td></tr>
<tr><td colspan="2">安全和功能检验（检测）报告</td><td colspan="4">按 GB 50300—2001 标准 G.0.1-3 内容检查符合要求</td><td colspan="2">同意验收</td></tr>
<tr><td colspan="2">观感质量验收</td><td colspan="4">按 GB 50300—2001 标准内容检查符合要求</td><td colspan="2">同意验收</td></tr>
<tr><td rowspan="5">验收单位</td><td>分包单位</td><td colspan="6">项目经理 年 月 日</td></tr>
<tr><td>施工单位</td><td colspan="6">建筑安装总公司直属第二项目部 项目经理 王家义 2002 年 7 月 20 日</td></tr>
<tr><td>勘察单位</td><td colspan="6">金大地勘察公司 项目负责人 陈洁仁 2002 年 7 月 20 日</td></tr>
<tr><td>设计单位</td><td colspan="6">天宇设计事务所 项目负责人 于 克 2002 年 7 月 20 日</td></tr>
<tr><td>监理（建设）单位</td><td colspan="6">总监理工程师 袁行键
（建设单位项目专业负责人） 2002 年 7 月 20 日</td></tr>
</table>

6. 砖砌体分项工程质量验收记录（表 5-6）

砖砌体分项工程质量验收记录 **表 5-6**

<table>
<tr><td colspan="2">单位（子单位）工程名称</td><td colspan="2">华龙房地产鑫园小区 2 号住宅楼</td><td>结构类型</td><td>砖混</td></tr>
<tr><td colspan="2">分部（子分部）工程名称</td><td colspan="2">主体结构分部砌体结构子分部</td><td>检验批数</td><td>12</td></tr>
<tr><td>施工单位</td><td colspan="3">建筑安装总公司直属第二项目部</td><td>项目经理</td><td>王家义</td></tr>
<tr><td>序号</td><td>检验批部位、区段</td><td colspan="2">施工单位检查评定结果</td><td colspan="2">监理（建设）单位验收结论</td></tr>
<tr><td>1</td><td>一层①～⑯、⑯～㊲轴砖砌体检验批质量</td><td colspan="2">按 GB 50203—2002 规范验收合格</td><td colspan="2" rowspan="7">合　　格</td></tr>
<tr><td>2</td><td>二层①～⑯、⑯～㊲轴砖砌体检验批质量</td><td colspan="2">按 GB 50203—2002 规范验收合格</td></tr>
<tr><td>3</td><td>三层⑧～㉕、㉕～㊲轴砖砌体检验批质量</td><td colspan="2">按 GB 50203—2002 规范验收合格</td></tr>
<tr><td>4</td><td>四层⑧～㉕、㉕～㊲轴砖砌体检验批质量</td><td colspan="2">按 GB 50203—2002 规范验收合格</td></tr>
<tr><td>5</td><td>五层⑧～⑯、⑯～㊲轴砖砌体检验批质量</td><td colspan="2">按 GB 50203—2002 规范验收合格</td></tr>
<tr><td>6</td><td>六层⑧～⑯、⑯～㊲轴砖砌体检验批质量</td><td colspan="2">按 GB 50203—2002 规范验收合格</td></tr>
<tr><td>7</td><td></td><td colspan="2"></td></tr>
<tr><td>说明</td><td colspan="5">1.①～⑯、⑯～㊲轴分别进行检验批验收、检验批部位、区段合并汇整。
2. 砖砌体分项工程共 12 个检验批。
3. 全高垂直度：分别各检查 8 点，允许偏差为：全高 7～11mm；垂直度：2.5～3mm，均在允许的偏差内。
4. 砂浆试块抗压强度依次为：6.1、6.3、5.9、5.8、6.0 等，符合要求</td></tr>
<tr><td>检查结论</td><td colspan="2">预　验　合　格

项目专业技术负责人：牛芳铭
2002 年 7 月 25 日</td><td>验收结论</td><td colspan="2">初　验　合　格

监理工程师：王志鹏
（建设单位项目专业技术负责人）
2002 年 7 月 10 日</td></tr>
</table>

7. 模板分项工程质量验收记录（表 5-7）

模板分项工程质量验收记录 **表 5-7**

<table>
<tr><td>单位（子单位）工程名称</td><td>华龙房地产鑫园小区 2 号住宅楼</td><td>结构类型</td><td>砖混</td></tr>
<tr><td>分部（子分部）工程名称</td><td>主体结构分部混凝土结构子分部</td><td>检验批数</td><td>12</td></tr>
<tr><td>施工单位</td><td>建筑安装总公司直属第二项目部</td><td>项目经理</td><td>王家义</td></tr>
<tr><td>序号</td><td>检验批部位、区段</td><td>施工单位检查评定结果</td><td>监理（建设）单位验收结论</td></tr>
<tr><td>1</td><td>一层①～⑯、⑯～㊲轴模板安装、拆除</td><td>按 GB 50204—2002 规范验收合格</td><td rowspan="7">合　格</td></tr>
<tr><td>2</td><td>二层①～⑯、⑯～㊲轴模板安装、拆除</td><td>按 GB 50204—2002 规范验收合格</td></tr>
<tr><td>3</td><td>三层⑧～⑯、⑯～㊲轴模板安装、拆除</td><td>按 GB 50204—2002 规范验收合格</td></tr>
<tr><td>4</td><td>四层⑧～⑯、⑯～㊲轴模板安装、拆除</td><td>按 GB 50204—2002 规范验收合格</td></tr>
<tr><td>5</td><td>五层⑧～⑯、⑯～㊲轴模板安装、拆除</td><td>按 GB 50204—2002 规范验收合格</td></tr>
<tr><td>6</td><td>六层⑧～⑯、⑯～㊲轴模板安装、拆除</td><td>按 GB 50204—2002 规范验收合格</td></tr>
<tr><td>7</td><td></td><td></td></tr>
<tr><td>说明</td><td colspan="3">1.①～⑯、⑯～㊲轴按层分别进行检验批验收，检验批部位、区段合并汇整。
2. 模板分项工程共 24 个检验批，其中模板安装 12 个，模板拆除 12 个</td></tr>
<tr><td>检查结论</td><td>预　验　合　格
项目专业技术负责人：刘赞中
2002 年 7 月 12 日</td><td>验收结论</td><td>初　验　合　格
监理工程师：王志鹏
（建设单位项目专业技术负责人）
2002 年 7 月 12 日</td></tr>
</table>

8. 钢筋分项工程质量验收记录（表 5-8）

钢筋分项工程质量验收记录 **表 5-8**

单位（子单位）工程名称	华龙房地产鑫园小区 2 号住宅楼	结构类型	砖混
分部（子分部）工程名称	主体结构分部混凝土结构子分部	检 验 批 数	48
施工单位	建筑安装总公司直属第二项目部	项 目 经 理	王家义

序号	检验批部位、区段	施工单位检查评定结果	监理（建设）单位验收结论
1	一层①～⑯、⑯～㊲轴原材料、钢筋加工、钢筋连接、钢筋安装	按 GB 50204—2002 规范验收合格	合　　格
2	二层①～⑯、⑯～㊲轴原材料、钢筋加工、钢筋连接、钢筋安装	按 GB 50204—2002 规范验收合格	
3	三层①～⑯、⑯～㊲轴原材料、钢筋加工、钢筋连接、钢筋安装	按 GB 50204—2002 规范验收合格	
4	四层①～⑯、⑯～㊲轴原材料、钢筋加工、钢筋连接、钢筋安装	按 GB 50204—2002 规范验收合格	
5	五层①～⑯、⑯～㊲轴原材料、钢筋加工、钢筋连接、钢筋安装	按 GB 50204—2002 规范验收合格	
6	六层①～⑯、⑯～㊲轴原材料、钢筋加工、钢筋连接、钢筋安装	按 GB 50204—2002 规范验收合格	
7			

说明	1. ①～⑯、⑯～㊲轴按层分别进行检验批验收，检验批部位、区段合并汇整。 2. 钢筋分项工程共 48 个检验批，其中原材料 12 个、钢筋加工 12 个、钢筋连接 12 个、钢筋安装 12 个

检查结论	预　验　合　格 项目专业技术负责人：刘赞中 2002 年 7 月 13 日	验收结论	初　验　合　格 监理工程师：王志鹏 （建设单位项目专业技术负责人） 2002 年 7 月 13 日

9. 混凝土分项工程质量验收记录（混凝土施工）（表 5-9）

混凝土分项工程质量验收记录（混凝土施工） **表 5-9**

<table>
<tr><td colspan="2">单位（子单位）工程名称</td><td colspan="2">华龙房地产鑫园小区 2 号住宅楼</td><td>结构类型</td><td>砖混</td></tr>
<tr><td colspan="2">分部（子分部）工程名称</td><td colspan="2">主体结构分部混凝土结构子分部</td><td>检 验 批 数</td><td>12</td></tr>
<tr><td colspan="2">施工单位</td><td colspan="2">建筑安装总公司直属第二项目部</td><td>项 目 经 理</td><td>王家义</td></tr>
<tr><td>序号</td><td>检验批部位、区段</td><td colspan="2">施工单位检查评定结果</td><td colspan="2">监理（建设）单位验收结论</td></tr>
<tr><td>1</td><td>一层①～⑯、⑯～㊲轴
原材料、配合比设计混凝土施工</td><td colspan="2">按 GB 50204—2002 规范验收合格</td><td colspan="2" rowspan="7">合 格</td></tr>
<tr><td>2</td><td>二层①～⑯、⑯～㊲轴
原材料、配合比设计混凝土施工</td><td colspan="2">按 GB 50204—2002 规范验收合格</td></tr>
<tr><td>3</td><td>三层①～⑯、⑯～㊲轴
原材料、配合比设计混凝土施工</td><td colspan="2">按 GB 50204—2002 规范验收合格</td></tr>
<tr><td>4</td><td>四层①～⑯、⑯～㊲轴
原材料、配合比设计混凝土施工</td><td colspan="2">按 GB 50204—2002 规范验收合格</td></tr>
<tr><td>5</td><td>五层①～⑯、⑯～㊲轴
原材料、配合比设计混凝土施工</td><td colspan="2">按 GB 50204—2002 规范验收合格</td></tr>
<tr><td>6</td><td>六层①～⑯、⑯～㊲轴
原材料、配合比设计混凝土施工</td><td colspan="2">按 GB 50204—2002 规范验收合格</td></tr>
<tr><td>7</td><td></td><td colspan="2"></td></tr>
<tr><td>说明</td><td colspan="5">1.①～⑯、⑯～㊲轴按层分别进行检验批验收，检验批部位、区段合并汇整。
2. 混凝土分项工程共 36 个检验批</td></tr>
<tr><td>检查结论</td><td colspan="2">预 验 合 格

项目专业技术负责人：刘赞义
2002 年 7 月 14 日</td><td>验收结论</td><td colspan="2">初 验 合 格

监理工程师：王志鹏
（建设单位项目专业技术负责人）
2002 年 7 月 14 日</td></tr>
</table>

10. 混凝土现浇结构分项工程质量验收记录（尺寸与外观）（表 5-10）

混凝土现浇结构分项工程质量验收记录（尺寸与外观） 表 5-10

单位（子单位）工程名称	华龙房地产鑫园小区 2 号住宅楼	结构类型	砖混
分部（子分部）工程名称	主体结构分部混凝土结构子分部	检验批数	24（12）
施工单位	建筑安装总公司直属第二项目部	项目经理	王家义

序号	检验批部位、区段	施工单位检查评定结果	监理（建设）单位验收结论
1	一层①～⑯、⑯～㊲轴现浇结构外观、尺寸	按 GB 50204—2002 规范验收合格	合　　格
2	二层①～⑯、⑯～㊲轴现浇结构外观、尺寸	按 GB 50204—2002 规范验收合格	
3	三层①～⑯、⑯～㊲轴现浇结构外观、尺寸	按 GB 50204—2002 规范验收合格	
4	四层①～⑯、⑯～㊲轴现浇结构外观、尺寸	按 GB 50204—2002 规范验收合格	
5	五层①～⑯、⑯～㊲轴现浇结构外观、尺寸	按 GB 50204—2002 规范验收合格	
6	六层①～⑯、⑯～㊲轴现浇结构外观、尺寸	按 GB 50204—2002 规范验收合格	
7			
说明	1. ①～⑯、⑯～㊲轴按层分别进行检验批验收，检验批部位、区段合并汇整。 2. 混凝土现浇结构分项工程共 24 个检验批，其中外观 12 个、尺寸 12 个，如合并检查时为 12 个		

检查结论	预　验　合　格 项目专业技术负责人：刘赞义 2002 年 7 月 15 日	验收结论	初　验　合　格 监理工程师：王志鹏 （建设单位项目专业技术负责人） 2002 年 7 月 15 日

11. 砖砌体（混水）工程检验批质量验收记录（表 5-11）

砖砌体（混水）工程检验批质量验收记录表 **表 5-11**

单位(子单位)工程名称	华龙房地产鑫园小区 2 号住宅楼		
分部(子分部)工程名称	主体结构分部	验 收 部 位	一层①～⑯轴
施工单位	建筑安装总公司直属第二项目部	项 目 经 理	王家义
分包单位	—	分包项目经理	—
施工执行标准名称及编号	QBJ-001-1		

检控项目	序号	质量验收规范规定		施工单位检查评定记录										监理(建设)单位验收记录
主控项目	1	砖强度等级	设计要求 MU	试验编号 E-0556 和 E-0445 号烧结普通砖与多孔砖资料报告符合 MU10 要求										经共同检查验收主控项目质量符合合格等级要求，计数检查合格点率 100%
	2	砂浆强度等级	设计要求 M	试验编号 0111-218、0111-213 报告符合 M5.0 要求										
	3	砌筑及斜槎留置	第 5.2.3 条	纵横墙连接处均有构造柱										
	4	直槎拉结钢筋及接槎处理	第 5.2.4 条	拉结筋 240 墙 2 根，370 墙 3 根，伸入长度 1000mm										
		项 目	允许偏差(mm)	量测值(mm)										
	5	水平灰缝砂浆饱满度	≥80%	85	89	92	97	95	90	90	96	97		
	6	轴线位移	≤10mm	5 7	7 6	4 5	5 3	2 5	7 8	6 5	5 7	4 5	7 9	
	7	垂直度	≤5mm	3	3	5	4	4	3					
一般项目	1	组砌方法	第 5.3.1 条	组砌正确，上下错缝、内外墙加筋与混凝土连接										经共同检查验收一般项目质量符合合格等级要求。计数检查合格率均达到 80% 以上
		项 目	允许偏差(mm)	量测值(mm)										
	2	水平灰缝厚度	灰缝：10mm，不大于 12mm，不少于 8mm	10	9	10	8	9	9	9	10	9	8	
	3	基础顶(楼)面标高	±15mm 以内	6	5	7	3	9	6	7	6	6	5	
	4	表面平整度	清水墙、柱 5mm 混水墙、柱 8mm	6	4	3	3	5	7	5	5	6	6	
	5	门窗洞口	±5mm 以内	2	⑥	2	⑦	3	3	5	2	3	2	
	6	窗口偏移	20mm	8	10	10	9	12	9					
	7	水平灰缝平直度	清水 7mm 混水 10mm	5	6	8	⑫	8	9					

施工单位检查评定结果	专业工长(施工员)	牛芳铭	施工班组长	张长河
	预 验 合 格 项目专业质量检查员：韩建新 2002 年 5 月 2 日			
监理(建设)单位验收结论	初 验 合 格 专业监理工程师：王志鹏 (建设单位项目专业技术负责人)： 2002 年 5 月 2 日			

12. 现浇结构模板安装检验批质量验收记录（表 5-12）

现浇结构模板安装检验批质量验收记录 **表 5-12**

单位(子单位)工程名称	华龙房地产鑫园小区 2 号住宅楼		
分部(子分部)工程名称	主体结构混凝土子分部工程	验 收 部 位	一层①～⑯轴梁板楼梯
施工单位	建筑安装总公司直属第二项目部	项 目 经 理	王家义
分包单位		分包项目经理	
施工执行标准名称及编号	QBJ-002-1		

检控项目	序号	质量验收规范规定			施工单位检查评定记录										监理(建设)单位验收记录
主控项目	1	模板、支架、立柱及垫板		第 4.2.1 条	模板、支架支撑、立柱上下对齐、支垫通板										经共同检查验收主控项目质量符合合格等级要求
	2	涂刷隔离剂		第 4.2.2 条	隔离剂涂刷未污染钢筋										
一般项目	1	模板安装		第 4.2.3 条	支撑稳固、拼缝严密、墙面平整、位置准确										经共同检查验收一般项目质量符合合格等级要求。计数检查合格率均达到 80% 以上
	2	用作模板的地坪与胎膜		第 4.2.4 条	支柱基土已夯实										
	3	模板起拱		第 4.2.5 条	模板起拱 1.5/1000										
		项 目		允许偏差(mm)	量 测 值 (mm)										
	4	预埋钢板中心线位置		3											
	5	预埋管、预留孔中心线位置		3											
	6	插筋	中心线位置	5											
			外露长度	+10,0											
	7	预埋螺栓	中心线位置	2											
			外露长度	+10,0											
	8	预留洞	中心线位置	10	8	8	⑪	5	7	6					
			外露长度	+10,0	4	2	3	2	1	3					
	9	轴线位置纵、横两个方向		5											
	10	底模上表面标高		±5	3	2	2	5	⑥	3					
	11	截面内部尺寸	基础	±10											
			柱、墙、梁	+4,-5											
	12	层高垂直度	不大于 5m	6	5	4	3	6							
			大于 5m	8											
	13	相邻两板表面高低差		2											
	14	表面平整度		5	3	2	3	⑥	2	2					

施工单位检查评定结果	专业工长(施工员)	牛芳铭	施工班组长	邱瑞林
	合 格 项目专业质量检查员：韩建新 2002 年 5 月 16 日			
监理(建设)单位验收结论	合 格 专业监理工程师：王志鹏 (建设单位项目专业技术负责人)： 2002 年 5 月 16 日			

13. 现浇结构模板拆除检验批质量验收记录（表 5-13）

模板拆除检验批质量验收记录 **表 5-13**

<table>
<tr><td colspan="3">单位(子单位)工程名称</td><td colspan="4">华龙房地产鑫园小区 2 号住宅楼</td></tr>
<tr><td colspan="3">分部(子分部)工程名称</td><td colspan="2">主体结构混凝土子分部工程</td><td>验收部位</td><td>一层①～⑯轴楼板</td></tr>
<tr><td colspan="2">施工单位</td><td colspan="3">建筑安装总公司直属第二项目部</td><td>项目经理</td><td>王家义</td></tr>
<tr><td colspan="2">分包单位</td><td colspan="3"></td><td>分包项目经理</td><td></td></tr>
<tr><td colspan="3">施工执行标准名称及编号</td><td colspan="4">QBJ-002-1</td></tr>
<tr><td>检控项目</td><td>序号</td><td colspan="2">质量验收规范规定</td><td colspan="2">施工单位检查评定记录</td><td>监理(建设)单位验收记录</td></tr>
<tr><td rowspan="3">主控项目</td><td>1</td><td>底模及其支架拆除</td><td>第 4.3.1 条</td><td colspan="2">底模及支架拆除混凝土强度等级达 100%</td><td rowspan="3">经共同检查验收主控项目质量符合合格等级要求</td></tr>
<tr><td>2</td><td>后张预应力混凝土构件模板拆除</td><td>第 4.3.2 条</td><td colspan="2">—</td></tr>
<tr><td>3</td><td>后浇带模板的拆除和支顶</td><td>第 4.3.3 条</td><td colspan="2">—</td></tr>
<tr><td rowspan="2">一般项目</td><td>1</td><td>侧模拆除对混凝土强度要求</td><td>第 4.3.4 条</td><td colspan="2">侧模拆除混凝土强度达 75%</td><td rowspan="2">经共同检查验收一般项目质量符合合格等级要求。合格率均达到 80%以上</td></tr>
<tr><td>2</td><td>对模板拆除的操作要求</td><td>第 4.3.5 条</td><td colspan="2">操作规范，施工中没有形成冲击荷载或乱堆放等</td></tr>
<tr><td colspan="2" rowspan="2">施工单位检查评定结果</td><td colspan="2">专业工长(施工员)</td><td>牛芳铭</td><td>施工班组长</td><td>邱瑞林</td></tr>
<tr><td colspan="5">预 验 合 格
项目专业质量检查员：韩建新　　2002 年 6 月 14 日</td></tr>
<tr><td colspan="2">监理(建设)单位验收结论</td><td colspan="5">初 验 合 格
专业监理工程师：王志鹏
(建设单位项目专业技术负责人)：　　2002 年 6 月 14 日</td></tr>
</table>

14. 钢筋原材料检验批质量验收记录（表 5-14）

钢筋原材料检验批质量验收记录 表 5-14

<table>
<tr><td colspan="3">单位(子单位)工程名称</td><td colspan="4">华龙房地产鑫园小区 2 号住宅楼</td></tr>
<tr><td colspan="3">分部(子分部)工程名称</td><td colspan="2">主体结构分部混凝土结构子分部</td><td>验 收 部 位</td><td>一层①～⑯顶板</td></tr>
<tr><td>施工单位</td><td colspan="4">建筑安装总公司直属第二项目部</td><td>项 目 经 理</td><td>王家义</td></tr>
<tr><td>分包单位</td><td colspan="4"></td><td>分包项目经理</td><td></td></tr>
<tr><td colspan="3">施工执行标准名称及编号</td><td colspan="4">QBJ002-2</td></tr>
<tr><td>检控项目</td><td>序号</td><td colspan="2">质量验收规范规定</td><td colspan="2">施工单位检查评定记录</td><td>监理(建设)单位验收记录</td></tr>
<tr><td rowspan="7">主控项目</td><td>1</td><td>钢筋进场抽检</td><td>第 5.2.1 条</td><td colspan="2">进场钢筋已全检,4 张试验单编号为:0208-458、G-1784、G201-419、G1787</td><td rowspan="7">经共同检查验收主控项目质量符合合格等级要求</td></tr>
<tr><td>2</td><td>抗震框架结构用钢筋</td><td>第 5.2.2 条</td><td colspan="2">—</td></tr>
<tr><td></td><td>抗拉强度与屈服强度比值</td><td>≥1.25</td><td colspan="2">—</td></tr>
<tr><td></td><td>屈服强度与强度标准值</td><td>≤1.3</td><td colspan="2">—</td></tr>
<tr><td>3</td><td>钢筋脆断、性能不良等的检验</td><td>第 5.2.3 条</td><td colspan="2">—</td></tr>
<tr><td></td><td></td><td></td><td colspan="2"></td></tr>
<tr><td></td><td></td><td></td><td colspan="2"></td></tr>
<tr><td rowspan="6">一般项目</td><td>1</td><td>钢筋外观质量</td><td>第 5.2.4 条</td><td colspan="2">外观平直、无损伤、无裂纹及锈斑</td><td rowspan="6">经共同检查验收一般项目质量符合合格等级要求。计数检查合格率均达到 80% 以上</td></tr>
<tr><td></td><td></td><td></td><td colspan="2"></td></tr>
<tr><td></td><td></td><td></td><td colspan="2"></td></tr>
<tr><td></td><td></td><td></td><td colspan="2"></td></tr>
<tr><td></td><td></td><td></td><td colspan="2"></td></tr>
<tr><td></td><td></td><td></td><td colspan="2"></td></tr>
<tr><td colspan="2" rowspan="2">施工单位检查评定结果</td><td colspan="2">专业工长(施工员)</td><td>牛芳铭</td><td>施工班组长</td><td>景春林</td></tr>
<tr><td colspan="5">预 验 合 格
项目专业质量检查员:韩建新 2002 年 5 月 16 日</td></tr>
<tr><td colspan="2">监理(建设)单位验收结论</td><td colspan="5">初 验 合 格
专业监理工程师:王志鹏
(建设单位项目专业技术负责人): 2002 年 5 月 16 日</td></tr>
</table>

15. 钢筋加工检验批质量验收记录（表 5-15）

钢筋加工检验批质量验收记录 **表 5-15**

<table>
<tr><td colspan="3">单位(子单位)工程名称</td><td colspan="13">华龙房地产鑫园小区2号住宅楼</td></tr>
<tr><td colspan="3">分部(子分部)工程名称</td><td colspan="10">主体结构分部混凝土结构子分部</td><td colspan="2">验收部位</td><td>一层①～⑯顶板</td></tr>
<tr><td colspan="3">施工单位</td><td colspan="10">建筑安装总公司直属第二项目部</td><td colspan="2">项目经理</td><td>王家义</td></tr>
<tr><td colspan="3">分包单位</td><td colspan="10"></td><td colspan="2">分包项目经理</td><td></td></tr>
<tr><td colspan="3">施工执行标准名称及编号</td><td colspan="13">QBJ002-2</td></tr>
<tr><td>检控项目</td><td>序号</td><td colspan="2">质量验收规范规定</td><td colspan="11">施工单位检查评定记录</td><td>监理(建设)单位验收记录</td></tr>
<tr><td rowspan="4">主控项目</td><td>1</td><td>钢筋的弯钩和弯折</td><td>第5.3.1条</td><td colspan="11">弯起距离符合设计要求，Ⅰ级钢弯后平直长度3d，Ⅱ级钢5d</td><td rowspan="4">经共同检查验收主控项目质量符合合格等级要求</td></tr>
<tr><td>2</td><td>箍筋弯钩形式</td><td>第5.3.2条</td><td colspan="11">箍筋弯钩135°</td></tr>
<tr><td></td><td></td><td></td><td colspan="11"></td></tr>
<tr><td></td><td></td><td></td><td colspan="11"></td></tr>
<tr><td rowspan="8">一般项目</td><td>1</td><td>钢筋的机械调直与冷拉调直</td><td>第5.3.3条</td><td colspan="11"></td><td rowspan="8">经共同检查验收一般项目质量符合合格等级要求，计数检查合格点率达80%以上</td></tr>
<tr><td></td><td>项目</td><td>允许偏差(mm)</td><td colspan="11">量测值（mm）</td></tr>
<tr><td>2</td><td>受力钢筋顺长度方向全长的净尺寸</td><td>±10</td><td>8</td><td>9</td><td>3</td><td>2</td><td>6</td><td>8</td><td>8</td><td>3</td><td>⑪</td><td colspan="2">10</td></tr>
<tr><td>3</td><td>弯起钢筋的弯折位置</td><td>±20</td><td>8</td><td>㉒</td><td>5</td><td>6</td><td>7</td><td>15</td><td>13</td><td>9</td><td>6</td><td colspan="2">10</td></tr>
<tr><td>4</td><td>箍筋内净尺寸</td><td>±5</td><td></td><td></td><td></td><td></td><td></td><td></td><td></td><td></td><td></td><td colspan="2"></td></tr>
<tr><td></td><td></td><td></td><td colspan="11"></td></tr>
<tr><td></td><td></td><td></td><td colspan="11"></td></tr>
<tr><td></td><td></td><td></td><td colspan="11"></td></tr>
<tr><td colspan="3" rowspan="2">施工单位检查评定结果</td><td colspan="3">专业工长(施工员)</td><td colspan="5">牛芳铭</td><td colspan="4">施工班组长</td><td>景春林</td></tr>
<tr><td colspan="13">预验合格
项目专业质量检查员：韩建新　　2002年5月16日</td></tr>
<tr><td colspan="3">监理(建设)单位验收结论</td><td colspan="13">初验合格
专业监理工程师：王志鹏
(建设单位项目专业技术负责人)：　　2002年5月16日</td></tr>
</table>

16. 钢筋连接检验批质量验收记录（表 5-16）

钢筋连接检验批质量验收记录 **表 5-16**

<table>
<tr><td colspan="3">单位(子单位)工程名称</td><td colspan="6">华龙房地产鑫园小区 2 号住宅楼</td></tr>
<tr><td colspan="3">分部(子分部)工程名称</td><td colspan="3">主体结构分部混凝土结构子分部</td><td>验 收 部 位</td><td colspan="2">一层①～⑯顶板</td></tr>
<tr><td colspan="2">施工单位</td><td colspan="4">建筑安装总公司直属第二项目部</td><td>项 目 经 理</td><td colspan="2">王家义</td></tr>
<tr><td colspan="2">分包单位</td><td colspan="4"></td><td>分包项目经理</td><td colspan="2"></td></tr>
<tr><td colspan="3">施工执行标准名称及编号</td><td colspan="6">QBJ002-2</td></tr>
<tr><td>检控项目</td><td>序号</td><td colspan="3">质量验收规范规定</td><td colspan="3">施工单位检查评定记录</td><td>监理(建设)单位验收记录</td></tr>
<tr><td rowspan="2">主控项目</td><td>1</td><td colspan="2">纵向受力钢筋连接</td><td>第 5.4.1 条</td><td colspan="3">焊接。符合设计要求</td><td rowspan="2">经共同检查验收主控项目质量符合合格等级要求</td></tr>
<tr><td>2</td><td colspan="2">钢筋连接的试件检验</td><td>第 5.4.2 条</td><td colspan="3">试件数量符合要求，2 张焊接报告，编号为：0110-110、0110-72</td></tr>
<tr><td rowspan="6">一般项目</td><td>1</td><td colspan="2">钢筋接头位置的设置</td><td>第 5.4.3 条</td><td colspan="3">接头至弯点距离≥10d</td><td rowspan="6">经共同检查验收一般项目质量符合合格等级要求。计数检查合格点率均达到 80%以上</td></tr>
<tr><td>2</td><td colspan="2">钢筋连接的外观检查</td><td>第 5.4.4 条</td><td colspan="3">符合 JGJ18 的规定</td></tr>
<tr><td>3</td><td colspan="2">钢筋连接的接头百分率</td><td>第 5.4.5 条</td><td colspan="3">钢筋连接接头百分率≤50%</td></tr>
<tr><td>4</td><td colspan="2">绑扎钢筋接头百分率</td><td>第 5.4.6 条</td><td colspan="3">绑接接头≤50%</td></tr>
<tr><td>5</td><td colspan="2">梁柱类构件的箍筋配置</td><td>第 5.4.7 条</td><td colspan="3">构造柱上下各 500mm 长</td></tr>
<tr><td></td><td colspan="2"></td><td></td><td colspan="3">加长区钢筋符合要求</td></tr>
<tr><td colspan="2" rowspan="2">施工单位检查评定结果</td><td colspan="2">专业工长(施工员)</td><td colspan="2">牛芳铭</td><td>施工班组长</td><td colspan="2">景春林</td></tr>
<tr><td colspan="7">项目专业质量检查员：韩建新　　预验合格　　2002 年 5 月 21 日</td></tr>
<tr><td colspan="2">监理(建设)单位验收结论</td><td colspan="7">专业监理工程师：　王志鹏　　初验合格
(建设单位项目专业技术负责人)：　　2002 年 5 月 21 日</td></tr>
</table>

17. 钢筋安装检验批质量验收记录（表 5-17）

钢筋安装检验批质量验收记录 **表 5-17**

单位（子单位）工程名称	华龙房地产鑫园小区 2 号住宅楼		
分部（子分部）工程名称	主体结构分部混凝土结构子分部	验 收 部 位	一层①～⑯顶板
施工单位	建筑安装总公司直属第二项目部	项 目 经 理	王家义
分包单位		分包项目经理	
施工执行标准名称及编号	QBJ002-2		

检控项目	序号	质量验收规范规定			施工单位检查评定记录										监理（建设）单位验收记录
主控项目	1	受力钢筋的品种、级别规格与数量		第 5.5.1 条	符合设计要求										经共同检查验收主控项目质量符合合格等级要求
一般项目	1	绑扎钢筋网	长、宽	±10											经共同检查验收一般项目质量符合合格等级要求。合格点率均达到 80% 以上，无严重缺陷
			网眼尺寸	±20											
	2	绑扎钢筋骨架	长	±10											
			宽、高	±5											
	3	受力钢筋	间距	±10	6	8	7	6	5	⑪	6	8	12	9	
			排距	±5											
	4	保护层厚度	基础	±10											
			柱、梁	±5	4	⑥	2	3	5	4	3	3	2	5	
			板、墙、壳	±3	3	2	2	1	④	2	3	3	2	3	
	5	绑扎箍筋、横向钢筋间距		±20	12	18	6	8	11	13	17	18	20	8	
	6	钢筋弯起点位置		20											
	7	预埋件	中心线位置	5											
			水平高差	+3，0											
		注：1. 检查埋件中心线位置时，应沿纵、横两个方向量测、并取其中的较大值；2. 表中梁类、板类构件上部纵向受力钢筋保护层厚度的合格点率应达到 90% 及以上，且不得有超过表中数值 1.5 倍的尺寸偏差													

施工单位检查评定结果	专业工长（施工员）	牛芳铭	施工班组长	景春林
	项目专业质量检查员：韩建新	预验合格		2002 年 5 月 21 日
监理（建设）单位验收结论	专业监理工程师： 王志鹏 初验合格 （建设单位项目专业技术负责人）：			2002 年 5 月 21 日

18. 混凝土原材料检验批质量验收记录（表 5-18）

混凝土原材料检验批质量验收记录 **表 5-18**

单位（子单位）工程名称		华龙房地产鑫园小区 2 号住宅楼			
分部（子分部）工程名称		主体结构分部混凝土结构子分部		验 收 部 位	一层①～⑯梁板、楼梯
施工单位		建筑安装总公司直属第二项目部		项 目 经 理	王家义
分包单位				分包项目经理	
施工执行标准名称及编号		QBJ002-3			
检控项目	序号	质 量 验 收 规 范 规 定		施工单位检查评定记录	监理（建设）单位验收记录
主控项目	1	进场水泥的检复验	第 7.2.1 条	进场后见证取样，详试验报告，报告编号（如 0202-474），符合水泥标准要求	经共同检查验收主控项目质量符合合格等级要求
	2	外加剂的质量标准	第 7.2.2 条		
	3	氯化物和碱总含量	第 7.2.3 条	符合 GB 50010—2002 第 3.4.2 条要求	
一般项目	1	掺用矿物掺合料质量	第 7.2.4 条	未掺加掺合料	经共同检查验收一般项目质量符合合格等级要求
	2	粗、细骨料质量	第 7.2.5 条	粗细骨料均符合相应标准要求，试验报告编号分别为	
	3	拌制混凝土用水	第 7.2.6 条	用饮用水	
施工单位检查评定结果	专业工长（施工员）		牛芳铭	施工班组长	陈岩峰
	项目专业质量检查员： 韩建新		预验合格		2002 年 5 月 23 日
监理（建设）单位验收结论	专业监理工程师： 王志鹏		初验合格		
	（建设单位项目专业技术负责人）：				2002 年 5 月 23 日

19. 混凝土配合比设计检验批质量验收记录（表 5-19）

混凝土配合比设计检验批质量验收记录　　表 5-19

<table>
<tr><td colspan="3">单位（子单位）工程名称</td><td colspan="3">华龙房地产鑫园小区 2 号住宅楼</td></tr>
<tr><td colspan="3">分部（子分部）工程名称</td><td colspan="2">主体结构分部混凝土结构子分部</td><td>验收部位：一层①~⑯梁板、楼梯</td></tr>
<tr><td colspan="2">施工单位</td><td colspan="3">建筑安装总公司直属第二项目部</td><td>项目经理：王家义</td></tr>
<tr><td colspan="2">分包单位</td><td colspan="3"></td><td>分包项目经理：</td></tr>
<tr><td colspan="3">施工执行标准名称及编号</td><td colspan="3">QBJ002-3</td></tr>
<tr><td>检控项目</td><td>序号</td><td colspan="2">质量验收规范规定</td><td>施工单位检查评定记录</td><td>监理（建设）单位验收记录</td></tr>
<tr><td>主控项目</td><td>1</td><td>混凝土应按国家现行标准《普通混凝土配合比设计规程》JGJ55 的有关规定，根据混凝土强度等级、耐久性和工作性等要求进行配合比设计。
对有特殊要求的混凝土，尚应符合国家现行有关标准的专门规定</td><td>检查配合比设计资料</td><td>该配合比由检测中心试验室提供，所用水泥、砂、石由现场取样测试，见证人：韩建新</td><td>经共同检查验收主控项目质量符合合格等级要求</td></tr>
<tr><td rowspan="2">一般项目</td><td>1</td><td>首次使用的混凝土应进行开盘鉴定，其工作性应满足设计配合比要求。开始生产时应至少留置一组标养试件，作为验证配合比依据</td><td>检查开盘鉴定资料和试块强度试验报告</td><td>按 02115580 号配合比试验报告单执行，进行了开盘鉴定。详混凝土开盘鉴定记录，第一组试块已留置。试块编号为 01-001</td><td rowspan="2">经共同检查验收一般项目质量符合合格等级要求</td></tr>
<tr><td>2</td><td>拌制前应测定砂、石含水率，据此调整施工配合比</td><td>每工作班检查一次；
检查含水率测定结果和施工配合比通知单</td><td>砂、石含水率测定结果分别为：
砂：2.5%
石：0.5%</td></tr>
<tr><td colspan="2" rowspan="2">施工单位检查评定结果</td><td colspan="2">专业工长（施工员）：牛芳铭</td><td colspan="2">施工班组长：陈岩峰</td></tr>
<tr><td colspan="4">项目专业质量检查员：韩建新　　预　验　合　格　　2002 年 5 月 23 日</td></tr>
<tr><td colspan="2">监理（建设）单位验收结论</td><td colspan="4">专业监理工程师：　王志鹏　　初　验　合　格
（建设单位项目专业技术负责人）：　　2002 年 5 月 23 日</td></tr>
</table>

20. 混凝土施工检验批质量验收记录（表 5-20）

混凝土施工检验批质量验收记录 表 5-20

<table>
<tr><td colspan="2">单位（子单位）工程名称</td><td colspan="4">华龙房地产鑫园小区 2 号住宅楼</td></tr>
<tr><td colspan="2">分部（子分部）工程名称</td><td colspan="2">主体结构分部混凝土结构子分部</td><td>验收部位</td><td>①～⑯轴梁板、楼梯</td></tr>
<tr><td colspan="2">施工单位</td><td colspan="2">建筑安装总公司直属第二项目部</td><td>项目经理</td><td>王家义</td></tr>
<tr><td colspan="2">分包单位</td><td colspan="2"></td><td>分包项目经理</td><td></td></tr>
<tr><td colspan="2">施工执行标准名称及编号</td><td colspan="4">QBJ002-3</td></tr>
<tr><td>检控项目</td><td>序号</td><td colspan="2">质量验收规范规定</td><td>施工单位检查评定记录</td><td>监理（建设）单位验收记录</td></tr>
<tr><td rowspan="7">主控项目</td><td>1</td><td>混凝土试件的取样与留置</td><td>第 7.4.1 条</td><td>①～⑯轴混凝土数量约 80m³，连续浇筑取样共三组，其中一组标养。</td><td rowspan="7">经共同检查验收主控项目质量符合合格质量等级要求</td></tr>
<tr><td>2</td><td>抗渗混凝土的试件留置</td><td>第 7.4.2 条</td><td>无抗渗混凝土</td></tr>
<tr><td>3</td><td>混凝土原材料称量偏差</td><td>第 7.4.3 条</td><td>混凝土原材料称量分别为 4 次</td></tr>
<tr><td></td><td>1）水泥掺合料</td><td>±2%</td><td>袋装水泥称量结果均在负 1%～1.5%</td></tr>
<tr><td></td><td>2）粗、细骨料</td><td>±3%</td><td>粗、细骨料分别抽测 4 次，第一次为 3%，第二～四次为负 2%</td></tr>
<tr><td></td><td>3）水、外加剂</td><td>±2%</td><td>外加剂为容器称量液体加入量偏差均在 2%以内</td></tr>
<tr><td>4</td><td>混凝土运输、浇筑及间歇的全部时间</td><td>第 7.4.4 条</td><td>从搅拌直到入模，混凝土均在 60min 以内完成</td></tr>
<tr><td rowspan="4">一般项目</td><td>1</td><td>施工缝的位置与处理</td><td>第 7.4.5 条</td><td>①～⑯轴混凝土未留置施工缝</td><td rowspan="4">经共同检查验收一般项目质量符合合格等级要求</td></tr>
<tr><td>2</td><td>后浇带的留置位置确定和浇筑</td><td>第 7.4.6 条</td><td>①～⑯轴混凝土未留置后浇带</td></tr>
<tr><td>3</td><td>混凝土养护措施规定</td><td>第 7.4.7 条</td><td>浇注后 12h 开始浇水养护、塑料薄膜覆盖</td></tr>
<tr><td></td><td></td><td></td><td></td></tr>
<tr><td colspan="2" rowspan="2">施工单位检查评定结果</td><td>专业工长（施工员）</td><td>牛芳铭</td><td>施工班组长</td><td>陈岩峰</td></tr>
<tr><td colspan="4">预　验　合　格
项目专业质量检查员：韩建新　　2002 年 5 月 24 日</td></tr>
<tr><td colspan="2">监理（建设）单位验收结论</td><td colspan="4">初　验　合　格
专业监理工程师：王志鹏
（建设单位项目专业技术负责人）：　　2002 年 5 月 24 日</td></tr>
</table>

21. 现浇结构外观检验批质量验收记录（表 5-21）

现浇结构外观检验批质量验收记录 **表 5-21**

<table>
<tr><td colspan="3">单位（子单位）工程名称</td><td colspan="4">华龙房地产鑫园小区 2 号住宅楼</td></tr>
<tr><td colspan="3">分部（子分部）工程名称</td><td colspan="2">主体结构分部混凝土结构子分部</td><td>验 收 部 位</td><td>一层①~⑯
梁板、楼梯</td></tr>
<tr><td>施工单位</td><td colspan="4">建筑安装总公司直属第二项目部</td><td>项 目 经 理</td><td>王家义</td></tr>
<tr><td>分包单位</td><td colspan="4"></td><td>分包项目经理</td><td></td></tr>
<tr><td colspan="3">施工执行标准名称及编号</td><td colspan="4">QBJ002-2</td></tr>
<tr><td>检控项目</td><td>序号</td><td colspan="2">质 量 验 收 规 范 规 定</td><td colspan="2">施工单位检查评定记录</td><td>监理（建设）单位验收记录</td></tr>
<tr><td>主控项目</td><td>1</td><td>外观质量不应有严重缺陷，对已经出现的严重缺陷，应由施工单位提出技术处理方案，并经监理（建设）单位认可后进行处理。对经处理的部位，应重新检查验收。
全数检查。
观察，检查技术处理方案</td><td>第 8.2.1 条</td><td colspan="2">无严重缺陷</td><td>合　格</td></tr>
<tr><td>一般项目</td><td></td><td>现浇结构的外观质量不宜有一般缺陷。
对已经出现的一般缺陷，应由施工单位按技术处理方案进行处理，并重新检查验收。
全数检查。
观察，检查技术处理方案</td><td>第 8.2.2 条</td><td colspan="2">无一般缺陷</td><td>合　格</td></tr>
<tr><td colspan="2">施工单位检查结果评定</td><td colspan="5">项目专业质量检查员：　韩建新　　　预验合格　　　2002 年 7 月 10 日</td></tr>
<tr><td colspan="2">监理（建设）单位验收结论</td><td colspan="5">监理工程师　王志鹏　　　初验合格
（建设单位项目专业技术负责人）　　　2002 年 7 月 10 日</td></tr>
</table>

22. 现浇结构尺寸允许偏差检验批质量验收记录（表 5-22）

现浇结构尺寸允许偏差检验批质量验收记录 表 5-22

单位（子单位）工程名称	华龙房地产鑫园小区 2 号住宅楼		
分部（子分部）工程名称	主体结构分部混凝土结构子分部	验 收 部 位	一层①～⑯梁板、楼梯
施工单位	建筑安装总公司直属第二项目部	项 目 经 理	王家义
分包单位		分包项目经理	
施工执行标准名称及编号	QBJ002-2		

检控项目	序号	质量验收规范规定				施工单位检查评定记录										监理（建设）单位验收记录
主控项目	1	现浇结构尺寸允许偏差的检查与验收			第 8.3.1 条	板、梁轴线、垂直度、标高、表面平整度检查符合设计和规范规定										经共同检查验收主控项目质量符合合格等级要求
一般项目		现浇结构拆模后尺寸			允许偏差（mm）	量 测 值（mm）										经共同检查验收一般项目质量符合合格等级要求。合格点率均达到 80% 及其以上，且无影响结构性能的偏差
	1	轴线位置	基础		15											
			独立基础		10											
			墙、柱、梁		8	4	3	5	5	3	4	6	6	5	6	
			剪力墙		5											
	2	垂直度	层高	≤5m	8	5	6	4	6	6	⑨	6	5	7	3	
				＞5m	10											
			全高（H）		H/1000 且≤30											
	3	标高	层高		±10	9	8	8	7	⑪	7	9	8	8	7	
			全高		±30											
	4	截面尺寸			+8，-5											
	5	电梯井	井筒长、宽对定位中心线		+25,0											
			井筒全高（H）垂直度		H1000 且≤30											
	6	表面平整度			8											
	7	预埋设施中心线位置	预埋件		10											
			预埋螺栓		5											
			预埋管		5											
	8	预留洞中心线位置			15											
		注：检查轴线，中心线位置时，应沿纵、横两个方向量测，并取其中的较大值														

施工单位检查结果评定	项目专业质量检查员： 韩建新　　预验合格　　2002 年 7 月 10 日
监理（建设）单位验收结论	监理工程师 王志鹏（建设单位项目专业技术负责人）　　初验合格　　2002 年 7 月 10 日

23. 单位（子单位）工程观感质量检查记录

单位（子单位）工程观感质量检查记录 **表 5-23**

工程名称		华龙房地产开发公司鑫园小区2号住宅楼	施工单位	建筑安装总公司直属第二项目部		
序号		项目	抽查质量状况	质量评价		
				好	一般	差
1	建筑与结构	室外墙面		✓		
2		变形缝				
3		水落管，屋面			✓	
4		室内墙面		✓		
5		室内顶棚				
6		室内地面			✓	
7		楼梯、踏步、护栏		✓		
8		门窗			✓	
1	给排水与采暖	管道接口、坡度、支架		✓		
2		卫生器具、支架、阀门		✓		
3		检查口、扫除口、地漏			✓	
4		散热器、支架		✓		
1	建筑电气	配电箱、盘、板、接线盒		✓		
2		设备器具、开关、插座		✓		
3		防雷、接地				
1	通风与空调	风管、支架				
2		风口、风阀				
3		风机、空调设备				
4		阀门、支架				
5		水泵、冷却塔				
6		绝热				
1	电梯	运行、平层、开关门				
2		层门、信号系统				
3		机房				
1	智能建筑	机房设备安装及布局				
2		现场设备安装				
3						
观感质量综合评价		好				
检查结论		建筑物标高、垂直度较好，内外装修工程表面平整，无大于200cm^{2}的空鼓，阴阳角顺直，门窗洞口尺寸方正、准确，屋面防水平整，无空鼓渗漏，细部工程尚好，评为好 好 施工单位项目经理　王家义　2002年10月9日　　总监理工程师（建设单位项目负责人）　袁行键 2002年10月9日				

5.3 工程质量记录资料

5.3.1 单位（子单位）工程质量控制资料

5.3.1.1　封页

建筑工程施工技术文件

工程质量记录资料

单位（子单位）

工程质量控制资料核查记录

（Ⅰ）

工程名称 华龙房地产鑫园小区2号住宅楼

建设单位 华龙房地产开发公司

设计单位 天宇设计事务所

监理单位 诚信监理公司

施工单位 建筑安装总公司直属第二项目部

二〇〇二年十一月十五日

5.3.1.2 工程质量记录资料说明

1. 工程质量记录资料组成

工程质量记录资料通常包括：工程质量控制资料核查和工程安全与功能检验资料核查及主要功能抽查记录。这两个部分的资料统称为工程质量资料，是施工过程中形成的各个环节质量状况的基本数据和原始记录。这些资料是在建造过程中随着工程进度，根据工程需要，按照设计、规范要求进行的测试和检验，这些资料在形成过程中，经过施工、检测部门、监理、建设等环节的检审，有的通过见证取样、送样形成的，因此是真实的。这些资料是说明工程质量的一个重要组成部分，是工程技术资料的核心。

2. 工程质量记录资料要求

标准规定：工程质量控制资料和工程有关安全和功能的检测资料应完整，鉴于目前材料供应渠道中的技术资料不能完全保证，加上施工单位管理不健全等情况，因此往往使一些工程中的资料不能达到完整。如何掌握这一尺度，吴松勤同志主编的应用讲座中指出："当一个分部、子分部工程的质量控制资料虽有欠缺，但能反映其结构安全和使用功能，是满足设计要求的，则可以认定该工程质量控制资料为完整"。例如：钢材的标准要求既要有出厂合格证，又要有试验报告，即为完整，实际中，如有一批用于非重要构件的钢材没有出厂合格证，但经有资质的检测单位检测，该批钢材物理性能和化学成分均符合标准和设计要求，则可认为该批钢材技术资料是完整的。

3. 举例技术资料分类

本例按工程质量控制资料和工程安全与功能检验资料分列于后：

(1) 单位（子单位）工程质量控制资料；

(2) 单位（子单位）工程安全和功能检验资料核查及主要功能抽查记录。

4. 举例的工程质量记录资料

工程质量记录资料举例如下。

5.3.1.3 单位（子单位）工程质量控制资料核查记录

目　　录

建筑与结构

1 图纸会审、设计变更、洽商记录

1.1 图纸会审记录

1.2 设计变更

1.3 工程洽商记录

2 工程定位测量、放线记录

2.1 工程定位测量及复测记录

2.2 基槽及各层放线测量及复测记录

3 原材料出厂合格证书及进场检（试）验报告

3.1 材料（设备）进场验收记录

3.2 钢筋合格证、试验报告汇总表

3.3 钢筋合格证粘贴表

3.4　钢筋机械性能检验报告（Ⅰ级钢）
3.5　钢筋机械性能检验报告（Ⅱ级钢）
3.6　水泥合格证、试验报告汇总表
3.7　水泥合格证粘贴表
3.8　水泥试验报告
3.9　砖合格证、试验报告汇总表
3.10　砖合格证粘贴表
3.11　烧结普通砖试验报告
3.12　多孔砖试验报告
3.13　粗细骨料合格证、试验报告汇总表
3.14　粗细骨料合格证粘贴表
3.15　砂子试验报告
3.16　石子试验报告
3.17　防水材料合格证、试验报告汇总表
3.18　防水材料合格证粘贴表
3.19　防水卷材试验报告
3.20　防水涂料试验报告
4　施工试验报告及见证检验报告
4.1　钢筋连接试验报告汇总表
4.2　钢材连接试验报告（焊接）
4.3　土壤试验报告
4.4　混凝土试块试验报告汇总表
4.5　混凝土强度试配报告
4.6　混凝土试块试验报告（标养）
4.7　混凝土强度统计方法评定（标养）
4.8　同条件养护混凝土强度评定
4.9　砂浆抗压强度试验报告汇总表
4.10　砂浆试配报告单
4.11　砂浆试块试验报告
5　隐蔽工程验收记录
5.1　建筑与结构部分的隐蔽工程验收记录汇总表
5.2　隐蔽工程验收记录
6　施工记录
6.1　地基钎探记录
6.2　地基验槽记录
6.3　混凝土浇灌申请书
6.4　混凝土开盘鉴定
6.5　混凝土工程施工记录
6.6　混凝土坍落度检查记录

6.7　混凝土养护测温记录

7　门窗合格证

7.1　门窗合格证汇总表

7.2　门窗合格证粘贴表

8　地基基础、主体结构检验及抽样检测

8.1　基础结构检查验收记录（略）

8.2　主体结构验收记录

8.3　结构实体检验记录

给水、排水与采暖

1　图纸会审、设计变更、洽商记录

2　材料、配件进场检验记录

3　材料、配件出厂合格证及进场检（试）验报告

3.1　材料合格证、试验报告汇总表

3.2　合格证粘贴表

4　管道、设备强度试验、严密性试验

5　隐蔽工程验收（略）

6　系统清洗、灌水、通水、通球试验记录

6.1　管道系统吹洗（脱脂）检验记录

6.2　给排水管道灌水（通水）试验记录

6.3　室外水落排水管道通球试验记录

7　施工记录

7.1　伸缩器安装预拉伸记录

建筑电气

1　图纸会审、设计变更、洽商记录（略）

2　材料、设备进场验收记录（略）

3　材料、设备进场检（试）验报告（略）

4　接地电阻、绝缘电阻测试记录

4.1　接地电阻测试记录

4.2　绝缘电阻测试记录

5　隐蔽工程验收记录（略）

建 筑 与 结 构

1 图纸会审、设计变更、洽商记录

1.1 图纸会审记录

图 纸 会 审 记 录 **表 C2-1-1**

工程编号： 首页

工程名称		华龙房地产鑫园小区 2 号楼	会审日期及地点	02 年 3 月 22 日、华龙房地产会议室
建筑面积		$3792.68m^2$	结构类型	砖混
参加人员	设计单位	天宇设计事务所		
	施工单位	建筑总公司直属第二项目部		
	监理单位	诚信监理公司		
	建设单位	华龙房地产开发公司		
主 持 人		田利民		
记录内容		参加方对施工图设计中存在的问题或建议作出如下议定，现记录如下： 建-×× 1．M-5 门改为 1.8m 宽，高度不变； 2．卫生间防水选用聚氨酯三遍防水； 3．散水做法采用 98J100-2，宽度 900mm； 4．…… 结-×× 1．⑰轴与 C 轴交叉处构造柱取消； 2．……（以下略） 记录人：王继圣		
建设单位签章 代表：田利民		设计单位签章 代表：于克	监理单位签章 代表：袁行键	施工单位签章 代表：王家义、梁光

几点说明：

1．图纸会审记录以建设单位组织设计、监理、施工等单位正式组织图纸会审形成的图纸会审记录归存，如有数次可按时间顺序排列。

2．图纸会审按建-×、结-×、给排水与采暖、建筑电气分列，按规范规定的工程质量控制资料的排序整理归存。

3．本工程图纸会审记录，共二次。现以 3 月 22 日作例附后。

1.2 设计变更

设计变更以设计单位签发的设计变更文件为准。

几点说明：

1．设计变更必须是设计单位签发的设计变更文件。

2．设计变更文件以设计单位签发的设计变更文件的时间顺序组排。

1.3 工程洽商记录

工程洽商记录 **表 C2-1-3**

<table>
<tr><td colspan="4">工程名称：华龙房地产鑫园小区 2 号楼</td></tr>
<tr><td colspan="4">洽商事项：
施工过程中发现如下问题需与设计、建设单位洽商。计有：
1．结施 06 图：17、33、35号筋长度应延长过 E 轴 900mm，与23号筋做法一致；
2．……
（以下略）</td></tr>
<tr><td>建设单位（章）：
代表：田利民</td><td>监理单位（章）：
代表：袁行键</td><td>设计单位（章）：
代表：陈军</td><td>施工单位（章）：
代表：王家义、梁光</td></tr>
<tr><td colspan="4">2002 年 5 月 17 日</td></tr>
</table>

几点说明：

1．工程洽商记录以各方签章完成的工程洽商记录直接文件归存。

2．工程洽商记录以形成的工程洽商记录文件的时间组排装订。

3．本工程共有 8 份工程洽商记录单。以 2002 年 5 月 17 日工程洽商记录为例附后。

2 工程定位测量、放线记录

2.1 工程定位测量及复测记录

工程定位测量及复测记录表 **表 C2-2-1**

施测单位：建筑总公司第二项目部 日期：2002 年 3 月 12 日

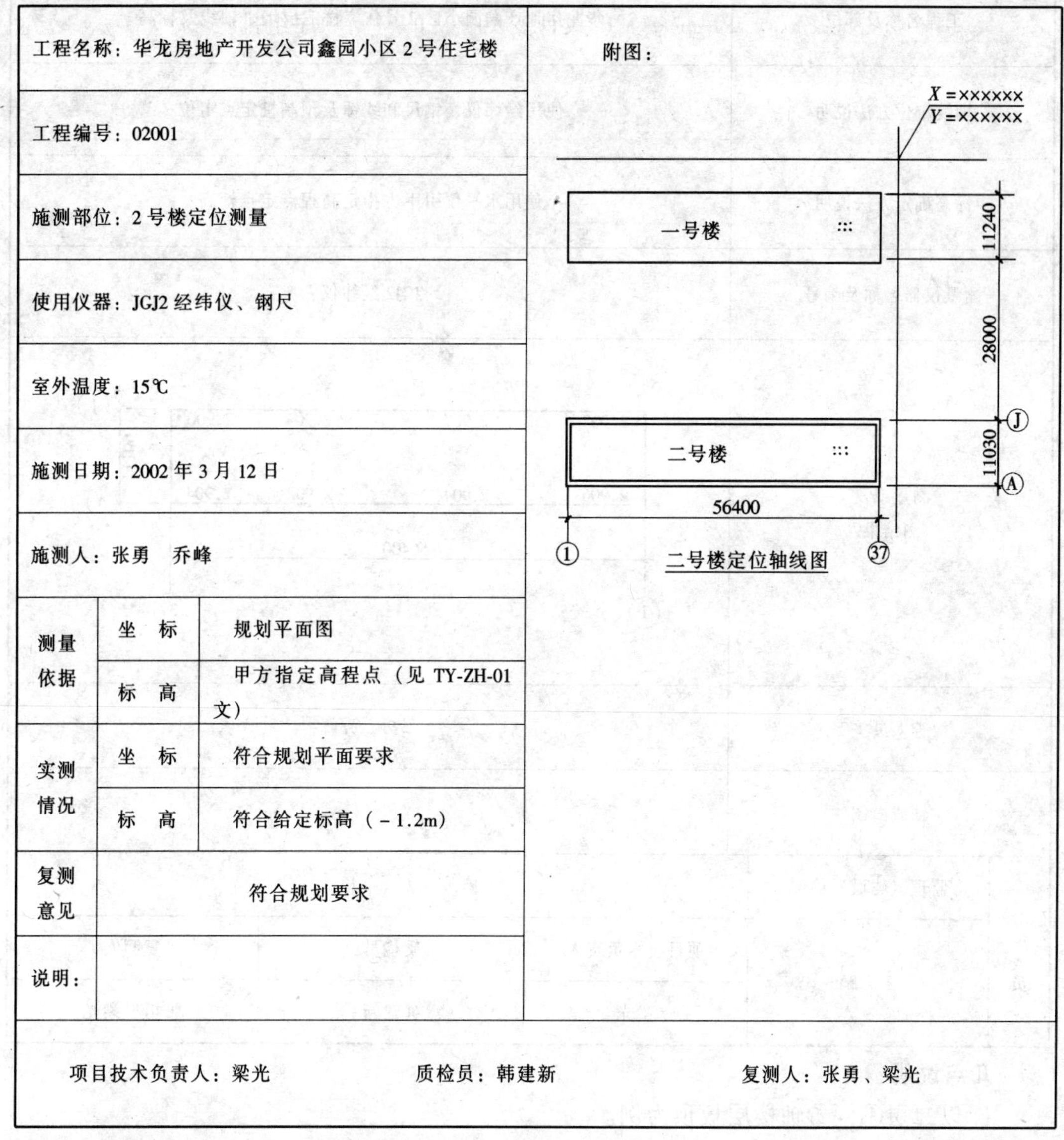

工程名称：华龙房地产开发公司鑫园小区 2 号住宅楼			附图：
工程编号：02001			
施测部位：2 号楼定位测量			
使用仪器：JGJ2 经纬仪、钢尺			
室外温度：15℃			
施测日期：2002 年 3 月 12 日			
施测人：张勇　乔峰			
测量依据	坐　标	规划平面图	
	标　高	甲方指定高程点（见 TY-ZH-01 文）	
实测情况	坐　标	符合规划平面要求	
	标　高	符合给定标高（－1.2m）	
复测意见	符合规划要求		
说明：			

项目技术负责人：梁光　　质检员：韩建新　　复测人：张勇、梁光

例表说明：

1．2 号楼在 1 号楼南侧。因 2 号楼在小区内，2 号楼引线从建设单位指定的引测标高点作为基点。

2．2 号住宅楼的引测标高等均按规划批准的总图尺寸施测。

3．本工程共有工程定位测量及复测记录 2 份，一份初测记录表、一份复测记录表，均由当地建设行政主管部门委托的规划测量部门复测进行定位测量。

注：定位测量及复测记录附图栏内，图面较大时，可放在后页作为附件。

2.2 基槽及各层放线测量及复测记录

基槽及各层放线测量及复测记录表 　　　　　　　　　　　　　　**表 C2-2-2**

日期：2002 年 5 月 26 日

<table>
<tr><td colspan="2">工程名称及部位</td><td colspan="3">华龙房地产鑫园小区 2 号住宅楼三层墙、轴线及标高</td></tr>
<tr><td colspan="2">轴线定位方法说明</td><td colspan="3">使用经纬仪、钢尺和线锤及预制桩定点定位</td></tr>
<tr><td colspan="2">标高确定方法说明</td><td colspan="3">使用水平仪引甲方指定高程点定点标高</td></tr>
<tr><td colspan="2">测量仪器名称及编号</td><td colspan="3">JGJ2 经纬仪</td></tr>
<tr><td colspan="2">测量或复测结果</td><td colspan="3">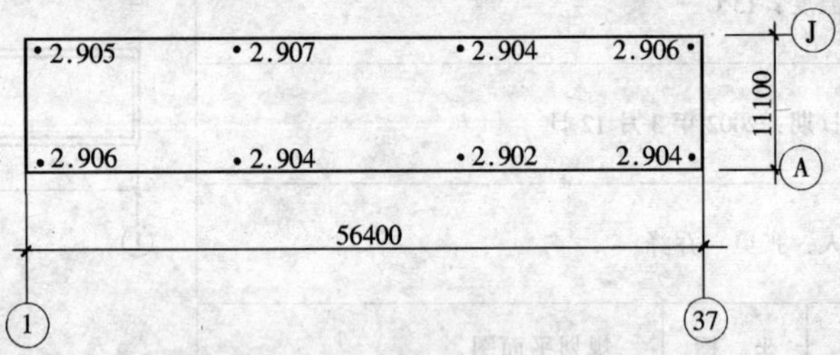
2.905
2.907
2.904
2.906
J
11100
2.906
2.904
2.902
2.904
A
56400
1
37</td></tr>
<tr><td colspan="2">检查人员签字</td><td colspan="3">张勇、乔峰</td></tr>
<tr><td colspan="2">轴线简图</td><td colspan="3"></td></tr>
<tr><td rowspan="3">参加人员</td><td>监理（建设）单位</td><td colspan="3">施　工　单　位</td></tr>
<tr><td rowspan="2">王志鹏</td><td>项目技术负责人</td><td>质检员</td><td>复测人</td></tr>
<tr><td>梁光</td><td>韩建新</td><td>张勇、梁光</td></tr>
</table>

几点说明：

1. 以二层①～㉕轴楼层板顶为例。

2. 基槽及各层放线测量及复测从 ±0.00 开始，每层的每个检验批均应有 2 个，一个初测记录表，一个复测记录表，不应缺漏。

3. ①～⑯轴为一个检验批，各初复测一次，⑯～㊲为另一个检验批，各初、复测一次。

4. 本工程共 28 个基插数各层放线测量及复测记录，其中：地下室 4 个，①～⑯轴、⑯～㊲轴各有初测 2 个，复测 2 个；±0.00 以上，共 24 个，其中，①～⑯轴、⑯～㊲轴各有初测 12 个，复测 12 个。

5. 本例以 2002 年 5 月 26 日三层楼板顶板（98.7m）复测为例附上。

3　原材料出厂合格证书及进场检（试）验报告

3.1　材料（设备）进场验收记录

材料（设备）进场验收记录（通用）　　**表 3-1**

<table>
<tr><td>收货日期
年 月 日</td><td>材料（设备）名称</td><td>单位</td><td>数量</td><td>送货单
编　号</td><td>供货单位名称</td></tr>
<tr><td>2002 年 4 月 18 日</td><td>钢　筋</td><td>吨</td><td>10.5</td><td>02375</td><td>河北省济民贸易集团公司</td></tr>
<tr><td>材料
（设备）
数量
及
质量
情况</td><td colspan="5">1. 不同品种的各自应送产品数量；
2. 不同品种的各自实收产品数量；
3. 实收质量状况

进场钢筋数量提货单上为 $\phi6.5$ 钢筋计 10.5t，共两车，目测外观质量合格，实收：10.5t，有出厂合格证。</td></tr>
<tr><td>有效
地点
及
保管
状况</td><td colspan="5">1. 露天或仓库；
2. 能否正常保管

在场地的南侧部分露天存放，用塑料布棚盖。</td></tr>
<tr><td>备
注</td><td colspan="5">1. 运输单位名称：提货单位为临运户
2. 送货人姓名：于文忠
3. 其他：</td></tr>
<tr><td colspan="6">施工单位材料员：　　　　供货单位人员：　　　　专职质检员：　　　　专业技术负责人：</td></tr>
</table>

注：1. 每品种、批次填表一次。

2. 进场验收记录为管理资料，可不归存。

3.2 钢筋合格证、试验报告汇总表

钢筋合格证、试验报告汇总表见表 C2-3-1。

钢筋合格证、试验报告汇总表 **表 C2-3-1**

工程名称：华龙房地产鑫园小区 2 号住宅楼

序号	名称规格品种	生产厂家	进场		合格证编号	复试报告日期	试验结论	主要使用部位及有关说明
			数量	时间				
一	出厂合格证							
1	ϕ6.5 圆钢	2672	8.4t	4 月 18 日	01-9398	4 月 24 日	合格	
2	ϕ10 圆钢	邯钢	12.6t	4 月 20 日	90908	4 月 30 日	合格	
3	ϕ6.5 圆钢	邯钢	12.6t	4 月 25 日	12182	4 月 28 日	合格	
4	ϕ10 圆钢	邯钢	12t	5 月 20 日	015510	5 月 24 日	合格	
5	ϕ12 圆钢	2672	2.5t	4 月 22 日	01-5560	4 月 28 日	合格	
6	Φ12 带肋钢	邯钢	6.5t	4 月 19 日	10396	4 月 24 日	合格	
7	Φ12 带肋钢	邯钢	6.5t	5 月 27 日	200351	5 月 31 日	合格	
8	Φ16 带肋钢	邯钢	4.5t	3 月 24 日	201099	3 月 31 日	合格	
9	Φ20 带肋钢	邯钢	16.5t	3 月 25 日	201248	3 月 31 日	合格	
10	Φ22 带肋钢	邯钢	8.8t	3 月 28 日	211833	3 月 31 日	合格	
二	试验报告							
1	ϕ6.5 圆钢	2672	8.4t	4 月 18 日		4 月 24 日		
2								

填表单位：建安总公司第二项目部　　审核：王家义　　制表：刘军

3.3　钢筋合格证粘贴表

钢 筋 合 格 证 粘 贴 表　　表 C2-3-2

邯郸钢铁集团有限责任公司质量证明书

合同号：　　车号：零提

收货单位：河北济民贸易集团有限公司　　到站：　　质监字第 02 - 4177　号

批号	钢号	规格	化学成分（%）					机械性能					精度级别	脱炭层	捆数
			C 碳	Mn 锰	Si 硅	P 磷	S 硫	σ_a	σ_b	δ_{10}	ψ	冷弯			
								MPa		%		180°			
3003	Q235A	ϕ6.5mm	0.17	0.50	0.170	0.023	0.026	305	435	30		完好	B		16

说明

交货状态："热轧"

检斤　　毛重　　t　皮重　　t　净重　10.5t

检查依据

GB/T701—1997

GB/T14981—94

开证员：　　签发日期：2002 年 4 月 18 日

审核：　　整理：　　2002 年 6 月 10 日

例表说明：

(1) 合格证粘贴表是为整理不同厂家提供的出厂合格证，因规格不一，为统一规格而规定的表式。本例为 ϕ6.5 的钢筋，数量为：10.5t。

(2) 钢筋合格证应按施工过程中依序形成的以上表式，经核查符合要求后全部粘贴表内，不得缺漏。

3.4 钢筋机械性能检验报告（Ⅰ级钢）

钢筋机械性能检验报告　　表 C2-3-6

委托单位：建筑总公司第二项目经理部　　试验编号：015510

工程名称	华龙房地产开发公司鑫园小区 2 号楼					委托日期	2002 年 4 月 22 日
使用部位	基础分部					报告日期	2002 年 4 月 24 日
试样名称	光圆					检验类别	委托
产　地	邯郸钢铁有限公司	代表数量		12t		炉 批 号	13306

规　格（mm）	屈服点（MPa）		抗拉强度（MPa）		伸长率（%）		弯曲条件	弯曲结果
	标准要求	实测值	标准要求	实测值	标准要求	实测值		
ϕ16（Ⅰ级钢）	≥235	290	≥370	450	≥25	32	$d=a$ 180°	完好
	≥235	300	≥370	450	≥25	32		完好
	~	~	~	~	~	~	~	
	~	~	~	~	~	~	~	

依据标准：GB13013—1991

检验结论：该样所检项目符合 R235 标准要求

备　注：本报告未经本室书面同意不得部分复制

见证单位：诚信建设监理有限公司

见证人：田庆贺

试验单位：（章）　技术负责人：苗玉杰　审核：盛家雄　试（检）验：张勇峰

3.5 钢筋机械性能检验报告（Ⅱ级钢）

钢筋机械性能检验报告 **表 C2-3-6**

委托单位：建筑总公司第二项目经理部 试验编号：10396

<table>
<tr><td>工程名称</td><td colspan="6">华龙房地产开发公司鑫园小区 2 号楼</td><td>委托日期</td><td>2002 年 4 月 22 日</td></tr>
<tr><td>使用部位</td><td colspan="6">基础分部</td><td>报告日期</td><td>2002 年 4 月 24 日</td></tr>
<tr><td>试样名称</td><td colspan="6">月牙肋</td><td>检验类别</td><td>委托</td></tr>
<tr><td>产　地</td><td colspan="2">邯郸钢铁
有限公司</td><td colspan="2">代表数量</td><td colspan="2">6.5t</td><td>炉 批 号</td><td>303822</td></tr>
<tr><td rowspan="2">规　格
(mm)</td><td colspan="2">屈服点
(MPa)</td><td colspan="2">抗拉强度
(MPa)</td><td colspan="2">伸长率
(%)</td><td rowspan="2">弯曲条件</td><td rowspan="2">弯曲结果</td></tr>
<tr><td>标准要求</td><td>实测值</td><td>标准要求</td><td>实测值</td><td>标准要求</td><td>实测值</td></tr>
<tr><td rowspan="2">Φ12
(Ⅱ级钢)</td><td>≥335</td><td>405</td><td>≥490</td><td>565</td><td>≥16</td><td>30</td><td rowspan="2">$d=3a$
180°</td><td>完好</td></tr>
<tr><td>≥335</td><td>405</td><td>≥490</td><td>565</td><td>≥16</td><td>30</td><td>完好</td></tr>
<tr><td></td><td>~</td><td>~</td><td>~</td><td>~</td><td>~</td><td>~</td><td>~</td><td></td></tr>
<tr><td></td><td>~</td><td>~</td><td>~</td><td>~</td><td>~</td><td>~</td><td>~</td><td></td></tr>
<tr><td colspan="9">依据标准：GB1499—1998</td></tr>
<tr><td colspan="9">检验结论：该样所检项目符合 HRB335 标准要求</td></tr>
<tr><td colspan="9">备　注：本报告未经本室书面同意不得部分复制
见证单位：诚信建设监理有限公司
见证人：田庆贺</td></tr>
<tr><td colspan="9">试验单位：　技术负责人：苗玉杰　审核：盛家雄　试（检）验：张勇峰</td></tr>
</table>

几点说明：

根据施工预算，该单位工程钢材（筋）总用量为 95.72t，其中：ϕ6.5:21t；ϕ10:24t；ϕ12:8.5t；ϕ12:12.6t；ϕ16:4.5t；ϕ20:16.32t；ϕ22:8.76t。

钢材出厂合格证和试验报告单的取样数量，按以下二种方法确定钢材检验批的取样数量。

(1) 以提货单作为确定钢筋验收批的数量，适用于直接运入现场并在现场加工半成品。即提货单不论个人取货或由厂家（供货商）送货，均以采购发票上的购买数量或提货单上的数量，并附有相应数量的出厂合格证作为试验取样的依据。

(2) 集中加工钢材（筋）的加工厂生产的钢材（筋）半成品，由生产单位按标准规定验收批应提供的数量作为验收批量，以此作为确定钢材（筋）验收批的一种方法。

该工程采用第一种方法提供钢材（筋）出厂合格证和试验报告单。

共提供 2 个品种，7 个规格的试验报告，共 15 张试验报告单，其中 ϕ6.5（Ⅰ级钢）的 2 个；ϕ10 的 2 个；ϕ12 的 1 个；Φ12（Ⅱ级钢）的 2 个；Φ16 的 1 个；Φ20 的 1 个；Φ22 的 1 个。今以 ϕ16 的Ⅱ级钢试验单为代表附上。

经查钢材试验报告符合规范要求。

3.6 水泥合格证、试验报告汇总表

水泥合格证、试验报告汇总表见表 C2-3-1（略），汇总统计方法与钢材类同。

3.7 水泥合格证粘贴表

水泥合格证粘贴表见表 C2-3-2（略），粘贴方法与钢材类同。

3.8 水泥试验报告

水 泥 试 验 报 告 **表 C2-3-12**

委托单位：建筑总公司第二项目经理部 试验编号：02115350

<table>
<tr><td>工程名称</td><td colspan="4">华龙房地产开发公司鑫园小区 2 号住宅楼</td><td colspan="2">使用说明</td><td colspan="2">基础</td></tr>
<tr><td>水泥品种</td><td>矿渣</td><td>强度等级</td><td colspan="2">32.5 级</td><td colspan="2">委托日期</td><td colspan="2">2002 年 3 月 2 日</td></tr>
<tr><td>批　　号</td><td colspan="4"></td><td colspan="2">检验类别</td><td colspan="2">委托</td></tr>
<tr><td>生 产 厂</td><td>鼓石</td><td>代表批量</td><td colspan="2">56t</td><td colspan="2">报告日期</td><td colspan="2">2002 年 3 月 31 日</td></tr>
<tr><td>检验项目</td><td>标准要求</td><td>实测结果</td><td colspan="2">检验项目</td><td colspan="2">标准要求</td><td colspan="2">实测结果</td></tr>
<tr><td>细　　度</td><td>~</td><td>~</td><td colspan="2">初　　凝</td><td colspan="2">≥45min</td><td colspan="2">350min</td></tr>
<tr><td>标稠用水量</td><td>~</td><td>26.6%</td><td colspan="2">终　　凝</td><td colspan="2">≥600min</td><td colspan="2">485min</td></tr>
<tr><td>胶砂流动度</td><td>~</td><td>~</td><td colspan="2">安 定 性</td><td colspan="2"></td><td colspan="2"></td></tr>
<tr><td></td><td></td><td></td><td colspan="2"></td><td colspan="2"></td><td colspan="2"></td></tr>
<tr><td rowspan="2">强　　度
检　　验</td><td colspan="2">抗折强度（MPa)</td><td colspan="4">抗压强度（MPa)</td><td colspan="2" rowspan="3">快测强度
（MPa）</td></tr>
<tr><td>d</td><td>28d</td><td colspan="2">d</td><td colspan="2">28d</td></tr>
<tr><td>标准要求</td><td>2.5</td><td>5.5</td><td colspan="2">10.0</td><td colspan="2">32.5</td></tr>
<tr><td rowspan="3">测
定
值</td><td>3.08</td><td>6.72</td><td>12.5</td><td>12.5</td><td>39.4</td><td>37.8</td><td>~</td><td>~</td></tr>
<tr><td>3.03</td><td>7.30</td><td>11.9</td><td>12.2</td><td>39.7</td><td>36.9</td><td>~</td><td>~</td></tr>
<tr><td>3.16</td><td>7.08</td><td>12.2</td><td>12.8</td><td>40.0</td><td>38.1</td><td>~</td><td>~</td></tr>
<tr><td>实测结果</td><td>3.1</td><td>7.0</td><td colspan="2">12.4</td><td colspan="2">38.7</td><td colspan="2"></td></tr>
<tr><td colspan="9">依据标准：GB1344—1999</td></tr>
<tr><td colspan="9">检验结论：所检项目符合矿渣 32.5 级水泥标准要求</td></tr>
<tr><td colspan="9">备　注：本报告未经本室书面同意不得部分复制
见证单位：诚信建设监理有限公司
见证人：田庆贺</td></tr>
<tr><td colspan="9">试验单位：　技术负责人：苗玉杰　审核：盛家雄　试（检）验：张勇峰</td></tr>
</table>

几点说明：

（1）水泥的验收批抽样检验按“提货单”数量为依据。

（2）根据施工预算该单位工程水泥总用量为 536.37t，其中：32.5：446.88t；27.5:89.49t。

（3）该工程共提供试验报告和出厂合格证各 16 份，其中：太行山牌，32.5:3 份；石台山牌，32.5:2 份；鼓岭牌，27.5:3 份。

以一次购进量最多的石台山（32.5）牌，代表批量 80t，附上作为例表。

经查：水泥出厂合格证、试验报告单从供货时间、数量、品种核查，符合要求。

3.9 砖合格证、试验报告汇总表

砖合格证、试验报告汇总表（表 C2-3-1）（略），汇总统计方面与钢材类同。

3.10 砖合格证粘贴表

砖合格证粘贴表见表 C2-3-2（略），粘贴方法与钢材类同。

3.11 烧结普通砖试验报告

烧结普通砖试验报告 **表 C2-3-15**

委托单位：建筑总公司第二项目经理部 试验编号：02115584

<table>
<tr><td>工程名称</td><td colspan="3">华龙房地产开发公司鑫园小区 2 号住宅楼</td><td>委托日期</td><td colspan="2">2002 年 3 月 22 日</td></tr>
<tr><td>使用部位</td><td colspan="3">主体</td><td>报告日期</td><td colspan="2">2002 年 3 月 25 日</td></tr>
<tr><td>强度级别</td><td>MU10</td><td>代表批量</td><td>8 万块</td><td>检验类别委托</td><td colspan="2"></td></tr>
<tr><td>生 产 厂</td><td colspan="2">邯县</td><td>规格尺寸</td><td colspan="3">240×115×53</td></tr>
<tr><td rowspan="3">烧结普通砖
抗压检验</td><td colspan="2">强度平均值（MPa）</td><td colspan="2">强度标准值/最小值（MPa）</td><td rowspan="2">强度标准差（MPa）</td><td rowspan="2">变异系数</td></tr>
<tr><td>标准要求</td><td>实测结果</td><td>标准要求</td><td>实测结果</td></tr>
<tr><td>≥10.0</td><td>15.1</td><td>≥6.5</td><td>10.6</td><td>3.68</td><td>0.24</td></tr>
<tr><td rowspan="3">砌块</td><td colspan="2">强度平均值（MPa）</td><td colspan="2" rowspan="2">干燥表观密度
（kg/m³）</td><td colspan="2">抗折强度（MPa）</td></tr>
<tr><td>平均值</td><td>最小值</td><td>最大值</td><td>最小值</td></tr>
<tr><td>—</td><td>—</td><td colspan="2">—</td><td>—</td><td>—</td></tr>
<tr><td>检验项目</td><td>泛 霜</td><td>石灰爆裂</td><td>冻 融</td><td>吸水率</td><td colspan="2">饱和系数</td></tr>
<tr><td>实测结果</td><td>—</td><td>—</td><td>—</td><td>—</td><td colspan="2">—</td></tr>
<tr><td colspan="7">依据标准：GB/ T 5101—1998</td></tr>
<tr><td colspan="7">检验结论：所检项目符合烧结普通砖 MU10 标准要求</td></tr>
<tr><td colspan="7">备 注：本报告未经本室书面同意不得部分复制
见证单位：诚信建设监理有限公司
见证人：田庆贺</td></tr>
<tr><td colspan="7">试验单位： 技术负责人：苗玉杰 审核：盛家雄 试（检）验：张勇峰</td></tr>
</table>

几点说明：

（1）根据施工预算，该单位工程多孔砖总用量为 12.85 万块，普通粘土砖总用量为 47.4 万块，加气混凝土砌块 42.3m³。

3.12　多孔砖试验报告

多孔砖试验报告表　　**表 C2-3-16**

委托单位：建筑总公司第二项目经理部　　试验编号：

工程名称	华龙房地产开发公司鑫园小区2号住宅楼				委托日期		2002年3月22日	
使用部位	主体				报告日期		2002年3月25日	
强度级别	MU10	代表批量	8万块		检验类别委托			
生　产　厂	邯县		规格尺寸		240×115×90			
烧结普通砖抗压检验	强度平均值（MPa）		强度标准值/最小值（MPa）				强度标准差（MPa）	变异系数
	标准要求	实测结果	标准要求		实测结果			
	≥10.0	15.2	≥6.5		13.6		0.9	0.24
砌块	强度平均值（MPa）		干燥表观密度（kg/m³）				抗折强度（MPa）	
	平均值	最小值					最大值	最小值
	—	—	—				—	—
检验项目	泛　　霜	石灰爆裂	冻　　融		吸水率		饱和系数	
实测结果	—	—	—		—		—	
依据标准：GB/T 13544—2000								
检验结论：所检项目符合烧结普通砖 MU10 标准要求								
备　　注：本报告未经本室书面同意不得部分复制 见证单位：诚信建设监理有限公司 见证人：田庆贺								
试验单位：检测中心　　技术负责人：苗玉杰　　审核：盛家雄　　试（检）验：张勇峰								

(2) 该工程用砖（粘土砖或多孔砖分别为定点厂家提供，故可按标准规定的验收批办法核查确定应提供的试验报告数量。

①多孔砖为每5万块为一个验收批，应为3个试报单；实际提供4张试验单。

②粘土砖为每15万块为一个验收批，应为4个试报单。实际提供4张试验单。

经查提供的试报单数量及代表批量正确，今以2002年3月22日粘土砖一份报告为例附上。

3.13　粗细骨料合格证、试验报告汇总表

粗细骨料合格证、试验报告汇总表见表 C2-3-1（略），汇总统计方面与钢材类同。

3.14　粗细骨料合格证粘贴表

合格证粘贴表见表 C2-3-2（略），粘贴方法与钢材类同。

3.15 砂子试验报告

砂 子 试 验 报 告 **表 C2-3-17**

委托单位：建筑总公司第二项目经理部 试验编号：02115581

工程名称	华龙房地产开发公司鑫园小区2号住宅楼			委托日期	2002年3月5日
砂种类	河砂			报告日期	2002年3月7日
产　地	沙河	代表批量	$400m^3$	检验类别	委托
检验项目	标准要求	实测结果	检验项目	标准要求	实测结果
表观密度（kg/m^3）	~	~	石粉含量（%）	~	~
堆积密度（kg/m^3）	~	~	氯盐含量（%）	~	~
紧密密度（kg/m^3）	~	~	含水率（%）	~	~
含泥量（%）	≤3.0	2.0	吸水率（%）	~	~
泥块含量（%）	≤1.0	0	云母含量（%）	~	~
硫酸盐 硫化物（%）	~	~	空隙率（%）	~	~
			坚固性	~	~
轻物质含量（%）	~	~	碱活性	~	~

筛孔尺寸（mm）	10.0	5.00	2.50	1.25	0.63	0.315	0.16	筛分结果	细度模数
标准下限（%）	0	0	0	0	16	55	90		1.8
标准上限（%）	0	10	10	25	40	85	100		级配区属
实测结果（%）	0	0	1	4	21	59	94		在Ⅲ区

依据标准：JGJ 52—92

检验结论：该砂细度模数属细砂

备　注：本报告未经本室书面同意不得部分复制
见证单位：诚信建设监理有限公司
见证人：田庆贺

试验单位： 技术负责人：苗玉杰 审核：盛家雄 试（检）验：张勇峰

几点说明：

1. 砂子进料统一由沙河县砂厂统一组织运送。

2. 该地河砂为细砂，附近200km以内无中砂资源。

3. 砂子预算数量均为细砂：$4000m^3$，提供砂试验报告单12份，进货时间适宜，符合要求。

3.16 石子试验报告

石子检验报告表 **表 C2-3-18**

委托单位：建筑总公司第二项目经理部 试验编号：02115306

工程名称	华龙房地产开发公司鑫园小区 2 号住宅楼			委托日期	2002 年 3 月 16 日
石子种类	碎石			报告日期	2002 年 3 月 17 日
产　地	武安	代表批量	400m^3	检验类别	委托
检验项目	标准要求	实测结果	检验项目	标准要求	实测结果
表观密度（kg/m^3）		~	有机物含量	~	~
堆积密度（kg/m^3）		~	坚　固　性	~	~
紧密密度（kg/m^3）		~	岩石强度（MPa）	~	~
含泥量（%）	≤1.0	0.7	压碎指标（%）	~	~
泥块含量（%）	≤0.5	0	SO_3含量（%）	~	~
吸水量（%）	~	~	碱　活　性	~	~
针片状含量（%）	≤15	7.1	空隙率（%）	~	~

筛孔尺寸（mm）	100	80.0	63.0	50.0	40.0	31.5	25.0	20.0	16.0	10.0	5.0	2.5
标准下限（%）	~	~	~	~	0	0	~	~	85	~	95	
标准上限（%）	~	~	~	~	0	10	~	~	100	~	100	~
实测结果（%）	~	~	~	~	0	9	~	~	99	~	100	~

依据标准：JGJ 53—92

检验结论：该碎石所检项目符合 16～31.5mm 单粒级级配标准要求

备　注：本报告未经本室书面同意不得部分复制

见证单位：诚信建设监理有限公司

见证人：田庆贺

试验单位： 技术负责人：苗玉杰 审核：盛家雄 试（检）验：张勇峰

几点说明：

1. 石子进料由武安市石料厂统一组织进货运输。

2. 本工程石子用量，施工预算应用石子：20～40mm；1200m^3、0.5～20mm；870m^3，总用量 2000 余 m^3。

3. 本工程共提供试验单 6 份，经查石子级配及进料时间一致，符合要求。

4. 今以 2002 年 3 月 26 日石子检验报单为例附上。

3.17　防水材料合格证、试验报告汇总表

防水材料合格证、试验报告汇总表见表 C2-3-1（略），汇总统计方面与钢材类同。

3.18　防水材料合格证粘贴表

合格证粘贴表见表 C2-3-2（略），粘贴方法与钢材类同。

3.19　防水卷材试验报告

防水卷材试验报告　　　　表 C2-3-22

试验编号：F-0364

工程名称	华龙房地产开发公司 鑫园小区2号住宅楼		委托日期	2002年4月10日	
生产厂家	北京		报告日期	2000年	
使用部位	地下室防水		检验类别	委托	
代表数量	500卷	规格型号	SBS 工型	批号	

试验结果	一、拉力试验	1. 拉力（N）	纵	≥350N；实际 540N	横	≥250N；实际 470N
		2. 拉伸强度	纵	MPa	横	MPa
	二、断裂伸长率（延伸率）		纵	≥2%；实际 5%	横	≥2%；实际 6%
	三、剥离强度（屋面）	MPa				
	四、粘合性（地下）	MPa				
	五、耐热度	温度（℃）	85℃ 2h		评定	无流淌，合格
	六、不透水性（抗渗透性）	0.2MPa，30min 不透水；符合要求，合格				
	七、柔韧性（低温柔性、低温弯折性）	温度（℃）	－18℃ 30min		评定	无裂纹，合格
	八、其他					

依据标准：

GB 18242—2000

结论

所检项目符合 SBS 防水卷材Ⅰ型标准要求

备注：

见证取样，见证人，田庆贺

试验单位：　　技术负责人：苗玉杰　　审核：盛家雄　　试（检）验：张勇峰

3.20 防水涂料试验报告

防 水 涂 料 试 验 报 告 表 C2-3-23

委托单位： 试验编号：

<table>
<tr><td colspan="2">工程名称及使用部位</td><td colspan="2"></td><td>委托日期</td><td colspan="2"></td></tr>
<tr><td colspan="2">试样名称及规格型号</td><td colspan="2"></td><td>报告日期</td><td colspan="2"></td></tr>
<tr><td colspan="2">生 产 厂 家</td><td colspan="2"></td><td>检验类别</td><td colspan="2"></td></tr>
<tr><td colspan="2">代 表 数 量</td><td colspan="2"></td><td>批 号</td><td colspan="2"></td></tr>
<tr><td rowspan="9">试验结果</td><td>一、延伸性</td><td colspan="5">mm</td></tr>
<tr><td>二、拉伸强度</td><td colspan="5">MPa</td></tr>
<tr><td>三、断裂伸长率</td><td colspan="5">%</td></tr>
<tr><td>四、粘结性</td><td colspan="5">MPa</td></tr>
<tr><td>五、耐热度</td><td>温度（℃）</td><td></td><td>评定</td><td colspan="2"></td></tr>
<tr><td>六、不透水性</td><td colspan="5"></td></tr>
<tr><td>七、柔韧性（低温）</td><td>温度（℃）</td><td></td><td>评定</td><td colspan="2"></td></tr>
<tr><td>八、固体含量</td><td colspan="5"></td></tr>
<tr><td>九、其他</td><td colspan="5"></td></tr>
<tr><td colspan="7">依据标准：</td></tr>
<tr><td colspan="7">检验结论：</td></tr>
<tr><td colspan="7">备 注：</td></tr>
<tr><td colspan="7">试验单位： 技术负责人： 审核： 试（检）验：</td></tr>
</table>

几点说明：

1. 根据施工图设计，该单位工程应用 SBS 改性沥青防水卷材（1000 卷为一验收批），屋顶面积近 800m²，地下防水面积近 1500m² 左右，地下室二毡三油，屋面三毡四油，近 6000m²。

2. 防水卷材按标准规定为一个验收批。因地下室和屋面施工间隔时间太长，进货时间难以统一执行，故为 2 个验收批，即 2 份试验报告和相应出厂合格证。防水材料与 SBS 相容的改性沥青试验报告单也为 2 份，另外，经查提供的 2 份试验单代表数量正确。今以 SBS 试验报告单为例附上。

4 施工试验报告及见证检验报告

4.1 钢筋连接试验报告汇总表

钢筋连接试验报告汇总表见表 C2-3-1（略），汇总统计方面与钢材类同。

4.2　钢筋连接试验报告（焊接）

钢筋连接试验报告　　　**表 C2-4-2**

委托单位：建筑总公司第二项目经理部　　　试验编号：02115556

工程名称	华龙房地产开发公司鑫园小区 2 号住宅楼			委托日期	2002 年 3 月 18 日
使用部位	基础梁			报告日期	2002 年 3 月 19 日
钢材类别	月牙肋	原材料号	02115535	检验类别	委托
接头类型	闪光对焊	代表数量	200 个	焊 接 人	王 × ×
公称直径（mm）	屈服点（MPa）	抗拉强度（MPa）	断口特征及位置	冷 弯 条 件	冷 弯 结 果
Φ22	~	590	距焊口 75mm	$d=4a$ 180°	完好
	~	590	距焊口 60mm		完好
	~	575	距焊口 80mm		完好
	~	~	~		~
	~	~	~		~
	~	~	~		~
依据标准：JGJ 18—96					
检验结论：所检项目符合规程要求					
备　注：本报告未经本室书面同意不得部分复制 见证单位：诚信建设监理有限公司 见证人：田庆贺					
试验单位：	技术负责人：苗玉杰		审核：盛家雄	试（检）验：张勇峰	

几点说明：

汇总表：

(1) 按检查验收的合格的不同品种、规格、数量的钢材（筋）试验报告数量，按收检的时间顺序通一汇总填入汇总表内，不得缺漏。藉以分析，确认钢材（筋）提供的试验报告代表数量是否符合要求。

(2) 焊接试件的品种、规格、数量：

Ⅰ级钢：ϕ6.51 份；ϕ101 份；ϕ121 份。

Ⅱ级钢：ϕ122 份；ϕ161 份；ϕ201 份；ϕ221 份。

今以 ϕ16 焊接接头检验报告附上。代表数量 186 个接头。

经查焊接试验报告符合要求。

4.3 土壤试验报告

土 壤 试 验 报 告 表 C2-4-9

委托单位：建筑总公司第二项目经理部 试验编号：02115554

工程名称	华龙房地产开发公司鑫园小区2号住宅楼			委托日期	2002年4月25日
取样部位	回填土	试样种类		报告日期	2002年4月28日
试样数量	1	最小干密度	1.55g/cm³	检验类别委托	
取样编号	取样步次	湿密度（g/cm³）	含水率（%）	干密度（g/cm³）	单个结论
1	第一步			1.58	合格
2	第一步			1.59	合格
3	第一步			1.57	合格
4	第一步			1.58	合格
5	第一步			1.56	合格
6	第一步			1.57	合格
7	第一步			1.59	合格
8	第一步			1.58	合格

取样位置示意图：

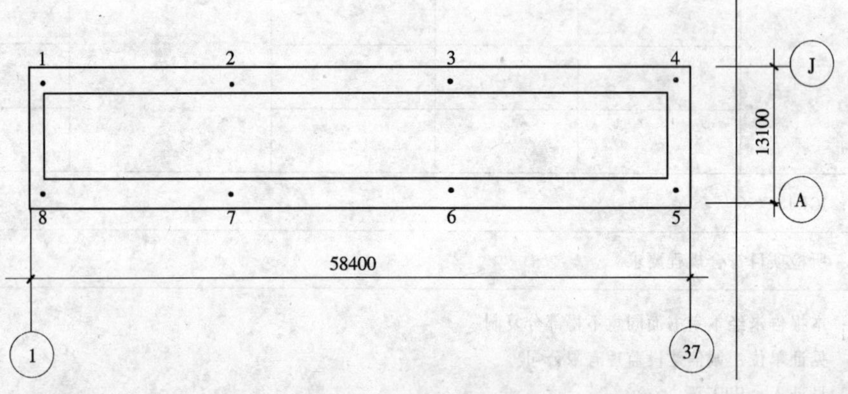

1. 基桩回填分层夯实每层共取8点，每层虚铺200mm厚，计15层。

2. 上部三层压土，土壤试验的质量相同

依据标准： GB/T50123—1999

检验结论： 达到最小干密度要求

备 注：本报告未经本室书面同意不得部分复制

见证单位：诚信建设监理有限公司

见证人：田庆贺

试验单位： 技术负责人：苗玉杰 审核：盛家雄 试（检）验：张勇峰

几点说明：

1. 第二、第三步的试验要求与第一步相同，必须以序报试。
2. 室内回填、室外基础回填均应进行如上试验。
3. 本工程共作土壤试验报告26份，干密度均符合要求。
4. 今以①～㊲轴与A、J轴土壤试验报告为例附上。

4.4 混凝土试块试验报告汇总表

混凝土试块试验报告汇总表 **表 C2-4-11**

工程名称：鑫园小区2号住宅楼 2002年7月12日

序号	试验编号	施工部位	留置组数	设计要求强度等级	试块成型日期	龄期(d)	混凝土试块强度等级	备注
一、一标养试件								
1	0110-145	基础垫层	1（3块）	C10		28	14.4	
2	0110-163	基础混凝土防水层	1（3块）	C20	—	28	23.10	
3	0111-189	基础底板	1（3块）	C20	—	28	26.90	
4	0111-191	基础底板	1（3块）	C20	—	28	23.60	
5	0111-215	基础底板	1（3块）	C20	—	28	25.00	
6	0112-297	地下室梁板	1（3块）	C20	—	28	26.50	
7	0112-298	地下室梁板	1（3块）	C20	—	28	23.40	
8	0112-299	一层梁板	1（3块）	C20	—	28	22.50	
9	0112-300	一层梁板	1（3块）	C20	—	28	26.60	
……								
二、同条件养护试件								
1	0110-146	基础垫层	1	C10				
2	0110-163	基础防水保护层	1	C20				
3	0111-190	基础混凝土	1	C20				
4	0111-192	基础混凝土	1	C20				
5	0111-216	基础混凝土	1	C20				
……								

填表单位： 审核： 制表：

说明：标养与同条件养护试件应分别进行汇总整理。

4.5 混凝土强度试配报告

混凝土强度试配报告单 表 C2-4-12

委托单位：建筑安装总公司第二项目部 试验编号：02115580

<table>
<tr><td>工程名称</td><td colspan="4">华龙房地产开发公司鑫园小区2号住宅楼</td><td colspan="2">委托日期</td><td colspan="2">2002年3月12日</td></tr>
<tr><td>使用部位</td><td colspan="4">基础、主体（梁、板、楼梯）</td><td colspan="2">报告日期</td><td colspan="2">2002年3月28日</td></tr>
<tr><td>混凝土种类</td><td>普通</td><td>设计等级</td><td colspan="2">C20</td><td colspan="2">要求坍落度</td><td colspan="2">50～70mm</td></tr>
<tr><td>水泥品种强度等级</td><td>32.5</td><td>生产厂家</td><td colspan="2">峰峰鼓石</td><td colspan="2">试验编号</td><td colspan="2">02115350</td></tr>
<tr><td>砂 规 格</td><td colspan="4">沙河、河砂、细砂</td><td colspan="2">试验编号</td><td colspan="2">02115581</td></tr>
<tr><td>石子规格</td><td colspan="4">武安、碎石、最大规格31.5mm</td><td colspan="2">试验编号</td><td colspan="2">02115306</td></tr>
<tr><td>外加剂种类及掺量</td><td colspan="4"></td><td colspan="2">试验编号</td><td colspan="2"></td></tr>
<tr><td>掺合料种类及掺量</td><td></td><td></td><td></td><td></td><td colspan="2">试验编号</td><td colspan="2"></td></tr>
<tr><td colspan="9">配 合 比</td></tr>
<tr><td>材料名称</td><td>水泥</td><td>砂子</td><td>石子</td><td>水</td><td colspan="3">外加剂</td><td>掺合料</td></tr>
<tr><td>用量 kg/m³</td><td>353</td><td>685</td><td>1218</td><td>194</td><td>—</td><td>—</td><td>—</td><td>—</td></tr>
<tr><td>质量配合比</td><td>1</td><td>1.94</td><td>3.45</td><td>0.55</td><td>—</td><td>—</td><td>—</td><td>—</td></tr>
<tr><td>搅拌方法</td><td>机械</td><td>捣固方法</td><td colspan="2">机械</td><td colspan="3">养护条件</td><td>标养</td></tr>
<tr><td>砂率（%）</td><td>36</td><td>水灰比</td><td colspan="2">0.55</td><td colspan="3">实测塌落度</td><td>60mm</td></tr>
<tr><td colspan="9">依据标准： JGJ 55—2000</td></tr>
<tr><td colspan="9">备 注：
本报告未经本室书面同意不得部分复制</td></tr>
<tr><td colspan="9">试验单位： 技术负责人：苗玉杰 审核：盛家雄 试（检）验：张勇峰</td></tr>
</table>

4.6　混凝土试块试验报告（标养）

混凝土试块试验报告　　**表 C2-4-14**

委托单位：建筑总公司第二项目经理部　　试验编号：0111-189

<table>
<tr><td>工程名称</td><td colspan="4">华龙房地产开发公司鑫园小区 2 号住宅楼</td><td>委托日期</td><td>2002 年 4 月 14 日</td></tr>
<tr><td>结构部位</td><td colspan="4">2 号楼基础底板</td><td>报告日期</td><td>2002 年 5 月 12 日</td></tr>
<tr><td>强度等级</td><td>C20</td><td>试块边长 mm</td><td colspan="2">150×150</td><td>检验类别</td><td>委托</td></tr>
<tr><td>配合比编号</td><td colspan="4">02115305</td><td>养护方法</td><td>标养</td></tr>
<tr><td>试　样
编　号</td><td>成　型
日　期</td><td>破　型
日　期</td><td>龄　期
（d）</td><td>强度值
（MPa）</td><td>强度代表值
（MPa）</td><td>达设计强度
（%）</td></tr>
<tr><td rowspan="3"></td><td rowspan="3">2002 年
4 月
12 日</td><td rowspan="3">2002 年
5 月
10 日</td><td rowspan="3">28</td><td>26.0</td><td rowspan="3">26.9</td><td rowspan="3">134</td></tr>
<tr><td>27.9</td></tr>
<tr><td>26.8</td></tr>
<tr><td rowspan="3"></td><td rowspan="3">~</td><td rowspan="3">~</td><td rowspan="3">~</td><td>~</td><td rowspan="3">~</td><td rowspan="3">~</td></tr>
<tr><td>~</td></tr>
<tr><td>~</td></tr>
<tr><td rowspan="3"></td><td rowspan="3">~</td><td rowspan="3">~</td><td rowspan="3">~</td><td>~</td><td rowspan="3">~</td><td rowspan="3">~</td></tr>
<tr><td>~</td></tr>
<tr><td>~</td></tr>
<tr><td colspan="7">依据标准：GBJ81—85</td></tr>
<tr><td colspan="7">备　注：本报告未经本室书面同意不得部分复制
见证单位：诚信建设监理有限公司
见证人：田庆贺</td></tr>
<tr><td colspan="7">试验单位：　　技术负责人：苗玉杰　　审核：盛家雄　　试（检）验：张勇峰</td></tr>
</table>

4.7 混凝土强度统计方法评定（标养）

混凝土强度统计方法评定 **表 C2-4-17**

单位工程：鑫园小区 2 号住宅楼　　施工单位：建筑第二项目部　　编号：001

<table>
<tr><td colspan="2">结构部位</td><td colspan="2">主体工程</td><td>混凝土强度等级</td><td>C20</td></tr>
<tr><td colspan="2">配合比编号</td><td colspan="2">02115580</td><td>养护条件</td><td>标养</td></tr>
<tr><td colspan="2">验收组数 $n=14$</td><td colspan="2">合格判定系数</td><td colspan="2">$\lambda_1=1.7$
$\lambda_2=0.9$</td></tr>
<tr><td colspan="6">同一验收批强度平均值　$mf_{cu}=22.54\text{MPa}$　　$f_{cu,min}=18.70\text{MPa}$</td></tr>
<tr><td colspan="6">前一检验期强度标准差　$\sigma_0=$</td></tr>
<tr><td colspan="6">同一验收批强度标准差　$sf_{cu}=2.51\text{MPa}$</td></tr>
<tr><td colspan="6">验收批各组试件强度（MPa）26.50、23.40、22.50、26.0、19.20、21.37、20.56、21.60、18.70、23.50、22.73、20.17、23.60、25.18</td></tr>
<tr><td colspan="4">统　计　方　法</td><td colspan="2">非统计方法</td></tr>
<tr><td>标准差已知统计法</td><td>$mf_{cu}\geqslant f_{cu,k}\pm 7\sigma_{。}$
$f_{cu,min}\geqslant f_{cu,k}-0.7\sigma_{。}$
当强度等级$\leqslant C_{20}$时
$f_{cu,min}\geqslant 0.85f_{cu,k}$
当强度等级$>C_{20}$时
$f_{cu,min}\geqslant 0.9f_{cu,k}$</td><td>标准差未知统计法</td><td>$mf_{cu}-\lambda_1 Sf_{cu}\geqslant 0.9f_{cu,k}$
$=22.54-1.7\times 2.51$
$=18.27$
$18.27>18.00\text{MPa}$

$f_{cu,min}\geqslant \lambda_2 f_{cu,k}$
$18.7>0.9\times 20=18.00\text{MPa}$</td><td colspan="2">$f_{cu}\geqslant 1.15f_{cu,k}$

$f_{cu}\geqslant 0.95f_{cu,k}$</td></tr>
<tr><td colspan="2">依据标准：</td><td colspan="2">GB107—87 标准</td><td colspan="2">标养混凝土试件评定合格</td></tr>
<tr><td rowspan="3">参加人员</td><td rowspan="3">监理（建设）单位
王志鹏
年　月　日</td><td colspan="4">施　工　单　位</td></tr>
<tr><td colspan="2">专业技术负责人</td><td>质检员</td><td>统　计</td></tr>
<tr><td colspan="2">梁　光</td><td>韩建新</td><td>韩建新</td></tr>
</table>

例表说明：

(1) 地基与基础、主体工程应分别进行混凝土强度统计评定。

(2) 本评定为主体结构的标养试件的评定结果。

4.8 同条件养护混凝土强度评定

【应用指导】

(1) 同条件养护混凝土强度试块试验报告，由有相应资质的试验室提供。

(2) 同条件养护混凝土强度试块试验报告的统计评定（鉴于施工因素及目前的实际管理水平，一般情况下按统计方法标准差未知进行评定）

2 号住宅楼结构实体检验共留置同条件养护见证取样试件 14 组，混凝土强度等级为 C20，按规定养护天数不少于 14d，不多于 60d，以控制试件累计 600℃养护为界的条件向试验室提供试件，进行试压，按施工组织设计规定用统计方法评定，14 组试件的试验强度值如下：

14 组试件的实测值： 16.55、18.18、19.64、17.73、19.09、20.73、19.35、20.45、22.00、20.00、19.81、17.45、20.64、19.35。

乘 1.1 系数后的强度值： 18.2、20.0、21.6、19.5、21.0、22.8、21.29、22.5、24.2、22、21.8、19.2、22.7、21.29。

平均值　$m_{fcu}=\Sigma f_{cu.i}/n=255.5/14=21.29$

标准差 $S_{fcu} = \sqrt{\dfrac{\Sigma f_{cu.i} - nm^2 f_{cu}}{n-1}} = 1.78$ （其中 $i = 1, 2, \ldots, n$）

注：尽管该标准差的计算结果已属优良等级，混凝土生产质量水平，实际上在混凝土施工管理上仍存在一些问题，仍按标准差未知进行评定。

合格判定系数 $\lambda_1 = 1.7$ $\lambda_2 = 0.90$

$$m_{fcu} - \lambda_1 S_{fcu} = 21.29 - 1.7 \times 1.78 = 21.29 - 3.02 = 18.27\text{MPa}$$

$$0.9 f_{cu,k} = 0.9 \times 20 = 18\text{MPa}$$

$$m_{fcu} - \lambda_1 \geqslant S_{fcu} 0.9 f_{cu,k}$$

$$18.27 \geqslant 18\text{MPa}$$

$$\lambda_2 f_{cu,k} = 0.9 \times 20 = 18\text{MPa}$$

最小一组试件强度 $f_{cu,min} = 18.2 > 18\text{MPa}$

通过计算混凝土强度符合要求。

4.9 砂浆抗压强度试验报告汇总表

砂浆抗压强度试验报告汇总表 **表 C2-4-8**

工程名称：华龙房地产开发公司鑫园小区 2 号住宅楼

<table>
<tr><th>序号</th><th>试验编号</th><th>施工部位</th><th>设计强度等级</th><th>试块成型日期</th><th>龄期</th><th>砂浆试块平均强度</th><th>备注</th></tr>
<tr><td>1</td><td>0111-218</td><td>地下室砌墙</td><td>M10</td><td>2002 年 3 月 15 日</td><td>28</td><td>12.2</td><td></td></tr>
<tr><td>2</td><td>0111-223</td><td>地下室砌墙</td><td>M10</td><td></td><td>28</td><td>13.0</td><td></td></tr>
<tr><td>3</td><td>0112-302</td><td>一层砌砖</td><td>M5.0</td><td></td><td>28</td><td>6.1</td><td></td></tr>
<tr><td>4</td><td>0112-363</td><td>一层砌砖</td><td>M5.0</td><td></td><td>28</td><td>6.3</td><td></td></tr>
<tr><td>5</td><td>0201-449</td><td>一层砌砖</td><td>M5.0</td><td></td><td>28</td><td>5.9</td><td></td></tr>
<tr><td>6</td><td>0202-479</td><td>二层砌砖</td><td>M5.0</td><td></td><td>28</td><td>5.8</td><td></td></tr>
<tr><td>7</td><td>0202-481</td><td>二层砌砖</td><td>M5.0</td><td></td><td>28</td><td>6.0</td><td></td></tr>
<tr><td>8</td><td>0202-482</td><td>二层砌砖</td><td>M5.0</td><td></td><td>28</td><td>5.0</td><td></td></tr>
<tr><td>……</td><td></td><td></td><td></td><td></td><td></td><td></td><td></td></tr>
<tr><td rowspan="2">强度评定</td><td colspan="7">砂浆品种符合设计要求，强度必须符合下列规定：
1. 砂浆强度评定以同一验收批砂浆试块抗压强度计算。
2. 同品种、同强度等级的砂浆各组试块平均强度必须大于或等于设计强度等级所对应的立方体抗压强度。
3. 同一验收批任意最小一组试块平均值必须大于或等于设计强度等级所对应的立方体抗压强度的 0.75 倍</td></tr>
<tr><td colspan="4">计算：
1. 地下室砌体砂浆设计砂浆强度等级 M10；实际为 12.6MPa > 10.00MPa
2. 主体 1～6 层砌筑砂浆平均值（设计砂浆强度等级 $M_{5.0}$；实际为 5.73MPa > 5.0MPa
3. 最小一组试块强度：5.0MPa > 3.75MPa</td><td colspan="3">结论：
合 格</td></tr>
<tr><td colspan="8">填表单位：建总第二项目部　　审核：王家义　　制表：刘军　　2002 年 3 月 20 日</td></tr>
</table>

4.10　砂浆试配报告单

砂浆试配报告单　　　　**表 C2-4-19**

委托单位：建筑总公司第二项目经理部　　　　试验编号：02105211

工程名称	华龙房地产开发公司鑫园小区 2 号住宅楼			委托日期	2002 年 8 月 15 日
使用部位	主体工程			报告日期	2002 年 8 月 15 日
砂浆种类	混合砂浆	设计等级	M5.0	要求稠度	70~90mm
水泥品种强度等级	矿渣 32.5 级 山魂	生产厂家		试验编号	02105186
砂　规　格	沙河：河砂、细砂			试验编号	02105204
掺合料种类	白灰膏			试验编号	
外加剂种类	—			试验编号	
配　合　比					
材料名称	水泥	砂子	掺合料	水	外加剂
用量（kg/m^3）	230	1450	120	300	—
质量配合比	1	6.30	0.52	1.30	—
实测稠度	85mm	分层度	—	养护条件	标养
依据标准：JGJ/ T 98—2000					
备　注：本报告未经本室书面同意不得部分复制 见证单位：诚信建设监理有限公司 见证人：田玉贺					
试验单位：　技术负责人：苗玉杰　审核：盛家雄　试（检）验：张勇峰					

4.11　砂浆试块试验报告

砂浆试块试验报告　　　　表 C2-4-14

委托单位：建筑总公司第二项目经理部　　　　试验编号：021155

<table>
<tr><td>工程名称</td><td colspan="5">华龙房地产开发公司鑫园小区2号住宅楼</td><td>委托日期</td><td>2002年4月27日</td></tr>
<tr><td>结构部位</td><td colspan="5">三层砌砖</td><td>报告日期</td><td>2002年5月27日</td></tr>
<tr><td>强度等级</td><td>M5.0</td><td colspan="2">砂浆种类</td><td colspan="2">混合砂浆</td><td>检验类别</td><td>委托</td></tr>
<tr><td>配合比号</td><td colspan="5"></td><td>养护方法</td><td>标养</td></tr>
<tr><td>试样编号</td><td>成型日期</td><td>破型日期</td><td>龄期（d）</td><td colspan="2">强度值（MPa）</td><td>强度代表值（MPa）</td><td>达设计强度（%）</td></tr>
<tr><td rowspan="6"></td><td rowspan="6">2002年4月25日</td><td rowspan="6">2002年4月25日</td><td rowspan="6">28</td><td colspan="2">6.1</td><td rowspan="6">6.3</td><td rowspan="6">126</td></tr>
<tr><td colspan="2">6.2</td></tr>
<tr><td colspan="2">6.5</td></tr>
<tr><td colspan="2">6.0</td></tr>
<tr><td colspan="2">6.7</td></tr>
<tr><td colspan="2">6.5</td></tr>
<tr><td rowspan="6"></td><td rowspan="6">~</td><td rowspan="6">~</td><td rowspan="6">~</td><td colspan="2">~</td><td rowspan="6"></td><td rowspan="6"></td></tr>
<tr><td colspan="2">~</td></tr>
<tr><td colspan="2">~</td></tr>
<tr><td colspan="2">~</td></tr>
<tr><td colspan="2">~</td></tr>
<tr><td colspan="2">~</td></tr>
<tr><td rowspan="6"></td><td rowspan="6">~</td><td rowspan="6">~</td><td rowspan="6">~</td><td colspan="2">~</td><td rowspan="6"></td><td rowspan="6"></td></tr>
<tr><td colspan="2">~</td></tr>
<tr><td colspan="2">~</td></tr>
<tr><td colspan="2">~</td></tr>
<tr><td colspan="2">~</td></tr>
<tr><td colspan="2">~</td></tr>
<tr><td colspan="8">依据标准：JGJ70—90</td></tr>
<tr><td colspan="8">备　注：本报告未经本室书面同意不得部分复制
见证单位：诚信建设监理有限公司
见证人：田庆贺</td></tr>
<tr><td colspan="8">试验单位：　　技术负责人：苗玉杰　　审核：盛家雄　　试（检）验：张勇峰</td></tr>
</table>

5　隐蔽工程验收记录

5.1　建筑与结构部分的隐蔽工程验收记录汇总表

建筑与结构部分的隐蔽工程验收记录汇总表（通用）　　　　**表 C2-5-1**

工程名称：　　　　　　　　　　　　　　　　　　　　填表日期：2002 年 6 月 10 日

序号	验收时间	验收部位	验收内容	施工单位
1	2002 年 4 月 13 日	基础钢筋安装	①～⑯轴钢筋安装	建总第二项目部
2	……			
说　明				

例表说明：

(1) 以①～⑯轴钢筋安装为例。

(2) 隐蔽工程验收的汇总统计表按地基基础、主体结构、建筑装饰装修、建筑屋面分部工程依序进行。分部工程中有子分部的，排序按子分部的序列进行。

5.2 隐蔽工程验收记录

隐 蔽 工 程 验 收 记 录 **表 C2-5-1**

施工单位：建筑安装总公司第二项目部

<table>
<tr><td>工程编号</td><td colspan="2">02001</td><td>分项工程名称</td><td>基础钢筋安装</td></tr>
<tr><td>施工图名称及编号</td><td colspan="2">华龙房地产开发公司鑫园小区 2 号住宅楼</td><td>项目经理</td><td>王家义</td></tr>
<tr><td>施工标准名称及代号</td><td colspan="2">QBJ</td><td>专业技术负责人</td><td>梁光</td></tr>
<tr><td>隐蔽工程部位</td><td>质量要求</td><td>施工单位自查情况</td><td colspan="2">监理（建设）单位验收情况</td></tr>
<tr><td>①～⑯轴钢筋安装</td><td>合格</td><td>按 GB50204—2002 第 5 章第 5.5 节验收合格</td><td colspan="2">经复查钢筋品种、规格、间距、钢筋连接、保护层厚度等经实测符合 GB 50204—2002 规范第 5 章第 5.5 节的质量要求，质量等级合格</td></tr>
<tr><td></td><td></td><td></td><td colspan="2"></td></tr>
<tr><td></td><td></td><td></td><td colspan="2"></td></tr>
<tr><td></td><td></td><td></td><td colspan="2"></td></tr>
<tr><td></td><td></td><td></td><td colspan="2"></td></tr>
<tr><td>施工单位自查结论</td><td colspan="4">①～⑯轴间受力钢筋间距、排距，钢筋品种、规格、数量、连接、保护质量符合要求，梁箍筋位置、加密区钢筋数量、长度、弯钩等符合要求
施工单位项目技术负责人：梁光　2002 年 4 月 13 日</td></tr>
<tr><td>监理（建设）单位验收结论</td><td colspan="4">符合规范要求，质量系数合格可以隐蔽
监理工程师（建设单位项目负责人）：王志鹏　2002 年 4 月 13 日</td></tr>
<tr><td>备　注</td><td colspan="4"></td></tr>
</table>

6 施工记录

6.1 地基钎探记录

地基钎探记录 **表 C2-6-2**

施工单位：建筑安装总公司第二项目部

钎探方式	人工	直径：ϕ25	钎探日期：2002 年 3 月 18 日					
探点编号	锤击数							探点布置及处理部位示意图
	合计	0～30（cm）	30～60（cm）	60～90（cm）	90～120（cm）	120～150（cm）	150～180（cm）	180～210（cm）
1	152	13	15	17	24	29	21	33
2	147	12	17	16	25	27	23	27
3	142	12	19	18	24	21	20	28
4	142	10	18	17	26	20	21	30
5	139	13	17	17	22	20	20	30
6	154	12	18	18	24	25	24	33
7	150	9	19	17	23	27	27	28
8	126	9	17	16	23	14	20	27
9	153	18	19	16	26	21	30	24
10	152	14	20	16	26	21	30	25
11	149	13	19	16	22	24	22	33
12	127	12	18	12	18	18	21	28
……								

示意图标注：1　75　76　281　280　58400　38　39　244　318　13100

结论：钎探分析地基土基本均匀，局部软弱，设计处理为砂石垫层地基

工程技术负责人：梁　光　　质检员：韩建新　　钎探人：郭玉华

几点说明：

1. 本工程钎探点共 318 个，钎探深度 2.1m，间距：1.5m。
2. 探点数量、间距、深度符合要求。

6.2 地基验槽记录

地基验槽记录 **表 C2-6-3**

工程名称：华龙房地产开发公司鑫园小区 2 号住宅楼 施工单位

建筑面积	3792.68m^2	项目经理	王家义
开挖时间	2002 年 3 月 15 日	项目技术负责人	梁光
完成时间	2002 年 3 月 17 日	质检员	韩建新
验收时间	2002 年 3 月 20 日	记录人	牛芳铭
项次	项目	查验情况	附图或说明
1	土壤类别	粉质粘土	
2	基底是否为老土层	已挖至老土层	
3	地基土的均匀、致密程度	地基土基本均匀	
4	地下水情况	−2.5m 可见地下水	
5	有无坑、穴、洞、窑、墓		
6	其他		
初验结论	基槽开挖至设计标高 −3.5m，未开挖前已开始降水。 建筑物长度方向 58.4m，宽度方向 13.1m，符合设计要求，已开挖土层与地质报告相符。持力层表面粉质粘土颜色基本一致，持力层以下局部 1.5m 处地基土较软弱，设计为 3:7 砂石垫层厚 900mm		
复验结论	基槽复查：长、宽、标高符合设计要求。钎探及表露地基上土均说明与地质报告提供的基土条件相一致，可以进行砂石垫层施工		

建设单位	监理单位	设计单位	勘察单位	施工单位
田利民	袁行键	于克	徐志雄	刘赞中

6.3 混凝土浇灌申请书

混凝土浇灌申请书 表 C2-6-8

工程名称：华龙房地产开发公司鑫园小区 2 号住宅楼

施工单位：建筑安装总公司直属第二项目部

申请浇灌时间：2002 年 4 月 14 日 8 点			申请浇灌混凝土的部位：①～㉕轴基础底板		
混凝土强度等级：C20			混凝土配比单编号：1:1.94:3.45:0.55		
材料用量	水泥	水	砂	石	掺加剂
干料用量/m^3	353kg	175kg	698kg	1224kg	—
每盘用量	kg	kg	kg	kg	
准备工作情况	1. 材料准备：水泥、砂、石等各种材料数量均已准备充分。材料出厂合格证、试验报告已齐全。出示试验报告的单位资质符合要求，提请试验的各种材料均符合要求。 2. 机械准备：2 台搅拌机已安装稳妥并已通过试运转，机械完好。能保证正常运转。 3. 钢筋安装自检评定及监理验收均已完成，质量合格。 4. 运输道路及车辆的准备完成，不同工种、级别的劳动力已安排就绪				
批准意见	同意报请进行开盘鉴定 施工单位（章） 批准人：梁光				
监理（建设）单位意见	情况属实，同意开盘鉴定后正式灌筑混凝土 批准人：王志鹏				
申请单位：建筑安装总公司直属第二项目部 2002 年 4 月 13 日					

6.4 混凝土开盘鉴定

混 凝 土 开 盘 鉴 定 **表 C2-6-9**

工程名称：华龙房地产开发公司鑫园小区 2 号住宅楼　　施工单位：建筑安装公司直属第二项目部

混凝土施工部位				混凝土配合比编号						
混凝土设计强度	C20			鉴 定 日 期						2002 年 4 月 14 日
混凝土 配合比	水灰比	砂率	水泥 （kg）	水 （kg）	砂 （kg）	石 （kg）				坍落度 （工作度）
试配配合比	0.55	36%	353	194	685	1218				50 ~ 70mm
实际使用 施工配合比	砂子含水率：2%				石子含水率：0.5%					50 ~ 70mm
	0.55	36%	353	175	698	1224				

鉴定结果：

鉴定项目	混凝土拌和物				原材料检验				
	坍落度	保水性			水泥	砂	石	掺合料	外加剂
设计	50 ~ 70mm	—			353	685	1218		
实际	60mm				353	698	1224		

鉴定意见：

配合比、坍落度、实测砂、石含水率变化已通过调整混凝土配比，同意浇灌混凝土

参加开盘鉴定各单位代表签字或盖章

监理（建设）单位代 表	施工单位项目负责人	混凝土试配单位代 表	施工单位技术负责人
王志鹏	王家义	苗玉杰	梁 光

6.5 混凝土工程施工记录

混凝土工程施工记录 表 C2-6-10

工程名称：华龙房地产开发公司鑫园小区2号住宅楼　　施工单位：建安总公司直属第二项目部

<table>
<tr><td>混凝土强度等级</td><td colspan="2">C20</td><td colspan="2">操作人员</td><td colspan="2">陈岩峰等</td><td colspan="2">天气情况</td><td>晴间多云</td></tr>
<tr><td>混凝土配比单编号</td><td colspan="2">02115580</td><td colspan="2">浇注部位</td><td colspan="2">基础底板梁</td><td colspan="2">振捣方法</td><td>机械</td></tr>
<tr><td rowspan="2">材料
混凝土配合比</td><td rowspan="2">水泥</td><td rowspan="2">砂</td><td rowspan="2">石</td><td rowspan="2">水</td><td colspan="4">外加剂名称及用量</td><td rowspan="2" colspan="2">外掺混合材料名称及用量</td></tr>
<tr><td></td><td></td><td></td><td></td></tr>
<tr><td>配合比</td><td>1</td><td>1.97</td><td>3.46</td><td>0.55</td><td></td><td></td><td></td><td></td><td colspan="2"></td></tr>
<tr><td>每 m³ 数量</td><td>353</td><td>698</td><td>1224</td><td>175</td><td></td><td></td><td></td><td></td><td colspan="2"></td></tr>
<tr><td>每盘用料数量</td><td>50kg</td><td>98kg</td><td>175</td><td>25</td><td></td><td></td><td></td><td></td><td colspan="2"></td></tr>
<tr><td>开始浇筑时间</td><td colspan="10">2002年4月14日8时</td></tr>
<tr><td>终止浇筑时间</td><td colspan="10">2002年4月15日12时</td></tr>
<tr><td>当班完成混凝土数量（立方米）</td><td colspan="10">157m³</td></tr>
<tr><td>备　注</td><td colspan="10">上午11点对原材料：水泥、砂、石进行称量，结果为：水泥误差为5.2kg，砂误差为21kg，石误差为31kg，基本符合要求
2、今日砂石实测含水率：砂2%；石子：0.5%</td></tr>
</table>

<table>
<tr><td rowspan="3">参加人员</td><td>监理（建设）单位</td><td colspan="3">施　工　单　位</td></tr>
<tr><td rowspan="2">王志鹏</td><td>专业技术负责人</td><td>质检员</td><td>材料员</td></tr>
<tr><td>梁　光</td><td>韩建新</td><td>刘　杰</td></tr>
</table>

6.6 混凝土坍落度检查记录

混凝土坍落度检查记录 **表 C2-6-11**

混凝土强度等级	C20		搅拌方式	机械
时　间 （年　月　日　时）	施工部位	要求坍落度	坍落度	备　注
2002 年 4 月 14 日 8:20 时	①～⑯轴基础板梁	50～70mm	58mm	开盘后第一次测定
2002 年 4 月 14 日 10 时	①～⑯轴基础板梁	50～70mm	62mm	过程测试
2002 年 4 月 14 日 17:30 时	①～⑯轴基础板梁	50～70mm	51mm	过程测试
2002 年 4 月 14 日 22 时	①～⑯轴基础板梁	50～70mm	65mm	过程测试
2002 年 4 月 15 日 10 时	①～⑯轴基础板梁	50～70mm	56mm	过程测试

注：　监理旁站，全过程监督，其中 14 日夜 22 点测试除监理在场外，建设单位田利民代表在场

参加人员	监理（建设）单位	施　工　单　位		
	王志鹏	专业技术负责人	质检员	工　长
		梁光	韩建新	牛芳铭

几点说明：

1. 本工程混凝土坍落度检查按每次浇筑混凝土进行 2 次，上午 1 次，下午 1 次。
2. 本工程混凝土坍落度检查仅以 2002 年 4 月 14 日 8 点 20 分作为例表附上。

6.7 混凝土养护测温记录

同条件混凝土试件养护测温记录 表 C2-6-13

工程名称：华龙房地产开发公司鑫园小区 2 号住宅楼　　施工单位：建安总公司直属第二项目部

部　位	一层楼板	养护方法		自然	测试方法	温度计
测温时间	大气温度（℃）				平均温度（℃）	间隔时间（s）	温差（℃）
	2 点	8 点	14 点	20 点			
2002 年 5 月 6 日	9℃	12℃	19℃	16℃	14℃	6	10℃
2002 年 5 月 7 日	8℃	11℃	19℃	16℃	13.5℃	6	11℃
2002 年 5 月 8 日	9℃	12℃	20℃	17℃	14.5℃	6	11℃
2002 年 5 月 9 日	8℃	11℃	18℃	15℃	13℃	6	10℃
……							
专业技术负责人：梁　光			工长：牛芳铭			试验员：韩建新	

例表说明：

（1）测温日期从 2002 年 4 月 14 日浇筑地下室混凝土开始至 6 层混凝土顶板的等效养护龄期满足："不少于 14d，不多于 60 天，累计养护温度 600℃的某一时间方可停止"。

（2）该工程应自 2002 年 4 月 14 日开始，每天均应进行大气温度和平均温度测试，以保证同条件养护混凝土的试验要求。

（3）以 2002 年 5 月 6 日～5 月 9 日的混凝土养护测温记录为例。

7 门窗合格证

7.1 门窗合格证汇总表

门窗合格证汇总　　表 C2-3-1

工程名称：华龙房地产开发公司鑫园小区 2 号住宅楼

序号	名称规格品种	生产厂家	进场		合格证编号	复试报告日期	试验结论	主要使用部位及有关说明
			数量	时间				
一、	门							
1	M-1 1000×2100	建总木材加工厂	36	2002 年 5 月	020627	—	合格	内门
2	M-2 900×2100	建总木材加工厂	70	2002 年 5 月	020681	—	合格	内门
3	M-3 700×2100	建总木材加工厂	72	2002 年 5 月	020693	—	合格	厨、厕门
……								
二	窗							
1	C-1 2400×1500	华圣塑钢门总厂	36	2002 年 5 月	02181	2002 年 9 月 10 日	合格	外围室
2	C-2 1800×1500	华圣塑钢门总厂	70	2002 年 5 月	02216	2002 年 9 月 10 日	合格	外围室
3	C-3 900×1500	华圣塑钢门总厂	20	2002 年 5 月	02325	2002 年 9 月 10 日	合格	内门
……								
填表单位：建总第二项目部			审核：王家义			制表：刘军		

说明：

只以数个门窗作为填汇的例表附上。

7.2 门窗合格证粘贴表

门窗合格证粘贴表见表 C2-3-2（略），按进货数量的时间顺序分别粘贴于上。

8 地基基础、主体结构检验及抽样检测

8.1 基础结构检查验收记录（略）

8.2 主体结构验收记录

主体结构验收记录 **表 C2-8-1**

施工单位：建筑安装总公司直属第二项目部

<table>
<tr><td>工程名称</td><td colspan="3">华龙房地产开发公司鑫园小区2号住宅楼</td><td colspan="2">施工日期</td><td colspan="2">2002年4月2日～
2002年7月28日</td></tr>
<tr><td>建筑面积</td><td colspan="2">3792.68m²</td><td colspan="2">验收日期</td><td colspan="3">2002年8月6日</td></tr>
<tr><td>验收内容</td><td colspan="7">1. 主体分部工程质量：主要包括：砌体组砌方法及交接部位、混凝土板、梁的外观及尺寸、安装预留孔洞的正确性、门窗洞口尺寸及位置，标高、墙面平整垂直度、建筑物有无裂缝、样板间的质量状况等。
2. 内业资料：质量控制资料、工程安全与功能抽检资料。
3. 观感质量验收状况。
4. 建筑物沉降状况</td></tr>
<tr><td>验收资料</td><td colspan="7">1. 工程质量控制资料。
2. 工程安全与功能抽检资料。
3. 观感质量验收记录
施工人员：牛芳铭</td></tr>
<tr><td>验收意见</td><td colspan="7">按以上内容验收和检查后主体质量合格</td></tr>
<tr><td rowspan="3">参加人员</td><td>建设单位代表</td><td>监理单位代表</td><td>设计单位代表</td><td colspan="4">施 工 单 位</td></tr>
<tr><td rowspan="2">田利民</td><td rowspan="2">袁行键</td><td rowspan="2">于克</td><td>企业技术负责人</td><td>刘赞中</td><td>专业技术负责人</td><td>梁光</td></tr>
<tr><td>质检员</td><td>韩建新</td><td>工长</td><td>牛芳铭</td></tr>
</table>

8.3 结构实体检验记录

结构实体检验记录 **表 C2-8-3A**

施工单位：建筑安装总公司直属第二项目部

<table>
<tr><td>工程名称</td><td colspan="2">华龙房地产开发公司鑫园小区2号住宅楼</td><td>施工日期</td><td colspan="4">2002年4月2日~
2002年7月28日</td></tr>
<tr><td>测试单位</td><td colspan="2">检测中心</td><td colspan="2">验收日期</td><td colspan="3">2002年7月16日</td></tr>
<tr><td>混凝土强度等级评定</td><td colspan="7">同条件养护试件共14组。
同条件养护试件，按统计方法标准差未知方法评定结果，平均值18.27MPa＞18.00MPa。
最小一组试件的强度：18.2MPa＞18.00MPa
同条件养护，试件强度的检验结果符合GBJ 107—87标准的规定，混凝土强度评定合格</td></tr>
<tr><td>钢筋保护层测试</td><td colspan="7">钢筋保护层测定由当地试验检测中心测定，符合设计要求

施工人员：　牛芳铭</td></tr>
<tr><td>备注</td><td colspan="7">附件资料应包括：
1. 同条件养护混凝土试件的试验结果与评定结论。
2. 钢筋保护层测定资料（由试验部门提供）</td></tr>
<tr><td rowspan="3">参加人员</td><td>建设单位代表</td><td>监理单位代表</td><td colspan="5">施　工　单　位</td></tr>
<tr><td rowspan="2">田利民</td><td rowspan="2">袁行键</td><td>企业技术负责人</td><td>刘赞中</td><td colspan="2">专业技术负责人</td><td>梁　光</td></tr>
<tr><td>质检员</td><td>韩建新</td><td colspan="2">工长</td><td>牛芳铭</td></tr>
</table>

给水、排水与采暖

1　图纸会审、设计变更、洽商记录

图纸会审、设计变更、洽商记录（略），见建筑与结构部分说明，只将内容改为给排水与采暖即可。

2　材料、配件进场检验记录

（GB50242—2002）规范规定：“建筑给水、排水及采暖工程所使用的主要材料、成品、半成品、配件、器具和设备必须具有中文质量合格证明文件，规格、型号和性能检测报告应符合国家技术标准或设计要求。进场时应做检查验收，并经监理工程师核查确认。”

3　材料、配件出厂合格证及进场检（试）验报告

3.1　材料合格证、试验报告记录表

材料合格证、试验报告汇总表（表 C2-3-1）（略），按进货数量的时间顺序、试验的时间顺序，分别统计于表内。

3.2　合格证粘贴表

合格证粘贴表见表 C2-3-2（略），按进货数量的时间顺序，分别粘贴于上。

4　管道、设备强度试验、严密性试验

室内给水系统管道、设备强度试验、严密性试验记录见表 C2-15。

资料表式

室内给水系统管道、设备强度试验、严密性试验记录表（C2-15）　　　　**表 C2-15**

工程名称	华龙房地产开发公司鑫园小区 2 号住宅楼			被试系统	①～㊲轴给水系统
接口做法				试验时间	2002 年 10 月 18 日 8 时起 2002 年 10 月 19 日 12 时止
部　位	材　质	规　格	单　位	数　量	备　注
①～⑦轴、 ⑦～⑬轴、 ⑬～⑳轴、 ⑳～㉖轴、 ㉖～㉜轴、 ㉜～㊲轴	塑料管		系统	6 个单位	6 个单位分别进行试验，用时一天多。
试验标准及规定	GB50242—200 规范				
试压方式	水介质				
试压标准	工作压力　≥0.6MPa			试验压力　≥0.6MPa	
实测数值					
试压经过及问题处理 塑料给水管在试验压力下稳压 1h，压力降为 0.03MPa，然后在工作压力的 1.15 倍状态下稳压 2h，压力不超过 0.03MPa，检查各管件接头不渗不漏 试验人：甘泉					
评定意见	强度、严密性试验合格				
参加人员	监理（建设）单位	施　工　单　位			
		专业技术负责人	质检员		试验员
	曹建利	李庆国	邢万年		甘泉

注：1. 该项试验按系统进行，①～⑯、⑯～㉔、㉔～㊲均分别进行。

2. 试压后进行了冲洗。

5　隐蔽工程验收（略）

6　系统清洗、灌水、通水、通球试验记录

6.1　管道系统吹洗（脱脂）检验记录

管道系统吹洗（脱脂）检验记录　　　　表 C2-17-1

<table>
<tr><td>工程名称</td><td colspan="2">华龙房地产开发公司鑫园小区 2 号住宅楼</td><td>部位：</td><td colspan="3">①～㊲轴 6 个给水系统</td><td>日期</td><td colspan="3">2002 年 10 月 20 日</td></tr>
<tr><td rowspan="2">管线编号</td><td rowspan="2">材质</td><td rowspan="2">工作介质</td><td colspan="5">吹　　洗</td><td colspan="2">脱脂</td><td rowspan="2">备注</td></tr>
<tr><td>介质</td><td>压力</td><td>流速</td><td>吹洗次数</td><td>鉴定</td><td>介质</td><td>鉴定</td></tr>
<tr><td>①～⑦
⑦～⑬</td><td>塑料 PVC</td><td>自来水</td><td>自来水</td><td>水流速不低于 1.5m/s</td><td>连续进行</td><td>水颜色与自来水一样</td><td>—</td><td>—</td><td></td><td></td></tr>
<tr><td>⑬～⑳
⑳～㉖</td><td>塑料 PVC</td><td>自来水</td><td>自来水</td><td>水流速不低于 1.5m/s</td><td>连续进行</td><td>水颜色与自来水一样</td><td>—</td><td>—</td><td></td><td></td></tr>
<tr><td>㉖～㉜
㉜～㊲</td><td>塑料 PVC</td><td>自来水</td><td>自来水</td><td>水流速不低于 1.5m/s</td><td>连续进行</td><td>水颜色与自来水一样</td><td>—</td><td>—</td><td></td><td></td></tr>
<tr><td></td><td></td><td></td><td></td><td></td><td></td><td></td><td></td><td></td><td></td><td></td></tr>
<tr><td colspan="4">依据标准及要求</td><td colspan="4">试验情况</td><td colspan="3">试验结论</td></tr>
<tr><td colspan="4">（GB50235—97）
《工业金属管理工程施工及验收规范》</td><td colspan="4">冲洗采用极大流量，流速不低于 1.5m/s，供水及排水支管全部冲洗</td><td colspan="3">合　　格</td></tr>
<tr><td colspan="2">核定意见</td><td colspan="9">合　　格</td></tr>
<tr><td rowspan="3">参加人员</td><td colspan="2">监理（建设）单位</td><td colspan="8">施　　工　　单　　位</td></tr>
<tr><td colspan="2" rowspan="2">曹建川</td><td colspan="3">专业技术负责人</td><td colspan="3">质检员</td><td colspan="2">试验员</td></tr>
<tr><td colspan="3">李庆国</td><td colspan="3">邢万年</td><td colspan="2">甘　泉</td></tr>
</table>

6.2 给排水管道灌水（通水）试验记录

给排水管道灌水（通水）试验记录表 **表 C2-17-2**

工程名称：

<table>
<tr><td>工程名称</td><td colspan="4">华龙房地产开发公司鑫园小区 2 号住宅楼</td><td colspan="2">试验日期</td><td colspan="2">2002 年 4 月 28 日</td></tr>
<tr><td>试验部位</td><td colspan="4">①-⑦……㊲轴</td><td colspan="2">依据标准</td><td colspan="2">GB50242—2002</td></tr>
<tr><td rowspan="2">编号</td><td colspan="4">规范或设计要求</td><td colspan="3">试　验</td><td rowspan="2">备注</td></tr>
<tr><td>规　格</td><td>材　质</td><td>允许渗水量</td><td>计量时间</td><td>实际渗水量</td><td>试验时间</td><td>通水情况</td></tr>
<tr><td>①-⑦轴</td><td></td><td>塑料</td><td></td><td></td><td>—</td><td>20min</td><td>畅通无渗漏</td><td></td></tr>
<tr><td>⑦-⑬轴</td><td></td><td>塑料</td><td></td><td></td><td>—</td><td>20min</td><td>畅通无渗漏</td><td></td></tr>
<tr><td>⑬-⑳轴</td><td></td><td>塑料</td><td></td><td></td><td>—</td><td>20min</td><td>畅通无渗漏</td><td></td></tr>
<tr><td>⑳-㉖轴</td><td></td><td>塑料</td><td></td><td></td><td>—</td><td>20min</td><td>畅通无渗漏</td><td></td></tr>
<tr><td>㉖-㉜轴</td><td></td><td>塑料</td><td></td><td></td><td>—</td><td>20min</td><td>畅通无渗漏</td><td></td></tr>
<tr><td>㉜-㊲轴</td><td></td><td>塑料</td><td></td><td></td><td>—</td><td>20min</td><td>畅通无渗漏</td><td></td></tr>
<tr><td></td><td></td><td></td><td></td><td></td><td></td><td></td><td></td><td></td></tr>
<tr><td></td><td></td><td></td><td></td><td></td><td></td><td></td><td></td><td></td></tr>
<tr><td colspan="9">评定意见：
灌水高度在底层卫生器具上边缘。满水 15min 水面下降后，再灌满观察 5min，液面不下降，管道及接口处无渗漏

评定合格

年　月　日</td></tr>
<tr><td rowspan="3">参加人员</td><td colspan="2">监理（建设）单位</td><td colspan="6">施　工　单　位</td></tr>
<tr><td colspan="2" rowspan="2">曹建川</td><td colspan="2">专业技术负责人</td><td colspan="2">质检员</td><td colspan="2">试验员</td></tr>
<tr><td colspan="2">李庆国</td><td colspan="2">邢万年</td><td colspan="2">甘　泉</td></tr>
</table>

6.3 室外水落排水管道通球试验记录

室外水落排水管通球试验记录 表 C2-17-3

<table>
<tr><td>工程名称</td><td colspan="3">华龙房地产开发公司鑫园小区2号住宅楼</td><td>管径、球径</td><td colspan="2"></td></tr>
<tr><td>试验部位</td><td>①-㊲轴室外排水管道</td><td>管道编号</td><td></td><td>试验日期</td><td colspan="2">2002年10月25日</td></tr>
<tr><td colspan="7">试验要求：
1. 室外水落排水管的主干立管，100%进行。
2. 试验由上至下进行，以不堵、不漏为原则。
3. 通球用自制木球，木球直径为排水管的3/4。
4. 先投球后注入一定水量于管内。
5. 如有堵塞疏通后重新进行检查</td></tr>
<tr><td colspan="7">试验情况：
所试排水主干立管，均已顺利通过，说明未堵塞</td></tr>
<tr><td colspan="7">试验结论：
合　　格</td></tr>
<tr><td rowspan="3">参加人员</td><td>监理（建设）单位</td><td colspan="5">施　工　单　位</td></tr>
<tr><td rowspan="2">曹建川</td><td colspan="2">专业技术负责人</td><td>质检员</td><td colspan="2">工　长</td></tr>
<tr><td colspan="2">李庆国</td><td>邢万年</td><td colspan="2">甘　泉</td></tr>
</table>

例表说明：

以室外水落排水管通球试验记录表为例。

7 施工记录

7.1 伸缩器安装预拉伸记录

伸缩器预拉伸记录　　　　　　　　　　表 C2-18-2

<table>
<tr><td>工程名称</td><td>鑫园小区 2 号住宅楼</td><td>施工单位</td><td colspan="2">建安总公司第二项目部</td></tr>
<tr><td>管道材质</td><td>钢管</td><td>伸缩器部位</td><td colspan="2">六层南侧中部</td></tr>
<tr><td>伸缩器规格型号</td><td>50mm</td><td>环境温度</td><td colspan="2">20℃</td></tr>
<tr><td>固定支架间距（m）</td><td></td><td>管内介质温度</td><td colspan="2">90℃</td></tr>
<tr><td>计算预拉值（mm）</td><td>39mm</td><td>实际预拉值（mm）</td><td colspan="2">42mm</td></tr>
<tr><td colspan="5">伸缩器安装及预拉（示意图）说明

伸缩器为 Ω 型，水平装设，用千斤顶进行预拉伸，预拉伸焊口选在补偿器弯曲起点 2.3mm 处，冷拉前加好支撑和垫块，将固定支座牢固固定好，对好预拉伸焊口的间距，启动千斤顶进行预拉伸，两端预拉焊口焊好后，拆除千斤顶，终止预拉伸</td></tr>
<tr><td colspan="5">评定意见：
符合设计要求，安装允许偏差小于规范规定值，拉伸偏差值仅 3mm

2002 年 10 月 18 日</td></tr>
<tr><td rowspan="3">参加人员</td><td>监理（建设）单位</td><td colspan="3">施　工　单　位</td></tr>
<tr><td rowspan="2">曹建川</td><td>专业技术负责人</td><td>质检员</td><td>实验员</td></tr>
<tr><td>李庆国</td><td>邢万年</td><td>甘　泉</td></tr>
</table>

建　筑　电　气

1　图纸会审、设计变更、洽商记录（略）

见建筑与结构部分说明，只将其内容改为建筑电气即可。

2　材料、设备进场验收记录（略）

3　材料、设备进场检（试）验报告（略）

4　接地电阻、绝缘电阻测试记录

4.1　接地电阻测试记录

接地电阻测试记录表　　　　表 C2-24-1

工程名称		华龙房地产开发公司鑫园小区2号住宅楼		工程编号	02001	
仪表型号		ZC-8型接地电阻测量仪		测试日期	2002年10月28日	
计量单位		≤4Ω（欧姆）		天气情况	晴	气温 20℃
接地名称与类型		防雷接地	保护接地	重复接地	接地	接地
组别及实测数据	1	0.83	0.155	1.21	—	—
	2	0.45	0.155	1.10	—	—
	3	0.66	0.155	1.05	—	—
	4	0.71	0.155	0.96	—	—
	5					
	6					
	7					
	8					
	9					
	10					
设计要求		≤4Ω	≤　Ω	≤　Ω	≤　Ω	≤　Ω
评定意见		2002年10月28日		季节系数	1.55	
参加人员	监理（建设）单位	施工单位				
	董树田	专业技术负责人		质检员	试验员	
		韩家杰		王宏彬	谷永波	

注：1.2号楼接地报前后各设二审。

2. 接地测值为0.1Ω。

4.2 绝缘电阻测试记录

华龙鑫园小区2号住宅楼绝缘电阻测试记录表 **表 C2-24-2**

工程名称	华龙房地产开发公司鑫园小区2号住宅楼	分部（项）名称	防雷及接地安装
施工单位	建筑安装总公司直属第二项目部	仪表型号	ZC-25
工作电压	500V以下	电压等级	380V
测试日期	2002年10月29日	测试户号	一单元一层1号

层段、设备、线路、名称		一层		二层		三层		四层		五层		六层			
		1号	2号	3号	4号	5号	6号	7号	8号	9号	10号	11号	12号		
绝缘电阻（MΩ）	A—B														
	B—C														
	C—A														
	A—N	404	310	390	400	380	340	320	330	400	390	420	410		
	B—N														
	C—N														
	A—E	410	370	410	420	370	320	360	350	410	400	430	390		
	B—E														
	C—E														
	N—E	380	360	310	430	350	330	340	370	430	380	390	400		

结论：

1. 测试结果合格。
2. 该测试为1单元底层1号的测试数据

参加人员	监理（建设）单位	施　工　单　位		
		专业技术负责人	质检员	试验员

注：

1. 仅以1单元1号户为例，1—3单元36户应分别逐户测试并填报。
2. 照明不进行接地测试。

建筑工程施工技术资料

单位（子单位）
工程安全与功能检验资料核查
及主要功能抽查资料

工程名称　华龙房地产鑫园小区2号住宅楼

建设单位　华龙房地产开发公司

设计单位　天宇设计事务所

监理单位　诚信监理公司

施工单位　建筑安装总公司直属第二项目部

二〇〇二年十一月十五日

5 隐蔽工程验收记录（略）

5.3.2 单位（子单位）工程安全与功能检验资料核查及主要功能抽查资料

5.3.2.1 封页

5.3.2.2 单位（子单位）工程安全与功能检验资料核查及主要功能抽查资料

目 录

建筑与结构

1 屋面淋（防）水试验记录（通用）

屋面淋（防）水试验记录（通用） **表 C3-1**

<table>
<tr><td>工程名称</td><td>华龙房地产开发公司鑫园小区2号住宅楼</td><td>施工单位</td><td colspan="2">建筑安装总公司直属第二项目部</td></tr>
<tr><td>建筑面积</td><td>650m²</td><td>结构形式</td><td colspan="2">砖混</td></tr>
<tr><td>试水日期</td><td>2002年10月19日14时起
2002年10月19日18时止</td><td>试水部位</td><td colspan="2">卷材防水平屋面</td></tr>
<tr><td colspan="5">试水简况：
在屋脊处设干管向两边砖淋，时间为2h</td></tr>
<tr><td colspan="5">检查结果：
对所有楼层房间进行了逐间检查，未发现渗漏</td></tr>
<tr><td colspan="5">复查结果：
除监理人员或还邀请建设单位参加，对逐间检查未发现渗漏</td></tr>
<tr><td colspan="5">评定意见：
合格
2002年10月29日</td></tr>
<tr><td rowspan="3">参加人员</td><td>监理（建设）单位</td><td colspan="3">施　工　单　位</td></tr>
<tr><td rowspan="2">田利民
王志鹏</td><td>专业技术负责人</td><td>质检员</td><td>试验员</td></tr>
<tr><td>梁光</td><td>韩建新</td><td>牛芳铭</td></tr>
</table>

注：1. 淋水前对屋面的细部构造、接缝、保护层、女儿墙SBS防水卷材连接与高度等进行了外观检查，未发现翘边、开裂等。

2. 淋水前已将各排水口全部进行检查，排水通畅。

3. 如有渗漏，应进行修理后重新进行试验。

4. 如果屋面防水工程已经过雨期淋水，经复查无渗漏时，可不进行屋面淋水试验。

2　地下室防水效果检查记录

地下室防水效果检查记录表　　　　**表 C3-2**

<table>
<tr><td>工程名称</td><td colspan="2">华龙房地产开发公司鑫园小区 2 号住宅楼</td><td>检查日期</td><td colspan="2">2002 年 9 月 17 日</td></tr>
<tr><td>工程编号</td><td colspan="2">02001</td><td>部　　位</td><td colspan="2">地下室地面、墙面</td></tr>
<tr><td>检查内容</td><td colspan="5">地下室防水渗漏情况</td></tr>
<tr><td>检查结论</td><td colspan="5">对地下室大小 49 个房间逐间的地面、墙面进行检查，未发现渗漏</td></tr>
<tr><td>评定结果</td><td colspan="5">合格
2002 年 9 月 17 日</td></tr>
<tr><td rowspan="3">参加人员</td><td>监理（建设）单位</td><td colspan="4">施　工　单　位</td></tr>
<tr><td rowspan="2">田利民
王志鹏</td><td>专业技术负责人</td><td colspan="2">质检员</td><td>工长</td></tr>
<tr><td>梁光</td><td colspan="2">韩建新</td><td>牛芳铭</td></tr>
</table>

注：地下室防水完成后，已经过雨期，是否渗漏经过丰水期已基本可以看出，故选择在 9 月份检查验收。

3 厨、厕间蓄水试验记录（通用）

厨、厕间蓄水试验记录（通用） 表 C3-1

<table>
<tr><td>工程名称</td><td colspan="2">华龙房地产开发公司鑫园小区2号住宅楼</td><td>施工单位</td><td colspan="2">建筑安装总公司直属第二项目部</td></tr>
<tr><td>建筑面积</td><td colspan="2"></td><td>结构形式</td><td colspan="2">砖混</td></tr>
<tr><td>试水日期</td><td colspan="2">2002年10月17日8时起
2002年10月19日12时止</td><td>试水部位</td><td colspan="2">厨房、厕所间共36个房间</td></tr>
<tr><td colspan="6">试水简况：
共36个房间循序进行，蓄水深度平均25mm，每个房间蓄水时间略大于24h后撤水</td></tr>
<tr><td colspan="6">检查结果：
对36个房间逐间检查，未发现渗漏</td></tr>
<tr><td colspan="6">复查结果：
除监理人员外还邀请建设单位代表对已作蓄水试验的房间逐间检查，未发现渗漏</td></tr>
<tr><td colspan="6">评定意见：
合格
年 月 日</td></tr>
<tr><td rowspan="3">参加人员</td><td>监理（建设）单位</td><td colspan="4">施 工 单 位</td></tr>
<tr><td rowspan="2">王志鹏</td><td>专业技术负责人</td><td colspan="2">质检员</td><td>试验员</td></tr>
<tr><td>梁光</td><td colspan="2">韩建新</td><td>牛芳铭</td></tr>
</table>

主：1. 对所有厨房、厕所间的地面进行蓄水试验。

2. 如有渗漏应修理后重做试验，并作好记录。

4 建筑物垂直度、标高、全高测量记录

建筑物垂直度、标高、全高测量记录（测量） 表 C3-4-1

<table>
<tr><td colspan="2">检测工程名称</td><td colspan="2">华龙鑫园2号楼</td><td colspan="2">施工阶段</td><td>主体</td><td colspan="2">检测日期</td><td>2002年7月26日</td></tr>
<tr><td rowspan="4">垂直度
测　量</td><td>检测部位</td><td>Ⓐ-③</td><td>Ⓐ-⑪</td><td>Ⓐ-㉔</td><td>Ⓐ-㊱</td><td>Ⓙ-㉟</td><td>Ⓙ-㉔</td><td>Ⓙ-⑪</td><td>Ⓙ-③</td><td>累计偏差</td></tr>
<tr><td>允许偏差（mm）</td><td>≤5mm</td><td>≤5mm</td><td>≤5mm</td><td>≤5mm</td><td>≤5mm</td><td>≤5mm</td><td>≤5mm</td><td>≤5mm</td><td>—</td></tr>
<tr><td>实测值（mm）</td><td>3.0mm</td><td>2.5mm</td><td>3.0mm</td><td>3.0mm</td><td>2.5mm</td><td>2.5mm</td><td>2.5mm</td><td>3.0mm</td><td>—</td></tr>
<tr><td>说　明</td><td colspan="9">该实测偏差为女儿墙处各区段的实测值</td></tr>
<tr><td rowspan="3">标　高
测　量</td><td>允许偏差（mm）</td><td>±15mm</td><td>±15mm</td><td>±15mm</td><td>±15mm</td><td>±15mm</td><td>±15mm</td><td>±15mm</td><td>±15mm</td><td>—</td></tr>
<tr><td>实测值（mm）</td><td>6</td><td>7</td><td>6</td><td>5</td><td>5</td><td>4</td><td>7</td><td>6</td><td>—</td></tr>
<tr><td>说　明</td><td colspan="9">该实测偏差为顶层楼板顶面标高</td></tr>
<tr><td rowspan="3">全　高
测　量</td><td>允许偏差（mm）</td><td>≤30mm</td><td>≤30mm</td><td>≤30mm</td><td>≤30mm</td><td>≤30mm</td><td>≤30mm</td><td>≤30mm</td><td>≤30mm</td><td>—</td></tr>
<tr><td>实测值（mm）</td><td>9</td><td>11</td><td>8</td><td>8</td><td>9</td><td>7</td><td>9</td><td>8</td><td>—</td></tr>
<tr><td>说　明</td><td colspan="9">全高允许偏差不应超过 $H/1000$ 且≤30mm</td></tr>
<tr><td>评价与建议</td><td colspan="10">合　格</td></tr>
<tr><td rowspan="3">参加人员</td><td colspan="2">监理（建设）单位</td><td colspan="8">施　工　单　位</td></tr>
<tr><td colspan="2" rowspan="2">王志鹏</td><td colspan="3">专业技术负责人</td><td colspan="3">质检员</td><td colspan="2">记录人</td></tr>
<tr><td colspan="3">梁光</td><td colspan="3">韩建新</td><td colspan="2">张长河</td></tr>
</table>

注：1. 每段测一点。

2. 测点如下图。

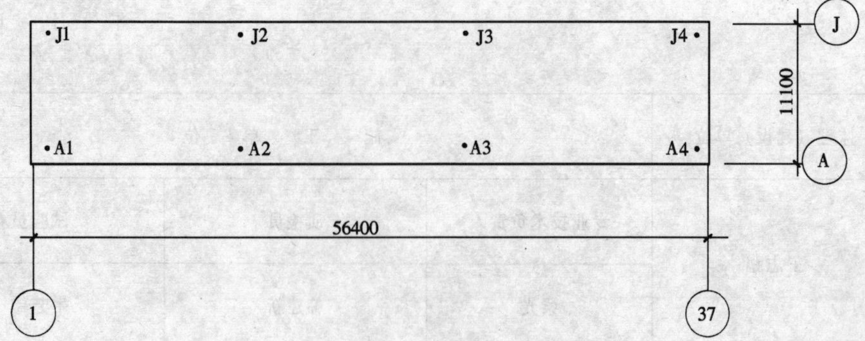

5 外窗气密性、水密性、耐风压检测报告

外窗气密性、水密性、耐风压检测报告表 **表 C3-6**

<table>
<tr><td>工程名称</td><td>华龙房地产开发公司
鑫园小区2号住宅楼</td><td>试验时间</td><td>2002年9月5日</td></tr>
<tr><td>幕墙（外室）
类　别</td><td>Ⓐ轴及Ⓙ轴、Ⓐ~①、
Ⓙ~①外室测试</td><td>试验编号</td><td></td></tr>
<tr><td colspan="2">风压变形性能</td><td colspan="2">雨水渗漏性能</td></tr>
<tr><td colspan="2">在风荷载标准值作用下窗的立柱、横梁相对挠度试验值小于V/180，绝对挠度值为10mm
合格</td><td colspan="2">在风荷载标准值除以2.25的风压值作用下，经查无渗漏
合格</td></tr>
<tr><td colspan="2">空气渗透性能</td><td colspan="2">平面内变形性能</td></tr>
<tr><td colspan="2">空气渗透性能在10pa的内外压差下，固定部分空气渗透不大于0.10m/m·h，开启部分不大于2.5m²/m·h
合格</td><td colspan="2">—</td></tr>
<tr><td>性能结果评定</td><td colspan="3">依据标准：
合　格</td></tr>
</table>

<table>
<tr><td rowspan="3">参加人员</td><td>监理（建设）单位</td><td colspan="3">施　工　单　位</td></tr>
<tr><td rowspan="2">王志鹏</td><td>专业技术负责人</td><td>质检员</td><td>记录人</td></tr>
<tr><td>梁光/苗玉杰</td><td>韩建新</td><td>邱瑞林</td></tr>
</table>

注：1. 风压变形、雨水渗漏、空气渗透均应附试验单位的试验报告单。

2. 该试验由试验室在施工现场测试，责任制由施工单位根据测试结果填写评定意见，监理（建设）单位的有关人员分别签字。

6 门窗建筑物理性能检验报告

门窗建筑物理性能检验报告

委托单位：永达塑钢制品有限公司　　工程名称：鑫园小区2号楼　　统一编号：0204153

试样名称	PVC 塑料窗	生产厂	永　达	送样数量	3 樘	报告日期	2002.01.26
规格等级	146×1460×3			代表批量		检验类别	委托

玻璃种类、厚度、镶嵌方法	有无密封条及其材质、截面特征、安装方法	填缝材料及其材质、特征、使用方法
3mm 平板玻璃，胶条挤压密封	毛条截面呈刷状，镶嵌在型材上	毛条截面呈刷状，镶嵌在型材上

试件编号	试验温度℃	抗风压性能：变形检测 1/300 (mm)	变形检测 $P1$ (Pa)	反复受荷检测 $P2$ (Pa)	反复受荷检测 残余变形 (mm)	反复受荷检测 功能障碍	安全检测 $P3$ (Pa)	安全检测 残余变形 (mm)	安全检测 功能障碍	分级指标值 (Pa)	试件所属等级	空气渗透性能：单位缝长渗透量 q_0 ($m^3/m·h$)	分级指标 ($m^3/m·h$)	试件所属等级	雨水渗透性能：渗透压力差 ΔPa	分级指标 ΔPa	试件所属等级
1	20	4.6	950	570	0.10	无	2375	0.16	无	2000	C1	1.9			150		
2	20	4.6	978	587	0.07	无	2445	0.18	无	2000	C1	2.1	2.5	C2	150	150	C2
3	20	4.6	915	547	0.10	无	2288	0.19	无	2000	C1	2.0			150		

依据标准	GB 7106—86　GB 7107—86　GB 7108—86　试验条件　$P=1002.5a$
最低标准	残余变形≤1mm　q_0≤　m^3/m.h　ΔPa≥100　Pa　P3≥1000　Pa
检测结论	依据：GB11793.1—89　所检 PVC 塑料推拉窗合格

试验单位：检测中心　　技术负责人：苗玉杰　　审核：盛家雄　　试验：张勇峰

给水、排水与采暖

1　给水管道通水试验记录

给水管道通水试验记录表　　　　**表 C3-12**

工程名称：

<table>
<tr><td>工程名称</td><td colspan="4">华龙房地产开发公司鑫园小区 2 号住宅楼</td><td colspan="2">试验日期</td><td colspan="2">2002 年 4 月 28 日</td></tr>
<tr><td>试验部位</td><td colspan="4">①～⑦～……㊲轴</td><td colspan="2">依据标准</td><td colspan="2">GB50242—2002</td></tr>
<tr><td rowspan="2">编号</td><td colspan="4">规范或设计要求</td><td colspan="3">试　验</td><td rowspan="2">备 注</td></tr>
<tr><td>规　格</td><td>材　质</td><td>允许渗水量</td><td>计量时间</td><td>实际渗水量</td><td>试验时间</td><td>通水情况</td></tr>
<tr><td>①～⑦轴</td><td></td><td>塑料</td><td></td><td></td><td>—</td><td>20min</td><td>畅通无渗漏</td><td></td></tr>
<tr><td>⑦～⑬轴</td><td></td><td>塑料</td><td></td><td></td><td>—</td><td>20min</td><td>畅通无渗漏</td><td></td></tr>
<tr><td>⑬～⑳轴</td><td></td><td>塑料</td><td></td><td></td><td>—</td><td>20min</td><td>畅通无渗漏</td><td></td></tr>
<tr><td>⑳～㉖轴</td><td></td><td>塑料</td><td></td><td></td><td>—</td><td>20min</td><td>畅通无渗漏</td><td></td></tr>
<tr><td>㉖～㉜轴</td><td></td><td>塑料</td><td></td><td></td><td>—</td><td>20min</td><td>畅通无渗漏</td><td></td></tr>
<tr><td>㉜～㊲轴</td><td></td><td>塑料</td><td></td><td></td><td>—</td><td>20min</td><td>畅通无渗漏</td><td></td></tr>
<tr><td></td><td></td><td></td><td></td><td></td><td></td><td></td><td></td><td></td></tr>
<tr><td></td><td></td><td></td><td></td><td></td><td></td><td></td><td></td><td></td></tr>
<tr><td colspan="9">评定意见：
评定合格

年　　月　　日</td></tr>
<tr><td rowspan="3">参加人员</td><td colspan="2">监理（建设）单位</td><td colspan="6">施　工　单　位</td></tr>
<tr><td colspan="2" rowspan="2">曹建川</td><td colspan="2">专业技术负责人</td><td colspan="2">质检员</td><td colspan="2">试验员</td></tr>
<tr><td colspan="2">李庆国</td><td colspan="2">邢万年</td><td colspan="2">甘泉</td></tr>
</table>

注：以给水管道通水试验记录表为例。

2　暖气管道、散热器压力试验记录（略）

暖气管道、散热器压力试验记录表式与试验方法、内容同“控制资料”的管道、设备强度试验、严密性试验记录。

3 卫生器具满水试验记录

卫生器具满水试验记录表 表 C3-12

<table>
<tr><td>工程名称</td><td colspan="2">华龙房地产开发公司鑫园小区2号楼</td><td>施工单位</td><td colspan="2">建筑安装总公司直属第二项目部</td></tr>
<tr><td>试验项目</td><td colspan="5">浴盆、洗脸盆</td></tr>
<tr><td>试验时间</td><td colspan="5">由18日8时　　分开始，至19日20时　　分结束</td></tr>
<tr><td>依据标准及要求</td><td colspan="5">1. 洗脸盆、澡盆应作满水试验。
2. 执行GB50242—2002规范</td></tr>
<tr><td>过程情况简述</td><td colspan="5">1. 满水试验按单元每户每单个洗脸、澡盆装具逐一分别进行试验，检查溢流口、溢流管及其通水畅通情况。
2. 共检查96个器皿，其中：浴盆60个，脸盆36个</td></tr>
<tr><td>评定意见</td><td colspan="5">合　格</td></tr>
<tr><td rowspan="3">参加人员</td><td>监理（建设）单位</td><td colspan="4">施　工　单　位</td></tr>
<tr><td rowspan="2">曹建川</td><td>专业技术负责人</td><td colspan="2">质检员</td><td>试验员</td></tr>
<tr><td>李庆国</td><td colspan="2">邢万年</td><td>甘　泉</td></tr>
</table>

建筑电气

1 照明全负荷安全试验运作试验记录

照明全负荷安全试验运作试验记录 表 C3-15

<table>
<tr><td>工程名称</td><td>华龙房地产开发公司鑫园小区2号楼</td><td>部　位</td><td colspan="2">一单元1~6层（东侧）</td></tr>
<tr><td>被测系统</td><td></td><td>采用标准</td><td colspan="2"></td></tr>
<tr><td>试验要求</td><td>按测试、检验情况提条目
达到设计和规范要求</td><td>试验日期</td><td colspan="2">2002年10月18日</td></tr>
<tr><td>测试、检验情况</td><td colspan="4">1. 灯具、吊扇、配电箱（盘）；绝缘电阻测试已经完成且合格；
2. 检查灯具控制的灵活程度，且必须准确；
3. 开关与灯具控制顺序正确；吊扇的转向调速正常；
4. 检查照明总体运行状况，保持正常</td></tr>
<tr><td>测试、检验结果</td><td colspan="4">1. 照明、吊扇、配电箱、绝缘电阻已经测且已合格；
2. 灯具控制灵活、准确；
3. 开关与灯具的控制顺序正确，吊扇的转向、调速正常；
4. 该单元总体运行正常</td></tr>
<tr><td>评定意见</td><td colspan="4">合　格</td></tr>
<tr><td rowspan="3">参加人员</td><td>监理（建设）单位</td><td colspan="3">施　工　单　位</td></tr>
<tr><td rowspan="2">董树田</td><td>专业技术负责人</td><td>质检员</td><td>试验员</td></tr>
<tr><td>梁光</td><td>王岩彬</td><td>谷永波</td></tr>
</table>

注：1. 该单位工程共3个单元，应分别测试。

2. 每户的照明器具全数检查，检查时应注意：开关断相线，螺栓灯口中心接相线，插座右火左零，地线在上；螺口白炽灯，灯口中心片接相线，日光灯镇流器接相线。

2　线路、插座、开关接地检验记录

线路、插座、开关接地检验记录　　　　**表 C3-15**

<table>
<tr><td colspan="8">工程名称</td><td colspan="9">鑫园小区2号楼</td><td colspan="9">检查日期</td><td colspan="3">2002年10月6日</td></tr>
<tr><td colspan="8">楼门单元</td><td colspan="9">1单元</td><td colspan="9">施工单位</td><td colspan="3">建安总公司
第二项目部</td></tr>
<tr><td rowspan="2">层别</td><td rowspan="2">户别</td><td colspan="8">线路</td><td colspan="8">开关</td><td colspan="8">插座</td><td rowspan="2">电度表</td><td rowspan="2">保险</td><td rowspan="2">检查内容</td></tr>
<tr><td>1</td><td>2</td><td>3</td><td>4</td><td>5</td><td>6</td><td>7</td><td>8</td><td>1</td><td>2</td><td>3</td><td>4</td><td>5</td><td>6</td><td>7</td><td>8</td><td>1</td><td>2</td><td>3</td><td>4</td><td>5</td><td>6</td><td>7</td><td>8</td></tr>
<tr><td>一层</td><td>1</td><td>√</td><td>√</td><td>√</td><td>√</td><td>√</td><td>√</td><td>√</td><td>√</td><td>√</td><td>√</td><td>√</td><td>√</td><td>√</td><td>√</td><td>√</td><td>√</td><td>√</td><td>√</td><td>√</td><td>√</td><td>√</td><td>√</td><td>√</td><td>√</td><td></td><td></td><td rowspan="12">1. 开关
开关断相线上合、下分
2. 灯具
灯头中心相线
3. 插座
右相，左零，上地
4. 电度表
相：1进2出
零：3进4出
5. 保险
左相，右零
检查合格打“√”，不合格打“×”</td></tr>
<tr><td>一层</td><td>2</td><td>√</td><td>√</td><td>√</td><td>√</td><td>√</td><td>√</td><td>√</td><td>√</td><td>√</td><td>√</td><td>√</td><td>√</td><td>√</td><td>√</td><td>√</td><td>√</td><td>√</td><td>√</td><td>√</td><td>√</td><td>√</td><td>√</td><td>√</td><td>√</td><td></td><td></td></tr>
<tr><td>二层</td><td>3</td><td>√</td><td>√</td><td>√</td><td>√</td><td>√</td><td>√</td><td>√</td><td>√</td><td>√</td><td>√</td><td>√</td><td>√</td><td>√</td><td>√</td><td>√</td><td>√</td><td>√</td><td>√</td><td>√</td><td>√</td><td>√</td><td>√</td><td>√</td><td>√</td><td></td><td></td></tr>
<tr><td>二层</td><td>4</td><td>√</td><td>√</td><td>√</td><td>√</td><td>√</td><td>√</td><td>√</td><td>√</td><td>√</td><td>√</td><td>√</td><td>√</td><td>√</td><td>√</td><td>√</td><td>√</td><td>√</td><td>√</td><td>√</td><td>√</td><td>√</td><td>√</td><td>√</td><td>√</td><td></td><td></td></tr>
<tr><td>三层</td><td>5</td><td>√</td><td>√</td><td>√</td><td>√</td><td>√</td><td>√</td><td>√</td><td>√</td><td>√</td><td>√</td><td>√</td><td>√</td><td>√</td><td>√</td><td>√</td><td>√</td><td>√</td><td>√</td><td>√</td><td>√</td><td>√</td><td>√</td><td>√</td><td>√</td><td></td><td></td></tr>
<tr><td>三层</td><td>6</td><td>√</td><td>√</td><td>√</td><td>√</td><td>√</td><td>√</td><td>√</td><td>√</td><td>√</td><td>√</td><td>√</td><td>√</td><td>√</td><td>√</td><td>√</td><td>√</td><td>√</td><td>√</td><td>√</td><td>√</td><td>√</td><td>√</td><td>√</td><td>√</td><td></td><td></td></tr>
<tr><td>四层</td><td>7</td><td>√</td><td>√</td><td>√</td><td>√</td><td>√</td><td>√</td><td>√</td><td>√</td><td>√</td><td>√</td><td>√</td><td>√</td><td>√</td><td>√</td><td>√</td><td>√</td><td>√</td><td>√</td><td>√</td><td>√</td><td>√</td><td>√</td><td>√</td><td>√</td><td></td><td></td></tr>
<tr><td>四层</td><td>8</td><td>√</td><td>√</td><td>√</td><td>√</td><td>√</td><td>√</td><td>√</td><td>√</td><td>√</td><td>√</td><td>√</td><td>√</td><td>√</td><td>√</td><td>√</td><td>√</td><td>√</td><td>√</td><td>√</td><td>√</td><td>√</td><td>√</td><td>√</td><td>√</td><td></td><td></td></tr>
<tr><td>五层</td><td>9</td><td>√</td><td>√</td><td>√</td><td>√</td><td>√</td><td>√</td><td>√</td><td>√</td><td>√</td><td>√</td><td>√</td><td>√</td><td>√</td><td>√</td><td>√</td><td>√</td><td>√</td><td>√</td><td>√</td><td>√</td><td>√</td><td>√</td><td>√</td><td>√</td><td></td><td></td></tr>
<tr><td>五层</td><td>10</td><td>√</td><td>√</td><td>√</td><td>√</td><td>√</td><td>√</td><td>√</td><td>√</td><td>√</td><td>√</td><td>√</td><td>√</td><td>√</td><td>√</td><td>√</td><td>√</td><td>√</td><td>√</td><td>√</td><td>√</td><td>√</td><td>√</td><td>√</td><td>√</td><td></td><td></td></tr>
<tr><td>六层</td><td>11</td><td>√</td><td>√</td><td>√</td><td>√</td><td>√</td><td>√</td><td>√</td><td>√</td><td>√</td><td>√</td><td>√</td><td>√</td><td>√</td><td>√</td><td>√</td><td>√</td><td>√</td><td>√</td><td>√</td><td>√</td><td>√</td><td>√</td><td>√</td><td>√</td><td></td><td></td></tr>
<tr><td>六层</td><td>12</td><td>√</td><td>√</td><td>√</td><td>√</td><td>√</td><td>√</td><td>√</td><td>√</td><td>√</td><td>√</td><td>√</td><td>√</td><td>√</td><td>√</td><td>√</td><td>√</td><td>√</td><td>√</td><td>√</td><td>√</td><td>√</td><td>√</td><td>√</td><td>√</td><td></td><td></td></tr>
<tr><td colspan="4">检查结果</td><td colspan="25">合格</td></tr>
<tr><td colspan="4" rowspan="2">监理（建设）单位</td><td colspan="5" rowspan="2">董树田</td><td colspan="5">技术负责人</td><td colspan="5">韩家杰</td><td colspan="5">试验人员</td><td colspan="5">梁光</td></tr>
<tr><td colspan="5">工长</td><td colspan="5">邢万年</td><td colspan="5">质检员</td><td colspan="5">谷永波</td></tr>
</table>

说明：

1. 每户的照明器具全数检查，开关断相线，罗丝灯口中心接相线，插座右相左零，地线在上。

2. 在相序检查完成后进行接地检验。

5.4　施工技术管理资料

5.4.1　封页

建筑工程施工技术资料

单位（子单位）
施工技术管理资料

工程名称　华龙房地产鑫园小区2号住宅楼

建设单位　华龙房地产开发公司

设计单位　天宇设计事务所

监理单位　诚信监理公司

施工单位　建筑安装总公司直属第二项目部

二〇〇二年十一月十五日

5.4.2 单位（子单位）施工技术管理资料

目　　录

1　工程开工报审表
2　施工组织设计（施工方案）（C1-2）
3　技术交底记录表
4　施工日志
5　预检工程（技术复核）记录
6　自检互检记录单
7　工序交接单

1　工程开工报审表

工程开工报审表　　　　**表 B1-1**

工程名称：华龙房地产鑫园小区2号住宅楼　　　　编号：

<table>
<tr><td>

致　诚信监理公司　（监理单位）

我方承担的　华龙房地产鑫园小区2号住宅楼　准备工作已完成。

一、施工许可证已获政府主管部门批准；☑

二、征地拆迁工作能满足工程进度的需要；☑

三、施工组织设计已获总监理工程师批准；☑

四、现场管理人员已到位，机具、施工人员已进场，主要工程材料已落实；☑

五、进场道路及水、电、通讯等已满足开工要求；☑

六、质量管理、技术管理和质量保证的组织机构已建立；☑

七、质量管理、技术管理制度已制定；☑

八、专职管理人员和特种作业人员已取得资格证、上岗证。特此申请，请核查并签发开工指令☑

承包单位（章）：建筑安装总公司第二项目部

项目经理：王家义　　日期：2002年3月15日

</td></tr>
<tr><td>

审查意见：

同意开工

项目监理机构（章）：诚信监理公司

总监理工程师：袁行键　　日期：2002年3月15日

</td></tr>
</table>

几点说明：

1. 工程开工报审表与向监理机构报审同用一表。

2. 工程开工报审应在开工前完成报审。

2　施工组织设计（施工方案）（C1-2）

（1）应包括的主要内容

1）工程概况；2）组织机构；3）施工布置；4）主要项目施工方法；5）质量保证体系和质量保证措施；6）安全保证体系和安全、文明施工措施；7）冬雨季施工措施；8）防止屋面、厨厕、地下室防漏措施；9）消防措施；10）节、假日及农忙季节的保勤措施；11）保证原材料质量措施；12）劳动力计划安排、机具设备计划安排、施工进度计划安排；13）施工总平面图。

（2）实施小结

施工组织设计（施工方案）实施小结（略）。

3 技术交底记录表

技 术 交 底 记 录 **表 C1-3**

工程名称	华龙房地产鑫园小区 2 号住宅楼	交底部位	一层构造柱、圈梁、板缝
工程编号	02001	日 期	2002 年 4 月 18 日

交底内容

以一层构造柱、圈梁和板缝灌筑为例

1. 工程用材料

(1) 水泥：用太行山 32.5 矿渣硅酸盐水泥。

(2) 砂：用沙河县的河砂，细砂（细度模数 1.8)。

(3) 石子：碎石武安市产，构造柱、圈梁用粒径为 0.5~31.5mm；板缝用 5~12mm。

(4) 外加剂：掺用时必须经试验后使用，以正确确定掺加剂量。

2. 混凝土试配、预检、隐检和浇筑前的检查

(1) 混凝土试配按“中煤试验室”提供的 C20 试配单执行，编号：02115580

(2) 预检：模板必须由陈××组织对模板的稳固程度、模板缝隙进行检查并符合要求后方可浇筑混凝土。

(3) 隐检：检查隐蔽工程验收记录。

(4) 浇筑前应检查内容：主要包括：模板浇水、模板杂物清除与清扫等。

3. 混凝土搅拌

(1) 测定砂石实际含水率，藉以调整配合比的用水量，雨天应增加测定次数。

(2) 检查调整自动计量系统，严格按试配调整后的施工配合比执行，运行中间经常检查自动计量系统的运行是否正常。配比为 1:1.94:3.45:0.55，水灰比 0.55。

(3) 正式搅拌前搅拌机先空车试运转，正常后方可正式装料搅拌。

(4) 混凝土搅拌时间：400L 自落式搅拌机不应少于 1.5min。

(5) 混凝土坍落度控制在 50~70mm，每台班应检查 2 次。

4. 混凝土运输

(1) 运送混凝土应防止水泥浆流失，若有离析应在浇灌前进行人工二次拌合。

(2) 混凝土卸出后到浇灌完毕应控制在：温度高于 25℃时，不大于 60min。常温下不大于 90min。

5. 混凝土浇灌与振捣

浇筑方法：(1) 将混凝卸在铁盘上，用铁锹将混凝土灌入模内，不得用运送车直接倒入。

(2) 浇灌混凝土构造柱：先将混凝土振捣棒插入构造柱底，尽量靠近内墙，使其振动，然后再灌入混凝土。应分层浇灌捣实，每层厚度以 60cm 为宜，一边下料边振捣连续作业浇灌到顶。

(3) 振捣圈梁：振捣棒与混凝土应成斜向振捣。

振捣板缝：应选用 ϕ10mm 小型振捣棒。

(4) 应注意保护钢筋位置，如有移动应有专人修理。

(5) 表面抹平：圈梁与板缝每捣定一段应用木抹子压实、拌平，表面不得有松散混凝土。

6. 混凝土养护

(1) 浇完混凝土 12h 以内对混凝土加以覆盖并保湿养护。

(2) 浇水养护时间：不少于 7d；

(3) 浇水次数应保持混凝土处于潮湿状态；

(4) 混凝土强度达到 1.2N/mm^2 前，不得在其上踩踏或进行安装作业。

7. 混凝土质量标准：

(1) 主控项目：

①混凝土试块取样制作按每一台班制作“标养”和“同条件养护”试件各一组。

②原材料称量严格控制：水泥：±2%；粗细骨料±3%；水：±2%。每班抽查一次。

③混凝土运输、浇筑及全部间歇时间不超过混凝土初凝时间。

(2) 一般项目：按 GB50204—200 执行

技术负责人：梁光　　交底人：牛芳铭　　接交人：安守义

几点说明：

1. 各专业、根据工程进度，在适当的时间必须进行技术交底。分别填写技术交底记录。依组排归存。

2. 技术交底实施 2 日后应进行小结。

4 施工日志

施 工 日 志

表 C1-4

工程名称：

日 期	2002 年 6 月 28 日	气象	晴间多云	风力	2～3 级	温度	15～25℃
工程部位	①～⑯轴砌砖						
施工队组	张长河瓦工组						
主要施工、生产、质量、安全、技术、管理活动 以 6 月 28 日为例： 1. 张长河瓦工组四层①～⑯轴砌砖。 2. 水暖、电气工种配合作业； 3. 上午武安砖厂进砖，为 6 月 23 日开始进的第三批砖，陈荣光材料员验收，已单独堆放。 预计 30 日（月底）该批 10 万砖可以进完，进完并验收后取样送试。 4. ⑯～㊲轴陈志清木工组三层顶板混凝土支模。 5.……							
审核：梁光						记录：韩建新	

5 预检工程（技术复核）记录

预检工程（技术复核）记录 **表 C1-5**

预检日期： 2002 年 4 月 16 日

<table>
<tr><td colspan="2">工程名称</td><td>华龙房地产鑫园小区 2 号住宅楼</td><td>施工队</td><td colspan="2">建安总公司第二项目部</td></tr>
<tr><td rowspan="2">预检内容</td><td colspan="2">分部工程部位名称</td><td colspan="3">说　　明</td></tr>
<tr><td colspan="2">首层①～⑯轴顶板、圈梁、楼梯已完成的支模</td><td colspan="3">检查模板刚度的稳定性、模板几何尺寸、模板接缝宽度、轴线、柱高、平整度、模板表面清理，涂刷隔离剂等</td></tr>
<tr><td>自查意见</td><td colspan="5">自查结果：1. 各轴线位置正确，最大偏差 3mm，柱高最大偏差 2mm，表面平整。
2. 各部位模板支承的刚度和稳定性符合要求。
3. 底模表面已清理干净。
4. 涂刷的隔离剂没有污染钢筋等</td></tr>
<tr><td>要求复查时间</td><td colspan="2">请于 2002 年 4 月 16 日上午复验</td><td>复查结论意见</td><td colspan="2">经复查预检内容中有关检查子项与自检情况相符，符合规范要求，可以进行下道工序施工</td></tr>
<tr><td colspan="6">技术负责人：梁光　　　　质检员：韩建光　　　　施工员：牛芳铭</td></tr>
</table>

6 自检互检记录单

自检互检记录单 **表 C1-6**

编号

<table>
<tr><td>工程名称</td><td>华龙房地产鑫园小区2号住宅楼</td><td>自、互检部位</td><td>二层①～㉕轴砌砖</td></tr>
<tr><td>自、互检内容</td><td colspan="3">1. 砌体用砖、砂浆。
2. 工具与设备运行。
3. 执行工艺标准和操作规程情况。
4. 检验的砌体质量等级</td></tr>
<tr><td>检查意见</td><td colspan="3">1. 操作中所用砖、砂浆等经常符合设计和施工规范要求。详见砖试验报告、砂浆试配单。
2. 所用工具、设备运转正常。
3. 严格执行企业工艺标准和操作规程。
4. 已完成工程质量经检查符合 GB50203—2002 规范质量要求</td></tr>
<tr><td>填表人</td><td>签　名：张长河</td><td colspan="2">要求检查时间　2002 年 5 月 20 日</td></tr>
<tr><td>自互检人</td><td>签　名：张长河、牛启功</td><td colspan="2">检查时间　2002 年 5 月 20 日</td></tr>
<tr><td>备注</td><td colspan="3"></td></tr>
</table>

几点说明：

1. 一个检验批自互检一次或二次，并应填写自检互检记录单归存。
2. 自检互检记录单以资料形成的时间依序归存。

7　工序交接单

工 序 交 接 单

表 C1-7

编号

<table>
<tr><td>单位工程
名　　称</td><td>华龙房地产鑫园小区 2 号住宅楼</td><td>交接日期</td><td colspan="4">2002 年 4 月 18 日</td></tr>
<tr><td>交接项目</td><td>一层①～㉕轴砌砖</td><td>部　　位</td><td colspan="4">二层①～㉕轴砌砖</td></tr>
<tr><td colspan="7">自检结果：
1. 由专业技术负责人梁光组织，韩建新专职质量检查员参加，张长河、牛启功班组长参加。
2. ①～㉕轴砌砖符合 GB50203—2002 砖砌体施工质量验收规范的要求</td></tr>
<tr><td colspan="7">交接检查意见：
经查施工质量符合规范要求，可以进行交接</td></tr>
</table>

单位工程技术负责人	梁光	检查员	韩建新	接班组	牛启功	移交组	张长河

几点说明：

1. 该工序应按为①～⑯完成后，⑯～㊲轴砌砖开始前，①～⑯轴向另一个砌砖组进行工序交接。

2. 凡属此类的工序交接以及不同工种间的工序交接均应填写工序交接单，并以时间推移形成的资料归存。

附录

附录A　专业规范测试规定

附录A1　地基与基础施工勘察要点

一、一般规定

1. 所有建(构)筑物均应进行施工验槽。遇到下列情况之一时,应进行专门的施工勘察。

(1) 工程地质条件复杂，详勘阶段难以查清时;

(2) 开挖基槽发现土质、土层结构与勘察资料不符时;

(3) 施工中边坡失稳，需查明原因，进行观察处理时;

(4) 施工中，地基土受扰动，需查明其性状及工程性质时;

(5) 为地基处理，需进一步提供勘察资料时;

(6) 建（构）筑物有特殊要求，或在施工时出现新的岩土工程地质问题时。

2. 施工勘察应针对需要解决的岩土工程问题布置工作量，勘察方法可根据具体条件情况选用施工验槽、钻探取样和原位测试等。

二、天然地基基础验槽检验要点

1. 基槽开挖后，应检验下列内容:

(1) 核对基坑的位置、平面尺寸、坑底标高;

(2) 核对基坑土质和地下水情况;

(3) 空穴、古墓，古井、防空掩体及地下埋设物的位置、深度、性状。

2. 在进行直接观察时，可用袖珍式贯入仪作为辅助手段。

3. 遇到下列情况之一时，应在基坑底普遍进行轻型动力触探:

(1) 持力层明显不均匀;

(2) 浅部有软弱下卧层;

(3) 有浅埋的坑穴、古墓、古井等，直接观察难以发现时;

(4) 勘察报告或设计文件规定应进行轻型动力触探时。

4. 采用轻型动力触探进行基槽检验时，检验深度及间距按表 A1-1 执行。

轻型动力触探检验深度及间距表　　　　**表 A1-1**

排列方式	基坑宽度（m）	检验深度（m）	检验间距
中心一排	< 0.8	1.2	1.0～1.5m 视地质复杂情况而定
两排错开	0.8～2.0	1.5	
梅花型	> 2.0	2.1	

5. 遇下列情况之一时，可不进行轻型动力触探:

(1) 基坑不深处有承压水层，触探可造成冒水涌砂时；

(2) 持力层为砾石或卵石层，且其厚度满足设计要求时。

6. 基槽检验应填写验槽记录或检验报告。

三、深基础施工勘察要点

1. 当预制打入桩、静力压桩或锤击沉管灌注桩的入土深度与勘察资料不符或对桩端下卧层有怀疑时，应核查桩端下主要受力层范围内的标准贯入击数和岩土工程性质。

2. 在单柱单桩的大直径桩施工中，如发现地层变化异常或怀疑持力层可能存在破碎带或溶洞等情况时，应对其分布、性质、程度进行检查，评价其对工程安全的影响程度。

3. 人工挖孔混凝土灌注桩应逐孔进行持力层岩土性质的描述及鉴别；当发现与勘察资料不符时，应对异常之处进行施工勘察，重新评价，并提供处理的技术措施。

四、地基处理工程施工勘察要点

1. 根据地基处理方案，对勘察资料中场地工程地质及水文地质条件进行核查和补充，对详勘阶段遗留问题或地基处理设计中的特殊要求进行有针对性的勘察，提供地基处理所需的岩土工程设计参数，评价现场施工条件及施工对环境的影响。

2. 当地基处理施工中发生异常情况时，进行施工勘察，查明原因，为调整、变更设计方案提供岩土工程设计参数，并提供处理的技术措施。

五、施工勘察报告的主要内容

1. 工程概况；

2. 目的和要求；

3. 原因分析；

4. 工程安全性评价；

5. 处理措施及建议。

附录 A2　混凝土工程测试

附录 A2-1　预制构件结构性能检验方法

1. 预制构件结构性能试验条件应满足下列要求：

(1) 构件应在 0℃以上的温度中进行试验；

(2) 蒸汽养护后的构件应在冷却至常温后进行试验；

(3) 构件在试验前应量测其实际尺寸，并检查构件表面，所有的缺陷和裂缝应在构件上标出；

(4) 试验用的加荷设备及量测仪表应预先进行标定或校准。

2. 试验构件的支承方式应符合下列规定：

(1) 板、梁和桁架等简支构件，试验时应一端采用铰立承，另一端采用滚动支承。铰支承可采用角钢、半圆型钢或焊于钢板上的圆钢，滚动支承可采用圆钢；

(2) 四边简支或四角简支的双向板，其支承方式应保证支承处构件能自由转动，支承面可以相对水平移动；

(3) 当试验的构件承受较大集中力或支座反力时，应对支承部分进行局部受压承载力验算；

(4) 构件与支承面应紧密接触。钢垫板与构件、钢垫板与支墩间宜铺砂浆垫平;

(5) 构件支承的中心线位置应符合标准图或设计的规定。

3. 试验构件的荷载布置应符合下列要求:

(1) 构件的试验荷载布置应符合标准图或设计的要求;

(2) 当试验荷载布置不能完全与标准图或设计的要求相符时,应按荷载效应等效的原则换算,即使构件试验的内力图形与设计的内力图形相似,并使控制截面上的内力值相等,但应考虑荷载布置改变后对构件其他部位的不利影响。

4. 加载方法应根据标准图或设计的加载要求、构件类型及设备条件等进行选择。当按不同形式荷载组合进行加载试验(包括均布荷载、集中荷载、水平荷载和垂直荷载等)时,各种荷载应按比例增加。

(1) 荷重块加载。荷重块加载运用于均布加载试验。荷重块应按区格成垛堆放,垛与垛之间间隙不宜小于 50mm;

(2) 千斤顶加载。千斤顶加载适用于集中加载试验。千斤顶加载时,可采用分配梁系统实现多点集中加载。千斤顶的加载值宜采用荷载传感器量测,也可采用油压表量测;

(3) 梁或桁架可采用水平对顶加载方法,此时构件应垫平且不应妨碍构件在水平方向的位移。梁也可采用竖直对顶的加载方法;

(4) 当屋架仅作挠度、抗裂或裂缝宽度检验时,可将两榀屋架并列,安放屋面板后进行加载试验。

5. 构件应分级加载。当荷载小于荷载标准值时,每级荷载不应大于荷载标准值的 20%;当荷载大于荷载标准值时,每级荷载不应大于荷载标准值的 10%;当荷载接近抗裂检验荷载值时,每级荷载不应大于荷载标准值的 5%;当荷载接近承载力检验荷载值时,每级荷载不应大于承载力检验荷载设计值的 5%。

对仅作挠度、抗裂或裂缝宽度检验的构件应分级卸载。

作用在构件上的试验设备重量及构件自重应作为第一次加载的一部分。

注:构件在试验前,宜进行预压,以检查试验装置的工作是否正常,同时应防止构件因预压而产生裂缝。

6. 每级加载完成后,应持续 10~15min;在荷载标准值作用下,应持续 30min。在持续时间内,应观察裂缝的出现和开展,以及钢筋有无滑移等;在持续时间结束时,应观察并记录各项读数。

7. 对构件进行承载力检验时,应加载至构件出现(GB50204—2002)规范表 9.3.2 所列承载能力极限状态的检验标志。当在规定的荷载持续时间内出现上述检验标志之一时,应取本级荷载值与前一级荷载值的平均值作为其承载力检验荷载实测值;当在规定的荷载持续时间结束后出现上述检验标志之一时,应取本级荷载值作为其承载力检验荷载实测值。

注:当受压构件采用试验机或千斤顶加荷时,承载力检验荷载实测值应取构件直至破坏的整个试验过程中所达到的荷载最大值。

8. 构件挠度可用百分表、位移传感器、水平仪等进行观测。接近破坏阶段的挠度,可用水平仪或拉线、钢尺等测量。

试验时,应量测构件跨中位移和支座沉陷。对宽度较大的构件,应在每一量测截面的两边或两肋布置测点,并取其量测结果的平均值作为该处的位移。

当试验荷载竖直向下作用时,对水平放置的试件,在各级荷载下的跨中挠度实测值应按下列公式计算：

$$a_t^0 = a_q^0 + a_g^0 \tag{C.0.8-1}$$

$$a_q^0 = r_m^0 - \frac{1}{2}\left(l_l^0 + v_r^0\right) \tag{C.0.8-2}$$

$$a_g^0 = \frac{M_s}{M_b} a_b^0 \tag{C.0.8-3}$$

式中 a_t^0——全部荷载作用下构件跨中的挠度实测值（mm）；

a_q^0——外加试验荷载作用下构件跨中的挠度实测值（mm）；

a_g^0——构件自重及加荷设备重产生的跨中挠度值（mm）；

r_m^0——外加试验荷载作用下构件跨中的位移实测值（mm）；

r_l^0，v_r^0——外加试验荷载作用下构件左、右端支座沉陷位移的实测值（mm）；

M_g——构件自重和加荷设备重产生的跨中弯矩值（kN·m）；

M_b——从外加试验荷载开始至构件出现裂缝的前一级荷载为止的外加荷载产生的跨中弯矩值（kN·m）；

a_b^0——从外加试验荷载开始至构件出现裂缝的前一级荷载为止的外加荷载产生的跨中挠度实测值（mm）。

9. 当采用等效集中力加载模拟均布荷载进行试验时，挠度实测值应乘以修正系数 ψ。当采用三分点加载时，ψ 可取 0.98；当采用其他形式集中力加载时，ψ 应经计算确定。

10. 试验中裂缝的观测应符合下列规定：

(1) 观察裂缝出现可采用放大镜。若试验中未能及时观察到正截面裂缝的出现，可取荷载—挠度曲线上的转折点（曲线第一弯转段两端点切线的交点）的荷载值作为构件的开裂荷载实测值；

(2) 构件抗裂检验中，当在规定的荷载持续时间内出现裂缝时，应取本级荷载值与前一级荷载值的平均值作为其开裂荷载实测值；当在规定的荷载持续时间结束后出现裂缝时，应取本级荷载值作为其开裂荷载实测值；

(3) 裂缝宽度可采用精度为 0.05mm 的刻度放大镜等仪器进行观测；

(4) 对正截面裂缝，应量测受拉主筋处的最大裂缝宽度；对斜截面裂缝，应量测腹部斜裂缝的最大裂缝宽度。确定受弯构件受拉主筋处的裂缝宽度时，应在构件侧面量测。

11. 试验时必须注意下列安全事项：

(1) 试验的加荷设备、支架、支墩等，应有足够的承载力安全储备；

(2) 对屋架等大型构件进行加载试验时，必须根据设计要求设置侧向支承，以防止构件受力后产生侧向弯曲和倾倒；侧向支承应不妨碍构件在其平面内的位移；

(3) 试验过程中应注意人身和仪表安全；为防止构件破坏时试验设备及构件塌落，应采取安全措施（如在试验构件下面设置防护支承等）。

12. 构件试验报告应符合下列要求：

(1) 试验报告应包括试验背景、试验方案、试验记录、检验结论等内容，不得有漏项缺检；

(2) 试验报告中的原始数据和观察记录必须真实、准确，不得任意涂抹篡改；

(3) 试验报告宜在试验现场完成，及时审核、签字、盖章，并登记归档。

附录 A2-2 结构实体检验用同条件养护试件强度检验

1. 同条件养护试件的留置方式和取样数量，应符合下列要求：

(1) 同条件养护试件所对应的结构构件或结构部位，应由监理（建设）、施工等各方共同选定；

(2) 对混凝土结构工程中的各混凝土强度等级，均应留置同条件养护试件；

(3) 同一强度等级的同条件养护试件，其留置的数量应根据混凝土工程量和重要性确定，不宜少于 10 组，且不应少于 3 组；

(4) 同条件养护试件拆模后，应放置在靠近相应结构构件或结构部位的适当位置，并应采取相同的养护方法。

2. 同条件养护试件应在达到等效养护龄期时进行强度试验。

等效养护龄期应根据同条件养护试件强度与在标准养护条件下 28d 龄期试件强度相等的原则确定。

3. 同条件自然养护试件的等效养护龄期及相应的试件强度代表值，宜根据当地的气温和养护条件，按下列规定确定：

(1) 等效养护龄期可取按日平均温度逐日累计达到 600℃.d 时所对应的龄期，0℃及以下的龄期不计入；等效养护龄期不应小于 14d，也不宜大于 60d；

(2) 同条件养护试件的强度代表值应根据强度试验结果按现行国家标准《混凝土强度检验评定标准》GBJ107 的规定确定后，乘折算系数取用；折算系数宜为 1.10，也可根据当地的试验统计结果适当调整。

4. 冬期施工、人工加热养护的结构构件，其同条件养护试件的等效养护龄期可按结构构件的实际养护条件，由监理（建设）、施工等各方根据本附录第 D.0.2 条的规定共同确定。

附录 A2-3 结构实体钢筋保护层厚度检验

1. 钢筋保护层厚度检验的结构部位和构件数量，应符合下列要求：

(1) 钢筋保护层厚度检验的结构部位，应由监理（建设）、施工等各方根据结构构件的重要性共同选定；

(2) 对梁、板类构件，应各抽取构件数量的 2%且不少于 5 个构件进行检验；当有悬挑构件时，抽取的构件中悬挑梁类、板类构件所占比例均不宜小于 50%。

2. 对选定的梁类构件，应对全部纵向受力钢筋的保护层厚度进行检验；对选定的板类构件，应抽取不少于 6 根纵向受力钢筋的保护层厚度进行检验。对每根钢筋，应在有代表性的部位测量 1 点。

3. 钢筋保护层厚度的检验，可采用非破损或局部破损的方法，也可采用非破损方法测试并用局部破损方法进行校准。当采用非破损方法检验时，所使用的检测仪器应经过计量检验，检测操作应符合相应规程的规定。

钢筋保护层厚度检验的检测误差不应大于 1mm。

4. 钢筋保护层厚度检验时，纵向受力钢筋保护层厚度的允许偏差，对梁类构件为

+10mm、-7mm，对板类构件为+8mm、-5mm。

5. 对梁类、板类构件纵向受力钢筋的保护层厚度应分别进行验收。结构实体钢筋保护层厚度的合格质量应符合下列规定：

（1）当全部钢筋保护层厚度的检测结果的合格点率为90%及以上时，钢筋保护层厚度的检验结果应判为合格；

（2）当全部钢筋保护层厚度的检测结果的合格点率小于90%但不小于80%时，可再抽取相同数量的构件进行检验；当按两次抽样总和计算的合格率为90%及以上时，钢筋保护层厚度的检验结果仍应判为合格；

（3）每次抽样检验结果中不合格点的最大偏差均不应大于A2-3.4条规定允许偏差的1.5倍。

附录A3 钢结构工程测试

附录A3-1 钢结构防火涂料涂层厚度测定方法

1. 测针：

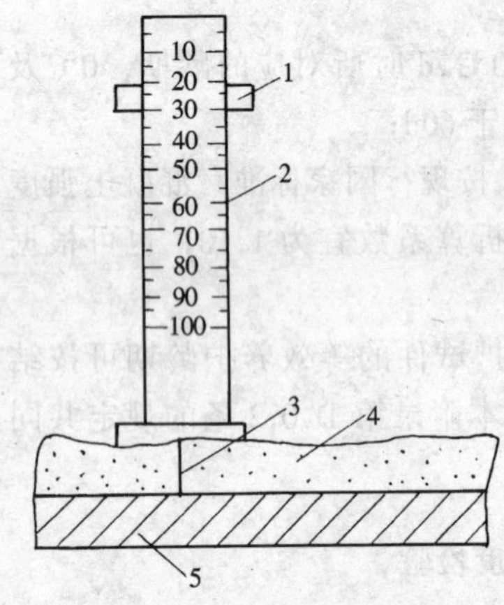

图 A3-1-1 测厚度示意图
1—标尺；2—刻度；3—测针；4—防火涂层；5—钢基材

测针（厚度测量仪），由针杆和可滑动的圆盘组成，圆盘始终保持与针杆垂直，并在其上装有固定装置，圆盘直径不大于30mm，以保证完全接触被测试件的表面。如果厚度测量仪不易插入被测材料中，也可使用其他适宜的方法测试。

测试时，将测厚探针（见图A3-1-1）垂直插入防火涂层直至钢基材表面上，记录标尺读数。

2. 测点选定：

（1）楼板和防火墙的防火涂层厚度测定，可选两相邻纵、横轴线相交中的面积为一个单元，在其对角线上，按每米长度选一点进行测试；

（2）全钢框架结构的梁和柱的防火涂层厚度测定，在构件长度内每隔3m取一截面，按图A3-1-2所示位置测试。

（3）桁架结构，上弦和下弦按第2款的规定每隔3m取一截面检测，其他腹杆每根取

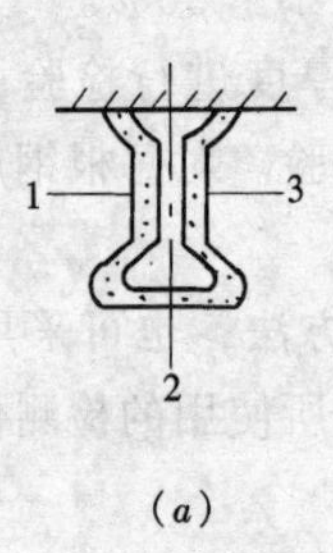

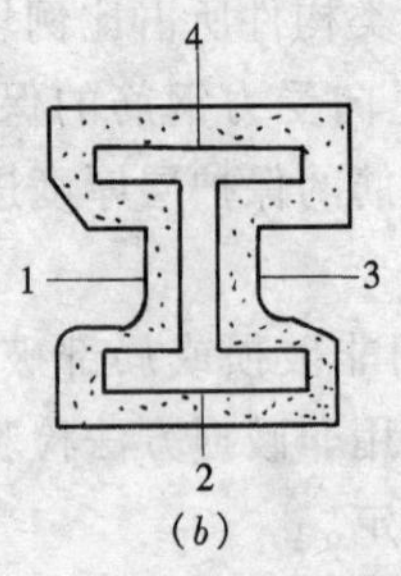

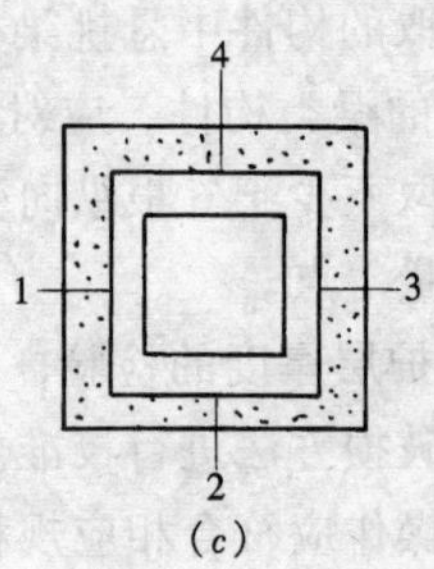

图 A3-1-2 测点示意图
（a）工字梁；（b）工型柱；（c）方形柱

一截面检测。

3. 测量结果：对于楼板和墙面，在所选择的面积中，至少测出5个点：对于梁和柱在所选择的位置中，分别测出6个和8个点。分别计算出它们的平均值，精确到0.5mm。

附录A3-2 钢结构工程有关安全及功能的检验和见证检测项目

钢结构分部（子分部）工程有关安全及功能的检验和见证检测项目按表A3-2规定进行。

钢结构分部（子分部）工程有关安全及功能的检验和见证检测项目　　表A3-2

项次	项　目	抽检数量及检验方法	合格质量标准	备注
1	见证取样送样试验项目： (1)钢材及焊接材料复验 (2)高强度螺栓预拉力、扭矩系数复验 (3)摩擦面抗滑移系数复验 (4)网架节点承载力试验	见（GB50205—2002）规范第4.2.2、4.3.2、4.4.2、4.4.3、6.3.1、12.3.3条规定	符合设计要求和国家现行有关产品标准的规定	
2	焊缝质量： (1)内部缺陷 (2)外观缺陷 (3)焊缝尺寸	一、二级焊缝按焊缝处数随机抽检3%，且不应少于3处；检验采用超声波或射线探伤及（GB50205—2002）规范第5.2.6、5.2.8、5.2.9条方法	（GB50205—2002）规范第5.2.4、5.2.6、5.2.8、5.2.9条规定	
3	高强度螺栓施工质量 (1)终拧扭矩 (2)梅花头检查 (3)网架螺栓球节点	按节点数随机抽检3%，且不应少于3个节点，检验按（GB50205—2002）规范第6.3.2、6.3.3、6.3.8条方法执行	（GB50205—2001）规范第6.3.2、6.3.3、6.3.8条的规定	
4	柱脚及网架支座 (1)锚栓紧固 (2)垫板、垫块 (3)二次灌浆	按柱脚及网架支座数随机抽检10%，且不应少于3个；采用观察和尺量等方法进行检验	符合设计要求和本规范的规定	
5	主要构件变形 (1)钢屋（托）架、桁架、钢梁、吊车架等垂直度和侧向弯曲 (2)钢柱垂直度 (3)网架结构挠度	除网架结构外，其他按构件数随机抽检3%，且不应少于3个；检验方法按（GB50205—2001）规范第10.3.3、11.3.2、11.3.4、12.3.4条执行	（GB50205—2001）规范第10.3.3、11.3.2、11.3.4、12.3.4条的规定	
6	主体结构尺寸 (1)整体垂直度 (2)整体平面弯曲	见（GB50205—2001）规范第10.3.4、11.3.5条的规定	（GB50205—2001）规范第10.3.4、11.3.5条的规定	

附录 A3-3 钢结构工程有关观感质量检查项目

钢结构分部（子分部）工程观感质量检查项目按表 A3-3 规定进行。

钢结构分部（子分部）工程观感质量检查项目 表 A3-3

项次	项目	抽检数量	合格质量标准	备注
1	普通涂层表面	随机抽查 3 个轴线结构构件	（GB50205—2001）规范第 14.2.3 条的要求	
2	防火涂层表面	随机抽查 3 个轴线结构构件	（GB50205—2001）规范第 14.3.4、14.3.5、14.3.6 条的要求	
3	压型金属板表面	随机抽查 3 个轴线间压型金属板表面	（GB50205—2001）规范第 13.3.4 条的要求	
4	钢平台、钢梯、钢栏杆	随机抽查 10%	连接牢固，无明显外观缺陷	

附录 A4 防水工程防水材料的质量指标及工程测试

附录 A4-1 地下工程防水材料的质量指标

1. 防水卷材和胶粘剂的质量应符合以下规定：

（1）高聚物改性沥青防水卷材的主要物理性能应符合表 A4-1-1 的要求。

高聚物改性沥青防水卷材主要物理性能 表 A4-1-1

项目		性能要求		
		聚酯毡胎体卷材	玻纤毡胎体卷体	聚乙烯膜胎体体卷材
拉伸性能	拉力（N/50mm）	≥800（纵横向）	≥500（纵向） ≥300（横向）	≥140（纵向） ≥120（横向）
	最大拉力时延伸率（%）	≥40（纵横向）	—	≥250（纵横向）
低温柔软度（℃）		≤ -15		
		3mm 厚，$r = 15$mm；4mm 厚，$r = 25$mm；3s，弯 180°，无裂纹		
不透水性		压力 0.3MPa，保持时间 30min，不透水		

（2）合成高分子防水卷材的主要物理性能应符合表 A4-1-2 的要求。

合成高分子防水卷材主要物理性能 表 A4-1-2

项目	性能要求				
	硫化橡胶类		非硫化橡胶类	合成树脂类	纤维胎增强类
	JL_1	JL_2	JF_3	JS_1	
拉伸强度（MPa）	≥8	≥7	≥5	≥8	≥8
断裂伸长率（%）	≥450	≥400	≥200	≥200	≥10
低温弯折性（%）	-45	-40	-20	-20	-20
不透水性	压力 0.3MPa，保持时间 30min，不透水				

(3) 胶粘剂的质量应符合表 A4-1-3 的要求。

胶粘剂质量要求　　表 A4-1-3

项　目	高聚物改性沥青卷材	合成高分子卷材
粘结剥离强度（N/10mm）	≥8	≥15
浸水 168h 后粘结剥离强度保持率（%）	—	≥70

2. 防水涂料和胎体增强材料的质量应符合以下规定：

(1) 有机防水涂料的物理性能应符合表 A4-1-4 的要求。

有机防水涂料物理性能　　表 A4-1-4

涂料种类	厚度（mm）	可操作时间（min）	潮湿基面粘结强度（MPa）	抗渗性（MPa）			浸水 168h 后断裂伸长率（%）	浸水 168h 后拉伸强度（MPa）	耐水性（%）	表干（h）	实干（h）
				涂膜（30min）	砂浆迎水面	砂浆背水面					
反应型	1.2～2.0	≥20	≥0.3	≥0.3	≥0.6	≥0.2	≥300	≥1.65	≥80	≤8	≤24
水乳型	1～1.5	≥50	≥0.2	≥0.3	≥0.6	≥0.2	≥350	≥0.5	≥80	≤4	≤12
聚合物水泥	1～2	≥30	≥0.6	≥0.3	≥0.8	≥0.6	≥80	≥1.5	≥80	≤4	≤12

注：耐水性是指在浸水 168h 后材料的粘结强度及砂浆抗渗性的保持率。

(2) 无机防水涂料的物理性能应符合表 A4-1-5 的要求。

无机防水涂料物理性能　　表 A4-1-5

涂料种类	抗折强度（MPa）	粘接强度（MPa）	抗渗性（MPa）	冻融循环
水泥基防水涂料	>4	>1.0	>0.8	>D50
水泥基渗透结晶型防水涂料	≥3	≥1.0	>0.8	>D50

(3) 胎体增强材料质量应符合表 A4-1-6 的要求

胎体增强材料质量要求　　表 A4-1-6

项　目		聚酯无纺布	化纤无纺布	玻纤网布
外　观		均匀无团状，平整无折皱		
拉力（宽 50mm）	纵向（N）	≥150	≥45	≥90
	横向（N）	≥100	≥35	≥50
延伸率	纵向（%）	≥10	≥20	≥3
	横向（%）	≥20	≥25	≥3

3. 塑料板的主要物理性能应符合表 A4-1-7 的要求。

塑料板主要物理性能 **表 A4-1-7**

项　　目	性 能 要 求			
	EVA	ECB	PVC	PE
拉伸强度（MPa）≥	15	10	10	10
断裂延伸率（%）≥	500	450	200	400
不透水性 24h（MPa）≥	0.2	0.2	0.2	0.2
低温弯折性（℃）≤	-35	-35	-20	-35
热处理尺寸变化率（%）≤	2.0	2.5	2.0	2.0

注：EVA—乙烯醋酸乙烯共聚物；ECB—乙烯共聚物沥青；PVC—聚氯乙烯；PE—聚乙烯。

4. 高分子材料止水带质量应符合以下规定：

（1）止水带的尺寸允许偏差应符合表 A4-1-8 的要求。

止水带尺寸允许偏差 **表 A4-1-8**

止水带尺寸（mm）		允许偏差（mm）
厚度	4~6	+1，0
	7~10	+1.3，0
	11~20	+2，0
宽度	L，%	±3

（2）止水带表面不允许有开裂、缺胶、海绵状等影响使用的缺陷，中心孔偏心不允许超过管状断面厚度的 1/3；止水带表面允许有深度不大于 2mm、面积不大于 16mm² 的凹痕、气泡、杂质、明疤等缺陷，每米不超过 4 处。

（3）止水带的物理性能应符合表 A4-1-9 的要求。

止 水 带 物 理 性 能 表 **表 A4-1-9**

项　　目				性 能 要 求		
				B 型	S 型	J 型
硬度（邵尔 A，度）				60±5	60±5	60±5
拉伸强度（MPa）			≥	15	12	10
扯断伸长率（%）			≥	380	380	300
压缩永久变形	70℃×24h,%		≤	35	35	35
	23℃×168h,%		≤	20	20	20
撕裂强度（kN/m）			≥	30	25	25
脆性温度（℃）			≤	-45	-40	-40
热空气老化	70℃×168h	硬度变化（邵尔 A，度）		+8	+8	—
		拉伸强度（MPa）	≥	12	10	—
		扯断伸长率（%）	≥	300	300	—
	100℃×168h	硬度变化（邵尔 A，度）		—	—	+8
		拉伸强度（MPa）	≥	—	—	9
		扯断伸长率（%）	≥	—	—	250
臭氧老化 50PPhm：20%，48h				2 级	2 级	0 级
橡胶与金属粘合				断面在弹性体内		

注：1. B 型适用于变形缝用止水带；S 型适用于施工缝用止水带；J 型适用于有特殊耐老化要求的接缝用止水带；
2. 橡胶与金属粘合项仅适用于具有钢边的止水带。

5. 遇水膨胀橡胶腻子止水条的质量应符合以下规定：

(1) 遇水膨胀橡胶腻子止水条的物理性能应符合表 A4-1-10 的要求；

遇水膨胀橡胶腻子止水条物理性能 **表 A4-1-10**

项　　目	性 能 要 求		
	PN-150	PN-220	PN-300
体积膨胀倍率（%）	≥150	≥220	≥300
高温流淌性（80℃×5h）	无流淌	无流淌	无流淌
低温试验（-20℃×2h）	无脆裂	无脆裂	无脆裂

注：体积膨胀倍率 $=\frac{\text{膨胀后的体积}}{\text{膨胀前的体积}}\times 100\%$。

(2) 选用的遇水膨胀橡胶腻子止水条应具有缓胀性能，其 7d 的膨胀率应不大于最终膨胀率的 60%。当不符合时，应采取表面涂缓膨胀剂措施。

6. 接缝密封材料的质量应符合表以下规定：

(1) 改性石油沥青密封材料的物理性能应符合表 A4-1-11 的要求

改性石油沥青密封材料物理性能 **表 A4-1-11**

项　　目		性 能 要 求	
		I 类	Ⅱ类
耐热度	温度（℃）	70	80
	下垂值 mm	≤0.4	≤0.4
低温柔性	温度（℃）	-20	-10
	粘结状态	无裂纹和剥离现象	
拉伸粘结性（%）		≥125	
浸水后拉伸粘结性（%）		≥125	
挥发性（%）		≤2.8	
施工度（mm）		≥22.0	≥22.0

注：改性石油沥青密封材料按耐热度和低温柔性分为 I 类和Ⅱ类。

(2) 合成高分子密封材料的物理性能应符合表 A4-1-12 的要求

合成高分子密封材料物理性能 **表 A4-1-12**

项　　目		性 能 要 求	
		弹性体密封材料	塑料体密封材料
拉伸粘结性	拉伸强度（MPa）	≥0.2	≥0.02
	延伸率（%）	≥200	≥250
柔　性（℃）		-30，无裂纹	-20，无裂纹
拉伸一压缩循环性能	拉伸一压缩率（%）	≥±20	≥±10
	粘结和内聚破坏面积（%）	≤25	

7. 管片接缝密封垫材料的质量应符合以下规定：

(1) 弹性橡胶密封垫材料的物理性能应符合表 A4-1-13 的要求。

弹性橡胶密封垫材料物理性能　　表 A4-1-13

项　　目		性能要求	
		氯丁橡胶	三元乙丙胶
硬度（邵尔 A，度）		45±5～60±5	55±5～70±5
伸长率（%）		≥350	≥330
拉伸强度（MPa）		≥10.5	≥9.5
热空气老化（70℃×96h）	硬度变化值（邵尔 A，度）	≤+8	≤+6
	扯断伸长率变化率（%）	≥－30	≥－30
	拉伸强度变化率（%）	≥－20	≥－15
压缩永久变形（70℃×24h）（%）		≤35	≤28
防霉等级		达到与优于 2 级	达到与优于 2 级

注：以上指标均为成品切片测试的数据，若只能以胶料制成试样测试，则其力学性能数据应达到本标准的 120%。

（2）遇水膨胀密封垫胶料的物理性能应符合表 A4-1-14 的要求。

遇水膨胀橡胶密封垫胶料物理性能　　表 A4-1-14

项　　目		性能要求			
		PZ-150	PZ-250	PZ-400	PZ-600
硬度（邵尔 A，度）		42±7	42±7	45±7	48±7
拉伸强度（MPa）≥		3.5	3.5	3	3
扯断伸长率（%）≥		450	450	350	350
体积膨胀倍率（%）≥		150	250	400	600
反复浸水试验	拉伸强度（MPa）≥	3	3	2	2
	扯断伸长率（%）≥	350	350	250	350
	体积膨胀倍率（%）≥	150	250	450	600
低温弯折（－20℃×2h）		无裂纹	无裂纹	无裂纹	无裂纹
防霉等级		达到与优于 2 级			

注：1. 成品切片测试应达到（GB50208—2002）标准的 80%；

2. 接头部位的拉伸强度指标不得低于（GB50208—2002）标准的 50%。

8. 排水用土工复合材料的主要物理性能应符合表 A4-1-15 的要求。

排水层材料主要物理性能　　表 A4-1-15

项　　目	性能要求	
	聚丙烯无纺布	聚酯无纺布
单位面积质量（g/m^2）	≥280	≥280
纵向拉伸强度（N/50mm）	≥900	≥700
横向拉伸强度（N/50mm）	≥950	≥840
纵向伸长率（%）	≥110	≥100
横向伸长率（%）	≥120	≥105
顶破强度（kN）	≥1.11	≥0.95
渗透系数（cm/s）	$\geq 5.5\times10^{-2}$	$\geq 4.2\times10^{-2}$

附录 A4-2　地下防水工程渗漏水调查与量测方法

1. 渗漏水调查

(1) 地下防水工程质量验收时，施工单位必须提供地下工程"背水内表面的结构工程展开图"。

(2) 房屋建筑地下室只调查围护结构内墙和底板。

(3) 全埋设于地下的结构（地下商场、地铁车站、军事地下库等），除调查围护结构内墙和底板外，背水的顶板（拱顶）系重点调查目标。

(4) 钢筋混凝土衬砌的隧道以及钢筋混凝土管片衬砌的隧道渗漏水调查的重点为上半环。

(5) 施工单位必须在"背水内表面的结构工程展开图"上详细标示：

1) 在工程自检时发现的裂缝，并标明位置、宽度、长度和渗漏水现象；

2) 经修补、堵漏的渗漏水部位；

3) 防水等级标准容许的渗漏水现象位置。

(6) 地下防水工程验收时，经检查、核对、标示好的"背水内表面的结构工程展开图"必须纳入竣工验收资料。

2. 渗漏水现象描述使用的术语、定义和标识符号，可按表 A4-2-1 选用。

渗漏水现象描述使用的术语、定义和标识符号　　表 A4-2-1

术　语	定　　义	标识符号
湿渍	地下混凝土结构背水面，呈现明显色泽变化的潮湿斑或流挂水膜	#
渗水	水从地下混凝土结构衬砌内表面渗出，在背水的墙壁上可观察到明显的流挂水膜范围	○
水珠	悬垂在地下混凝土结构衬砌背水顶板（拱顶）的水珠，其滴落间隔时间超过 1min 称水珠现象	◇
滴漏	地下混凝土结构衬砌背水顶板（拱顶）渗漏水的滴落速度，每 min 至少 1 滴，称为滴漏现象	▽
线漏	指渗漏成线或喷水状态	↓

3. 当被验收的地下工程有结露现象时，不宜进行渗漏水检测。

4. 房屋建筑地下室渗漏水现象检测

(1) 地下工程防水等级对"湿渍面积"与"总防水面积"（包括顶板、墙面、地面）的比例作了规定。按防水等级二级设防的房屋建筑地下室，单个湿渍的最大面积不大于 0.1m，任意 100m 防水面积上的湿渍不超过 1 处。

(2) 湿渍的现象：湿渍主要是由混凝土密实度差异造成毛细现象或由混凝土容许裂缝（宽度小于 0.2mm）产生，在混凝土表面肉眼可见的"明显色泽变化的潮湿斑"。一般在人工通风条件下可消失，即蒸发量大于渗人量的状态。

(3) 湿渍的检测方法：检查人员用干手触摸湿斑，无水分浸润感觉。用吸墨纸或报纸贴附，纸不变颜色。检查时，要用粉笔勾划出湿渍范围，然后用钢尺测量高度和宽度，计算面积，标示在"展开图"上。

(4) 渗水的现象：渗水是由于不允许的混凝土密实度差异或混凝土有害裂缝（宽度大于0.2mm）而产生的地下水连续渗入混凝土结构，在背水的混凝土墙壁表面肉眼可观察到明显的流挂水膜范围，在加强人工通风的条件下也不会消失，即渗入量大于蒸发量的状态。

(5) 渗水的检测方法：检查人员用干手触摸可感觉到水分浸润，手上会沾有水分。用吸墨纸或报纸贴附，纸会浸润变颜色。检查时，要用粉笔勾划出渗水范围，然后用钢尺测量高度和宽度，计算面积，标示在“展开图”上。

(6) 对房屋建筑地下室检测出来的“渗水点”，一般情况下应准予修补堵漏，然后重新验收。

(7) 对防水混凝土结构的细部构造渗漏水检测尚应按本条内容执行。若发现严重渗水必须分析、查明原因，应准予修补堵漏，然后重新验收。

5. 钢筋混凝土隧道衬砌内表面渗漏水现象检测

(1) 隧道防水工程，若要求对湿渍和渗水作检测时，应按房屋建筑地下室渗漏水现象检测方法操作。

(2) 隧道上半部的明显滴漏和连续渗流，可直接用有刻度的容器收集量测，计算单位时间的渗漏量（如L/min，或L/h等）。还可用带有密封缘口的规定尺寸方框，安装在要求测量的隧道内表面，将渗漏水导入量测容器内。同时，将每个渗漏点位置、单位时间渗漏水量，标示在“隧道渗漏水平面展开图”上。

(3) 若检测器具或登高有困难时，允许通过目测计取每分钟或数分钟内的滴落数目，计算出该点的渗漏量。经验告诉我们，当每min滴落速度3～4滴的漏水点，24h的渗水量就是1L。如果滴落速度每分钟大于300滴，则形成连续细流。

(4) 为使不同施工方法、不同长度和断面尺寸隧道的渗漏水状况能够相互加以比较，必须确定一个具有代表性的标准单位。国际上通用$L/d\cdot m^2$，即渗漏水量的定义为隧道的内表面，每平方米在一昼夜（24h）时间内的渗漏水立升值。

(5) 隧道内表面积的计算应按下列方法求得：

1) 竣工的区间隧道验收（未实施机电设备安装）通过计算求出横断面的内径周长，再乘以隧道长度，得出内表面积数值。对盾构法隧道不计取管片嵌缝槽、螺栓孔盒子凹进部位等实际面积。

2) 即将投入运营的城市隧道系统验收(完成了机电设备安装)。通过计算求出横断面的内径周长,再乘以隧道长度,得出内表面积数值。不计取凹槽、道床、排水沟等实际面积。

6. 隧道总渗漏水量的量测

隧道总渗漏水量可采用以下4种方法，然后通过计算换算成规定单位：$L/d\cdot m^2$。

(1) 集水井积水量测：量测在设定时间内的水位上升数值，通过计算得出渗漏水量。

(2) 隧道最低处积水量测：量测在设定时间内的水位上升数值，通过计算得出渗漏水量。

(3) 有流动水的隧道内设量水堰：靠量水堰上开设的V形槽口量测水流量，然后计算得出渗漏水量。

(4) 通过专用排水泵的运转计算隧道专用排水泵的工作时间，计算排水量，换算成渗漏水量。

附录 A4-3 屋面防水材料质量指标功能的检验和见证检测项目

沥青防水卷材技术性能　　表 A4-3-1

项目		性能要求	
		350 号	500 号
纵向拉力 25±2℃		≥340	≥440
耐热度（85±2℃） 2h		不流淌无集中性气泡	
柔性（18±2℃）		绕 ϕ20mm 圆棒无裂纹	绕 ϕ25mm 圆棒无裂纹
不透水性	压力不小于（MPa）	≥0.10	≥0.15
	保持时间不小于（min）	≥30	≥30
吸水性（%）不大于		—	—

高聚物改性沥青防水涂料质量要求　　表 A4-3-2

项目	质量要求	项目		质量要求
固体含量不小于(%)	≥43	不透水性	压力(MPa)	≥0.1
耐热度(80℃,5h)	无流淌起泡和滑动		保持时间　不小于(min)	≥30 不渗透
柔　性(-10℃)	3mm 厚,绕 ϕ20mm 圆棒,无裂纹、断裂	延伸　20±2℃拉伸不小于		≥4.5

高聚物改性沥青防水卷材主要物理性能　　表 A4-3-3

项目		性能要求		
		聚酯毡胎体	玻纤毡胎体	聚乙烯膜胎体
拉伸性能	拉力（N/50mm）	≥450	≥350（纵向） ≥250（横向）	≥100
	延伸率（%）	最大拉力时，≥30	—	断裂时，≥200
耐热度（℃，2h）		SBS 卷材 90，APP 卷材 110，无滑动、流淌、滴落		PEE 卷材 90，无流淌、起泡
低温柔软度（℃）		SBS 卷材 -18，APP 卷材 -5，PEE 卷材 -10 3mm 厚，$r=15$mm；4mm 厚，$r=25$mm；3s 弯 180°，无裂纹		
不透水性	压力（MPa）	≥0.3	≥0.2	≥0.3
	保持时间（min）	≥30		

注：SBS——弹性体改性沥青防水卷材；APP——塑性体改性沥青防水卷材；

PEE——改性沥青聚乙烯胎防水卷材。

合成高分子防水卷材主要物理性能　　表 A4-3-4

项目		性能要求			
		硫化橡胶类	非硫化橡胶类	树脂类	纤维增强类
断裂拉伸强度（MPa）		≥6	≥3	≥10	≥9
扯断伸长率（%）		≥400	≥200	≥200	≥10
低温弯折（℃）		-30	-20	-20	-20
不透水性	压力（MPa）	≥0.3	≥0.2	≥0.3	≥0.3
	保持时间（min）	≥30			
加热收缩率（%）		<1.2	<2.0	<2.0	<1.0
热老化保持率（80℃，168h）	断裂拉伸强度	≥80%			
	扯断伸长率	≥70%			

合成高分子防水涂料质量要求　　表 A4-3-5

项目		性能要求		
		反应固化型	挥发固化型	聚合物水泥涂料
固体含量（%）		≥94	≥65	≥65
拉伸强度（MPa）		≥1.65	≥1.5	≥1.2
断裂延伸率（%）		≥350	≥300	≥200
柔性（℃）		-30，弯折无裂纹	-20，弯折无裂纹	-10，绕 ϕ10mm 棒无裂纹
不透水性	压力（MPa）	≥0.3		
	保持时间（min）	≥30		

胎体增强材料质量要求　　表 A4-3-6

项目		聚酯无纺布	化纤元纺布	玻纤网布
外观		均匀无团状，平整无折皱		
拉力（宽 50mm）	纵向（N）	≥150	≥45	≥90
	横向（N）	≥100	≥35	≥50
延伸率	纵向（%）	≥10	≥20	≥3
	横向（%）	≥20	≥25	≥3

改性石油沥青密封材料物理性能　　表 A4-3-7

项目		性能要求	
		Ⅰ类	Ⅱ类
耐热度	温度（℃）	70	80
	下垂值（mm）	≤4	≤4
低温柔性	温度（℃）	-20	-10
	粘结状态	无裂纹和剥离现象	
拉伸粘结性（%）		≥125	
浸水后拉伸粘结性（%）		≥125	
挥发性（%）		≤2.8	
施工度（mm）		≥22.0	≥20.0

注：改性石油沥青密封材料按耐热度和低温柔性分为Ⅰ类和Ⅱ类。

合成高分子密封材料物理性能　　表 A4-3-8

项目		性能要求	
		弹性体密封材料	塑料体密封材料
拉伸粘结性	拉伸强度（MPa）	≥0.2	≥0.02
	延伸率（%）	≥200	≥250
柔性（℃）		-30，无裂纹	-20，无裂纹
拉伸—压缩循环性能	拉伸—压缩率（%）	≥±20	≥±10
	粘结和内聚破坏面积（%）	≤25	

附录 A5 建筑地面工程测试

附录 A5-1 不发生火花（防爆的）建筑地面材料及其制品不发火性的试验方法

1. 不发火性的定义

(1) 当所有材料与金属或石块等坚硬物体发生摩擦、冲击或冲擦等机械作用时，不发生火花（或火星），致使易燃物引起发火或爆炸的危险，即为具有不发火性。

2. 试验方法

(1) 试验前的准备。材料不发火的鉴定，可采用砂轮来进行。试验的房间应完全黑暗，以便在试验时易于看见火花。

试验用的砂轮直径为 150mm，试验时其转速应为 600~1000r/min，并在暗室内检查其分离火花的能力。检查砂轮是否合格，可在砂轮旋转时用工具钢、石英岩或含有石英岩的混凝土等能发生火花的试件进行摩擦，摩擦时应加 10~20N 的压力，如果发生清晰的火花，则该砂轮即认为合格。

(2) 粗骨料的试验。从不少于 50 个试件中选出做不发生火花试验的试件 10 个。被选出的试件，应是不同表面、不同颜色、不同结晶体、不同硬度的。每个试件重 50~250g，准确度应达到 1g。

试验时也应在完全黑暗的房间内进行。每个试件在砂轮上摩擦时，应加以 10~20N 的压力，将试件任意部分接触砂轮后，仔细观察试件与砂轮摩擦的地方，有无火花发生。

必须在每个试件的重量磨掉不少于 20g 后，才能结束试验。

在试验中如没有发现任何瞬时的火花，该材料即为合格。

(3) 粉状骨料的试验。粉状骨料除着重试验其制造的原料外，并应将这些细粒材料用胶结料（水泥或沥青）制成块状材料来进行试验，以便于以后发现制品不符合不发火的要求时，能检查原因，同时，也可以减少制品不符合要求的可能性。

(4) 不发火水泥砂浆、水磨石和水泥混凝土的试验。主要试验方法同本节。

附录 A6 建筑电气工程测试

附录 A6-1 低压电器交接试验

低压电器交接试验 **表 A6-1**

序号	试验内容	试验标准或条件
1	绝缘电阻	用 500V 兆欧表摇测，绝缘电阻值大于等于≥1m；潮湿场所，绝缘电阻值大于等于≥0.5m
2	低压电器动作情况	除产品另有规定外，电压、液压或气压在额定值的 85%~110%范围内能可靠动作
3	脱扣器的整定值	整定值误差不得超过产品技术条件的规定
4	电阻器和变阻器的直流电阻差值	符合产品技术条件规定

附录 A7　通风与空调工程测试

附录 A7-1　漏光法检测与漏风量测试

1. 一般规定

(1) 漏光法检测是利用光线对小孔的强穿透力，对系统风管严密程度进行检测的方法。

(2) 检测应采用具有一定强度的安全光源。手持移动光源可采用不低下 100W 带保护罩的低压照明灯，或其他低压光源。

(3) 系统风管漏光检测时，光源可置于风管内侧或外侧，但其相对侧应为暗黑环境。检测光源应沿着被检测接口部位与接缝作缓慢移动，在另一侧进行观察，当发现有光线射出，则说明查到明显漏风处，并作好记录。

(4) 对系统风管的检测，宜采用分段检测，汇总分析的方法。在严格安装质量管理的基础上，系统风管的检测以总管和干管为主。当采用漏光法检测系统的严密性时，低压系统风管以每 10m 接缝，漏光点不大于 2 处，且 100m 接缝平均不应大于 16 处为合格；中压系统风管每 10m 接缝，漏光点不大于 1 处，且 100m 接缝平均不大于 8 处为合格。

(5) 漏光检测中对发现的条缝形漏光，应作密封处理。

2. 测试装置

(1) 漏风量测试应采用经检验合格的专用测量仪器，或采用符合现行国家标准《流量测量节流装置》规定的计量元件搭设的测量装置。

(2) 漏风量测试装置可采用风管式或风室式。风管式测试装置采用孔板作计量元件；风室式测试装置采用喷嘴作计量元件。

(3) 漏风量测试装置的风机，其风压和风量应选择分别大于被测定系统或设备的规定试验压力及最大允许漏风量的 1.2 倍。

(4) 漏风量测试装置试验压力的调节，可采用调整风机转速的方法，也可采用控制节流装置开度的方法。漏风量值必须在系统经调整后，保持稳压的条件下测得。

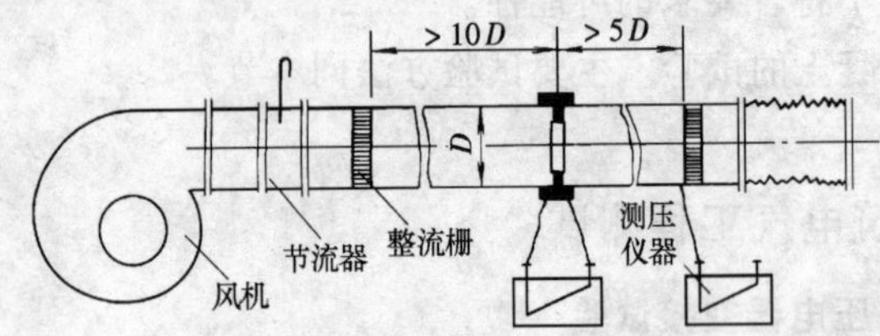

图 A7-1-1　正压风管式漏风量测试装置

(5) 漏风量测试装置的压差测定应采用微压计，其最小读数分格不应大于 2.0Pa。

(6) 风管式漏风量测试装置：

1) 风管式漏风量测试装置由风机、连接风管、测压仪器、整流栅、节流器和标准孔板等组成（图 A7-1-1）。

2) 本装置采用角接取压的标准孔板。孔板 β 值范围为 0.22～0.7（$\beta = d/D$）；孔板至前、后整流栅及整流栅外直管段距离，分别应符合大于 10 倍与 5 倍圆管直径 D 的规定。

3) 本装置的连接风管均为光滑圆管。孔板至上游 $2D$ 范围内其圆度允许偏差为 0.3%；下游为 2%。

4) 孔板与风管连接，其前端与管道轴线垂直度允许偏差为 1°；孔板与风管同心度允许偏差为 $0.015D$。

5) 在第一整流栅后，所有连接部分应该严密不漏。

6）用下列公式计算漏风量

$$Q = 3600\varepsilon \cdot a \cdot A_n \sqrt{\frac{2}{\rho}\Delta P} \qquad \text{（式 A7-1-1）}$$

式中　Q——漏风量（m^3/h）；

ε——空气流束膨胀系数；

a——孔板的流量系数；

A_n——孔板开口面积（m^2）；

ρ——空气密度（kg/m^3）；

ΔP——孔板差压（Pa）；

7）孔板的流量系数与 β 值的关系见附图 A7-1-2 确定，其适用范围应满足下列条件：

$10^5 < R_e < 2.0 \times 10^5$

$0.05 < \beta^2 \leqslant 0.49$

$50mm < D \leqslant 1000mm$

在此范围内，不计管道粗糙度对流量系数的影响。

图 A7-1-2　孔板流量系数图

雷诺数小于 10^5 时，则应按现行国家标准《流量测量节流装置》求得流量系数 a。

8）孔板的空气流速膨胀系数 E 值可根据附表 A7-1-1 查得。

膨胀系数 E 值　　**表 A7-1-1**

β^4 \ P_2 / P_1	1.0	0.98	0.96	0.94	0.92	0.90	0.85	0.80	0.75
0.08	1.0000	0.9930	0.9866	0.9803	0.9742	0.9681	0.9531	0.9381	0.9232
0.1	1.0000	0.9924	0.9854	0.9787	0.9720	0.9654	0.9491	0.9328	0.9166
0.2	1.0000	0.9918	0.9843	0.9770	0.9698	0.9627	0.9450	0.9275	0.9100
0.3	1.0000	0.9912	0.9831	0.9753	0.9676	0.9599	0.9410	0.9222	0.9034

注：本表允许内插，不允许外延。

P_2/P_1 为孔扳后与孔板前的全压值之比。

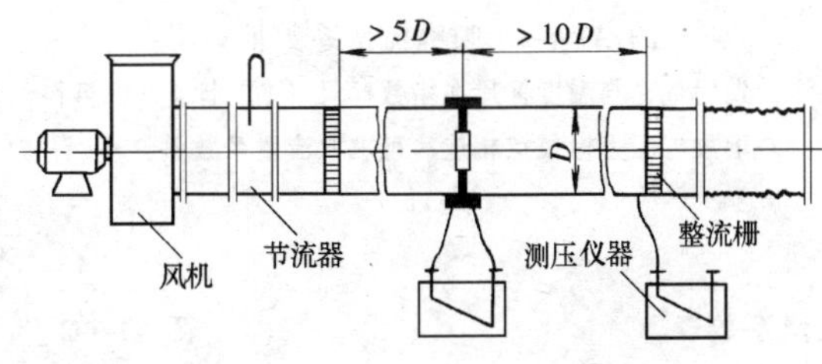

图 A7-1-3　负压风管式漏风量测试装置

9）当测试系统或设备负压条件下的漏风量时，装置连接如附图 A7-1-3 的规定。

（7）风室式漏风量测试装置

1）风室式漏风量测试装置由风机、连接风管、测压仪器、均流板、节流器、风室、隔板和喷嘴等组成，如附图 A7-1-4 所示。

2）测试装置采用标准长颈喷嘴，(图A7-1-5)。喷嘴必须按附图 A7-1-4 的要求安装在隔板上，数量可为单个或多个。两个喷嘴之间的中心距离不得小于较大喷嘴喉部直径的 3 倍；任一喷嘴中心到风室最近侧壁的距离不得小于其喷嘴喉部直径的 1.5 倍。

3）风室的断面面积不应小于被测定风量按断面平均速度小于 0.75m/s 时的断面积。

风室内均流板（多孔板）安装位置应符合附图 A7-1-4 的规定。

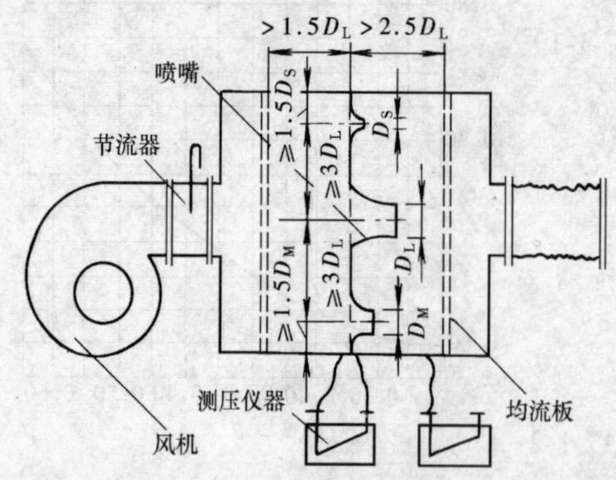

图 A7-1-4 正压风室式漏风量测试装置

D_S—小号喷嘴直径；D_M—中号喷嘴直径；D_L—大号喷嘴直径

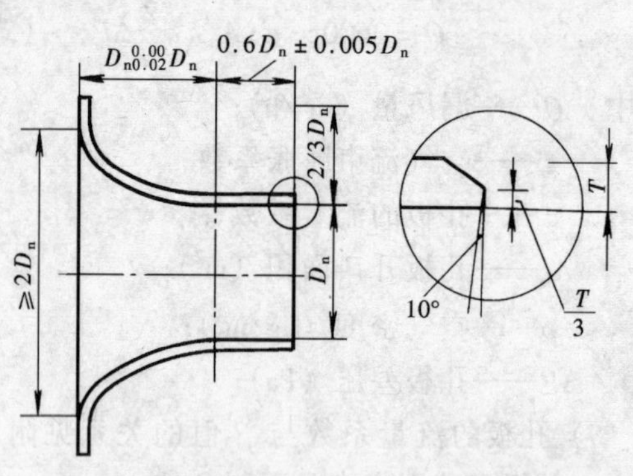

图 A7-1-5 标准长颈喷嘴

4）风室中喷嘴两端的静压取压接口，应为多个且均布于四壁。静压取压接口至喷嘴隔板的距离不得大于最小喷嘴喉部直径的 1.5 倍。然后，并联成静压环，再与测压仪器相接。

5）采用本装置测定漏风量时，通过喷嘴喉部的流速应控制在 15 ~ 35m/s 范围内。

6）本装置要求风室中喷嘴隔板后的所有连接部分，应严密不漏。

7）用下列公式计算单个喷嘴风量

$$Q_n = 3600\,C_d \cdot A_d\sqrt{\frac{2}{\rho}\Delta P}$$

（式 A7-1-2）

多个喷嘴风量 $Q = \Sigma Q_n$（m^3/h）

（式 A7-1-3）

式中 Q_u——单个喷嘴漏风量（m^3/h）；

C_d——喷嘴的流量系数（直径 127mm 以上取 0.99，小于 127mm，可按附表 A7-1-2 或附图 A7-1-6 查取）；

A_d——喷嘴的喉部面积（m^2）；

ΔP——喷嘴前后的静压差（Pa）。

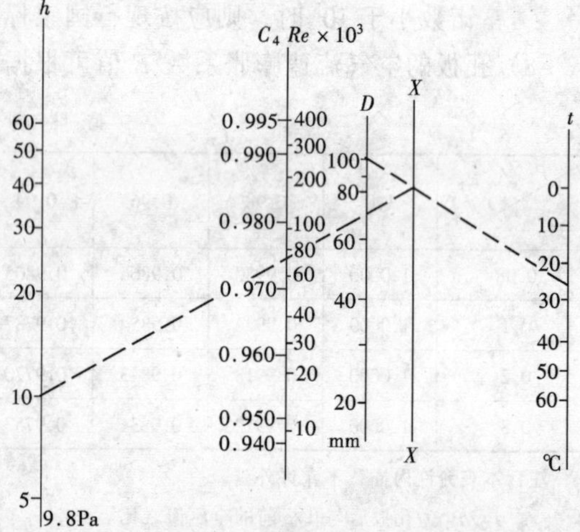

图 A7-1-6 喷嘴流量系数推算图

注：先用直径与温度标尺在指数标尺（X）上求点，再将指数与压力标尺点相连，可求取流量系数值。

喷嘴流量系数表　　表 A7-1-2

Re	流量系数 C_d	Re	流量系数 C_d	Re	流量系数 C_d	Re	流量系数 C_d
12000	0.950	40000	0.973	80000	0.983	200000	0.991
16000	0.956	50000	0.977	90000	0.984	250000	0.993
20000	0.961	60000	0.979	100000	0.985	300000	0.994
30000	0.969	70000	0.981	150000	0.989	350000	0.994

注：不计温度系数。

8）当测试系统或设备负压条件下的漏风量时，装置连接如附图 A7-1-7 的规定。

3. 漏风量测试

(1) 正压或负压系统风管与设备的漏风量测试，分正压试验和负压试验两类。一般可采用正压条件下的测试来检验。

(2) 系统漏风量测试可以整体或分段进行。测试时，被测系统的所有开口均应封闭，不应漏风。

(3) 被测系统的漏风量超过设计和（GB50243—2002）规范的规定时，应查出漏风部位（可用听、摸、观察、水或烟检漏)，做好标记，修补完工后，重新测试，直至合格。

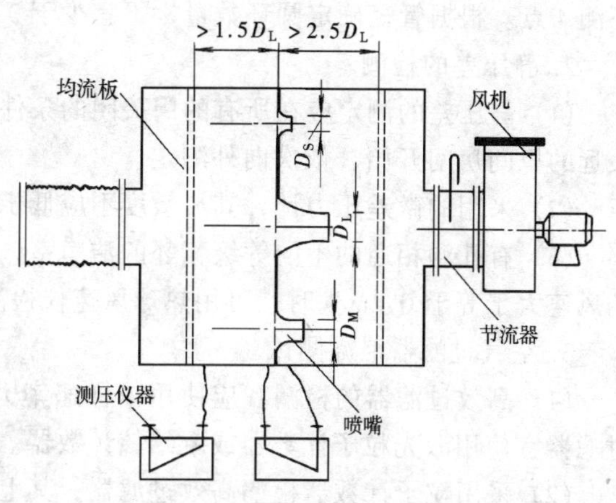

图 A7-1-7　负压风室式漏风量测试装置

(4) 漏风量测定值一般应为规定测试压力下的实测数值。特殊条件下，也可用相近或大于规定压力下的测试代替，其漏风量可按下式换算：

$$Q = Q_0 \ (P/P_0)^{0.65}$$

式中　P_0——规定试验压力，500Pa；

Q_0——规定试验压力下的漏风量（$m^3/h.m^2$）；

P——风管工作压力（Pa）；

Q——工作压力下的漏风量（$m^3/h.m^2$）。

附录 A7-2　洁净室测试方法

1. 风量或风速的检测

(1) 对于单向流洁净室，采用室截面平均风速和截面积乘积的方法确定送风量。离高效过滤器 0.3m，垂直于气流的截面作为采样测试截面，截面上测点间距不宜大于 0.6m，测点数不应少于 5 个，以所有测点风速读数的算术平均值作为平均风速。

(2) 对于非单向流洁净室，采用风口法或风管法确定送风量，做法如下：

1）风口法是在安装有高效过滤器的风口处，根据风口形状连接辅助风管进行测量。即用镀锌钢板或其他不产尘材料做成与风口形状及风口截面相同，长度等于 2 倍风口长边长的直管段，连接于风口外部。在辅助风管出口平面上，按最少测点数不少于 6 点均匀布置，使用热球式风速仪测定各测点之风速。然后，以求取的风口截面平均风速乘以风口净截面积求取测定风量。

2）对于风口上风侧有较长的支管段，且已经或可以钻孔时，可以用风管法确定风量。测量断面应位于大于或等于局部阻力部件前 3 倍管径或长边长，局部阻力部件后 5 倍管径或长边长的部位。

对于矩形风管，是将测定截面分割成若干个相等的小截面。每个小截面尽可能接近正方形，边长不应大于 200mm，测点应位于小截面中心，但整个截面上的测点数不宜少于3 个。

对于圆形风管，应根据管径大小，将截面划分成若干个面积相同的同心圆环，每个圆环测 4 点。根据管径确定圆环数量，不宜少于 3 个。

2. 静压差的检测

（1）静压差的测定应在所有的门关闭的条件下，由高压向低压，由平面布置上与外界最远的里间房间开始，依次向外测定。

（2）采用的微差压力计，其灵敏度不应低于 2.0Pa。

（3）有孔洞相通的不同等级相邻的洁净室，其洞口处应有合理的气流流向。洞口的平均风速大于等于 0.2m/s 时，可用热球风速仪检测。

3. 空气过滤器泄漏测试

（1）高效过滤器的检漏，应使用采样速率大于 1L/min 的光学粒子计数器。D 类高效过滤器宜使用激光粒子计数器或凝结核计数器。

（2）采用粒子计数器检漏高效过滤器，其上风侧应引入均匀浓度的大气尘或含其他气溶胶尘的空气。对大于等于 0.5μm 尘粒，浓度应大于或等于 3.5×10^5Pc/m^3 或对大于或等于 0.1μm 尘粒，浓度应大于或等于 3.5×10^7Pc/m^3；若检测 D 类高效过滤器，对大于或等于 0.1μm 尘粒，浓度应大于或等于 3.5×10^9Pc/m^3。

（3）高效过滤器的检测采用扫描法，即在过滤器下风侧用粒子计数器的等动力采样头，放在距离被检部位表面 20～30mm 处，以 5～20mm/s 的速度，对过滤器的表面、边框和封头胶处进行移动扫描检查。

（4）泄漏率的检测应在接近设计风速的条件下进行。将受检高效过滤器下风侧测得的泄露浓度换算成透过率，高效过滤器不得大于出厂合格透过率的 2 倍；D 类高效过滤器不得大于出厂合格透过率的 3 倍。

（5）在移动扫描检测工程中，应对计数突然递增的部位进行定点检验。

4. 室内空气洁净度等级的检测

（1）空气洁净度等级的检测应在设计指定的占用状态（空态，静态，动态）下进行。

（2）检测仪器的选用：应使用采样速率大于 1L/min 的光学粒子计数器，在仪器选用时应考虑粒径鉴别能力，粒子浓度适用范围和计数效率。仪表应有有效的标定合格证书。

（3）采样点的规定：

1）最低限度的采样点数 N_L，见附表 A7-2-1。

最低限度的采样点数表 N_L **表 A7-2-1**

测点数 N_L	2	3	4	5	6	7	8	9	10
洁净区面积 A（m^2）	2.1～6.0	6.1～12.0	12.1～20.0	20.1～30.0	30.1～42.0	42.1～56.0	56.1～72.0	72.1～90.0	90.1～110.0

注：1. 在水平单向流时，面积 A 为与气流方向呈垂直的流动空气截面的面积；

2. 最低限度的采样点数按公式 $J_L=A^{0.5}$计算（四舍五入取整数）。

2）采样点应均匀分布于整个面积内，并位于工作区的高度（距地坪 0.8m 的水平面），或设计单位、业主特指的位置。

（4）采样量的确定：

1）每次采样最少采样量见附表 A7-2-2。

每次采样最少采样量 V_s（L）表 表 A7-2-2

洁净度等级	粒径					
	0.1μm	0.2μm	0.3μm	0.5μm	1.0μm	5.0μm
1	2000	8400	—	—	—	—
2	200	840	1960	5680	—	—
3	20	84	196	568	2400	—
4	2	8	20	57	240	—
5	2	2	2	6	24	680
6	2	2	2	2	2	68
7	—	—	—	2	2	7
8	—	—	—	2	2	2
9	—	—	—	2	2	2

2）每个采样点的最少采样时间为 1min，采样量至少为 2L。

3）每个洁净室（区）最少采样次数为 3 次。当洁净区仅有一个采样点时，则在该点至少采样 3 次。

4）对预期空气洁净度等级达到 4 级或更洁净的环境，采样量很大，可采用 ISO14644—1 附录 F 规定的顺序采样法。

（5）检测采样的规定：

1）采样时采样口处的气流速度，应尽可能接近室内的设计气流速度。

2）对单向流洁净室，其粒子计数器的采样管口应迎着气流方向；对于非单向流洁净室，采样管口宜向上。

3）采样管必须干净，连接处不得有渗漏。采样管的长度应根据允许长度确定，如果无规定时，不宜大于 1.5m。

4）室内的测定人员必须穿洁净工作服，且不应超过 3 名，并应远离或位于采样点的下风侧静止不动或微动。

（6）记录数据评价

空气洁净度测试中，当全室（区）测点为 2～9 点时，必须计算每个采样点的平均粒子浓度 C_i 值、全部采样点的平均粒子浓度 N 及其标准差，求出 95%置信上限值；采样点超过 9 点时，可采用算术平均值 N 作为置信上限值。

1）每个采样点的平均粒子浓度 C_i；应小于或等于洁净度等级规定的限值，见附表 A7-2-3。

洁净度等级及悬浮粒子浓度限值 表 A7-2-3

洁净度等级	大于或等于表中粒径 D 的最大浓度 C_n（pc/m^3）					
	0.1μm	0.2μm	0.3μm	0.5μm	1.0μm	5.0μm
1	10	2	—	—	—	—
2	100	24	10	4	—	—
3	1000	237	102	35	8	—

续表

洁净度等级	大于或等于表中粒径 D 的最大浓度 C_n（pc/m³）					
	0.1μm	0.2μm	0.3μm	0.5μm	1.0μm	5.0μm
4	10000	2370	1020	352	83	—
5	100000	237000	10200	3520	832	29
6	1000000	237000	102000	35200	8320	293
7	—	—	—	352000	83200	2930
8	—	—	—	3520000	832000	29300
9				35200000	8320000	293000

注：1. 本表仅表示了整数值的洁净度等级（N）悬浮粒最大浓度的限值；

2. 对于非整数洁净度等级，其对应于粒子粒径 D（μm）的最大浓度限值（C_n），应按下列公式计算求取。

$$C_n = 10^N \times \left(\frac{0.1}{D}\right)^{2.08};$$

3. 洁净度等级定级的粒径范围为 0.1μm～0.5μm，用于定级的粒径数不应大于 3 个，且其粒径的顺序级差不应小于 1.5 倍。

2）全部采样点的平均粒子浓度 N 的 95%置信上限值，应小于或等于洁净等级规定的限值。即：

$$(N + t \times s/\sqrt{n}) \leqslant \text{级别规定的限值}$$

式中 N——室内各测点平均含尘浓度，$N = \Sigma C_i / n$；

n——测点数；

s——室内各测点平均含尘浓度，N 的标准差 $S = \sqrt{\dfrac{(C_i - N)^2}{n-1}}$；

t——置信度上限为 95%时，单侧 t 分布的系数，见表 A7-2-4。

t 系 数 **表 A7-2-4**

点数	2	3	4	5	6	79
t	6.3	2.9	2.4	2.1	2.0	1.9

（7）每次测试应做记录,并提交性能合格或不合格的测试报告,测试报告包括以下内容：

1）测试机构的名称、地址；

2）测试日期和测试者签名；

3）执行标准的编号及标准实施日期；

4）被测试的洁净室洁净区的地址、采样点的特定编号及坐标图；

5）被测洁净室或洁净区的空气洁净度等级、被测粒径、（或沉降菌、浮游菌）、被测洁净室所处的状态、气流流型和静压差；

6）测量用的仪器的编号和标定证书；测试方法细则及测试中特殊情况；

7）测试结果包括在全部采样点坐标图上注明所测的粒子浓度（或沉降菌、浮游菌的菌落数）；

8）对异常测试值进行说明及数据处理。

5. 室内浮游菌和沉降菌的检测

（1）微生物检测方法有空气悬浮游微生物法和沉降微生物法两种，采样后的基片（或器皿）经过恒温箱内37℃、48h的培养生成菌落后进行计数。使用的采样器皿和培养液必须进行消毒灭菌处理。采样点可均匀布置或取代表性地域布置。

（2）悬浮微生物法应采用离心式、狭缝式和针孔式等碰击式采样器，采样时间应根据空气中微生物浓度来决定，采样点数可与测定空气洁净度测点数相同。各种采样器应按仪器说明书规定的方法使用。

沉降微生物法,应采用直径为90mm培养皿,在采样点上沉降30min后进行采样,培作皿最少采样数应符合附表A7-2-5的规定。

最少培养皿数　　表A7-2-5

空气洁净度级别	培养皿数
<5	44
5	14
6	5
≥7	2

（3）制药厂洁净室（包括生物洁净空）内浮游菌和沉降菌测试，也可采用按协议确定采样方案。

（4）用培养皿测定沉降菌；用碰撞式采样器或过滤采样器测定浮游菌，还应遵守以下的规定：

1）采样装置采样前的准备及采样后的处理，均应在设有高效空气过滤器排风的负压实验室进行操作，该实验室的温度应为22±2℃；相对湿度应为50%±10%；

2）采样仪器应消毒灭菌；

3）采样器选择应审核其精度和效率，并有合格证书；

4）采样装置的排气不应污染洁净室；

5）沉降皿个数及采样点、培养基及培养温度、培养时间按有关规范的规定执行；

6）浮游菌采样器的采样率宜大于100L/min；

7）碰撞培养基的空气速度应小于20m/s。

6. 室内空气温度和相对湿度的检测

（1）根据温度和相对湿度波动范围，应选择相应的具有足够精度的仪表进行测定。每次测定间隔不大于30min。

（2）室内测点布置：

1）送、回风口处；

2）恒温工作区具有代表性的地点（如沿着工艺设备周围布置或等距离布置）；

3）没有恒温要求的洁净室中心；

4）测点一般应布置在距外墙表面大于0.5m，离地面0.8m的同一高度上；也可以根据恒温区的大小，分别布置在离地不同高度的几个平面上。

（3）测点数应符合附表A7-2-6的规定。

温、湿度测点数　　表A7-2-6

波动范围	室面积≤50m²	每增加20～50m²
$\Delta t = \pm 0.5$℃～±2℃ $\Delta RH = \pm 5\%$～±10%	5	增加3～5个
$\Delta t \leq \pm 0.5$℃ $\Delta RH \leq \pm 5\%$	点间距不应大于2m，点数不应少于5个	

（4）有恒温恒湿要求的洁净室：

室温波动范围按各测点的各次温度中偏差控制点温度的最大值，占测点总数的百分比整理成累积统计曲线。如90%以上测点偏差值在室温波动范围内，为符合设计要求。反之，为不合格。

区域温度以各测点中最低的一次测试温度为基准，各测点平均温度与超偏差值的点数，占测点总数的百分比整理成累计统计曲线，90%以上测点所达到的偏差值为区域温差，应符合设计要求。相对温度波动范围可按室温波动范围的规定执行。

7. 单向流洁净室截面平均速度，速度不均匀度的检测

(1) 洁净室垂直单向流和非单向流应选择距墙或围护结构内表面大于0.5m，离地面高度0.5~1.5m作为工作区。水平单向流以距送风墙或围护结构内表面0.5m处的纵断面为第一工作面。

(2) 测定截面的测点数和测定仪器应符合A7-10.1.3条的规定。

(3) 测定风速应用测定架固定风速仪，以避免人体干扰。不得不用手持风速仪测定时，手臂应伸至最长位置，尽量使人体远离测头。

(4) 室内气流流形的测定，宜采用发烟或悬挂丝线的方法，进行观察测量与记录。然后，标在记录的送风平面的气流流形图上。一般每台过滤器至少对应一个观察点。

风速的不均匀度 β_0 按下列公式计算，一般 β_0 值不大于0.25。

$$\beta_0 = \frac{s}{v}$$

式中 v——各测点风速的平均值；

s——标准差。

8. 室内噪声的检测

(1) 测噪声仪器应采用带倍频程分析的声级计。

(2) 测点布置应按洁净室面积均分，每 $50m^2$ 设一点。测点位于其中心，距地面1.1~1.5m高度处或按工艺需要设定。

附录A8 塑料管道施工规则

1. 粘结：一擦、二净、三涂、四插、五抹、六等。适用于PVC-U、PVC-C、ABS等管材。

一擦即擦净插件表面污物；

二净即用清洁剂擦净有可能污染的有机物；

三涂即粘接部位涂粘结剂应周到均匀；

四插即将管材一次迅速插入规定深度并稍加旋转；

五抹即抹去承口插件外表的粘结剂；

六等即保持粘结部位在一定时间内不受外力影响，一般静置20~30min。

揩擦工序应使用清洁干布，粘结过程不得带水作业或在十分潮湿环境进行。

2. 热熔连接：一量、二净、三热、四插、五等。适用于PP-R、PP-C、PP-Z、HDPE、PB等管材。

一量即量出热熔件深度；

二净即擦净承插口表面，保持清洁、干燥；

三热即采用电加热专用热具对承口、插件加热，并准确掌握加热时间；

四插即加热后应无旋转地一次插入规定深度，在承口端部同时形成凸缘，注意不能插入过多，以免插口收小造成局部阻力；

五等即完成后保持一定时间不受外力。

3. 卡套、卡箍式连接：一套、二净、三扩、四插、五卡。适用于 PEX、XPAP 等管材。

一套即在管材端部套入同口径的卡套螺帽及锁紧环或铜质紧箍环：

二净即擦净及清理管口部位污物或残留毛刺、粒屑；

三扩即扩口（卡箍连接时不需扩口）；

四插即插入一次到位；

五卡即锁紧卡套螺母或专用卡紧管钳将铜质紧箍环卡紧。

附录B 建筑材料标准

附录B1 钢材力学性能标准

钢筋的力学性能　表B1-1

编号	公称直径	σ_K（或 $\sigma_{P0.2}$）(MPa)	σ_b (MPa)	δ_S (%)
		不小于		
HRB335	6~25 28~50	335	490	16
HRB400	6~25 28~50	400	570	14
HRB500	6~25 28~50	500	630	12

注：摘自《钢筋混凝土用热轧带肋钢筋》GB1499—1998。

钢筋的弯曲性能　表B1-2

牌号	公称直径 a (mm)	弯曲试验弯心直径
HRB335	6~25 28~50	3a 4a
HRB400	6~25 28~50	4a 5a
HRB500	6~25 28~50	6a 7a

注：摘自《钢筋混凝土用热轧带肋钢筋》GB1499—1998。

钢筋的牌号和化学成分　表B1-3

牌号	化学成分(%)					
	C	Si	Mn	P	S	Ceq
HRB335	0.25	0.80	1.60	0.045	0.045	0.52
HRB400	0.25	0.80	1.60	0.045	0.045	0.54
HRB500	0.25	0.80	1.60	0.045	0.045	0.55

注：摘自《钢筋混凝土用热轧带肋钢筋》GB1499—1998。

钢筋的牌号和化学成分及其范围　表B1-4

牌号	原牌号	化学成分(%)							
		C	Si	Mn	V	Nb	Ti	P	S
								不大于	
HRB335	20MnSi	0.17~0.25	0.40~0.80	1.20~1.60	—		—	0.045	
HRB	20MnSiV	0.17~0.25	0.20~0.80	1.20~1.60	0.04~0.12		—	0.045	
	20MnSiNb	0.17~0.25	0.40~0.80	1.20~1.60		0.02~0.04		0.045	0.045
	20MnTi	0.17~0.25	0.17~0.37	1.20~1.60	—		0.02~0.05	0.045	0.045

注：摘自《钢筋混凝土用热轧带肋钢筋》GB1499—1998。

冷轧带肋钢筋的试验项目、取样方法及试验方法　表 B1-5

序号	试验项目	试验数量	取样方法	试验方法
1	拉伸试验	每盘1个	在每（任）盘中随机切取	GB/T228 GB/T6397
2	弯曲试验	每批2个		GB/T232
3	反复弯曲试验	每批2个		GB/T228
4	应力松弛试验	定期1个		GB/T10120 GB/T13788—2000 第 7.3
5	尺　寸	逐　盘		GB/T13788—2000 第 7.4
6	表　面	逐　盘		目　视
7	重量偏差	每盘1个		GB/T13788—2000 第 7.5

注：1. 供方在保证 $\sigma_{P0.2}$ 合格的条件下，可逐盘进行 $\sigma_{P0.2}$ 的试验。

2. 表中试验数量栏中的“盘”指生产钢筋“原料盘”。

3. 本表摘自《冷轧带肋钢筋》GB13788—2000。

冷轧带肋钢筋力学性能和工艺性能　表 B1-6

牌　号	σ_b MPa 不小于	伸长率，%		弯曲试验 180°	反复弯曲次　数	松弛率 初始应力 $\sigma_{con}=0.7\sigma_b$	
		δ_{10}	δ_{100}			1000h，% 不小于	10h，% 不大于
CRB550	550	8.0	—	$D=3d$	—	—	—
CRB650	650	—	4.0	—	3	8	5
CRB800	800	—	4.0	—	3	8	5
CRB970	970	—	4.0	—	3	8	5
CRB170	1170	—	4.0	—	3	8	5

注：1. 表中 D 为弯心直径，d 为钢筋公称直径；

2. 本表摘自《冷轧带肋钢筋》GB13788—2000。

冷轧带肋钢筋用盘条的参考牌号和化学成分　表 B1-7

钢筋牌号	盘条牌号	化学成分（%）					
		C	Si	Mn	V、Ti	S	P
CRB550	Q215	0.09～0.15	≤0.03	0.25～0.55	—	≤0.050	≤0.045
CRB650	Q235	0.14～0.22	≤0.03	0.30～0.65		≤0.050	≤0.045
CRB800	24MnTi	0.19～0.27	0.17～0.37	1.20～1.60	Ti：0.01～0.05	≤0.045	≤0.045
	20MnSi	0.17～0.25	0.40～0.80	1.20～1.60	—	≤0.045	≤0.045
CRB970	41MnSiV	0.37～0.45	0.60～1.10	1.00～1.40	V：0.05～0.12	≤0.045	≤0.045
	60	0.57～0.25	0.17～0.37	0.50～0.80	—	≤0.035	≤0.035
CRB1170	70Ti	0.66～0.70	0.17～0.37	0.60～1.00	Ti：0.01～0.05	≤0.045	≤0.045
	70	0.67～0.75	0.17～0.37	0.50～0.80	—	≤0.035	≤0.035

注：本表摘自《冷轧带肋钠筋》GB13788—2000。

检验项目、取样数量和试验方法 **表 B1-8**

序　号	检验项目	取样数量		试验方法
		出厂检验	型式检验	
1	外观质量	逐　根	逐　根	目　测
2	轧扁厚度	每批三个	每批三个	GB3046—98.6.1.1
3	节　距	每批三个	每批三个	GB3046—98.6.1.2
4	定尺长度	—	每批三个	GB3046—98.6.1.3
5	重　量	每批三个	每批三个	GB3046—98.6.2
6	化学成分	—	每批三个	GB3046—98.6.3
7	拉伸试验	每批三个	每批三个	GB3046—98.6.4
8	冷弯试验	每批三个	每批三个	GB3046—98.6.5

注：1. 拉伸试验中伸长率测定的原始标距为 $10d$（d 为冷轧钢筋标志直径）；

2. 本表摘自《冷轧扭钢筋》GB3046—1998。

力　学　性　能 **表 B1-9**

抗拉强度 σ_b (N/mm^2)	伸长率 δ_{10} (%)	冷弯 180° (弯心直径 = $3d$)
≥580	≥4.5	受弯曲部位表面不得产生裂纹

注：1. d 为冷轧扭钢筋标志直径；

2. δ_{10} 为以标距为 10 倍标志直径的试样拉断伸长率；

3. 本表摘自《冷轧扭钢筋》GB3046—1998。

附录 B2　水 泥 质 量 标 准

硅酸盐水泥、普通水泥规定龄期的强度最低值（MPa） **表 B2-1**

品　种	强度等级	抗压强度		抗折强度	
		3 天	28 天	3 天	28 天
硅酸盐水泥	42.5	17.0	42.5	3.5	6.5
	42.5R	22.0	42.5	4.0	6.5
	52.5	23.0	52.5	5.0	7.0
	52.5R	27.0	52.5	5.0	7.0
	62.5	28.0	62.5	5.0	8.0
	62.5R	32.0	62.5	5.5	8.0
普通水泥	32.5	11.0	32.5	2.5	5.5
	32.5R	16.0	32.5	3.5	5.5
	42.5	16.0	42.5	3.5	6.5
	42.5R	21.0	42.5	4.0	6.5
	52.5	22.0	52.5	4.0	7.0
	52.5R	26.0	52.5	5.0	7.0

注：本表摘自《硅酸盐水泥、普通硅酸盐水泥》GB175—1999。

矿渣水泥、火山灰水泥、粉煤灰水泥规定龄期强度最低值（MPa） **表 B2-2**

强度等级	抗压强度		抗折强度	
	3天	28天	3天	28天
32.5	10.0	32.5	2.5	5.5
32.5R	15.0	32.5	3.5	5.5
42.5	15.0	42.5	3.5	5.5
42.5R	19.0	42.5	4.0	6.5
52.5	21.0	52.5	4.0	7.0
52.5R	23.0	52.5	4.5	7.0

注：本表摘自《矿渣硅酸盐水泥、火山灰硅酸盐水泥、粉煤灰硅酸盐水泥》GB1344—1999。

复合硅酸盐水泥规定龄期强度最低值（MPa） **表 B2-3**

强度等级	抗压强度		抗折强度	
	3天	28天	3天	28天
32.5	11.0	32.5	2.5	5.5
32.5R	16.0	32.5	3.5	5.5
42.5	16.0	42.5	3.5	6.5
42.5R	21.0	42.5	4.0	6.5
52.5	22.0	52.5	4.0	7.0
52.5R	26.0	52.5	5.0	7.0

注：本表摘自《复合硅酸盐水泥》GB12958—1999。

附录 B3 砖、砌块质量标准

烧结普通砖尺寸允许偏差（mm） **表 B3-1**

公称尺寸	优等品		一等品		合格品	
	样本平均偏差	样本极差≤	样本平均偏差	样本极差≤	样本平均偏差	样本极差≤
240	±2.0	8	±2.5	8	±3.0	8
115	±1.5	6	±2.0	6	±2.5	7
53	±1.5	4	±1.6	5	±2.0	6

注：本表摘自《烧结普通砖》GB/T5101—1998。

烧结普通砖外观质量（mm） **表 B3-2**

项目		优等品	一等品	合格品
两条面高度差	不大于	2	3	5
弯曲	不大于	2	3	5
杂质凸出高度	不大于	2	3	5
缺棱掉角的三个破坏尺寸	不得同时大于	15	20	30
裂纹长度	不大于			
a. 大面上宽度方向及其延伸至条面的长度		70	70	110

续表

项　　目	优等品	一等品	合格品
b. 大面上长度方向及其延伸至顶面的长度或条顶面上			
水平裂纹的长度	100	100	150
完整面不得少于	一条面和一顶面	一条面和一顶面	—
颜色	基本一致	—	—

注：1. 为装饰面施加的色差、凹凸纹、拉毛、压花等不算作缺陷。

2. 凡有下列缺陷之一者，不得称为完整面：

(a)缺损在条面或顶面上造成的破坏面尺寸同时大于 10mm×10mm；

(b)条面或顶面上裂纹宽度大于 1mm，其长度超过 30mm；

(c)压陷、粘底、焦花在条面或顶面上的凹陷或凸出超过 2mm，区域尺寸同时大于 10mm×10mm。

3. 本表摘自《烧结普通砖》GB/101—1998。

烧结普通砖强度等级（MPa）　　表 B3-3

强度等级	抗压强度平均值 $f^{-} \geqslant$	变异系数 $\delta \leqslant 0.21$	变异系数 $\delta > 0.21$
		强度标准值 $f_k \geqslant$	单块最小抗压强度 $f_{min} \geqslant$
MU30	30.0	22.0	25.0
MU25	25.0	18.0	22.0
MU20	20.0	14.0	16.0
MU15	15.0	10.0	12.0
MU10	10.0	6.5	7.5

注：本表摘自《烧结普通砖》GB/T5101—1998。

烧结多孔砖外观质量（mm）　　表 B3-4

项　　目		优等品	一等品	合格品
1. 颜色（一条面和一顶面）		一致	基本一致	—
2. 完整面	不得少于	一条面和一顶面	一条面和一顶面	—
3. 缺棱掉角的三个破坏尺寸	不得同时大于	15	20	30
4. 裂纹长度	不得同时大于			
a. 大面上深入孔壁 15mm 以上宽度方向及其延伸到条面的长度		60	80	100
b. 大面上深入孔壁 15mm 以上宽度方向及其延伸到顶面的长度		60	100	120
c. 条顶面上的水平裂纹		80	100	120
5. 杂质在砖面上造成的凸出高度	不大于	3	4	5

注：1. 为装饰而施加的色差、凹凸纹、拉毛、压花等不算缺陷。

2. 凡有下列缺陷这一者，不能称为完整面：

(a)缺损在条面或顶面上造成的破坏面尺寸同时大于 20mm×30mm；

(b)条面或顶面上裂纹宽度大于 1mm，其长度超过 70mm；

(c)压陷、焦花、粘底在外面或顶面上的凹陷或凸出超过 2mm，区域尺寸同时大于 20mm×30mm。

3. 本表摘自《烧结多孔砖》GB13544—2000。

烧结多孔砖强度等级（MPa） 表 B3-5

强度等级	抗压强度平均值 $\bar{f}$ ≥	变异系数 $\delta \leq 0.21$	变异系数 $\delta > 0.21$
		强度标准值 f_k≥	单块最小抗压强度 f_{min}≥
MU30	30.0	22.0	25.0
MU25	25.0	18.0	22.0
MU20	20.0	14.0	16.0
MU15	15.0	10.0	12.0
MU10	10.0	6.5	7.5

注：本表摘自《烧结多孔砖》GB13544—1998。

灰砂砖外观质量（mm） 表 B3-6

项　　目	指标		
	优等品	一等品	合格品
(1)尺寸偏差　不超过 长度 宽度 高度	±2 ±2 ±1	±2	±3
(2)对应高度差　不大于	1	2	3
(3)缺棱掉角的最大破坏尺寸不大于	10	15	25
(4)完整面　不少于	2个条面和1个顶面或2个顶面和1个条面	1个条面和1个顶面	1个条面和1个顶面
(5)裂缝长度　不大于 a. 大于上宽度方面及延伸到条面的长度 b. 大面上长度方向及其延伸到顶面上的长度或条、顶面水平裂纹的长度	 30 50	 50 70	 70 100

注：凡有以下缺陷者，均为非完整面：

a. 缺棱尺寸或掉角的最小尺寸大于8mm；

b. 灰球粘土团、草根等杂物造成破坏面的两个尺寸同时大于10mm×20mm；

c. 有气泡、麻面、龟裂等缺陷。

灰砂砖力学性能（MPa） 表 B3-7

强度等级	抗压强度		抗折强度	
	平均值不小于	单块值不小于	平均值不小于	单块值不小于
25	25.0		5.0	4.0
20	20.0	20.0	4.0	3.2
15	15.0	16.0　12.0　8.0	3.3	2.6
10	10.0		2.5	2.0

注：优等品的强度级别不得小于15级。

灰砂砖的抗冻性指标（MPa）　　表 B3-8

强度级别	抗压强度（MPa）平均值不小于	单块砖的干质量损失（%）不大于
25	20.0	2.0
20	16.0	2.0
15	12.0	2.0
10	8.0	2.0

注：优等品的强度级别不得小于 15 级。

普通混凝土小型空心砌块强度等级（MPa）　　表 B3-9

强度等级	砌块抗压强度	
	平均值不小于	单块最小值不小于
MU3.5	3.5	2.8
MU5.0	5.0	4.0
MU7.5	7.5	6.0
MU10.0	10.0	8.0
MU15.0	15.0	12.0
MU20.0	20.0	16.0

注：本表摘自《普通混凝土小型空心砌块》GB8239—1997。

普通混凝土小型空心砌块相对含水率（%）　　表 B3-10

使用地区	潮湿	中等	干燥
相对含水率不大于	45	40	35

注：1. 潮湿——系指年平均相对湿度大于 75%的地区；
　　2. 中等——系指年平均相对湿度 50%～75%的地区；
　　3. 干燥——系指年平均相对湿度小于 50%的地区；
　　4. 本表摘自《普通混凝土小型空心砌块》GB8239—1997。

普通混凝土小型空心砌块抗渗性（mm）　　表 B3-11

项目名称	指标
水面下降高度	三块中任一块不大于 10

注：本表摘自《普通混凝土小型空心砌块》GB8239—1997。

普通混凝土小型空心砌块抗冻性（mm）　　表 B3-12

使用环境条件		抗冻标号	指标
非采暖地区		不规定	—
采暖地区	一般环境	D15	强度损失≤25% 质量损失≤5%
	干湿交替环境	D25	

注：1. 非采暖地区指最冷月份平均气温高于 -5℃的地区；
　　2. 采暖地区指最冷月份平均气温低于或等于 -5℃的地区；
　　3. 本表摘自《普通混凝土小型空心砌块》GB8239—1997。

蒸压加气混凝土砌块尺寸偏差及外观质量　　表 B3-13

项目				指标		
				优等品（A）	一等品（B）	合格品（C）
尺寸允许偏差（mm）	长度		L_1	±3	±4	±5
	高度		B_1	±2	±3	+3，-4
	宽度		H_1	±2	±3	+3，-4
外观质量	缺棱掉角	个数，不得多于（个）		0	1	2
		最大尺寸不得大于，（mm）		0	70	70
		最小尺寸不得大于，（mm）		0	30	30
	平面弯曲不得大于，（mm）			0	3	5

续表

项目			指标		
			优等品（A）	一等品（B）	合格品（C）
外观质量	裂纹	条数，不得多于（条）	0	1	2
		任一面上的裂纹长度不得大于裂纹方向尺寸的	0	1/3	1/2
		贯穿一棱二面的裂纹长度不得大于裂纹所在面的裂纹方向尺寸总和的	0	1/3	1/3
	爆裂、粘模和损坏深度不得大于，(mm)		10	20	30
	表面疏松、层裂		不允许		
	表面油污		不允许		

注：本表摘自《蒸压加气混凝土砌块》GB11968—1997。

蒸压加气混凝土砌块抗压强度（MPa）　　表 B3-14

强度等级	立方体抗压强度		强度等级	立方体抗压强度	
	平均值不小于	单块最小值不小于		平均值不小于	单块最小值不小于
A1.0	1.0	0.8	A5.0	5.0	4.0
A2.0	2.0	1.6	A7.5	7.5	6.0
A2.5	2.5	2.0	A10.0	10.0	8.0
A3.5	3.5	2.8			

注：本表摘自《蒸压加气混凝土砌块》GB11968—1997。

蒸压加气混凝土砌块强度级别　　表 B3-15

体积密度级别		B03	B04	B05	B06	B07	B08
强度级别	优等品（A）	A1.0	A2.0	3.5	A5.0	A7.5	A10.0
	一等品（B）			A3.5	A5.0	A7.5	A10.0
	合格品（C）			A2.5	A3.5	A5.0	A7.5

注：本表摘自《蒸压加气混凝土砌块》GB11968—1997。

蒸压加气混凝土砌块干体积密度（kg/m^3）　　表 B3-16

密度级别		B03	B04	B05	B06	B07	B08
体积密度	优等品（A）≤	300	400	500	600	700	800
	一等品（B）≤	330	430	530	630	730	830
	合格品（C）≤	350	450	550	650	750	850

注：本表摘自《蒸压加气混凝土砌块》GB11968—1997。

蒸压加气混凝土砌块干燥收缩、抗冻性和导热系数 **表 B3-17**

体积密度级别			B03	B04	B05	B06	B07	B08
干燥收缩值	标准法≤	(mm/m)	0.50					
	快速法≤		0.80					
抗冻性	质量损失，(%) ≤		5.0					
	冻后强度，(MPa)		0.8	1.6	2.0	2.8	4.0	6.0
导热系数（干态），(W/m·K) ≤			0.10	0.12	0.14	0.16	—	—

注：1. 规定采用标准法、快速法测定砌块干燥收缩值，若测定结果发生矛盾不能判定时，则以标准法测定的结果为准；

2. 用于墙体的砌块，允许不测导热系数；

3. 本表摘自《蒸压加气混凝土砌块》GB11968—1997。

附录 B4 建筑防水工程材料标准

附录 B4-1 现行建筑防水工程材料标准

现行建筑防水工程材料标准 **表 B4-1**

类别	标准名称	标准号
改性沥青和沥青防水卷材	1. 石油沥青纸胎油毡、油纸	GB326—89
	2. 石油沥青玻璃纤维胎油毡	GB/T14686—93
	3. 石油沥青玻璃布胎油毡	JC/T84—1996
	4. 铝箔面油毡	JC/T504—1992（1996）
	5. 改性沥青聚乙烯胎防水卷材	JC/T633—1996
	6. 沥青复合胎柔性防水卷材	JC/T690—1998
	7. 自粘橡胶沥青防水卷材	JC/T840—1999
	8. 弹性体改性沥青防水卷材	GB18242—2000
	9. 塑性体改性沥青防水卷材	GB18243—2000
高分子防水卷材	1. 聚氯乙烯防水卷材	GB12952—91
	2. 氯化聚乙烯防水卷材	GB12953—91
	3. 氯化聚乙烯-橡胶共混防水卷材	JC/T684—1997
	4. 三元丁橡胶防水卷材	JC/T645—1996
	5. 高分子防水材料（第一部分片材）	GB18173—1—2000
防水涂料	1. 聚氨酯防水涂料	JC/T500—1992（1996）
	2. 溶剂型橡胶沥青防水涂料	JC/T852—1999
	3. 聚合物乳液防水涂料	JC/T864—2000
	4. 聚合物水泥防水涂料	JC/T894—2001
密封材料	1. 建筑石油沥青	GB494—85
	2. 聚氨酯建筑密封膏	JC/T482—1992（1996）
	3. 聚硫建筑密封	JC/T483—1992（1996）
	4. 丙烯酸建筑密封膏	JC/T484—1992（1996）
	5. 建筑防水沥青嵌缝油膏	JC/T207—1996
	6. 聚氯乙烯建筑防水接缝材料	JC/T798—1997
	7. 建筑用硅酮结构密封胶	GB16776—1997

续表

类　别	标准名称	标　准　号
刚性防水材料	1. 砂浆、混凝土防水剂 2. 混凝土膨胀剂 3. 水泥基渗透结晶型防水材料	JC474—92（1999） JC476—92（1998） GB18445—2001
防水材料试验方法	1. 沥青防水卷材试验方法 2. 建筑胶粘剂通用试验方法 3. 建筑密封材料试验方法 4. 建筑防水涂料试验方法 5. 建筑防水材料老化试验方法	GB328—89 GB/T12954—91 GB/T13477—92 GB/T16777—1997 GB/T18244—2000
瓦	1. 油毡瓦 2. 烧结瓦 3. 混凝土平瓦	JC/T503—1992（1996） JC709—1998 JC746—1999

附录 B4-2　屋面防水工程材料现场抽样复验项目

屋面防水工程材料现场抽样复验项目　　表 B4-2

序	材料名称	现场抽样数量	外观质量检验	物理性能检验
1	沥青防水卷材	大于1000卷抽5卷，每500～1000卷抽4卷，100～499卷抽3卷，100卷以下抽2卷，进行规格尺寸和外观质量检验。在外观质量检验合格的卷材中，任取一卷作物理性能检验	孔洞、硌伤、露胎、涂盖不匀、折纹、皱折、裂纹、裂口、短边，每卷卷材的接头	纵向拉力，耐热度，柔度，不透水性
2	高聚物改性沥青防水卷材	同1	短边、孔洞、裂口，边缘不整齐，胎体露白、未浸透，撒布材料粒度、颜色，每卷卷材的接头	拉力，最大拉力时延伸率，耐热度，低温柔性，不透水性
3	合成高分子防水卷材	同1	折痕，杂质，胶块，凹痕，每卷卷材的接头	断裂拉伸强度，扯断伸长率，低温弯折、不透水性
4	石油沥青	同一批至少抽一次	—	针入度，延度，软化点
5	沥青玛琋脂	每工作班至少抽一次	—	耐热度，柔韧性，粘结力
6	高聚物改性沥青防水涂料	每10t为一批，不足10t按一批抽样	包装完好无损，且标明涂料名称、生产日期、生产厂名、产品有效期；无沉淀、凝胶、分层	固体含量，耐热度，柔性，不透水性，延伸率
7	合成高分子防水涂料	每10t为一批，不足10t按一批抽样	包装完好无损，且标明涂料名称、生产日期、生产厂名、产品有效期	固体含量，拉伸强度，断裂延伸率，柔性，不透水性

续表

序	材料名称	现场抽样数量	外观质量检验	物理性能检验
8	胎体增强材料	每 $3000m^2$ 为一批，不足 $3000m^2$ 按一批抽样	均匀，无团状，平整，无折皱	拉力，延伸率
9	改性石油沥青密封材料	每2t为一批，不足2t按一批抽样	黑色均匀膏状，无结块和未浸透的填料	耐热度，低温柔性，拉伸粘结性，施工度
10	合成高分子密封材料	每1t为一批，不足1t按一批抽样	均匀膏状物，无结皮、凝胶或不易分散的固体团状	拉伸，粘结性，柔性
11	平瓦	同一批至少抽一次	边缘整齐，表面光滑，不得有分层，裂纹，露砂	—
12	油毡瓦	同一批至少抽一次	边缘整齐，切槽清晰，厚薄均匀，表面无孔洞，硌伤、裂纹、折皱及起泡	耐热度，柔度
13	金属板材	同一批至少抽一次	边缘整齐，表面光滑，色泽均匀，外形规则，不得有扭翘、脱膜，锈蚀	—

附录 B4-3　建筑防水材料现场抽样复验

建筑防水材料现场抽样复验　　表 B4-3

序	材料名称	现场抽样数量	外观质量检验	物理性能检验
1	高聚物改性沥青防水卷材	大于1000卷抽5卷，每500～1000卷抽4卷，100～499卷抽4卷，100卷以下抽2卷，进行规格尺寸和外观质量检验。在外观质量检验合格的卷材中，任取一卷作物理性能检验	断裂、皱折、孔洞、剥离、边缘不整齐，胎体露白、未浸透，撒布材料粒度、颜色，每卷卷材的接头	拉力，最大拉力时延伸率，低温柔度，不透水性
2	合成高分子防水卷材	同1	折痕、杂质、胶块、凹痕，每卷卷材的接头	断裂拉伸强度，扯断伸长率，低温弯折，不透水性
3	沥青基防水涂料	每工作班生产量为一批抽样	搅匀和分散在水溶液中，无明显沥青丝团	固含量，耐热度，柔性，不透水性，延伸率
4	无机防水涂料	每10t为一批，不足10t按一批抽样	包装完好无损，且标明涂料名称，生产日期，生产厂家，产品有效期	抗折强度，粘结强度，抗渗性
5	有机防水涂料	每5t为一批，不足5t按一批抽样	同4	固体含量，拉伸强度，断裂延伸率，柔性、不透水性
6	胎体增强材料	每 $3000m^2$ 为一批，不足 $3000m^2$ 按一批抽样	均匀、无团状，平整，无折皱	拉力，延伸率

续表

序	材料名称	现场抽样数量	外观质量检验	物理性能检验
7	改性石油沥青密封材料	每 2t 为一批，不足 2t 按一批抽样	黑色均匀膏体，无结块和未浸透的填料	低温柔性，拉伸粘结性，施工度
8	合成高分子密封材料	每 2t 为一批，不足 2t 按一批抽样	均匀膏状物，无结皮、凝结或不易分散的固体团块	拉伸粘结性，柔性
9	高分子防水材料止水带	按每月同标记的止水带产量为一批抽样	尺寸公差；开裂，缺胶，海绵状，中心孔偏心；凹痕，气泡，杂质，明疤	拉伸强度，扯断伸长率，撕裂强度
10	高分子防水材料遇水膨胀橡胶	按每月同标记的膨胀橡胶产量为一批抽样	尺寸公差；开裂，缺胶，海绵状；凹痕，气泡，杂质，明疤	拉伸强度，扯断伸长率，体积膨胀倍率

附录 C　必试项目与检验规则

附录 C.0.1　必试项目取样规定

必试项目取样规定　　**表 C-1**

序号	名称与依据标准	必试项目	验收批划分及取样数量
1	水泥 GB175—1999 GB1344—1999 GB12958—1999 GB12573—	安定性、凝结时间、胶砂强度（抗压、抗折）	1）以同一水泥厂、同品牌、同强度等级、同一出厂编号，袋装水泥每≤200t 为一验收批，散装水泥每≤500t 为一验收批，每批取样一组（12kg）； 2）从 20 个以上不同部位或 20 袋中取等量样品拌合均匀
2	砂 JGC52—92	筛分析、含泥量、泥块含量	1）以同一产地、同一规格每≤400m^3 或 600t 为一验收批，每一验收批取样一组（20kg）； 2）当质量比较稳定、进料量较大时，可定期检验； 3）取样部位应均匀分部，在料椎上从 8 个不同部位抽取等量试样（每份 11kg）。然后用四分法缩至 20kg，取样前先将取样部位表面铲除
3	石 JGC53—92	筛分析、含泥量、泥块含量、针片状颗粒含量、压碎指标用于≥C50混凝土时为必试项目	1）以同一产地、同一规格≤400m^3 或 600t 为一验收批，每一验收批取样一组； 2）当质量比较稳定、进料量较大时，可定期检验； 3）取样一组 40kg（最大粒径 10、16、20mm）或 60kg（最大粒径 31.5、40mm）取样部位应均匀分布，在料堆上从五个不同的部位抽取大致相等的试样 15 份（料堆的顶部、中部底部），每份 5～40kg，然后缩分对 40kg 或 60kg 送试
4	轻集料 GB/T17431.1—1998 GB/T17431.2—1998	轻粗集料： 筛分析、堆积密度、粒型系数、吸水率 轻细集料： 细度模数、堆积密度	1）同一品种、同一密度等级每≤200m^3 为一验收批，每一验收批取样一组，最大粒径≤20mm 时取样 0.08m^3； 2）试样可以从料堆堆体自上到期下不同部位、不同方向任选 10 点（袋装料应从 10 袋中抽取）应避免离析及面层材料

续表

序号	名称与依据标准	必试项目	验收批划分及取样数量
5	掺合料 ①粉煤灰 GB1596—19	烧失量、需水量比、细度；	粉煤灰： (1)以连续供应相同等级的≤200t为一验收批，每批取试验一组(不少于1.0kg)； (2)取样方法： 散装灰取样：从不同部位取15份试样，每份1～3kg，混合拌匀按四分法缩取出1kg送试（平均样）； 袋装灰取样：从每批任抽10袋不少于1kg，按上述方法取平均样1kg送试。
	②天然沸石粉 JGJ/T112—97	需水量比、吸铵值、细度，28d水泥胶砂抗压强度比。	沸石粉： (1)以相同等级的沸粉≤120t为一验收批，每一验收批取样一组(不少于1.0kg)； (2)取样方法 袋装粉取样时，应从每批中任抽10袋，每袋中各取样不得少于1.0kg，按四分法缩取平均试样。 散装沸石粉取样时，应从不同部位取10份试样，每份不少于1.0kg，然后缩取平均试样
6	砌墙砖和砌块： ①烧结普通砖 GB/T5101—1998	抗压强度	每≤15万块为一验收批。每一验收批取样一组（10块）
	②烧结多孔砖 GB13544—92	抗压强度、抗折强度	每≤5万块为一验收批。每一验收批取样一组（10块）
	③烧结空心砖 GB13545—92	抗压强度（大条面）	每≤3万块为一验收批。每一验收批取样一组（5块）
	④普通混凝土空心砌块 B8239—1997	抗压强度（大条面）	每≤1万块为一验收批。每一验收批取样一组（5块）
	⑤非烧结普通砖 JC422—91	抗压强度、抗折强度	每≤5万块为一验收批。每一验收批取样一组（10块）
	⑥粉煤灰砖 JC239—91	抗压强度、抗折强度	每≤10万块为一验收批。每一验收批取样一组（20块）
	⑦粉煤灰砌块 JC238—91	抗压强度	每≤200m^{3}为一验收批。每一验收批取样一组（3块）
	⑧轻集料混凝土小型砌块 GB/T4111—1997	抗压强度	每≤1万块为一验收批。每一验收批取样一组（5块）
	⑨蒸压灰砂砖 GB11945—1999	抗压强度、抗折强度	每≤10万块为一验收批。每一验收批取样一组（10块）
	⑩蒸压灰砂空心砖 JC/T637—1996	抗压强度	每≤10万块为一验收批。每一验收批取样二组（10块）；NF砖为二组（20块）

续表

序号	名称与依据标准	必试项目	验收批划分及取样数量
7	钢材： ①碳素结构钢 GB700—88	拉伸试验（σ_s、σ_b、σ_5）弯曲试验	同一厂别、同一炉罐号、同一规格、同一交货状态每≤60t为一验收批。每一验收批取一组试件（拉伸、弯曲各1个）
	②热轧带肋钢筋 GB/T1499—1998 ③热轧光圆钢筋 GB13013—91	拉伸试验（σ_s、σ_b、σ_5）弯曲试验	在以上四种条件下每≤60t为一验收批。每一验收批取一组试件（拉伸、弯曲各2个）
	④热轧圆盘条 GB/T701—1997	拉伸试验（σ_s、σ_b、σ_{10}）弯曲试验	在上述条件下取一组试件（拉伸1个、弯曲2个，取自不同盘）
	⑤冷轧带肋 GB13788—92	拉伸试验（σ_s、σ_b、σ_{10}、σ_{100}）弯曲试验	同一牌号、同一规格尺寸、同一台轧机、同一台班≤10t为一验收批，每批冷弯试件1个，拉伸试件2个，重量、节距、厚度各3个
7	⑦预应力混凝土用钢丝 GBT5223—1995	抗拉强度试验、弯曲试验、伸长率试验；每季度抽验；屈服强度试验、松弛试验	(1)同一牌号、同一规格、同一生产工艺制度的钢丝组成，每批重量不大于60t； (2)钢丝的检验应按（GB/T2103）的规定执行。在每盘钢丝的两端进行抗拉强度、弯曲和伸长率的试验。屈服强度的松弛试验每季度抽验一次，每次至少3根
	⑧中强度预应力混凝土用钢丝 YB/T156—1999	抗拉强度、反复弯曲、伸长率。 每季度抽验：非比例伸长应力（$\sigma_{0.2}$）松弛试验	(1)同一牌号、同一规格、同一强度级别、同一生产工艺制度的钢丝组成，每批重量不大于60t； (2)钢丝的检验应按（GB/T2103）的规定执行在每盘钢丝的两端进行抗拉强度、弯曲和伸长率的检验
	⑨预应力混凝土用钢棒 YB/T111—1997		钢棒应成批验收，同一牌号、同一外形、同一公称截面尺寸、同一热处理制度加工的钢棒组成。批量划分试样数量，检验项目见B.0.3
	⑩冷拉钢筋	拉伸试验（σ_s、σ_b、σ_{10}）弯曲试验	(1)同级别、同直径的每≤20t为一验收批。 (2)从每批冷拉钢筋中抽取两根钢筋，每根取两个试样分别进行拉力和冷弯试验
	(11)冷拔钢丝 包括：冷拔低碳钢丝、钢拔低合金钢丝	拉伸试验（σ_b、σ_{100}弯曲试验） （180°）	1. 用作预应力筋的冷拔丝： ①逐盘检查外观，钢丝表面不得有裂纹和机械损伤； ②力学性能应逐盘检验，从每盘钢丝上任一端截去不少于500mm后的两个试样，分别作拉力和反复弯曲试验。 2. 用作非预应力筋的冷拔钢丝： 以同一直径的钢丝5t为一验收批，从中任取3盘，每盘各截取2个试样（拉力、反复弯曲）

续表

序号	名称与依据标准	必试项目	验收批划分及取样数量
8	钢筋接头（焊接与连接） GB50204—92 JGJ27—86 JGJ18—96 JGJ107—96 JGJ108—96 JGJ109—96 JG/T3057—1999		一、焊接接头（包括电阻点焊、闪光对焊、电弧焊、电渣压力焊、气压焊、预埋件埋弧压力焊） 1. 班前焊（可焊性能试验）在工程开工或每批钢筋正式焊接前，应进行现场条件下的焊接性能试验。合格后，方可正式生产。试件数量与要求，应与质量检查与验收时相同。 2. 焊接接头质量检验。 (1)电阻点焊制品： a. 凡钢筋级别、直径及尺寸相同的焊接骨架应视为同一类型制品，且每200件作为一批，一周内不足200件的按一批计算 b. 试件应从成品中切取，当所切取试件的尺寸小于规定的试件尺寸时，或受力钢筋大于8mm时，可在生产过程中焊接试验用网片从中切取试件。试件尺寸见图： 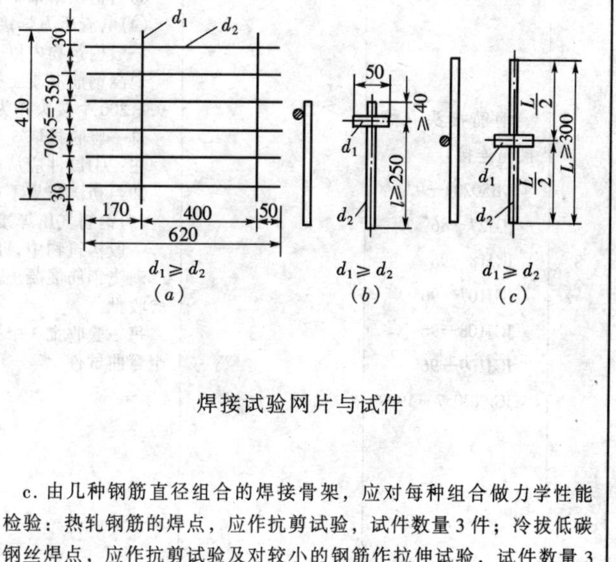 d_1 d_2 30 410 70×5=350 30 170 400 50 620 $d_1 \geqslant d_2$ (*a*) 50 ≥40 d_1 $l \geqslant 250$ d_2 $d_1 \geqslant d_2$ (*b*) $\frac{L}{2}$ $L \geqslant 300$ d_1 $\frac{L}{2}$ d_2 $d_1 \geqslant d_2$ (*c*) 焊接试验网片与试件 c. 由几种钢筋直径组合的焊接骨架，应对每种组合做力学性能检验：热轧钢筋的焊点，应作抗剪试验，试件数量3件；冷拔低碳钢丝焊点，应作抗剪试验及对较小的钢筋作拉伸试验，试件数量3件。 ②钢筋焊接网： a. 凡钢筋级别、直径及尺寸相同的焊接网应视为同一类型制品，每批不应大于30t，或者每200件为一批，一周内不足30t或200件亦应按一批计算； b. 试件应从成品中切取； c. 冷轧带类钢筋或冷拔低碳钢丝的焊点应作拉伸试验，纵向试件数量1件，横向试件数量1件；冷轧带类钢筋焊点应作弯曲试验，纵向试件数量1件，横向试件数量1件；热轧钢筋、冷轧带肋钢筋或冷拔低碳钢丝的焊点应作抗剪试验，试件数量3件。

续表

序号	名称与依据标准	必试项目	验收批划分及取样数量
8	钢筋接头（焊接与连接） GB50204—92 JGJ27—86 JGJ18—96 JGJ107—96 JGJ108—96 JGJ109—96 JG/T3057—1999		(2)闪光对焊接头：同一台班内由同一焊工完成的300个同级别、同直径钢筋焊接接头，300个为一验收批（或一周内累计 < 300个接头的亦可按一批计算)。每批3个拉力试件，3个弯曲试件。 注：①试件应随机切取； ②焊接等长预应力钢筋（包括螺丝端杆与钢筋)。可按生产条件作模拟试件； ③若当初试检验结果不符合要求时，可随机再取双倍数量的试件进行复试； ④模拟试件检验结果不符合要求时复试应从成品中切取试件其数量和要求与初试时相同。 (3)电弧焊接头： 工厂焊接条件下：同接头形式、同钢筋级别300个接头为一验收批。在现场安装条件下：每一至二楼层中同接头形式、同钢筋级别的接头≤300个接头为一验收批，每一验收批取3个拉力试件。 注：①试件应从成品中随机切取。 ②装配式结构节点的焊接接头可按生产条件制作模拟试件。 ③当初试结果不符合要求时应再取6个试件进行复试。 (4)电渣压力焊接头： 一般构筑物中以300个同级别钢筋接头作为一验收批。 现浇钢筋混凝土框架结构中以每一楼层或施工区的同级别钢筋接头≤300个接头作为一验收批。 每一验收批取3个拉力试件。 注：①试件应从成品中随机切取。 ②当初试结果不符合要求时应再取6个试件进行复试。 (5)钢筋气压焊接头： 一般构筑物中，以300个接头为一验收批。 现浇钢筋混凝土房屋结构中，同一楼层中以≤300个接头作为一验收批。 每一验收批3个拉力试件，在梁、板的水平钢筋焊接中另切取3个弯曲试件 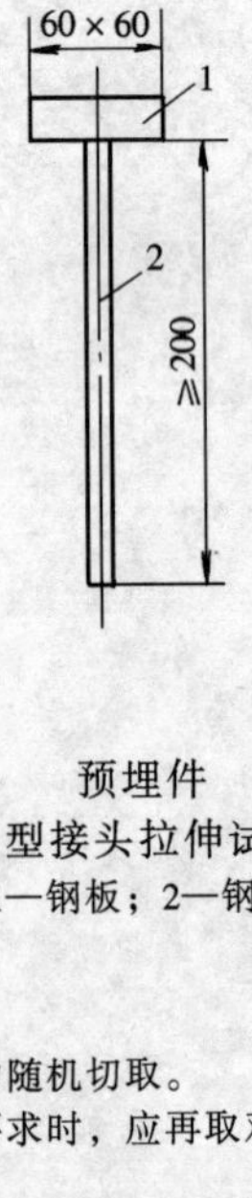 60 × 60　1　2　≥200 预埋件 T型接头拉伸试件 1—钢板；2—钢筋 注：①试件应从成品中随机切取。 ②当初试结果不符合要求时，应再取双倍数量试件进行复试。

续表

序号	名称与依据标准	必试项目	验收批划分及取样数量
8	钢筋接头（焊接与连接） GB50204—92 JGJ27—86 JGJ18—96 JGJ107—96 JGJ108—96 JGJ109—96 JG/T3057—1999		（6）预埋件钢筋埋弧压力焊： 同类型预埋件一周内累计≤300件时为一验收批。每批随机切取3个拉力试件。 注：当初试结果不符合规定时再取6个试件进行复试。 二、机械连接（锥螺纹连接、套筒挤压接头、镦粗直螺纹钢筋接头） 1. 工艺检验试验 在正式施工前，按同批钢筋、同等机械连接形式的接头试件不少于3根，同时对应截取接头试件的钢筋母材，进行抗拉强度试验。 2. 现场检验 ①接头的现场检验按验收批进行； ②同一施工条件下采用同一批材料的同等级、同形式、同规格接头≤500个为一验收批； ③每一验收批必须在工程结构中随机截取3个试件做单向拉伸强度试验； ④在现场连续检验10个验收批，其全部单向拉伸试件一次抽样均合格时，验收批接头数量可扩大一倍
9	(1)石油沥青油毡、GB326—98 GB328.1—328.7—89	拉力 耐热度 不透水性 柔度	(1)以同一生产厂、同一品种、同一标号、同一等级每≤1500卷为一批验收； (2)每一验收批中抽取一卷作物理性能试验； (3)切除距外层卷头250mm后，顺纵向截取1000mm全幅卷材送试（或500mm2块）
	(2)建筑石油沥青 GB494—85 SY2001—84	针入度 软化点 延度	(1)以同一生产厂、同一品种、同一标号每≤20t为一验收批，取样一组（1kg）； (2)取样部位应均匀分布（不少于五处），并不得含有土粒等杂物
	(3)弹性体沥青防水卷材（SBS再生胶改性防水卷材）、塑性体沥青防水卷材（APP）等、JC/T559—1994 JC/T560—1994	拉力 断裂伸长率 不透水性 柔度 （-10℃，-15℃） 耐热度 （85℃，90℃）	(1)以同一生产厂、同一品种、同一标号的产品每≤1000卷为一验收批； (2)每一验收批中抽取一卷做物理性能试验； (3)切除距外层卷头2500mm后，顺纵向截取长500mm全幅卷材试样2块
	(4)改性沥青聚乙烯胎防水卷材（OEE，MEE，PEE）、JC/T633—1996	接力 断裂延伸率 不透水性 柔度 耐热度	(1)从同一品种、同一规格、同一等级的≤1000卷为一验收批； (2)将被检测一卷卷材，在端部2000mm处顺纵向截取长1000mm全幅2块
	(5)三元乙丙防水卷材 HG2402—92	拉伸强度 扯断伸长率不透水性 低温弯折性 粘合性能（卷材间搭接）	(1)以同一生产厂、同一规格、同一等级≤3000m为一验收批； (2)以抽检外观、长度、宽度、厚度等合格的三卷中任一卷为试样； (3)在距端部300mm处，纵向截取1800mm全幅材料送试

续表

序号	名称与依据标准	必试项目	验收批划分及取样数量
9	(6)聚氯乙烯防水卷材 氯化聚乙烯防水卷材 GB12952—91 GB12953—91	拉伸强度 断裂伸长率 不透水性 低温弯折性 剪切状态下的粘合性	(1)以同一生产厂、同一规格、同一类型的卷材，不超过5000m^2为一验收批； (2)以抽检外观、平整度、厚度、尺寸合格的三卷中任一卷为试样； 在距端部300mm处，纵向截取300mm全幅材料送试
	(7)氯化聚乙烯—橡胶共混防水卷材 JC/T684—1997	拉伸强度 断裂伸长率 不透水性 低温弯折性 粘结剂剥离强度	(1)以同类型、同规格的卷材≤250卷为一验收批； (2)每批任取三卷做检验。在规格尺寸、外观检查合格的卷材中任取一卷做物理力学性能检验，从端部裁300mm，顺纵向截取1500mm全幅两块
	(8)防水卷材粘结材料 GB50207—94	用于屋面时： 改性沥青胶粘剂 粘接剥离强度 合成高分子胶粘剂 粘接剥离强度及其侵水后保持率	
	(9)聚氨酯防水涂料 JC500—92 GB3186—82	不透水性 低温柔性 断裂伸长率 拉伸强度	(1)以同一生产厂甲组份每≤5t为一验收批，乙组分按产品重量配比相应增加； (2)每一验收批按产品的配比取样，甲乙组份样品总重为2kg； (3)取样方法：搅拌均匀后，装入干燥的样品容器中，样品容器应留有约5%的空隙，密封并做好标志。(甲乙组份分装不同的容器中)
10	回填土	击实实验 (必要时做)	取原土样50kg（密封）保持自然含水率
		干密度	按取点布置图取样、编号、取土后连同环刀一并送试，取样数量： (1)柱基：抽查柱基10%，但不少于5点； (2)基槽管沟：每层按长度20～50m取点，但不少于1点； (3)基坑：每层100～500m^2取1点，但不少于1点； (4)挖方，填方：每层100～500m^2取1点，但不少于1点； (5)场地平整：每层400～900m^2取1点，但不少于1点； (6)排水沟：每层长度20～500m^2取1点，但不少于1点； 地（路）面基层：每层按10～500m^2取1点，但不少于1点

续表

序号	名称与依据标准	必试项目	验收批划分及取样数量
11	普通混凝土 GB50204—92 G1314902—94 JGJ55—2000 GBJ107—87 JGJ104—97	稠度 抗压强度	试块留置 (1)普通混凝土强度试验以同一混凝土强度等级，同一配合比，同种原材料， ①每拌制 100 盘且不超过 $100m^3$；②每一工作台班；③每一现浇楼层同一单位工程，每一验收项目为一取样单位，留标准养护试块不得少于1组（3块）并根据需要制作相应组数的同条件试块； (2)冬期施工还应留置，转常温试块和临界强度试块。 (3)对预拌混凝土，当一个分项工程连续供应相同配合比的混凝土量大于 $1000m^3$ 时，其交货检验的试样，每 $200m^3$ 混凝土取样不得少于一次。 (4)取样方法及数量：用于检查结构构件混凝土质理的试件，应在混凝土浇注地点随机取样制作；每组试件所用的拌和物应从同一盘搅拌或同一车运送的混凝土中取出，对于预伴混凝土还应在卸料过程中卸料量的1/4～3/4之间取样，每个试样量应满足混凝土质量检验项目所需用量的1.5倍，但不少于 $0.02m^3$
12	抗渗混凝土 GBJ208—83	稠度 抗压强度 抗渗等级	(1)同一混凝土强度等级、抗渗等级，同一配合比，生产工艺基本相同，每单位工程不得少于两组抗渗试块（每组6个试件）； (2)试块应在浇注地点制作，其中至少一组应在标准条件下养护，其余试块应与构件相同条件下养护； (3)留置抗渗试件的同时需留置抗压强度试件并应取自同一混凝土拌合物中； (4)取样方法同普通混凝土中第（4）项
13	砌筑砂浆 ①配合比设计与试配 ②工程施工试验 JGJ70—92 JGJ98—2000 GB50203—98 JC860—2000	稠度 抗压强度 分层度 稠度 抗压强度	现场检验 ①以同一砂浆强度等级，同一配合比，同种原材料每一楼层或 $250m^3$ 砌体（基础砌体可按一个楼层计）为一个取样单位，每取样单位标准养护试块的留置不得少于一组（每组6块）； ②干拌砂浆；同强度等级每≤400t为一验收批。每批从20个以上不同部位取等量样品，总质量不少于15kg，取样两份，一份送试，一份备用
14	建筑工程饰面砖 JGJ110—97	粘结强度	(1)现场镶贴的外部饰面砖工程：每 $300m^2$ 同类墙体取一组试样，每组3个，每一楼层不得小于一组，不足 $300m^2$ 同类墙体，每两楼层取一组试件，每组3个； (2)带饰面砖的预制墙板，每生产≤100块预制板墙取一组，每组在三块板中各取1个试件
15	玻璃幕墙工程及建筑外窗	风压变形性能 雨水渗透性能 空气渗透性能	
16	玻璃幕墙 结构硅酮密封胶	相容性试验	

注：表内要求提供的取样数量为必试项目要求的取样数量。

附录D　建筑气候区划指标

建筑气候区划指标　　表 D-1

区名	主要指标	辅助指标	各区辖行政区范围
Ⅰ	1月平均气温≤-10℃ 7月平均气温≤25℃ 1月平均相对湿度≥50%	年降水量200~800mm 年日平均气温≤5℃的日数≥145d	黑龙江、吉林全境；辽宁大部；内蒙古中、北部及陕西、山西、河北、北京北部的部分地区
Ⅱ	1月平均气温-10~0℃ 7月平均气温18~28℃	年日平均气温≥25℃的日数<80d, 年日平均气温≤5℃的日数145~90d	天津、山东、宁夏全境；北京、河北、山西、陕西大部；辽宁南部；甘肃中东部以及河南、安徽、江苏北部的部分地区
Ⅲ	1月平均气温0~10℃ 7月平均气温25~30℃	年日平均气温≥25℃的日数40~110d 年日平均气温≤5℃的日数90~0d	上海、浙江、江西、湖北、湖南全境；江苏、安徽、四川大部；陕西、河南南部；贵州东部；福建、广东、广西北部和甘肃南部的部分地区
Ⅳ	1月平均气温>10℃ 7月平均气温25~29℃	年日平均气温≥25℃的日数100~200d	海南、台湾全境；福建南部；广东、广西大部以及云南西南部和元江河谷地区
Ⅴ	7月平均气温18~25℃ 1月平均气温0~13℃	年日平均气温≤5℃的日数0~90d	云南大部；贵州、四川西南部；西藏南部一小部分地区
Ⅵ	7月平均气温<18℃ 1月平均气温0~-22℃	年日平均气温≤5℃的日数90~285d	青海全境；西藏大部；四川西部、甘肃西南部；新疆南部部分地区
Ⅶ	7月平均气温≥18℃ 1月平均气温-5~-20℃ 7月平均相对湿度<50%	年降水量10~600mm 年日平均气温≥25℃的日数<120d 年日平均气温≤5℃的日数110~180d	新疆大部；甘肃北部；内蒙古西部

主 要 参 考 文 献

1 王立信主编.《建筑安装工程施工技术资料编审手册》.河北科学技术出版社，1995
2 王立信主编.《河北省建筑安装工程施工技术资料管理规定》.河北建筑业管理局，1992
3 王立信主编.《河北省建筑安装工程施工技术资料管理规定实施要点》.河北建筑业管理局，1992
4 王立信主编.《河北省建筑工程技术资料管理规程》.河北省建设委员会，2002
5 吴松勤主编.《建筑工程施工质量验收规范应用讲座》.中国建筑工业出版社，2002
6《建筑工程施工质量验收统一标准》（GB50202—2001）.中国建筑工业出版社，2001
7《建筑地基基础工程施工质量验收规范》（GB50202—2002）.中国建筑工业出版社，2002
8《砌体工程施工质量验收规范》（GB50203—2002）.中国建筑工业出版社，2002
9《混凝土结构工程施工质量验收规范》（GB50204—2002）.中国建筑工业出版社，2002
10《钢结构工程施工质量验收规范》（GB50205—2001）.中国建筑工业出版社，2001
11《木结构工程施工质量验收规范》（GB50206—2002）.中国建筑工业出版社，2002
12《屋面工程施工质量验收规范》（GB50207—2002）.中国建筑工业出版社，2002
13《地下防水工程施工质量验收规范》（GB50208—2002）.中国建筑工业出版社，2002
14《建筑地面工程施工质量验收规范》（GB50209—2002）.中国建筑工业出版社，2002
15《建筑装饰装修工程施工质量验收规范》（GB50210—2001）.中国建筑工业出版社，2001
16《给水排水与采暖工程施工质量验收规范》（GB50242—2002）.中国建筑工业出版社，2002
17《电气工程施工质量验收规范》（GB50303—2002）.中国建筑工业出版社，2002
18《通风与空调工程施工质量验收规范》（GB50243—2002）.中国建筑工业出版社，2002
19《电梯工程施工质量验收规范》（GB50310—2002）.中国建筑工业出版社，2002